Wolfgang Böcher

Selbstorganisation, Verantwortung, Gesellschaft

Wolfgang Böcher

Selbstorganisation, Verantwortung, Gesellschaft

Von subatomaren Strukturen zu politischen Zukunftsvisionen

Westdeutscher Verlag

Anschrift des Verfassers:
Prof. em. Dr. med. Dr. phil. Wolfgang Böcher
Arzt für Neurologie und Psychiatrie, Dipl.-Psych.
Mittelstraße 105
53474 Bad Neuenahr

Alle Rechte vorbehalten
© 1996 Westdeutscher Verlag GmbH, Opladen

Der Westdeutsche Verlag ist ein Unternehmen der Bertelsmann Fachinformation.

Das Werk einschließlich aller seiner Teile ist urheberrechtlich geschützt. Jede Verwertung außerhalb der engen Grenzen des Urheberrechtsgesetzes ist ohne Zustimmung des Verlags unzulässig und strafbar. Das gilt insbesondere für Vervielfältigungen, Übersetzungen, Mikroverfilmungen und die Einspeicherung und Verarbeitung in elektronischen Systemen.

Umschlaggestaltung: Horst Dieter Bürkle, Darmstadt
Satz: ITS Text und Satz GmbH, Herford
Gedruckt auf säurefreiem Papier

ISBN-13:978-3-531-12505-3   e-ISBN-13:978-3-322-83579-6
DOI: 10.1007/978-3-322-83579-6

Inhalt

Vorwort 11

**Teil A   Erkenntnistheoretische Betrachtungen zur
geistesgeschichtlichen Entwicklung des Abendlandes:
Wissenschaft und Leben**

I.   Das Weltbild der klassischen Wissenschaft:
Auf den Spuren von Descartes und Newton 16

    Zur historischen Stellung der Aufklärung 16
    Der mechanistische und rationale Zugriff 18
    Zum Stellenwert der Objektivität 20
    Wissenschaft und Zweckrationalität 22
    Technische Modelle in den Humanwissenschaften 24
    Zur Relativität von Wissenschaft 25
    „Wendezeit"? 29

II.   Unser heutiges Leben als Spiegel der geistesgeschichtlichen
Entwicklung 33

    Gewandelte Dimensionen von Zeit und Raum 34
    Atomisierung, Fragmentierung und Objektivierung 36
    Quantifizierung und Veräußerlichung 40
    Die Auflösung konkreter Wirklichkeit in abstrakter Rationalität 45
    Der Größen- und Machbarkeitswahn 49
    Der Verlust des Eigentlichen 50

III.   Neue Erkenntnisansätze in der Physik des 20. Jahrhunderts:
Die fühlbare Realität des Universums 54

    Die Wende im subatomaren Bereich 54
    Die Anfänge: der Feldbegriff 56
    Albert Einstein und die Relativitätstheorie 57
    Weitere Entwicklungswege der modernen Physik 61
    Das Prinzip der Einheit 66
    Die wechselseitige Durchdringung von Gegensätzen 68
    Die neue Beziehung zwischen Beobachter und Objekt 69
    Das Komplementaritätsprinzip 71

IV. Die Wissenschaft vom Ungeordneten und Unbestimmbaren:
    Der Ansatz der Chaos-Theorie 75

    Chaos und Ordnung 75
    Gesetze der Komplexität 77
    Die Rolle nicht-linearer Wechselwirkungen 80
    Die Unvoraussagbarkeit des Verhaltens in komplexen Systemen ... 81
    Die Bedeutung der Ausgangsbedingungen 84
    Attraktoren und Fraktale 86
    Wert und Sinn von Chaos 88
    Zum grundsätzlichen Stellenwert der Chaos-Theorie 89

V. Entwicklungswege und ihr Preis 91

Teil B Selbstorganisation im naturwissenschaftlichen Bereich

I. Zur Komplexität biologischer Zusammenhänge 96

    Allgemeine Gedanken zu Systemen und ihrer Umwelt 96
    Die enge und vielfältige Verknüpfung von Organismus und Umwelt ... 99
    Jean Piaget: Das Anpassungsgeschehen 101
    Eigentümliche Entsprechungen 104
    Was ist was und was ist wie? – Die Bedeutung der „Umstände" ... 107
    Genom und epigenetisches System 110
    Epigenetische Schlaglichter 114
    Systembetrachtung der Anlage-Umwelt-Beziehung 121

II. Systemdynamik und Selbstorganisation 125

    Rückkoppelungsphänomene und Regulationen 125
    Fluktuationen und Kipp-Umschwung 128
    Die Theorie der Selbstorganisation 130
    Selbstorganisation und Umwelt 133

III. Umberto Maturana und Francisco Varela: Die Autopoiese ... 136

    Autopoietische Systeme 136
    Die operationale Geschlossenheit und die Konstruktion der Wirklichkeit ... 138
    Innere Kohärenz und „Eigenverhalten" 143

IV. Ilya Prigogine: Die dissipativen Strukturen 146

    Dissipation und Unumkehrbarkeit 146
    Beispiele für Ordnungsbildungen und ihre Erklärung 150
    Systemgeschichte und Verzweigungspunkte 152

V. Hermann Haken: Die Synergetik 155

    Vom Wasserdampf zum Laserstrahl 155
    Selbstorganisation im Computer und im Nervensystem 158
    Aufschlußreiche Gesellschaftsspiele 159
    Chaos und Strukturbildung 160

Inhalt

VI. Manfred Eigen: Die Hyperzyklen-Theorie 162

    Ein Blick auf die Welt der Moleküle 162
    Was ist ein Hyperzyklus 163
    Selbstorganisation und Selektion 165

VII. Zur erkenntnistheoretischen Bedeutung des Prinzips der
Selbstorganisation 170

    Selbstorganisation und „Zufall" 170
    Rauschen und Organisationseffizienz 173
    Selbstorganisation und Selbsttranszendenz als Grundlage eines neuen Weltbildes.. 174
    Ethische Konsequenzen 177

Teil C   Aspekte der Selbstorganisation im geistig-seelischen Bereich

I. Analogien 180

    Durchgehende Grundprinzipien und das Bemühen um eine einheitliche
    Betrachtung der Welt 180
    Analogienbildung als ein Grundmerkmal menschlichen Denkens 183
    Analogien und Homologien 185
    Analogien und vorhandenes Wissen 186
    Synästhesien 187
    Wert und Sinn von Analogien 187
    Zur Frage der Abgrenzung zwischen Natur- und Geisteswissenschaft 190

II. Selbstorganisation und Selbsttranszendenz als
individualpsychologische Phänomene 195

    Rückblick auf die grundsätzliche Rolle der Selbstorganisation 195
    Selbstorganisation und Lernen 196
    Selbstorganisation und Persönlichkeit 199
    Selbstorganisation und Psychotherapie 203

III. Autonomie, Autorität und Selbstentfaltung 209

    Zum Wesen der Autonomie 209
    Das Janusgesicht der Autonomie 211
    Selbstbestimmung und Autorität 215
    Zur Problematik menschlicher Selbstentfaltung 216
    Der Entwicklungsweg zu einer autonom-altruistischen Persönlichkeit ... 224

IV. Zur allgemeinen Bedeutung von Selbstorganisation und
Selbstregulation im menschlichen Leben 231

    Vertrauen und Gegnerschaft, Spontaneität und Planbarkeit 231
    Der Organismus als selbstregulierendes System 234
    Kulturelle Verschiedenheiten 237

V. Zur Problematik erzieherischer Eingriffe ... 240

Die Institution Schule ... 240
Das Lernen in der Schule ... 245
Erziehung als außengesteuerter Eingriff in ein System ... 251

VI. Non-direktive Pädagogik und selbstbestimmtes Lernen als Alternativen ... 254

Die Rolle der humanistischen Psychologie ... 254
Die Konzeption einer non-direktiven Pädagogik ... 255

VII. Praktische Wege zur Selbständigkeit und Verantwortung in der Kindheit: Die Erfahrungen der Nikitins ... 264

Die Wunderkinder von Bolschewo ... 264
Gedanken zum Aufwachsen in einer Umwelt von Gefahren ... 266
Was ist aus den Kindern der Nikitins geworden? ... 270

Teil D Selbstorganisation in menschlichen Gruppen und Gesellschaften

I. Selbstorganisation, soziale Ordnung, Hierarchie und Gesellschaft ... 274

Gedanken zu sozialer Ordnung und Gleichheit ... 274
Funktions- und Werthierarchien ... 280
Gibt es überhaupt Selbstorganisation im Rahmen größerer sozialer Gebilde? ... 285
Das Durchbrechen der Selbstabgeschlossenheit und Prozesse der Selbst-Transformation ... 290
Paradoxe Effekte ... 292
Volkswirtschaftliche und ökologische Aspekte ... 294

II. Selbstorganisation und soziale Gruppen ... 298

Selbstorganisatorische Prozesse in menschlichen Gruppen ... 298
Soziale Selbstorganisations-Strukturen ... 302
Betriebe: selbstorganisierte Gebilde und partizipatives Management ... 305
Die Konzeption der Selbstverwaltung ... 310
Jugoslawische und algerische Erfahrungen ... 311

III. Soziobiologie und kulturelle Evolution ... 317

Zur Frage biologischer Grundlagen soziokultureller Phänomene ... 317
Die Konzeption einer kulturellen Evolution ... 325

IV. Typische Prozesse in menschlichen Gesellschaften ... 331

Zur allgemeinen Dynamik in gesellschaftlichen Systemen ... 331
Ein Blick auf konkrete geschichtliche Zusammenhänge unter dem Aspekt der Selbstorganisation ... 334
Elitenbildung und Erstarrung ... 340

Inhalt 9

V. Individuum und soziale Organisation in unterschiedlichen
Gesellschaftsformen 346

Von der Frühzeit zum Mittelalter 346
Zur Charakteristik hochentwickelter Gesellschaften 348
Schwierigkeiten heutiger Politik 355
Selbstorganisation und Autonomie, Demokratie und Anarchie 362

VI. Aspekte zukünftiger Politik: Von der Kontextsteuerung
zum sozialen Symbiotismus 377

Ein Bild unterschiedlicher Tendenzen 377
Dezentralisierung, Umgang mit Komplexität und Staatsminimierung . 378
Die Bedeutung von Umfeld, Selbststeuerung und Integration 381
Die Idee eines sozialen Symbiotismus 383

Teil E Das Phänomen Verantwortung:
sein Umfeld und seine Voraussetzungen

I. Grundlagen, Wesen und Grenzen von Ordnung, Normen und Regeln 390

„Natürliche" Ordnungen 390
Das Gehirn als Ordnung-schaffendes Organ 391
Der Begriff „Norm" 393
Die soziale Funktion von Normen 395
Normen-bezogene Schwierigkeiten und Systemkonflikte 397
Gefahren einer strikten Ordnungs- und Regelorientierung 403
Grundhaltungen zu Normen 405

II. Werte, Wertklärung und heutige Wertwelt 407

Werte und Wertethik 407
Die Methode der Wertklärung 409
Überlegungen zur heutigen Wertwelt: Ethik, technische Welt und Kultur 412

III. Begriff und Bedeutung der evolutionären Ethik 418

Idealistische und evolutionäre Ethik 418
Allgemeines und Konkretes zur evolutionären Ethik 420
Probleme des heutigen Menschen aus der Sicht der evolutionären Ethik 425

IV. Was ist eigentlich Verantwortung?
Definition, Bedeutung und Aspekte der Verantwortung 430

Die Bedeutung des Begriffs in Alltag und Wissenschaft 430
Ist Verantwortung identisch mit Haftung und Disziplin? 433
Das eigentliche Wesen der Verantwortung 437
Die Rolle des Gewissens 440
Formen der Verantwortung 441
Personale und universale Verantwortung 444

V. Ein Blick auf das weitere Umfeld der Verantwortung 448

Kulturanthropologische Zusammenhänge 448
Das „moderne" Zeitalter 451
Die Bedeutung des klassischen wissenschaftlichen Weltbildes
für die Verantwortungs-Problematik 454
Persönliche Motivation und Institutionalisierung 459
Macht und Verantwortung 465
Loyalität, Autonomie und Strafen 469

VI. Wege zur Verantwortung 474

Kann es eine Erziehung zur Verantwortlichkeit geben? 474
Das Ziel einer Harmonisierung von Eigenverantwortung und Normenbefolgung . . 478

Teil F Zusammenschau und Perspektiven

I. Der Mensch in der modernen Welt 482

Das Dahinschwinden von Weisheit und Sinn 482
Der Egoismus von Individuen und sozialen Gruppen 487
Ideologie und Sozialisation 493

II. Szenarien und Alternativen 497

An der Schwelle der Zukunft 497
Zwei gegensätzliche Szenarien 500
Komplexität und Unsicherheit 505
Von der Natur lernen 507
Eine neue Rolle von Politik 512

III. Bewußtseinswandel oder Selbstzerstörung 516

Der Überstieg in neue Ebenen des Bewußtseins
und gesellschaftliche Bedingungen 516
Ein Wettlauf von Entwicklungstendenzen 523

Bildnachweise 527

Vorwort

„Selbstorganisation und Verantwortung" – ein eigenartiger Titel. Gibt es das überhaupt, Selbstorganisation? Widerstrebt es nicht im tiefsten unserem, vielleicht auch speziell dem deutschen Denken, daß sich Dinge sozusagen von alleine organisieren, daß sich spontan Strukturen bilden, ohne Vorgaben von außen? Wo wir doch gewohnt sind, daß alles gemacht und organisiert wird, von Gott angefangen über die Regierung bis zum Abteilungsleiter und letzten Aktivisten! Erleben wir nicht auch an uns selbst, daß wir etwas wollen und dann auch tun? Vorstellungen dieser Art dürften indes ein entscheidendes geistiges Hindernis darstellen, um komplexes Systemverhalten – ob in der Natur oder in menschlichen Gesellschaften – zu begreifen.

Wenn es aber Selbstorganisation gibt – und vieles, nicht nur das Wachsen von Kindern und Bäumen – spricht eigentlich dafür, was ist 'Selbstorganisation', was bedeutet sie? Welches sind die Bedingungen, unter denen sie zustande kommt? Und müssen wir nicht ebenso fragen, welches die Bedingungen und Voraussetzungen von Verantwortung sind, die wir in irgendeinem Zusammenhang „tragen" oder „zu der wir den anderen zu ziehen" gewohnt sind?

Was hat überhaupt das eine mit dem anderen zu tun? Stehen beide nicht in einem unüberbrückbaren Gegensatz, schließen sie sich nicht letztlich aus? Oder ist Selbstorganisation im Gegenteil geradezu ein Weg zur Lösung vieler Probleme, vor denen wir im Hinblick auf Verantwortung stehen, vielleicht sogar eine Möglichkeit, Verantwortung in ihrem eigentlichen Kern zu stärken, der hohlen Arroganz von Macht und Geld zu entfliehen und ein Versinken im Ozean allgemeiner Heuchelei zu vermeiden?

Fragen über Fragen! Die Antworten darauf hängen ganz entscheidend von der Art ab, in der wir zu denken, und von den Wegen, die wir zu gehen gewohnt sind, aber auch von der Bereitschaft zu fragen, ob es jenseits der gewohnten Wege nicht noch andere gibt, die uns möglicherweise der Lösung mancher Probleme näherbringen könnten – ein Gedanke, der die Erkenntnistheorie berührt, die deshalb nicht ausgeklammert werden kann.

Sowohl über Selbstorganisation als auch über Verantwortung ist nun gerade in letzter Zeit viel gesprochen und geschrieben worden. Es stellte sich jedoch bei gezielter Nachfrage sehr rasch heraus, daß zwar die Worthülsen als solche zur Verfügung stehen und auch, zumindest, was Verantwortung anbelangt, häufig verwandt werden, daß das aber nicht in gleicher Weise mit einer fundierten Kenntnis darüber einhergeht, um was es sich dabei eigentlich handelt und welches die konkreten Bedingungen des Zustandekommens darstellen. So wurde mir bei mehreren Befragungen übereinstimmend zum Ausdruck gebracht, daß Verantwortung, als Eigen- und Mit-Verantwortung, etwas sehr Wichtiges sei, bspw. bei der Erziehung junger Menschen, gegenüber der Umwelt oder speziell auch für die Verkehrssicherheit. Bei der sich daran anschließenden Frage, was denn nun eigentlich Verantwortung sei, erhielt ich – selbst bei Berufsgruppen, die in besonderer Weise mit der Problematik konfrontiert sind – kaum noch verwertbare Antworten. Und über den Zusammenhang zwischen Selbstorganisation und Verantwortung schienen überhaupt keine Vorstellungen zu bestehen.

Dabei scheint mir gerade dieses Problem für das Verständnis unserer Situation und die zukünftige Entwicklung der Menschheit von wesentlicher Bedeutung zu sein.

Deshalb schrieb ich dieses Buch, als Versuch, das Verständnis des Menschen für sich selbst, seine Situation und seine grundlegenden Probleme zu fördern, vielleicht sogar Perspektiven einer geistigen Weiterentwicklung aufscheinen zu lassen. Die Tatsache, daß ich das Prinzip der Selbstorganisation – neben dem der Verantwortung – in den Mittelpunkt dieses Buches stelle und daß ich dabei vor allem solche Zusammenhänge aufzeige, die mir hierzu wichtig erscheinen, soll nicht bedeuten, daß ich es für das einzige Prinzip einer umfassenden wissenschaftlichen Sichtweise halte. Ebensowenig geschah es aus der Überzeugung, daß alles Geschehen in der Natur sowie im menschlichen und gesellschaftlichen Bereich *nur so* und nicht auch anders zu erklären sei. Ich tat es vielmehr, weil ich der Auffassung bin, daß auf der Grundlage selbstorganisatorischer Konzeptionen viele Zusammenhänge, die sich unserem klassischen Denkansatz verschlossen, besser zu verstehen sind und daß moderne Erkenntnisse zur Selbstorganisation durchaus nützlich sein könnten, um mit den Problemen, die sich uns heute und in der Zukunft stellen, sehr viel fruchtbarer umzugehen. Zudem stehen wir im Prozeß einer entscheidenden Wandlung unserer allgemeinen Wissenschaftskonzeption und zugleich in einer Lebenssituation, in der andere – aggressive – Ansätze mehr und mehr in den Vordergrund treten, obwohl ihr Scheitern in der Vergangenheit belegt ist und sie für die Zukunft eher noch Schlimmeres befürchten lassen.

Das Buch ist recht umfangreich geworden, obwohl ich mich bei der Auswahl der Aspekte beschränkt habe. Trotzdem hoffe ich, vor allem aufgrund zahlreicher Beispiele, daß die vorgetragenen Inhalte eine plastische Anschauung bestimmter grundlegender Zusammenhänge vermitteln. Mir kommt es nämlich weniger auf die Erklärung einzelner Fakten oder auf spezielle Lösungen konkreter Probleme an; ich möchte vielmehr gemeinsam mit dem Leser versuchen, zu den grundsätzlichen Erkenntnissen vorzustoßen, die sich hinter vielen vordergründigen Phänomenen auftun. Diese grundsätzlichen Erkenntnisse sollten allerdings nicht von vornherein, sozusagen apriorisch, vorgegeben sein, sondern sich schrittweise aus der Betrachtung der konkreten Gegebenheiten in unterschiedlichen Wissensbereichen quasi herauskristallisieren.

Nach einer grundlegenden erkenntnistheoretischen Ausgangsbetrachtung der wissenschaftlichen Entwicklung des Abendlandes in der Neuzeit und ihrer Konsequenzen für das praktische Leben und Denken wird zunächst das Konzept der Selbstorganisation behandelt, einmal in den Naturwissenschaften und zum anderen, nach einem Exkurs über den erkenntnistheoretischen Stellenwert von Analogien, im seelisch-geistigen Bereich sowie auf menschliche Gruppen und Gesellschaften bezogen. Im Anschluß daran werden – sozusagen auf dem Überlappungsfeld von Individuum und Kollektiv – Wesen, Voraussetzungen und Bedingungen von Verantwortung besprochen. Dabei wird sich u.a. als entscheidende Frage stellen, wie die Autorität des Staates mit der Autonomie des Individuums in Einklang gebracht werden kann. Dieser Frage sowie Aspekten künftiger Politik widmen sich die letzten Kapitel.

Das über lange Jahre entstandene Buch ist, wie gesagt, sehr umfangreich geworden. Angesichts des sich über viele Wissensbereiche spannenden Grundanliegens mit dem Versuch, Zusammenhänge deutlich werden zu lassen, die sich vielfach nicht unmittelbar erschließen, erschien eine wie auch immer geartete Kürzung nicht sinnvoll.

Um das Buch zu einem für den Leser dennoch akzeptablen Preis auf den Markt bringen zu können, haben sich Verlag und Autor zu ihrem großen Bedauern entschließen müssen, auf den größten Teil der ursprünglich vorgesehenen Abbildungen, ein verständlicherweise äußerst umfangreiches Literaturverzeichnis sowie auf ein Autoren- und Sachregister zu verzichten.

Verlag und Autor bitten um Verständnis für diese angesichts der Kostensituation – nicht zuletzt auch im Interesse des Lesers – getroffene Entscheidung, da in der ursprünglich geplanten Form Umfang und Preis des Buches so gestiegen wären, daß es nicht mehr zu einem für den Privatkäufer zumutbaren Preis hätte angeboten werden können.

Das Literaturverzeichnis, das an die 2000 Titel umfaßt, kann ggfs. bei Begleichung der für Kopien und Porto anfallenden Kosten beim Verlag angefordert werden.

Teil A

Erkenntnistheoretische Betrachtungen zur geistesgeschichtlichen Entwicklung des Abendlandes: Wissenschaft und Leben

I. Das Weltbild der klassischen Wissenschaft: Auf den Spuren von Descartes und Newton

Zur historischen Stellung der Aufklärung

Viele Dinge dieser Welt hängen sehr viel enger zusammen, als es bei oberflächlicher oder auch isolierender Betrachtung den Anschein hat.[1]

So ist man auch bei dem Versuch, die im Vorwort aufgeworfenen Fragen über Selbstorganisation und Verantwortung zu beantworten, unmittelbar mit der Lebens- und Erkenntnissituation heute lebender Menschen konfrontiert. Will man sich nun mit dieser Situation näher beschäftigen, stößt man wiederum auf weitere, noch umfassendere Zusammenhänge. Dabei entdeckt man, daß es sinnvoll und nützlich sein kann, einen Blick zurück in die abendländische Geistes- und Wissenschaftsgeschichte zu werfen. Denn möglicherweise sind bei einem solchen Rückblick zumindest einige historische Wurzeln heutiger Probleme, aber auch Möglichkeiten für zukünftige Problemlösungen zu erkennen.

Man könnte allerdings die Auffassung vertreten, daß diese Überlegungen für die Wissenschaft keine Gültigkeit hätten. Wissenschaft sei eben als objektive Wissenschaft etwas außerhalb anderer Einflüsse Bestehendes. Bei näherer Betrachtung erkennt man jedoch, daß auch wissenschaftliche Vorstellungen, die ihrerseits mit ganz bestimmten Untersuchungsmethoden gekoppelt sind – und andere praktisch ausschließen –, nicht nur auf dem Boden ihrer eigenen engeren Traditionen erwachsen. Vielmehr ist wissenschaftliches Denken zugleich auch Ausdruck kultureller und kulturgeschichtlicher Zusammenhänge und unterliegt damit vielerlei Einflüssen.

Betrachten wir also zunächst einmal die Entwicklung unseres wissenschaftlichen Weltbildes und spüren wir anschließend den Zusammenhängen mit den wesentlichen Tendenzen abendländischen Denkens und Lebens nach.

Es ist jetzt gut 300 Jahre her, daß mit der „Aufklärung" die Grundsteine der großen wissenschaftlichen Revolution gelegt wurden, die fortan das abendländische Geistesleben bestimmte. Nach der das 18. Jahrhundert in Europa beherrschenden Geistesbewegung, deren Anfänge auf Renaissance und Reformation zurückreichen und die in Gegensatz zu damals bestehenden traditionellen Ordnungen und irrationalen Tendenzen verschiedenster Art trat, macht die Vernunft das eigentliche Wesen des Menschen aus und stellt damit einen allgemein gültigen

---

[1] Vgl. hierzu mein Buch „Natur, Wissenschaft und Ganzheit", in dem ich diese Thematik ausführlicher behandelt habe.

Wertmaßstab dar. Im Verlaufe ihrer geschichtlichen Weiterentwicklung zeichnete sich die Aufklärung, was zu einer Reihe historischer Gegenbewegungen führte, immer stärker durch eine extreme Vernunft-'Gläubigkeit', eine zunehmende Verengung und vereinseitigende Nüchternheit aus. Diese prägten das Bild abendländischen Denkens und wissenschaftlichen Arbeitens in der Folgezeit ganz entscheidend. Vor allem wurde die damals entstandene Sicht über das Verhältnis von Subjekt und Objekt zum Fundament der neuzeitlichen Wissenschaft.

Diese Entwicklung ist im wesentlichen mit zwei Namen verknüpft: dem des französischen Philosophen René Descartes, der von 1596 bis 1650 lebte und 1637 seinen „Discours de la Méthode" veröffentlichte, und dem des englischen Physikers Isaac Newton (1643 bis 1727), der 1684 seine Ergebnisse über die universelle Gesetzlichkeit der Schwerkraft vor der Royal Society in London vortrug und 1687 seine „Principia" veröffentlichte. Der eine, Descartes, gründete alles auf die Ratio und leitete aus grundlegenden Prinzipien und Überlegungen deduktiv konkrete Vorstellungen über reale Phänomene ab. Der andere, Newton, ging von der Beobachtung der Phänomene aus, um dann induktiv zu bislang unbekannten Prinzipien vorzustoßen.[2]

Bis dahin war das menschliche Welterleben, auch wenn bereits im klassischen Griechenland rationale Ansätze ein magisch-mythisches Erleben zurückgedrängt hatten, weitgehend anderer Art gewesen. Der Historiker Jakob Burckhardt schildert das in plastischen Worten: „Im Mittelalter lagen die beiden Seiten des Bewußtseins – nach der Welt hin und nach dem Inneren des Menschen hin – wie unter einem gemeinsamen Schleier träumend oder halbwach." So, wie etwa für den Indianer die von Bergen umgebene weite Prärie keine abgegrenzte verlorene Insel im endlosen Weltall darstellt, war für den Menschen des Mittelalters der Kosmos – in einem für uns heute fremden Gefühl der Geschlossenheit – etwas, dem er

---

2 Natürlich soll und kann mit der bevorzugten Nennung dieser beiden Namen nicht zum Ausdruck kommen, daß diese zwei Menschen alleine die geistesgeschichtliche Entwicklung des Abendlandes in den letzten Jahrhunderten bewirkt haben. Erstens waren sie wie alle Menschen „Kinder ihrer Zeit", und sie hatten auch ihre geistigen Vorläufer und Mitstreiter. Gewisse Gedanken tauchten eben im Rahmen einer umfassenden und von vielen Einflußgrößen abhängigen Entwicklung im „Zuge der Zeit" immer häufiger auf, bis sie sich als beherrschend herauskristallisierten und für einen ganz bestimmten Denkstil prägend wurden. Zugleich blieben daneben auch Reste eines im Grunde überholten Denkens lebendig, auch, wie wir noch sehen werden, bei Descartes und Newton selbst. Trotzdem kann das Werk dieser beiden, schon wegen seiner systematischen Geschlossenheit, als herausragender Markstein der geistes- und kulturgeschichtlichen Entwicklung des Abendlandes angesehen werden. Des weiteren möchte ich betonen, daß man bei einer geschichtlichen Betrachtung natürlich immer auch auf Merkmale von Kontinuität trifft. So steht auch die Aufklärung, die uns im folgenden intensiver beschäftigen wird, nicht isoliert. Sie erwächst vielmehr sozusagen als eine spezifische Geistesströmung aus der Renaissance. Diese aber steht andererseits mit dem Ideal einer an der Antike orientierten, alle Lebensbereiche umfassenden rein „menschlichen", also nicht von scholastischen Auslegungen beeinflußten theologischen Bildung und einem dem Diesseits zugewandten Weltgefühl wieder in größerer Nähe zu modernen humanistischen Vorstellungen, wie sie gegenüber einseitigen aufklärerischen Tendenzen lebendig wurden.

ebenso selbstverständlich angehörte, wie die Welt zu ihm gehörte. Morris Berman, ein in Kanada lebender amerikanischer Historiker, spricht bildhaft von einem weiten Gewand, das die damaligen Menschen trugen, das nicht ganz sie selbst, aber auch nicht etwas völlig anderes ihnen gegenüber war. Der Mensch war eingebunden in seine Umwelt, und die Dinge, die ihn umgaben, waren nicht nur das, als was sie äußerlich erschienen, sondern sie waren zugleich auch immer Ausdruck von etwas anderem, das sich dahinter verbarg: eines nicht-materiellen Prinzips. Im Gegensatz zu heute wurde die Welt sehr viel stärker als ein lebendiges, zusammenhängendes Ganzes erlebt.

Auch heute gibt es, außerhalb der abendländischen Kultur, noch Gesellschaften, in denen das Erleben der Menschen vom tiefen Gefühl eines Eingebundenseins in die umgebende Welt getragen ist. So fühlt sich ein noch nicht entwurzelter, sondern seiner Tradition verhafteter Indianer als Teil der Mutter Erde. Deshalb spricht er mit den Bäumen, den Flüssen und dem Wind. Und er versteht deren Sprache. Er versteht, was „der Große Geist" ihm aus den Wipfeln der Bäume zuflüstert. In diesem Sinne dichtete einmal ein Indianer:

„Ein glänzender Stein am Wegrand. So klein – und doch so schön.
Ich hob ihn auf. Er war so schön!
Ich legte ihn wieder zurück
und ging weiter."

Begriffe wie Unkraut und Schädlinge (die auszurotten sind) kennt er in seiner Sprache nicht. Alles auf der Erde Existierende – Erde, Steine, Wasser, Pflanzen und Tiere – ist, wie er selbst, lebendiger Ausdruck der Schöpfung. Alle Lebewesen empfindet er als Verwandte, manche sogar als Teil seiner Seele, als eine zweite spezielle Seele.

Der mechanistische und rationale Zugriff

Mit der wissenschaftlichen Revolution, die im Zuge der abendländischen Aufklärung aufkeimte und nach Descartes und Newton einen gewaltigen Aufschwung nahm, veränderte sich das Verhältnis des Menschen zu der ihn umgebenden Welt entscheidend. „Grenzen, die bis dahin Ehrfurcht und Frömmigkeit gesetzt hatten", wurden bewußt überschritten (Hübner). Aus schlichtem Wissen wurde „Wissenschaft". Vernunft wurde quasi „militärisch" organisiert. Die Natur, die bei Platon „ein alles Sichtbare umschließendes Lebewesen" bedeutet hatte, erscheint seither als etwas weitgehend Festes, Unwandelbares, in ihren Geheimnissen als prinzipiell entschlüsselbar, das Universum als eine Art überdimensionales Uhrwerk, das unveränderlich nach vorgegebenen Gesetzen abläuft. Ein deterministisches, „objektives", statisches und quantifiziertes Bild der Natur beherrscht das Denken der Menschen. Die unverrückbaren Gesetze zu ermitteln, welche die Abläufe in der einmal geschaffenen Natur bestimmen, gilt als das große Ziel der Wissenschaft.

Sie ist es, die immerhin – aber doch auch nur – ein gutes Drittel der Menschheit fortan in ihrem Denken bestimmt.

Ein wesentliches Prinzip dieser geistesgeschichtlichen Entwicklung liegt in der bedingungslosen Tendenz zu Quantifizierungen und Quantifizierbarkeit. Die Forderung Galileis, alles, was meßbar ist, zu messen und das Nicht-Meßbare meßbar zu machen, wurde zur Leitidee einer Wissenschaft, die die mathematische Beschreibung von Phänomenen zum Ideal erhob, alles Nicht-Quantifizierbare als „unwissenschaftlich" verdächtigte und die alltägliche Erfahrung weitgehend aus ihrem Repertoire verbannte. Alles was nicht quantitativ beweisbar oder rational begründbar war, wurde mehr und mehr verdrängt und unterdrückt. Das aber bedeutet zwangsläufig eine Begrenzung des Wissens durch die Methoden, mit deren Hilfe Wissen gewonnen wird.

Nachdem Descartes die Vorstellung von „Substanzen" entwickelt hatte, also von etwas, das zu seinem Bestehen keines anderen bedarf, und eine res extensa einerseits sowie eine res cogitans andererseits, d.h. eine körperliche, ausgedehnte und eine unräumliche, geistig-denkende Substanz unterschieden hatte, ist alles klar getrennt und abgegrenzt: hier Geist, dort Materie, Natur; hier Mensch, dort Welt; hier Subjekt, dort Objekt.

Das Trennen, Abgrenzen, Zerlegen ist überhaupt ein beherrschender Zug dieses wissenschaftlichen Weltbildes, das auch als „atomistisches" oder „elementaristisches" Weltbild bezeichnet wird.[3] Alles, insbesondere die „tote Natur" wird durch immer schärfere Beobachtung in seine kleinsten Bestandteile zerlegt, analysiert und entsprechend eingeordnet.

Untersuchte Objekte werden dabei jeweils nach Vorschlag von Descartes in so viele Einzelelemente zerlegt, wie es nötig ist, um auf eine eindeutige Frage ein klares Ja oder Nein zu erhalten, komplexe Probleme auf die gleiche Weise in so viele Unterprobleme, daß jedes Unterproblem für sich lösbar wird. Der Zusammenhang der Dinge, die Kontinuität der Erscheinungen wird der Klarheit geopfert. Diese Auflösung von Systemen in ihre elementaren Bestandteile wird auch als Reduktionismus bezeichnet, weshalb man auch von einer reduktionistischen Tendenz der klassischen Wissenschaft spricht.

„Spaltung" wurde geradezu zu einem grundlegenden Prinzip dieses Weltbildes. Man war überzeugt, komplexe Phänomene durch Rückführung auf Grundbausteine, sog. Elemente, begreifen zu können. Daraus leitete sich die Auffassung oder besser Täuschung ab, auch komplexe Probleme durch einfache Maßnahmen in den Griff bekommen zu können.

Diese Tendenz tritt, wie mir scheint, auch in den Vorstellungen von dem Verhältnis von Ziel und Mitteln zutage. „Der Zweck heiligt die Mittel." In einer von dem „Prinzip Spaltung" bestimmten Denkweise wird das nicht nur ausdrücklich möglich, sondern geradezu selbstverständlich.

Einem naiv-natürlich denkenden und mit der politischen Welt weniger ver-

---

3 Diese Kennzeichnungen rühren daher, daß in ihm die Wirklichkeit als Konglomerat separater, d.h. als Anhäufung voneinander getrennter Dinge oder Einzelteile erscheint.

trauten Menschen mag es hingegen befremdlich erscheinen, ein „hehres" Ziel mit schändlichen Mitteln erreichen zu wollen. Er wird alle Mittel ablehnen, die dem angestrebten Ziel nicht entsprechen. So vertrat etwa Gandhi die Auffassung, daß ein auf die Dauer gewaltloser Zustand niemals mit Gewalt, sondern nur gewaltlos erreicht werden könne. Denn letztlich lassen die Mittel auch das Ziel in einem anderen Licht erscheinen. Das Ziel hängt, so paradox das zunächst klingen mag, auch – und sogar in hohem Maße – von den Mitteln ab, die man zu seiner Erreichung einsetzt. So gesehen, meint der japanische Philosoph Daisaku Ikeda, erweise geradezu die Art und Weise, mit der man zu einem Ziel gelange, dessen „Richtigkeit". Antoine de Saint-Exupéry beschreibt den Zusammenhang sehr treffend in seinem Buch „Citadelle": „Du erschaffst nur das, womit du dich gerade befaßt, selbst wenn es geschieht, um dagegen anzukämpfen. Ich begründe meinen Feind, wenn ich gegen ihn Krieg führe. Ich schmiede und härte ihn. Und wenn ich vergebens vorgebe, ich verstärkte meinen Zwang im Namen der künftigen Freiheit, so begründe ich Zwang. Denn das Leben verträgt keine Winkelzüge. Man täuscht nicht den Baum, sondern man läßt ihn so wachsen, wie man ihn biegt. Der Rest ist nur Wind der Worte."

Zum Stellenwert der „Objektivität"

Ein weiteres wichtiges Merkmal der neuzeitlichen Wissenschaftsentwicklung liegt darin, das eigentlich Menschliche in rein vernunftgemäßen Schlußfolgerungen zu sehen. Nur das ist gewiß, was man völlig klar und deutlich beweisen, was man exakt bestimmen kann. Dabei ist es nicht so sehr die „weise", sich bescheidende Vernunft, sondern die anpackende, ausgreifende, auf Macht und Unterjochung gerichtete Rationalität, die in diesem Wesenszug der Neuzeit zum Ausdruck kommt.

Vor allem die Natur wurde zu etwas, das es nach dem Baconschen Motto „Wissen ist Macht" zu beherrschen und zu manipulieren galt. Man lebte nicht mehr *mit* der Natur, sondern plante und arbeitete *gegen* sie. Die Frage, die sich die Menschen fortan in erster Linie stellten, lautete nicht mehr „Was kann das Land mir geben?", sondern „Was kann ich aus dem Land herausholen?" (Wes Jackson). Wie kann ich die Natur in Besitz nehmen und beherrschen, wie kann ich ihr durch aktiven Zugriff, ja notfalls mit Gewalt ihre Geheimnisse entreißen? „Legt sie [die Erde] auf die Streckfolter und preßt ihr ihre Geheimnisse ab", proklamierte Bacon.

Das Erringen der Herrschaft über die Natur war aber nur um den Preis einer Abtrennung von dieser möglich. Damit wurde jedoch unversehens in erstmals systematischer Weise auch der Mensch – als Teil der Natur – zum Objekt, das nach quasi mechanischen Prinzipien manipulierbar erschien. Das aber ließ in den Menschen ein Gefühl der Vereinzelung und der Vereinsamung gegenüber einer nicht mehr bergenden, sondern eher feindlichen Umwelt entstehen. Und dieses

Gefühl war verbunden mit einer Angst, gegenüber den Gewalten in der Umwelt und den gefährlichen Kräften in einem selbst die Kontrolle zu verlieren.

Anstelle einer selbstverständlichen Einbettung in Natur und Umwelt stand jetzt der Mensch der Natur gegenüber. Der für die klassische Physik grundlegende Begriff der „Objektivität" wurde zum bestimmenden Begriff von Wissenschaft schlechthin, zu einer kulturellen Leitidee, zu einem „Wert". Dabei wird ein gewisser Widerspruch üblicherweise kaum beachtet: Wie kann „Wissenschaft" als entscheidenden Wert die „Objektivität" propagieren, wenn sie andererseits – eben als Wissenschaft – ihrem Anspruch nach gerade „wertfrei" zu sein vorgibt.

Mit der Objektivierung, der Ver-„sach"-lichung ging zugleich eine Tendenz der Verdinglichung einher. Allein schon durch den wissenschaftlichen Umgang mit Sprache und Begriffen werden klare, „faßbare" Objekte geschaffen. „Menschen können über Gegenstände sprechen, da sie die Gegenstände, über die sie sprechen, eben dadurch erzeugen, daß sie über sie sprechen" (Maturana). So werden fiktive Täterwesen in die Natur hinein- und aus ihr herausgelesen. Aber diese Geschöpfe sind Scheinwesen, und die Trennung ist künstlich. Wie der Zauberer, der hinter der Bühne etwas in eine Kiste hineinsteckt, das er dann unter ehrfürchtigem Staunen des Publikums auf der Bühne wieder aus der Kiste herausholt, projizieren auch Wissenschaftler, ohne sich dessen bewußt zu sein, die grammatikalische Struktur eines bestimmten Sprach- und Denktyps auf die Welt und finden sie bei ihren Analysen in dieser wieder. Denn die Natur antwortet immer in der Sprache, in der sie gefragt wird (Heisenberg). Und so trat, überspitzt ausgedrückt, zu der geistigen Kollektivneurose mit den Symptomen der Verdrängung und Unterdrückung alles nicht quantitativ Beweisbaren und eindeutig Rationalen eine Art „Kollektiv-Halluzination" (Feyerabend), in der Dinge zu „Wirklichkeiten" wurden, die es in dieser Form in der Wirklichkeit nicht gibt. Indem nun Rationalismus und mechanische Physik eine Verbindung eingingen, entstand die „mechanistische" Weltauffassung mit dem Ziel, alle Phänomene ohne Rücksicht auf ihre tatsächliche Komplexität als kausale Effekte von Einzelgrößen zu erklären. Descartes selbst sah bspw. in den Tieren reine Maschinen und argumentierte, daß das Aufschreien eines geschlagenen Tieres nichts anderes bedeute als das Ertönen der Orgel, wenn man deren Tasten niederdrückt. In diese mechanistische Sicht wurde aber letztlich auch der Mensch – etwa als „Arbeitskraft" – einbezogen. Die Suche nach einem Sinn des Lebens trat mehr und mehr zurück und wurde speziell auch aus der Wissenschaft als „unwissenschaftlich" verbannt. Das Leitbild der Weisheit entschwand immer mehr und machte einem hemmungslosen Streben nach Manipulierbarkeit Platz. Nicht das „Warum" interessierte, das in vielen Überzeugungen sogenannter „Naturvölker" über Verhexung und geheimnisvolle Zaubereinflüsse die entscheidende, weil vor allem auch aus der Sicht des sozialen Zusammenlebens bedeutsame Frage darstellt (warum etwa gerade das eine von drei Kindern einen Unfall hatte oder krank wurde), sondern das „Wie", der Mechanismus des Zustandekommens.

Man isoliert und experimentiert und sammelt Daten. Die ganze Naturgeschichte erscheint unter entscheidendem Rückgriff auf die Mathematik als eine ungeheure

Sammlung von Daten, die auf der Basis von unbeabsichtigten und beabsichtigten Beobachtungen sowie vor allem durch detailliert geplante und systematisch durchgeführte Beobachtungen, sogenannte Experimente, gewonnen werden. Zählbarkeit und Meßbarkeit werden zu entscheidenden Forderungen an ein wissenschaftliches Vorgehen. Was nicht quantifiziert werden kann, ist nicht „wirklich".

So sind es im wesentlichen drei Elemente, die den wissenschaftlichen Denkstil der Neuzeit bestimmen: die Idee der Naturgesetzlichkeit, das Experiment als Methode, diese Gesetzmäßigkeit zu entschlüsseln, und die Fortschritts- bzw. Wachstumsorientierung. „Atomismus"[4] und „Positivismus"[5] wurden zu beherrschenden wissenschaftlichen Konzeptionen.

„Wissenschaft" und Zweckrationalität

Als weiterer Aspekt tritt die letztlich monetär bewertete Zweckrationalität hinzu, d.h. der Vorrang einer quantitativ bestimmbaren Rentabilität, in der Arbeit, Ware und Geld einen neuen Stellenwert gewinnen. Robert Kurz macht in seinem Buch „Der Kollaps der Modernisierung" immer wieder deutlich, wie der zunächst natürliche Zusammenhang zwischen einer Arbeit und ihrem Ergebnis, wie er etwa im einfachen „sinnlichen" Gebrauchswert zum Ausdruck kommt, mehr und mehr einer abstrakten geldlichen Bewertung untergeordnet wurde.[6] Wahr ist, was nützlich ist. Hier liegen wohl auch entscheidende Grundlagen des Zusammenhangs zwischen geistesgeschichtlicher Entwicklung, calvinistischer Ethik und der Geschichte des Kapitalismus.

Diesem Zusammenhang entspricht wiederum eine bestimmte Rolle der Wissenschaft, die bewußt gesellschaftspolitische, religiöse oder überhaupt umfassen-

---

4 Der sogenannte Atomismus stellt ein Denksystem dar, nach dem die Welt und alles, was es auf der Welt gibt, aus mehr oder weniger zufällig und rein mechanisch miteinander in Beziehung stehenden Teilchen (Atomen) besteht.

5 Der Positivismus ist ein auf Auguste Comte (1798-1857) zurückgehendes Denksystem, nach dem sich der menschliche Geist unter Verzicht auf ein Erkennen des „wahren Wesens" der Dinge auf Erkenntnisse zu beschränken hat, die er aus der Beobachtung der Phänomene ableitet, und in dem bspw. von vornherein darauf verzichtet wird, irgendwelche Fragen zu stellen, auf die es keine vollkommen logische, „positive" Antwort geben kann.

6 Damit hängt wohl auch zusammen, daß viele Frauen heute darunter leiden, ihre häusliche Tätigkeit nicht als „Arbeit" anerkannt zu sehen, weil dabei ja vordergründig kein geldlich meßbarer Gewinn erwirtschaftet wird. Ein wesentlicher Effekt der Emanzipation dürfte indes nicht eine Auflösung oder zumindest Relativierung dieses („männlichen") Prinzips der Gewinn-Realisierung und -Maximierung sein, sondern im Gegenteil dessen Verstärkung. Strömen doch Heerscharen von Frauen in eine von reiner Zweckrationalität bestimmte Arbeitswelt und treffen dort anstelle der erstrebten Selbstverwirklichung genau das an, was ihrem innersten Bestreben am wenigsten entspricht. Es entsteht also nicht etwa ein stärkerer Einfluß des Weiblichen, sondern eine Verdoppelung des Männlichen, wenn mehr und mehr Frauen männliche Rollen und Attitüden übernehmen. Die langfristigen Auswirkungen dieser gesellschaftlichen Veränderung dürften zur Zeit noch höchst ungewiß sein.

dere menschliche Probleme aus ihrem Spektrum ausklammert, sich damit aber auch sehr viel leichter von politischen, ökonomischen und religiösen Machtgruppen in deren Ansprüche eingliedern und sogar im Rahmen bestimmter Machtinteressen gezielt einsetzen läßt. Eine solche machtpolitisch gelenkte und kontrolliert zugelassene wissenschaftliche Tätigkeit und die damit einhergehende Selbstbeschränkung von Wissenschaft auf ausgestanzte Teilprobleme des Lebens erlaubten ihrerseits eine zunehmende formale „Wissenschafts"-Orientierung der Politik im weitesten Sinne; denn die Wissenschaft blieb in einem solchen Verhältnis unschädlich und akzeptierbar.

Entscheidend in diesem Umfeld ist nicht, wer Ideen hat, sondern wer das Geld und die Macht hat, Ideen entwickeln und realisieren zu lassen. Überhaupt ist der beherrschende Wert des Geldes logischer Ausdruck dieser an Quantität und Meßbarkeit ausgerichteten Weltsicht. Er bezieht auch die Zeit ein. Denn Zeit erscheint in dieser Weltsicht als etwas Enteilendes. „Time is money."

Im Rahmen der beschriebenen Entwicklung ist also ein Zusammenhang zwischen Geld und Macht, Macht und Geld geradezu zwingend. Diese Verbindung bedeutete aber zwangsläufig ein Zurücktreten des „Geistigen" im weitesten Sinne. Gerade dadurch, daß die Kirche sich zu einer machtvollen Institution entwickelte mit strenger Hierarchie, starrem Regel-Kanon und inquisitorischen Tendenzen, verlor sie ihre eigentliche geistige bzw. geistliche Autorität; und ebenso büßten die Universitäten ihre geistige Autorität um so mehr ein, je mehr sie unter staatlichen und wirtschaftlichen Einfluß gerieten.

Unübersehbar lieferte die beschriebene geistige Entwicklung aber auch die Grundlagen von Technik, Technologie und industrieller Produktion. Ja, die Erfolge der technischen Entwicklung werden, in kapitalistischen wie in sozialistischen Ländern, als gewichtiger Beweis der absoluten Richtigkeit des wissenschaftlichen Weltbildes ins Feld geführt, und „Wissenschaft" konnte sich ja auch gerade aufgrund der Entwicklung „gewaltiger technischer Apparaturen" (Picht) zu dem entwickeln, was sie heute ist. Mehr und mehr wurde die Technik, die bezeichnenderweise in der Literatur gern in einem Atemzug mit Wissenschaft, als nahezu feststehender Paarbegriff „Wissenschaft und Technik" genannt wird, schließlich zum Selbstzweck, zum entscheidenden Bestimmungsfaktor moderner Kulturen, zum eigentlichen und letztlich sogar tyrannischen Subjekt der Geschichte. Spricht man heute von einem Wissenschaftler, so denkt man bezeichnenderweise weniger an einen kulturell besonders gebildeten Menschen, sondern an jemanden, der bestimmte spezialisierte „Techniken" beherrscht.

Der Begriff des technischen „Fortschritts" ist fast zu einem programmatischen Bekenntnis zu einer kontinuierlichen und meßbaren Steigerung technischer und wirtschaftlicher Erfolge, zu einer tiefen Überzeugung von dem unentbehrlichen Wert einer wirtschaftlich-technischen Expansion geworden. Und diese Fortentwicklung betraf, was wiederum kennzeichnend für das gesamte Weltbild ist, in allererster Linie und fast ausschließlich die Produktion von Objekten, die Produktion und den Absatz von Waren.

Daher ist es auch letztlich nicht verwunderlich, daß in dem Maße, in dem

Wissenschaft sich technisch umsetzte, die eigentliche Macht – auch die Macht über die Wissenschaft selbst – an Industrie und Kapital überging. Eine lange und in sich selbst zurückführende Kette bindet so die Wissenschaft an die Technik, die Technik an die Industrie, die Industrie an die Gesellschaft und die Gesellschaft wiederum an die Wissenschaft (Morin).

Technische Modelle in den Humanwissenschaften

Die geradezu triumphalen Erfolge und Verheißungen des rationalistischen-mechanistischen Denkens blieben nicht nur auf die Bereiche von Naturwissenschaft und Technik beschränkt. Sie ergriffen auch die Humanwissenschaften, die im Sog dieser Entwicklung zu einem neuen Wissenschaftsverständnis vorstießen, ja sich überhaupt erst in der Nachahmung klassischer Naturwissenschaften als „wissenschaftlich" entdeckten. Dabei spielten nicht einmal so sehr die materiellen Realitäten, die die Technik schuf, die entscheidende Rolle. Viel wichtiger war wohl der Prozeß der Technisierung, die unter dem Gesetz der Rationalität (Rationalisierung) und Wirksamkeit fortschreitende Veränderung menschlicher Verhaltensweisen (Aron).

So dehnte sich die technologische Rationalität auch auf das soziale Leben aus und führte hier zu einer dogmatisch vertretenen Überzeugung von der „unbegrenzten Formbarkeit des Menschen" (Lorenz) und der ebenso unbegrenzten Gestaltbarkeit und Manipulierbarkeit menschlicher Gesellschaften. Damit beherrschte technisches Denken auch zunehmend die Politik. Eine Art sozialer Fabrikations- und Konstruktionsmythos trat mehr und mehr an die Stelle menschlicher Bindungen innerhalb natürlicher sozialer Netze. Zwischenmenschliche Solidarität ging dabei jedoch um so stärker verloren, je größer Erwartungen an die hektische Aktivität engstirnigen Machertums wurden.

In der Erziehungswissenschaft spiegelt sich die angesprochene Entwicklung bspw. in dem wissenschaftlichen Interesse an Lehrplänen, an sogenannten curricularen Entwicklungen sowie an planerischer und organisatorischer Effizienz. Der Schüler wurde zum „Material", zum Objekt von Planungsmechanismen und „objektiven" Kontrollen, die ihn als ganzen Menschen auf die Funktion spezieller schulischer Leistungen reduzierten.

Mit alledem ging eine zunehmende Beschränkung auf methodische Fragen einher. Durch die Forderung der Meßbarkeit war man gezwungen, sich vorwiegend auf solche Lernprozesse zu konzentrieren, deren Ergebnisse in überblickbaren Zeiträumen klar überprüft werden konnten. Damit aber erfolgte zwangsläufig eine Beschränkung auf solche Inhalte, die mit den zur Verfügung stehenden Meßinstrumenten zu quantifizieren waren bzw. methodisch in quantifizierbare Ergebnisse verwandelt werden konnten (sog. Lernziel-Operationalisierung). Das mündete schließlich in den Maximalanspruch einer allumfassenden Planbarkeit und Kontrollierbarkeit des gesamten Unterrichtsprozesses.

Auch die uns heute so selbstverständliche Notengebung ist vor diesem Hintergrund zu verstehen. In der heutigen Schule wird Arbeit geleistet, die Leistungen werden gemessen und quantitativ in Noten bewertet. Dabei bestünde theoretisch durchaus die Möglichkeit, bspw. schlicht zu beschreiben, was wie mit welchem Erfolg getan wurde, wo noch Rückstände bestehen, wann in welcher Weise auch dort Fortschritte erwartet werden usw.

Der Anspruch auf „Wissenschaftlichkeit" hat mittlerweile nach Art einer umgreifenden Ideologie unser gesamtes Leben erfaßt. Es wird nämlich mehr und mehr durch Erkenntnisse und Methoden bestimmt, die – zu Recht oder Unrecht – von der Wissenschaft als „wissenschaftlich" ausgewiesen sind. Inzwischen scheint die moderne Gesellschaft von den Produkten der Wissenschaft so abhängig geworden zu sein wie ein „Süchtiger von der Droge" (Pietschmann).

Die wissenschaftliche Entwicklung beruhte aber wiederum ganz entscheidend auf methodischen und methodologischen Grundpfeilern. Denn wissenschaftliche Zielsetzungen und Objekte wurden fast ausschließlich nach methodischen Kriterien bestimmt. Der aus Österreich stammende Philosoph Paul Feyerabend glaubt sogar in dem Auseinanderklaffen zwischen den „Luftschlössern von Methodologen" und der Realität „Analogien zu Geisteskrankheiten" zu erkennen. In einem Artikel mit der bezeichnenden Überschrift „Die Wissenschaftstheorie – eine bisher unbekannte Form des Irrsinns" zeigt er bspw. als gemeinsame Merkmale die zunehmende Entfernung von der Wirklichkeit und die endlose Wiederholung formaler Merkmale auf.

Zur Relativität von „Wissenschaft"

In dem beschriebenen Rahmen wird meist übersehen, daß die Vorstellung einer durchgehend objektiven, rationalen und sich einem analysierenden Zugriff erschließenden Welterkenntnis eine idealistische Verabsolutierung darstellt. Auch die Annahme einer vorwiegend rationalen, ganz an den logisch-rationalistischen Denkmodellen des menschlichen Geistes ausgerichteten Welt ist bei näherer Betrachtung keineswegs rational, sondern im eigentlichen Sinne idealistisch oder gar ideologisch. So könnte man geradezu von einer Irrationalität der Rationalität sprechen.

Ähnlich kann ja auch ein Wahnsinniger innerhalb seines Wahnsystems völlig logisch denken und handeln (Kurz), ist aber ungeachtet dessen – aus übergeordneter Sicht – eben doch wahnsinnig, ohne daß er sich dessen bewußt wäre. Gerade der „Realismus" unserer Denkweise ist in tragischer Weise grundlegend unrealistisch. Die Struktur der wissenschaftlichen „Mythologie" ist ebenso komplex und der Selbstdefinition unterworfen wie die traditionellen Mythologien es sind (Skolimovski).

Denn diese bestimmte Form von Wissenschaft beruht letztlich auf einem Glauben, dem Glauben nämlich, daß „jedes einzelne Ereignis in einer vollkommen bestimmten Weise mit den ihm vorausgegangenen Ereignissen verknüpft werden kann" (Alfred North Whitehead), während Wissenschaft ursprünglich und ganz allgemein die systematische Erweiterung und Vertiefung von Wissen und Einsicht bedeutet. Außerdem ist „Wissenschaft" auch insofern dem Glauben verwandt, als sie ähnlich wie eine religiöse Bindung eine neue Form von subjektiver Sicherheit bietet.

Auch geschichtlich ist beiden, dem Glauben (etwa der christlichen Religion) und der Aufklärung, gemeinsam, daß sie in mehr oder weniger institutionalisierte Macht über Menschen mündeten, obwohl sie unter einem für den Menschen sehr viel positiveren Aspekt entstanden waren: die eine als eine den Menschen in Liebe erlösende Idee, die andere als eine den Menschen aus seiner Unmündigkeit gegenüber staatlicher und religiöser Tyrannei herausführende geistige Konzeption.

Schon Hippolyte Taine hatte über die Denkansätze des 18. Jahrhunderts spöttisch bemerkt: „Sie besitzen denselben Glaubensschwung, denselben Hoffnungseifer, denselben Enthusiasmus, denselben propagandistischen Geist, dieselbe Herrschsucht, dieselbe Strenge, dieselbe Intoleranz, denselben Ehrgeiz, den Menschen umzubilden und das ganze menschliche Leben nach vorgefaßten Typen zu regulieren. Die neue Doktrin wird ebenfalls ihre Gelehrten, ihre Dogmen, ihren populären Katechismus, ihre Fanatiker, Inquisitoren und Märtyrer haben. Sie wird sich ebenso laut wie ihre Vorgängerinnen als legitime Souveränin gebärden, der die Diktatur selbstredend gehört und gegen die jede Auflehnung töricht oder verbrecherisch ist. Sie differiert von ihren Vorgängerinnen nur dadurch, daß sie sich im Namen der Vernunft aufdrängt, nicht mehr im Namen Gottes."

Entspricht es nicht genau dieser Beschreibung Taines, wenn all das, was dem zu einer bestimmten Zeit als wissenschaftlich gültig anerkannten Denkansatz nicht entspricht, als unwissenschaftlich und unseriös ignoriert, abgelehnt oder sogar mit Sanktionen belegt wird? Die menschliche Geschichte ist voll von typischen Beispielen. Es mag reizvoll sein, sich einmal vorzustellen, wie die Menschheitsgeschichte verlaufen wäre, wenn abweichende Auffassungen in Wissen und Glauben der Menschen nicht durch alle Jahrhunderte hindurch immer wieder sozial geächtet und mit aller Macht bekämpft worden wären.

Grundsätzlich neigen Menschen wohl dazu, die gerade geltenden Annahmen als Ausdruck der „Vernunft" zu verstehen und ihren jeweiligen geistigen Entwicklungsstand „automatisch" für endgültig zu halten. Deshalb fällt es manchem auch so schwer, sich zu vergegenwärtigen, daß ähnlich, wie er heute voller Mitleid und vielleicht sogar peinlich berührt auf das blickt, was er vor einigen Jahren für richtig hielt, er in 10 Jahren über das denken könnte, was er heute für richtig hält. Das gilt genauso für die Entwicklung der Menschheit. Auch hier erleben wir uns heute gegenüber früheren Generationen als ungemein weit entwickelt, haben aber Schwierigkeiten, uns vorzustellen, daß Menschen, die in – sagen wir – 200 Jahren auf unsere Zeit zurückblicken, uns als „verlängertes Mittelalter" einstufen könnten, wozu es im übrigen trotz aller technischen Errungenschaften schon heute genügend Gründe gäbe. Und offenbar widerlegen auch die Wissenschaftler selbst diese Erfahrung nicht. Denn auch sie sperren sich oft dagegen, die Relativität und Zeitgebundenheit ihres jeweiligen Erkenntnisstandes über die Wirklichkeit dieser Welt und des Lebens zu sehen.

Man muß sich doch nur vor Augen führen, mit welchem Absolutheitsanspruch sehr häufig neue Lehrmeinungen und Methoden verkündet und angewandt und nach welch kurzer Lebensdauer sie von anderen „wissenschaftlichen" Überzeugungen wieder abgelöst werden. Das gilt für alle Disziplinen, für die Medizin ebenso wie für die Psychologie oder die Pädagogik, ja auch für die Physik. Wer noch vor etlichen Jahrzehnten in einem Examen behauptet hätte, ein Atom, das damals als definitiv letzter Baustein der Wirklichkeit verstanden wurde, sei aufspaltbar, wäre höchstwahrscheinlich durchgefallen. Das gleiche würde einem Studenten passieren, der das damals als einzig richtig Erkannte heute in einem Examen vertreten würde.

Der Mathematiker Kurt Gödel hat mit seinem Anfang der dreißiger Jahre veröffentlichten Unvollständigkeitstheorem die gesamte sog. „Axiomatik" grundsätzlich relativiert. Er stellte fest, daß „alle widerspruchsfreien axiomatischen Formulierungen der Zahlentheorie unentscheidbare Aussagen enthalten" und daß es innerhalb eines formalen Systems nicht möglich ist, dessen Widerspruchslosigkeit zu beweisen. Indem er die Mathematik selbst zur Erforschung mathematischen Denkens benutzte, belegte er, daß die Nicht-Widersprüchlichkeit der formalen Arithmetik nicht durch Methoden beweisbar ist, die in der formalen Arithmetik formalisierbar sind und daß ein formalisiertes komplexes logisches System zumindest *eine* unbeweisbare Annahme enthält. Verallgemeinert bedeutet diese Erkenntnis, daß es keine eindeutige Antwort auf die Frage gibt, was letztlich wirklich ein gültiger Beweis ist, und daß Wissenschaft letztlich nur unter Einbeziehung eines umfassenderen, d.h. nicht im engeren Sinne „wissenschaftlichen" Rahmens möglich ist. „Keine Wissenschaft ist absolut voraussetzungslos, und keine kann für den, der diese Voraussetzungen ablehnt, ihren eigenen Wert begründen", hatte auch Max Weber festgestellt.

Es ist ein Irrtum, einfach anzunehmen, daß „Wissenschaft", so wie sie in den letzten Jahrhunderten in unserem Kulturkreis verstanden wurde, etwas Absolutes sei, daß unser gegenwärtiges Denken „Denken" schlechthin und *unsere* Art von Wissenschaft „Wissenschaft" schlechthin sei. Es ist vielmehr eine bestimmte Zugangsweise zu Problemen, die unter Wissenschaftlern eines bestimmten Kulturkreises und einer bestimmten geschichtlichen Epoche als wissenschaftlich akzeptiert wurde und die deshalb als allgemeingültig erschien. Nicholas Rescher bemerkte einmal sehr pointiert: „Wir müssen so realistisch sein einzusehen, daß hinsichtlich unseres wissenschaftlichen Weltbildes unsere sicherste Erkenntnis sehr wahrscheinlich nicht mehr ist als ein momentan akzeptierter Irrtum."

„Wissenschaft" ist ein kulturgebundenes Phänomen, und „wissenschaftliches Denken", wie wir es kennen, ist eine bestimmte Form, Fragen zu stellen und Antworten zu finden, eine bestimmte Form geistiger Tätigkeit, Wirklichkeit zu erfassen. Sie ist nur *eine*, aber keineswegs die einzige Möglichkeit des Umgangs mit Wirklichkeit. Deshalb trifft man, wenn man der Bedeutung von Begriffen wie „wahr" und „wirklich" nahekommen will, immer wieder auf die grundlegenden Annahmen eines bestimmten Denkstils. „Wahrheit ist, was der Denkstil sagt, daß Wahrheit sei" (Feyerabend).

Unser „wissenschaftliches Denken" ist also etwas ganz Spezifisches, das damit auch zwangsläufig seine Grenzen hat. Es ist ein System, Umwelt zu erfassen und zu verarbeiten, das sich vor einem ganz bestimmten kulturellen Hintergrund und unter ganz bestimmten Bedingungen in einer ganz bestimmten historischen Epoche des Abendlandes entwickelt hat. Daher sind auch Fakten, die die Wissenschaft aufdeckt, lediglich das, was unter diesen Systembedingungen Fakten sein können, nicht mehr und nicht weniger. Es sind Fakten, die Forscher in einer ganz bestimmten Zeit mit einer ganz bestimmten Form wissenschaftlichen Vorgehens herausfinden (Heisenberg, Berman).

Inwieweit in der Praxis dann tatsächlich Fakten Auffassungen begründen oder im Grunde in vielen Fällen immer noch der umgekehrte Prozeß stattfindet, daß nämlich letztlich Auffassungen Grundlage sog. Fakten sind, bleibe hier zunächst unerörtert. Vielleicht sollte mancher Forscher, anstatt zu betonen: „Dies hier sind meine Fakten, auf denen meine Auffassungen gründen", fairerweise eher formulieren: Nehmen sie im folgenden meine Überzeugung zur Kenntnis, auf denen meine „Fakten" beruhen (Aron). Friedrich Nietzsche hat darauf hingewiesen, daß sein Jahrhundert sich nicht so sehr durch den Sieg der Wissenschaft auszeichne, sondern durch den Sieg der „wissenschaftlichen" Methode über die Wissenschaft.

Wenn die Methode aber das Wissen bestimmt, und wenn die Methode – d.h. eine bestimmte Methode – zugleich als entscheidender Aspekt des „wirklichen Seins" verstanden wird, muß das letztlich in einer Sackgasse enden. Dies wird um so folgenreicher sein, je absoluter die Methode gesetzt wird und je intensiver man sich auf das konzentriert, was mit Hilfe dieser speziellen Methode erfaßbar ist, und das auf diese Weise nicht Erfaßbare als nicht wirklich existent erklärt: Der so übrigbleibende Ausschnitt der Wirklichkeit gleicht in seiner Aussagekraft dem Bild, das jemand erhält, der mit einer ganz bestimmten Vergrößerung – und auch nur mit dieser, weil er keine andere hat – durch ein Mikroskop blickt. Welcher riesigen Täuschung würde der betreffende Forscher erliegen, wenn er von der Überzeugung erfüllt wäre, damit die „wirklichen" Strukturen z.B. eines Gewebes zu erkennen, wo doch der Horizont seiner Erkenntnis mit der Auflösungsfähigkeit seines Mikroskops endet (vgl. Lorenz). In ähnlicher Weise könnte man sich einen Forscher vorstellen, der mit einem Netz, das eine Maschengröße von 1 cm hat, einen See durchsiebt und dann feststellt, daß dieser See keine Lebewesen enthalte, die kleiner als 1 cm seien (Dossey).

Treffen wir nicht auch bei Newton selbst auf ein ähnliches Phänomen, wenn er mit Hilfe eines Prismas und eines Spalts „reines" Rot aus einem Spektrum herausblendet und nachweist, daß weitere Prismen sein Rot nicht weiter zerlegen. Denn nimmt man anstelle eines weiteren Prismas zunächst einen doppelt brechenden Kristall und untersucht den roten Strahl nach Durchtritt dieses Kristalls wie im ersten Fall mit einem Prisma, so erblickt man jetzt nicht nur rotes, sondern auch blaues und ultraviolettes Licht (Krueger). Inwieweit ist also Newtons Feststellung tatsächlich eine Feststellung über das Wesen der Farben? Ist sie vielmehr nicht eine solche über die Funktionsweisen der benutzten Instrumente einschließlich des Auges oder von beidem?

Spielen wir in Gedanken ein anderes Beispiel durch, indem wir uns einen Scheinwerfer vorstellen, der die Fähigkeit zu einer geistigen Verarbeitung hätte! Wie könnte ein solcher Scheinwerfer in einem dunklen Raum nach etwas suchen, auf das kein Licht fällt? Der Scheinwerfer würde, wenn er Erfahrungen denkend verarbeiten könnte, zwangsläufig zu der Schlußfolgerung gelangen müssen, daß überall Licht ist (vgl. Jaynes).

Oder machen wir einen zeitlichen Vergleich: Wir wissen, daß verschiedene Lebewesen, bspw. eine Schnecke und ein Kampffisch, einen unterschiedlichen Zeitsinn haben und daß auch unser menschlicher Zeitsinn in Abhängigkeit von der Leistungsfähigkeit unserer Neuronen in einer ganz bestimmten Größenordnung liegt. Wäre das, was wir an Information in einer Sekunde verarbeiten könnten, statt etwa 18 Bit/sec tausendmal größer oder kleiner, könnten wir die Bahn von Flintenkugeln mit den Augen verfolgen oder – umgekehrt – unmittelbar erleben, wie sich die Blüte einer herrlichen Pflanze öffnet (Rohracher). Stellen wir uns nun vor, wir lebten nicht länger als eine einzige Sekunde! Unsere Überzeugung, daß sich der Stundenzeiger einer Uhr nicht bewegt, wäre, zudem durch die Erfahrung vieler Generationen bestätigt, zwangsläufig absolut. Und doch bewegt er sich, wie *wir* wissen, denen ein Leben von etwa 70 Jahren beschieden ist. Albert Einstein hatte sich schon in jungen Jahren gefragt, was jemand sehen würde, der sich mit Lichtgeschwindigkeit vorwärts bewegt und dabei in einen Spiegel schaut. Sie werden die Antwort vermuten!

„Wendezeit"?

Alles hat seinen Preis. Indem ich das eine denke, kann ich nicht das andere denken, und wenn ich mich entschließe, etwas Bestimmtes zu tun, so kann ich, ohne daß ich es bewußt beschlossen hätte, anderes nicht (mehr) tun.

Ist nicht der Mensch für sich selbst – zum Nachteil seines Subjektseins – Objekt geworden, indem er die ihn ängstigende Natur, von der er ein Teil ist, zu einer Ansammlung von „toten" Objekten machte? Ist er nicht auch gewissermaßen selbst zum Sklaven seiner Werkzeuge geworden, indem er Natur und Geschichte mit seinen Werkzeugen zu beherrschen versuchte? Steht nicht der Mensch, der beeindruckende Maschinen konstruiert und in seine Welt gestellt hat, seinerseits bereits weitgehend im Dienst dieser Maschinen? Hat nicht der unerhörte Aufschwung der Technologie auch neue und sehr subtile Manipulationsmöglichkeiten geschaffen?

Die mit absolutem Geltungsanspruch vertretene Denk- und Vorgehensweise, die inzwischen auch unseren ganzen Lebensalltag weitgehend durchtränkt, hat bei allen Erfolgen aber auch erhebliche Nachteile. Fortschritt ist nicht die einzige Dimension des Daseins, und Fortschritt ist wahrscheinlich auch nicht notwendigerweise ein linearer Prozeß (Morin). Unerhörte Erfolge in wissenschaftlicher und technischer Hinsicht gingen einher mit einem vielfältigen Anwachsen der Ignoranz, und ein enormer Anstieg der Bedeutung von Wissenschaft im allgemeinen Leben war verbunden mit einer ausgeprägten Machtlosigkeit gegenüber denjenigen Kräften, die tatsächlich das allgemeine Leben bestimmen wie Kapital, Industrie, Staat. Diese schöpfen zwar Macht aus der wissenschaftlichen Forschung, die sie subventionieren, aber auch kontrollieren. Durch deren Geist sind sie jedoch entgegen manchem vordergründigen Anschein in keiner Weise bestimmt.

Abgesehen davon, daß die Wissenschaft selbst, bspw. in der Atomphysik, mittlerweile eine Realität entdeckt hat, die mit der klassischen Methodik und Theorienbildung gar nicht mehr angemessen dargestellt werden kann, haben die beschriebenen Vorgehensweisen und der damit verbundene Anspruch des traditionellen wissenschaftlichen Weltbildes zunächst einmal eine Einengung des Denkens und eine Verarmung der Zugangs- und Bewältigungsmöglichkeiten zur Folge.

Carl Friedrich von Weizsäcker fand dafür einmal in Anlehnung an Goethes Kritik an Newton sehr treffende Worte: „Das [klassische] physikalische Weltbild hat nicht unrecht mit dem, was es behauptet, sondern mit dem, was es verschweigt", und Ronald Laing drückt es noch anschaulicher aus: „Es ist so, wie wenn sich jemand selbst blendet und den anderen erzählt, was sie zu sehen glaubten, sei bestenfalls eine Halluzination".

Der Preis der Widerspruchslosigkeit ist nun einmal die Unvollständigkeit (vgl. Gödel, S. 27), und das Wahre kann nicht ohne Folgen auf das Beweisbare reduziert werden. Ein beeindruckender Wissensstand kann so nicht darüber hinwegtäuschen, daß er trotz seines Glanzes und seiner Faszination nicht wenige Seiten aus unserem Leben ausblendet und verschwinden läßt. Dies gilt vor allem auch für Aspekte von Weisheit und Ethik im Verhältnis zu wissenschaftlich-technologischer Intellektualität.

Das bedeutet praktisch, daß viele Möglichkeiten des Umgangs mit Welt und Menschen nicht mehr genutzt werden können, ja gar nicht einmal mehr gesehen werden, vielleicht auch gar nicht erwünscht sind. Es bedeutet zugleich, daß, indem alles isoliert wird, zwangsläufig eine Welt entsteht, in der Menschen voneinander und von der sie im weitesten Sinne tragenden Erde entfremdet sind (H. Norberg-Hodge).

Und doch meldet sich das Brachgelegte und in Generationen Vergessene jetzt wieder zurück. Irgendetwas in der menschlichen Natur tief Verdrängtes scheint zunehmend aufzubegehren, zumal immer klarer erkennbar wird, daß wissenschaftlicher und technischer Fortschritt keineswegs mit einem geistigen und moralischen Fortschritt einhergingen. Inzwischen mehren sich weltweit Anzeichen von Unzufriedenheit mit dem Zustand der Welt und der geistigen Situation des Menschen. Hinter dieser Unruhe und Unzufriedenheit könnte sich in der Tat mehr verbergen als lediglich übliche Schwankungen einer Weltsicht. Vielleicht bereitet sich eine Ablösung des gesamten bisher bestimmenden „Paradigmas" des abendländischen Denkens vor, und vielleicht erleben wir gegenwärtig die Geburtswehen eines völlig neuen Paradigmas im Sinne Thomas Kuhns, also einer in sich stimmig zusammenhängenden Gesamtkonzeption von Grundannahmen und Vorstellungen, einer Art „Übertheorie", aus der heraus sich eigentlich erst bestimmt, wonach überhaupt wissenschaftlich gefragt wird, welche Gedanken und Theorien sich im einzelnen entwickeln.

Wer könnte so einfach die Vermutung von der Hand weisen, daß wir heute möglicherweise trotz allen Hochmuts immer noch in der vorgeschichtlichen Ära eigentlicher Wissenschaft stehen? Es spricht jedenfalls vieles dafür, daß wir gegenwärtig in eine neue Zeit geistiger Entwicklung eintreten, die sich für die grundsätzliche Vorstellung von Wissenschaft als ebenso bedeutungsvoll erweisen könnte wie die Geburt wissenschaftlicher Denkweisen im klassischen Griechenland oder die Aufklärung vor 300 Jahren.

Eine Reihe von Wissenschaftlern vertritt heute die Auffassung, daß wir vor einer entscheidenden, mit einem Zusammenbruch unserer bisherigen abendländischen Kultur verbundenen „Wendezeit" (Capra) stehen, möglicherweise schon in sie eingetreten sind. Marilyn Ferguson meint, daß wir uns an einer Schwelle zwischen einer Zeit befinden, die ihren Auftrag quasi erfüllt hat, und einer Zeit, die nach neuen Zielen, nach neuen Sichtweisen, nach neuen Aufgaben und nach neuen Strukturen sucht. Ihr schwebt dabei eine Synthese vor zwischen materiellen Errungenschaften im Rahmen der wissenschaftlich-technologischen Entwicklung und einer verlorengegangenen, aber wiederzugewinnenden umfassenden Lebensqualität.

Soweit zunächst zum Weltbild der an der klassischen Physik orientierten abendländischen Wissenschaft, seinen Merkmalen, seinen unmittelbaren Auswirkungen, aber auch seinen Grenzen und Kehrseiten. Daß es dabei auch immer wieder gewisse Gegentendenzen sowie zeitliche und räumliche Überlappungen geistesgeschichtlicher Strömungen gab, ist selbstverständlich. Sogar Newton interessierte sich, was allerdings bezeichnenderweise in den meisten Schilderungen über ihn weitgehend unbeachtet bleibt, sehr stark für alchimistische und parapsychologische Fragen, und „Gott" spielte in seinem Werk eine überaus große Rolle.[7] Er war auch im Gegensatz zu denen, die auf seinen Erkenntnissen aufbauten, sehr viel stärker an dem eigentlichen „Warum der Dinge", etwa der Ursache der Schwerkraft interessiert, während man diese Frage nach seinem Tode eher der Metaphysik zuwies. Und dieser Mann, der eine bestimmende Gestalt abendländischer Geistesgeschichte wurde, äußerte gegen Ende seines Lebens in einer Bescheidenheit, die gar nicht zu dem Bild passen mag, das die Nachwelt von ihm entwarf: „Ich weiß nicht, als was ich der Welt erscheinen werde. Ich selbst habe eigentlich den Eindruck, daß ich wie ein kleiner Junge war, der am Strand spielt und der sich freut, von Zeit zu Zeit einen besonders schönen Stein oder eine besonders schöne Muschel zu finden, während der ungeheure Ozean der Wahrheit sich vor mir ausdehnt und gänzlich unerforscht ist."

Offenbar verwandelte sich das Bild des tatsächlichen Newton in das eines Newton, das besser in bestimmte kultur- und geistesgeschichtliche, vielleicht sogar sozialpolitische Strömungen und Tendenzen paßte. Eine Kluft zwischen Physik

---

7 Newton schrieb z.B. seine „mathematischen Prinzipien der Naturphilosophie" mit dem ausdrücklichen Ziel, die Größe, den Ruhm und die Vollkommenheit Gottes zu preisen.

und Metaphysik wurde möglicherweise erst – unter Berufung auf Newton – in seiner Nachfolge zu einem der entscheidendsten Merkmale abendländischer Geisteswelt.

Wir werden auf neuere Entwicklungstendenzen wissenschaftlichen Denkens ausführlicher zu sprechen kommen. Im folgenden Kapitel sollen uns jedoch erst noch die Zusammenhänge des klassischen wissenschaftlichen Weltbildes mit der heutigen Lebens- und Erkenntnissituation der Menschen im abendländischen Kulturkreis beschäftigen.

II. Unser heutiges Leben als Spiegel der geistesgeschichtlichen Entwicklung

Nach dem Blick auf die wesentlichen Merkmale des traditionellen wissenschaftlichen Weltbildes wollen wir, ehe wir die geistesgeschichtliche Entwicklung weiter verfolgen, der Frage nachgehen, wie sich dieses seinerseits aus einem ganz bestimmten historischen und soziokulturellen Umfeld hervorgegangene Leitbild in den aktuellen Bedingungen des Lebens und Zusammenlebens der Menschen, aber auch in den Vorstellungen spiegelt, die sich Menschen von der Welt, von ihrem Leben und in ihrem Erleben machen und an die nachfolgende Generation weitergeben.

Es kann dabei nicht um eine exakte Analyse im Sinne eben dieses Leitbildes gehen, zumal das eindeutige Herausarbeiten isolierter kausaler Beziehungen in dem komplexen Geflecht von dynamischen Zusammenhängen ohnehin illusorisch ist. Vielmehr möchte ich im Sinne von Feldern, die sich in einem umfassenden Beziehungsgeflecht überlappen,[8] einige Aspekte herausstellen, die mir besonders wichtig erscheinen und die auch für eine spätere Bestimmung des Umfeldes oder der Voraussetzungen des Phänomens Verantwortung von Bedeutung sind. Dies geschieht absichtlich in etwas pointierter Form, damit so ein vom Leser plastisch nachvollziehbares und verstehbares Gesamtbild deutlich wird. Es kann aber natürlich nicht bedeuten, daß die herausgearbeiteten Aspekte die einzigen oder einzig denkbaren wären oder daß nicht auch andere Einflüsse auf unser Leben und Denken wirkten. Allein die Zusammenhänge zwischen Wissenschaftsentwicklung einerseits und alltäglichem Lebens- und Denkstil andererseits erscheinen mir bei aller im Detail möglichen Kritik so überzeugend, daß es gerade für die Thematik dieses Buches lohnend ist, ihnen einmal intensiver nachzuspüren.

Als erstes aber möchte ich ein Charakteristikum unserer heutigen Zeit herausgreifen, das sozusagen Rahmenbedingungen unseres Weltbildes betrifft, die zwar nicht direkt aus dem traditionellen wissenschaftlichen Leitbild ableitbar sind, aber doch wohl in einem engen Zusammenhang mit ihm stehen.

---

8 Daher werden auch gewisse Wiederholungen unvermeidlich, da dasselbe Phänomen aus unterschiedlicher Sicht beleuchtet wird.

Gewandelte Dimensionen von Zeit und Raum

Gerade die letzten Jahrzehnte haben uns erkennen lassen, daß wir eine Zeit besonders schneller Wandlungen durchlaufen. Machen wir uns das einmal in einer Art Zeitraffung bewußt: Wenn wir hundert Jahre der tatsächlichen Entwicklung im Geiste auf eine Sekunde zusammenschnurren lassen, so entstand die Erde vor etwas mehr als einem Jahr. Die kulturelle Entwicklung der Menschheit, die in Wirklichkeit immerhin die letzten 6.000 Jahre umfaßt, begann vor einer Minute, die industrielle Revolution sogar erst in der letzten Sekunde. Die modernen technischen Entwicklungen schließlich, die etwa mit den Begriffen Atomenergie, Computertechnologie und Raumfahrt zu kennzeichnen wären, würden in die letzten Zehntel der gerade vergangenen Sekunde einzuordnen sein (Alfvén).

Die historische Entwicklung der Menschheit ist also sozusagen mit zunehmender Beschleunigung verlaufen, und der heute lebende Mensch ist in eine ausgesprochen schnellebige Zeit gestellt. So wie dem einzelnen Menschen die Zeit sehr rasch verstreicht, wenn sie mit vielen interessanten Ereignissen angefüllt ist, so erscheint ein Zeitablauf für die Menschheit insgesamt schneller, wenn er ständigen Wandel und eine immer größere Zahl von Innovationen bietet.

Die mit dem Begriff „Fortschritt" verbundene allgemeine Beschleunigung des Entwicklungstempos zeigt sich natürlich auch in der den Menschen verfügbaren Informationsmenge. Das Wissen der Menschen ist immer umfangreicher geworden, so daß es selbst unter ausgesuchten Experten kaum jemanden geben dürfte, der mehr als einen Bruchteil der auf seinem Spezialgebiet insgesamt veröffentlichten Arbeiten kennt. Selbst auf einem ganz bestimmten Gebiet kann dieses Wissen im Grunde nur noch mit künstlichen Hilfsmitteln wie Datenbanken und Computerspeicherung zusammengehalten werden. Mittlerweile verdoppelt sich die Menge der Information über die Welt, in der wir leben, in wenigen Jahren. Nach Berechnungen von Soziologen soll ein Mensch heutiger westlicher Gesellschaften täglich 65.000 Eindrücke mehr empfangen als seine Vorfahren vor 100 Jahren (Ferguson). In den Bibliotheken der Welt stapeln sich Abermillionen von Büchern, deren gesammeltes Wissen niemand mehr überblicken kann.

Das Schrumpfen der zeitlichen Dimension zeigt sich ferner in dem Merkmal der „Wegwerf"-Qualität, die uns in unterschiedlichsten Lebensbereichen begleitet. Das fängt schon bei jeweils herrschenden modischen Trends an, nach denen man etwa „in diesem Sommer grün trägt" oder Autos mit bestimmten Merkmalen einfach „altmodisch" sind. Immer neue Produkte kommen auf den Markt und lassen die alten wertlos erscheinen. Reparaturen werden kaum noch ausgeführt, lohnen sich nicht mehr.

In ähnlicher Weise zeigt sich das auch im mitmenschlichen Bereich: Ehepartner verlassen sich häufiger, Jugendliche drängen früher von ihrem Zuhause weg, der Arbeitsplatz wird öfter gewechselt usw. „Hire and fire" heißt es in Amerika: Mit Versprechungen anheuern und nach geleisteter Arbeit bzw. bei Nachlassen der Leistung durch einen anderen ersetzen. „Auspressen und wegwerfen" könnte die Devise lauten. Die Beziehungen zu den Menschen und den Dingen werden flüchtiger. Damit werden tiefere, dauerhaftere Bindungen schwieriger. Erstens hat man ohnehin keine Zeit, und zweitens kann man immer weniger sicher sein, ob nicht einfach alles vorgetäuscht ist und man nicht lediglich in irgendeine Richtung manipuliert wird. Eine solche „Schnellebigkeit" kann aber durchaus das gesamte Lebensgefühl verändern, so wie eine Landschaft sich einem Autofahrer, der „wie ein Wilder daherrast", anders darstellt als einem Wanderer, der gemächlich und genüßlich auch mal anhält und die Umgebung in aller Ruhe auf sich wirken läßt.

Durch die modernen Kommunikations- und Transportmittel mit enormer Erhöhung der Reisegeschwindigkeiten hat sich auch die räumliche Dimension geändert. Alles ist größer, damit aber auch anonymer geworden, wobei „riesige Apparaturen Inkompetenz und eigentliche Ineffizienz wirkungsvoll verbergen" (Feyerabend). Überschaubare Strukturen in begrenzten Räumen, wie sie etwa in Dorfgemeinschaften klassischen Stils bestanden, sind einer anonymisierenden Überdimensionierung gewichen. Direkte persönliche Begegnungen, wie sie z.B. früher mit einem Handwerksmeister in seiner Werkstatt möglich waren, sind mehr und mehr unpersönlichen zwischenmenschlichen Beziehungen gewichen. Der moderne Bürger hat es meist nur noch mit Annahmestellen zu tun, und der ehemals selbständige Handwerksmeister ist inzwischen in den meisten Fällen Angestellter eines entsprechenden Unternehmens. Viele Bäckereien backen gar nicht mehr selbst, sondern liefern lediglich Backwaren aus, die aus einer entsprechenden Fabrik stammen. Unternehmen werden in immer größeren, zudem oft übernationalen Einheiten zusammengeschlossen. Ebenso werden dörfliche oder kleinstädtische Gemeinschaften in Großgemeinden zusammengeführt, die nahezu überall beginnen und irgendwo enden. Der Sinn für Grenzen, für Begrenzungen, für Beschränkung und Bescheidung ist mehr und mehr hinter einer expansiven, oft geradezu imperialen Wachstums- und Fortschrittstendenz zurückgetreten. Das gilt für die technologische und industrielle Entwicklung ebenso wie für die Politik, wo – trotz durchaus auch gegenläufiger Tendenzen – immer größere Staatsgebilde und Machtblöcke entstanden.

Unsere moderne Welt scheint in der Tat durch Merkmale einer individuellen Großmannssucht und eines kollektiven Größenwahns geprägt. Wenn der normale Bürger sich früher schämte, auch nur geringfügige Schulden zu haben, so zeugt es heute nahezu von einer um so größeren „Cleverness", je höher die Schulden sind, wobei die Regierungen der Staaten mit „bestem" Beispiel vorangehen. Die Tendenz zu ungehemmten, kurzfristig angestrebten und hektisch verwirklichten Maximierungen bestimmt das Bild, und zwar zu Lasten einer den tatsächlichen Gegebenheiten angepaßten Flexibilität und einer längerfristigen geduldigen geistigen Ausrichtung.

Der Wandel der räumlichen und zeitlichen Dimension könnte durchaus eine – vielleicht sogar grundlegende – Rahmenbedingung für ein verändertes Wirklichkeitserleben der heutigen Zeit sein. Trotzdem muß man sich natürlich immer wieder fragen, ob manches, was Menschen heute als charakteristisches Merkmal unserer Zeit erleben, im Grunde nicht immer schon so gewesen ist. Denn in der Geschichte haben eigentlich nahezu alle Generationen bspw. über ein Absinken von Moral und Geistigkeit geklagt. Aber auch die andere Möglichkeit ist keineswegs von vornherein zurückzuweisen, daß nämlich der beeindruckende materielle Fortschritt in der Tat Werte wie Geistigkeit, Weisheit, innere Würde, Moral usw. zurücktreten ließ und dafür eine „Landschaft" schuf, in der geistige Ärmlichkeit und technisch clevere Tricks dominieren.

In ähnlicher Weise könnte man sagen, daß Menschen eigentlich immer schon Raubbau an der Natur betrieben haben. Wo heute bspw. Wüste ist, etwa um Karthago, war früher offenbar fruchtbares, blühendes Land. Wo man heute in Mittelmeerländern karge Berglandschaften mit bestenfalls schütterem Strauchbewuchs antrifft, gab es früher einmal Wälder. Das Bewußtsein, daß die Möglichkeiten des Raubbaus und die Möglichkeiten kurzfristiger Nutzung von Bodenschätzen begrenzt sind und daß man heute nicht mehr unbegrenzt „aus dem Vollen schöpfen kann", wäre jedoch möglicherweise eine Hintergrundbedingung, die einen qualitativen Umschwung im Welterleben mitbewirken könnte.

Die Wirklichkeit einer natürlichen und begreifbaren Welt ist jedenfalls durch all das in unseren „entwickelten" Gesellschaften in größere Ferne gerückt. Unterstützt wurde dies noch durch eine Tendenz zu bürokratischer Normierung. An die Stelle unmittelbar überschaubarer, konkret begreifbarer Verhältnisse von „persönlicher" Bedeutsamkeit traten immer stärker mehr oder weniger anonyme, aber mit entsprechenden Mitteln und demzufolge auch Macht ausgestattete Institutionen und Organisationen, sei es in Form einer überwuchernden bürokratischen Verwaltung oder in Form von Machtstrukturen verschiedenster aufgeblähter Interessengruppen. Zwischen Arbeitgebern und Arbeitnehmern entstand eine zahlenmäßig immer weiter zunehmende Gruppe von „Arbeitweitergebern" (Breitenstein). Das führte einerseits zu einer Entfernung der jetzt vorwiegend aus institutioneller Macht heraus handelnden Funktionäre von der „Basis" im weitesten Sinne und zu Mißmut und Verdrossenheit (der Beherrschten und Betroffenen) andererseits. Zugleich hatte diese Entwicklung auf beiden Seiten eine Einbuße an „Sinn"-Erleben im tieferen Sinne zur Folge, zumal damit eine Tendenz zu Gleichschaltung und Vernormung einherging, deren Effekt Kurt Goetz ironisch mit den Worten beschreibt: „In einer Welt, wo alles gleich gilt, wird alles bald gleich-gültig sein." Eine nahezu gespenstische und doch charakteristische Situation schildert Hermann Kassack in seinem Buch „Die Stadt hinter dem Strom": Ein Archivar entdeckt am einen und am anderen Ende der Stadt jeweils eine Fabrik, deren Zusammenarbeit mustergültig geregelt ist. Die eine ist darauf spezialisiert, aus einer Staubmasse Kunststeine herzustellen, während die Produktion der anderen darin besteht, diese Steine wieder zu Staub zu zermahlen.

Atomisierung, Fragmentierung und Objektivierung

Als ein wesentliches Merkmal des Newton/Descartesschen Paradigmas hatten wir die Verwandlung der Welt in eine Summe isolierbarer, technisch manipulierbarer Objekte und das darauf gründende allgemeine Streben nach Verdinglichung, „Objekt"ivierung und Objektivität erkannt. Dies ging zugleich einher mit einer Vernachlässigung der Umwelteinbettung und Umweltbezogenheit sowie einem Ansteigen analytisch-zerlegender Tendenzen und einer mehr oder weniger „bedenkenlosen Anwendung von Teilwissen" (E.F. Schumacher). Schon die Information, mit der der Mensch heute geradezu überschwemmt wird, ist weitgehend „zufällig" und zerstückelt.[9] T.S. Eliot faßte das einmal in die Worte: „Wir vergaßen die Weisheit um des Wissens willen, und wir verloren das Wissen im Strom der Information." Wir verloren aber auch ein tieferes Empfinden für das, was wir erfahren.

Charakteristisch für ein zerstückeltes und zerstückelndes Nebeneinander-Stellen von Information ohne einen inneren – zeitlichen oder logischen – Zusammenhang sind besonders photographische Bilder, speziell im Fernsehen und in „modernen" Filmen. Die dort vermittelten Bilder verschwinden wieder, kaum daß sie aufgetaucht sind, vielleicht sogar bevor sie überhaupt als solche verarbeitet und in einen individuell bedeutsamen Kontext eingegliedert werden konnten. Durch die unablässige Flut von Einzeldaten und Einzelbildern kann jedoch der Aufbau eines umfassenden Bildes der Welt kaum zustande kommen. Schließlich wird sogar in der Hektik der Berieselung das Fehlen eines Weltbildes überhaupt nicht mehr ausdrücklich gespürt (Anders), zumal auf der anderen Seite die „Aufsplitterung von Handlungen in zweckrationale Teilschritte zu einer 'Taylorisierung der Moral' führt" (van den Daele, Krohn).

Betrachten wir diesen Zusammenhang etwas einmal näher in seiner einfachen Grundsätzlichkeit. Bricht man etwas in sich Einheitliches durch äußere Eingriffe auseinander, so erhält man Fragmente, Bruchstücke (lat. frangere = brechen). Das gilt für das Zerbrechen eines Stuhles wie für das geistige Auseinanderbrechen von komplexen Zusammenhängen in gleicher Weise. In beiden Fällen besteht das Ergebnis nicht aus organischen Teilen, sondern aus Bruchstücken. Auch der moderne Mensch in seiner trotz gewaltiger „Organisationen" bestehenden Vereinzelung und Vereinsamung ist letztlich ein solches Bruchstück. Denn er ist weitgehend aus seinen natürlichen Verankerungen gerissen und als Folge einer entseelten Natur seiner eigentlichen Menschlichkeit beraubt. Erfüllt gelebte „Gemeinschaft" taucht bestenfalls noch kurzzeitig in Bedrohungen und Krisen auf.

Durch die ausschnitt- und bruchstückhafte Zerspaltung der Formen menschlicher Information, menschlichen Lebens und Zusammenlebens, wie sie sich u.a. in der – zumindest in weiten Bereichen nahezu unvermeidlichen – Spezialisierung des Berufslebens und dem „Fächerprinzip" der Schule zeigt, wird der einzelne zusätzlich jeweils weitgehend auf eine ganz bestimmte Funktion eingegrenzt. Ein ehedem einheitliches Wissen löst sich in eine zusammenhanglose Summe von Teilwissen auf. Diese Situation wird entscheidend durch die (klassische) Wissenschaft verstärkt. Denn in ihr herrscht eine starke Tendenz, sich allem zu verschließen, was zwischen den nach menschlichen Denkkategorien fest eingerichteten offiziellen Disziplinen liegt, was aber in vielen Fällen die eigentliche Wirk-

---

9 Daß dies natürlich *auch* eine Funktion der Menge ist, dürfte auf der Hand liegen.

lichkeit darstellt. Damit aber sinken die Chancen einer einheitlichen und zugleich harmonischen und schöpferischen Weltsicht. Lebenszusammenhänge werden nicht mehr als Ganzheiten erlebt, sondern zerbröckeln in verbindungslose Teilinhalte. Asimov beschreibt diese Situation in einem plastischen Bild: „Die Zahl der Pflanzen, Bäume und Zweige, die im Garten der Wissenschaft wachsen und wuchern, ist ins Unermeßliche gestiegen. Sie geben keinen Blick mehr auf den strahlenden Himmel frei, und wer in diesem monströsen Garten einmal mit mühsamer Anstrengung woanders hin möchte, läuft Gefahr, sich hoffnungslos zu verirren. So entsteht die Situation, daß sich jeder an seinen Baum klammert, den er kennt und an den er sich gewöhnt hat. Schon ein Blick in die nähere Nachbarschaft ist, wenn er einmal aus einem Anfall von Platzangst heraus erfolgt, kaum noch ohne ein schuldiges Seufzen möglich."

Sehr treffend schrieb schon der chinesische Weise Chuang-tse im 3. Jahrhundert vor Christus zu diesem Effekt: „Mit einem Brunnenfrosch kann man nicht über das Meer reden; er ist beschränkt auf sein Loch. Mit einem Sommervogel kann man nicht über das Eis reden; er ist begrenzt durch seine Zeit. Mit einem Fachmann kann man nicht vom Leben reden; er ist gebunden an seine Lehre."

So mögen sich zum Teil sowohl der anstelle spontaner Solidarität zunehmende individuelle Egoismus als auch die einseitige Betonung und Verfolgung bestimmter Gruppeninteressen erklären. Dadurch, daß diesen Tendenzen zusätzlich eine jeweils absolute und auch oft mit aller Anmaßung vertretene Bedeutung zugemessen wird, ist die heutige Menschheit „buchstäblich in eine siedende Masse einander bekämpfender Gruppen zersplittert" (Bohm). Und diese zerstörerische Zersplitterung verhindert eine konstruktive Zusammenarbeit von Menschen für ihr gemeinsames Wohl, bedroht möglicherweise sogar das Überleben der Menschheit.

Ähnlich erscheint die ohnehin abstrakte und dem unmittelbaren Erleben entrückte Gesellschaft in einzelne „Sonderwelten" mit verselbständigten Merkmalen und Regeln aufgespalten. Sie bietet für den einzelnen keinen überschaubaren Zusammenhang mehr, der ihm eine ganzheitliche Ich-Erfahrung vermitteln könnte. Denn eine Aufspaltung der Umwelt erzeugt sehr leicht auch eine innere „Zwiespältigkeit" oder Gespaltenheit. Das macht sich um so deutlicher bemerkbar, je weniger ein Bemühen um Verbindung und Ausgleich und je stärker Konkurrenzverhalten und Durchsetzungsbestrebungen das menschliche Verhalten bestimmen.

Die zerlegende und isolierende Grundtendenz tritt u.a. auch sehr stark in der prinzipiellen Trennung von Tatsachen und Werten sowie von Wissenschaft und Weisheit zutage. Dazu paßt wohl auch, daß das gesamte abendländische Denken in den letzten Jahrhunderten in nahezu schizophrener Weise zwischen der Vorstellung einer automatenhaften Welt und der theologischen Vorstellung eines über dem Universum herrschenden Gottes schwankte (Needham).

Die für die klassisch-abendländische Lebenssicht charakteristische Objektivierung mit normierten Vorgaben, formalen Zwängen und vorwiegend mechanisierten Arbeitsprozessen schuf zwangsläufig eine Distanz zwischen dem einzelnen Menschen und seiner Umwelt. Damit ging ein Verlust an Unmittelbarkeit, Eingebundenheit und Geborgenheit menschlichen Lebens, aber wohl auch an eigentlicher

„Be-greif-barkeit" der Welt einher. Der Versuch, menschliches Leben und Erleben auf standardisierte objektive „facts" zu reduzieren, entfernte in zunehmendem Maße das eigentlich Menschliche, für den Menschen Bedeutungsvolle und auch Faszinierende aus den anthropologischen Wissenschaften. Lebensinhalte verschwanden in wissenschaftlichen Analysen, statistischen Berechnungen und letztlich in Bibliotheken so wie ausgestopfte Tiere in Museen. Erfahrung und Erkenntnis wurden arbeitsteilig archiviert.

Die Problematik eines streng objektiven verwissenschaftlichten Umgangs mit Menschen betrifft viele Gebiete unseres Lebens. Ich erinnere nur an die lange Zeit in der Wissenschaft gültigen Vorstellungen über den absoluten und durchgehenden Vorrang hygienischer Sterilität gegenüber persönlicher Zuwendung etwa in der Pflege des Kleinkindes nach der Geburt.

Je weniger der Mensch aber, der ohnehin in den seltensten Fällen noch Selbstversorger ist, den Eindruck hat, die Dinge und Ereignisse draußen in der Welt zu überblicken, um so geringer erscheint ihm auch die Möglichkeit einer persönlichen Einflußnahme. Er muß also ständig zusätzliche Energie aufwenden, um gegen das Gefühl einer grundlegenden Ohnmacht und einer tiefen Resignation anzukämpfen. Durch die stattgefundene Distanzierung werden darüber hinaus die Beziehungen zu Menschen und Dingen zunehmend indirekter und flüchtiger. Auch das repräsentative Prinzip, das in der Praxis unserer „Demo-kratien" ohnehin fast nur eine rein formale, scheinbare, angebliche Vertretung von Menschen durch andere bedeutet, ändert daran nichts. Im Gegenteil: Wer hat bspw. heute noch Kontakt zu dem Abgeordneten seiner Stadt oder seines Kreises, den er gewählt hat, der aber trotz bisweilen jovial zur Schau gestellter Volksverbundenheit in vielen Fällen weit mehr an seiner persönlichen Karriere interessiert ist?

Unter den genannten Bedingungen und ohne das Wirken ausreichender kompensierender Kräfte wurden eben auch Menschen einander sehr viel stärker zu Dingen, quasi zu Maschinen, deren bedeutungsvollstes Merkmal in ihrem Funktionieren gesehen wird. Und mit diesen lebenden Objekten geht man auch in erster Linie „sachlich" um, man nutzt sie ebenso aus wie die Umwelt.

Selbst die Psychologie als diejenige Wissenschaft, die sich ausdrücklich mit dem menschlichen Seelenleben beschäftigt, hat in der zurückliegenden Zeit mehr und mehr menschliches Erleben und menschliche Beziehungen zu Gunsten objektiver, „operationalisierbarer" Beobachtungsdaten aus ihrem Interessenspektrum ausgeklammert. So wundert es nicht, wenn Studienanfängern in Psychologie bspw. der Rat erteilt wird, Krankenpfleger zu werden, wenn sie sich für Menschen interessierten; Psychologie dagegen, was ja wörtlich „Seelenkunde" heißt, bedeute mindestens vier Semester lang harte Mathematik im Sinne der Statistik.

Wissen ist weniger etwas, das durchdacht und zwischen Menschen diskutiert wird, um ihre Sicht von der Welt und ihr tägliches Handeln zu erhellen. Es ist vielmehr ein Produkt (geworden), das in Datenbanken gespeichert und von anonymen Mächten zu tendenziell manipulativen Zwecken genutzt wird. So lösten sich wesentliche Inhalte des menschlichen Lebens sozusagen in Museumsstücke auf. Diese unter durchaus exakten methodischen Voraussetzungen entstandenen

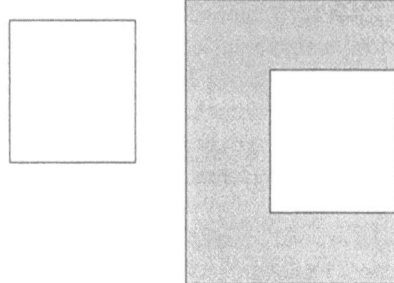

Abbildung 1: *Durch Überlagerung entstandenes C.*

„objektiven" Gegebenheiten können jedoch, wenn man sie – der geltenden Regel entsprechend – statisch versteht, genauso täuschend sein, wie bspw. eine partielle Sonnenfinsternis. Betrachten wir ein einfaches Beispiel mit zwei unterschiedlichen Figuren: einem großen Rechteck und einem kleinen Quadrat, die sich beide auf eine bestimmte Weise überlagern. Wenn man dem Rest nun „dingliche Qualität" zuschreibt, entsteht durch den Verdeckungseffekt ein Gebilde, das wie in Abbildung 1 als ein C erkannt würde, obwohl es nur durch Überlagerung zweier völlig anderer Gebilde zustande kommt und im Grunde gar keine eigene Existenz hat. Beschäftigte sich so die Wissenschaft nicht auch – zumindest mitunter – gerade durch die Ausrichtung an objektiven Gegebenheiten mit Scheinobjekten. Jeder Arzt weiß z.B., wie schwierig es ist, bei einem bestimmten Befund, bei dem sich Verschiedenes überlagert, genau abzugrenzen, was dem Krankheitssymptom, der Reaktion des Organismus oder charakteristischen Behandlungseffekten zuzuordnen ist.

Quantifizierung und Veräußerlichung

Als ein weiteres beherrschendes Merkmal unseres heute weitgehend gültigen Weltbildes hatten wir einen mechanistisch-quantifizierenden Grundzug kennengelernt. Auch er beeinflußte maßgeblich die Art und Weise, unser Leben und Zusammenleben zu gestalten. Unser Wohlergehen wurde in der zurückliegenden Zeit vorwiegend nach materiellen quantifizierbaren Meßgrößen bestimmt. Dem entsprach, daß der für die abendländische Entwicklung so charakteristische „Fortschritt", der im übrigen in Form der Orientierung an wirtschaftlichen Wachstumsgrößen kapitalistische wie sozialistische Länder in gleicher Weise bestimmte, letztlich – fast schon nach Art einer „Quantophrenie" (Sorokin, Morin 64) – mit rein quantitativen Werten, mit der Produktion und Verfügbarkeit materieller Güter identifiziert wurde. Das bedeutete aber unvermeidlich einen Schritt „fort" vom Menschen und seiner jeweiligen Einmaligkeit (Pietschmann).

Innere menschliche Beziehungen verarmen, und in das Vakuum strömen automatisch Produkte ein, so daß schließlich die menschlichen Beziehungen selbst auf eine Art „Warenverhältnis" (Jürgensmeier) zusammenschrumpfen. Dadurch werden aber Bedürfnisse nur scheinbar befriedigt, und das Leiden an den tatsächlich unerfüllten Bedürfnissen wird verstärkt. Selbst in der Schule werden geistige Grundbedürfnisse zunehmend institutionalisiert und durch eine pflichtgemäße Belieferung mit wissenschaftlich produzierten Waren ersetzt (vgl. Illich).

Besitzgier und Konsumgier bestimmen weitgehend die Lebenspraxis in unseren Gesellschaften. Menschen, auf die Darstellung von „Fitness" und Zuversicht programmiert, begegnen sich vorzugsweise in der Rolle selbstsüchtiger Konkurrenten an primär nicht von ihnen geplanten Produktions- und Absatzprozessen oder als austauschbare Figuren eines von ihnen letztlich ebenfalls kaum mehr kontrollierten Konsums. In den Menschen wurde mit zunehmender industrieller Entwicklung mehr und mehr die Vorstellung geweckt und genährt, ihre eigentlichen Bedürfnisse seien technischer Art und durch technische Entwicklung zu befriedigen, die ausgesuchte Experten ihnen gewährleisteten.

Ein großer Teil unserer wirtschaftlichen Produktion versorgt uns so mit Mitteln, für die im Interesse des Eigenzwecks „fortschrittlicher", technologischer und industrieller Entwicklung erst sekundäre Bedürfnisse geweckt werden mußten. Dabei geht es den industriellen Unternehmen – gemäß der dominierenden Orientierung unserer Zeit – im Grunde auch gar nicht um die Produkte, sondern vor allem darum, welcher Gewinn mit einer Produktion zu erzielen ist (Schumacher).

Dieser Tendenz entspricht (zumindest in den Industrienationen) von seiten der Menschen eine immer stärkere, ebenfalls vorwiegend materiell bestimmte Anspruchs- und Erwartungshaltung. Gertrud Höhler spricht in diesem Sinne von einer „Anspruchsgesellschaft". Dazu paßt auch, daß eine zunehmende Verrechtlichung unseres Daseins unter Vernachlässigung eigentlicher „Sinn-Aspekte" im Verhalten der Menschen als ein Pochen auf formale Rechtsansprüche zutage tritt.

Im Rahmen dieser Orientierung ergibt sich auch eine allgemeine Tendenz, dem Außen der Dinge und damit klar belegbaren Äußerlichkeiten sowie formalen Aspekten eine entscheidende Bedeutung beizumessen. Bedeutsam ist trotz ständiger Betonung einer sogenannten Leistungsgesellschaft nicht so sehr, was einer leistet, sondern vielmehr das, „was er sich leisten kann". Das tritt auch im Verhalten zahlreicher Menschen zutage, die sich, wie es in einer scherzhaften Wendung heißt, von dem Geld, das sie nicht haben, Dinge kaufen, die sie nicht brauchen, um Leuten zu imponieren, die sie nicht mögen. Es zählt, um mit Erich Fromm zu sprechen, das, was wir – materialisiert – haben und schaffen, nicht aber das, was wir sind, kurz: Haben geht vor Sein.

Informationsvermittlung wird oft zu einer Art Showbusiness. Slogans und Schlagworte beherrschen die Szene. Man hat sogar nicht selten den Eindruck, daß ein höchst gekonntes Zur-Schaustellen in geradezu umgekehrter Beziehung zum Gehalt einer Aussage steht. Meist haben auch diejenigen, die eigentlich nicht viel, mitunter sogar gar nichts zu sagen haben, aus den Bedingungen des Systems heraus finanziell und technisch beeindruckende Vermittlungsmöglichkeiten zur Hand, bei denen die Aufmachung und Verpackung konsequenterweise wichtiger sind als der Inhalt. Auch das Auftreten vieler Politiker macht hier keine Ausnahme.

Auf was es ankommt, sind die Vorteile, die für ein Image herausspringen, aber nicht die vertretenen Inhalte.

Gerade die Massenmedien, speziell das Fernsehen, spielen bei dieser Entwicklung eine wichtige Rolle. Denn sie können den Anschein der Wirklichkeit oft viel „realistischer" gestalten, als die Wirklichkeit selbst ist. Dadurch verfestigt sich sehr rasch und wirkungsvoll das von ihnen vermittelte Bild, ob von anderen Menschen, von fernen Ländern, von geschichtlichen Entwicklungen oder politischen Gruppen. Der nahezu unbegrenzt manipulierbare Schein wirkt schon aufgrund seiner technisch perfekten Gestaltung und der Zuhilfenahme bestimmter Dramatisierungstricks weit überzeugender und echter als der erlebte Alltag. Er kostet ja auch wesentlich mehr. Die jeweiligen Bilder und Berichte spiegeln aber oft gar keine eigentliche Wirklichkeit wider. In vielen Fällen schieben sie sich geradezu zwischen den Beschauer und die Wirklichkeit, um am Ende sogar noch das Fehlen einer echten Wirklichkeit zu kaschieren.

So kommt es, daß wir unversehens die Wirklichkeit am Schein messen, „weil unwahre Aussagen über die Welt 'Welt' geworden sind" (Anders). Die Schauspielerin oder der Politiker, die häufig im Fernsehen auftreten, müssen fotogen sein bzw. noch fotogener werden, um sich gegenüber der Konkurrenz durchzusetzen. So verwandeln sie sich unversehens in „Reproduktionen ihrer Reproduktionen" (Anders).

Mit zunehmendem Fernsehkonsum glauben wir langsam, den Showmaster, der alle 14 Tage auftritt, besser zu kennen als unseren Nachbarn, und glauben auch, nach dem x-ten Fernsehauftritt uns ein Bild von diesem oder jenem Politiker machen zu können, obwohl sie, ähnlich wie der Showmaster, in erster Linie Produkte eines Marketings sind, die auf ihre Verkäuflichkeit hin entwickelt und verändert wurden. „Die realistische Tarnung der Schablone bezweckt (und bewirkt) eine Schablonisierung der Erfahrung" (Anders). So produzieren die öffentlichen Medien – auch durch die unbemerkt erfolgende Auswahl und Deutung der von ihnen vermittelten „Information" – *ihre* Wirklichkeit, die unversehens zur Wirklichkeit ihrer Leser, Zuhörer und Zuschauer wird. Die Show ist die Botschaft.

Quantifizierungstendenzen und der Stolz auf „harte", quantitative Tatsachen zeigen sich ferner in einer Abwendung der Wissenschaft von der Einmaligkeit der Phänomene und einer vorrangigen Ausrichtung an meßbaren Daten und methodischen Fragen, die sich auf diese Meßbarkeit beziehen.

Das auf S. 39 erwähnte Beispiel aus der psychologischen Ausbildung zeigt das anschaulich. Wahrscheinlich kann Wissenschaft auch gar nicht anders als sich vor allem, wenn nicht ausschließlich, mit dem Außen der Dinge zu beschäftigen, weil sie tatsächlich, der klassischen Denkweise entsprechend, außerhalb der Dinge steht. Vieles spricht auch dafür, eine ganze Reihe alltäglicher Phänomene in diesem Rahmen zu sehen: das ständige hektische Anzünden einer Zigarette, das ja sehr wenig mit dem ruhigen Ritual des Anzündens einer Friedenspfeife zu tun hat, ebenso wie der Überkonsum an Medikamenten und die weitverbreitete Abhängigkeit von Drogen. In diesen Verhaltensweisen kommt unmittelbar zum Ausdruck, wie sehr man glaubt, ohne äußere Mittel nicht auskommen zu können, wie gering das Vertrauen in innere Regulationskräfte ist, wie wenig man in sich selbst ruht und wie sehr man meint, bei irgendwelchen Schwierigkeiten einer Hilfe von außen zu bedürfen. Ja, diese Grundhaltung ist heutzutage in unserem Kulturkreis geradezu eine Selbstverständlichkeit geworden.

Viele Menschen versuchen, inneren Problemen und einer Sinnfrage ihres Daseins mit hektischen, auf äußeren Erfolg gerichteten Aktivitäten aus dem Wege zu gehen, und sind nicht mehr imstande, Beschränkung, Leid und Enttäuschung als normale Bestandteile des Lebens zu akzeptieren. Dieses „Vermeidungsverhalten" führt aber letztlich trotz allen glänzenden Anscheins in zunehmende innere Leere, der man mit immer neuen Aktivitäten zu entrinnen trachtet. Mir fallen dazu Untersuchungsergebnisse aus Experimenten mit Ratten ein: Durch einen ständigen Zwickreiz (man befestigte eine Klammer am Schwanz der Versuchstiere), der für das Tier Streß bedeutete, wurden die Ratten dazu gebracht, bestimmte Aktivitäten zu entfalten. Das zeigte sich darin, daß sie bestimmte Verhaltensweisen wie das Ablecken des Bodens oder unersättliches Fressen ständig wiederholen, offenbar, um den unangenehmen Streßreiz durch eine andere Aktivität zu überspielen (Seymour Antelman). Während Ratten normalerweise fressen, um ihren Hunger zu stillen, fraßen sie in der genannten Versuchssituation entgegen allen Anzeichen von Sättigung immer weiter.

Vielleicht paßt zu diesem Trend auch die für unsere moderne Zeit typische Betonung des „Sex". Ebenso wird diese Tendenz bei vielen sportlichen Begegnungen, einem ursprünglichen Ausdruck von Lebensfreude, Funktionslust und mitmenschlicher Kommunikation deutlich. So ist niemand mehr erstaunt oder gar empört, wenn ein Fußballtrainer, nachdem seine Mannschaft drei Spieler der gegnerischen Elf zusammengetreten oder unter Verzicht auf ein schönes und abwechslungsreiches Spiel nur „gemauert" hat, in einem Fernsehinterview verkündet: „Was wollen Sie? Tore zählen: Und wir haben nun einmal 1 : 0 gewonnen!" Genauso selbstverständlich setzen sich Präsident und Manager eines Vereins dafür ein, daß ein völlig verdienter Sieg eines Konkurrenten aus rein formalen Gründen annulliert wird und daß der eigene Verein „am grünen Tisch" Vorteile erringt, die er sich sportlich-spielerisch nicht erwerben konnte. Dabei ging es im Grunde doch um Sport und Spiel und nicht um Siege am „grünen Tisch".

In der gleichen Richtung beeindruckt das Bestreben vieler Politiker, ein Image von Erfolg und Kompetenz zu verbreiten oder sich selbst weit mehr mit gewaltigen Monumenten als mit einer zufriedenen oder gar glücklichen Bevölkerung der Nachwelt einzuprägen. Auch bei Besuch wissenschaftlicher Forschungsstätten, ja schon von Schulen, wird man viel häufiger mit beeindruckenden Bauten, Laboratorien und Apparaturen konfrontiert als mit dem Geist, der Forschung und Lehre bestimmt. Es ist wahrscheinlich nicht zu gewagt, sogar einen umgekehrten Zusammenhang zwischen beidem zu vermuten. „Athen besaß ein dieses Namens würdiges Theater erst, als es keinen Dichter mehr besaß, der würdig gewesen wäre, es zu beseelen" (Camus).

So sind viele Aktivitäten in unserer heutigen Gesellschaft auf letztlich nutzlose materielle Güter gerichtet, und die modernen Matadoren dieses Stils gleichen „den

Narren, die das schwarze Wasser der Brunnen schöpfen möchten, um den Mond zu greifen, der sich darin spiegelt" (Saint-Exupéry). Wahre Kultur beruht aber auf der Inbrunst der Menschen, Werke hervorzubringen, unabhängig von Zweckmäßigkeit, Erfolg und Sichtbarkeit. So schrumpfen aber auch menschliche Beziehungen mehr und mehr auf „Fassaden-Aspekte" zusammen, vom Make up und Keep smiling, von der „Out-put-Orientierung" menschlicher Tätigkeit zur Ausgabe von Bescheinigungen, Stempeln, Unterschriften, Registriernummern und anderen faßbaren Daten. Wie oft hört man von ihren Söhnen enttäuschte Väter klagen, was sie alles für ihren Sohn ausgegeben haben, aber kaum darüber, wie stark sie sich ihm innerlich gewidmet haben! Innere Zuwendung wird durch finanzielle Zuwendungen ersetzt.

Das gilt in gleicher Weise auch für gesellschaftliche Bemühungen um eine Verbesserung der Lebensbedingungen. Diese Bemühungen sind, wie sich z.B. in den Aktivitäten der Gewerkschaften zeigt, fast ausschließlich materiell ausgerichtet. Es gibt mittlerweile unglücklich viele Beispiele dafür, daß selbst für Funktionäre, deren offiziell vertretene Überzeugung natürlich nachdrücklich davon abweicht, ihr persönlicher materieller Wohlstand eine zumindest sehr wichtige Zielgröße zu sein scheint. Man schimpft zwar herzhaft auf Kapitalisten und kapitalistische Systeme, reiht sich selbst aber nicht selten mit edler Geste in das „verabscheute" System ein, das man oft mehr aus persönlichem Haß und Neid gegen die Reichen als aus Sympathie mit den Armen bekämpft. Wen wundert es, wenn unter den bestehenden Bedingungen wirkliche „Persönlichkeiten" zur Seltenheit werden.

Ursprünglich zur Ordnung der Dinge entwickelte formale Systeme haben sich zum Selbstzweck entwickelt. Was zählt, sind in erster Linie formale Belege. Ist es nicht auch ein Ausdruck dieser mechanistisch, quantifizierenden Tendenz, daß viele gesellschaftliche Kräfte und Institutionen nahezu ausschließlich in Richtung einer Anpassung an ein standardisiertes, normiertes, uniformiertes und zusätzlich quantifizierbares und quantifiziertes Verhalten in disziplinierter, berechenbarer und lenkbarer Einordnung zu wirken scheinen?

In den isoliert abgespaltenen gesellschaftlichen Teilsystemen herrscht nicht das „im Herzen der Menschen" (wer spricht heute noch davon?) spürbare Prinzip der Gerechtigkeit, sondern lediglich das der formalen Berechtigung. Menschliche Beziehungen wurden damit notwendigerweise gegenüber früher fassadenhafter. Vielleicht benötigt die kalte Welt technischer Nüchternheit und berechnender Manipulation den gleißenden Glanz trügerischer, aufgeblähter Worte, um den Verlust des eigentlich Menschlichen zu kaschieren. Daran ändern auch ein kumpelhaftes Duzen und ein umgänglicherer Ton nicht viel. Daß sich dabei neben wohlklingenden idealistischen Parolen, deren Hohlheit und Falschheit allerdings mehr und mehr durchschaut wird, nahezu „skrupelloses Gangstertum" (Watts) entfalten kann, liegt auf der Hand.

Für die mit grenzenlosem Optimismus einhergehende einseitige Fortschrittsorientierung planerischen Handelns spielt es zunächst keine Rolle, daß dabei grundlegende Zusammenhänge der Wirklichkeit unbeachtet bleiben, ja mißachtet werden, daß ihre Einmaligkeit, ein ganz wesentliches Merkmal der Erscheinungen dieser Welt, der Tendenz zur Quantifizierung geopfert wird.

Doch beruht, wie Gopi Krishna warnt, die augenblickliche explosive Situation der Welt möglicherweise gerade auf einer ernsthaften Vernachlässigung dieser grundlegenden Zusammenhänge. Denn „der menschliche Geist ist so angelegt, daß kein Luxus und keine Schätze der Erde seine brennende Sehnsucht nach einer Erklärung der eigenen Existenz beruhigen können". Die Erfüllung aller Wünsche führt erfahrungsgemäß ja keineswegs zu „wahrer Glückseligkeit" (Ikeda). Es ist einfach falsch, die Maximierung materiellen Wohlstandes mit menschlichem Glück und menschliche Zuwendung mit materiellen Zuwendungen gleichzusetzen. Wie gut es einem geht, drückt sich eben nicht einzig und allein und nicht in erster Linie in der Gesamtmenge materieller Güter aus.

Die Auflösung konkreter Wirklichkeit in abstrakter Rationalität

Kommen wir als nächstes zu den Merkmalen der Rationalität und der Abstraktion. Mit der Betonung des Rationalen, die im wesentlichen als Erbe des Descartesschen Einflusses angesehen werden kann, verband sich nämlich eine deutliche Tendenz zum Theoretisch-Abstrakten.

Das Abstrahieren stellt zweifellos eine der beeindruckendsten und charakteristischsten Fähigkeiten des Menschen dar und bedeutet zudem eine entscheidende Voraussetzung menschlicher „Freiheit". Außerdem ist Abstrahieren eine unabdingbare Voraussetzung dafür, Ordnung zu erkennen und Ordnungen zu entdecken.

Das menschliche Gehirn, das entwicklungsgeschichtlich zur Verarbeitung alles dessen ausgerüstet ist, was für den Menschen unmittelbar erfahrbar ist, bewältigt diese Aufgabe zum großen Teil dadurch, daß es die Vielfalt der Erscheinungen auf möglichst Einfaches und Regelmäßiges zurückzuführen sucht (Küppers). Gerade auch die Entwicklung der modernen Physik (s. S. 54ff.) zeigt den Wert wissenschaftlicher Abstraktion in Bereichen des unmittelbar weder Erkennbaren noch Erlebbaren. Abstrahieren hat jedoch auch seine Gefahren, die aus einer betont rationalisierenden Tendenz erwachsen. So kann es bspw. zum Nachteil werden, wenn es einseitig dominiert oder vor allem, wenn es einseitig verabsolutiert wird und in dieser Verabsolutierung zu dualistischen Gegenüberstellungen führt, die mit aller Strenge durchgehalten werden. Dann droht nämlich die Gefahr, daß sich der menschliche Geist von der Wirklichkeit löst, die hinter den Begriffen steht, daß er sich vom realen Geschehen abkoppelt und daß eine eigengesetzliche Entwicklung ohne ausreichende Rückkoppelung in Gang kommt.

Es besteht zwar einerseits durchaus die Möglichkeit, durch Abstraktion zu Erkenntnissen zu gelangen, die durch unmittelbare Beobachtung nicht zu gewinnen wären. Man muß sich aber andererseits gerade in den Humanwissenschaften vor der Gefahr hüten, in Nachahmung exakter Naturwissenschaftlichkeit mit beeindruckenden abstrakten Gleichungen die Bindung zu der einmaligen komplexen Wirklichkeit zu verlieren. Das gilt um so mehr, je stärker sich eine durch die spezifische Entwicklung der Wissenschaft geförderte Neigung entwickelt, alles für einfach nicht existent zu halten, was sich nicht in klarer Weise begrifflich bzw. mathematisch fassen läßt.

Leider unterliegt gerade der Mensch durch seine Fähigkeit zur Abstraktion der Versuchung, sich sozusagen im rein geistigen Raum unbeirrt und mit aller Konsequenz auf bestimmte Aspekte und Prinzipien zu konzentrieren und damit die immer komplexe Wirklichkeit aus den Augen zu verlieren. Die in ihrem logischen Gedankengang scheinbar unwiderlegbaren, aber doch wirklichkeitsfremden Beweise des griechischen Philosophen Zenon sind dafür ein beredtes Beispiel. Er hatte u.a. behauptet, daß Achilles eine vor ihm mit einem gewissen Vorsprung gestartete Schildkröte nie würde einholen können. Denn in der Zeit, in der er den zu einem bestimmten Zeitpunkt bestehenden Vorsprung einhole, habe die Schildkröte erneut einen – wenn auch jedesmal geringeren – Vorsprung gewonnen. Und dieser Prozeß setze sich unendlich fort, so daß Achilles bei all seiner Geschwindigkeit die Schildkröte nie einzuholen vermöge.

Ereignisse werden aus einer solchen Haltung heraus sehr leicht nicht mehr an ihrer Bedeutung und ihrem Einfluß auf die konkrete Wirklichkeit gemessen, sondern nach ihrer Bedeutung für ein bestimmtes Vorstellungssystem bewertet. Sie werden nach einer rein theoretischen Stimmigkeit und Folgerichtigkeit bewertet. Dadurch geht aber die notwendige Erfolgskontrolle an der Wirklichkeit verloren, die den Menschen letztlich trägt. Die schlichte Tatsächlichkeit des menschlichen Lebens entschwindet in fernem Nebel, und das Streben nach dem Abstrakten, Maximalen und letztlich Unerreichbaren verhindert die Erreichung des Möglichen. Höchst eindrucksvolle Gedankengebäude können so konkret menschliche Möglichkeiten verschütten, menschliches Leben vernichten, ja vielleicht sogar die Art homo sapiens bedrohen. Das kommt unter anderem in der erschreckenden Sachlichkeit zum Ausdruck, in der eine Million Todesopfer nach einer Atomexplosion in der Maßeinheit eines „Mega-Death" zusammengefaßt werden.

Gerade die heutige Politik läuft Gefahr, die Wirklichkeit der Menschen, denen sie im Grunde dienen soll, gar nicht mehr zu kennen und sich in bewußter oder unbewußter arroganter Abgehobenheit von dieser Wirklichkeit zu vollziehen. Es werden Gesetze erlassen, von denen Politiker nicht betroffen sind; Einsparungen zielen bevorzugt auf bestimmte Kreise, zu denen gehobene Politiker nicht gehören; es werden Maßnahmen getroffen, die den Hungertod zahlloser Menschen zur Folge haben, ohne daß ein Politiker einen einzigen Hungernden zu Gesicht bekommen müßte; im Zweifelsfall genügt sogar ein Knopfdruck in einem atomsicheren Bunker, um über das Schicksal der Menschheit zu entscheiden.

Übersteigerte abstrahierende Tendenzen finden sich bei einseitigen Pedanten mit der Neigung zu hundertprozentiger Genauigkeit und Pünktlichkeit ebenso wie bei einer die formale Ordnung als geheiligten Selbstzweck über jede inhaltliche Aufgabenerfüllung stellenden bürokratischen Verwaltung. Sie treten aber auch in den seit Beginn der Menschheitsgeschichte immer wieder unternommenen politischen Versuchen zutage, bestimmte ideologische Vorstellungen oder Utopien, die ja rein gedanklich abstrakte Maximierungen darstellen, verwirklichen zu wollen.

Dazu tritt ein weiterer Aspekt, der uns schon in anderem Zusammenhang beschäftigt hat: Im Laufe der Entwicklung und mit dem Anwachsen räumlicher Strukturen trafen Menschen statt unmittelbarer persönlicher Kontakte auf eine immer einflußreichere Institutionalisierung und Professionalisierung. Damit geht irgendwelche Verantwortung immer stärker in die Hand professioneller Experten und Berater über, deren Denkweise weitgehend oder sogar ausschließlich durch Prinzipien bestimmt ist, die auf dem Newton/Descartesschen Paradigma aufbauen. Ein selbständig getroffenes und verantwortetes Urteil ist kaum mehr erforderlich und letztlich auch nicht mehr gefragt, sobald „institutionelle" Anordnungen und Verfügungen erfolgen. Wie oft kommt es vor, daß ein Mensch, den man um einen Gefallen bittet, darauf verweist, daß es bestimmte spezialisierte Personengruppen, Stellen oder Institutionen gibt, „die dafür zuständig sind". Diese aber handeln – systembedingt – äußerst selten aus dem Bestreben heraus, ein jeweils individuelles Problem zu lösen, sondern werden unter rein wirtschaftlichen und formal bürokratischen Gesichtspunkten eines ungestörten Routineablaufs aktiv. Daß sie dabei oft das Gegenteil von dem bewirken, was vom Inhalt her geboten war, bzw. daß diese institutionalisierten Dienste selbst das stärkste Hindernis zur Erfüllung der ursprünglichen Ziele darstellen, ist eine nahezu überall sichtbare Tragik unserer Welt, spielt aber nach der eingetretenen „Umfinalisierung" für die Handelnden keine nennenswerte Rolle mehr.

Die moderne Entwicklung beschränkte damit die Möglichkeiten zu individueller Selbständigkeit und Autonomie, aber auch zu echter Demokratisierung der Gesellschaft. Denn menschliche Verhaltensformen wurden immer stärker „wissenschaftlich" begründet und gefordert oder rein bürokratisch angeordnet und kontrolliert. Mit wachsender Bevölkerungszahl in größeren Machtgebilden wuchsen so nahezu „automatisch" die organisatorischen Strukturen, zum Teil sogar ins Überdimensionale. Zudem wurden sie immer komplizierter. Diese Institutionalisierung und Professionalisierung unterlag wiederum den gleichen Denk- und Planungsprinzipien, die für das quantifizierend-lineare Denkmodell der abendländischen Kultur in den zurückliegenden Jahrhunderten weitgehend charakteristisch waren. Die wahre Macht in der Gesellschaft ging in einer Art Entfremdungsprozeß und nach dem Parkinson-Prinzip mehr und mehr auf anonyme Apparate über: auf eine überwuchernde bürokratische Verwaltung oder auf von „Funktionären" vertretene Interessengruppen, Organisationen und Institutionen. Und diese handelten vorwiegend selbstsüchtig nach den in unserer Kultur beherrschend gewordenen Prinzipien der rationalen Nützlichkeit und der Konkurrenz.

Das alles schwächt aber die Möglichkeiten individueller Selbstbestimmung und bewußter Übernahme von Verantwortung, ja macht sie teilweise unmöglich. Je stärker sich auf seiten von Institutionen und ihrer Vertreter eine meist mit zunehmender Arroganz einhergehende Entfernung von der konkreten Realität und den tatsächlichen Sorgen der Menschen entwickelt, um so intensiver erleben die jeweils betroffenen Menschen einen Verlust an Unmittelbarkeit und um so mehr sinken bei ihnen Verantwortlichkeit und Verantwortungsfreude. Denn ihnen wird ja die unmittelbare Vertretung ihrer individuellen Interessen durch die in vielfältiger Form stattfindende institutionelle Machtübertragung auf Funktionäre abgenommen. Das verstärkt aber andererseits wiederum – gerade bei der vorrangigen Machtorientierung von Funktionären – die wenig lebensdienliche Erstarrung institutioneller Strukturen. Es läßt sachliche Problemlösungsansätze in machtpolitischer Parteilichkeit versacken und eine unmittelbare Motivation seitens derer erlahmen, in deren angeblichem Interesse eigentlich alles geschieht.

Dabei wurde zudem meist übersehen, daß für das Erleben des Menschen die tieferliegende Ebene der Gefühle weit entscheidender ist als blendende Rationalität bzw. Pseudo-Rationalität. Aus rationaler Sicht wurden jedoch Gefühle weitgehend als reine Störfaktoren des „Verstandes" angesehen. Dabei sprechen wir zu einem anderen Menschen in den allermeisten Fällen, um mit ihm Kontakt aufzunehmen oder ihm etwas mitzuteilen, nicht aber um grammatikalisch einwandfrei konstruierte Sätze in den Raum zu stellen. Und wer von Sonnenuntergang spricht, denkt gewöhnlich nicht an die Bewegung der Erde, sondern an ein Erlebnis, das ihn gefühlsmäßig berührt hat, als er einen glühenden Ball im Meer versinken sah, der die Landschaft mit einem eigenartigen Rot überzog, aus dem sich mehr und mehr schwarze Schatten abhoben. Deshalb erstaunt es aus dem Blickwinkel menschlichen Erlebens, aber eben keineswegs aus dem Blickwinkel des hier angesprochenen geistesgeschichtlichen Weltbildes, daß man in den zurückliegenden Jahrzehnten Glück hatte, im Sachregister psychologischer Lehrbücher überhaupt noch das Wort „Gefühl" zu finden.

Gewöhnlich läßt sich allerdings das, was wir gefühlsmäßig erleben, kaum mit klaren begrifflichen Definitionen fassen. Denn Gefühle beinhalten meist wesentlich mehr, anderes, subjektiv Wichtigeres, als rational dargelegt werden kann. Und der Sommer ist für Kinder eben nicht eine nach kalendarischen Daten klar definierte Jahreszeit, sondern Sommer ist, „wenn die Frösche quaken, wenn warmer Wind weht und wenn es nach Heu riecht" (Vester).

Demgegenüber gewann die der konkreten Wirklichkeit entfremdende reine Rationalität einen mächtigen Bundesgenossen in einem Merkmal, das seit jeher für den Menschen charakteristisch war: die Möglichkeit der Sprache. Die Welt der Worte und Begriffe ist wie eine zweite Welt über die Welt gestülpt, in der wir leben. Ihr Einfluß ist so stark, daß wir sehr leicht der Täuschung erliegen, „daß das gesamte Weltall durch die menschlichen Gedankenbegriffe in Ordnung gehalten und daß alles in einem Chaos untergehen wird, wenn wir uns nicht mit äußerster Zähigkeit an diese Begriffe klammern" (Watts). Dabei sind sie im Grunde „windige Fabrikate des Geistes, die nicht die Natur der Dinge, sondern die Natur des Geistes zum Ausdruck bringen" (Ernst Cassirer).

Nur zu leicht werden auch Lernprozesse mit der Verfügbarkeit über bestimmte formale (Fach-)Begriffe gleichgesetzt. Der Tiefenpsychologe Medard Boss sprach in diesem Zusammenhang einmal von einem „verbalen Bemächtigungsbedürfnis". Viele Menschen benutzen auch Wörter und insbesondere Abkürzungen, ohne die geringste Vorstellung davon zu haben, was sie überhaupt bedeuten. Sie scheinen zu meinen, daß das Verfügen über ein Wort oder einen Begriff ein Beleg sei für das Begreifen der Wirklichkeit oder gar eine Art Garantie ihrer Bewältigung. In der Tat werden in hochtrabendem Stil und einem beeindruckenden Wortschatz an Fremdwörtern oft nur Erkenntnisse vorgetäuscht, die gar nicht vorhanden sind, und viele hochgepriesene Erkenntnisfortschritte entpuppen sich bei näherem Hinsehen lediglich als ein Wechsel des Etiketts (Bittner). Besonders in der Schule mit ihrer ohnehin vorwiegend auf Wissen zielenden Ausrichtung spielen diese begrifflichen Tendenzen eine sehr wesentliche Rolle.

So wird verständlich, daß gegenüber einer stärkeren Verwissenschaftlichung und „Pädagogisierung" mehr und mehr Skepsis und Mißtrauen laut wurden. Man warnte sogar vor einer solchen „Pädagogisierung" als einer „Zivilisationsgefahr" der modernen Gesellschaft (Schelsky). Und der Philosoph Otto F. Bollnow meinte einmal: „Es gibt keine andere Wissenschaft, in der sich unwissenschaftliches (ich würde sagen pseudowissenschaftliches) Gerede, parteiischer Eifer und dogmatische Beschränktheit so breit gemacht haben wie in der Pädagogik."

Allerdings scheinen im Hinblick auf große Worte beachtliche Gemeinsamkeiten speziell zwischen Pädagogen und Politikern zu bestehen. So wie im einen Fall Begriffe durch andere Begriffe erklärt und auf andere Begriffe bezogen werden oder Publikationen über Publikationen erscheinen, gibt es im anderen Falle Reden über Reden, Kommentare über Kommentare und Argumente zu Argumenten. Man ist – zum großen Teil – in eine wortfreudige Scheinwelt abgedriftet und hat die tatsächliche Wirklichkeit und die in dieser Wirklichkeit lebenden Menschen weit hinter sich gelassen. Viele mögen sich sogar bewußt damit trösten, daß ihr Verbalheldentum beileibe nicht schlecht honoriert wird. Zudem müssen sie ja letztlich nie tatsächliche Verantwortung übernehmen, weil das verbale Spiel mit Argumenten und Scheinargumenten endlos weitergespielt werden kann.

Der Größen- und Machbarkeitswahn

Dadurch, daß der Mensch, von Wissenschaft und Religion verführt, sich in seiner „gottähnlichen Vernunft" als etwas von der übrigen belebten Welt grundsätzlich Verschiedenes, Höheres, Einzigartiges, über- und außerhalb der Natur Stehendes zu verstehen lernte, legte er nicht nur die Grundlage zu einer rücksichtslosen Ausnutzung der Natur und Zerstörung der Umwelt. Er schuf vielmehr darüber hinaus ungewollt für sich selbst die Grundlagen einer tragischen Vereinzelung und Vereinsamung, die er bei allem verzweifelten Bemühen und einem großen Durst nach Liebe und Geborgenheit kaum mehr überwinden konnte. Denn Geborgenheit setzt ja gerade voraus, daß es jenseits der eigenen Person noch etwas sehr Wesentliches gibt, in das man sich eingebunden fühlt. Alle als „fortschrittlich" bezeichnete Entwicklung erfolgte aber nicht unter dem Erleben bergender Mitmenschlichkeit, sondern stand unter der Vorherrschaft von Wissenschaft, Technik und Wirtschaft und ging mit einer intensiven Leistungs- und Erfolgserwartung einher. Das Interesse für geistige Werte engte sich mehr und mehr auf solche

Inhalte ein, die für die Beherrschung der Natur und der Welt unentbehrlich bzw. zumindest nützlich erschienen.

Zudem führte der vorwiegend technisch-wirtschaftliche Fortschritt dazu, daß heutige Menschen anstelle ursprünglicher Naturlandschaft und unmittelbarer Beziehungen eine sich sehr rasch verändernde Umwelt vorfinden, die in zunehmendem Maße durch das gekennzeichnet ist, was andere Menschen für sie geplant, entworfen und gestaltet haben. Dabei wird im übrigen meist übersehen, daß dieser „durch Technik und Wirtschaft bestimmte Fortschritt" in verborgener, mitunter jedoch auch unverhohlener Weise Merkmale einer Ideologie im Sinne eines – bestimmten politisch-wirtschaftlichen Interessen zugeordneten – Systems von Denkweisen und Wertvorstellungen trägt, die der Rechtfertigung und auch Verhüllung eben dieser Interessen dienen. Die technische Entwicklung hat ein spezifisches Verhältnis zwischen Menschen und Ideen geschaffen und bestimmt die Beziehung heutiger Menschen zur (geistigen) Welt in ganz entscheidender Weise.

Deshalb stellt uns, nachdem alle wirtschaftlichen Vorgänge unserer Gesellschaft auf der Vorstellung unbegrenzten Wachstums beruhen, die Möglichkeit einer Anpassung unserer Wirtschaften an ein Null-Wachstum vor so ernsthafte Probleme. Diese Entwicklung wurde noch dadurch verschärft, daß die technologische Rationalität von dem Beherrschbarkeitsanspruch gegenüber der Natur ohne größere grundsätzliche Überlegungen auf Bereiche menschlichen, sozialen und gesellschaftlichen Lebens übertragen wurde. Im Stolz auf unerhörte technische Fortschritte ging mit der materiell-mechanistischen Grundorientierung eine dogmatisch vertretene Überzeugung von der „unbegrenzten Formbarkeit des Menschen" (Lorenz) und von einer ebenso unbegrenzten Gestaltbarkeit und Manipulierbarkeit menschlicher Gesellschaften einher. Der Begriff des „human engineering" läßt bereits eine Gleichsetzung des Menschen mit Geräten und Maschinen, aber damit auch eine Art Selbstauflösung des Menschlichen deutlich werden. Das gleiche gilt für den Begriff „Arbeitskraft". Ein „äußerst irrationales Vertrauen in die Berechenbarkeit und die Gestaltbarkeit der Realität", eingeschlossen die mitmenschliche Wirklichkeit, wurde zum beherrschenden Leitmotiv politischen Handelns (H. Arendt). Außerdem drängte das ständige Streben nach äußeren Erfolgen und Erfolgssteigerungen, nach eroberndem Ausgriff in die Welt anderer die Fähigkeit zurück, mit sich selbst in Einklang leben zu können.

Der Verlust des Eigentlichen[10]

Führt man sich alle angesprochenen Merkmale und Zusammenhänge vor Augen, gewinnt man den Eindruck, daß sie den Nährboden für ein weiteres Merkmal des

---
10 Trotz der von manchen Seiten gegen den „Jargon der Eigentlichkeit" (Adorno) vorgetragenen Kritik habe ich diesen Begriff im Sinne einer Identität mit sich selbst hier beibehalten. Denn einmal ist er im Rahmen dieses Kapitels ohne Bezug auf irgendwelche weltanschaulichen Standpunkte verwandt, so daß das engere Bedeutungsumfeld seiner Benutzung, wie auf den folgenden Seiten (insbesondere in den Lassahnschen Versen) deutlich

Lebens in unserer heutigen Welt abgeben, das man als „Uneigentlichkeit" bezeichnen könnte. Sind wir doch in starker Weise und in eher passiver Rolle weitgehend „Erfahrungen aus zweiter Hand" ausgeliefert! In der zunehmenden Computerisierung unseres Lebens werden menschliche Wesen als nahezu verdinglichte Bedienungskräfte technischer Produkte mehr oder weniger auf eine einzige von der Technik vorgegebene Funktion reduziert. Anforderungen an eigenständige Denkleistungen werden kaum gestellt und sind auch insgesamt nicht sonderlich erwünscht. Die bei der Jugend sehr beliebten Videospiele erfordern in ihrer geringen Komplexität und ihrer vorrangigen Ausrichtung an quantitativ faßbaren Ergebnissen in erster Linie eine schnelle Reaktion. Emotionales Erleben und Phantasie spielen dabei ebenfalls nur eine geringe Rolle. Phantasie wird geliefert, und was zählt, ist in erster Linie „action". Wir messen, um noch einmal Günther Anders zu zitieren, die Wirklichkeit am glänzenden Schein ihrer Reproduktion.

Geistige Eigenständigkeit und persönliche „Authentizität" im Sinne eines In-sich-Ruhens und einer aus dem Inneren des Wesens gespeisten Echtheit scheinen immer seltener zu werden. An Stelle wirklicher „Persönlichkeiten" treten äußerer Schein, Positionen und institutionelle Machtstrukturen. So wirkt der eine, der etwas „gilt", durch seinen schicken Sportwagen, der andere zieht sein Ansehen aus dem überdimensionalen, im Winter geheizten „Swimming-Pool" in seinem Garten und die dritte genießt die Bewunderung ihrer Umwelt aufgrund der glänzenden Hülle ihres Make up und ihrer teuren Garderobe. Fast überall begegnet das Individuum der Arroganz von Macht und Geld. Das betrifft selbst viele Beamte, die gar nicht über ihr eigenes Geld, sondern das der Steuerzahler verfügen. Viele „persönliche" Beziehungen zwischen Menschen stellen im Grunde Situationen eines berechnenden quantifizierbaren Gebens und Nehmens dar. Der Mensch als solcher gewinnt aber durch alles Streben nach Ansehen, Ruhm, Macht und Reichtum nichts hinzu.

Allenthalben trifft man auf verhältnismäßig geringe Wertschätzung von Be-

---

wird, ein völlig anderes ist. Und außerdem fiel mir auch nach längerem Überlegen kein Begriff ein, der das hier Gemeinte besser kennzeichnen würde. Ähnliche Gründe mögen für die Verwendung des Wortes „echt" gelten, das ja doch etwas Bestimmtes kennzeichnet, auch wenn die allseitige Verwendung in der Umgangssprache zum Ausdruck bringen mag, daß wir über dieses Bestimmte kaum noch verfügen. Vielleicht rührt so auch eine bei manchen Menschen vorhandene Scheu vor der Verwendung des Wortes von einer unbewußt empfundenen Peinlichkeit eines Mangels eben an diesem „Bestimmten" her. Im übrigen spielt der Begriff „Echtheit" oder innere Kongruenz als klientenzentrierte Grundhaltung eine wesentliche Rolle in moderneren Therapien, und der in den letzten Jahren häufiger verwandte Begriff „Authentizität" bringt ja auch nichts anders zum Ausdruck als das, was J. Höder in dem „Handwörterbuch Psychologie" im Rahmen der personenzentrierten Psychologie unter „Echtsein" beschreibt: „Eine echte Person ist vertraut mit ihren inneren Vorgängen, sie ist sich ihres Fühlens und Denkens klar bewußt, und ihr sichtbares Verhalten steht damit in Einklang. Sie möchte 'durchsichtig' für den anderen sein und gibt sich so, wie sie wirklich ist, ohne schöne Fassade oder berufsmäßiges Rollenverhalten". Das ist doch genau das, von dem, bzw. von dessen Mangel, in unserer heutigen Welt die beschriebenen Konsequenzen aus der auf die Aufklärung zurückgehenden geistesgeschichtlichen Entwicklung des Abendlandes handeln.

scheidenheit, dafür um so mehr auf Geltungsbedürfnis und übersteigerte Ansprüche, Habgier und Neid, Protzerei und Angebertum. Vieles, was früher einmal gesellschaftlich tabuiert war, ist heute fast schon zu einer Tugend geworden, die besseres Vorwärtskommen gewährleistet. Der mit dem Niedergang klassischer (bürgerlicher) Werte entstandene moralische Leerraum wurde eifrig und geschäftstüchtig ausgefüllt. Rasch nisteten sich clevere Geschäftemacher in ehemals tabuierten Bereichen ein, von der Pornographiewelle, der Verführung zu Konsum auf Kredit bis zu mannigfaltigen Formen der Psychotherapie. Wird doch unter den bestehenden Systembedingungen nahezu alles zum „Geschäft". Das wird bspw. in jedem Jahr wieder übermäßig deutlich, wenn man ganz offiziell vom „Weihnachts-Geschäft" spricht.

Im Gefolge der durchgehenden Kommerzialisierung stellt sich aber nun nicht etwa ein Gefühl der Befriedigung und Zufriedenheit, sondern ein Gefühl der subjektiven Leere ein.[11]

Bei Völkern der Dritten Welt zeigt sich übrigens eine ähnliche Entwicklung: Der Übernahme und Nachahmung von Modellen der anonymen Industrie-„Kultur" folgte über eine Phase der Entbergung und Entwurzelung, in der sich das Bewußtsein geschichtlicher Kontinuität auflöste, ein Verfall und Verlust der eigenen Kultur und Tradition, was andererseits nicht selten einen fruchtbaren Nährboden für fundamentalistische Gegenreaktionen darstellte.

Unter diesen Bedingungen läuft aber der Mensch Gefahr, die Verbindung zu seinem Lebensgrund, zu seinen eigenen Tiefen einzubüßen, einen persönlichen Lebenssinn zu verlieren und sich von den Quellen schöpferischen Wachsens und innerer Erneuerung abzuschneiden. Zu der Entfremdung von der Natur und von der Gesellschaft tritt die Gefahr einer Entfremdung von sich selbst (Fischer). Der Mensch, zur reinen „Arbeitskraft" degradiert, fühlt, daß er in dieser Welt seiner eigentlichen Werte beraubt und zu einem bloßen Mittel in zunehmend anonymen Prozessen geworden ist.

Der Bielefelder Pädagoge Hartmut von Hentig spricht davon, daß viele Menschen angesichts einer zunehmend „verwalteten, verplanten, verrechtlichten, verordneten, automatisierten und anonymisierten Welt" ein Gefühl der Unheimlichkeit beschleiche. Lebendiges erstickt hinter „Betonwänden von Sachgesetzlichkeit, Gleichgültigkeit und Verstellung" (Duhm). Schöne und „edle" Worte bedeuten nicht das, was sie aussagen, sondern dienen einem ganz bestimmten Zweck. Das erleben ja auch schon kleine Kinder, wenn – die einmal zu beerbende – Tante „Mathilde" zu Besuch kommt ... und wieder geht. Häufig genug werden sie zwar über bestimmte Werte wie Anstand und Ehrlichkeit nachdrücklich belehrt. Diese „Werte" bleiben aber angesichts des Verhaltens der Ehepartner zueinander und auch im Umgang mit der Erbtante in arg „theoretischer Ferne" und entlarven sich meist als reine Heuchelei.

Sicher sind aber in Kindern und Jugendlichen wie eh und je Sehnsüchte und

---

11 Der Bezug zu dem heute dominierenden Typ des 'außengeleiteten' Menschen, den David Riesman in „Die einsame Masse" plastisch beschrieben hat, dürfte auf der Hand liegen.

Bedürfnisse lebendig, etwas zu verehren und zu einem Vorbild aufschauen zu können. Solche tief, wenn auch oft unklar empfundenen Bedürfnisse verkümmern aber angesichts des Mangels an Glaubwürdigkeit und Echtheit in der Welt der Erwachsenen. „Wir treiben wie winzige Muscheln der Subjektivität mit dem Strandgut der Objekte auf einem verschmutzten Meer von Gleichgültigkeit" (Hampden-Turner). Sehr treffend kommt ein solches Erleben der Uneigentlichkeit, das manchen heute lebenden Menschen vertraut sein mag, die eine gewisse Sensibilität bewahrt haben und tiefer über sich selbst und die Welt nachzudenken pflegen, in Versen von Bernhard Lassahn zum Ausdruck. Mit ihnen soll dieses Kapitel schließen:

„Als ich ein kleiner Junge war,
war das andere Leben scharz-weiß
und das richtige bunt.
Heute fehlt
für den Unterschied dieser Beweis.

Explosion der Raumstation.
Hongkong. King-Kong. Swimming-Pool. Bambino.
Alles Kino."

„In der Schule lernt man, wie man richtig mogelt und lügt,
ohne mit der Wimper zu zucken,
möglichst wenig zu tun, viel Interesse zu heucheln,
abzuschreiben und abzugucken,
aus Nervenkitzel und Notwendigkeit.

Ich hätte nie gedacht, ich könnte so ein Lügner sein.
Ich hab das alles mitgemacht
und war doch nicht dabei.

Höchste Zeit, jetzt muß bald die große Liebe kommen.
Die meisten Küsse waren allerdings nur naß
und ein billiger Abklatsch der besseren Träume
und einige auch nicht einmal das.
Diese Party-Abknutsch- und Ausquetscherei
das also sollte nun die große Liebe sein?

Ich hab das alles mitgemacht
und war doch nicht dabei. ..."

„Das soll die Heimat sein?
Das ist ein Heimatverein.
In der Heimat sind wir noch nicht gewesen.
Nein, wir wohnen nur,
wenn auch mit Wohnkultur.
Von der Heimat hab ich mal was gelesen." ...

III. Neue Erkenntnisansätze in der Physik des 20. Jahrhunderts: Die fühlbare Realität des Universums

Die Wende im subatomaren Bereich

Wir wollen jetzt, nachdem wir das traditionelle wissenschaftliche Weltbild und seine Auswirkungen auf unser heutiges Leben betrachtet haben, die Entwicklung verfolgen, welche die Wissenschaft seit Beginn dieses Jahrhunderts genommen hat. Dabei werden wir erneut eine eigenartige Entdeckung machen, daß nämlich diejenige Wissenschaft, die als *das* Modell exakter Naturwissenschaftlichkeit gilt, zugleich die Grundlage für tiefgehende erkenntnistheoretische Überlegungen lieferte. Interessanterweise war es also wiederum die Physik, von der, nachdem sie schon das Modell der klassischen Wissenschaft geliefert hatte, nun entscheidende Anstöße in Richtung eines neuen Wissenschafts- und Weltbildes ausgingen.

In seinem Mittelpunkt stehen anstelle isolierter Größen sehr viel mehr Konstellationen von Beziehungen, und daß eigentliche Wesen der Welt erscheint in entscheidender Weise durch solche ständig wechselnden Beziehungen in offenen Systemen geprägt. Die Frage, die sich jetzt stellte, war nicht nur, wie neue Ergebnisse, die die Wissenschaft zutage gefördert hatte, im Rahmen des herrschenden Erkenntnismusters zu erklären waren. Es ging darüber hinaus auch darum, kreativ neue Erkenntniswege zu entwickeln, um die im Rahmen des üblichen Denkansatzes nicht erklärbaren Phänomene in ein Wissenssystem zu integrieren.

Dabei spielte die wissenschaftliche Entwicklung sowohl im Bereich der Teilchen- und Hochenergiephysik als auch im Bereich der Astrophysik eine entscheidende Rolle; die gewaltigen Erkenntnisfortschritte, die in diesem Jahrhundert erreicht wurden, betreffen also einmal das Reich des Allerkleinsten, zum anderen das des Allergrößten und, wenn man die Biologie einschließen will, auch das Reich des Komplexesten auf dieser Welt (vgl. Krueger).

Vor allem in der subatomaren Physik keimte seit Beginn dieses Jahrhunderts ein neues Denken auf. Der englische Physiker Arthur Stanley Eddington schreibt: „Wir haben die feste Substanz ... bis in das Atom und vom Atom in das Elektron gejagt; dort haben wir sie verloren." Als die Physik begann, in subatomare Größenordnungen vorzustoßen, ging sie wohl zunächst wie selbstverständlich davon aus, auch hier die bewährten klassischen Gesetze wiederzufinden. Doch diese Erwartungen traten in keiner Weise ein. Im Gegenteil. Ken Wilber spricht von einem Schock, der dem vergleichbar sei, den man erleiden würde, wenn man eines

Tages beim Abstreifen des Handschuhs statt der erwarteten Hand eine Hummerschere erblicken würde.

Es ist faszinierend nachzulesen, wie gerade von profilierten Atomwissenschaftlern Gedanken geäußert werden, die in ihrer Weite und in ihrer Feinheit der klassischen Wissenschaftskultur im Grunde völlig fremd sind. Beispielhaft kommt diese Wandlung der Vorstellungswelt in dem Ausspruch des dänischen Physikers und Nobelpreisträgers Niels Bohr zum Ausdruck: „Das Gegenteil einer richtigen Behauptung ist eine falsche Behauptung. Aber das Gegenteil einer tiefen Wahrheit kann eine andere tiefe Wahrheit sein." Man hat sich zugleich – trotz geradezu sensationeller Fortschritte der Wissenschaft – immer stärker von der Illusion grenzenloser Erforschbarkeit der Wirklichkeit gelöst und hat gelernt, den in dem Gödelschen Theorem mathematisch erwiesenen grundlegenden Gegensatz zwischen Eindeutigkeit und Vollständigkeit zu sehen und zu akzeptieren.

Subjekt und Objekt erscheinen nicht mehr getrennt. Die moderne Physik betrachtet sie vielmehr auf höherer Systemebene als grundsätzliche Einheit. Speziell die im subatomaren – und zum Teil auch im astronomischen – Bereich gewonnenen Erkenntnisse eröffnen eine Sicht auf eine gänzlich neue Welt. Und diese Sichtweise betrifft nicht nur die Physik. Sie scheint eine umfassende Revolution des Denkens und der Wissenschaft einzuleiten. Schon vor Jahren stellte Arthur Koestler fest: „Wir leben trotz aller Erfolge in einem Land der Blinden" und meinte, „daß es mittlerweile durch die Ritzen unseres klassischen kausalen Denkgebäudes ziehe".

Es mutet fast anachronistisch an, daß zur gleichen Zeit in anderen – und gerade auch anthropologischen – Wissenschaften einem Paradigma nachgeeifert wird, das auf seinem Ursprungsgebiet, nämlich in der Physik, in seiner Absolutheit und im Grundsätzlichen bereits mehr oder weniger als überholt gilt oder zumindest erhebliche Einschränkungen und bedeutsame Ergänzungen erfahren hat.

Stabilität und Klarheit, in den letzten Jahrhunderten immer wieder in Form klar definierbarer „Objekte" bis in die Geisteswissenschaften hinein als einzig „wissenschaftlich" gepriesen, sind in diesem neuen Weltbild Ausnahmen. Es ist auch nicht mehr so sehr das isolierte, analytisch anzugehende „Objekt", das im Mittelpunkt des Forschungsinteresses steht. Statt dessen tauchen immer häufiger Begriffe wie *Einheit, Komplexität,* Zusammenhänge, *Wechselbeziehungen* (speziell auch zwischen Beobachter und Objekt) usw. auf.

Forschungsinteresse und Erkenntnismöglichkeiten verlagerten sich immer stärker vom Einfachen zum Komplexen, von den einzelnen Fakten zu den Relationen. Man betont nicht mehr so sehr die Abgrenzungen, sondern vielmehr die Zusammenhänge, ja sogar die Vereinigung von Gegensätzen und deren wechselseitige Durchdringung. Man erkennt mehr und mehr den dynamischen Grundcharakter der Wirklichkeit mit sich ständig wandelnden Strukturen, und der entscheidende Fortschritt der Wissenschaft wird nicht mehr nur in einem Zuwachs an Information, sondern vor allem in einer Wandlung wissenschaftlicher Vorstellungen und Zugangsweisen gesehen.

Die Elementarteilchen, in der klassischen „atomistischen" Sicht noch die Grundpfeiler der Wirklichkeit, haben sich längst als ein „Bündel von Beziehungen", als „Aktivitätsmuster" entpuppt (Capra), und die Welt erscheint nach Heisenberg als ein „kompliziertes Gewebe von Ereignissen, in dem Verbindungen aller Art einander ablösen, sich überlagern oder zusammen auftreten", als eine „bruchlose Ganzheit von strömender Bewegung", wie es der in London lebende Physiker David Bohm in seiner Theorie der impliziten Ordnung beschreibt. Jedes Teil ist „in einem fundamentalen Sinne in seiner wesentlichen Aktivität innerlich mit dem Ganzen sowie mit allen anderen Teilen verbunden".

Die Anfänge: der Feldbegriff

Im Grunde begann die beschriebene Entwicklung schon sehr viel früher. Nur ahnte man damals noch nicht, wohin einige Entdeckungen geistesgeschichtlich führen würden. 1811 hatte Fourier das Gesetz über die Wärmeausbreitung entdeckt und damit zum erstenmal einen Prozeß beschrieben, der irreversibel, nicht umzukehren oder rückgängig zu machen ist. 1824 formulierte dann Sidi Carnot die Grundlagen des zweiten Hauptsatzes der Thermodynamik. Er bereitete damit einer Wissenschaft von komplexen Systemen den Weg, in denen eine Entwicklung zur Entropiezunahme[12] stattfindet. Das bedeutete ein unverkennbares Abrücken von Newton, weil damit bei Vorgängen dieser Art, die sich auf Zustände von wachsender Wahrscheinlichkeit hin verändern, ein Rest eigener spontaner Naturaktivität anerkannt wurde (Prigogine).

Etwa um die gleiche Zeit schuf Faraday, der 1831 die elektromagnetische Induktion entdeckte und 1844 mit der Theorie der Kraftlinien an die Öffentlichkeit trat, die Grundlagen des elektromagnetischen „Feldes". Auf diesen Grundlagen baute der von 1831 bis 1879 lebende Physiker James Clerk Maxwell auf, indem er in einer neuartigen Form von Gesetzen eine umfassende mathematische Theorie entwickelte, die Licht, Elektrizität und Magnetismus durch mathematische Gleichungen verknüpfte. Seine Gleichungen erklären – und das ist das Neue an ihnen – nicht eine bestimmte Art von Phänomenen, sondern eine Struktur, nämlich die Struktur des „Feldes". Sie stellen einen Zusammenhang her zwischen Vorgängen, die sich zu einem bestimmten Zeitpunkt an einem bestimmten Ort abspielen, und Ereignissen, die kurz danach in der unmittelbaren Nachbarschaft eintreten.

Im Anschluß an Maxwell führte Boltzmann sein Ordnungsprinzip ein. Es besagt, daß der wahrscheinlichste Zustand, den ein System erreichen kann, immer derjenige ist, in dem die zahllosen Ereignisse, die gleichzeitig in diesem System stattfinden, sich in ihrer Wirkung statistisch ausgleichen.

Gerade der Begriff des Feldes war es, an dem eigentlich die Grenzen der klassischen Newtonschen Physik deutlich wurden und an die dann auch Bemühungen zu ihrer Überwindung anknüpften. Denn mit dem Begriff des Feldes verlor

---

12 Unter Entropie versteht man i.e.S. denjenigen Teil der (Wärme-)Energie, der sich wegen seiner gleichmäßigen Verteilung an alle Moleküle nicht mehr in mechanische Arbeit umsetzen läßt.

das klare „Objekt", das Verhalten von isolierten Körpern, an Bedeutung, und statt dessen wurde nun sozusagen das zwischen den Objekten Liegende, d.h. das Verhalten des „Feldes", für Ordnung und Verständnis der Vorgänge bedeutsam. Der Feldbegriff löste damit die bisher unantastbare Trennung von Materie und leerem Raum auf.

So haben sich in der Tat die unserem bisherigen Verständnis als abgrenzbare Untereinheiten erscheinenden Teilchen bei näherer Betrachtung längst in Felder von Elektronenwolken aufgelöst, die ineinander übergehen. Geistesgeschichtlich gesehen, haben sich die Naturwissenschaftler, wie der in Brüssel lebende Nobelpreisträger Ilja Prigogine schreibt, mit dieser Vorstellung von Feldern, die sich kontinuierlich im Raum ausbreiten und in denen Teilchen nur eine örtliche Energiekonstellation darstellen, „von einer Faszination freigemacht, die uns die Rationalität als etwas Geschlossenes und die Erkenntnis als etwas Abschließbares erscheinen ließ".

Albert Einstein und die Relativitätstheorie

In der Relativitätstheorie, die in wissenschaftlicher Sprache das Weltall als eine einheitliche Ganzheit zu begreifen versuchte, gab Albert Einstein dem Feldbegriff praktisch eine neue Art von Realität. Es war sogar sein lebenslanges Ziel, die Gesetze der Physik zu einer „einheitlichen Feldtheorie" zusammenzuführen und speziell in der allgemeinen Relativitätstheorie das elektromagnetische Feld und das Gravitationsfeld in einem Erklärungsansatz zu verbinden, in dem die Gravitation als eine Verzerrung der Raum-Zeit-Geometrie erscheint.

Er erkannte nämlich, daß Vorgänge in einem bestimmten Feld von Bedingungen in benachbarten Feldern abhängen und daß das Verständnis eines Feldgeschehens über die Grenzen dieses speziellen Feldes hinaus die Einbeziehung weiterer Zusammenhänge erfordert. Deshalb meinte er auch, daß die klassische Mechanik eigentlich „in der Luft hänge", weil man einfach nicht wisse, worauf sie sich beziehe.

Er verwies bspw. darauf, daß ein Beobachter, der sein ganzes Leben in einem fensterlosen rotierenden Kabinett ohne für ihn erkennbare Beziehung zur Außenwelt verbringe und alle seine Experimente darin anstelle, zwangsläufig zu einer Mechanik mit völlig anderen Gesetzen als den uns bekannten gelangen müsse. Ein Münchhausen, der sich auf einem mit Überschallgeschwindigkeit dahinfliegenden Projektil durch die Lüfte tragen ließe, würde den Abschlußknall niemals hören, und wenn wir einen bedeutsamen Ausspruch, der nur einmal getan wurde, ein zweites Mal als solchen hören möchten, so könnten wir das nur dadurch erreichen, daß wir den Schallwellen des Ausspruchs mit Überschallgeschwindigkeit nacheilten und sie irgendwo einholten.

Sehr anschaulich ist auch Einsteins Beispiel mit dem Lichtsignal, das vom Mittelpunkt einer Kabine ausgestrahlt wird und sich – für den Beobachter innerhalb der Kabine – nach allen Richtungen gleichschnell ausbreitet, so daß es – für diesen

Beobachter – die vier Wände der Kabine gleichzeitig erreicht. Im Gegensatz dazu schlägt Einstein dann vor, sich einen Außenbeobachter vorzustellen, der zugleich erkennt – was der Innenbeobachter nicht weiß –, daß sich die Kabine mit verhältnismäßig hoher Geschwindigkeit in eine Richtung bewegt. Für diesen Außenbeobachter trifft nun das Licht auf die beiden einander entgegengesetzten, senkrecht zur Bewegungsrichtung liegenden Kabinenwände keineswegs genau gleichzeitig auf. Die eine Wand scheint dem Lichtsignal davonzulaufen, während es scheint, als wolle die entgegengesetzte es einholen. Einstein schließt daraus, daß „Ereignisse, die in dem einen System gleichzeitig sind, für ein anderes System zu verschiedenen Zeiten stattfinden". Er übertrug seine Relativitätserkenntnis sogar einmal scherzhaft auf den Alltag und meinte: „Wenn man zwei Stunden neben einem netten Mädchen sitzt, kommt einem das wie zwei Minuten vor; wenn man zwei Minuten auf einem heißen Ofen sitzt, kommt einem das wie zwei Stunden vor."

Einsteins Werk ist vor allem durch zwei grundlegende Erkenntnisse gekennzeichnet: Er begründete einerseits ein neues umfassendes Bezugssystem für Raum und Zeit, die sog. vierdimensionale Raumzeit. In ihr haben beide, Raum und Zeit, einen betont funktionalen Charakter und stehen in gegenseitigen Wechselbeziehungen. Zudem erkannte er das Raum-Zeit-Kontinuum als gekrümmt und sah

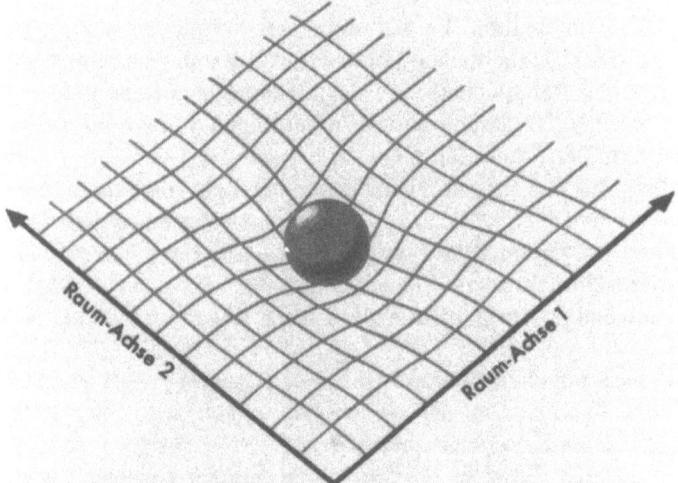

Abbildung 2: *Veranschaulichung der „Raumkrümmung" durch eine Kugel in einem Netz aus Gummifäden*

diese Erscheinungen der Krümmung und Dehnung in engem Zusammenhang mit der Schwerkraft. Andererseits gipfelte seine Theorie in der Erkenntnis, daß es keinen grundsätzlichen Unterschied zwischen Masse und Energie gibt und daß Masse bzw. Materie aus bestimmten sich verändernden Energiemustern besteht. Sie kann daher letztlich als eine ungeheure Zusammenballung von Energie verstanden werden. „Energie hat Masse und Masse verkörpert Energie. Statt zwei

Erhaltungssysteme haben wir nur noch eines, das der Masse-Energie." Seine in ihrer Einfachheit weltbekannte Formel[13] $E = m \cdot c^2$ verknüpfte beide Begriffe und war die Grundlage dafür, daß es in den 30er Jahren erstmals gelang, Materie durch Energiekonzentration im Labor „künstlich" zu erzeugen.

Indem Einstein „Materie" mit hoher Energiekonzentration und „Feld" mit geringerer Energiekonzentration gleichsetzt, verschwimmt zugleich der qualitative Unterschied zwischen Materie und Feld. Energie widersetzt sich der Bewegung in gleicher Weise wie wägbare Masse. Jeder weiß, wieviel Kraft es kostet, einen schweren Wagen anzuschieben. Ebenso läßt sich eine Geschwindigkeit, je dichter sie an die des Lichtes herankommt, um so schwerer noch weiter steigern. Denn je schneller ein Körper ist, um so schwerer wird er auch. Experimente in Teilchenbeschleunigern bewiesen z.B., daß ein Teilchen, das in die Nähe der Lichtgeschwindigkeit gebracht wird, einige hundert mal schwerer ist. Deshalb hat man, je näher man an die Lichtgeschwindigkeit herankommen will, um so mehr Masse zu beschleunigen.

Es ist das Verdienst Albert Einsteins, uns mit seiner Relativitätstheorie und dem Konzept einer vierdimensionalen Raumzeit vor Augen geführt zu haben, daß wir grundsätzlich kaum allgemeingültige „absolute" Aussagen über Geschwindigkeiten, über Entfernungen usw. abgeben können. Betrachtet man Einsteins Theorie genauer, gibt es allerdings nicht eine, sondern zwei Relativitätstheorien, nämlich die Spezielle und die Allgemeine. „Bei der Speziellen Relativitäts-Theorie handelt es sich um ein neues Formalsystem, das bei den mechanischen Erscheinungen des täglichen Lebens die gleichen Ergebnisse wie die klassische Mechanik liefert, das aber bei Vorgängen, bei denen die mit 299.792,458 km/sec konstante Lichtgeschwindigkeit eine Rolle spielt, korrekte, mit der Erfahrung übereinstimmende Aussagen macht" (Höfling, Waloschek). In der Speziellen Relativitätstheorie, die die Gültigkeit der physikalischen Gesetze unabhängig von der Geschwindigkeit oder der Position eines Beobachters sichert, beschreibt man die Natur der Raumzeit durch ihre metrische Struktur. Sie gilt auch als das Gesetz über die Äquivalenz (Gleichwertigkeit) von Masse und Energie, wobei man die Umwandlung von Energie in Masse als Materialisation und die Umwandlung von Masse in Energie als Zerstrahlung von Masse bezeichnet. Treffen bspw. zwei massengleiche Teilchen unterschiedlicher elektrischer Ladung wie ein Elektron und ein Positron aufeinander, so „zerstrahlen" sie in zwei energiereiche Photonen. Treffen aber zwei solcher Photonen aufeinander, so entstehen bei einer der Masse entsprechenden Energie zwei Materieteilchen, ein Elektron und ein Positron.

Die Allgemeine Relativitätstheorie bringt die Eigenschaften des geometrischen Raumes in Verbindung zur Zeit und erklärt die Gravitation als Krümmungseffekt von Raum und Zeit, womit die Newtonsche Gravitationskraft zu einer geometrischen Beschreibung der Raumzeit wird. Die Verteilung der Materie im Universum bestimmt das jeweilige Ausmaß der Krümmung der Raumzeit. Damit werden die drei Dimensionen des Raumes mit der Zeit zu einem vierdimensionalen Raum-

---

13 Energie = Masse × Geschwindigkeit im Quadrat.

zeit-Kontinuum (nach neueren Theorien hat die Raumzeit sogar noch eine Reihe weiterer – verborgener – Dimensionen) zusammengefaßt, in dem Raum, Zeit, Strahlung und Materie untrennbar miteinander verknüpft sind (Reutterer).

Daß die Frage nach der 'absoluten' Länge eines Schattens eigentlich sinnlos ist, vermögen wir nach einigem Überlegen vielleicht einzusehen. Aber so, wie es sich beim Schatten um eine Projektion von Punkten im dreidimensionalen Raum auf eine zweidimensionale Fläche handelt (wobei dem Projektionswinkel die entscheidende Bedeutung zukommt), genauso wird, wie Einstein immer wieder betont, die Frage nach der Ausdehnung eines Objektes unter dem Blickwinkel der vierdimensionalen Raum-Zeit (und der modernen Quantenfeldtheorie) relativiert.

Auch zeitliche Aussagen sind in ähnlicher Weise relativ, denn sie hängen entscheidend von Merkmalen der Beobachtersituation ab. Deshalb ist es auch nicht möglich, einen bestimmten Augenblick für das gesamte Universum zu definieren. Wir sehen schon die Sonne mit einer Zeitverschiebung von 8 Minuten und können von manchen Galaxien nur Aussagen über ihren Zustand vor Millionen von Jahren machen.

Gehen wir noch einen Schritt weiter, über die scheinbare Gleichzeitigkeit hinaus. Wenn aus der Sicht der Relativitätstheorie die Zeit ihren Charakter als absolute Größe verloren hat, ist sie zu einer dynamischen Eigenschaft materieller Systeme geworden, kann sich dehnen, schrumpfen, krümmen, ja sogar in einer sog. Singularität gänzlich aufhören (Davies).

Das Phänomen der Zeitdehnung, wie man es bspw. bei schnell bewegten und zerfallenden μ-Mesonen[14] experimentell beobachten konnte, ist ein zentraler Punkt der speziellen Relativitätstheorie. So wie die Länge eines Meterstabes mit zunehmend hoher Geschwindigkeit schrumpft, sind die Zeitabstände in einem bewegten System länger. Weil in einem bewegten System weniger Zeitintervalle gezählt werden, spricht man auch davon, daß bewegte Uhren langsamer gehen und bei Überschreiten der Lichtgeschwindigkeit würde die Zeit sogar folgerichtig in umgekehrter Richtung, d.h. rückwärts ablaufen. Coveney und Highfield schlagen ein Experiment vor, zwei gleichgehende Atomuhren, eine in einem Verkehrsflugzeug und die andere auf dem Flugplatz anzubringen, von dem das Flugzeug startet und zu dem es nach einem langen Flug zurückkehrt. Ein Vergleich der Uhren nach der Rückkunft des Flugzeuges würde den beschriebenen Effekt bestätigen.

Dazu kommt eine Abhängigkeit des Zeitablaufs von der Gravitation, weshalb die Zeit z.B. auf einem Berg schneller abläuft als auf Meereshöhe. In einem

---

14 Dieses Verhältnis kommt in der Lorentz-Transformation

$$\Delta t = \frac{\Delta t o}{\sqrt{1-\left(\frac{v}{c}\right)^2}}$$

zum Ausdruck, bei der $\Delta t o$ der Dauer eines bestimmten Vorganges im ruhenden System und Δt der Dauer des gleichen Vorganges im bewegten System sowie v und c der Geschwindigkeit des bewegten Systems und der Lichtgeschwindigkeit entsprechen.

starken Gravitationsfeld verzögert sich nämlich die Laufzeit der Photonen. Da aber die Lichtgeschwindigkeit eine absolute Konstante ist, bedeutet dies, daß die Zeit im Gravitationsfeld entsprechend langsamer abläuft (Bublath).

Obwohl die Existenzzeit zweier subatomarer Teilchen, rein isoliert und lediglich von dem jeweiligen Teilchen aus betrachtet, gleich sein mag, hängt ihre „Lebenszeit", umfassender und relativierend betrachtet, entscheidend von ihrer Geschwindigkeit ab. Sie nimmt nämlich relativ mit ihrer Geschwindigkeit zu. Die „innere Uhr" eines sich mit sehr hoher Geschwindigkeit bewegenden Teilchens läuft – relativ – langsamer. Das Teilchen lebt also, relativ gesehen, länger.

Es ist erstaunlich, daß die Gedanken Albert Einsteins, dessen erste Veröffentlichung immerhin schon bald 100 Jahre zurückliegt, bisher so wenig die Grundstruktur unseres allgemeinen Denkens beeinflußten, obwohl sie ein Weltbild vermittelten, dessen Einheit und Harmonie alle aus klassischer Sichtweise möglichen Erwartungen überstieg. Erschütterte er doch mit seiner Theorie, die letztlich auf die Vorstellung einer ungeteilten Ganzheit der Wirklichkeit hinauslief und mit der er die bis dahin gültigen Naturgesetze relativierte, die Grundpfeiler der klassischen Physik in nachhaltiger Weise.

Weitere Entwicklungswege der modernen Physik

Einstein hatte immerhin versucht, an einer ganzen Reihe von Denkstrukturen des klassischen Paradigmas wie Kausalität, Objektivität usw. festzuhalten. Auch die Feldtheorie erscheint aus heutiger Sicht trotz ihres über eine eng mechanistische Denkweise hinausgehenden Ansatzes im Grunde – wenn auch wesentlich subtiler – noch immer dem Bezugsrahmen der klassischen Anschauung verhaftet. Denn die Feldelemente werden als räumlich getrennt existierend und in lokaler Verbindung zueinander stehend aufgefaßt, nicht jedoch als in umfassender Einheit miteinander verbunden.

Die moderne Physik vollzog jedoch, schon zu Einsteins Lebzeiten, vor allem aber auch nach seinem Tode, eine rasante und beeindruckende Entwicklung. Ich nenne hier nur Begriffe wie die Quantentheorie, die Subquantentheorie, die Quantenfeldtheorie, die S-Matrix-Theorie oder die Bootstrap-Hypothese.[15]

Lassen Sie mich zu diesen Ansätzen noch einige kurze Ergänzungen geben: Die auf der Grundlage des Planckschen Wirkungsquantums aufbauende Quantentheorie ist eine mathematische Theorie zur Beschreibung der Bewegung und Wechselwirkungen von Mikroteilchen wie Elektronen, Photonen usw.[16] Diese elementaren Teilchen erlangen aber erst, wie der Dualismus von Teilchen und

---

15 Daß es sich dabei nicht nur um theoretische Überlegungen, Modelle und Erkenntnisse handelt, zeigen Technologie-Entwicklungen wie u.a. der Laser, das Elektronenmikroskop und der Transistor.
16 Nach der „Planckschen Beziehung" zwischen der Energie der Lichtquanten und der Frequenz der Strahlung sind Energie und Frequenz, allerdings in verschiedenartigen Einheiten gemessen, dasselbe.

Welle (s. S. 58) zeigt, durch die Beobachtung physikalische Realität. Quantenphysikalische Ereignisse sind jedoch prinzipiell nicht vollständig determiniert, sondern treten nur mit statistischer Wahrscheinlichkeit ein. „Die möglichen Aufenthaltswerte des Elektrons werden in der mathematischen Beschreibung zu der 'Wolke' der Aufenthaltswahrscheinlichkeit" (Bublath).

Speziell die Quantenmechanik, die beide Aspekte des Kontinuierlichen und des Diskontinuierlichen in sich vereinigt, versucht die Bewegung der kleinsten Teilchen mit den Mitteln der klassischen Mechanik darzustellen, wobei auf der Ebene der kleinsten Teilchen zufällige Quantenfluktuationen ins Spiel treten. Höfling und Waloschek weisen darauf hin, daß, da sich die Gesetze der klassischen Mechanik als Näherungen für makroskopische, also mit bloßem Auge beobachtbare Vorgänge aus den Gesetzen der Quantenmechanik ableiten lassen, die Gesetze der Quantenmechanik auch die Grundlage der klassischen Mechanik liefern. Die Quantenmechanik verknüpft im Grunde auf gesetzmäßige Weise nicht das Tatsächliche, Faktische und objektiv Faßbare, sondern das Mögliche, wodurch zwangsläufig der Zufall in das Reich der Wirklichkeit eintritt. Das Zufällige wird sozusagen als objektive Kategorie der Wirklichkeit verstanden, und das Mögliche als ebenso unlösbarer Bestandteil dieser Wirklichkeit wie das, was sich jeweils verwirklicht. „Ständig entzündet sich das Wirkliche im Möglichen, und ständig geht neue Möglichkeit aus der sich entwickelnden Wirklichkeit hervor. Die ganze Realität, das ganze Sein unserer Welt ist zugleich Möglichkeit und Wirklichkeit" (Havemann). So werden bei der Betastrahlung Elektronen oder Positronen aus den Kernen der Atome herausgeschleudert. Sie waren vorher noch nicht real existent und wurden sozusagen erst im Augenblick ihrer Entstehung als Ergebnis einer energetischen Zustandsänderung des Kerns geboren. Ebenso sind auch Lichtquanten praktisch nicht vorhanden, bevor sie entstehen. Sie entstehen quasi aus dem Nichts, d.h. aus einem Teil der Energie anderer Teilchen, die ihrerseits fortbestehen. Deshalb spricht man auch von virtuellen Teilchen.

Die Quantentheorie geht zunächst neben dem durchgängigen Doppelcharakter von Energie und Materie und damit der „Wandelbarkeit im Wesen einer Einheit" (Bohm) einmal von einer diskontinuierlichen, schrittweisen Dynamik aus. Danach wird Energie in einzelnen Stückchen, eben den Quanten, weitergeleitet. Fortlaufende Strukturen sind dagegen nach quantentheoretischer Auffassung nur dort gegeben, wo das Diskontinuierliche in sehr großen Ansammlungen erscheint.

Eine weitere wichtige Annahme der Quantentheorie ist, daß die Verbindung zwischen Teilchen nicht ortsgebunden ist, daß also auch Teilchen, die weit voneinander entfernt sind, in enger Beziehung zueinander stehen (können).[17] „Alle Teile des Universums sind durch unteilbare Glieder miteinander verbunden, so daß es letztlich unmöglich ist, die Welt in unabhängig voneinander existierende Teile aufzuspalten, und die wesentliche Beschaffenheit eines jeden Teils hängt ganz und gar von diesem Netz unteilbarer Quantenglieder ab" (Bohm). Auch die mitunter so bezeichnete „geometrische" Konzeption Einsteins, der sehr stark an

---

17 Vgl. S. 66.

der Vorstellung stetiger Feldlinien hing, wurde durch die Entdeckung des sog. Wirkungsquantums erschüttert. Denn dieses führte ja eine mit der Geometrie unverträgliche Unstetigkeit in die Betrachtung ein. Relativitäts- und Quantentheorie teilen jedoch die Auffassung von einer „bruchlosen Ganzheit des Universums".

In ihrer relativistischen Form als Quantenfeldtheorie versucht die Quantenmechanik das Werden und Vergehen von Elementarteilchen sowie ihrer Wechselwirkungen zu erklären. Dabei ist wesentlich, daß jede Wechselwirkung zwischen materiellen Objekten ein zufälliges, stochastisches, d.h. auf Wahrscheinlichkeiten bezogenes Element aufweist (Tavan).

Mittlerweile haben die Erkenntnisse und Überlegungen der theoretischen Physik ein Niveau erreicht, das menschliche Vorstellung und Einfühlung überschreitet und im Grunde nur noch mathematisch nachvollzogen werden kann. Durch Verwendung der Mathematik als Sprache werden Situationen beschreibbar, die weit außerhalb der menschlichen Vorstellungsmöglichkeiten liegen. Man diskutiert auch bspw. die Frage, ob ein Atom wirklich ein Ding sei, mit der Möglichkeit der Zuordnung von Ort und Bewegung (was die Quantentheorie bestreitet), oder ob es sich nicht vielmehr um ein abstraktes Gedankengebilde handele, das für die Erklärung einer Vielzahl von Beobachtungen nützlich sei (Davies). Und eine Quantenwelle stellt nach neuerer Einsicht keine Substanzwelle, etwa die Welle eines Atoms dar, sondern eine Informations- oder Wahrscheinlichkeitswelle, die „uns mitteilt, was man über das Atom wissen kann" (Davies).

Die heute gültigen Erkenntnisse sind außerordentlich erstaunlich und bewundernswert, aber auch für einen Laien ohne Zweifel schwer begreiflich. Sie stellen sicher noch nicht das Ende der wissenschaftlichen Entwicklung der theoretischen Physik dar und gaben auch innerhalb der Fachwelt Anlaß zu lebhaften Diskussionen und tiefergehenden Fragen. So schrieb J. Bell, der u.a. durch seine Experimente zum EPR-Paradoxon (s. S. 66) bekannt geworden war, 1987: „Wie ist die Welt genau eingeteilt in benennbare Gebilde, über die man reden kann, und unbenennbare Quantensysteme, über die man nicht reden kann? Die Mathematik der Theorie fordert eine solche Unterscheidung, aber sie sagt nichts darüber aus, wie sie zu treffen wäre."

Auf dem von der modernen theoretischen Physik erreichten Niveau scheinen sich detaillierteste Fachkenntnisse und höchste philosophische Reflexionen zu berühren. Gerade die Physik dieses Jahrhunderts hat sich als eine Wissenschaft erwiesen, die immer wieder über ihre fachlichen Errungenschaften hinaus Anstoß gab zur Überprüfung und Verfeinerung unseres grundlegenden Wissens über die Welt und unserer Hilfsmittel zu einer Welterfassung. Dadurch wurden bereits viele philosophische Überlegungen in ein neues Licht gerückt (Bohr).

Interessanterweise erscheint in diesem Rahmen, speziell im Rahmen des Subatomaren und der Astrophysik, die Abstraktionsfähigkeit wissenschaftlich arbeitender Menschen in einem anderen Licht als die im Gefolge der Aufklärung unser heutiges Leben und Denken kennzeichnenden rational-abstrahierenden Tendenzen. Das mag an verschiedenen Stellen dieses Kapitels deutlich werden, an denen, etwa am Beispiel der Beobachter-Partizipation (S. 69), gerade die der Alltagsvorstellung so entrückte Wirklichkeit im Bereich des Kleinsten und des Größten doch wieder dem Erleben näherkommt. Dazu kommt, daß viele namhafte Vertreter der modernen theoretischen Physik, eben weil sie sich nicht scheuen, ja sogar gedrängt fühlen, mit ihren Erkenntnissen und Überlegungen an die Philosophie und speziell die Erkenntnistheorie zu rühren, gegenüber ihrem Wissen und seinen Grenzen grundsätzlich offener und zweifelnder sind als die Wissenschaftler in früheren Zeiten gegenüber den für ihre Zeit gültigen Erkenntnissen. Alois Reutterer prägte einmal den charakteristischen Satz: „Je weiter wir zu den mutmaßlich definitiven Grenzen des Wissbaren vorstoßen, desto mehr sehen wir ein, wie wenig wir letztlich wissen können."

Obwohl einige heutige Deutungen schon wieder „objektivere" Merkmale tragen, scheinen zumindest bestimmte moderne Ansätze nicht nur die klassischen Grenzen der Physik, sondern auch die einer konventionellen „wissenschaftlichen" Forschung zu überschreiten. Selbst Einstein, der beispielsweise über die Bohrsche Entdeckung meinte, daß in ihr „höchste Musikalität im Bereich des Denkens" zum Ausdruck komme, sorgte sich angesichts dieser Entwicklung über das Ende der Physik als Wissenschaft. Der tiefe Graben zwischen Geist und Materie, zwischen Sein und Werden, zwischen beständiger Existenz und ständigem Wandel, der das klassische wissenschaftliche Denken so entscheidend geprägt hatte, scheint jedenfalls inzwischen an vielen Stellen überbrückt.

Als Beispiel für modernere Auffassungen möchte ich kurz auf die von David Bohm entwickelte Theorie der „impliziten Ordnung" eingehen, mit der er das Problem der grundlegenden Dualität von Descartes auflöst. 'Implicare' heißt ja einfalten, und für David Bohm stellt die durchgehende Bewegung des Einfaltens und Entfaltens die primäre Wirklichkeit dar. Wir erkennen sie nur deshalb nicht, weil wir uns in unserem Denken und Sprechen an die explizite Ordnung gewöhnt haben. Das eigentliche Wesen der Wirklichkeit ist also für Bohm eine allumfassende Bewegung zwischen unterschiedlichen Einfaltungsstufen. Danach sind es nicht die Beziehungen zwischen expliziten, manifesten Teilchen oder Feldern, sondern die Beziehungen zwischen Phasen unterschiedlicher Einfaltungsstufen, die den Charakter der Wirklichkeit ausmachen. Er spricht von dem „Holomovement", der „einen", allumfassenden Bewegung. Demgegenüber sind für ihn die uns vertrauten Objekte verhältnismäßig stabile und unabhängige (explizite) Entfaltungsweisen dieses Holomovements, durch die das ganze Universum – wie bei einem Hologramm – aktiv in jedem einzelnen Teil eingefaltet ist. Daraus folgt, daß, wenn sich alle Materie aus einem größeren Ganzen entfaltet und sich wieder in dieses Größere hineinentfaltet, auch eine grundsätzliche Abgrenzung zwischen „lebender" und „toter" Materie hinfällig wird.

Vielleicht hilft zum Verständnis der nicht einfachen Theorie ein einfacher Vergleich David Bohms: Die Information, aus der ein Fernsehbild entsteht, ist in eine Radiowelle eingefaltet, wird von dieser als ein Signal geleitet, und das Fernsehgerät „entfaltet" diese Information zur Wiedergabe auf den Bildschirm. Mit einer anderen, der klassischen Flüssigkeitsdynamik entlehnten, analogen Veranschaulichung eines Einfaltungsprozesses möchte ich David Bohm selbst zu Wort kommen lassen. Es handelt sich um eine Vorrichtung, die aus zwei konzentrischen Glaszylindern besteht, zwischen denen sich eine äußerst zähe Flüssigkeit, z.B. Glyzerin, befindet: „Wir wollen zwei nahe beieinanderliegende Tintentropfen betrachten, von denen der eine rot und der andere blau ist. Wird der äußere Zylinder der Vorrichtung gedreht, so wird jedes der beiden getrennten Flüssigkeitselemente, in denen die Tintenteilchen schwimmen, fadenförmig langgezogen werden, und die zwei fadenförmigen Gebilde werden sich unbeschadet ihrer Getrenntheit und Verschiedenheit miteinander in einem komplizierten Muster verweben, das zu fein ist, um für das Auge erkennbar zu sein. Die Tintenteilchen in jedem Tropfen werden natürlich von den Flüssigkeitsbewegungen mitgetragen, wobei aber jedes Teilchen in seinem eigenen Flüssigkeitsfaden bleibt. Schließlich wird man jedoch an jeder Stelle, die groß genug ist, um für das Auge sichtbar zu sein, rote Teilchen von dem einen und blaue Teilchen von dem anderen Tropfen sehen, die sich scheinbar willkürlich vermischen. Wenn die Flüssigkeitsbewegungen allerdings umgekehrt werden, wird sich jedes fadenartige Flüssigkeitselement in sich selbst zurückziehen, bis sich die beiden schließlich wieder in klar getrennten Abschnitten gesammelt haben. Wenn man in der Lage wäre, das Geschehen genauer zu beobachten, so würde man sehen, wie einander naheliegende rote und blaue Teilchen sich zu trennen beginnen, während Teilchen der gleichen Farbe, die weit voneinander entfernt sind, zusammenzukommen beginnen. Es ist fast, als ob einander ferne Teilchen der gleichen Farbe 'gewußt' hätten, daß sie ein gemeinsames Los besaßen, das von dem der andersfarbigen Teilchen, denen sie doch nahe waren, getrennt war."

Der heutige Physiker weiß – im Bereich des unendlich Kleinen – um ein ungeheuer feines Netzwerk dynamischer Zusammenhänge. Er ist sich seit der von der Quantentheorie herausgearbeiteten grundsätzlichen Unbestimmtheit bewußt, daß sich das konkrete Verhalten subatomarer Teilchen oder auch der exakte Zeitpunkt des Zerfalls eines Atomkerns im Prinzip nicht voraussagen läßt, daß Teilchen sozusagen aus dem Nichts entstehen, daß also Wirkungen auftreten, die, wenn man es einmal so ausdrücken will, keine „Ursache" haben. Er denkt in Elementarteilchen, die sich in einem ständigen Prozeß des Entstehens und Vergehens befinden, die plötzlich da sind, zerfallen, die zusammenstoßen und sich ineinander verwandeln, genau so wie er im Bereich des räumlich und zeitlich unendlich Großen, in der Dimension der Galaxien, um ein ähnliches Geschehen ständiger Verwandlung weiß (Capra). Dazwischen liegt der Bereich unserer greifbaren und begreifbaren Wirklichkeit, ein – am kosmischen Maßstab gemessen – winziger Ausschnitt, auf dem wir mit einer ganz bestimmten Methode ganz bestimmte Erkenntnisse gewonnen haben, die aber – das kann man heute mit aller Gewißheit feststellen – nicht für die Wirklichkeitserkenntnis schlechthin gelten können. Zugleich ist dem heutigen Physiker eindringlich bewußt geworden, daß seine wissenschaftliche Erkenntnis das Ergebnis eines komplizierten Zusammenspiels des nicht ausschließbaren Subjekts mit den Gegenständen seiner Erfahrungen darstellt.

Verweilen wir noch etwas bei diesen Erkenntnissen der modernen Physik und greifen beispielhaft einige Aspekte von besonderer geistesgeschichtlicher Bedeutung heraus: das Prinzip der Einheit, die wechselseitige Durchdringung von Gegensätzen und den unauflöslichen Zusammenhang von Beobachter und Objekt.

Das Prinzip der Einheit

Es wäre müßig zu bestreiten, daß jeder einzelne von uns in seinem Alltag den Umgang mit isolierten Objekten und abgegrenzten Ereignissen als praktikabel und nützlich erfahren hat. Trotzdem sollte man sich hüten, aus der Summe aller dieser Erfahrungen auf die Wirklichkeit „an sich" zu schließen. Das wäre eine ähnliche Illusion wie die Annahme, daß in den für den Menschen sichtbaren Lichtwellen und hörbaren Schallwellen die Grenzen der Wirklichkeit erkennbar würden und es außerhalb dieser Bereiche nichts potentiell Wahrnehmbares gäbe. Wir wissen seit langem, daß das, was wir die „Wirklichkeit" nennen, nur einen relativ kleinen Ausschnitt dessen umfaßt, was wirklich „wirklich" ist.

Seit einigen Jahrzehnten weiß man auch, daß der mechanisch-physikalische Ansatz, mit dem Newton Naturphänomene zu erklären versuchte, ebenfalls nur in ganz bestimmten Grenzen Gültigkeit beanspruchen kann. Das ist einmal dann der Fall, wenn sich die Aussagen auf eine sehr große Anzahl von Atomen beziehen, und zum anderen, wenn es sich – im Vergleich zur Geschwindigkeit des Lichts – um relativ geringe Geschwindigkeiten handelt, also im Rahmen der Untersuchung von Phänomenen, bei denen Wirkungen in einer Größenordnung auftreten, die eine Vernachlässigung des Wirkungsquantums erlauben. „Bei atomaren Prozessen begegnen wir jedoch neuen Gesetzmäßigkeiten, die sich bildmäßiger kausaler Beschreibung entziehen, aber trotzdem für die eigenartige Stabilität atomarer Systeme entscheidend sind" (Bohr).

Damit stürzten einige wesentliche Säulen der klassischen Wissenschaft zusammen: die Vorstellung von festen isolierbaren Elementarteilchen, von einem absoluten Raum und einer absoluten Zeit, aber auch von einer durchgehenden Kausalität,[18] einem generellen strikten Determinismus und der Möglichkeit einer objektiven Beschreibung von Naturphänomenen. Statt dessen richtete sich der Blick wieder stärker auf das Ganze, auf Zusammenhänge und Beziehungen. Man erkannte z.B., daß zwei subatomare Teilchen, die aufeinander einwirken, dies nicht als isolierte Elemente, sondern als Teile eines umfassenden physikalischen Systems tun. Es gibt Experimente mit Photonenpaaren, die eindeutig belegen, „daß nach ihrer Entstehung zwischen den beiden Teilchen des Paares gegenseitige Abhängigkeiten bestehen bleiben können, selbst wenn sich diese beiden Teilchen weit voneinander entfernen ...". Legt man durch eine Messung die physikalische Eigenschaft des einen Photons fest, so hat das sofort Auswirkungen auf das zweite, in die entgegengesetzte Richtung abgestrahlten Photon, obwohl es doch nach der

---

18 Nach Ilja Prigogine erscheinen die Gesetze strikter Kausalität aus neuerer Sicht „als Grenzsituationen, die nur in höchst idealisierten Fällen Anwendung finden", während die Wissenschaft der Komplexität zu einer im Grude völlig anderen Betrachtungsweise führe.

gemeinsamen Entstehung aufgrund der großen räumlichen Entfernung vom ersten Photon ganz unabhängig geworden sein sollte (Bublath). Es war dies Gegenstand eines intensiven wissenschaftlichen Streites zwischen Einstein, der die Vorstellung einer solchen „gespenstischen Fernwirkung" zurückwies, und Vertretern der Quantentheorie, der durch den Begriff des Einstein-Podolsky-Rosen-Paradoxon, bzw. EPR-Experiment bekannt geworden ist. Übrigens wird auch von biologischen Phänomenen ähnlicher Art berichtet, z.B. bei der Faltung der Proteine. Sie bilden ja bekanntlich lange Ketten, die sich zu einer komplizierten dreidimensionalen Gestalt verdrehen müssen, um ihre Funktion erfüllen zu können. Dabei kann man sich fragen, wie das im einzelnen geschieht und wie ein Protein um diese Endgestalt 'weiß'.

In moderner Sicht erscheint so die Welt als ein sowohl ungeheuer großes als auch ungeheuer feines und kompliziertes dynamisches Geflecht von Beziehungen, nicht nur der „Dinge" untereinander, sondern auch zwischen dem allumfassenden Ganzen und den kleinsten Teilchen. Im Grunde handelt es sich sogar, genauer gesagt, um ein Geflecht vermuteter Beziehungen zwischen Ereignissen. Wir haben es mit einem „komplizierten Gewebe von Vorgängen" zu tun, wie Werner Heisenberg es einmal formulierte, und Niels Bohr betonte in aller Deutlichkeit: „Einzelne, isolierte Teilchen sind nichts als abstrakte Gebilde. Ihre Eigenschaften können erst definiert und beobachtet werden, wenn sie mit anderen Teilchen in Wechselwirkung treten." Die in diesem Sinne erarbeitete Sicht der Natur bedeutet auch die im Grunde unvorstellbare Erkenntnis, daß „wenn zwei Teilbereiche einmal miteinander in Verbindung standen, Veränderungen in einem Teilbereich augenblicklich Veränderungen in dem anderen Bereich auslösen können, und zwar ohne daß irgendwelche Signale zwischen den Teilbereichen ausgetauscht werden müßten" (Bublath).

Alle Materie hängt grundsätzlich in dynamischer Weise zusammen, und „Materie" ist im übrigen jeweils nur derjenige Bereich des im Prinzip leeren Raumes, in dem das (Quanten-)Feld besonders dicht ist. In der Bootstrap-Hypothese, die eine – wenn auch nicht unumstrittene – Richtung der modernen Physik kennzeichnet, geht Geoffrey Chew noch weiter, indem er Relativitätstheorie und Quantenmechanik zu einer einheitlichen Theorie zusammenfaßt. Diese Theorie fußt mathematisch auf der sog. S- oder Streuungs-Matrix, deren Grundlage Heisenberg legte. Für Chew, der überhaupt keine exakt zuordenbaren Eigenschaften mehr anerkennt, ist die „Selbstkonsistenz", die innere Gesamtübereinstimmung, entscheidendes Merkmal der Wirklichkeit. Diese Gesamtübereinstimmung dynamischer Wechselbeziehungen bestimmt die Struktur des gesamten Beziehungsnetzes. Folgerichtig ergeben sich danach die Eigenschaften irgendeines Teils der Wirklichkeit ganz entscheidend aus den Merkmalen der anderen Teile. Außerdem vertritt er die Auffassung, daß verschiedene Modelle, indem sie unterschiedliche Aspekte der Wirklichkeit beschreiben, zu einer umfassenden Theorie zusammentreten können. Erst eine Kombination verschiedener Ordnungskategorien und Modellvorstellungen vermöge der Realität subatomaren Geschehens gerecht zu werden.

Die wechselseitige Durchdringung von Gegensätzen

Kommen wir als nächstes zu der wechselseitigen Durchdringung von Gegensätzen. Auch hier bietet die moderne Physik eine ganze Reihe von Erkenntnissen, die auf den ersten Blick, vor allem im Rahmen unseres klassischen wissenschaftlichen Denkansatzes, äußerst paradox, rätselhaft und unbegreiflich erscheinen. Was kann ein im klassischen Stil denkender Mensch mit dem Begriff „lebende Leere" anfangen? Wie soll er sich vorstellen, daß Licht zugleich aus Teilchen und aus Wellen besteht, daß Masse im Grunde eine Energieform, eine besondere Konstellation von Energie darstellt[19] und diese wiederum als spezifische Eigenschaft (Krümmung) des Raumes erscheint, daß Materie zum großen Teil aus Leere besteht, daß die Materie-bildenden Teilchen auch Wellen wie die des Lichtes sind, daß Materie sowohl kontinuierlich als auch diskontinuierlich ist, daß „virtuelle", also nicht beobachtbare und nicht meßbare Teilchen, die nicht für sich allein existieren und deren Existenz sich lediglich erschließen und berechnen läßt, spontan aus der Leere entstehen und sich wieder in der Leere auflösen, daß das Atom in ähnlich unanschaulicher Weise schlicht als „ein System von Differentialgleichungen" erklärt wird? Wie kann überhaupt folgende physikalische Beobachtung „logisch" eingeordnet werden, wenn zwei Teilchen mit hoher Energie zusammenprallen und zerbersten: die Beobachtung nämlich, daß die Stücke, in die diese Teilchen zerbrechen, die gleiche Größe haben wie die ursprünglichen Teilchen, daß etwa Quark-Antiquark-Paare[20] unendlich oft teilbar sind, aus jeder Spaltung also ungespalten hervorgehen, d.h. sich sofort nach der Spaltung aus der für die Spaltung erforderlichen Energie erneut erzeugen? Übersteigt es nicht unser Vorstellungsvermögen, sich ein Hadron[21] zugleich in drei unterschiedlichen Rollen vorzustellen: als zusammengesetzte Struktur, als Bestandteil eines anderen Hadrons und als Teil der zwischen den Bestandteilen ausgetauschten strukturbildenden Kräfte? (Capra) Rätsel über Rätsel! Muten nicht angesichts solcher Zusammenhänge selbst Fragen nach der Bahnkurve eines Elektrons an, als wolle man wissen, wo nun bei der Welt oben und unten sei? (Ponomarjew)

Das Bemerkenswerte ist, daß solche Erkenntnisse vor allem dann so rätselhaft und unbegreiflich erscheinen, wenn wir sie mit Denkstrukturen und Begriffen unseres konventionellen „wissenschaftlichen" Vorgehens erfassen wollen. Versucht man dagegen, sich intensiv mit dem Gedanken vertraut zu machen, daß die subatomare Welt ein Gewebe von Beziehungen zwischen den verschiedenen Teilen

---

19 So soll die Sonne in jeder Sekunde 4,5 Millionen Tonnen Materie in Form von Strahlungsenergie verlieren, was aber trotzdem bisher erst ein Zehntausendstel ihrer gesamten Masse bedeutet (von Ditfurth).
20 Quark ist ein von Gell-Mann eingeführter Phantasiename für angenommene Kleinstteilchen unterhalb der Ebene sog. wechselwirkender Elementarteilchen wie Protonen, Neutronen oder Elektronen.
21 Unter einem Hadron versteht die Physik subatomare Teilchen, speziell Kernteilchen, mit bestimmten Eigenschaften, die in starker Wechselwirkung miteinander reagieren. Sie umfassen die sog. Baryonen und Mesonen.

eines Ganzen darstellt und daß das entscheidende Merkmal der Wirklichkeit letztlich eben in diesen Beziehungen besteht, nähert man sich einem Verständnis schon etwas am.

Vereinfachen wir nicht auf der anderen Seite nach dem Muster unseres traditionellen wissenschaftlichen Vorgehens in Beschreibungen und Erklärungen unseren Alltag auf unzulässige Weise? Ronald Laing beschreibt in dem Bändchen „Knoten" recht realistisch komplizierte Beziehungszusammenhänge aus dem menschlichen Alltag, die, obwohl eigentlich recht banal, unsere Denkmöglichkeiten schon fast zu überfordern scheinen. Sie dürften durchaus der erlebten Lebenswirklichkeit vieler Menschen entsprechen, ohne aber als solche bisher ausdrücklicher Gegenstand wissenschaftlicher Untersuchungen gewesen zu sein. Welche Schwierigkeiten ergeben sich bspw. für ein kausal-analytisches Bemühen, wenn man liest:

„Mich ärgert, daß dich ärgert, daß mich nicht ärgert, daß dich ärgert, daß ich verärgert bin, wenn ich es nicht bin."

„Jack sieht, daß Jill nicht weiß, daß Jack nicht weiß, was Jill glaubt, daß Jack es weiß. Aber Jack kann nicht sehen, warum Jill nicht weiß, daß Jack nicht weiß, was Jill glaubt, daß er es weiß."

„Wer muß nicht das Spiel anderer spielen, die damit spielen, kein Spiel zu spielen, nämlich nicht zu sehen, daß man ihr Spiel sieht?"

In diesen Sätzen werden in erster Linie Beziehungen, zumal zwischen unterschiedlichen Betrachtungsebenen, angesprochen. Ein solches umfassendes Beziehungsverständnis, wie es in Laings Zeilen vorgeführt wird, ist auch für viele Phänomene des Lebens und Zusammenlebens von Menschen letztlich unabdingbar.

Der Blick auf Beziehungen eröffnet eine völlig neue Sichtweise und läßt Zusammenhänge hervortreten, in denen bestimmte Phänomene überhaupt erst verständlich werden. Gibt es Freude ohne Trauer, Hoffnung ohne Angst, die Chance eines Gewinnes ohne das Risiko eines Verlustes? Liegt nicht immer wieder der Keim einer kommenden Niederlage in dem gerade errungenen Sieg und umgekehrt?

Die neue Beziehung zwischen Beobachter und Objekt

Auch die in der Sicht der klassischen Wissenschaft so bedeutsame Trennung von Subjekt und Objekt erscheint jetzt in einem völlig neuen Licht. Die moderne Physik hat gerade zu der grundlegenden Beziehung zwischen Beobachter und beobachtetem Gegenstand neue überzeugende Aspekte und Belege beigetragen. „Was wir beobachten, ist nicht die Natur selbst, sondern Natur, die unserer Art der Fragestellung ausgesetzt ist", stellt Werner Heisenberg fest.

Selbst die physikalische Welt enthält also sozusagen eine subjektive Komponente (Fischer). Das heißt: Nicht „Objekte" werden untersucht, sondern konkrete „Erscheinungen" in einer bestimmten experimentellen Situation. Es wird nicht „etwas an sich" beobachtet, sondern immer etwas in einem bestimmten Zustand und unter bestimmten Bedingungen. Die Naturwissenschaft ist also, genau betrachtet, weniger eine Wissenschaft von der Natur als vielmehr eine Wissenschaft von unserem Wissen über die Natur.

Damit wird die Möglichkeit einer exakten, von subjektiven Einflüssen freien Erfassung bzw. einer im echten Sinne „objektiven" Beschreibung wesentlicher Naturphänomene drastisch eingeschränkt. Erkenntnis entsteht in dieser Sicht vielmehr aus der Wechselwirkung zwischen den untersuchten Mikroobjekten und spezifischen Erforschungsmethoden und Meßapparaturen, die einen integrierenden Bestandteil der vermittelten Phänomene selbst darstellen.

Es ist vielleicht bezeichnend, wenn der englische Astronom und Physiker A.S. Eddington davon spricht, daß der Geist dort, wo die Naturwissenschaft am weitesten fortgeschritten sei, von der Natur nur das wiedergewonnen habe, was er selbst hineingelegt habe. „An den Küsten des Unbekannten haben wir eine seltsame Fußspur gefunden. Um ihren Ursprung zu erklären, haben wir eine tiefschürfende Theorie nach der anderen aufgestellt. Schließlich ist es uns gelungen, das Geschöpf zu rekonstruieren, das die Fußspur hinterlassen hatte. Und siehe da – sie stammt von uns selbst!"

Die in diesen Worten zum Ausdruck kommende Erkenntnis von der Bedeutung des Subjekts muß zwangsläufig das Bemühen zur Folge haben, die Subjektivität kritisch in die Erforschung des Objektiven zu integrieren (Morin).

Wir müssen uns in der Tat ernsthaft fragen, inwieweit wir überhaupt Phänomene streng objektiv beschreiben können. Auch wissenschaftliche Forschungen müssen sich deshalb in einem größeren Bezugsrahmen verstehen, in den auch das Subjekt der Forschung eingeht. Denn jeder Forscher reduziert mit jeder Untersuchung, mit jeder Befragung, auch mit jeder empirischen Feldstudie zwangsläufig die Komplexität der Realität. Durch seine Untersuchung verändert er notwendigerweise das, was er untersuchen möchte. Mitunter zerstört er es sogar. Das zeigt sich kaum irgendwo deutlicher als in den Sozialwissenschaften. Wir können bspw. heute nicht mehr, wenn wir andere Kulturen begreifen wollen, davon ausgehen, daß unsere Kultur der maßgebende Fixpunkt aller Beurteilungen ist.

Gerade die Methodologiediskussion der modernen Physik hat damit eine Erkenntnis wiederentdeckt, die der Menschheit im Grunde nicht neu ist, die aber in den letzten Jahrhunderten verlorengegangen war: daß wir nämlich mitten im Geschehen der Welt stehen und gar keine unbeteiligten Beobachter außerhalb der Wirklichkeit sein können. Prigogine betont völlig zu Recht: „Die Natur antwortet nur jenen, die ausdrücklich zugeben, ein Teil von ihr zu sein." Es ist ein eigenartiger wechselseitiger Zusammenhang. Ein experimentierend-beobachtender Zugriff läßt etwas außerhalb meines Bewußtseins in der Weise hervortreten, daß es für mich ein ganz bestimmtes „Objekt" darstellt. Ich schaffe das, was ich wahrnehme, durch den Akt meiner Wahrnehmung.

Zugleich verändere ich mich selbst als Wahrnehmender. Dadurch, daß ich mich selbst verwandle, in etwas „aufgehe", werden mir Erkenntnisse möglich, die ich anders nie hätte gewinnen können. Die Dinge gehören in tieferer Weise irgendwie zusammen. Subjekt und Objekt gehen ineinander über. Was dabei dem untersuchten

System und was dem Beobachter zuzurechnen ist, hängt entscheidend davon ab, welche Erscheinung man untersuchen will und was man über diese Erscheinung wissen will.

Der Zusammenhang zwischen Tasten und Fühlen ist ein ähnliches Phänomen. Betasten Sie einmal bei geschlossenen Augen mit dem rechten Zeigefinger ihren linken Zeigefinger. Stellen Sie sich einmal innerlich darauf ein, was Sie mit dem rechten Finger ertasten! Und stellen Sie sich dann intensiv vor, was sie mit dem linken Finger fühlen; anschließend, was Sie mit dem rechten Finger fühlen!

Auch in der Physik findet sich dieses Prinzip eines wechselseitigen Zusammenhangs von Subjekt und Objekt wieder, etwa bei der Beugung von Röntgenstrahlen an den Atomen eines Kristalls. Man kann das eine zum Untersuchungsobjekt machen, dann wird das andere zum Mittel, und umgekehrt. Man kann einerseits aufgrund spezieller Photographien die in den Röntgenstrahlen vorkommenden Wellenlängen berechnen, und man kann andererseits – bei bekannter Wellenlänge – Schlüsse auf die Struktur des Kristalls ziehen.

Die Anerkennung einer solchen Beobachterpartizipation läßt etwas entstehen, das John Archibald Wheeler, Direktor des Zentrums für theoretische Physik an der Universität Texas, als „fühlbare Realität des Universums" bezeichnete. Es gibt kein „Ding an sich", sondern jedes Ding ist ein „Be-ding-tes" (Ch. Braun). „Wahrheit ist voller unmittelbarer Kontakte zwischen dem Leben, das wahrnimmt, und dem Leben, das wahrgenommen wird" (W. Reich). Und vielleicht ist es, wenn wir an die – auch psychologisch belegte – Bedeutung von Resonanzen denken, sogar eine grundsätzliche Voraussetzung des Erkennens, daß Subjekt und Objekt letztlich von derselben Substanz sind (Steiner).

So erscheint es denkbar, daß sich durch die Erkenntnisse der modernen Physik nicht, wie vielleicht auf den ersten Blick zu befürchten wäre, die Distanz zwischen Mensch und Wissenschaft vergrößert, sondern daß genau das Gegenteil eintritt: daß eine umfassendere Erkenntnis der Welt im Größten und im Kleinsten auch den Zugang zu einem umfassenden Verständnis des Menschen ermöglicht. Es könnte sich damit sogar ein Tor öffnen zu einer Welt, die der Mensch aus seinem Innersten heraus wieder akzeptieren könnte, ein Tor zu einer wiedergewonnenen Versöhnung zwischen Mensch und Welt, vielleicht auch zwischen Wissenschaft und Religion.

Das Komplementaritätsprinzip

Bevor ich auf die Konzeption von Niels Bohr über die Komplementarität näher eingehe, möchte ich die Unschärferelation kurz darstellen, die der deutsche Physiker Werner Heisenberg 1927 entwickelte. Nach dieser Unschärfe- oder Unbestimmtheits-Relation, einem entscheidenden Schlüssel zum Verständnis der Quantenmechanik, ist es einem Beobachter nicht möglich, gleichzeitig Ort und Impuls, d.h. den beim Zusammenprall übertragenen Stoß eines Teilchens zu bestimmen. Denn die Feststellung des Ortes durch Licht, also den Aufprall eines Photons, hat eine Veränderung der Geschwindigkeit zur Folge, so daß schon die erste der beiden für eine Geschwindigkeitsmessung erforderlichen Ortsmessungen nicht exakt möglich ist. Das wird noch deutlicher, wenn man mit energiereichen kurzwelligen Lichtquanten arbeitet. Photonen aus kurzwelligem Licht ermöglichen nämlich einerseits eine genauere Bestimmung des Ortes des untersuchten Elektrons, beeinflussen aber auf der anderen Seite beim Zusammenprall mit dem Elektron dessen Impuls stärker. Nach der Heisenbergschen Formel ist übrigens das Produkt aus den Unschärfen von Ort und Geschwindigkeit, die eine 'objektive' Beobachtung eines Teilchens unmöglich machen, mindestens so groß wie die sog. Plancksche Konstante, dividiert durch die doppelte Teilchenmasse.

Im gleichen Jahr wie Heisenberg stellte Niels Bohr erstmals der Öffentlichkeit das Komplementaritätsprinzip vor. Es ist wohl eine der grundlegendsten naturwissenschaftlich-erkenntnistheoretischen Konzeptionen dieses Jahrhunderts, die ebenfalls in ganz entscheidender Weise den Beziehungscharakter dynamischer Größen zum Inhalt hat.

Licht und Elektronen stellen sich ja, je nach der Situation, in der sie vorkommen und in der sie sich experimentell beobachten lassen, entweder als Teilchen oder als Wellen dar. Einerseits spricht z.B. die Tatsache, daß Licht die Fähigkeit hat, aus Metallen Elektronen herauszuschlagen, dafür, daß masselose Lichtteilchen, also sog. Photonen, quasi als Geschosse auf das Metall aufprallen und diesen überraschenden Effekt bewirken, der von der Energie der Photonen abhängt; deshalb gelingt das Experiment bei ultravioletter und nicht bei Rotlicht-Bestrahlung. Andererseits wird Licht in verschiedenen Medien unterschiedlich gebrochen und an kleinen Objekten gebeugt, so daß bspw. bei Durchdringen des Lichts durch zwei senkrechte Schlitze einer Platte auf der dahinterliegenden Wand nicht zwei Lichtflecke, sondern ein sog. Beugungs- bzw. Interferenz-Muster mit helleren und dunkleren Streifen sichtbar wird. Das sind aber Phänomene, die eindeutig dem entsprechen, was man über das Verhalten von Wellen weiß. Folgerichtig hat man auch Welleneigenschaften von Elektronen nachweisen können. Beim Beschießen einer dünnen Metallfolie mit Elektronen stellte man auf einem dahinterliegenden Schirm Intensitätsverteilungen fest, wie sie als Interferenzerscheinungen bei der Überlagerung von Wellen auftreten. Dieser Effekt war möglich, weil die Lücken zwischen den Atomen in der Folie praktisch Beugungsspalten darstellen. Das Experiment konnte deshalb gelingen, weil bei der äußerst kleinen Wellenlänge der Elektronen das entsprechende Hindernis von vergleichbarer Größenordnung sein, also etwa atomare Dimensionen besitzen muß (Bublath).

Beide Erkenntnisse betreffen den gleichen Gegenstand, stehen also – eindeutig belegt – nebeneinander, obwohl sie sich gegenseitig auszuschließen scheinen. Man könnte also durchaus sagen: Was Licht, bzw. was ein Elektron „wirklich" ist, Teilchen oder Welle, ist eine unbeantwortbare Frage. Vor die direkte Alternative gestellt, müßte man mit Nachdruck betonen, daß Licht oder ein Elektron weder – nur – das eine, noch – nur – das andere ist. Wir können lediglich sagen, daß sie sich in bestimmten Situationen für uns so und in anderen Situationen so darstellen. Anders ausgedrückt: Beide Sichtweisen sind trotz offensichtlicher Unvereinbarkeit der ermittelten Eigenschaften für die vollständige Beschreibung des Phänomens „Licht" bzw. „Elektron" erforderlich. Der vordergründige Widerspruch wird zu einer von der Sache her unabweisbaren Ergänzung. Es war das Verdienst der Quantentheorie, beide Annahmen zusammenzuführen. Denn beide sind „als Grenzfall in dem mathematischen Formalismus der Quanten-Elektrodynamik enthalten" (Höfling, Waloschek), und Photonen lassen sich als kleine elektromagnetische Wellenpakete verstehen, die gleichzeitig Teilchen- und Welleneigenschaften aufweisen.

Genau das versteht Niels Bohr unter „Komplementarität": die innere Zusammengehörigkeit alternativer Möglichkeiten, denselben Erkenntnisgegenstand als etwas Verschiedenes zu erfahren. Pascual Jordan beschrieb diese Situation einmal folgendermaßen: „Indem ein Beobachter sich auf ein ganz bestimmtes Phänomen konzentriert, es also sozusagen zwingt, für ihn erfaßbar hervorzutreten, werden andere Erscheinungsweisen des gleichen Gebildes unbeobachtbar, weil die Bedingungen ihres Hervortretens unvereinbar sind mit denen, unter denen das erstgenannte Phänomen für ihn erfaßbar wird". Die unterschiedlichen Erkenntnisse betreffen das gleiche Objekt und gehören somit zusammen; sie schließen sich aber andererseits insofern aus, als sie nicht gleichzeitig für denselben Zeitpunkt möglich sind. In diesem Sinne bezeichnet Bohr sie als komplementär.

„Unter bestimmten einander ausschließenden Versuchsbedingungen gewonnene Aufschlüsse über das Verhalten eines und desselben Objekts können als komplementär bezeichnet werden, da sie, obgleich ihre Beschreibung mit Hilfe alltäglicher Begriffe nicht zu einem einheitlichen Bild zusammengefaßt werden kann, doch jede für sich gleich wesentliche Seiten der Gesamtheit aller Erfahrungen über das Objekt ausdrücken, die überhaupt in jenem Gebiet möglich sind" (Niels Bohr, 1958). Die Konzeption der Komplementarität schafft also einen Rahmen, „der weit genug ist, eine Darstellung der fundamentalen Gesetzmäßigkeiten der Natur zu umspannen, die nicht in einem einzelnen Bilde zusammengefaßt werden können" (Bohr). Damit ist aber eine bisher gänzlich ungewohnte Beziehung zwischen Erfahrungen gedacht, die mit Hilfe verschiedener Versuchsanordnungen gewonnen wurden.

Die allgemeine erkenntnistheoretische Bedeutung des Komplementaritätsprinzips habe ich in meinem Buch „Natur, Wissenschaft und Ganzheit" ausführlich erörtert und kann auch – als weiterführende Lektüre – auf das 1987 von E.P. Fischer veröffentlichte Buch „Sowohl als auch" verweisen. Ein Erkenntnisgegenstand oder ein Phänomen wird also in seiner Tatsächlichkeit oder seiner inneren Wirklichkeit nur unter Anlegen verschiedener Aspekte, aus dem Zusammentreten unterschiedlicher Zugangsweisen erfahrbar. Und keiner dieser Aspekte bzw. keine dieser Zugangsweisen kann in ihrer Gültigkeit von den jeweils anderen Erkenntniswarten aus bewertet werden. Ein umfassendes Verständnis eines Gegenstandes oder eines Ereignisses erfordert also im Grunde unterschiedliche und oft widersprüchliche, aber doch zusammengehörige Betrachtungsweisen, wodurch eine eindeutige Beschreibung oder eine klare Abgrenzung (Definition) unmöglich wird. Etwas in sich Ganzes ist fast immer etwas, das nur im Wechsel verschiedener

Beziehungen zu einem Subjekt als solches erkannt, d.h. letztlich nur in einer komplementären Beschreibung erfaßt werden kann. Um etwas gründlich und umfassend zu erkennen, ist es also paradoxerweise unabdingbar, dieses „Etwas" als Verschiedenes zu erfahren, wobei jeder Ansatz zugleich die Möglichkeit, ja die Notwendigkeit anderer Ansätze voraussetzt.

An die Stelle einer grundsätzlichen Trennung von Subjekt und Objekt tritt damit die grundsätzliche Einheit beider, und die Methode, mit der ich an einen Gegenstand, ein Ereignis oder ein Problem herangehe, ist nicht etwas Neutrales, sondern ein Zugriff, der den Gegenstand mitbestimmt und ein untrennbarer Teil des Phänomens wird.

Der klassische Begriff der exakten Objektivierbarkeit ist damit – zumindest im atomaren Bereich – unhaltbar geworden. Denn einmal ermittelte oder gemessene Eigenschaften können grundsätzlich nur im Gesamtzusammenhang einer ganz spezifischen Beobachtungssituation Geltung haben. Damit aber hört das naturwissenschaftliche Weltbild, wie Heisenberg formulierte, im Grunde auf, „ein eigentlich naturwissenschaftliches zu sein".

IV. Die Wissenschaft vom Ungeordneten und Unbestimmbaren: Der Ansatz der Chaos-Theorie

Chaos und Ordnung

Nachdem die moderne Wissenschaft entdeckt hatte, daß in der Welt der größten und kleinsten Dimensionen die traditionellen Vorstellungen von Raum, Zeit und Kausalität für die Beschreibung und Erklärung der Wirklichkeit unzureichend sind, trat in den letzten Jahrzehnten eine weitere Erkenntnis hinzu: daß nämlich die klassischen, vorwiegend an dem Modell der Mechanik orientierten Erklärungsansätze auch gegenüber komplexen Systemen versagen. Angesichts der Unberechenbarkeit hochkomplexer Erscheinungen wurde dies eine Kernaussage der modernen Chaos-Theorie.[22]

Schwierigkeiten einer exakten Berechnung traten schon bei einem Dreikörperproblem auf. Das läßt sich in einfacher Weise beim sog. Doppelpendel zeigen, bei dem die Erde mit ihrer Anziehung den dritten Körper darstellt. Das Doppelpendel ist ein Pendel, an dem ein zweites Pendel aufgehängt ist, ein Pendel

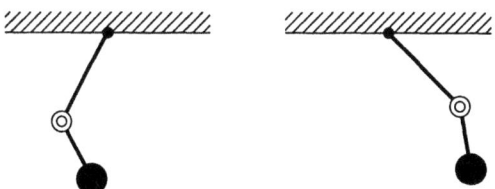

Abbildung 3: *Schematische Darstellung eines sog. Doppelpendels*

sozusagen mit einem Kniegelenk. Wird dieses Pendel nun in stärkere Bewegung versetzt, ergeben sich chaotische Erscheinungen, die übrigens bei hohen Energien wieder verschwinden. Sieht man also von zufälligen Außeneinflüssen ab, genügt eine bestimmte Zahl von Einflußgrößen innerhalb eines Systems, um dieses offensichtlich instabil, unberechenbar und unkontrollierbar werden zu lassen (Gleick).

Gedanken dieser Art wurden bis vor wenigen Jahrzehnten in der Wissenschaft

---

22 Das Wort „Chaos" stammt aus dem Griechischen, wo es das Klaffende, Offenstehende und Leere des nicht-meßbaren Weltraums bezeichnet (Cramer); im Lateinischen wird das Wort mehr im Sinne von ursprünglicher, roher, formloser Masse verstanden, in die der Architekt der Welt Ordnung und Harmonie bringt.

verworfen, und was nicht den klassischen Vorstellungen entsprach, wurde als „Ausnahme" vernachlässigt. Dabei zeigte sich immer deutlicher, daß geordnete lineare[23] Systeme den Idealfall, d.h. eigentlich die Ausnahme in der komplexen Lebenswelt darstellen und daß der Ansatz, komplexe Systeme zu zerlegen und sich mehr mit den Teilen als mit dem Ganzen zu beschäftigen, bei hochgradig rückgekoppelten komplexen Systemen mit erheblichen Erkenntniseinbußen verbunden war und sich letztlich als falsch erwies. Ja, bei der Beschäftigung mit komplexen Systemen löst sich der Begriff des Teils geradezu auf. Dazu paßt auch die hirnphysiologische Erkenntnis, die sich mehr und mehr durchgesetzt hat, daß Information im Gehirn nicht in einzelnen Nervenzellen oder an bestimmten Stellen des Gehirns, sondern im gesamten Beziehungsgeflecht zwischen einer großen Anzahl von Nervenzellen gespeichert wird.

Mit dem Auftreten der Chaos-Theorie, an deren Entwicklung vor allem Forscher Anteil hatten, die umfangreiche Kenntnisse der Mathematik mit dem Bemühen verbanden, entsprechende Gleichungen in ihrem praktischen Kontext zu überprüfen, entstanden neue Möglichkeiten, über bisher vernachlässigte Phänomene objektive Erkenntnisse zu gewinnen. Das hatte aber zur Folge, daß die bis dahin gehegte Illusion einer durchgehenden deterministischen Voraussagbarkeit, wie sie in der Fiktion des Laplaceschen Dämons zum Ausdruck kommt,[24] ebenso aufgegeben werden mußte, wie die Relativitätstheorie der Vorstellung von Raum und Zeit als absoluten Kategorien und die Quantentheorie der Überzeugung von exakt kontrollierbaren Meßprozessen ein Ende gesetzt hatte (Ford). „Es kann keine Ursache geben in einer Welt, in der alles, was geschieht, in mehr oder weniger gleichem Umfang von allem anderen Geschehen abhängt" (Marvin Minski).

Dabei herrschte keineswegs allumfassende Übereinstimmung unter den Mathematikern und Physikern darüber, was denn, im Gegensatz zu der Alltagsvorstellung von extremer Unordnung, unter „Chaos" zu verstehen sei. So unterscheidet der in Brüssel tätige Nobelpreisträger Ilya Prigogine zwei grundlegend verschiedene, aber auch wieder austauschbare Bedeutungen von „Chaos". Es ist dies einmal ein passives Chaos des absoluten Gleichgewichts und der maximalen Entropie, bei dem alle Einzelteile so innig vermischt sind, daß praktisch keine Organisation vorhanden ist. Auf der anderen Seite ist es ein aktives, energetisches, „turbulentes", weit vom Gleichgewicht entferntes Chaos, aus dem wiederum neue komplexe Systeme geboren werden.

Außerdem entwickelte sich innerhalb der Chaos-Theorie, bei der die Mathematik zunehmend die Rolle einer experimentellen Wissenschaft einnahm und der Computer an die Stelle des klassischen Labors trat, eine durchaus nicht einfach

---

23 Ein linearer Zusammenhang liegt dann vor, wenn mit dem Ansteigen einer Größe sich eine andere Größe in gleichbleibender Beziehung verändert, wenn also zwischen Ursache und Wirkung ein proportionaler Zusammenhang besteht.
24 Unter dem „Dämon" verstand Pierre de Laplace (1749-1827) ein fiktives Wesen, dem er zu jedem Augenblick die Kenntnis der Lage und der Bewegung jedes Teilchens im Universum unterstellte und von dem er annahm, es verfüge damit über alle Möglichkeiten zur Berechnung der vergangenen und zukünftigen Ereignisse.

verständliche Terminologie. Diese wird u.a. durch Begriffe wie Fraktale, Attraktoren, Bifurkationen usw. bestimmt (s. S. 82, 86ff.).

Besondere Schwierigkeiten aber mag es dem Alltagsverständnis bereiten, daß mit dem Begriff „Chaos" die Dynamik zwar „von den Fesseln der Ordnung und Vorhersagbarkeit" (Ford) befreit wurde, daß „Chaos" jedoch nicht schlicht mit extremer Unordnung gleichgesetzt, sondern in Beziehung zur Ordnung, ja geradezu als Chance und Quelle von Ordnung, als eine höchst subtile Form von Ordnung (Bohm) verstanden wird. Ordnung und Chaos sind funktional zusammengehörig und stehen in einem dialektischen Verhältnis zueinander. Briggs und Peat sprechen in ihrem Buch über die „Entdeckung des Chaos" von den beiden Seiten eines Spiegels wie von einem Portal, auf dessen einer Seite Systeme zerfallen, auf dessen anderer Seite aber wiederum Systeme entstehen. Nach der Formulierung Vilém Flussers stellt Ordnung schlicht „einen statistischen Sonderfall" des Chaos dar. Chaos als geordnete Unordnung, bzw. Verbindung von Ordnung und Unberechenbarkeit, ist das „regellose unvorhersagbare Verhalten deterministischer, nicht-linearer[25] dynamischer Systeme" (Jensen zit. nach Gleick).

Deshalb führte James Yorke auch den Begriff des „deterministischen Chaos" ein, verknüpfte also, so paradox das zunächst erscheinen mag, Determinismus und Unberechenbarkeit miteinander. So tauchen innerhalb der chaotischen Unordnung doch immer wieder Inseln der Ordnung auf, Chaos kann an der Grenze zwischen zwei Phasen stabilen Systemverhaltens auftreten, und ein komplexes System kann durchaus „zur gleichen Zeit Turbulenz und Kohärenz, Chaos und Stabilität" (Gleick) aufweisen. Zugleich kommt der Chaos-Theorie die grundlegende Bedeutung zu, die konkrete Realität des Begriffs 'System', dem für viele etwas Metaphysisches-Spekulatives anhaftet, deutlich gemacht zu haben.

Gesetze der Komplexität

Einerseits macht zwar die Vielzahl möglicher Zustände und Entwicklungen die Vorausberechnung nicht-linearer Systeme zumindest außerordentlich schwierig. Trotz der offensichtlichen „Zufälligkeit" und der grundsätzlichen Unberechenbarkeit scheint aber Chaos andererseits nach relativ einfachen Gesetzen zustande zu kommen.

Und diesen „Gesetzen der Komplexität" wird eine universelle Gültigkeit zugesprochen, ohne daß dabei die Details des jeweiligen konkreten Systems eine Rolle spielen. Sie gelten also unabhängig davon, ob es sich um ein rein mathe-

---

25 Linearität liegt vor, wenn zwischen Ursache und Wirkung ein „linearer", d.h. proportionaler Zusammenhang besteht (Davies), wenn also die jeweilige Veränderung einer Größe eine entsprechende Veränderung einer anderen Größe zur Folge hat. Wenn man aber ein Gummiband immer weiter dehnt, bis es schließlich reißt, zeigt dieser Vorgang ein Ende der Linearität, also einen letztlich nicht linearen Zusammenhang an, genauso wie im Straßenverkehr mehr Autos nicht zwangsläufig mehr Bewegung und Ortsveränderung bedeuten, sondern zu Staus und Stillstand führen.

matisches System, um ein System der Physik, der Hydrodynamik, der Medizin, des menschlichen Denkens oder der Volkswirtschaft handelt. (Auch hier tritt, wie inzwischen nachgewiesen wurde, etwa bei sog. Börsenkrisen, eine innere Dynamik zutage, die wesentlich auf dem Boden der Wechselwirkungen zustande kommt, die zwischen den einzelnen Investoren mit ihren in die Zukunft gerichteten Überlegungen bestehen.)

Es ist geradezu aufregend, daß hinter Erscheinungsbildern offensichtlicher Unordnung auf verschiedensten Gebieten verhältnismäßig einfache Modelle erkennbar wurden. Sie haben, wie gesagt, für alle möglichen komplexen Phänomene Geltung: für das Tröpfeln eines undichten Wasserhahns, für turbulente Luft- und Flüssigkeitsströmungen bis hin zum Strudel in einer Badewanne, für die Bewegungen einer im Wind flatternden Fahne, aber auch für die Entstehung von Gebirgszügen, für den Verlauf von Epidemien und in Schüben auftretenden Krankheiten, für Wachstumsprozesse im biologischen wie wirtschaftlichen Bereich oder für die Entwicklung von Preisen und Arbeitslosenquoten. So entdeckte der Physiker Mitchell Feigenbaum vom Los Alamos National Laboratory 1975 bei der Untersuchung verschiedener Gleichungen mit Periodenverdoppelungsverhalten eine Universalkonstante, der alle sprunghaften Übergänge in der Natur gehorchen. Das erlaubt den Schluß auf eine Regelhaftigkeit des Chaos und läßt vermuten, daß die Grundstruktur der Welt weitgehend nicht-lineare Züge trägt (Cramer).

Das gilt auch für gesellschaftliche Krisen. Die in der Vergangenheit beherrschenden Theorien, die sich jeweils mehr oder weniger auf einen Faktor (wie etwa die Demographie, die Technik, die wirtschaftliche Entwicklung oder kulturelle Werte) konzentrierten, der dann nur allzu leicht als generelle Erklärungsgröße angesehen und verkannt wurde, können inzwischen angesichts der Komplexität sozialer Phänomene als gescheitert angesehen werden. Man hat vielmehr u.a. erkannt, daß die Soziologie nur unzureichend in der Lage ist, in gesellschaftlichen Systemen stattfindende konkrete Veränderungen in ihren umfassenden Zusammenhängen zu verstehen und vorauszubestimmen. So kann man sich auch fragen, ob die gegenwärtig in zahlreichen Gesellschaften festzustellende und mit mehr oder weniger großen Störungen einhergehende Unruhe und Unsicherheit nicht Ausdruck einer sich anbahnenden neuen sozialen, wirtschaftlichen und moralischen Ordnung darstellt. Diese könnte sich aus dem derzeit ins Auge springenden Zerfall von Gesellschaften in zahlreiche Untergruppen mit nicht mehr übereinstimmenden Werten heraus organisieren, ohne schon jetzt erkannt und akzeptiert zu sein. Der französische Soziologe Emile Durkheim prägte in diesem Zusammenhang der zunehmenden Komplexität sozialer Systeme, in der kollektive „Rhythmen" und die Teilhabe an gemeinsamen Werten schwächer werden und auf der anderen Seite eine immer ausgeprägtere Individualisierung und Ungeordnetheit des Ganzen hervortreten, den Begriff der Anomie. Angesichts eines solchen Geschehens wäre es auch nur allzu verständlich, daß die öffentliche Verwaltung, deren Überlegungen, Entscheidungen und Aktivitäten auf angestammten und zur Routine erstarrten Schemata der letzten Jahrzehnte beruhen, nicht in der Lage ist, zum Teil explosionsartige Erscheinungen der Gegenwart vorauszusehen und angemessen auf sie zu reagieren. So gesehen könnte es sich durchaus bei heute allgemein beklagten Erscheinungen in der Gesellschaft um Symptome einer umfassenden Krise handeln, die alle Sektoren berührt, auf denen der Staat in Interaktion mit den Menschen und gesellschaftlichen Gruppen steht. Der Mangel an sozialer Geordnetheit würde dann eine sich anbahnende tiefgreifende Wandlung unserer Gesellschaft zum Ausdruck bringen.

Es mag zunächst aus dem Blickwinkel des menschlichen Lebens so erscheinen, als seien zumindest die Bewegungen der Himmelskörper von einer geradezu vollkommenen Regelmäßigkeit. Dieser Eindruck ist jedoch trügerisch. Denn man weiß heute, daß – allerdings im Rahmen sehr viel längerer Zeitspannen – die Bahnen bestimmter Asteroide, Kometen und sogar Planeten „chaotisch" sind. Man muß im kosmischen Maßstab oft von einer Zeitdauer von mehreren Millionen Jahren ausgehen, um eine mögliche Instabilität aufzudecken. Für den Planeten Pluto wurde z.B. ermittelt, daß die Distanz, die zwei anfänglich nahe Kreisbahnen trennte, sich alle 20 Millionen Jahre verdreifacht, und für die Planeten Merkur, Venus und Erde wurde eine solche Verdreifachung für Perioden von fünf Millionen Jahren errechnet. Ein Irrtum von 0,00000001 % über die Ausgangsbedingungen führt nach 100 Millionen Jahren zu einer Abweichung von 100 % (Laskar und Froesche). Damit werden auch die Grenzen möglicher Voraussagen über die Zukunft des Sonnensystems aufgezeigt. Sie dürften nach gegenwärtiger Erkenntnis etwa bei 100 Millionen Jahren liegen und sind nach heutiger Auffassung nicht etwa durch die angewandten Methoden bedingt, sondern liegen in der Natur der Phänomene selbst. Die stark schlingernden 'chaotischen' Bewegungsbahnen des Saturn-Mondes Hyperion sind z.B. schon mittelfristig nicht mehr vorhersagbar. Wir können auch keineswegs sicher sein, daß unsere Erde – auf lange Zeiträume hin betrachtet – ihren Weg um die Sonne in gleicher Weise beibehalten wird.

Ein anderes Gebiet, dem allgemein unumstößliche Sicherheit und absolute Logik zugesprochen werden, ist die Mathematik. Sie gilt als die in sich eindeutige und klare Wissenschaft schlechthin. Die Vorstellung, daß es für jedes mathematische Problem eine Lösung gebe, galt lange Zeit als selbstverständliches Prinzip.

Und doch scheint selbst in der Mathematik der „Zufall" auf grundlegendem Niveau, also unabhängig von den jeweils angestellten Überlegungen, eine Rolle zu spielen. Unter Mathematikern hatte es eigentlich immer festgestanden, daß es möglich sei, formale Systeme von Axiomen zu konstruieren, denen die Eigenschaften sowohl der Vollständigkeit als auch der Kohärenz[26] zukämen. Doch dann bewies der Österreicher Kurt Gödel 1931, daß jedes formale System Aussagen enthält, die unentscheidbar sind, d.h. die auf alleiniger Grundlage der Axiome des Systems weder bestätigt noch widerlegt werden können. Das bedeutet, daß es eben kein zugleich kohärentes und vollständiges axiomatisches System für die Arithmetik gibt, und der Engländer A.M. Turing zeigte 1936, daß es kein mechanisches Vorgehen[27] gibt, das zu erkennen erlaubt, ob ein willkürliches Programm

---

26 Vollständigkeit bedeutet, daß jede Aussage entweder richtig oder falsch ist, und Kohärenz beinhaltet, daß man nicht gleichzeitig ein Ergebnis und sein Gegenteil beweisen kann.
27 Damit ist eine Folge logischer Operationen von begrenzter Anzahl gemeint.

in einer endlichen Zeit zum Abschluß gebracht werden kann, und daß damit keine Möglichkeit besteht, für jede mathematische Aussage zu bestimmen, ob sie wahr oder falsch ist (Chaitin).

Ein eindrucksvolles Beispiel stellt auch die sog. logistische Gleichung dar. Denn geringfügigste Veränderungen der Anfangswerte dieser relativ einfachen mathematischen Formel können geradezu „dramatische Folgen" (Bublath) haben.

Chaos als innere Strukturgesetzlichkeit tritt also praktisch überall auf, und das Wechselspiel von Mikroskopischem und Makroskopischem ist ebenso charakteristisch für Strömungsturbulenzen wie für das Finden einer Lösung in einer bis dahin unübersichtlichen Situation. Was wir zu einem bestimmten Zeitpunkt tun, ist zweifellos durch ganz spezifische Voraussetzungen und Bedingungen bestimmt, auf die wir im einzelnen gar keinen Einfluß haben. Wir können aber nicht wissen, was wir tatsächlich tun werden (Davies). Die Chaos-Theorie als Strukturwissenschaft schafft somit eine übergreifende Einheit von Natur- und Geisteswissenschaft.

Die Rolle nicht-linearer Wechselwirkungen

Eine wesentliche Aussage der Chaos-Theorie ist, daß das Verhältnis von Ordnung und Chaos durch eine nicht-lineare Dynamik, also durch nicht-lineare[28] Wechselwirkungen zwischen einzelnen Komponenten eines Systems bestimmt ist. Als typisches Beispiel hierfür wird immer wieder der Flüssigkeitsstrom genannt, der einen Brückenpfeiler oder ein anderes Hindernis umfließt. Bei niedriger Geschwindigkeit des Stroms gleitet dieser unauffällig um die Pfeiler. Wird die Fließbewegung jedoch schneller, gleitet der Strom nicht mehr in bisheriger Unauffälligkeit um das Hindernis, sondern es kommt hinter dem Pfeiler zur Bildung von Strudeln, die sich mit weiter steigender Geschwindigkeit des Stroms wieder auflösen und einer Instabilität und Unregelmäßigkeit des Flusses weichen. Die Wissenschaft spricht in diesem Sinne von Turbulenzen, wenn sich die Geschwindigkeit eines Mediums zeitlich und räumlich in „zufälliger" Weise verändert. Und dieses Phänomen trifft man nicht nur in bewegten Flüssigkeiten, sondern auch in der Luft an. Wenn man z.B. die Luftgeschwindigkeit an einem genau definierten Ort in regelmäßigen Zeitintervallen messen würde, stieße man beständig auf nichtvorherbestimmbare, „zufällige" Ergebnisse, ebenso wenn man die Luftgeschwindigkeit gleichzeitig an verschiedenen Orten messen würde. Noch deutlicher wären natürlich turbulente Abläufe im Umfeld eines Läufers oder Schwimmers feststellbar.

Eine ähnliche nicht-lineare Erscheinung ist übrigens auch von Magneten bekannt, die bei einer bestimmten Temperatur ihre charakteristische Eigenschaft

---

28 Der Begriff Nicht-Linearität kennzeichnet das Verhalten von Systemen, die auf eine Eingabe oder Störung anders als direkt proportional reagieren. Dadurch ist aber das Verhalten dieser Systeme in ihrer Komplexität und vieldimensionalen Vernetztheit nicht berechenbar.

verlieren, oder von Stoffen, die in der Nähe des absoluten Nullpunktes plötzlich jeden elektrischen Widerstand verlieren und supraleitend werden (Davies). Es handelt sich dabei um sog. Schwellenphänomene, wie es die Physiker nennen, bei denen das Verhalten eines Systems an einem bestimmten kritischen Punkt umschlägt. Und dieser „kritische Exponent" scheint, unabhängig von der jeweiligen Art des Systems, bspw. sowohl für die Ausbreitung von Krankheiten als auch von Waldbränden zu gelten.

Solche nicht-linearen Gesetzmäßigkeiten, die letztlich die vielfältige Strukturiertheit des Weltalls haben entstehen lassen, sind u.a. auch für die Entwicklung von Populationen verantwortlich. Hier wirkte sich vor allem die Tatsache, daß sich eine Art zu rasch vermehrt, zu Lasten einer regelmäßigen Entwicklung aus. Ein bekanntes Beispiel sind die (Todes-)Züge der Lemminge, der u.a. in Nord-Skandinavien lebenden hamsterähnlichen Wühlmäuse. Sie erfolgen nach einer stattgefundenen erheblichen Vermehrung alle 3 bis 4 Jahre, wodurch eine intensive Bedrohung der Art durch ihre natürlichen Räuber verhindert wird. Ähnliches gilt für die unregelmäßig produzierten Samen mancher Bäume. Es gilt ebenso für das Auf und Ab von (epidemischen) Erkrankungen wie für das Entstehen des Universums, wo sich etwa galaktische Inseln aus dem Aufbrechen zunächst einförmiger Gaswolken bilden.

Am einfachsten läßt sich dieses Umschlagen eines geordneten Systems in Chaos bei physikalischen Experimenten als Sichtbarwerden bestimmter Muster in Fließbewegungen beobachten. Diese lassen sich auch mit Hilfe großer Computer nicht exakt berechnen. Ein Beispiel hierfür liefert die sog. Taylorsche Instabilität: Es handelt sich dabei um zwei senkrechte Zylinder, von denen der eine im anderen rotiert und dabei die zwischen den Zylindern befindliche Flüssigkeit mit sich zieht. Mit zunehmender Geschwindigkeit der Rotation bildet sich plötzlich in der Flüssigkeit ein bestimmtes Muster in Form ringförmiger Streifen aus, die sich mit weiterer Geschwindigkeit zu kräuseln beginnen. Gerade solche Turbulenzen stellen ja, wie wir bereits sahen, ein beliebtes Feld der Chaos-Forschung dar.

Die Unvoraussagbarkeit des Verhaltens in komplexen Systemen

Chaos tritt in offenen Systemen auf, denen von außen Energie zugeführt wird. Diese Bedingung trifft aber für fast alle Prozesse auf der Erde zu, von physiologischen Abläufen im menschlichen Organismus bis zum Klima. So war es denn auch der Meteorologe Edward Lorenz, der 1963 das „dissipative[29] Chaos" entdeckte. Nachdem man bis dahin von der Hoffnung ausgegangen war, mit Hilfe immer leistungsfähigerer Computer das Wetter eines Tages genauestens vorausberechnen zu können, stellte sich heraus, daß das Wetter, obwohl es zweifellos nach physikalischen Grundgesetzen zustande kommt, doch durch wesentlich komplizierte Zusammenhänge gekennzeichnet ist, als man sich zunächst vorgestellt

---

29 Näheres zum Phänomen der Dissipation S. 146ff.

hatte. Lorenz kam sogar aufgrund des Zusammenhangs zwischen Aperiodizität und Unvorhersagbarkeit zu dem Schluß, daß langfristige Wettervoraussaggen prinzipiell unmöglich seien. So ließ sich z.B. berechnen, daß bei einer Verbesserung der Meßgenauigkeit um den Faktor 1000 die Vorhersagemöglichkeit lediglich von einem auf drei Tage anstieg (Bublath).[30]

Auf die gleiche Schwierigkeit stößt man aber schon bei einfacheren Systemen als dem Wetter, etwa bei einer Flamme oder bei aufsteigendem Rauch. Sie haben zwar ihre grundsätzliche Struktur, lassen aber doch keine exakte Voraussage über ihre konkrete Form zu einem bestimmten in der Zukunft liegenden Zeitpunkt zu. Ebenso wenig sind der Weg eines Blitzes oder die Verzweigungen der Mündungsarme eines größeren Flusses exakt voraussagbar. Es ist aber auch, wenn man die Chaos-Theorie auf das Alltagsleben überträgt, nicht möglich zu sagen, was aus dem Leben eines Menschen geworden wäre, wenn er diesem oder jenem anderen Menschen nicht begegnet oder nicht in diese oder jene Lebenssituation geraten wäre. Und man kann auch nicht sagen, ob seine Reaktion und Entwicklung unabhängig von dem Zeitpunkt eines bestimmten Ereignisses gleich verlaufen wäre.

Kommen wir wieder zu den physikalisch-mathematischen Grundaussagen der Chaos-Theorie zurück! Angesichts der zahlreichen Einflußgrößen erfolgt an verschiedensten Punkten immer wieder erneut eine irreversible,[31] d.h. nicht-umkehrbare Entscheidung über den weiteren Weg, der im Grunde nur statistisch oder quantenmechanisch verstanden werden kann (Cramer).

Eine solche Verzweigungsstelle oder Bifurkation stellt sozusagen eine Wegegabelung für die weitere Entwicklung dar und bedeutet damit eine qualitative Änderung des Systems, in deren Verlauf bspw. die Zahl der Attraktoren[32] von 1 auf 2 ansteigt.

Der französische Forscher René Thom hat sich in seiner Katastrophen-Theorie[33] grundlegend mit diesen Diskontinuitäten, Sprung- oder Verzweigungspunkten

---

30 Es sei ausdrücklich darauf hingewiesen, daß unter nicht-chaotischen Bedingungen selbstverständlich durchaus Voraussagen möglich sind; deshalb sind ja auch nicht alle Wettervoraussagen falsch. Bei einem Wechsel in chaotische Zustände, zu dem es oft überraschend aufgrund geringfügiger, nicht erkannter oder nicht erkennbarer Einflüsse kommt, versagt jedoch die Voraussage. Darüber hinaus sind natürlich auch in komplexen Systemen Voraussagen relativ allgemeiner Art möglich, etwa daß ein neugeborenes Kind wachsen oder daß das kommende Kalenderjahr eine Anzahl herrlicher Sonnentage haben wird. Nur, wann diese Tage genau sein werden und wie groß das Kind am Ende seines Wachstums tatsächlich sein wird, das konkret vorauszusagen ist nicht möglich.
31 Irreversibel ist ein Geschehen, das nicht umkehrbar ist. Ein verbranntes Stück Holz kann aus der Asche nicht mehr zusammengesetzt, die in der Tasse Tee verrührte Milch kann nicht mehr herausgerührt, ein auf die Erde gefallenes und zerbrochenes rohes Ei kann nicht mehr in seiner alten Form wieder hergestellt werden, und niemand ist in der Lage, die Lebensuhr anzuhalten oder gar zurückzudrehen.
32 Vgl. S. 86.
33 Die Katastrophen-Theorie befaßt sich nach Davies mit unstetigen Veränderungen bei Naturphänomenen und teilt diese in bestimmte Klassen ein, wobei der Begriff „Katastrophe" in diesem Rahmen nicht rein negativ als Zerstörung oder Untergang, sondern neutral als Wende oder Umschwung verstanden wird.

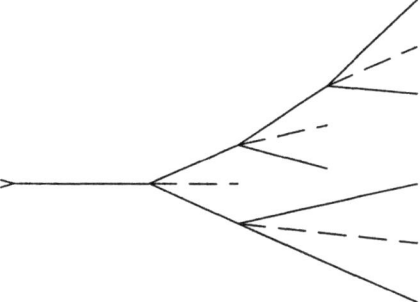

Abbildung 4: *Schematische Darstellung eines Bifurkations- oder Verzweigungsmusters*

beschäftigt und unterscheidet eine im zweidimensionalen Raum stattfindende Faltungskatastrophe von einer im dreidimensionalen Raum stattfindenden Scheitelkatastrophe, bei der sozusagen von einem Scheitelpunkt aus das Geschehen in verschiedenen Richtungen weiterlaufen kann. Ein einfaches Beispiel für ein solches Sprung- oder Bifurkationsgeschehen, durch das, wie Friedrich Cramer es ausdrückt, „Geschichte in die Physik" eintritt, stellt etwa das plötzliche Sieden erhitzten Wassers dar. Ebenso sind die gesamte kosmische und biologische Evolution, die menschliche Geschichte und das Geschehen in der Welt des Geistes als eine Folge von Bifurkationsereignissen zu erklären. Man könnte selbst das Zustandekommen eines „Börsenkrachs" nach dem gleichen Muster verstehen.

Es liegt auf der Hand, daß in Systemen mit Bifurkationen, ähnlich den von Heisenberg aufgezeigten Grenzen der Beschreibbarkeit mikrophysikalischer Phänomene, die Möglichkeiten einer Voraussage grundsätzlich eingeschränkt sein müssen. Deshalb setzt sich auch mehr und mehr die Erkenntnis durch, daß es in vielen Situationen sinnvoller ist, beständig den Gang der Entwicklung aufmerksam zu verfolgen und ggfs. äußerst behutsam, aber möglichst rasch zu korrigieren, statt irgendwann eine Feststellung oder Entscheidung zu treffen und konsequent bei dieser zu bleiben. In diesen Rahmen paßt im übrigen auch die Strategie, ausreichende Selbstkorrekturmöglichkeiten in ein System einzubauen.

Der Newtonsche Ansatz einer generellen Linearisierbarkeit und Prognostizierbarkeit erwies sich jedenfalls gegenüber grundlegend komplexen Systemen als zu einfach.

In geradezu klassischer Weise zeigt sich das bei der Bewegung von Elektronen. Aufgrund der enormen Empfindlichkeit des Quantenpotentials eines Elektrons wird dieses auf seiner Bahn ständig in Bifurkations- d.h. Verzweigungsstellen gestoßen. Dort kann es dann in seiner Bewegung in die eine oder andere Richtung gelenkt werden. Die Verschachtelung dieser Bifurkationen ist aber so komplex, daß sich dabei die „Unbestimmtheit und Unvorhersagbarkeit" ergibt, die für die Bewegung eines einzelnen Quants wie eines „Elektrons" charakteristisch ist. Trotzdem kann man aber die Bewegung des Elektrons nicht „zufällig" nennen. „Sie ist vielmehr vollkommen determiniert, jedoch durch ein Potential so endloser Komplexität und Subtilität", daß jedes Bemühen um eine exakte Voraussage zum

Scheitern verurteilt ist (Bohm). Dabei ist grundsätzlich zweierlei möglich: Bei dem Weg durch endlose Bifurkationsstellen kann sich ein System vollständig in „Chaos" aufsplittern. Es kann aber auch über eine Reihe von Rückkoppelungen, in denen entsprechende Änderungen jeweils mit der Umwelt verknüpft werden, ein neues „geordnetes" Verhalten entwickeln (Briggs). So kann auch, wie Arthur Koestler beschreibt, im Brodeln der Gedanken ein kritischer Punkt, eine Bifurkation erreicht werden, in der eine geringfügige Information oder Beobachtung so verstärkt wird, daß dadurch der Denktätigkeit eine neue Dimension eröffnet wird, die möglicherweise die Lösung eines Problems enthält (Briggs). Es handelt sich hierbei um wahrhaft faszinierende Zusammenhänge, in deren Bereich es jedoch auch heute noch eine große Reihe unbeantworteter Fragen gibt.

Auch das bspw. beim Gehirnwachstum zu beobachtende Prinzip der selektiven Stabilisierung gehört in diesen Zusammenhang. Es besagt, daß nach zunächst planlosem Auswuchern von Nervenverästelungen schließlich solche Varianten ausgewählt werden, die den Gesamtbedingungen am besten entsprechen. Das Netz von Nervenverbindungen im Gehirn, nur im Groben durch das Genom „programmiert", organisiert sich sozusagen selbst, indem im Rahmen feinster Anpassungsleistungen an jeweilige Bedingungen der Gehirn-Umwelt endgültige Verknüpfungsmuster im Gehirn entstehen.

Die Bedeutung der Ausgangsbedingungen

Den in einem komplexen System bestehenden Ausgangsbedingungen wird in der Chaos-Forschung eine besondere Bedeutung beigemessen. Denn durch die stattfindenden Rückkoppelungsprozesse können geringfügigste Abweichungen von Anfangsbedingungen, denen nach klassisch-deterministischer Auffassung kein nennenswerter Einfluß beigemessen wurde, sich nach exponentiellen Gesetzmäßigkeiten entwickeln und zu ganz erheblichen Folgen führen; und um eine gültige Voraussage des Verhaltens treffen zu können, müßte man die jeweiligen Ausgangsbedingungen mit nahezu unendlicher Genauigkeit kennen, womit aber in der Praxis nicht gerechnet werden kann.

Schon der 1854 geborene französische Mathematiker Henry Poincaré wies ausdrücklich darauf hin, daß eine völlig geringfügige Ursache eine beträchtliche Wirkung haben könne, die wir dann natürlich feststellten. Da aber diese geringfügige Ursache von uns nicht erkannt werde, neigten wir dazu, in solchen Fällen von „Zufall" zu sprechen. Man stelle sich vor, ein Stein würde aus einem Flugzeug auf den Gipfel eines Berges geworfen. Je nachdem, ob der Stein etwas mehr links oder rechts aufträfe, würde er an einer anderen Seite des Berges hinunterrollen und damit eine völlig unterschiedliche Bahn nehmen. Wo er dann liegen bliebe, hinge zusätzlich von einer Vielzahl weiterer Bedingungen ab.

Briggs und Peat schildern eine Erfahrung, die Edward Lorenz 1960 an einem Computer machte. Er benutzte ihn damals, um einige nicht-lineare Gleichungen zu lösen, die die Erdatmosphäre modellieren sollten. Als er die Details einer

Wettervoraussage noch einmal nachprüfen wollte, gab er die gleichen Daten wie vorher ein, rundete sie aber auf drei Dezimalstellen anstatt wie beim ersten Mal auf sechs Stellen ab. Dann ließ er den Computer arbeiten, während er selbst eine Tasse Kaffee trinken ging. Als er zurückkam, war das Ergebnis auf seinem Bildschirm von dem ursprünglichen Ergebnis völlig verschieden. Er stand praktisch vor zwei gänzlich unterschiedlichen Wettersystemen. Denn der zum Lösungsverfahren gehörige Rechenprozeß hatte den kleinen Unterschied in der vierten Stelle hinter dem Komma vergrößert. Das war ein Ausgangspunkt für die Erkenntnis von der Unmöglichkeit langfristiger Wettervoraussagen gewesen.

Später formulierte es Edward Lorenz bekannterweise so, daß schon der Flügelschlag eines Schmetterlings einen Wirbelsturm zur Folge haben kann. „Does the flap of a butterfly's wings in Brazil set off a tornado in Texas" lautete der Titel eines von ihm gehaltenen Referats auf dem Jahreskongreß der American Association for the Advancement of Science am 29.12.1979 in Washington. James Gleick zitiert zur Veranschaulichung eines solchen Zusammenhangs ein altes amerikanisches Volkslied:

„Weil ein Nagel fehlte, ging das Hufeisen verloren;
weil ein Hufeisen fehlte, ging das Pferd verloren;
weil ein Pferd fehlte, ging der Reiter verloren;
weil ein Reiter fehlte, ging die Schlacht verloren;
weil die Schlacht verloren war, ging auch das Königreich verloren."

In der Tat kennen wir aus dem Alltagsleben viele Beispiele für den Zusammenhang, der in dem Wort „kleine Ursache – große Wirkung" zum Ausdruck kommt. Man sieht sich einen Mitternachtskrimi an, kann daraufhin schlecht schlafen, weil man Alpträume hat, wacht deshalb zu spät auf, versäumt den Bus zum Bahnhof, verpaßt darum auch den Zug, der einen zu einem wichtigen Besprechungstermin gebracht hätte, bei dem es um ein großes Geschäft ging, das nunmehr die Konkurrenz machte. Wenn auch alle Schneeflocken ein ähnliches Muster haben, sind diese „dendritischen"[34] Muster, wie sie aus einem raschen Kristallisationsprozeß resultieren,[35] doch im einzelnen höchst verschiedenen, u.a. abhängig von der Zeit, die sie im Winde treiben, von der Temperatur, der Feuchtigkeit und Verunreinigung der Luft. Wir können zwar sagen, daß es unter den und den Bedingungen zu Schneefall kommt, können aber über die genaue Form der Schneeflocke, die wir jeweils einfangen, keine exakte Voraussage machen. Sie bringt in der Form die jeweils spezifischen, uns aber unbekannten Bedingungen ihrer Entstehung zum Ausdruck.

Die Ausgangs- oder Randbedingungen stellen also sozusagen Auswahlkriterien dar, durch die die Vielzahl möglicher Entwicklungen begrenzt wird. Deshalb findet sich in dynamischen rückgekoppelten Systemen immer wieder eine starke Abhän-

---
34 Unter Dendriten (vom griechischen Wort dendron = Baum abgeleitet) versteht man feinverästelte kurze Fortsätze von Nervenzellen.
35 Ein Schneekristall kann 4 mm in der Stunde erreichen, was für kristallinisches Wachstum unerhört schnell ist.

gigkeit von geringfügigen Details der Ausgangssituation, die die im Verlaufe eines Prozesses entstandene Gesamtstruktur in nicht vorhersagbarer Weise beeinflussen. Genau das gleiche ist der Fall, wenn an bestimmten kritischen Punkten einer Instabilität, den sog. Bifurkationspunkten (s. S. 83) aufgrund geringfügigster, nur schwer erfaßbarer Einflüsse ein folgenreicher Verlauf einsetzt, dessen Voraussage praktisch nicht möglich ist. Aus diesem Grunde hat mit der Chaos-Forschung die Konzeption nicht-linearer Wissenschaftsansätze und instabiler Prozesse so an Bedeutung gewonnen.

Attraktoren und Fraktale

Im Rahmen dieser Ansätze spricht die Chaos-Theorie auch von sog. Attraktoren (Ruelle 1980). Das bedeutet, daß bei den beobachteten Vorgängen einer Oszillation in nicht-linearen Systemen eine besondere Attraktion oder Anziehung zu bestimmten Mustern besteht. Die Unordnung ist sozusagen in einer bestimmten Richtung kanalisiert. Ein solcher „chaotischer" oder auch „seltsamer" Attraktor bringt grundsätzliche Eigenschaften von Chaos mathematisch zum Ausdruck. Die Wissenschaft unterscheidet daneben eine Reihe anderer Attraktoren. Ein punktförmiger Attraktor wäre bspw. der Endpunkt eines Pendels, in dem dieses schließlich zur Ruhe kommt. Wird aber ein Pendel nicht in einen festen Punkt hineingezogen, sondern in eine konstante zyklische Bahn, spricht man von einem Grenzzykel-Attraktor. Der chaotische Attraktor bedeutet dagegen eine Art „desorganisierter Organisation" (Briggs). Er stellt eine mathematisch verwickelte Kurve in einem mehrdimensionalen Raum, einem sog. Phasenraum dar, in dem Ort und Geschwindigkeit dynamischer Systemänderungen zum Ausdruck kommen. Ein Attraktor ist in diesem Sinne „ein Gebiet im Phasenraum, das eine 'magnetische' Anziehungskraft auf ein System ausübt und dieses anscheinend ganz in sich hineinziehen will" (Briggs). Er ist Ausdruck von Systemzuständen, „auf die sich das Gesamtsystem hin entwickelt oder 'einschwingt'" (Huber).

Er besitzt, wie es in der Sprache der Chaos-Forschung heißt, eine selbstähnliche Struktur. „Diese Selbstähnlichkeit wird als die Symmetrie nicht-linearer Systeme" verstanden (Thwaites), und chaotische Attraktoren scheinen fraktal zu sein, um einen weiteren Begriff der Chaos-Forschung einzuführen. Der Begriff fraktal[36] beruht zum einen darauf, daß die betreffenden Muster eine Maßstab-übergreifende Selbstähnlichkeit aufweisen, d.h. daß in einem sog. Iterationsprozeß der immer gleiche Schritt auf jeweils kleinerer Ebene wiederholt wird, was diesen Gestalten einen großen ästhetischen Reiz verleiht. Zum anderen verweist der Begriff darauf, daß ihre wirkliche Dimension eine gebrochene Zahl ist. Die zunehmenden Verästelungen und Verfeinerungen ergeben sog. Kochsche Kurven, für die übrigens eine Dimensionalität von 1,2618 berechnet wurde. Briggs und Peat veranschaulichen das am Beispiel des Zerknitterns eines Stückes Papier. Je fester dieses

---

36 Vom Lateinischen frangere (= brechen) abgeleitet.

zusammengedrückt wird, um so chaotischer werden die Knicke und Falten sein, und die zunächst zweidimensionale Oberfläche nähert sich immer stärker einem dreidimensionalen Festkörper. Das zerknitterte Papier wird aber letztlich in einem Zustand bleiben, der keine klare Entscheidung zwischen zwei und drei Dimensionen erlaubt. Die tatsächliche Dimension, in der er sich befindet, ist daher nicht ganzzahlig, sondern gebrochen. „Und die von solcher Unschlüssigkeit zurückgelassene Spur ist ein seltsamer Attraktor."

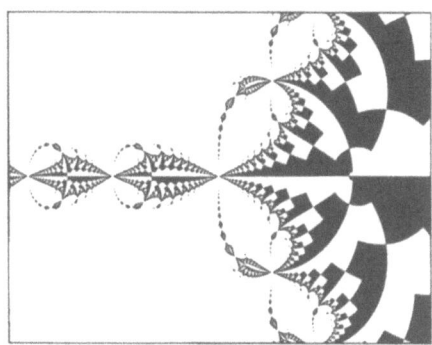

Abbildung 5: *Theoretische Darstellung einer sog. Mandelbrot-Menge: Wiederholung gleicher Gebilde auf immer kleinerer Skala*

Es war der Pole Benoit Mandelbrot, der eine Geometrie der Unregelmäßigkeit entwickelte und im Rahmen der Chaos-Forschung das Prinzip der Selbstähnlichkeit herausarbeitete, das er als Symmetrie in verschiedenen Maßstäben definierte.

Dieses Prinzip stellte auch für ihn wiederum den Ausdruck einer universellen Gesetzlichkeit dar. In der Tat diskutierten im weiteren Verlauf Biologen darüber, inwieweit es sich dabei um ein universales Phänomen der Morphogenese, also der Gestaltbildung handelt. Es läßt sich z.b. sowohl bei Pflanzenzellen, im Gefieder von Vögeln, beim Baumwuchs, beim Blutgefäß- und Harnsammelsystem sowie bei den Lungenkapillaren ebenso aufweisen wie bei Schnee- und Eiskristallen oder bei Turbulenzen, wo sich kleinere Wirbel in größeren Wirbeln finden. Ein ganzer Baum läßt ähnliche Strukturen erkennen, wie man sie bei den größeren Ästen, in den einzelnen Zweigen, ja selbst in den Adern der Blätter wiederfindet. Jede Vergrößerung zeigt neue Strukturen, die wiederum denen der jeweils schwächeren Vergrößerung gleichen. Mandelbrot zeigte das auch am Verlauf von Küsten, deren gemessene Länge mit zunehmend kleinerem Maßstab ins Unendliche wächst, weil jede Bucht und Landzunge wieder kleinere Buchten und Landzungen deutlich werden läßt.

Es bilden sich also in physikalischen und biologischen, aber auch in sozialen Systemen gleichartige Muster, die in unterschiedlichen Größen sozusagen ineinandergeschachtelt sind.

Wegen der gebrochenen Dimension, die man dabei antrifft, sprach man auch von einer grundsätzlichen fraktalen Geometrie der Natur. „Am Ende stand das Wort 'fraktal' für eine Möglichkeit, Formen zu beschreiben, zu berechnen und zu reflektieren, die unregelmäßig und fragmentarisch, zerklüftet und aufgebrochen sind" (Gleick). Diese Zackenbildung wird als ein hochgradig nicht-lineares Problem instabiler, offener Grenzen angesehen. Dabei wird deutlich, daß Fraktale zugleich Ordnung und Chaos sind. Während das Prinzip der Selbstähnlichkeit auf verschiedenen Skalen Ordnung bedeutet, sind doch zugleich auch Unvorhersagbarkeit und Zufall am Werk (Briggs). Damit ist aber die Sicht der klassischen Wissenschaft in einer weiteren Hinsicht widerlegt. Denn komplexe Strukturen und Prozesse erweisen sich nicht als gerade und glatt, sondern die Wirklichkeit zeigt „ihr bizarr gezacktes und rauhes Antlitz", das über lange Zeit „wissenschaftlichen Begradigungs- und Glättungsversuchen ausgesetzt gewesen war" (Paslack).

Wert und Sinn von Chaos

Stellen wir zunächst grundsätzlich fest: Aus Prozessen, die nicht-linearen Gesetzen gehorchen, kann in schöpferischer Entwicklung Ordnung entstehen, ohne daß das im einzelnen vorherbestimmt wäre. Für Briggs und Peat macht Chaos im Grunde Leben und Intelligenz erst möglich. Dagegen kann eine ohne Rücksicht auf die inneren Strukturbedingungen eines Systems erzwungene Ordnung sozusagen, auf diese Bedingungen bezogen, Unordnung bedeuten. Die starre Festlegung auf eine ganz bestimmte Funktionsform kann eine flexible Anpassung an wechselnde Verhältnisse erschweren oder gar verhindern. Die Medizin spricht hier von „dynamischen Erkrankungen" und sieht deren Behandlung in einer „Erweiterung der spektralen Reserve eines Systems". Dieses System kann so verschiedene „Störungen" verkraften, ohne in ein starres periodisches Verhalten zu verfallen (Gleick). So gesehen kann Chaos, das beim unkontrollierten Herzflimmern tödlich sein kann, geradezu Gesundheit bedeuten, wie sich u.a. darin zeigt, daß der normale Herzrhythmus „chaotisch" ist. Es mag gleichermaßen auch im EEG, der Aufzeichnung der Hirnströme, deutlich werden, wo die komplexesten, also „chaotischsten" Formen den Zuständen der intensivsten geistigen Anregung entsprechen. Wir wissen umgekehrt, daß allzu gleichförmiges Verhalten von Zellgruppen im Gehirn mit dem Auftreten epileptischer Anfälle einhergeht, und bezeichnenderweise konnte auch beobachtet werden, daß Herzen bei Herannahen des Todes eigenartigerweise regelmäßiger zu schlagen beginnen.

Eine „chaotische" Nervenaktivität erscheint aus dieser Sicht paradoxerweise als eine Voraussetzung dafür, daß Gehirne „Ordnung" in der Welt entdecken und Neues zu erkennen vermögen. Chaos verleiht damit dem menschlichen Körper eine Flexibilität, die ihm erlaubt, auf unterschiedliche Arten von Reizen zu reagieren. So fand man bspw., daß sich beim Riechen einer bestimmten Substanz die bis dahin „chaotische" Hirnaktivität im Riechzentrum des Gehirns durch Koppelung der beteiligten Nervenzellen zu einem umfassenden System zu organisieren begann (Briggs). Briggs und Peat verweisen auf das Modell einer nichtlinearen Gehirnaktivität, das die Systemforscher William Gray und Paul La Violette entwickelten. Danach „beginnt das Denken als ein hochkomplexes, ja chaotisches Bündel von Empfindungen, Nuancen und 'Gefühlstönen', die vom limbischen System aus durch die Hirnrinde kreisen. In diesem Rückkoppelungskreis wählt die Gehirnrinde einige dieser Gefühlstöne aus oder 'abstrahiert' von ihnen. Diese Abstraktionen werden dann in die Schleife zurückgeschickt. Der fortgesetzte Abstraktionsprozeß führt zur nicht-linearen Verstärkung einiger Nuancen, die dadurch zu Gedanken oder Emotionen werden, die nun ihrerseits wieder die komplexen Bündel nuancenreicher Empfindungen und Gefühle organisieren".

Ausgesprochen starre Strukturen würden dagegen zwar ein Verhaften an Altem gewährleisten, könnten aber kaum dem Zugang zu Neuem eröffnen. Insofern kann zerebrales Chaos als entscheidende Grundlage von Lernvorgängen angesehen werden (Mechsner).

In ständigen Auslese- und Optimierungsvorgängen entwickeln sich so bestimmte Strukturen, wobei die anfangs bestehenden Bedingungen sich durch positive Rückkoppelungsprozesse[37] immer wieder ändern. Es ist in diesem Zusammenhang eine im Grunde banale, aber lange vernachlässigte Erkenntnis, daß jeder Systemzustand, der zu einem beliebigen Zeitpunkt ermittelt wird, unmittelbar von dem vorangegangenen Zustand abhängt und seinerseits wieder die Ausgangsbedingung für den nächsten Systemzustand darstellt. Wolfgang Krohn und Günter Küppers weisen darauf hin, daß mit der Methode der rekursiven Behandlung von Gleichungen ein Verfahren gegeben sei, einen dynamischen Prozeß in seiner Prozeßhaftigkeit sichtbar zu machen, indem ein von einem Anfangswert errechneter Wert zum Startpunkt des nächsten Rechenschrittes wird.

Zum grundsätzlichen Stellenwert der Chaos-Theorie

Versucht man zusammenzufassen, mag man sich natürlich grundsätzlich fragen, welchen Sinn es überhaupt macht, von einer Wissenschaft zu sprechen, die sich mit dem Ungeordneten und Unbestimmten beschäftigt, wo es doch gerade erklärtes Ziel der klassischen Wissenschaft war, verborgene Ordnungen in der Natur aufzudecken. Ist es nicht auch ein Paradox, daß gerade die Mathematik, die nach Plato ideale Qualitäten wie Reinheit, Einfachheit, Harmonie, Regelmäßigkeit, Transparenz und Logik zum Ausdruck bringt, nun dazu dienen sollte, sozusagen das Gegenteil von alledem deutlich werden zu lassen? Was ist aber im Grunde dagegen einzuwenden, daß Wissenschaftler entgegen der bisherigen Forschungsrichtung, Gesetzmäßigkeiten hinter scheinbarer Unordnung aufzuspüren, sich nun damit beschäftigen, tatsächliche Ungeordnetheit hinter scheinbarer Ordnung aufzudecken? Inzwischen ist auf den verschiedensten Gebieten deutlich geworden, daß die Vorstellung, durch genaue Analyse der Gegenwart die Zukunft voraussagen zu können, bestenfalls eine rein theoretische Möglichkeit darstellt und im Grunde lediglich einen „Mythos der klassischen Wissenschaft" (Cramer) zum Ausdruck bringt. Genauso ergibt sich aus der Chaos-Theorie eine starke begründete Skepsis gegenüber jeglicher Form menschlicher Planung von und in komplexen Systemen. Diese Aussage betrifft die Ökologie wie die sozialen Verhältnisse und die Politik

---

37 Vgl. S. 126.

schlechthin. Der Ausgang solcher Eingriffe in komplexe, rekursive Systeme ist grundsätzlich ungewiß. „Planung im Sinne einer der Realisierung von Vorhaben dienenden theoretischen Darstellung zusammenhängender Handlungsschritte wird immer von der Wirklichkeit überrollt" (Krohn, Küppers). Der unerhörte Fortschritt, den Wissenschaft und Technik im letzten Jahrhundert machten, täuscht nur zu leicht über die Tatsache hinweg, daß er in Wirklichkeit ganz spezielle Sonderfälle betraf (Davies). Allerdings bahnt sich in den letzten Jahrzehnten – und dies ganz wesentlich aufgrund der Entwicklung der Chaos-Theorie – die Erkenntnis an, daß der Mensch Teil einer ganz anderen Form von Ordnung ist, die er nur (noch) nicht zu begreifen vermag, die sein Dasein in dieser Welt jedoch maßgeblich bestimmt. Im übrigen sei aus kulturgeschichtlicher Sicht daran erinnert, daß bezeichnenderweise fast alle Weltdeutungen, die wir überblicken, von einem „ebenso geheimnisvollen wie schöpferischen" Chaos ausgingen (Huber).

Welche allgemeinen Konsequenzen ergeben sich nun aus dem modernen Forschungsansatz der Chaos-Theorie? Es ist zunächst einmal die Erkenntnis, daß Chaos nicht nur negativ als (extreme) Unordnung zu verstehen ist, sondern auch Quelle von Kreativität, von (neuer) Ordnung sein kann. Viele Systeme zeigen sich auch im Zustand des Chaos leichter steuerbar, als wenn sie eine feste Ordnung aufweisen, deren Überwindung sehr viel mehr Mühe bereitet. Es spricht auch sehr viel dafür, daß Gesellschaften flexibler und letztlich auch effektiver zu reagieren vermögen, wenn in ihnen mehr Selbstorganisation zugelassen ist. Für Steuerungsvorgänge irgendwelcher Art hat das zur Konsequenz, darauf zu verzichten, Dinge und Entwicklungen unserer Welt mit Gewalt, sozusagen mit dem Hammer, in eine bestimmte Richtung zwingen – und letztlich alles kontrollieren zu wollen. Man sollte sich vielmehr damit bescheiden, sie behutsam, frühzeitig und in kleinen Schritten gemäß den ihnen innewohnenden Tendenzen zu lenken. Deshalb empfiehlt es sich auch, mit einer solchen Steuerung bereits vor Erreichen bestimmter Verzweigungspunkte, der sog. Bifurkationen der Chaos-Forschung, einzusetzen. Damit wird eine Veränderung der Empfänglichkeit für bestimmte Probleme eingeleitet. Es eröffnet sich eine neue Sicht der Dinge im biologischen, aber auch im anthropologisch-sozialen Bereich, die sich von den (bisherigen) klassischen Sichtweisen fundamental unterscheidet. Ihre Folgen sind im Grunde noch gar nicht abzusehen, könnten aber, soweit sie sich erschließen lassen, Grundlage eines völlig veränderten Weltbildes sein. Dieses Weltbild würde sich definitiv von der Vorstellung lösen, alle Dinge vorhersagen und exakt planen zu können. Es wäre u.a. durch eine sehr viel größere Ehrfurcht von dem Ungewissen bestimmt. Damit würde zugleich eine größere Ruhe und Gelassenheit gegenüber den Geschehnissen dieser Welt und des menschlichen Lebens einhergehen, und gegenüber dem hektischen Ergreifen irgendwelcher isolierter Maßnahmen würde eine nur allzu berechtigte Skepsis das menschliche Denken bestimmen. Eine solche durch das Akzeptieren von Zweifeln und Ungewißheit (Senge) bestimmte Haltung könnte eine entscheidende Grundlage einer für die Gestaltung der menschlichen Zukunft so wichtigen Kreativität sein.

V. Entwicklungswege und ihr Preis

Wir haben in den bisherigen Betrachtungen vor allem zwei wissenschaftliche Leitbilder kennengelernt, mit unterschiedlichen Auswirkungen auf die Weltsicht, das Lebensverständnis und die Lebensgestaltung von Menschen. Das eine war das an der Maschine orientierte Weltbild unserer traditionellen Wissenschaft, das mit den Namen Descartes und Newton verknüpft ist; das zweite war das vorwiegend aus der in diesem Jahrhundert vollzogenen Entwicklung der Physik abgeleitete Paradigma, das weniger an statischen Zusammenhängen als an Prozessen des Werdens und der dynamischen Veränderung orientiert ist.

Man könnte von zwei in Spannung zueinander stehenden Polen sprechen, zwischen denen sich der geistige Standort von Menschen und Gesellschaften einstufen läßt. Dieser Standort ist aber nicht unabänderlich, sondern kann sich im Laufe der Zeit mehr zum einen oder zum anderen Pol hin verändern. Handelt es sich doch um höchst lebendige dynamische Entwicklungen, in denen sich viele Tendenzen überschneiden.

Es mag allerdings erstaunen, daß das in Abschnitt III geschilderte Weltbild, dessen Wurzeln eigentlich schon in das Ende des letzten Jahrhunderts, spätestens aber in den Beginn dieses Jahrhunderts zurückreichen, im allgemeinen unser heutiges abendländisches Denken bisher relativ wenig beeinflußt hat. Dieses Denken wird noch immer weitgehend von den Einflüssen bestimmt, die insbesondere Descartes und Newton auf die abendländische Geistesentwicklung ausgeübt haben.

Es wäre allerdings auch falsch, dieses Weltbild als inzwischen gänzlich überholt und als definitiv falsch anzusehen.[38] Das Weltbild, das sich in der klassischen Wissenschaft herausgeformt hat, ist zweifellos nicht ohne Nutzen, und im praktischen Leben verhalten wir uns ja auch mit gutem Grund weitgehend „Newtonisch". Die Erkenntnisse des im zweiten Abschnitt gezeichneten Weltbildes gehen allerdings über frühere theoretische Ansätze hinaus, engen deren Gültigkeitsbereich ein und präzisieren ihn.

Genauso wäre es nicht richtig, zwischen beiden wissenschaftlichen Weltbildern einen absoluten Gegensatz zu sehen. Denn es gibt durchaus auch Übereinstim-

---

38 Es hängt ja ohnehin sehr stark von den gewählten Kriterien und der Betrachtungsebene ab, was man als „gut" oder „richtig" bezeichnet. Was heute für den Menschen gut zu sein scheint, kann ihm auf lange Sicht mehr schaden als nützen. Was ist überhaupt „gut" für den Menschen und was ist gut für Systeme, die Menschen geschaffen haben? Das muß nicht dasselbe sein. Was vordergründig gesehen dem Wohl der Menschen zu dienen scheint, aber dem Gesamtsystem der Erde schadet, von dem die Menschheit ein Teil ist, kann ebenfalls sekundär und mittelbar zu ihrem Nachteil ausschlagen, sogar zu einer ernsten Bedrohung werden.

mungen und Überschneidungen zwischen beiden. Und niemand vermag im übrigen heute zu sagen, welche allgemeinen geistig-kulturellen Folgen aus einer konsequenten Verwirklichung des modernen Paradigmas entstehen werden oder können. Außerdem ist ja die geistige Entwicklung nicht mit diesem Jahrhundert abgeschlossen. Deshalb kann auch niemand sagen, ob nicht eines Tages ein völlig anderes Leitbild entstehen wird, das sich zur Lösung einer Reihe von Problemen, vielleicht sogar solcher, die wir heute noch gar nicht kennen, als geeigneter erweisen mag. Schließlich wäre es auch möglich, daß die beiden eingehender beschriebenen Leitbilder zu einer Art Amalgam im Sinne einer für die Menschheit fruchtbaren Synthese werden.

Allem Anschein nach leben wir jedoch heute in einer Welt, die in eine Zeit mit unterschiedlichen Tendenzen eingetreten ist. In die bis heute bestimmende „Fortschrittstendenz" mischen sich Ansätze einer gegenläufigen Entwicklung. Wo früher bspw. Zentralisierung als der einzig erfolgversprechende Weg erschien, spricht man heute schon recht offen von den Vorteilen einer Dezentralisierung. „Spontan" entstehen Stadtteil- und Nachbarschaftsprojekte und neue Formen des Zusammenlebens. Der Bürger meldet sich intensiver zu Wort. Es bilden sich „Bürgerinitiativen"; „Regieren" ist schwieriger geworden; hohle Floskeln und Parolen werden nicht mehr so ohne weiteres glaubt; „Gegenkulturen" gewinnen – nicht nur bei Jüngeren – an Attraktivität. Selbst in der Industrie werden Stimmen laut, die im Licht der bisherigen Grundtendenzen zumindest überraschen und die bspw. den tatsächlichen Vorteil des Taylorschen Fließbandsystems aus umfassenderer Sicht in Frage stellen.

Die unterschiedlichen Tendenzen bewirken insgesamt ein uneinheitliches, eigenartig gespaltenes Bild. Und diese Uneinheitlichkeit und Gespaltenheit scheint sich auch in der vagen Unruhe und diffusen Unzufriedenheit zu spiegeln, die weite Teile der Bevölkerung ergriffen haben. Man könnte fast schon meinen, daß die Menschen heute instinktiv ahnen, vor irgendetwas zu stehen, das sie nicht überblicken und vor dem sie Angst haben, obwohl sie es nicht kennen; so wie Tiere, ohne über die Mittel eines hochentwickelten Verstandes zu verfügen, an irgendetwas zu erkennen scheinen, daß ein gewaltiges Unwetter aufziehen wird, ein Erdbeben bevorsteht oder daß ihre Existenz sich dem Ende zuneigt.

Auf der einen Seite blicken wir auf eine Vergangenheit mit beeindruckenden wissenschaftlichen und technischen Erfolgen zurück und stehen auch heute fasziniert vor einem „Fortschritt", dessen äußere Zeichen unübersehbar sind. Die Technik scheint sogar, nicht nur in Form einer zunehmenden Rationalisierung und Automatisierung der Produktionsprozesse, auf dem besten Wege zu sein, „eine solche Perfektion zu erreichen, daß der Mensch ohne sich selbst auskommt" (Breitenstein).

Viele Kräfte und Institutionen in unserer Gesellschaft scheinen dabei in Richtung einer Anpassung an ein normiertes, uniformiertes und zusätzlich quantifizierbares und quantifiziertes Verhalten in disziplinierter, berechenbarer und lenkbarer Einordnung zu wirken. Eine solche Entwicklung entspräche der These der Massengesellschaft, die nach Jacques Ellul eine Zukunft voraussagt, in der Verwaltung und allumfassende Bürokratisierung vorherrschen und in der die Freiheit so weit eingeschränkt wird, daß sie schließlich ganz verschwindet.

Auf der anderen Seite blieben auf dem bisherigen Weg des „Fortschritts" trotz vieler Antworten zahlreiche grundlegende Fragen offen, manche sogar ungestellt. Es mehren sich auch Zweifel, ob der bisherige Weg, den vor allem das Abendland gewiesen hat, für die Menschheit tatsächlich – von einer höheren Ebene aus betrachtet – richtig war, vor allem aber auch, wohin uns dieser Weg am Ende führen wird und ob er überhaupt noch nennenswerte Zeit weiterführen kann.

Ebenso werden immer deutlicher Zweifel laut an Möglichkeiten abendländischer Rationalität, einen wirklich umfassenden Erkenntnisfortschritt zu gewährleisten. Mehr und mehr werden auch die Grenzen dieses Ansatzes deutlich, alles im wirklichen Sinne des Wortes zu erfassen und in ein überzeugendes Erklärungssystem zu integrieren.

Es mehren sich, wie bereits gesagt, weltweit Anzeichen von Unzufriedenheit mit dem Zustand der Welt und der geistigen Situation der Menschen. Sie deuten fast schon einen grundlegenden Wertewandel an. Vielleicht weckt sogar gerade die zunehmend materialistische Welt und die nüchterne technisierte Umgebung, in der Menschen heute leben, das Bedürfnis nach einem tieferen „Sinn" hinter den glänzenden Fassaden, ein zunehmendes Verlangen nach nicht vordergründig erklärbaren Phänomenen. Denn trotz aller greifbaren Erfolge blieb eine ungewisse, aber tiefgreifende Unzufriedenheit. Trotz steigender Einkommen wurden die Menschen nicht glücklicher, im Gegenteil! Auch nahm die vielersehnte und vielgepriesene Freiheit keineswegs mit der technischen und wirtschaftlichen Entwicklung zu. Es entstanden vielmehr neue und zum Teil sogar stärkere Abhängigkeiten. Wieviel muß man heute schon zusätzlich verdienen, um ein Auto kaufen und unterhalten zu können? Wieviel seiner Zeit muß der Mensch heute dieser Möglichkeit unmittelbar und mittelbar opfern? Statt vom Wohnraum in den Arbeitsraum zu gehen, bewegen sich jeden Morgen endlose Fahrzeugschlangen aus Trabantensiedlungen in die Städte. Es gibt zwar sicherlich viele Menschen, die in ihren Gewohnheiten inzwischen abgestumpft sind und diese inneren Nöte durch hektische Aktivitäten überspielen. Es gibt aber auch viele Menschen, die sich in ihren (falschen) Erwartungen enttäuscht fühlen, nachdem ihnen lange Zeit Fortschrittsdenken eingeimpft und ihre Ansprüche angefacht wurden.

Umgeben von einer Fülle von Gütern, kommen sich jedenfalls immer mehr Menschen einsam und isoliert vor. Die Welt erscheint ihnen immer fremder und sinnloser. Sie ist für sie keine bergende Heimat mehr, sondern, bis ins familiäre Zusammenleben hinein, ein Schlachtfeld des Konkurrenzverhaltens, auf dem man sich, von Mißtrauen, Angst und Haß erfüllt, täglich erneut zum Kampf stellen muß. Das ist aber eine Atmosphäre, in der spontane mitmenschliche Rücksichtnahme und persönliche Verantwortung dahinwelken und das Streben des Menschen mehr und mehr auf den eigenen Nutzen, den Eigennutz zusammenschrumpft.

Alan Watts faßte diese Situation einmal in den plastischen Worten zusammen: „Wir haben uns eine Weltsicht und eine Geisteshaltung zu eigen gemacht, die ausgetrocknet ist wie eine rostige Bierdose auf dem Strand."

Demgegenüber enthüllt sich mit den in den beiden letzten Kapiteln skizzierten wissenschaftlichen Konzeptionen ein völlig neues Weltbild. Es versucht, die Komplexität der Wirklichkeit aufzunehmen und relativiert die bislang unterstellten Gesetze strenger Kausalität. Es ist das Bild einer fließenden Wirklichkeit, das sich in diesen Konzeptionen abzeichnet, das weniger durch isolierte Dinge und Tatsachen als durch Beziehungen, Verknüpfungen und Wechselwirkungen gekennzeichnet ist.

„Auf einer grundlegenden Ebene der Natur ist nichts unverrückbar festgelegt. Die Muster befinden sich in ständiger Bewegung" (Ferguson). Das gesamte Universum wird als gewaltiges dynamisches Gewebe von untrennbaren Energiestrukturen erlebbar (Capra). Es mag faszinierend sein, in der modernen Naturwissenschaft viele Parallelen zu alten asiatischen Weisheiten und zur orientalischen Mystik zu erkennen. Die eigentliche Wirklichkeit ist der ständige Wechsel, der ewige Rhythmus von Leben und Tod, von Erzeugung und Zerstörung.

Diese neue Sicht der Welt und der Wirklichkeit kann natürlich unsere Vorstellungen in anderen Lebens- und Wissensbereichen auf die Dauer nicht unberührt lassen. Auch das Bild des Menschen von sich selbst und von seiner Stellung in der Welt wird auf dem Boden dieser Sichtweise neu zu entwickeln sein. Es werden sich neue Aspekte für den allgemeinen Umgang von Menschen miteinander auftun, sowohl in den persönlichen Beziehungen von Menschen zueinander, speziell auch für Lern- und Erziehungsprozesse, als auch für die politischen Konzeptionen menschlicher Gesellschaften.

Teil B

Selbstorganisation im naturwissenschaftlichen Bereich

I. Zur Komplexität biologischer Zusammenhänge

Allgemeine Gedanken zu Systemen und ihrer Umwelt

Angesichts einer Wirklichkeit, die als ein Netz oder Geflecht vielfältiger Abhängigkeiten zu verstehen ist, wurde die grundlegende Erkenntnis von der Notwendigkeit einer Systembetrachtung in den letzten Jahrzehnten immer stärker untermauert.[1] Man kann im Grunde heute nicht mehr nur in eng und eingegrenzt verstandenen Gegebenheiten oder in einfachen, nur in einer Richtung verlaufenden Kausalbeziehungen denken. Als ganz entscheidend gilt vielmehr, bestehende Zusammenhänge zu erkennen. Dazu tritt als weiterer Aspekt die Einsicht in ein überall vorhandenes Geflecht dynamischer Wechselbeziehungen. Damit aber treten im Denken statische Größen gegenüber dynamischen Vorgängen eindeutig zurück.

Was ist nun konkret unter einem „System" zu verstehen? Das Wort stammt aus dem Griechischen und bedeutet ursprünglich das „Zusammengesetzte", das „aus Einzelheiten gebildete Ganze". Ein System ist also zunächst einmal ein komplexes Gebilde, das aus Elementen, Komponenten oder Einzelteilen besteht. Das Ganze wird aber im wesentlichen dadurch erst zu einem System, daß die Elemente, Komponenten oder Teile miteinander verknüpft sind, in einem Zusammenhang, in Wechselwirkung zueinander stehen. Diese Wechselbeziehungen zwischen den Komponenten sind die entscheidenden Bestimmungsgrößen des Systemverhaltens. Sie stellen in ihrem spezifischen Zusammenwirken das jeweilige (System-)Prinzip dar, das durch seinen „Sinn" die Teile zusammenhält.

So sind es bspw. nicht die Erregungen einzelner Sinneszellen, die eine Wahrnehmung ausmachen, sondern es ist die ganzheitliche Verarbeitung im menschlichen Gehirn. Eine Gestalt, ein System ist also mehr als die Summe der Teile, und Gestalten sind auch als solche transponierbar, d.h. übertragbar. Denken Sie an eine bestimmte Melodie. Sie bleibt die gleiche, auch wenn sie in einer anderen Tonart gespielt wird und damit die Einzeltöne überhaupt nicht mehr identisch sind. Das besagt aber auch, daß ein Einzelelement in einer bestimmten Umgebung, einem bestimmten „Umfeld" eine völlig andere Bedeutung haben kann als in einem anderen Umfeld.

Systeme zeigen also neue Merkmale, die zu den Merkmalen der einzelnen Bestandteile hinzutreten und sich auch nicht aus einer einfachen Addition ergeben, sondern aus ganz spezifischen Zusammenhängen. Das ist auch der Grund, daß man, um ein System zu verstehen, nicht nur die statische Struktur ins Auge fassen

---

[1] Eine ausführlichere Behandlung dieser Thematik findet sich in meinem Buch „Natur, Wissenschaft und Ganzheit".

darf, sondern sich sehr stark um ein Erkennen der dynamischen Wechselbeziehungen bemühen muß. Die bestehenden Strukturen und Zustände erscheinen dann lediglich als zu einem bestimmten Zeitpunkt querschnittsmäßig erfaßte Entwicklungen.

Auch das menschliche Verhalten stellt ein Systemgeschehen dar, in das die Merkmale und Tendenzen des Individuums ebenso eingehen wie die Möglichkeiten, Anforderungen und Zwänge der Umwelt. Wenn man versucht, die umfassende Systemwirklichkeit auf einen bestimmten Teilaspekt oder Erklärungsansatz zurückzuführen, bedeutet das zwangsläufig eine Einbuße an Information über die Wirklichkeit und damit eine Verminderung der Chancen, diese Wirklichkeit dauerhaft erfolgreich zu beeinflussen. Nur wenn man Wechselwirkungen und Rückkoppelungen verschiedenster Art in die Überlegungen einbezieht, lassen sich konkrete Auswirkungen irgendwelcher Maßnahmen abschätzen.

Sehr schön kommt dieser Wechselwirkungszusammenhang in einer Geschichte des Mullas Nasrudin zum Ausdruck: Er ging eines Abends eine verlassene Straße entlang. Da sah er plötzlich einen Haufen Reiter auf sich zukommen. In seiner ängstlichen Phantasie sah er sich schon gefangen, als Sklave verkauft oder in die Armee gepreßt. Deshalb sprang er, so schnell er konnte, über eine Mauer, landete auf einem Friedhof und versteckte sich in einem offenen Grab.

Die Reiter waren durch sein Verhalten aufmerksam geworden, suchten auf dem Friedhof nach ihm und fanden ihn schließlich ausgestreckt und vor Angst zitternd in dem Grab. „Was machst Du hier in dem Grab? Wir sahen Dich nämlich wegrennen. Können wir Dir helfen?" „Wenn Ihr so fragt, rechnet nicht mit einer eindeutigen Antwort!", sagte der Mullah. Denn ihm wurde nun klar, daß es sich um ganz normale Reisende handelte. „Alles hängt nur von dem Standpunkt ab. Ihr müßt nämlich wissen, ich bin hier wegen Euch, und Ihr seid hier wegen mir!"

Systemgesetzlichkeiten sind sehr häufig auch bestimmender für irgendwelche Wirkungen als noch so gutgemeinte isolierte Maßnahmen, die sozusagen von außen in das System eingegeben werden. So mögen auch Änderungen, die in einem System nach einer getroffenen Maßnahme eintreten, stärker in der Struktur des Systems begründet liegen als in der Art der Maßnahme, und äußere Einflüsse können ohnehin, wie vor allem auch moderne biologische und neurophysiologische Erkenntnisse zeigen, nicht jeden beliebigen Systemzustand bewirken. Der chilenische Neurophysiologe und Biologe Francisco Varela formulierte das einmal sehr drastisch: „Jedes System funktioniert immer auf die Art, wie es zu funktionieren organisiert ist. Es funktioniert nie auf eine Weise, in der es nicht für sein Funktionieren organisiert ist. Ein System ist, was es ist!"

In Systemen denken bedeutet also, worauf Einstein immer wieder mit allem Nachdruck hinwies, sich eines Gerüstes, eines Bezugssystems bewußt zu sein, auf das unsere Beobachtungen und Aussagen zu beziehen sind, in dem allein sie jeweils Gültigkeit haben. Dementsprechend besteht ein systemorientiertes Vorgehen darin, etwas unter dem Gesichtspunkt seiner inneren Struktur und seiner Beziehungen zu Gegebenheiten in seiner Umwelt zu betrachten und zu beurteilen sowie dementsprechend zu planen und zu handeln. Ein solches Vorgehen ist gekennzeichnet durch das Bemühen, bestehende Zusammenhänge zu erkennen, in Vorgängen zu denken und „integrative" Lösungsansätze zu suchen, die nicht nur einen Aspekt berücksichtigen, sondern eine Gesamtoptimierung anstreben. In diesem Sinne versucht eine Systembetrachtung, „systematisch" die Komplexität der Wechselwirkungen zwischen verschiedenen Einzelgrößen und Teilsystemen aufzudecken und zu nutzen. Dadurch, daß ein Systemansatz die Komplexität von Zusammenhängen, die zwischen den Elementen bestehenden Wechselwirkungen sowie die Funktion des Gesamtsystems aufzudecken und herauszuarbeiten versucht, ist er bestrebt, voreilige Annahmen über die Wichtigkeit einzelner, an bestimmten Wirkungen beteiligter Faktoren zugunsten einer sachlichen Erkenntnis des totalen Einflußfeldes zu vermeiden.

Ein ganz einfaches Beispiel aus der Medizin ist die Tatsache, daß man aufgrund der hohen Konzentration einer bestimmten Substanz im Urin noch lange nicht zu eindeutigen Schlüssen berechtigt ist. Es könnte zwar einerseits bedeuten, daß im Körper zu viel von dieser Substanz vorhanden ist und deshalb auch mehr als normal mit dem Urin ausgeschieden wird. Es wäre aber auch durchaus denkbar, daß durch eine veränderte Nierenfunktion zu viel von dieser speziellen Substanz ausgeschieden wird und deshalb zuwenig davon im Körper verbleibt (Kratky).

Wenn auch für Systeme die Gleichgewichtsproblematik von zentraler Bedeutung ist, so bedeutet das nicht notwendigerweise einen völligen Mangel an innerer Spannung. Die in dynamischer Wechselbeziehung zueinander stehenden Komponenten eines Systems befinden sich vielmehr natürlicherweise in einer gewissen Spannung zueinander. Bei aller Einheit des Gesamtsystems gibt es durchaus im einzelnen widerstreitende Kräfte, sowohl zwischen einzelnen Komponenten als auch zwischen den Teilen und dem Ganzen. Zu den inneren Systemspannungen treten Spannungen durch Einflüsse aus der Systemumwelt.

„System" ist also eine Bezeichnung dafür, daß in einem bestimmten Bereich oder in einer bestimmten Beziehung etwas besteht, dem als solchem eine verhältnismäßig große Beständigkeit zukommt, obwohl es in den Einzelheiten eine gewisse Vielfalt von Möglichkeiten und auch Veränderungen erlaubt. Für jedes System gibt es aber nun wieder eine durch Randelemente abgegrenzte Umgebung. Diese System-Umwelt umfaßt die Gesamtheit alles dessen, was möglicherweise Einfluß auf das System hat oder durch das Verhalten des Systems beeinflußt wird.

Auch diese Umwelt des Systems ist letztlich als ein System oder als System von Systemen strukturiert, wobei sich System und System-Umwelt grundsätzlich durch ein Komplexitätsgefälle unterscheiden. Die Zahl der Beziehungen zwischen den einzelnen Systemkomponenten bzw. deren Intensität übersteigt die Zahl und Intensität der Beziehungen zwischen dem System und seiner Umwelt. Der entsprechende Gradient dient geradezu als Kriterium für die Abgrenzung eines Systems. Die innerhalb eines Systems zusammenhängenden Elemente haben jedenfalls untereinander einen engeren Zusammenhang als mit anderen Elementen. Diese werden deshalb in Beziehung auf das System als „Umwelt" verstanden.

System und System-Umwelt, die in ständiger dynamischer Wechselbeziehung in einem Prozeß fortlaufender Wandlungen stehen, lassen sich wiederum als ein entsprechendes Großsystem oder Mega-System auffassen.

Wesentlich ist dabei, daß die Eigenschaften und Wirkungsweisen höherer Stufen sich nicht so sehr aus der Summierung der Eigenschaften und Wirkungsweisen ihrer bloß isoliert verstandenen Komponenten heraus erklären lassen. Das Verständnis für die Systemkomponenten ergibt sich vielmehr stets aus der Kenntnis des Ganzen.

Die enge und vielfältige Verknüpfung von Organismus und Welt

Schon ein Atom ist, wie wir sahen, ein äußerst komplexes dynamisches Gebilde, das zudem in ständigen dynamischen Wechselbeziehungen zu seiner Umwelt steht. Noch stärker muß diese Aussage für die noch weit komplexeren Systeme gelten, die lebende Organismen darstellen.

In lebenden Organismen sind unzählige Einzelelemente vereint und in ihren Aktionen koordiniert. Leben, wie es nach manchen Forschern seit etwa 2 1/2 Milliarden Jahren auf der Erde bestehen dürfte, stellt eine „neue" Eigenschaft hochkomplexer Systeme dar. Es ist „jene Organisation der Materie, die durch die Bildung von Rückkoppelungs-Kreisläufen zu Systemen führt, die gegenüber ihrer Umwelt relativ eigenständig sind und bei denen durch die wechselseitigen Beziehungen der Elemente und Teile untereinander die aufgenommene Energie in eigene Ordnung umgewandelt werden kann" (Kaspar). Die aktive Erschaffung und Aufrechterhaltung von Ordnung als eines Netzes von Beziehungen ist ein entscheidendes Merkmal des Lebendigen.

Leben ist aber als solches immer zugleich eingebettet in umfassende Bedingungen, die einen unabdingbaren Teil seiner Existenz darstellen.[2] Es ist grundsätzlich von Umwelt – in seiner spezifischen Ausformung oft von einer ganz speziellen Umwelt – abhängig und wirkt seinerseits wiederum auf diese ein. Lebende Systeme sind also notwendigerweise (Welt-)offene Systeme, die in ständigen Austauschprozessen mit ihrer Umwelt stehen. Dieser Austausch betrifft einmal ausgeprägte Stoffwechselvorgänge, zum anderen einen gleichzeitigen Informationsaustausch als Grundlage vielseitiger Anpassungsvorgänge.

Im Grunde ist jedes Lebewesen nur in einer ganz bestimmten Umwelt das Lebewesen, das es ist; und es ist, so wie es geworden ist, auch ganz entscheidend durch seine spezifische Umwelt zu dem geworden, was es ist. Die Exemplare des Löwenzahns bspw., die im Tiefland wachsen, sind wesentlich größer und haben kürzere Wurzeln als die Gebirgsformen. Die auf der Erde wachsende Form des Pfeilkrauts hat völlig andere Blätter als die im Wasser wachsende Form. Bestimmte

---

2 Machen wir uns doch bspw. nur bewußt, daß auf unseren Körper in jeder Sekunde einige Hunderte von Milliarden von Milliarden Photonen, also Lichtquanten, auftreffen, und daß Hunderttausende von Neutrinos, also kleinste Energiepartikel, pro Sekunde unseren Körper durchfluten.

Abbildung 6:
Wasser- und Landform
des Pfeilkrautes

Schmetterlinge unterscheiden sich – in Abhängigkeit von der Dauer des Tageslichts – in Grundfärbung und Zeichnungsmuster ihrer Flügel, je nachdem ob es sich um die Frühjahrs- oder die Sommergeneration handelt (Erben). Die Biologie kennt unzählige Beispiele dieser Art.

Zwischen Lebewesen und Umwelt besteht also in vielfältiger Weise ein innerer Zusammenhang und – unter normalen Bedingungen – eine tiefer begründete, nämlich aus den Wechselwirkungsprozessen der Entwicklung heraus zu verstehende Harmonie. Eine Forelle braucht das Wasser, ein Maulwurf die Erde und ein Bussard die Luft. So gesehen ist, schon wenn man die reine Existenz von Lebewesen ins Auge faßt, eine konsequente abgrenzende Gegenüberstellung von Individuum und Umwelt, wie sie viele Bereiche unseres abendländischen Denkens kennzeichnet, wenig begründet. Denn die in „Organismen", d.h. in lebenden und damit offenen Systemen organisierte Materie ist durch vielfältige und vielschichtige Rückkoppelungsprozesse von allem Anfang an aufs engste mit der Umwelt verbunden.

Dieser Prozeß hat zwei Seiten: eine positive Auswahl dessen, was für den Organismus geeignet und nützlich ist, und eine negative Auslese, d.h. Abwehr und Ausscheidung dessen, was nicht zu dem organismischen System paßt, bzw. ihm schädlich ist (Bogdanov).

Dabei muß aber ganz klar gesehen werden, daß die (Um-)Welt als solche keine Information enthält, sondern schlicht das ist, was sie ist. Information bietet sie nur in bezug auf bestimmte Lebewesen, für deren Erleben sie Information enthält. Organische Strukturen entstehen aus einer Entwicklungsgeschichte, die nicht unabhängig von der Umwelt verläuft, sondern weitgehend von ihr mitbestimmt ist. Die (angeborene) Bereitschaft von Organismen, bestimmte Merkmale der Umwelt bevorzugt aufzunehmen, macht sie zugleich von diesen abhängig. So werden ganz bestimmte Reize der Außenwelt sozusagen in ein nervöses Signal übersetzt, das dann als „Information" aufgenommen und zu einer Darstellung dieses Außenreizes wird. Dazu ist aber wieder eine ganz bestimmte „Erkenntnisstruktur" erforderlich, die zu einer entsprechenden Interpretation und Sinnverleihung fähig ist. Alle Signale der Außenwelt, die von dieser Struktur nicht identifiziert und erkannt werden, zählen für den jeweiligen Organismus zu der Welt des Sinnlosen und Zufälligen.

Andererseits ist die jeweilige Umwelt auch keine von lebenden Organismen unabhängige Größe. Denn diese wirken durch ihr Verhalten wiederum auf die Umwelt ein. Das zeigt sich ja in der aktiven Einwirkung des Menschen auf seine Umwelt in besonders deutlicher Weise. Aber auch die Erde, in der u.a. Würmer und Maulwürfe leben, ist zum Teil gerade die Erde, die sie ist, dadurch, daß es Würmer und Maulwürfe gibt.

Das Ganze stellt eine innige, sich aus zahllosen Rückkoppelungen zusammensetzende vielgestaltige und vielschichtige Wechselbeziehung zwischen zwei offenen Systemen unterschiedlicher Größe dar. In dieser intensiven integrativen Beziehung stellt das eine, obwohl es selbst ein Ganzes ist, doch gleichzeitig sozusagen einen Teil des anderen dar. Die Einbindung in die Umwelt ist geradezu ein Teil der individuellen Identität. Lebende Materie benötigt zu all den Prozessen, die recht eigentlich Leben auszeichnen, wie Stoffwechsel, Informationsaustausch usw., die Umwelt, von der sie sich zugleich abgrenzt und schützt. Schon die Zellmembran ist ja nicht nur eine Abgrenzungslinie zwischen lebendiger Einheit und Umwelt, sondern stellt gleichzeitig den Ort intensivster Umweltverbindung dar, an dem und über den vielfältige Austauschvorgänge stattfinden.

Jean Piaget und das Anpassungsgeschehen

Der Schweizer Biologe und Entwicklungspsychologe Jean Piaget hat die Wechselbeziehung in Blickrichtung auf das Anpassungsgeschehen im individuellen Organismus sehr klar als einen zweipoligen Prozeß beschrieben: Jede biologische Anpassung besteht einmal darin, daß die Strukturen des Organismus unter dem Einfluß von Umweltfaktoren vorübergehend oder dauernd verändert werden, zum anderen aber auch darin, daß äußere Einflüsse in die Struktur des Organismus integriert und ihrerseits dabei verändert werden. Schon das Kleinkind hat die beiden Tendenzen, sich in die von ihm erfahrene Welt einzufügen und sich andererseits die Welt anzueignen.

Jede Reaktion bringt letztlich sowohl die Struktur des Organismus als auch den Reizdruck aus der Umwelt zum Ausdruck. Das zentrale Nervensystem erfüllt in diesem Sinne zwei unterschiedliche Funktionen: einmal die Aufrechterhaltung der bestehenden Organisation gegenüber allen möglichen (Stör-)Einflüssen und zum anderen die Ermöglichung neuer Reaktionsmöglichkeiten angesichts solcher Einflüsse, wobei gerade dadurch wiederum letztlich die Aufrechterhaltung der Organisation und der weiter verstandenen Identität gewährleistet wird.

Im Grunde bedeutet einerseits alles, was geschieht, ob es sich um ein äußeres Ereignis oder eine innere Erkenntnis handelt, eine Veränderung; andererseits gibt es bei und trotz aller Veränderung immer etwas, das gleich bleibt. Vererbung und Lernen bedingen und bedürfen einander ebenso wie Tradition und Fortschritt.

Der Begriff der Anpassung umfaßt also sowohl die Anpassung des Menschen an die Umwelt als auch die Veränderung und Anpassung der Umwelt an den Bedarf und die Bedürfnisse des Menschen. Anpassung erlaubt einerseits dem Individuum, eigene Konstanz und Identität zu bewahren, und ermöglicht andererseits eine zunehmende Ausformung und Ausdifferenzierung des Individuums durch die Bedingungen, Widerstände und Zwänge der Außenwelt. Sie bedeutet letztlich eine Art Gleichgewichtszustand zwischen den Einwirkungen des Organismus auf das Milieu und denen des Milieus auf den Organismus.

Das gilt auch für das höhere menschliche Geistesleben. Hier bedeutet diese grundlegende biologische Polarität, daß im rationalen Denken die Gegebenheiten der Realität unaufhörlich an Strukturen und Konzepte assimiliert werden, die im Zentralnervensystem, also im Gehirn eines Organismus bestehen. Diese werden aber ihrerseits durch die Erfahrung der Realität wiederum ergänzt, verändert, umgeformt. Es handelt sich dabei nicht um zwei getrennte Funktionen, sondern um im Gleichgewicht stehende Pole eines umfassend verstandenen Anpassungsgeschehens. Die eine Seite des doppelläufigen Prozesses der Anpassung, von Piaget als Assimilation (= Angleichung) bezeichnet, besteht darin, daß sich das Individuum der äußeren Realität insofern bemächtigt, als es bevorzugt solche Aspekte aus dieser aufnimmt und wahrnimmt, die den eigenen früheren Erfahrungen ähnlich sind, und vielleicht auch nur solche zunächst verstehen kann. Deshalb wird wohl auch alles, was ähnlich ist, als noch ähnlicher erlebt.

Gegenstände und Ereignisse werden in bereits bestehende Wahrnehmungs- und Verhaltensschemata einverleibt, integriert. Das gilt u.a. auch für die Einordnung von etwas Neuem in ein System von Begriffen oder auch für jede Bedeutungszuweisung. Bisher Unbekanntes wird aufgenommen, indem es auf bereits Bekanntes zurückgeführt wird. Fremde, neue Elemente werden im subjektiven Erleben verändert und in bereits bestehende Strukturen eingegliedert, eingepaßt. So wie der Mensch assimiliert, wenn er Schweinefleisch aufnimmt und Menschenfleisch daraus bildet, so assimiliert er auch auf höherer geistige Ebene, indem er das versteht, was er ohnehin schon weiß, und indem er Ereignisse nach den ihm eigenen Strukturen interpretiert.

Assimilation geht sogar über die Aufnahme von Information hinaus, wenn nicht objektiv gegebene Information, sondern „zufälliges Rauschen" in innere geistige Strukturen integriert wird. Das ist beispielsweise der Fall, wenn man in Wolkenformationen besonders bedeutungsvolle Bilder erkennt oder wie im Rorschach-Test Tintenkleckse ausdeutet.

Die andere Seite des Prozesses, von Piaget auch als Akkommodation bezeichnet, besteht darin, vorbestehende individuelle Wahrnehmungs- und Verhaltensschemata an die aktuelle Wirklichkeit der Außenwelt und an drängende situative Anforderungen anzupassen. Das findet vor allem dann statt, wenn diese von dem bisher Gewohnten deutlich abweichen. Es ist also das Maß der Abweichung, das wesentlich darüber bestimmt, welcher Teilprozeß, ob Assimilation oder Akkommodation, vorherrscht. Bei geringfügigen Schwankungen oder Abweichungen wird eher assimiliert, bei stärkeren, quasi „unverdaulichen" Abweichungen akkommodiert man sich selbst.

Assimilation und Akkommodation stellen also zwei komplementäre, aufeinander bezogene und sich ergänzende Aspekte der Anpassung, der Adaptation dar. Dabei gibt es grundsätzlich vier Möglichkeiten, je nachdem, woher die Störung kommt (von außen aus der Umwelt oder von innen aus dem Organismus selbst) und wo eine Regulation erfolgt (in der Umwelt oder im Organismus). Wenn die Einwirkung oder Störung von außen kommt, kann das System des Organismus entweder auf die Außenwelt zurückwirken und die Umwelt entsprechend verändern (1) oder sich selbst auf die veränderten Umweltbedingungen einstellen (2). Die Veränderung oder Störung kann jedoch auch aus dem System des Organismus selbst kommen. Auch in diesem Fall kann das System entweder die innere Abweichung selbst ausgleichen (3) oder zum Ausgleich der inneren Abweichung auf die Umgebung einwirken und diese entsprechend verändern (4) (Sagasty).

Führen wir uns das kurz an vier konkreten Beispielen vor Augen: Bei erheblichem Ansteigen der Außentemperatur kann man etwa eine kalte Dusche nehmen oder die Klimaanlage einschalten (1); man fängt an zu schwitzen, wodurch über die Verdunstungskälte eine Abkühlung des Körpers zustandekommt, oder man redet sich ein, daß es im Grunde gar nicht so heiß sei und versucht bewußt, sich innerlich auf die Hitze einzustellen (2). Hat man aber Fieber, so kann man entweder, indem man Fieber als eine im Organismus bewirkte Reaktion begreift, auf dessen Selbstregulierungs- und Selbstheilungskräfte vertrauen oder sich einreden, daß es schon nicht so schlimm sei (3). Man kann aber auch die Raumtemperatur verändern, eine zusätzliche Decke ins Bett und zwei Tabletten Aspirin nehmen (4).

Beim Anpassungsgeschehen laufen beide Prozesse meist in irgendeiner Form gleichzeitig ab und greifen ineinander. Es ist auch nicht so, daß sich beide Anpassungstendenzen in einer Art Kompromiß in der Mitte träfen. Wo der „Kompromiß" im Rahmen der komplizierten Zusammenhänge konkret stattfindet, welche Kombination der Tendenzen konkret realisiert wird, hängt natürlich von den jeweiligen Umständen ab. Im Rahmen eines solchen komplizierten Zusammenspiels wird es deshalb auch immer schwierig bleiben, genau vorauszusagen, was wann, unter welchen Umständen, in welchem Ausmaß und in welcher Weise stattfinden wird. Jedenfalls ist es nicht berechtigt, wie es mitunter in ideologischer Sichtweise geschieht, Anpassung lediglich als eine Unterwerfung unter repressive Bedingungen zu verstehen. Das ist eine einseitige Überzeichnung *eines* möglichen Aspektes *einer* Seite der Anpassung. Anpassung ist vielmehr eine umfassende biologische Grundtatsache mit zwei aufeinander bezogenen Seiten, ja mehr noch, ein entscheidendes biologisches Überlebensprinzip schlechthin.

Nur *ein* Aspekt von Spielregeln liegt in der Einschränkung von Verhaltensmöglichkeiten, der andere, viel wesentlichere, in der grundsätzlichen Ermöglichung des Spiels. Wer eine fremde Sprache lernen will, um sich in dem betreffenden

Land verständigen zu können, tut gut daran, sich in seiner Aussprache an die Art und Weise anzupassen, in der in diesem Land gesprochen wird, und wer als Kraftfahrer durch ein fremdes Land fährt, tut ebenfalls gut daran, seine Verhaltensweisen und seinen Fahrstil weitgehend an die Sitten und Gewohnheiten in diesem Land anzupassen. Man geht ja auch im heißen Sommer mit leichtem Hemd und im kalten Winter mit Mantel und Handschuhen auf die Straße.

Das kann natürlich nicht bedeuten, daß man sich an jede Willkür und unberechtigte Forderung anderer oder an alle denkbaren Verhältnisse, die einen belasten, anpassen und schlechthin alles hinnehmen sollte. Unter gegebenen Bedingungen kann es natürlich auch sinnvoll sein, auf andere und auf bestimmte Verhältnisse einzuwirken und sie günstig zu gestalten. Es ist aber keineswegs immer gesagt, daß dies der beste, einfachste und vernünftigste Weg ist.[3] Deshalb erfordert der Entschluß zu entsprechendem Handeln, wenn es zu bewußten Überlegungen auf der Ebene von Entscheidungen kommt, ein abgewogenes und ungetrübtes Urteil. Das ist dann vor allem eine Frage der Intelligenz, aber natürlich auch ganz wesentlich der eigenen Wertwelt. Deshalb unterscheiden sich Menschen und Bevölkerungen in dieser Beziehung mitunter sehr stark.

Vieles spricht aber aufgrund der biologischen Einbettung des Menschen dafür, im Umgang mit der natürlichen Umwelt weitgehend der Natur zu folgen, die uns führt, und sie, indem wir ihr folgen, zu lenken. In vieler Beziehung sind vor allem wir Abendländer offenbar in unserem Planen und Handeln sehr weit davon entfernt, von einer solchen Erkenntnis und Einstellung bestimmt zu sein.

Eigentümliche Entsprechungen

Kein Individuum existiert in reiner Weise außerhalb eines Umwelt-Systems. Jedes Individuum steht vielmehr zu einem großen Teil in Entsprechung zu all dem, was außerhalb seiner selbst an für dieses Individuum biologisch Bedeutsamem existiert. Die Organisation lebender Gebilde ist ein Teil der Umwelt-, der Öko-Organisation. Beide, obwohl unterschieden, bilden letztlich eine untrennbare interaktive Wirklichkeit. Ein lebendes System ist damit nicht schlicht, was die Umwelt aus ihm macht, sondern das, was es aus dem macht, was die Umwelt mit ihm macht, so wie das Angeborene nicht schlechthin das Angeborene ist, sondern die Fähigkeit, das Angeborene sozusagen zu erwerben, zu verwirklichen (Morin).

In Organismen findet deren spezifische Umwelt in differenzierter Weise gemäß den für sie jeweils charakteristischen strukturellen und funktionellen Gesetzmäßigkeiten ihren Niederschlag. Diese aber entsprechen ihrerseits wiederum auf geheimnisvoll erscheinende Weise den Bedingungen und Gesetzen ihrer Umwelt. Unter Gesichtspunkten der biologischen Auswahl mußten sich wohl bevorzugt

---

3 Gibt es doch außer den Möglichkeiten, sich sozusagen erduldend anzupassen oder die Umwelt aktiv zu verändern, die Möglichkeit, sich bestimmten Bedingungen aktiv zu entziehen oder sich selbst zunehmend unabhängig von diesen Bedingungen zu machen.

solche Verarbeitungssysteme herausbilden, die eine für das Subjekt möglichst „zutreffende" und zugleich ökonomische „Spiegelung" der äußeren Wirklichkeit erlauben. In diesem Sinne setzt Konrad Lorenz auch Leben und Erkennen gleich. Welchen Sinn und Nutzen hätte es, wenn der Maulwurf Flügel oder der Bussard Flossen hätte? (von Ditfurth).

Nur auf dem Boden dieses innigen Zusammenspiels läßt sich die Entsprechung von Phänomenen erklären, an die man üblicherweise gar nicht denkt. Sobald man aber einmal die Augen für solche „rätselhaft" erscheinenden Übereinstimmungen öffnet, erschließt sich eine geradezu faszinierende Welt von (System-)Zusammenhängen. Ähnlich wie das Auge eines Insekts keineswegs ein der vollen Wirklichkeit entsprechendes Abbild dieser Welt vermittelt, sondern lediglich bestimmte Informationen, die für das Überleben des Insekts in seiner spezifischen Umwelt nützlich sind, ist das auch beim Menschen der Fall. Unsere gesamten Organe einschließlich des Gehirns sind nicht auf Welterkenntnis, sondern auf das Überleben in einem spezifischen Lebensraum angelegt. Nicht eine „objektive" Erkenntnis der Umwelt, sondern das Zurechtkommen in ihr ist offenbar die biologisch entscheidende Orientierungsgröße.

Da gibt es z.B. die Tatsache, daß die Erdatmosphäre für das gesamte Spektrum von Sonnenstrahlen nicht in gleicher Weise durchlässig ist. Röntgenstrahlen, ultraviolette Strahlen oder auch Infrarotstrahlen werden stark absorbiert. In der Atmosphäre gibt es sozusagen lediglich ein „Fenster" für Strahlen zwischen 380 und 760 Nanometer.[4] Und hier treffen wir auf eine faszinierende, „geheimnisvolle" Entsprechung: Diese Wellenlängen liegen nämlich genau in der gleichen Größenordnung, die auch die menschliche Wahrnehmung umfaßt. Denn der Mensch nimmt ja keineswegs alle elektromagnetischen Schwingungen oder Strahlen wahr – niemand kann beispielsweise Röntgenstrahlen sehen! –, sondern nur einen ganz bestimmten, äußerst schmalen Bereich aus dem riesigen Wellenband. Und dieser schmale Bereich von 380 – 760 Nanometer entspricht genau dem umschriebenen „Fenster" der Erdatmosphäre.

Wer sich wundert, daß „ausgerechnet" der für uns sichtbare Ausschnitt der Sonnenstrahlung auf die Erde gelangt, erkennt mit hoher Wahrscheinlichkeit einen entscheidenden Zusammenhang, wenn er davon ausgeht, daß „der vergleichsweise winzige Ausschnitt aus dem breiten Frequenz-Bereich der Sonnenstrahlen, der zufällig in der Lage ist, die irdische Atmosphäre zu durchstrahlen, eben aus diesem Grunde für uns zum sichtbaren Bereich dieses Spektrums, zu 'Licht' geworden ist" (v. Ditfurth). Unsere optische Wahrnehmung findet in einer geheimnisvoll erscheinenden Entsprechung in dem Wellenbereich statt, in dem es „etwas zu sehen gibt" (Vollmer). „Wär nicht das Auge sonnenhaft, die Sonne könnt es nie erblicken", schreibt Goethe in der Einleitung zu seiner Farbenlehre. Wozu sollte das Augen Strahlen „sehen" können, die es normalerweise gar nicht auf der Erde gibt, die für Leben und Überleben keine Rolle spielen?

Genauso ist es biologisch sinnvoll, daß das normale Licht, das die Erdoberfläche

---

4 „Nano" (abgekürzt n) vor einer Maßeinheit bezeichnet den jeweils milliardstel Teil (10^{-9}).

erreicht und eine Mischung aller Spektralfarben darstellt, der subjektiven Wahrnehmung als farblich neutral, als farblos bzw. „weiß" erscheint. Lediglich Abweichungen von dieser üblichen Zusammensetzung des Lichts werden in besonderer Weise, eben als Farben, wahrgenommen. Denn Abweichungen vom Üblichen erfordern im Interesse der Lebensbewältigung und des Überlebens eine besondere Beachtung.

Interessant ist auch die Rolle des Sauerstoffs, der ja sozusagen ein atmosphärisches Filter für die ultraviolette Sonnenstrahlung darstellt. Dieser Filtereffekt ist bezeichnenderweise gerade in einem ganz bestimmten Wellenbereich am stärksten, nämlich bei jenen Strahlen, für die Eiweißkörper und Nukleinsäuren, also die für lebende Organismen so wichtigen Substanzen, besonders empfindlich sind. Der Sauerstofffilter verhinderte also die Zerstörung der Leben-bildenden Großmoleküle.

Die erhebliche Anreicherung von Sauerstoff in der Atmosphäre, die aufgrund intensiverer pflanzlicher Verwertungsprozesse des Sonnenlichts eintrat, ist eine weitere Umweltbedingung von hoher entwicklungsgeschichtlicher Bedeutung. Denn sie hing offenbar damit zusammen, daß die Natur das Prinzip der Atmung entwickelte. Im Gegensatz zu den unvollkommenen Abbauprozessen der Gärung wird dabei der Sauerstoff als entscheidende Substanz für eine weitergehende Aufspaltung der Zuckermoleküle bis zu den Endprodukten Kohlendioxid und Wasser verwertet.

Im Prozeß der Selbstorganisation prägen sich die Organisationsprinzipien der Außenwelt in Organismen ein, so daß deren Funktionsprinzipien und Strukturen denen der Außenwelt entsprechen. So finden wir den Wechsel von Tag und Nacht oder den Wechsel der Jahreszeiten in die inneren Organisationen von Pflanzen und Lebewesen integriert. Und auch in unserem menschlichen Geist, der ein Teil unserer Welt ist, ist diese Welt auf geheimnisvolle Weise verankert. „Die Welt ist in unserem Geist, vor allem in unserem Gehirn, das Teil unseres Körpers ist, der wiederum in der Welt ist" (Morin).

Es ist Ausdruck eines innigen Zusammenspiels zwischen Umwelt und Organismus, daß sich die Körperorgane von Baumtieren von denen der Bodentiere unterscheiden. Genauso verfügen Tiere, die vorwiegend nachts unterwegs sind, über andere, in ihren Organen angelegte Wahrnehmungsfähigkeiten als Tiere, die nachts schlafen. Die Ausprägung des Gesichts-, Gehör- und Geruchssinnes läßt einen engen Zusammenhang mit den Lebensbedingungen der jeweiligen Tiere erkennen: Bei einer stärker auf nächtliche Sichtbedingungen eingestellten Lebensweise spielt verständlicherweise der Gesichtssinn eine geringere Rolle, und der Geruchssinn sowie das Gehör sind um so wichtiger. Tropen- und gemäßigtes Klima bieten völlig anders geartete Voraussetzungen zum Leben. Das zeigt sich in gänzlich unterschiedlicher Vegetation, z.B. in Lappland und im Kongo; es zeigt sich auch in den Tierarten, die für die verschiedenen Regionen der Erde typisch sind. Es tritt sogar in dem Aussehen und Verhalten der Menschen zutage: Es gibt keine gebürtigen Norweger mit schwarzer Hautfarbe, und im inneren Afrikas trifft man – bis auf Albinos – auf keine weißhäutigen Menschen.

Tierarten, die im Wasser leben, weisen allein schon aus dem Grund andere stammesgeschichtliche Entwicklungswege auf als Tiere, die auf dem Land leben, weil die Außenbedingungen ihrer Existenz geringeren Schwankungen unterworfen sind. In kühleren Regionen lebende Säugetierrassen haben vergleichsweise kürzere Schwänze, Ohren und Hinterläufe als gleiche Rassen in wärmeren Gegenden. Vögel, die in Höhlen brüten, legen mehr oder weniger weiße Eier, während Vögel, die im Freien brüten, farbige bzw. stark gefleckte Eier legen. Überhaupt weisen Tiere, die dauerhaft in Höhlen leben und an das Dasein in diesen Höhlen angepaßt sind, kaum eine Färbung auf (Rensch). Ich erinnere mich noch sehr lebhaft an den geradezu gespenstischen Eindruck einer Riesenhöhle im malayischen Urwald, in der Tausende von Fledermäusen mit völlig weißlich-farblosen Schlangen in den Nischen der Höhlenwand in ewigem Kampf lagen.

Was ist was und was ist wie? – Die Bedeutung der „Umstände"

Die Stammesgeschichte der Lebewesen, die die Erde bevölkern, enthüllt immer wieder eine ständige Abhängigkeit von stärkeren und einschneidenden Veränderungen der Lebensbedingungen. Im Grunde ist eben jedes Lebewesen nur in einer ganz bestimmten Umwelt das Lebewesen, das es ist. Und es ist, so wie es geworden ist, auch ganz entscheidend durch seine Umwelt zu dem geworden, was es ist. Zusammenhänge dieser Art lassen sich durch die ganze Entwicklungsgeschichte verfolgen und bis in den anorganischen Bereich hinein aufweisen. Wenn etwa einfache chemische Stoffe sogenannte Verbindungen eingehen, so erfolgt auch das gewöhnlich unter ganz bestimmten Bedingungen, bspw. unter Erhitzen, unter hohem Druck, unter Zuführen einer dritten Substanz usw.

Das zeigen sehr deutlich die Versuche, die Stanley Miller 1953 in den USA durchführte und bei denen es ihm gelang, erstmals aus einigen anorganischen Grundstoffen biologisch bedeutsame organische Verbindungen experimentell zu erzeugen. Die Versuche waren weitgehend deshalb erfolgreich, weil Miller sie unter ganz bestimmten Umweltbedingungen ablaufen ließ. Dazu gehörte zunächst einmal das flüssige Milieu. Ein weiterer, ganz entscheidender Faktor bestand darin, daß er auf die künstliche „Ur-Suppe" aus Wasser, Ammoniak und Methan längere Zeit künstliche Blitze einwirken ließ. In ähnlicher Weise gelang es anderen Forschern, durch Erhitzen von Lavamassen auf Temperaturen von etwa 200° Celsius, also wiederum durch ganz spezielle Umweltbedingungen, Aminosäuren zu größeren Kettenmolekülen zusammenzuschmieden, zu polymerisieren, wie es in der Fachsprache heißt.

An diesen Beispielen wird deutlich: Etwas ist nicht einfach so oder so und hat nicht einfach die und die Wirkung, obwohl das in der Abstraktion „logisch" erscheinen könnte und auch den Vorteil eines wesentlich geringeren geistigen Aufwandes für den Erkennenden hätte. Vielmehr ist alles, was uns begegnet, so, wie es uns begegnet, weitgehend durch die Umstände bedingt, unter denen es uns begegnet. Diese grundsätzliche Erkenntnis erscheint mir so wichtig, daß ich sie unter Rückgriff auf einige Beispiele noch etwas ausführlicher vertiefen möchte.

Schon die Tatsache der Ausdehnung des Weltalls dürfte für das Entstehen von Leben auf der Erde von wichtiger Bedeutung gewesen sein. Denn die dadurch entstehende Abkühlung läßt die Materieteilchen sozusagen zusammenfrieren. In ähnlicher Weise ist es auch von einer extrem niedrigen Temperatur abhängig, nämlich einer Temperatur zwischen −253° und −259°, ob es einem gelingt, reinen Wasserstoff in eine Flüssigkeit zu verwandeln.

Greifen wir nun einige weitere Beispiele auf, die unserem heutigen Leben auf der Erde näherliegen: Aus der Medizin ist bekannt, daß das Vorhandensein von Keimen in einem Organismus keineswegs mit dem Auftreten einer Krankheit identisch sein muß. Zu einer Erkrankung kommt es vielmehr erst, wenn bestimmte Gesamtverhältnisse gegeben sind, ein Organismus sozusagen „reif" für eine Invasion von außen geworden ist. Jeder weiß auch, daß, wenn man Alkohol genossen hat, die Wirkung sehr stark von unterschiedlichen Faktoren abhängt: u.a. von der Art des Getränks, der Geschwindigkeit der Aufnahme, von dem körperlichen Zustand, der Menge und Art der gleichzeitig oder vorher aufgenommenen Nahrung, von der Gewöhnung, der Tageszeit und vor allem der Grundstimmung, in der man Alkohol trinkt. Genauso hängt die tatsächliche Wirkung bestimmter chemischer Substanzen im konkreten Fall von einer großen Zahl von Einflußgrößen ab.

Das Problem stellt sich auch in anderen Wissensbereichen. Unser so sicher erscheinendes Schulwissen, daß Wasser bei 100 Grad siedet, verliert z.B. in Gebirgslagen seine absolute Geltung. Ähnlich wandelbar ist der Gefrierpunkt des Wassers. Die Chemie lehrt uns weiter, daß die Reaktionen einer Salzlösung von dem Sättigungszustand, aber auch der Geschwindigkeit der Abkühlung abhängen. In einem Fall kann ein Salzblock entstehen, im anderen Fall, bspw. bei sehr rascher Abkühlung, kann es zur Bildung verschiedenartigster bizarrer Gebilde von Salznadeln kommen.

Oder denken wir daran, daß das „Licht" auf dem Mond nicht das gleiche ist, wie wir es von der Erde her kennen und gewohnt sind und daß damit alle Gegenstände, die wir dort erblicken, sehr viel anders aussehen, ähnlich wie ein Auto, das unter einer gelben Natriumlampe geparkt ist, für unser Auge eine gänzlich ungewohnte Farbe annimmt. Astronauten auf dem Mond können meterhohe Sprünge vollführen, zu denen sie auf der Erde nicht in der Lage wären; und die Ausgangsgeschwindigkeit, mit der man auf dem Mond eine Rakete zünden müßte, um sie in eine Umlaufbahn um die Erde zu befördern, ohne daß sie herunterfällt oder im Weltraum verschwindet, ist eine andere, als wenn die gleiche Rakete von der Erdoberfläche gezündet wird. In sehr drastischer Weise dürfte diese Erkenntnis Klein-Fritzchen zu Bewußtsein gekommen sein, der einmal seinen Vater fragte: „Papi, was ist denn schneller, ein Pferd oder eine Möwe?", und der zur Antwort erhielt: „Das kommt ganz darauf an: auf der Erde das Pferd, in der Luft die Möwe!"

In der Biologie gibt es zahllose Belege dafür, daß ein bestimmtes Signal von dem gleichen Tier keineswegs zu jedem Zeitpunkt in derselben Weise empfonden wird. Und es kann auch einen großen Unterschied machen, ob das Männchen oder das Weibchen das Signal aussendet. Mitunter ist die Wirkung sogar umgekehrt, je nachdem. Aber selbst reine Instinkthandlungen, von deren unabänderlicher Festgelegtheit man lange Zeit überzeugt war, zeigen diese Abhängigkeit. Wenn der Paarungstrieb nur für eine bestimmte Zeit im Jahr, oft nur für wenige Stunden geweckt wird, so ist dieser Zyklus sicher von Hormonen gesteuert. Diese Steuerung ist aber wieder u.a. von den Jahreszeiten abhängig. Die innere Bereitschaft zu vielen instinktiven Verhaltensweisen hängt, wie wir mittlerweile wissen, auch von dem Aktivitätszyklus des jeweiligen Lebewesens ab – und dieser offenbar wieder von dem Tag-Nacht-Rhythmus und der Drehung der Erde.

Greifen wir das Beispiel des Hochzeitsfluges bei Termiten auf, der unter ganz bestimmten Voraussetzungen stattfindet. Um diese Voraussetzungen zu erfüllen, müssen die Tiere erstens einen inneren Jahreskalender haben. Denn die künftigen Königinnen und Könige wachsen nur in der Regenzeit heran. Sie müssen aber auch eine innere Tagesuhr haben, um im Inneren ihres finsteren Baus zu wissen, wann später Abend ist. Denn die Termiten müssen sich noch gegenseitig finden können, ihre zahlreichen Feinde dürfen aber nur für möglichst kurze Zeit Gelegenheit haben, über sie herzufallen. Drittens müssen sie aber auch über eine Art inneres Barometer verfügen, das sie darüber informiert, daß draußen das Wetter zur Zeit noch gut ist, ein Gewitterregen aber unmittelbar bevorsteht. Denn während des Hochzeitsfluges darf es nicht regnen, kurz darauf aber muß es regnen, damit die Termitenpärchen sich in der aufgeweichten Erde schnell ein schützendes Loch graben können (Dröscher).

Von Zugvögeln wissen wir, daß sie ihren Flug in den Süden, der zunächst über Hormone und Tageslänge ausgelöst wird, an dem Sternenhimmel ausrichten und sich mit absoluter Sicherheit und nur geringer Abweichung (von etwa 5 Grad nach rechts und links) in eine ganz bestimmte Zielrichtung hin bewegen. In einem Planetarium mit beweglichem Himmel erfolgte der Abflug immer in der gleichen, an den Gestirnen orientierten Richtung, auch wenn das durch die Drehung des künstlichen Himmels nicht mehr der Südosten, sondern der Norden war. Dabei nahmen die Versuchsvögel sofort eine Richtungskorrektur vor, wenn das Bild des Himmels sich nicht in normaler Weise veränderte, sondern gleich blieb. Sie schienen geradezu zu wissen, daß eine ganz bestimmte Sternkonstellation um 23 Uhr im September „Südosten" bedeutet. In dem Augenblick jedoch, in dem sie den typischen Sternenhimmel des östlichen Mittelmeers (Zypern, Israel) erblickten, änderten sie jedesmal ihre Richtung und flogen von jetzt an genau nach Süden. Zieht jedoch eine dichte Wolkendecke auf oder verdunkelte man den Himmel des Planetariums, so daß sie keine Orientierung mehr hatten, unterbrachen sie ihre Reise und flogen nicht mehr weiter (Pinson, 96). Detaillierteste Umweltinformationen sind offenbar bei ihnen genetisch gespeichert.

Ein anderes Beispiel ähnlicher Art bieten die Grunions, heringähnliche Fische, die in riesigen Scharen nachts, kurz nach Vollmond zu einer Gemeinschaftsbalz an den Sandstrand der Pazifikküste Kaliforniens drängen. Dieses Schauspiel wiederholt sich alle 14 Tage zur Vollmond- oder Neumond-Springflut. Wieso wissen diese Fische über Ebbe und Flut besser Bescheid als Menschen ohne Gezeitenkalender? Offenbar haben sie einen inneren Zeitsinn, der nicht nur nach der Sonne die Tageszeit bestimmt, sondern zusätzlich noch den Mond einbezieht und aus beidem den Zeitpunkt der Springflut „berechnet". Ihr Verhalten entspricht genau der biologischen Notwendigkeit, daß sie, damit sich der Laich, der eigenartigerweise im Wasser zugrundegehen würde, mindestens eine Woche ungestört entwickeln kann, ihre „Hochzeit" genau auf dem Gipfelpunkt der Flut abhalten müssen (Dröscher). Das Ausschlüpfen der Jungen aus den Eiern erfolgt übrigens genau dann, wenn diese an leichten Bodenerschütterungen das Nahen der nächsten Springflut erspüren, um sich dann von den Wellen ins Meer zurücktreiben zu lassen.

All dies läßt Zusammenhänge erkennen, die unabhängig von bewußten Entscheidungen zustandekommen, aber auch nicht als rein zufällig angesehen werden können. Es handelt sich vielmehr um ein äußerst differenziertes und kompliziertes Zusammenspiel vieler Faktoren im Rahmen eines komplexen Systems. Die ganze Entwicklungsgeschichte ist in diesem Sinne, wie die Systemtheorie der Evolution betont, weder das Produkt reinen Zufalls noch das Ergebnis irgendeiner Art von Planung oder Vorausplanung.

Genom und epigenetisches System

Bevor uns im folgenden die Anlage-Umwelt-Problematik am Beispiel der sog. Epigenese beschäftigen soll, die in konkreter und ideologiefreier Weise in das Zentrum dessen führt, was in dem hier interessierenden Zusammenhang bedeutsam ist, wollen wir einen kurzen Blick auf die Komplexität werfen, die uns bei Betrachtung des Erbguts als solchem entgegentritt. Denn die reine Vererbung stellt keineswegs, wie man vielleicht zunächst annehmen könnte, ein einfaches und klares Geschehen dar. Schon die schlichte Vorstellung einer 1:1-Zuordnung von Gen[5] und Merkmal, d.h. die Vorstellung, daß jede – soweit überhaupt erblich bedingte – zutagetretende Eigenschaft jeweils auf ein ganz bestimmtes Gen zurückzuführen ist, entspricht nicht der Wirklichkeit. Ein einzelnes Gen legt nämlich offenbar weniger ein bestimmtes Merkmal fest als vielmehr die Fähigkeit zur

---

5 Das Erbgut von Lebewesen ist in den sog. Chromosomen verankert, von denen der Mensch 46 besitzt. Sie enthalten die einzelnen Gene. Darunter sind bestimmte Abschnitte zu verstehen, die ein Enzym oder eine Untergruppe desselben „codieren". Ihre Zahl wird in der Literatur unterschiedlich angegeben (von 50.000 bis zu Millionen). Diese Gene bestehen aus Ketten von Desoxyribonukleinsäure (DNS)-Molekülen. Ein einziges solches Großmolekül besteht neben Phosphorverbindungen und Zuckermolekülen aus vier unterschiedlich angeordneten sog. Nukleobasen (Adesin, Cytosin, Guanin und Thymin), von denen jeweils zwei als ein Basenpaar zusammentreten. Jeder Strang der DNS (in einem Chromosom sind fast 2 m DNS aufgerollt) stellt eine lange Folge sog. Tripletts dar, in denen kodierte Anweisungen für den Aufbau von Aminosäuren enthalten sind und die deshalb auch als Codons bezeichnet werden.

Entwicklung eines bestimmten Merkmalspektrums, innerhalb dessen Umwelteinflüsse die konkrete Realisierung bewirken.

Gene dürfen nicht als isolierte Informationsträger, sondern müssen als eine integrierte Ganzheit gesehen werden, deren Einzelfaktoren im Rahmen eines sich selbst regulierenden Systems aufeinander abgestimmt zusammenwirken. Ein Gen kann unmittelbar oder mittelbar für mehrere Merkmale zuständig sein; und am Zustandekommen eines bestimmten Merkmals können mehrere, ja sogar sehr viele Gene beteiligt sein. Man bezeichnet diesen Zusammenhang in der Wissenschaft als Polyphänie der Gene, bzw. als Polygenie der Phäne.

Man weiß heute auch, daß offenbar jeweils nur ein Teil der erblichen Information in die Wirklichkeit umgesetzt wird. Jedes Chromosom enthält zunächst einmal das mehr als Tausendfache an Information, als zur Bildung eines Lebewesens erforderlich ist. Das zeigte sich z.B. sehr deutlich in einem Versuch des englischen Biologen John B. Gurdon. Er verpflanzte den Zellkern einer gewöhnlichen Darmzelle des afrikanischen Krallenfroschs in eine Eizelle der gleichen Tierart, deren ursprünglichen Kern er entfernt hatte. Aus dieser, mit den Chromosomen einer Darmzelle ausgestatteten Eizelle entstand nun ein vollwertiger Frosch und keineswegs lediglich Darmgewebe.

Zahlreiche Gene bleiben also praktisch „stumm", bzw. passiv. Das geht schon aus Beobachtungen hervor, die das Verhältnis von Kernsäuren (Nukleotiden) und Aminosäuren, den Grundbausteinen der Eiweiße, betreffen. Gewöhnlich codieren sozusagen drei Nukleotide eine Aminosäure, d.h. sie sind für deren Bildung verantwortlich. Für die Bildung eines bestimmten Eiweißes, das bspw. aus 386 Aminosäuren besteht, würde man demnach eine Genlänge von 1158 Nukleotiden erwarten. Statt dessen stellte man aber fast siebenmal mehr, nämlich 7900 Nukleotide fest, die an der Bildung dieses Eiweißes beteiligt waren. Diese Feststellung spricht neben anderen Befunden dafür, daß das Genom, also die Gesamtheit aller Gene, mehr enthält, als unmittelbar für die Umsetzung in den „Phänotyp", das Erscheinungsbild, benötigt wird.

Man konnte auch mikroskopisch feststellen, daß an den jeweils aktiven Stellen des Gens die Chromosomen aufgelockert und in sogenannten Puffs nach außen hin verdickt erscheinen. Dort entsteht die Ribonukleinsäure (RNS), die für die praktische Bildung von Eiweißen verantwortliche Substanz, die die in der Desoxyribonukleinsäure (DNS) gespeicherte Information sozusagen übersetzt. Solche Puffs bilden sich nun bezeichnenderweise im Laufe der Entwicklung an unterschiedlichen Orten des Chromosoms aus. Daraus schließt man, daß zu verschiedenen Zeiten der Entwicklung unterschiedliche genetische Information ausgewertet wird.

Größere DNS-Anteile – es werden Zahlen bis um die vier Fünftel genannt – sind nach neuerer wissenschaftlicher Auffassung nicht unmittelbar an der Bildung von „Arbeitsmolekülen" beteiligt. Sie stellen vielmehr sozusagen redundante, d.h. überzählige Information im Sinne von nicht genutzten Möglichkeiten eines Informationssystems dar, oder sie haben die Aufgabe, ähnlich wie die Verwaltung in menschlichen Gesellschaften, produktive Gene zu steuern. So gibt es neben den

– insgesamt in der Minderzahl befindlichen – Strukturgenen, die als eigentliche Arbeitsmoleküle verstanden werden und z.B. für die Produktion ganz bestimmter Enzyme verantwortlich sind, noch sog. Operatorgene. Sie bestimmen, ob und wann Strukturgene wirksam werden. Weiter gibt es sog. Regulatorgene, die wiederum Zustand und Funktion der Operatorgene steuern, indem sie ein bestimmtes Protein entstehen lassen, das sich als sog. Repressor, d.h. als unterdrückende Hemmsubstanz an das Operatorgen anlagert und dieses dadurch inaktiviert. Die Repressoren können ihrerseits durch bestimmte chemische Stoffe, die man auch als Induktoren bezeichnet, unwirksam gemacht werden, so daß die Folge dieser chemischen Reaktion in einem Wirksamwerden des Operatorgens besteht.

Die Repressoren sind in ihrer Wirkung wiederum – zumindest in manchen Fällen – davon abhängig, daß eine Verbindung mit bestimmten Fremdstoffen, sog. Co-Repressoren zustande kommt. Schließlich gibt es die Kommunikationsgene, sozusagen Regulatorgene der Regulatorgene, über die wohl auch das Schicksal funktionell zusammengehörender Merkmale gelenkt wird. Man unterscheidet sog. „Starter-Codons" und „Stop-Codons", d.h. DNS-Abschnitte, die weder inhaltliche Information tragen noch schlechthin „stumm" sind, sondern sozusagen als eine Art Satzzeichen die formale Information enthalten, daß die Auswertung der DNS-Information ab diesem Punkt wieder erfolgen soll, bzw. daß an diesem Punkt die Proteinsynthese abbricht.[6]

Innerhalb des Genoms, d.h. der Gesamtheit aller Gene, besteht also ein sehr kompliziertes Zusammenspiel, eine echte Vernetztheit von Beziehungen im Rahmen eines hierarchisch gegliederten Systems mit zahlreichen Regulationsprozessen auf verschiedenen Ebenen.

Das in sich schon, wie wir sahen, recht komplizierte Genom ist als Erbsystem wiederum Teil von jeweils umfassenderen Systemen, mit denen es in Wechselbeziehung steht. Solche Systeme sind das Chromosom, der Zellkern, das Zellplasma, die Gesamtzelle, bestimmte Gewebe und Organe und letztlich der Gesamtorganismus. Jedes System ist jeweils Teil und Umwelt für ein anderes System.

Bei näherer Betrachtung steigert sich so nach den von der Wissenschaft mittlerweile erarbeiteten Erkenntnissen die Kompliziertheit der Zusammenhänge um ein Mehrfaches.

In der Tat wird selbst von überzeugten Vertretern der Vererbungslehre nicht mehr von einem ein für allemal vollständig und allein in der DNS vorbestimmten System ausgegangen. Das genetische Programm gilt vielmehr als ein Programm, das sich sozusagen selbst programmiert und das dabei seiner Produkte bedarf, um sich zu entfalten.

Das mittlerweile durch zahlreiche Untersuchungsergebnisse belegte Zusammenspiel zwischen der in den Genen gespeicherten artspezifischen Information und dem umfassenderen System eines Organismus wird auch als epigenetisches System bezeichnet. Es umfaßt die Gesamtheit aller – ein komplexes Netzwerk

---

6 Die „stummen" Bereiche, die sozusagen in ein Gen eingeschoben sind und zwei „ausdrucksfähige" Abschnitte voneinander trennen, bezeichnet man auch als Intron.

bildenden – regulativen Wechselwirkungen, die als dynamisches Ordnungsprinzip bei der Umsetzung des genetischen Codes eine Rolle spielen, also alle Wechselwirkungen, die den Weg vom Genom zum Organismus bestimmen. Das geschieht im wesentlichen in zwei Richtungen: einmal in Richtung der Zellzusammensetzung, der sog. Histogenese, und zum anderen in Richtung der Formgestaltung, der sog. Morphogenese.

Der Begriff 'epigenetisches System' bezieht sich damit auf die im Organismus selbst gelegene Umwelt des Genoms, die mit darüber entscheidet, was sich an genetisch vorhandener Information verwirklicht und in welcher Form es geschieht.[7] Aus epigenetischer Sicht wird also ein strikter Präformismus abgelehnt. Man nimmt vielmehr an, daß die genetische „Codierung" nur die Ausgangsbasis und die große Linie einer Entwicklung bestimmt, die sich konkret erst in ständiger Wechselwirkung mit „Umwelt"-Merkmalen ergibt. Das bedeutet auch, daß veränderte epigenetische Bedingungen ggf. auch die Umsetzung einer bestimmten genetischen Information ausschließen, andererseits möglicherweise bis dahin verborgene Informationen abrufen.

Über Rückkoppelungsprozesse erfährt das Genom jeweils über Merkmale und Schicksal der von ihm bewirkten phänotypischen Strukturen und Funktionen, so wie das Gehirn über das Ergebnis eines von ihm ausgehenden Bewegungsimpulses erfährt. Diese Rückmeldungen beeinflussen ihrerseits die Wahrscheinlichkeit ganz bestimmter weiterer Genwirkungen. In Blickrichtung auf die Zelldifferenzierung dürfte bspw. die Aufhebung einer Unterdrückung, also sozusagen eine Art Enthemmung eines Strukturgens durch eine Gen-erkennende zytoplasmatische, d.h. in der Zelle befindliche Substanz, die ihrerseits über ein anderes genetisches Kommando gebildet wurde, eine Rolle spielen. So sind Genwirkung und strukturell-funktioneller Effekt in einem Regelkreisgeschehen verbunden. Das heißt aber auch, daß im Genom, das für das Erscheinen bestimmter Merkmale verantwortlich ist, wiederum Reaktionsmuster entstehen, die die umweltbezogene Wirkung dieser Merkmale bzw. die merkmalbezogene Wirkung der Umwelt spiegeln. Schließlich greift ja auch die natürliche Auslese nicht am Genotyp, sondern am Phänotyp an.

„Das Organisationsmuster der genetischen Wechselwirkungen enthält in geraffter Form den Vorgang seiner Entstehung", sagt der Wiener Zoologe Rupert Riedl. Das Genom ist gespeicherte artspezifische Information für den Organismus. Es ist aber auch – angesichts der Umwelteinbettung und der Umweltabhängigkeit des Organismus – Ausdruck einer unendlich langen und innigen Organismus-Umwelt-Beziehung. Der Organismus stellt, unter dem Blickwinkel der Umwelt betrachtet, sozusagen ein Abbild der für ihn spezifischen Umwelt dar und ist damit gewissermaßen Ausdruck der Umwelt.

Hierin liegt letztlich wohl auch die Antwort auf die Frage nach der geheimnisvollen Entsprechung von Auge und Licht, von Gehör und Ton, auf die u.a.

---

7 In erweitertem Sinne wird der Begriff allerdings mancherorts auch als Erklärung des Zusammenspiels zwischen genetischer und kultureller Umwelt benutzt.

Hoimar von Ditfurth in seinen Büchern hinweist. Dabei ist es selbstverständlich, daß die Speicherung der genetischen Information entsprechend ihrem biologischen Sinn möglichst widerstandsfähig und stabil sein muß; das bedeutet, daß die chemischen Substanzen, in denen die genetische Speicherung stattfindet, chemisch träge sein müssen. Denn sie dürfen ja nicht jedwedem Umwelteinfluß nachgeben. Das gilt auch für den epigenetischen Raum, der gerade durch seine Kompliziertheit verändernde Einflüsse auffangen und trotz dieser Einflüsse das Entwicklungsgeschehen in die biologisch begründeten kanalisierten Wege zurücklenken kann.

Epigenetische Schlaglichter

Im epigenetischen Raum ist natürlich zunächst einmal das ständige Wechselspiel, die Beziehung zwischen dem Zellkern als Träger der Chromosomen und dem Zellkörper, dem Zytoplasma von Bedeutung. Das Genom als geordnete Struktur befindet sich durchaus in einer geordneten Umgebung, zu deren Eigenschaften es selbst wiederum beiträgt und von deren Eigenschaften seine eigene Funktion mitbestimmt wird.

Die Tatsache, daß Väter und Mütter ihre jeweiligen Eigenschaften gleichwertig an ihre Nachkommen weitergeben und daß lediglich der Zellkern bei der Samen- und Eizelle gleich groß ist, läßt nach der inzwischen klassisch gewordenen Vorstellung der Biologie die in dem Kern gelegenen Strukturen, d.h. also die aus DNS bestehenden Gene in den Chromosomen, als Träger der Erbanlagen erscheinen. Und doch ist nach neuerer Erkenntnis die ausschließliche Gültigkeit dieser Aussage nicht so gesichert, wie es lange Zeit der Fall schien.

Es gibt bspw. einen Versuch, dessen Ergebnis dafür spricht, daß auch das Zellplasma artspezifische Eigenschaften hat. Diesen Einfluß des Zellplasmas auf die Ausbildung körperlicher Merkmale konnte der Biologe E. Hadorn dadurch nachweisen, daß er zunächst den Kern aus einer Eizelle des Fadenmolches absaugte und dann ein Stück aus dem sich später zur Körperhaut entwickelnden Keimbereich eines Kamm-Molches verpflanzte. Dazu muß man wissen, daß das Hautepithel des Kamm-Molches glatt, das des Fadenmolches höckerig ist. Nach der Befruchtung der kernlosen Eizelle des Fadenmolches durch eine kernhaltige Samenzelle des Kamm-Molches ließ sich das weitere Schicksal des angefärbten Transplantates verfolgen. Die Frage, die dieser Versuch beantworten sollte, betraf die Beschaffenheit des transplantierten Hautstückes: War dieses Hautstück glatt wie bei dem Kamm-Molch, dessen kernhaltige Samenzelle in die kernlose Eizelle des Fadenmolches eingedrungen war, oder war sie höckerig wie bei dem Fadenmolch, obwohl nach Absaugen des Kerns keine Fadenmolch-Gene wirksam sein konnten? Das transplantierte Hautstück war ... höckrig! Und das, obwohl der Zellkern vom Kamm-Molch stammte. Das Zellplasma der Eizelle hatte in diesem Falle eindeutig die Ausprägung des Merkmals bestimmt.[8]

---

[8] Ähnliche Einflüsse dürften auch die Ursache dafür sein, daß aus der Kreuzung zwischen

Verschiedene Untersuchungsergebnisse sprechen auch dafür, daß es sog. „Plasma-Gene" gibt, also im Zellkörper liegende Gene, die sich wie DNS-Moleküle verdoppeln, und die sog. Episomen, über die neuerlich viel diskutiert wird, stellen selbständige genetische Gebilde dar, die abwechselnd im Genom und im Plasma des Zellkörpers auftreten können. Zu diesen Episomen, die man auch als zwischen Kern und Plasma „streunende" Gene auffassen könnte, zählt bspw. der Resistenzübertragende Faktor (resistance transfer factor = RTF)), der sich wie ein gemäßigtes Virus verhält. Er ist zu einem ernsthaften Problem der modernen Medizin geworden, weil er sich schlagartig über die gesamte Bakterienpopulation ausbreitet und die Bakterienzelle gleichzeitig gegen eine ganze Reihe von Antibiotikagruppen resistent macht.

Im übrigen wird von einigen Forschern diskutiert, ob nicht dem Protoplasma der Eizelle eine viel wichtigere Bedeutung zukommt, als man bisher annahm. Bedenkt man nämlich, daß die Erkenntnisse über die Vererbung bestimmter Merkmale zwangsläufig nur aus solchen Versuchen stammen können, die überhaupt durchführbar waren, und daß eben nur solche Lebewesen gekreuzt werden können, die sich biologisch nahestehen, ist die Frage durchaus noch offen, wo denn überhaupt die grundsätzliche Entscheidung getroffen wird, ob aus einer befruchteten Eizelle dieses oder jenes Lebewesen wird: ob in den Chromosomen, wie man bisher stillschweigend annahm, ob vielleicht sogar in dem Protoplasma der Eizelle oder in einem speziellen Zusammenwirken beider.

Die Regulation der Art und Weise, in der Gene zum Ausdruck gelangen, zeigt sich sehr deutlich in Untersuchungen mit dem Coli-Bazillus, einem der „namhaftesten" Bewohner des menschlichen Verdauungssystems mit dem offiziellen Namen Escherichia Coli.

Die Untersuchungen sind zugleich ein weiterer Beleg für eine erweiterte Konzeption der Gen-Umwelt-Beziehungen. Der Coli-Bazillus bildet einen bestimmten chemischen Stoff, d.h. er synthetisiert das Enzym, mit dessen Hilfe die Laktose (der Milchzucker) genutzt bzw. „verdaut" werden kann: die sog. Beta-Galaktosidase. Das erfolgt, da ja der Mensch nicht ständig Milch trinkt, jeweils genau dann, wenn Laktose da ist. Zwischen den „Mahlzeiten" findet keine Enzymbildung statt. Der Milchzucker klinkt sozusagen als Induktor, als Auslöser, die Enzymsynthese beim Coli-Bazillus aus, und dieser Vorgang läuft unter Beteiligung des genetischen Speichers im Chromosom ab. Das Strukturgen der Beta-Galaktosidase, also des Stoffes, der die Verwertung der Laktose leistet, ist bei Abwesenheit des Zuckers sozusagen „stumm". Er wird aber bei Auftauchen des Zuckers aktiv. Diese Aktivierung kommt jedoch wiederum nicht durch direkte Einwirkung auf das Gen zustande, sondern über ein Repressor-Protein, einen bestimmten Hemmstoff. Dieser stellt sozusagen einen Mittler dar zwischen der Außenwelt, in diesem Fall der Laktose, und der im Genom verankerten Fähigkeit (Jacob und Monod).

Pferdehengst und Eselstute ein Maulesel und aus der Kreuzung zwischen Eselhengst und Pferdestute ein Maultier wird.

Die Analyse eines ähnlichen wie dieses von den französischen Forschern François Jacob und Jacques Monod beschriebenen Vorgangs betrifft das Huhn. Bei ihm kommt es zu einer Synthese von Eiweiß im Eileiter genau dann, wenn das Eigelb aus dem Eierstock zur Kloake wandert. Das Eiweiß hüllt dann das Ei auf diesem Wege ein. Das geschieht aber lediglich zur Legezeit. Bestimmte Hormone wie Oestrogen oder Progesteron bewirken diese Eiweißproduktion, so wie die Laktose die Synthese der Beta-Galaktosidase beim Coli-Bazillus bewirkt. Sie werden aber nur in einem bestimmten Umfeld aktiv, beispielsweise nicht im Muskel- oder Lebergewebe. Jedes Gewebe besitzt praktisch, wie Jean Pierre Changeux in seinem Buch „L'homme neuronal" („Der neuronale Mensch") beschreibt, eine spezifische hormonelle Empfindlichkeit. Das heißt, daß bestimmte Gene lediglich in einem bestimmten Gewebe auf bestimmte hormonelle Einflüsse ansprechen (Kourielsky und Chambon).

Die Zusammenhänge der Grob- und Feinabstimmung zwischen genetischer Information und nicht-genetischer Umwelt innerhalb des Organismus sind zweifellos noch wesentlich komplexer und komplizierter, als hier aufgezeigt werden konnte. Es spielt dabei eine ganze Reihe systembezogener Regelungsprozesse eine Rolle, z.B. negative und positive Rückkoppelungsprozesse, d.h. Hemmung bzw. Aktivierung durch Rückkoppelung. Teilweise wird die Geschwindigkeit der Synthese eines bestimmten Produkts durch die Konzentration dieses Produkts verlangsamt, d.h. dessen Synthese gehemmt; teilweise wird umgekehrt ein Enzym durch bestimmte Abfallstoffe eines Endproduktes aktiviert; teilweise sind bestimmte Prozesse an spezielle Vorläufer oder Umwelteinflüsse gebunden; teilweise sind parallel aktivierte Abläufe zu beobachten usw. Die Biochemie hat inzwischen eine Unmenge sehr verzweigter Zusammenhänge aufgedeckt.

Das gilt auch für ein anderes Phänomen, die Frage nämlich, wie sich bei praktisch gleichem Genbestand jeder Zelle eines Organismus trotzdem im Laufe der Zellteilungsprozesse während der Einzelentwicklung recht unterschiedliche Organe herausbilden. Woher weiß die Zelle, zu welchem Organ sie werden soll?

Lewis Wolpert, der interessanterweise gleichzeitig Ingenieur und Biologe ist, vermutet, daß dabei Prozesse wie bei Automaten oder Computern eine Rolle spielen: Er geht von der Möglichkeit mehrerer unterschiedlicher Zustände aus, deren Wahl jeweils durch ein sehr einfaches Signal nach der Art „ja/nein" bestimmt wird. Bei entsprechender Aufeinanderfolge mehrerer solcher Prozesse ergibt sich auch bei nur wenigen erforderlichen Signalen eine unwahrscheinlich hohe, in die Millionen gehende Zahl von Endzuständen. Dieses Prinzip sieht er in den Embryonalzellen und der Ausbildung der kindlichen Organe verwirklicht. Dabei kommt offenbar dem Signalaustausch zwischen den Zellen sowie der Lage der Zellen im Embryo eine besondere Bedeutung zu. Das Modell eines solchen Embryonalsystems läßt im übrigen den geringeren Variationsreichtum des Genoms gegenüber dem des Zentralnervensystems weniger überraschend erscheinen.

Die chemische Substanz, auf deren Konzentration es dabei ankommt und die in ihrer jeweiligen Konzentration das Signal darstellt, wird als Morphogen bezeichnet. Aufgrund des bestehenden Konzentrationsgefälles, d.h. abstrakt gesprochen, aufgrund der Zu- oder Abnahme einer bestimmten Eigenschaft erfolgt eine Information über Lage (Richtung) und Entfernung. Die Wissenschaft spricht hier von einem sog. Gradienten. Die betreffenden Zellen haben dabei die Fähigkeit, auf Schwellenwerte zu reagieren; sie differenzieren sich oberhalb eines bestimmten Wertes der betreffenden Substanz anders als unterhalb dieses Wertes. Die Zellen erhalten also Informationen, die Lage und Entfernung betreffen, und interpretieren diese Informationen gemäß ihrem genetischen Programm.

Die Antwort auf die Frage, wie es möglich ist, daß einerseits die Gensätze in praktisch allen Zellen eines Organismus gleich sind und sich andererseits aus den Zellen des Keimes sehr unterschiedliche Organe entwickeln, geht also nach heutiger wissenschaftlicher Auffassung davon aus, daß jeweils unterschiedliche genetische Anteile aktiv werden.

Der Zeitfaktor spielt dabei eine zusätzliche wichtige Rolle, und die zeitliche Orientierung scheint aufgrund der im wachsenden Embryo rhythmisch stattfindenden Zellteilungen zu erfolgen. Bei ausreichender Bildung entsprechenden Gewebes aufgrund aktiv gewordener Gene treten des weiteren offenbar Mechanismen in Kraft, die die aktiv gewordenen Gene wieder ausschalten. Aktuelle Überlegungen beschäftigen sich daher mit der Frage, inwieweit einem unkontrollierten Krebswachstum ein Zusammenbruch dieser Mechanismen zugrundeliegt, inwieweit also ein Zusammenbruch der Zelldisziplin vorliegt. Auch hier scheinen im übrigen bestimmte chemische Stoffe entscheidend mitzuspielen.

Mit einem letzten Beispiel wollen wir uns abschließend noch etwas ausführlicher beschäftigen. Es betrifft neuere Erkenntnisse über die Ausreifung des Gehirns.

Einmal wissen wir, daß die Art des Wachstums einer Nervenfaser durch die Interaktion, d.h. die Wechselwirkung mit den Ausläufern anderer Nervenfasern, mitbestimmt wird. Darüber hinaus findet aber auch, wie bei jeder biologischen Einheit, eine dynamische Wechselwirkung zwischen der Nervenzelle und ihrer chemischen Umgebung statt.

G. Roth beschreibt u.a., wie bereits in der befruchteten Eizelle bestimmte mütterliche Signalstoffe im Zellplasma die ersten Zellteilungsschritte determinieren und dann selektiv die ersten Gene des Embryos aktivieren. In ähnlicher Weise werde durch bestimmte nachbarschaftliche Signale, und zwar über spezifische Oberflächenmoleküle, die die Wanderung und Anheftung zwischen Zellen steuern, festgelegt, wo eine noch embryonale Nervenzelle sich hinbewegen soll. Indem im Gehirn aufgrund der Resultate früherer Aktivitäten die Art und Weise der Steuerung und Koppelung der Aktivität der Nervennetze festgelegt werde, organisiere sich das Gehirn quasi selbst auf der Basis seiner eigenen Geschichte. Dieser Zusammenhang wird auch als Selbstbezüglichkeit oder Selbstreferentialität des Gehirns bezeichnet.

Man könnte die Entwicklung des Gehirns mit der Kolonisierung eines neuen Gebietes durch eine Gruppe von Siedlern vergleichen (Hofer). Der englische Begriff „cell migration" bringt das sehr gut zum Ausdruck. Wahrscheinlich bedienen sich die Neuronen dazu der sog. Glia-Zellen[9] als Führer bei ihrem amöbenhaften Vorwärtskriechen. Dabei schließen sie sich gewöhnlich in Gruppen zusammen. Daß sie sich als solche erkennen, hängt wohl, wie auch das Erkennen des Zielortes, mit spezifischen, genetisch bestimmten Molekülen, den aus Zucker- und Eiweißbestandteilen zusammengesetzten Glykoproteinen in den Zellmembranen zusammen. Bewegung und Verbindungsaufnahme erfolgen aufgrund gezielter, teils taktiler, teils chemischer Hinweisreize aus der unmittelbaren Umgebung.

Während man früher annahm, daß das Hirnwachstum nach einem vorprogrammierten genetischen Plan erfolgt und nicht durch Umwelteinflüsse verändert werden kann, weiß man heute eine ganze Menge über die Rolle der Umwelt, vor allem auch der „Umwelt" innerhalb des Organismus. Dabei scheint auch der „Zufall" eine Rolle zu spielen. Denn Nervenzellen treten offenbar zunächst einmal im Verlauf des Auswuchsens ihrer Fasern in zufällige Verbindungen zueinander, und aus der körpereigenen Umwelt stammt dann die Information darüber, welche Verbindungen biologisch bedeutsam sind.

Bei der Entwicklung von Zellen des sog. autonomen Nervensystems konnte bspw. festgestellt werden, daß der Typ von Neurotransmitter, d.h. der speziellen erregungsübertragenden chemischen Substanz, nicht nur durch die Gene im Zellkern, sondern auch durch diejenigen Zellen bestimmt wird, mit denen die Faser der autonomen Nervenzelle in Verbindung tritt, also durch bestimmte in der Umgebung befindliche Muskel- oder Bindegewebszellen. Die frühe Umwelt einer sich entwickelnden Nervenzelle kann also eine wesentliche Rolle hinsichtlich des Ortes, der Verbindungen und der biochemischen Art dieser Zelle spielen.

Obwohl die detaillierten Abläufe bei diesen Prozessen noch nicht völlig aufgeklärt sind, konnte aber immerhin eine bestimmte Substanz, ein als „Nerve Growth Factor" (NGF) bezeichnetes Protein isoliert werden, das die Fasern der untersuchten Nervenzellen sprießen ließ. Bei elektronenmikroskopischer Betrachtung sieht der Wachstumskegel an der Spitze eines Axons, d.h. des Achsenzylinderfortsatzes der Nervenzelle, wie eine Mini-Amöbe aus, die ihren Kern verloren hat, sich aber immer wieder durch Aufspaltung, durch Gabelung teilt, bis der Endkegel sich am Zielpunkt in eine Nervenendigung verwandelt, die mehr und mehr dem ähnlich wird, was man auch später an Synapsen, also den Verbindungsstellen zwischen Nervenzellen vorfindet. In diesem ganzen Geschehen, das sich zwischen den Polen Regression und Redundanz, also sozusagen zwischen Rückschritt und Überfluß spannt, kommt es im übrigen, vor allem zwischen dem 6. und 9. Tag des Embryonallebens, zum Absterben einer erheblichen Zahl von Neuronen, bspw. von etwa 40 Prozent der motorischen Neuronen.

Knüpfen wir noch einmal an die oben berichteten Erkenntnisse über die Gen-Umwelt-Beziehung beim Coli-Bazillus und bei der Bildung des Hühnereiweißes

---

9 Das Nervensystem enthält zusätzlich zu den Neuronen, den eigentlichen Nervenzellen, drei Typen sog. Glia-Zellen (Glia = Leim, „Nervenkitt"). Die Nervenzellen mit ihren Ausläufern sind in diese sog. Neuroglia eingebettet, die auch als eine Art Stützsystem bzw. Gerüstmasse des Nervensystems angesehen wird. Sie hat mehrere unterschiedliche, zum Teil noch unbekannte Funktionen.

an, und gehen wir auf Versuche ein, bei denen man die normalerweise heftigen Spontanbewegungen von Hühnerembryonen mit Hilfe einer spezifischen Droge, beispielsweise Curare, ausschaltete, ohne damit das Überleben zu gefährden. Dazu darf ich vorausschicken, daß der Raum zwischen den Endfüßchen der motorischen Nervenfaser und der Muskelzellmembran (= motorische Endplatte) praktisch den Synapsen entspricht, d.h. der erregungsübertragenden Stelle zwischen zwei Nervenzellen.

Curare hemmt nun die durch Acetylcholin erfolgende Erregungsübertragung an den motorischen Endplatten im Bereich der qeergestreiften Muskulatur, indem es speziell auf die Acetylcholin-Rezeptoren wirkt. Das geschieht durch Einfluß auf die Anhäufung eines spezifischen Enzyms, das Acetylcholin abbaut, nämlich der Acetylcholin-Esterase. Damit es normalerweise zur Anhäufung dieses Enzyms an den Synapsen und zum Verschwinden des Rezeptors außerhalb der Synapse kommt, muß der Muskel aktiv sein. Das ist jedoch beim gelähmten Hühnerembryo nicht mehr der Fall, und dadurch kommt es zu einer Bockierung der Synthese des Rezeptors. Die embryonale Aktivität steuert also den Ausdruck der Gene, die im Bereich der Muskulatur die Synthese des Acetylcholin-Rezeptors bewirken.

Man konnte darüber hinaus feststellen, daß Curare auch am motorischen Neuron, also am präsynaptischen Teil angreift und daß es eine rückwirkende, d.h. in Gegenrichtung zur Weiterleitung nervöser Impulse erfolgende Signalübertragung gibt. Ein zunächst sehr überraschender Befund war aber vor allem, daß eine Curare-Injektion zwischen dem 4. und 6. Embryonaltag die Bildung übernormal vieler motorischer Neuronen zur Folge hatte, daß die Lähmung also zur Anreicherung von motorischen Nervenzellen führte. Sie überschneidet sich in ihrer Wirkung mit dem um den 5. Embryonaltag herum üblicherweise stattfindenden Absterben zahlreicher Neuronen und hält dadurch unter Verlängerung eines vorübergehenden Redundanzzustandes Neuronen am Leben, die ohne die lähmende Substanz abgestorben wären. Demgegenüber scheint also normale Aktivität das Absterben einer beachtlichen Zahl von Nervenzellen, die Beseitigung überzähliger Nervenendigungen zu bewirken.

Changeux führt diesen Befund als Beleg für seine Theorie der selektiven Stabilisation an, in der er das epigenetische Prinzip des Zusammenwirkens von Genen und körpereigenen Umwelteinflüssen zum Ausdruck bringt. Danach wirkt der im Übermaß von den embryonalen Muskelfasern produzierte Nervenwachstumsfaktor (NGF) retrograd, d.h. in Gegenrichtung zur Leitung der nervösen Erregung. Dadurch zieht er die motorischen Nervenenden an, was eine mehrfache Innervation von Muskelfasern zur Folge hat. Wenn dann auf der Höhe des Überschusses dieser Faktor nicht mehr gebildet wird, hängt das Überleben der Nervenenden davon ab, in welcher Weise ihnen dieser Faktor noch zur Verfügung steht. Begegnen wir hier etwa – in anderer Gestalt – dem Prinzip der natürlichen Auslese? Je aktiver eine Nervenfaser ist, um so mehr gelangt sie in den Genuß des Faktors und vermag sich zu stabilisieren, während die anderen Fasern sozusagen „verhungern". Das ist, kurz gesagt, die Theorie der selektiven Stabilisierung.

Auf die Curare-Lähmung beim Hühnerembryo bezogen, könnte das nun folgendes bedeuten: Die Muskelaktivität steuert die in der Muskulatur erfolgende Synthese des retrograd wirkenden Nervenwachstumsfaktors. Die im Stadium der multiplen Innervation besonders hohe Muskelaktivität hemmt diese Synthese. Die Muskellähmung hebt dagegen diese Hemmung auf. Es kommt zu einer überschießenden Produktion. Dadurch wird eine Wettbewerbsvoraussetzung zwischen den Nervenfasern aufgehoben, und die multiple Innervation bleibt bestehen. Ähnliche Untersuchungsergebnisse in anderen Bereichen des Zentralnervensystems, bspw. im Bereich der optischen Wahrnehmung, konnten diesen Erklärungsansatz bestätigen, nach dem Inaktivität eine redundante Organisation aufreccht erhält.

Die Umgebung einer Zelle wird also weitgehend durch Struktur und Funktion anderer Zellen bestimmt. Diese anderen Zellen sind die Umwelt einer Zelle, so wie ja auch *ein* Organismus für den *anderen* ein Teil von dessen Umwelt ist. Beispielsweise ist der Mensch Umwelt für die Fliege und der Hund Umwelt für die Katze. Hier mag sich erneut die Fragwürdigkeit der üblichen Unterscheidung in genetisches Erbe und Umwelt zeigen, wenn die genetisch determinierte Membran einer Zelle einen Schlüsselreiz darstellt, auf den eine andere Zelle reagiert. Und jede Interaktion zwischen einer Zelle und ihrer Umwelt hinterläßt ihre Spuren in der Zelle, was weitere mögliche Interaktionen beeinflußt. „Jede Ursache ist das Resultat ihrer eigenen Wirkung", sagt der Sufi Ibn Arabi.

Dabei sind immer wieder kritische Perioden beobachtet worden, in denen Wirkungen, die bis dahin vorwiegend in einer bestimmten Richtung liefen, umkippen, neue Wirkungen auftreten oder bisherige Wirkungen verschwinden. Gleiche Veränderungen in der Umwelt von Zellen werden also zu verschiedenen Zeiten unterschiedliche Auswirkungen auf die Funktion dieser Zellen haben.

Ich möchte im folgenden nicht mehr näher auf die weitere Entwicklung von Nervenzellen, bzw. des Gehirns überhaupt eingehen, obwohl auch in dieser Beziehung über faszinierende Erkenntnisse berichtet werden könnte. Nur stichwortartig möchte ich einige Gesichtspunkte erwähnen: den Einfluß früher Anregungen und die Auswirkung von Lernvorgängen auf die Verbindungen zwischen Nervenzellen, die Rolle von Sinneszellen und entsprechenden Sinneswahrnehmungen für die Entwicklung von Gehirnzellen, die Bedeutung des Vorhandenseins oder Fehlens bestimmter Hormone, den ungünstigen Einfluß von Mangelernährung, insbesondere von Eiweißmangel auf verschiedene Kennwerte des Hirnwachstums, das Vorhandensein besonders kritischer, sensibler Perioden in der Kindheit, die Auswirkung von frühkindlichen Angst- und Stresszuständen oder bestimmter Drogen und Medikamente, die die Mutter während der Schwangerschaft einnimmt, überhaupt den Einfluß von allem, was eine Frau während der Schwangerschaft ißt, trinkt, einatmet oder erlebt, die Bedeutung des mütterlichen Herzschlages für das Kind und einer konstanten Zuwendung schlechthin usw.

Das alles soll uns indes, wie gesagt, hier nicht näher beschäftigen, da es in erster Linie darauf ankam, die Komplexität biologischer Zusammenhänge sowie Grundlagen einer biologischen Selbstorganisation aufzuzeigen. Angesichts des an zahlreichen Beispielen deutlich gewordenen äußerst komplizierten Zusammenspiels bereits auf unterschiedlichen biologischen Ebenen müssen Vorstellungen und Ansätze ausgesprochen gewagt erscheinen, die zum Inhalt haben, in mindestens ebenso komplizierten seelisch-geistigen oder sozialen Systemen durch einfache Entscheidungen von außen und einseitige Einwirkungen etwas erreichen zu wollen. Darauf werde ich an späterer Stelle noch ausführlicher zu sprechen kommen. Zum Abschluß dieses etwas umfangreicheren Kapitels möchte ich jedoch versuchen, noch einmal einen kurzen Überblick über die derzeit gültigen Erkenntnisse zur Anlage-Umwelt-Problematik zu geben und diese zugleich in eine Systembetrachtung einzubetten.

Systembetrachtung der Anlage-Umwelt-Beziehung

Wir haben gesehen, daß das Keimplasma offenbar von den Genen aus zunächst in abgrenzbare physikalisch-chemisch unterschiedliche Zellbezirke unterteilt wird. Diese treten mit fortschreitender Entwicklung in Wechselbeziehung zu weiteren Genen, so daß schließlich eine Vielzahl von Bildungsprozessen katalysiert wird. Es findet sozusagen eine allmähliche schrittweise Übersetzung der genetischen Information statt. Im Verlauf dieses Prozesses kommt es zu einer mehr und mehr detaillierten Festlegung. Das Wesen des Vererbungsprozesses, dessen stoffliche Grundlage die Desoxyribonukleinsäure des Zellkerns darstellt, besteht also letztlich darin, zunächst Information an die Folgegeneration weiterzugeben und dann diese Information zur Ausbildung endgültiger Merkmale zu verwerten. Das geschieht in einem vielschichtigen Wechselwirkungsgeschehen mit unterschiedlichen Umweltfaktoren. Die Gene delegieren dabei offenbar einen großen Teil ihrer Aufgaben an die Interaktion mit der Umwelt.

Wenn aber das Entwicklungsgeschehen nicht nur durch Gene und Regelkreisprozesse zwischen Erbfaktoren bestimmt wird, sondern auch aufgrund von Rückwirkungen der Keimteile auf die Gene und aufgrund vielgestaltiger Wechselwirkungsprozesse mit unterschiedlichen Umweltfaktoren, drängt sich gegenüber einer traditionellen Sichtweise die Notwendigkeit eines sehr viel umfassenderen Erklärungsansatzes auf. In einer solchen Sichtweise, die von einem „hochkomplizierten, aus Untersystemen in hierarchischer Ordnung aufgebauten komplexen Regelsystem" ausgeht, erscheint es möglich, daß sich durch ein umfassendes Zusammenwirken eine Einheit ergibt, die, ohne im einzelnen auf ein bestimmtes Ziel ausgerichtet zu sein, trotzdem ein „vorausgeplantes" Endergebnis zu erhalten gestattet und damit eine Finalfunktion erfüllt (Waddington). Es handelt sich um selbstorganisierende Systeme von hoher Anpassungsfähigkeit, die in der Lage sind, auf der Grundlage des Vergleichs mit der Umwelt ihr inneres Modell der Außenwelt zu korrigieren bzw. zu verbessern. Und das Merkmal der Selbstregulierung kann ja geradezu als Urprinzip von Lebensvorgängen gelten.

Führt man sich alle bisher gewonnenen Erkenntnisse vor Augen, so ergibt sich hinsichtlich der Anlage-Umwelt-Problematik eine ganz andere Antwort, als sie durch die übliche Alternativfrage nahegelegt wird. In der Tat erscheint der mit emotionalen, metaphysischen, ideologischen und auch politischen Aspekten behaftete Streit um Anlage *oder* Umwelt in der Bestimmung menschlichen Verhaltens in zunehmender Weise geradezu absurd und anachronistisch.

Selbstverständlich gibt es beides, gibt es vererbte Anlagen *und* Umwelteinflüsse, gibt es genetisch festgelegte Richtungen und Bereitschaften ebenso wie umweltbedingte Konkretisierungen; und selbstverständlich gibt es auch für beide Sichtweisen, wenn man sie isoliert nimmt, entsprechende Belege. Das Bemühen um eine ohnehin nicht eindeutig vollziehbare pauschale Abgrenzung ist aber kaum sinnvoll gegenüber dem Verstehen des äußerst komplexen Zusammenspiels, der Ermittlung dessen, was unter welchen Bedingungen in welchem Umfang und auf welche Weise zusammenwirkt.

Jeder Erwerb von Merkmalen setzt eine wie auch immer geartete Bereitschaft voraus, diese wiederum eine andere, bis man schließlich, so betrachtet, bei einer genetischen Verankerung ankommt.

Andererseits bestimmt die Umwelt – unabhängig von einer sog. Auslesefunktion – auf unterschiedlichsten Ebenen über die Realisierung von erblich angelegten Möglichkeiten. Die Grundfähigkeit zu bestimmten spezifischen Verhaltensweisen ist genetisch verankert, sozusagen als Angebot an die Umwelt. Aber ob und wie diese Fähigkeit definitiv zutage tritt, hängt ganz entscheidend von der Information ab, die seitens der Umwelt dem Organismus zukommt. So ist die grundsätzliche Sprachfähigkeit biologisch angeboren, die spezielle Sprache, die man sprechen lernt, dagegen kulturell vermittelt. Dieser Zusammenhang ist auch nicht schlicht additiv, sondern eher multiplikativ. Denn fehlt die eine Seite, so bildet sich ein Merkmal nicht aus. 6 x 0 ist eben 0 und nicht wie 6 + 0 = 6.

Es ist deshalb nicht gerechtfertigt anzunehmen, daß Angeborenes und Erworbenes notwendigerweise in umgekehrtem Verhältnis zueinander stünden. Noch weniger ist es gerechtfertigt anzunehmen, daß sich Angeborenes und Erworbenes gegenseitig ausschlössen. Sie wirken vielmehr in komplizierter Weise zusammen.

Auch die Frage bspw., ob ein bestimmter menschlicher Wesenszug ererbt oder erworben ist, kann im Grunde nur als bedeutungslos und sinnlos zurückgewiesen werden. Die Wertlosigkeit solcher, zwar aus dem menschlichen Denken heraus verständlichen, aber doch übervereinfachenden und damit falschen Fragen erwies sich ja auch in den historischen Versuchen, bei denen man jungen Menschen jede Möglichkeit nahm, bestimmte Fähigkeiten zu erwerben, indem man sie von allen entsprechenden Außenweltreizen isolierte. Schon im 7. Jahrhundert v. Ch. wollte der ägyptische König Psammeticos herausbekommen, ob die Sprache dem Menschen von Natur aus, d.h. als biologisches Erbe mitgegeben sei. Und es ist auch verständlich, daß ihn wie auch seine historischen Nachfolger, bspw. den Hohenstaufen Friedrich II., Jakob IV. von Schottland und den Fürsten Akbar die Frage interessierte, welche Sprache es denn nun sei, die ohne diesbezüglichen Kontakt mit der Umwelt aufwachsende Kinder sprächen. Man sperrte die Kinder ein, ließ sie von Menschen betreuen, die nicht mit ihnen sprechen durften, ließ sie von Ziegen säugen, setzte taubstumme Betreuer ein usw., und ... sah die Kinder dahinsiechen und sterben, ohne eine Antwort auf die Frage erhalten zu haben.

Gerade beim Menschen sind einerseits die Verhältnisse wesentlich komplizierter als bspw. bei der Wunderblume oder der Fruchtfliege, denen wir grundlegende Erkenntnisse über Vererbungsgesetze verdanken. Andererseits sind die Möglichkeiten von Experimenten an und mit Menschen aus vielerlei und nicht zuletzt ethischen Gründen längst nicht in dem Maße gegeben wie bei anderen Lebewesen. Vergegenwärtigen Sie sich doch nur, daß bei Bakterien und Viren etwa alle 20 Minuten eine neue Generation zur Welt kommt und damit die „natürlichen" Bedingungen eines Experiments wesentlich besser zu überblicken sind. Es kann aber kein Zweifel darüber bestehen, daß prinzipiell die gleichen genetischen Gesetzmäßigkeiten, die in Pflanzen- und Tierexperimenten gefunden wurden, auch für den Menschen gelten. Nur, was das bei einer konkreten Detailfrage bedeutet, läßt sich bei der Komplexität des menschlichen Organismus und bei der Komplexität seiner Umweltbeziehungen nur sehr schwer ermitteln.

Bei näherer und nicht durch ideologische Vorurteile belasteter Betrachtung löst sich also die Alternative Anlage oder Umwelt mehr und mehr auf, und zwar in Richtung eines äußerst komplizierten, vielgestaltigen und vielschichtigen Zusammenspiels von Abhängigkeiten und Wechselwirkungen, innerhalb dessen dem Begriff der dynamischen Selbstregulation eine beherrschende Bedeutung zukommt. Es handelt sich um eine umfassende, Organismus und Umwelt gleicherweise einbeziehende komplexe Systemorganisation, die ungeheuer differenzierte und komplizierte Selbstregelungen erkennen läßt. In dieser Sicht muß man im Grunde nicht zwei, sondern drei Faktoren berücksichtigen: einmal die erbliche Ausstattung, das Genom, zum zweiten die Umwelt und drittens die Interaktion zwischen diesen beiden, die Selbstregelungsfaktoren. In diesem ungeheuer komplizierten System von Rückkoppelungen spielt praktisch alles in enger Vernetztheit ineinander: Ein ohnehin schon unbegreiflich kompliziertes System eines Organismus, in dem seinerseits wieder Genom und epigenetisches System äußerst komplex zusammenwirken, ist in eine Umwelt eingebettet, die zunächst außerhalb dieses organismischen Systems als etwas anderes zu bestehen scheint. Die Umwelt ist aber zugleich doch auch wieder ein (Bestand-)Teil von Organismen, so wie diese Teile ihrer Umwelt sind, aus der sie spezifische Informationszuflüsse erhalten. Anstelle einer Gegensätzlichkeit bzw. „Gegenständlichkeit" in mehrfachem Sinne tritt die Vorstellung einer vielfältigen wechselseitigen Beziehung und Abhängigkeit, einer umgreifenden Einheit von Umwelt und Organismus.

Der Organismus hat in dieser Umwelt-Eingebundenheit geradezu eine doppelte Identität: die eines – im engeren Sinne verstandenen – begrenzten organismischen Systems, und die weitere Identität, die sich aus der Zugehörigkeit zur Umwelt und der Einbindung in diese ergibt.

Die Entwicklung von Organismen ist nicht die Entfaltung von Genen, und sie besteht auch nicht in der umweltbedingten Erfahrungsverwertung. Sie stellt einen dynamischen Prozeß dar, in dem der Organismus mit der Umwelt interagiert, d.h. in ständiger Wechselwirkung steht und sich dadurch ändert. Aufgrund der jeweils eingetretenen Änderungen sind aber die folgenden Interaktionen schon wieder andere, zumal sich auch die Umwelt ihrerseits spontan und durch Einwirkungen seitens lebender Organismen verändert hat.

In dieser Sicht hat sich zugleich die alte Streitfrage aufgelöst, die Rupert Riedl so treffend formuliert: „Ob uns diese Welt nur so erscheint, wie wir sie denken, weil sie uns anders, als wir sie denken, nicht erscheinen kann, oder ob sie uns so erscheint, wie sie ist, weil sie anders, als sie ist, auch nicht gedacht werden kann."

II. Systemdynamik und Selbstorganisation

Rückkoppelungsphänomene und Regulationen

Das erste Kapitel dieses zweiten Teils hat an einer großen Anzahl von Beispielen der Beziehung zwischen Organismus und Umwelt konkrete selbstorganisatorische Geschehensabläufe aufgezeigt, ohne daß bisher die grundsätzliche Frage der Theorie der Selbstorganisation angeschnitten worden wäre. Es dürfte aber bereits deutlich geworden sein, in welchem Umfang Selbstorganisation im Bereich der Naturwissenschaften und speziell der Biologie eine Rolle spielt. Die gesamte Entwicklungsgeschichte „mit dem blinden Abtasten aller Möglichkeiten" (Eibl-Eibesfeldt), das Leben auf der Erde in Verbindung mit der Atmosphäre und den Ozeanen (Lovelock), ja das gesamte Universum sind letztlich Ausdruck der Selbstorganisation.

Bevor wir uns im folgenden ausführlicher mit der Theorie der Selbstorganisation beschäftigen wollen, seien mir zunächst einige grundsätzliche Anmerkungen gestattet, die sich sozusagen auf das „Umfeld" der Selbstorganisation beziehen und u.a. Begriffe wie System, Rückkoppelung, Fluktuation zum Inhalt haben.

Wenn ein System eine Ganzheit darstellt, innerhalb derer einzelne Komponenten in oft dynamischer Wechselbeziehung zueinander stehen, wird verständlich, daß es sich bei Systemen gewöhnlich um dynamische Gebilde handelt. Diese Dynamik zeigt sich bevorzugt in Form sog. Rückkoppelungsprozesse. Dabei werden negative und positive Rückkoppelungen unterschieden.[10]

Rückkoppelungsphänomene spielen in der Systembetrachtung eine ganz entscheidende Rolle und lassen mehr und mehr die Vorstellung einer Einweg-Kausalität, eines einsinnigen, d.h. lediglich in einer Richtung verlaufenden Ursache-Wirkungs-Mechanismus zurücktreten. Es handelt sich vielmehr um Kreisprozesse, in denen – der klassischen Denkrichtung entsprechend – eine Ursache zu einer Wirkung führt, diese Wirkung aber gleichzeitig, indem sie Wirkung ist, wiederum zur Ursache wird und gewissermaßen auf ihre eigene Ursache zurückwirkt. Eine Rückkoppelung stellt also praktisch eine Verpolung dar, durch die auf die bewirkende Größe zurückgewirkt wird.

Im Falle der negativen Rückkoppelung geschieht dies sozusagen mit umgekehrten Vorzeichen. Ist der Meßwert gegenüber dem Sollwert erhöht, erfolgt eine Erniedrigung des Wertes der Regelgröße. Ist der Meßwert umgekehrt gegenüber dem Sollwert erniedrigt, erfolgt eine Anhebung des Wertes der Regelgröße. Ein

---
10 Eine detailliertere Besprechung zu Rückkoppelungsphänomenen verschiedener Art findet sich in meinem Buch „Natur, Wissenschaft und Ganzheit".

klassisches Beispiel ist die automatische Regulation einer Raumtemperatur mit Hilfe eines Thermostaten. Weil also der Rückkoppelungseffekt in entgegengesetzter Richtung zur festgestellten Abweichung, also sozusagen mit umgekehrtem Vorzeichen wirksam wird, spricht man von negativer Rückkoppelung, auch als kompensierende Rückkoppelung zu verstehen.

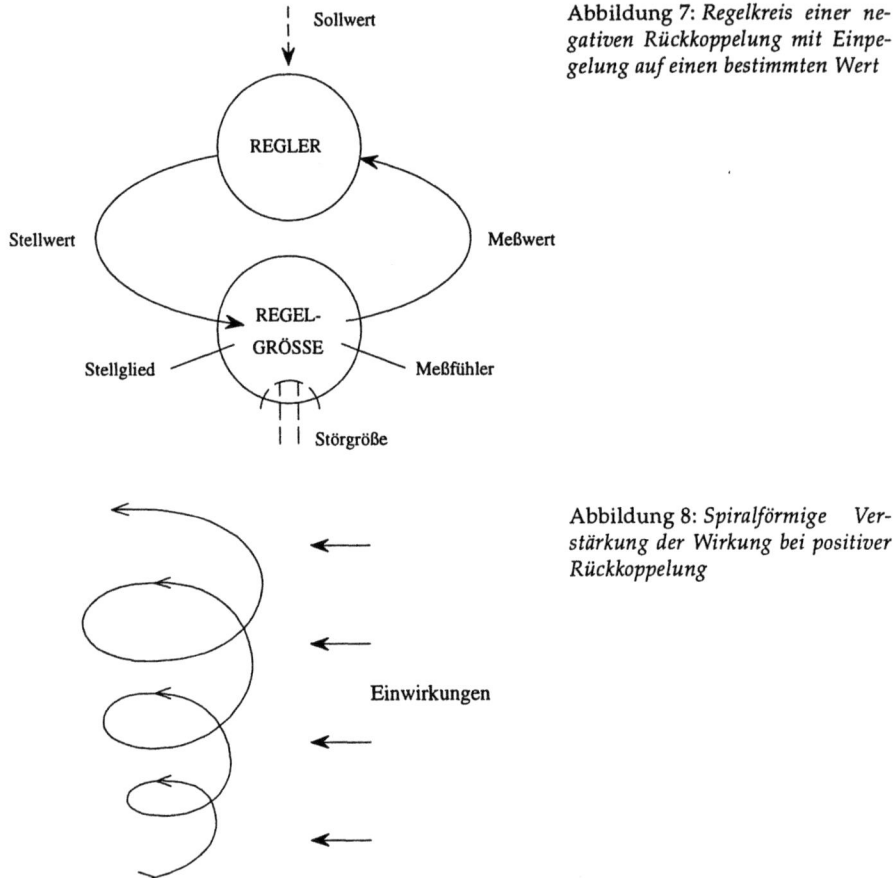

Abbildung 7: *Regelkreis einer negativen Rückkoppelung mit Einpegelung auf einen bestimmten Wert*

Abbildung 8: *Spiralförmige Verstärkung der Wirkung bei positiver Rückkoppelung*

Regelkreise, die negativ rückgekoppelt sind, suchen sozusagen bei einer eingetretenen Veränderung ihr Ziel. Dieses Ziel ist die Aufrechterhaltung eines bestimmten Gleichgewichtszustandes. Das geschieht durch den ständigen Vergleich des jeweiligen „Ist-Wertes" mit einem vorgegebenen „Soll-Wert". Als Ergebnis dieses Vergleichs werden die Abweichungen ausgeglichen.

Bei Regelkreisen mit positiver Rückkoppelung besteht dagegen die Tendenz, sich exponentiell, d.h. in immer stärkerem Maß von einem gegebenen Ausgangszustand zu entfernen. Die jeweiligen Abweichungen werden verstärkt. Man spricht deshalb auch von einer kumulativen Selbstverstärkung. Ein Beispiel dafür stellt aus dem Bereich der Naturwissenschaften die Verdichtung von galaktischen Kernen im Weltall oder im Bereich der Humanwissenschaften die Tatsache dar, daß Streß eine geringere Durchsetzungsfähigkeit bewirkt und diese wiederum zu mehr Streß führt.

Eine Gefahr solcher dynamisch expandierender Prozesse liegt zweifellos darin, daß ihre lawinenartige Dynamik eine Eigenentwicklung in Gang setzt, die wiederum das Gesamtsystem in seiner Existenz bedrohen kann. Deshalb ist es in solchen Fällen von Nutzen, wenn rechtzeitig Gegenregulationen in diesen Entwicklungsprozeß selbst integriert sind.

Greifen wir, der Einfachheit halber, ein bewegungsphysiologisches Beispiel heraus: Schon die einfache Bewegung des Ergreifens meiner Brille ist gar nicht so einfach, wie sie auf dem ersten Blick erscheinen könnte. Denn in ihr wird ja nicht ausschließlich die Bewegungstendenz meiner Hand in Richtung auf die Brille wirksam. Eine solche Tendenz für sich allein würde nie ein tatsächliches Erfassen der Brille ermöglichen, sondern die in reiner Form isoliert verwirklichte Bewegungsabsicht würde über den Standort der Brille hinausführen. Ich würde mir die Finger auf dem Tisch anschlagen, aber nicht die Brille gezielt in die Hand bekommen. Um das zu erreichen, müssen in die Bewegung zur Brille hin Bremsvorgänge eingebaut werden, und zwar um so stärker, je mehr ich mich der Stelle nähere, an der die Brille liegt.

Ein Beispiel für eine Gegenregulation im Rahmen von Vergesellschaftungen habe ich in meinem Buch „Natur, Wissenschaft und Ganzheit" geschildert. Es handelt von den Tupajas, in Südostasien lebenden kleinen Tieren, die unseren Eichhörnchen ähnlich sind. Wächst ihre Bevölkerungsdichte in einem bestimmten Raum an, so erhöht sich auch zwangsläufig die Anzahl der gesetzten Duftmarken. Für Tupajas bedeutet es nun eine Art sozialen Streß, ständig mit Duftmarken anderer Lebewesen der gleichen Art in Berührung zu kommen. Übersteigt schließlich dieser soziale Streß ein bestimmtes Maß, so kommt es dazu, daß die Mutter selbst ihre eigenen Jungen auffrißt. Sie markiert nämlich normalerweise ihre Jungen mit dem Sekret einer Drüse, die sich an ihrem Brustbein befindet. Dadurch werden diese instinktiv von ihren Artgenossen und auch vor der Mutter selbst geschützt. Wird die Mutter aber durch das enge Zusammenleben mehr und mehr gestreßt, dann stellt die genannte Drüse ihre Funktion ein. Der spezielle Markierungsstoff, der die Jungen schützt, wird nicht mehr abgesondert. Dadurch kommt es zu einem Absinken der Bevölkerungsdichte (Ewert).

Ähnliche Beobachtungen konnten an Rattenstämmen gemacht werden, deren Territorium begrenzt war. Auch bei ihnen stieg die Bevölkerungsdichte, wie in zahlreichen Versuchen festgestellt werden konnte, nie über einen bestimmten Wert hinaus an. Auch hier sind an die expansiven Tendenzen hemmungsloser Vermehrung abbremsende Gegentendenzen gekoppelt, die für das Gesamtgleichgewicht in der Natur letztlich sinnvoll sind. Ein nachdenklicher Betrachter mag sich hier die Frage nach dem Stellenwert ständigen Wirtschaftswachstums mit entsprechender Wettbewerbsverstärkung und deren möglichen Folgen stellen.

In der Welt, die wir geistig verarbeiten, haben wir es nun mit einem ungeheuer komplexen dynamischen Geschehen zu tun, in dem sowohl negative als auch positive Rückkoppelungen eine Rolle spielen. Lebendige Abläufe sind durchgehend von dem Prinzip der Kombination von negativer und positiver Rückkoppelung, von Gegen- und Mitkoppelungsmechanismen bestimmt.

Zwei unterschiedliche Prinzipien scheinen so das ganze Naturgeschehen zu bestimmen: ein auf Gleichgewicht gerichtetes, sog. homöostatisches Prinzip mit einer Tendenz zu Stabilität, Sicherheit und konservativer Selbsterhaltung und das in gleicher Weise grundlegende Prinzip der Ausdehnung, des Wachstums, der Veränderung, des Risikos, des gewagten Vorstoßes ins Unbekannte.

Fluktuationen und Kipp-Umschwung

Innerhalb eines dynamischen Systems gehören gewisse Schwankungen, sog. Fluktuationen zur Regel, ob sie nun aus dem System selbst stammen oder durch äußere Einflüsse hervorgerufen sind. Solange sie gering sind, werden sie gewöhnlich innerhalb des Systems aufgefangen. Das System als solches ist nicht betroffen oder gefährdet. Auch reicht eine einzige Schwankung in der Regel kaum aus, ein Gesamtsystem als solches zu beeinflussen. Sie betrifft meist zunächst nur einen umschriebenen Bereich innerhalb des Systems und kann sich dort stabilisieren. Der weitere Verlauf hängt von der Größe dieses Gebietes und dem Ausmaß der Schwankung ab. Im einen Fall kann sich die Schwankung zurückbilden, im anderen kann sie sich ausbreiten und das gesamte System erfassen.

Wenn die Fluktuationen an Zahl und Ausmaß zunehmen, kommt es üblicherweise zu vermehrter Aktivität zwischen den Komponenten des Systems. Die einzelnen Komponenten und Teilsysteme treten in intensiveren Kontakt. Von einem bestimmten Punkt an tritt dann eine gewisse „Unruhe" im System auf, bis dieses schließlich – möglicherweise – in seiner Existenz gefährdet wird. Ob es dazu kommt, hängt neben dem Vorhandensein starker und zugleich systemtragender Unterstrukturen von der Intensität und Vielfalt der systeminternen Wechselbeziehungen und der Geschwindigkeit wechselseitigen Informationsaustausches ab.

In manchen Fällen kann die Unruhe aber auch dazu führen, daß das System über eine Instabilitätsphase eine neue Struktur erhält. Im Verlauf einer solchen Instabilitätsphase werden alternative Möglichkeiten eines neuen Ordnungszustandes sozusagen „ausgetestet". Das System, dessen Stabilität durch primäre negative Rückkoppelungsprozesse nicht mehr länger aufrechterhalten werden kann, geht schließlich entweder zugrunde, unterliegt „begrenzten" Katastrophen oder „flüchtet sich sozusagen in eine neue (evtl. höhere) Ordnung" (Ferguson). Dabei ist bemerkenswert und bezeichnend, daß diese Ordnung (also auch eine neue Form von Ordnung) in selbstregulierten dynamischen Systemen nicht *gegen* die einzelnen Komponenten erzwungen wird, sondern gerade aufgrund einer auf die Funktion des Gesamtsystems gerichteten Interaktion der Teile entsteht. Sie bildet sich auf dem Boden des Geflechts dynamischer Wechselbeziehungen, die zwischen den einzelnen Bereichen des Systems bestehen und am Systemziel orientiert sind. Ein solcher Prozeß kann über einschneidende innere Systemveränderungen, durch tiefgreifenden Wandel der Umweltverhältnissen, durch Kollision mit einem anderen System oder durch inneren Zerfall in isolierte und wild wuchernde Teilsysteme zustandekommen.

Das neue System verfügt dann gewöhnlich für die erste Zeit über eine Reihe von Merkmalen, die vorher nicht zu beobachten waren: u.a. über strukturelle Neugestaltungen mit veränderten Untersystemen, eine stärkere Sensibilität für geringfügige Störgrößen, eine erhöhte Anpassungsfähigkeit, eine erhöhte (Gedächtnis-)Speicherung und eine ausgeprägtere Zielorientierung.

W. Ross Ashby, der den Begriff eines multistabilen Systems einführte, sprach in diesem Zusammenhang auch von einer kybernetischen Stufenfunktion. Die Verfügung über solche Stufenfunktionen erhöht verständlicherweise die Anpassungsmöglichkeiten eines Systems. Das zeigt sich bspw. in den sprungartigen Verhaltensänderungen eines Wassertieres namens Stentor.

Dieses Tierchen wurde versuchsweise einem mit Tusche angereicherten Wasserstrom ausgesetzt. Zunächst nahm es eine gewisse Menge von Tuschekörnchen in seinen Organismus auf. Hielt die Tuschebeimengung des Wasserstroms jedoch an, so änderte es plötzlich sein Verhalten, indem es nun die Richtung seines Wimpernschlages umkehrte, so daß der Wasserstrom von seiner Mundscheibe abgewendet wurde. Es verzichtete dadurch vorübergehend auf Nahrung, um der unangenehmen Tuschebeimengung des Wassers zu entgehen. Damit sind aber die Reaktionsmöglichkeiten des Tierchens noch nicht erschöpft. Denn hält der Tuschestrom an, verschanzt es sich so in seinem Gehäuse, daß es zu einem umweltunabhängigen System wird. Schließlich verfügt es sogar, wenn sich die Außenverhältnisse immer noch nicht geändert haben, über eine weitere Stufenfunktion, die darin besteht, daß es sein Gehäuse verläßt und sich an einen andere Ort begibt (G. Klaus).

Ebenso lehrt uns ja auch die Alltagserfahrung, worauf wir an späterer Stelle (S. 198) noch ausführlicher zurückkommen werden, daß ein Mensch in ähnlicher Weise aus Leid und Konflikten oft gestärkt hervorgeht und daß kreative Prozesse Phasen der Unordnung, der Ratlosigkeit oder gar des Chaos bedürfen, um die Schaffung neuer, höherer Ordnungen zu ermöglichen.

Auf die vorausgegangenen Überlegungen bezogen, haben wir also neben der negativen und positiven Rückkoppelung, bzw. den sich aufgrund entsprechender Regelungsmechanismen abschwächenden oder verstärkenden Systemabläufen, d.h. neben Schwingung und Gegenschwingung bei mittlerer Abweichung von der Norm noch eine weitere wesentliche Grundform der Regelungsdynamik zu unterscheiden: den krisenhaften Kipp-Umschwung bei drohender Überlastung des Systems (Selbach).

In der unvorstellbar langen Entwicklung der Natur erfolgten neben Gleichgewichtsschaltungen mit der Tendenz zu einer Rückführung auf eine bestimmte Ausgangslage, neben einem Ausgleich der Abweichungen und Störungen immer wieder auch gegenläufige Prozesse. Das führte dann in positiver Rückkoppelung zu einer Art energetischer „Aufspannung" des Systems (Sacher). Diese ermöglichte einen Überstieg in eine neue Systemebene mit neuer Gleichgewichtslage, sozusagen einer Art „Ultra-Stabilität". So liegt, um auf ein sehr konkretes biologisches Beispiel zurückzukommen, auch in den entwicklungsgeschichtlich viel diskutierten Mutationen Chance und Risiko. Eine zu geringe Mutationsrate mit der Folge einer sehr geringen Zahl von Alternativen würde eine Lebewesenart extrem konservativ und starr werden lassen. Das ist sicher problemlos und vernünftig, solange mit hoher Wahrscheinlichkeit auch mit gleichbleibenden Umweltbedingungen zu rechnen ist, an die diese Art biologisch angepaßt ist. Es wird aber zum hohen Risiko, wenn Umstellungen auf weitgehend neue Umweltverhältnisse zum Überleben erforderlich werden. In vielen Fällen hat sich in der Tat extreme Stabilität als tödlich erwiesen. Unzählige Arten von Lebewesen sind an einschneidenden Veränderungen der Umweltbedingungen zugrunde gegangen. Umgekehrt würde ein Übermaß an „Experimenten" in Form einer sehr hohen Mutationsrate ebenfalls die weitere Entwicklung und das Überleben einer Art in einer gegebenen Umwelt in Frage stellen.

Ein längerfristiges Überleben von Systemen ist deshalb nicht ausschließlich dadurch möglich, daß bei Abweichungen Tendenzen der Gleichgewichtserhaltung und Selbstbewahrung zu entsprechenden Ausgleichsregulationen führen. Bei lang anhaltenden oder stärkeren Veränderungen in der Umwelt eines Systems müssen auch Umstellungen der grundlegenden Sollwerte möglich sein. Gerade auf dem Boden von Anpassungsvorgängen dieser Art wird eine erweiterte Systemstabilität auch bei eingreifenderen Umweltveränderungen ermöglicht. In diesem Sinne können lebende Systeme und Systeme, die auf Überleben angelegt sind, entgegen utopischen Wunschvorstellungen letztlich nie abgeschlossen sein. Gerade Leben als „zunehmend geordnetes Verhalten von Materie" (Schrödinger) zeichnet sich durch diese Fähigkeit zur Selbstorganisation und Selbstregulation sowie durch die Möglichkeit zur Selbsttranszendenz aus. Damit ist ein „kreatives Überschreiten" der bestehenden Systemgrenzen und Systembedingungen in Richtung auf neue Formen und Funktionen, auf neue, höhere Systeme gemeint. Leben ist also, wie auch die stammesgeschichtliche Entwicklung zeigt, im Grunde etwas, das ständig neue Formen erzeugt.

Die Theorie der Selbstorganisation

In den bisherigen Ausführungen wurden mehr oder weniger allgemeine Rahmenbedingungen erarbeitet, unter denen wir uns nun den beiden Phänomenen ausdrücklich und ausführlich zuwenden wollen, die im Zentrum dieses Buches stehen. Dies ist zunächst die Selbstorganisation als quasi „spontanes" Entstehen von Systemen, Systemzuständen oder Systemprozessen aufgrund bestimmter Ausgangsbedingungen.

Seit Mitte der sechziger Jahre hat sich im Grunde die Wissenschaft über die bekannten Zusammenhänge der negativen und positiven Rückkoppelung hinaus mehr und mehr mit Problemen der Systemdynamik und mit allgemein übergreifenden Gesetzmäßigkeiten von Ordnungsprozessen befaßt. Dabei fand vor allem das Phänomen der Selbstorganisation[11] zunehmend stärkeres Interesse, ein Phänomen, das aus der klassischen Denkweise heraus nicht unbedingt leicht verständlich ist und auch in seiner begrifflichen Festlegung gewisse Schwierigkeiten bietet. Dem zunehmenden Interesse kam jedoch entgegen, daß Systeme ohnehin immer weniger als relativ konstante Gegebenheiten im engeren Sinne und immer mehr als dynamische, durch ständige Wechselwirkungen gekennzeichnete komplexe Ganze erkannt wurden.

Die in Systemen stattfindenden Vorgänge treten zwar immer wieder in verschiedenartigen Gleichgewichtsstrukturen in Erscheinung, haben aber doch mit dem soliden Gleichgewicht mechanisch-technischer Strukturen wenig Gemeinsamkeiten. Ein ganz einfaches Beispiel für Selbstorganisation dürfte ein sog. Phasen-Übergang sein, wie er stattfindet, wenn sich eine Flüssigkeit in feste Form oder in ein Gas verwandelt (Wasser-Eis-Dampf). Erich Jantsch, der vor allem durch sein Buch „The self-organizing Universe" bekannt gewordene Systemforscher, verdeutlicht das am Beispiel der vorübergehend stabilisierten Strukturen von Schmetterling und Raupe, die aber doch nur Schritte in einem zusammenhängenden Entwicklungsprozeß ein und desselben Systems darstellen.

Im Rahmen der intensiven wissenschaftlichen Beschäftigung mit diesen Zusammenhängen tauchten in der zurückliegenden Zeit unterschiedliche, für die bisherige wissenschaftliche Denkweise neue Kennzeichnungen auf. Im einzelnen wurden so verschiedenartige Modelle entwickelt, die aber alle Ausdruck eines gemeinsamen, bisher nicht üblich gewesenen Denkansatzes sind. Man sprach von einer Ordnung durch Fluktuation, bei der ein System sich quasi zu einem neuen, anders gestalteten System entwickelt, für dessen Entstehung Zustände des Ungleichgewichts eine wesentliche Rolle spielen (Prigogine). Andere Forscher sahen Selbstorganisation durch zufällige (Stör-)Einflüsse auf dem Boden von „Rauschen"[12] zustande kommen (von Foerster, Atlan, Conrad). Wieder andere stellten Optimierungsprozesse bei den Eigenaktivitäten, mikroskopische Veränderungen im Informationsraum oder das Zusammenspiel von Wettbewerb und Kooperation in den Vordergrund. In all diesen Fällen entwickelten sich Sichtweisen, die einer nach dem Modell der klassischen Mechanik vorgehenden konventionellen Wissenschaft nicht zugänglich waren. Es wurden so Erkenntnisse über Strukturen und funktionale Zusammenhänge möglich, gegenüber denen die klassische Wissenschaft blind gewesen war.

---

11 Der erste Teil des Begriffes („Selbst") bringt zum Ausdruck, daß die Organisation im System selbst, d.h. ohne einen ausdrücklichen Gestalter, zustande kommt. Eine der ersten Veröffentlichungen zu diesem Thema war die 1960 erschienene Arbeit Heinz von Foersters mit dem Titel „On Self-organizing Systems and Their Environment". Es sei jedoch erwähnt, daß die Konzeption der Selbstorganisation schon im 19. Jahrhundert im Rahmen der damaligen naturphilosophischen Überlegungen eine Rolle spielte und daß der Begriff als solcher sich bereits bei Kant findet.

12 Unter „Rauschen" versteht man in informationstheoretischer Sicht zufällige Störgeräusche, die die Übermittlung einer Information, bzw. das Funktionieren innerhalb eines Kommunikationsnetzes beeinträchtigen und damit die Ungewißheit erhöhen. H. v. Foerster prägte bekanntlich für dieses Prinzip den Begriff „order from noise".

Diese Strukturen stehen gegenüber der Umwelt – zumindest teilweise – in offenem Austausch, und in ihnen findet sozusagen „autokatalytisch", d.h. durch sich selbst vermittelt, eine Verstärkung bestimmter Entwicklungen statt. Dabei sind im wesentlichen zwei unterschiedliche Entwicklungen möglich: einmal innovative, evolutive Situationen mit partieller Neustrukturierung und Neuanpassung, zum anderen revolutionäre Situationen mit vollständiger Umwandlung bestehender Strukturen und beherrschender Werte.

Selbstorganisation[13] bezeichnet in diesem Sinne primär die Fähigkeit eines physikalisch-chemischen Systems, sich räumlich-zeitlich zu strukturieren, wobei es lediglich im Energieaustausch mit einer Umwelt steht, ansonsten aber funktional unabhängig ist.[14] Beispiele für solche biochemischen Selbstorganisationsprozesse sind u.a. das spontane Zusammentreten von Enzym-Proteinen zu hochgradig spezifischen dreidimensionalen Strukturen mit katalytischen Funktionen oder die spontane Bildung von Phospholipid-Doppellagen in wässrigem Milieu, die zum Entstehen einer Membran führt (Roth). Ein etwas komplizierteres Beispiel stellen Zelle oder Organismus dar: Auch sie ersetzen in einer Art Kreisprozeß in ständigem Wechsel die Bestandteile, aus denen sie bestehen, und zwar mit Hilfe der Bestandteile, aus denen sie zusammengesetzt sind.

Die Theorie der Selbstorganisation beschäftigt sich speziell mit diesem kooperativ-konstruktiven Zusammenwirken der Einzelteile eines Systems, das zur Bildung makroskopischer Strukturen in räumlicher, zeitlicher und/oder funktionaler Beziehung führt. Selbstorganisation stellt also einen Organisationsprozeß dar, der zu einer höheren strukturellen oder funktionellen Komplexität führt, ohne daß er in seinen Einzelheiten von außen her festgelegt wäre (Valjavec). Das kann einmal das „spontane" Entstehen eines Zustandes höherer Ordnung, zum anderen eine Verbesserung bestehender Systemfunktionen, bspw. in Richtung höherwertiger Interaktionen, bzw. der Kooperation bedeuten. In jedem Fall wird durch Selbstorganisation die Notwendigkeit verringert, ein System von außen lenken zu müssen.

Der ganze Prozeß ist aber nicht quantitativ exakt analysierbar, sondern Selbstorganisation stellt ein Erklärungsprinzip qualitativer Art dar (Bateson, Probst). Insofern geht in die Feststellung einer Selbstorganisation auch immer die Person des Handelnden oder Beobachtenden ein, der – möglicherweise allein aufgrund der Komplexität der Zusammenhänge – entgegen der auf seiner gewohnten Denkhaltung gründenden Erwartung keine Abhängigkeit des betreffenden Prozesses von bestimmten geplanten und bewußt vollzogenen Maßnahmen und Eingriffen erkennt.

---

13 Während bei der Selbstregulation ein System sich selbst in seiner eigenen Komplexität in Anpassung an wechselnde Umweltverhältnisse reguliert, liegt Selbstorganisation i.e.S. dann vor, wenn ein System erfolgreich auch tiefergreifende Änderungen und Schwächungen seiner Existenz- und Reproduktionsbedingungen übersteht.

14 An der Heiden, Schwegler und Roth definieren in diesem Sinne selbstorganisatorische Prozesse als „solche (physikalisch-chemischen) Prozesse, die innerhalb eines mehr oder weniger breiten Bereichs von Anfangs- und Randbedingungen einen (als 'Attraktor' wirkenden) geordneten Zustand oder eine geordnete Zustandsfolge einnehmen".

Selbstorganisation und Umwelt

Speziell Lebewesen nutzen zufällige Störungen, bzw. das, was informationstheoretisch als „Rauschen" bezeichnet wird, als Organisationsfaktor. Umwelteinflüsse tragen damit zur Selbstorganisation bei, ohne daß sie inhaltlich das Ergebnis der Selbstorganisation bestimmen. Das, was im Verlaufe der selbstorganisatorischen Prozesse entsteht, ist weder in einem von vornherein gegebenen systemeigenen Programm noch in einem äußeren Programm festgelegt; es kommt vielmehr aus dem Zusammenspiel „zufälliger" äußerer „Störungen" und systemspezifischer selbstorganisierender Mechanismen zustande. Damit stehen selbstorganistorische Systeme, wie sie durch ihre offene funktionelle Autonomie und durch ihre bei aller Entwicklung, Veränderung und Neukombination der Einzelteile langfristigen Identität ausgezeichnet sind, im Gegensatz einerseits zu rein von außen bestimmten und andererseits den rein von innen bestimmten abgeschlossenen Systemen mit eng und starr begrenztem Repertoire. Der wesentliche Unterschied liegt in dem Grad einer Autonomie, der in ihren Aktionen enthalten ist, sowie in der Spannbreite der von ihnen ohne Gefährdung ihrer eigentlichen Wesensmerkmale tolerierten und positiv verarbeiteten Einflüsse. Durch eine solche Eigenentwicklung entstehen möglicherweise wieder neue Voraussetzungen, aus Anlaß einer Energiezufuhr von außen etwas bisher nicht Vorhandenes zu schaffen.

Es hängt dabei weitgehend von der systemeigenen Reaktion ab, ob etwas letztendlich „Störung" bleibt oder aber Teil einer – höheren – Organisation wird. Im gleichen Sinne liegt es ja auch am Menschen selbst, ob er an einem Ereignis innerlich zerbricht oder wächst, ob er ein Ereignis als geistig-seelische Belastung erlebt oder als einen Anlaß zu weiterführenden Lernprozessen verwertet. Andererseits können Strukturen, die vor Störungen abgeschirmt werden, sich nicht verändern und damit keine Weiterentwicklung vollziehen.

Die eingehende „Information" trägt zunächst einmal dazu bei, Energie zu ordnen, einer „entropischen" Tendenz zur Unordnung entgegenzuwirken und damit auch die Verständlichkeit eines Systems zu erhöhen. Die Störung kann jedenfalls zu einem Organisationsfaktor im System, zu einem Ereignis der Systemgeschichte werden und bleibt nur „Störung" im Hinblick auf ihr überraschendes und zunächst systemfremdes Auftreten. Störeinflüsse wandeln sich aber dann innerhalb des Systems in Ordnung um, wobei der Komplexitätsgrad des Systems eine Rolle spielt. Störung ist also, ganz allgemein gesprochen, ein Außenreiz oder eine Reizkonstellation, die von einem System, wie etwa dem Zentralnervensystem, aufgenommen wird und eine Änderung des inneren Gleichgewichtszustandes bewirkt, wobei zunächst keine unmittelbare Möglichkeit besteht, das innere – „gestörte" – Gleichgewicht wieder herzustellen. Das System versucht nun unter den zahllosen Möglichkeiten, über die es verfügt, den Zustand zu finden, der den Störeffekt am besten zu neutralisieren gestattet. Es strebt also eine Integration des Störeffektes an, durch die dieser keine Beunruhigung oder Gefährdung des Systems mehr bedeutet.

Vielleicht ist sogar ein bestimmtes Maß an System-Unbestimmtheit, d.h. letztlich Flexibilität nötig, um einem System zu ermöglichen, sich an ein entsprechendes Ausmaß äußerer Störungen anzupassen und dabei in einem Kompromiß von innerer Vielfalt und Redundanz[15] autonom zu bleiben. Erkenntnis und Entwicklung wären sowohl in einer vollständig determinierten als auch gänzlich zufälligen Welt gleichermaßen unmöglich.

Führen wir uns also noch einmal vor Augen: Von einem selbstorganisierenden System spricht man dann, wenn ein System durch zufällige Störungen von außen nicht zerstört wird, sondern auf höherer Komplexitäts- und Leistungsebene weiter funktioniert, wenn ein System – selbst ohne *spezifischen* Einfluß von außen, d.h. weitgehend unabhängig von der Qualität *direkter* Außeneinflüsse – seine Funktion in Richtung besserer Anpassung ändert. Es kommt dabei zu einer Erhöhung der Komplexität aufgrund einer Folge desorganisierender Prozesse, denen jedesmal eine Neu-Organisation auf höherer Ebene folgt. Flexibilität und Redundanz erlauben also einem komplexen System, auf zufällige Störungen mit einer Folge des-organisierender und re-organisierender Akte zu reagieren, was fast immer mit einem höheren Komplexitäts- und Differenzierungsniveau einhergeht.

In diesem ständigen Prozeß von Desorganisation und Organisation sind beide kaum voneinander abzugrenzen. Selbstorganisierende Gebilde, die auf dem Boden von äußeren Störungen bzw. von inneren Fluktuationen zustande kommen und sich erneuern können, haben also die Möglichkeit, sich zufälliger äußerer Störungen zu bedienen, die zunächst nur – als solche betrachtet – Unordnung und Desorganisation zu bedeuten scheinen. Auf diese Weise führt die stammesgeschichtliche Entwicklung der Lebewesen über äußere Störungen, die die genetischen Grundlagen der Organismen treffen, zu immer komplexeren Systemen. Es bedarf also geradezu der Störung, der Desorganisation, damit es zu neuen Tendenzen, zu der Unwahrscheinlichkeit schöpferischer Entwicklung kommt, die dann durch positive Rückkoppelungsprozesse eine Selbstverstärkung erfährt. Dabei ist es im Grunde nicht die Störung selbst, die die Fortschritte bewirkt, sondern es ist die (oft unkorrekte) Korrektur der Störung im weitesten Sinne. Ein *zu* starkes Ausmaß an Störungen kann jedoch zur Zer-störung des Systems führen.

Auf die Situation der Menschheit in der heutigen Welt bezogen, könnte das folgendes bedeuten: Während in der Vergangenheit Einflüsse und Eingriffe der Menschen durch Systemkräfte der Natur aufgefangen werden konnten, werden die Regelungskapazitäten des Systems „Natur" durch die gewaltige Zunahme der Weltbevölkerung und die starke Industrialisierung mehr und mehr belastet und überfordert. Das Öko-System „Wald" scheint bspw. jetzt nach einer ständigen schleichenden Schwächung durch eine Menge zum Teil wohl nicht einmal bekannter industrieller Umwelteinflüsse im weitesten Sinne zusammenzubrechen.

Ich darf in diesem Zusammenhang daran erinnern, daß es offenbar keineswegs

---

15 Als redundant oder überzählig bezeichnet man den Teil einer Information, der entfallen kann, ohne daß der Inhalt der Information geschmälert würde, also eine inhaltlich bereits vorhandene Informationseinheit; analog werden systemtheoretisch solche Strukturen als redundant angesehen, deren Vorhandensein an der Systemfunktion nichts ändert.

immer die „Tüchtigsten" sind, die sich entwicklungsgeschichtlich behaupten. Gerade durch Übereffizienz kann es zu einem biologischen Verschwinden dominierender Arten kommen. Auf den Menschen bezogen könnte diese Erkenntnis eine tiefgreifende Skepsis gegenüber einer weiteren Perfektionierung seiner rationalen und technischen Fähigkeiten und ein intensives Plädoyer für den Ausbau seiner in der geschichtlichen Entwicklung der letzten Jahrhunderte zu kurz gekommenen „moralischen" Eigenschaften begründen (Oeser).

In den folgenden Kapiteln möchte ich nun verschiedene Konzeptionen vorstellen, die aus unterschiedlicher Sicht, mit unterschiedlicher Akzentsetzung und in jeweils anderer Terminologie das Phänomen der Selbstorganisation zum Inhalt haben.

Obwohl ich versucht habe, die Zusammenhänge möglichst einfach darzustellen und mit zahlreichen Beispielen anzureichern, wird sich mancher Leser sicher nicht leicht tun. Es handelt sich aber in der Tat um alles andere als eine leichte und anspruchslose Thematik, die zudem unserem traditionellen Denken relativ fremd ist. Da aber nun einmal die Grundlegung der Theorie der Selbstorganisation auf naturwissenschaftlichem Gebiet erfolgte und diese Grundlegung zugleich für spätere Analysen und Überlegungen in psychologischer, pädagogischer, soziologischer und politologischer Richtung wichtig ist, möchte ich den Leser bitten, sich auch durch den in den nächsten Kapiteln etwas herben Stoff nicht entmutigen zu lassen.

III. Humberto Maturana und Francisco Varela: Die Autopoiese

Autopoietische Systeme

Eine wesentliche Rolle in der Diskussion um die Selbstorganisation spielt der Begriff der „Autopoiesis",[16] der Selbstschöpfung bzw. Selbstgestaltung. Der Begriff ist vor allem seit 1973 durch die Arbeiten der beiden chilenischen Biologen und Neurophysiologen Humberto Maturana und Francisco Varela bekannt geworden. Er bezieht sich auf das Merkmal lebender Systeme, sich selbst durch funktionell autonome Eigenaktivität beständig zu erneuern. Der Schlüssel zu diesem Phänomen, bei dem eine Systemstruktur sozusagen aus Zufallseinflüssen heraus schöpferisch entsteht, wird in der Tatsache gesehen, daß es bei Auftreten eines „zufälligen" Ereignisses zu einer Neustrukturierung des umgebenden Feldes kommt und sich damit die Wahrscheinlichkeit anderer „zufälliger" Ereignisse ändert (Boulding).

Der Begriff der Autopoiese bezeichnet damit die Dynamik einer zwar global stabilen, aber doch niemals ruhenden Struktur. Lebende Systeme haben nämlich die Fähigkeit, ihre Einheit trotz eines pausenlosen Wandels ihrer Komponenten beständig zu erhalten. Ihre Struktur besitzt als solche auch eine gewisse Autonomie gegenüber der Umwelt, und ihr kommt damit eine Art „Individualität" im weitesten Sinne zu. Die Organisation eines lebenden Wesens ist also eine beständige Größe, die sich als solche über dessen gesamte Lebensgeschichte hin bewahrt.

Ein solches autopoietisches System ist weniger auf irgendeine Form von Output hin ausgerichtet, sondern hat es in erster Linie in einer spezifischen Rückbezüglichkeit auf sich selbst mit der Erneuerung der eigenen gleichbleibenden Prozeßstruktur zu tun, obwohl das keineswegs seine ausschließliche Funktion darstellen muß.

Entscheidend ist jedenfalls, daß es sich um eine sich selbst erhaltende und sich selbst Dauer verleihende Systemeinheit handelt, die in einer dynamischen Gleichgewichtsbeziehung zu ihrer Umwelt steht und eine Reihe von strukturellen Anpassungen durchläuft, dabei aber ihre autonome Identität bewahrt.

Ein autopoietisches System stellt also nach Maturana und Varela ein aufeinander abgestimmtes Gesamt von Prozeß-Komponenten dar, durch deren Wechselbeziehungen[17] und Zusammenwirken das einheitliche Gesamt eines dynamischen

---

16 Das Wort ist aus dem Griechischen entlehnt, und seine beiden Bestandteile sind autos = selbst und poiein = machen.
17 Maturana spricht von Interaktion, wenn zwei Einheiten mit jeweils spezifischen Eigen-

Netzwerkes von Prozessen zustande kommt und erneuert wird, aus dem die Komponenten als Produkte hervorgegangen sind. Durch diese Wechselwirkungen erzeugen die Komponenten das Netzwerk, das sie selbst erzeugt hat. Zugleich bauen sie das Netzwerk von Prozessen der Produktion von Bestandteilen dadurch als eine Einheit in dem Raum auf, in dem sie existieren, daß sie dessen Grenzen erzeugen und festlegen. Autopoietisch ist damit ein Netzwerk von miteinander verschalteten Komponenten, die aus einem inneren Zusammenhang heraus eben diejenigen Komponenten produzieren, die das Netzwerk bilden, wobei zumindest einige der Produkte notwendige Bedingungen für ihre eigene Produktion darstellen. Es ist ein Kreisprozeß, den man in zwei Richtungen sehen kann: Einerseits sind die Komponenten ein Produkt des funktionierenden dynamischen Netzwerks, andererseits ist das Netzwerk ein Produkt der zusammenwirkenden Komponenten. Eine Systemeinheit als solche entsteht dabei im wesentlichen aus Komponenten, deren Wechselbeziehungen gegenüber anderen besonders eng sind.

Speziell unter lebenden Systemen[18] verstehen Maturana und Varela im Sinne der Autopoiese also Systeme, denen folgende wesentliche Eigenschaften zukommen: Indem der Zellstoffwechsel Bestandteile erzeugt, die in das Netz der Umsetzungen im Organismus integriert werden, produzieren sie ihre eigenen Bestandteile selbst und sind in diesem Sinne als selbsterzeugend zu bezeichnen. Darüber hinaus sind sie selbsterhaltend, indem sie ihre eigenen Bestandteile reproduzieren und ihre innere Organisation aufrechterhalten.[19] Sie sind schließlich in ihrer Selbstorganisation selbstbezüglich,[20] indem sie nur auf ihre eigenen Zustände bezogen sind und sich wesensgemäß auch nur auf sich selbst beziehen können. Jedes Verhalten eines selbstorganisierenden Systems wirkt auf sich selbst zurück und ist seinerseits wiederum Ausgangspunkt für weiteres Verhalten. Denn die Interaktionen eines biologischen Systems sind praktisch durch das Beziehungsmuster der Organisation bestimmt. G. Roth definierte in diesem Sinne 1987 Systeme als selbstreferentiell – und damit Kohärenz, Zusammenhang, Vereinbarkeit der Bestandteile und letztlich innere Stimmigkeit erzeugend –, wenn „deren Zustände miteinander zyklisch interagieren", d.h. in Kreisprozessen der Wechselwirkung zueinander stehen, „so daß jeder Zustand des Systems an der Hervorbringung des jeweils nächsten konstitutiv beteiligt ist". Probst veranschaulicht das an einem einfachen Beispiel: „So wie jemand, der über Sprache nachdenkt, das nicht außerhalb der Sprache tun kann" und seine Überlegungen diese Tatsache berücksichtigen

---

schaften ihre Zustände in bezug auf das umfassende System, in das sie eingebettet sind, zu ändern scheinen.
18 Es mag für manchen Leser der nicht einfachen Texte von Maturana und Varela befremdlich klingen, daß die Autoren lebende Systeme als „Maschinen" im Sinne von konkreten materiellen Systemen bezeichnen, zumal einige Merkmale autopoietischer Systeme für Maschinen gerade nicht zutreffen (Bammé). Man denke nur daran, daß Maschinen nicht wachsen, sondern aus fertigen, unveränderlichen Teilen bestehen, und daß sie ihre Teile nicht produzieren und sich selbst nicht regenerieren können.
19 Sämtliche Bestandteile einer Zelle werden bspw. 10.000mal während deren Lebenszeit erneuert.
20 In der Wissenschaft trifft man üblicherweise auf den Begriff selbstreferentiell.

müssen, „so kann sich der Organisierende in einem selbstorganisatorischen System nicht hinausdefinieren als jemand, der von außerhalb zusieht und nicht (selbst auch) beeinflußt wird". Damit kristallisieren sich die Aspekte der operationalen Abgeschlossenheit und der Autonomie, die eine exakte Voraussagbarkeit von außen unmöglich machen, als wesentliche Bestimmungsgrößen selbstorganisierender Systeme heraus.

Solche selbstorganisierenden Systeme regeln ihre eigene Komplexität, d.h. sie modulieren ihre charakteristische Weise der Selbstreproduktion je nach dem Wechsel von Umweltbedingungen und erhöhen ggfs. den Grad ihrer inneren Geordnetheit oder Autonomie. Bestehende Organisationen werden damit durch ihr eigenes Funktionieren modifiziert, ohne daß sich die Reproduktionsmechanismen als solche ändern. In diesem Sinne stellt ein Organismus eine Ganzheit dar, die das steuernde und ordnende Prinzip in sich selbst hat. Er ist ein großes selbstorganisierendes System. Deshalb könnte man auch mit Maturana und Varela formulieren, daß die „Selbstorganisation eine Organisation ist, die die Organisation organisiert, die zu ihrer eigenen Organisation erforderlich ist".

Damit werden lebende Systeme vorrangig als selbst-verwirklichende Prozesse verstanden, und die üblichen Unterscheidungen zwischen einer produzierenden und einer von dieser produzierten Größe, zwischen Input und Output, zwischen Anfang und Ende verlieren an Bedeutung und letztlich ihren eigentlichen Sinn.

In diesem Sinne beendete Francisco Varela anläßlich einer Konferenz in Alpbach 1983 sein Referat, dem er den bezeichnenden Titel „Das Gehen ist der Weg" gegeben hatte, mit den Worten des spanischen Dichters Antonio Machado:

„Wanderer, die Fußstapfen
sind der Weg, und nichts sonst.
Wanderer, einen Weg gibt es nicht,
den Weg machst du beim Gehen.
Beim Gehen machst du den Weg,
und blickst du zurück,
so siehst du den Pfad,
den du nie wieder
betreten mußt.
Wanderer, einen Weg gibt es nicht,
nur Wirbel im Wasser des Meeres."

Die operationale Geschlossenheit und die Konstruktion der Wirklichkeit

Aus ihren Untersuchungen leiten Maturana und Varela die erkenntnistheoretische Position eines konsequenten Konstruktivismus ab, nach dem das menschliche Gehirn die „Welt" oder vielleicht besser „seine Welt" konstruiert. Die „Realität" wird durch die Operationen des Beobachters bewirkt. Alle geistigen Zustände sind – als Zustände des Erkennenden – durch die Art und Weise bestimmt, die für dessen Autopoiese charakteristisch ist. Betrachtet man z.B. das Wahrnehmungsgeschehen weniger als eine Funktion der Sinnesorgane, sondern vielmehr des

Gehirns, gelangt man zu der zunächst überraschenden Erkenntnis, daß Wahrnehmung eine „Bedeutungszuweisung zu an sich bedeutungsfreien neuronalen Prozessen" und damit in erster Linie „Konstruktion und Interpretation" ist (Roth). Durch diesen Prozeß werden auch unterschiedliche Qualitäten so erlebt, daß ihre Gesamtheit eine Einheit, ein „Ding" darstellt.

Während man in der klassischen wissenschaftlichen Sichtweise davon ausging, daß das Erkennen eine Funktion des menschlichen Organismus ist, die den direkten Zugang zur äußeren Realität eröffnet und diese sozusagen widerspiegelt, bzw. die Eigenschaften der Umwelt „erfaßt", sehen Maturana und Varela im Erkennen oder nach der Terminologie der wissenschaftlichen Psychologie in der Kognition in erster Linie einen Spiegel der anatomischen und funktionalen Organisation des Nervensystems, ein „Produkt des Operierens" autopoietischer Systeme in den ihnen entsprechenden Umwelten. 'Objekte' und 'Ereignisse' sind Beziehungsgebilde im Zentralnervensystem, die als relativ unveränderliche Größen sozusagen errechnet werden. Mit ihrer Hilfe organisiert der Organismus seine Erfahrungen. 'Dinge' sind Konstruktionen unseres Gehirns, die Ähnlichkeiten zwischen gegenwärtiger und vergangener Erfahrung zum Inhalt haben. Beschreibungen der Wirklichkeit beziehen sich also primär nicht auf eine tatsächliche Realität außerhalb des Organismus, sondern sind individuell bzw. sozial „konstruiert". 'Information' für einen Organismus kann nur das sein, wofür dieser durch seine Organisation und seine Struktur empfänglich ist.

Auch Zeichen, denen wir eine bestimmte Bedeutung beimessen, haben diese Bedeutung nicht aufgrund bestimmter, ihnen objektiv zukommender Eigenschaften, sondern aufgrund unserer Erfahrungen, die jeweils durch die Benutzung dieser Zeichen wieder aktualisiert werden. Unsere „Wirklichkeit" ist also eine Art Selbstbeschreibung des Gehirns und stellt das Ergebnis von entsprechenden Selbstdifferenzierungsprozessen dar. „Jeder Akt des Erkennens bringt eine Welt hervor." Die Unterschiede, die der Mensch in der Welt findet, sind durch *seine* eigenen Unterscheidungs-Operationen bestimmt. Jede Wahrnehmung ist, wie gesagt, zugleich auch Interpretation.

Maturana belegt zusammen mit Uribe und Frenk auf experimenteller Grundlage, „daß die Aktivitäten der Nervenzellen keine von Lebewesen unabhängige Umwelt spiegeln und folglich auch nicht die Konstruktion einer absolut existierenden Außenwelt ermöglichen". „Sie bilden lediglich", so fährt er in der Zurückweisung des klassischen Widerspiegelungsmodells fort, „einen Rahmen von Relationen, in dem das Lebewesen sich mit Bezug auf seine eigene Organisation selbst repräsentiert". Die Netzhaut wird deshalb auch nicht lediglich als ein Instrument visuellen Wissens bezeichnet. Sie „definiert auch den Bereich des durch sie einholbaren möglichen Wissens". „Das Lebewesen erzeugt dadurch Sinn, und durch seine Schaffung von Sinn erzeugt es Realität."

Unter „Denken" versteht Maturana dementsprechend die innere Dynamik, die zwischen einem Anstoß und einer aus diesem Anstoß resultierenden Handlung abläuft, und als „Verhalten" bezeichnet er folgerichtig die Zustandsänderungen des Zentralnervensystems beim Kompensieren von Störungen aus dem Milieu, denen das System ausgesetzt war.

Entscheidend für die Position Maturanas und Varelas ist, daß sie mit allem Nachdruck neben der Plastizität vor allem die operationale Geschlossenheit der autopoietischen Systeme und Prozesse betonen. Diese Geschlossenheit bedeutet, daß Innen und Außen nur für denjenigen existieren, der das System von außen betrachtet, nicht jedoch für das System selbst. Die Einwirkungen aus dem Milieu wirken dabei nur als Anreiz für eine innere Veränderung; sie lösen – abgesehen von den Fällen, in denen sie den durch die Struktur des Systems vorgegebenen Kompensationsbereich überschreiten und Auflösung oder Zerstörung des Systems zur Folge haben – lediglich Strukturveränderungen im System aus. Diese sind aber durch dessen eigene Struktur bestimmt. Umwelteinflüsse determinieren also nicht, was qualitativ tatsächlich passiert. Sie veranlassen, aber lenken nicht das Systemverhalten. „Die Umwelt enthält keine Information. Sie ist, wie sie ist." Daran ändert such die Tatsache nichts, daß bei rückblickender Betrachtung der Anschein einer Umweltbestimmtheit von Verhaltensmerkmalen entsteht. Die Ordnung und Stabilität „unserer" Welt ist weitgehend ein Produkt unseres eigenen kognitiven Systems. „Nichts außerhalb eines lebenden Systems kann für dieses spezifizieren, was in ihm geschieht" (Maturana).

Es gibt keinen außerhalb des Systems existierenden Mechanismus, durch den im System ablaufende Vorgänge konkret festgelegt werden könnten. Der klassische Stimulus oder Input im Sinne eines dem System von außen zugeführten Reizes wird im System sozusagen als „Störung" (Maturana spricht von „Perturbation") verarbeitet und führt zu Systemprozessen, die durch die Bedingungen des Systems determiniert sind. Diese legen geradezu fest, was zu welchem Zeitpunkt in welcher Weise als Input wirken kann, und jeder Zustand des Systems bleibt innerhalb der Grenzen, die durch die Struktur des Systems definiert sind. „Es gibt keine Wunder für den, der sich nicht wundern kann" (Marie Ebner-Eschenbach).

Francisco Varela bringt in diesem Zusammenhang gern das Beispiel der vor allem in Südostasien so bekannten Mobiles, deren in der Luft hängende Holz-, Metall- oder Glasstäbchen bei einem Windstoß zu klingen beginnen. Dabei ist der Wind wohl der Anlaß des Klingens, aber die eigentliche Ursache und vor allem die spezifische Qualität des Klingens liegt in der inneren Struktur des Mobile. Oder er verweist auf die Tatsache, daß wir aufgrund der in unserem Nervensystem vorgegebenen Bedingungen aus den aus der Umwelt auf uns treffenden Wellen ganz bestimmter Länge bzw. Frequenz ein Erleben von „Farben" entwickeln. Dabei entspricht die Erfahrung einer bestimmten Farbe einer „spezifischen Konfiguration von Aktivitätszuständen im Nervensystem, die durch die Struktur des Nervensystems determiniert sind".[21] Diese Einzelleistung des Gehirns wird auch

---

21 Bezeichnenderweise stellte Maturana bei seinen Forschungen fest, daß die Aktivitäten der in der Netzhaut gelegenen Ganglienzellen, die einen besonderen Typ von Nervenzellen darstellen, mit den vom Menschen benutzten Farbnamen in eine statistisch bedeutsame Beziehung gebracht werden konnten, nicht jedoch mit den spektralen Eigenschaften des Lichts.

in einem physikalischen Experiment deutlich, bei dem den Versuchspersonen Farbdias dargeboten wurden. Dies erfolgte aber auf die Weise, daß für jedes dargebotene Bild drei Farbauszüge benutzt wurden, die mit Hilfe von drei Projektoren exakt übereinander auf die Leinwand projiziert wurden. Ein Farbauszug war lediglich schwarz-weiß, der andere enthielt nur die roten und der dritte nur die blauen Töne des gleichen Bildes. Erstaunlicherweise sahen die Versuchspersonen auch das Grün der Wiesen und Blätter, obwohl diese Farbe sich aus den Farben der verwendeten Dias nicht mischen ließ. Sie sahen also aufgrund ihrer Erfahrung in der Wirklichkeit gar nicht Vorhandenes (E.H. Land).

Aus dieser Position ergeben sich natürlich zumindest Zweifel, inwieweit man von außen überhaupt bestimmen kann, was in einem strukturdeterminierten System, also einem Lebewesen abläuft, und inwieweit man etwa einen Menschen *gezielt* beeinflussen kann. Daß man auf ihn einwirken, möglicherweise irgend etwas in ihm in Bewegung bringen kann, wird auch aus streng konstruktivistischer Sicht eingeräumt. Es wird aber nicht für möglich gehalten, die Art seines konkreten Verhaltens letztlich von außen definitiv zu bestimmen.

Die menschliche Erfahrung lehrt ja auch, daß man durch intensive Einflußnahme oft das Gegenteil erreicht, daß der andere erst recht Widerstand entwickelt und „störrisch" wird. Maturana bestreitet sogar, daß es – streng genommen – ein Phänomen der „Instruktion" gibt. Information ist ja in der Tat erst dann gegeben, wenn sie jemand aufnimmt. Wer kann aber sicher sagen, als was sie aufgenommen wird? Vielleicht wird sie inhaltlich im aufnehmenden System geradezu zum Gegenteil dessen, was der Sprecher vorhatte zu vermitteln. Für den einen ist es wunderbar, daß die Sonne scheint. Der andere aber klagt: „Draußen scheint die Sonne, und ich muß hier mit gebrochenem Oberschenkel im Bett liegen." Ich erinnere mich noch, als ich vor langen Jahren einmal einen Vortrag über Vorurteile hielt. Dabei sprach ich u.a. zur Veranschaulichung auch über die Äußerungen, die über rothaarige Frauen kursieren. Am Ende des Vortrages erhob sich der Vorsitzende des Verbandes, der mich eingeladen hatte, bedankte sich für den „eindrucksvollen" Vortrag und meinte ergänzend, am meisten habe ihn das Beispiel mit den rothaarigen Frauen beeindruckt, denn schon sein Großvater habe immer zu ihm gesagt: „Junge, wenn du mal ...".

Trotz der theoretischen Konsequenz in dem Ansatz von Maturana und Varela mögen einem naiven Betrachter die praktischen Möglichkeiten nicht so durchgehend aussichtslos erscheinen, doch zumindest einen gewissen Einfluß nehmen zu können. Das setzt aber – wenn es effektiv nicht dem Zufall überlassen bleiben soll, was man erreicht – eine sehr umfassende und zugleich tiefgehende Kenntnis des betreffenden Systems voraus, auf das man einwirken will. Es ist natürlich auch um so schwieriger, je komplexer das zu beeinflussende System ist. Unbenommen davon bleibt die Möglichkeit, das Milieu eines Menschen so zu ändern, daß von dort her bestimmte Verhaltensweisen nahegelegt und erleichtert oder zumindest nicht behindert werden. Die Eigengesetzlichkeit eines Systems ist sogar auf der anderen Seite geradezu eine Voraussetzung für die Möglichkeit einer

Einflußnahme, die überhaupt nicht möglich wäre, wenn alles, was systemintern geschieht, nur rein zufallsbedingt abliefe.

Jedenfalls stellt aber operationale Geschlossenheit für Maturana und Varela ein entscheidendes Merkmal autopoietischer Systeme dar. Als charakteristisches Beispiel solcher struktureller und funktionaler Geschlossenheit verweisen sie häufig auf das Zentralnervensystem, auch wenn es im weiter oben beschriebenen Sinne kein autopoietisches System i.e.S. darstellt und in anderer Sichtweise eindeutige Aspekte der Offenheit aufweist.[22] Die Nervenzellen seien zwar, so räumen sie ein, für Stoffwechsel und Energieumsatz offen, stünden jedoch operational in enger Vernetzung ausschließlich untereinander in Beziehung, so daß die Arbeitsweise des Nervensystems Ausdruck seiner Vernetzungsstruktur sei und dieses geschlossene Netzwerk von Nervenzellen aufgrund seiner Eigenfunktion eben durch die innere Struktur des Gehirns bestimmte komplexe Zustände neuronaler Aktivität erzeuge. Das Nervensystem bilde sozusagen ein Kompensationssystem für Störungen aus dem Milieu. Es funktioniere eben als ein geschlossenes Netzwerk von Veränderungen der Aktivitätsbeziehungen zwischen seinen Komponenten und erzeuge eine Erscheinungswelt, die im Dienste der Autopoiese des Organismus stehe, in den es eingebettet sei. Dabei sehen sie Lebewesen und Milieu als voneinander unabhängig an, auch wenn zwischen ihnen eine strukturelle Übereinstimmung bestehe. Diesen ständigen Prozeß jeweils von der anderen Seite ausgelöster Zustandsveränderungen bezeichnen sie als „strukturelle Koppelung". So besehen könnte man sogar sagen, daß die operationale Geschlossenheit eine entscheidende Grundlage für die Umwelt-Offenheit und Plastizität eines Systems ist.

Der Ansatz von Maturana und Varela erlaubt jedoch noch einen weitergehenden Schritt. Ganz anders als beim Computer-Modell, das auf dem Prinzip der Reizaufnahme und -verarbeitung beruht, kann nach ihrer Auffassung jede Wahrnehmungsstruktur im Prinzip als etwas angesehen werden, das von vornherein im Gehirn angelegt ist, noch bevor überhaupt entsprechende individuelle Wahrnehmungen stattgefunden haben. Aus der Vielfalt der artspezifisch vorhandenen „Muster" werden dann aus Anlaß des Auftretens irgendwelcher Gegebenheiten in der Umwelt und ihrer „Wahrnehmung" durch das Individuum ganz bestimmte Muster aus dem vorhandenen Repertoire ausgewählt.

Danach wäre es also weitgehend – entwicklungsgeschichtlich – vorgegeben, was wir wahrnehmen und wie sich das geistige Bild unserer Umwelt zusammensetzt. Wahrnehmen und Erkennen wären, wie gesagt, in erster Linie konstruktive und nicht abbildende Funktionen. Deshalb ist es auch in der Erfahrung nicht möglich, zwischen Wahrnehmung und Illusion zu unterscheiden und deshalb ist es möglich, durch elektrische Reizungen in ganz bestimmten Hirngebieten die

---

22 So weisen nicht wenige Forscher darauf hin, daß – wie bspw. in der sog. Psychophysik – durchaus Korrelationen zwischen physikalischen Merkmalen der Reize und subjektiver Empfindung sowie reizentsprechenden Reaktionen von Lebewesen hätten aufgezeigt werden können (Riegas), die sich eindeutig als Anpassungsprozesse des Nervensystems an die Umwelt erklären ließen. Die einschlägige Diskussion scheint hier offenbar im wesentlichen auf unterschiedlichen Interpretationssystemen der Forscher zu beruhen.

Illusion zu bewirken, etwas zu sehen oder zu hören, obwohl Auge und Ohr an diesem Vorgang völlig unbeteiligt sind. Anstelle einer Abbildungstheorie der Außenwelt tritt so die Vorstellung des Schaffens und Gestaltens einer Welt aufgrund der inneren Kohärenz eines Systems.

Diese Sichtweise wird im übrigen durch neuere Erklärungsansätze in anderen Wissensbereichen gestützt. Sie knüpfen bspw. an modernere Erkenntnisse der Immunforschung an. Lange Zeit hatte ja unter Immunforschern weitestgehend Übereinstimmung darüber bestanden, daß vor allem in den Körper eingedrungenes artfremdes Eiweiß, das sog. Antigen, bei der Antikörperbildung[23] zur Abwehr dieses Antigens eine den klassisch verstandenen Lernprozessen vergleichbare „instruktive" Rolle spielt. Danach löst das Antigen an Globulin-Molekülen Veränderungen aus, die einer Oberflächenstruktur des Antigens entsprechen und dieses dadurch für den Organismus unschädlich machen.

Nach der klassischen „Instruktionstheorie" dient das Antigen „als Matrize, über der sich die Antikörper-Moleküle falten und dadurch eine exakte komplementäre Konfiguration bekommen" (Benacerraf und Unanue). Die Theorie wurde fallengelassen, nachdem man gefunden hatte, daß unterschiedlich spezifische Antikörper im Bereich ihrer Bindungsstellen verschiedene Aminosäure-Sequenzen besitzen.

Heute nimmt man dagegen an, daß es sich bei den Immunprozessen um Erkennungs- und Auswahlmechanismen handelt. Die sog. „Selektionstheorie" besagt, daß Antikörper aller Spezifitäten in niedriger Konzentration schon vor Bekanntschaft des Organismus mit einem Antigen im Körper vorhanden sind. Ein Lebewesen kann danach nicht zur Bildung spezifischer Antikörper angeregt werden, wenn es nicht schon vor Eintritt der Antigene über ganz bestimmte Bereitschaften und Fähigkeiten verfügt. Der Eintritt des Antigens bewirke dann lediglich eine Auswahl vorbestehender Reaktionsmuster, was zur vermehrten Bildung spezifischer Antikörper führe (Jerne, Talmage).

Sir McFarlane Burnet ging noch einen Schritt weiter und verlagerte die Selektion auf die zelluläre Ebene. Danach besitzt jeder immunkompetente Lymphozyt Antikörper-Rezeptoren einer einzigen Spezifität, und diese Fähigkeit entwickelt sich vor dem Kontakt mit dem Antigen. Deshalb können sog. natürliche Killerzellen ohne vorherige Sensibilisierung Zielzellen zerstören. Diese These konnte auch experimentell bestätigt werden.

Innere Kohärenz und „Eigenverhalten"

Einen zusätzlichen Aspekt gewinnen die Überlegungen Maturanas und Varelas zur Autopoiese noch dadurch, daß Varela den Prozeß der Selbstorganisation so-

---

23 Antikörper sind Moleküle, die durch Eindringen eines Antigens in den Körper stimuliert werden und spezifisch auf dieses Antigen reagieren, indem sie an bestimmten Stellen eine Bindung an das Antigen eingehen.

zusagen als Epiphänomen, als Beschreibung von heuristischem Wert diskutiert und die Frage aufwirft, was denn nun diesem Phänomen zugrunde liege. Er beschreibt zunächst als Ausgangspunkt, daß die Konzeption der Selbstorganisation in Forschungen über Systeme entstand, die in der Lage sind, ein wechselndes Verhalten zu produzieren, indem sie sich an Störbedingungen anpassen. Eine seiner Kernaussagen in dieser Richtung ist, daß jedes selbstorganisierte Verhalten aus der Mannigfaltigkeit der inneren Kohärenz eines operational geschlossenen Systems heraus entsteht.

Dabei versteht er unter Kohärenz das übereinstimmende Funktionieren der in einem System bestehenden Wechselbeziehungen, ein Zusammenpassen der einzelnen Aspekte und Komponenten eines Systems. Im Gegensatz zu einer reinen Input-Schaltung, wie sie der früheren Vorstellung über die Umwelt-Organismus-Beziehung entsprach, sieht Varela in der Vorstellung der Umwelt als einer Quelle möglicher Störungen für den Organismus einen ersten Schritt in Richtung eines angemessenen Verstehens einer unter Abschluß von der Außenwelt bestehenden systeminternen Verschaltung. Den zweiten erforderlichen Schritt erblickt er folgerichtigerweise in der Erforschung der Grundlagen der mannigfaltigen Formen von Eigenverhalten. Damit erscheinen auch die Störbedingungen der Umwelt in einem anderen Licht. Sie sind zwar als ausklinkendes Moment einer systeminternen Veränderung unentbehrlich, besitzen aber als solche selbst keine direkt organisierende Potenz. Sie sind, wie Varela formuliert, nicht mehr quasi als das Hauptgericht eines Menüs selbstorganisierender Systeme zu verstehen, die es aufnehmen, verdauen und daraus Ordnung produzieren. Vielmehr treten nach Varela Veränderungen von Eigenverhaltensweisen eines selbstorganisierenden Systems unabhängig von der spezifischen Art der Störungen auf, also nicht im Sinne spezifischer Nährstoffe, was ja wieder eine Art Input-Schaltung bedeuten würde. Wesentlicher Gesichtspunkt dabei ist, daß die nach außen hin abgeschlossene spezifische Verfassung eines Systems eine Vielzahl von Eigenverhaltensweisen gestattet.

Zur Veranschaulichung verweist Varela auf das menschliche Nervensystem: Bekanntlich werden ja die Fasern, die im sog. Sehnerven von der Netzhaut zur Sehrinde im Hinterhauptlappen des Großhirns verlaufen, im Bereich des Mittelhirns, im sog. Corpus geniculatum laterale, dem seitlichen Kniehöcker, umgeschaltet. Das Prinzip, das Varela veranschaulichen will, erhellt sich aus der Tatsache, daß für jede einzelne, von der Netzhaut kommende Faser mindestens fünf, wenn nicht erheblich mehr, andere Fasern unterschiedlichen Ursprungs zu dieser Relaisstation führen (Singer). Daraus folgt, daß das Ergebnis irgendeiner Netzhautaktivität zumindest eine nicht unerhebliche Modulation erfährt, d.h. durch Einflüsse aus anderen Bereichen des Gehirns verändert wird; ja man könnte bei einem Faserverhältnis von 1 : 5 sogar umgekehrt davon sprechen, daß das Ergebnis der Netzhautaktivierung seinerseits lediglich eine Modulation der Grundaktivität des Gehirns darstellt.

Ein System erwirbt und erhält in dieser Sicht seine innere Kohärenz durch die intensiven dynamischen Verbindungen zwischen den verschiedenen Bereichen, und diese Kohärenz wird von den „Oberflächen" der Verschaltung her moduliert.

Der Kern eines solchen Systems liegt aber in der spezifischen Synthese und der Möglichkeit verschiedenartiger Eigenverhaltensweisen. Jede Systemeinheit von ausreichender struktureller Plastizität verfügt über eine solche komplexe und vielgestaltige innere Kohärenz. Und diese Verschiedenartigkeit der inneren selbstbestimmten und selbstbestimmenden Kohärenz tritt als Verhalten einer selbstorganisatorischen Einheit in Erscheinung. In gleicher Weise wären in dieser Sicht übrigens auch die verschiedenen Kohärenzweisen einer Population von Lebewesen der entscheidende Faktor zum Verständnis stammesgeschichtlicher Veränderungen.

IV. Ilya Prigogine: Die dissipativen Strukturen

Dissipation und Unumkehrbarkeit

Ebenfalls in den 70er Jahren wurde die von Ilya Prigogine in Brüssel entwickelte Theorie der dissipativen Strukturen in weiteren Kreisen bekannt. Sie ist für physikalische, chemische und biologische Systeme in gleicher Weise gültig, und der 1917 in Moskau geborene Wissenschaftler erhielt dafür 1977 den Nobelpreis. Das durch die weitgehend mathematische Begründung und Darstellungsweise nicht leicht zugängliche Werk Prigogines, in dem dieser letztlich klassische Mechanik, Thermodynamik und Quantentheorie zu vereinen versuchte, hat jedoch über Physik, Chemie und Biologie hinaus große Bedeutung, u.a. für die Psychologie, insbesondere für die Bewußtseinsforschung und sozialpsychologische Probleme.

Wir müssen zum besseren Verständnis zunächst noch etwas weiter zurückgreifen: Dissipare heißt wörtlich zerstreuen, sich durch Zerstreuung verlieren, sich auflösen, und Energie-Dissipation bedeutet irreversible, d.h. nicht umkehrbare Energieausbreitung, bzw. Energieverbrauch.

Eines der wichtigsten Prinzipien der Gleichgewichtsthermodynamik ist ja das Prinzip von der Vermehrung der Entropie.[24] Der Begriff des „Gleichgewichts", der in diesem Sinne auch den Ausgleich aller Temperatur-, Druck- und Konzentrationsunterschiede innerhalb eines Systems umfaßt, bedeutet im Sinne dieser „Dissipationsprozesse" maximale „Unordnung".

Letztlich ist jeder spontane Prozeß, der in der Natur stattfindet, mehr oder weniger irreversibel. Das heißt, er kann ohne Aufwendung zusätzlicher Energie von außen nicht rückgängig gemacht werden. So dehnen sich bspw. Gase spontan aus. Sie finden aber von allein nicht mehr zu der ursprünglichen stärkeren Konzentration zurück. Ein Tropfen Tinte in einem Wasserglas wird sich nie wieder aus der einmal entstandenen homogenen Verteilung heraus neu bilden. Gießt man in eine Schüssel aus zwei Kannen zugleich heißes und kaltes Wasser, so führt dies nach einer Weile dazu, daß sich in der Schüssel lauwarmes Wasser befindet. Dieses lauwarme Wasser kann aber nicht mehr zu zwei unterschiedlichen Wassermengen von heißem und kaltem Wasser zurückverwandelt werden. Rauchworte, die etwa ein Flugzeug in den Himmel schreibt, werden immer undeutlicher, bis

---

24 Der Begriff Entropie bezeichnet ursprünglich denjenigen Teil der Wärmeenergie, der sich wegen seiner gleichmäßigen Verteilung an alle Moleküle nicht in mechanische Arbeit umsetzen läßt. Im weiteren Sinne ist Entropie (in geschlossenen Systemen) gleichbedeutend mit Unordnung und Unumkehrbarkeit (vgl. auch S. 56 bzw. Anm. 2 S. 275).

sie schließlich ganz verschwinden. Sie werden aber niemals wieder von allein neu am Himmel erscheinen (Haken).

Irreversibel in diesem Sinne sind chemische Reaktionen, Wärmeleitung und Diffusion. In all diesen Fällen entwickeln sich Systeme zu einem einheitlichen Endzustand hin, den man auch den Zustand des thermalen Gleichgewichts nennen kann. Ursprüngliche Strukturen verschwinden und werden durch homogene Systeme ersetzt. In einem geschlossenen System, d.h. einem System ohne Kontakt zur Außenwelt, nimmt daher die Entropie bis zu ihrem Maximalwert ständig zu.

Hier mag durch den von Prigogine gewählten Begriff eine gewisse Schwierigkeit für das Verständnis dissipativer Strukturen entstehen, weil Dissipation von Energie, die als Entropie verstanden werden kann, gerade dem Phänomen der Geordnetheit, der Strukturiertheit zu widersprechen scheint. Für Prigogine widerlegen aber im Rahmen von dissipativen Prozessen entstandene Strukturen genauso wenig das Entropiegesetz wie Flugzeuge die Gesetze der Schwerkraft. Er sieht die Beziehung zwischen beiden Erkenntnissen vielmehr so, daß dissipative Strukturen entropische Unordnung nicht über einen kritischen Punkt hinaus zulassen und sich deshalb plötzlich in Form von Strukturen höherer Ordnung neu bilden. Seine Entdeckung bestand gerade in der Erklärung, wie Energieprozesse zu Zuständen höherer Ordnung führen, in denen sich Entropie paradoxerweise durch Erlangung eines nicht-reversiblen Zuwachses an Komplexität umkehrt. Es ist dies ein Erklärungsansatz, in dem Entropie sich – sozusagen als Katalysator von Komplexität oder höherer Ordnung und Ungleichgewicht – als eine Quelle von Ordnung darstellen. Durch diese Nicht-Umkehrbarkeit wird eine Zunahme von Komplexität und Variabilität im Universum möglich.

Prigogine beschäftigte sich also speziell intensiv mit sog. „irreversiblen", d.h. nicht umkehrbaren, sozusagen, wie E. Jantsch es einmal formulierte, „davongaloppierenden" Prozessen in nach außen „offenen" Systemen.[25] Ihnen strömt – und das ist der eigentliche Grund ihrer Existenz – von außen Energie zu, und sie befinden sich daher nicht in einem thermodynamischen Gleichgewicht. Man bezeichnet solche „offenen" Systeme auch als Fließ-Systeme und spricht unter Bezugnahme auf den Begriff „Fluß", der die Geschwindigkeit eines irreversiblen Prozesses bezeichnet, auch von Fließ-Gleichgewichten. Werden solche Systeme, etwa eine Zelle oder eine Stadt, von ihrer natürlichen Umwelt abgeschnitten oder isoliert, so sind sie zum Absterben verurteilt.

---

25 Die ausdrückliche Betonung der Systemoffenheit dissipativer Strukturen bei Prigogine könnte zunächst angesichts der unter dem Gesichtspunkt der Selbstorganisation bestehenden Verwandtschaft der Konzeptionen gegenüber der von Maturana und Varela immer wieder herausgestellten Geschlossenheit autopoietischer Systeme verwirren. Der scheinbare Gegensatz löst sich aber auf, wenn man sich vor Augen führt, daß sich die von den genannten Autoren getroffenen Kennzeichnungen auf ganz bestimmte Aspekte beziehen, daß unter dem einen Aspekt speziell diese, unter einem anderen Aspekt speziell jene Merkmale von Interesse sind und in der Betrachtung Vorrang genießen. So kann man einer Offenheit gegenüber Energie, Information (und Materie) eine Geschlossenheit in bezug auf die Produktion der Organisation und die Lenkung des Systems gegenüberstellen.

Dissipative Strukturen sind also Ordnungszustände, die innerhalb eines Systems auf dem Boden einer Ausbreitung lokaler Instabilitäten jenseits einer kritischen Organisationsschwelle zustandekommen und sich – im Gegensatz zu einem im Gleichgewicht befindlichen System – aufgrund einer starken Energie (und Materie-)Dissipation aufrechterhalten. Es handelt sich also um offene Systeme, deren Struktur durch einen fortwährenden Verbrauch von Energie aufrecht erhalten wird. Sie können nach Prigogine als „gewaltige, durch Energie- und Materie-Fluß aufrecht erhaltene Schwankungen" aufgefaßt werden. Dem System fließt energiereiche Materie zu, und gleichzeitig fließt als Nebenprodukt des Energieverbrauchs energiearme Materie ab. Dabei wird die Dissipation, die im allgemeinen mit Unordnung und Funktionsminderung einhergeht, zur Quelle selbstorganisierender Prozesse.

Nach Nicolis und Prigogine lassen sich bei diesem Vorgang verschiedene Phasen unterscheiden: Während in jedem Gleichgewichtszustand immer wieder kleinere Abweichungen und örtlich begrenzte Instabilitäten vorkommen, die unterhalb einer kritischen Schwelle gewöhnlich vom System aufgefangen werden und wieder verschwinden, werden größere Schwankungen oberhalb dieser Schwelle verstärkt, erfassen schließlich das Gesamtsystem und führen zu merklichen Änderungen innerhalb des Systems. So kommt es zu einer neuen strukturellen Ordnung, die sich durch ständigen energetischen und materiellen Austausch mit der System-Umwelt stabilisiert. Die entscheidende Frage ist also die nach der kritischen Schwelle, jenseits derer lokale Änderungen mit einem Schlag zu Wirkungen auf globaler Ebene führen. Diese kritische Schwelle – und wer dächte da nicht auch an soziologische Zusammenhänge? – liegt um so höher, je intensiver die Interaktionen im Inneren eines Systems sind und je rascher die Kommunikation zwischen den einzelnen Teilen erfolgt. So kann eine in diesem Sinne verstandene Komplexität auch sozusagen eine Barriere gegen die Verstärkung von Fluktuationen darstellen. Darüber hinaus spielen (auto-)katalytische Faktoren eine Rolle, indem sie Abweichungen von einer Mittellage beschleunigen und damit das Entstehen neuer Konfigurationen begünstigen.

Eine Voraussetzung von sich bildenden Ordnungsstrukturen ist durch diesen ständigen Zustrom von Energie und deren Dissipation gegeben. Unter ganz bestimmten Bedingungen führt das auf dem Boden der besonderen Reaktionseigenschaften, die einem bestimmten System innewohnen, zu einem spezifischen Ordnungszustand des Systems.

Eine dissipative Struktur ist damit eine durch einen ständigen Energiedurchfluß bzw. Energieverbrauch gekennzeichnete Struktur, wobei diese Energie gleichzeitig eine entscheidende Grundlage der Strukturbildung darstellt. Dabei wird um so mehr Energie benötigt, um die strukturbildenden Verbindungen aufrechtzuerhalten, je komplexer eine dissipative Struktur ist.

Dissipative Strukturen stehen als irreversible Phänomene in weit von ihrem Gleichgewicht abgewichenen Systemen nicht-linearer Thermodynamik als Phänomene an einem Ende einer Skala, an deren anderen Ende reversible Phänomene der linearen Thermodynamik einzuordnen wären.

Manfred Eigen, der später noch eingehender zu erwähnende deutsche Nobelpreisträger, arbeitete in seinem Buch „Das Spiel" folgende wesentlichen Unterschiede zwischen konservativen, aus einer Überlagerung von anziehenden und abstoßenden Kräften hervorgehenden, und im eigentlichen Sinne dissipativen Gestaltbildungsmechanismen heraus:
1. Im dissipativen Modell entwickelt sich ein stationäres Muster, ohne daß die Materie-Teilchen reproduzierbar im Raum fixiert sind.
2. Die dissipative Form ist im Gegensatz zum konservativen Modell nicht allein durch die zwischen den materiellen Trägern wirksamen Wechselwirkungen bestimmt, sondern wird entscheidend von den Randbedingungen und Begrenzungen des Systems beeinflußt.
3. Die Aufrechterhaltung dissipativer Strukturen verlangt die ständige Dissipation von Energie. Das System besitzt also einen Metabolismus, d.h. einen Stoffwechsel mit fortwährender Umsetzung von Energie.
4. Während konservative Strukturen über einen höheren Grad an absoluter Stabilität und Reversibilität, d.h. Beständigkeit und Umkehrbarkeit verfügen, ist das bei dissipativen Mustern wegen ihrer Abhängigkeit von Nebenbedingungen nicht unbeschränkt der Fall.

Gestalten in der belebten Welt formen sich letztlich in einem Zusammenwirken des konservativen und des dissipativen Prinzips.

Dissipative Strukturen sind damit makroskopische Gebilde supramolekularer, d.h. oberhalb der Molekularebene liegender Organisation. Ihre Größenordnung liegt nicht mehr im Bereich von 100 Millionstel Zentimetern, wie es dem Abstand zwischen den Molekülen eines Kristalls entspräche, sondern in einem für das menschliche Auge erkennbaren Bereich. Und auch in zeitlicher Hinsicht handelt es sich nicht mehr um Vorgänge, wie sie mit einer Größenordnung von Billiardstel Sekunden für den molekularen Bereich charakteristisch sind, sondern um Erstreckungen in Sekunden, Minuten oder gar Stunden.

Die Antwort auf die Frage, ob eine dissipative Struktur als eine materielle Struktur zu verstehen ist, die den Energiefluß organisiert, oder als eine Energiestruktur, die den Fluß der Materie organisiert, führt unmittelbar auf Erkenntnisse der modernen subatomaren Physik zurück. Denn ähnlich wie bei der Frage nach der Wellen- oder Teilchenstruktur des Lichts, sind auch hier beide Beschreibungen in gleicher Weise gültig.[26] Die offensichtliche Tatsache, daß die elektromagnetische Strahlung des Lichts ebenso als aus Teilchen wie aus Wellen bestehend verstanden werden kann, verliert ihre verwirrende Widersprüchlichkeit, wenn man bedenkt, daß nach den Erkenntnissen der modernen Physik Masse nichts anderes als eine Energieform ist und daß selbst ein unbewegtes Objekt in seiner Masse Energie enthält. Einsteins berühmte Formel $E = m \cdot c^2$ (E = Energie, m = Masse, c = Lichtgeschwindigkeit) macht diesen Zusammenhang deutlich. In der modernen

---

26 Auf höheren Ebenen der Selbstorganisation scheint man jedoch zunehmend „von dynamischen Energiesystemen auszugehen, die sich in der Organisation von materiellen Prozessen und Strukturen ausdrücken" (Jantsch).

Wissenschaft spricht man von wellenartigen Wahrscheinlichkeitsbildern, die letztlich nicht einmal die Wahrscheinlichkeit von Dingen darstellen, sondern von Zusammenhängen. Und genau hier führen Erkenntnisse der modernen subatomaren Physik und Prigogines Theorie der dissipativen Strukturen zu einem übereinstimmenden Bild der Zusammenhänge.

Beispiele für Ordnungsbildungen und ihre Erklärung

Prigogine war, wie gesagt, in seinen Untersuchungen der Frage nachgegangen, wie sich Systeme verhalten, wenn sie in einen Zustand gebracht werden, in dem sie von ihrem thermischen Gleichgewicht sehr weit entfernt sind. Er kam dabei, indem er an die 1900 von Bénard entdeckte Flüssigkeits-Instabilität anknüpfte, zu dem Ergebnis, daß von einem bestimmten Punkt an plötzlich ein völlig neues Phänomen in Erscheinung tritt.

Greifen wir das Beispiel dieser Bénardschen Flüssigkeits-Instabilität kurz auf: Dadurch, daß in einer von unten her erwärmten Schale die sich durch die Erwärmung ausdehnenden Flüssigkeitsteile in beständigem Wärmefluß nach oben steigen, sich dort abkühlen und wieder nach unten sinken, entsteht in der Schale von einem bestimmten Schwellenwert an zusätzlich zu der einfachen Wärmeleitung eine Flüssigkeitsbewegung. Sie entsteht im Sinne einer sog. Konvektion oder Wärmeströmung als zusammenhängende Bewegung einer großen Gesamtheit von Molekülen, die den Wärmetransport beschleunigt. Diese Bewegung ist nun aber keineswegs ungeordnet, sondern tritt in Form einer wohlgeordneten Struktur, nämlich in einer Art Bienenwabenmuster auf. Sie entspricht einer gewaltigen Schwankung, die sich durch Energieaustausch mit der Umgebung stabilisiert. „Die Wechselwirkung eines Systems mit der Außenwelt, seine Einbettung in Nichtgleichgewichts-Bedingungen, kann so zum Ausgangspunkt für die Bildung neuer dynamischer Zustände der Materie, von dissipativen Strukturen werden", schreibt Prigogine.

Ein noch einfacheres Beispiel erwähnt er in einem Interview: Man gibt in einen Glaszylinder, der mit einer ölartigen Flüssigkeit gefüllt ist, eine Anzahl Eisenfeilspäne und beginnt dann den Zylinder zu drehen, und zwar so, daß man immer schneller dreht und dann plötzlich aufhört. Auch dabei sieht man ein regelmäßiges Muster, nämlich der Eisenfeilspäne, entstehen, das verhältnismäßig rasch wieder verschwindet. Auch hier ist also ein gewisser Energiefluß erforderlich, um in dem System Strukturen zustandekommen zu lassen.

Die entscheidende grundsätzliche Erkenntnis von Prigogine, mit der er die Grundlage für eine nicht-lineare Thermodynamik irreversibler Prozesse legte, war also, daß ein Nicht-Gleichgewicht eine Quelle von Ordnung sein kann. Wesentlich für einen solchen offenen Ordnungszustand als Voraussetzung einer sog. „Selbstorganisation" ist das Fehlen eines ausgesprochen stabilen Gleichgewichts oder, anders ausgedrückt, das Vorhandensein eines gewissen Nicht-Gleichgewichts. Die Theorie der dissipativen Strukturen beschreibt also Prozesse der Selbstorganisation in Systemen, die merklich aus einem statischen Gleichgewicht herausgetreten sind und in deutlichen Austauschprozessen mit ihrer Umwelt stehen.

Dabei spielen drei Faktoren eine wesentliche Rolle: die grundlegenden Interaktionen in einem System, die zusammenhängende räumlich-zeitliche Organisation dieser Interaktionen sowie die Fluktuationen als Abweichungen von einem statistischen Durchschnitt. Die Entwicklung komplexer Systeme hat also zwei wesentliche Mechanismen zur Grundlage: einmal eine Veränderung einer mehr oder weniger beständigen Verlaufsgestalt und zum anderen Momente der Instabilität, bei denen das System infolge von Fluktuationen zu neuen stabilen Verlaufsgestalten findet. Hierbei handelt es sich um einen grundsätzlich irreversiblen Prozeß, der sich außerhalb eines engeren (thermodynamischen) Gleichgewichts vollzieht. Ein bestehender Zustand wird unter dem Einfluß bestimmter Umweltbedingungen labilisiert; er büßt sein Gleichgewicht ein. Die ständig vorhandenen Fluktuationen führen unter diesen Bedingungen zur Bildung einer neuen, höher organisierten Struktur, die durch vermehrte Energie-Dissipation gekennzeichnet ist. Fluktuationen, bzw. Störungen in unstabilen, selbstorganisierenden Systemen lösen so teilweise entscheidende und nachhaltige Systemänderungen aus. Das zeigt sich besonders deutlich in der Funktion des menschlichen Gehirns, das ja als nicht-lineares dynamisches System verstanden werden kann. Je größer die auftretenden „Fluktuationen" sind, um so wirkungsvoller sind üblicherweise die in ihr stattfindenden Lernprozesse.

Deshalb überrascht es nicht, daß das menschliche Gehirn, das wenige Prozent des gesamten Körpergewichts ausmacht, 20 Prozent des dem Körper zugeführten Sauerstoffs verbraucht. Je höher entwickelt und dementsprechend komplexer Organismen sind, die im Verlaufe der Entwicklungsgesichte die Erde bevölkerten, um so größer ist generell ihr Energiebedarf. Gesteigerte Energie-Dissipation und damit eine größere Distanz von einem stabilen Gleichgewicht geht aber auch mit einer Zunahme der Labilisierung einher. Das bedeutet wiederum, daß sich der Evolutionsprozeß in einer Art positiver Rückkoppelung selbst beschleunigt (F. Becker).

Beispiele für solche dissipativen Strukturen finden sich nicht nur in der Physik oder Chemie, sondern auch in der Biologie. Greifen wir einmal kurz das Beispiel des Baues eines Termitenhügels auf. Es zeigt deutlich, wie das Gesetz der großen Zahl und entsprechender Mittelwerte beim Auftreten dissipativer Strukturen „gebrochen" wird, wie sozusagen eine Wahrscheinlichkeitssymmetrie aufbricht. Im Anfang scheint ein Termitenhügel aus einem mehr oder weniger ungeordneten Verhalten heraus zu entstehen: Die Termiten tragen Erdklümpchen umher, die sie zufällig irgendwo fallen lassen, dabei aber mit einem bestimmten Hormon imprägnieren, das wiederum andere Termiten anzieht. So kommt es zu einer gewissen Konzentration von Erdklümpchen an einem bestimmten Punkt. Die erhöhte Populationsdichte in dem betreffenden Gebiet und die zunehmend höhere Hormonkonzentration läßt die der allgemeinen Wahrscheinlichkeit widersprechende spezielle Wahrscheinlichkeit steigen, daß sich an einer ganz bestimmten Stelle Erdklümpchen anhäufen (Deneubuurg). Es handelt sich um ein selbstorganisatorisches

Prozeßgeschehen, bei dem die Struktur des Hormonfeldes sich aus dem Verhalten der Termiten ergibt, das seinerseits wieder durch eben diese Struktur bestimmt ist.

In seinem Buch „Dialog mit der Natur" erwähnt Prigogine ein weiteres in diesem Zusammenhang interessantes Beispiel, das sich sozusagen auf der Grenze zwischen einzelligen und mehrzelligen Lebewesen abspielt. Es betrifft die Aggregation, die Anballung von Schleimpilzen, der sog. Acresin-Amöben (Dictyostelium discoideum). Diese Amöben leben unter normalen Ernährungsbedingungen als isolierte Einzeller. Bei drastischer Verarmung der Umgebung an Nährstoffen tritt bei ihnen ein eigenartiges Phänomen auf: Sie treten als sog. „Pseudo-Plasmodium" zu einem Verband von mehreren Zehntausenden von Zellen zusammen. In diesem Verband kommt es nun unter ständiger Formveränderung zu entsprechenden Differenzierungen mit einem Stiel und einem aus Sporen bestehenden Kopf. Die Sporen lösen sich, sobald sie in Kontakt mit einem geeigneten Nährboden kommen, ab und zerstreuen sich unter Bildung einer neuen Amöben-Kolonie. Es ist dies praktisch ein Fall primitivsten Nomadentums, bei dem einfachste lebendige Gebilde sich einer Wandlung unterziehen, um die für ihr Überleben wichtige Mobilität zu gewinnen.

Die Vorstellungen Prigogines haben auch die Deutungsansätze der biologischen Evolution, der phylogenetischen Entwicklungsgeschichte befruchtet. Darüber hinaus verweist er auf eine ganze Reihe ähnlicher Zusammenhänge in unterschiedlichsten komplexen Bereichen: im zentralen Nervensystem, in der Marschordnung von Enten, in der Meteorologie, in der Geologie (Kontinental-Drift), bei der Entwicklung von Sternen, im Rahmen ökologischer Systeme, bei der Beziehung zwischen Jagdtier und Beutetier, bis hin zu dem großen Feld soziokultureller Systeme. Hier läßt sich die Theorie der dissipativen Strukturen u.a. auf Phänomene des Bevölkerungswachstums, auf ökonomische Prinzipien, etwa die Produktion von Geld durch Geld, auf die Entwicklung von Städten und regionalen Besiedlungen, auf technische Probleme und vieles andere anwenden.

Systemgeschichte und Verzweigungspunkte

In diesem Rahmen kommt auch der Bifurkationstheorie, die schon im Zusammenhang mit der Chaos-Forschung (S. 75ff.) erwähnt wurde, besondere Bedeutung zu. Sie beschäftigt sich mit Modellgleichungen zunehmender Komplexität, die in einem Kontinuum von Punkten Bifurkations-, d.h. Verzweigungs- oder Aufgabelungsphänomene zeigen. Es handelt sich also um die Herausarbeitung und Analyse kritischer Entwicklungspunkte, an denen es zu einem qualitativen Umschwung des Systemverhaltens und damit zu einer Änderung in der Art möglicher Lösungen kommt. In solchen Situationen können, wie wir bereits gesehen haben, kleine „zufällige" Schwankungen zu erheblichen Konsequenzen im weiteren Verlauf führen.

Prigogine bezeichnet es als einen naheliegenden spektakulären Gedanken, daß das grundlegende Geschehen der Entwicklungsgeschichte auf Verzweigungen als einem Prozeß der Erkundung beruht, an die sich jeweils eine Stabilisierungsphase anschließt, um die Reproduzierbarkeit zu gewährleisten.

Besonders bemerkenswert ist bei all diesen Phänomenen, daß das tatsächliche Verhalten des Systems, d.h. der Eintritt eines ganz bestimmten Zustandes im Rahmen der Systementwicklung, von der vorangegangenen Systemgeschichte abhängt. Daß das bei biologischen und gesellschaftlichen Entwicklungsprozessen der Fall ist, mag nicht weiter erstaunen. Geradezu sensationell erscheinen aber Untersuchungsergebnisse, die belegen, daß die System-Vorgeschichte offensichtlich auch bspw. bei einfachen chemischen Prozessen eine bedeutsame Rolle spielt. Sie lassen Vorstellungen an oft mystisch interpretierte grundlegende Weltzusammenhänge aufkommen.

Prigogine spricht in diesem Zusammenhang von einem Bruch grundlegender, aus einfachen Wahrscheinlichkeiten abzuleitender Symmetrien und von sog. „unterstützten" Verzweigungen. Bei ihnen entsprechen ganz bestimmten Bedingungen spezifische Tendenzen hinsichtlich eines Verzweigungsgeschehens. So kann bei Muscheln oft eine bevorzugte Chiralität[27] oder Windungsrichtung beobachtet werden, und bei einer Reihe organischer chemischer Verbindungen trifft man bevorzugt auf eine bestimmte Abfolge der Bindungen an einem Kohlenstoffatom entweder im Uhrzeigersinn oder entgegen dem Uhrzeigersinn. Die Konfiguration der Desoxyribonukleinsäure entspricht bspw. einer links-drehenden Schraube oder Wendeltreppe.

Ob hierbei „zufällige" einmalige Ereignisse, die das Geschehen in eine bestimmte Bahn lenken, eine Rolle spielen, oder ob die Festlegung über bestimmte Konkurrenzphasen, also bspw. eine Art „Krieg" zwischen links- und rechts-drehenden Strukturen erfolgt, bzw. ob auch beides nebeneinander oder kombiniert der Fall ist, ist noch umstritten. Jedenfalls kann eine weit vom Gleichgewicht entfernte funktionierende Ordnung aus der Verstärkung einer geringfügigen Schwankung hervorgehen, die „genau im 'richtigen' Augenblick einen Reaktionsweg aus einer Reihe von weiteren, ebenso möglichen Wegen begünstigte" (Prigogine). So gesehen, mag sowohl im Bereich einfachster (etwa chemischer) als auch kompliziertester (etwa gesellschaftlicher) Systeme einem „individuellen" Verhalten eine große, wenn nicht sogar eine ausschlaggebende Bedeutung zukommen.

Der „geschichtliche" Weg, auf dem ein System sich entwickelt, erscheint jedenfalls nach Prigogine gekennzeichnet durch eine Aufeinanderfolge von stabilen Phasen mit deterministischen Gesetzen und instabilen Phasen in der Nähe der Verzweigungspunkte, an denen das System zwischen mehr als einer möglichen Zukunft 'wählen' kann. Man kann sogar zu einem Verhalten gelangen, bei dem das System nach einer Reihe von aufeinanderfolgenden Verzweigungen vollkom-

---

27 Chiralität (wörtlich „Händigkeit") ist der in der Wissenschaft offiziell eingeführte Begriff für eine asymmetrische, nicht mit ihrem Spiegelbild zur Deckung zu bringende Konfiguration organischer Verbindungen.

men chaotisch wird. Das zeigt sich bspw., wenn man eine Bénard-Zelle weit über das kritische Einsetzen der Konvektion hinaus erhitzt, in Form komplizierter zeitperiodischer Bewegungen. Prigogine hält es durchaus für möglich, daß Ordnung oder Kohärenz eine Art „Sandwich-Schicht" zwischen dem thermischen Chaos des Gleichgewichts und dem turbulenten Chaos des Nicht-Gleichgewichts darstellt. In diesem Sinne ordnet er „Leben" einem Zwischenbereich zu, in dem die Entfernung vom Gleichgewicht groß genug, aber andererseits auch wieder nicht zu groß ist.

V. Hermann Haken: Die Synergetik

Vom Wasserdampf zum Laserstrahl

In ähnlicher Weise wie Prigogine beschäftigte sich auch Hermann Haken, Lehrstuhlinhaber für theoretische Physik in Stuttgart, mit der spontanen Bildung von Ordnungszuständen aus ungeordneten „Phasen". Er prägte für diese Phänomene den Begriff der „Synergetik", die er als die Lehre vom Zusammenwirken definiert. Der Begriff geht auf das Wort „Synergie" zurück. Er bezieht sich auf makroskopisch erkennbare Verhaltensänderungen von Systemen, bei denen es zu qualitativ neuen Merkmalen kommt. Das Charakteristische dieser Merkmale ist, daß sie selbst bei vollständiger Kenntnis der Verhaltensweisen von Komponenten oder von Subsystemen von Komponenten dieser Systeme nicht voraussagbar sind.

Diese spontane Bildung wohlorganisierter Strukturen aus „offensichtlichem Chaos", mit der sich die Wissenschaft der Synergetik beschäftigt, ist sicher ein ungeheuer faszinierendes Phänomen. Offenbar bergen, wie H. Haken schreibt, „chaotische" Zustände in sich eine Ungewißheit, und die zu beobachtende Instabilität stellt geradezu bei Änderung entsprechender äußerer Kennwerte eine entscheidende Voraussetzung für die Herausformung und das Auftreten neuer Ordnungsmuster dar. In solchen Instabilitätsphasen oder -punkten können selbst kleine Änderungen der Umwelt ganz erhebliche Änderungen eines Systems zur Folge haben.

Feinste, aber weitreichende Wechselwirkungen zwischen einzelnen Elementen oder Komponenten eines Systems führen dann zu spontanen Ordnungsbildungen. Bei einem bestimmten Grenzwert wird sozusagen ein kritischer Zustand erreicht. Wird dieser überschritten, entsteht etwas qualitativ Neues, und es sind oft kleinste Beiträge, die einen solchen „Qualitätssprung" herbeiführen. Robert Havemann erinnerte in diesem Zusammenhang an die Tatsache, daß man bspw. ein Faß nur bis zum Rand füllen kann, und daß man, wenn man nur ein klein wenig mehr Flüssigkeit hinzufügt, das Faß zum Überlaufen bringt.

Die uns allen bekannten Formveränderungen des Wassers in Abhängigkeit von der Außentemperatur sind hierfür ein einfaches und überzeugendes Beispiel: Wenn sich bei hohen Temperaturen die H_2O-Moleküle des Wasserdampfs, deren Durchmesser etwa den millionsten Teil eines Millimeters beträgt, ohne nennenswerte wechselseitige Beziehung in molekularer Unordnung und unter Vorherrschen von Entropie mit einer Geschwindigkeit von etwa 620 Metern in der Sekunde wirr durcheinander bewegen, so nehmen die gleichen Moleküle bei Erniedrigung der Außentemperatur einen mittleren Abstand zueinander ein und bilden einen Wassertropfen. Dabei können sich noch die Wassermoleküle aneinander vorbeischieben. Ein noch höherer Ordnungsgrad mit starken Wechselbeziehungen zwischen den Molekülen und geringer kinetischer Energie, ein bezeichnenderweise zugleich starrer Zustand, stellt sich bei weiterer Erniedrigung der Temperatur ein, wenn sich Wasser in geradezu kunstvolle Schnee- und Eiskristalle verwandelt. Die unterschiedlichen Aggregatzustände, die sich verhältnismäßig abrupt bei einer ganz bestimmten Temperatur, der sog. „kritischen Temperatur" einstellen, sind letztlich nichts anderes als unterschiedliche Ordnungsgrade eines Systems, das in Abhängigkeit von der dem System zugeführten Energie „plötzlich" eine andere, makroskopisch wahrnehmbare, wohldefinierte Ordnung annimmt.

Auf ein ähnliches Phänomen der Ordnung treffen wir bei Eisenmagneten, beispielsweise der Magnetnadel eines Kompasses. Wenn der Eisenmagnet erhitzt wird, tritt ein Punkt ein, nämlich bei 774 Grad Celsius, bei dem er plötzlich seine magnetische Kraft verliert, weil die höhere Temperatur zu einer zunehmend ungeordneten Bewegung der elementaren Magnetkräfte führt. Die Magnetwirkung kehrt erst dann wieder zurück, wenn die Temperatur entsprechend erniedrigt wird. Aus diesen und ähnlichen Beobachtungen könnte man im übrigen die allgemeine Vorstellung ableiten, eine höhere Geordnetheit von Materiezuständen durch Entzug von Wärmeenergie, oder – unter dem Aspekt eines ganz allgemeinen Zusammenhangs – stärkere Ordnung eines Systems durch Energieentzug zu erreichen.

Die Synergetik kennt inzwischen eine ganze Reihe einschlägiger Phänomene: Neben der von Bénard entdeckten Konvektions-Instabilität mit dem Auftreten von Rollen- oder Bienenwabenmustern bei Erwärmung einer Flüssigkeitsschicht gibt es die von Taylor aufgedeckte Instabilität. Bei ihr stellen sich ebenfalls ganz bestimmte makroskopisch erkennbare Muster von Flüssigkeitsbewegung ein, wenn zwei um die gleiche Achse rotierende Zylinder, zwischen denen sich die Flüssigkeit befindet, den kritischen Punkt einer bestimmten Rotationsgeschwindigkeit überschreiten. Auch im Rahmen der Flüssigkeitsdynamik, bspw. beim einfachen Umfließen eines Zylinders, bilden sich plötzlich bestimmte „statische" Muster, deren Form sich bei zunehmend erhöhter Geschwindigkeit des Flüssigkeitsstroms systematisch verwandelt. Gleiche Beobachtungen kann jeder Laie machen, wenn er von einer Brücke die sich an einem Brückenpfeiler bildenden Strudel bei unterschiedlicher Strömungsgeschwindigkeit vergleicht.

In der Chemie ist seit langem die 1958 entdeckte Belousov-Zhabotinsky-Reaktion als Prototyp eines irreversiblen chemischen Prozesses bekannt. Hierbei werden bestimmte chemische Substanzen zusammengebracht und gemischt. Die resultierende homogene Mischung wird dann in ein Reagenzglas gegeben. Dort finden chemische Reaktionen statt, bei denen eine organische Säure wie z.B. die Malonsäure durch Kalium-Bromat in Gegenwart eines entsprechenden Katalysators wie Cer, Mangan oder Ferroin oxidiert wird. Nach Art einer chemischen Uhr kommt es dabei zu systematischen zeitlichen Oszillationen: Die Lösung wechselt periodisch ihre Farbe von rot zu blau und umgekehrt, wobei unzählige Atome aus einem inneren Rhythmus heraus über eine Reichweite von Zentimetern völlig synchron zusammenwirken.

Ein noch nicht so lange bekanntes Phänomen ist schließlich der Laserstrahl.

Das Wort Laser ist ja eine Abkürzung von „*l*ight *a*mplification by *s*timulated *e*mission of *r*adiation". Das bedeutet die Verstärkung einer Lichtstrahlung durch erzwungene Strahlungsemission eines Kristalls. Während bei einer normalen elektrischen Lampe alle Atome unabhängig voneinander Licht aussenden, so daß der entstehende Lichtstrahl ein unzusammenhängendes Durcheinander von Wellenzügen darstellt, ist es beim Laser anders. Aus einer Entladungsröhre werden periodisch Lichtblitze ausgesendet. Dadurch werden bestimmte Kristall-Elektronen angeregt, und die Kristall-Atome senden ihrerseits Lichtwellen aus. Durch Spiegel, die sich an beiden Enden des Laser-Stabes befinden und denen die Rolle eines Resonators zukommt, werden diejenigen Photonen, die in axialer Richtung laufen, mehrere Male reflektiert. Die Wellen, die dadurch aus der Laser-Achse nicht entweichen können, werden dabei verstärkt. An der sog. „Laser-Schwelle", d.h. einer ganz bestimmten Größe der von außen zugeführten Energie, kommt es so plötzlich zu einem völlig neuen Phänomen, nämlich zur Aussendung eines geordneten Wellenzuges von ganz bestimmter Wellenlänge. Dieses Phänomen wird unter der Annahme verständlich, daß die Elektronen der einzelnen Atome, die Lichtwellen aussenden, sich in hohem Ausmaß gleichartig bewegen. Das geschieht dadurch, daß dann, wenn eine Lichtwelle auf ein energetisch angeregtes Elektron trifft, sie dieses Elektron veranlaßt, seine Energie an die Lichtwelle abzugeben, so daß diese verstärkt wird. Wenn Atome durch die elektrische Energie angeregt oder neue Atome in die Gasröhre gebracht werden, werden sie der ordnenden Aktion der Lichtwelle unterworfen und durch diese, wie Haken es ausdrückt, versklavt. Und diese Versklavung beinhaltet die Entstehung des Laserstrahls. Die sich in der Laser-Röhre in Form kohärenten Lichts herausbildende Ordnung ist dem System aber nicht von außen aufgezwungen, sondern es ist die Veränderung eines relativ unspezifischen Kontrollparameters, d.h. konkret der Stärke des elektrischen Stroms, die zu einer Selbstordnung, einer Selbstorganisation des Systems führt. Ähnlich wie bei Eisenmagneten haben sich damit die makroskopischen Merkmale des Lasers von einem bestimmten Punkt an dramatisch verändert, und „Milliarden von Atomen senden jetzt genau phasengleiche kurze Wellen aus und erzeugen einen kohärenten Lichtwellenzug, der Tausende von Kilometern lang ist" (Davies).

An einem anderen Punkt, bei noch höherer Pump-Energie, würde wiederum ein völlig neues Phänomen auftreten: Es würde zur Aussendung regelmäßiger extrem kurzer Lichtblitze kommen. Diese Phänomene können übrigens auch auf die Zahl der angeregten Atome bezogen werden, so daß sich aus dieser Sicht das Umschlagen im Verhalten eines Systems auch aus der Zahl der System-Komponenten ableiten läßt.

Selbstorganisation im Computer und im Nervensystem

Zahlreiche Phänomene dieser Art sind inzwischen bekannt geworden. Ein ganz frappierendes Computerexperiment zur Problematik der Selbstorganisation führte vor einigen Jahren ein junger amerikanischer Wissenschaftler namens Stuart Kaufman durch. Er fand bei seinen Untersuchungen, daß sich mehr oder weniger automatisch eine gewisse Stabilität oder Struktur einstellt, wenn erst in einem System ein bestimmtes Maß von Komplexität, d.h. von komplizierten Wechselwirkungen erreicht ist. Woraus bestand sein Experiment? Zunächst koppelte er in zufälliger Weise einige Hundert Ein-Aus-Schalter, also binäre Schalter, so aneinander, daß jeder von ihnen zwei Eingänge besaß, die mit zwei zufällig ausgewählten anderen Schaltern verbunden waren. Jedem dieser Eingänge ordnete er dann, ebenfalls zufällig, eine bestimmte Schaltfunktion, eine sog. Boolesche Funktion zu, durch die festgelegt wurde, in welcher Weise, d.h. mit „ja", „nein", „und", „oder" usw., ein Schalter auf eine Zuleitung anzusprechen hatte. Schließlich schaltete er, nachdem er die einzelnen Schalter wahllos in Ein- bzw. Ausstellung gebracht und damit einen willkürlichen Anfangszustand gesetzt hatte, den Computer ein. In der überwiegenden Anzahl der Fälle bildete sich verhältnismäßig rasch ein geschlossener Kreislauf aus, d.h. das System durchlief von einem gewissen Zeitpunkt an ohne nennenswerte Abweichungen immer wieder eine bestimmte Abfolge von Zustandsänderungen. Das bedeutet aber, daß sich in einem ausreichend komplexen System in verhältnismäßig kurzer Zeit eine gewisse Stabilität einzustellen pflegt oder zumindest ausbilden kann. Klaus Schulten hat über ähnliche Möglichkeiten 1987 in seiner Arbeit „Ordnung aus Chaos, Vernunft aus Zufall", in der er die Physik biologischer und digitaler Informationsverarbeitung behandelt, eingehender berichtet.

Inzwischen sind Versuche dieser Art von verschiedenen Forschungsgruppen durchgeführt worden. Das Ergebnis war mehr oder weniger das gleiche: Schaltet man eine Anzahl von „Automaten" aneinander, deren Verbindungen, Übergangsfunktion und Eingangsbedingungen dem Zufall überlassen wurden, so nimmt das dynamische Verhalten innerhalb des Netzes nach einer gewissen Übergangszeit eine periodische Form an. Eine bestimmte Abfolge innerer Zustände wiederholt sich immer wieder. Es stellt sich eine zeitliche und räumliche Strukturierung ein. Diese Strukturierung in Subsysteme, also kleinere Netze mit bemerkenswerter geometrischer Konfiguration und relativer Eigenständigkeit trotz der bestehenden Verbindungen entspricht einer Organisation in funktional unabhängige Zonen. Eine innere Kohärenz mit Eigenverhalten entsteht also praktisch durch Einführen einer Schleife, einer Rückkoppelung in ein Netz von Automaten.

Der israelische Biophysiker Aharon Katchalsky, der 1972 bei einem Terrorangriff auf den Flughafen von Tel Aviv ums Leben kam, nahm deshalb an, daß jedes aus einer größeren Anzahl nicht-linearer und diffus miteinander gekoppelter Elemente bestehende System aufgrund der unter diesen Elementen stattfindenden Wechselwirkungen durch vermehrten Energiezufluß in einen Zustand des Nicht-Gleichgewichts geraten kann.

Zu ganz ähnlichen Ergebnissen führten Versuche, bei denen Neuronen „zufällig" mit einer Netzhaut von 19 Zellen verbunden wurden. Nach 20 Darbietungen von 9 unterschiedlichen Reizen entwickelten sich Anhäufungen von Neuronen mit der gleichen oder einer ähnlichen Orientierungssensibilität, sog. Neuronen-Cluster. Bei diesem Prozeß, der einen großen Teil der funktionalen Organisation der Sehrinde zu erklären vermag, bildeten sich bei geeigneten „Startbedingungen" Schritt für Schritt bestimmte, entsprechend spezialisierte und nicht von vornherein festgelegte Muster in der Organisation der Nervenzellen. Es handelt sich offensichtlich um einen Prozeß der Selbstorganisation mit synaptischem Lernen, bei dem wechselseitigen Interaktionen eine zentrale Bedeutung zukommt. Mit solchen Untersuchungen konnte im Grunde die Theorie der Selbstorganisation auch praktisch belegt werden (van der Malsburg).

Es drängt sich auf, unter diesem Aspekt nicht nur unsere Sternzeichen, das Ausdeuten von Wolkenformationen und Tintenklecksen, sondern auch weite Bereiche unserer Weltdeutung, der Interpretation unserer unmittelbaren Umwelt und des Verhaltens unserer Mitmenschen als Ausdruck ähnlicher Selbstorganisationsprozesse zu verstehen.

Aufschlußreiche Gesellschaftsspiele

Schauen Sie sich einmal das Bild auf der folgenden Seite an und fragen Sie sich ganz naiv: „Was ist das?" Die Antwort kann auf mehreren Ebenen liegen. Versuchen Sie einmal, eine oder mehrere Deutungen auf der Inhaltsebene zu finden! Kopieren Sie, wenn Sie Lust haben, die Seite und stellen Sie Freunden und Bekannten die gleiche Frage! Bitten Sie sie, mit einem Filzstift diejenigen Strukturen zu markieren, die sich für sie auf dem Bild als bestimmte Inhalte herauskristallisieren, und vergleichen Sie die unterschiedlichen „Antworten"!

Betrachten wir nun eine interessante Parallele auf sozialpsychologischem Gebiet: In einem Gesellschaftsspiel wird ein Teilnehmer gebeten, das Zimmer zu verlassen, während die im Raum Verbliebenen sich eine ganz bestimmte wahre oder fiktive Geschichte überlegen. Nachdem der draußen gewesene Mitspieler in das Zimmer zurückgekommen ist, geht es für ihn darum, die Geschichte in ihren Einzelheiten zu erraten, indem er den anderen Fragen stellt, auf die diese jeweils mit „ja" oder „nein" antworten. Es findet ein Interaktionsprozeß statt zwischen der Phantasie des Hauptspielers und einer in den Köpfen der Mitspieler gespeicherten Geschichte. Das Spiel endet üblicherweise damit, daß der Hauptspieler über geistiges Vortasten, Versuch und Irrtum, Einfallsreichtum und logische Überlegungen schließlich die richtige Geschichte herausfindet.

Es gibt jedoch noch eine Variante dieses Spiels, die in dem hier interessierenden Zusammenhang von Bedeutung ist. Die im Zimmer Gebliebenen denken sich gar keine Geschichte aus, sondern einigen sich darauf, nach einem ganz bestimmten Verfahren mit „ja" oder „nein" zu antworten, bspw. jede dritte Frage mit „nein", oder alle Fragen, die mit einem Vokal enden, mit „ja" und alle Fragen, die mit einem Konsonanten enden, mit „nein" zu beantworten, wobei man sich zusätzlich darauf einigen kann, auf eine gleiche Frage keine widersprüchlichen Antworten zu geben. Alles, was gesagt wird, ist „wahr", aber nur für den Ratenden. Der Interaktionsprozeß, der bei dieser Variante stattfindet, verbindet jedoch die Phantasie des Fragenden mit dem semantischen Zufall der Antworten. Auch hierbei pflegt der ratende Spieler üblicherweise eine sinnvoll zusammenhängende Geschichte zu erkennen, die aber ein reines Ergebnis seiner schöpferischen Einbildungskraft ist.

Chaos und Strukturbildung

Es ist faszinierend, daß allen betrachteten Phänomenen von Strukturbildung offenbar, wie Hermann Haken ausdrücklich herausstellt, gemeinsame Prinzipien und auch mathematisch bestimmbare übergreifende Gesetzmäßigkeiten zugrunde liegen. Diese gleichartigen Gesetzmäßigkeiten bei der Entwicklung von Strukturen auf ganz verschiedenen Gebieten aufzuzeigen, ist nach Haken das erklärte Ziel der Synergetik. So interpretiert er unter Hinweis auf vielfältige Belege die Entstehung des Laserstrahls als einen allgemeinen Typ von Systemverhalten, der auch in der Chemie, der Biologie, aber auch in der Wirtschaft und bei soziologischen Fragestellungen zu beobachten sei. Die Gleichungen der Vermehrung von Biomolekülen seien bspw. von der gleichen Form wie bei der „Vermehrung" von Laserwellen, und in der Marktwirtschaft treffe man ebenfalls auf ähnliche Verläufe.

Hermann Haken geht es u.a. entscheidend darum, mit der Erkenntnis solcher Gesetzmäßigkeiten eine Brücke von der unbelebten zur belebten Natur zu schlagen. Das Prinzip des „Wettkampfes", der „Konkurrenz", das sich mathematisch darstellen lasse, gelte bspw. vergleichbar auch im gesellschaftlichen und geistigen Bereich (vgl. die Forschungen von M. Eigen, S. 162ff.).

Immer wieder trifft man bei Änderung der äußeren Energiesituation und damit verändertem Energiezufluß in ein System auf gleiche Prozesse, die in verschiedenen Phasen ablaufen, von chaotisch-instabilen Verhältnissen über gewisse Ausrichtungsphänomene bis hin zur eindeutigen Dominanz bestimmter Formen. Das Entscheidende dabei ist, daß die jeweiligen Strukturen sozusagen aus dem System selbst heraus erwachsen und nicht von außen dem System aufgezwungen werden.

So, wie von einer bestimmten Flußgeschwindigkeit an in einer Flüssigkeit Turbulenzen auftreten können, führt von einer bestimmten Schwelle an Energie, die in ein genügend vom Gleichgewicht entferntes System eintritt, zu einem neuen Verhalten. Sie hat sozusagen Ordnung zur Folge.

So mag bspw. der Übergang in eine turbulente Strömung unregelmäßig und chaotisch wirken. Auf mikroskopischer Ebene sind aber gerade die Turbulenzen – auf dem Boden eines kohärenten Verhaltens von Millionen und mehr Molekülen – Ausdruck einer hochgradigen Organisiertheit. Es kann sogar von einem primitiven Prozeß der Selbstorganisation gesprochen werden. Insofern bergen chaotische

Zustände eine ordnungsträchtige Ungewißheit, die eine entscheidende Voraussetzung für die Herausformung und das Auftreten neuer Ordnungsmuster darstellt.

Es ist viel darüber diskutiert worden, inwieweit Strukturen höheren Ordnungsgrades[28] in einem Teilsystem nur dann entstehen, wenn das Gesamtsystem in einen Zustand geringerer freier Energie übergeht. Danach würde die Entstehung von Ordnung in Systemen stets zu Lasten einer entsprechenden Energieverminderung in jeweils umfassenderen Systemen bzw. speziell die Entstehung von Ordnung in Lebewesen letztlich stets auf Kosten der Umwelt erfolgen, auf die eine entsprechende Unordnung abgewälzt wird (Sexl). Andererseits gibt gerade das Beispiel des Lasers zu denken. Der Laserstrahl kann nämlich als Beispiel dafür gelten, wie auch im Bereich der unbelebten Natur klassische Erklärungsansätze von der Erhaltung der Energie, wie sie primär aus der Mechanik stammten und an der Dampfmaschine erprobt waren, auf Schwierigkeiten stoßen. So ist die Energie, mit der bspw. ein Laserstrahl in Sekundenbruchteilen eine Stahlplatte durchbohrt, nicht mit der Energie identisch, die benötigt wurde, um den Laserstrahl zu erzeugen. Denn eine Energieleistung von 17×10^{-15} Watt, die ein Laser in $0,2 \times 10^{-15}$ Sekunden erbringt, läßt sich bspw. durch eine in das System eingepumpte Lichtenergie von 3,4 Joule erreichen (Hielscher).

In Übereinstimmung mit den anderen, in diesem Teil beschriebenen Ansätzen betrachtet jedenfalls auch die Synergetik Systeme als dynamische Ganzheiten. Diese können, wie Hermann Haken zeigt, durch entsprechende Differentialgleichungen beschrieben werden, wie sie im Rahmen der „dynamischen System-Theorie" entwickelt wurden.

---

28 In der Wissenschaft würde man von negentropischen Strukturen bzw. von Strukturen mit Entropie-Verminderung sprechen.

VI. Manfred Eigen: Die Hyperzyklen-Theorie

Ein Blick auf die Welt der Moleküle

Entgegen früheren Vorstellungen, nach denen Selbstorganisation ein wesentliches, ja geradezu das entscheidende Merkmal lebender Strukturen, d.h. des Lebens schlechthin darstellt, hat man in der letzten Zeit mehr und mehr Hinweise darauf entdeckt, daß man auch schon in der präbiotischen Phase, d.h. in der Phase vor dem Entstehen des Lebens bzw. der ersten Zellen, von Materie-Systemen mit Stoffwechsel sprechen kann. Auch sie reproduzieren offenbar sich selbst, entwickeln sich durch Mutationen weiter und treten mit anderen Systemen in einer Art Selektionsprozeß in Wettstreit. Diese, auch als abiotische Biogenese bezeichneten Prozesse kamen vor etwa 4 Millionen Jahren unter Verwertung des wahrscheinlich aus elektrischen Entladungen der damaligen Uratmosphäre bestehenden energetischen Potentials zustande. Unter Nutzung entsprechender „freier" Energie bildeten sich dabei schließlich neue, nämlich komplexere Protein-, Kohlehydrat- und Lipoid-Makromoleküle als erste Vorstufen von Nuklein- und Aminosäuren. Die gleichen Grundprinzipien der Selbstorganisation, wie wir sie von der Bildung dissipativer Strukturen und den nicht-linearen Nicht-Gleichgewichtsprozessen der Thermodynamik kennen, erscheinen auch im Rahmen der Organisationsprozesse, die zu zunehmender Komplexität von Gebilden führen, z.B. als entscheidende Faktoren bei der Bildung sog. Bio-Polymere, d.h. der für lebende Substanzen kennzeichnenden Groß-Moleküle. So wird schließlich auf dem Boden selbstorganisierender Prozesse auch „Leben" möglich, dem Prinzip nach in ähnlicher Weise wie die Bénardsche Instabilität.

Selbstorganisierende Prozesse sind dabei in einem geschlossenen Kreislauf miteinander verkettet. Jeder spontane selbstorganisierende Vorgang schafft die physikalisch-chemischen Bedingungen für den nächsten Prozeß, der dann ebenso spontan stattfindet. Das geht so weiter, bis der „letzte" selbstorganisierende Prozeß in dieser Abfolge wieder zu dem ersten Prozeß zurückführt und der Gesamtprozeß erneut beginnen kann. In lebenden Organismen stellen fast alle Stoffwechselvorgänge solche Kreisprozesse dar, weshalb man bspw. von einem Zitronensäurezyklus, einem Harnstoffzyklus, Fettsäurezyklus usw. spricht. Mit der Konzeption eines Kreisprozesses ist das Phänomen der sog. Selbstreferentialität, der Selbstbezüglichkeit, Eigenbezogenheit bzw. Selbststeuerung gegeben. Das bedeutet, daß sich ein System in seinen Funktionen und Interaktionen auf sich selbst bezieht, daß es sozusagen auf sich selbst reagiert.

Alle solche selbstbezüglichen Systeme funktionieren übrigens auf eine nicht-hierarchische Weise. Sie haben keine höheren Kontrollzentren. Dort, wo wir in

Organismen Kontrollmechanismen finden, üben diese nur eine begrenzte, auf eine bestimmte Funktion bezogene Lenkung aus, während sie in anderer Beziehung wiederum selbst unter Kontrolle stehen und Befehle erhalten. Das zeigt sich bspw. sehr typisch im Fall der Gene, die ihre spezifische Funktion erst dann beginnen können, wenn sie durch spezifische Enzyme dazu angeregt werden. Eine über eine Gestaltung der Randbedingungen hinausgehende reine Systemlenkung von außen würde dagegen das selbstorganisierende System in seiner Identität und Qualität zerstören.

Was ist ein Hyperzyklus?

Genau auf dieses systeminterne Zusammenwirken bezieht sich der 1971 von dem Chemiker und Nobelpreisträger Manfred Eigen geprägte Begriff des Hyperzyklus. Er versteht darunter einen geschlossenen Kreislauf von Umwandlungs- oder katalytischen Prozessen,[29] wobei ein Glied oder mehrere Glieder als Autokatalysatoren wirken. Nachdem sich in der präbiotischen Entwicklungsgeschichte, also vor dem Auftreten des Lebens auf der Erde, genügend komplexe Moleküle von Polypeptiden (Proteinen = Eiweißen) und Polynukleotiden (= Kernsäuren) gebildet hatten, kommt es zu einer Phase, in der Populationen beider Groß-Molekül-Arten in vielfältiger Weise miteinander in Wechselwirkung treten.

Nach der Theorie Manfred Eigens, der dabei auf Ansätze der chemischen Reaktionskinetik, der Informationstheorie, der Spieltheorie und der Thermodynamik irreversibler Prozesse zurückgreift, spielen dabei nicht nur autokatalytische Selbstproduktionen einzelner Moleküle mit, sondern die beiden Groß-Molekül-Arten wirken in einem sich selbst reproduzierenden katalytischen Hyperzyklus zusammen.

Bekanntlich ist die Desoxyribonukleinsäure (DNS) durch die ganz bestimmte Abfolge der sie bildenden Moleküle ein entscheidender Informationsträger. Diese Information wird wiederum in ganz bestimmte Protein-Sequenzen übersetzt. Verschiedene dieser Proteine üben als sog. Enzyme wiederum rückgekoppelte Wirkungen aus, und durch diese werden nicht nur die einzelnen Übersetzungsphasen, sondern auch Neubildungsprozesse der Desoxyribonukleinsäure eingeleitet und gelenkt. Man spricht in diesem Zusammenhang auch von Replikationsprozessen (der Desoxyribonukleinsäure), wie sie von der Virusinfektion einer Zelle bekannt sind.[30]

---

29 Unter Katalyse versteht man Vorgänge, bei denen bestimmte Stoffe, die sog. Katalysatoren, chemische Reaktionen einleiten, beschleunigen und lenken, ohne durch die Reaktion selbst verändert zu werden. Die Vermittler oder Katalysatoren speziell biochemischer Vorgänge sind als Enzyme oder Fermente bekannt. Bei der sog. Autokatalyse ist es das bei der Reaktion entstehende Produkt selbst, das den Verlauf einer chemischen Reaktion beeinflußt.
30 Dabei wird zunächst die infektiöse Nukleinsäure (des Virus) in die Zelle eingeschleust und eingebaut. Am Ende des Vorgangs werden in der Zelle selbst neugebildete Viruspartikel ausgeschleust.

Beim Hyperzyklus wirkt nun das umfassende System autokatalytisch, indem das letzte Protein-Enzym zum Katalysator für die Bildung des ersten Polynukleotids wird. Es handelt sich also um ein zyklisches Organisationsnetz, das verschiedene selbstorganisierende Systeme umfaßt, die ihre eigene Synthese mit Hilfe vielfältiger Interaktionen katalysieren. Über ihre eigene Synthese hinaus liefern sie aber auch ihren Partnern, d.h. benachbarten anderen selbstorganisierenden Systemen die katalytischen Grundlagen zu ihrer Reproduktion.

Das in dem Eigenschen Modell beschriebene Zusammenwirken zweier unterschiedlicher spezifischer Molekülarten stellt sozusagen den entwicklungsgeschichtlich frühesten abiotischen Zustand einer Symbiose dar, dem in einer späteren entwicklungsgeschichtlichen Phase nach der Auffassung Eigens der Einschluß des Hyperzyklus in ein zellähnliches Gebilde folgt. „Nachdem ein Kreisprozeß von Umwandlungsvorgängen wie ein Katalysator arbeitet und ein Kreisprozeß katalytischer Reaktionen wie ein Autokatalysator, stellt ein katalytischer Kreislauf von Autokatalysatoren insgesamt einen übergeordneten Kreislauf, einen Hyperzyklus dar." Das ist die Grundlage der von Manfred Eigen entwickelten Hyperzyklen-Theorie. In ihr verbinden sich die Eigenschaften einer zyklischen, d.h. in sich selbst zurückführenden Katalyse mit den Merkmalen der Selbstorganisation.

Nach dieser Theorie entsteht ein katalytischer Hyperzyklus zwischen mehreren, miteinander verkoppelten selbstorganisatorischen Einheiten, die ihrerseits einen katalytischen Zyklus zwischen mehreren sich selbst produzierenden Elementen darstellen.

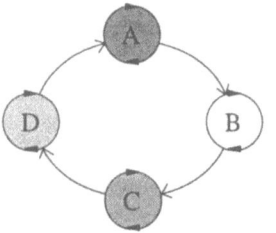

Abbildung 9:
Beim Hyperzyklus werden Einzelzyklen (A, B, C, D) in eine überlagernde zyklische Verknüpfung eingebunden.

Die Einzelzyklen werden durch die überlagerte zyklische Verknüpfung zu einer neuen Organisationsform zusammengeschlossen, und die vorher bestehende Konkurrenz zwischen den Einzelzyklen wird durch die Verknüpfung in eine Kooperation umgewandelt. Es ist im Grunde nicht erstaunlich, wenn vielen Lesern hierbei Gedanken aufkommen, in denen sie diese Vorgänge auf politische Organisationsformen übertragen. Ich werde darauf noch zu sprechen kommen.

Die speziellen, auf Kooperation ausgerichteten Merkmale eines Hyperzyklus bewirken jedenfalls eine Integration unterschiedlicher, als Zyklen bezeichneter selbstorganisierender Systeme, die sonst in gegenseitiger Konkurrenz zueinander stünden, in den Rahmen eines umfassenden Systems, in dem sich die einzelnen Zyklen wechselseitig katalysieren.

Selbstorganisation und Selektion

Interessant sind auch die Forschungen und Überlegungen Eigens zu dem an Darwin orientierten Problem der Selektion. Darwins Selektionstheorie (die Theorie der natürlichen Auslese) beruht ja im wesentlichen auf zwei Grundüberlegungen: Die eine bezieht sich auf die Zahl der Nachkommen von Lebewesen, die zweite auf die Unterschiedlichkeit von Merkmalen.

Kommen wir zur ersten Überlegung: Jedes Lebewesen erzeugt zahlreiche Nachkommen, und zwar unter natürlichen Verhältnissen mehr, als unter eben diesen Verhältnissen überleben und sich selbst wieder fortpflanzen können. Es besteht also ein vorsorglicher Nachkommenüberschuß, der im Verlauf des Lebens einer Generation durch viele Umstände ausgeglichen wird, so daß die Individuenzahl einer Art über längere Zeiträume hin mehr oder weniger gleich bleibt.

Auch hier wieder handelt es sich um eine besondere Art von Beziehung zwischen Organismus und Umwelt. Sie bewirkt, daß im Gesamtsystem der Natur ein gewisses Gleichgewicht erhalten bleibt.

Ein einziges junges Heringspaar, dessen Nachkommen nicht von einem gewaltsamen Tod bedroht wären, würde bei einer natürlichen Altersgrenze von 20 Jahren und einer Zahl von etwa 500.000 Eiern, die jedes Heringsweibchen legt, noch zu seinen Lebzeiten erleben, wie alle Ozeane der Erde von Heringen nur so wimmelten. Daß das nicht eintritt, liegt eben daran, daß die Zahl der früh, d.h. vor der eintretenden Fortpflanzung – auf welche Weise auch immer – sterbenden Heringe weit größer ist als die Zahl der Tiere, die zu eigener Fortpflanzungstätigkeit gelangen. Das gilt im Grunde für alle Tiere und ist eine Grundlage des sich immer wieder einregulierenden Gleichgewichts in der Natur.

Hier stellt sich für den Menschen natürlich ein spezielles Problem. Denn der Mensch, dessen Vermehrungsquote sich unter entwicklungsgeschichtlichen „natürlichen" Bedingungen der Vergangenheit mit hohen Verlusten durch Kindersterblichkeit, Krankheit, Unfälle, Kämpfe usw. herausgebildet hatte, hat durch wohlgemeinte „humanistische" Maßnahmen und erfolgreiches medizinisches Handeln diese Naturgesetzlichkeit praktisch außer Kraft gesetzt. Dafür sieht er sich zunehmend vor das Problem einer geradezu exponentiell hochschnellenden Weltbevölkerung gestellt, das bei einem im gleichen Maße fortgesetzten Vermehrungstempo zwangsläufig eine Fülle nahezu unlösbarer Probleme mit sich bringen muß (Ernährung, Arbeit, Verfügbarkeit von Rohstoffen, Abfälle usw.).

Die zweite Grundüberlegung Darwins bestand darin, daß sich die Individuen einer Generation, wie auch aus der Erblehre abzuleiten ist, in zahlreichen Merkmalen voneinander unterscheiden. Solche erbmäßigen Alternativen bedeuten eine gewisse Sicherung.

Unter den Merkmalen, in denen sich die einzelnen Individuen einer Art unterscheiden, sind nun solche, die eine bessere Anpassung an die jeweilige Umwelt ermöglichen, und umgekehrt solche, die eine allgemeine oder spezielle Anpassung erschweren. Größere Überlebenschancen und damit bessere Fortpflanzungsmöglichkeiten haben natürlich die besser Angepaßten. Das trägt dazu bei, daß in späteren Bevölkerungen der gleichen Art solche Gene in größerer Zahl vorhanden sind, die die geschichtlich erprobte Fähigkeit weitergeben, auf bestimmte, in der Vergangenheit bedeutsame Lebensverhältnisse angepaßt zu reagieren. Und dieser Effekt zeigt sich verständlicherweise um so stärker, je kürzer die Lebensdauer einer Generation ist, d.h. je schneller die Generationen aufeinanderfolgen.

Das Prinzip der natürlichen Auslese ließ sich übrigens auch experimentell belegen. So wählte man bspw. zu einem Versuch Fische aus, die sich in der Farbe ihrer Schuppen der Helligkeit ihrer Umgebung anpassen, und ließ sie wochenlang über hellem bzw. dunklem Untergrund leben. Dabei konnte erwartungsgemäß festgestellt werden, daß sich ihre Färbung mehr und mehr dem Untergrund anpaßte. Anschließend setzte man beide Gruppen, also die heller und dunkler gefärbten Fische in ein helles Freilandbecken aus, wo sie dem Zugriff von räuberischen Wasservögeln und Raubfischen ausgesetzt waren. Es zeigte sich, daß die dunklen Fische sehr viel häufiger von ihren Räubern gefressen wurden als die hellen. Die hellen Fische wurden dagegen in einem dunklen Becken sehr viel häufiger zu Opfern der gleichen Räuber als die dunkel gefärbten. Ähnliche Beobachtungen konnten mit unterschiedlich gefärbten Raupen und einer ganzen Reihe von Insekten gemacht werden.

Manfred Eigen stützt seine diesbezüglichen Überlegungen auch auf Erkenntnisse über die unterschiedlichen Auswirkungen verschiedener Wachstumsformen. So weist er bspw. darauf hin, daß exponentielles und hyperbolisches Wachstum[31] eindeutige Selektionsprozesse zur Folge haben, zumindest solange nicht stabilisierende Wechselwirkungen zwischen verschiedenen Arten deren Koexistenz erzwingen. Unter den Bedingungen einer ständigen dynamischen Wechselbeziehung zwischen konkurrierenden Arten kann es sowohl zu einer wechselseitigen Stabilisierung der Partner, aber auch zu einer Verschärfung der Konkurrenz, wenn nicht sogar zu einer Auslöschung von Arten kommen. Gehen wir mit Manfred Eigen davon aus, daß in einem begrenzten Lebensraum die durch Wachstum mögliche Gesamtmenge begrenzt ist, so ergeben sich für die Untermengen unterschiedliche Möglichkeiten: Bei linearer Zunahme oder bei gegenseitiger Stabilisierung ist Koexistenz möglich. Bei exponentieller Vermehrung kommt es zu Konkurrenz- und Selektionserscheinungen, während bei hyperbolischem Wachstum eine „Alles-oder-Nichts-Entscheidung" erfolgt. Ein überexponentielles Wachstum führt daher in endlicher Zeit zur Auslöschung einer Untermenge.

Oft sind es nach Eigen auch mehr oder weniger „Zufallsereignisse", die den Sieg des einen „Konkurrenten" bewirken, geringfügige Veränderungen, an denen – wie an einem Kristallisationspunkt – die Weichen für die zukünftige, nicht von vornherein vorausbestimmbare Zukunft gestellt werden. Sehr häufig läßt sich im nachhinein feststellen, daß die Selektion unter den gegebenen Bedingungen die funktionell vorteilhafteste Lösung bevorzugte.

---

31 Während beim linearen Wachstum die Menge schlicht mit der Zeit ansteigt, wächst sie beim exponentiellen Prozeß in gleichen Zeitabschnitten jeweils um den gleichen Faktor, im hyperbolischen Prozeß nehmen zusätzlich die Verdoppelungsperioden mit fortschreitender Zeit ab.

Der Prozeß der natürlichen Auslese scheint nun im übrigen auch, wie Manfred Eigen in seinem Buch „Das Spiel" an mehren Beispielen nachweist, auf molekularer Ebene Geltung zu heben. Im Verlaufe sog. Konkurrenzphasen pflegten sich nämlich diejenigen Molekülarten durchzusetzen, die infolge einer zufällig entstandenen Kombination von Eigenschaften weniger leicht verletzlich und damit langlebiger waren oder die über eine überdurchschnittliche Vermehrungsrate verfügten. Unter künstlichen Bedingungen war so im Reagenzglas in zellfreien Systemen Selektionsverhalten nachzuweisen.

Betrachten wir ein Experiment, das Manfred Sumper, ein Mitarbeiter Manfred Eigens durchführte: Bekanntlich sind Viren ja Gebilde sozusagen an der Grenze des Lebens, körperlose, kristallisierbare Fortpflanzungsgebilde ohne eigenen Stoffwechsel. Sie sind zur Vermehrung allerdings auf lebende Zellen angewiesen, die sie befallen, die daraufhin umfunktioniert werden und fortan – bis zum eigenen Untergang – nur noch die DNS und die Eiweißhüllen der Viren herstellen. Viren sind deshalb auch als „vagabundierende Gen-Haufen" bezeichnet und mit Piraten verglichen worden, die ein Handelsschiff kapern und den gesamten Betrieb auf dem Schiff unter ihr Kommando stellen (Logen).

Sumper konnte nun beobachten, daß ein bestimmter Enzymkomplex in zellfreiem Nährmedium auch bei sorgfältigem Ausschluß jeglicher RNS-Moleküle, also der für Lebensprozesse entscheidenden Moleküle, sich Matrizen über die Reproduktion selber „stricken" kann. Dabei kam es unter der Vielfalt der entstandenen Produkte zu einer eindeutigen Auswahl. „Sobald nämlich verschiedene Ketten in genügender Menge vorlagen, benutzte das Enzym diese als Matrizen, um sie – sehr viel effizienter – direkt zu reproduzieren."

Offenbar entsteht zunächst eine ganze Reihe von Produkten. Es wird jedoch am Ende nur die bestangepaßte Sequenz ausgewählt. Das ist diejenige, „die sich am schnellsten und genauesten vervielfältigen läßt und gleichzeitig eine genügend hohe Stabilität besitzt". Dieser Vorgang kann auch durch Veränderungen des Milieus beeinflußt werden. „Setzt man nämlich dem Medium bspw. ein Enzym zu, das RNS-Ketten abbaut, so gelangt allein diejenige RNS-Kette schließlich zur Selektion, die sich durch spezielle Faltung gegen den Angriff des Enzyms am wirksamsten zu schützen weiß."

Aufgrund dieser und anderer Beobachtungen und Versuche faßt Manfred Eigen zusammen, daß das Selektionsprinzip Darwins physikalisch erklärt und bei genauer Festlegung der Voraussetzungen und Randbedingungen auch genau begründet werden könne.

Nach dem gleichen Prinzip ist wohl auch zu erklären, daß eine nach rechts und nach links gerichtete Drehung der Makro-Moleküle nicht nebeneinander vorkommt. Offenbar setzte sich auch hier biologisch eine der beiden Alternativen durch.

Genauso sprossen während des Gehirnwachstums zunächst Endverästelungen der Nervenfasern in sehr viel üppigerer Zahl aus. Sie sterben jedoch ab, wenn sie ihr Ziel verfehlen oder „zu spät kommen". Auch in der Gehirnreifung gibt es also eine Phase vorübergehender Redundanz, in der zunächst wesentlich mehr Zellen gebildet werden, als sich später im Erwachsenenalter nachweisen lassen. In der Folge kommt es zum Untergang einer größeren Anzahl von Nervenendigungen, wodurch sich die „Ordnung" des System erhöht. Bei einem 5 Tage alten Hühnerembryo fand man bspw. in einer Hirnhälfte 20.000 motorische Neuronen im Gegensatz zu 12.000 beim erwachsenen Huhn. Man weiß auch, daß dieser Neuronentod etwa um den 5. Tag nach der Geburt stattfindet.

Die biochemischen Konkurrenzmechanismen, die – zu Lasten anderer – zur Stabilisierung bestimmter Nervenendigungen führen, sind sicher zur Zeit noch nicht abschließend erforscht. Man vermutet aber z.b. einen von den embryonalen Muskelfasern produzierten Wachstumsfaktor, der retrograd, also entgegen der Nervenleitung, die synaptische Kontaktstelle zwischen Muskel und Nerv überquert und motorische Nervenendigungen „anlockt". Dadurch kommt es zu einer mehrfachen Innervation oder Benervung der Muskelfasern. In diesem Stadium der Maximalredundanz wird durch negative Rückkoppelung die Produktion des Wachstumsfaktors eingestellt. In der darauffolgenden Phase der Verknappung des Faktors geraten die Nervenendigungen, deren „Überleben" von diesem Faktor abhängt, in Konkurrenz. Zu einem bestimmten Zeitpunkt stabilisiert sich dann eine Endigung, und zwar diejenige, die eine ausreichende Dosis des Wachstumsfaktors an sich reißen konnte. Die anderen „verhungern".

Bei diesem Vorgang, wie auch bei allen anderen Selektionsprozessen, läßt sich nie prospektiv, also vorausschauend bestimmen, wer der Sieger sein wird. Sicher ist nur, daß es einen Sieger geben wird. Insofern meint Manfred Eigen, daß man, zumindest nach seiner „Spiel-Version", Darwins Prinzip eigentlich auf die Tautologie des „survival of the survivor" (des Überlebens des Überlebenden) zurückführen könne. Es ist eben ein Prinzip ohne vorausplanendes Konzept, nach dem diejenige Spielart die stärksten Durchsetzungs- und Überlebenschaccen hat, die am anpassungsfähigsten ist. Das ist aber keineswegs gleichbedeutend mit dem Merkmal der Stärke und Gewalttätigkeit, wie wir bisher meist in der Geschichte mit ihrer Überbetonung von Kriegen, gebietsmäßigen Einverleibungen, Revolutionen usw. lernten.

Darwins Prinzip hat also offensichtlich eine noch sehr viel weitere Geltung, als von ihm selbst angenommen wurde. Es läßt sich in den Vorgängen der biologischen Selbstorganisation, auch schon in den frühesten subzellulären Stadien, ebenso aufweisen wie in zentralnervösen Prozessen des menschlichen Gehirns: in den Prozessen der Bahnung im Gehirn, in der Auswahl der Gedächtnisinhalte und bei Lernprozessen, die ja – neurophysiologisch betrachtet – weitgehend eine Stabilisierung synaptischer Kombinationen darstellen. Selbst rein geistige Konzeptionen entstehen zunächst oft rein „zufällig". Im späteren Verlauf entscheiden dann „selektive" Kriterien über ihr weiteres Schicksal. So besehen, beruht auch die Falsifikations-Theorie Karl Poppers[32] auf „Selektion", und Hermann Haken sieht das Prinzip weit über seinen ursprünglichen Geltungsbereich hinaus in der

---

32 Sie geht davon aus, daß eine Aussage aufgrund empirischer Überprüfung nie als wahr bewiesen, sondern nur durch empirische Widerlegung „falsifiziert" werden kann.

Entwicklung wissenschaftlicher Erkenntnisse mit dem Aufkeimen neuer Ideen und ihrem Erfolg zu Lasten anderer Konzeptionen, in vielen Vorgängen der Wirtschaft, ja selbst im Phänomen einer beherrschenden öffentlichen Meinung oder der Mode verwirklicht.

So paradox es zunächst klingen mag, gibt es also eine ganze Reihe begründeter Überlegungen dafür, daß entgegen den Möglichkeiten unserer bewußten Erkenntnis Selektionsprozesse der beschriebenen Art, also eine Auswahl des für Leben und Überleben Wichtigen, auch bei höheren geistigen Leistungen des Menschen und auch bei größeren geschichtlichen Umwälzungen eine, vielleicht sogar *die* entscheidende Rolle spielen (könnten). Auch in aufkeimenden neuen Weltanschauungen, in neuen geistes- und kulturgeschichtlichen Strömungen könnten so letztlich biologisch begründete und die Geistigkeit des Menschen lediglich instrumentell nutzende Anpassungsleistungen zum Ausdruck kommen. Insofern könnte auch ein gegenwärtig sich stärker artikulierendes Umdenken in bezug auf das Verhältnis des Menschen zu seiner Umwelt Ausdruck eines solchen Prozesses sein.

VII. Zur erkenntnistheoretischen Bedeutung des Prinzips der Selbstorganisation

Selbstorganisation und „Zufall"

Auf der Suche nach den tieferen Grundlagen der Selbstorganisation taucht natürlich die Frage auf, inwieweit nicht überhaupt das Wissen bzw. die Unkenntnis des jeweiligen Beobachters eine ganz entscheidende Bestimmungsgröße für die Feststellung von Selbstorganisation darstellt. Derjenige, für den ein bestimmtes System entweder sozusagen eine Black-Box, eine in ihrem Inneren unbekannte Sache ist, weil er das System nicht sieht, kennt oder in seinem Wesen erkennt, ist zweifellos eher geneigt, von Selbstorganisation zu sprechen. Wenn man bspw. die auf S. 158 erwähnten Computersimulationen mit willkürlichen Ausgangsbedingungen durchspielt, in denen der Beobachter keinerlei Struktur entdeckt, liegt es am Ende des Experiments, wenn sich eine Organisation in Teilsysteme herausgebildet hat, nahe, rückblickend einen selbstorganisatorischen Prozeß mit kreativen Merkmalen zu entdecken. Wenn der Beobachter aber das System vollständig kennt und in seiner Struktur und Eigendynamik überblickt, kann es für ihn eigentlich nichts „Neues" geben. Die Theorien der Selbstorganisation sind, so besehen, nur für solche Systeme von Bedeutung, deren Eigenmerkmale – aus welchen Gründen auch immer – einer vollständigen Erkenntnis durch den Beobachter unzugänglich sind (Fogelman-Soulié).

Ist – unter diesem Blickwinkel – das Auftreten von etwas Neuem nicht eigentlich an die Unkenntnis bzw. eine verengte Sichtweise des Betrachters gebunden, also im echten Sinne gar nicht etwas wirklich Neues? Tritt informationstheoretisches „Rauschen" nicht grundsätzlich in dem Maße ins Spiel, in dem wir, als Beobachter, darauf gerichtet sind, mit der inneren Kohärenz eines Systems zusammenhängende Aspekte zu erfassen und zu beschreiben, und erscheint uns die Struktur der Umwelt nicht nur deshalb als zufällig, weil wir sie nicht kennen und auch primär gar nicht an ihr interessiert sind? (Varela)

Wäre damit der Zufall, wenn wir ihn auf dem Boden subjektiver Unkenntnis definieren, letztlich gar nicht „wirklich"? Hätte Henri Atlan recht, wenn er einmal formulierte, daß das Merkmal des Zufälligen oder des Determinierten von dem Standort abhängt, den der urteilende Beobachter einnimmt?

Der Begriff des Zufalls bezieht sich ja in der Tat – abstrakt und formal betrachtet – auf etwas, das wir nicht erkennen und demzufolge auch nicht voraussagen können. Das kann verschiedene Gründe haben. Entweder gibt es grundsätzlich nichts, was erkennbar sein könnte; es kann aber auch an *uns* liegen, daß wir grundsätzlich etwas Solches nicht zu erkennen vermögen; vielleicht besitzen wir aber auch in einem konkreten Fall keine ausreichende Erkenntnis (der Zusammenhänge) oder wollen diese auch gar nicht sehen. Während es im Alltagsgebrauch für die Benutzung des Begriffs oft ausreicht, für etwas, das geschieht, keine Absicht zu erkennen, wenn sich etwa zwei Freunde „zufällig" in einer fremden Stadt begegnen, treffen wir in der Wissenschaft auf eine andere, in sich unterschiedliche und zudem oft nicht einmal klare Begriffsbestimmung. So kann „Zufall" einmal völlige Ursachelosigkeit bedeuten oder andererseits zum Inhalt haben, daß eine Gesetzmäßigkeit (bei serienähnlichen Abläufen) nicht hervortritt, etwas also unregelmäßig und beliebig erscheint. Schließlich kann es aber auch ganz schlicht bedeuten, daß etwas konkret nicht vorhersehbar ist, obwohl eine grundsätzliche kausale Bestimmtheit unterstellt wird. Lassen wir den auch wissenschaftlich durchaus diskutierbaren Fall beiseite, daß zwei voneinander unabhängige Ereignisreihen „zufällig" zusammentreffen, weil er für den hier anliegenden Zusammenhang in keiner direkten Beziehung steht, so reduziert sich die für uns bedeutsame Gegenüberstellung entweder auf das Fehlen einer Ursache (objektiver Zufall) oder das Fehlen entsprechender Erkenntnisse (subjektiver Zufall) (Erbrich). Im einen Fall würde etwas als zufällig gelten, wenn es gänzlich undeterminiert ist, wenn es keine Bedingungen und Umstände gibt, die es hervorrufen. „Zufällig" kann aber auch – sozusagen im abgeschwächten Sinne – bedeuten, daß das Auftreten eines Ereignisses von Bedingungen und Umständen abhängt, die uns nicht bekannt sind. Dabei kann es sein, daß sie grundsätzlich außerhalb unserer Erkenntnismöglichkeiten liegen, aber auch, daß lediglich die uns zur Verfügung stehenden Erkenntnisse über die Bedingungen des Auftretens eine kausale Erklärung im Einzelfall nicht erlauben, ohne daß damit eine Aussage über eine grundsätzliche Bedingtheit getroffen wäre. Es würde sich im zweitgenannten Fall sozusagen um eine relative – d.h. relativ zu unserem Wissen – Zufälligkeit handeln.

Überlegen wir einmal: Würde man die Umwelt eines Systems, also den „neutralen" Hintergrund hinter einer Figur, genau betrachten, so wie ein System oder eine Figur, wäre es theoretisch denkbar, daß es für den Beobachter kein Wahrscheinlichkeitsrauschen mehr gibt. Spreche ich mit einem bestimmten Menschen aus einer Gruppe von Personen, so tritt dieser für mich als System in besonderer Weise hervor; das Gespräch mit ihm erhält irgendeine Form von Sinn, der uns beide zu einem neuen System verbindet; der Rest der Gruppe, der auch dabei ist, wird zum Umfeld; jeder einzelne von ihnen wird aber in dem Moment für mich zu einem System, in dem ich mich ihm speziell zuwende, ihn wahrnehmungsmäßig betone. Wird nicht erst dadurch, daß Information von uns durch eine Formel gemessen wird, in der der Begriff „Sinn"' nicht vorkommt, ihr Gegenteil, nämlich Rauschen, Störgeräusche, „Störungen" oder wie wir es nennen wollen, zum Ursprung von Information? (Atlan)

Stellen wir uns vor, wir schleuderten ein Glas voller Zorn gegen die Wand oder wir würden würfeln! Die Scherben, die anschließend irgendwo im Zimmer liegen, sind für uns genauso zufällig wie die Zahl, die der geworfene Würfel zeigt. Stellen Sie sich aber vor, Sie würden Abwurfwinkel und Wurfgeschwindigkeit, die Luftströmung im Raum, die Struktur und Elastizität der Wand an der Stelle des Auftreffens und die innere Struktur des Glases sowie vieles andere mehr kennen, sie würden wissen, wie der Würfel genau in der Hand lag, mit welcher Geschwindigkeit er auftraf und aufstieß usw., was würde dann letztlich noch vom „Zufall" übrigbleiben?

Oder betrachten Sie die bekannte Spiraltäuschung von Fraser! Die Täuschung verschwindet in dem Moment, in dem wir eine Kreisbahn mit dem Finger nachfahren. Sind aber nicht die Kreise der Figur, die ich nachtaste, Kreise meiner Tasterkenntnis, die dann sofort wieder als Systemerkenntnis verschwinden und einer Spiralwahrnehmung Platz machen, wenn der Finger (oder evtl. auch das Auge) nicht mehr exakt einer Kreisbahn folgt?

Abbildung 10: *Die Frasersche „Spirale" ist eine Täuschung, denn sie besteht, objektiv gesehen, aus einer Anzahl speziell schraffierter konzentrischer Kreise.*

Rauschen und Organisationseffizienz

„Rauschen" tritt also jedesmal dann auf, wenn die Assimilations-/Akkommodationsprozesse überfordert sind, indem entweder die Information unzureichend ist oder die Reaktionsmöglichkeiten des Organismus teilweise ineffizient sind. Werden aber damit nicht „Rauschen" und „Störeinflüsse" entscheidend relativiert? (Tabary)

Dazu paßt, daß bspw. bei einer ganz umschriebenen Hirnschädigung in einem bestimmten Bereich des limbischen Systems die Fähigkeit zur Selbstorganisation aus Anlaß von Störeinflüssen bei ansonsten unbeschadet erhaltenen Hirnleistungen fast vollständig verschwindet, ein Effekt, der übrigens auch bei vorübergehender funktionaler Ausschaltung zu beobachten ist. Bei einer Selbstorganisation durch störende Außeneinflüsse käme also letztlich eine subjektive Finalität zum Ausdruck, wie sie auch der Kennzeichnung des Gehirns als „ordnungstiftendem Organ" entspräche. Die Organismen, die in der Begegnung mit Störeinflüssen über eine größere Organisationseffizienz verfügen, wären dann solche, deren Binnenstruktur effektiver ausgebildet ist, oder solche, die in ihrer Entwicklung einen größeren Anteil von Umweltmerkmalen assimilieren konnten. Beides spräche aber dafür, daß eine hinreichende Eigenentwicklung eines Organismus stattgefunden haben muß, bevor sich innere Autonomie auf einem entsprechend höheren Niveau ausbilden kann (Tabary); und der Eindruck, daß es autonome Systeme gibt, hinge von der erkenntnismäßigen Position des Beobachters ab, der eine geordnete, aber eben nicht vollständig geordnete Welt erkennt.

Damit wäre die von einem Beobachter erkannte Organisation eines Systems ein schöpferischer Akt des Beobachters, als solcher aber der Erkenntnis des Beobachters unzugänglich, bevor sie zustande kam. Die Spieler des auf S. 159 beschriebenen Spiels empfinden bei der ersten Spielalternative mit zunehmender Dauer der Befragung durch den Hauptspieler immer weniger Überraschungen, während sie bei der zweiten Alternative von einer Überraschung in die nächste stürzen. Die Unterschiede gehen also nicht so sehr auf die inneren Merkmale des Systems oder Phänomens zurück als auf die Kenntnis des Beobachters, die wiederum von der Rolle abhängt, die er (im Spiel) einnimmt. Und weil das System sich in seiner Funktion immer weiter organisiert, muß der Beobachter zu dem Schluß kommen, daß sich zufällige Außeneinflüsse innerhalb des Systems in neue Bedeutungen verwandelt haben, zu denen er als Außenbetrachter keinen Zugang hat.

Die Autonomie eines lebenden Systems liegt damit – und das ist der Grundgedanke Varelas – in seiner inneren Abgeschlossenheit, die zur Folge hat, daß das System nicht, ohne beschädigt zu werden, von einem Außenbeobachter wie ein Input-Output-System behandelt werden kann.

Die Unordnung, das Chaos, die Unbestimmtheit, das Rauschen der Umwelt ist aber dann gar nicht in seinem Wesen Chaos, sondern es ist nur Chaos für das System. Wenn ein Beobachter nun feststellt, daß ein System Störbedingungen der Umwelt dazu verwandt hat, seine individuelle Art innerer Kohärenz und Abgeschlossenheit zu verändern und damit etwas, das vorher sinnlos war, Sinn zu verleihen, um was handelt es sich dann letztlich? Der Beobachter außerhalb des Systems hat aufgrund seiner Position zum System gar keinen Zugang zum eigentlichen Wesen des autonomen Systems und *muß* deshalb zu dem Schluß gelangen, daß Selbstorganisation auf dem Boden von Unordnung entstanden ist.

Ist, so besehen, Autonomie wirklich Autonomie? Vollziehen autonome Wesen nicht viele ihrer Aktivitäten, selbst die differenziertesten, ohne eigentliche Kontrolle? Kontrolliert ein autonomer Organismus wirklich sein Leben, seine Erkenntnisse, seine schöpferischen Akte, seine Gedanken? Bin ich nicht, wie José Ortega y Gasset einmal formulierte, ein Teil alles dessen, dem ich in meinem Leben begegnet bin? Denke ich über mich selbst und mein Leben nach, indem ich mir, bezogen auf mich selbst, künstlich eine Sicht von außen anzueignen versuche, muß ich dann nicht zwangsläufig auf vieles Zufällige stoßen!? Hätte es nicht bei allen Begegnungen, Freundschaften, Liebesabenteuern, Erfolgen und Mißerfolgen im Hinblick auf vielleicht nur wenige Details ein bißchen anders zu verlaufen brauchen, dann wäre anderes geschehen, mein Leben hätte eine andere Entwicklung genommen! Andererseits gibt es sicher eine innere Kohärenz im System, die aber nicht bewußt sein muß, zumindest in den meisten Fällen nicht bewußt ist.

Verhält es sich nicht auch mit unseren menschlichen Entscheidungen ähnlich? Hätten wir noch Grund, uns oder einen anderen Menschen für wirklich frei zu halten, wenn wir alles, aber auch alles wüßten: die wirtschaftliche Situation, die gesamte Lebensgeschichte, einschließlich der einer Entscheidung unmittelbar vorangegangenen Ereignisse, die augenblickliche Stimmung, das Maß von Müdigkeit, einschlägige Erfahrungen, die gesamte Persönlichkeitsstruktur, die speziellen Beziehungen und Rücksichtnahmen, berechnende Überlegungen, spezielle Informationen und unendlich vieles mehr?! Liegt unsere „Freiheit" – so besehen – nicht auf der Ebene der „zufällig" entstandenen Scherben?

Es sind dies Überlegungen, die für das Konzept der Selbstorganisation nicht unwesentlich sind. Sie werfen zweifellos aber auch Fragen auf, die noch einer umfassender und tiefer begründeten Antwort harren.

Selbstorganisation und Selbsttranszendenz als Grundlage eines neuen Weltbildes

Die in den beiden ersten Teilen beschriebenen neueren naturwissenschaftlichen Erkenntnisse und Theorien sind sicher nicht nur als solche interessant, sondern vor allem auch deshalb, weil sie die Grundlage moderner allgemein-wissenschaftlicher, d.h. disziplinübergreifender Konzeptionen, ja eines völlig neuen Weltbildes darstellen.

Diese Sicht der Welt versucht, sich der Komplexität der Wirklichkeit zu stellen und sie in eine neue Form wissenschaftlichen Denkens zu integrieren. Sie relativiert zugleich die bislang als absolut unterstellten Gesetze strenger Kausalität. Vor allem ist aber das neue Denken durch die Vorstellung einer fließenden, prozeßhaften Wirklichkeit, durch den Aufweis von Beziehungen, Verknüpfungen und Wechselwirkungen und weniger durch die Ermittlung isolierter Dinge und „Tatsachen" gekennzeichnet. Es steht damit im Gegensatz zu klassischen Vorstellungen des Abendlandes und vor allem der abendländischen Wissenschaft, wie sie das Denken unserer Kultur seit einigen Jahrhunderten bestimmen.

Es mag faszinierend sein zu erkennen, daß dieses neue Weltbild, das weitgehend aus Erkenntnissen der modernen Physik entstand, viele Parallelen zu alten asiatischen Weisheiten und zur orientalischen Mystik aufweist. Alle die vielfältigen statischen Gegebenheiten in der Welt sind „maya", d.h. Illusion. Die eigentliche Wirklichkeit ist der ständige Wechsel, der ewige Rhythmus von Leben und Tod, von Erzeugung und Zerstörung. Anstelle einer realen und festen Welt bietet uns die moderne theoretische Physik ein „flimmerndes Gewebe aus Ereignissen, Beziehungen und unendlichen Möglichkeiten" (Ferguson). Das gesamte Universum wird damit als gewaltiges dynamisches Gewebe von untrennbaren Energiestrukturen erlebbar.

Das Konzept der Selbstorganisation stellt zweifellos eine wichtige Komponente modernen wissenschaftlichen Denkens dar. Es ist eine Sichtweise sozusagen des natürlichen (systeminternen) Werdens, die zwar gegenüber dem vorherrschenden Strom abendländischen Denkens der letzten Jahrhunderte zurückgetreten und fast vergessen, aber doch schon zu früherer Zeit vielen Menschen auch unserer Kultur nicht unbekannt war. Moderne wissenschaftliche Erkenntnisse stützen so einen von den Menschen unserer Zeit wenn auch nicht immer bewußt, so doch zunehmend empfundenen Zweifel am umfassenden Wert einer vorrangig rational und technisch bestimmten Weltsicht. Die Überzeugung einer grundsätzlichen Machbarkeit und der Effizienz isolierter Eingriffe in ein Systemgeschehen scheint in der Tat bereits an vielen Stellen brüchig geworden zu sein. An ihre Stelle tritt mehr und mehr eine relativierende Sicht, verbunden mit einer Rückwendung zu „natürlichen", nicht von außen gewollten und bestimmten Abläufen und dem Vertrauen auf eine wesentlich weniger aufwendige Selbstregulation. So treten auch große Zentralisierungen mancherorts – trotz einer stärkeren globalen Orientierung der Menschen – gegenüber Tendenzen einer dezentralisierten Organisation wieder zurück. R. Paslack spricht darüber hinaus in der Einleitung seines Buches „Urgeschichte der Selbstorganisation" davon, daß die Theorie der Selbstorganisation unabhängig davon, ob sich alle derzeit an sie geknüpften Hoffnungen erfüllen, „eines der größten Rätsel der Wissenschaft, die spontane Genese und Evolution komplexer Systeme, ein bedeutendes Stück näher an seine rationale Aufklärung" gebracht habe.

Unabhängig von diesem Aspekt ist es eine äußerst interessante Erkenntnis, daß offenbar den Prozessen der Selbstorganisation, über unterschiedliche Bereiche hinweg, weitgehend gemeinsame Prinzipien und mathematisch bestimmbare Gesetzmäßigkeiten zugrunde liegen. Diese Erkenntnis könnte durchaus einen Schritt zu einem umfassenderen Weltverständnis darstellen.

Eine Form von Selbstorganisation findet bereits bei den Vorgängen im anorganischen Bereich statt. Selbst schon bei subatomaren Strukturen könnte man von

Selbstorganisation sprechen, wenn bspw. Hadronen, also spezielle Kernteilchen mit bestimmten Eigenschaften, an der Erzeugung von Partikeln beteiligt sind, aus denen sie ihrerseits wiederum selbst entstehen.

Wir begegnen Prozessen der Selbstorganisation aber nicht nur im Bereich der Physik und Chemie bis hin zur Astrophysik, wo sie u.a. bei der Entwicklung von Sternen eine entscheidende Rolle spielen, sondern natürlich auch überall im Bereich lebender Systeme. Selbstorganisation ist geradezu in erster Linie ein Merkmal lebender Strukturen. Träger solcher Selbstorganisationsprozesse sind auf der untersten Ebene des Lebens die Zellen, auf entsprechend höheren Ebenen Organe, Organsysteme (Immunsystem, Nervensystem usw.) und Organismen mit ihrer vielfältigen Entwicklungsgeschichte. Darüber hinaus werden wir im weiteren Verlauf sehen, inwieweit diese Vorstellungen auch auf seelisch-geistige Phänomene, Vergesellschaftungen und soziokulturelle Systeme anwendbar sind.

Selbstorganisatorische Prozesse, die im weitesten Sinne als „Systemprozesse" zu verstehen sind, finden speziell in Systemen statt, die sich in einem Zustand außerhalb ihres üblichen Gleichgewichts befinden und gleichzeitig in deutlichen Austauschprozessen mit ihrer Umwelt stehen. Die grundsätzliche Offenheit bzw., materiell ausgedrückt, der ständige Energiedurchfluß stellt eine entscheidende Grundlage für die Herausbildung einer neuen Struktur dar. Von einer bestimmten Schwelle an führt die in das System eintretende Energie zu einem neuen Verhalten innerhalb des Systems, zu einer neuen Struktur und Organisation des Systems.

Wenn wir als eine Möglichkeit erkannt haben, daß, wie bspw. bei der Bénardschen Instabilität, aus einer charakteristischen Systemdynamik heraus makroskopische Strukturen entstehen können, die vorher nicht erkennbar waren, daß sozusagen „spontan" ein Zustand höherer Ordnung eintritt, so stellt dies einen Prozeß dar, in dem das System seinen bisherigen Zustand überschreitet. Einen solchen Vorgang bezeichnet man als Selbsttranszendenz.

Die Offenheit des Systems beinhaltet sozusagen eine Offenheit auch in Richtung der Weiterentwicklung des Systems über die bisherige Existenzform hinaus. Die Selbstorganisation – ein Begriff, der sich übrigens schon bei Immanuel Kant findet – wird in einer Art Meta-Evolution zu einer Selbsttranszendenz der Entwicklung, zu einem Überstieg über sich selbst hinaus. Und das Potential zu solchen Prozessen der Selbsttranszendenz wächst mit der Komplexität des Systems. Diese Selbsttranszendenz, in der ein System in seiner Selbstorganisation die Grenzen seiner Existenz und seiner Identität überschreitet, ist praktisch ein schöpferischer, kreativer Akt.

Die gesamte Entwicklungsgeschichte stellt in diesem Sinne das Ergebnis einer umfassenden Selbsttranszendenz dar, die sich auf vielen Ebenen ereignet hat. Das Entstehen einer neuen Ebene ist dabei immer mit einer gewissen Richtungsänderung verbunden. Denn die Bewegung läuft nicht mehr kreisförmig in sich selbst zurück, sondern schert im Sinne einer sich selbst optimierenden Spirale auf eine höhere Ebene aus. Inwieweit diese Auffassung einer Selbsttransformation und einer Selbsttranszendenz auch im seelisch-geistigen Bereich Gültigkeit hat, soll uns im nächsten Teil dieses Buches beschäftigen.

Ethische Konsequenzen

Die Selbstorganisation stellt sicher eine zur Zeit sehr stark diskutierte, durchaus unterschiedlich interpretierte und auch keineswegs unumstrittene neue wissenschaftliche Konzeption dar, die nicht nur die Erfassung statischer Gegebenheiten, sondern grundlegende Prozesse des Werdens zum Inhalt hat. Isabelle Stengers, eine Mitarbeiterin Ilya Prigogines, sprach einmal von einer Physik, die sich nicht mehr mit Zuständen, sondern mit Prozessen beschäftigt, die keine Bilanzen mehr aufstellt, sondern damit beginnt, Geschichten zu erzählen. Sie schloß in diese, primär auf die Physik und Biologie bezogene Skizzierung auch die begrenzte Gültigkeit aller allgemeinen Erkenntnisse etwa der Psychologie, der Soziologie und der Wirtschaftswissenschaften ein, soweit diese auf dem Modell statischer Gegebenheiten und Beziehungen beruhen. Die „geistige" Welt mit der (Höher-) Entwicklung des Bewußtseins erscheint dabei als das Ergebnis einer Dynamik der Selbstorganisation.

Es ist das unzweifelhafte Verdienst der Theorie der Selbstorganisation, die Rolle des erkennenden Subjekts im Erfassen der „Wirklichkeit" in besonderer Weise hervorgehoben zu haben, ohne die Rolle der Umwelt und des kulturellen und historischen Umfeldes zu ignorieren. Varela formulierte einmal den von ihm gesehenen Zusammenhang sehr deutlich: „Wir sehen nicht mehr eine von außen instruierte Einheit und eine unabhängige Umgebung ..., sondern wir sehen eine autonome Einheit mit einer Umwelt, deren Eigenschaften nicht losgelöst von der gemeinsamen Geschichte von System und Umwelt betrachtet werden können." Er spricht in diesem Sinne ausdrücklich von einer Geschichte der Verbundenheit (history of coupling). Unsere Modelle der Welt finden wir nur aus dem Grunde für uns bedeutsam, weil wir sie selbst entwickelt haben, und das nicht etwa, um eine genaue Kenntnis des Universums zu erlangen, sondern letztlich um des Sinnes unseres Daseins willen. Die Theorie der Selbstorganisation kann dabei durchaus zu einer vertieften Erkenntnis eines solchen Sinnes beitragen.

Die menschliche Erfahrung scheint von Regelmäßigkeiten erfüllt, die das Ergebnis unserer biologischen und sozialen Geschichte sind, und „unsere Welt spiegelt genau jene Mischung von Regelmäßigkeit und Veränderlichkeit, jene Kombination von Festigkeit und Flüchtigkeit, die so typisch ist für die menschliche Erfahrung" (Maturana und Varela). An einer anderen Stelle heißt es weiter: „Die Welt, die jedermann sieht, ist nicht *die* Welt, sondern *eine* Welt, die wir mit anderen hervorbringen." Sie wird sich deshalb auch nur ändern, wenn wir anders leben.

So vermittelt die Theorie der Selbstorganisation in der Erkenntnis einer von dem Betrachter entscheidend abhängigen Welt eine Abkehr von der Vorstellung einer absoluten Wahrheit und eine Relativierung unseres Weltbildes. Auf dieser Grundlage dürfte es leichter fallen, andere Menschen und auch andere Kulturen in ihrer spezifischen Eigenart akzeptieren zu können und mehr Toleranz zu entwickeln. Denn jeder Anspruch, im Besitz der absoluten Wahrheit zu sein, führt, wie die menschliche Geschichte vielfach gezeigt hat, zu Gewalt und Unterdrückung.

Maturana und Varela betonen bspw. als Konsequenz ihrer Überlegungen den Weg zu einer Ethik, deren Bezugspunkt die Bewußtheit der biologischen und sozialen Struktur des Menschen ist. „Wenn wir wissen, daß unsere Welt notwendig eine Welt ist, die wir zusammen mit anderen hervorbringen, dann können wir im Falle eines Konfliktes mit einem anderen menschlichen Wesen, mit dem wir weiterhin koexistieren wollen, nicht auf dem beharren, was für uns gewiß ist." Die Gewißheit des anderen ist „genauso legitim und gültig" wie unsere eigene, und „niemand kann für sich beanspruchen, die Dinge in einem umfassenden Sinne besser zu verstehen als andere". „Die Verknüpfung der Menschen miteinander ist letztlich die Grundlage aller Ethik als eine Reflexion über die Berechtigung der Anwesenheit des anderen" (Maturana, Varela). So erwächst aus dieser Erkenntnis letztlich eine durch Toleranz und Pluralismus bestimmte Ethik.

Es ist zugleich – im Gegensatz zu einer statischen Ethik – eine dynamische Ethik des Werdens, die keinen festen Besitz kennt, weder materiell noch geistig. Erich Jantsch erinnert in diesem Zusammenhang an die Bewohner der Insel Bali, die sich selbst nicht als Besitzer der Insel, sondern als Gäste auf der „Insel der Götter" erleben, woraus ihnen ein inneres Glück erwächst, das sich in einer beständigen Dankbarkeit zeigt.

Vieles ist noch im Stadium des Vortastens, und die begründeten Folgerungen, die sich aus dem neuen Ansatz ergeben, liegen noch nicht in aller Klarheit auf der Hand, sind auch wohl letztlich in ihrer Reichweite noch nicht voll zu überblicken. Sie könnten sich allerdings als unerhört weitreichend erweisen. Aber selbst wenn sich die an die Theorie der Selbstorganisation geknüpften Erwartungen nicht bzw. nicht in vollem Umfang erfüllen sollten, kann schon heute festgestellt werden, daß ihr eine ganz entscheidende innovative und bereichernde Bedeutung für wissenschaftliches Denken zukommt. Das wird auch wesentliche Auswirkungen auf unsere Sicht von der Welt, von lebenden Systemen und von Gesellschaften haben müssen.

Teil C

Aspekte der Selbstorganisation im geistig-seelischen Bereich

I. Analogien

**Durchgehende Grundprinzipien und das Bemühen
um eine einheitliche Betrachtung der Welt**

Wir hatten im letzten Teil des Buches Phänomene der Selbstorganisation im Bereich der Naturwissenschaften kennengelernt, wie sie in den letzten Jahrzehnten von verschiedenen Autoren beschrieben wurden. Dabei waren wir unterschiedlichen Erklärungsansätzen und Überlegungen begegnet, die einem mit klassischen wissenschaftlichen Auffassungen vertrauten Leser zumindest ungewohnt erscheinen mögen. Sie sind auch bisher nicht überall vorbehaltlos akzeptiert, gewannen aber doch in den letzten Jahren zunehmende Verbreitung und scheinen mir geeignet, Probleme, die sich Menschen und Gesellschaften gegenwärtig und in der Zukunft stellen, unter einem anderen, mehr oder weniger neuen Blickwinkel zu betrachten. Vielleicht sind sie sogar in der Lage, bisher nicht gesehene Lösungsansätze für diese Probleme zu bieten.

Es wäre allerdings keine Überraschung, wenn es einem dem traditionellen Denkstil verhafteten Leser äußerst gewagt erscheinen würde, dieses Konzept der Selbstorganisation in den psychologischen oder gar soziologischen und politologischen Bereich hinein zu verfolgen. Ein solcher Versuch ist allerdings von einer ganzer Reihe durchaus seriöser Naturwissenschaftler unternommen worden, denen es in ihrem Ansatz gerade um den Aufweis allgemeiner Gesetzmäßigkeiten in unterschiedlichen Wissensbereichen ging. Manfred Eigen (s. S. 162ff.) weist ausdrücklich auf die Übergänge von der materiellen zur biologischen und von dieser wiederum zur psychischen Entwicklung hin. Bei diesen Übergängen entstehen jeweils auf einem höheren Niveau und unter veränderten Bedingungen neue Qualitäten, wobei aber die höheren Ebenen auf dem aufbauen, was sie von seiten der unteren Ebenen vorfinden, dieses aber weiterentwickeln. Ohne ganz bestimmte Entscheidungen in der Entwicklung der toten und lebenden Materie wäre die menschliche Psyche nicht so, wie sie ist. In gleicher Weise sah der holländische Biologe und Psychologe F.J.J. Buytendijk in bestimmten Merkmalen organischer Formen bereits Vorformen psychischer Strukturen. Auch Hermann Haken beschäftigt sich bei der Untersuchung gleichmäßiger Gesetzmäßigkeiten bei der Entwicklung von Strukturen nicht nur mit dem Laserstrahl, sondern auch mit rhythmischen Schwankungen der Fangergebnisse von Fischen oder mit Phänomenen der freien Marktwirtschaft und des menschlichen Denkens. Ist es doch gerade auch immer wieder das Ziel der Wissenschaft gewesen, ein einheitliches fundiertes Weltbild zu entwickeln, und besteht der Fortschritt der Wissenschaft nicht für viele Forscher gerade darin, die Komplexität der Wirklichkeit auf eine verborgene, gesetzmäßige Einfachheit zu reduzieren!

Wenn, wie wir sahen, verschiedene Forscher die Existenz gemeinsamer Grundprinzipien und Gesetzmäßigkeiten auf unterschiedlichen Wissensgebieten und in unterschiedlichen Lebensbereichen (also bspw. ein universales Prinzip der Selbstorganisation aller nicht-linearen Systeme) betonen, so läßt diese Aussage eine Auslegung in zwei Richtungen zu: einmal in der Richtung, daß auch in den höheren Leistungen des Menschen Grundstrukturen erkennbar sind, die sich bereits im anorganischen Bereich finden; zum anderen im Sinne der Argumentation von Gregory Bateson, daß, wenn „geistige" Vorgänge das Wesen des Menschen entscheidend prägen, man auch der gesamten Natur in gewisser Weise „geistige" Eigenschaften zuerkennen müsse.

Das ist im Grunde auch nicht erstaunlich, wenn man sich vor Augen führt, daß das ganze Universum aus dem gleichen Ursprung entstand und daß auch wir Menschen ein Teil der Natur sind. Es ist nun ein vielfach erkanntes Grundprinzip der Natur, auf bereits Bestehendes zurückzugreifen und in ihren jeweils neuen Formen und Funktionen auf dem aufzubauen, was vorhanden ist. Alle entwicklungsgeschichtlichen Veränderungen, ob in der Entwicklung des einzelnen Lebewesens oder in der Stammesgeschichte, sind, so gesehen, Neuarrangements, Erweiterungen, Ausdifferenzierungen, Verbesserungen oder Reduktionen bereits vorher bestandener Systeme.

Dieses Prinzip zeigt sich u.a. schon sehr deutlich in einem eigenartigen, symbiotisch zu nennenden Vorgang auf Zellebene, wenn bspw. ein Pantoffeltierchen eine Alge aufnimmt, diese aber gar nicht verdaut, sondern als solche in ihr System integriert.

Höher entwickelte Zellen scheinen vorwiegend durch eine Art symbiotischen Zusammenschluß ursprünglich anderer, primitiverer „Ur-Zellen" mit unterschiedlicher Spezialisierung entstanden zu sein. Daß entwicklungsgeschichtlich bisher nicht existierende, neue Zellformen durch einen solchen Zusammenschluß bzw. Einschluß zustande kommen (können), schließt man bspw. aus der Tatsache, daß in bestimmten Teilgebilden höherer Zellen, den Chloroplasten, eine DNS, also eine Kernsäure, nachgewiesen wurde, die eine andere Zusammensetzung aufweist als die DNS der Zelle, der diese Chloroplasten als Kleinstorgan, als „Organelle" angehören. In ihrem Aufbau und Pigmentgehalt gleichen sie kernlosen Blaualgen, und ihre Nukleinsäure stimmt mit der von gewissen photosynthetischen Mikroorganismen überein. Porphyrin, das ja speziell die Eigenschaft hat, Licht zu absorbieren, wurde offenbar von einigen der in der Urphase des Lebens entstandenen Zellen aufgenommen. Dadurch entstanden Zellen mit der besonderen Fähigkeit, die Energie des Sonnenlichts zu verwerten. Indem diese Zellen wiederum von größeren porphyrinlosen Zellen gefressen, aber zum Teil nicht „verdaut" wurden, entstand ein ganz neuer Zelltyp, der als Urform der Pflanzenzelle angesehen wird.

Das gleiche gilt für andere „Organellen" wie die sog. Mitochondrien. Auch ihre DNS unterscheidet sich qualitativ von der DNS tierischer Zellkerne. Sie ähnelt weit stärker der DNS von Bakterien. Auch die sog. Ribosomen innerhalb der Mitochondrien sind ähnlich wie bakterielle Ribosomen und anders als tierische. Auch das erklärt man damit, daß die Mitochondrien ehemals selbständige Zellgebilde darstellten, die von anderen Zellen aufgenommen wurden und mit ihnen eine ewige Symbiose eingingen. Zellen, die die spezielle Fähigkeit der „Atmung" entwickelt hatten, wurden zu speziell atmungsaktiven Organellen. Ebenso sehen viele Forscher in den Geißeln von Zellen, die sich mit Hilfe dieser Organellen fortbewegen, ursprünglich eigene kernlose Ur-Zellen von schlängelnder und drehender Fortbewegung.

Auch die Kategorien, in denen wir die Welt erfassen, haben sich in unserem Organismus entwicklungsgeschichtlich herausgebildet. Die Gesetze, nach denen wir die Welt erfassen, sind nicht ein reines Produkt unserer geistigen Entwicklung, sondern diese geistige Entwicklung erfolgte eben so, wie sie verlief, in Abhängigkeit von der Außenwelt, deren Ordnungsprinzipien zu einem wesentlichen Teil in sie eingingen. Deshalb ist es auch bei tiefergehender Betrachtung längst nicht mehr so erstaunlich, wie es zunächst erscheinen mag, daß diese Gesetzmäßigkeiten unseres Geistes zunächst einmal weitgehende Ähnlichkeiten mit den Strukturen der Welt aufweisen, so wie sie uns erscheint.

Die Gesetze der Schwerkraft sind für eine Fliege ebenso gültig wie für einen Elefanten, für einen fallenden Ziegel ebenso wie für einen Fallschirmspringer. So wie die Eiweißkörper aller Menschen und Tiere aus den gleichen Bestandteilen zusammengesetzt sind, bestehen letztlich Stein, Stern, Frosch und Mensch aus der gleichen Materie, aus den gleichen Elementarteilchen. Der einzige Unterschied liegt in der Zahl der Elementarpartikel, der wechselseitigen Beziehung dieser Partikel und ihrer spezifischen Organisation. Zwischen den einzelnen Ebenen unterschiedlicher Komplexität, auf denen sich Materie darbietet, gibt es erstaunliche Ähnlichkeiten. Das ist auch kein Wunder. Entwickelt sich doch die Materie seit 15 Milliarden Jahren in Richtung auf Zustände höherer Organisation, Komplexität und Leistungsfähigkeit. Sprache und Welt sind ähnlich strukturiert. Die Sprache der Natur läßt sich zum großen Teil mathematisch formulieren, und das Entdecken dieser Gesetze kann uns helfen, unser eigenes Entstehen und Werden besser zu verstehen. Dazu paßt, daß die moderne Astrophysik in allen möglichen Beziehungen, die sie errechnete, immer wieder ganz eigenartige Zahlenrelationen ermittelte (Reeves).

Aus Erkenntnissen dieser Art nährt sich ja auch seit jeher das uralte wissenschaftliche Bemühen um die Entwicklung einer einheitlichen Betrachtung und Erklärung der Welt. Es geht davon aus, daß grundlegende Tendenzen über alle Bereiche des Daseins auf dieser Welt hinweg wirksam sind, von der Astronomie zur subatomaren Physik, von den Gesetzmäßigkeiten der Kristallbildung und der Mikrobiologie bis hin zu den Funktionen komplexer Organismen, zu höheren geistigen Leistungen des Menschen und soziokulturellen Zusammenhängen.

Gerade auch für Jean Piaget war es ein zentrales Anliegen, die strukturelle Gleichgestaltigkeit (Isomorphie) zwischen biologischen und geistigen Organisationen herauszuarbeiten, und er war zutiefst überzeugt, daß die Bedingungen menschlicher Erkenntnis einschließlich der apriorischen Kategorien ihren Ursprung in grundlegenden Prinzipien der lebendigen Organisation haben. Das bedeutet nicht ein simples Schließen vom Tier auf den Menschen, sondern ein Bemühen um das Entdecken grundlegender Gemeinsamkeiten.

Die große Ähnlichkeit zwischen Systemformen in unterschiedlichsten Lebensbereichen ist in der Tat erstaunlich. Vergleichen Sie nur die Struktur von Bäumen, das Netz von Blutgefäßen, die Aussprossungen von Nervenzellen, die Adern von Blättern oder eine Flußlandschaft. Der Gedanke liegt doch nahe, daß es sich bei diesen so ähnlichen Formbildungen um den Ausdruck grundlegender Gesetzmäßigkeiten in der Natur handelt. Sie liegen etwa den Feldtheorien in der Physik und den Systemtheorien in der Biologie ebenso zugrunde wie der in der Psychologie entwickelten Gestalttheorie. Im einen Fall betreffen sie das Reich der unbelebten Natur, im anderen umfassen sie alle Lebensprozesse im eigentlichen Sinn, und im dritten Fall beziehen sie sich speziell auf menschliches Erleben und Verhalten (Metzger). Und wieviele von ihnen mögen wir bisher noch gar nicht so recht erkannt und verstanden haben! Insofern ist es ja auch mein Anliegen, in diesem Buch alltägliche menschliche Erfahrungen in einen umfassenderen erkenntnistheoretisch-philosophischen Rahmen zu stellen, der seinerseits wieder sehr stark auf modernen Erkenntnissen in Physik und Biologie beruht.

Analogienbildung als ein Grundmerkmal menschlichen Denkens

Ich glaube, es wäre sinnvoll, an dieser Stelle auf den Einwand einzugehen, bei den festgestellten Gemeinsamkeiten und den beschriebenen Beispielen handele es sich in abwertend gemeintem Sinn um „reine Analogien", um lediglich äußerliche, auf dem Spiel unserer Phantasie beruhende Ähnlichkeiten, wie sie zwischen bestimmten Formen, aber auch zwischen Organisationen, Funktionen und Beziehungen bestehen können, obwohl diese in ganz wesentlicher Hinsicht völlig unterschiedlich sind. Aber selbst wenn es tatsächlich „nur Analogien" sein sollten, würde es sich trotzdem lohnen, einmal zu überdenken, um was es sich dabei eigentlich wesensmäßig handelt.

Analogien wird allerdings üblicherweise dann ein Sinn zugesprochen, wenn von unterschiedlichen Systemen unter dem gleichen Gesichtspunkt oder auch unter mehreren Aspekten ein gemeinsames Modell gebildet wird. In diesem Sinne ist festzustellen, daß sowohl bei Vorgängen in der Natur als auch im Verhalten von Menschen und bei Prozessen in menschlichen Gesellschaften eine ganze Reihe zumindest vergleichbarer, wenn nicht sogar im Kern und im Wesensgehalt übereinstimmender Grundprinzipien und Gesetzmäßigkeiten aufweisbar ist.

Vielleicht ist der Gebrauch von Analogien bis hin zu sprachlichen Gleichnissen eine grundlegende Qualität unseres Geistes, die uns wiederum auf noch einfacheren biologischen Ebenen quasi vorgegeben ist. Haben doch unsere Sinneszellen eine ihnen eigene Funktionsweise, indem sie – unabhängig von ihrer spezifischen Leistung – eine bestimmte Information wie eine Licht- oder Schallwelle, eine bestimmte Temperatur usw. in ein analoges Phänomen übertragen. Sie fungieren damit sozusagen als Übersetzer oder Transformatoren einer spezifischen Information, die in jedem Fall auf der ersten Station der sensorischen Verarbeitung im Zentralnervensystem eine Veränderung der Frequenz elektrischer Impulse, das sog. Aktionspotential bewirken. Und diese Frequenzmodulation steht im Verhältnis einer analogen Entsprechung zu den jeweils dem Organismus zugeleiteten Sinnesreizen. Wenn wir ein Eisstück anfassen, ist es ja nicht eine Kältewelle, die über Nervenfasern zum Gehirn geleitet wird, sondern die Frequenzänderung einer bestimmten elektrischen Aktivität, die an eine bestimmte Stelle der Hirnrinde gelangt. Erst dort, in den entsprechenden spezifischen Zentren der Hirnrinde, entsteht dann, ebenfalls wieder in einem analogen Prozeß, das, was den „Inhalt" einer Wahrnehmung ausmacht: ein Farbeindruck, eine Berührungs- oder Temperaturempfindung. Unsere Sinneszellen sind damit sozusagen die Drehscheibe zwischen äußerer Welt und einer Welt von Frequenzen.

Konstruieren wir nicht aber auch in unserer Vorstellungstätigkeit ständig in einer Art Simulation geistige Analogien zur Wirklichkeit, und beruhen unsere theoretischen Verarbeitungen der Vorstellungsinhalte nicht auf ideellen Analogien, auf einem Spiel von „Simulationen" der Vorstellungsinhalte? Jedenfalls erlauben uns Analogien, Beziehungen zwischen sehr unterschiedlichen Bereichen herzustellen und dabei Dimensionen zu entdecken, die bis dahin und nach alleinigem traditionellen Zugang verborgen blieben.

Fragen wir uns zunächst doch einmal ganz naiv, was in unserem Gehirn vorgeht, wenn wir etwas wahrnehmen, das etwas anderem, mit dem es nicht identisch ist, ähnelt, und wenn wir daraufhin vermuten, daß es auch noch andere Merkmale gibt, in denen sich beides ähnlich sein könnte. Lassen wir das Problem der Ursache dieser Ähnlichkeit einmal außer acht.

Offenbar finden bei Vergleichsvorgängen dieser Art doch solche „automatischen Verrechnungen" im Gehirn statt, wie sie Rupert Riedl in seinen Werken ausführlicher beschrieben hat. Und zweifellos wären wir als Lebewesen einer unvorstellbaren, unheilvollen Orientierungslosigkeit in dieser Welt ausgeliefert, wenn es diese Verrechnungsweisen nicht gäbe, die nichts mit Richtigkeit, sondern nur etwas mit Wahrscheinlichkeiten zu tun haben. Es genügt doch durchaus für den praktischen Umgang, einmal erlebt zu haben, wie eine Katze, bevor sie zuschlug, mit dem Schwanz zu zucken begann, die Ohren anlegte und ihren Blick in einer bestimmten Weise veränderte. Unabhängig davon, ob wir verstanden haben und genau wissen, was hinter diesem Verhalten der Katze steht, auf welche Weise es im einzelnen zustande kommt usw., tun wir gut daran, uns an eine ähnliche Situation in der Vergangenheit zu erinnern und uns dementsprechend einzustellen, wenn wir nicht gekratzt oder gebissen werden wollen. Wir vermuten also in einem solchen Falle hinter äußerlich Ähnlichem etwas Gleiches und lassen dadurch unser Verhalten lenken.

Es ist durchaus nicht erforderlich, daß wir unser Verhalten ständig auf unwiderlegbare logische Rituale gründen, die wesentlich aufwendiger sind und oft lange Zeit in Anspruch nehmen. Für die Praxis des Lebens – und vielleicht auch des Überlebens – genügt es und entspricht auch dem günstigsten Verhältnis von

Aufwand und Erfolg, sich auf erfahrungsgegründete Wahrscheinlichkeiten zu stützen.

Analogien und Homologien

Wie Konrad Lorenz in seiner Nobelpreisrede 1973 betonte, kann es überhaupt keine „falschen" Analogien, genauso wenig wie „falsche" Ähnlichkeiten geben. Analogien können natürlich mehr oder weniger genau, mehr oder weniger informativ sein. Die einzige Irrtumsmöglichkeit liegt nach Lorenz darin, eine Homologie mit einer Analogie, also Ähnlichkeiten aufgrund gemeinsamen Ursprungs mit Ähnlichkeiten aufgrund einer parallel laufenden Anpassung zu verwechseln.

Analog nennt man ja in der Biologie solche Organe und Körperformen, die sich bei stammesgeschichtlich weit voneinander entfernten Tieren aufgrund gleicher Lebensbedingungen in gleicher Weise entwickelt haben (Ähnlichkeiten zwischen Fischen und im Wasser lebenden Säugetieren wie Delphinen und Walen; Flügelbildung bei Vögeln und Insekten). Homologien sind dagegen Ausdruck stammesgeschichtlicher Verwandtschaften, auch wenn das äußere Erscheinungsbild der verglichenen Arten sich völlig auseinander entwickelt hat (Übereinstimmung der Grundbaupläne der äußerlich unterschiedlichen Gliedmaßen bei Wal und Mensch: Flosse und Arm). Homolog sind also gleiche, aber unterschiedlich aussehende und funktionierende Organe, analog sind gleich aussehende und ähnlichen Funktionen dienende, aber ursprünglich genetisch unterschiedliche Organe.

Der durch sein Buch „Die Selbstorganisation des Universums" weithin bekannt gewordene Systemforscher Erich Jantsch vertritt nun die Auffassung, daß es sich bei dem Aufweis gemeinsamer Gesetzmäßigkeiten auf verschiedenen Wissensgebieten gar nicht einmal um Analogien im Sinne ähnlicher Prinzipien handele. Vielmehr scheine z.B. die biologische, soziobiologische und sogar soziokulturelle Evolution nach homologen Prinzipien abzulaufen, d.h. nach Prinzipien, die in ihrem Ursprung gemeinsamer Art sind, und zwar deshalb, weil letztlich das gesamte Universum aus dem gleichen Ursprung entstand.

Konrad Lorenz spricht in diesem Sinne den Vergleichsmethoden und grundlegenden Vorstellungen von Homologie und Analogie für das Verhalten von Lebewesen die gleiche Bedeutung zu, wie sie für die Morphologie, also die Lehre vom Bau der Pflanzen und Tiere, bzw. die biologischen Formgesetzlichkeiten Gültigkeit haben. Er bezeichnete das sogar einmal als seinen bedeutendsten Beitrag zur Wissenschaft überhaupt und spricht deshalb auch von „kultureller Homologie". Er verweist dazu als Beispiel auf den Wandel von Teilen mittelalterlicher Rüstungen zu Statussymbolen der Bekleidung oder auf die Übernahme der Merkmale von Pferdekutschen bei der Gestaltung von Eisenbahnwagen. Eine „kulturelle Analogie" sieht er dagegen etwa zwischen dem Eifersuchtsverhalten von Vögeln und Menschen. Denn dieses beruhe bei Gänsen auf einem angeborenen und erblich fixierten Programm, beim Menschen sei es dagegen durch kulturelle Tradition bestimmt.

Analogien und vorhandenes Wissen

Stellen wir uns – aus einer ganz anderen Sicht – noch eine weitere Frage: Was ist eigentlich das Gemeinsame von „Frieden", „paix" und „kemerdekaan"? Es ist der Begriff, die Idee von etwas, die für den Deutschen, für den Franzosen, und für den Malayen einen vergleichbaren Inhalt hat, auch wenn die Worte, in denen dieser Inhalt in den drei Sprachen zum Ausdruck kommt, nichts Gemeinsames erkennen lassen. „Wenn ich das Wort 'Baum' in Morseschrift, in gotischen Lettern, in Blindenschrift und im chinesischen Ideogramm vor mir sehe, aber dieser Schriften unkundig bin, muß ich da nicht annehmen, es handele sich um ganz verschiedene Dinge?", fragt Michael Ende.

Hängt aber das Entdecken der (verborgenen) Gemeinsamkeit nicht davon ab, daß der Betreffende eine umfangreichere Kenntnis fremder Sprachen bzw. „Schriften" besitzt, daß in seinem Gehirn Inhalte gespeichert sind, über die viele andere nicht verfügen, die deshalb auch in den genannten Fällen nichts Gemeinsames entdecken können, außer vielleicht, daß es sich im ersten Fall um Worte und im zweiten Fall um graphische Fixierungen handelt. Nur der kann doch überhaupt letztlich Vergleiche anstellen, der über entsprechend umfangreiche Erfahrungen verfügt, der „die Welt kennt", der nicht einfältig den Tag dahinlebt und der nicht in engstirniger Weise in seinem Spezialistentum verhaftet und eingeschlossen ist. So kann etwas, um diese mehr beiläufige Überlegung zunächst abzuschließen, für den einen eine tiefe Erkenntnis eines Zusammenhangs, für den anderen eine dümmliche, oberflächliche „Analogie" darstellen. Es kann aber natürlich auch jemand Ähnlichkeiten sehen, die ihm selbst sehr viel besagen, die aber dem Rest seiner Zeitgenossen nicht nachvollziehbar erscheinen. Wer kann aber sicher sein, daß es sich dabei nicht um einen „genialen" Entdecker und Erfinder von morgen handelt?

Die Auffassung, daß es sich bei den Gemeinsamkeiten zwischen der unbelebten und belebten Welt in der Tat um den Ausdruck grundlegender Prinzipien, übergreifender allgemeingültiger Gesetzmäßigkeiten handelt, die nun einmal das Geschehen auf dieser Welt, d.h. die Entwicklung bestimmter Strukturen in unterschiedlichsten Bereichen bestimmen, kann deshalb wohl auch nur von jemand vertreten werden, der über die Grenzen seines eigenen Fachgebietes zu blicken gelernt hat und aufgrund umfangreicher Kenntnisse in der Lage ist, Vergleiche zu ziehen. In dieser Beziehung gibt es allerdings eine ganze Reihe von Forschern, auf die ich mich ja auch im einzelnen beziehe. So verweist Hermann Haken auf die Tatsache, daß in der ursprünglichen Fassung der Eigenschen Theorie die für die Vermehrung von Biomolekülen berechneten Gleichungen dieselbe Form hatten wie diejenigen Gleichungen, in denen die „Vermehrung" der Laserwellen mathematisch zum Ausdruck komme. In einer solchen Übereinstimmung unabhängig voneinander entstandener Gleichungen sieht er einen gewichtigen Hinweis auf die Existenz allgemeingültiger Prinzipien, die hinter unterschiedlichen Phänomenen dieser Welt stehen.

Wir stoßen in der Tat im Rahmen entwicklungsgeschichtlicher Überlegungen immer wieder auf die Erkenntnis, daß die Natur, wie sich bspw. beim Einbau von Organellen in Zellen zeigt, als Ausdruck eines wahrhaft ökonomischen Prinzips grundsätzlich auf das zurückgreift, was bereits vorhanden ist. Auch hierin dürfte eine übergreifende grundlegende Gesetzmäßigkeit zu sehen sein, die auch umfassendere Gemeinsamkeiten in dem hier angesprochenen Sinn erklären könnte.

Synästhesien

Eine tiefere Gemeinsamkeit wird – auf einem ganz anderen Gebiet, nämlich im Bereich hirnphysiologisch-psychologischer Forschung – auch in den sog. Synästhesien deutlich. Bei ihnen sind zwei oder auch mehr unterschiedliche Sinnesqualitäten in eigenartig ursprünglicher Weise miteinander verknüpft. So gibt es Menschen, bei denen bestimmte Form- und Farbempfindungen aufs engste miteinander verkoppelt sind. Solche Menschen haben bspw. beim Hören ganz bestimmter Töne unmittelbar spezifische Farbeindrücke. Den meisten Menschen ist eine solche Verbindung, etwa von klirrend hohen Tönen und hell gesättigten Farben unmittelbar einleuchtend, auch wenn sie sie selbst nicht mit aller sinnlichen Lebhaftigkeit wahrnehmen. Denn wer würde bspw., wenn er sich zu einer Trompete eine Farbe einfallen lassen sollte, an lila und nicht an gelb denken?

Der gemeinsame Urgrund dieser synästhetischen Erscheinungen, die übrigens um so stärker zu beobachten sind, je labiler die Wahrnehmungen sind und je weniger die beeinflussenden Sinnesreize objektiv erfaßt werden, dürfte in entwicklungsgeschichtlich frühen, unterhalb der Hirnrinde gelegenen Zentren liegen, in denen bestimmte – vor allem auch in gefühlsmäßiger Hinsicht – gemeinsame Merkmale in einem quasi ganzheitlichen organismischen Geschehen verankert sind, das die unterschiedlichen Sinnesmodalitäten übergreift. Solche Merkmale wären u.a. Intensität, Dichte, Rauhigkeit usw. Lange bevor sich eine hochentwickelte, stabile Wahrnehmungswelt herausdifferenziert hat, wäre in einer viel primitiveren Erlebnisform, in einem sensorisch-tonischen Urgrund ein entsprechend undifferenziertes und zugleich stark gefühlsgetöntes Gesamterlebnis gegeben.

Die übergreifenden Grundmerkmale wären wiederum Strukturen, in denen eine grundlegende Gemeinsamkeit zum Ausdruck käme (Metzger).

Wert und Sinn von Analogien

Gemeinsamkeiten der beschriebenen Art sind auch wesentlicher Inhalt der allgemeinen Systemtheorie. Ihr geht es ja gerade um die Erkenntnis grundlegender formaler Gesetzmäßigkeiten, die das Geschehen in sehr unterschiedlichen Systemen bestimmen. Ihr Ziel ist es dabei, nachdem praktisch alle Disziplinen mit Systemen zu tun haben, die gemeinsame Grundlage für eine große Vielfalt von

Phänomenen herauszuarbeiten und damit den Zugang zu einer überfachlich-einheitlichen und zugleich wissenschaftlich begründeten Sicht zu eröffnen. Insofern wäre der abwertend gemeinte Einwand von Analogien ohnehin gegenstandslos, da dem von Systemtheoretikern entgegengehalten werden könnte, daß es sich bei den aufgewiesenen Gemeinsamkeiten nicht um oberflächliche Ähnlichkeiten, sondern um den Ausdruck gleicher Prinzipien im Sinne einer strukturellen Homologie handelt.

Darüber hinaus erscheint aber auch bei unvoreingenommener und gründlicher erkenntnistheoretischer Betrachtung eine voreilige pauschale Abwertung von Analogien keineswegs gerechtfertigt. Haben doch bspw. in der Sprachforschung die Vergleiche der Ähnlichkeiten von Worten oder Verbindungen in unterschiedlichen Sprachen zu wertvollen und unbestrittenen Erkenntnissen über deren gemeinsamen Ursprung geführt.

Interessanterweise bemerkte Lenin einmal in Blick auf Analogien: „Es ist der Instinkt der Vernunft, welcher ahnen läßt, daß diese oder jene empirisch aufgefundene Bestimmung in der inneren Natur oder der Gattung eines Gegenstandes begründet ist."

Der begründete Sinn analoger Überlegungen im Sinne vergleichenden Schließens liegt ja zunächst darin, etwas, das man in einem gründlich untersuchten und hinreichend bekannten Fall erkannt hat, auf eine bis dahin unklare und nicht sicher erkannte Situation anzuwenden, weil bestimmte Merkmale in beiden Situationen übereinstimmen. Darin, d.h. im Erkennen und Bezeichnen eines zugrunde liegenden gemeinsamen Prinzips, liegt eine kaum zu unterschätzende Ökonomie unserer erfahrungsgeleiteten Erkenntnisprozesse. Das Abkühlen eines ziemlich heißen Körpers wird bspw. in Analogie zum radioaktiven Zerfall gesehen. Denn in beiden Fällen gibt es eine sog. Halbwertzeit. Beides, die Temperatur des Körpers und die Radioaktivität einer Substanz, geht in einer bestimmten Zeit auf die Hälfte zurück. Unsere eigene Geruchswahrnehmung läßt uns auf das Wahrnehmungserleben unserer Mitmenschen schließen, und sehen wir ein Gerät mit vier Rädern, so schließen wir auf seine Nutzbarkeit als Fahrzeug. Die Sprache bringt in vielfacher Weise zum Ausdruck, wie stark das Denken der Menschen von Vergleichen bestimmt ist: Wir sprechen von Beinen beim Menschen, aber auch bei Fliegen und selbst bei Tischen und Stühlen; als Adern bezeichnen wir bestimmte Gebilde im menschlichen Körper, aber auch bei Blättern sowie bei bestimmten Metall- und Wasserformationen in der Erde; wir kennen einen Rand bei Torten, Gletschern, Kratern, Hüten, Blättern und Seiten und sprechen davon, daß jemand am Rande des Abgrunds wandelt, daß ein Land am Rande des Bürgerkriegs steht und von diesen und jenen „Rand"-Gruppen. Wir kennen eine Kaiserkrönung und die Krönung einer Arbeit, einen Berggipfel und einen „Gipfel der Frechheit". Wir nennen einen Gegenstand, aber auch eine Atmosphäre zwischen Menschen warm, einen Menschen, aber auch eine Landschaft „friedlich". Ebenso ist für jeden klar, was gemeint ist, wenn man von einem kugel- oder trichterförmigen Gebilde spricht.

Was ist es, wenn bspw. seit Jahren in die Genetik fest übernommene Begriffe wie Programm, Code, Information, Transkription usw. aus der Informations- bzw.

Kommunikationstheorie stammen, wenn also eine wissenschaftliche Disziplin, deren Vertreter Analogien in ihrem Denken strikt ablehnen würden, die Übertragung der Konzepte einer anderen Disziplin ohne Bedenken übernimmt und akzeptiert? Ist es eine „plumpe Analogie", wenn Physiologen von einer Pumpfunktion des Herzens sprechen und das Herz als „(Blut-)Pumpe" bezeichnen, oder ist es die Erkenntnis eines im grundlegenden gemeinsamen Prinzips zwischen einer mechanischen und physiologischen Funktion?

Selbst in der Rechtswissenschaft haben Analogieschlüsse einen – übrigens durchaus wertneutralen – Stellenwert, nämlich als sinngemäße Anwendung eines Rechtssatzes auf einen vom Gesetz nicht geregelten Tatbestand (was allerdings im Strafrecht zum Nachteil des Täters nicht zulässig ist).

Analoge Überlegungen gründen also üblicherweise auf Ansätzen, die sich in einem anderen – besser bekannten – Kontext bereits bewährt haben, und sind im Grunde Ausdruck einer reichen Erfahrungswelt und eines kreativen Denkens. Sie beruhen letztlich auf einem Vergleich, wie er immer dann sinnvoll ist, wenn bestimmte Merkmale in zwei Situationen sich gleichen, andere Merkmale aber unterschiedlich sind. Ein Vergleich ist nur dann sinnlos, wenn alles identisch oder alles verschieden ist. In der Welt gibt es aber im Grunde weder absolute Identität noch absolutes Chaos, sondern Zusammenhänge und gewisse Gesetzmäßigkeiten.

Überall wo Wissenschaft in bisher unbekannte oder weniger klar erkannte Gebiete vorstößt, wird der Vergleich zur Grundlage für die Voraussagen auch anderer Merkmale, deren Vorhandensein noch nicht nachgewiesen ist. Analogie ist dann eine vorläufig festgestellte Ähnlichkeit, deren tatsächliche Weite und Tiefe noch zu ermitteln ist.

Merkmale einer neuen, unbekannten Situation werden auf bereits Bekanntes zurückgeführt, und die Situation gewinnt dadurch an Bekanntheit und Vertrautheit. So beruht Erkennen geradezu auf dem Entdecken von Ähnlichkeiten, und auch die Methode von Versuch und Irrtum enthält die Suche nach Analogien, durch die Unbekanntheit in die Wiederholung von Bekanntem verwandelt wird.

Analogieschlüsse sind, so besehen, eine Art Hypothesenbildung, der in der Methodik der Wissenschaft durchaus ein Platz zukommt. In der Geschichte der Wissenschaft gibt es auch eine ganze Reihe von Beispielen dafür, wie kreative Analogien zu später gesicherten Erkenntnissen führten. So schloß Christian Huyghens von der Wellennatur des Schalles auf die Wellennatur des Lichtes und James Clarke Maxwell von der wellenförmigen Ausweitung des Lichts auf die Wellennatur der elektromagnetischen Bewegung. Charles Darwin schloß von der künstlichen auf die natürliche Zuchtwahl, Niels Bohr kam durch die Analogie mit dem mechanischen Planetensystem zu seinem Atommodell. Aus der Analogie zwischen biologischen Verhältnissen in Südafrika und Sibirien schlossen sowjetische Geologen auf sibirische Diamanten – und fanden sie (R. Löther).

Es läßt sich also feststellen, daß Analogien durchaus ein wissenschaftspragmatischer Wert zukommt und daß sie sich ebenso wie die Systemtheorie vielfältig bewährt haben. Was auf rein analogen Überlegungen beruht, ist allerdings – zunächst – weder bestätigt, noch widerlegt. Sein tatsächlicher Wert liegt in der kritischen Anwendung und der Kontrolle des Risikos. Und dieses Risiko sinkt unter anderem mit der Anzahl der gemeinsamen Merkmale, der Bedeutung der Merkmale für die zu vergleichenden Objekte und der Zahl der Seiten von Objekten, für die diese gemeinsamen Merkmale Geltung haben. Mit wachsender Erfahrung und unter ständiger Verrechnung der Wahrscheinlichkeiten nimmt zudem die Gefahr eines Irrtums zunehmend ab. Der Zahl, Intensität und Bedeutung von Übereinstimmungen stehen bei der Überprüfung Zahl, Intensität und Bedeutung offensichtlicher Nichtübereinstimmungen gegenüber. Außerdem bleiben bei allen Vergleichen immer auch Lücken, die sozusagen „Stimmenthaltungen" hinsichtlich einer vergleichenden Entscheidung bedeuten. Es kommt also darauf an, die Sensibilität für Analogien zu fördern, ohne zu früh zu definitiven Schlüssen zu gelangen.

In einem ständigen Zusammenspiel zwischen streng logischen und außerhalb der engeren Logik liegenden, sozusagen sub- bzw. meta-logischen Vorstellungs- und Denkprozessen vollzieht sich die eigentlich fruchtbare Geistestätigkeit des Menschen. Analogien allein laufen Gefahr, ungebunden, ohne irgendwelche Verbindlichkeit und Kontrolle durch Raum und Zeit zu irrlichtern, sich vielleicht sogar schließlich in Wahngebilden zu verlieren. Ohne sie geht jedoch dem menschlichen Geist jegliche Form von Einfallsreichtum, jedes kreativ-künstlerische, poetische Moment verloren, und er droht in lebens- und bedeutungsferner Sterilität zu vertrocknen.

Im Sinne eines solchen kritisch überprüfenden Vorgehens und einer ständigen Kontrolle des Risikos (unzulässiger Schlüsse) stellen Analogien außerordentlich bedeutsame Möglichkeiten der Erkenntnis und wesentliche – vor allem auch kreative – Bereicherungen der Erfahrung und des Denkens dar.

Zur Frage der Abgrenzung zwischen Natur- und Geisteswissenschaft

Grundsätzlich liegt das Ana-logische nicht im Trend unserer klassischen Wissenschaftsentwicklung und trifft verständlicherweise auf Skepsis und Ablehnung, die in dem abgrenzenden und fragmentierenden Denkansatz unserer Wissenschaft ihre Wurzel haben. Das zeigt sich gerade auch in den weiterführenden Schulen. Hier wird, der klaren Arbeitsteilung in der industriellen Produktion entsprechend, vor allem auch durch das Fächerprinzip, eine unglückliche, eben der klassischen Denkrichtung in unserer Kultur entsprechende künstliche Abgrenzung der Wissensinhalte bewirkt. Wird doch in den einzelnen Fächern ein sehr unterschiedliches Bild vom Menschen und von der menschlichen Wirklichkeit vermittelt und zum Teil in steriler Dogmatik vertreten.

Dadurch ist es ohne besondere und größere Anstrengungen kaum möglich, zu einer Synthese der unterschiedlichen Sichtweisen zu gelangen. So besteht die Gefahr, daß, ähnlich wie man vor lauter Bäumen den Wald aus den Augen verliert, die Fülle detaillierter Fakten das Bild der Wirklichkeit verdeckt. Darüber hinaus kann auch fundiertes und umfangreiches Spezialwissen, so sehr dies selbstverständlich auch seine positiven Seiten hat, sehr leicht aus dem sich unversehens bildenden Anspruch, „Totalwissen" (Jaspers) zu sein, aus Wissenschaft eine wissenschaftlich getarnte Ideologie werden lassen. Damit ist natürlich auch die für unser Denken übliche und selbstverständliche Trennung von Natur- und Geisteswissenschaften angesprochen.

Aber ist es denn wirklich so, wie im Gefolge der auf W. Dilthey zurückgehenden Dichotomisierung der Wissenschaften angenommen wird, daß Natur- und Geisteswissenschaften aus prinzipiell unterschiedlichen Erkenntnisinteressen prinzipiell unterschiedliche Objektbereiche mit prinzipiell unterschiedlichen Methoden behandeln (S.J. Schmidt)? Ist es eigentlich wahr, daß sich die Naturwissenschaften mit geschichtslosen toten Gegenständen, Sachverhalten und Prozessen beschäftigen, die Geisteswissenschaften dagegen mit dem Menschen als geschichtlichem Wesen und mit geschichtlichen Abläufen, daß sich Erklären und Verstehen als Standardmethoden ebenso gegenüberstehen wie ein technisches und ein praktisches Erkenntnisinteresse, wie die Grundbegriffe von Kausalität und Finalität, ja letztlich wie Objektivität und Subjektivität?

S.J. Schmidt sieht bspw. nur graduelle Unterschiede der Forschungs- und Erkenntnissituation: nämlich in „der Komplexität des Verhältnisses von (stets und notwendig vorhandenem) Hintergrundwissen und Fakten, in der Zugänglichkeit von empirischen Daten zur Bestätigung von Hypothesen sowie in der Möglichkeit, implizite Annahmen bei der Aufstellung von Hypothesen zu explizieren." Und auch Stegmüller weist darauf hin, daß, wenn empirische Forschungen bestätigende Ergebnisse erbringen, dies immer nur im Rahmen und auf dem Boden theoretischer Vorannahmen möglich ist. Diese stellen aber bereits eine wesentliche Determinante des Vorgehens dar.

Gehen wir dieser Frage noch eine kleine Weile nach. Gerade die moderne Physik hat uns ja gelehrt, daß – vor allem nach den im subatomaren Bereich gewonnenen Erkenntnissen – eine grundsätzliche Trennung von Subjekt und Objekt überholt und von der Konzeption einer grundsätzlichen Einheit beider abgelöst ist. Befunde, die in einem atomaren System erhoben wurden, können nicht diesem System als objektive Eigenschaften zugeschrieben werden, sondern können nur Gültigkeit beanspruchen in Beziehung zu einer ganz bestimmten Beobachtungssituation. Damit aber ist gerade in der Physik als der stringentesten Naturwissenschaft genau das als unabdingbar erkannt worden, was nach klassischer Auffassung als charakteristisch für geisteswissenschaftliche Untersuchungsansätze galt: die Berücksichtigung von Gesamtzusammenhängen, von ganzheitlichen Gebilden. Ein methodischer Ansatz kann also nicht mehr als ein neutrales Verfahren gelten, durch das ein bestimmtes Objekt oder ein Gegenstandsbereich erfaßt wird, sondern die Methode als solche bestimmt den Gegenstand mit. Wie Heisenberg, Prigogine u.a. überzeugend dargelegt haben, muß in der Naturwissenschaft nicht mehr die Natur an sich als Gegenstand der Forschung gelten, sondern die der menschlichen Fragestellung ausgesetzte Natur. Damit rückt aber zugleich das Netz der Beziehungen zwischen Mensch und Natur ins Blickfeld. „Der Zugriff der Methode verändert ihren Gegenstand und gestaltet ihn um; die Methode ist nicht mehr vom

Gegenstand zu distanzieren. Das naturwissenschaftliche Weltbild hört aber damit auf, ein eigentlich naturwissenschaftliches zu sein" (Heisenberg).

So wie es eine letztlich alles umfassende Wirklichkeit gibt, gibt es auch nur *ein* die Natur, den Menschen und seine geistigen Schöpfungen umfassendes wissenschaftliches Bemühen. Und genauso ist auch der Mensch als solcher eine Einheit, zu deren umfassendem Verständnis sich u.a. physiologische, biologische, psychologische und soziologische Erkenntnisse vereinen müssen. „Wer von Natur spricht, muß den Geist, wer vom Geist spricht, muß die Natur voraussetzen und im Tiefsten mitverstehen" (Goethe).

Die traditionelle Trennung von Natur- und Geisteswissenschaften verkennt einerseits die biologische Grundlage menschlicher Geistestätigkeit und zum anderen die soziale Realität des Naturgeschehens und der Naturwissenschaften. Wirklich begründete Erkenntnis vom Menschen und von der ihn umgebenden Welt muß aber physikalisch-chemische, biologische, anthropologische, psychologische und soziologische Aspekte vereinen.

Wenn man bedenkt, was bei der Verarbeitung dieser Aspekte und der in den einzelnen Disziplinen gewonnenen Daten und Erkenntnisse im menschlichen Gehirn geschieht, erscheint eine solche Abgrenzung ohnehin ebensowenig begründet wie eine Abgrenzung zwischen streng wissenschaftlichem Vorgehen und sachlich begründeter und kontrollierter Alltagserfahrung. Wo immer der Mensch Erfahrungen erwirbt, wird die „Wahrscheinlichkeit" eines gleichzeitigen oder zeitlich aufeinanderfolgenden Zusammenhanges verrechnet. Das hat Rupert Riedl in seinem Buch „Biologie der Erkenntnis", in dem er eine entwicklungsgeschichtlich begründete Erkenntnistheorie entwickelt, überzeugend dargelegt. Die menschliche Erfahrung über die bestätigte Stetigkeit eines solchen Zusammentreffens führt zwangsläufig zu annähernd sicheren Zuordnungen und auch Voraussagen. Und die Erkenntnis von Gesetzmäßigkeit und Notwendigkeit resultiert, wie Riedl aufzeigt, aus dem Verhältnis bestätigter zu nicht bestätigten Erwartungen und Voraussagen. „In der Spiralverknüpfung von Erfahrung und Erwartung erwarten wir zunehmend die Welt immer so, wie Erfahrung sie voraussehen läßt, und erfahren sie so, wie die Erwartung sie lenkt."

Es ist ein Regelkreis einer schrittweisen Optimierung, „um immer mehr als real zu erwarten, was sich erfahren läßt, und immer mehr als real zu erfahren, was sich erwarten läßt".

Natürlich sind immer wieder Störungen des optimalen Ablaufs möglich. Diese Störungen betreffen aber nahezu gleicherweise das alltägliche Denken des Menschen wie die Grundlagen wissenschaftlicher Tätigkeit. Solche Überlegungen und Erkenntnisse bedeuten im Grunde auch die Auflösung des alten Streites um die Priorität von Vernunft und Erfahrung.

Gegenüber der von Dilthey formulierten und seitdem dogmatisch vertretenen Abgrenzung einer geisteswissenschaftlichen Erklärung der Welt aus ihren Zwecken und einer naturwissenschaftlichen Erklärung aus ihren Kräften hat Riedl in seinem äußerst lesenswerten Buch versucht, die einander scheinbar ausschließenden Ansätze – im Rahmen einer Übereinstimmung der in der Natur und im Denken anzutreffenden „Muster" – auf eine gemeinsame entwicklungsbiologische Grundlage, auf im Grunde gleiche „Verrechnungsmechanismen" im Gehirn zurückzuführen. Auf dem Boden seiner Forschungsergebnisse und Überlegungen wendet er sich im übrigen auch gegen eine prinzipielle Trennung von Beschreiben und Erklären, von beschreibenden und erklärenden Naturwissenschaften. Diesbezügliche Unterschiede sieht er lediglich in der Gleichzeitigkeit bzw. Aufeinanderfolge des Erfahrenen, also dem Zeitaspekt der Verknüpfungen begründet. Er sieht eine umfassende Hierarchie von miteinander verbundenen Sätzen, wobei zwangsläufig der oberste Satz der Erklärung und der jeweils unterste Satz der Bestätigung entbehrt. „Was wir als Erklärung erleben, erweist sich als die deduktive Beziehung eines, wieder durch Beschreibung gewonnenen, übergeordneten Satzes zu seinen Fällen."

In ähnlicher Weise nimmt Riedl auch zum Verhältnis von Kausalität und Finalität Stellung. Zwecke sind für ihn – im Rahmen einer vielfältigen Hierarchie von Strukturen mit ineinander geordneten Funktionen – das Ergebnis eines Auswahlprozesses, dessen Kriterium darin zu sehen ist, den Erhaltungsbedingungen des jeweils nächst höheren Rahmens zu entsprechen. „Naturzwecke sind damit Anpassungsprodukte der Funktionen von Subsystemen an die Erhaltungsbedingungen ihrer jeweiligen Obersysteme." Indem er auf die aristotelische Unterteilung einer causa efficiens, einer causa materialis, einer causa formalis und einer causa finalis zurückgreift, sieht er im Rahmen einer funktionellen Vernetzung von Ursachen den Unterschied von Antriebs- und Zweckursachen lediglich darin, „daß erstere von den niederen in die höheren Komplexitätsschichten wirken, letztere dagegen umgekehrt von den höheren in die niederen". Form- und Zweckursachen unterscheiden sich nach Riedl also nur in der Wirkrichtung im Schichtenbau der Komplexität. Causa efficiens und causa materialis wirken aus den unteren Schichten aufwärts, causa finalis und causa formalis aus den oberen Schichten abwärts. Der eigentlich entscheidende Aspekt liegt aber in der umfassenden funktionellen Vernetzung aller Ursachen.

In dieser Sicht verliert auch die klassische Streitfrage, ob es sich bei dem Materiellen und dem Geistigen um zwei verschiedene Erscheinungsformen des Realen handle, oder ob ihnen ein gemeinsames Prinzip zugrunde liege, an eigentlicher Bedeutung. Da „der Geist an den Gesetzen der Materie entwickelt wird, kann die Trennung oder Verschmelzung der beiden sehr wohl nur die Grenzen unserer Vorstellung von ihnen beinhalten" (Riedl). Insofern bedauert Riedl, daß die Doppelseitigkeit von Subjekt und Objekt bisher nicht Teil unseres Weltverständnisses geworden ist, sondern daß vielmehr „zwei halbe Erklärungen und mit ihren Wahrheitsansprüchen zwei halbe Wahrheiten zur Grundlage zweier unverträglicher – und jeweils für sich die Vorherrschaft anstrebender – Ideologien" wurden. Im übrigen ist es das Anliegen der sog. Strukturwissenschaften, zu denen u.a. die Mathematik, die Informations- oder die Systemtheorie gehören, Strukturen und Gesetzmäßigkeiten unabhängig von der in der Realität jeweils konkret antreffbaren Form zu untersuchen. In ihnen kommt damit eine umfassende Einheit der Wissenschaften zum Ausdruck (Küppers).

So war es letztlich auch eine vereinfachende Gewohnheit unseres Denkens, Kausalketten isoliert und unabhängig von umfassenden dynamischen Verflochtenheiten um sie herum zu begreifen. Diese Abstraktion verhindert aber immer wieder eine tiefere Einsicht in die tatsächlichen Zusammenhänge, die sich als eine Hierarchie von vielseitig vernetzten dynamischen Systemen darstellen. Indem wir unsere Aufmerksamkeit in bewußter Abstraktion auf einen bestimmten Sektor oder ein bestimmtes Subsystem der Natur richten, stellen wir dieses Subsystem dem „Rest", d.h. dem umfassenden System minus dem Subsystem gegenüber. Unbenommen von diesem abstraktiven Akt bleibt jedoch das Ganze ebenso wie das Ganze, aus dem ein Subsystem künstlich ausgegliedert wurde, ein unfragmentiertes, unteilbares, dynamisch durchgehendes System von integraler Einheit (vgl. P.A. Weiß).

Es gibt also eine ganze Reihe von Gründen, die dafür sprechen, die einzelnen Fachdisziplinen bei aller Anerkennung ihrer spezifischen Inhalte und Merkmale miteinander in Beziehung zu setzen und nach aller Möglichkeit in ein Lebens- und Erkenntnisganzes zu integrieren.

II. Selbstorganisation und Selbsttranszendenz als individualpsychologische Phänomene

Ein Rückblick auf die grundsätzliche Rolle der Selbstorganisation

Als Selbstorganisation hatten wir die Fähigkeit eines zwar im Energieaustausch mit der Umwelt stehenden, ansonsten aber funktional unabhängigen Systems erkannt, sich zu strukturieren, zu „organisieren" und in einem dynamischen Prozeß zu optimieren. Die Rolle der Außenwelt beschränkt sich in diesem Rahmen darauf, Anstöße zu einer im wesentlichen durch die Struktur des Systems selbst bestimmten (autonomen) Funktionsänderung zu geben, die sich fast immer über die Phase einer mehr oder weniger ausgeprägten „Störung" des Systemzustandes einstellt. Zugleich bahnte sich mit der Entwicklung der Theorie der Selbstorganisation ein größeres Vertrauen in den Wert wesentlich weniger aufwendiger Selbstregulationen an. Diese beinhalten in vielen Fällen sogar den „spontanen" Eintritt eines Zustandes höherer Ordnung, indem das System, quasi in einer Art Selbsttranszendenz, über den bisherigen Zustand hinauswächst.

Damit steht die Theorie der Selbstorganisation[1] in grundlegendem Gegensatz zu Theorien, nach denen alles, was existiert, durch irgend etwas zustande kam, was von außen her einwirkte. Nach diesen Schöpfungstheorien schuf Gott die Welt wie der Uhrmacher eine Uhr, und auch menschliche Gesellschaften entstanden durch gezieltes Wirken von Menschen. Diese Vorstellung von einem nach Plan geschaffenen, zentralisierten und hierarchisch gegliederten Etwas, die die Descartessche Philosophie bestimmte und durchaus auch heute noch überzeugte Anhänger hat, steht jedoch im Gegensatz zu moderneren Vorstellungen über das Zustandekommen von Ordnung, stellt vielleicht schon heute nur noch die Ruine einer gestorbenen Wissenschaft dar. Zumindest traten nachhaltige Brüche in die Überzeugung einer grundsätzlichen Machbarkeit und einer Effizienz isolierter Eingriffe von außen in ein Systemgeschehen.

Man weiß bspw. heute, daß die Organisation eines lebenden Wesens genetisch programmiert ist, daß aber kein deus ex machina von außen her dieses Programm geschaffen hat, d.h. daß dieses Programm im Verlaufe von Selbstproduktions- und Selbstreproduktionsprozessen lebender Substanz entstanden ist und immer weiter entsteht. In einem solchen in sich selbst zurücklaufenden Kreis- bzw. Spiralprozeß

---

[1] Interessant sind übrigens eindrucksvolle Entsprechungen in der Terminologie und den Inhalten zwischen der klassischen Gestaltpsychologie und modernen Aussagen zur Selbstorganisation.

bewirkt die Desoxyribonukleinsäure der Zellkerne die Bildung von Proteinen, die ihrerseits wiederum notwendig sind, damit die DNS sich bilden kann. Genauso entsteht das menschliche Individuum in einem Reproduktionszyklus, der durch Individuen zustande kommt, die wiederum durch Individuen geschaffen wurden. Und Individuen bilden eine Gesellschaft, die ihrerseits über soziokulturelle Einflüsse die Individuen formt. Ein Organismus befindet sich durch den Wechsel seiner Moleküle und das Absterben seiner Zellen im beständigen Selbstbildungsprozeß, und genauso steht eine Gesellschaft in ständigem Neubildungsprozeß durch den Tod ihrer alten und die Geburt neuer Mitglieder.

Es war weiter eine äußerst interessante Erkenntnis, daß offenbar den Prozessen der Selbstorganisation, über unterschiedliche Bereiche hinweg, weitgehend gemeinsame Prinzipien, ja sogar mathematisch bestimmbare Gesetzmäßigkeiten zugrunde liegen. Die sich selbst organisierenden und sich selbst reproduzierenden Systeme zeichnen sich schließlich, wie wir bereits an anderer Stelle sahen, auch durch die Fähigkeit zur Selbsttranszendenz aus. Die Offenheit des Systems beinhaltet nämlich sozusagen eine Offenheit auch in Richtung der Weiterentwicklung des Systems über die bisherige Existenzform hinaus, und das Potential zu solchen Prozessen der Optimierung und der Selbsttranszendenz wächst mit der Komplexität des jeweiligen Systems. In schöpferischer Entwicklung überschreitet ein System bei der Selbsttranszendenz in einem erweiterten Akt von Selbstorganisation die Grenzen seiner Existenz und seiner Identität. Insofern ist schon das Erleben eine neue Qualität hochkomplexer materieller Systeme. Das Aufkeimen des Seelischen überhaupt, das mit der Menschwerdung seine bisher höchste Ausprägung erfahren hat, dürfte als ein solches Transzendenzphänomen im Sinne des Auftretens einer neuen Systemqualität im Rahmen der biologischen Entwicklungsgeschichte interpretierbar sein.

Wenn aber Selbstorganisation und Selbsttranszendenz ein so durchgehendes Merkmal gerade auch des Lebens darstellen, wäre es verwunderlich, wenn wir Phänomenen der Selbstorganisation nicht auch im geistig-seelischen Bereich begegneten. Nach Niklas Luhmann sind psychische Systeme in der Tat als autopoietische Systeme zu verstehen, und zwar auf der Basis von Bewußtseinsprozessen. Sind doch bspw. Vorstellungen erforderlich, um zu neuen Vorstellungen zu kommen. Insofern bezeichnet Reutterer Bewußtsein als eine Hirnfunktion, die in auf sich selbst reflektierbarer Information besteht.

Selbstorganisation und Lernen

Bei Lernvorgängen stabilisieren sich bestimmte – jeweils besondere – Netzwerkstrukturen von funktional miteinander verbundenen Gehirnzellen. Das Nervensystem paßt sich quasi in spezifischer Weise unter Beibehaltung seiner Bausteine in seiner Struktur an das an, was es aufnimmt. Dabei bestimmt gleichzeitig all das, was bereits bei früherer Gelegenheit aufgenommen und in dem Gedächtnis gespeichert wurde, die aktuelle Aufnahme mit und prägt sie oft in entscheidender

Selbstorganisation und Selbsttranszendenz 197

Weise. Tauchen plötzlich völlig neue Vorstellungen und Gedanken auf, so kommt das auf dem Boden hirnphysiologischer Neukombinationen zustande.

Insofern bedeuten jeder Lernprozeß und die Entwicklung des Bewußtseins bis hin zu seinen höchsten Formen, im Sinne von Phasenübergängen, das Auftreten neuer autopoietischer Niveaustufen der Geistestätigkeit. Der sich ständig wiederholende und zugleich aufschaukelnde Rückkoppelungsprozeß zwischen innerer und äußerer Welt führt damit zu schöpferischen Entwicklungen geistiger Strukturen.

Ein ganz simples Beispiel dafür wäre schon, wie sich im geistigen Bereich infolge entscheidender Lernprozesse neue (geistige) Systeme herausformen. Es kann dabei zu Erweiterungen umschriebener Kompetenzen oder einer inneren Angleichung geistiger Einzelkomponenten kommen. Lernen besteht ja geradezu in der Fähigkeit, unterschiedliche Ordnungszustände in der Umwelt zu identifizieren, bzw. bestimmten Umweltzuständen „Ordnung" oder eine neue Ordnung zu verleihen. Sie werden dann im Rahmen komplizierter Anpassungsprozesse in ein neu entstehendes geistiges System so integriert, daß eine Verbesserung späteren Verhaltens resultiert. In vielen Fällen handelt es sich dabei um eine Neuverteilung, eine neue Kombination der Elemente im geistigen Raum.

Solange ein Mensch die ihm zugehenden Informationen bewältigen kann, werden diese in sein geistiges System integriert und gedächtnismäßig gespeichert.[2] Wenn ein Mensch jedoch in seinem geistigen System durch eingehende Informationen überfordert wird, wenn seine Sicht der Dinge nicht fest umrissen ist oder sich nicht mit der Realität deckt, entsteht eine Unsicherheit im Menschen. Sein Gleichgewicht, die Ausgewogenheit zwischen ihm und der Welt wird gestört. Jetzt gibt es für ihn verschiedene Möglichkeiten. Wenn er nicht weiß, was er in einer bestimmten Angelegenheit tun soll, kann er zunächst einfacherweise schlicht abwarten. Es kann sich durchaus ergeben, daß nach einer gewissen Zeit die Entscheidung sozusagen von allein „reif" ist. Er weiß dann mehr oder weniger plötzlich, was zu tun ist. Nicht selten stellt sich so nahezu „spontan" eine neue Sicht der Dinge ein.

Der Mensch kann jedoch auch geistig aktiv werden. Er entwickelt, weil er sich gefordert fühlt, ein Such- und Probierverhalten, um aus dieser ungleichgewichtigen Situation herauszukommen. Zustände des Ungleichgewichts sind also auch in dieser Beziehung Ursache für eine positive Überwindung des gegenwärtigen Zustandes und für die Suche nach einem neuen Gleichgewicht, das komplexeren Anforderungen gerecht wird. Mitunter können Kompensationen von Störungen auch Deformationen beinhalten, die ihrerseits wieder kompensatorische Veränderungen nach sich ziehen.

Eine der Ursachen für den Fortschritt in der Entwicklung menschlicher Erkenntnis liegt offenbar in solchen Zuständen des Ungleichgewichts, die einen

---

2 Dabei ist häufig eine sog. Latenzphase zu beobachten, indem der Lernende trotz mehrfacher Versuche oder auch ständigen Übens sozusagen „auf der Stelle tritt", bevor ein höheres Funktionsniveau erreicht ist.

Menschen zwingen, seinen gegenwärtigen Zustand zu überwinden und auf die Suche nach einem neuen (geistigen) Gleichgewicht zu gehen. Insofern stellt eine Verunsicherung oder ein vorübergehender Verlust an Orientierung nicht nur – negativ betrachtet – eine gewisse Bedrohung, sondern auch – positiv betrachtet – analog einer Instabilitätsphase oder einem Verzweigungspunkt der Chaos-Theorie, eine Chance zur Weiter- und Höherentwicklung dar. Die Tatsache, daß nicht alles in sicherer Weise geregelt und festgelegt ist, und die daraus zwangsläufig resultierende Offenheit gegenüber unterschiedlichen Alternativen in der Zukunft ist geradezu eine wichtige Voraussetzung für neue Entwicklungsmöglichkeiten. Diese Offenheit für neue oder alternative Entwicklungsrichtungen tritt in dieser Sicht als weiterer Faktor zu den anlagemäßigen und milieubedingten Einflußfaktoren, und individuelle Entwicklung kann – so besehen – als sich jeweils „real verwirklichende Systemorganisation" (Schurian) interpretiert werden. Ein solches individuelles System ist – als lebendiger Prozeß – nicht nur auf Selbsterhaltung angelegt, sondern auch grundsätzlich zur Selbstveränderung in der Lage, wobei die Wahl zwischen jeweiligen Alternativen durch die eigene zurückliegende Lebensgeschichte entscheidend mitbestimmt ist. Dagegen kann eine zur Gewohnheit gewordene Anpassung an bestimmte Gegebenheiten eine Einschränkung dieser Entwicklungsmöglichkeiten bedingen. Der betreffende Mensch weiß dann zwar genau, was er „will". Er weiß jedoch nicht mehr, „was er vielleicht nicht will oder was er sonst noch wollen könnte" (Schurian).

Deshalb sieht eine aufgeschlossene Pädagogik gerade in Zuständen der Unsicherheit und Betroffenheit fruchtbare Ansätze für Lernprozesse, und der amerikanische Pädagoge John Dewey baut seine ganze Lerntheorie wesentlich auf der Erschütterung von Selbstverständlichkeiten auf. Dazu sollte sinnvollerweise eine echte Vertrauensbeziehung treten, in der der Lehrer mehr als kompetenter und helfender Partner und weniger als reiner Instruktor erscheint. Eine solche Offenheit ist im übrigen durchaus lernbar.

Auch die gesamte geistige Entwicklung, wie sie bspw. der Genfer Psychologe Jean Piaget beschrieben hat, geht von dem Gedanken aus, daß das Kind sich Handlungsstrukturen selbst organisiert. Auch hierbei zeigt sich wieder, wie nahe Chance und Risiko zusammenliegen. Je geringer die erbmäßig verankerte Festlegung eines Lebewesens ist, desto größer ist sein geistiger Entscheidungsspielraum. Das bedeutet auf der einen Seite eine größere Labilität, auf der anderen Seite aber auch eine größere Lernfähigkeit des betreffenden Individuums. Zugleich werden damit in einer sich rasch ändernden Umwelt die Überlebensaussichten der Gruppe erhöht.

Ein Wissenschaftler, der die von ihm erhobenen oder ihm bekannt werdenden Befunde nicht mehr mit der bisher von ihm vertretenen Theorie in Einklang bringen kann, wird sein Erklärungssystem aufgeben und nach neuen Erklärungsmodellen suchen. Neue Entdeckungen und unvorhergesehene Ereignisse bewirken so nicht nur Unsicherheit in bezug auf das, was man bisher für richtig hielt. Sie führen auch zu neuen Konzeptionen und eröffnen – zumindest vorübergehend – neue Freiheitsgrade.

Immer wenn Strukturen ins Wanken geraten, wenn alte Ordnungen zerfallen, besteht die Chance zu Neuem, und ein Aufschließen fester Ordnungen bietet die Chance für Kreativität. Je offener Systeme sind, um so größer sind ihre Chancen, in labilen Umweltverhältnissen zu bestehen.

In Ungleichgewichtszuständen sind deshalb nicht nur im negativen Sinne Störfälle und Normabweichungen zu sehen. Sie sind vielmehr (auch) entscheidende Ursachen und Anstöße für echte Erfahrungsbildung und die Weiterentwicklung von Erkenntnis. Denn sie zwingen den Menschen, über seine gegenwärtigen Grenzen hinauszugehen, neue Sichtweisen zu entwickeln, nach Neuem zu suchen und geistig „zu neuen Ufern" zu gelangen.

Bei alledem ist aber wichtig, daß Erkenntnisvorgänge als Zustände des Erkennenden entscheidend durch dessen innere psychische Struktur bestimmt sind, durch die Art und Weise seiner persönlichen autopoietischen Vorgeschichte. Francisco Varela formulierte das einmal ganz drastisch: „Das System hat keine Wahl. Es funktioniert immer nur auf die Art, wie es zu funktionieren organisiert ist. Es funktioniert nie auf eine Weise, in der es nicht für sein Funktionieren organisiert ist. Das System ist, was es ist. Punkt!"

Selbstorganisation und Persönlichkeit

In ähnlicher Weise wie beim Lernen stellen sich – unter dem Aspekt der Selbstorganisation – auch Vorgänge dar, die die menschliche Persönlichkeit betreffen. Hierbei handelt es sich darum, daß das System einer Persönlichkeit, ohne seine Identität, d.h. seine grundlegende Organisation zu verlieren, sich aufgrund der Koppelung an die sich häufiger ändernde Umwelt an diese anpaßt. Die Abfolge dieser strukturellen Veränderungen ist letztlich die individuelle Lebensgeschichte eines Menschen. Derjenige, der Veränderungen in seiner Umwelt zur Entfaltung seiner persönlichen Identität nutzt,[3] ist ein autonomer Mensch, der durch eine für ihn charakteristische „Eigentlichkeit" beeindruckt. Aus der Summe entsprechender Vorgänge formt sich ein in sich stimmiges dynamisches Muster, das sozusagen einen grundlegenden Attraktor (s. S. 86ff.) der in einem Leben vorherrschenden Dynamik, d.h. den sog. Lebensstil darstellt. Der nicht-autonome Mensch, etwa der subalterne Bürokrat, der durch äußere Vorgaben bestimmt ist, beeindruckt dagegen nicht als „Persönlichkeit" (J.R. Bloch). So erschafft sich das System einer menschlichen Persönlichkeit in seiner Vernetztheit vor allem mit sozialen Beziehungsstrukturen seiner Umwelt durch die konstruktive Verarbeitung dessen, was ihm begegnet.

Der Ausgangspunkt einer solchen Verarbeitung sind häufig einschneidende Erlebnisse, wenn etwa jemand bei persönlicher Verunsicherung und Betroffenheit,

---

3 Verschiedene Untersuchungen konnten bezeichnenderweise eine positive Beziehung dieser Fähigkeit zu geistiger Flexibilität und erlebnismäßiger Beweglichkeit, einer Originalität des Denkens und Phantasiereichtum feststellen.

bei einer Erschütterung bisheriger Selbstverständlichkeiten zu neuen Sichtweisen über sich selbst und seine Stellung in der Umwelt findet. In Zuständen persönlicher Unsicherheit oder der Bedrohung der eigenen Identität entsteht ähnlich wie angesichts von Problemen, über die man nur unzureichend informiert ist, ein unabweisbares Bedürfnis nach zusätzlicher Information im weitesten Sinne. Dieses Bedürfnis dient dem Ziel, ein geistig-seelisches Niveau zu erreichen, auf dem eine Herabsetzung des entstandenen Spannungszustandes möglich wird und auf dem ein neues inneres Gleichgewicht sich zugleich mit einer weiteren und differenzierteren Offenheit gegenüber Außeneinflüssen verbindet. Die „Persönlichkeit" eines Menschen formt sich gerade an Widerständen heraus, und viele Menschen gehen ja auch aus seelischen Krisen gestärkt, manchmal wie neu erschaffen hervor. Auch in dieser Beziehung sind also Zustände des Ungleichgewichts Ausgangspunkt für die Suche nach einem neuen Gleichgewicht, das komplexeren Anforderungen gerecht und damit Ursache für eine positive Überwindung des gegenwärtigen Zustandes wird.

Solche Krisen scheinen bevorzugt dann aufzutreten, wenn der Mensch durch äußere oder innere Umstände zu einer Änderung seines Selbstbildes, einer Änderung der Vorstellung gezwungen ist, die er sich von sich selbst gemacht hat. Pubertät, Eheschließung, Elternschaft, Verlust des Arbeitsplatzes usw. sind solche krisenverdächtigen Lebensabschnitte oder -ereignisse.

Im „Selbst"[4] eines Menschen sind ja verschiedene Aspekte der Persönlichkeit zu einer einheitlichen Ganzheit organisiert, weshalb das „Selbst" auch als Ergebnis eines autopoietischen Prozesses verstanden wird. Es umfaßt bewußte und unbewußte Anteile der individuellen Psyche und bildet sich sehr wesentlich in der Konfrontation mit der äußeren Welt. Am Zustandekommen des Selbstkonzeptes sind die Vorstellungen des Eindrucks, den wir auf andere machen, ebenso beteiligt wie die Vorstellungen der Urteile der anderen über diesen Eindruck, die Rückmeldungen, die wir über eigenes Verhalten seitens der Umwelt erhalten ebenso wie die Antizipationen solcher Reaktionen. Der Mensch neigt ja bekanntlich dazu, sich so zu sehen, wie er meint, daß andere ihn sehen, obwohl es in dieser Beziehung bei der Entstehung des Selbstkonzepts auch zu belastenden Konflikten kommen kann. So schaffen unterschiedliche soziokulturelle Bedingungen ein charakteristisches Bewußtsein der Menschen, die unter diesen Bedingungen leben. Jedes Individuum ist dabei normalerweise mehr oder weniger versucht, eine möglichst große Übereinstimmung zwischen dem eigenen Selbstsystem und der sozialen Umwelt, bzw. der jeweiligen Kultur im weitesten Sinne herzustellen. Diesem Zweck dienen auch u.a. die meist „automatisch" erfolgende individuelle Interpretation und Färbung von Information ebenso wie die psychische „Manipulation" von Gegebenheiten zum Nutzen des eigenen, kulturell mitbestimmten Selbstbildes.

---

4 Eine exakte und einheitliche Definition dieses Begriffes ist sehr schwierig, zumal er sich einmal auf das erkennende Subjekt und zum anderen auf einen Gegenstand der Erkenntnis bezieht. Für G.H. Mead stellt das 'Selbst' den für sich selbst übernommenen Komplex der Werthaltungen und Einstellungen anderer dar, während das 'Ich' sich aus den individuellen Reaktionen auf die Werthaltungen und Einstellungen anderer Menschen entwickelt.

Von außen aufgenommene Informationen werden also in einem Rahmen verarbeitet, organisiert und koordiniert, den das jeweilige individuelle Selbstsystem liefert. Dieses hat sich wiederum sehr entscheidend aus der Begegnung mit der Umwelt und aus der Verarbeitung von Gegebenheiten der Umwelt entwickelt.[5] Information ist also nicht etwas „Objektives", das irgendwo im „luftleeren Raum" schwebt, sondern ist in mehrfachem Sinne Information für einen Empfänger, der sie empfängt, aufnimmt und verarbeitet.

Das jeweilige Selbstsystem erweitert sich nun in dem Maße, in dem neue Daten in die individuellen Muster von Daten-Organisation eingebaut werden, die sich in einem Gehirn gebildet haben. Und alle neu aufgenommenen Daten tragen dazu bei, das Individuum einerseits besser an die Umwelt anzupassen, es aber andererseits zugleich immer weiter von seiner Umwelt zu differenzieren.

Auch hier begegnen wir einem wechselseitigen Prozeß. Denn das als solches beständige, aber in der Beständigkeit seines Existierens in ebenso ständigem Wechsel befindliche Selbstsystem, das sich immer stärker zu einem entscheidenden Bezugsrahmen der Informationsverarbeitung entwickelt hat, wird zwar einerseits ständig durch immer wieder neue Daten beeinflußt, die es „einverleiben", integrieren muß. Es hat aber andererseits nicht geringen Einfluß darauf, welche Daten letztlich überhaupt weiter verarbeitet und als was und wie sie in das bestehende System eingebaut werden. Dadurch unterliegen eben angeblich „objektive Daten" bestimmten für das Individuum typischen Auswahlprozessen, Akzentuierungen, Verzerrungen usw.

Zu den beschriebenen Einflußgrößen tritt ferner, wie sich die Menschen selbst wahrnehmen und sehen, aber auch, wie sie idealerweise sein möchten. Schließlich geht auch ein unreflektiertes, bewertendes Gefühl der dauerhaften Identität mit sich selbst, das sog. Selbstgefühl als Bewußtsein des eigenen Wertes, in dieses Konzept ein.

Schon das Kind lernt, das, was es selbst in seiner Umwelt bewirkt, zu beobachten und zu verarbeiten und dementsprechend zu Folgerungen über seine Identität zu gelangen. Das bedeutet im Grunde nichts anderes als eine bestimmte Form von „automatischer" Selbststeuerung. Diese Selbststeuerung geschieht aber sehr wesentlich auf der Grundlage von strukturbedingten Selbstorganisationsprozessen.

Auch im späteren Leben stoßen wir immer wieder auf das gleiche Phänomen. Eine menschliche Persönlichkeit ist um so differenzierter, je mehr sie sich der Relativität ihres Selbstsystems bewußt sowie sich darüber im klaren ist, wie dieses Selbstsystem die Verarbeitung der ihm zugehenden Information beeinflußt. Wenn Selbstgefühl und tatsächliches Verhalten, Vorstellung und Wirklichkeit stärker voneinander abweichen, erfolgt sehr leicht eine „Richtigstellung" etwa nach dem Motto: „Das war nicht mein wahres Ich", „ich war ja völlig übermüdet" oder „ich hatte leider zu viel getrunken!" Bei größerer Selbstsicherheit und innerer Locker-

---

5 Ganz in diesem Sinne vertrat Søren Kierkegaard die Auffassung, daß ein Mensch nur dann ein Mensch zu werden vermöge, wenn es ihm gelinge, über den rein individuellen Aspekt hinaus ein „soziales Selbst" zu bilden.

heit mag allerdings auch eine Haltung resultieren, die unter dem Motto stehen könnte: „Sage mir, wie du mich findest, und ich sage dir, was du mich kannst!"

Bei weniger differenzierten Menschen ist dagegen das Selbstsystem zur Verarbeitung komplexer Information gar nicht in der Lage. Bei nicht sehr ausgeprägtem Selbstgefühl ist es dann erheblichen Schwankungen unterworfen, so daß es sehr viel leichter zu innerer Desorganisation, zu Erlebnissen von Unsicherheit, Angst und Belastung kommt.

Im Gegensatz dazu gibt es – zum anderen Extrem hin – Menschen, deren starres Selbstsystem – oft aus tatsächlicher innerer Schwäche – auf Abwehr eingestellt ist und nur wenige widersprüchliche Informationen überhaupt zur Verarbeitung zuläßt. Alles, was ein solcher Mensch nicht versteht, wird als wenig bedeutsam oder in sich negativ abgewertet. Menschen, die gegensätzliche Auffassungen vertreten, gelten ihm als dumm oder bösartig und werden ohne große Mühe in die Reihe der „Feinde" oder „Idioten" eingereiht, wodurch natürlich eine echte Kommunikation mit anderen Selbstsystemen erschwert wird. Im übrigen müssen solche Erstarrungen nicht zwangsläufig das gesamte Selbstsystem betreffen, sondern können sich auch auf einzelne Teile, auf bestimmte Gebiete und Probleme beschränken.

Das gilt im übrigen auch für gesellschaftlich-kulturelle Systeme mit ihren Rollen wie Bauernstand, Militär, Klerus, Akademiker usw. Denn auch sie können so starr werden, daß neue Information nicht mehr aufgenommen werden kann. Dadurch setzen sie sich der Gefahr der Stagnation und des Verfalls aus. Gerade die in bestimmten Gesellschaften eingetretene Überspezialisierung dürfte in dieser Richtung gefährlich sein. Ganz allgemein muß in diesem Rahmen gesehen werden, daß Institutionalisierung, der ja zwangsläufig eine mehr oder weniger ausgeprägte, dem System von außen auferlegte Starre anhaftet, und Selbstorganisation als organisch wachsender, spontaner und selbstbestimmter Prozeß zwei widersprüchliche und sich nahezu ausschließende Entwicklungen darstellen. Überlegungen, in welcher Form selbstorganisatorische Prozesse als solche institutionalisiert werden können, ohne ihren Eigenwert einzubüßen, stehen erst am Anfang. Wir werden auf diesen Zusammenhang an späterer Stelle noch ausführlicher zu sprechen kommen.

Aus der Sicht der Systembestimmtheit der jeweiligen Haltungen und Reaktionen erscheinen auch menschliche Entscheidungen – genauer betrachtet – nicht mehr als freie Wahl aus echter Willkür, sondern lediglich als Kulminationspunkte eines inneren Entwicklungsprozesses, der immer wieder aus äußeren Anlässen und auf dem Boden entsprechender Probleme neue Nahrung erhält. Außerdem stellt sich die Situation einer Wahl überhaupt nur dann ein, wenn das „Feld" der Entscheidung unklar, mit Merkmalen des Unbestimmten und „Zufälligen" ausgestattet ist. Aber ist es dann nicht auch wieder die innere Struktur und Kohärenz, aus der heraus letztlich eine Entscheidung fließt? Sie geht dann meist, vor allem, wenn mehrere Alternativen bestehen, mit einer Verzögerung des Handlungsbeginns einher, bis nach Möglichkeit alles Unbestimmte einer gegebenen Situation in eine optimale geistige Gestalt integriert ist. In einen größeren Zusammenhang gestellt, könnte man in diesem Sinne auch die Gesinnungsbildung bei einem Menschen als einen Prozeß der Selbstorganisation interpretieren, eine Sichtweise, die uns, wenn auch in anderer Terminologie, u.a. in der Schleiermacherschen Ethik begegnet.

So könnte man sich schließlich – angesichts des selbstorganisatorischen Geschehens in dem informationell geschlossenen System der „black box" unseres Gehirns – fragen, ob denn eigentlich die Gedanken eines Menschen stärker unter seiner Kontrolle stehen als das Schlagen seines Herzens (Merleau-Ponty). Und ist das menschliche Leben wirklich eine Summe der bewußt getroffenen Entscheidungen? Wie vieles formt sich einfach von frühester Kindheit aus den Verhältnissen heraus, in denen ein Mensch lebt und die er nur zum geringsten Teil frei gewählt hat! Gewiß, es gibt in der Lebensgeschichte von Individuen – wie auch von Völkern – Augenblicke, in denen das Schicksal sozusagen an die Tür zu klopfen scheint. Die Vergangenheit organisiert sich dann rückblickend so, als ob alles Bisherige nur stattgefunden habe, um den Betreffenden in diese Situation zu führen. Diese Augenblicke sind aber von keiner Seite aus programmierbar. So gilt für die geschichtliche Entwicklung von Individuen wie auch von menschlichen Gemeinschaften: Der jeweils schöpferische Akt bedeutet eine Öffnung nach vorne, zu etwas Neuem hin; der Blick zurück dagegen gibt der Gegenwart die Macht über den Sinn der Vergangenheit.

Selbstorganisation und Psychotherapie

Die psychotherapeutische Begegnung zwischen einem Arzt und solchen Patienten, die aus dem psychischen Gleichgewicht geraten sind oder – aus welchen Gründen auch immer – nie ein solches besessen haben, dürfte als Spezialfall einer (beabsichtigten) Umstrukturierung einer menschlichen Persönlichkeit gelten. Sie soll uns deshalb zum Abschluß dieses Kapitels aus der speziellen Sicht selbstorganisatorischer Prozesse noch etwas näher beschäftigen.

Gehen wir im Sinne Maturanas und Varelas zunächst davon aus, daß das, was Patienten von den Angeboten eines Arztes, Psychotherapeuten oder Psychologen annehmen, ganz entscheidend von der Struktur und Funktion ihres Erkenntnissystems abhängt, das seinerseits ein Ergebnis ihrer individuellen Autopoiese darstellt.

Es bedeutet dies ein grundsätzliches Umdenken über das Geschehen im Rahmen einer psychotherapeutischen Behandlung. Mit der allgemeinen Relativierung von einfachen Kausalprozessen und der erkenntnistheoretischen Einsicht in die Unmöglichkeit im engeren Sinne instruktiver Interventionen kann der Psychotherapeut nicht mehr als eine Einflußgröße angesehen werden, die in direkter Weise die Veränderung von seelisch gestörten Menschen bewirkt. Das ginge schon deshalb nicht, weil das, was ein Patient als „Information" aufnimmt, ganz entscheidend eine Funktion des augenblicklichen Zustandes seines autopoietischen Systems darstellt.

Vielmehr ist der Therapeut eher eine Art Katalysator, der dazu beiträgt, daß

"Bewegung" in das komplexe seelisch-geistige System seines Patienten kommt.[6] Er weiß aber ebensowenig wie sein Patient, *wohin* sich letztlich etwas bewegen wird. Die Psychotherapie liefert ein Umfeld, in dem der Patient in produktiver Weise anhand seines Verhaltens sozusagen Fragen für sich (und den Psychotherapeuten) aufwirft, die die Möglichkeit eröffnen, zu einer für ihn zu Beginn unklaren Rekonstruktion seines Persönlichkeitssystems zu gelangen. In ähnlicher Weise ist ja auch der Prozeß der sog. Internalisierung, der Verinnerlichung, der inneren Aneignung bestimmter Gehalte zu verstehen: Innerhalb des Systems einer Persönlichkeit keimen neue Denkmuster auf, nützliche Variationen werden in selbstbezüglichen Situationen verstärkt und durch selbstbezügliche Erfahrungen stabilisiert. So entwickeln sich, ähnlich wie Pierre Changeux Wachstumsprozesse im Gehirn und Lernvorgänge neurobiologisch als selektive Stabilisierung erklärt, neue stabile Strukturen im psychischen System eines Menschen. Diese Entwicklung ist aber ebenfalls wieder kein kontinuierlicher Prozeß, sondern verläuft sozusagen in Schüben mit sog. "Phasenübergängen", die nach der Bifurkationstheorie (s. S. 82) als ein Geschehen an Verzweigungspunkten zu erklären sind. Dadurch ist es möglich, daß aus den Verarbeitungsprozessen eines geistig-seelischen Systems unterschiedliche Reaktionen und Verhaltensweisen resultieren (können).

Üblicherweise nimmt der Mensch vorstellungsmäßig zukünftige Ereignisse vorweg; er antizipiert sie und projiziert sich selbst in das zukünftige Geschehen. Diese Vorstellungen werden nun entweder bestätigt oder nicht, und die Abfolge dieser Erlebnisse stellt praktisch das dar, was wir die menschliche Erfahrung nennen. Während normalerweise eine strukturierende Kompensation einer erlebten "Störung" erfolgt, kommt es zu einem Problem bzw. einer seelischen Störung, wenn eine bestimmte Struktur des kognitiven Systems bzw. ein bestimmtes Selbstbild trotz ständiger faktischer Nicht-Bestätigung beibehalten wird oder aber, wenn das gesamte System auseinanderfällt und seine Organisation einbüßt, was zwangsläufig mit einem Verlust der eigenen Identität einhergeht. Worauf es aber ankommt, ist, zu einem für die Bewältigung von Gegenwart und Zukunft konstruktiven Persönlichkeitssystem zu gelangen, nicht aber, an "Fehlern" der Vergangenheit herumzulaborieren. Dort, wo das geschieht, droht die Psychotherapie, speziell in der Form der klassischen Psychoanalyse, nach den Worten von Karl Kraus "zu jener Krankheit zu werden, für deren Therapie sie sich hält".

Was in der Psychotherapie geschieht, läßt sich durchaus und ohne Schwierigkeiten auf der Grundlage der Konzeptionen erklären, die wir bei der theoretischen Besprechung der Selbstorganisation kennengelernt haben. Der selbstorganisatorische Prozeß könnte bspw. nach dem Muster des In-Erscheinung-Tretens neuer Attraktoren (s. S. 86ff.) verstanden werden, die zur Herausbildung neuer Strukturen führen. Prigogines Theorie von dem Eintreten eines Zustandes von Geordnetheit auf dem Boden von Fluktuationen ist in diesem Rahmen ebenso zu nennen wie

---

6 Auch in der Medizin kennt man ja die Situation, daß ein Arzt den Organismus eines kranken Menschen zu "stören", ihn sozusagen aufzurütteln versucht, um die "normalen" Heilkräfte des Körpers zu optimaler Funktion kommen zu lassen.

die Vorstellungen, die Maturana und Varela zu dieser Thematik entwickelt haben. So wie in der Physik durch entsprechenden Energiezufluß eine höhere Temperatur entsteht, was einen Zustand größerer molekularer Ungeordnetheit bedeutet, kann auf verschiedene Art und Weise auch die „Temperatur" eines kognitiven Systems erhöht werden (Schneider). Auf dem Boden des damit gegebenen Zustandes größerer Ungeordnetheit innerhalb dieses Systems wird auf unspezifische Weise eine günstigere Voraussetzung für die Entwicklung neuer Strukturen geschaffen. Denn in einer Instabilitätsphase kommt es zu intensiven und zugleich differenzierten Wechselwirkungen zwischen den Elementen eines geistig-seelischen Systems, die dann in weiterer Folge eine „spontane", qualitativ nicht voraussagbare alternative Ordnungsbildung ermöglichen. Das System ist in einer solchen Phase besonders empfindlich und damit schon für schwache Außeneinflüsse empfänglich, so daß bereits sozusagen kleine Ursachen zu großen Wirkungen führen können.[7]

Der Therapeut steht also in dieser Sicht vor zwei wesentlichen Aufgaben: Auf der einen Seite muß er versuchen, den zwar relativ stabilen, aber problemträchtigen Ordnungszustand, d.h. das therapiebedürftige System seines Klienten – als Vorbedingung einer Persönlichkeitsänderung – zu destabilisieren; zum anderen sollte er – auch unter Berücksichtigung entsprechender Kontroll- und Ordnungsparameter – dem Klienten helfen und ihn anregen, eine Richtung zu finden, in der sich sein Persönlichkeitssystem in sinnvoller Weise entwickeln könnte. Ausgeprägtes Feingefühl, eine Sensibilität für die Person, Situation und Empfänglichkeit des Klienten, aber auch für den jeweiligen Zeitpunkt sind hierbei, obwohl das in der gängigen Literatur weniger erwähnt wird, für den Erfolg des Therapeuten meist wichtiger als bestimmte Methoden und Techniken. Die wesentliche Aufgabe des Therapeuten liegt in dieser Phase darin, möglichst optimale Rahmenbedingungen für selbstorganisatorische Prozesse zu schaffen. Dagegen ist oft zu beobachten, daß der Patient sich nur noch stärker auf seine Probleme – und ihre Unveränderlichkeit – versteift, wenn der Therapeut in direkter Weise verstärkt auf ihn einzuwirken versucht. Dieser muß deshalb darauf achten, daß die Autopoiese, bzw. die innere Kohärenz des Patienten nicht gefährdet wird.

Anstelle einer vorrangig „technologischen" Konzeption der Psychotherapie werden in der neueren Sichtweise die autonome Eigendynamik des Klienten und die Bedeutung der wechselseitigen Anpassung in der Zweierbeziehung zwischen Therapeut und Patient betont. Nach Maturana würde der Therapeut gemeinsam mit dem Patienten in den Prozeß einer strukturellen Veränderung der Entwicklung eintreten, ohne aber diese Entwicklung hinsichtlich ihres Endzustandes tatsächlich unter seiner festen Kontrolle zu haben. Ein solcher Prozeß, in dem zwei (oder ggfs. auch mehr) Menschen, wie Maturana es nennt, in einem gemeinsamen „Driften" miteinander verbunden sind, führt durch ineinandergreifende Interaktionen zweier Systeme zum Aufbau sich zunehmend angleichender Strukturen bei

---

7 Dazu paßt, daß in verschiedenen Untersuchungen eine enge Beziehung zwischen kognitiver Instabilität einerseits sowie Flexibilität und Suggestibilität andererseits festgestellt werden konnte.

gleichbleibender Identität der jeweiligen Organisation, zu einem „konsensuellen Bereich", der letztlich echte Kommunikation ermöglicht. Maturana und Varela sprechen in diesem Zusammenhang auch von einem „Resonanz"-Phänomen oder einem „structural coupling" (strukturelle Paarbildung). Das ist aber etwas gänzlich anderes als die reine Vermittlung von Information oder das mehr oder weniger suggestive Angebot einer Interpretation, bei der sehr häufig sozusagen Antworten zu etwas gegeben werden, was gar nicht gefragt wurde. Es handelt sich also um eine nicht-hierarchische Beziehung, in der zwei Menschen koexistent so miteinander kooperieren, daß es zu einem Entwicklungsprozeß eines kognitiven Systems kommt. Eine solche echte Vertrauensbeziehung, in der sich die geistig-seelischen Muster von zwei Menschen in Richtung zunehmender Übereinstimmung entwickeln, ist natürlich etwas gänzlich anderes, als sich sozusagen mit Trick 13-31 Vertrauen zu erschleichen. In diesem Prozeß wird zugleich erfahrbar, daß das Akzeptieren eines anderen Wesens das Sich-selbst-akzeptieren-Können voraussetzt. Der Patient erlebt die Gefühle, die mit einer seelischen Störung verbunden sind, und wird in die Lage versetzt, sich der Bedeutung dieses Erlebens bewußt zu werden. Der Therapeut läßt kritische Strukturen erkennbar werden und löst lediglich nach Art einer Enzym-Wirkung die beim Patienten ablaufenden Prozesse aus. Damit unterstützt er das Zustandekommen neuer Denk- und Verhaltensmuster.

In dieser Sicht werden zugleich Begriff und Konzeption des „Realitätsprinzips" oder des „erfolgreichen Ausgangs" einer Psychotherapie in Frage gestellt bzw. zumindest relativiert. Denn die Vorstellung, einen Patienten sozusagen gezielt psychotherapeutisch „wieder auf die Beine zu bringen", erscheint als unangemessen für einen Prozeß, in dem im Grunde nur eine Veränderung innerhalb des personalen Systems des Patienten ausgelöst wird, die auch auf andere Weise, bspw. durch ein spezifisches Erlebnis oder das Gespräch mit einem guten Freund, hätte zustande kommen können (Kenny).

In der Tat ist es in der Psychotherapieforschung bisher nicht gelungen, verläßliche Unterschiede in der Wirkung der verschiedenen Therapiemethoden nachzuweisen (Luborski, Smith, Grawe), d.h. Erfolge von Psychotherapie auf bestimmte Methoden zurückzuführen. In der Praxis haben auch die meisten Psychotherapeuten im Verlaufe ihrer Tätigkeit den engen Rahmen spezifischer methodischer Anweisungen verlassen und sich stärker einer offenen Erfassung der jeweiligen Situation gewidmet. Denn starr festgelegte Vorgehensweisen haben sich in der Erfahrung zunehmend als wenig geeignet für Prozesse dynamischer Veränderungen bei Patienten erwiesen. In der eigenständigen Aktivität lebender Systeme entwickeln sich vielmehr in einem mehrphasigen Prozeß im Patienten neue, den jeweiligen Umweltbedingungen besser angepaßte Wahrnehmungs- und Verhaltensschemata, die im einzelnen weder voraussagbar noch planbar sind. Piaget spricht in diesem Rahmen von einem Prozeß der Äquilibration. Der Therapeut muß daher sein jeweiliges Vorgehen an den Veränderungen ausrichten, die sich beim Patienten vollzogen haben, deren 'Kraft' aber nicht aus den therapeutischen Interventionen, sondern aus dem System der Patienten stammt (Grawe). Das erfordert natürlich eine starke Improvisationsbereitschaft aus einem jeweils neu gewonnenen Verständnis der augenblicklichen Situation seitens des Therapeuten. Dadurch, daß er einen bestimmten Weg gegangen und an ein bestimmtes Ziel gelangt ist, erweist sich in der Rückschau, daß dies ein möglicher, aber keineswegs vorgegebener Weg war (Grawe).

Wie Maturana und Varela immer wieder betonen, sind eben Strukturveränderungen in einem System qualitativ in erster Linie, wenn nicht ausschließlich, durch dessen eigene Struktur bedingt. Ein bestimmtes System kann auch ohnehin nur mit solchen Merkmalen seiner Umwelt in Beziehung treten, die mit seiner Struktur kompatibel sind. Ein Auge kann eben nur Licht, nicht aber Schallwellen aufnehmen. Umwelteinflüsse veranlassen, aber lenken nicht das Systemverhalten, und es gibt keinen außerhalb des Systems existierenden Mechanismus, durch den Vorgänge, die innerhalb des Systems ablaufen, qualitativ konkret festgelegt wären. Es kann deshalb kein aktives Lösen eines (Patienten-)Problems von außen geben, wohl aber eine – allerdings nicht direkt beeinflussende – Teilhabe an der Entwicklung bestimmter Kohärenzen im Persönlichkeitssystem des Patienten.

Die Interpretationen und Konstruktionen des Therapeuten sagen auch im Grunde oft mehr über dessen eigenes Denk- und Wahrnehmungssystem aus als über das, was er zu beschreiben meint. Fritz Perls hat diese Situation einmal sehr charakteristisch formuliert: „I know you believe you understand what you think I said, but I am not sure you realize that what you heard is not what I meant" (Ich bin sicher, du glaubst zu verstehen, was du meinst, was ich gesagt habe, aber ich bin nicht sicher, daß du begreifst, daß das, was du hörtest, nicht das ist, was ich meinte). So wie der Mensch grundsätzlich sein Gegenüber immer nur durch die Brille seiner eigenen Struktur wahrnehmen kann und damit praktisch interpretiert, offenbaren die Äußerungen eines – wenn auch spezifisch geschulten – Außenbeobachters letztlich primär Aspekte von dessen eigenem operational geschlossenen System. Die Tatsache, daß diese operationale Geschlossenheit seines kognitiven Systems dem Individuum nicht bewußt wird, vergleicht A.L. Goudsmit mit dem Befund, daß der sog. „blinde Fleck" der Netzhaut, an dem der Sehnerv eintritt, normalerweise beim Sehen nicht bemerkt wird. Die operationale Geschlossenheit existiert als Phänomen nur für den Außenbeobachter, ebenso wie die Blindheit gegenüber der „partiellen Blindheit". Deshalb kommen auch immer wieder verschiedene Beobachter aufgrund unterschiedlicher, für ihr jeweiliges System spezifischer Unterscheidungsoperationen zur Erkenntnis unterschiedlicher Zusammenhänge und – in der Rolle des Psychotherapeuten – unterschiedlicher „pathologischer" Prozesse. Ein beliebiges Ereignis kann ja auch zu durchaus unterschiedlichen „Einsichten" führen, die alle ihre eigene „Gültigkeit" haben. „Ein-sicht" bedeutet lediglich im Grunde, daß etwas Neues „in Sicht", ins Blickfeld getreten ist.

Ich habe es in der Zeit, in der ich selbst psychotherapeutisch tätig war und Patienten zur Weiterbehandlung an diesen oder jenen Kollegen verwies, häufig erlebt, wie die Ergebnisse der Analyse in charakteristischer Weise voneinander abwichen. Ja, zu meiner eigenen Verwunderung konnte ich immer wieder feststellen, daß entsprechende Wetten, die ich mit mir selber darüber abgeschlossen hatte, welcher Therapeut auf welche Weise welche „Komplexe" aus dem jeweiligen Patienten „herausanalysieren" würde, mit hoher Wahrscheinlichkeit eintraten.

Ätiologische Aussagen über die spezifischen „kausalen" Zusammenhänge bei der Entwicklung bestimmter seelischer Störungen oder bei der Entstehung spezieller Probleme unterliegen eben angesichts der komplexen Lebensgeschichte eines Menschen notwendigerweise der Gefahr einseitiger subjektiver Vereinfachungen. Deshalb ist gegenüber „kausalen" Konzepten wie dem Sinn von Träumen, dem Zweck von Symptomen, der analysierten „Funktion" von Störungen, der Erklärung von Phänomenen inneren Widerstandes eine äußerst kritische Einstellung angezeigt. Was ist die „objektive" Realität unabhängig von der subjektiven Realität des Betrachters oder der Schablone einer bestimmten Schulmeinung? Weshalb unterscheidet sich die „Realität" von Individuen, von menschlichen Gruppen oder menschlichen Kulturen? Wir müssen versuchen, uns von dem Denken in vereinfachenden Ursache-Wirkung-Sequenzen frei zu machen und uns innerlich aufzuschließen für ein Verständnis von Komplexität und Autonomie und auch vor allem Unvorhersehbarkeit akzeptieren zu lernen. Mit dieser Offenheit bezüglich möglicher Entwicklungen, die ja der Einsicht in die Unvorhersehbarkeit des Geschehens in komplexen Systemen entspricht, kommen wir zugleich der grundsätzlichen Forderung Heinz von Foersters nahe, immer so zu handeln, daß sich für die Zukunft die Anzahl von Wahlmöglichkeiten erhöht; ein wahrhaft therapeutisches Prinzip!

Ganz im Sinne dieser Überlegungen stellte Fritz Perls das Prinzip der organismischen (Goldstein) oder spontanen (Koffka) Selbstregulation in den Mittelpunkt seiner therapeutischen Theorie, der „Gestalttherapie". Die zentrale Bedeutung, die er im Rahmen dieser Theorie dem zwischenmenschlichen Kontakt beimißt, entspricht bezeichnenderweise weitgehend der Vorstellung einer mit dem Tanz eines Paares vergleichbaren „strukturellen Koppelung", wie sie Maturana und Varela in ihrer Theorie der Autopoiese vertreten. Mit dieser Betonung des wechselseitigen Verbundenseins setzt sich Perls bewußt in Gegensatz zu den quasi kausalen Beziehungen, wie sie für die Freudsche Psychoanalyse kennzeichnend sind. Gleichzeitig ist das Ziel der Gestalttherapie nicht so sehr das Beseitigen von Symptomen oder das Heilen von „Krankheiten", sondern menschliches Reifen und geistiges Wachstum. Dazu ist es notwendig, die Fixierung auf die unveränderliche Vergangenheit aufzugeben und in Kontakt zu der Einmaligkeit der gegenwärtigen Situation, der eigenen Existenz in der Welt hier und jetzt zu treten und sich durch inneres Gewahrwerden von Denk- und Verhaltensgewohnheiten trennen zu können, die die eigene Offenheit behindern.

III. Autonomie, Autorität und Selbstentfaltung

Zum Wesen der Autonomie

Greifen wir noch einmal auf Grundaussagen von Maturana und Varela zurück. Danach besteht ein lebendes System aus einem Netz von Prozessen. Dieses Netz erschafft sich immer wieder neu durch die Interaktion von Komponenten, die es seinerseits als Netzwerk produziert.

Überträgt man diese Vorstellung auf menschliches Leben, auf geistige und insbesondere Entscheidungsprozesse des Menschen, so kann auch Selbstbestimmung oder Autonomie im Rahmen eines geschlossenen Systems als ein Merkmal solcher sich selbst (re-)produzierenden oder „autopoietischen" Prozesse verstanden werden. Das subjektive Erlebnis der Selbstbestimmung wäre als Ausdruck innerer Kohärenz, als sich im Bewußtsein spiegelndes Ergebnis seelisch-geistiger Selbstorganisation zu verstehen.

Dabei ist für praktische Konsequenzen eines interessant und wichtig: Nach vielen Untersuchungsergebnissen kann kein Zweifel bestehen, daß Verhaltensweisen, die auf eigener Entscheidung beruhen, bezogen auf jeweils konkrete Situationen, vom Grundsatz her wesentlich flexibler und angepaßter sein können als von außen erzwungenes Verhalten. Denn dieses kann in den meisten Fällen nur in Form pauschaler Vorgaben bestehen, welche die tatsächlichen Gegebenheiten einer jeweils einmaligen Situation kaum ausreichend berücksichtigen können. Darüber hinaus haben Verhaltensweisen, die auf dem Boden eigenständiger Entscheidungen zustande gekommen sind, auch eine wesentlich höhere Wahrscheinlichkeit, als solche durchgehalten zu werden. Jeder Mensch steht stärker zu den Entscheidungen, die er selbst einmal getroffen hat. Deshalb ändern Menschen ihre Gewohnheiten auch leichter, wenn man ihnen alle für sie wichtigen Fakten vorlegt und sie für sich selbst entscheiden läßt, als wenn man sie durch direkte Vorgaben von außen zu beeinflussen versucht.

Selbstbestimmung oder persönliche Autonomie, nach Kant das einzige Prinzip der Moral,[8] bedeutet zunächst einmal, wörtlich genommen, sich selbst sein eigenes Gesetz, seinen eigenen Sinn geben zu können, bzw., anders betrachtet, dieses eigene Gesetz, diesen Sinn aufgrund innerer Kohärenz in sich zu haben.

---

8 Es mag am Rande interessant sein, darüber nachzudenken und historisch zurückzuverfolgen, ob und in welcher Form zu früheren Zeiten – bzw. auch in anderen Kulturen – die Vorstellung einer individuellen Autonomie bei Menschen bestand. Erich Fromm weist bspw. darauf hin, daß diese Idee im Mittelalter, wo die Menschen in einen bestimmten Stand hineingeboren wurden, den sie nicht verlassen konnten, noch nicht existierte.

Das gilt gleichermaßen für die Zelle, für das Immunsystem, die Persönlichkeit des Menschen und menschliche Gesellschaften. Gerade beim Immunsystem zeigt sich ein tiefgreifender Zusammenhang zwischen Einmaligkeit, Individualität, Integrität und Autonomie. Denn es stellt ein Abwehrsystem dar, das seine Wirksamkeit auf der Basis einer molekularen Unterscheidung von Körpereigenem und Nicht-Körpereigenem entfaltet. Was als nicht-körpereigen erkannt ist, wird abgestoßen oder zerstört, das Körpereigene dagegen geschützt und verteidigt. Es handelt sich also praktisch um ein primitives Prinzip der Selbsterkenntnis auf molekularer Ebene, vergleichbar den ebenfalls sozusagen in der ersten Person stattfindenden komplexen Verarbeitungsprozessen des menschlichen Gehirns. Egozentrismus erscheint so praktisch als Grundprinzip des Lebens auf allen Ebenen, und die Subjektqualität geht untrennbar mit dem Prinzip des Ausschlusses alles anderen einher, was nicht Subjekt ist.

Autonomie ist also ein Phänomen, das durch eine Input-Koppelung, d.h. die Wirksamkeit von Außeneinflüssen nicht ausreichend erklärt werden kann. Vielmehr kommt der operationellen Abgeschlossenheit und dem inneren Zusammenhang, der Systemkohärenz, eine entscheidende Rolle für Identität und individuelle Geschichte eines selbstorganisierenden Systems zu.

Dabei spielt das Gedächtnis, das Erinnerungsvermögen, eine sehr wesentliche Rolle. Denn autonomes Handeln ist nur auf dem Boden der Fähigkeit möglich, frühere Information auf gegenwärtige Entscheidungen anzuwenden (Deutsch). Zur Autonomie gehört also die Rückkoppelung von gespeicherten Daten in ein Entscheidungsgeschehen, das gegenwärtiges Verhalten betrifft. Ohne eine in diesem Sinne bestehende Wirksamkeit der Vergangenheit kann Autonomie nicht entstehen und funktionieren. Autonomie oder Selbststeuerung ist daher ein Merkmal aller Organismen und auch Organisationen, deren Verhalten durch Entscheidungen gelenkt wird, die auf den Entscheidungszyklus selbst zurückwirken.

Auch daraus ergibt sich, daß das Subjekt entgegen seiner offiziellen Vernachlässigung in der klassischen Wissenschaft keineswegs ein Epiphänomen, eine eher störende Randerscheinung darstellt, sondern zum Wesen des geistig-seelischen Lebens als selbstorganisierendem System gehört.

Insofern findet auch die Freiheit des Menschen als sich herauskristallisierendes Ergebnis der zunehmenden Komplexität lebender Gebilde nicht irgendwo außerhalb von ihm ihren Ursprung, sondern nur in ihm selbst bzw. in der Gesellschaft, die er sich gestaltet.

Vielleicht liegt hier auch eine wesentliche Grundlage der Gelassenheit als einer menschlichen Haltung, in der wahre Autonomie zum Ausdruck kommt. Bedeutet Gelassenheit doch, die Grenzen der eigenen Autonomie innerlich zu akzeptieren und mit dem leben zu können, was man nicht zu ändern vermag. Diese Einstellung kommt in dem Gebet der Anonymen Alkoholiker sehr schön zum Ausdruck: „Gott schenke uns die Gelassenheit, die Dinge hinzunehmen, die wir nicht ändern können, den Mut, das Veränderbare zu verändern und die Weisheit, den Unterschied zwischen beidem zu erkennen."

So könnte man paradoxerweise die Feststellung vertreten, daß das autonomste

Wesen der Geisteskranke, speziell der Paranoiker, der an Verfolgungswahn Leidende sei; denn alle Information, die er aufnimmt und die in sein Interpretationssystem gelangt, dient ihm fast ausschließlich zur Bestätigung seines Wahnsystems. Alles, was um ihn herum geschieht, erhält durch seine Interpretation seinen besonderen Sinn, wenn er bspw. schon ein harmloses Lächeln als höhnischen Hinweis auf ein gegen ihn geschmiedetes Komplott versteht.

Es ist in der Tat ein wesentliches Merkmal der Autonomie, Dingen, denen in sich kein besonderer Sinn zukommt, Sinn zu verleihen, Unordnung und „Rauschen", wie wir schon auf S. 173 gesehen haben, in „Ordnung" zu verwandeln. Einem Außenbeobachter ist jedoch ein unmittelbarer erkenntnismäßiger Zugang zu dem eigentlichen Wesen eines autonomen Systems nicht gegeben. Das zeigt noch einmal die Grenzen jedes Versuchs auf, das Selbst anderer Menschen wirklich zu verstehen.

Autonomie und Selbstorganisation gehören also engstens zusammen. Das autonome Verhalten eines Systems ist Zeichen von Selbstorganisation, während die klare Voraussagbarkeit von Systemverhalten gegen Selbstorganisation spricht.

Das Janusgesicht der Autonomie

Aus der äußerst vielschichtigen Eingebundenheit autonomer Prozesse heraus wird auch verständlich, wie vielgestaltig und komplex sich die Zusammenhänge darstellen, die das Konzept der Autonomie und ihre praktische Realisierung betreffen. Idee und Realität der Autonomie sind nämlich keineswegs eindeutig. In vielem erinnern sie sogar an die paradoxe Situation, die Gregory Bateson in seiner Doppelbindungstheorie dargestellt hat. Gleicht doch das Bemühen, jemanden autonom machen zu wollen, der an einen von außen herangetragenen Aufforderung, spontan zu sein. So reden wir zwar blauäugig immer wieder vom Wert autonomer Persönlichkeiten, tun aber in der Praxis alles, um die Entwicklung solcher Persönlichkeiten zu verhindern.

In der Tat treffen wir gerade bei der Analyse des Phänomens der Autonomie auf eine ganze Reihe von Widersprüchlichkeiten und Paradoxien.

Des einen Lösung ist des anderen Problem – und umgekehrt. Ebenso ist es verwirrend zu sehen, daß viele Anhänger einer erweiterten freiheitlichen Demokratie einer extrem deterministischen sozialwissenschaftlichen Auffassung anhängen, während andererseits viele Vertreter autoritärer Regime von Freiheit und Autonomie sprechen. Alles in allem ein ebenso widersprüchliches Bild wie die Feststellung Adam Smiths, daß unser Sinn für Gerechtigkeit, auf dem die Stabilität der sozialen Ordnung beruht, keineswegs wesensverschieden von Ressentiments und Neid ist, die ihrerseits diese Stabilität bedrohen (Dupuy).

Bei vordergründiger Betrachtung könnte schon eine grundlegende Antinomie darin gesehen werden, daß eine deterministische Sicht, wie sie die klassische Wissenschaft nahelegt, eine absolute Autonomie auszuschließen, oder in anderer Richtung ausgedrückt, daß vollkommene Autonomie eben eine Determiniertheit auszuschließen scheint. Das wäre jedoch nicht richtig. Denn Autonomie widerspricht nur einer Determiniertheit von außen, muß aber keineswegs bedeuten, daß überhaupt keine Determiniertheit vorliegt. Operational geschlossene Systeme wie das Lebewesen Mensch sind vielmehr von innen her determiniert, weshalb Maturana auch von strukturdeterminierten Systemen spricht.

So treffen wir auf zwei unterschiedliche Sichtweisen, die weitgehend unverbunden nebeneinanderstehen. Auf der einen Seite steht das subjektive Erleben von Absichten und Pflichten, von Verantwortlichkeit und wenigstens relativer Freiheit, auf der anderen Seite die wissenschaftlich begründete Überzeugung von durchgehender Bestimmtheit, wenn auch nicht durchgehender Erkennbarkeit von Zusammenhängen und des Zustandekommens von Ereignissen.

In technokratischer Sicht hat man es überall im gesellschaftlichen und politischen Leben mit bestimmten Mechanismen zu tun, die man erkennen und manipulieren kann. Auf der anderen Seite begegnet auch der überzeugteste Technokrat zumindest bisweilen „Subjekten", d.h. Mitbürgern mit persönlichen Bedürfnissen, Interessen und Problemen. Selbst der Marxismus, der vielerorts als *die* wissenschaftlich begründete politische Sichtweise gerühmt wurde, hat offenbar dieser „Fallgrube" nicht ausweichen können. Denn einerseits beinhaltet die wissenschaftliche Sicht der Geschichte für ihn deterministische Prozesse, die sich klar bestimmen lassen; andererseits klagt er „falsche" persönliche Einstellungen und Entscheidungen an, verdammt und verfolgt sie und mißt strategischen Überlegungen eine größere Bedeutung bei.

Eine weitere, sehr grundlegende Paradoxie liegt auch darin, daß Autonomie weder als Autarkie, als völlig unabhängige Selbstgenügsamkeit, noch als ein Bestreben nach Selbstbehauptung und Selbstdurchsetzung, als eine vorrangige Tendenz „de s'imposer", wie der Franzose sagt, mißverstanden werden darf. Vielmehr kann sie nur im Rahmen bestehender Wechselbeziehungen verstanden werden und bedarf also nicht nur als „logischen" Hintergrund, sondern auch zu ihrer realen Verwirklichung der Heteronomie. Diese Wechselbeziehung bedeutet einerseits das Vorhandensein des notwendigen Kontextes eines autonomen Systems, andererseits aber auch die Bereitschaft eines autonomen Systems, den anderen ebenfalls als autonomes System zu akzeptieren, sich gegenüber der Freiheit der anderen in eine Selbstverpflichtung zu nehmen. Maturana führt in diesem Zusammenhang den Begriff „Liebe" ein und versteht darunter nichts anderes als ein spontanes, wechselseitiges, dynamisches Zusammenpassen, das durch rückbezügliche Interaktion zustande kommt. In einer solchen Interaktion sind die Bewahrung der individuellen Organisation und die wechselseitige Anpassung lebender Systeme in ihrer Entwicklungsgeschichte vereint. Denn letztlich ist jedes System, das Teil eines umfassenderen Systems ist, nie vollkommen autonom, sondern nur in bezug auf bestimmte Kriterien (Probst).

Ein offenes System kann nämlich seine Autonomie nur über eine Abhängigkeit vom Außenmilieu realisieren, erhalten und ausbauen. Ja, Menschen wie Organisationen büßen ihre wahre Autonomie ein, sobald sie ihre Beziehung zur Umwelt verlieren und von äußeren Informationen abgeschnitten werden. Das Gewinnen persönlicher Identität ist zwar ein Prozeß der Selbstorganisation, der aber beim einzelnen Individuum doch nicht in völliger Isolierung zustande kommen kann. Die Entwicklung zu einer autonomen Persönlichkeit ist ohne entsprechende äußere Anreize, ohne ein geeignetes soziales Umfeld zumindest erheblich erschwert. Der einzelne kann in einer solchen Situation, nur auf sich allein gestellt, ausgesprochen überfordert sein. Das bedeutet aber auch, daß ein Individuum sich von sich aus nicht absolut setzen darf, zu freiwilliger Selbsteinbindung bereit sein muß und auch lernen sollte, auf sofortige Befriedigung irgendwelcher Triebe oder Interessen verzichten zu können. Denn dies ist eine Grundlage der Selbstachtung, die wiederum von der Achtung abhängt, die der Betreffende seitens seiner sozialen Umwelt erlebt, die ihrerseits wieder von den Gründen seiner Selbstachtung abhängt. Andererseits ist es natürlich auch in hohem Maße problematisch, wenn ein Individuum, das unter erheblichem äußerem Druck steht und starken Beeinflussungsaktionen von außen unterliegt, Autonomie entwickeln soll oder möchte, was sich aufgrund des Zusammenhangs zwischen normativer Orientierung und Identitätsbildung noch nachteiliger in einer Umwelt mit verschiedenartigen und möglicherweise sich widersprechenden Grundwertesystemen auswirken mag.

Im Gegensatz zu einer simplifizierenden Polarisierung zwischen Autonomie und Abhängigkeit, zwischen Freiheit und Bindung, sieht daher die moderne Wissenschaft beide aufeinander bezogen. Hierbei ist Freiheit nach Thielicke nicht als Willkür und Permissivität zu verstehen, sondern als die Möglichkeit, „seine letzten Bindungen selbst zu wählen und seine Wertetafeln nicht ideologisch oktroyiert zu bekommen".

Je mehr die Komplexität eines Systems zunimmt, um so größer sind die Chancen echter Autonomie, um so vielfältiger aber auch seine Abhängigkeiten. Das soll nicht heißen, daß das Maß an innerer Autonomie mit dem Maß der Abhängigkeiten ansteigt, sondern nur, daß Autonomie ohne Abhängigkeiten nicht denkbar ist.

Der Mensch steht in diesem Sinne in einer doppelten Abhängigkeit, einmal von der Natur und zum anderen von seinen Mitmenschen, von der Gesellschaft. Eingespannt in die Polarität einer Abhängigkeit von sozialen Einflüssen, die außerhalb seines Selbst liegen, droht er seine Autonomie sowohl unter der Knute der Willkürherrschaft eines Despoten als auch unter dem unbeugsamen gesellschaftlichen „Willen" des Volkes einzubüßen. Denn anzunehmen, wie Rousseau es bspw. nahelegt, jemand fühle sozusagen automatisch seine Freiheit, wenn er die Abhängigkeit von seinesgleichen abgeschüttelt habe und sich nur dem allgemeinen Willen des Gesetzes unterwerfe, ist eine Illusion. Jeder Mensch entwickelt seine eigene Autonomie in der Begegnung mit zahllosen, Abhängigkeit beinhaltenden Instanzen in seiner Umwelt, angefangen von der Familie oder Schule bis zum Arbeitsplatz und der Mitgliedschaft bspw. in einem Verein.

Das ganze Leben ist letztlich ein Geflecht unzähliger Abhängigkeiten. So kann Autonomie im Grunde immer nur relativ sein. Sie entwickelt sich in einem ständigen Spannungsverhältnis zur Abhängigkeit. So ist der Mensch im Grunde immer nur auf dem Weg zu mehr Autonomie, aber ohne jegliche Chance, jemals total autonom sein zu können. Es wird aber auch verständlich, daß jede – etwa gesellschaftlich „verordnete" – Informationseinschränkung die Bedingungen optimaler individueller Entscheidungsbildung und die Herausformung einer wirklich autonomen Persönlichkeit erschwert. Viele geschichtliche Tendenzen einer Informationskontrolle dürften hier ihren Ursprung haben.

Je ausschließlicher irgendwelche Institutionen oder Personen über tatsächliche Information verfügen, um so uneingeschränkter sind ihre Möglichkeiten der Machtausübung und Manipulation. Deshalb wohl auch der gesellschaftliche Kampf um Informationsmonopole bzw. Tendenzen zu ihrer Veränderung.

An moderne naturwissenschaftliche, insbesondere biologische Entwicklungen anknüpfende Erkenntnisse über Selbstorganisation bieten allerdings, wie gesagt, die Chance, dem Konzept der Autonomie einen neuen und fast revolutionären wissenschaftlichen Sinn zu geben. In einer solche Sicht lassen sich in der Tat zumindest einige Widersprüchlichkeiten aufheben. Denn Autonomie muß keineswegs als Gegensatz zu Gesellschaftsbezogenheit verstanden werden, genauso wie ein Individuum seine Existenz und Lebenserhaltung keineswegs zwangsläufig dem ständigen Kampf gegen seine Umwelt verdankt, sondern viel entscheidender seiner Einbettung in diese und einem fruchtbaren Wechselbeziehungsverhältnis zu wesentlichen Umweltmerkmalen (vgl. Teil B I.). Aufgabe einer auf dieser Basis neu überdachten Politik wäre damit einmal, die Handlungsautonomie von Individuen zu schützen und zu fördern, und zum anderen, Handlungsrisiken sozial zu kontrollieren. Denn nur dadurch kann eine Spaltung zwischen staatlichen Institutionen und ziviler Gesellschaft vermieden bzw. gemindert werden, die dazu führt, daß die staatlichen Maßnahmen nicht mehr in der Bevölkerung greifen und die Bevölkerung andererseits keine Einflußmöglichkeit auf Entscheidungsfunktionen des Staates hat.

In diesem komplexen Wechselwirkungsgeschehen betrachtet, darf so Autonomie also nicht nur, eingeengt, als umweltunabhängige Eigengesetzlichkeit verstanden werden, sondern beinhaltet im Sinne der engen Verflechtung von Organismus und Umwelt auch die Fähigkeit zu sinnvoll begründetem sozialen Verhalten auf dem Boden eines Systems persönlicher Überzeugungen und Werte.

Denn menschliche Individuen sind von Natur aus soziale Wesen,[9] und wenn auch in dieser Beziehung gilt, daß das Ganze in den Teilen und die Teile im Ganzen, d.h. beide grundlegend aufeinander bezogen sind, muß man auch Individuum und soziale Umwelt zusammen sehen, in einem Prozeß, in dem sich beide wechselseitig bedingen und definieren.

Innere Autonomie enthält also, in einer Form von Komplementarität, einerseits den Aspekt der Eigenständigkeit, andererseits aber auch den Aspekt des Verwiesenseins auf die mitmenschliche Umwelt und der Verbundenheit mit ihr. Schon

---

[9] Dabei soll nicht übersehen werden, daß ein soziales Handeln durchaus schon bei Tieren vorkommt und daß von nicht wenigen Forschern auch eine instinktive Grundlage menschlicher Moral angenommen wird. Danach gibt es im Gehirn „angeborene Zensoren und Motivatoren, die auch unsere ethischen Handlungen tiefgehend und für uns unbewußt beeinflussen" (Wilson; s. auch S. 317ff. sowie 418ff.).

bei Kindern zeigt sich, daß neben einem Bedürfnis nach eigenständiger Entwicklung und nach Entwicklung einer eigenen Identität ein starkes Verlangen nach Nähe, Bindung, Zugehörigkeit, Geborgenheit und Sicherheit besteht. Dem entspricht auch die Definition David Riesmans, nach der diejenigen Menschen autonom sind, die zwar einerseits zur Konformität mit den Verhaltensnormen ihrer Gesellschaft fähig sind, aber andererseits auch Alternativen sehen, so daß sie zwischen Konformität und Nicht-Konformität zu wählen imstande sind.

Selbstbestimmung und Autorität

Vielen Menschen erscheint Autonomie allerdings gar nicht einmal erstrebenswert, weil es wesentlich bequemer ist, nicht autonom zu sein oder sein zu müssen. Man braucht keine eigenen Entscheidungen zu treffen, was ja auch eine erhebliche Entlastung bedeutet, weil es erlaubt, sozusagen im Schatten zu bleiben. Dafür erhält man seine jeweilige Orientierung von dem „großen Bruder", wo immer er sitzen mag.

Darüber hinaus stellen Autoritäten eine bewährte Bestätigungsinstanz für das Selbstgefühl des Individuums dar. Der eigene subjektive Wert steigt durch die Anerkennung und das Lob einer „Autorität" ganz erheblich an.

Andererseits verschafft auch ein entsprechendes Mehrheitskollektiv bergende Einbindung, und die Mitglieder dieses Kollektivs bestätigen und bestärken sich und andere in den gewohnten Gedanken, Gefühlen und Einstellungen, bis schließlich Autoritäten und jeweilige Normen allen als etwas erscheinen, das völlig selbstverständlich ist, das immer schon da war und immer da sein wird.

Auch bestehende Normen, wo immer sie herkommen und wie immer sie beschaffen sein mögen, bedeuten so für viele Individuen in ähnlicher Weise wie „Autoritäten" – allerdings ohne mit persönlicher Machtarroganz verbunden zu sein – Stütze, Entlastung und Erleichterung. Und „Autorität" befriedigt, obwohl sie andererseits gerade heute weitverbreiteter Skepsis begegnet, ein natürliches Bedürfnis nach Schutz, Geborgenheit und gesicherter Lebensplanung.

Man kann sich auf formale Gründe zurückziehen, braucht selbst nicht Situationen und Probleme langwierig zu prüfen, genießt die kollektiv bestätigte Sicherheit des Urteils und bleibt im Schutz normativer Anonymität, die einen auch von einer persönlichen Verantwortung entbindet. Denn es ist ja für den einzelnen oft sehr schwierig, zu begründeten Entscheidungen zu gelangen, die er kompetenz- und gewissensmäßig vertreten kann. Ein gänzlich autoritätsleerer Raum wird schließlich von vielen sehr leicht als inneres Vakuum empfunden; das führt dann nicht selten dazu, daß sie auf die Suche nach irgendeiner Form von Autorität gehen, die sie dann bedingungslos anerkennen, obwohl dafür nicht der geringste sachliche Grund vorliegt.

Autorität muß im übrigen keineswegs zwangsläufig negativ sein oder mit reiner Macht gleichgesetzt werden. Sie muß auch keineswegs durchgehend persönlichkeitszerstörend wirken, sondern kann sogar unter bestimmten Bedingungen zum

Aufbau einer Persönlichkeit beitragen. Es mag bezeichnend sein, daß vor allem die Jugend ein Bedürfnis nach „glaubwürdiger Autorität" hat, nach einer Form von Autorität, der sie nicht blindlings folgen möchte, sondern die sie mit einem Vertrauen beschenken will, das einer freien Einsicht in deren Überlegenheit entstammt. Sie will keine autoritären Strukturen, sie sucht aber eine persönlich bestimmte glaubwürdige Autorität (Thielicke). Autorität in diesem Sinne kann es nur geben, wenn sie in Freiheit zuerkannt wird; sie benötigt den freien Partner, so wie die Tyrannei den Sklaven bedingt. Sehr treffend formulierte in diesem Sinne auch Bertrand Jouvenel: „Die Grenze der Autorität liegt dort, wo die freiwillige Zustimmung aufhört."

So kann Autorität bspw. auf der schlichten sachlichen Anerkennung einer überlegenen Kompetenz beruhen oder gegenüber einer Persönlichkeit empfunden werden, die man nach kritischer Prüfung von innen heraus bejaht, vielleicht sogar verehrt. „Wir sind, was wir verehren, und was wir verehren, das motiviert unser Verhalten" (Fromm). Erich Fromm unterscheidet deshalb auch in der Gegenüberstellung von Autorität und Autoritätsmißbrauch eine rationale Autorität. die das Wachstum des Menschen fördert, der sich ihr anvertraut, und eine irrationale Autorität, die sich auf Machtmittel stützt und der Ausbeutung der ihr Unterworfenen dient. In ähnlicher Weise grenzt der Theologe Paul Tillich eine funktionale von einer totalen Autorität ab.

Zur Problematik menschlicher Selbstentfaltung

Bei dem Begriff der Selbstentfaltung mag man zunächst – von Wertproblemen unbelastet – an die Theorie der „impliziten Ordnung" von David Bohm mit den ständigen Prozessen von Einfaltung und Entfaltung denken. In diesem Geschehen würde dann das, was in einen umfassenden Zusammenhang eingefaltet ist, „entfaltet" und bspw. in bestimmten Merkmalen des Verhaltens zum Ausdruck kommen.

So gesehen stellt Selbstentfaltung eine dem Menschen natürlicherweise innewohnende Tendenz dar, seine individuellen Möglichkeiten, Fähigkeiten und Talente zu verwirklichen und innerlich zu „wachsen", d.h. immer mehr das zu werden, was er im Grunde zu werden fähig und willens ist. Selbstentfaltung bedeutet so „Mensch"-Werdung im eigentlichen, umfassenden, konstruktiven Sinn, im Gegensatz zu einer engstirnigen Durchsetzung irgendwelcher isolierter individueller Wünsche und Antriebe. Eine solche Tendenz ist oft unbewußt, zeigt sich aber auch nicht selten als ganz bewußtes Streben. Sie setzt natürlich ein Bewußtwerden über sich selbst, die eigenen Ziele und Probleme sowie ein „gesundes", aber nicht übertriebenes Nachdenken über sich selbst und die Welt voraus. Dazu gründet sie auf einem guten Urteilsvermögen und der Fähigkeit zu entsprechenden Entscheidungen. Sie beinhaltet weiter eine Offenheit und Bereitschaft, sich selbst und die Umwelt zu erkunden, neue Erfahrungen zu gewinnen und Situationen zu suchen, aus denen sich eine Erweiterung des eigenen Erlebens und Verhaltens ergibt. Sie ist natürlich an eine gewisse Selbständigkeit und Spontaneität gebunden und droht sich deshalb unter Zwang jedweder Art, ob körperlich oder seelisch-geistig, ob in Form äußerer Vorschriften oder innerer Abwehrmechanismen zu verlieren.

Bei näherer Betrachtung zeigt sich nun, daß sich hinter diesem Begriff, der zunächst lediglich bedeutet, das eigene Potential oder die eigenen Fähigkeiten zu verwirklichen, ohne durch andere und anderes bestimmt zu sein, üblicherweise eine wertbelastete Problematik verbirgt. Diese hat in der Vergangenheit auch zu recht kontroversen Diskussionen geführt. In der Tat stößt man auch hier auf eine Reihe tiefergehender Widersprüche.

Selbstentfaltung und Selbstverwirklichung scheinen sich zunächst an den Interessen der anderen und der Gemeinschaft zu stoßen. So mag sich erklären, daß die („freie") Entfaltung der Persönlichkeit zwar in entsprechenden Appellen und Grundsatzerklärungen immer wieder betont wird, in der Praxis jedoch nur wenig getan wird, um eine solche Entfaltung zu fördern.[10]

Andererseits ist leicht vorstellbar, welche Schwierigkeiten entstehen müssen, wenn jeder einzelne sich in asozialer Selbstbetonung jederzeit ohne Rücksicht auf die Umwelt nur nach seinen jeweiligen Neigungen entscheidet. Hier entsteht ein ernstes Problem, indem sich in unserer modernen Welt – möglicherweise als Reaktion auf die zunehmend durch wirtschaftliche und technische Aspekte bestimmte Lebensgestaltung – geradezu eine Ideologie der Selbstverwirklichung entwickelt hat, nach der Selbstverwirklichung fast als einklagbares Recht erlebt wird. Diese Ideologie der Selbstverwirklichung geht mit der Vorstellung einher, daß der Mensch seine Individualität nur entfalten könne, wenn er ein Aufgehen in seinen verschiedenartigen sozialen Rollen vermeide und sich vor allem innerlich aus sozialen bzw. gesellschaftlichen Bindungen weitgehend löse.

Das ist aber sicher eine einseitige und damit falsche Sicht der bestehenden Zusammenhänge. Denn wenn Selbstentfaltung, wie oben gesagt, in weiter verstandenem Sinne als „Mensch"-Werdung begriffen wird, so gehört zu dieser „Mensch"-Werdung notwendigerweise der kommunikative Aspekt, der sog. Kontext, in dem und durch den der Mensch recht eigentlich erst Mensch ist und nach dem im Grunde bei fast allen Menschen auch eine zwar oft unbewußte, aber doch tiefe Sehnsucht besteht. Und nur vermöge dieser „Menschheit in uns" kann das

---

10 Selbst die Gewerkschaften als erklärte Vertreter der Arbeitnehmer – an sich schon sehr viel stärker auf die Großindustrie als auf die mittelständischen Betriebe hin orientiert – zielen, wie Schelsky vor Jahren beschrieb, „in ihrer Politik nicht auf den selbständig urteilenden, den 'mündigen' Arbeiter, sondern wie alle Herrschaftsgruppen auf den verdummten Untertanen, der von oben her lenkbarer ist"; bezeichnenderweise bestehe auch, worauf ebenfalls Schelsky hinwies, in ihren eigenen Organisationen gar keine echte Arbeitnehmervertretung. Ganz allgemein ist darüber hinaus zu fragen, inwieweit die realen Bedingungen etwa von Erziehung oder sogar von Sozialisation nicht für die Entwicklung von Autonomie kontraproduktiv sind. Denn Autonomie vermag sich sehr viel eher in einer Atmosphäre von Vertrauen und innerer Zuwendung zu entwickeln als von mehr oder weniger geschickter Manipulation und direkter Einflußnahme bis hin zu ausdrücklichem Zwang.

Gesetz, das wir uns selbst geben, zugleich ein allgemeines Gesetz sein (Theunissen). Denn sinnvoll und ethisch vertretbar ist im Grunde Selbstverwirklichung nur, wenn dieser allgemeine, selbst-übergreifende Bezug mitgegeben ist. Man kann ja durchaus die eigene Persönlichkeit wahren und gleichzeitig gegenüber der sozialen Umwelt aufgeschlossen und rücksichtsvoll sein sowie eine Solidarität gegenüber der Gemeinschaft akzeptieren. Gelingt dies nicht, droht für viele „Selbstverwirklicher" eine oft schmerzvolle Vereinsamung, und es fragt sich auch, ob eine konsequent angestrebte und realisierte Emanzipation die Menschen nicht mehr verlieren läßt, als sie vordergründig zu gewinnen scheinen. Denn alles hat seinen Preis.

Es gibt dazu ein sehr schönes orientalisches, bzw. in abgewandelter Form russisches Märchen: Ein Rabbi kommt zu Gott: „Herr ich möchte die Hölle sehen und auch den Himmel." – „Nimm Elia als Führer", spricht der Schöpfer, „er wird dir beides zeigen."

Der Prophet nimmt den Rabbi bei der Hand. Er führt ihn in einen großen Raum. Ringsum Menschen mit langen Löffeln. In der Mitte, auf einem Feuer kochend, ein Topf mit einem köstlichen Gericht. Alle schöpfen mit ihren langen Löffeln aus dem Topf. Aber die Menschen sehen mager aus, blaß, elend. Kein Wunder: Ihre Löffel sind zu lang. Sie können sie nicht zum Munde führen und damit das herrliche Essen nicht genießen.

Die beiden gehen hinaus: „Welch seltsamer Raum war das?", fragt der Rabbi den Propheten. „Die Hölle", lautet die Antwort.

Sie betreten einen zweiten Raum. Alles genau wie im ersten. Ringsum Menschen mit langen Löffeln. In der Mitte, auf einem Feuer kochend, ein Topf mit einem köstlichen Gericht. Alle schöpfen mit ihren langen Löffeln aus dem Topf. Aber – ein Unterschied zu dem ersten Raum: Die Menschen sehen gesund aus, gut ernährt, glücklich.

„Wie kommt das?" – Der Rabbi schaut genau hin. Da sieht er den Grund: Diese Menschen schieben sich die Löffel gegenseitig in den Mund. Sie geben einander zu essen. Da weiß der Rabbi, wo er ist.

Individuelle Selbstentfaltung und Selbstverwirklichung erfordern notwendigerweise, da der Mensch in einer sozialen Umwelt lebt und im Grunde ein soziales Wesen ist, ein spontanes Berücksichtigen dieser Umwelt, die Bereitschaft zu vernünftiger Abstimmung und zu Solidarität. Eine solche Selbstdisziplin und freiwillige Selbstbeschränkung steht einerseits im Gegensatz zu eigener Disziplinlosigkeit und zum anderen im Gegensatz zu von außen oktroyierter Disziplin. Reine Selbstverwirklichung führt in Isolierung und Einsamkeit. „Mit sich selbst beginnen, aber nicht bei sich selbst enden, bei sich selbst anfangen, aber nicht sich selbst zum – alleinigen – Ziel haben", rät daher auch Martin Buber.

Eine bedingungslose Suche nach Lust oder Machthunger, nach Verwirklichung von Egoismus oder Habgier, wie sie, oft ungewollt, durch manche Strömungen nahegelegt wird, muß im übrigen durchaus nicht zu dem führen, was die eigentliche Sehnsucht der meisten Menschen ist: zu innerem Glück, zu Harmonie und Frieden. Oft stürzt sie den so erwartungsvoll diesen Weg beschreitenden Menschen in eine tiefe innere Verunsicherung, in eine Sinnkrise, eine existentielle Leere und eine Fülle konkreter Frustrationen. Es ist sogar so, daß ein absolutes Anstreben von Selbstverwirklichung gerade zum Scheitern dieses Bemühens führt. Denn echte Selbstverwirklichung gelingt nur in dem Maße, in dem der Mensch einen Sinn außerhalb seiner selbst findet.

Umgekehrt ist es natürlich auch so, daß eine Tendenz zu vorrangiger Selbstverwirklichung, zu Ungebundenheit, zu einer skrupellosen Selbstdurchsetzung und bedenkenlosen Realisierung eigener Wünsche und Antriebe durch einen in unserer Gesellschaft – und nicht nur hier – immer deutlicher gewordenen Geltungsverlust normativer Verbindlichkeiten sowie den Verlust traditioneller Sicherheiten und Bindungen gefördert wird. Ferner mögen an dieser Entwicklung u.a. der allgemeine Wohlstand mit ausdrücklicher Konsumorientierung, die für Individuen und Gruppen unserer Gesellschaft übliche einseitige und egoistische Betonung eigener Erwartungen und Rechte (ohne dabei an die Rechte anderer zu denken) sowie gewisse, durch die Art der Propagierung des Leitbegriffes der Selbstverwirklichung bewirkte Mißverständnisse mitbeteiligt sein.

Individuelle Entfaltung kann keineswegs notwendigerweise und auch keineswegs ausschließlich schrankenlosen Egoismus, bedenkenlose Selbstdurchsetzung und ungehemmte Lustsuche bedeuten. Sie ist nicht gleichbedeutend mit der bedingungslosen Behauptung und Ausdehnung eines individuellen „Ich" gegenüber der Außenwelt. Auch aus der Biologie lernen wir, daß das Individuum keineswegs auf rücksichtslose Durchsetzung seiner Bedürfnisse gegenüber der Umwelt programmiert ist, sondern in erster Linie auf das Überleben des einzelnen wie der Art. Wer sich selbst gegenüber der Umwelt behauptet, muß sich auch keineswegs unbedingt ständig in den Vordergrund spielen und rücksichtslos durchsetzen wollen. Er kann durchaus die Rechte anderer verstehen, akzeptieren und respektieren und ggfs., indem er aus einem Akzeptieren seiner selbst seinem Wesen treu bleibt, einfach schlicht zu seinen sachlich begründeten Überzeugungen stehen. Denn es ist letztlich entscheidend, offen für die Andersartigkeit des anderen zu sein und mitmenschliche Beziehungen von Machteinflüssen freizuhalten.

„Freiheit" wäre falsch verstanden, wollte man sie kurz und bündig als das Recht ansehen, sich in jeder Beziehung auszuleben. Sie ist vielmehr, wie Karl Carstens einmal betonte, unauflöslich verbunden mit Pflicht, Verantwortung und Solidarität und kann letztlich immer nur vor dem Hintergrund einer inneren Bindung konstruktiv sein (Jonas). Auch „Freiheit" kann nur darin bestehen, das tun zu können, was man wollen darf, und nicht gezwungen zu sein, zu tun, was man nicht wollen darf, schrieb schon Montesquieu in seinem Werk „De l'esprit des lois". „Die Freiheit eines Mannes, seine Fäuste zu bewegen, ist begrenzt durch die Nase seines Nachbarn", formulierte Sir Karl Popper in plastischer Weise. Insofern kann aus heutiger Sicht vermutet werden, daß „freie" Selbstentfaltung mit zunehmender Bevölkerungsdichte auf größere Schwierigkeiten treffen wird. Und man rechnet immerhin von vielen Seiten mittlerweile mit einer Verdoppelung der Weltbevölkerung in etwa 30 bis 35 Jahren. Die Vorstellung eines isolierten

„Ich" ist im übrigen ohnehin eine Illusion. Jeder einzelne Mensch ist, sozusagen in Personalunion, sowohl er selbst als auch jeweils Umwelt für alle anderen.

Freiheit ist – in Kenntnis und Berücksichtigung der freiwillig anerkannten Grenzen – in erster Linie innere Entfaltung, eine Intensivierung des im positiven Sinne verstandenen „Menschlichen" in einem selbst. Sie beinhaltet im übrigen auch immer ein gewisses – und mitunter nicht geringes – Ausmaß an Unsicherheit. Andererseits würde absolute Sicherheit einen zwangsläufigen Verlust an Freiheit bedeuten.

Es ist im Grunde bezeichnend, daß auch im menschlichen Gehirn nicht nur Erregungs-, sondern auch Hemmungsprozesse ablaufen. Ein Gehirn, das so strukturiert ist, wie es ist, und nach dem Prinzip komplementärer Funktionen arbeitet, dürfte deshalb zwangsläufig auch die Fähigkeit zu spontanem selbstbeschränkenden Verhalten hervorbringen. Deshalb kann man erwarten, daß in eine umfassend verstandene Selbstentfaltung natürlicherweise auch Tendenzen der Selbstregulation, Selbstdisziplinierung, Selbstbeschränkung und Selbstbescheidung einfließen, die selbstverständlich durch soziokulturelle Einflüsse verstärkt und geschwächt werden können. Der Begriff der Anpassung beinhaltet ja geradezu unter Verzicht auf egoistisch-rücksichtslose Durchsetzung die freiwillige Möglichkeit zur Selbstbeschränkung. Es ist sicher kein Zufall, daß alle klassischen Religionen die Tugend der Selbstbeherrschung predigten; denn ohne sie läuft der Mensch Gefahr, sich selbst zu zerstören. Gerade die Bescheidung oder, mit einem heute eher ungebräuchlichen Wort bezeichnet, die Demut, stellt eine Haltung dar, die gegenüber dem Stolz in besonderer Weise zum Erlernen neuer Dinge und Zusammenhänge befähigt, die die Kanäle für neue Information von außen erweitert und auch die Grundvoraussetzungen für innere Neuordnung fördert.

Es ist auch gar nicht so, daß Selbstbescheidung – gegenüber der Selbstdurchsetzung – immer nur Nachteile für den Betreffenden mit sich bringen würde. In vielen Situationen kommen wir, wie es feste Überzeugung in zahlreichen Kulturen ist, mit Problemen besser zurecht, wenn wir uns darauf konzentrieren, wie wir mit ihnen leben können, als wenn wir sie jedesmal mit entschlossener Aktivität, sozusagen gar mit einem Schlag, zu lösen versuchen.

Außerdem ist der Mensch von Natur aus ein soziales Wesen und hat daher ein natürliches Bedürfnis, sich einer sozialen Ordnung gemäß zu verhalten. So erklärt sich auch die tiefe Zufriedenheit vieler Menschen, in sozialer Einbettung, Anerkennung und Zuneigung zu leben. Zu den einer egoistisch-hemmungslosen Selbstentfaltung entgegenwirkenden Tendenzen gehört für ein auf Zusammenleben mit Artgenossen angelegtes Lebewesen auch ein aktives Bemühen um Anpassung, um eine selbstbegrenzende soziale Integration, um eine sinnvolle Einbindung, um Solidarität mit der Gemeinschaft. Zudem erfordert Selbstbestimmung auch eigenes Nachdenken, Überlegen, Beurteilen und Bewerten, und zu den Eigenschaften des Menschen zählt zweifellos auch, geben, teilen, helfen, ja sogar opfern zu wollen.

Zu einem umfassenden Verständnis ist daher eine differenziertere Betrachtung erforderlich. Auch bei der Selbstentfaltung spielen Wechselwirkungsprozesse in unterschiedlicher Richtung zusammen und lassen engere, einseitige Argumentationen von zweifelhaftem Wert erscheinen. Der Mensch ist, so wie sich schon im Tierreich soziale und altruistische Tendenzen finden, von Natur aus nicht nur egoistisch, sondern auch altruistisch angelegt; das tritt allerdings sehr viel stärker in kleineren überschaubaren sozialen Gruppen zutage. Weil er von sich aus Gemeinschaft, Freunde, soziale Kontakte, Bindungen und Anerkennung braucht, würde er, in einem weiteren Sinne gesehen, gegen seinen eigenen Egoismus handeln und an Chancen einer optimalen Selbstentfaltung vorbeigehen, wenn er unsozial wäre. Und in dem Maße, in dem selbstorganisierende Prozesse der Umwelt bedürfen, beinhaltet Selbstentfaltung eben auch eine innere Verarbeitung der natürlichen und sozialen Außenbedingungen einschließlich sogar entsprechender Zwänge, soweit diese mit dem inneren Überzeugungssystem in Einklang stehen.

Individuelle Entfaltung kann also, aber muß nicht notwendigerweise hemmungslose Selbstdurchsetzung zu Lasten anderer bedeuten. Sie kann auch inhaltlich sehr viel stärker die soziale Umwelt einbeziehen. Genauso kann die soziale Umwelt Selbstentfaltung des Individuums fördern oder einschränken. Wer sich selbst – auch aufgrund positiver gesellschaftlicher Bedingungen – innerlich akzeptieren kann, hat auch ein ausgeprägtes Bedürfnis, ein konstruktives, sozial orientiertes Leben zu führen. Wer dagegen durch die Gesellschaft oder durch andere an einer natürlichen Selbstverwirklichung gehindert wird, entwickelt sehr leicht sozial negative, d.h. antisoziale Tendenzen. In unaufhörlichem Kampf mit sich selbst wie unter dauernder „Vergewaltigung" durch die soziale Umwelt verzehren sich innerer Reichtum und Würde des Menschen, und man verhärtet sich immer mehr.

Das läßt erkennen, daß Ausmaß und Art der Selbstentfaltung sehr stark mit dem sog. „Selbst-System" zusammenhängen, wobei das „Selbst", wie wir schon sahen, als wesentliches Ergebnis eines selbstorganisierenden lebenden Systems zu verstehen ist. In gewissem Sinne ist es der besondere Lebensstil, den wir erworben haben, der uns das subjektive Gefühl persönlicher Autonomie gibt. Für manche Menschen ist allerdings – in Abhängigkeit von vorherrschenden kulturellen Tendenzen – das Selbstgefühl in erster Linie eine Funktion ihres Besitzes, ihres Reichtums, ihrer Position bzw. dessen, was die Gesellschaft an äußeren Werten anbietet.

Der Mensch verhält sich nun praktisch meist so, als ob seine Selbstsysteme feste Gebilde seien, die es zu bewahren und zu verteidigen gelte. Anstatt das Selbstsystem veränderten Gegebenheiten anzupassen, entwickelt er zur Stützung des Selbstsystems Entschuldigungs-- und Rechtfertigungsargumentationen vor anderen und vor sich selbst; oder er erhebt Anschuldigungen gegen die Umwelt. Anstatt einen möglichen Fehler bei sich selbst zu suchen, heißt es dann: „Die Leute hier in der Gegend sind nichts wert", „Die Menschen hier sind unfreundlich", „Der Lehrer ist ein Ekel", „Die Klasse ist schlecht", „Ich hatte einen schlechten Tag", „Das war nicht mein wahres Ich, denn ich litt sehr stark unter Kopfschmerzen" usw. Dadurch bewahrt man sein Selbstkonzept und die Integrität seines Selbstsystems, ohne das Gesicht zu verlieren. Gerät der Mensch jedoch in ernste Lebenskrisen, kann eine Änderung des Selbstsystems unumgänglich werden. In jedem Falle verhindert aber eine ausgeprägte Rigidität, daß sich manche, an sich durch bestimmte Situationen geforderte Persönlichkeitszüge entfalten können und der betreffende Mensch in der Lage ist, aus seiner tatsächlichen Ganzheitlichkeit heraus zu leben.

Im erweiteren Sinne dient oft auch die Krankheit eines Familienmitgliedes der ganzen Familie als Rechtfertigung und Entschuldigung dafür, bestimmte Verantwortungen nicht zu übernehmen und den Erwartungen nicht zu entsprechen, die eine Gemeinschaft an sie stellt. In ganz ähnlicher Weise nämlich wie bei Individuen gibt es auch bei sozialen Gebilden Selbstsysteme mit Erwartungen und Verantwortlichkeiten. Bestimmte ethische Grundsätze regeln jeweils die Beziehungen zu den Selbstsystemen der einzelnen Mitglieder. Diese übernehmen wesentliche Aspekte des sozialen Selbstsystems, die oft an eine verdinglichte Abstraktion wie Gott oder Vaterland geknüpft sind, in ihr individuelles Selbstsystem. Auch im sozialen Bereich treten ähnliche Mechanismen wie im individuellen Bereich auf, um das soziale Selbstsystem zu schützen und zu verteidigen. Auf Übertretungen reagiert die Gemeinschaft mit Schuldvorwürfen und Strafen. Verzichtet man, wie in der Neuzeit unter Zurücktreten des Schuld- und Verantwortlichkeitsaspektes verschiedentlich vorgeschlagen wurde, auf Strafen und betrachtet Gesetze lediglich als Instrumente zum Schutz des sozialen Selbstsystems, erscheint aber der individuelle Übertreter durchaus immer noch als ein für die Gemeinschaft gefährliches Wesen. Verhärten sich jedoch die Selbstsysteme mit zunehmender Dauer ihres Bestehens, wird neue und unerwünschte Information ausgefiltert. Das führt dann unvermeidlich zu Stagnation.

„Individuelle Entfaltung" kann auch – je nach den Bedingungen einer umfassenden Systemeinbettung – eine sehr unterschiedliche individuelle und kollektive Bedeutung haben, z.B. in einer Gesellschaft, in der Egoismus und Durchsetzung beherrschend sind, und in einer Gesellschaft, die durch das Bestreben nach Anpassung und soziale Solidarität gekennzeichnet ist. Gleiches Verhalten, wie bspw. Rücksichtnahme auf andere, kann im einen System aus Angst vor Sanktionen oder unausweichlicher sozialer Ächtung zustande kommen, im anderen System aus Freude an spontaner Wechselseitigkeit. Außerdem hängt die Auswirkung von Selbstentfaltung und Selbstbestimmung auf andere ganz entscheidend davon ab, ob sie mit Vernunft, Bereitschaft zum Dialog, Achtung des anderen, Anpassungsbereitschaft und Solidarität einhergeht. In welcher Richtung sich Selbstentfaltung und Selbstbestimmung inhaltlich entwickeln, darüber bestimmen also, wie bereits häufiger betont, sehr viel stärker die gesamten Systembedingungen, in denen Menschen leben.

In dem ständigen dynamischen Wechselwirkungszusammenhang zwischen Individuen und Gemeinschaft kann diese wiederum auch von stärkerer Selbstentfaltung der Individuen profitieren. Denn bei Rückgriff auf systemeigene Kräfte und Tendenzen, die in dem Verhalten von Individuen zutage treten, ist erstens weniger Aufwand von außen, von dem abstrakten Gebilde „Gesellschaft" her erforderlich, und zum zweiten sind die aus Selbstorganisationsprozessen resultierenden Änderungen wesentlich dauerhafter. Außerdem lassen sich viele Probleme auf diesem Wege zu größerer Zufriedenheit aller Beteiligten lösen als durch ständige Anordnungen und Kontrollen. Deshalb kann es nur sinnvoll sein, auf diese systemeigenen individuellen Kräfte zu setzen. Das erspart erhebliche und oft vergebliche Mühen mit zusätzlichen Maßnahmen und vermeidet die mit zunehmendem Erlahmen der Eigenkräfte verbundene ständige Steigerung des von außen her erforderlichen Aufwandes.

Auf der anderen Seite können die positiven Möglichkeiten individueller Selbstorganisation durch zunehmende Eingriffe von außen geschwächt werden. So wies schon der 1805 geborene französische Historiker und Staatsmann Alexis Clérel de Tocqueville, der sich in besonderer Weise mit dem Problem beschäftigte, wie die individuelle Freiheit in einer nivellierten Massendemokratie bewahrt werden kann, nachdrücklich auf die Tatsache hin, daß jedes Individuum der notwendigerweise primäre und maßgeblichste Sachverwalter seiner Interessen sei. Deshalb dürfe die Gesellschaft ihre Sorge für die Individuen nicht zu weit treiben, weil sonst zu befürchten stehe, daß sich diese ausschließlich auf die Gesellschaft, bzw. den Staat verließen. Durch eine solche Funktionsübernahme seien aber Gesellschaft und Staat eindeutig überfordert, und ihre Unfähigkeit, diese Aufgabe tatsächlich zu erfüllen, führe zwangsläufig zu Enttäuschung, Ressentiments und Feindseligkeit.

Hier stellen sich natürlich entscheidende Fragen: Unter welchen gesellschaftlichen Bedingungen ist eine optimale Eigenentfaltung möglich, und wie kann sie gegebenenfalls gefördert werden? Ist die Tatsache, daß die technische Entwicklung praktisch keine Selbstbegrenzung zu kennen scheint und damit ihre für den Menschen schädlichen Tendenzen nicht aus sich selbst heraus auszugleichen vermag, nicht eine ganz entscheidende Belastung für den in einer technischen Umwelt lebenden Menschen und sein Bemühen um eine optimale, d.h. auch Beschränkung und Bescheidung anerkennende Selbstentfaltung? Ist bspw. persönliche Entfaltung überhaupt durch organisierte Bildungsveranstaltungen, durch institutionelle Maßnahmen zu erreichen? Würde das nicht letztlich wieder der Situation gleichen, wenn einer von dem anderen mit Nachdruck und unter entsprechenden Drohungen fordert, spontan zu sein? Benötigt Selbstentfaltung überhaupt eine ausdrückliche Stützung von außen, etwa in Form einer intensiven individuellen Zuwendung? Oder genügen entsprechende Vorbilder? Ist es vielleicht sogar am besten, den einzelnen Menschen ganz in Ruhe zu lassen und nur, wenn er es ausdrücklich wünscht, für ihn da zu sein? Ist es ausreichend, sich selbst schlicht so zu verhalten, wie man möchte, daß es der andere tut? Genügt es in unserer Welt, wenn sich Eltern, wie Jean Liedloff es von Indianern beschreibt, ohne direkte Einflußnahme so verhalten, daß das Kind unmittelbar spürt, welches Verhalten in einer bestimmten Situation geradezu selbstverständlich ist?

Sie schildert bspw., daß ein Indio-Kind nie auf den Gedanken kommen würde, sich auf einem Waldweg von seinen Eltern zu entfernen. Denn diese blickten nicht um sich, wo das Kind sei und ob es folge. Sie gingen lediglich so langsam, daß das Kind mitkommen könne. Da das Kind dies wisse, rufe es laut, wenn es nicht mitkomme. Wenn es einmal falle und von allein wieder aufstehen könne, hole es den Zeitverlust durch kurzes Laufen wieder auf und rufe meist nicht einmal nach den Eltern.

Indio-Eltern interessieren sich wohl sehr dafür, was ein Kind tut, haben aber keine Neigung, es irgendwie zu beeinflussen, geschweige denn zu etwas zu zwingen. Sie haben auch weder ein Besitzgefühl noch einen Besitzanspruch gegenüber den eigenen Kindern, und kennzeichnenderweise gibt es bei ihnen die Vorstellung und sprachliche Formulierung „mein Kind", „dein Kind" ebenso wenig wie Vorstellungen über Pflicht und Dankbarkeit von Kindern.

Ganz allgemein gehen solche Kulturen wie die der Indios sehr viel stärker als wir im Abendland davon aus, daß jeder, auch das Kind, sein eigener Herr ist und seiner eigenen Zeit folgt, so wie es im Zen-Buddhismus heißt: „Wenn der Schüler bereit ist, erscheint der Lehrer." Auch die Folgen kindlichen Verhaltens werden schlicht als ein Teil des kindlichen Schicksals betrachtet. Kinder werden so behandelt, wie sie sind, und man versucht nicht, sie in irgendeine bestimmte Richtung zu pressen. Wenn ein Kind wegläuft, wird es weder gerufen, noch geschimpft oder bestraft. Es wird schlicht zurückgeholt. Sein Selbstverständnis und sein Selbstwertgefühl gedeihen unabhängig von elterlicher Anerkennung und Rüge, aus einer schlichten, selbstverständlichen bergenden Zuwendung.

Dazu paßt wohl auch das Wissen dieser Kulturen, daß der beste Weg, andere Menschen kennenzulernen, darin besteht, sie anzusehen und ihnen zuzuhören, ohne durch gezielte Fragen die spontane Situation zu verändern, also mit anderen Worten ausgedrückt: zu schauen und zu lauschen.

Der Entwicklungsweg zu einer autonom-altruistischen Persönlichkeit

Für praktische Konsequenzen aus den gewonnenen Erkenntnissen ist zunächst eine Tatsache interessant und wichtig: Nach vielen Untersuchungsergebnissen kann kein Zweifel bestehen, daß Verhaltensweisen, die auf eigener Entscheidung beruhen, bezogen auf jeweils konkrete Situationen, wesentlich flexibler und damit angepaßter sein können als von außen erzwungenes Verhalten. Darüber hinaus haben sie eine wesentlich höhere Wahrscheinlichkeit, als solche auch durchgehalten zu werden. Menschen ändern ihre Gewohnheiten leichter, wenn man ihnen alle für sie wichtigen Fakten vorlegt und sie für sich selbst entscheiden läßt, als wenn man sie einseitig beeinflussen will. Und sie stehen auch stärker zu den Entscheidungen, die sie selbst einmal getroffen haben.

Das kommt in dem Begriff der „altruistischen Autonomie" zum Ausdruck, die nach derzeitigem wissenschaftlichem Erkenntnisstand die höchste Ebene moralischer Entwicklung eines Menschen darstellt. Sie wird einerseits – bei überwiegendem Einfluß Erwachsener – in Richtung zunehmender Verinnerlichung sozialisierender[11] Einflüsse über die Stufen einer autoritären Einstellung und der Ein-

---

11 Unter Sozialisation bzw. Sozialisierung versteht man im allgemeinen die Anpassung eines Individuums in seinem Denken, Sprechen und Handeln an das Wert- und Normensystem

Autonomie, Autorität und Selbstentfaltung 225

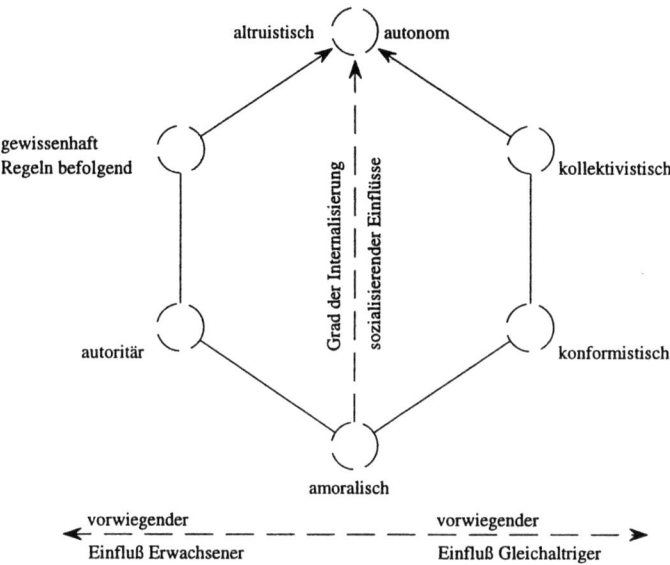

Abbildung 11: *Schema der „moralischen" Entwicklung mit den Polen des a-moralischen und des autonom-altruistischen Menschen (nach Derek Wright)*

stellung gewissenhafter Regelbefolgung, andererseits – bei stärkerem Einfluß Gleichaltriger – über eine konformistische und kollektivistische Ebene erreicht (Wright).

Abb. 11 zeigt in vertikaler Erstreckung das Ausmaß der Verinnerlichung sozialisierender Einflüsse und in horizontaler Erstreckung den vorrangigen Einfluß entweder von seiten Erwachsener (Eltern) oder gleichaltriger Personen (peer group).

Am unteren Pol, an dem keine nennenswerten sozialisierenden Einflüsse stattgefunden haben, steht der a-moralische Charakter, bei dem sich weder ein besonderer Widerstand gegen Versuchung noch Schuldgefühle, weder Respekt für moralische Regeln, noch Rücksichtnahme auf andere entwickelt haben. Ein solcher Mensch handelt, da er innere Bindungen nicht kennt, bestenfalls altruistisch, um sich bestimmte eigene Vorteile zu sichern, denkt aber gewöhnlich nur in ausdrücklich egoistisch-egozentrischer Weise an seine persönlichen Interessen und bringt auch nur das zum Ausdruck, was in seinem Interesse liegt.

Überwiegt in der Sozialisation der Einfluß erwachsener Personen, also vorwiegend der Eltern, und ist dieser Einfluß in stärkerer Weise einschränkend und überwachend, dann entwickeln sich bevorzugt autoritär denkende Menschen. Sie unterwerfen sich in erster Linie Normen, die durch Autorität und Tradition sanktioniert sind, und folgen dabei mehr den Buchstaben als dem Geist der Normen.

---

der Gesellschaft oder bestimmter sozialer Gruppen, in der oder in denen dieses Individuum lebt (vgl. nähere Ausführungen zu diesem Thema S. 394).

Ihre innere Kontrolle ist relativ schwach, Status und Macht spielen für sie sowohl in ihrem Selbstbild als auch hinsichtlich der Anerkennung anderer eine wesentliche Rolle. Ihr Denken ist ziemlich starr, und ihre Überzeugungen sind in einer mehr anti-intellektuellen Grundhaltung absolut. Autorität wird idealisiert, und die Bewahrung hierarchischer Strukturen ist ihnen ein wichtiges Anliegen.

Bei stärkerer Verinnerlichung von Normen entwickeln sich zunehmend stabilere Überzeugungen und eine stärkere Innenlenkung des Verhaltens ohne direkte Abhängigkeit von Autorität. Die eigentliche Autorität ist für solche Menschen, die man als gewissenhafte Regelbefolger bezeichnen könnte, das Normensystem selbst. Regeln werden unabhängig von persönlicher Autorität als bindend erlebt und peinlich befolgt.

Solche Menschen, die ein starkes Gewissen, intensive und langanhaltende Schuldgefühle entwickeln und zu neurotischen Reaktionen neigen, wenden ihre Prinzipien skrupelhaft, genau, unparteilich und unabhängig von Status und Macht an. Der moralische Aspekt spielt für sie, auch wenn sie noch keine souveräne Eigenständigkeit entwickelt haben, eine wesentliche Rolle.

Wächst ein junger Mensch vorwiegend unter dem Einfluß Gleichaltriger auf, bleibt er auch später sehr viel stärker gruppenbezogen. Es gibt für ihn keine eigentlich inhaltliche Bestimmtheit seiner Moral; er übernimmt seine moralischen Inhalte von der Gruppe, in der er lebt. Wechselt er die Gruppe, wechselt auch seine Moral. Schuld spielt für ihn gegenüber Schamgefühl eine geringere Rolle. Als typischer Konformist hat er im Grunde keine Möglichkeit zu individueller Freundschaft; das Schlimmste für ihn ist die Zurückweisung durch die Gruppe. Bei noch stärkerer Verinnerlichung von Normen entwickelt sich aus dem Konformisten ein sog. Kollektivist. Er identifiziert sich weniger mit der Gruppe als einer bestimmten Mehrheit, sondern mehr mit einer gemeinsamen, als absolut erlebten Ideologie. Dabei leidet natürlich, aus einer Gleichgültigkeit gegenüber dem Schicksal einzelner heraus, das eigentlich Zwischenmenschliche.

Auf oberster Ebene der Normenverinnerlichung steht der altruistisch-autonome Charakter, der weder einseitig unter Erwachsenen- noch einseitig unter Gleichaltrigen-Einfluß aufwuchs. Er ist sozusagen der moralisch reifste Typ. Er wählt selbst aufgrund innerer Entscheidung seine Normen, zu denen er auch steht, die er aber mit zunehmender Erfahrung immer weiter differenziert und anpaßt. Obwohl er feste Prinzipien hat, ist er doch sensibel und flexibel, ja sogar originell und schöpferisch. Für ihn ist weniger der Buchstabe einer Regel als vielmehr deren Geist bestimmend. Dadurch ist er auch wesentlich problemsichtiger als die bisher besprochenen Typen. Vor allem ist bei ihm auch eine weitgehende Übereinstimmung zwischen theoretischer Überzeugung und praktischem Verhalten festzustellen.

Autonomie in diesem Sinne setzt demnach voraus, die Bedingtheit des eigenen Verhaltens einzusehen, Verhaltensalternativen entwickeln zu können, aber auch bereit zu sein, die jeweils gültigen Werthierarchien kritisch zu prüfen. Sie wird, auch wenn sie das Ergebnis eines „Gesetzes" darstellt, das man sich selbst gibt und mit dem das eigene „Selbst" entscheidend bestimmt wird, auf einem langen

Wege erworben und enthält damit zwangsläufig auch immer Anteile von Abhängigkeit.

Wenn also Autonomie und selbstbestimmtes Handeln im Prinzip als im weitesten Sinne lernbar erscheinen, so muß man sich doch darüber im klaren sein, daß dies, je nach den bestehenden allgemeinen Lebensbedingungen in einer Gesellschaft, ein äußerst schwieriger und langwieriger Prozeß ist. Dieser Prozeß birgt zudem die Gefahr, daß zunehmende Selbstbestimmung mit allen dadurch gewonnenen Möglichkeiten je nach der bestehenden Gesamtstruktur auch die Wirkung einer entbergenden Vereinzelung haben kann. Er bedarf daher von allen Seiten großer Geduld.

Schon Jean Piaget hatte bekanntlich im Rahmen seiner entwicklungspsychologischen Untersuchungen bestimmte Stadien der sozialen Beziehungen mit einer zeitlichen Reihenfolge von sich ändernden Einstellungen gegenüber den Moralregeln herausgearbeitet.[12] Eine seiner Schlußfolgerungen in dieser Beziehung lautete, daß Menschen durch die Erfahrung wirklicher sozialer Beziehungen eine durch Intelligenz und Kompetenz begründete Achtung vor dem Gesetz entwickeln, die mit einer Weiterentwicklung des moralischen Urteilens einhergeht. Er unterschied seinerzeit das egozentrische Stadium, das autoritäre Stadium sowie die Stadien der Wechselseitigkeit und der Gerechtigkeit. Es zeigte sich jedoch in der Folgezeit, daß moralisches Urteilen und dessen Entwicklung komplexer ist, als Piaget zunächst angenommen hatte.

In diesem Rahmen möchte ich noch auf einen weiteren vieldiskutierten Ansatz zur ontogenetischen Entwicklung des moralischen Urteilens eingehen. Er wurde von Lawrence Kohlberg entwickelt. Dieser Ansatz hat in der Diskussion zur moralischen Erziehung in den letzten Jahren eine große Bedeutung erlangt.

Danach verläuft die moralische Entwicklung des Kindes und Jugendlichen in einer Stufenfolge. Sie besteht zunächst aus drei Ebenen, die gewisse Ähnlichkeit mit der kulturgeschichtlichen Einteilung in eine vorkonventionelle Epoche der Gegenseitigkeitsmoral, eine konventionelle Epoche der institutionalisierten Normen und eine nachkonventionelle Epoche der rationalen Kritik und Abwägung aufweisen. Als eigentlicher Begründer dieser letzten Epoche gilt bekanntlich Immanuel Kant mit seinem Vernunftprinzip des Gewissens. Mit seinem Kategorischen Imperativ „Handle nur nach derjenigen Maxime, von der du zugleich wollen kannst, daß sie ein allgemeines Gesetz werde", hat er den Schritt von der konventionellen Gebotsethik zur Ethik des autonomen Gewissens vollzogen. In diesem Sinne wird das denkende Ich als „die Instanz" verstanden, „vor der die sittliche Vernunft sich verantwortlich weiß" (Picht).

Die von Kohlberg herausgearbeiteten Ebenen sind wiederum in jeweils zwei Stufen unterteilt. Diese Stufen können als qualitativ unterschiedliche Arten des Denkens über Gerechtigkeit verstanden werden. Um zu ermitteln, auf welcher

---

12 Auch andere Forscher kamen zu einer ähnlichen Gliederung, so etwa Peck und Havighurst 1960, die fünf sog. Charaktertypen herausstellten. Diese wurden als moralisch indifferent und zielgerichtet, sich anpassend, als irrational-gewissenhaft und rational-altruistisch bezeichnet.

Stufe der moralischen Entwicklung jemand steht, legte Kohlberg seinen Versuchspersonen Schilderungen sog. Dilemma-Situationen und einige darauf bezogene Fragen vor.[13] Eine sehr bekannte von Kohlberg verwendete Dilemma-Situation war bspw.: „Eine Frau war unheilbar an Krebs erkrankt. Es gab nur ein einziges Medikament, von dem die Ärzte vermuteten, daß es sie retten könne, und zwar handelte es sich um eine Radium-Verbindung, die ein Apotheker vor kurzem entdeckt hatte. Das Medikament war schon in der Herstellung sehr teuer, aber der Apotheker verlangte trotzdem noch das Zehnfache dessen, was ihn die Herstellung selbst kostete. Er zahlte DM 2.000,– für das Radium und verlangte DM 20.000,– für das Medikament. Heinz, der Mann der kranken Frau, versuchte, sich das Geld zusammenzuborgen, bekam aber nur die Hälfte des Preises zusammen. Er machte dem Apotheker klar, daß seine Frau im Sterben liege, und bat ihn, das Medikament billiger abzugeben oder ihn den Rest später bezahlen zu lassen. Der Apotheker sagte jedoch: »Nein! Ich habe das Medikament entdeckt. Ich will damit Geld verdienen!« In seiner Verzweiflung brach Heinz in die Apotheke ein und stahl das Medikament für seine Frau."

Die Versuchspersonen wurden zu dieser und ähnlichen Dilemma-Situationen interviewt. Sie mußten sich für eine Handlungsweise entscheiden, ihre Wahl begründen und argumentativ vertreten. Dabei kommt es in erster Linie auf die Struktur des Entscheidungsprozesses und weniger auf den Inhalt der Aussage an. Die Argumentationsweise, d.h. die Art, wie jemand seine Wahl begründet, ist auf jeder Stufe anders.

Die Stufen unterscheiden sich im einzelnen wie folgt:

Auf der präkonventionellen Ebene ist die I. Stufe an Bestrafung und Gehorsam orientiert. Entscheidend sind die materiellen Folgen für die Einschätzung einer Handlung als gut oder böse. Eine Handlung ist richtig, weil sie belohnt wurde; sie ist falsch, weil sie bestraft wurde.

Auf der II. Stufe kommt es zu einer instrumentell-relativistischen Orientierung. Eine gute Handlung zeichnet sich jetzt dadurch aus, daß sie die eigenen Bedürfnisse – mitunter auch die der anderen – befriedigt. Zwischenmenschliche Beziehungen erscheinen als Marktbeziehungen. Gerechtigkeit besteht in erster Linie nach dem Motto „wie du mir, so ich dir" oder „eine Hand wäscht die andere" in einem Austausch von Gefälligkeiten und Vorteilen.

Die sog. konventionelle Ebene hat wiederum zwei Stufen. Auf der III. Stufe besteht eine Orientierung an der Zustimmung anderer Personen, eine Orientierung daran, daß man für gut und nett gehalten wird. Richtiges Verhalten ist, was anderen gefällt und ihre Zustimmung findet. Moralisch gut ist, sich um die Meinung anderer zu kümmern und ihren Erwartungen gerecht zu werden.

Auf der IV. Stufe erfolgt eine Orientierung an Recht und Ordnung. Richtiges

---

13 Dilemma-Situationen sind Konflikt-Situationen, in denen sich ein Individuum zwischen Handlungsweisen entscheiden muß, die – zumindest teilweise – mit anerkannten Normen in Konflikt stehen.

Verhalten heißt, seine Pflicht zu tun, Autorität und festgelegte Regeln zu respektieren und für die gegebene soziale Ordnung um ihrer selbst willen einzutreten.

An diese beiden Ebenen schließt sich mit ebenfalls wieder zwei Stufen die sog. postkonventionelle Ebene an. Auf Stufe V. wird erkannt, daß alle Regeln und Gesetze sich aus der Gerechtigkeit ergeben und von einem Sozialvertrag zwischen den Regierenden und den Regierten herrühren. Er wurde entworfen, um die gleichen Rechte aller zu schützen. Moralisch gut ist, die Grundrechte und die grundsätzlichen Werte einer Gesellschaft zu unterstützen, auch wenn sie mit konkreten Regeln und Gesetzen eines gesellschaftlichen Subsystems in Konflikt geraten.

Auf der letzten und höchsten Stufe (VI) findet eine Orientierung an allgemeingültigen ethischen Prinzipien statt: Das Recht wird definiert durch eine bewußte Entscheidung in Übereinstimmung mit selbstgewählten ethischen Prinzipien. Es handelt sich um universelle Prinzipien der Gerechtigkeit, der Gegenseitigkeit und Gleichheit, der Menschenrechte sowie des Respekts vor der Würde des Menschen als individueller Person. Moralisch gut ist, ethische Prinzipien als maßgebend zu betrachten, denen die ganze Menschheit folgen könnte.

Es sei angefügt, daß der Frankfurter Philosoph Jürgen Habermas die Einbeziehung einer VII. Stufe in das Kohlbergsche Schema vorschlug. Diese VII. Stufe, mit der er zugleich für die Idee der vernünftigen Argumentationsbereitschaft plädierte, bezeichnete er als die Stufe der universellen Kommunikationsethik, als die Ethik der „konsensualen", d.h. auf Konsens beruhenden Kommunikation. Dabei stellt Habermas u.a. die Frage, wer denn dafür bürge, daß „das allgemeine Normenbewußtsein nicht bloß Gewohnheiten und Anpassungen an eine jeweils gegebene politische Herrschaft, sondern Vernunft und rechtfertigungsfähige Sittlichkeit" enthalte. Es muß allerdings auch gegenüber Habermas bemerkt werden, daß beileibe nicht jedes Miteinander-Reden zu einem Konsens führt, zumindest solange nicht, wie das Bewußtsein der Menschen noch nicht weiter entwickelt ist. Eine Einigung würde im übrigen korrekterweise auch nur für diejenigen verbindlich sein können, die an ihrem Zustandekommen unmittelbar oder mittelbar beteiligt werden.

Doch kehren wir noch einmal zu Kohlbergs Ansatz zurück. Nach seiner Auffassung hat die von ihm entwickelte Stufenfolge universale Gültigkeit, d.h. in allen Kulturen und Subkulturen vollzieht sich die individuelle Entwicklung des moralischen Urteilens in derselben Stufenfolge, was im Grunde gegen die Existenz einer ethischen Relativität sprechen würde.

Nach Kohlberg hat die herkömmliche Moralerziehung als Erziehung zur unbedingten Anpassung an den Moralkodex der Gesellschaft nur wenig Einfluß auf das moralische Urteilsvermögen des Kindes, da sie sich auf die „Eintrichterung" von Moralklischees der Erwachsenenwelt konzentriere. Kohlberg lehnt jedoch jegliche autoritative Indoktrination innerhalb der moralischen Erziehung ab. Nach ihm lassen sich Moralvorstellungen nicht diktieren, und neue Strukturen moralischen Denkens können nicht von außen durch Belehrung eingegeben werden. Ein Handeln aus Respekt vor der Autorität, der Gruppe oder der Gesellschaft entspreche daher nicht dem anzustrebenden Niveau.

Kohlberg meint allerdings, daß moralisches Denken zwar nicht direkt lehrbar, aber doch durchaus lernbar sei. Das Kind entwickle nämlich, wenn es entsprechend angeregt werde, von sich aus neue (höherwertige) Strukturen des moralischen Denkens. Eine solche Anregung erfolge durch Konfrontation mit einer moralischen Konfliktsituation und durch eine sich daran anschließende Diskussion, aus der heraus neue und bessere Lösungen moralischer Probleme entwickelt würden.

Es bleibe nicht unerwähnt, daß gegenüber dem Kohlbergschen Ansatz auch von verschiedenen Seiten Kritik geübt wurde. So wurde u.a. angemerkt, die Theorie – und auch die Erfassung der einzelnen Moralitätsstufen – sei zu komplex, diese seien in ihrer Betonung demokratischer und individueller Aspekte zu sehr auf westliche Zivilisationen bezogen, die Bestimmung der Stufen sei nicht sehr zuverlässig (es wurden inzwischen auch andere Einteilungen vorgeschlagen), und es wurde auch in Zweifel gezogen, inwieweit man von moralischem Urteilen auf moralisches Verhalten schließen könne.

In einer Reihe von Untersuchungen wurde allerdings bestätigt, daß zwischen dem moralischen Urteilsvermögen und dem Verhalten enge Zusammenhänge bestehen. Wenn auch reifes moralisches Denken nicht automatisch zu moralischem Handeln führt, setzt reifes moralisches Handeln doch reifes moralisches Denken voraus.

Allerdings erhebt sich bei der Suche nach Zusammenhängen zwischen moralischem Denken und moralischem Handeln die Schwierigkeit, daß ein Handeln rein von außen betrachtet nicht oder nur sehr schwer als moralisch oder unmoralisch beurteilt werden kann. Ein Verhalten wird erst gut oder böse durch die ihm zugrunde liegende Motivation. Eine Handlung, die ohne wirkliche Einsicht zufällig oder vielleicht durch Gewöhnung oder Anpassung den sittlichen Richtlinien entspricht, ist keine wahrhaft gute Handlung. Erst die Kenntnis der dahinterstehenden Motivation erlaubt die Bezeichnung einer Handlung als „gut". Jemand, der aus Angst vor der Bestrafung durch die Polizei in einem Wohngebiet langsam fährt, ist ganz anders zu beurteilen als jemand, der dies tut, weil er aus innerer Überzeugung den Anspruch schwächerer Verkehrsteilnehmer auf seine Rücksichtnahme akzeptiert.

IV. Zur allgemeinen Bedeutung von Selbstorganisation und Selbstregulation im menschlichen Leben

Vertrauen und Gegnerschaft, Spontaneität und Planbarkeit

Bevor ich in den folgenden Kapiteln auf zumindest einige Aspekte etwas näher eingehen werde, die unter dem Leitthema der Selbstorganisation die spezielle Situation der Erziehung und der Erziehungswissenschaft betreffen, erscheint es mir sinnvoll, Sicht- und Verhaltensweisen, sozusagen Grundeinstellungen im Vorfeld der Erziehung aufzuzeigen, die in dieser Beziehung unterschiedlich sind. Wir sind ihnen schon an anderer Stelle begegnet. In dem hier interessierenden Zusammenhang haben sie die grundsätzliche Bedeutung von Selbstregulation und Selbstorganisation im menschlichen Leben zum Inhalt.

Wir hatten ja im ersten Teil dieses Buches bei Betrachtung unseres klassischen wissenschaftlichen Weltbildes gesehen, wie im Gegensatz zu anderen Kulturen, in denen das Erleben des Menschen vom tiefen Gefühl eines Eingebundenseins in die ihn umgebende Welt getragen ist, der Mensch unserer abendländischen Kultur der Natur in Distanz gegenübersteht. Sie wird als bedrohlich und feindselig und ohne die ordnende Hand des Menschen als im negativen Sinne chaotisch erlebt. Deshalb gilt es angesichts von Angst und Mißtrauen gegenüber einer erlebten Unberechenbarkeit einmal, sie zu kontrollieren und zu beherrschen, und zum anderen, sie sich durch aktiv planenden Zugriff zunutze zu machen, sie zu manipulieren und auszubeuten.

Daß die gleiche Haltung auch gegenüber der mitmenschlichen Umwelt bestimmend wurde, hatte ich ebenfalls im ersten Teil beschrieben. Die unsere Kultur weitgehend beherrschende Vorstellung war die der Maschine, die nach festem Plan entworfen und hergestellt wurde, und die ganze Welt wurde als ein großes Uhrwerk verstanden, das nach dem Plan und Willen seines Schöpfers funktioniert. Konsequenterweise geriet auch der Mensch selbst zunehmend in eine Rolle, in der es im wesentlichen auf eine Art „technischen" Funktionierens ankam. Betrachtet man nämlich Konzeptionen, wie sie in der Geschichte über den Menschen entwickelt und zur Grundlage praktischer Planungen wurden, gewinnt man in der Tat nicht selten den Eindruck, als ob in ihnen Vorstellungen herumgeisterten, in denen auch der Mensch weitgehend als planbar und die Art seines Zusammenlebens mit anderen sozusagen „am grünen Tisch" entwerfbar erscheint.

Das ist aber eine Illusion! Der Mensch ist keineswegs bis ins letzte hinein planbar und steuerbar, vor allem nicht in seinem eigentlichen Wesen, seinem

„Persönlichkeitskern". So wie Wachstum in der ganzen Natur stattfindet, so wie Kinder körperlich wachsen, ohne daß an ihnen „gezogen" wird, so erfolgt auch das geistig-seelische Werden eines Menschen von innen heraus, als Zusammenspiel einer spezifischen Aktivität und einer für das betreffende Lebewesen bedeutsamen Umwelt. Legen wir die auf S. 142 beschriebenen Vorstellungen vom Gehirn als funktional geschlossenem System zugrunde, so sind alle Merkmale von Lebewesen letztlich als durch Vorgänge der „Selbstorganisation" entstanden zu verstehen.

Diese Vorstellung einer von innen heraus, aus der inneren Dynamik eines Systems „spontan" entstehenden Ordnung steht natürlich in grundsätzlichem Gegensatz zu einer „Maschinen-Theorie". Denn das Funktionieren einer Maschine hängt von ständiger Wartung und Kontrolle von außen ab. Ein „Chaos" in der Welt kann nur verhindert werden durch eine von außen erzwungene Ordnung, die durch systematische Kontrollen gesichert wird. Dieser Gedanke ist uns so selbstverständlich geworden, daß es vielen in unserem Kulturkreis und vielleicht speziell in Deutschland lebenden Menschen schwer fällt, sich überhaupt etwas anderes vorzustellen.

Die Phänomene der Selbstorganisation, die wir im letzten Teil haben Revue passieren lassen, zeigen jedoch, daß es durchaus auch Ordnung ohne diesen Zwang von außen gibt, eine Ordnung, die sich im Rahmen eines Systems „von allein" bildet, und daß vor allem Organismen zu einem weiten Teil sich selbstregulierende und selbstkontrollierende Gebilde sind. Selbstregulation hier, Fremdregulation von außen dort!

Die Anerkennung der Strukturbestimmtheit lebender Systeme bedeutet natürlich auch die Anerkennung eines weiten Bereichs von Unsicherheit, was angesichts der im klassischen Denkstil zwangsläufigen „Kontrollsucht" vielen als eine Undenkbarkeit und Unzumutbarkeit erscheint. Demgegenüber konnte jedoch die moderne Wissenschaft – und hier berühren sich bspw. Heisenberg und Maturana – feststellen, daß ein Beobachter von außen nicht in der Lage ist, den Verlauf struktureller Veränderungen im Inneren eines lebenden Systems vorauszusagen. Diese Unvorhersagbarkeitshypothese betrifft natürlich auch die Psychologie. Deshalb wird von einer ganzen Reihe von Forschern eine mögliche Verbesserung der Situation darin gesehen, anstelle einer von außen an ein Phänomen herangetragenen „objektiven" Analyse und anstelle einer Beschreibung mit sprachlichen Abstraktionen eine unmittelbare, direkte Erfahrung durch sprachloses Versenken in das Phänomen zu gewinnen. Denn „die Karte ist nicht die Landschaft". Eine solche – sicher für viele unverständliche und inakzeptable – Haltung kommt sehr schön in den Worten Theodor Huxleys zum Ausdruck: „Setz dich vor den Fakten auf dem Boden nieder wie ein kleines Kind! Sei bereit, alle vorgefaßten Meinungen fallenzulassen und folge der Natur, wohin auch, zu welchem Abgrund auch immer sie dich führen mag – oder du wirst nichts lernen!"

Ein Kernbegriff des Taoismus ist bekanntlich „wu wei", oft übersetzt als „nicht handeln". Seine eigentliche Bedeutung dürfte die positive Einschätzung der Selbstregulation und das Vertrauen in diese Fähigkeit sein. Lehrt doch die alltägliche Erfahrung, daß es einen oft „automatisch" drängt, Klarheit zu gewinnen und etwas so zu machen, daß eigene Qualitätsansprüche befriedigt sind. Ebenso kommt einem etwas, das man tun wollte, aber noch nicht getan hat, immer wieder in den Sinn, läßt einen etwas Unerledigtes einfach nicht los und beschäftigt einen gedanklich und gefühlsmäßig solange, bis es wirklich zum Abschluß gebracht ist.

Es ist wohl auch kein Zufall, daß Menschen, die der Möglichkeit der Selbstregulation vertrauen, in der Regel zufriedene Menschen sind, und daß glückliche Menschen, die bspw. auch mal spontan ein Liedchen singen, weniger dort anzutreffen sind, wo peinliche Ordnung herrscht und äußere Vorgaben das Zusammenleben bestimmen.

Schwierigkeiten tun sich auch für eine willkürliche (Selbst-)Steuerung auf, wenn z.b. jemand allzu bewußt, sozusagen aus höherer Instanz versucht, auf sich selbst einzuwirken. Das mag in mancher Beziehung - allerdings meist nur in gewissem Umfang - möglich sein, vor allem, wenn entsprechende Bereitschaften angelegt sind. In vieler Beziehung gelingt es aber genauso wenig wie eine automatische Durchsetzung fremder Befehle gegen starke innere Bedürfnisse oder tief verankerte Überzeugungen und Werteinstellungen.

So wie man sich nicht selbst durch Kitzeln zum Lachen bringen kann, verhindert derjenige, der mit starker Willensanspannung einschlafen möchte, durch diese innere Aktivierung, die mit seiner willensmäßigen Ausrichtung einhergeht, gerade die für das Einschlafen so wichtige Entspannung. Deshalb raten auch manche Therapeuten ihren an Einschlafstörungen leidenden Patienten, sich bewußt eben nicht aufs Einschlafen zu konzentrieren, sondern ihr Augenmerk in regelmäßigen Abständen auf die von ihnen beobachteten Symptome der Schlaflosigkeit zu lenken, was sie dann in den meisten Fällen unversehens zum Einschlafen bringt. Verleiht man doch ganz allgemein einem Phänomen erst gerade dadurch Existenz, daß man es ausdrücklich nicht will. So sind auch Glaubensgegner oft die einzigen, die einen bestimmten Glauben am Leben erhalten.

Ich kann auch bspw. gegen meine Müdigkeit bis zu einem gewissen Grad ankämpfen, dabei auch alle möglichen zusätzlichen Tricks einsetzen, um auftretende Müdigkeitserscheinungen zu unterdrücken, schließlich wird mein Körper einschließlich des Gehirns als „Steuerungszentrale" doch nachgeben. Ich kann mir auch nicht mit Erfolg direkt befehlen, einen anderen Menschen, den ich zutiefst nicht leiden kann, sympathisch zu finden, oder in einer Situation, in der ich mich ängstige, keine Angst mehr zu haben. Ich kann mich genausowenig bewußt – sozusagen von heute auf morgen – zwingen, an etwas, das mir zutiefst langweilig erscheint, Interesse zu gewinnen. Ich kann bestimmte Begabungen, die in mir selbst nicht vorhanden sind, nicht auf Befehl hervorschießen lassen, und ich kann auch z.B. meinem Körper nicht befehlen, schneller zu wachsen oder mehr Kraft zu haben. Selbst in Hypnose ist nicht bei jedem jederzeit alles – bspw. gegen seine innersten Überzeugungen und Werteinstellungen – möglich. Ich kann aber wohl in langwieriger geduldiger Arbeit körperlich und geistig so auf mich einwirken, daß bestimmte körperliche oder geistig-seelische Voraussetzungen entstehen, die vieles, aber auch längst nicht alles, möglich werden lassen.

Der Organismus als selbstregulierendes System

Es gibt unzählige Belege dafür, daß der menschliche Organismus, wie alle lebenden Organismen, als selbstregulierendes System verstanden werden kann.[14] Er ist nämlich in der Lage, trotz sich ändernder Bedingungen einen bestimmten Gleichgewichtszustand aufrechtzuerhalten, auftretende Störungen systemgemäß zu verarbeiten und sogar drohenden Abweichungen von der Norm vorzubeugen. Das gilt sowohl in körperlicher als auch in geistig-seelischer Beziehung. Er hält bspw. sozusagen automatisch trotz wechselnder Außentemperatur seine Körpertemperatur annähernd konstant. Er verfügt über selbstkorrigierende, selbstregelnde und auch selbstdisziplinierende Tendenzen. Wenn er sich geschnitten hat, schließt sich die Wunde „von allein" und heilt ab, ohne daß er notwendigerweise zusätzliche Maßnahmen treffen müßte. Wenn er ins Stolpern gerät, versucht der Körper durch entsprechende Bewegungen, einen Sturz zu vermeiden. Wenn er müde wird, geht er schlafen; in Kindheit und Jugend hat er einen „natürlichen" Bewegungsdrang; wenn er sehr viel gegessen hat, hat er keinen Appetit mehr und lehnt weitere Nahrungszufuhr ab. Diese Tendenzen sind auch die Grundlage dafür, daß man aus seinen Fehlern lernen und sogar aus dem Erleben von Fehlern und Mängeln zu „großen Taten" gelangen kann.

Schon Kneipp wies darauf hin, daß der Arzt deshalb in erster Linie den Selbstheilungskräften der Natur helfen solle und zusammen mit dem Patienten bemüht sein müsse, diese Kräfte nicht zu stören. Ein solcher Ansatz erfordert aber auch eine Einbeziehung der spezifischen Umwelt eines Menschen in die Therapie. Denn es nutzt ja, um ein Beispiel zu bringen, verhältnismäßig wenig, nach allen Regeln der Kunst eine mehrmonatige Entziehungskur durchzuführen, um anschließend den Patienten in die genau gleichen Umweltverhältnisse zu entlassen, in denen er überhaupt erst zum Trinker oder Drogenabhängigen geworden war.

Neuere wissenschaftliche Untersuchungen, die sich an Vorbilder aus der belebten und unbelebten Natur anlehnen (wie wir sie u.a. von der Kristallisation von Schneeflocken und dem Wachstumsmuster einer Nervenzelle her kennen), haben allerdings auch uns erkennen lassen, welche Vorteile darin liegen könnten, sehr viel mehr Selbstorganisation auf unterem Niveau zuzulassen, bzw. nicht alles bis ins letzte von außen regeln zu wollen. Eine in dieser Beziehung interessante Beobachtung wird u.a. von Erich Jantsch in seinem Buch über die Selbstorganisation des Universums berichtet: Als man durch bewußte Planung versuchte, im amerikanischen Eriesee ein ausgewogenes Gleichgewichtssystem zwischen Fischen und Flora zu schaffen, setzte zur allgemeinen Überraschung ein Fischsterben

---

14 Das ist übrigens ein Aspekt, der u.a. die Skepsis begründet, wenn Maturana bei autopoietischen Systemen von Maschinen spricht. Denn eine Maschine, etwa eine Uhr, kann nicht die Teile produzieren, aus denen sie besteht, und sie kann sich auch nicht selbst reparieren. Maschinen keimen und wachsen auch nicht aus Gebilden wie Samen, in denen spätere Formen und Funktionen angelegt sind, sondern werden aus fertigen, unveränderlichen Teilen zusammengesetzt, und sie sind auch nicht in der Lage, indem sie wachsen und sich ausdifferenzieren, neue Funktionen zu entwickeln.

ein, offenbar weil ein so (künstlich) ausbalanciertes System sehr viel anfälliger für Störungen war.

Denken Sie nur daran, welche unendliche Zahl launischer Variationen im Detail und welches hohe Ausmaß an Konstanz der Gesamtform wir in der Natur antreffen! So können wohl auch in menschlichen Gesellschaften aus allgemeiner Sicht vernünftige Rahmenempfehlungen je nach den örtlichen und situativen Gegebenheiten auf unterer Ebene mit Eigeninitiative ausgefüllt werden. Versuche dieser Art führten bisher meist zu einem erstaunlichen Ergebnis: mehr Erfolg, weniger Aufwand, größeres Engagement!

Selbstregulierende Tendenzen werden natürlich außer Kraft gesetzt und verlieren sich mit der Zeit, wenn der Mensch auf Regulationshilfen von außen setzt. Systeme, deren Funktion konstant durch äußere, dem System fremde Kräfte in Gang gehalten und gelenkt wird, verlieren die grundlegenden Eigenschaften der Selbstregulation, der flexiblen Anpassung, der spontanen Abstimmung auf den Gesamtrahmen. Ein Patient, der schließlich nur noch am Stock gehen kann und sich ohne Stock keinen Schritt mehr zutraut, oder der Patient, der, anstatt die Rücken- und Bauchmuskulatur zu trainieren, ein Stützkorsett trägt, ist dafür ebenso ein Beispiel wie derjenige, bei dem die geschwächte Funktion einer innersekretorischen Drüse nicht mehr gefordert, sondern gänzlich durch ein Substitutionspräparat ersetzt wurde. Auch der aufgrund der angespannten Pflegesituation in Krankenhäusern immer üblicher gewordene Dauerkatheter ist unter diesem Blickwinkel kritisch zu sehen. Eine vorübergehende Harninkontinenz kann dadurch chronisch werden, weil die noch vorhandenen Kontrollfunktionen, die man durch entsprechendes Training durchaus fördern könnte, durch fehlende Inanspruchnahme zunehmend verkümmern.

Im weiteren Umfeld geistiger Prozesse begegnen wir im Grunde dem gleichen Mechanismus: bei Menschen, die nichts mehr entscheiden, bevor sie nicht den „großen Bruder" gefragt haben, die nicht mehr spontan handeln und nach Möglichkeit jegliche Verantwortung formal abzuwälzen versuchen.

So gesehen muß man sich ernsthaft die Frage stellen, wie sinnvoll es denn eigentlich ist, einen anderen – möglicherweise mit großem Aufwand – zu etwas bringen zu wollen, was dieser unter geeigneten Bedingungen ohnehin von selbst anstreben würde (Metzger). Menschen, vor allem junge Menschen, haben ja, wie ich immer wieder betonen kann, in sich ein stark ausgeprägtes natürliches, unausweichlich zum Leben gehörendes und fast mit „Leben" identisches Bedürfnis zu lernen. Unter natürlichen Bedingungen lernen sie auch weit mehr, als sie offiziell sollen, vor allen Dingen natürlich auch das, was unausgesprochen etwa außerhalb von Lehrplan und Erziehungsarrangement vermittelt wird. Sie lernen aber andererseits oft gerade nicht das, was sie lernen „sollen", entwickeln sogar heftige Lernwiderstände in dieser Richtung. Ich muß da oft an die Eigenwilligkeit der Katzen denken. Sie sind ja kaum zu irgend etwas zu zwingen. Wenn sie in irgend einer Form Einflußnahme spüren, versuchen sie sich der Situation zu entziehen oder begehren halsstarrig auf. Ich habe aber immer wieder beobachtet, daß, wenn man in einer Haltung abwartender Zuneigung verharrt, sie nahezu „von allein" das tun, was man vergeblich zu erzwingen versuchen würde.

Aber hier spielt natürlich die grundlegende Weise unseres abendländischen Denkens hinein, in der bspw. dem Hund die Rolle zuwächst, die die Katze verweigert. In der ungeduldigen, im tiefsten mißtrauischen Grundkonzeption, die durch den Wert zielgerichteten Handelns bestimmt ist, können wir uns kaum etwas anderes vorstellen, als daß Menschen als „Objekte" bestimmter Intentionen durch andere Menschen mit höherer Autorität belehrt, geführt und kontrolliert werden. Carl Rogers hat auf diesen Zusammenhang in seinen Werken immer wieder hingewiesen.

Deshalb ist es auch eine zweischneidige Sache, wenn Mütter bei ihren Kindern eine biologische Anpassung an wechselnde Außentemperaturen dadurch schwächen, daß sie jeden Temperaturwechsel durch andere Kleidung auszugleichen versuchen, oder wenn man sich daran gewöhnt, beim geringsten Sonnenschein stark getönte Sonnenbrillen aufzusetzen. Die vielgerühmten Vorteile von Klimatisierungen werden aus dem gleichen Grunde von Tropenkennern als zumindest zweischneidig beurteilt. Das gleiche gilt, wenn für Kinder von außen ganz genaue Zeiten für Nahrungsaufnahme, Ausscheidungsfunktionen, Schlaf usw. festgelegt werden. Der Psychologe Wolfgang Metzger warnt sogar ausdrücklich davor, die „Weisheit des Körpers durch Besserwisserei und plumpe äußere Eingriffe zu stören und schließlich lahmzulegen". Manche Schlafstörungen dürften bspw. dadurch bedingt sein, daß man sozusagen den Organismus auf fremden oder auf eigenen Befehl „schlafen schickt", anstatt die Zeit normaler Müdigkeit abzuwarten. Viele Menschen, die Schwierigkeiten haben einzuschlafen, versuchen meist vergeblich, sich willentlich zum Schlafen zu bringen, anstatt innerlich zu akzeptieren, daß sie im Augenblick eben nicht einschlafen. Dabei besagt das von Beisser formulierte Gestalt-Paradox: „Veränderungen geschehen dann, wenn man das wird, was man ist, und nicht, wenn man versucht, etwas zu werden, was man nicht ist."

Kein Teil eines Systems kann das System kontrollieren, von dem es selbst ein Teil ist. Bewußte Selbstkontrolle, ein Idealziel für viele, ist eine Macht- oder Herrschaftsbeziehung, in der sich eben nicht eine Lösung sozusagen von selbst aus der Struktur eines Systems ergibt, sondern bei der versucht wird, die Lösung eines Problems, unter dem Gesichtspunkt des Systems gesehen, von außen zu erzwingen. Es ist dies im Prinzip nicht viel anders, als wenn man beim Auftreten von Schmerzen versucht, diese durch Tabletten zu bekämpfen, oder wenn man zum Arzt geht und seinen Körper, der man ja selbst ist, wie eine (fremde) Maschine behandeln läßt. Wir sind es eben in unserem Kulturkreis gewohnt, daß bei Auftreten irgendwelcher Probleme etwas unternommen werden muß, daß versucht werden muß, etwas, das nicht „in Ordnung ist", durch äußere Maßnahmen „in Ordnung zu bringen". Wir verfügen bspw. wie selbstverständlich über Klimaanlagen und Heizungen, mit denen wir die Temperatur regeln, und machen uns kaum noch bewußt, daß auf der Welt unzählige Menschen leben, denen es keine besonderen Schwierigkeiten bereitet, ihren Körper „automatisch" auf die betreffende Außentemperatur einzustellen. Dabei ist diese „natürliche" biologische Anpassung, die wir zum großen Teil vergessen und verlernt haben, in vielen Fällen einfacher, sicherer, wirkungsvoller und weit weniger aufwendig.

Durch die Möglichkeit des ständigen Zugriffs auf „künstliche" Hilfen haben wir aber die „natürliche" Beziehung zu uns selbst, die Solidarität mit uns selbst weitgehend eingebüßt. Wir sind nicht mehr einig mit uns. Man muß sich aber selbst akzeptieren und mögen, um andere, die Welt da draußen, akzeptieren und mögen zu können. Innere Reifung bedeutet letztlich, wie Fritz Perls einmal sagte, den Übergang von äußerem Halt zu innerem Halt, von äußerer Stützung zu innerer Stützung, zu „innerem Rückgrat". Das ist aber Selbstregulation und Selbstorganisation, ohne Kontrolle von außen.

Selbst für Lernprozesse dürfte ein ähnlicher Zusammenhang gültig sein. Etwas lernen zu müssen oder auch ausdrücklich zu wollen, was einen im Grunde gar nicht interessiert, kann ebenfalls zu einer allgemeinen Störung von Lernprozessen führen. Störungen dieser Art treten dagegen bei solchen Menschen nicht auf, die aus echtem Interesse oder „Wissensdurst" heraus lernen und eine unmittelbare Freude über entsprechende Lernfortschritte erleben.

Auf dem Boden dieses so wichtigen Vertrauens in die körperlichen und geistig-seelischen Regulationskräfte eines heranwachsenden menschlichen Organismus würde sich für unser menschliches Planen und Handeln die Folgerung ableiten, diesen Prozeß der Selbstentwicklung und ständigen Weiterentwicklung in geeigneter Form zu fördern, ihn zumindest nicht zu behindern. Das erfordert natürlich ein grundsätzlich am anderen orientiertes Engagement, echte Bereitschaft zu fairer Zusammenarbeit und vertrauensvolle Gelassenheit. Der Heranwachsende erhält dadurch die Möglichkeit, in ausgeprägtem Maße persönlich bedeutsame Erfahrungen zu machen und diese ständig neu zu organisieren.

Damit würde jedoch ein Verzicht einhergehen, von vornherein festgelegte und klar definierte Ziele zu verfolgen, und der Begriff der „Erziehung" würde seine schon sprachlich suggerierte inhaltliche Nähe zu „Zucht" oder „ziehen" verlieren. Carl Rogers meint dazu sehr treffend: „Wenn ich dem Menschen mißtraue, dann kann ich nicht umhin, ihn mit Informationen meiner eigenen Wahl vollzustopfen, damit er nicht einen falschen Weg geht. Wenn ich dagegen auf die Fähigkeit des Individuums vertraue, sein eigenes Potential zu entwickeln, dann kann ich ihm viele Möglichkeiten anbieten und ihm erlauben, seinen eigenen Lernweg und seine eigene Richtung zu bestimmen."

Kulturelle Verschiedenheiten

Es gibt menschliche Kulturen, in denen den selbstregulierenden Kräften eine grundlegende Bedeutung beigemessen wird. Nach indianischem Glauben hat bspw. der „Große Geist" für alle irdischen Geschöpfe lediglich die grobe Richtung ihres Lebensweges vorgezeichnet. Im einzelnen läßt er sie aber jeweils ihren eigenen Weg finden, darauf vertrauend, daß sie, ihrem inneren Wesen und ihren Möglichkeiten folgend, zu selbständigem und an ihre Umwelt angepaßtem Verhalten in der Lage sind.

In unserer abendländischen Kultur trat im Gegensatz dazu im Denken der Menschen die Bedeutung selbstregulierender Möglichkeiten gegenüber bewußter, rationaler Planung stark zurück. Sehr charakteristisch kommt das in Dokumenten zum Ausdruck, die Katharina Rutschky in ihrem Buch „Schwarze Pädagogik" sammelte. Unter anderem zitiert sie aus einem Handbuch aus dem Jahre 1851: „Was ist der Mensch ohne Erziehung, ohne Unterricht? Man verschließe alle Schulen, man verjage alle Lehrer, man verbrenne alle Hilfsmittel des Unterrichts, man lasse die junge Menschenbrut aufwachsen wie die Brut der Tiere – und die Folge wird sein? – Das Licht der Wissenschaften erlischt, weil keiner da ist, der es unterhält, keiner, der es gebraucht ..." Erziehung wird sogar geradezu als ein Akt der „Zeugung" gesehen, und zwar nicht in metaphorischem, sondern – lediglich auf einer höheren Stufe – in „ganz eigentlichem" Sinne, wie die „natürliche Zeugung zur Fortpflanzung der organischen Wesen" (B. Blasche, 1828).

Dieser Grundauffassung entspricht die für ein Kind verkündete Grundregel, daß es „nur bittend auftreten soll und darf" (C.J. Schubert, 1883). Ja, es wird sogar, wie bspw. von Krüger 1752, ausdrücklich zum entschiedenen Brechen kindlichen Willens aufgerufen: „Wenn er seinen Kopf durchsetzt, dann prügelt ihn, dann laßt ihn schreien ... Denn ein solcher Ungehorsam ist ... eine Kriegserklärung gegen eure Person. Euer Sohn will euch die Herrschaft rauben, und ihr seid befugt, Gewalt mit Gewalt zu vertreiben." Es wird die Auffassung vertreten, daß man in den ersten Jahren ohne Bedenken Gewalt und Zwang erzieherisch einsetzen könne, weil die Kinder das mit den Jahren vergessen würden und deshalb keine nachteiligen Folgen zu erwarten seien. Darüber hinaus würden beim Kind durch den Hinweis, daß man gegen eigenen Willen durch das Verhalten des Kindes zum Strafen gezwungen sei, zusätzlich Schuldgefühle erzeugt.

Wir Abendländer sind ja grundsätzlich stärker geneigt, alles bis ins letzte zu regeln und abzusichern. Gegen was kann man sich in unserer Kultur nicht alles versichern? Doch diese fast krampfhafte Sucht nach Sicherheit, Gewißheit und Klarheit hat uns auch in sehr viel stärkerem Maße innerlich abhängiger gemacht.

Ein Beispiel, das auch unter dem Aspekt der spezifischen Funktion der rechten und linken Großhirnhälfte aufschlußreich ist, läßt diesen Unterschied in kulturellen Sicht- und Vorgehensweisen deutlich hervortreten. Es stammt von dem Anthropologen Thomas Gladwin. Er verglich die Navigationsmethode eines europäischen Seemannes mit der eines Eingeborenen von der Südseeinsel Truk. Beide benutzen ein kleines Boot, um von einer Insel im weiten Pazifik zu einer anderen zu gelangen:

„Der Europäer macht sich zunächst einen genauen Plan, mißt und berechnet die Himmelsrichtung, Längen- und Breitengrade und die geschätzte Ankunftszeit an den einzelnen Stationen der Fahrt. Liegt sein Kurs einmal fest, braucht er nur noch unter Benutzung aller zur Verfügung stehenden Hilfsmittel wie Kompaß, Sextant, Karte usw. die einzelnen Manöver der Reihe nach auszuführen und darf sicher sein, rechtzeitig am gewünschten Ziel einzutreffen. Bei Befragen kann er auch genau beschreiben, wie er zu dem Zielort gelangt ist.

Der Eingeborene dagegen macht sich, bevor er lossegelt, im Inneren ein Bild von der Lage seiner Zielinsel im Verhältnis zur Lage der anderen Inseln. Beim Segeln richtet er seinen Kurs ständig an seiner geistigen Vorstellung von der Position aus, in der er sich jeweils gerade befindet. Seine Entscheidungen werden jedoch ständig korrigiert aufgrund der Informationen, die er aus der kontinuierlichen Beobachtung der Sonne, der Windrichtung, dem Positionsverhältnis zwischen Boot und bestimmten Seezeichen usw. schöpft. Beim Navigieren bezieht er stets seinen Ausgangspunkt, sein Ziel und den offenen Raum zwischen seinem Ziel und seiner augenblicklichen Position mit ein. Die Frage, wie er ohne Instrumente oder Karte so sicher an sein Ziel zu gelangen vermochte, kann er wahrscheinlich mit den Mitteln der Sprache nicht beantworten – was nicht bedeutet, daß die Trukesen nicht gewohnt wären, sich in Worten auszudrücken. Vielmehr ist dieser Vorgang für sie zu kompliziert und zu ungreifbar, als daß man ihn in Worte fassen könnte" (zit. nach Paredes, Hepburn).

Ganz ausgeschaltet ist diese Fähigkeit im übrigen bei uns Europäern auch nicht. Denn es kommt bei einzelnen Menschen unseres Kulturkreises immer wieder vor, daß sie sich, wenn sie sich verlaufen haben, nicht an bestimmten Details, etwa einem besonders auffallenden Busch oder einem abgefallen Zweig orientieren, sondern einem für sie nicht näher bestimmbaren, aber trotzdem subjektiv absolut sicheren „Richtungsgefühl" folgen – das sie dann auch überraschend häufig zum Ziel führt.

V. Zur Problematik erzieherischer Eingriffe

Die Institution Schule

Die schon verschiedentlich, u.a. auch im letzten Kapitel angesprochenen Gegenpositionen, die im Grunde für mitmenschliche Beziehungen schlechthin gelten, sind natürlich vor allem für die Erziehung und wissenschaftliche Erziehungskonzeptionen bedeutungsvoll. Es mag dabei am Rande interessant sein, daß man, wenn man im Rahmen einer etymologischen Analyse sprachhistorisch der Herkunft des englischen Begriffs „education" nachspürt, auf einen Doppelsinn des Wortes stößt, in dem genau diese Gegenpositionen zum Ausdruck kommen. Ray Billington geht in seinem Buch „Living Philosophy" ausführlicher darauf ein. Danach gibt es einmal das lateinische Wort „educare". Es bedeutet soviel wie ausbilden, trainieren, mit besonderen Fertigkeiten versehen. Das beinhaltet eine Abhängigkeit der vermittelten Lehrinhalte zum einen von dem wirtschaftlichen und sozialen Bedarf in einer Gesellschaft und zum anderen von der Einschätzung der praktischen Nützlichkeit, vorwiegend von seiten des Lehrers, aber auch der Schüler. Diese sollen instand gesetzt werden, bestimmte, in Form eines Zeugnisses oder Diploms explizit ausgewiesene Qualifikationen zu erwerben, um sich in einem bereits bestehenden System praktisch zu bewähren, bzw. extrem negativ ausgedrückt, in einer Tretmühle zu funktionieren.

Zum anderen gibt es im Lateinischen das Wort „educere", das eine völlig andere Bedeutung hat, wie sich aus der Zusammensetzung (e[x] = heraus und ducere = führen) ergibt. Es handelt sich also sozusagen um ein Herausführen, ein Weiterführen, ein Befähigen, die Welt und sich selbst, zunächst unabhängig von rein pragmatischen Zielen, sinnvoll zu erkunden. Die Rolle des Lehrers besteht in diesem Zusammenhang darin, diesen Erkundungsprozeß zu fördern und zu unterstützen. Er ist nicht jemand, der in erster Linie etwas in einen anderen Menschen hinein-„trichtert", sondern der es ihm als kompetenter Partner in einem wechselseitigen Prozeß ermöglicht und erleichtert, aus sich heraus geistig und menschlich zu wachsen. Das beinhaltet natürlich auch, daß der Schüler keineswegs alles fraglos übernimmt, was der Lehrer sagt, sondern daß in ihm eigenständige Denkprozesse in Gang kommen. Das Ziel eines solchen Prozesses ist letztlich nicht das Produzieren von Spezialisten auf bestimmten Gebieten, sondern die Ermöglichung persönlicher Autonomie. So mag sich das Ergebnis dieses educere-Prozesses vor allem dann zeigen, wenn der Mensch nicht unter wirtschaftlichem oder anderem Zwang steht, sich in einer bestimmten Weise zu verhalten. Mit allem versehen, was educare vermittelt, kann man trotzdem höchst ungebildet sein. Ein Mensch mag ein Dutzend Sprachen fließend beherrschen und trotzdem nichts haben, was wert wäre, auch nur in einer Sprache ausgedrückt zu werden. In diesem Sinne sollte es deshalb der Erziehung vielleicht auch nicht in erster Linie darum gehen, stumpf Informationen und die Überzeugung von der Richtigkeit oder Wahrheit einer bestimmten Auffassung zu vermitteln, sondern den ständigen Wunsch nach einer umfassenden Erkundung der Wahrheit zu wecken und zu pflegen.

In der „Erziehung" als einem Geschehen, durch das auf den Entwicklungsprozeß eines Menschen in systematisch geplanter, zielgerichteter Weise von außen eingewirkt wird, um sein Wissen, seine Einstellungen und Fähigkeiten positiv zu verändern, treffen wir nun im Hinblick auf die beiden beschriebenen Tendenzen auf ein deutliches Übergewicht der einen Seite: Die durch den menschlichen Begegnungsaspekt bestimmte und an den Interessen, Problemen und Schwierigkeiten des Schülers orientierte Position steht, trotz oft gegenteiliger pathetischer Bekundungen, für das praktische Handeln des Alltags deutlich im Schatten der Gegenposition, die mehr methodisch-technizistisch und an sachlichen, objektivierbaren äußerlichen Faktoren orientiert ist.[15] Denn die institutionalisierte Erziehung ist – unausgesprochen – in tragischer Verkennung der Zusammenhänge von der Überzeugung beherrscht, daß Lernen in erster Linie ein Ergebnis von Unterricht sei, und daß man durch ganz bestimmte Maßnahmen entsprechende seelisch-geistige Prozesse und Verhaltensweisen bei Kindern erreichen könne. Aber schon – und keineswegs allein – ein Rückblick auf die Erkenntnisse der Chaos-Theorie über die Schwierigkeit bis Unmöglichkeit einer exakten Vorhersagbarkeit der Wirkung von Eingriffen in komplexe Systeme belehrt uns über die Aussichtslosigkeit eines solchen Ansatzes. Deshalb ist auch Bredzinka voll zuzustimmen, wenn er darauf hinweist, daß der Erzieher weder die Bedingungen für das Eintreten der bezweckten Wirkung vollständig kenne, noch die unmittelbaren oder gar mittelbaren Wirkungen der von ihm angewandten Mittel. Dazu trete noch sein zwangsläufig begrenztes Wissen über die zahllosen sonstigen Umwelteinflüsse, die auf den zu Erziehenden einwirken. Dollase warnt denn auch zu Recht vor unrealistisch hohen pädagogischen Erfolgserwartungen und einer Überschätzung der Machbarkeit des Unterrichtserfolgs. Denn die Vorstellung einer „totalen Erfassung aller oder auch nur aller relevanten Aus- und Nebenwirkungen von Eingriffen in komplexe Systeme" sei schlicht utopisch. Deshalb kann der Lehrer nie sicher das weitere Schicksal seiner Information voraussagen, und er muß zwangsläufig mit der Möglichkeit, vielleicht sogar Wahrscheinlichkeit rechnen,

---

15 Allerdings hat es schon immer in der Geschichte der Pädagogik Strömungen auch in der anderen Richtung gegeben. Gerade in jüngster Gegenwart wurden sehr grundlegende Überlegungen in dieser Richtung angestellt und entsprechende Ansätze entwickelt. Zudem ist der generelle Trend der klassischen Erziehung z.B. in den Grundschulen sehr viel weniger zum Tragen gekommen und auch heute sehr viel weniger bestimmend. Die folgenden – bewußt pointierten – Ausführungen beziehen sich daher, um den hier bedeutungsvollen Zusammenhang herauszuarbeiten, einmal vor allem auf eine in der Entwicklung der Erziehungswissenschaft beherrschende Tendenz und zum anderen auf das weiterführende Schulsystem.

daß seine noch so „hehren" Intentionen bei vielen Schülern weder einen Ankergrund finden noch für ihre zukünftigen Entscheidungen und Verhaltensweisen in der Lebensrealität bestimmend sein werden.

Dabei ist, in einem weiteren Rahmen betrachtet, die Situation der schulischen Erziehung ohnehin nicht unproblematisch. Denn einerseits geschieht offizielle Pädagogik in einer Welt, in der „unpädagogische" Werte vorherrschen. Zum anderen ist sie mit einer geistigen Unruhe, ja sogar einer möglichen grundlegenden Wandlung geistiger Konzeptionen konfrontiert. Für diese stehen jedoch in konventionellen Ansätzen keine Konzepte oder Bewältigungsstrategien zur Verfügung, so daß Erziehungsinstitutionen mit einer sich rapide vollziehenden Entwicklung kaum Schritt halten können. Dazu kommt schließlich, daß schulische Erziehung unter dem bestehenden politisch-gesellschaftlichen Einfluß in immer stärkerem Maße in einem verwaltungsmäßig bestimmten Rahmen stattfindet. Gleicht doch unsere Schule, vor allem natürlich in den weiterführenden Formen, sehr stark der allgemeinen Verwaltung. Wie diese ist sie in sog. „Fachressorts" aufgespalten, deren Vertreter kaum noch über die Mauern ihres Zuständigkeitsbereiches hinwegblicken und deshalb auch kaum mehr in der Lage sind, die tatsächlichen Probleme in der immer komplexer und schwieriger gewordenen Welt zu erkennen. So stellt sich natürlich die Frage, inwieweit eine – im übrigen auch auf vielen anderen Gebieten festzustellende – zunehmende Gewichtsverlagerung zugunsten bürokratischer Gesichtspunkte mit der erzieherischen Aufgabe im eigentlichen Sinne vereinbar ist. Ist es dann im Grunde noch verwunderlich, daß junge Menschen in ihrem eher ungeordneten, gefühlsbetonten Denken, verloren zwischen den heuchlerischen Lügen der Gesellschaft und ihren eigenen Träumen, andere Wege des Lebens suchen und sich nur mit Mühe in dieses System eingliedern lassen? Stehen nicht selbst viele Erwachsene vor einer toten, erstarrten Welt sozusagen aus zweiter Hand, in der Verantwortung, Initiative und eigentliche Freude mehr und mehr zum Absterben verurteilt sind?

In der Institutionalisierung und Professionalisierung von Erziehungsprozessen, die sich in der Vergangenheit vollzogen hat,[16] wurden im Grunde die gleichen Denk- und Planungsprinzipien deutlich, die für das quantifizierend-lineare Denkmodell der abendländischen Kultur in den zurückliegenden Jahrhunderten charakteristisch waren. Der Schüler wurde zu einem eindeutigen Objekt entsprechender Planung, sozusagen zu (Menschen-)Material, das es zu bearbeiten galt. Als charakteristisches Beispiel dieser Grundtendenz möchte ich eine Definition wiedergeben, die sich in dem Buch „Erziehungswissenschaft und Erziehungspraxis" von Alisch und Rössner findet: „Durch Erziehen versucht ein Erzieher, auf das Lernen eines anderen Menschen so Einfluß zu nehmen, daß der Erzieher sich nicht oder nicht wieder veranlaßt sehen wird, bei dem Zu-Erziehenden ein Verhalten (= Ist-Zustand) festzustellen, das von der Verhaltensnorm (= Soll-Zustand) des Erziehers nicht tolerierbar abweicht."

---

16 Es sei daran erinnert, daß es sich bei der heute bestehenden Form um eine historisch jüngere Entwicklung handelt und daß bspw. der Begriff „éducation" erst 1835 erstmals in einem französischen Wörterbuch auftauchte.

Im Vordergrund der Überlegungen standen dementsprechend auch materielle Ausstattung und ein durch Zertifikate „nachgewiesenes" Expertentum. Ausgehend vom unterstellten Wert des Geschaffenen, ergab sich für die verantwortlichen Instanzen in charakteristisch linearem Denkansatz zwangsläufig, daß ein Mehr an Erziehung und ein Mehr an regelnden Vorgaben noch besser sein müsse und daß die zu erwartenden Erfolge um so größer sein müßten, je höher der systemgemäße Ausbildungsstand akademischer Erziehungsexperten sei. Dabei blieb unbeachtet, daß der höhere Ausbildungsstand unter den bestehenden geistesgeschichtlichen Voraussetzungen ein vorwiegend theoretischer sein würde. Eine solche stärkere theoretische Ausrichtung mußte aber unter den spezifisch gegebenen kulturellen und gesellschaftlichen Bedingungen einerseits höhere Eigenansprüche und größere Arroganz, andererseits ein Absinken unmittelbar authentischer persönlicher Zuwendung zur Folge haben. Denn die Verführung zur Identifikation mit einer bestimmten Rolle wächst zwangsläufig mit der Attraktivität dieser Rolle. Zudem erbrachten im übrigen empirische Untersuchungen keine Korrelation zwischen Lernerfolg der Schüler und fachwissenschaftlicher Kompetenz des Lehrers (Dollase).

Nach dem Muster industrieller Produktionsprozesse wurden aber zunehmend sog. Curricula entwickelt und bis ins einzelne geplante Lernprozesse propagiert, obwohl inzwischen ein enger Zusammenhang zwischen Planung und Rigidität wissenschaftlich mehrfach nachgewiesen war. Als Ergebnis dieser Entwicklung ist unser Erziehungssystem, dessen Regeln und Routine man sich mehr oder weniger erfolgreich unterwirft, um entsprechende Zertifikate zu erhalten, im wesentlichen auf eine Einrichtung reduziert, die diejenigen Kenntnisse mißt, die sie vermittelt hat. Es stellt im übrigen, wenn wir uns an den Inhalt des ersten Teils erinnern, zum großen Teil weit mehr eine Einführung in ein ganz bestimmtes Weltbild als in die Welt und das Leben selbst dar. Deshalb nimmt es auch nicht wunder, daß ein diesem Denkmodell entsprechender Bildungshintergrund der Familie wie überhaupt das gesamte familiäre Milieu mit dem Schulerfolg korrelieren.

Es sei allerdings nochmals ausdrücklich eingeräumt, daß es in der Geschichte der Pädagogik immer wieder Strömungen gab, die von einem anderen Grundmodell ausgingen. Sie traten jedoch gegenüber der beherrschenden klassischen Grundtendenz an Bedeutung zurück. Gerade in letzter Zeit wurden aber wieder vermehrt kritische Stimmen in dieser Richtung vernehmbar. So wenden sich u.a. Hinte und Höhr entschieden gegen das Menschenbild eines technokratisch-linearen Erziehungsmodells mit weitgehend mechanischem Verständnis des Menschen und der Vorstellung der Erziehbarkeit des Menschen auf dem Boden linearer Wenn-dann-Thesen. Denn deren oft banale Schlichtheit werde „der Komplexität und Ganzheitlichkeit menschlicher Existenz und zwischenmenschlicher Beziehungen in keiner Weise gerecht". Der erzieherische Einfluß ist eben nicht eine Frage lediglich der „richtigen" Methode, durch die jeder Mensch gemäß bestehenden Vorgaben zu praktisch allem geformt werden kann, was entsprechenden Planern in den Sinn kommt. Ein solches, auf mechanistischen Denkansätzen basierendes Unterfangen wird von Hinte und Höhr grundlegend in Frage gestellt. Einerseits respektiere es den Interaktionspartner nicht als autonomes, selbstverantwortliches Wesen. Zum anderen sei es sinn-los, weil viele Abläufe sowohl im Inneren von Menschen als auch zwischen Menschen sich einem an diesem Bild orientierten Zugriff entzögen. „Jeder Versuch der ausschließlich externen Erfassung und Lenkung von Prozessen menschlichen Wachstums auf dem Hintergrund bestimmter Bilder über die Menschen" müsse scheitern. Ein Erziehungssystem muß, da jedes (lernende) Individuum in sich einzigartig ist, auf um so größere Schwierigkeiten hinsichtlich praktischer Lernerfolge treffen, je mehr es an festen Lehrplänen ausgerichtet ist. Albert Einstein wies einmal sehr richtig darauf hin, daß es ein äußerst schwerwiegender Fehler sei zu meinen, „daß die Lust am Sehen und Suchen durch Zwang und Pflichtbewußtsein vorangebracht" werden könne. Werden nicht im Gegenteil ursprüngliche Lernfreude und der Durst nach erfüllenden Begegnungen gerade durch gesellschaftlich eingerichtete Schranken oft zum Erliegen gebracht? Ist es nicht im Grunde aufschlußreich, daß ähnlich wie in anderen Bereichen des gesellschaftlichen Lebens ein System mit seinen Schwächen und Widersprüchlichkeiten als gegeben angesehen wird und zwangsläufig entstehende Probleme dem Individuum, seinen mangelnden Fähigkeiten und Persönlichkeitsproblemen angelastet werden?

Wir begegnen so bei der klassisch-schulischen Erziehung erneut einem folgenschweren Kreisprozeß, in dem die Schule, sozusagen als Zuteilungsinstanz von Sozialchancen (Wurzbacher) wiederum Menschen für eine Wirklichkeit vorbereitet, aus der heraus gerade eben diese Form von Schule entstanden ist.[17] Erfüllt doch das Bildungssystem im Rahmen des Gesamtsystems die Funktion, zur Erhaltung umfassender Systemeigenschaften beizutragen und auf die heranwachsende Generation so einzuwirken, daß sie den Bedingungen und Anforderungen des Gesamtsystems weitgehend entspricht, so daß Erziehungserfolge sich in erster Linie auf die Selbstbestätigung des institutionellen Systems beziehen. Insofern ist sogar die Frage keineswegs sinnlos, ob nicht eine im wörtlichen Sinne verstandene (institutionelle) Erziehung zu Freiheit, Verantwortung oder auch Emanzipation dadurch, daß sie das ist, was sie ist, das verhindert, was sie zu erreichen sich zum Ziel gesetzt hatte, oder, wie es ganz allgemein einmal formuliert wurde, möglicherweise „die Zukunft verhindert, die sie verspricht" (Döring). Für einen solchen Prozeß ist aber ein sehr viel höherer Aufwand an Zeit und Energie erforderlich, als wenn das tatsächliche, unmittelbare, am Menschen orientierte und nicht verstaltete Leben entscheidende Orientierungsgröße wäre.

So steht die Schule vor der Frage, ob sie sich dem Leben mit seinen Problemen stellen und den Schülern wirklich helfen will, ihr Leben zu meistern, oder sich damit begnügt, mehr oder weniger ein wohlorganisierter Fremdkörper im Leben der Schüler zu bleiben, den diese zur Erlangung bestimmter Berechtigungen in

---

17 Auf einen ähnlichen Kreisprozeß treffen wir übrigens in der Tatsache, daß Kinder – im Gegensatz zu manch anderen Kulturen – in unserer Gesellschaft sozusagen als Wesen anderer Art zunächst aus der Welt der Erwachsenen ausgegrenzt werden, diese Ausgrenzung mit ihren Folgen aber wiederum den Grund liefert, sie geplant und systematisch durch spezielle Techniken in diese Welt einzuführen.

Kauf nehmen müssen (Lindenberg). Eingespannt in den Konflikt zwischen dem humanistischen Ideal der Selbstverwirklichung und einer hierarchisch strukturierten Verwaltungsmaschinerie fungiert die Schule, die im übrigen seit einiger Zeit ihr Monopol als Wissensvermittlungsinstanz eingebüßt hat,[18] quasi als eine „Keimstätte der Entfremdung", wie Bronfenbrenner einmal formulierte, und steht in hoffnungsloser Konkurrenz zu unzähligen, zum großen Teil weit attraktiveren Faktoren, die das Bewußtsein der Schüler vorrangig prägen.

Wie kann man aber erwarten, daß junge Menschen, wenn sie die Schule verlassen, zu mehr Verantwortlichkeit fähig sind, als die Schule ihnen zu übernehmen erlaubt hat? Und Verantwortung lernt man nicht dadurch, daß über Verantwortung geredet wird – kein Schüler kann sozusagen Verantwortung auswendig lernen –, sondern dadurch, daß einem Verantwortung übertragen wird, daß man Verantwortung übernimmt. Wer Moralpredigten anhören muß, lernt, wenn er nicht sogar ein inneres Aufbegehren gegen alles entwickelt, was mit Moral zu tun hat, in erster Linie lediglich, seinerseits Moral zu predigen, genauso wie einer, der immer beschimpft wird, unabhängig von irgendwelchen dahinterstehenden objektiven oder subjektiven Gründen, in erster Linie das Schimpfen als solches lernt.

So nimmt es nicht wunder, wenn „Pädagogisierung" von manchen geradezu als „Zivilisationsgefahr der modernen Gesellschaft" (Schelsky) gefürchtet wird und Ivan Illich die von ihm in dieser Richtung gesehene Gefahr sehr plastisch beschreibt, wenn er sagt, daß „die Bildung zunehmend weltfremd und die Welt bildungsfremd" werde. Auch der Bielefelder Pädagoge Hartmut von Hentig beklagt, daß die gegenwärtige Pädagogik, eben als etablierte Institution, ihre im Grunde dienende Funktion aus den Augen verloren habe. Sie beschäftige sich mit den Folgen ihrer eigenen Existenz und ihren eigenen theoretischen und praktischen Möglichkeiten und immer weniger mit den Kindern. „Ihre Einrichtungen werden besucht, weil es sie gibt. Ihre Mittel und Apparate werden benutzt, weil man sie hat", und pädagogischer Erkenntnis-„Fortschritt", so könnte man anfügen, spiegelt oft lediglich eine neue – aber im Grunde schon dagewesene – Mode mit in erster Linie jeweils neuen und beeindruckenden Wortschöpfungen.

Das Lernen in der Schule

In einem Interview, das Hartmut von Hentig vor einiger Zeit unter der bezeichnenden Überschrift „Wir erziehen solange schlecht, wie wir es ausschließlich in pädagogischer Absicht tun" gab, äußerte er sich sehr besorgt über Aspekte heutiger Erziehung. Er meinte, daß in einem Lebensalter, in dem die natürliche Lust am Lernen ungeheuer groß ist, diese Lust paradoxerweise gerade durch eine Einrichtung eingedämmt, wenn nicht sogar ins Gegenteil verkehrt werde, deren ureigentliche Aufgabe in der Förderung des Lernens bestehe. Der in England veröffentlichte

---
18 So konnte in verschiedenen Untersuchungen festgestellt werden, daß Schüler etwa 50 Prozent mehr Zeit vor dem Fernseher als in der Schule verbringen.

und auf empirischen Untersuchungen beruhende Rutter-Report enthält zudem konkrete Hinweise darauf, daß es weder von der Größe des Schulsystems noch von der Ausstattung, der Organisation oder den Inhalten, sondern ganz entscheidend von der Lehrerpersönlichkeit, ihrem sachlichen und persönlichen Engagement abhängt, mit welcher Freude und Zufriedenheit, mit welchem inneren Bedürfnis und welchem Erfolg Kinder in der Schule lernen.

Die Umstände offiziellen Lernens sind aber oft so, daß sich die „zu Belehrenden" sozusagen auf einen „Dienst nach Vorschrift" beschränken, daß sie uninteressiert und resigniert sind, ihren Tagträumen nachgehen oder durch unkontrollierte Impulse, versteckte, offene oder teilweise auch wilde Aggressionen auffallen.

Bei vielen Schülern scheint in der Tat, pointiert ausgedrückt, mit zunehmender Schulerfahrung eine aggressive Ablehnung und Geringschätzung des Wissens, gekoppelt mit einer persönlichen Gleichgültigkeit, Platz zu greifen. Denn das in einer mosaikartig gespaltenen und kaum mehr persönliche und soziale Identität begünstigenden Kultur vermittelte Wissen wirkt langweilig und wenig anziehend auf sie. Anstatt ein Schaufenster zu sein, in dem sich ein faszinierendes und bereicherndes Bild der Welt darbietet, entwickelte sich die Schule mehr und mehr zu einer Institution, in der Rezepte für Examenserfolge vermittelt werden oder auch – wie in den beiden letzten Jahrzehnten von einseitiger, ideologiebefrachteter Kritik gefördert – kritiklose Kritik geradezu ermuntert wurde. Paul Feyerabend spricht sogar – wenn auch bei aller Berechtigung sicher überzeichnet – von einer „in unseren Schulen tagaus, tagein vollzogenen Verstümmelung von Seelen und der Verwandlung lebendiger, einfallsreicher Menschenkinder in bleiche Kopien der 'Rationalität' ihrer Lehrer".

Und bei vielen („Be"-)Lehrern, deren Tätigkeit sich im Überschneidungsfeld vielfältiger Einflüsse unterschiedlicher Bezugsgruppen entfaltet, verwandelt sich ein anfängliches Engagement mehr und mehr in ein Job-Denken mit dem inneren Akzeptieren von Zwängen und Vorschriften, so daß sie den Schülern oft in erster Linie als Vertreter eines offiziellen Lehrplans entgegentreten. Die Wirklichkeit ihres beruflichen Daseins ist mit zahlreichen Widersprüchen gespickt und steht zudem sehr stark unter dem Einfluß eines merkantilen Konsumdenkens seitens der Eltern und Schüler. So werden viele Lehrer zunehmend mißerfolgsorientiert, unzufrieden, depressiv und nörglerisch. Selbst oft schwankend zwischen Angst und Aggression, einerseits mit Disziplinproblemen und andererseits mit einer Fülle von Erlassen und Vorschriften konfrontiert, sind sie hin- und hergerissen zwischen Partnerschaft und Autorität, zwischen Helfen-Wollen und Bewerten-Müssen, zwischen Gleichbehandlung und Konkurrenzermöglichung, zwischen menschlicher Echtheit und Rollenerwartungen, zwischen dem Wunsch nach Beliebtheit bei den Schülern und eigenen Karrierewünschen. Ihre berufliche Situation spiegelt damit genau die Merkmale und Bedingungen des Gesamtsystems. So erstaunt es eigentlich nicht, wenn kürzlich in einer französischen Zeitschrift zu lesen war, daß zwei Drittel der Lehrer an neurotischen Störungen leiden und daß nur sechs Prozent der Lehrer ihren Kindern raten würden, den gleichen Beruf zu ergreifen.

Vorgeblich der Entwicklung von Autonomie dienend, aber von vornherein weniger am ganzen Menschen als an der Entwicklung bestimmter, vorrangig kognitiver Funktionen orientiert, fördert die Schule als „Dressuranstalt, in der man lernt, Fremdinteressen für die eigenen zu halten" (Camus), passive Rezeptivität und Fremdbestimmtheit. Dieses Problem sah schon Immanuel Kant, als er sich die Frage stellte, wie Freiheit von Menschen angesichts des Zwanges erzieherischer Eingriffe entstehen könne. Denn jede Einwirkung auf einen anderen, vor allem, wenn sie unter disziplinierendem Zwang erfolgt, verringert zwangsläufig dessen Möglichkeiten echter Selbstbestimmung und schafft Gefühle der Entfremdung, auch wenn alles in dem Glauben an eine glücklichere Zukunft der Menschen geschieht.

So schafft der Erzieher, eingekettet in den ewigen „Kampf zwischen Schöpfung und Inquisition" (Camus), Fremdbestimmtheit und Leiden, auch wenn er offiziell gerade durch Erziehung das Gegenteil bewirken möchte. Eine wissenschaftlich orientierte, objektivierende Erziehung, die jungen Menschen das Beste angedeihen lassen möchte, ist unter den bestehenden Voraussetzungen gezwungenermaßen auf dem Wege, diese Menschen zu fremdbestimmten (Erziehungs-)Objekten zu machen. Sie gleicht darin der Bürokratie, die den Menschen mit seinen persönlichen Anliegen zwangsläufig zu einem „Fall" und damit zu einem für ihre Zwecke handhabbaren Objekt macht. Die so erzogenen und verwalteten Menschen entbehren in diesem Prozeß unglücklicherweise das am meisten, was für ihre Entwicklung am wertvollsten wäre: menschliche Zuwendung, bergende Wärme, das Entdecken eines Sinnes und das Finden einer „Heimat" (Bloch). Statt dessen erleben viele Schüler in bezug auf Schule Enttäuschung, innere Auflehnung, aber auch Angst in vielerlei Form. Das geht u.a. aus Befragungen hervor, nach denen bspw. weniger als zehn Prozent der Schüler keine Angst vor Klassenarbeiten hatten (Winkel). Diese Angst scheint übrigens von der Rigidität des jeweiligen Schulsystems, aber auch von dem Hineinwirken gesellschaftlicher Zwänge in die Schule abzuhängen (Winkel).

So sind die Auswirkungen dessen, was in unterstellt guter Absicht an Erziehung und Sozialisation erfolgt, unter den gegebenen Bedingungen eher ein Hindernis für das Entstehen eigenständiger und sozial orientierter menschlicher Persönlichkeiten (Jürgensmeier). Denn unablässig wird durch die offiziell institutionalisierte Erziehung im Grunde das geschaffen und verstärkt, zu dessen Abbau sie aufgerufen schien, und Schüler werden auf den Weg konformistischer Charakterlosigkeit oder normenablehnender Auflehnung gedrängt. „Vielleicht verhindert damit die Pädagogik sogar", wie Beck und Gamm formulieren, „die Zukunft, die sie verspricht" (Grüneisl u.a.).

So umweht eine mehrfache Tragik das Erziehungssystem: Eine Hemmung des Neugierverhaltens beschneidet nicht nur Informationsmöglichkeiten, sondern lähmt auch die grundsätzliche Informationsbereitschaft (Mitscherlich). Trotz immer eindrucksvollerer technischer Instrumente und immer wissenschaftlicherer Methoden, die allerdings nicht nur Faszination, sondern in ihrer Undurchschaubarkeit auch Bedrohung bedeuten, bestehen zunehmende Schwierigkeiten, beim Schüler tatsächlich anzukommen. Denn Formalisierung, technologische Versiertheit und überzogene methodische Ausrichtung verhindern eher echte Interessen und bewirken letztlich eine Gleichgültigkeit gegenüber den wahren Inhalten. Außerdem verdrängen sie unmittelbar zwischenmenschliche Kommunikation, erschweren einen persönlichen Erfahrungsaustausch und führen statt dessen neben einer zunehmenden Abhängigkeit von technischen Bedingungen zu einer vorrangigen Wirklichkeits- und Erfahrungsaneignung aus zweiter Hand.

Dabei dürfte der Verwissenschaftlichung der Pädagogik eine wesentliche Rolle zukommen. Diese Verwissenschaftlichung ging mit einem geradezu modischen Wechsel im Auftauchen und Verschwinden erziehungswissenschaftlicher Theorien und Leitbegriffe einher. Wissenschaftliche Diskussionen betrafen meist Auseinandersetzungen zwischen rivalisierenden Theorien. Sie waren aber kaum von dem Bestreben getragen, von einer über diesen Alternativen liegenden Ebene aus zu einer umfassenderen Sicht theoretischer Konzeptionen erzieherischen Handelns zu gelangen. Die offizielle Pädagogik tat sich, vor allem wohl, um ihrem mit Stolz verkündeten Anspruch einer „theoretischen Wissenschaft" gerecht zu werden, mit immer neuen theoretischen Ergüssen groß, die mit höchst eindrucksvollen Formulierungen imponieren, letztlich aber doch wenig für die tatsächliche Wirklichkeit abwerfen. Sie belassen vielmehr viele Suchende im Dunkel eines „Fachchinesisch", das mehr den Profilierungs- und Selbstrechtfertigungstendenzen eines theoretisierenden „Wissenschaftlers" zu entsprechen scheint, als einen Spiegel der tatsächlichen Wirklichkeit und einen sinnvollen und verständlichen Rat zu deren Bewältigung darstellt. So gleicht die moderne Pädagogik, sich weitgehend in Gerede und Getue erschöpfend, in manchem der Politik; ja mehr noch, mit zunehmender Entrücktheit von der Unmittelbarkeit des Lebens entsteht sogar oft der Eindruck, daß es sich nicht um schlichtes Gerede, sondern um Gerede über Gerede über Gerede, um Kommentare zu Kommentaren von Kommentaren, über Interpretationen von Interpretationen von Interpretationen handelt. Ganz krass meinte deshalb der Philosoph Otto F. Bollnow einmal: „Es gibt keine andere Wissenschaft, in der sich unwissenschaftliches (ich würde sagen pseudowissenschaftliches) Gerede, parteiischer Eifer und dogmatische Beschränktheit so breit gemacht haben, wie in der Pädagogik."

So werden auch Lernprozesse zu leicht mit dem Reproduzieren-Können bestimmter formaler (Fach-)Begriffe gleichgesetzt, mit denen man sich selbst und andere als wissend beeindruckt, die aber oft nicht mehr darstellen als die Worte, die ein Papagei wiederholt. In diesem verbalen Bemächtigungsbedürfnis (Boss), aus dem heraus viele Menschen zu meinen scheinen, daß das Verfügen über ein Wort oder einen Begriff ein Beleg sei für das Begreifen der Wirklichkeit oder gar eine Art Garantie ihrer Bewältigung, wird zu leicht das prägnante Wort von Alan Watts vergessen, daß die Bedeutung des Begriffes „Pferd" nicht im Wörterbuch, sondern im Stall stehe. Der Stellenwert rein sprachlicher „Lösungen" mag auch in dem Witz karikiert werden, den man sich von zwei Studenten erzählt, die über Sozialfragen diskutierten: „Es ist ungerecht, daß immer nur die Reichen den Rahm essen und die Armen die abgerahmte Sauermilch. Ich schlage vor, es soll in Zukunft umgekehrt sein!" – „Und wie willst du das erreichen?" – „Ganz einfach!

Ich werde die Bezeichnungen 'Rahm' und 'Sauermilch' gegeneinander austauschen."

Daß unter solchen Verbalisierungskünsten sowohl natürliche zwischenmenschliche Zuwendung und Begegnung als auch unmittelbares Vertrauen zurücktreten, liegt auf der Hand. Damit gerät ein Schüler, der mit dem Aufsteigen im Bildungsgang die Zersplitterung des Wissens als eine charakteristische Form unserer abendländischen Zivilisation innerlich übernimmt, in Gefahr, den Bezug zur komplexen Wirklichkeit zu verlieren. Es ist dieses Schrumpfen an Lernprozessen, die eine unmittelbare Begegnung bedeuten, dieses an Entfremdung grenzende Zurücktreten der Erziehung als Lebensprozeß, das vor allem auch der amerikanische Pädagoge John Dewey so intensiv beklagt.[19]

Dieses Bedauern muß nicht bedeuten, bisher in der Welt erworbenes Wissen und bisher entwickelte sinnvolle Bewältigungsmöglichkeiten nicht anzubieten. Erziehung sollte aber nicht einen Absolutheitsanspruch der eigenen – individuellen oder kollektiven – geistigen Vergangenheit in Blickrichtung auf die Zukunft heute heranwachsender Menschen apodiktisch durchsetzen wollen. Sie sollte aber sehr wohl – und sie kann ja auch gar nicht anders – das als Angebot zur Verfügung stellen, was nun einmal bis heute erarbeitet ist, dieses aber nach Möglichkeit aus einer Haltung kritisch-relativierender Distanz. „Seht, wir haben diese oder jene Erfahrungen gemacht. Einiges scheint sich – zumindest bisher – bewährt zu haben, anderes, wie es heute scheint, weniger. Seht einmal, ob es euch für eure Zukunft von Nutzen sein kann. Das und das glauben wir gegenwärtig mit gutem Gewissen sagen zu können. Es kann euch vielleicht auf eurem Weg in die Zukunft hilfreich sein. Ob es das aber wirklich sein wird, müßt ihr zu gegebener Zeit selbst entscheiden. Wachst mit offenen Augen und feinem Gespür in eure Welt hinein, tastet euch unter kritischer Verwendung dessen, was wir euch mitgeben können, in eure Zukunft! Bleibt aber immer offen gegenüber Unerwartetem und gegenüber anderen – und vielleicht besseren – Möglichkeiten!"

Sollte es nicht für das spätere Leben junger Menschen sinnvoll und von Vorteil sein, anstatt ausschließlich und engstirnig starre Zuordnungen und Verhaltensregeln zu lernen, eine gewisse Offenheit und Flexibilität aufkeimen zu lassen, sich zunehmend im Umgang mit komplexen Zusammenhängen zu üben und auch schon frühzeitig Vertrauen in sich selbst durch gelingendes selbständiges Tun und Übernehmen sinnvoller Verantwortung zu entwickeln? Allerdings muß man – zumindest derzeit (noch) – damit rechnen, daß Kinder und Jugendliche aus einer gewissen Trägheit und Bequemlichkeit heraus einfachere Wege anstreben und so ihrerseits gerade solche Tendenzen stützen, die ihrer Entwicklung nicht zuträglich sind.

Eine weitere Tragik der traditionellen Erziehung dürfte darin liegen, daß sie, je mehr sie nach festen Vorschriften und starrem Plan verfährt, um so mehr in Gefahr gerät, Methode und Inhalt, Verfahrensweisen und Sinn des Tuns miteinander

---

19 Die Schule hat unzähligen Menschen das Lesen beigebracht, ohne daß diese aber dadurch in die Lage versetzt wären zu erkennen, was überhaupt lesenswert ist, hat einmal jemand sarkastisch festgestellt.

zu verwechseln und damit um so weniger in positivem Sinne bei denen zu erreichen droht, für die sie eigentlich beabsichtigt ist. Denn je intensiver die Fixierung auf irgendwelche Normen ist, um so schwieriger wird eine bereichernde menschliche Begegnung und eine echte Kommunikation zwischen Lehrer und Schüler zu erreichen sein, um so mehr wird eine zwangsläufige Mittelmäßigkeit des Systems konstruktive und kreative individuelle Entwicklungen verhindern. Außerdem werden Normen notwendigerweise gegenwärtige Normen sein müssen, die letztlich aus Denkstrukturen der Vergangenheit erwachsen sind, da es ja noch keine zukünftigen Normen geben kann, obwohl Erziehung im Grunde auf die Zukunft junger Menschen gerichtet ist.

Durch offizielle Vorgaben und Normierungen werden individuelle Neugier, Wissensdurst, Lernmotivation und Spontaneität zumindest gebremst, wenn nicht unterdrückt. So wie aus der Synergetik bekannt ist, daß gerade mit Eingriffen von außen einhergehende Kontrollvorgänge bei sich selbst organisierenden Systemen zu schwerwiegenden Problemen führen können (Haken), wofür übrigens auch Beobachtungen in der Wirtschaft sprechen, kann auch bei erzieherischen Eingriffen ein paradoxer Effekt zustande kommen. Zumindest bestimmte Formen der „Erziehung zur Vernunft" können bspw. die Vernunft unterwandern und sich damit als 'unvernünftig' erweisen (Schoenebeck). Deshalb meint auch Vinoba Bhave, daß Erziehung „nie jenes kleinliche Austeilen von Unwissenheit durch Sklaven" sein dürfe, „die einer starren Methode folgen, die nichts als systematisierte Unwissenheit" sei. „Hat Shakespeare irgendeine Theorie des Dramas studiert? Ist irgend jemand dadurch zum großen Dichter geworden, daß er die Rhetorik-Regeln auswendig lernte? Methode, Lehrplan, Stundenplan, alles sinnlose Worte, Selbstbetrug. Bildung erwächst nur aus lebendigem Tun."

Die Erfahrung lehrt uns in der Tat, daß das „Wie" sich oft wirkungsvoller einprägt als der Inhalt, der auf eine bestimmte Weise vermittelt wird. Die Atmosphäre einer Begegnung steht gegenüber dem, was tatsächlich gesagt wird, eindeutig im Vordergrund. Außerdem pflegen mit zunehmender methodischer Ausrichtung Inhalte eher gleichgültiger zu werden. Lassen Sie mich noch einmal auf einige banale Beispiele aus dem Alltag zurückkommen: Wenn ich einem anderen mit mürrischer Miene einen Gefallen tue, nachdem ich ihn vorher angebrüllt habe, mich in Ruhe zu lassen, prägen sich die anfängliche Ablehnung und die mürrische Miene weit stärker ein als der Gefallen, den ich ihm dann letztlich doch tue. Wer einen anderen aus Wut verprügelt, wird weit mehr die Prügel als die Ursache der Wut einprägen; und wenn eine Frau unablässig ihren faszinierenden Charme spielen läßt, wird sich zweifellos ihr Charme, aber weniger der Inhalt ihrer Worte einprägen. Wie sagt der Berberfürst in St. Exupérys „Citadelle": „Geschicklichkeit ist nur ein leeres Wort. Man begründet das, was man macht, und nicht mehr."

Eine Veramtlichung und Vernormung von Lernprozessen anstelle lebendiger Begegnungen und bereichernder Erfahrungen führt aber nun dazu, daß derjenige, der Lernen fördern soll – und in vielen Fällen auch will –, sich selbst zunehmend darauf einschränkt, bestimmte Aufgaben im Rahmen seiner Funktionsbeschreibung so zu erledigen, daß keine Beanstandungen erfolgen und er nach keiner Seite

„Ärger bekommt". Diejenigen dagegen, die als Lernende gefördert werden sollten, drohen – als Pendant – in ihrer menschlichen Ganzheit auf diejenigen Funktionen zusammenzuschrumpfen, die in der Funktionsbeschreibung des Lehrenden und den inhaltlichen Stoffvorgaben genannt sind. Zwangsläufig müssen auf diese Weise Eigenschaften und Werte wie Vertrauen, Bescheidung, Altruismus und Erkenntnis eines tieferen Sinnes auf der Strecke bleiben. Denn sie sind nicht in vergleichbarer Weise planbar und kontrollierbar. Und Verantwortung ist, wie gesagt und wie wir später noch ausführlicher sehen werden, nichts, was man sozusagen auf Befehl auswendig lernen könnte.

Ähnlich wie in der Politik ist allerdings auch in der Erziehung kaum jemand bereit, tatsächlich Verantwortung für das zu übernehmen, wozu sein Handeln letztlich führt. Ein Zusammenhang seines Handelns mit in der Zukunft auftretenden Wirkungen läßt sich zudem immer wieder geschickt wegargumentieren. Es ist ja auch bei der Komplexität des Lebens und angesichts der unzähligen Faktoren, die einen Lebenslauf bestimmen, im Einzelfall gar nicht beweisbar.

Erziehung als außengesteuerter Eingriff in ein System

Zweifellos herrscht in unserem Kulturkreis eine unaustilgbare Überzeugung vom Wert zu ergreifender Maßnahmen, von außen gesteuerter Eingriffe in ein System, mit denen irgend etwas „in Ordnung gebracht" werden soll. Genau diesem Geist entspricht auch die Vorstellung, daß Menschen in jedem Fall zielgerichtet etwas beigebracht werden muß, als ob sie nur das wissen könnten, was man sie ausdrücklich nach Plan und Vorschrift gelehrt hat. Das hat aber in vielen Fällen in erster Linie zur Folge, daß diese Menschen, um die es geht, schließlich selbst nicht mehr das Vertrauen haben, etwas von allein lernen zu können, daß sie zu bequem sind, sich geistig anzustrengen und selbständig zu denken, so daß sie sich ihrerseits mehr und mehr auf systematische Unterstützung von außen verlassen, die sie aber wiederum ablehnen.

Was aber tatsächlich, d.h. jenseits der Ebene einer lediglich das Selbstwertgefühl des Lehrenden stützenden subjektiven Überschätzung der Machbarkeit des Erziehungs- und Unterrichtserfolgs erreicht wird, ist in der Tat eine durchaus nicht unberechtigte Frage. Haben Erziehung und Unterricht eine Wirkung? Haben sie die beabsichtigte Wirkung? Haben sie möglicherweise unbeabsichtigte Nebenwirkungen? In welchem Verhältnis stehen Aufwand und Erfolg zueinander? Wirken wir nicht im Grunde mit jedem Inhalt, der vorgegebenerweise zu lernen ist, gleichzeitig einengend auf geistige Entwicklungen? Gibt es nicht auch vom Erziehenden verursachte Lernstörungen und Fehleinstellungen? Wirkt sich nicht eine bürokratisierte Lernsituation zwangsläufig in Richtung einer Ausklammerung persönlicher Erfahrungen und eines Absinkens individueller Lernmotivation aus? Können nicht sogar viele lebendige Entwicklungsprozesse durch von außen oktroyierte Vorgaben abgetötet werden? Und bleiben dadurch nicht gerade Bereitschaft und Fähigkeit zu feinfühligem, offenem und angepaßtem Umgang mit der Welt und den Mitmenschen auf der Strecke?

Wie schwierig die tatsächlichen Auswirkungen irgendwelcher Eingriffe bei der Komplexität der Zusammenhänge in der Wirklichkeit abzuschätzen sind, soll eine kurze Geschichte aus einem ganz anderen Lebenszusammenhang zeigen: „In Australien hatten Viehzüchter, beunruhigt über den Verlust junger Schafe durch Kojoten, in einer gemeinsamen Anstrengung fast alle Kojoten der unmittelbaren Umgebung ausgerottet. Nach dem Verschwinden der Kojoten vermehrten sich die Kaninchen, Feldmäuse und andere kleine Nagetiere, die zuvor den Kojoten als Beute dienten, rapide und fügten durch ihre unterirdischen Bauten dem Weideland großen Schaden zu. Als die Viehzüchter dies bemerkten, beendeten sie die Jagd auf die Kojoten und organisierten ein umfassendes Programm zur Ausrottung der Nagetiere. Nun drangen aus den umgebenden Gebieten andere Kojoten ein; aber da ihre natürliche Nagetier-Beute nun knapp geworden war, waren sie gezwungen, sich in noch stärkerem Maße auf die jungen Schafe als ihre einzig verfügbare Beutenahrung zu stürzen" (Clarke).

Auch bei erzieherischen Einwirkungen erfolgt ja ein Eingriff in ein komplexes System. Dabei können genauso wie im Fall der Schafe und Kojoten Prozesse in Gang kommen, die man nicht überblickt, die einen unkontrollierten Verlauf nehmen und unerwartete – und mitunter höchst unerwünschte – Auswirkungen haben können.

Führt man sich all das vor Augen, wird eine entscheidende Grenze geplanter erzieherischer Einwirkungen, langfristiger erzieherischer Wirksamkeit, aber auch pädagogischer Beurteilungen und Voraussagen deutlich. Ist es nicht glatte Utopie, sich einzubilden, einen anderen Menschen von außen, d.h von außerhalb seines Selbst, und sei es nur durch Beurteilungen und Bewertungen, lenken bzw. gezielt verändern zu können?

Liegen hier nicht auch Ursachen einer oft beklagten Problematik zwischen den Generationen? Muß es angesichts dieser zwangsläufigen Problematik nicht in erster Linie darauf ankommen, anstelle bestimmter Inhalte aus einer grundsätzlichen (System-)Offenheit heraus die Gemeinsamkeit eines „Wie" zu betonen. Kann man es in dieser Situation verantworten, ganz bestimmte Lerninhalte für das Entscheidende zu halten? Muß man nicht vielmehr in erster Linie an das Lernen als solches denken? Genauso wie es im Grunde für den Menschen als Persönlichkeit weniger auf die Bindung an etwas Bestimmtes ankommt, sondern auf den Wert einer Bindung, ein Eingebundensein schlechthin.

Es wäre daher wahrscheinlich kein Nachteil, wenn forscher erzieherischer Tatendrang bisweilen durch etwas besinnliche Nachdenklichkeit gebremst würde. Bleibt doch bei Betrachtung unserer Wirklichkeit ein bitterer Geschmack auf der Zunge, den Peter Weiß in seinem „Abschied von den Eltern" in die Worte faßt: „Sie hatten uns alles gegeben, was sie uns geben konnten; sie hatten uns Kleider und Nahrung und ein gepflegtes Heim gegeben; sie hatten uns ihre Sicherheit und ihre Ordnung gegeben, und sie verstanden nicht, daß wir ihnen nicht dafür dankten."

Viele, gerade auch berufstätige Pädagogen, haben heute vergessen – wofür es sicher auch genügend Gründe gibt, die man ihnen nicht persönlich anlasten darf –, daß schon ein Lächeln Herzen und Sinne öffnet, daß Vertrauen und Geduld im Umgang mit jungen Menschen eine ganz wesentliche Rolle spielen und daß Lehren letztlich „eine andere Form von Liebe ist" (Mark Harris).

VI. Non-direktive Pädagogik und selbstbestimmtes Lernen als Alternativen

Die Rolle der humanistischen Psychologie

Wir werden uns an späterer Stelle noch einmal ausführlicher mit der Bedeutung des bereits im ersten Teil beschriebenen klassischen wissenschaftlichen Weltbildes speziell im Hinblick auf die Verantwortungsproblematik auseinandersetzen (S. 454ff.). An dieser Stelle sei nur kurz auf einige Merkmale dieses Weltbildes hingewiesen, die ja auch trotz zweifellos vorhandener gegenläufiger Strömungen für die in unserem Kulturkreis vorherrschende Konzeption von Erziehung und Erziehungswissenschaft weitgehend bestimmend waren: Fragmentierung und Spezialisierung, Verdinglichung und Objektivierung, Formalisierung und Quantifizierung, Veräußerlichung und Materialisierung, technische Rationalität und Tendenz zum Theoretisch-Abstrakten sowie eine vorrangige Zweckorientierung mit dem Wunsch nach fertigen Gebrauchsanweisungen und mit bewußtem Einsatz cleverer Kalkulationen, methodischer Tricks und geschickter vordergründiger Argumentationen.

Die mit diesen Grundtendenzen einhergehende Problematik war ein Ausgangspunkt der zahlreiche Unterströmungen umfassenden und sich teilweise auch mit anderen Ansätzen überschneidenden humanistischen Psychologie. Sie grenzt sich ausdrücklich von einem positivistisch[20]-reduktionistischen Welt- und Menschenbild und damit von der rein an isolierten Verhaltensdaten orientierten behavioristischen Psychologie, aber auch von der Psychoanalyse ab.

Für sie ist es ungleich wichtiger, die Dinge der Welt und vor allem die Menschen in ihrer Ganzheit und tieferen Wirklichkeit zu erfassen. Sie betont deshalb auch den Wert einer grundsätzlichen inneren Aufgeschlossenheit, von Verständnis und erlebnisgetragener Erfahrung. Denken und Erleben bilden für sie ebenso eine Einheit wie Individuum und Umwelt. Sie bezieht bewußt subjektive Sichtweisen ein und ist sehr stark an den eigentlichen Problemen der Menschen, speziell im aktuellen gegenwärtigen Geschehen und Erleben interessiert. Dieser Grundtendenz entspricht, daß der Mensch für sie keine Maschine darstellt, die in einfacher Weise von außen bearbeitet werden kann. Deshalb ist sie grundsätzlich skeptisch gegenüber gezielten Interventionen von außen, vor allem was langfristige Entwicklungs-

---

20 Der Positivismus ist eine wissenschaftliche Denkrichtung, die nur (äußere), durch sinnliche Wahrnehmung nachprüfbare Tatsachen für wirklich hält und weitgehend mit einer reduktionistischen, d.h. auf Einzeldaten gestützten Sicht- und Vorgehensweise einhergeht, d.h. alle Geschehnisse auf einfache, klare Fakten zurückzuführen versucht.

möglichkeiten betrifft. Das gilt auch speziell gegenüber der Vorgabe bestimmter Erziehungsziele, da sie hier die Gefahr von Störungen und Behinderungen natürlicher Entwicklungen sieht. Statt dessen hält sie es für wichtig, lediglich geeignete Bedingungen für eine konstruktive Weiterentwicklung zu schaffen und dem menschlichen Individuum die Möglichkeit zu geben, möglichst eigenständig die Welt und sich selbst zu entdecken, zu darauf gegründeten Urteilen und Entscheidungen zu gelangen und auf diesem Wege eine zunehmende innere Bereicherung zu erfahren.

Ihr umfassendes Ziel besteht darin, dem Menschen zu helfen, sein eigenes Selbst (wieder) zu entdecken und die Welt in vollem Sinne menschlich zu gestalten. Der Mensch soll über das ganze Leben unterwegs sein zu sich selbst und zu seinen eigentlichen Bedürfnissen sowie auf diesem Weg zu immer größerer Selbstvollendung finden. Die humanistische Psychologie sieht den Menschen bewußt in seiner Ganzheitlichkeit und als Subjekt, geht von einem grundsätzlichen Vertrauen aus und betont Werte wie Zuwendung und Kontakt, schlichte wohlwollende Mitmenschlichkeit, Offenheit, Glaubwürdigkeit und Echtheit (sog. Authentizität), Spontaneität, Sensibilität, Flexibilität und Kreativität, aber auch Weisheit, Ausgewogenheit, Geduld, Gelassenheit und Bescheidung.

Die Konzeption einer non-direktiven Pädagogik

An die Gedanken der humanistischen Psychologie knüpft die „non-direktive Pädagogik" oder die Konzeption eines selbstbestimmten Lernens an, wie sie der Essener Sozialpädagoge Wolfgang Hinte vertritt. Der Begriff ist nicht zufällig der non-direktiven Psychotherapie von Carl Rogers entlehnt, die ja bewußt zugunsten einer Offenheit auf festlegende Anleitungen verzichtet. Eine logische Konsequenz liegt denn auch in der Betonung eines schöpferischen Lernprozesses gegenüber der Ausrichtung an starr vorgegebenen Lern- und Erziehungszielen sowie in der vorrangigen Förderung inneren Wachstums und bereichernder Selbstentwicklung gegenüber enger und simpler Belehrung.

Es gibt eine ganze Reihe von Untersuchungen (etwa von Truax und Carkhuff, Rogers, Tausch und Tausch), die im Grunde drei wesentliche Merkmale herausgearbeitet haben, die für den Wert von Begegnungen zwischen Menschen eine wesentliche Rolle spielen und die auch Carl Rogers als die wesentlichen Einstellungen eines „facilitators" betont, also eines Menschen, der Lernprozesse bei anderen ermöglicht und fördert.

Es ist dies einmal eine natürliche und unverfälschte, echte, unaffektierte Ursprünglichkeit ohne übertriebene Abwehrhaltung und Selbstgefühlsbetonung, in der die vermittelten Inhalte und unsprachliches Gesamtverhalten übereinstimmen. Wer andere Menschen erfolgreich fördern will, baut keine Mauer oder Fassade vor sich auf, zieht sich auch nicht in die Starrheit einer Rolle zurück, sondern bringt sich schlicht – mitsamt seinen Gefühlen – als das ein, was er ist. Dadurch wird eine persönliche Begegnung mit dem Lernenden ermöglicht, für den der

Lehrer keine „gesichtslose Verkörperung einer curricularen Pflicht" oder „sterile Röhre" mehr darstellt, durch die Wissen weitergeleitet wird.

Es ist zweitens die Fähigkeit, sich dem anderen positiv zuwenden zu können und eine entspannte Atmosphäre des Vertrauens zu schaffen, in der sich der andere geschätzt und in persönlicher Wärme angenommen fühlt. Es zeigte sich, daß Wertschätzung auch bei direktivem, also mehr vorschreibendem Vorgehen zu Lernerfolgen führte; diese waren jedoch bei einem Zusammentreffen von Wertschätzung und nicht-dirigierender Aktivität noch wesentlich ausgeprägter.

Und es ist drittens die Fähigkeit, sich auf den anderen einzustellen, den anderen von dessen eigenem Standpunkt aus zu verstehen, sich einfühlsam in seine Gedanken- und Sprachwelt zu versetzen und sich ihm gegenüber dementsprechend auszudrücken, ohne bei allem Engagement aufdringlich zu wirken. Kennzeichnend dafür ist die Aussage eines Lernenden: „Endlich versteht jemand, wie ich mich fühle, wie ich mir vorkomme, ohne daß er mich analysieren oder beurteilen will."

Eine solche vertrauensvolle Begegnung, eine Erfahrung übrigens, die nicht früh genug erlebt werden kann, weil alle späteren Erfahrungen wieder darauf aufbauen, erfordert nach Hinte, daß der Lehrer vor allem auch zuhören, beobachten, verstehen, anregen und ermutigen kann. Lehrer wie Eltern sollten dagegen vermeiden, in der Erziehung von Kindern und jungen Menschen von ihren eigenen Wünschen und (unerfüllten) Bedürfnissen auszugehen. Denn durch deren Befriedigung behindern sie nur die lebendige eigenständige Entwicklung der Kinder, ja können sie sogar letztlich verhindern.

Es liegen, wie gesagt, mittlerweile zahlreiche empirische Untersuchungsergebnisse über die tatsächliche praktische Bedeutung dieser Merkmale vor. Beispielsweise wurden die Interaktionen zwischen Lehrern und ihren Schülern auf Tonband aufgenommen und untersucht. Dabei zeigte sich, daß die Schüler von Lehrern, die über diese Merkmale verfügten, ein sehr viel „produktiveres" Verhalten zeigten als Schüler von Lehrern, die stärker dazu neigten, zu beurteilen, zu tadeln, zu prüfen und zu instruieren. Es zeigte sich weiter, daß Lehrer um so effektiver waren, je höher sie von ihren Schülern in den drei genannten Merkmalen eingestuft wurden. Das heißt, Kinder, denen die beschriebenen Verhaltensweisen am meisten entgegengebracht wurden, erreichten dadurch höhere Lernleistungen als jene, bei denen das in geringerem Maße der Fall war.

Eine ganz wesentliche praktische Rolle spielte bei diesen Voraussetzungen das bereits erwähnte echte, feinfühlige Zuhören-Können, das in unserer hektischen, auf 'action' ausgerichteten und von Ich-Bezogenheit bestimmten Zeit zwangsläufig sehr stark zurückgetreten ist. Wer ist schon noch in der Lage, einen anderen Menschen wie einen Sonnenuntergang auf sich wirken zu lassen (Rogers), bei dem niemand daran dächte, ihm seinen Willen aufzuzwingen?

Führt man sich die drei genannten Merkmale oder Einstellungen vor Augen, so begreift man zwei grundsätzliche Fehler und Schwächen bei einem Menschen, der Lernprozesse fördern möchte: einmal, daß er – aus welchem Grund und auf welche Weise auch immer – zu sehr auf sich selbst zentriert ist, und zum anderen, daß er, was ja oft mit einer trockenen und unpersönlichen Art einhergeht, dem Lernstoff, den Inhalten eine zu große Bedeutung beimißt.

Die von Wolfgang Hinte vertretene non-direktive Pädagogik geht davon aus, daß in jedem Menschen ein großes geistiges Potential vorhanden ist, das zur Entfaltung drängt. Das Ausmaß dieses Potentials dürfte schwer abzuschätzen sein, weil der Mensch in der bisherigen Geschichte kaum die Möglichkeit hatte, es voll zu entwickeln. Auch von namhaften Hirnforschern wird ja betont, daß der durchschnittliche, heute lebende Mensch nur einen Bruchteil seiner tatsächlichen Gehirnkapazität wirklich nutzt.

Die non-direktive Pädagogik stellt sich deshalb die Frage, wie man dieses Potential erkennen, wecken und aktivieren kann. Kommt es doch in der Tat nicht so sehr darauf an, jungen Menschen alles beizubringen, was sie jemals wissen sollten, sondern ihnen Gedanken, Gewohnheiten und Techniken näherzubringen, durch die sie in die Lage versetzt werden, sich selbst weiterzuentwickeln. Sie nimmt damit zugleich Abstand von der Vorstellung einer „kausalen" Steuerung und ersetzt diese durch die Vorstellung einer Anleitung und Hilfe zur Selbststeuerung.[21]

Denn selbstorganisierende Systeme können Außeneinwirkungen ohnehin nur im Rahmen ihrer spezifischen Systembedingungen verarbeiten und auch dann nur inhaltlich verwerten, wenn sie in der „Systemsprache" gehalten sind. Das bedeutet aber, daß der Erzieher im Grunde nur als Auslöser bestimmter Veränderungen beim Schüler fungieren kann. Das Ergebnis seines Bemühens kann bei jedem Schüler anders sein, und es ist kaum damit zu rechnen, daß es mit einer – so denn vorhandenen – bestimmten Absicht des Erziehers identisch ist, weil es aus der Art und Weise der Verknüpfung komplexer Systeme und vor allem der Eigenstruktur des Empfängers resultiert. Es gibt keine noch so ausgeklügelten pädagogischen Einwirkungen, die unmittelbar zu beabsichtigten Ergebnissen führen. „Das Erkannte ist im Erkennenden nach Weise des Erkennenden", sagte schon Thomas von Aquin.

Daher bedeutet es für die non-direktive Pädagogik eine wesentliche Grundregel, die Autonomie des einzelnen zu respektieren und das Individuum zugleich in seinem geschichtlichen Werdegang und in seinem Eingebundensein in seine Umwelt zu begreifen.

---

[21] Es sei allerdings am Rande erwähnt, daß wir ähnlichen Gedanken, auch wenn die offiziellen und definitiven Wege vorwiegend andere waren, in ähnlicher Form durchaus schon in der Geschichte der Pädagogik begegnen, etwa vor nunmehr 200 Jahren bei Johann Heinrich Pestalozzi. Denn er schrieb bspw.: „Es ist fern von uns, aus euch Menschen zu machen, wie wir sind ..., ihr sollt an unserer Hand Menschen werden, wie eure Natur will." Ebenso stellte der 1866 verstorbene Pädagoge Friedrich Adolf Wilhelm Diesterweg bereits vor über 100 Jahren fest: „Es gab Zeiten, wo man Bildung mitteilen zu können glaubte. Nicht einmal Kenntnisse lassen sich ... mitteilen. Man kann sie dem Menschen vorlegen, vorsagen; er aber muß sich ihrer mit Selbsttätigkeit bemächtigen, wenn er sie seinem Geiste zu eigen machen will ... Was der Mensch sich nicht selbsttätig angeeignet hat, hat er gar nicht."

Das muß keineswegs bedeuten, daß eine Orientierung am Schüler diesen sozusagen als definitiven Selbstzweck begreift, dem man sich selbst unterordnen müßte, indem man sich bspw. forciert anbiedert. Es kann auch nicht bedeuten, ohne Berücksichtigung der tatsächlichen Voraussetzungen vollständige Autonomie zu fordern und den Schüler selbst alles bestimmen zu lassen, was geschehen soll. Denn dazu ist er in vielen Fällen – aber eben auch wieder aufgrund bestimmter Bedingungen im Gesamtsystem – gar nicht in der Lage. Vielmehr sollte es sich in zunehmender Kooperation und wachsendem wechselseitigem Vertrauen um das gemeinsame Finden eines Weges handeln, bei dem der Schüler durchaus auch Widerstände und Grenzen erleben kann. Mit dieser respektierenden Grundeinstellung kann durchaus einhergehen, aus der eigenen – und oft ja auch überlegenen Kompetenz heraus – dem Schüler Angebote zu unterbreiten, die ihm bisher unbekannt sind, aber geeignet sein könnten, ihn zu bereichern und in seiner Entwicklung weiterzuführen, sich dabei aber sorgsam zu hüten, diesen Angeboten eine Verbindlichkeit beizumessen, über die man ohne Berücksichtigung der Schülerpersönlichkeit quasi allein bestimmt. Offenheit und Aufgeschlossenheit, ein sicheres Gespür für die geeignete Situation und den geeigneten Zeitpunkt sowie Aufrichtigkeit und Glaubwürdigkeit sind in diesem Rahmen eine ganz entscheidende Basis einer gelingenden Beziehung, eine weit stärkere jedenfalls als das Verfügen über ausgefeilte didaktische Kenntnisse und methodische „Tricks".

Die non-direktive Pädagogik ruft in diesem Sinne in Erinnerung, daß das, was man einen anderen lehren kann, erfahrungsgemäß wenig Einfluß auf ihn hat, insbesondere nicht auf sein Verhalten. Jeder sei vielmehr nur an solchen Lernprozessen interessiert, die für ihn persönlich bedeutsam seien, an solchen Inhalten, die er selbst entdecke und die er sich selbst aneigne. Daraus ergebe sich, daß entscheidende Aktivitäten vom Lernenden selbst ausgehen müßten. Kommt es doch ohnehin nicht darauf an, was einer sagt, sondern darauf, was derjenige versteht, zu dem er spricht. Das ist aber entscheidend von dessen Ausgangslage und jeweiliger Befindlichkeit, insbesondere von seinen Interessen abhängig. Ihre Berücksichtigung eröffnet daher ungeahnte Lernmöglichkeiten.

Diese Erkenntnis hat natürlich auch Konsequenzen für die Lernorganisation und bedeutet u.a. eine drastische Herabsetzung sog. reinen Frontalunterrichts und vor allem – im Gegensatz zu starren Festlegungen – eine starke Offenheit und Flexibilität in vielen Richtungen: in bezug auf den Zeitplan und die Einbeziehung räumlicher Einflußgrößen, in bezug auf die Bildung von Lerngruppen, auf die thematische Schwerpunktsetzung und die Nutzung von Medien, kurz in bezug auf die ganze Planung (oder eben Nicht-Planung und den Verzicht auf eine feste und starre Fixierung) des Vorgehens. Dazu kommt noch eine bewußte Förderung möglichst individualisierten, von innen heraus (intrinsisch) und nicht so sehr durch äußere (positive oder negative) Anreize motivierten Lernens (s. S. 460). Das erfordert wiederum für die Schüler die Möglichkeit einer stärkeren Mitbeteiligung an der Lernorganisation und Lernkontrolle mit der für beide Seiten bestehenden Chance eines Ausbaus der Selbstüberprüfung und eigenständigen Bewertung des jeweiligen Lernstandes und -erfolges. Der Lehrer tritt in diesem Rahmen anstelle eines reinen Instruktors sehr viel stärker in die Rolle eines kompetenten Partners und helfenden Beraters. Eine wesentliche Aufgabe für ihn besteht darin, ein Klima gegenseitigen Vertrauens zu schaffen, in dem die Schüler sich persönlich angenommen fühlen, sowie Initiative, Engagement und Partizipation zu fördern. Gerade relativ unstrukturierte Lernsituationen erleichtern es dem Schüler, selbst Entscheidungen zu erarbeiten und in wachsender Selbständigkeit in die Übernahme angemessener Verantwortung hineinzuwachsen (Deitering u.a.). Wenn nach John Dewey die Entwicklung von Menschen vorrangig darin besteht, daß sie Erfahrungen machen, kann Erziehung nicht von vornherein vorgeschriebene feste Zwecke haben, sondern bedeutet als beständige Aufgabe immer wieder Neugestaltung und Neuaufbau auf dem Boden hinzugekommener Erfahrungen.

Eine erste Grundkonsequenz lautet daher für den Lehrer, nicht zu lehren, sondern Lernen zu ermöglichen, nicht den Wissensstoff als solchen, sondern den lebendigen Umgang mit ihm in den Vordergrund zu stellen. Er sollte sich auch einen Sinn für den Wert von Improvisationsbereitschaft, von nicht-formalen Aspekten der erzieherischen Situation sowie eine Offenheit für menschliche Begegnungen bewahren. Denn der Lernprozeß ist geradezu allergisch gegen zuviel Formalismus, Geregeltheit und Einförmigkeit. Das erfordert gleichzeitig eine undoktrinäre, aufgeschlossene und immer gesprächsbereite Grundhaltung, die Ermöglichung des eigenständigen Entdeckens von Sinnbezügen, eine Förderung der Gelegenheiten, Menschlichkeit, Fairness und Toleranz zu erfahren.

Der Lehrer tut gut daran, sich selbst ebenfalls als Lernenden, als Fragenden oder als jemanden zu verstehen, der sich auf dem Weg zu größerer Vollkommenheit befindet. Deshalb wird es als wesentlich angesehen, die Menschen anzuregen und ihnen zu helfen, über sich selbst und über ihr Leben nachzudenken, Prozesse der Selbsterfahrung in Gang kommen zu lassen. Dabei bringt jeder in gleicher Weise und gleichrangig seine Gefühle und Bedürfnisse ein, und der jeweils Kompetentere stellt sein Wissen auf der gemeinsamen Suche nach geeigneten Lösungsmöglichkeiten von Problemen zur Verfügung. Denn wahre Bildung entsteht vor allem dort, wo Menschen in gegenseitigem Geben und Nehmen zusammenleben.

Hanns Dieter Hüsch bringt das sehr charakteristisch in den Zeilen zum Ausdruck, denen er den Titel „Dialog mit der Jugend gab":

„Wer einen Dialog
Herbeiführen will
Muß ....
Von sich absehen
Sich zuwenden und zuneigen
Muß nicht besitzen wollen
Darf nicht besitzergreifend sein
Nur wenig Vorschriften machen
Besser keine
Gelegentlich vorsichtig Empfehlungen
anbieten
Unsichtbar die Hand darüber halten
Unhörbar anders denken

Sich nicht als Erwachsener aufspielen
Fehler nicht gleich als Schande empfinden
Irrtümer gestatten
Dennoch das Recht haben sich
Sorgen
Machen zu dürfen
Kummer aufzuspüren und teilen ...
Nicht immer alles besser wissen
Am besten nichts besser wissen
Sondern trösten
Ratlosigkeit teilen
Wärme herstellen
Bindungen spüren lassen
Liebe!"

Interessanterweise gibt es Kulturen, wie bspw. die indische, in denen überhaupt keine Wortwurzel existiert, die unserem „Lehren" entspräche (Bhave). In der Tat ist es ja wohl auch so, daß wir lernen können, daß wir auch anderen beim Lernen helfen können, daß wir aber nicht im eigentlichen Sinne „lehren" können.

Dazu paßt auch, daß in solchen Kulturen, soweit sie von abendländischem Einfluß relativ frei blieben, Bildung nicht mit einem der Selbstbestätigung dienenden Überlegenheitsgefühl oder gar mit Überheblichkeit gekoppelt ist, sondern im Gegenteil ihre wesentliche Voraussetzung in der Fähigkeit gesehen wird, immer bescheidener zu werden. „Der Lehrer sollte jederzeit bereit sein, seinen Schülern mit Demut zu dienen, und die Schüler sollten in Bescheidenheit vom Lehrer lernen", heißt es bei Vinoba Bhave. Im Sanskrit bedeutet sogar das Wort vinaya zugleich Bildung und Bescheidenheit, und in alten indischen Schriften wird oft auch Weisheit und Bescheidenheit gleichgesetzt.

Ich habe mich selbst während meines Aufenthaltes in Ländern der Dritten Welt oft gewundert, wie aufmerksam und entspannt zugleich Kinder dort in der Schule lernen. Welche ungeheure Lernbegier wurde in gemeinsamen Gesprächen offenbar! Die Freude kannte oft keine Grenzen, wenn sie einen Kugelschreiber und ein Blatt Papier in der Hand hatten. Ich habe allerdings auch oft festgestellt, daß der schulische Lehrplan sehr stark selbst von Dorf zu Dorf schwankte und sehr viel stärker als bei uns an den jeweiligen konkreten Bedürfnissen orientiert war.[22]

Eine im Sinne der non-direktiven Pädagogik erfolgende helfende Anleitung bedeutet keine Einschränkung der Selbsttätigkeit. Es ist sogar eine Form der Achtung für den anderen, in erster Linie auf sich selbst zu achten, seinen eigenen Weg in Selbstvertrauen und Sicherheit zu gehen, dabei aber nicht dessen Gültigkeit zu verallgemeinern, sondern den anderen auf *seinem* Weg mit der gleichen Toleranz anzuerkennen, die man für sich selbst wünscht und beansprucht. „Der einzige Mensch, den man gebildet nennen kann, ist jener, der gelernt hat, wie man lernt;

---

22 Das schließt natürlich nicht aus, daß es auch Orte in der Dritten Welt gibt, an denen Schüler durch den Besuch von Schulen, die an europäischen Standards ausgerichtet sind, in einer Sprache, die nicht die ihre ist, zu einem Denken erzogen werden, das ihnen fremd ist und sie ihre kulturell-bergende Einbettung verlieren läßt.

der gelernt hat, wie man sich anpaßt und ändert; der erkannt hat, daß kein Wissen sicher ist, daß nur der *Prozeß* der Suche nach Wissen eine Basis für Sicherheit bietet ... und der gelernt hat, als Individuum in prozeßhafter Entwicklung zu leben" (Rogers).

Solche Prozesse kann man aber nicht von vornherein zielgerichtet steuern; und man kann auch nicht irgendwelche entscheidenden und anhaltenden Änderungen erwarten, wenn man versucht, solche Änderungen gegen den Willen und gegen tiefere, innere Tendenzen des Betreffenden oder quasi über dessen Kopf hinweg zu erreichen. „Laßt deshalb die Menschen *ihre* Lernerfahrungen machen, in *ihrer* Umgebung, mit *ihren* Sinngehalten, mit *ihren* Werten und *ihren* Zielen! Kümmert euch aber darum, daß diese Prozesse überdacht werden und schafft eine Atmosphäre, die Kommunikation zuläßt, personalen Kontakt ermöglicht und zu gemeinsamer Reflexion ermutigt", schreibt Hinte.

Wer meint, anderen immer mit aller Macht „auf die Spur" oder „auf die Sprünge" helfen zu müssen, vielleicht sogar, um ihnen aus tiefem Wohlwollen heraus nachteilige Erfahrungen zu ersparen, verhindert in Wirklichkeit Erfahrungen und damit Lernen. Allerdings dürfte dieses Wohlwollen auch gar nicht so häufig wie vorgegeben der tatsächliche Beweggrund sein.

Umgekehrt spricht in der Tat sehr vieles dafür, daß der Mensch am besten lernt, wenn er – zwar durch günstige Außenbedingungen angeregt – sein Lernen selbst steuert, d.h. möglichst frei von Fremdsteuerung ist, die sich an bestimmten, von außen gesetzten Zielen orientiert. Man könnte also geradezu die paradoxe These aufstellen, daß „die wirksamste Art von Fremdsteuerung diejenige ist, die dem Lernenden die weitestgehende Selbststeuerung überläßt" (Grell/Pallasch in Neber). Dann aber stellt sich natürlich die Frage, ob dieser Gedanke nicht ein Trick ist, das vielen so vertraute und so teure Konzept der Fremdsteuerung zu retten, und ob man nicht ehrlicherweise ohne irgendwelche Hintergedanken das Konzept der (geförderten) Selbststeuerung vertreten sollte. Diese Selbststeuerung, bzw. eine Unabhängigkeit vom Lehrer sollte bei aller Anerkennung der Notwendigkeit, gerade im Kindes- und Jugendalter Bindungen zu haben und zu erfahren, im Laufe des Entwicklungsprozesses zunehmendes Gewicht erhalten. Es sei allerdings davor gewarnt, diesen Hinweis im Sinne eines 'laisser faire' mißzuverstehen. Die hier propagierte Hilfe zur Selbststeuerung erfordert ein wesentlich höheres Engagement als die klassische Unterrichtung, auch schon von der gedanklichen Einstellung her. Sie belohnt aber dafür mit stärkerer Befriedigung und innerer Bereicherung durch gelingende Kommunikation.

Das Bewußtsein eines anderen Menschen kann ohnehin nicht dadurch verändert werden, daß man ihm gewisse Informationen als verbindlich vermittelt, die er dann mehr oder weniger mechanisch verarbeitet, sondern nur dadurch, daß er sich weitgehend selbständig und selbsttätig entwickelt und entfaltet, seine ihm eigene „Ordnung" findet, zugleich aber auch – und vielleicht gerade dadurch – die Ordnung des anderen ohne Schwierigkeiten ertragen kann. „Menschen können im Grunde nicht entwickelt werden, sondern sich nur selbst entwickeln", formulierte einmal Julius Nyerere.

Deshalb kommt es entscheidend darauf an, geeignete Bedingungen für eine solche Entwicklung zu schaffen, d.h. unter Respektieren der jeweiligen Eigendynamik die Umwelt von Menschen so zu gestalten, daß optimale Möglichkeiten für selbstorganisatorische Prozesse bestehen. Angesichts der Komplexität des Systems „Mensch" muß man von der Vorstellung Abstand nehmen, dieses System verläßlich von außen unter „Kontrolle" zu bringen, und man muß die Hoffnung begraben, das um so eher leisten zu können, je perfektere technische Mittel einem zur Verfügung stehen. Im Gegenteil: Mit steigendem technologischem Aufwand erhöhen sich auch die Risiken unkontrollierbarer Neben-, Folge-, Spät- und Fernwirkungen. Deshalb meint auch Wolfgang Metzger, daß man „Lebendigem auf die Dauer nichts gegen seine Natur aufzwingen, sondern nur zur Entfaltung bringen könne, was schon als Möglichkeit angelegt" sei. Dem persönlichen Interesse, der subjektiven Betroffenheit, den Problemen des einzelnen in seinem Alltag kommt dabei vorrangige Bedeutung zu.

Ganz in diesem Sinne vertritt Vinoba Bhave die Auffassung, daß weitreichende Kenntnisse nie außerhalb eines Zusammenhangs vermittelt werden sollten, an dem ein natürliches Interesse besteht. Was im einzelnen dann tatsächlich gelernt wird, kann natürlich kein Außenstehender vorher wissen. Auch in einer Diskussion weiß wohl der Sprecher, was er mit einem Satz sagen will; er kann aber nicht wissen, als was und wie dieser sein Satz von dem Empfänger verstanden wird. Nur ist die Wahrscheinlichkeit, *daß* etwas im Sinne einer inneren Verarbeitung gelernt wird, daß selbstorganisierende Prozesse überhaupt in Gang kommen und zunehmende Selbständigkeit gewonnen wird, in einer solchen Situation, wie sie die non-direktive Pädagogik anstrebt, wesentlich größer.[23] Die reine Vermittlungstechnik ist demgegenüber von deutlich geringerer Bedeutung. „Die Technik nützt bei einem Gleichgültigen nichts und ist für den Erfolg des Interessierten absolut nachrangig" (Heinsohn u.a.). Es kommt also ganz entscheidend auf die gesamte Atmosphäre an, die die Lernsituation bestimmt, also wiederum auf ein ganzheitliches Moment. Wenn sie offen, lebhaft und von wohlwollendem Vertrauen geprägt ist, können sehr viel leichter im echten Sinne fruchtbare Momente in der Begegnung auftreten. Der Lernende kann dabei jederzeit fragen, sich in verschiedenartiger Form mitteilen, während derjenige, der seine Kompetenz zur Verfügung stellt, den Vorteil eines ständigen offenen und fairen Feedback hat. In den Dialog werden dabei neben sachlichen Aspekten durchaus auch persönliche Erfahrungen und subjektive Aspekte eingebracht.

Es ist im Grunde erstaunlich – und vielleicht auch wieder nicht –, daß viele Erzieher sich dieser Zusammenhänge durchaus bewußt sind, evtl. sogar entsprechende Überzeugungen vertreten, diese durch eindeutige Untersuchungsbefunde

---

23 Dabei ist durchaus einzuräumen, daß Selbstorganisation als solche, so ungeheuer auch ihre Bedeutung ist, nicht in jedem Fall letztes Kriterium sein und auch nicht immer von vornherein nur als in jeder Beziehung positiv verstanden werden kann, sondern daß man darüber hinaus im Rahmen möglicher Selbstorganisationsprozesse qualifizieren und differenzieren muß.

und entsprechende Erfahrungen gestützten Erkenntnisse jedoch kaum in die Praxis umsetzen. Eine Erklärung dafür scheint sich allerdings aus der Kenntnis umfassenderer Systembedingungen anzubieten.

VII. Praktische Wege zu Selbständigkeit und Verantwortung in der Kindheit: Die Erfahrungen der Nikitins

Die Wunderkinder von Bolschewo

Zu den Überlegungen des letzten Kapitels passen Berichte über die Kinder von Boris und Lena Nikitin, die vor einigen Jahren Aufsehen erregten. Diese in Bolschewo bei Moskau aufgewachsenen Kinder wurden als „Wunderkinder" bezeichnet. Lena und Boris Nikitin selbst halten jedoch ihre Kinder für völlig normal. Sie weisen es auch zurück, mit ihren Kindern lediglich „Glück" gehabt zu haben. In ihrem Buch „Die Nikitinkinder; ein Modell frühkindlicher Erziehung" schildern sie ihr Verhalten gegenüber den Kindern.

Als oberstes Gebot des Zusammenlebens in der Familie beschreiben sie gegenseitige Achtung, gegenseitiges Verständnis, gegenseitige Hilfe sowie ständiges Eingehen auf die Bedürfnisse und Möglichkeiten des anderen. Sie akzeptierten ihre Kinder als gleichberechtigte Partner, förderten und forderten sie auf spielerische Art. Denn sie gehen davon aus, daß sich die Lernbereitschaft eines Kindes um so stärker entwickelt (und daß dabei selbst Fähigkeiten ans Tageslicht kommen, die unter anderen Bedingungen völlig unerkannt bleiben würden), je früher und allseitiger die Entwicklung eines Kindes einsetzt. Deshalb ermöglichten sie den Kindern bewußt, selbständig „das Wesen der Dinge und Erscheinungen" zu begreifen. Zu diesem Zweck richteten sie neben einem besonderen Sport- und Spielzimmer für die Kinder ein Foto-, Radio-, Chemie-Labor ein, kauften ihnen Elektroinstrumente, Tischler-, Schlosser-Bänke und Geräte sowie vor allem Bücher, Bücher und nochmals Bücher. Auf Strafen, Verbote oder ein Hervorkehren der Erwachsenenautorität verzichteten sie völlig und hielten sich weitgehend an das Tolstoi-Wort, daß „die einzige Grundlage der Erziehung die Erfahrung und ihr einziges Kriterium die Freiheit" ist. Ganz in diesem Sinne ließen sie bspw. das Kind selbst bestimmen, wieviel es essen will, wann es schlafen und wie lange es spazieren gehen möchte. „Kinder sollen spielen, solange sie wollen! – Wer außer ihnen selbst kann denn ihr tägliches, stündliches und spontanes Bedürfnis nach Bewegung, ihre Möglichkeiten und ihre optimale Belastung bestimmen?" Andererseits erhielten die Kinder auch kein überschwengliches Lob. „Alles erschien ganz normal".

Im Laufe der Jahre gelangten sie immer stärker zu der Überzeugung, daß es besser sei, das Kind in sinnvoller Weise auch mit Gefahren vertraut zu machen, es sozusagen in angemessener Form Ge-fahren er-fahren zu lassen, als zu versuchen, alle Gefahren von ihm fernzuhalten. Aus diesem Grund führten sie sogenannte „Schutzimpfungen" durch, d.h. sie bereiteten dem Kind kleine Unannehmlichkeiten oder Risiken. Sie wollten ihm damit die Möglichkeit geben, sich von sich aus in konkreten Gefahrensituationen entsprechend vorsichtig zu verhalten, anstatt es praktisch in Unkenntnis über Gefahren und deren Bewältigung zu belassen. Als besonders wichtig erschien ihnen eine für vielseitige Betätigungen reichhaltige Umgebung, gepaart mit einer großen Freiheit und Selbständigkeit der Kinder. Sie hatten sich keineswegs das Ziel gesetzt, den Kindern alles so früh wie möglich „beizubringen", sondern sie bemühten sich nur, möglichst günstige Bedingungen für die Entwicklung ihrer Kinder zu schaffen.

Ihr Bericht enthält zahlreiche ganz konkrete Beispiele dafür, wie sie sich gegenüber ihren Kindern verhielten. So beschreiben sie, daß der acht Monate alte Aljoscha, eben weil er nicht immer gehalten wurde, hervorragend zu fallen lernte. Eines Abends beobachteten sie, daß er – völlig ungewohnt – auf eine sehr seltsame Weise hinfiel. Die Eltern waren bestürzt und ratlos. Dann fanden sie heraus, daß er bei der Großmutter gewesen war und die Großmutter einen halben Tag hinter ihm her gegangen war und ihn am Hinterkopf festgehalten hatte, damit er nicht fiel. Dabei hatte er offenbar vergessen, wie man geschickt nach hinten fallen muß.

Nach ihrer Auffassung kommt es darauf an, daß das Kind auf ganz natürliche Weise natürliche Reflexe entwickelt. „Die Kindern lernen laufen und – fallen. Wenn man ihnen hilft, werden ihre Bewegungen gehemmt, sie fühlen ihre Möglichkeiten nicht mehr, erkennen Gefahren nicht mehr und lernen überhaupt nicht – fallen".

Sie ließen auch ihren Jungen ruhig einen Ziegel in den Mund nehmen: „Wenn wir nicht dagewesen wären, hätte er es auch probiert." Und das könnte im Zweifelsfall wesentlich gefährlicher sein. „Er soll selbst wissen, was er darf und was nicht; das ist zuverlässiger als die Augen des Vaters".

Die Nikitins legten übrigens auch Wert darauf, daß die Kinder im Haus ganz ernsthaft mithelfen, nicht nur so aus Spaß. Genauso hielten sie es für absolut sinnvoll, daß die Kinder auch ihrerseits schon recht früh Fürsorge und Verantwortung für die anderen Familienmitglieder entwickelten. Sie versteckten auch nichts vor den Kindern, in der Überzeugung, daß etwas durch Verstecken wesentlich attraktiver für Kinder wird.

Das Ergebnis dieses Zusammenlebens im Hause Nikitin war, wie gesagt, höchst bemerkenswert: Die Kinder lasen die ersten Worte mit zwei Jahren und acht Monaten; mit dreieinhalb Jahren konnten sie rechnen wie Erstklässler, und mit der Lesefertigkeit kam das Interesse an Landkarten, Büchern und Lehrbüchern. Die Nikitins beschreiben ihre Kinder als ausgesprochen einfallsreich und als Menschen, die aus allen schwierigen Lebenslagen leicht einen Ausweg finden. Hausaufgaben machten sie fast nie, zumindest nicht die mündlichen. Auf die Frage der Mutter, ob er denn in der Schule nichts zu lernen aufbekommen habe, meinte Aljoscha einmal: „Ach ja doch; ich habe es einmal durchgelesen und behalten." Insgesamt zeigten die Kinder der Nikitins ein Verhalten, das weit über das hinausging, was man ihnen altersmäßig nach der wissenschaftlichen Literatur „zugestanden" hätte.

Die Nikitins erklären das Phänomen der „Wunderkinder" damit, daß jedes gesunde Kind natürlicherweise über riesige Möglichkeiten der Entwicklung von Fähigkeiten verfügt, daß aber diese Möglichkeiten allmählich erlöschen, wenn sie nicht benutzt werden. Erfahrungsgemäß wird es ja auch immer schwerer, etwas Neues zu lernen, je älter man wird, vor allem, wenn man nie richtig lernen gelernt hat. „Ebenso wie ein starker, durchtrainierter Körper nach Bewegung dürstet, dürstet auch ein entwickelter Verstand nach Tätigkeit."

Bei den Fähigkeiten unterscheiden die Nikitins zwei grundsätzlich verschiedene Arten: Während die mehr ausführenden Fähigkeiten stärker von Gedächtnis, Wiederholung und Übung abhängen, sehen sie in den schöpferischen Fähigkeiten das Ergebnis einer großen inneren Selbständigkeit und geistigen Aktivität. Die Zeit der kindlichen Entwicklung stelle die Zeit der größten Plastizität und der größten Aufnahmefähigkeit dar. Aus diesem Grunde sei es auch die günstigste Zeit für die Herausbildung einer großen Vielfalt menschlicher Fähigkeiten. Deshalb müsse in dieser Zeit alles getan werden, um von außen die günstigsten Bedingungen für die Entwicklung solcher Fähigkeiten zu schaffen. Aus reiner Unwissenheit und oft sogar aus dem Bestreben, Kindern eine „glückliche Kindheit" zu verschaffen, würden von vielen Erwachsenen die geistigen Entwicklungskurven von Kindern abgeflacht, weil man den entscheidenden Beginn einer solchen Entwicklung versäume.

Gedanken zum Aufwachsen in einer Umwelt von Gefahren

Die Berichte der Nikitins stimmen mit einer Reihe neuerer pädagogischer Auffassungen überein. Danach gibt es beim Aufwachsen von Kindern, wenn man nicht wirklich alle Gefährdungen ausschalten kann, zwei Möglichkeiten. Die eine Möglichkeit besteht darin, Kinder so weit wie irgend möglich vor Gefährdungen zu schützen, diese von ihnen und die Kinder von diesen fernzuhalten, und sei es auch nur durch konsequente Aufsicht, Zwang, und entsprechende Verbote. Die Kinder haben dann allerdings bei diesem Vorgehen keine Möglichkeit, die jeweiligen Gefahren kennenzulernen, sich mit ihnen vertraut zu machen und geeignete Bewältigungsstrategien zu erwerben. Die andere Möglichkeit besteht, ähnlich wie beim Impfen gegen manche Krankheiten, darin, Kinder in abgemilderter Form mit bestimmten Gefahren zu konfrontieren, sie Gefährdungen erleben und entsprechende Abwehrreaktionen entwickeln zu lassen. Die Kontrolle über das Geschehen wird dabei in das Innere der Kinder verlegt, wodurch eine ständige Kontrolle von außen weitgehend entfallen kann.

Gehen wir zunächst davon aus, daß Kinder in der Tat sehr schnell „lernen", wenn sie auf Phänomene stoßen, die ihr Interesse wecken oder sie in Erstaunen versetzen. Und für jedes Kind ist die sich allmählich erweiternde Umwelt ein ungeheuer interessantes und für die geistige und körperliche Entwicklung unentbehrliches Feld. Es hat ein starkes inneres Bedürfnis, diese Umwelt zu erkunden und zu verstehen.

Eine erste Voraussetzung für eine in körperlicher und geistiger Hinsicht gesunde Entwicklung ist, daß die Eltern oder alle an der Entwicklung von Kindern engagierten Erwachsenen daran denken, den Kindern eine ihnen angemessene, auf ihre tatsächlichen Bedürfnisse zugeschnittene, anregende und auf sie freundlich wirkende Umwelt zu schaffen. Jedes Kind erwirbt Kompetenz durch den Umgang mit den Dingen seiner unmittelbaren Umgebung.

Dazu ist es natürlich erforderlich, daß die Eltern ihr Kind, seine Bedürfnisse und seine Interessen, seine Ängste und Abneigungen genau kennen. Eine aufmerksame Beobachtung liefert hierzu eine wesentliche Grundlage. Sie sollte jedoch möglichst natürlich, lässig-beiläufig erfolgen und darf nicht den Charakter einer Bespitzelung oder Überwachung annehmen.

Dabei gilt es zu erkennen: In welchen Situationen verhält es sich ängstlich und zögernd, in welchen sorglos und wagemutig? Wo braucht es Hilfe und Unterstützung? Ist es überhaupt eher ein ängstlicher, ein draufgängerisch-wagemutiger oder ein besonnener Typ? Wie ist das Kind bspw. im Vergleich zu gleichaltrigen Freunden oder Freundinnen?

Zweitens kommt es für die Eltern darauf an, die Umwelt des Kindes genau zu kennen, bzw. bewußt auch mit dessen Augen zu sehen versuchen. Welche Dinge, mit denen es zwangsläufig in der Wohnung, auf dem Spielplatz, eventuell auch auf der Straße in Berührung kommt, sind für das Kind gefährlich oder könnten es unter bestimmten Umständen sein? Beides ist gleich wichtig und hängt vielfach miteinander zusammen.

Aus vielen Untersuchungen wird deutlich, wie positiv und nützlich es sein kann, Kinder zum gegebenen Zeitpunkt mit den Realitäten vertraut zu machen, nicht zu früh und nicht zu spät; Kinder mit der Wirklichkeit zu konfrontieren und ihnen aus einem inneren Vertrauen heraus die Möglichkeit zu geben, mit Aufgaben, die sich in der Wirklichkeit stellen, fertig zu werden. Diese Aufgaben sollten nicht zu schwer sein, um das Kind nicht schlechthin zu überfordern. Sie sollten aber auch nicht zu leicht sein, um genügend Aufmerksamkeit und Interesse beim Kind zu wecken. Man hat nämlich des öfteren festgestellt, daß eine – gemessen am Entwicklungsstand des Kindes – zu früh erfolgende Selbständigkeitserziehung zu hoher Ängstlichkeit vor Mißerfolgen führt. Findet die Selbständigkeitserziehung dagegen zu spät statt, leidet die allgemeine Motiviertheit des Kindes.

Eine aus mancherlei Gründen von vielen Eltern bevorzugte Möglichkeit, Gefahren für das Kind in der Zeit seiner Entwicklung herabzusetzen, besteht zweifellos darin, das Kind von allem fernzuhalten, was gefährlich sein könnte und alles Gefährliche vom Kind fernzuhalten. Meist begnügen sich Eltern allerdings mit Appellen („sei vorsichtig!") und Verboten („an diesem Schrank hast du nichts zu suchen!"). Vorsorgemaßnahmen dieser Art hängen in ihrer Wirkung natürlich ganz entscheidend von den Kontrollmöglichkeiten der Eltern ab. Aber selbst bei unterstellter hundertprozentiger elterlicher Kontrolle kommt irgendwann doch der Augenblick, an dem das Kind in eine kritische Situation gerät, die es dann nicht meistert, eben weil es sie überhaupt noch nicht kennengelernt hat. Wenn alle Risiken und Gefahren aus seinem Leben verbannt sind, kann es auch den richtigen Umgang mit gefährlichen Dingen und das richtige Verhalten in gefährlichen Situationen nicht lernen. Außerdem werden Kinder bei übertriebener Vorsicht der Eltern leicht unsicher und unselbständig.

Kinder müssen nun einmal Erfahrungen sammeln, lernen, spielen, erkunden. Nur so können sie sich zu einem selbständigen Menschen entwickeln, der im Leben zurechtkommt. Und ebenso wie Erwachsene lernen sie in erster Linie durch die handelnde Auseinandersetzung mit der Umwelt, d.h. dadurch, daß sie selbst etwas tun. Warum sollten Erwachsene nicht dieses natürliche Bedürfnis der Kinder nach neuen Erfahrungen und selbständigem Lernen unterstützen, indem sie ihnen ein ganzes Spektrum von Möglichkeiten bieten und dieses Spektrum, den Interessen des Kindes folgend, ständig entsprechend erweitern? Diese Erfahrungen sollten jedoch, wenn es sich um Gefahren handelt, unter Hilfe, Unterstützung und Kontrolle der Erwachsenen in einer möglichst entspannten Atmosphäre erfolgen. Denn das Kind sollte, auch wenn die Chance einer positiven Bewältigung groß ist, sich ja nicht ernsthaft verletzen.

Es ist im Grunde erstaunlich, was Kinder unter entsprechenden Umweltbedingungen aus sich selbst heraus richtig zu machen vermögen, wenn die Eltern nicht ständig mit Ermahnungen zu „erziehen" versuchen und das Verantwortungsgefühl der Eltern nicht ein Ausmaß annimmt, das zu Lasten der natürlichen Selbstverantwortung und Selbstentwicklung des Kindes geht.

Jean Liedloff schildert interessante Beobachtungen an Indianerkindern. Sie sah Kinder, die noch zu klein waren, um etwas bewußt über Griffe und Schneiden gelernt zu haben, mit Macheten und Messern hantieren, ohne daß sie sich oder ihre Mütter, in deren Armen sie lagen, dabei verletzten. Ähnlich spielten sie mit brennenden Holzscheiten, ohne daß irgendetwas passierte, aber auch, ohne daß sich anwesende Erwachsene einmischten. Die Eltern scheinen ein für uns geradezu unverständliches Vertrauen zu haben. Diametral zu unserer Auffassung gehen sie offenbar davon aus, daß ein Kind um so sicherer „wisse", was es tun *könne*, je weniger man ihm sage, was es tun *solle*.

Eine ganz wesentliche Rolle spielt bei den Lernprozessen der Kinder, daß sie selbst sinnlich spürbare Erfahrungen machen. Deshalb können Eltern kaum etwas Sinnvolleres tun, als Gefahren unmittelbar sinnlich erfahrbar zu machen. Dies soll aber in abgemilderter Form, quasi als Impfung, erfolgen. Das geschieht auf eine Weise, daß keine ernsthaft schädigende Wirkung auftritt, daß aber das Kind doch selbst eine deutliche, aber nicht gefährliche unangenehme Empfindung hat. Wenn dazu noch von Eltern in verständnisvoller, zugewandter Weise erklärt wird, was dabei wie und warum geschieht, entwickeln die Kinder – schon sehr früh – ein aus eigenen unangenehmen Erlebnissen gewachsenes Erfahrungswissen, das auf eine Verknüpfung von unangenehmem Reiz und Vermeidungsverhalten beruht. Rein verbale Erklärungen und Ermahnungen ohne praktisch unmittelbare, hautnah aktive Erfahrung nutzen jedoch, wie man seit langen Generationen weiß, nur wenig, um die Kinder von einem bestimmten, für sie gefährlichen Verhalten abzubringen.

Kinder werden sich nicht durch äußerliche Wissensübertragung, sondern durch selbsttätige Entwicklung und Entfaltung der Dinge und auch der Gefahren ihrer Umwelt bewußt. Da sie von sich aus tatsächlich nicht alles wissen können (woher sollten sie bspw. aus ihrer biologischen Ausstattung heraus den Umgang mit Straßenverkehr kennen?), ist es nützlich, daß sie in verständnisvoller Weise darauf vorbereitet werden, indem die Eltern ihnen gezielt entsprechend abgeschwächte Erfahrungen ermöglichen. Das Wort „gezielt" ist dabei in zweierlei Richtung zu verstehen, einmal im Hinblick auf die tatsächlich in der Umwelt des Kindes vorhandenen Gefahren und zum anderen im Hinblick auf die im Kind aufkeimenden Interessen und Tendenzen. Ganz automatisch entwickeln Kinder dann die Fähigkeit, in einem Ausmaß auf sich selber aufzupassen, sich in einem Maße praktisch selbst verantwortlich zu verhalten, wie es durch reine Ermahnungen nie erreichbar wäre. Sie lernen „lernen" und keimhaft Selbstverantwortlichkeit zu entwickeln, ohne überhaupt das Wort zu kennen. Dazu gehört aber, daß die Eltern nicht ständig warnend, ermahnend oder gar bestrafend hinter dem Kind „her sind", sondern ihm behilflich sind, in zunehmendem „gesundem" Selbstvertrauen seinen Weg in die Welt zu finden. Das erfordert seitens der Eltern Vertrauen in das Kind und in das Leben überhaupt, sowie die eigene Bereitschaft, in Vertrauen „loslassen" zu können. Eine übermäßige Behütung und Abschirmung der Kinder als „zerbrechliche" Wesen wird diesen dagegen die Vorstellung der „Zerbrechlichkeit" einimpfen und möglicherweise sogar ihr späteres Leben nachteilig bestimmen.

Kinder krabbeln ja bekanntlich gern auf Stühle. Warum sollte man sie nicht krabbeln lassen? Natürlich erst einmal, indem man helfend dahinter steht, ohne aber sozusagen eine offizielle Lernübung zu „veranstalten", vielmehr eher lässig, beiläufig. Vielleicht kann man sogar, wenn man mit einer Hand zum Schutz die Stuhllehne hält, ein klein wenig nachhelfen, daß der Stuhl wirklich zum Kippen kommt. Wenn das dann der Fall ist, fängt man das Kind mit der anderen Hand und dem Oberkörper auf und erklärt vielleicht ergänzend: „Guck nur, wie kippelig so ein Stuhl sein kann!" Das Kind lernt doch so sehr viel leichter und sicherer, entweder das Krabbeln auf den Stuhl zu meiden oder es so zu machen, daß nichts passiert, als wenn man dauernd ängstlich die Aktionen des Kindes beobachtet, aus eigener Angst heraus verbietet, anschreit, bestraft. Was lernt denn ein Kind praktisch, wenn es die ängstlichen Worte hört: „Paß auf, gleich fällst Du!" Es wird höchstwahrscheinlich die ängstliche Erwartung der Eltern unbewußt in die Tat umsetzen.

Dabei kann – und wird – es wahrscheinlich passieren, daß auch mal etwas schief geht. Dann sollten sich die Eltern wirklich beherrschen und nicht gleich schimpfen, tadeln und bestrafen. Was nützt es einem Kind, das selber durch die Folgen einer Unachtsamkeit betroffen ist, wenn es anschließend noch von einer keischenden Mutter verprügelt wird oder sich die wechselseitigen Vorwürfe der Eltern anhört? Es beginnt, an den eigenen Fähigkeiten, am eigenen Wert zu zweifeln, verliert Vertrauen in sich und die Welt, wird trotzig und verbittert. Um wieviel mehr lernt es, wenn man solche Dinge schlicht als etwas hinnimmt, das nun mal vorkommen kann, solange man etwas noch nicht hundertprozentig beherrscht! – Und selbst dann! Die einzig sinnvolle Reaktion ist doch, dem Kind in aller Ruhe und allem Verständnis zu erklären, wie man so etwas vermeiden und es das nächste Mal besser machen kann. Das fällt einem natürlich um so leichter, je besser man sich selbst und den Ursprung möglicher Ängste bei sich kennt.

Was ist aus den Kindern der Nikitins geworden?

Nach den Aufsehen erregenden Berichten der Nikitins und den Überlegungen zum Lernen des Umgangs mit einer gefahrenträchtigen Umwelt ist es natürlich interessant zu erfahren, was aus den vorwiegend in den sechziger Jahren geborenen und inzwischen erwachsenen Kindern von Lena und Boris Nikitin geworden ist.

Die Journalistin Maria Butenschön führte darüber mit den Nikitins mehrere Gespräche, die sie in einem 1990 herausgekommen Buch veröffentlichte. Darin beschreibt sie die inzwischen groß gewordenen Nikitin-Kinder einerseits als „liebenswerte, intelligente und integere junge Leute". Andererseits ist das Ergebnis aber auch fast erschütternd. Denn keines der sieben Kinder hat seine Talente auch später umsetzen können und im landläufigen Sinne Karriere gemacht. Wie ist so etwas möglich?

Betrachten wir für eine Weile, was die erwachsenen Kinder der Nikitins dazu selbst erzählen, einmal zu ihrer Schulzeit und zum anderen zu den Verhältnissen in der Gesellschaft.

Während sie in der häuslichen Kindheit „einfach alles – absolut alles – als interessant" erlebten, empfanden sie den Unterricht in der Schule oft als sehr uninteressant und langweilig und die gesamte Schulatmosphäre als künstlich. Durch die Schule fühlten sie sich in ihrer Entwicklung eher zurückgeworfen. Trotz des großen Wunsches, etwas zu lernen, „sind wir dort alle gebremst worden". „Da war alles von anderen ausgedacht". Im Grunde handelt es sich im Erleben der Nikitin-Kinder nur darum, sich das aufbereitete und vermittelte Wissen ohne großes Nachdenken anzueignen. „Zu Hause lebst du, in der Schule versuchst du zu überleben ..., die führt zu einer Abstumpfung von Hirn und Händen und bringt einem nicht einmal das Lernen bei ..., die kann einen Menschen nur zerstören!" So finden sich in der Schilderung der Schule Ausdrücke wie „Alptraum", „Horrortrip", „System der Unterdrückung", „riesiger organisierter Unfug", „eine Kaserne, die einen ersticken läßt".

Sie fühlten sich von den Lehrern schlecht gelitten. Die geforderte „Disziplin", das ständige Sich-unterwerfen-Müssen und Nichtauffällig-werden-Dürfen erschien ihnen schwer erträglich. Und noch eines wurde deutlich: Wegen ihrer offenherzigen Art, in der sie sich mit ihren kleinen Freuden und Leiden anderen anvertrauten, machten sich diese über sie lustig. „Das war die erste richtige Lektion, die ich in der Schule gelernt habe. Ja, auf diese Weise bekam ich schon einen kleinen

Eindruck davon, wie die Gesellschaft aussieht, in der ich später leben mußte", erzählt Aljoscha. „Außerdem besteht überhaupt kein Interesse an dir als Person", ergänzt Julka. „Ob es dich gibt oder nicht, ist egal, anwesend sein muß nur deine äußere Hülle; was in dir vorgeht, interessiert niemanden." „Der alte Schultyp", fügt der Vater an, „ist uns bis heute erhalten geblieben. Er bereitet einzig und allein auf eine Tätigkeit im Verwaltungsapparat vor. Sogar die schriftlichen und mündlichen Examen sind geblieben. Das mündliche, damit der künftige Beamte nachweist, daß er reden, sich also 'herauswinden' kann, das schriftliche, damit er zeigt, daß er Schriftstücke aufsetzen kann, ohne sich damit festzulegen".

In diesen Worten wird auch eine deutliche Resignation über die gesellschaftlich-politischen Verhältnisse spürbar, eine Welt, die jungen Menschen auch außerhalb der Schule kaum Gelegenheit zu individueller Entfaltung bot, eine so durchorganisierte Welt, daß jede Initiative erstickte. „Unsere ursprünglichen Möglichkeiten sind nur in ganz geringem Maß realisiert worden und das auch nur dank unserer eigenen Bemühungen. Als wir anfingen, bewußt am Leben teilzunehmen, brauchte die Gesellschaft keine fähigen Leute; sie waren im Grunde überflüssig, und wir merkten, daß die Gesellschaft gar keinen Wert auf diese Fähigkeiten legt ...; und außerdem haben die Menschen, die sich ihrerseits an die bestehenden Verhältnisse gewöhnt haben und sich nichts Besseres vorstellen können, allem Ungewöhnlichen, Ungewohnten gegenüber eine negative Einstellung. Das haben wir alle am eigenen Leib erfahren" (Aljoscha). Menschen aber, die die ganze Zeit über von außen gelenkt wurden, wissen nicht mehr, was sie mit sich anfangen sollen, wenn sie plötzlich auf eigenen Füßen stehen.

Für alle Kinder der Nikitins stellt die Familie auch heute noch das einzige, wirklich befriedigende Umfeld dar, ein Umfeld, in dem auch weder die Verlogenheit noch die krampfhafte Angst herrschten, anderen zu vertrauen, wie sie sie in ihrem späteren Leben kennenlernen sollten. „In Wirklichkeit haben wir von der Gesellschaft losgelöst existiert", bemerkte einmal Julka.

So kommt Marion Rollin in einem Artikel in der „Zeit" zu dem Schluß, daß ein mit einer allumfassenden Förderung einhergehendes, noch so leidenschaftliches erzieherisches Engagement von Eltern keine Garantie für das letztliche Gelingen des Lebens der Kinder darstelle. Offenbar unterliegen noch so beeindruckende Fähigkeiten, soweit sie überhaupt in Erscheinung treten konnten, einem Prozeß der Verkümmerung, wenn sie später weder als solche erkannt noch genutzt werden.

Das paßt sehr gut zu der inzwischen häufiger diskutierten Erkenntnis über die lange Jahre als so bedeutsam angesehene Sozialisation. Deren zunächst eindeutig zu beobachtenden Effekte scheinen im späteren Leben nur dann wirksam zu bleiben, wenn die Bedingungen der späteren Lebensverhältnisse denen entsprechen, unter denen seinerzeit die Sozialisation erfolgt war. Die heutige Lebenssituation in den Ländern des ehemaligen „Ostblocks" dürfte überzeugendes Anschauungsmaterial in dieser Richtung bieten, ebenso das Beispiel nicht weniger Jugendlicher aus wohlbehüteter familiärer Umwelt, die sich entgegen dem, was sie zu Hause gelernt hatten, ganz gemäß dem Stil ihrer Peer-Group zu verhalten pflegen. Es handelt sich, wenn man so will, um eine neue Sozialisation, die zu einer späteren Zeit einsetzt, und man weiß ja aus vielen Untersuchungen, daß die jeweilige Situation einen sehr hohen Varianzanteil menschlichen Verhaltens erklärt.

Die daraus oft gezogene Schlußfolgerung über einen geringen Wert erzieherischer Bemühungen berücksichtigt natürlich nur einen Aspekt. Sie läßt die Frage unbeantwortet, ob es nicht im Interesse der geistigen Entwicklung des einzelnen Menschen und letztlich der ganzen Menschheit sinnvoll sein könnte, die Bedingungen späteren Lebens so zu gestalten, daß eine konstruktive Entfaltung positiver Fähigkeiten ermöglicht und der Prozeß einer inneren Verkümmerung vermieden wird.

Diese Überlegungen wie auch die Beobachtungen an den Nikitin-Kindern weisen in die gleiche Richtung wie die Worte des englischen Hirnforschers W.G. Walter: „Wir sind in den Grenzen unserer Umwelt so sehr an Mittelmäßigkeit gewöhnt, daß wir uns kaum ein Bild von der intellektuellen Kraft eines voll leistungsfähigen Gehirns machen können." Und wer dächte nicht an die Worte St. Exupérys in seinem Buch „Wind, Sand und Sterne": „Ich verstehe die Leute in den Pariser Vorortzügen nicht mehr, die glauben, Menschen zu sein. Ameisen sind sie, von einem ihnen unbewußten Zwang zum Werkzeug herabgewürdigt. ... Wie konnten diese Menschen solche Lehmklöße werden. In welche furchtbare Form sind sie gepreßt worden, aus der sie wie vom Treibhammer zerbeult herauskommen? Warum ist dieser herrliche menschliche Ton von seinem Töpfer verdorben worden!"

Er spricht von den „Beamtenseelen", Wesen wie wir, die nur nicht ahnen, daß sie Hunger haben. Und er spricht davon, daß es ihrer zu viele sind, die man schlafen läßt.

Das Buch endet mit Gedanken anläßlich einer Eisenbahnfahrt. Er sitzt einem Paar gegenüber, zwischen dem sich ein schlafendes Kind ein „Nestchen" gebaut hat. Und er denkt: „Was könnte aus diesem Kind, wenn es behütet, umhegt, gefördert würde, alles werden! – Aber Mozart ist zum Tode verurteilt. – Mich quälen nicht Beulen und Falten und alle Häßlichkeit; mich bedrückt, daß in jedem dieser Menschen etwas von einem ermordeten Mozart steckt."

Teil D

Selbstorganisation in menschlichen Gruppen und Gesellschaften

I. Selbstorganisation, soziale Ordnung, Hierarchie und Gesellschaft

Gedanken zu sozialer Ordnung und Gleichheit

Wie wir bei der allgemeinen Betrachtung der Systemdynamik (s. S. 125ff.) sahen, scheinen zwei unterschiedliche Prinzipien das Naturgeschehen wesentlich zu bestimmen: ein auf Gleichgewichtserhaltung gerichtetes homöostatisches Prinzip mit einer Tendenz zu Stabilität, Sicherheit und konservativer Selbsterhaltung und das in gleicher Weise grundlegende Prinzip der Ausdehnung, der Veränderung, des Wachstums, des Risikos, des gewagten Vorstoßes ins Unbekannte.

Im gleichen Zusammenhang waren wir auf die Unterscheidung der beiden Grundformen der Regelungsdynamik gestoßen: zum einen auf Schwingung und Gegenschwingung und zum anderen auf den sogenannten Kippumschwung. Dabei hatten wir gesehen, daß eine einzige Schwankung,[1] die meist zunächst nur einen umschriebenen Bereich innerhalb eines Systems betrifft, gewöhnlich kaum ausreicht, ein Gesamtsystem als solches zu beeinflussen und daß der weitere Verlauf von der Größe des betroffenen Gebietes und dem Ausmaß der Schwankung abhängt. Wir hatten weiter gesehen, daß eine Gefährdung des Systems durch Schwankungen auch von der Komplexität abhängt. Dabei spielen das Vorhandensein spezifischer systemtragender Unterstrukturen, die Intensität und Vielfalt der systeminternen Wechselbeziehungen und die Geschwindigkeit des wechselseitigen Informationsaustausches eine wichtige Rolle.

Auf Gesellschaften übertragen, wäre, wenn ich an dieser Stelle bereits einige spätere Überlegungen vorwegnehmen darf, daraus zu folgern, daß neben Maßnahmen einer ausgesprochenen Dezentralisierung eine aktive und sinnvoll mitbestimmende Teilhabe jedes einzelnen zur Stabilisierung eines komplexen (gesellschaftlichen) Systems entscheidend beitragen könnte. Denn in einem solchen System sind bessere Identifikationsmöglichkeiten des einzelnen für die Systemziele und ein größeres Engagement für das System-Ganze zu erwarten. Dieser Effekt wird noch unterstützt durch die Möglichkeit, sich jederzeit ohne Nachteile äußern zu können und angehört zu werden. Außerdem sind die Prozesse in einer straff gegliederten hierarchisch-zentralisierten Ordnung aufwendiger. Das kann aber durch mehr Selbstorganisation auf unterer hierarchischer Ebene ausgeglichen werden. Dabei ist allerdings zu berücksichtigen, daß nach aller Erfahrung das Entstehen von Ordnungszuständen auf dem Boden selbstorganisatorischer Prozes-

---

1 Im Rahmen sozialer Systeme wären als Schwankungen bspw. von der Mehrheit abweichende Individuen, Vorstellungen, Gefühle oder Verhaltensmuster zu verstehen.

se eine gewisse Zeit benötigt. Wenn man hier nicht genügend Geduld aufbringt, läuft man deshalb Gefahr, durch vorzeitiges aktives Einwirken Selbstorganisation unmöglich zu machen. Ist aber Selbstorganisation erst einmal möglich geworden, bedeutet das eine wesentliche Entlastung und bedingt auch eine höhere „Verläßlichkeit" des Systemverhaltens.

Speziell unter dem Ordnungsaspekt begegnen wir in der Welt um uns ständig zwei weiteren grundsätzlichen Tendenzen: einer Tendenz zu steigender Unordnung (Entropie)[2] und einer Tendenz zur Bildung von Ordnung, von „sinnvollem" Zusammenhang auf dem Boden innerer Gesetze (Negentropie). „Ordnung" in einem System bedeutet in diesem Sinne zunächst einmal ganz einfach das Vorhandensein einer bestimmten Gesetzmäßigkeit. Sie erlaubt es dem Betrachter u.ä., Fehlendes zu ergänzen, Mängel, Fehler und Unpassendes zu erkennen (Probst). Es handelt sich bei dem beschriebenen Gegensatz einmal um eine sich von einem einheitlichen Grund nicht abhebende Differenzierung und zum anderen um ein Abweichen von einer gleich wahrscheinlichen Verteilung. Eine Welt ohne Ordnung, in der „alles" möglich wäre, wäre ohne Sinn. Aber auch eine perfekt geordnete Welt mit hundertprozentig bekannten Festlegungen würde keinen Sinn mehr erkennen lassen.

Wir finden diesen Gedanken auch in dem „Gesellschaftsvertrag" ausgesprochen, den Robert Ardrey zum Titel eines vielgelesenen Buches machte: „In einer gerechten Gesellschaft herrscht so viel Ordnung, daß ihre Mitglieder, wie immer sie von Natur ausgestattet sein mögen, geschützt sind; es herrscht aber auch genügend Unordnung, um jedem Individuum die Entfaltung seiner spezifischen (genetischen) Begabung zu gestatten" ... „Ordnung und Unordnung sind untrennbar miteinander verbunden. Ohne das bestehende Maß an Ordnung, das die Gesellschaft bietet, muß das verwundbare Individuum zugrunde gehen. Ohne jenes bestimmte Maß an Unordnung hingegen, das Entfaltung und Förderung aller Verschiedenheiten ihrer Mitglieder gewährleistet, wird die Gesellschaft verdorren." An anderer Stelle fährt er fort: „Auf der einen Seite steht das Individuum, das, um existieren zu können, die Ordnung der Gruppe braucht, auf der anderen Seite die Gruppe, die, um existieren zu können, die Unordnung der Vielfalt benötigt." Beides greift ineinander. Gesellschaften können sich nur entwickeln, wenn sich die Menschen entwickeln. Diese aber sind dazu nur in der Lage, wenn sie dafür geeignete Bedingungen in der Gesellschaft vorfinden.

Das notwendige Zusammenwirken beider Tendenzen, der zur Ordnung und der zur Ungeordnetheit, führt in der komplexen Lebenswirklichkeit dazu, daß wir es praktisch immer, d.h. bei allem, was uns begegnet, also nicht nur im Bereich

---

2 Der Begriff Entropie hat in der Literatur unterschiedliche Bedeutungen. In dem hier angesprochenen Zusammenhang könnte man sagen, daß Entropie im ursprünglichen Sinne ein Maß der Ungewißheit über die energetischen Zustände von Molekülen bedeutet. Sie bezieht sich auf eine in einem abgeschlossenen System bestehende Tendenz von Temperaturunterschieden, sich aufzuheben. Entropie erreicht daher ihren Höchstwert, wenn alle Unterschiede ausgeglichen sind, wenn aufgrund der völlig ungeordneten Bewegung der Moleküle kein Wärmegefälle und damit keine Möglichkeit zur Erzeugung mechanischer Arbeit besteht.

des Materiell-Körperlichen oder im Bereich des Geistig-Seelischen, sondern auch im sozialen Bereich mit unterschiedlichen Abstufungen von Geordnetheit zu tun haben.

Menschliches Zusammenleben spielt sich stets im Rahmen einer bestimmten Ordnung ab, die den Beziehungen zwischen Menschen, die zusammenleben, eine gewisse Regelmäßigkeit und damit Berechenbarkeit verleiht. So ergeben sich für menschliche Gemeinschaften bestimmte charakteristische Verhaltensmuster, deren Geltung für den Bestand dieser Gemeinschaften von Bedeutung ist.

Dabei ist, wie wir ebenfalls bereits weiter oben sahen (S. 131), bemerkenswert, daß im allgemeinen in dynamischen Systemen „Ordnung" nicht gegen die einzelnen Komponenten erzwungen wird, sondern gerade aufgrund einer auf die Funktion des Gesamtsystems gerichteten Interaktion der Teile entsteht. Sie bildet sich auf dem Boden des Geflechts dynamischer Wechselbeziehungen, die zwischen den einzelnen Bestandteilen eines Systems bestehen und am Systemziel orientiert sind. „Ordnung ist kein Druck, den man von außen her auf die Gesellschaft ausübt, Ordnung ist Gleichgewicht, das in ihrem Inneren entsteht", ist bei Ortega y Gasset zu lesen. Es ist deshalb nicht berechtigt, „Zufall" schlechthin in einem absoluten Gegensatz zu Ordnung zu sehen, abgesehen davon, daß es auch verborgene Ordnungen gibt, wie sich etwa bei einem eingehenderen Blick auf einen Ameisenhaufen zeigt, dessen zunächst wirres Gewimmel bei genauerem Zusehen eine Ordnung erkennen läßt. Außerdem bedeutet „Ordnung" für verschiedene Menschen durchaus Unterschiedliches. Eine Menge in einem Arbeitszimmer herumliegender Bücherhaufen mag für die Hausfrau „Unordnung", für den geistig tätigen Ehemann durchaus Ordnung bedeuten, weil jeder Haufen der Vorbereitung eines anderen Vortrags dient. Ein anderer wieder könnte es sehr viel „ordentlicher" finden, wenn die großen und die kleinen Bücher zusammenliegen würden, oder wenn die Bücher nach ihrer Farbe „geordnet" wären. Wie oft kommt es auch vor, daß eine Ehefrau, wenn sie von einem allein verbrachten Urlaub nach Hause zurückkommt, alles in „Unordnung" findet, während der zurückgebliebene Ehemann seinerseits erst einmal einige Zeit brauchte, um sich in der „Ordnung" seiner Frau zurechtzufinden.

Es ist auch zu eng gesehen, soziale Ordnung nach Talcott Parsons, dem bekannten amerikanischen Soziologen, lediglich als die Gesamtheit „institutionalisierter Muster einer normativen Kultur" zu verstehen. Mit dem Ziel, das Verhalten der Menschen untereinander zu organisieren und zu koordinieren, dienen soziale Ordnungen zwar dem Überleben des Kollektivs, und sie beinhalten in dem zwangsläufig institutionalisierten Rahmen ganz spezielle, auf bestimmte Rollen bezogene kodifizierte Verhaltensregeln. Damit ist aber nur ein Aspekt möglicher sozialer Ordnung angesprochen.

Gerade das Beispiel lebender Organismen zeigt, daß Ordnung mehr umfaßt und durchaus mit Selbstorganisation einhergehen, ja sogar mit ihr identisch sein kann.[3] Sie wird von Probst in diesem Sinne als „das Resultat vernetzter interaktiver Prozesse eines selbstreferentiell geschlossenen Netzwerks" verstanden.

---

3 Es sei hier ausdrücklich an die Erkenntnis Laotses erinnert, nach der sich die beste Ordnung von selbst herstellt.

Ordnung kann andererseits auch etwas sein, das entgegen natürlichen Entwicklungsbedingungen eines Systems diesem von außen auferlegt, evtl. sogar aufgezwungen ist.[4] Ein Mehr an Ordnung muß im übrigen keineswegs zwangsläufig ein Vorteil sein. Auch hier gilt es, eine optimale und eine maximale Ordnung zu unterscheiden. Maximale Ordnung kann mitunter sogar Erstarrung und Tod bedeuten. Das gleiche gilt für eine maximale, der Ordnung dienende Kontrolle.

Greifen wir in diesem Zusammenhang nur kurz eine Erkenntnis der modernen Medizin auf: Während man früher nach einfacher Logik angenommen hatte, daß ein Mensch um so gesünder sei, je regelmäßiger sein Herz schlage, weiß man heute, daß das nicht der Fall ist. Ein Mangel an Variabilität kann sogar ein Hinweis auf eine Funktionsstörung sein. Genauso ist die Konzentration von Blutzellen oder von Hormonausschüttungen beim Gesunden ständigen Schwankungen unterworfen.

Ein wichtiger Zusammenhang besteht auch darin, daß bei der Ordnung wie bei allen Gütern das Anstreben eines weiteren Ansteigens über ein bestimmtes Maß hinaus in Abhängigkeit von dem bereits vorhandenen Ausmaß einen unterschiedlichen Aufwand erfordert. Deshalb wirken sich Bemühungen um ein gewisses Ausmaß an Ordnung gewöhnlich sehr positiv aus, während dann, wenn bereits eine relativ große Ordnung besteht, Bemühungen um ein weiteres Ansteigen der Ordnung einen unverhältnismäßig hohen Aufwand erfordern und trotzdem relativ wenig spürbar sind. Der gleichmerkliche Unterschied einer Veränderung ist eben eine Funktion des vorher bestandenen Niveaus.

Es ist hier wie mit dem Kind, das zu Hause einen ganzen Schrank voller Süßigkeiten hat und jetzt eine Tafel Schokolade geschenkt erhält, im Verhältnis zu dem Kind, das bereits seit Monaten darauf hofft, wieder einmal etwas Schokolade essen zu können und gleich eine ganze Tafel bekommt. Mit welchem Geschenk wollen Sie einem Millionär, der auf die Erfüllung keines Wunsches zu verzichten braucht, eine Freude machen?

Kommen wir – aus einer anderen Perspektive – auf das Problem der Ordnung zurück und greifen wir Gedanken auf, die uns noch im Zusammenhang mit Normen beschäftigen werden: Ordnung und Ungeordnetheit greifen überall in der Welt ineinander. Wir hatten Ordnung als wesentlichen Ausdruck des Lebens erkannt (S. 390ff.), jedoch nicht als eigentliche Ursache des Existierens. „Ordnung um der Ordnung willen ist (jedoch) ein Zerrbild des Lebens", schreibt Antoine de Saint Exupéry in der „Stadt in der Wüste".

Umgekehrt muß Unordnung nicht nur Zerfall (von Ordnung) bedeuten; sie kann auch freiheitliche Entwicklungsmöglichkeiten beinhalten und Quelle von Neuem und Schöpferischem sein. Hören wir noch einmal Saint Exupéry: „Wenn du das Leben einführst, begründest du die Ordnung, und wenn du die Ordnung einführst, führst du den Tod herbei."

Speziell auf die heutige Zeit mit ihren hochentwickelten Organisationsformen

---

4 Es mag interessant sein, daß das englische Wort 'order' und das französische Wort 'ordre' sowohl 'Ordnung' als auch 'Befehl' bedeuten.

bezogen, meint der amerikanische Philosoph Paul Feyerabend in Anlehnung an Bert Brecht, daß Ordnung oft eine Mangelerscheinung darstelle, etwas, das dort vorherrsche, wo im Grunde nichts sei. Demgegenüber stellt der Baum lebendige Ordnung dar, indem er anstelle zusammenhangsloser Teile eine Einheit verwirklicht.

Da im Grunde das Ausmaß der Ordnung wächst, je mehr die Dinge und Abläufe sich gleichen, was sich sehr charakteristisch im sogenannten „Gleichschritt" zeigt, ergibt sich eine gewisse geistige Nähe zwischen Ordnung und Gleichheit.

Eine absolute Gleichheit von Lebewesen ist jedoch eine Illusion, da bei jeder sich geschlechtlich fortpflanzenden Art Gleichartigkeit der Individuen von Natur aus unmöglich ist. Theodor von Soucek hat dieser Thematik unter dem Titel „Ungleichheit – vom Uratom zum Kosmos" ein umfangreiches Buch gewidmet. Darin verweist er auf die durchgehenden Ungleichheiten in der Realität: „Es gibt nicht zwei exakt gleiche Elektronen ..., kein Schneekristall gleicht jemals dem anderen ..., nicht zwei Zellkörper sind jemals absolut gleich ..., nicht zwei Blätter eines Baumes gleichen sich ..., die Erbeigenschaften sind absolut ungleich ..., es gibt keine gleichen Daumenabdrücke ..., die Adern in der Netzhaut sind absolut ungleich angeordnet". Wie in der gesamten Natur gilt für ihn „absolute Ungleichheit für die materiell-körperlichen Gegebenheiten des Menschen ebenso wie für die geistig-charakterlichen Voraussetzungen seines Tuns". Er geht sogar so weit, das „Ungleichheitsprinzip", nach dem ewiger Wechsel das Weltganze durchzieht, als Grundprinzip des Universums zu bezeichnen.

Insofern könnte man vermuten, daß auch die Forderung absoluter Gleichheit von Individuen in einer Gesellschaft eine – je nach der Grundüberzeugung des einzelnen – mehr oder weniger angenehm erlebte Illusion darstellt. Sagt doch auch David Riesman: „Die Menschen sind verschieden geschaffen, und sie verlieren ihre soziale Freiheit und ihre individuelle Autonomie, wenn sie versuchen, einander gleich zu werden." Ungleichheit sollte allerdings nicht wertmäßig eingestuft werden.[5] Der eine kann dies, der andere jenes, ein Merkmal kann in einer Beziehung vorteilhaft und in einer anderen nachteilig sein. Im Hinblick auf das Ganze, aus einer höheren Ebene betrachtet, könnte also – ich erinnere hier an die Unterscheidung von Funktions- und Werthierarchien (S. 280) – Unterschiedliches gleiche Bedeutung haben und insofern gleich sein.

Es ist auch illusorisch, gleiche Lebensbedingungen für alle Menschen schaffen zu wollen. Die Menschen sind über die ganze Erde verteilt. Die einen leben in Paradiesen, die anderen unter extrem harten Bedingungen, in ewigem Eis oder in karger Wüste. Man kann weder überall Paradiese schaffen, noch alle heute und in Zukunft lebenden Menschen in Paradiesen ansiedeln, die dann sehr bald das Merkmal eines Paradieses verloren hätten.

Gleichheit würde im übrigen, da sie ja gesellschaftlich organisiert werden müßte, neue Ungleichheit, zumindest eine solche zwischen Kontrolleuren und

---

5 Insofern wäre es sinnvoll, deutlich zwischen Gleichartigkeit und Gleichwertigkeit zu unterscheiden.

Kontrollierten schaffen (Crozier). Man muß also wohl differenzieren und darf nicht so sehr Gleichheit ganz allgemein ins Auge fassen, sondern muß genauer bezeichnen, in welcher Beziehung – etwa biologisch, rechtlich oder wirtschaftlich – man von Gleichheit spricht. Gibt es doch bspw. der Idee nach eine Gleichheit vor Gott, ein gleiches Recht zum Leben, eine Gleichheit in bezug auf Grundbedürfnisse und menschliche Grundrechte, überhaupt vor dem Recht, bzw. vor Gericht und bei Behörden oder das Anrecht auf gleichen Schutz durch die Gemeinschaft vor Angriffen gegen die Person, aber auch Gleichheit in bezug auf das Einkommen, das Vermögen, auf soziale Ausgangschancen und die Möglichkeit der Entfaltung der Begabung. Hinsichtlich all dieser Aspekte könnten also durchaus Gleichheit und Ungleichheit nebeneinander bestehen, und es macht auch einen Unterschied, ob Ungleichheit sozusagen schicksalhaft gegeben oder durch Eingrenzung von außen bewirkt ist. Das Gleichheitsprinzip der französischen Revolution, auf das man sich auch heute noch sehr häufig bezieht, stellte im übrigen ursprünglich eine Forderung nach gleichen politischen Rechten und nicht nach gleichem sozialen Rang dar (Klages, Kmieciak). Man trifft in der Tat in der Literatur eine große Verschiedenheit von Interpretationen des Gleichheitsideals an, die sich auch in mancher Beziehung widersprechen, wobei im übrigen eine Reihe einschlägiger Zielvorstellungen schlicht unrealisierbar ist.

Es ist andererseits sogar eine ernstzunehmende Frage, ob man nicht, wenn man Ungleiches gleich behandelt, eine noch viel größere Ungleichheit bewirkt. Können nicht umgekehrt gerade erst durch ungleiche, d.h. auf das betreffende Individuum abgestimmte Behandlung des einzelnen annähernd gleiche Bedingungen für alle geschaffen werden? So könnte man aus dieser Sicht sogar gegen das gleiche Stimmrecht für alle argumentieren und ein unterschiedliches Gewicht der einzelnen Stimme bspw. von dem Maß an politischer Einsichtsfähigkeit abhängig machen. Aber wer würde, so wie die Welt heute ist, über die Beurteilungskriterien entscheiden?

Eine weitere Schwierigkeit entsteht, wenn man die Begriffe Freiheit und Gleichheit, die ja immer zusammen genannt werden, in ihrem Verhältnis zueinander betrachtet. Scheint doch bis in unsere Tage das Problem noch immer ungelöst, wie Gleichheit und Freiheit verbunden werden können. Robert Havemann schrieb einmal: „Es zeugt von Unfreiheit, wenn man versucht, die in natürlicher Verschiedenheit existierenden Menschen in eine gewollte Gleichheit zu pressen. Diese Gleichheit darf sich nur auf die der Menschenwürde entsprechenden Grundrechte, auf die Gleichheit vor dem Recht schlechthin und auf die sozialen Ausgangschancen erstrecken".

Allzu oft wird aber von dem an Gleichheit appelliert, der seine Chancen nicht genutzt hat und nun auf einfache Art ohne Anstrengung an das oder zumindest einen Teil dessen zu kommen versucht, was ein anderer mit großer Anstrengung erreicht oder geschaffen hat. Ich habe bei Expeditionen einige Male erlebt, wie einer seinen Trinkvorrat sehr früh aufgetrunken hatte. Als er bald darauf erneut großen Durst bekam, aber nichts mehr zu trinken hatte, verlangte er von den anderen, die ihr Wasser vernünftiger eingeteilt hatten, daß sie den Rest des Wassers

„fairerweise" mit ihm teilten. So erscheint auch in der heutigen gesellschaftlichen Situation, in der man sich wohl stärker als früher mit anderen zu vergleichen neigt, vielen Menschen der höhere Lebensstandard eines anderen aus dem Blickwinkel einer erstrebenswerten Gleichheit und nach dem – allerdings vagen und oft überstrapazierten – Prinzip der „sozialen Gerechtigkeit" ein unzulässiges Privileg und ein Grund, „mit Fug und Recht" den Anspruch auf einen Ausgleich geltend zu machen. Dabei ist allerdings einzuräumen, daß eine solche Sichtweise, in der der gehobene Lebensstandard eines Gesellschaftsmitgliedes von anderen als unverdient und unberechtigt angesehen wird, im Einzelfall durchaus berechtigt sein kann, es aber keineswegs sein muß.

Der Traum von der Gleichheit hat indes in der Menschheitsgeschichte seit jeher eine große Rolle gespielt, obwohl viele in ihm eine als Streben nach „sozialer Gerechtigkeit" kaschierte idealisierende Rationalisierung einfachen Neids sehen (vgl. O.W. Holmes). Seine Verwirklichung galt als vorrangiges Ziel vieler politischer Programme, die sich die Befreiung zahlloser Menschen aus belastend ungleichen Verhältnissen zum Ziel gesetzt hatten. Das Ergebnis war jedoch für ebenso viele Menschen Unzufriedenheit, Sklaverei und ein Verkümmern im Mittelmaß. Denn das Streben nach Gleichheit verdammt den Begabten zur Mittelmäßigkeit, und unbegründete Erwartungen führen beim Unbegabten zu unnötigen Enttäuschungen. Jean Fourastié weist im übrigen in seinem Buch „Le jardin du voisin" darauf hin, daß Reaktionen der Unzufriedenheit und Feindseligkeit in der Gesellschaft keineswegs dann am lebhaftesten zutage traten, wenn die Ungleichheiten am ausgeprägtesten waren.

Funktions- und Werthierarchien

Mit dem Begriff der Ordnung stellt sich zugleich das Problem einer Ordnungshierarchie, wobei der Begriff Hierarchie, wörtlich soviel wie 'heilige Herrschaft' bedeutend, eine gewisse Rangfolge im Sinne einer stufenmäßig aufgebauten Ordnung beinhaltet. Fragen wir also nach Notwendigkeit und Sinn einer hierarchischen Ordnung.

Doch lassen Sie mich zunächst noch etwas weiter ausholen und betrachten wir als Ausgangspunkt unserer Überlegungen das menschliche Gehirn!

Bei dem Zusammenspiel zahlreicher Einflußgrößen und Faktoren zeigt sich, daß das Gehirn mit zunehmender Komplexität immer weniger den starren Zwängen eines ererbten Verhaltensprogramms unterliegt und in immer stärkerem Maße in der Lage ist, „Zufallsereignisse" zu verarbeiten und zu nutzen. Diese höheren organisierenden Fähigkeiten bedeuten eine Verminderung der Zwänge und bedingen ein höheres Maß an Freiheit. Zugleich entwickelt sich im Zusammenspiel der Komponenten wie in allen organischen Systemen und in „naturgesetzlicher Differenzierung" (Riedl) eine Hierarchie.

Das hohe Organisationsniveau eines hochkomplexen biologischen Systems mit hierarchischer, d.h. verschiedene Organisationsebenen umfassender Differenzierung ist jedoch nicht gleichbedeutend mit einer straffen Zentralisierung oder einer starren Vorherrschaft, bei der eindeutig und ein für allemal Machtpositionen und Machtverhältnisse festgelegt sind, in denen ausschließlich *eine* Einflußrichtung existiert. Es ist vielmehr grundlegend bestimmt durch wechselseitige Abhängigkeiten, durch eine vielschichtige und flexible Hierarchie mit wechselseitigen Beziehungen zwischen unterschiedlichen Zentren und Ebenen und situationsangepaßten „Machtverhältnissen". Zwar ist das Gehirn ein zentrales Koordinationsorgan. Aber selbst hier zeigt sich, daß der Mensch als Organismus zwar aufgrund seiner spezifischen Möglichkeiten bewußt etwa gegen eine zunehmende Ermüdung angehen kann, aber dies doch nur bis zu einem gewissen Grad. Bei zunehmender Ermüdung verliert auch das Gehirn selbst mehr und mehr die Möglichkeit eines korrigierenden Eingriffs.

Die Besonderheit dieser biologischen Funktionshierarchien hat vor allem der französische Arzt und Forscher Henry Laborit herausgestellt. Er grenzt sie ausdrücklich gegen die von ihm so bezeichneten Werthierarchien[6] ab, wie man sie in menschlichen Gesellschaften antrifft.

Organische bzw. lebende Strukturen sind darauf angelegt, im Interesse des Ganzen, also des Organismus, wirkungsvoll zu funktionieren und nicht das „Eigeninteresse" eines Teils in den Vordergrund zu stellen. Das Funktionieren des Ganzen ist das entscheidende Kriterium. Es ist auch – im Gegensatz zum menschlichen Zusammenleben – kein Merkmal eines biologischen Systems, daß ein Teil die anderen Teile beherrschen und beeindrucken möchte, „angibt" oder sich bedeutender vorkommt. Die Leber verrichtet ihre wichtige Arbeit, verachtet aber darum nicht die Milz, und auch die große Zehe blickt nicht auf die anderen Zehen herab. „Das Ohr hört nicht besser als das Auge sieht. Jedes Organ hat seine spezifische Funktion, für die es geschaffen ist, und ist als solches optimal" (Augros und Stanciu). Dort, wo die selbstverständliche Einordnung ins Ganze des Organismus eingestellt wird, wie etwa beim Krebswachstum, gilt das als Krankheitserscheinung, die im übrigen mit der zwangsläufigen Zerstörung des Gesamtorganismus auch das Wachstum und die Existenz der Geschwulst beendet.

Kein Organ, keine Zelle ist letztlich „frei". Organe und Zellen sind auch nicht „gleich", obwohl alle Zellkerne eines Organismus die gleichen Gene enthalten. Die eine Zelle tut dieses, die andere jenes. Die eine arbeitet mehr, die andere weniger. Die eine Zelle braucht mehr, die andere weniger Sauerstoff. Dafür hat diese für die Ausübung ihrer ganz spezifischen Funktion einen speziellen Bedarf an einer bestimmten Substanz, etwa Mangan, Eisen oder Kobalt. Beides, völlige Freiheit und Willkür, aber auch absolute Gleichheit aller Zellen und Gewebe würde im übrigen zu einer Funktionseinbuße und vielleicht sogar zu einem Funktionsverlust des Ganzen führen und das Überleben des Organismus gefährden.

Dort, wo sich in lebenden Organismen Hierarchie zeigt, ist sie an den jeweils wechselnden Funktionsnotwendigkeiten ausgerichtet. Zellen und Gewebe sind im

---

6 Bei anderen Autoren findet man auch die Bezeichnungen Rang-, Macht- oder Weisungshierarchie.

Rahmen einer solchen Hierarchie aktiv, und ihre individuelle Anpassung an die Funktionsanforderungen des Ganzen geschieht in wechselseitiger Unterordnung oder Überordnung, je nach der gegebenen Situation. Die funktionelle Spezialisierung oder die je nach Funktionsanforderungen im Vordergrund stehende Bedeutung hat aber nichts mit Wertzuwachs oder Wertverlust zu tun. Sie ist vielmehr Voraussetzung eines den mannigfaltigsten Anforderungen angepaßten flexiblen Zusammenwirkens in letztlich umfassender Harmonie.

Das zentrale Nervensystem des Menschen stellt zweifelsohne ein außerordentlich hoch strukturiertes Organ innerhalb der flexiblen Funktionshierarchie des menschlichen Organismus dar. Es ist aber trotzdem keine reine Kommandozentrale, sondern mehr ein Koordinationszentrum aller vitalen Grundtendenzen und Bedürfnisse des Gesamtorganismus.

Als Koordinationszentrale ist es natürlich auch automatisch Zentrale für den Austausch von Information. Es handelt sich dabei um einen sehr verzweigten und vielgestaltigen wechselseitigen Informationsfluß, an dem alle Organe Anteil haben. Die eigentliche Bedeutung des Gehirns liegt auch hier in der Koordination der Information, in seiner Vermittlerrolle. Das Gehirn übt in diesem Sinne keine Macht aus, die in allen Situationen starr aufrechterhalten wird. Daß Macht nicht aus der Notwendigkeit des Systemganzen oder aus der jeweils erforderlichen Situation abgeleitet wird, sondern als solche mehr oder weniger einen Selbstzweck darstellt, ist, wie gesagt, wohl eher ein wesentliches Merkmal von Vergesellschaftungen.

Damit wären wir bei den „Werthierarchien", wie wir sie in ausgeprägter Form in menschlichen Gesellschaften antreffen. Sie stellen eine gänzlich andere Hierarchieform dar und verhalten sich zu den biologischen Funktionshierarchien wie Macht und Herrschaft einerseits zu echter, begründeter funktionsbezogener Autorität andererseits. Im Gegensatz zu den Funktionshierarchien zeichnen sich Werthierarchien dadurch aus, an bestimmte Funktionen, oder besser: Positionen im System Werturteile zu binden. Sie haben auch eine starke Tendenz, eine bestimmte Form von geschlossener Struktur zu bewahren und einmal getroffene Wertabstufungen aufrecht zu erhalten. Das hat aber natürlich den Nachteil, daß unintegrierte Teilzentren nebeneinander und gegeneinander wirken, daß also vorwiegend individuelle oder Gruppeninteressen verfolgt werden und vom Gesamtzusammenhang ausgeschlossene, nicht „partizipierende" Unterzentren sich nicht in den größeren Funktionszusammenhang einordnen. So ist wohl auch zu erklären, daß es Menschen gibt, die gleichzeitig für Krieg und gegen Schwangerschaftsabbrüche eintreten. Oder daß Kinder teils als höchstes Gut menschlicher Gesellschaften gepriesen und zugleich geprügelt werden, daß immer wieder die einmalige Rolle des Menschen in der Welt betont, gleichzeitig aber in vielen menschlichen Gesellschaften menschliche Würde mit Füßen getreten und Menschenleben skrupellos vernichtet werden.

In Blickrichtung auf die Information in einem System ist eine Werthierarchie durch eine Spezialisierung der Information, eine machtorientierte Informationshandhabung gekennzeichnet. Menschliche Macht wird ja bekanntlich weitgehend durch bevorzugten Zugang zu Information bzw. einen systematischen Ausschluß anderer von dieser Information erworben und aufrecht erhalten. Da dies auch meist mit Hochmut und Verachtung einhergeht, kann gerade dadurch in Werthierarchien eine Vergiftung sozialer Beziehungen eintreten.

Bezeichnenderweise ist Politik in ihrer bisherigen Form weitgehend Machtpolitik gewesen, und politische Macht ist bis auf wenige Ausnahmen nicht auf Harmonie und Kreativität gegründet. Sie hat vielmehr ihre Grundlage in primitiven Machtinstinkten, die sich auf das Zusammenleben in menschlichen Gesellschaften und deren Organisation richten. Der einzelne Mensch einer Gesellschaft hat praktisch auch kaum die Möglichkeit, sich in allgemeiner Weise über Strukturen und Abläufe des Ganzen zu informieren. Er wird in totalitären Regimen praktisch gar nicht gefragt und in Demokratien lediglich alle paar Jahre vor kommerzialisierte Scheinentscheidungen gestellt, deren tatsächliche Folgen für ihn nicht abzusehen sind. Das einzige, dessen er sich wirklich sicher sein kann, ist, dafür gesorgt zu haben, einigen Menschen, deren Zahl im übrigen im Westen wie im Osten etwa gleich sein dürfte, zu einem höheren Lebensstandard und zu der Möglichkeit intensiverer Wichtigtuerei verholfen zu haben.

Täuschen wir uns nicht, die Ausnahmen, die es zweifellos gibt, sind Raritäten. Der eine Werthierarchie kennzeichnende Kampf um Sonderpositionen, die meist mit lebenslangen Wertzuweisungen und Vorrechten einhergehen, bestimmt nun einmal die Dynamik in einem gesellschaftlichen System. Die einen erfreuen sich – in welchem Rahmen und welcher Größenordnung auch immer – ihrer Macht und Dominanz. Die vielen anderen ziehen sich in eine utopische oder düstere Scheinwelt zurück, resignieren oder grollen, bleiben jedenfalls draußen und müssen zwangsläufig auch im Sinne der Werthierarchie draußen bleiben. Sonst könnte ja die Werthierarchie als solche nicht existieren. Denn diejenigen, denen in einer solchen Hierarchie ein Vorzug zugesprochen ist, haben nur allzu großes Interesse daran, diese Vorrechte zu erhalten und sie gegen diejenigen zu verteidigen, die ebenfalls gerne in deren Genuß kommen möchten. Und der Rest erhält von Zeit zu Zeit die Chance, sich für Parolen oder Slogans zu entscheiden, die meist nichts sagen und auch gar nichts besagen sollen. Denn diejenigen, die zur Macht drängen, könnten in sehr vielen Fällen nicht einmal so sicher sagen, was sie außer dieser Macht und den damit zusammenhängenden Vorteilen sonst noch anstrebten. Der Erwerb oder die Erhaltung von Macht wird zum Selbstzweck: Macht um der Macht willen! Und denjenigen, die sie besitzen, geht es in der Regel am wenigsten oder nur am Rande um die Sache, etwa das Wohl der Menschen, die sie vertreten und für die sie sich lautstark als Matadoren gebärden.

Sie können im Grunde auch gar nicht bspw. aus dem ideologischen Rahmen ihrer Partei bzw. dem Gerüst ihrer Organisation oder ihres Vereins ausscheren, ohne ihre Macht und ihr „Ansehen" zu verlieren. So ist wohl auch die letztlich un-funktionale, d.h. wenig zweckdienliche Sklerosierung von Parteien und Institutionen zu erklären. Denn Ansehen und Macht fließen unter diesen Hierarchiebedingungen nicht aus dem, was jemand etwa im Sinne der oft berufenen „Persönlichkeit" ist, sondern aus seiner Rolle, die er in einer Institution oder Organisation einnimmt.

Wären aber nicht letztlich beide Seiten glücklicher, und würde es nicht vor allem der Sache dienlich sein, wenn sich Träger von Machtpositionen eben als Diener der Sache, etwa der Beamte als wirklicher Diener des Staates oder besser des Volkes verstehen würden? Und wäre wirklich auf Dauer ein Zusammenbruch jeder Ordnung zu befürchten, wenn alle Mitglieder einer Gesellschaft in einem Maß und in einer Differenziertheit informiert wären, die es ihnen erlaubte, die tatsächliche Funktion der Machtträger fachlich zu beurteilen, vielleicht auch die Grundlagen der Macht als solche in Frage zu stellen, ja gegebenenfalls sogar die Einrichtung von dauerhaften zentralisierten Machtpositionen zu verhindern?

Machen wir uns den Unterschied zwischen Funktions- und Werthierarchien noch einmal an einigen kleinen Beispielen deutlich: Wenn der Mensch zu Mittag gegessen hat, fällt automatisch die Initiative an diejenigen Organe, die aufgrund des Mittagessens mehr zu tun haben. Der Verdauungstrakt wird, wie es ja biologisch sinnvoll ist, besser durchblutet; das Gehirn erhält dafür etwas weniger Blut. Das ist eine der Ursachen der Mittagsmüdigkeit, die jeder aus eigener Erfahrung kennt. Für den Organismus würde es auf Dauer keineswegs gut sein, wenn die Verdauungsvorgänge nach dem Mittagessen zugunsten einer durchgehenden Dominanz des Gehirns unterdrückt würden.

Ein anderes Beispiel: In Notsituationen hat der Mensch praktisch zwei entscheidende Möglichkeiten, in kürzester Zeit auf eine bedrohliche Situation zu reagieren, die sich plötzlich ergeben hat: Angriff oder Flucht. Der Körper des Menschen wird durch bestimmte nervöse Schaltungen und durch spezielle Hormone, die vermehrt abgesondert werden, auf eine dieser beiden Verhaltensweisen vorbereitet. In einer solchen Situation wäre es nicht von Vorteil, besonders lange und kritisch zu prüfen, welche Verhaltensmöglichkeit wirklich die beste ist. Deshalb tritt auch in solchen Situationen der Einfluß unserer „vernünftig" reagierenden Hirnanteile zurück. Hat der Mensch jedoch jede Menge Zeit, um sich für die wirklich beste Lösung entschließen zu können, werden diese Hirnanteile in besonderer Weise aktiviert. Er denkt nach, überlegt, grübelt, plant usw. Es kann aber für einen Organismus auf Dauer ausgesprochen schädlich sein, die in bedrohlichen Situationen „natürlichen" Reaktionsweisen durch bewußte Überlegungen und rationale Steuerung immer wieder auszuschalten, obwohl man am liebsten „auf die Bäume" oder ins „kühle Bad" gehen möchte. Die bekannten Stresskrankheiten sind dafür ein überzeugendes Beispiel.

Von Expeditionen her ist bekannt, daß Teilnehmer mit unterschiedlichen Befähigungen (Kenntnis der einheimischen Flora und Fauna, Orientierungsfähigkeit, Kondition, Organisation der Verteidigung o.ä.) je nach den vorherrschenden Fragestellungen und Anforderungen automatisch eine entsprechende Entscheidungs-, d.h. Machtfunktion übernehmen – und wieder abgaben.

In dem Moment aber, in dem einzelne Menschen aus persönlichem Machthunger oder Ehrgeiz unter allen Umständen dominieren oder sich auch nur unbedingt persönlich profilieren wollen, leidet das Gesamtsystem. Wenn der Geschäftsführer einer Organisation aus Angst um seinen Posten nichts zu delegieren wagt, wenn ein Vorgesetzter nicht akzeptieren kann, vor seinen Untergebenen einen

Fehler einzugestehen, wenn ein Lehrer meint, immer alles besser zu wissen und besser wissen zu müssen, entspricht das nicht mehr einer an der schlichten Funktion des Ganzen und einer sachlichen Lösung von Problemen orientierten Hierarchieform. Ein solches Verhalten von Menschen ist Merkmal und Systemeigenschaft einer Werthierarchie.

Es wäre sicher reizvoll und lohnend, über die beiden unterschiedlichen Hierarchieformen, vor allem auch im Hinblick auf die Konsequenzen, intensiver nachzudenken. Jedenfalls funktionieren biologische Systeme als Feedback- und nicht als Weisungssysteme (Vester), und ihr optimales Funktionieren ist letztlich gewährleistet durch ein organisiertes Zusammenwirken von Festlegung und Offenheit, von Stabilität und Flexibilität, von Ordnung und Unordnung, von Hierarchie und Antihierarchie. Nicht-festgelegt-Sein, Unsicherheit, Unordnung, Chaos, Zufall sind, so befremdlich und abstoßend diese Begriffe für die meisten zivilisierten Ohren klingen mögen, eine für kreative Entwicklungen letztlich notwendige und lebensimmanente, d.h. zum Leben gehörende Seite der Wirklichkeit. Ein System, in dem viele Zentren ohne starr festgelegte hierarchische Vorherrschaft, d.h. mit – je nach den Erfordernissen – wechselnden Dominanzen zusammenwirken, ist in der Lage, unter Beibehaltung von schöpferischer Ungeordnetheit Ordnung zu gestalten. Es vermag auch unter Beibehaltung von Unterschiedlichkeit, Gegensätzlichkeiten und Zwiespältigkeiten, wie sie die Wirklichkeit kennzeichnen, eine durchaus dynamische Ausgewogenheit und Harmonie zu erreichen. Nur durch ein flexibles Zusammenwirken der Gegensätze ist es möglich, konstruktive Lösungen zu finden, zu neuen Kombinationen zu gelangen, überhaupt Neues zu erfinden und zu gestalten.

Wie schön wäre es, wenn die Menschen in ihren Planungen – gerade auch auf politischer Ebene – wenigstens ab und zu etwas von der Natur lernen würden. Sie haben ja in anderen Lebensbereichen bewiesen, daß sie zu solchen Lernprozessen in der Lage sind. Denken wir doch nur daran, wie lange der Mensch zum Beispiel auf der Suche nach der Technik des Fliegens die Natur beobachtet hat! Könnte nicht vielleicht auch in ähnlicher Weise ein tieferes Verständnis biologischer Funktionshierarchien zu einem konstruktiven Umdenken über die organisierten Formen menschlichen Zusammenlebens führen?

Gibt es überhaupt Selbstorganisation im Rahmen größerer sozialer Gebilde?

Von sozialen Systemen zu sprechen, ist heute nicht mehr ungewöhnlich. Man versteht darunter, ganz allgemein, eine in ihrer Größe unterschiedliche Anzahl von Individuen, also von lebenden Systemen, die eine bestimmte Organisation aufweisen, in der im Rahmen eines oft sehr komplizierten Wechselwirkungsgeschehens vielfältige Interaktionen stattfinden und sich in einem Prozeß beständiger Kommunikation eine bestimmte Identität herausbildet. Die betreffende Organisation ist durch die Angleichung eines oder mehrerer geistig-seelischer Merkmale, bzw. Zustände oder Tendenzen gekennzeichnet.

In diesem Sinne bezeichnet Maturana etwa eine Familie, einen Club, eine Gemeinde, aber auch schon einen vielzelligen Organismus als soziales System. Denn auch im Falle eines vielzelligen Organismus interagiert eine große Anzahl von Zellen so miteinander, daß das System, das sie durch ihre Interaktionen bilden, während sie ihre individuelle Autopoiese verwirklichen, ein Medium darstellt, innerhalb dessen diese Autopoiese stattfindet. Ein soziales System besteht also notwendigerweise als ein System durch das Verhalten aller Individuen, die seine integrierenden Bestandteile sind, und es erhält dadurch auch seine Besonderheit. Eine Gesellschaft – als ein in der Zahl ihrer Mitglieder über eine im engeren Sinne verstandene Gruppe hinausreichendes System – wird deshalb auch als der Prozeß bezeichnet, bei dem Individuen sowohl mit der natürlichen Umwelt als auch untereinander interagieren, um ihr Überleben zu sichern (Hejl). Die Mitgliedschaft eines Individuums in einem speziellen sozialen System ist andererseits durch seine Teilhabe am Netzwerk sozialer Beziehungen bestimmt, das bspw. eine Gesellschaft als besonderes soziales System kennzeichnet. Eine Gesellschaft ist also als der umfassende Zusammenhang des aufeinander bezogenen und füreinander bedeutsamen sozialen Handelns zu verstehen (Willke), als die Einheit der Gesamtheit des Sozialen, d.h. der sozialen Beziehungen, Prozesse, Handlungen oder Kommunikationen (Luhmann).

Ein menschlicher Organismus kann nun an mehreren unterschiedlichen sozialen Systemen teilhaben, indem ein Mensch bspw. Mitglied einer Familie, eines Vereins, einer politischen Partei oder einer Religionsgemeinschaft ist. Eine vollständige Reduktion des Menschen auf jeweils unterschiedliche Rollen entspricht jedoch nicht der Realität. Denn der Mensch ist immer mehr als die Summe seiner einzelnen Rollen, und sein Verhalten läßt sich auch in einer durch eine betreffende Rolle bestimmten Situation nicht auf diese Rolle allein zurückführen.

Die verschiedenen sozialen Systeme, in denen Menschen leben, sind nun insofern unterschiedlich, als sie durch unterschiedliche Netzwerke von Interaktionen zwischen ihren autopoietischen Mitgliedern gekennzeichnet sind. Da die letztlich der Selbsterhaltung dienenden Interaktionen dieser Mitglieder von den individuellen Strukturen abhängen, können die Merkmale eines sozialen Systems, etwa auch einer Gesellschaft, sich ändern, wenn es zu einer strukturellen Änderung dieser Komponenten kommt. Bleibt dabei die soziale Organisation als solche erhalten, findet lediglich ein sozialer Wandel in der Gesellschaft statt, während die Gesellschaft bei einer Änderung, d.h. einem Zusammenbruch der sozialen Organisation, aufhören würde zu existieren und sich nach entsprechender Zeit eine neue Gesellschaftsform herausbilden würde. Sozialer Wandel und soziale Stabilität in einem von Menschen gebildeten sozialen System sind daher notwendigerweise Funktionen der Art und Weise der strukturellen Veränderungen all der Menschen, die dieses System bilden, sowie des Dazukommens und Ausscheidens von Mitgliedern, die im zeitlichen Verlauf stattfinden.

Gerade in jüngerer Zeit wurde nun über den naturwissenschaftlichen und individualpsychologischen Bereich hinaus auch von einer sozialen bzw. gesellschaftlichen *Selbst*organisation oder Autopoiese gesprochen, und es findet sich eine ganze Reihe von Autoren, die diese Vorstellung unter mehreren Gesichtspunkten als durchaus berechtigt ansehen.[7] Hans Ulrich schrieb bspw. 1978, daß Menschengemeinschaften sich selbst zu strukturieren vermögen und daß derartige Ordnungsgefüge auch ohne Erlaß von Organisationsvorschriften entstehen. Ebenso stand das große internationale Kolloquium von Cerisy 1981 unter dem Leitthema „Die Selbstorganisation von der Physik bis zur Politik", und auch bei Maturana und Varela findet sich bspw. der Begriff von autopoietischen Systemen „höherer Ordnung".

Organismen und Gesellschaften gehören für Maturana einer „gleichen Klasse von Meta-Systemen" an. „In jedem Fall, in dem die Mitglieder einer Menge lebender Systeme durch ihre Verhaltensweisen ein Netzwerk von Interaktionen ausbilden, das für sie wie ein Medium wirkt, in dem sie sich als Lebewesen verwirklichen und in dem sie dementsprechend auch ihre Organisation und Angepaßtheit aufrechterhalten, haben wir es mit einem sozialen System zu tun" (Maturana 1987).

Es gibt allerdings – das sei hier ausdrücklich angemerkt – in der Literatur auch Stimmen, die auf wesentliche Unterschiede zwischen physikalisch-chemischen und sozialen Systemen hinweisen. So machte u.a. P.M. Hejl darauf aufmerksam, daß man von eigentlicher Spontaneität selbstorganisatorischer Prozesse, wie man sie von der Physik und Chemie her kenne, im sozialen Bereich nicht sprechen könne. Soziale Systeme produzierten auch in direkter Weise weder ihre Komponenten, noch organisierten sie deren Zustände. Sie seien zweifellos, was auch Maturana und Varela betonen, das Ergebnis der Interaktion autopoietischer Systeme, selbst aber keine autopoietischen Systeme im engeren Sinne. Denn die lebenden Systeme, aus denen sie sich zusammensetzen, hätten die Möglichkeit, sich an der Bildung des Systems zu beteiligen oder aber nahezu jederzeit aus dem übergeordneten System körperlich-physikalisch oder auch geistig auszuscheiden. Außerdem überlappten sich im gleichen Individuum fast immer mehrere soziale Systeme. Die Gesellschaft sei sozusagen „ein Netzwerk von miteinander verbundenen Sozialsystemen mit den Individuen als Knotenpunkten". Außerdem gebe es im sozialen Bereich nicht die hohen Quantitäten von parallelisierten Elementen, soziale Systeme erforderten eine lange Serie von Interaktionen, seien aufgrund ihres historischen Charakters hochgradig spezifisch, und die Komponenten sozialer Systeme hätten auch im Gegensatz zu den Komponenten biologischer Systeme direkten Zugang zu der Umwelt des ganzen Systems.

Entgegen dieser kritischen Zurückhaltung in der Verwendung des Begriffs gibt es aber, wie bereits gesagt, nicht wenige Auffassungen, in denen die durchgehende

---

7 Es sei nur am Rande erwähnt, daß bspw. die klassischen chinesischen Vorstellungen von dem Bild eines selbstregulierten und sich selbst regulierenden Universums ausgehen, dessen Mechanismus der Mensch versuchen muß zu entschlüsseln, um das Gleichgewicht in der Welt zu erhalten.

Konzeption einer Selbstorganisation bis in den gesellschaftlichen Bereich hinein vertreten wird. So verweist Niklas Luhmann darauf, daß die Gesellschaft ein autopoietisches System auf der Basis von sinnhafter Kommunikation sei. Sie reproduziere Kommunikation durch Kommunikation und, was immer sich als Kommunikation ereigne, sei dadurch Vollzug und zugleich Reproduktion der Gesellschaft.

Es wäre im Grunde auch nicht weiter erstaunlich, wenn, nachdem schon Aufbau und Funktion des Gehirns, d.h. die strukturell bedingte Art der im Gehirn ablaufenden Prozesse sich im seelisch-geistigen Erleben der Menschen und in ihrem Verhalten spiegeln, sich auch psychische Prozesse von Individuen in ihren sozialen Kontakten, in ihrem gesamten sozialen Lebensstil und in der Form ihrer Gemeinschaftsbildung und Vergesellschaftung niederschlagen. Biologischen und sozialen Systemen ist in der Tat eine Reihe wichtiger Merkmale gemeinsam: Bei beiden handelt es sich um komplexe Gebilde, und beide weisen Regulationsphänomene auf.

Die Vorstellung einer sozialen bzw. gesellschaftlichen Selbstorganisation knüpft weiter daran an, daß Gesellschaften zwar nicht im engeren Sinne lebende Gebilde, aber doch von erstaunlicher Plastizität sind. Sie bewahren, ähnlich wie Lebewesen, trotz eines ständigen Wechsels ihrer Mitglieder ihre Identität und entfalten eine überindividuelle Eigendynamik und Eigengesetzlichkeit. Damit kommt ihnen der Charakter eines autonomen Systems zu, dessen Operationsweise durch die Prozesse seiner Selbstorganisation bestimmt ist. Diese systemspezifische interne Verarbeitung äußerer Ereignisse bedingt auch im Bereich von Gesellschaften ein hohes Maß an Nicht-Vorhersehbarkeit und erklärt die große Schwierigkeit, Einzelbereiche einer Gesellschaft gezielt und unmittelbar zu beeinflussen. Deshalb stoßen auch hochentwickelte Gesellschaften genauso wie andere selbstorganisatorische Systeme an die Grenzen einer Kontrolle ihrer Möglichkeiten (Willke), und deshalb bedeutet jede Intervention zwangsläufig ein Handeln unter Unsicherheit und Risiko.

Wenn sich in jeder Organisation unentwirrbar Elemente der Geordnetheit und Ungeordnetheit vermischen, gilt das auch für menschliche Gesellschaften und politische Ordnungen, die im Grunde eine Organisation der Koexistenz von Individuen darstellen. Interessant ist dabei, daß der in modernen Gesellschaften inzwischen erreichte Komplexitätsgrad Ordnung zugleich ermöglicht und gefährdet. Die Tatsache, daß gerade instabile Teilsysteme in ihrem Zusammenspiel ein gewisses Maß an Ordnung bewirken, ist allerdings kein spezifisches Merkmal von Gesellschaften. Denn wir treffen auf dieses Phänomen auch in den Naturwissenschaften, bspw. im Bereich der subatomaren Physik, bei den dissipativen Strukturen und bei den von Eigen beschriebenen Hyperzyklen. Und die des weiteren charakteristische Selbstbezüglichkeit oder Selbstreferenz dieser Systeme bedeutet, daß auch im Rahmen von Gesellschaften Einzelkomponenten „sich miteinander verhaken und dadurch Zusammenhänge, bzw. Prozesse ermöglichen" (Luhmann). Grundlage einer entsprechenden Selbststeuerung ist die Fähigkeit eines sozialen Systems zur Reflexion, d.h. die Fähigkeit, sich selbst zum Inhalt von Überlegungen zu machen, sich selbst zu beobachten und zu beschreiben. Diese zu sich selbst bestehenden Beziehungen und deren Differenzierung gegenüber Beziehungen zur jeweiligen Umwelt kennzeichnen entscheidend das Wesen sozialer Systeme, also etwa auch menschlicher Gesellschaften, wobei die Selbstreferenz[8] durchaus auch von Mitgliedern des jeweiligen Systems „organisiert" sein kann.

Auch menschliche Gesellschaften lassen sich also, wenn man den Begriff nicht sehr eng faßt, zumindest in einer Reihe von Beziehungen als selbstorganisierende Systeme verstehen. Innerhalb menschlicher Gesellschaften trifft man ebenfalls immer wieder, wie die Entwicklung der öffentlichen Meinung zeigt, auf Vorgänge, die ohne bewußte Planung und gezielte Eingriffe von außen zustande kommen. Wie eine friedlich begonnene Demonstration endet, hängt von vielen Einflußgrößen ab, deren Auswirkung nicht von vornherein abzusehen ist; ob ein Fußballspiel ohne Fouls und gelbe Karten abläuft oder mit vier roten Karten endet, ist auch nicht von vornherein klar, ebensowenig das Verhalten der Zuschauer, das sich möglicherweise von einem bestimmten Zeitpunkt an in eine vorher nicht absehbare Richtung, bspw. in Richtung einer Massenschlägerei mit nachfolgendem Vandalismus in der betreffenden Innenstadt entwickelt. Aus dieser Erkenntnis ergibt sich natürlich ein Gegensatz zu einer eher vordergründigen Sichtweise, in der jede Form von Organisation als ein Ergebnis willentlicher menschlicher Entscheidungen erscheint.

Im Grunde ist es aber so, daß beide Aspekte sich keineswegs ausschließen und sich auch gar nicht widersprechen. So spricht v. Hayek auch von zwei Arten von Ordnungsentstehung: der absichtlich gemachten und der aus der Wechselwirkung menschlichen Verhaltens ohne spezifische Absicht entstehenden Ordnung. Beide, ein spontanes, aus dem Kontext der Systembedingungen erwachsendes und ein absichtsvolles und willentliches Verhalten, greifen ineinander. Eine strikte Abgrenzung von selbst- und fremdorganisierten sozialen Systemen ist daher letztlich nicht berechtigt. Wie v. Hayek näher beschreibt, können Ordnungen entstehen, die weder ganz unabhängig von menschlichem Handeln sind, noch das bezweckte Ergebnis solchen Handelns darstellen, sondern die „das nicht vorhergesehene Ergebnis von Verhalten sind, das Menschen angenommen haben, ohne ein solches Resultat im Sinne zu haben". Auch in fremdorganisierten sozialen Systemen wie bspw. bestimmten Arbeitsgruppen laufen Selbstorganisationsprozesse ab, und aufgrund spezifischer selbstgesteuerter Abläufe entwickeln solche Gruppen auch meist ein gewisses Eigenleben (Schattenhofer). Ebenso entfaltet sich das Wirken bspw. eines Industriemanagers, der ja nie völlig außerhalb des Systems steht, das er managt, im Rahmen umfassender selbstorganisatorischer Bezüge, und sein Planen und Wirken kann durchaus auch als Teil eines selbstorganisierenden Systems verstanden werden. Da es sich bei dem Verhältnis von willentlicher Gestaltung menschlicher Gesellschaften zu selbstorganisatorischen Abläufen innerhalb sozialer Systeme aufgrund spezifischer Prozesse um eine grundsätzlich sehr be-

---

8 Der Begriff der Rekursivität, der Rückbezüglichkeit, bezeichnet in diesem Sinne die ausschließliche Beziehung der Systemelemente zueinander.

deutungsvolle Frage handelt, möchte ich die Gegenposition zu der Auffassung einer geplanten „Schaffung" gesellschaftlicher Organisation aus der die Thematik dieses Buches bestimmenden Sichtweise in späteren Kapiteln noch etwas ausführlicher darstellen.

Gerade auch die Beziehung Individuum-Gemeinschaft läßt erstaunliche Parallelen zu den aus anderen Bereichen bekannten Gesetzmäßigkeiten des Zusammenspiels von Teilen und Ganzem erkennen.

Friedrich von Hayek brachte diesen Gedanken in verschiedenen seiner Arbeiten sehr klar zum Ausdruck. Er betonte, daß die umfassende Ordnung einer Gesellschaft nicht das bewußte Ziel individuellen Handelns sei und ebensowenig aus bewußter menschlicher Absicht und Planung heraus entstehe.

Soziale Selbstorganisation als ständige (Re-)Produktion des gleichen Komplexes komponentenerzeugender Prozesse wird dadurch erklärt, daß Individuen in einer Weise auf die Bedingungen ihres Daseins reagieren, durch die die umfassende Ordnung erhalten oder wiederhergestellt wird. Daraus ergibt sich dann wieder die Konsequenz, daß ihre eigene individuelle Selbsterhaltung besser gewährleistet ist. Sie verhalten sich also im Grunde so, daß ihre Existenz im großen Verband gesichert ist. Das hat aber zur Bedingung, daß ihr Verhalten mit der Erhaltung des Ganzen verträglich ist. Weder das Ganze noch die einzelnen Teile des Ganzen haben ohne ein solches Verhalten eine echte Existenzchance. Dem entspricht, daß Menschen, die in unterschiedlichen Kulturen leben, sich dadurch unterscheiden, daß sie eben in diesen speziellen Kulturen leben und durch sie geformt werden. Sie bauen aber andererseits diese Kulturen auf und tragen auch zu ihrer Erhaltung bei, indem sie und dadurch daß sie „Produkte" dieser speziellen Kultur sind.

Schließlich unterliegen auch soziale Systeme „spontanen" Entwicklungsprozessen. Auch sie entstehen und vergehen; auch sie sind einschneidenden Ereignissen ausgesetzt. Sie können aber auch so rigide werden, daß sie neue Information nicht mehr aufzunehmen vermögen, und setzen sich dadurch der Gefahr der Stagnation und des Verfalls aus. Gerade die in bestimmten Gesellschaften eingetretene Überspezialisierung dürfte in dieser Richtung gefährlich sein.

Das Durchbrechen der Selbstabgeschlossenheit und Prozesse der Selbst-Transformation

Der Mensch ist das einzige Lebewesen, das bewußt Selbstabgeschlossenheit durchbrechen kann. Er kann dabei auch Stabilität opfern, um eine neue zu gewinnen. Der (erlebte) „Sinn" seines individuellen und kollektiven Daseins ist auch kein von außen zugefallenes Geschenk, sondern ein Ergebnis seiner eigenen geistigen Aktivität, auch wenn dieses Ergebnis trotz aller willentlichen Bemühungen nicht garantiert ist, schon gar nicht notwendigerweise in der Form, in der es vorgestellt wurde. Genauso kann auch inneres Glück nicht, wie Arthur Koestler betont, er-„zielt" werden; es muß aus den geeigneten Bedingungen heraus er-„folgen". Wie beim Zufall fragt es sich auch hier wieder, ob das Bild aktiv handelnder autonomer Gebilde, das sich einer nachträglichen, bewußten und rationalisierenden Betrachtung darbietet, nicht einfach Ausdruck eines übergeordneten Selbstorganisationsprinzips ist.

Ähnlich wie Menschen können auch Staaten in eine neue Beziehung zu ihren eigenen „Gesetz" treten, aus der heraus sie in der Lage sind, dieses Gesetz „bewußt" zu ändern, ein anderes Selbst in einer anderen Welt zu werden. So ist es möglich, daß auch Gesellschaften aufgrund bestimmter Ereignisse und Entwicklungen sich selbst und ihre Institutionen, d.h. letztlich ihre Organisation in Frage stellen.

Dann werden auf einmal Gedanken über Sinn und Gerechtigkeit der eigenen Gesetze oder der eigenen „Götter" denkbar und zu einem aktiven Ferment einer Selbstveränderung der Gesellschaft. Aufgrund ihrer geistigen Aktivität finden Gesellschaften zu neuen Organisationsformen und Normen. Aus sich heraus vollziehen sie eine Wandlung, und es ist diese ihre Fähigkeit zur Selbsttransformation, die es ihnen ermöglicht, nicht nur bestehende Strukturen zu verändern, sondern völlig neue Strukturen zu entwickeln.

Eine im echten Sinne autonome Gesellschaft würde die Befreiung von Heteronomie beinhalten. Sie würde sich selbst nicht mehr, wie in den traditionellen Formen, als unabänderlich und „gottgegeben" verstehen, sondern würde sich selbst in Frage stellen können. Sie wäre auch in der Lage, sich von der Heteronomie ihrer Institutionen zu befreien, sozusagen mit sich selbst, mit dem eigenen Interpretationssystem zu brechen (Castoriadis).

Jede Gesellschaft, die ihre vitale Lebendigkeit bewahren möchte, muß sich diese Kraft einer umschriebenen oder auch weiterreichenden Selbsttransformation bewahren, muß flexibel und offen gegenüber sich wandelnden Verhältnissen bleiben. Ganz in diesem Sinne beinhaltet Politik für den tschechischen, später in den USA lebenden Wissenschaftler Karl W. Deutsch nicht nur „die Verteilung der Werte, die Suche nach einer legitimen Ordnung miteinander vereinbarer Werte und politischer Strategien, die Kunst des Möglichen und unter Umständen eine grundlegende Neuordnung der Prioritäten", sondern sie umfaßt auch die Koordinierung des sozialen Lernprozesses, die Verwirklichung der Ziele der Gesellschaft, eine Veränderung dieser Zielsetzung, die Aufstellung neuer Ziele und sogar die Selbsttransformation eines ganzen Landes, der Bewohner und der Kultur.

Sobald Gesellschaftssysteme diese Fähigkeit der Anpassung ihrer Zielsetzungen und der Selbstveränderung nicht mehr aufweisen, drohen sie zu erstarren und zugrunde zu gehen. Dies ist ein ähnlicher Prozeß, wie er auch bei Individuen zu beobachten ist. Schon der normale biologische Lebensweg von der Kindheit bis ins Alter besteht aus einer Folge tiefgreifender Wandlungsprozesse, in der sich die Individuen und ihre Ziele – gemäß dem jeweiligen Entwicklungsstand – ändern. Und in jeder Einzelphase finden unter dem Einfluß eingreifender Umweltveränderungen weitere Wandlungsprozesse statt, wie sie im gesellschaftlich-politischen Bereich – in Abhängigkeit von dem Ausmaß der Gewaltsamkeit einer Veränderung – als Reformen oder Revolutionen bezeichnet werden.

Paradoxe Effekte

Ein weiterer, oft beobachteter und überraschender Aspekt betrifft sogenannte paradoxe Effekte: Auch in Gesellschaften kann es, ähnlich wie das von physikalischen und chemischen Systemen her bekannt ist, durch (unangemessene) äußere Steuerung zu völlig unerwarteten, „chaotischen" Prozessen kommen, die, eben weil es sich um selbstorganisatorische Systeme handelt, natürliche Entwicklungen verhindern.

Wer aber weiß vorher, was sich später angesichts einer bestimmten Entwicklung als unangemessen erweisen wird? Bekanntlich nimmt ja die Möglichkeit einer solchen Voraussage mit der Ausdehnung des Prognosezeitraums noch zusätzlich ab, weil das Hinzutreten weiterer Einflußgrößen die Ungewißheit über die Auswirkungen irgendwelcher Ereignisse potenziert (Görlitz/Voigt). Helmut Willke hat diese Situation mit Blickrichtung auf die Politik einmal sehr treffend charakterisiert: „Politiker glauben zu wissen, was sie tun, sie können aber nicht wissen, was sie damit anrichten".

Der Nobelpreisträger Friedrich August von Hayek erinnert im übrigen daran, daß „spontane" soziale Ordnungen komplexer sind oder komplexer werden können als geplante, von Menschen bewußt geschaffene Ordnungen, was auch einen Rückschluß auf eine höhere Stabilität und Widerstandskraft erlaube. „Es besteht kein Grund dafür, warum eine polyzentrische (spontane) Ordnung, bei der das einzelne Element keine Befehle von einer Zentrale erhält, nicht fähig sein sollte, eine komplexe Anpassung zustande zu bringen, wie sie – oft zu Unrecht – in einem System erwartet wird, wo eine spezielle äußere Kontrolle existiert".

Entgegen zahlreichen inzwischen vorliegenden Erkenntnissen beherrscht aber nach wie vor ein ausgesprochen irrationales Vertrauen in die Berechenbarkeit und Vorausberechenbarkeit der Realität unsere konkrete Entscheidungsfindung auf fast allen Ebenen. Daß es aber bei gezielten Eingriffen von außen zu geradezu paradoxen Zusammenhängen und Auswirkungen kommen kann, läßt sich an zahlreichen Beispielen zeigen. Denken Sie nur daran, daß nicht selten bei einem stärkeren Anziehen der Steuerschraube die Staatseinnahmen zurückzugehen begannen oder daß in der Vergangenheit der sozialistischen Staaten in Mittel- und Osteuropa der Schwarzmarkt trotz – oder gerade wegen – der strengen staatlichen Kontrolle eine nicht zu unterdrückende Blüte erlebte.

Es mag auch zunächst einleuchten, daß durch ein Zurückschrauben der Löhne und Gehälter Arbeitsplätze erhalten werden können. Die historischen Daten sprechen aber zumindest keineswegs dafür, diese Vorstellung berechtigterweise verallgemeinern zu können. Denn die von der Regierung Laval 1935 angeordnete Reduktion der Gehälter von Staatsbediensteten beschleunigte bspw. nur die deflationistische Spirale und stürzte die französische Wirtschaft wenig später in eine Krise. In ähnlicher Weise geht man im allgemeinen davon aus, daß man durch eine Abwertung die Wettbewerbsfähigkeit einer nationalen Wirtschaft erhöhen könne. Auch das ist aber keineswegs sicher. Denn im Gegensatz zu dem erhofften Effekt führte eine Abwertung des französischen Franc in der Vergangenheit mehr oder weniger schnell zu einer Erhöhung der Zinsen. Offenbar erwarteten die internationalen Geldgeber, die nach einer Abwertung das Vertrauen in die französische Währung verloren hatten, sozusagen eine „Risikoprämie", um weiter ihr Geld in Frankreich zu plazieren.

Paradoxe Effekte zeigen sich auch, wenn bei Zulassungsbeschränkungen an Universitäten Abiturienten Realschul- und diese Hauptschulabsolventen vom Lehrstellenmarkt verdrängen und dadurch eine Schwemme arbeitsloser Hauptschulabgänger ausgelöst und Aufstiegsbarrieren errichtet werden (Görlitz/Voigt). Ebenso ist von Vorsorgeprogrammen in verschiedenen Ländern, die durch die Sorge um die Gesundheit speziell von Personen mit niedrigem bis mittlerem Einkommen begründet waren, bekannt geworden, daß sie nach der Art ihrer Durchführung in erster Linie zu großen Einkommenserhöhungen für ohnehin wohlhabende Ärzte und entsprechende Institutionen führten.

Gerade aus dem Bereich der Entwicklungshilfe lassen sich zahlreiche weitere Beispiele anführen. So beklagte der senegalesische Minister Abdoulaye Wade, daß in vielen Fällen die Möglichkeit, zur Lösung landeseigener Probleme Hilfe von außen anfordern zu können, und die Chance, diese auch zu erhalten, Bemühungen um eine sinnvolle Problemlösung aus eigener Kraft sehr leicht untergrabe, und der Schriftsteller Guy Sorman weist darauf hin, daß Entwicklungshilfe in vielen Fällen in erster Linie die nur zu oft korrupten Eliten eines Landes stabilisiert habe, die ihrerseits die Gelder zweckentfremdet vergeudet hätten.

„Finanzierungsexzesse" scheinen in der Tat ebenso nachteilig für die unterstützten Länder werden zu können wie Finanzierungsmängel. Fottorino, Guillemin und Orsenna beschreiben bspw. in ihrem Buch „Besoin d'Afrique", daß die staatlich gestützte Absicherung der Industrie gegen Nicht-Bezahlung von Exporten sehr leicht dazu verführe, nutzlose, unrentable oder überdimensionierte Geschäfte mit Ländern der dritten Welt abzuschließen, und daß es so letztlich der Steuerzahler sei, der die eigene Industrie vor den unangenehmen Folgen ihres Geschäftsverhaltens, möglicherweise sogar vor Pleiten schütze. In den unterstützten Ländern dagegen führten die oft unnützen Lieferungen zu weiterer Verschuldung und vermehrten die ohnehin schon zahlreichen Anlässe zu Korruption.

Es ist ja wohl auch die Folge einer allzu mechanistisch-linearen und im übrigen abendländisch-ethnozentrischen Geschichtsauffassung, nach der jede Gesellschaft die gleichen Entwicklungsstadien durchlaufe, daß unsere Entwicklungshilfe nicht selten vor allem auf einer Übertragung unserer kulturellen Vorstellungen und unserer technologischen und bürokratischen Methoden beruhte. Eine Berücksichtigung eigenständiger Wertvorstellungen, wie sie in vielen Ländern bestehen, die sich auf dem Wege der Entwicklung (wohin eigentlich?) befinden, kommt dabei gewöhnlich zu kurz. Zu solchen eigenständigen Vorstellungen dürften bspw. die starke Bedeutung zwischenmenschlicher Beziehungen, die Bindungen innerhalb der Gruppe, die Rolle des Übernatürlichen sowie die Suche nach Gleichgewicht und Harmonie gehören. Sie bleiben in entsprechenden Planungen entwickelter Länder meist unbeachtet. Auch der Gedanke, sich in vieles zu ergeben und es innerlich zu akzeptieren, weil man sich doch nicht gegen das Unvorhersehbare schützen könne, liegt dem Denken vieler Völker dieser Erde näher als den Menschen der abendländischen Zivilisation. Es gibt dazu viele Berichte. Unter anderen bringt Brigitte Erler in ihrem Buch „Tödliche Hilfe" eine ganze Reihe eindrucksvoller Beispiele. So verweist sie darauf, daß Regierungen von Entwicklungsländern die Eigenproduktion in diesen Ländern durch Anträge auf entwicklungshilfefinanzierte Importe untergraben, weil Nahrungsmittelhilfe die Eigenproduktion ortsüblicher Nahrungsmittel unrentabel macht. Sie beschreibt, wie Bauern in Bangladesch, sobald sie Schulden haben, direkt nach der Ernte ihren eigenen Reis verkaufen müssen, um die Schulden zu begleichen. Zu diesem Zeitpunkt sind aber die Preise am niedrigsten. Weil der eigene Reis weitgehend verkauft wurde, sind sie in der Folgezeit gezwungen, Reis zu immer weiter steigenden Preisen zu kaufen und geraten damit in eine noch höhere Schuldenbelastung. Oder sie beschreibt, wie Düngemittel, die über die Entwicklungshilfe geliefert werden, von einheimischen Regierungen an die Bauern weiterverkauft werden, daß aber das von den Regierungen eingenommene Geld nach deren Gutdünken, also möglicherweise durchaus zu gegen die ländliche Bevölkerung gerichteten militärischen Aktionen verwendet werde. Aufgrund dieser und ähnlicher Beobachtungen gelangt sie zu dem Schluß, daß viele Entwicklungshilfeprojekte die Reichen reicher und die Armen ärmer machten. „Entwicklungshilfe trägt dazu bei, in den meisten Entwicklungsländern ausbeuterische Eliten an der Macht zu halten und im Namen von Modernisierung und Fortschritt Verelendung und Hungertod zu bringen", stellt sie aufgrund ihrer Erfahrungen in aller Deutlichkeit fest.

Wie viele Hoffnungen, die möglicherweise an die Vergabe von Krediten geknüpft waren, mußten in der Vergangenheit begraben werden! Robert Kurz schreibt dazu: „Ein Teil der Kredite versickerte in den Staatsbürokratien der Dritten Welt und bei den Oberschichten, floß unproduktiv in den Konsum bzw. in unsinnige Prestige- und Rüstungsprojekte oder wurde für Zwecke privater Bereicherung als unproduktives zinstragendes Kapital in das westliche Banken-System zurücktransferiert."

Volkswirtschaftliche und ökologische Aspekte

Wesentliche Bedeutung im Rahmen sozialer bzw. gesellschaftlicher Selbstorganisation erlangten auch volkswirtschaftliche Überlegungen. Schon Carl Menger hatte in seinen Studien zu wirtschaftlichen Institutionen von „spontaner Organisation" gesprochen. Er hatte nämlich festgestellt, daß komplexe soziale Ordnungen wie Märkte, Firmen, Städte usw., obwohl sie das Ergebnis menschlicher Aktivitäten sind, keineswegs ausschließlich in willentlichen Entscheidungen nach einem vorgegebenen Plan oder Muster von Menschen geschaffen wurden.

Noch früher hatte allerdings bereits der bekannte englische Ökonom und Philosoph Adam Smith seine Theorie der „invisible hand", der „unsichtbaren Hand" veröffentlicht. Er geht darin zunächst von der Überlegung aus, daß jeder einzelne nur auf seinen eigenen Nutzen bedacht sei. Dabei werde er jedoch von einer

„unsichtbaren Hand" dazu geführt, einem Ziel zu dienen, das nicht in seiner bewußten Absicht liegt, aber der Gruppe, zu der er gehört, dienlich ist.

In dieser Konzeption entstehen soziale Ordnungen ohne eine umfassende Planung nach Art einer Gleichgewichtsstruktur zwischen Preisen und Produktion und aus der Tendenz, die Befriedigung verschiedenartiger Bedürfnisse zu optimieren. Das wird erreicht, indem jede Entscheidung, bspw. zu produzieren oder zu konsumieren, zu sparen oder auszugeben, hier oder dort zu investieren, die Wahrscheinlichkeitsverhältnisse in anderen Entscheidungsfeldern der Gesellschaft verändert. Im Rahmen des diese Preis-Produktions-Struktur bestimmenden Geschehens entsteht schließlich aus dem Zusammenwirken aller unabhängigen Entscheidungen ein dynamisches Gleichgewicht.

Häufig wurden in diesem Zusammenhang auch Arbeiten des Bielefelder Soziologen Niklas Luhmann diskutiert. Er beschreibt die Wirtschaft der Gesellschaft als ein funktional-autonomes, „autopoietisches" (Teil-)System. Es bestehe aus Zahlungen, die aufgrund von Zahlungen möglich seien und weitere Zahlungen ermöglichten. Insofern würden die Elemente des Systems durch die Elemente des Systems produziert, bzw. „die Elemente, aus denen es besteht, mit Hilfe eben dieser Elemente reproduziert". Zugleich sei dieses System aber auch offen, weil seine Operationen auf Bedürfnisse seiner menschlichen und gesellschaftlichen Umwelt abgestimmt seien.

In den letzten Jahren ist eine ganze Reihe weiterer Arbeiten veröffentlicht worden. Sie sind teilweise überraschend konkret und vorwiegend an mathematisch formulierten Modellen ausgerichtet. Nach ihnen lassen sich z.B. auch wirtschaftliche Ungleichheiten berechnen sowie Planungsparameter für sozio-ökonomische Entwicklungen aufstellen. In solche Berechnungen gehen dann natürlich anstelle des hochaggregierten Bruttosozialprodukts zahlreiche Detailgrößen ein.

Am Beispiel der dynamischen Entwicklung städtischer Zentren zeigten etwa Peter M. Allen und Michel Sanglier die Herauskristallisierung einer Ordnung durch Fluktuation. Dabei gingen sie u.a. dem Wechselwirkungszusammenhang zwischen Bevölkerungsgröße und Beschäftigungspotential, zwischen der Verschiedenartigkeit von Funktionen einschließlich der Exportchancen und der Attraktivität von Zentren nach. Die genannten Autoren vertreten die Auffassung, daß solche Instrumente außerordentlich wichtig seien, um langfristige Folgen verschiedener, in einem System zu treffender Entscheidungen richtig einschätzen zu können.

In ähnlicher Weise beschreibt Magoroh Maruyama das Entstehen einer Stadt in einer landwirtschaftlich genutzten Ebene: Am Anfang ist die Ebene weitgehend homogen hinsichtlich ihrer Möglichkeiten zu landwirtschaftlicher Nutzung. Zufällig baut ein ehrgeiziger Farmer an einer besonders günstigen Stelle eine Farm. Das ist der Anstoß. Andere folgen seinem Beispiel. Einer von ihnen eröffnet dann einen Werkzeugladen. Der wird zu einem allgemeinen Treffpunkt, und in seiner Nähe wird ein Stand für Nahrungsmittel aufgemacht. Es entsteht ein kleines Dörfchen, das weiterwächst und den Handel mit landwirtschaftlichen Produkten erleichtert. Ringsherum lassen sich mehr Farmer nieder. Die vermehrte landwirtschaftliche Aktivität bedingt die Entwicklung von Industrie in dem Dorf, das schließlich zu einer kleinen Stadt wird. Diese wächst im Maße ihrer Ausstrukturierung und erhöht die Verschiedenartigkeit der Bebauung in der ursprünglichen Ebene. Das hat wieder einen hemmenden Effekt auf das Wachsen einer anderen Stadt in der Nähe usw.

Für das Entstehen der Stadt an einer bestimmten Stelle mag man zunächst bestimmte günstige Ausgangsbedingungen vermuten, was auch durchaus der Fall sein kann. Oft wird dabei aber ein völlig belangloses „zufälliges" Ereignis übersehen, das der eigentliche Auslöser für die Entwicklung war, bspw. daß das Pferd eines Reisenden krank wurde.[9] Und dieses Ereignis kann zu einem Prozeß der Verstärkung der Abweichung führen. Durch einen solchen Prozeß ist es möglich, daß ähnliche Bedingungen zu unähnlichen Ergebnissen führen. Eine völlig unbedeutende Anfangsabweichung kann sich so zu einer starken Abweichung von geringer Wahrscheinlichkeit entwickeln, ohne daß eine entsprechende Planung dahinterstand. Und ein solcher Prozeß ist, wenn er einmal in Gang gekommen ist, nur sehr schwer aufzuhalten oder umzukehren. Der letztlich entstandene Effekt mag dann aufgrund der Unscheinbarkeit oder Unbemerkbarkeit des Anfangsereignisses als unvorhersehbar erscheinen.

Ökosysteme im umfassenden Sinne als mit der Umwelt in dynamischer Wechselbeziehung stehende biologische Organisationseinheiten in einem bestimmten geographischen Bereich lassen sich schließlich ebenfalls als spontane Experimente der Natur über selbstorganisatorische Prozesse verstehen. Sie fassen verschiedene funktionell autonome Einheiten in einem Netz struktureller Beziehungen zusammen.

Das hat man bspw. sehr gut an Inselgruppen untersuchen können. Es zeigte sich, daß das Überleben bestimmter biologischer Arten stärker von den Interaktionen zwischen den einzelnen Arten als von der Kompetenz des Sich-durchsetzen-Könnens gegenüber einer schwierigen Umwelt abhängt. Dabei werden üblicherweise verschiedene Typen möglicher Interaktionen unterschieden. Die Symbiose ist ein Fall wechselseitiger Kooperation, bei der beide Partner von der Interaktion profitieren (plus, plus). Das Gegenteil (minus, minus) ist dann gegeben, wenn zwei Arten negativ aufeinander einwirken, in Konkurrenz zueinander stehen, sich bekämpfen. Daneben gibt es Interaktionen, bei denen nur die eine Art profitiert, entweder ohne daß die andere dadurch Nachteile hat (plus, null) oder unter Benachteiligung der anderen Art (plus, minus). Schließlich gibt es noch die Möglichkeit, daß, obwohl Konkurrenz besteht, eine Art davon keine Nachteile hat (minus, null). Es zeigte sich ferner, daß einige Kombinationen von Arten gute oder zumindest tolerierbare Koexistenzmöglichkeiten haben, andere jedoch nicht. Beobachtungen zeigten auch, daß sich Ökosysteme gewöhnlich in Richtung eines Zustandes relativer Stabilität entwickeln, in dem sie auch über eine große Widerstandskraft gegenüber Veränderungen verfügen.

Die durch verschiedene Untersuchungen bekanntgewordenen Beziehungen

---

9 Vgl. hierzu die Aussagen der Chaos-Theorie, bspw. den Hinweis von Edward Lorenz über die Auswirkung des Flügelschlages eines Schmetterlings (s. S. 84).

zwischen Populationen von Raub- und Beutetieren lassen das sehr deutlich erkennen. Interessant sind in dieser Beziehung bspw. die Beobachtungen von Mech an Wolfsrudeln und einer Population weißschwänziger Rehe im Norden Minnesotas (Roth). Die Wolfsrudel bevölkern dort jeweils Territorien von 125 bis 310 qkm, die jeweils von etwa 2 km breiten Pufferzonen umgeben sind. Durch diese Pufferzonen werden unnötige Kämpfe zwischen den Wölfen vermieden. Sie dienen aber zugleich dem Weißschwanz-Reh, einer beliebten Beute der Wölfe, als relativ sichere Zufluchtszone. Je nach der Bevölkerungsdichte der Rehe kommt es mehr oder weniger häufig zu Bewegungen der Rehe in die Wolfsterritorien, wodurch die Reh-Population wieder zurückgeht. So entstehen bestimmte, kurzfristig in Raum und Zeit wirksame Raub-Beutetier-Zyklen. In zahlreichen Simulationsversuchen konnte inzwischen die Entwicklung ganz bestimmter ökologischer Verteilungsmuster berechnet und erfolgreich mit praktischen Beobachtungen verglichen werden.

II. Selbstorganisation und soziale Gruppen

Selbstorganisatorische Prozesse in menschlichen Gruppen

Soziale Systeme begegnen uns in verschiedenartigen Formen. Niklas Luhmann unterscheidet bspw. Interaktionen zwischen Individuen, Organisationen und Gesellschaften. Speziell von einer „Gruppe"[10] als eigenem, zwischen den beiden erstgenannten einzuordnendem Systemtyp spricht man dann, wenn eine feste Zugehörigkeit von Individuen zu einer nicht zu großen Gemeinschaft besteht, die eine gewisse Dauer aufweist und zur Ausbildung eines „Wir-Gefühls" führt. Es kommt dabei zu Gegenseitigkeitsbeziehungen der Mitglieder, d.h. wissenschaftlich ausgedrückt, zu gegenseitigen Interaktionen mit wechselseitiger Beeinflussung des Verhaltens, und das Verhalten der Beteiligten steht zudem unter dem Einfluß gemeinsamer Ziele und Normen. Meist erfolgt auch innerhalb der Gruppe eine gewisse Rollendiffenzierung mit der Zuweisung ganz bestimmter Aufgaben und entsprechenden Erwartungen seitens der anderen Gruppenmitglieder.

Es gibt ohne Zweifel menschliche Gruppen, bei deren Bildung bewußte Planung den wesentlichen Ausgangspunkt darstellt, etwa bei der Bildung von Arbeitsgruppen, in die bestimmte Personen abgeordnet werden. Daneben kann aber auch bei Gruppenbildungen von Menschen Selbstorganisation eine Rolle spielen, und nachdem solche Gruppen einmal entstanden sind, ist ihre Dynamik mehr oder weniger durch selbstregulierende Prozesse bestimmt, was allerdings nicht in jedem Falle problemlos sein muß.

Bei aller Offenheit gegenüber ihrer psychosozialen Umwelt pflegen sich Gruppen meist in Richtung auf operational weitgehend geschlossene Systeme mit zirkulärer Kausalität zu entwickeln. Sie entfalten dann, indem sie Merkmale aufweisen, die nicht lediglich aus einer Summierung von Merkmalen der einzelnen Mitglieder bestehen, sogenannte „Eigen-Behaviours" (Varela), d.h. für ihre innere Struktur charakteristische Verhaltensmerkmale und aus der inneren Dynamik ge-

---

10 Der Begriff Gruppe wurde zu Beginn des 18. Jahrhunderts aus dem Französischen rückentlehnt und in den bildenden Künsten zur Bezeichnung einer Anordnung von zusammengehörenden Figuren und Gegenständen verwendet. Diese Verwendung geht auf das althochdeutsche Wort Kropf = Knoten zurück und läßt sich aus psychologischer Sicht als ein Phänomen beschreiben, in dem sich die Lebens- und Erlebnislinien mehrerer Wesen miteinander mehr oder weniger fest und dauerhaft „verknoten" (Hofstätter). Deshalb findet der Begriff Gruppe keine Anwendung, wenn eine direkte Kommunikation aufgrund der höheren Anzahl der Mitglieder nicht mehr möglich ist, während allerdings umgekehrt gewöhnlich die Chance von Selbstorganisation mit der Anzahl der Systemkomponenten wächst.

speiste Tendenzen der Veränderung. Von Hayek weist ferner darauf hin, daß es aufgrund überpersönlicher, d.h. nicht vom Willen und den Absichten einzelner Individuen abhängiger Kräfte, spontan zu Ordnungsprozessen innerhalb von Gruppen kommt. Das kann allerdings mitunter längere Zeit dauern, so daß an die Geduld der Mitglieder wie der Außenbeobachter gewisse Anforderungen gestellt werden. In den meisten Fällen pflegt aber ein geduldiges Abwarten der spontanen Prozesse durch stabilere Ergebnisse belohnt zu werden. Jedenfalls stellt die Selbstorganisation in Gruppen ein Geschehen dar, das mit der Eigenständigkeit und Unabhängigkeit der jeweiligen Gruppe zusammenhängt und zu einem Verhalten (der Gruppe) führt, das im Zusammenwirken einer Anzahl von Individuen auf die Lösung bestimmter Probleme gerichtet ist. Selbstorganisatorische Prozesse innerhalb von Gruppen werden aber andererseits nach aller Erfahrung durch zunehmende Institutionalisierung und Bürokratisierung erschwert und behindert.

Nach der klassischen Auffassung liegen Leistungsvorteile von Gruppen vor allem dort, wo es sich um Tätigkeiten von Typ des Tragens und Hebens, des Suchens und Findens sowie des Bestimmens und Normierens handelt (Hofstätter). Auch bei weniger strukturierten Aufgaben und nichtprogrammierbaren Problemen sind Gruppenlösungen gewöhnlich besser als Einzelleistungen. Außerdem erweist sich Gruppenarbeit dann als vorteilhafter, wenn sich die Kenntnisse und Fähigkeiten der einzelnen Gruppenmitglieder ergänzen.

Unter entgegengesetzten Bedingungen waren die Ergebnisse einzelner denen von Gruppen überlegen. Auch die emotionale Seite stellt sich unterschiedlich dar. Einerseits kann ein guter Zusammenhalt der Gruppe und die Unterstützung des einen durch den anderen einen großen Vorteil bedeuten. Auf der anderen Seite können auch unnötige Reibungen entstehen, die bei Einzelarbeit entfallen. Eine sehr starke gefühlsmäßige Bindung an die Gruppe kann auch für manche Sichtweisen blind machen. „Der Glaube an das Gruppencredo narkotisiert die kritischen Fähigkeiten des Individuums und weist rationale Zweifel als etwas Böses zurück" (A. Koestler). Insgesamt scheint sich bei der Beurteilung der Gruppenleistung ein ähnliches Bild zu ergeben wie bei der Frage nach dem optimalen Führungsstil. Auch hier ist nach langen kontroversen Diskussionen und ebenso gegensätzlichen Forschungsergebnissen der aktuelle Kenntnisstand der, daß es keinen für alle Situationen optimalen Führungsstil gibt, sondern daß u.a. für unterschiedliche Gruppen, unterschiedliche Aufgaben und unterschiedliche Führungssituationen auch unterschiedliche Führungsstile die besseren Erfolge versprechen. Soviel an einführenden Überlegungen.

Im folgenden sollen nun einige Aspekte angesprochen werden, die vorwiegend Erkenntnisse über immer wieder beobachtete oder empirisch ermittelte Zusammenhänge betreffen. Dabei soll an einer Reihe von Befunden und Beispielen deutlich werden, wie bestimmte Vorgänge in Gruppen nahezu automatisch ablaufen, ohne daß sie ausdrücklich geplant sind oder von dem bewußten Einwirken einzelner Mitglieder abhängen (vgl. auch S. 303ff.).

So weiß man von Gruppenbildungen, daß mit der Größe der Gruppe zwangsläufig auch der Aufwand für das Finden einer Übereinstimmung steigt, während der Einfluß des einzelnen innerhalb der Gruppe gewöhnlich abzusinken pflegt. Mit der Größe der Gruppe sinkt auch üblicherweise der Gruppenzusammenhalt, was dazu führt, daß sich die Mitglieder einer Großgruppe mit hoher Wahrscheinlichkeit eher mit Untergruppen innerhalb der Großgruppe identifizieren. Je schwächer aber wiederum eine Untergruppe gestellt ist, um so stärker ist die Neigung ihrer Mitglieder, den Eigenwert des größeren Kollektivs zu akzeptieren und zu betonen.

Mancur Olson hat in seinem Buch über „Aufschwung und Niedergang von Nationen" auf einen weiteren bemerkenswerten Zusammenhang hingewiesen: „Je größer die Zahl der Individuen oder Unternehmen ist, die von einem Kollektivgut Vorteile haben, um so geringer ist der Anteil an den Gewinnen einer Handlung im Gruppeninteresse. Daher nimmt bei Fehlen entsprechender spezieller Anreize der Anreiz zum Gruppenhandeln mit zunehmender Gruppengröße ab, so daß große Gruppen weniger in der Lage sind, in ihrem gemeinsamen Interesse zu handeln als kleine Gruppen." ... „In wirklich großen Gruppen kommen Verhandlungen zwischen allen Mitgliedern mit dem Ziel, zu einer Übereinkunft über die Versorgung mit einem Kollektivgut zu gelangen, nicht in Frage. Wenn sonst alles gleich ist, werden kleine Gemeinden mehr kollektives Handeln pro Kopf aufweisen als große". Olson bringt die große historische Bedeutung kleiner Gruppen von Fanatikern mit diesen Erkenntnissen in Zusammenhang, ebenso die Tatsache, daß einige Gruppen wie die Konsumenten, die Steuerzahler, die Arbeitslosen oder die Armen weder die kleinen Zahlen noch die speziellen Anreize haben, die für eine Organisierung erforderlich sind und deshalb in sozialen Verhandlungen kaum eine Rolle spielen.

Eine andere Größe, die in einer ganzen Reihe von Untersuchungen zur Gruppendynamik eine Rolle spielte, ist der Zusammenhalt der Gruppe, bzw. die Gruppenkohäsion, wie es in der Fachsprache heißt. Erster eindeutiger und immer wieder bestätigter Befund: Kleinere Gruppen haben einen besseren Zusammenhalt als größere Gruppen. Das gleiche gilt für erfolgreiche Gruppen, bspw. eine Fußballmannschaft, die eine Reihe von Siegen hinter sich hat. Außerdem trägt es grundsätzlich zum Zusammenhalt bei, wenn die Mitglieder sich ähnlicher sind, wenn eine große Übereinstimmung über die Ziele der Gruppe besteht und wenn eine Gruppe in starkem Wettbewerb mit anderen steht oder von außen angegriffen wird. Dagegen schwächt eine stärkere gruppeninterne Konkurrenz verständlicherweise den Zusammenhalt, was sich aber nicht unbedingt negativ auf die Leistung der Gruppe auswirkt, wohl aber die Zufriedenheit der einzelnen Mitglieder beeinträchtigt.

Auch aus diesem Befunden wird wieder einmal eine Komplexität der Zusammenhänge deutlich, die nicht mit einfachen Modellen erfaßt werden kann.

Interessant sind auch die Beobachtungen verschiedener Forscher, daß die Schwierigkeit, eine Gruppe zahlreicher Personen zu leiten, im Verhältnis sehr viel stärker zunimmt, als es der größer gewordenen Zahl von Mitgliedern direkt entspräche. Nach dem bekannten Parkinsonschen Gesetz dürfte die Annahme naheliegen, daß es sich dabei um eine quadratische Funktion handelt. Das heißt, wenn sich die Zahl der Personen verdoppelt, müßte man mit etwa viermal so großen Schwierigkeiten rechnen. Der Mathematiker S.M. Ulam von der Universität von Colorado stellte in der Tat fest, daß sich die Schwierigkeiten in der Leitung einer Gruppe mit dem Quadrat der Anzahl der Mitglieder erhöhen. Er nannte diese Entdeckung sein erstes Verwaltungs-Theorem und erklärte es mit den notwendigerweise anwachsenden Interaktionen. Denn Schwierigkeiten sowohl zwischen den Mitgliedern einer Gruppe als auch zwischen den verschiedenen Gruppen zehren eine große Menge von Energien auf. Daraus leitet sich im Interesse einer möglichst günstigen Effektivität die Forderung einer Begrenzung sozialer Gruppen ab. Dem entspricht auch die (bereits erwähnte) Erfahrung, daß Macht- und Leistungsfähigkeit einer Organisation bei Beibehaltung ihrer Struktur zunächst mit ihrer Größe anwachsen. Von einem bestimmten kritischen Punkt an sinken sie jedoch ab, und die tatsächliche Effizienz kann bis auf Null abfallen. Aufgrund enorm gewachsener innerer Spannungen und Querelen kann die Organisation Macht und Kompetenz schließlich ganz einbüßen. Daher werden dann meist zusätzliche hierarchische Ebenen eingeführt.

Das kann jedoch auch zu Schwierigkeiten führen. Man hat nämlich festgestellt, daß aufgrund der dadurch erforderlichen vermehrten Interaktionen die Produktivität der Gruppe bis auf die Hälfte gemindert werden kann. Denn diese Interaktionen beinhalten nicht nur mehr Sitzungen, Arbeitsbesprechungen, Informationsübermittlungen, was einen erhöhten Zeitaufwand bedeutet, sondern auch mehr Bürokratie, mehr persönliche Spannungen, mehr Streitereien. In solchen Fällen ist gewöhnlich ein enormes zusätzliches Instrumentarium an bürokratischen und disziplinierenden Maßnahmen sowie Kontrollen notwendig. Dies kann aber in der Gesamtbilanz den Wert der primären Produktivität neutralisieren. Beispiele aus der Verwaltungsebene, aber auch aus dem politisch-staatlichen Bereich, dürften auf der Hand liegen, etwa bei vergleichender Betrachtung der wirtschaftlichen Effizienz einer staatlich zentral gelenkten Produktion. In solchen Fällen kann es sich übrigens als vorteilhaft erweisen, mehr Möglichkeiten zur Selbstorganisation auf unterer Ebene einzuräumen und diese zu fördern.

Erkenntnisse und Überlegungen der beschriebenen Art führten zur Aufstellung des sogenannten Prinzips der geringsten Schwierigkeit, bzw. des günstigsten Verhältnisses von Erfolg und Aufwand. Das bedeutet bspw. in der Praxis die Aufteilung in kleinere, weniger hierarchisierte, aber dafür effizientere Gesamtheiten und die Aufteilung von Leistung und Verantwortlichkeit auf mehrere kleinere Gruppen, die wiederum mit anderen kleinen Gruppen kooperieren. Denn es ist bekannt, daß es bei kleineren Gruppen sehr viel leichter ist, sich miteinander abzustimmen; sie benötigen im übrigen auch einen wesentlich geringeren Verwaltungsaufwand.

Erfahrungsgemäß klappt übrigens auch die Kooperation um so besser, je weniger eine feste Vorgesetztenrolle in der Gruppenstruktur verankert ist. Denn sobald das der Fall ist, treten unnötige Macht- und Prestigeprobleme ins Spiel, die eine sachliche Problemlösung nur behindern. Ein Mitarbeiter, der bisher immer stark auf einen Vorgesetzten und auf das Einhalten bestimmter Regeln fixiert war, hat es auch in jedem Fall schwerer, Bereitschaft und Fähigkeit zur Kooperation in einer Gruppe zu entwickeln. Demgegenüber hat sich oft eine rotierende Delegiertenposition bzw. ein Wechsel der Delegierten- oder Entscheidungsfunktion je nach Problemlage und individueller Kompetenz bewährt, zumal dabei sehr viele Spannungen und Reibungen entfallen und die Motivation jedes einzelnen wesentlich größer ist. Eine solche Organisation hat jedoch auf der anderen Seite nicht nur Vorteile. Ein Nachteil dabei könnte z.B. das geringere Sicherheits- und mitunter auch Selbstgefühl sein. Denn dieses speist sich bei vielen Individuen aus der Zugehörigkeit zu einer großen und mächtigen Organisation und der Gefolgschaft gegenüber einem großen und mächtigen „Führer".

Weitere Zusammenhänge, die in Gruppen beobachtet werden konnten, sind charakteristische Abläufe im Gruppengeschehen. So ist immer wieder festgestellt worden, wie sich im Laufe der Zeit in kleineren Gruppen bestimmte Rollen herausdifferenzieren. Hinsichtlich der Gruppenentscheidung fanden Bales und Strodtbeck eine Abfolge unterschiedlicher Phasen, von einer relativen Betonung von Orientierungsproblemen über eine solche von Bewertungsproblemen bis zu dem Wechsel zu einem Vorrang von Kontrollproblemen.

Schattenhofer unterscheidet bspw. in seiner Untersuchung zu Entwicklungs- und Steuerungsprozessen in Gruppen bei „Lebenslinien" von Gruppen drei sich wiederholende Phasen: eine Vorlauf- oder Probephase, eine Phase des Zusammenschlusses sowie eine Phase der Krisen und der Entzauberung mit verschiedenartigen Konflikten. Über diese phasentypischen Veränderungen hinaus stellte er eher langfristige Veränderungen fest, die die Identität der Gruppen betreffen. In diesem Rahmen fand er u.a. Phänomene der Emanzipation, wenn die Gruppe an Stelle hierarchischer zunehmend egalitäre Züge entwickelte, und Phänomene der „Verpersönlichung", wenn die Gruppe, die zunächst von einem thematisch bestimmten Zusammenschluß ausging, mehr und mehr zu einem Freundeskreis zusammenwuchs. Er fand aber auch Merkmale einer formal-organisatorischen Entwicklung mit einer Formalisierung durch rechtliche Regelungen, mit Professionalisierung, Spezialisierung und verschiedenartigen Differenzierungen.

Alle beschriebenen typischen Zusammenhänge und Abläufe sind im Grunde nur erklärbar, wenn man von einem selbstorganisatorischen Geschehen auch in menschlichen Gruppen ausgeht.

Soziale Selbstorganisations-Strukturen

Wenn ich im folgenden auf soziale Selbstorganisations-Strukturen bzw. selbstorganisatorische Gruppen zu sprechen komme,[11] so wird der Begriff Selbstorganisation in diesem Zusammenhang in einfachem Sinn – und ohne unmittelbaren Rückgriff auf entsprechende naturwissenschaftliche Theorien – für Gruppen von

---

11 Während der Begriff Selbstorganisation in diesem Buch im allgemeinen und vorrangig prozessual, d.h. im Sinne eines grundlegenden Geschehens oder einer Entwicklung verstanden wird, bezeichnet er an dieser Stelle etwas mehr Institutionelles, eine bestimmte Form und Struktur des Zusammenschlusses.

Individuen benutzt, die sich ohne bestimmte Anordnungen sozusagen spontan zusammengeschlossen haben. Daß dabei meist ein bestimmter Zweck im Vordergrund steht, muß einer Spontaneität des Zusammenschlusses nicht widersprechen. Zu solchen Gruppen zählen u.a. Bürgerinitiativen verschiedenster Art, Selbsthilfegruppen im sozialen und gesundheitlichen Bereich, kleinere Genossenschaften, Interessengemeinschaften, Elternkreise, Wohngemeinschaften, bestimmte Vereine, Bürgerpatrouillen, Projekt-Initiativen usw.

Diese „spontanen" Zusammenschlüsse sind ohne eine von außerhalb der jeweiligen Gruppe erfolgte Planung zustande gekommen. Deshalb wird in der Literatur mit gewisser Berechtigung von Selbstorganisation gesprochen, da zumindest einige, vorwiegend strukturelle Merkmale erfüllt erscheinen. Sie stellen, solange sie in sich unbürokratisch, flexibel und verständigungsorientiert bleiben, eine praktische und wirkungsvolle Alternative zu eher starren staatlichen Institutionen und offiziellen Organisationen dar.

Solche Selbstorganisationen entstehen zum großen Teil aus dem Gefühl heraus, daß Staat und bürokratische Organisationen vielen Aufgaben nicht (mehr) gerecht werden, weil sie sich zum Teil als nicht zuständig für bestimmte Wünsche und Anliegen von Bürgern sehen und zum Teil auch unproduktiv und mit geringerer Qualität arbeiten. Sie entsprechen damit dem vielzitierten Subsidiaritätsprinzip, nach dem nichts von gesellschaftlichen bzw. staatlichen Instanzen übernommen werden sollte, was der einzelne bzw. private Gruppen von Individuen aus eigener Initiative und mit eigenen Kräften leisten können. Dazu treten zunehmende Emanzipationsbestrebungen der Bürger, die durch eine gefühlsmäßige Abneigung gegenüber der Bürokratie zusätzlich gefördert werden.

Die Zahl dieser spontanen Organisationen ist in der letzten Zeit deutlich angestiegen.[12] Sie verursachen weit weniger Kosten als bürokratische Organisationen und können die Staatsausgaben spürbar entlasten. Außerdem können sie eine stärkere lokale Kompetenz und „Bürgernähe" einbringen sowie einer „Verkümmerung der natürlichen gesellschaftlichen Regelsysteme" (Badelt) entgegenwirken. Durch ihre Existenz bringen sie quasi einen neuen Lebensstil in die Gesellschaft. Sie erfordern und fördern die Motivation der Beteiligten, zumal jedes Gruppenmitglied Einfluß auf die Entscheidungen und die Durchführung der Aktionen hat, sowie das Streben nach Selbständigkeit und Selbstverwirklichung. Außerdem ist bei der Kleinheit der Gruppen ein Ausnutzen des einen durch den anderen langfristig kaum möglich. Die Motivation ist auch schon deshalb vorhanden, weil die Selbstorganisationsgruppen fast immer aus einem Problem oder einer Notlage heraus entstanden sind und einem unmittelbaren Bedürfnis der Bürger entsprechen. Darin liegt wohl auch ein Grund des stetigen Anwachsens solcher Gruppen, da sich die Probleme in unseren immer komplexer gewordenen

---
12 Badelt berichtet bspw. aus den USA von 6 bis 7 Millionen Gruppen Freiwilliger auf lokaler Ebene, von 13.000 nationalen Verbänden und von 500.000 therapeutischen Selbsthilfegruppen; die Zahl der Freiwilligen betrug schon 1974 fast 37 Millionen, die Zahl der Mitglieder in Selbsthilfegruppen ungefähr 5 Millionen. In England gab es 1975 etwa 120.000 sogenannte „Charities".

Gesellschaften häufen und der Staat bei seinem chronischen Defizit und seiner wenig beweglichen Bürokratie in vielen Fällen kaum in der Lage ist, diese Dienste überhaupt oder zeitig genug anzubieten, und, wenn er es täte, es bei weitem nicht so kostengünstig tun könnte. Außerdem sind viele dieser von Selbstorganisationsgruppen übernommenen Leistungen für den Staat aufgrund ihrer geringen politischen Verwertbarkeit auch gar nicht interessant. Für die Mitglieder einer solchen Gruppe entsteht aber, obwohl es mitunter durchaus auch zu Schwierigkeiten kommen kann (persönliche und sachliche Streitigkeiten, beginnende Bürokratisierung, Mißlingen oder Einschlafen der Aktion)[13], zusätzlich zu der Befriedigung des eigentlichen Bedürfnisses das Bewußtsein, etwas Sinnvolles zu tun, und zum Teil auch eine neue, positiv empfundene Lebensqualität. Die Gruppen werden teils im Eigeninteresse oder auch in gegenseitigem Interesse (Kinderbetreuung, Mitfahr- oder Einkaufsmöglichkeiten) gegründet, teils auch, um anderen Dienste und Leistungen anzubieten. Bei aller Selbständigkeit der Selbstorganisationsgruppen ist auch die Möglichkeit einer öffentlichen Unterstützung teils in Form von Geld, teils in Form entsprechender Beratung gegeben. Bezeichnenderweise haben sie in vielen kleineren Städten mehr Fuß gefaßt, und es fühlten sich auch eher Menschen mittleren Lebensalters angesprochen.

Das hinter der Bildung solcher Gruppen stehende Gedankengut ist – auch unter politischem Aspekt – ebenso unterschiedlich wie die konkreten Ziele und Aktionen. Vor allem in den angelsächsischen Ländern haben sich viele Formen der Bürgerselbsthilfe entwickelt, die Badelt sehr ausführlich beschreibt: Nachbarschaftshilfen, Initiativen zur Errichtung eines Parkplatzes oder zur Verschönerung einer Parkanlage, Interessengemeinschaften von Pendlern, Schaffung von Tagesbetreuungszentren für Personen, die nach der Entlassung aus der Klinik einer Nachbetreuung bedürfen, Besuchs- und Telefondienste, Programme zur Aktivierung von Senioren, Gruppen zur gegenseitigen Hilfe bei chronisch Kranken und Behinderten (ein bekanntes Beispiel sind die Anonymen Alkoholiker), Einkaufsclubs und kleine Konsumgenossenschaften, Anbieten bestimmter Transportleistungen, Selbsthilfegruppen bei Sicherheitsproblemen im Wohnbereich, Einrichtungen zur Erwachsenenbildung und viele andere Aktivitäten mehr.

Aus den USA wird berichtet, daß die in diesen Gruppen der nicht offiziellen Wirtschaft erreichten Werte etwa ein Drittel des Brutto-Inlandproduktes erreichen. Negative Beschäftigungswirkungen konnten nach bisherigen Berichten nicht festgestellt werden. Badelt räumt deshalb solchen Selbstorganisationsgruppen schon aufgrund dessen, daß ihre Leistungen im großen und ganzen schneller, besser und billiger erstellt werden, für die Zukunft große Chancen ein, zumal die Insuffizienz des Staates angesichts der zunehmenden und noch komplexer werdenden Probleme immer stärker bemerkbar wird.

---

13 Peter Drucker meinte sogar einmal sarkastisch und sicher in einer Reihe von Fällen zutreffend, „das einzige, was in einer Organisation durch sich selbst entsteht, sind Unordnung, Reibung und Leistungsverlust".

Betriebe: selbstorganisierte Gebilde und partizipatives Management

Die in den Selbstorganisationsgruppen zutage tretende Tendenz zu privater Initiative, zu dezentralen Aktivitäten und zur Selbstverwaltung wird auch in einem Bereich deutlich, auf den ich hier noch eingehen möchte: im sogenannten partizipativen Management mit der Tendenz zu mehr Mitbestimmung und Initiative auf unteren betrieblichen Ebenen.

Es gibt gute Gründe, auch einen Betrieb – zumindest teilweise – als ein selbstorganisierendes System anzusehen, das nur bis zu einem bestimmten Grad, jedoch keineswegs ausschließlich, durch bewußte, geplante Eingriffe von außen gelenkt werden kann (Ulrich); fast immer trifft man auch in Betrieben auf Prozesse der Selbstentwicklung, -organisation und -veränderung.

Der Begriff Management bezieht sich dagegen primär auf bewußte Planung, Organisation, Leitung und Kontrolle eines Unternehmens. Diese Vorstellung, die der klassischen Vorstellung von Führertum entspricht, ist jedoch in jüngerer Zeit zunehmend relativiert worden. Man hatte nämlich erkannt, in welch komplexen, praktisch nicht überschaubaren Systembedingungen sich das Wirken eines – auch des besten – Managers abspielt, Bedingungen, die es ihm z.B. unmöglich machen, exakte Voraussagen für die Zukunft zu treffen und entsprechend zu handeln. Das Bild des großen Machers, der alles im Griff hat, mit Willensstärke und Entschiedenheit die Dinge lenkt, alles überblickt und keinen Widerspruch duldet, ist am Verblassen. Statt dessen taucht eine ganz andere Leitfigur auf, das Bild eines Managers, der sozusagen nicht von außen oder von ganz oben massiv auf ein betriebliches System einwirkt, sondern der „als integraler Teil eines sozialen Systems fungiert" (Ulrich), der nicht nur führt, sondern sich auch führen läßt (Binnig) und der Ausnahmen akzeptieren kann, ohne zu befürchten, sie könnten, indem sich andere darauf berufen, zum Regelfall werden. Anders als bei streng hierarchischen Strukturen mit entsprechendem Machtdenken, das in der Zusammenarbeit innerhalb des Betriebes trotz mancher pseudohumanistischer Fassaden zu vermehrten Reibungen und in vielen Fällen sogar zu einer gegenseitigen Verschlechterung der Arbeit führt, ist es in komplexen Systemen wichtig, sich selbst zu höherer Komplexität des Denkens hinzuentwickeln, um sich in die Eigendynamik dieser Systeme integrieren zu können. Der Manager sollte, wie Gerken es ausdrückt, sozusagen surfen können, d.h. in den Prozessen des Systems mitfließen; in der Terminologie von Maturana und Varela würde man von einem Mitdriften mit jeweiligen Shifts und Drifts sprechen. Der moderne Manager versucht nicht direkt und detailliert in Richtung linearer Prozesse einzuwirken, etwa unmittelbar das Verhalten der Mitarbeiter zu steuern, was ja sehr häufig Passivität und Widerstände bewirkt, sondern auf die Selbststeuerungskapazität der Systeme zu setzen und sie zu verbessern. Es erfolgt sozusagen eine Delegation entsprechender Leistungen an das System. Vor allem ist es Aufgabe eines solchen Managers, anzuregen, etwa durch Schaffen entsprechender vermaschter Netzwerke Anregungen zu selbstorganisatorischen Prozessen innerhalb des Systems zu geben. Hermann Haken spricht von sogenannten „Ordnern", mit denen Mitarbeiter ihr Verhalten selbst organisieren. Es handelt sich also um eine Art indirekter Führung, die in erster Linie die Rahmenbedingungen für optimales Arbeiten schafft. Je mehr das gelingt, um so mehr Selbststeuerung kann der Manager zulassen; je mehr Selbstorganisation aber ermöglicht wurde, um so mehr kann das System mit unerwarteten Ereignissen, Überraschungen und Abweichungen fertig werden. Das System ist also nicht so sehr durch strikte Planung, Ordnung, Regelung und Kontrolle bestimmt, sondern durch ein gewisses Akzeptieren von Unbestimmtheit und Zufall.

Neben die Produktionsorientierung tritt eine in das System eingebaute Tendenz zur Selbstoptimierung. So wurde z.B. in Japan die Konzeption eines 'bionischen Produktionssystems' entwickelt, das vor allem durch Spontaneität, Beweglichkeit und Harmonie gekennzeichnet ist. In einem solchen System sind verständlicherweise ständig kurzfristig wirksame Verbesserungen möglich, und es ist auch leichter, sich den jeweils bestehenden Situationen und sich stellenden Aufgaben mit geeigneten Lösungsmethoden anzupassen. Hans-Jürgen Warnecke prägte in diesem Zusammenhang den Begriff der 'Navigation'. Er versteht darunter eine ständige Prüfung der Position im Zielraum, die gemeldet und ggfs. korrigiert wird.

Daß eine umfassende Kommunikation eine wesentliche Grundlage eines solchen Vorgehens ist, liegt auf der Hand. Denn man kann in einem komplexen Umfeld nur dann erfolgreich navigieren, wenn man „die eigene Position sowie die Positionen und Bewegungsrichtungen der anderen Einheiten richtig einzuschätzen vermag" (Warnecke, Kühnle und Spengler).

Angesichts dieser Erkenntnisse nimmt es nicht wunder, wenn Hans-Jürgen Warnecke in seinem Buch „Revolution der Unternehmenskultur" im Untertitel von einem „Fraktalen Unternehmen" spricht und darauf hinweist, daß sich in einer 'Fraktalen Fabrik' aus Turbulenzen und Zufälligkeiten immer wieder neue Stabilität und Ordnung bilden müssen. Es bleibt ernsthaft zu prüfen, welche Möglichkeiten dieser neue, mit einem grundlegend veränderten Denkstil einhergehende Ansatz für eine zukünftige Unternehmensentwicklung bietet. Dabei dürfte wahrscheinlich auch sowohl einer stärkeren Kreativität als auch der derzeit noch unterschiedlich beurteilten Gruppenarbeit eine wesentliche Bedeutung zukommen. Denn innerhalb einer Gruppenarbeit läßt sich die tatsächliche Kompetenz des einzelnen normalerweise sehr viel erfolgreicher einsetzen, und eine entsprechende Leistungsbeurteilung erfordert gewöhnlich auch sehr viel weniger Aufwand. Außerdem erhalten die persönlichen Ziele der Mitarbeiter einen günstigeren Gestaltungsraum (Warnecke).

Für einen modernen Manager ist es also wichtig, sensibel die Bedingungen des Systems und seines Umfeldes zu erspüren, in beständiger aufmerksamer Zuwendung frühzeitig auf irgendwelche Veränderungen zu reagieren, sich aber jeweils – allerdings in kürzeren Zeitabständen – auf geringfügige, fast unscheinbare Einwirkungen zu beschränken (sogenanntes Microtuning). Linearen Eingriffen in komplexe Systeme sollte er dagegen mißtrauen. In dieser Grundtendenz kann er sich auch flexibel an veränderte Verhältnisse anpassen und stellt sozusagen in erster Linie einen Katalysator „organischer" Entwicklungen dar. Kontrollen, die in einem hierarchisch geführten Betrieb im Grunde selbständiges und selbstverantwortliches Arbeiten eher behindern oder sogar verhindern, dienen im Rahmen des hier skizzierten Managementstils vielmehr dazu, betriebsinterne und äußere Bedingungen flexibel aufeinander abzustimmen.

Es mag einleuchten, daß unter einem solchen Management die Möglichkeit zu selbstorganisatorischen Prozessen sehr viel größer ist und man in einem solchen Falle zu Recht von einem weitgehend selbstorganisierenden System sprechen kann. Marilyn Loden meint in diesem Sinne sogar, daß das Zeitalter des (klassischen) Managements vorbei sei und daß unsere heutige Zeit neue Führungspersönlichkeiten brauche, die authentische, d.h. persönlich echte Beziehungen zu ihren Mitarbeitern schaffen und die vor allem auch mithelfen, Teams zu formen, in denen auch andere an Führungsfunktionen teilhaben. Vielerorts wird in diesem Zusammenhang auch von der Notwendigkeit einer „sozioaffektiven Systemkompetenz" gesprochen (Schiepeck und Reichertz). Zudem bauen mittlerweile manche Unternehmen den Umgang mit Unbestimmtheit und Nicht-Linearität, wie sich u.a. aus der Chaostheorie ergibt, in ihre Planungen ein, was eine flexiblere Anpassung an sich ständig und rasch ändernde Bedingungen erlaubt.

In diesem Rahmen ist in den letzten Jahren u.a. auch sehr viel von partizipativer Führung die Rede gewesen. Entsprechende Managementkurse wurden Mode und schossen wie Pilze aus dem Boden. Statt einer institutionellen Autorität, die an eine feste Position gebunden ist, wird jetzt im Rahmen einer intensiveren Kooperation von funktionaler Autorität (s.S. 281) gesprochen. Die Formalisierung innerbetrieblicher Abläufe wird zurückgeschraubt, es wird stärker auf die Mitwirkung der Mitarbeiter gebaut, diese werden in Entscheidungsprozesse mit einbezogen und können ggfs. auch Einwendungen erheben. Einige Unternehmen, z.B. Ciba-Geigy, gehen sogar – allerdings mit letztlich wenig effektiven strukturellen Organisationsmaßnahmen – in ihrer Erwartung so weit, daß sich jeder Mitarbeiter so verhalten möge, als gehöre ihm das Unternehmen. In anderen Betrieben werden alle Mitarbeiter oder bestimmte Mitarbeitergruppen ersucht, bewußt aus der Norm fallende Vorschläge zu machen, was ja mit einer ausgesprochen hierarchischen Disziplinstruktur kaum vereinbar ist.

Man weiß ja, daß jemand sich um so mehr mit einer Entscheidung zu identifizieren pflegt, je mehr er selbst am Entscheidungsprozeß beteiligt war. Individuelle Verantwortung gewinnt dadurch auch an Bedeutung, und das gegenseitige Vertrauen wird gestärkt. Vorgaben an die Mitarbeiter sind nur noch mehr grundsätzlicher Art, etwa in Form von Rahmenplänen, wobei ihnen die Art der konkreten Zielerreichung mehr oder weniger überlassen wird. Das einzelne Mitglied des Betriebes hat damit die Chance, aus einer Rolle herauszutreten, in der es als Mittel der Organisation auf eine reine Arbeitsfunktion reduziert ist und das auch oft so erlebt. Seine konkreten Erfahrungen werden gesucht und geschätzt, und das Bemühen der Betriebsführung geht sehr viel stärker als früher auf das Schaffen eines Teamgeistes, einer guten zwischenmenschlichen Beziehung. Beim Auftreten von Konflikten wird nicht angeordnet und durchgegriffen, sondern verhandelt. Durch all dies sind in einem Betrieb insgesamt höhere Chancen gegeben, Probleme wirklich zu lösen.

Bei der Partizipation bzw. Mitbestimmung gibt es verständlicherweise viele unterschiedliche Modelle, Realisierungsformen und Abstufungen der Intensität. Beispielsweise stehen am unteren Ende der Skala Betriebe, in denen Mitarbeiter über eine Entscheidung erst nachträglich informiert werden, weiter solche, wo sie es vorher erfahren, ohne aber offiziell dazu Stellung nehmen zu können. Es folgen auf einem höheren Partizipationsniveau Betriebe, in denen die Mitarbeiter zu geplanten Entscheidungen Stellung nehmen können, sowie solche, wo ihre Auffassung bei der Entscheidung im Prinzip berücksichtigt wird. Am oberen Ende wären dann Betriebe einzustufen, bei denen die Mitarbeiter ein echtes Vetorecht haben und schließlich solche, wo sie die in Frage stehende Entscheidung tatsächlich selbst treffen können.

Es sei auch nicht übersehen, daß es sich bei der Diskussion um Partizipation in manchen, vielleicht sogar in vielen Fällen, eben weil es gerade modern ist, um reine Lippenbekenntnisse handelt und daß die Betreffenden, die davon reden, entweder gar nicht begriffen haben, um was es sich dabei handelt oder sich nicht vorstellen können oder wollen, was das praktisch bedeutet. Nicht selten wird auch das betreffende Urteil „rationalisiert", indem man darauf verweist, daß sich Partizipation aus diesem oder jenem Grunde einfach nicht anwenden lasse. Auch schon die Art und Weise der Einführung in einem Betrieb steht oft im krassen Gegensatz zu den Grundprinzipien der Partizipation, so daß sich ein aufmerksamer Beobachter von vornherein denken kann, was aus der hehren Verkündung wird. Eine weitere Schwierigkeit mag sich ergeben, wenn in einem Betrieb ein partizipatives Modell nur verbal, aber nicht faktisch eingeführt wird. Die daraus von seiten der Mitarbeiter entstehende Enttäuschung und Resignation aufgrund nicht erfüllter Erwartungen kann sich nachteiliger auswirken, als wenn man ohne große Worte beim alten Stil geblieben wäre. Denn die von der Schulung mitgebrachte Motivation schlägt angesichts der realen partizipationsfeindlichen Situation im Betrieb um (Kißler).

Was nun die Bewährung von Partizipationsmodellen betrifft, gibt es eine ganze Reihe von Betrieben, in denen sich generell ein solches Modell außerordentlich gut bewährt hat, insbesondere in Richtung des Rückgangs von Fehlzeiten und auch bei kreativen und innovativen Aufgaben. Darüber hinaus zeigte sich verständlicherweise, daß vor allem Personen mit starkem Bedürfnis nach Selbständigkeit und relativ starker Abneigung gegenüber Autorität positiv auf Partizipationsmöglichkeiten reagierten. Wenn also das Funktionieren von Partizipation u.a. an das Vorhandensein mündiger und reifer Menschen gebunden ist, diese aber unter den in unseren Gesellschaften bestehenden Bedingungen selten sind, so lassen sich daraus natürlich einige Konsequenzen ableiten, auf die ich an späterer Stelle noch ausführlicher zu sprechen kommen werde.

Auf der anderen Seite liegen allerdings auch Erfahrungen über negative Effekte vor, die vorwiegend auf einen eingetretenen Abbau von Koordination und Kontrolle zurückgeführt werden. Es liegen ferner Befunde vor, nach denen die Zufriedenheit der Mitarbeiter keineswegs durchgehend mit höherer Leistung in statistisch gesichertem Zusammenhang steht. Auch scheint das Setzen klarer Ziele und das Festlegen von Prioritäten nach vielen Untersuchungen einen mindestens ebenso vorteilhaften Effekt zu haben wie Partizipation.

Insgesamt kann man feststellen, daß eindeutige und übereinstimmende empirische Ergebnisse zur Partizipation in Betrieben unserer Gesellschaft nicht vorliegen. Es ist also nach dem derzeitigen wissenschaftlichen Erkenntnisstand davon auszugehen, daß jeweilige Ergebnisse sehr stark von einer größeren Anzahl von Bedingungen abhängen, so daß sich vor einem jeweils abschließenden Urteil und auch vor einer möglichen Einführung in jedem Falle eine gründliche Analyse der Arbeitssituation empfiehlt. Ein Trend zu mehr partizipatorischen Formen der betrieblichen Zusammenarbeit ist jedoch, auch wenn hier und da gegenläufige Tendenzen festzustellen sind, unverkennbar. Insofern hat Mulder recht behalten, wenn er schon 1971 die Partizipation „als das gegenwärtig lebenswichtigste Problem von Organisationen" bezeichnete.

Einen großen Einfluß auf die Entwicklung neuer Überlegungen in der westlichen Welt hatten auch die vergleichenden Einblicke in japanische Verhältnisse. Dort gilt nicht unser klassisches Prinzip „die Spitze denkt, plant, entscheidet, verwaltet und kontrolliert, die Basis führt aus". Management bedeutet für die Japaner vielmehr, Intelligenz und Initiative aller zum Wohl des Unternehmens zu mobilisieren. Der Informationsfluß vollzieht sich insgesamt sehr viel stärker in „horizontalen" Kommunikationsnetzen. Während Sozialbestrebungen im Westen dem Menschen im Unternehmen gelten, ist in Japan eher der gegenteilige Leitsatz dominierend: „In erster Linie das Unternehmen durch den Menschen schützen, damit dieses dem Menschen ein Mehrfaches von dem zurückgeben kann, was er ihm gegeben hat. So sind wir letztlich sozialer als Sie im Westen", äußerte einmal Konosuke Matsushita, der Präsident des gleichnamigen Unternehmens.

Überhaupt tritt in Japan die Bedeutung des einzelnen sehr stark gegenüber dem Wert der Gruppe zurück. Selbst ein höherer japanischer Angestellter würde kaum seine private Meinung äußern, weil mehr oder weniger alles kollektiv entschieden wird. Das Taylorsche Fließbandsystem ist in Japan weitgehend durch eine integrierte Sicht des Unternehmens und der menschlichen Arbeit verdrängt, die sich in einem engen Geflecht menschlicher Beziehungen vollzieht. So ist es charakteristisch, daß die Anlernzeit für neue Arbeiter in der Automobilindustrie in Japan 380, in Europa dagegen nur 173 Stunden beträgt. Die durchschnittliche Arbeitszeit für die Herstellung eines Automobils ist dagegen in Japan weniger als halb so lang wie in Europa, genau gesagt 16,8 Stunden gegenüber 35,5 Stunden. Auch die bei uns oft als gespannt bezeichneten Beziehungen zwischen Automobilherstellern und Teile-Zulieferern sind in Japan praktisch unbekannt. Darin, d.h. in einer auf der gemeinsamen Zugehörigkeit zu einer Firmengruppierung und einer langjährigen Treue wurzelnden optimalen Zusammenarbeit, sieht Ivan Botskor, der Herausgeber des Insider-Dienstes „Japaninfo", einen wesentlichen Grund der japanischen Produktivitätsvorteile.

Aber Japan ist Japan, und sowohl die historischen als auch die aktuellen

Umfeldbedingungen unterscheiden sich recht erheblich von denen Europas. In der Tat besteht hierzulande weder in der Industrie noch auch bei den Gewerkschaften eine allzu große Neigung, konsequente Schritte in Richtung Partizipation zu gehen. Selbst auf seiten der Arbeitnehmer scheint – aber natürlich auch wieder auf dem Boden der bestandenen und bestehenden Bedingungen – nach vorliegenden Untersuchungen „kein echtes Interesse" in dieser Richtung zu bestehen. Entsprechende Berichte verweisen auf eine Scheu vor Entscheidung und Verantwortung sowie auf eine Tendenz, sich zusätzliche Probleme, wenn deren Lösung nicht handgreifliche Vorteile bringt, vom Hals zu halten. Es ist ja auch schwer vorstellbar, die uralten, tiefverwurzelten und durch umfassende Systembedingungen verankerten Einstellungen von Arbeitnehmern durch einfache Anordnung von oben oder durch kurzzeitige Indoktrinierung ändern zu können. Die gleiche Beobachtung macht man derzeit, auch in größerem Rahmen, bspw. in der GUS.

Die Konzeption der Selbstverwaltung

Der Begriff der Autonomie hat neben der inneren Verwandtschaft zur Selbstorganisation, wie wir schon sahen, für jeden Menschen eine ethisch-politische (Neben-)Bedeutung. Das tritt u.a. in der vordergründig ins Auge springenden Nähe zwischen der Theorie der Selbstorganisation und der liberalen Konzeption einer Selbstregulation des Marktes zutage, wie sie bspw. von Adam Smith in seiner Theorie der „invisible hand", der „unsichtbaren Hand" entwickelt wurde. Auch der 1974 mit dem Nobelpreis für Wirtschaftswissenschaften ausgezeichnete Nationalökonom Friedrich August von Hayek, sieht in ähnlicher Weise in dem Markt ein dynamisches Instrument zur Regulation komplexer Gesamtheiten, und auch schon vor der modernen Ära finden sich Auffassungen, nach denen sich „wahre Politik" primär nach den Abläufen der Natur richten solle, ohne durch ausdrückliche Gebote und Verbote die Geschicke der Menschen zu sehr von außen dirigieren zu wollen. Schließlich begegnen wir in der philosophischen Position des Anarchismus einer ausdrücklich politischen Konzeption in dieser Richtung.

Insofern kann in der physikalischen und biologischen Grundlegung des Konzeptes der Selbstorganisation auch eine wesentliche Stütze bestimmter politischer Konzeptionen gesehen werden. In diesem Sinne geht das Konzept der Autonomie mit einer Betonung der Rechte des Individuums und der zivilen Gesellschaft einher und wendet sich gegen die steigende Vermassung der Industriegesellschaft und die Verstaatlichung des Sozialen. Autonome Individuen können aber praktisch nur in einer wirklich autonomen Gesellschaft existieren, und eine autonome Gesellschaft ist nur dort möglich, wo autonome Menschen leben.

So entwickelten sich, auf den Erfahrungen der ersten industriellen Revolution beruhend und vorwiegend in sozialistischen Tendenzen des vergangenen Jahrhunderts verwurzelt, Tendenzen in Richtung einer institutionellen dezentralisierten Selbstlenkung und Selbstverwaltung, die im Gegensatz zu einem bürokratischen Zentralismus und einer technokratischen Rationalität stehen. Die Rechte der Basis treten dabei gegenüber jeder Form zentralisierter Macht, gegenüber „Herrschafts"-Bestrebungen und einer hierarchischen Gliederung in den Vordergrund. Zugleich sollen dadurch menschlichere und offenere soziale Beziehungen ermöglicht werden. Arbeitsdisziplin wird nicht als etwas verstanden, das von oben angeordnet und kontrolliert wird. Sie soll sich vielmehr, da ja jeglicher, von der Basis losgelöster Verwaltungsapparat abgeschafft werden soll, „organisch" aus den Beziehungen zwischen dem einzelnen Arbeiter und seiner Arbeitsgruppe entwickeln.[14]

Die Idee der Selbstverwaltung setzt sich damit sowohl von dem Modell einer repräsentativen Demokratie als auch von dem Modell des „Staatssozialismus" ab. Rosanvallon sieht in ihr auch nicht eine fertig konzipierte „Utopie", sondern ein Modell, das sich in der Realität, sozusagen als sich entwickelndes Experiment, ausgestalten muß. Als notwendige Voraussetzungen für eine erfolgreiche Realisierung nennt er allerdings ein Zurückschrauben des Prinzips der Arbeitsteilung, ein Angleichen des Informationsniveaus und eine Veränderung der hierarchischen Strukturen. Das Delegationsprinzip wird durch das Prinzip der Dezentralisation der Macht auf die niedrigst mögliche Ebene ersetzt. Diese Form einer von unten nach oben organisierten Demokratie soll nach Guérin einer Entfremdung des arbeitenden Menschen von seiner Arbeit entgegenwirken, „die freie Initiative der Menschen fördern und ihren Sinn für Verantwortung prägen, statt, wie es unter dem Zepter des Staatskommunismus geschieht, die uralte Passivität und Unterwürfigkeit sowie den Minderwertigkeitskomplex noch zu verstärken, die die Unterdrückung in der Vergangenheit bei ihnen hinterlassen hat" (Rosanvallon).

Solche Überlegungen haben in der politischen Diskussion Frankreichs unter dem Begriff der autogestion eine fast zentrale, zumindest sehr belebende Rolle gespielt, indem sie sehr grundlegende Fragen aufwarfen: „Wie können Institutionen transparent gemacht werden? Wie können sie von unten her effektiv bestimmt werden? Wie können bedeutsame Informationen allen zugänglich gemacht werden, so daß sinnvolle Entscheidungen kollektiv getroffen werden können? Wie könnte überhaupt demokratische Planung in einer hochindustrialisierten Gesellschaft funktionieren?" (Castoriadis).

Jugoslawische und algerische Erfahrungen

Schon vorher war der Begriff der autogestion bekanntgeworden als eine spezielle, zwischen Kapitalismus und Volksdemokratie einzuordnende Art und Weise, wie jugoslawische Betriebe geführt wurden. Versuchen wir uns daher einmal kurz die

---

14 Schon nach der Vorstellung Proudhons sollten ja die Unternehmen nicht durch Funktionäre des Staates, sondern durch Arbeiterkomitees verwaltet werden, und die assoziierten Arbeiter sollen „selbst der Staat sein". Deshalb wird auch in der konsequenten Weiterführung der Grundidee das Prinzip der ständigen Rotation der Arbeiter zwischen den Werkhallen und zwischen Produktions- und Verwaltungsbereichen gefordert und auch die Leitung der Wirtschaft insgesamt als Aufgabe der organisierten Kollektive der Arbeiter selbst gesehen (Castoriadis).

wesentlichen Merkmale der seinerzeitigen jugoslawischen Selbstverwaltung vor Augen zu führen. Sie bezog sich neben kulturell-sozialen im wesentlichen auf drei Sektoren: die kommunale Selbstverwaltung, die Arbeiter-Selbstverwaltung und die kooperative landwirtschaftliche Selbstverwaltung.

Die ganze Entwicklung ging mit einer gewissen Dezentralisierung der staatlichen Institutionen zugunsten einer Entscheidungsübertragung an die im Staat zusammengefaßten Republiken bis hin an die einzelnen Gemeinden einher. Entscheidende Mechanismen dieser Form sozusagen direkter Demokratie, wie sie in Jugoslawien 1953 und 1963 verfassungsmäßig verankert wurde, bestanden einmal in lokalen Bezirkskomitees, die sich einerseits aus einem Teil der aus dem Bezirk gewählten Personen und zum anderen Teil aus zusätzlich gewählten Bürgern dieses Bezirks zusammensetzten. Dort wurden die Probleme des Bezirks diskutiert und den örtlichen Behörden entsprechende Vorschläge unterbreitet. Eine andere Institution dieser lokalen Selbstverwaltung stellten die Bürgerversammlungen dar, die in etwa den „Landsgemeinden" in der Schweiz vergleichbar sind. Sie zielten ebenfalls auf eine direkte Teilnahme der Bürger am örtlichen Geschehen ab und sollten eine Kontrolle über die Tätigkeit der örtlich gewählten Vertreter sicherstellen.

Ausgangspunkt der Arbeiterselbstverwaltung war die Erkenntnis, daß man die Arbeiter direkt an dem Produktionsgeschehen, an der Verwaltung und am Gewinn beteiligen müsse, wenn man eine positive Einstellung zur Arbeit erwarten wolle. Dieses Problem hatte sich in Jugoslawien aufgrund einer Unzufriedenheit des Volkes mit den Auswüchsen einer bürokratischen Organisation der Wirtschaft und des Ausbleibens sowjetischer Wirtschaftshilfe ergeben. Die daraufhin gegründeten und gesetzlich verankerten Arbeiterräte sollten der grundlegenden Planung und den erreichten Ergebnissen zustimmen sowie unmittelbare Entscheidungen über Verwaltungsfragen und die Realisierung der Planung treffen. Sie wählten ferner die Mitglieder des aus drei bis elf Personen bestehenden und einen Direktor wählenden Verwaltungs- oder Direktionskomitees des Betriebes, verabschiedeten nach Zustimmung der zuständigen staatlichen Stellen die Betriebsordnung, stimmten der Tätigkeit des Verwaltungskomitees zu und entschieden über die Verteilung der dem Betrieb zur Verfügung gelassenen Gewinne.

Weitere Merkmale des jugoslawischen Modells waren folgende: Hinter den Arbeiterräten, die mindestens einmal in 6 Wochen zusammentraten und je nach Betriebsgröße 15 bis 120 Mitglieder umfaßten, stand das Arbeiterkollektiv, d.h. die Gesamtheit des Personals. Ihm wurde die oberste Entscheidungsgewalt im Betrieb zugesprochen, die dann über die Arbeiterräte in die Tat umgesetzt wurde. 1960 wurden darüber hinaus noch sogenannte „Wirtschafts- oder Arbeitseinheiten" mit entsprechenden Vollmachten als Untersysteme in Betrieben eingeführt.

Dieses Modell der Arbeiterselbstverwaltung wurde ergänzt durch entsprechende Institutionen im landwirtschaftlichen Sektor. Darüber hinaus wurden auch im sozialen Bereich Selbstverwaltungsmodelle eingeführt, bspw. in der Verwaltung der Schulen, an der in entsprechenden autonomen Institutionen alle Lehrer, gewählte Bürger, delegierte soziale Organisationen und vom Sekundarbereich an auch Vertreter von Schülern bzw. Studenten beteiligt waren. In ähnlicher Form sind auch Selbstverwaltungsinstitutionen der Erwachsenenbildung, der Freizeitgestaltung und auch von Wohngemeinschaften eingerichtet worden. Sie alle dienten dem Ziel einer möglichst umfassenden sozialen Beteiligung der Bürger. Die Rolle der Selbstverwaltung wurde damit in einer echten Demokratisierung des staatlichen Sozialismus gesehen. Außerdem soll sie sich, wie berichtet wurde, als wirkungsvoller Mechanismus zur Auswahl der fähigsten, kompetentesten und engagiertesten Bürger erwiesen haben.

Die Selbstverwaltung lokaler und regionaler Einheiten stellt einen gegenüber zentralisierten und hierarchischen Organisationsformen eigenen organisatorischen Lösungsansatz für Probleme in der Lenkung großer bürokratischer und technokratischer Systeme dar, der Institutionen schaffen möchte, die die Menschen verstehen und kontrollieren können. Autogestion stellt damit im Gegensatz zu der Erfahrung des eigenen Lebens als etwas Fremdem die „bewußt autonome Verfügung über das eigene Leben" (Castoriadis) in den Mittelpunkt. Dabei bedeutet Autonomie die Möglichkeit, in allen wesentlichen Fragen und mit voller Sachkenntnis selbständig Entscheidungen treffen zu können. Folgerichtigerweise betont dieser Ansatz daher die Rechte der „Basis" gegen jede Form zentralisierter Macht, zielt in Richtung einer insgesamt selbstverwalteten Gesellschaft und strebt damit letztlich eine totale Reorganisation der Gesellschaft an. Indem sie die alte Forderung der Arbeiterbewegung nach Emanzipation aufgreift, bedeutet Selbstverwaltung zugleich eine direktere, konkrete Form von Demokratie.

Im Grunde kann sie als ein Anwendungsversuch bestimmter Grundprinzipien der Systemtheorie und biologischer Funktionsgesetzmäßigkeiten auf soziale Probleme, auf die Selbstorganisation entsprechender Kollektive in Verwaltung und Industrie betrachtet werden. In ihr kommt authentischen sozialen Beziehungen gegenüber allen Formen von Herrschaft und Hierarchie eine vorrangige Bedeutung zu. Über die Dezentralisierung auf öffentliche Gemeinschaften sowie die Stützung und Förderung der zivilen Souveränität gegenüber der anonymen Macht des Staates versucht das Modell der Selbstverwaltung eine in sich stimmige Konzeption eines demokratischen Realismus zu verwirklichen. Insofern sieht sich die Selbstverwaltungsbewegung als eine Anti-Utopie, die zentrale Instanzen keineswegs pauschal ablehnt, sie aber durchschaubar und kontrollierbar halten will. Dabei zeigte sich aber auch, daß die Selbstverwaltungseinheiten nicht zu groß sein dürfen, damit die Bürger den Kontakt zu ihren sozialen und gesellschaftlichen Angelegenheiten behalten, und daß die lokalen Steuerungsprozesse auch nicht zu entfernt von ihnen erfolgen dürfen, damit sie nicht der gemeinsamen Kontrolle entgleiten.

Es kann allerdings nach den bisherigen Erfahrungen keinesfalls davon ausgegangen werden, daß eine solche Bewegung in Richtung einer direkten Demokratie unter allen Bedingungen von allein funktioniert. In der Praxis stellen sich nämlich sehr häufig Schwierigkeiten und Widerstände ein. Das beginnt schon damit, daß unter den zumeist bestehenden Bedingungen nur eine Minderheit effektiv gewillt und fähig ist, sich in der Verwaltung eines Betriebes erfolgreich zu engagieren. Die Selbstverwaltung geht ja such meist nicht auf eine spontane Aktivität von

Arbeitern zurück, sondern wurde in erster Linie von Nicht-Arbeitern, bspw. von Juristen eingerichtet, ähnlich wie auch sozialistische Bewegungen im allgemeinen sehr häufig nicht von Vertretern sozial schwächer gestellter Schichten, sondern von Vertretern des Mittelstandes bzw. unzufriedenen Intellektuellen ausgingen.

Es zeigte sich bspw. auch, daß erfahrungsgemäß die Beteiligung der Basis speziell an Zentralversammlungen sehr schnell nachläßt oder sich Mandatsträger zunehmend verselbständigen, einer realen Kontrolle durch ihre Wähler entgleiten und sich eine von der Basis abgetrennte und wenig kontrollierbare Machtposition aneignen. Dem entspricht auch die Erfahrung, daß bei Genossenschaften, die gewöhnlich aus einer gewissen Not-Solidarität heraus entstehen, das ursprüngliche Anliegen und geistige Band in den Hintergrund treten, sobald erst einmal ein bestimmtes Maß von Etablierung und Institutionalisierung erreicht ist.

Es war ja u.a. eines der von Djilas beanstandeten Phänomene, daß die Macht in Jugoslawien zunehmend in die Hände von „Apparatschiks" überging, die zugleich Aktivisten der Partei und auch Vertreter des Kollektiveigentums waren. Dazu kam, daß tatsächlich Demokratie, d.h. Diskussion und Wechsel der Verantwortlichen, lediglich an der Basis, nicht jedoch im Rahmen übergeordneter Organe stattfand.

Dabei darf weiter nicht übersehen werden, daß das jugoslawische Modell im Rahmen einer Planwirtschaft verwirklicht wurde, d.h. die Unternehmen den Wirtschaftsplänen der Zentralregierung unterworfen blieben, die ohne ihre Mitwirkung aufgestellt waren. Zugleich ergaben sich zwangsläufig Spannungen zwischen den Plänen der Nationalregierung und den Vorstellungen der in den Selbstverwaltungseinheiten zusammenfaßten Personen sowie auch zwischen Selbstverwaltungskonzeption und Liberalisierungstendenzen.

So kommt A. Meister in seinem 1971 erschienenen Buch „Où va l'autogestion yougoslave" zu dem Schluß, daß die auf dem Papier beschlossene Selbstverwaltung der Herrschaft von Oligarchien (s. S. 340ff.) kein Ende gesetzt, auf der anderen Seite sich aber auf Effizienz und Wachstumsdynamik nachteilig ausgewirkt habe. Die de jure eingeführte Selbstverwaltung habe nicht verhindern können, daß die Initiative der Arbeiter durch eine techno-bürokratische Minderheit und durch Manipulationen der Einheitsgewerkschaft erstickt worden sei. „Zwanzig Jahre nach der Einführung der Selbstverwaltung ist Jugoslawien ein Friedhof nicht zur Anwendung gekommener Vorschriften".

Ähnlich klingt die Bilanz von Rivier über die Erfahrungen mit den landwirtschaftlichen Selbstverwaltungseinheiten in Algerien. Dort habe das 1963 gegründete Nationale Amt für die Agrarreform sämtliche Macht zu Lasten der Selbstverwaltungsorgane an sich gerissen. Bis 1966 sei dieses Amt in einer übertrieben zentralistischen und bürokratischen Tendenz von seiner ursprünglichen Koordinationsrolle abgewichen und habe jegliche Autonomie der Selbstverwaltungseinheiten zum Verschwinden gebracht. Auch nach 1966 sei die Selbstverwaltung der Landwirtschaftseinheiten immer noch im Rahmen einer zentralen Planung erfolgt. Noch 1975 sei die Autonomie trotz verschiedener Korrekturen sehr beschränkt gewesen, und das gesellschaftliche Umfeld habe lähmend auf die Arbeit der

Selbstverwaltungseinheiten gewirkt. Diese seien durch Befehle, Anordnungen, Ersuchen und verbindliche Ratschläge von allen möglichen Seiten nach wie vor eingeengt geblieben und hätten zudem den Verkauf eines entscheidenden Teils ihrer Produktion völlig dem Staat überlassen müssen. Rivier kommt zu dem Schluß, daß die Selbstverwaltungseinheiten im Grunde nichts wirklich in eigener Regie hätten tun können und fragt sich, wie unter diesen Bedingungen eine Zuweisung von Verantwortung vertretbar sei und ob das Modell als solches als gescheitert angesehen werden könne. Auf keinen Fall genüge die offizielle Autonomisierung, wenn nicht auch die tatsächlichen Voraussetzungen einer wirklichen Selbstverwaltung gegeben seien. Die Bewältigung der Selbstverwaltung erfordere aber auch geeignete Qualifikationen und technische Kompetenzen seitens der Mitglieder der Kollektive. Deshalb sei ein entsprechendes Aus- und Weiterbildungsprogramm unentbehrlich.

Schließlich sei auch noch ein Beispiel aus der frühen Sowjetunion erwähnt. Es zeigt die Differenz zwischen dem theoretischen Anspruch des Staates und seiner praktischen Unfähigkeit, auf konkrete Notlagen mit undoktrinären und sachgerechten Maßnahmen zu reagieren. Die 4.000 Arbeiter einer Petroleum-Raffinerie in Petrograd versuchten in gemeinschaftlicher Anstrengung, ihren Betrieb in Gang zu halten. Sie hatten sich in kleine Gruppen aufgeteilt, die im Lande umherreisten, um Grundstoffe aufzutreiben, Absatzmöglichkeiten und Transportmittel zu finden. Die Regierung wollte jedoch nicht zulassen, daß eine Fabrik nach eigenem Gutdünken zur Selbsthilfe griff. Die Regierung war nicht bereit, obwohl der Arbeiterrat auf seinem Entschluß beharrte, ihre Auffassung zu ändern und ließ die Fabrik schließen. Ebenso beklagte sich die Kommunistin Aleksandra Kollontaj öffentlich darüber, daß die Initiative der Arbeiter in zahllosen Fällen von der öffentlichen Verwaltung zunichte gemacht und nicht einmal begriffen werde. „Welche Bitterkeit unter den Arbeitern ..., als sie sahen, daß man ihnen weder das Recht ließ noch die Chance gab, ihre eigenen Vorstellungen zu verwirklichen ... Die Initiative zerbrach, der Tätigkeitsdrang erstarb" (Volin).

Es scheint also – ganz im Sinne der Erkenntnisse der Theorie der Selbstorganisation – daß ein sozialer Wandel, der im wesentlichen von der Staatsmacht ausgeht, eindeutige Gefahren in sich birgt und vielleicht sogar letztlich das Scheitern der Selbstverwaltungsmodelle bewirkt. Ebenso scheint es, daß den Selbstverwaltungseinheiten die im Grunde zugedachte Kontrolle entgleitet, wenn der Staat mit seinen Organen und eine all-beherrschende Partei ihrerseits eine strenge und repressive Kontrolle ausüben.[15]

Außerdem besteht in vielen Fällen eine finanzielle Abhängigkeit vom Staat, indem die Selbstverwaltungseinheiten nur über einen beschränkten Teil ihrer Gewinne frei verfügen können und im übrigen von den ihnen gewährten staatlichen Krediten leben.

---

15 In jugoslawischen Großbetrieben war bspw. die Ernennung des Direktors ausschließliche Angelegenheit des Staates und führte gewöhnlich zur Einstellung von Angehörigen der „alten Garde".

Es zeigt sich hier ein weiteres Mal, wie eine Theorie im Grunde immer nur in Abhängigkeit von den praktischen Bedingungen ihrer Verwirklichung beurteilt werden kann. Es ist also – wie ganz allgemein – wenig nützlich zu hören, „wir haben das und das versucht; es ist nicht gelungen", wenn nicht gleichzeitig eine Information darüber gegeben wird, unter welchen konkreten Bedingungen das jeweils versucht wurde. Eine Stärke – und zugleich Schwäche – jeder Theorie wie auch jeder geistigen Bewegung liegt in ihrer inneren Stimmigkeit und ihrer unbeugsamen Konsequenz. In der Praxis, auch in der praktischen Umsetzung einer Idee oder Theorie, sind es aber fast immer die konkreten Umstände, die das letzte Wort haben. Die Selbstverwaltung benötigt, um verwirklicht zu werden, entweder die organisatorische Einrichtung im Rahmen eines Verwaltungssystems oder den Impuls von der Basis. Wie aber, wenn sich unter bestimmten Bedingungen beide ausschließen, wenn die Basis einerseits, eben weil bestimmte gesellschaftspolitische Strukturen gegeben sind, nicht aktiv wird, wenn die meisten Arbeiter mit einer Beteiligung an der Selbstverwaltung nichts anfangen können, ihre Lohnorientiertheit noch nicht aufgegeben haben und die ihnen zugesprochene Macht nach dem Prinzip der Rollentrennung viel zu bereitwillig den Delegierten überlassen, und wenn andererseits die institutionalisierte Verwaltung, weil sie so ist, wie sie ist, autonome Selbstverwaltung unmöglich macht? Wie aber, wenn das obige „Entweder-Oder" falsch wäre, wenn zur Verwirklichung der Selbstorganisation beides notwendig wäre, geeignete gesellschaftspolitische Strukturen, die echte Autonomie möglich machen, und eine Basis, die ihre Apathie, ihre Angst vor Entscheidung, Engagement und Verantwortung abgelegt und an der Entstehung anderer gesellschaftspolitischer Strukturen mitgewirkt hat? Ich komme darauf in den folgenden Kapiteln zurück.

Auf jeden Fall läßt sich mit aller Entschiedenheit die Frage stellen, ob solche Schwierigkeiten zwangsläufige Folgen dieser Demokratisierungsprozesse selbst sind oder vielmehr nur unter ganz bestimmten Bedingungen eintreten, wie sie in unseren Gesellschaften recht ausgeprägt vorhanden und für das Verhalten des einzelnen ursächlich sein mögen. Eine Gefahr dieses Modells der Selbstverwaltung besteht jedoch sicher für die Rolle des Staats, der stark an Bedeutung einbüßt, weshalb er auch selbst dort, wo er grundsätzlich dieses Modell vertrat, wie in Jugoslawien und Algerien, dessen Erfolg – gewollt oder ungewollt – verhinderte.[16] Auf der anderen Seite ist natürlich auch der Übergang zwischen konsequenter Selbstverwaltung und Privatisierung fließend.

---

16 In anderen Fällen, wie in Spanien, wo das Modell in den dreißiger Jahren offenbar über Jahre hin relativ erfolgreich bestand, wurde es von äußeren, nicht zuletzt kommunistischen Kräften aus der Welt geschafft.

III. Soziobiologie und kulturelle Evolution

Zur Frage biologischer Grundlagen soziokultureller Phänomene

Dem naiven Betrachter mag es zunächst verwirrend und unglaubhaft erscheinen, im Staatsmann und Politiker nicht den Führer und „Macher" zu sehen, der gesellschaftliche Verhältnisse gestaltet, zumal Politiker, von „gläubigen" Volksmassen bestätigt, sich selbst auch sehr gerne in dieser Rolle erleben. Wenn wir aber daran denken, daß es sich bei Gesellschaften um sehr komplexe Systeme handelt, deren „spontane" Entwicklung kaum voraussehbar ist und deren Reaktion auf gezielte Eingriffe von außen grundsätzlich nicht abgeschätzt werden kann, erheben sich die ersten grundlegenden Zweifel an der Richtigkeit dieser Vorstellung. Zudem lehren uns historische Erfahrungen, bspw. über das Schicksal „Tausendjähriger Reiche" oder die Planung des „neuen Menschen", daß solche Intentionen in der bisherigen Menschheitsgeschichte immer wieder gescheitert sind und sich entsprechende Erwartungen historisch nicht bestätigt haben. Der Mensch scheint im übrigen – wenigstens bisher – trotz aller politischen Absichten und Maßnahmen weitgehend der gleiche geblieben zu sein.

Politiker pflegen indes so zu tun, als ob sie das seien, was sie vorgeben zu sein und was viele auch von ihnen zu erwarten scheinen. Aber können sie im Grunde, d.h. einmal grundsätzlich und zum anderen aus dem Ablauf ihres üblichen „Tagesgeschäfts" heraus, all das wissen, was nötig wäre, um mit äußerster Sensibilität auf Systeme einzuwirken, deren unerhörte Komplexität ihre Vorstellungsfähigkeit weit übersteigt? Wo und wie hätten sie das auch lernen können?

Hegen wir da nicht alle riesenhafte Illusionen, die wir zudem teuer genug bezahlen? Sehen wir uns also einmal die Begründung von Gegenpositionen an!

Es kann zunächst – auch in konkret vergleichender Sicht – kein Zweifel bestehen, daß bei grundsätzlicher Anerkennung einer ganzen Menge wesentlicher Unterschiede zwischen Tier und Mensch die Grundmerkmale vieler menschlicher Verhaltensweisen sich bereits auf verschiedenen Stufen des Verhaltens von Lebewesen aufweisen lassen. So erzählt bspw. Konrad Lorenz von seiner berühmten Graugans Martina, daß sie gewohnt war, abends die Treppe in seinem Haus in hochgradig ritualisierter Weise hinaufzugehen. Eines Abends wurde sie nun einmal später als gewöhnlich in das Haus geführt. Da sie ängstlich geworden war, wich sie von dem gewohnten Weg ab. Nach einigen Schritten stoppte sie aber plötzlich, machte einen langen Hals als Zeichen der Furcht und schwang ihre Flügel wie zur Flucht. Diese Furcht verschwand, nachdem sie wieder zurückgegangen war und die Treppe nun erneut in der ihr gewohnten Weise hinaufging. Als sie das

„richtig" hinter sich gebracht hatte, guckte sie herum, schüttelte sich und „grüßte" als Zeichen der Erleichterung.

Das Lausen der Affen scheint wie eine vom ursprünglichen Zweck losgelöste Handlung zu einer abstrakten symbolischen Geste des Zusammengehörigkeitsgefühls werden zu können (Dröscher). Ein auf einem Hühnerhof von einem jüngeren Hahn vernichtend geschlagener bisher ranghöchster Hahn pflegt sich gewöhnlich eine ganze Weile, mindestens eine halbe Stunde im finstersten Winkel zu verstecken. Er steht dort wie ein Kind, das sich schämt, mit tief herabhängendem Kopf, ohne sich zu rühren, auch wenn der siegreiche Hahn schon längst außer Sicht ist. Vitus Dröscher bezeichnet nach den vorliegenden Beobachtungen etwa bei Gnus, Gazellen und Antilopen Eigentum und Grundbesitz keineswegs als Erfindungen des „theoretisierenden menschlichen Geistes oder der zivilisatorischen Unnatur", sondern als Ausdruck eines Urtriebes. Herr über ein kleines Stück Steppe zu sein, verleiht offenbar dem Gnu ein so starkes Gefühl der Selbstsicherheit und Überlegenheit, daß die zuvor durch den Minderwertigkeitskomplex blockierten Verhaltensweisen der Aggressivität und Sexualität mit Urgewalt zum Durchbruch kommen. Umgekehrt scheint der Landverlust unmittelbar eine Art psychologischer Kastration zur Folge zu haben (Dröscher).

Auch Aggressionen im Tierreich scheinen nach einem bestimmten Ritus abzulaufen, der in bestimmter Richtung kanalisiert ist. So kämpfen Gnus miteinander im Knien, um sich nicht gegenseitig ihre Weichteile zu verletzen, und viele Tiere bieten dem überlegenen Gegner die ungeschützte Halsschlagader an, wodurch bei diesen das Angriffsverhalten gestoppt wird.

Ein eindrucksvolles Anschauungsfeld stellt auch das Phänomen der Territorialität dar. Es zeigt sich darin, daß es für jede Art, ja für jedes Lebewesen ein bestimmtes Optimum zwischen sozialer Nähe und sozialer Distanz zu geben scheint. Folgerichtig kann man sich dann auch fragen, ob nicht auch beim Menschen das Bedürfnis nach sozialer Gesellung einerseits und die Tendenz, Widerwärtigkeiten und Unerträglichkeiten von seiten anderer aus dem Wege zu gehen, zusammenwirken und ob hierin nicht auch eine biologische Grundlage menschlicher Höflichkeit und Gesittung zu sehen ist. Interessant waren in dieser Beziehung Versuche, die vor einiger Zeit im Fernsehen in der Sendung „Verstehen Sie Spaß?" gezeigt wurden: Instruierte Mitarbeiter näherten sich an einer Haltestelle wie zufällig anderen wartenden Personen auf eine bestimmte Nähe, worauf diese jedesmal, indem sie einige Schritte weggingen, die alte Distanz wieder herstellten. Ein ähnliches Verhalten ist aber auch, in einer jeweils artspezifischen Ausprägung, bei vielen Tierarten festzustellen.

Zwischen Territorialität und Hierarchie scheint wiederum ein enger Zusammenhang zu bestehen. Man braucht sich bloß die Räume in einem Schloß oder die Größe eines Chefzimmers zu vergegenwärtigen. Selbst in ausgeprägt kommunistischen Gesellschaften spielten Statussymbole und Privateigentum eine große und mit fortschreitender Entwicklung immer stärkere Rolle. Rangordnungen sind im Tierreich ungeheuer weit verbreitet und finden sich auch beim Menschen unabhängig voneinander und ganz parallel in vielen Kulturen. Im Tierreich wie in menschlichen Gesellschaften hat sich eine große Summe von Rangordnungsgesten entwickelt, durch die unnötige Rangordnungskämpfe und Streitigkeiten vermieden werden.

Auf eine extreme Form sozialen Verhaltens treffen wir schließlich, wenn sich ein Lebewesen für ein anderes oder andere aufopfert. Ein solches Verhalten zeigt sich schon bei Vögeln, wenn sie sich selbst in Gefahr bringen, um räuberische Gegner vom eigenen Nachwuchs abzulenken. Es tritt aber auch beim Menschen zutage, die ihr Leben für ihre Gruppe, ihre Gemeinschaft aufs Spiel setzen und opfern. Das „pro patria mori", der Tod fürs Vaterland ist in der Menschheitsgeschichte ein so universales Verhalten, daß auch hier eine biologische Fundierung ernsthaft erwogen werden muß. „Warum existiert ein solcher Glaube, und warum ist er so universal", fragt deshalb auch Lopreato.

Aufgrund solcher Beobachtungen über erstaunliche Ähnlichkeiten wird von Vertretern der Soziobiologie oder auch Biosoziologie bei menschlichen Verhaltensmerkmalen auf biologisch, d.h. genetisch verankerte Bereitschaften geschlossen. Und zwar werden vor allem drei Kriterien für das Vorliegen einer biologisch(-genetischen) Verankerung menschlicher Verhaltensweisen genannt. Es ist einmal das universelle, d.h. weltweite Vorkommen eines bestimmten Verhaltens. Zum anderen ergibt sich ein Hinweis aus dem Vergleich unterschiedlicher Arten von Lebewesen, bei denen vergleichbare Verhaltensweisen beobachtet werden, und ein dritter Aspekt wird in der Resistenz gegen äußere Einflüsse gesehen. Wenn also gewisse Verhaltensgewohnheiten über lange Zeiträume auf der ganzen Erde identisch bleiben, so spricht auch dies für eine tiefer verankerte Programmierung. Das steht auch in Übereinstimmung mit der neurophysiologischen Erkenntnis, daß entwicklungsgeschichtlich ältere Hirnteile gegenüber Außeneinflüssen widerstandsfähiger sind als jüngere (Jackson). Wenn Arnold Gehlen in diesem Sinne die Auffassung vertritt, der Mensch sei „von Natur aus ein Kulturwesen", so bringt er damit zum Ausdruck, daß die natürliche und erbliche Veranlagung des Menschen Tradition und Kultur erst begründen und ermöglichen, daß aber die Veranlagung ihrerseits der kulturellen Tradition bedürfe, um funktionsfähig zu werden. Man spricht deshalb auch von einer grundsätzlichen, letztlich biologisch verankerten „Kulturfähigkeit" des Menschen.

Ein immer wieder genanntes klassisches Beispiel für das erste Kriterium ist die menschliche Sprache, d.h. die grundsätzliche Sprachfähigkeit menschlicher Kinder, auch wenn sie jeweils Wörter unterschiedlicher Sprachen zu gebrauchen beginnen. Es war vor allem der amerikanische Sprachforscher Noam Chomsky, der grundlegende Ähnlichkeiten in Sprachstruktur und Spracherwerb herausgearbeitet hat, die sich bei allen Menschen und in allen Kulturen in vergleichbarer Form nachweisen lassen und die daher zu der begründeten Vermutung Anlaß geben, daß sie stammesgeschichtlich, d.h. erblich programmiert und festgelegt sind. Es ist extrem unwahrscheinlich, daß solche Gemeinsamkeiten, die Chomsky als Tiefenstruktur der Sprache bezeichnet, über riesige geographische und zeitliche Räume hinweg, d.h. an mehreren Orten und zu unterschiedlichen Zeiten, völlig unabhängig voneinander allein auf dem Boden kultureller Tradition entstanden sind.

Wie kommt es, so fragen die Soziobiologen, daß Kinder schon bald nach der Geburt zu lächeln beginnen und daß selbst blind geborene und taubblinde Kinder das Lächeln entwickeln, obwohl sie es doch kaum abgesehen oder abgehört haben können? Und dieses Lächeln hat auch weltweit die gleiche positive Wirkung: Nahezu unmittelbar löst es elterliche Zuwendung und Liebe aus. Fragen dieser Art werden für eine ganze Reihe menschlicher Ausdrucksbewegungen gestellt. Wie kommt es ferner, daß Mütter ihre Kinder üblicherweise auf der linken Körperseite tragen, was ja das Hören des Herzschlags durch das Kind erleichtert. Diese Gewohnheit traf auf rechtshändige wie linkshändige Mütter in gleicher Weise zu, wobei diese als rationalen Grund für ihre Gewohnheit ihre jeweils unterschiedliche Händigkeit anführten. Wie erklärt sich das Auftreten ganz bestimmter Ängste, etwa die oft als „angeboren" bezeichnete Angst vor Schlangen, die beim Menschen selbst dann auftritt, wenn er kaum damit zu rechnen braucht, Schlangen in seinem Leben zu begegnen? Wie kommt es, daß der Mensch normalerweise keine solche Angst vor Steckdosen, Revolvern oder schnellen Kraftfahrzeugen hat? Woher stammt die im übrigen auch immer wieder zwischen Tier und Mensch beobachtete weltweite Bevorzugung vertrauter Personen, die „instinktive" Scheu und Ablehnung gegenüber Fremden? Wie kommt es, daß Menschen konstant die Wahrscheinlichkeit von Unfällen unterschätzen, ihre Chancen im Toto oder Lotto aber eindeutig überschätzen?

Auch in dieser Beziehung wird auf eine ganze Anzahl entsprechender Beobachtungen verwiesen, die auf den ersten Blick kulturbedingt erscheinende Verhaltensweisen zum Inhalt haben. Lassen Sie mich einige dieser Beobachtungen kurz darstellen.

In israelischen Kibbuzim konnte in einer groß angelegten, an 5.538 jungen Menschen durchgeführten Untersuchung ein Verhalten festgestellt werden, das einer weitgehenden Inzest-Vermeidung im Sinne einer Ablehnung ausgeprägterer sexueller Beziehungen zwischen Brüdern und Schwestern gleicht. Als Ergebnis seiner Untersuchung kommt Shefer zu dem Schluß, daß sich zwischen Menschen, die in den ersten 6 Lebensjahren in nahem häuslichem Kontakt zueinander stehen, grundsätzlich eine tiefe sexuelle Hemmung zu entwickeln scheint. Die in den Kibbuzim aufwachsenden Kinder wurden nach den Regeln geschwisterlichen Gemeinschaftslebens in großer persönlicher und vor allem auch sexueller Freiheit erzogen, im Rahmen der gegebenen Bedingungen sogar durchaus in dieser Richtung ermutigt. Trotzdem konnte beobachtet werden, daß bei ihnen um das 10. Lebensjahr herum erste sexuelle Hemmungen und Schamgefühle auftraten.[17] Von 2.769 möglichen Fällen kam es nur dreizehnmal vor, daß sich Angehörige der

---

17 Das könnte übrigens ein Hinweis darauf sein, daß das Schamgefühl keineswegs notwendigerweise das Ergebnis einer repressiven Erziehung sein muß, und es könnte ja durchaus auch sein, daß es sich bei unserer modernen Entwicklung der „sexuellen Emanzipation" nicht so sehr um eine Freisetzung natürlicher Tendenzen, sondern um eine kulturelle Entwöhnung von „natürlichen" Hemmungen handelt.

gleichen Geschwistergruppe heirateten, obwohl keinerlei Inzucht zu befürchten war und entsprechende Verbindungen weder gesetzlich verboten waren noch als anrüchig oder verpönt galten. Zudem stellte sich bei eingehender Befragung heraus, daß es in diesen 13 Fällen eine Unterbrechung der Zugehörigkeit zur Gruppe gegeben hatte, und zwar hatte diese Unterbrechung im Alter unter 6 Jahren stattgefunden. Daraus ist zu schließen, daß in der Zeit zwischen der Geburt und dem 6. Lebensjahr entscheidende Grundlagen für das spätere sexuelle Verhalten gelegt werden, das für alle Kinder gilt, die wie Geschwister miteinander aufwachsen, ob sie nun in der Tat verwandt miteinander sind oder nicht.

Ein anderes Beispiel für die Möglichkeit, bzw. Wahrscheinlichkeit einer biologischen Fundierung kultureller Phänomene hat die Zubereitung der sogenannten Tortillas zum Inhalt. Ich habe mich bei meinen Besuchen in Mittelamerika immer wieder gewundert, wie kalkig die dort aus Maismehl bereiteten Tortillas schmeckten, bis ich in dem Buch von Lumbsden und Wilson Näheres darüber las. Sie gehen in ihrer Erklärung davon aus, daß Menschen genetisch nicht in der Lage sind, die Aminosäure Lysin in ihrem Organismus zu synthetisieren. Mais, die einzig kultivierte Getreideart der Neuen Welt, besitzt nun durchaus nicht geringe Mengen von Lysin. Diese sind aber zum größten Teil in unverdaulichen Glutelin-Fraktionen der Keime abgeschlossen. Sie können allerdings durch alkalisches Kochen freigesetzt werden. Eine Reihe von Forschern fand nun in 51 Gesellschaften in Nord-, Mittel- und Südamerika heraus, daß eine sehr enge Beziehung zwischen der Intensität des Maisanbaus, der Gewohnheit alkalischer Zubereitung, der Bevölkerungsdichte und der Komplexität der sozialen Organisation bestand. So entwickelten sich wohl, wie man vermuten kann, auf biologischer Grundlage soziale und kulturelle Verhaltensweisen, die von den Kochtechniken bis zu den Methoden der Sammlung von Kalksteinen gingen. Ebenso ist es interessant zu verfolgen, welche unterschiedlichen Glaubensauffassungen aus der Benutzung des Kalkes in der Nahrungsbereitung entstanden.

Auf ein ähnliches Phänomen treffen wir in den Mittelmeerländern, wo die Fava-Bohne zum Objekt spezieller Kochriten, selektiver Tabus und bestimmter Legenden wurde. Das überrascht wiederum nicht, wenn man bedenkt, daß eine durch ein bestimmtes Gen, das rezessive G6PD-Minus-Gen, das übrigens mit einer erhöhten Resistenz gegenüber Malaria einhergeht und in der mediterranen Bevölkerung sehr häufig vorkommt, hervorgerufene chemische Defizienz durch den Verzehr von Fava-Bohnen verstärkt wird.

Ein anderer bedenkenswerter Zusammenhang konnte zwischen der Höhe des Laktase-Spiegels, eines Enzyms, das die Laktose der Milch in Galaktose und Fruktose verwandelt, und dem Umgang mit Milchprodukten bei einer Reihe von Bevölkerungen festgestellt werden. Menschen, deren Verdauungssystem dieses Enzym nicht besitzt, können die Laktose nicht umwandeln, so daß sich eine große Menge Milchsäure ansammelt, die die Tätigkeit des Darmes irritiert. „Eigenartigerweise" haben nun Bevölkerungen mit einer Laktose-Intoleranz intensive Gewohnheiten der Käsebereitung entwickelt, durch die diese Intoleranz kompensiert und die Umwandlung der Laktose aus dem Verdauungstrakt herausverlegt wird.

Wie immer man auch solche Zubereitungsgewohnheiten erklären mag, tragen sie doch eindeutig zum Befinden, zu den Überlebens- und Fortpflanzungschancen einer Bevölkerung bei.

Schließlich sei noch kurz auf die offenbar instinktive Regulation der Nachkommenschaft eingegangen, wie sie bei vielen Tierarten festgestellt werden konnte. Der Kornkäfer legt bspw. eine deutlich unter der Norm liegende Zahl von Eiern, wenn die Zahl der Körner, die in einer bestimmten Lage vorhanden sind, nicht mindestens elfmal höher ist als die Zahl der von ihm zur Eiablage benutzten. Auch beim Mehlkäfer kam man unabhängig von der Anfangszahl der erwachsenen Käfer nach einer gewissen Zeit immer wieder zu einer gleichförmigen und stabilisierten Dichte von Individuen auf das Gramm Mehl. Das kommt dadurch zustande, daß die ausgewachsenen Mehlkäfer die Eier oder ihre Jungen in einer Zahl auffressen, die einer bestimmten Konzentration der Individuen pro Mehlmenge entspricht. Schaben setzen durch kleine Drüsen im Brust- und Bauchbereich eine chemische Substanz frei, das Äthyl-Quinon, das ihre Fruchtbarkeit beeinträchtigt. Die Funktion dieser Drüse wird jeweils durch einen Zustand der Übervölkerung stimuliert.

Sehr bekannt geworden sind auch die Versuche von Selye an Ratten. Bei drastischer Nahrungsreduktion waren immer wieder bei Rattenweibchen ein Abfall des Gewichts der Eierstöcke, eine Vermehrung des Gewichts der Nebennieren, eine Störung des Sexual-Zyklus und in weiterer Folge Sterilität zu beobachten. Diesem Stressphänomen dürfte die unter verschiedenartigen Bedingungen beobachtete Hunger- oder Kriegs-Amenorrhoe[18] bei Frauen vergleichbar sein. So stieg während des Ersten Weltkrieges in Königsberg die Zahl der Amenorrhöen von 0,55 % im Jahre 1912 auf 14 % im Jahre 1917 (Filferding). Ein gehäuftes Vorkommen von Amenorrhöen konnte sowohl während des spanischen Bürgerkrieges als auch in besetzten Ländern des letzten Weltkrieges, aber auch in Konzentrationslagern festgestellt werden. 54 % von 10.000 Frauen, die in das Konzentrationslager Theresienstadt eingeliefert worden waren, hatten nach wenigen Monaten keine Regel mehr.

Ganz offensichtlich findet in diesen Fällen eine biologisch begründete Reduktion der Bevölkerung statt. Möglicherweise hat darüber hinaus auch eine biologische Tendenz zur Bevölkerungskontrolle bei einer Reihe kultureller Arrangements in menschlichen Gesellschaften eine wichtige Rolle gespielt. Ich erinnere nur daran, daß in manchen Gesellschaften das Heiratsalter verzögert ist, daß bei anderen Bevölkerungen Mütter ihre Kinder mehrere Jahre lang stillen müssen, während der Stillzeit aber keinen Geschlechtsverkehr haben dürfen, daß Mehrehen oder Ehescheidungen untersagt sind usw. Auch das Verbot der Wiederheirat oder der Brauch der Witwenverbrennung könnte ähnlich einzuordnen sein. Viele Religionen mögen im übrigen aus ähnlichen Gründen die Askese predigen, Keuschheit

---

18 Der medizinische Begriff der Amenorrhoe bezeichnet das Ausbleiben, bzw. Fehlen der Menstruationsblutung infolge einer Funktionsstörung der Eierstöcke.

als hohe Tugend herausstellen und restriktive moralische Regeln für sexuelle Beziehungen aufstellen.

Betrachtet man die bisher genannten Beispiele, so läßt doch, wie immer man im einzelnen die Anteile biologischer und kultureller Entwicklungsgrößen auf das Verhalten deuten mag, allein die Summe der in der biosoziologischen Literatur zu findenden Hinweise Überlegungen dahingehend begründet erscheinen, daß biologische Einflußfaktoren auf kulturelles Verhalten eine größere Rolle spielen, als man ihnen üblicherweise zuzugestehen pflegt. Möglicherweise verhüllen die zweifellos bestehenden kulturellen Einflüsse diese biologisch-genetischen Zusammenhänge so stark, daß der normale Mensch wie selbstverständlich überzeugt ist, mit dem überzeugten Bestreiten instinktiver Grundlagen menschlichen Verhaltens und kultureller Normen völlig im Recht zu sein. Könnte es nicht so sein, daß wir in vielen Fällen glauben zu schieben, in Wirklichkeit aber geschoben werden, daß wir glauben, rationale, verstandesmäßige, vernünftige und moralische Wesen zu sein, in Wirklichkeit aber Einflüssen unterliegen, über die wir gerade deshalb so wenig wissen, weil wir uns so verstandesmäßig bestimmt vorkommen?

Natürlich gibt es eine Unzahl menschlicher Verhaltensweisen, die auf dem Boden sozial erworbener Gewohnheiten und rein kultureller Normen zustande gekommen sind, Verhaltensweisen, die sich kulturell entwickelt haben, die in früheren Zeiten einen unmittelbar erkennbaren Sinn hatten, damals gelernt wurden, sich zu Gewohnheiten ausbildeten, die bis heute beibehalten wurden, ohne daß man im einzelnen um ihre spezifische Herkunft wüßte. Das wird auch von Soziobiologen nicht bestritten. Zu solchen Verhaltensweisen mag z.B. zählen, daß Herren gesitteterweise links von der Dame gehen, möglicherweise um sie bei möglichen Angriffen mit dem gezogenen Degen besser verteidigen zu können. Ähnlich mag die übliche Entschuldigungsgeste mit erhobenem Arm und nach vorne geöffneter Hand darauf beruhen, dem anderen anzuzeigen, daß man keinen Stein oder Faustkeil in der Hand verbirgt, also wohlgesonnen ist.

Aber wie ist es bspw. mit der Sitte des Handreichens? Gehen nicht doch verschiedene Grußzeremonien auf angeborene Verhaltensweisen zurück, die im Laufe der Zeit zu einer ritualisierten Demuts- und Befriedigungsgeste wurden? Man bringt dem anderen durch Verbeugung die eigene Unterwürfigkeit zum Ausdruck, indem man sich klein macht; man bietet dem Begrüßten den Nacken bzw. den Rücken, also die verwundbarste Stelle dar, um anzudeuten, daß man schutzlos ist. Wurden so nicht genetisch verankerte Verhaltensweisen, wie sie sich auch im Tierreich finden, zunehmend vermenschlicht und kultiviert (Wasserburger)? Wie ist es zu erklären, daß man sich in einem Restaurant nach aller Möglichkeit an einen Ecktisch oder in jedem Fall an einen Tisch an der Wand und mit dem Rücken zur Wand setzt, wo man sich vor möglichen Angriffen sicherer fühlt? Ist das so grundverschieden davon, daß viele Tiere sogenannte Schlafbäume haben oder daß Katzen sich gerne in etwas höherer Lage, etwa auf einem Sofa oder einem Autodach ausruhen? Weshalb sollte es sich im einen Fall um ein rationales, kulturell bedingtes Verhalten und im anderen Falle um ein instinktives, genetisch verankertes Verhalten handeln?

Haben Sie schon einmal darüber nachgedacht, weshalb der Mensch bei starkem Schmerz aufschreit? Der Aufschrei muß ja nicht dem bewußten Zweck dienen, andere wissen zu lassen, wie weh einem etwas tut. Es wäre ja auch denkbar, daß es sich primär um einen völlig unbewußten Ausdruck oder um einen Appell, um eine Art instinktiver Warnung an Artgenossen handelt. Möglicherweise wäre nur die Tatsache, wie sich dieser Appell im einzelnen anhört, ein Ergebnis kultureller Entwicklung.

Ist die Grundlage des Werbungsverhaltens bei einem jungen Mann, der übertrieben kraftvoll auftritt oder mit Hilfe eines rasanten Starts auf einem motorisierten Zweirad Eindruck zu machen versucht, wirklich so grundverschieden von dem Verhalten eines Ganters oder eines Truthahns? Ist es im Grunde so etwas ganz anderes, wenn wir einem Gastgeber Blumen oder Pralinen überreichen, verglichen mit einem Wachtelhahn, der eine dicke Raupe mit dem Schnabel aufpickt und damit zum Weibchen zurückkehrt, um ihm den Leckerbissen anzubieten? Das Mitbringen von Geschenken zur Beschwichtigung des Artgenossen ist auch im Tierreich weit verbreitet. Bei einer ganzen Reihe von Arten findet ohne Hochzeitsgeschenk überhaupt keine Hochzeit statt.

Die Beispiele ließen sich ohne Schwierigkeit vermehren. Fassen wir zusammen! Bei menschlichen Verhaltensweisen sind drei grundsätzliche Möglichkeiten denkbar: Etwas kann rein genetisch-instinktiv verankert sein; es kann aber auch rein kulturell zustande kommen, und es kann schließlich auf einem einfachen oder komplizierten Zusammenspiel genetischer und kultureller Faktoren beruhen. Eine absolute Alternative, eine Antinomie zwischen Natur und Kultur würde eine höchst unbegründete Vereinfachung darstellen. Deshalb spricht die Soziobiologie von einem Konvergenzprinzip, von einer Gen-Kultur-Evolution, und beschäftigt sich speziell mit dem Zusammenwirken biologischer, sozialer und kultureller Systeme beim Menschen. Dabei kann die Art dieses Zusammenspiels, dieser vielgestaltigen Wechselbeziehung zwischen biogenetischen Dispositionen, „tradigenetisch" weitergegebenen Verhaltensnormen und objektiven Existenzbedingungen im einzelnen sehr unterschiedlich und äußerst kompliziert sein. Wir wissen z.B. einmal – das ist ja ein Grundprinzip der ganzen Entwicklungsgeschichte –, daß alles, was in der Natur existiert, letztlich auf dem aufbaut, was schon bestand; und wir wissen auch, daß mit der Entwicklung des Gehirns das Genom einen Teil der in der entwicklungsgeschichtlichen Vergangenheit von ihm vermittelten Information an das Gehirn, bzw. ein kulturelles Übermittlungssystem abgetreten hat, was den Vorteil einer sehr viel schnelleren Anpassung mit sich bringt, als sie auf dem Boden rein genetischer Prozesse möglich wäre. Wir wissen aber auch, daß der Mensch eben aufgrund der Entwicklung seines Gehirns zu kulturellen Leistungen fähig ist, die als solche in ihrer Seinsebene unabhängig von angeborenen Komponenten sind. Es sind aber auch bestimmte kulturelle Phänomene denkbar, für die eine genetische Verankerung gegeben ist, und es ist ebenfalls vorstellbar, daß dies auch für die grundlegende Tatsache des Auftretens von Kultur überhaupt in der menschlichen Geschichte gilt. Damit wäre das Auftreten von Kultur die Folge einer „natürlichen" Entwicklung und eine mittelbare Lösungsmöglichkeit der biologischen Grundprobleme der Selbst- und Arterhaltung. Kulturelle Tradition wäre eine entwicklungsgeschichtlich neue Strategie bei unveränderter biologischer Zwecksetzung (Vogel, Voland) des Fortbestandes. Das würde aber auch bedeuten, daß letztlich die natürliche Selektion im Sinne der Selbst- und Arterhaltung über das Schicksal kultureller Traditionen entscheiden würde. Diese naturgegebene Kulturfähigkeit dürfte indes in der Tat einen ganz entscheidenden Unterschied zwischen Tier und Mensch darstellen.

Die Konzeption einer kulturellen Evolution

Lassen wir jetzt die mögliche biologische Verankerung kultureller Traditionen außer acht und betrachten wir die kulturelle Tradition menschlicher Gesellschaften als solche. Auch hier stehen sich wieder zwei Lager gegenüber. Auf der einen Seite steht die unserer klassischen abendländischen Denkweise entsprechende Auffassung, daß soziale Systeme, also menschliche Gesellschaften, von Menschen auf dem Boden der für Menschen charakteristischen Vernunft und aufgrund entsprechender Planung und Zielsetzung als rein bewußte Zweckkonstruktion „gemacht" und gestaltet seien.

Diese Auffassung stellt sozusagen das andere Extrem gegenüber einem biologischen Erklärungsansatz dar, wie wir ihn bei der Soziobiologie kennengelernt hatten. Wie es sich für Extreme ziemt, ist es üblich geworden, in diesem Falle von seiten des einen Lagers von einem „biologistischen" Ansatz zu sprechen, dem logischerweise am anderen Pol ein „soziologistischer" Ansatz gegenüberzustellen wäre, von dem lediglich, dem modischen Zeitgeist entsprechend, heute und hierzulande weniger die Rede ist. Bei der üblichen Vorliebe für Extreme wurden bisher meist angeborene und bewußt vernunftgemäße Verhaltensweisen des Menschen als Alternativen gesehen. Einem – sicher sehr viel schwieriger zu verstehenden – komplizierten Zusammenspiel wurde ebensowenig Beachtung geschenkt wie der Möglichkeit einer dritten Ebene zwischen den beiden Extremen.

Es war der Nobelpreisträger für Wirtschaftswissenschaften Friedrich August von Hayek, der speziell die komplexen Zusammenhänge der zwischen Instinkt und Vernunft angesiedelten Phänomene herausarbeitete.[19] Er betonte, wie bereits gesagt, daß die umfassende Ordnung einer Gesellschaft nur zu einem geringen Teil aus bewußter menschlicher Absicht und Planung heraus entstehe. Nachdrücklich wies er immer wieder darauf hin, daß Kultur als solche, bzw. die in einer Gesellschaft bestehende „Ordnung" (etwa die Rolle des Eigentums, die Einstellung gegenüber Eltern und Alten, spezielle Umgangsformen usw.) zwar durch menschliches Wirken zustande gekommen, aber weder genetisch übermittelt, noch mit dem Verstand geplant sei. Sie sei vielmehr eine „Tradition erlernter Regeln des

---

19 Auch wenn seine Gedanken dem heute vorherrschenden Zeitgeist nur wenig entsprechen und sicher auf deutlichen Widerspruch treffen mögen, so sind – vielleicht gerade deshalb – die Ergebnisse seiner Analysen und die diesbezüglichen Schlußfolgerungen von großer Bedeutung und in jedem Falle von hohem Interesse.

Verhaltens", die niemals „erfunden" oder absichtlich geschaffen worden seien, und über deren Zweck das handelnde Individuum genauso wenig wisse wie über das Zustandekommen seines Sprechens oder den Sinn seiner Moralvorstellungen. Niemand habe das, was unter dem Begriff Kultur entstanden sei, bewußt angestrebt oder habe das Endprodukt gekannt oder vorausgesehen. Der – jeweils natürlich vorläufige – Endpunkt einer solchen Entwicklung sei nicht verstandesmäßig zu erschließen, da der menschliche Verstand selbst Teil und Ergebnis dieser Entwicklung sei, deren Sinn – wenn überhaupt – nur nachträglich erschließbar, nicht aber planbar sei. Auch in dem, was man üblicherweise als „menschliche Natur" bezeichnet, spiegelten sich weitgehend „jene moralischen Vorstellungen, die jeder mit der Sprache und dem Denken" lerne.

Von Hayek verweist in diesem Zusammenhang auf José Ortega y Gasset, der dazu schrieb, daß Ordnung kein Druck sei, den man von außen her auf die Gesellschaft ausübe, sondern Gleichgewicht bedeute, das in ihrem Inneren entstehe. Leben in Gruppen, selbst bei sozialen Tieren, lesen wir bei von Hayek, ist nur möglich, „wenn die einzelnen Individuen sich nach bestimmten Regeln verhalten". Ein Großteil dieser Regeln sei jedoch den Individuen gar nicht ausdrücklich bekannt, sondern werde schlicht in ihrem Handeln befolgt. Als Beispiel verweist er u.a. auf die Tatsache, daß das einzelne Tier, wie sich auch in menschlichen Verteidigungskriegen zeigt, weniger kampfbereit werde, je mehr es sich von seinem Lager oder Nest entferne. Oft seien die tradierten und bewährten Regeln, nach denen man miteinander umgehe und miteinander lebe, für das Funktionieren einer menschlichen Gemeinschaft oder auch Gesellschaft wichtiger als das instinktiv als richtig Empfundene oder auch rational als zweckmäßig Erkannte.

Eine solche Sichtweise widersprach aber natürlich allen klassischen Vorstellungen von auf dem Boden rationalistischer Vorurteile urteilenden Menschen, denen der Gedanke an etwas „Selbstgewordenes", an eine durch einen echten Entwicklungsprozeß entstandene Ordnung, absolut fremd und widersinnig erscheinen mochte. Trotzdem hätte sich bei etwas Nachdenken begründete Skepsis gegenüber dieser Auffassung einstellen dürfen. Spricht man doch im Volksmund schon scherzhaft von dem Menschen, der zwar nicht weiß, wo er hingeht, aber jeden einzelnen Schritt mit Entschlossenheit setzt, also von einem Menschen, der mit aller Energie auf das konzentriert ist, was er überblickt und versteht, dem aber ein größerer Zusammenhang verschlossen bleibt.

Von Hayek wandte sich ausdrücklich gegen eine solche enge und kurzsichtige Deutungsweise und schrieb: „Es ist ein Wahn, eine Gesellschaft organisieren zu wollen, nicht anders, als ob jemand eine lebende Pflanze zerstückeln wollte, um aus den toten Teilen eine neue zu machen". Roland Baader formuliert es noch schärfer: „Das Chaotische – und doch innerhalb des Chaos sich ständig Ordnende – macht Entwicklung für alle Teilsysteme und das Gesamtsystem 'Natur' überhaupt erst möglich ... Die Gesellschaftskonstukteure, die eine rational ersonnene (zweckgerichtete) und deshalb implizit statisch-gleichgewichtige Gesellschaft planen und verwirklichen wollen, planen unweigerlich den Tod der Gesellschaft und ihrer

Bausteine: der Menschen ... Die wenigsten Paradies-Planer haben die Hölle gewollt, die zu schaffen sie beigetragen haben."

In der Tat sind die politischen Ideologien der Vergangenheit mit ihrem dogmatisch vertretenen Anspruch, alles erklären und alles lösen zu können, historisch gescheitert und haben im Grunde der Überzeugung Platz gemacht, daß die geschichtliche Zukunft einfach nicht vorausbestimmbar ist. Mancher mag sich da an einen Ausspruch Schellings erinnert fühlen, daß der Mensch im Grunde nur deswegen Geschichte habe, weil sich nach keiner Theorie im voraus berechnen lasse, was er tun werde. Auch zum Entwurf unserer Wirtschaftsform, meint von Hayek, sei der Mensch einfach nicht intelligent genug, wir seien vielmehr mehr oder weniger in sie „hineingestolpert".

Er legt dar, wie der Übergang von der nomadisierenden Horde von Jägern und Sammlern zur seßhaften Gemeinschaft und schließlich zur modernen Großgesellschaft[20] die zwangsläufige Entwicklung gemeinsamer Verhaltensregeln mit sich brachte. Diesen haftete zwar ein nicht zu verkennendes Maß an Abstraktheit an. Sie ermöglichten aber im Grunde erst den historischen Weg der Menschheit, der mit dem Entstehen immer größerer Gesellschaften auch immer abstraktere Regeln mit sich brachte. Allerdings führte die Befolgung dieser sehr viel stärker das Negative verbietenden Prinzipien und Regeln im Vergleich zu biologisch tief eingewurzelten und immer noch in uns lebendigen Instinkten und Gefühlen, die eine jederzeit überschaubare Kleingruppe zusammenhielten, zu relativ geringer unmittelbarer Befriedigung.[21] Diesen entwicklungsgeschichtlich zwangsläufig aus der veränderten Gesamtkonstellation erwachsenen Prinzipien und Regeln kam ja auch angesichts der veränderten Größe menschlicher Gruppen wesentlich die Funktion zu, angeborene und jetzt der Gruppe nicht mehr dienliche Verhaltensweisen zu unterdrücken und zivilisationsermöglichende Hemmungen zu setzen, die den menschlichen Instinkten sogar oft zuwiderliefen. Andererseits haben sie sich gemäß dem Evolutionsprinzip der Gruppenselektion geschichtlich durchgesetzt und sind über lange Zeit bestimmende Faktoren menschlichen Verhaltens geblieben, weil sie das Überleben und Florieren größerer Gruppen bis hin zu Gesellschaften begünstigten. Was dem Überleben dient, ist aber notwendigerweise nicht identisch mit dem, was der Mensch als angenehm empfindet oder als vernünftig einsieht.

Es war also nicht etwa der von dem Individuum erkannte Nutzen, sondern die von dem einzelnen gar nicht einmal verstandene und vielleicht sogar grundsätzlich nicht verstehbare Nützlichkeit für die Gruppe, die ihren „Erfolg" bestimmte. Rein auf der Basis von Instinkten und Gefühlen hätte niemals eine Zivilisation entstehen können, die die Erhaltung einer so großen Bevölkerungszahl möglich macht. „Tradition ist das Ergebnis eines Auswahlvorgangs, der nicht vom Verstand, sondern vom Erfolg gelenkt wird", meint von Hayek, und „nicht, was vom Menschen

---
20 Sir Karl Popper spricht in diesem Zusammenhang plastisch von einem Übergang einer „face to face society" zu einer abstrakten Gesellschaft.
21 Es kann hierzu auf die eingehendere Darstellung der evolutionären Ethik (S. 418) verwiesen werden.

als nützlich verstanden wurde, sondern was sich ohne sein Verständnis für die Förderung seiner Vermehrung als wirksam erwiesen hat, regiert tatsächlich die Geschichte".

Angesichts der rasant zugenommenen Komplexität menschlicher Gesellschaften wäre dieser Erfolg durch verstandesmäßige Planungen nicht zu erreichen gewesen. Wie hätte jemand ein Wissen darüber haben sollen, was unter welchen Umständen, zu welchem Zeitpunkt und auf welche Weise die besseren Anpassungsleistungen an welche Außenbedingungen erbringen könnte? Dazu kommt, daß sich nach aller menschlichen und historischen Erfahrung ohnehin vorgefaßte Absichten – eben aufgrund der vorliegenden komplexen Systembedingungen – nie so realisieren, wie sie dem Planer vorschweben. Außerdem ist und bleibt fast immer unbekannt, was mit der Verwirklichung einer Absicht sonst noch alles bewirkt – und verhindert wird. „Spontane", aufgrund selbstorganisatorischer Prozesse – und ohne direkte Befehle und ständige äußere Kontrollen – zustande gekommene Ordnungen zeigen natürlicherweise eine Entwicklungstendenz zum Komplexeren hin und können nun einmal, wie wir schon verschiedentlich sahen, komplexer sein und werden als vom Menschen bewußt geplante Ordnungen.

Daß von Hayek als Wirtschaftswissenschaftler seine Überlegungen vor allem auch für die spontane Ordnung des Marktes, die Funktion des Geldes und der Preise für gültig hielt, versteht sich von selbst. Er sah eine spontane (selbstorganisatorische) Wirtschaftsordnung durchaus im Zusammenhang mit der komplexen Entwicklungsgeschichte der gesamten Natur. Deshalb warnte er davor, sie durch eine zweckrationale Organisation mit zentraler Planung und Lenkung zu ersetzen, weil durch diese eine sensible und flexible Anpassung an die sich ständig ändernden Umstände nicht möglich wäre. Folgerichtigerweise war er auch gegen gezielte Eingriffe in den Markt, da diese leicht zu völlig unerwarteten und mitunter sogar verheerenden Wirkungen führen könnten. Das zeige sich bspw. schon darin, daß man, um die sozialen Leistungen mit dazugehörigen Folgeforderungen in einem Wohlfahrtsstaat erbringen zu können, Sozialabgaben und Steuern ständig erhöhen müsse, was aber wiederum sehr leicht einen Motivationsverlust und eine Lähmung individueller Initiative zur Folge habe.

Er wendet sich gegen die irrige Vorstellung, der Mensch habe die entwicklungsgeschichtlich entstandenen Ordnungen bewußt geschaffen und könne sie deshalb auch nach Belieben ändern. Seine Warnung vor Eingriffen in ein komplexes System und vor dem Bestreben, bestehende Ordnungen bewußt und rational umzugestalten, umgreift im Grunde alle gesellschaftlichen Gegebenheiten. Das Funktionieren unserer Gesellschaften beruhe aber weitgehend auf der Existenz solcher allgemeinen Verbindlichkeiten der kulturellen Evolution, deren Entstehung und Sinn wir zwar nicht begreifen, die wir aber trotzdem nicht antasten dürfen, um die Gesellschaft und ihre Kultur nicht zu gefährden. Genau das sei aber in diesem Jahrhundert von verschiedenen Seiten aus geschehen, um angeblich Unvernünftiges zu überwinden. Von Hayek nennt in dieser Beziehung bspw. Tendenzen einer einseitig profilierten positivistischen Wissenschaft, die sich entwicklungsgeschichtlichen Grundtatbeständen und moralischen Fragestellungen verschlossen und in aller wissenschaftlichen Arroganz nicht erkannt habe, wie die Welt so geworden sei, wie sie sich jetzt darbiete. Verschärft würde diese Tendenz noch durch das technokratische Übergewicht im Leben unserer Gesellschaften und eine ebenfalls ständig zunehmende bürokratische Verwaltung.

Zum anderen verweist er auf den in diese Richtung „unheilvollen" Einfluß der Freudschen Lehre und ihr nahestehender psychologischer Strömungen mit ihrer Unterwanderung der Bereitschaft, kulturevolutive Hemmsysteme zu bewahren. Auch die Emanzipation mit der Zielsetzung der Überwindung kultureller Repressionen stellt für ihn weniger oder zumindest nicht nur eine Tendenz persönlicher Befreiung dar, sondern weit wesentlicher eine Auflösung von Bindungen und die Beseitigung von Hemmungen, die aber Zivilisation vielleicht erst möglich machten. Bindungslosigkeit sei aber keineswegs schon Freiheit, und so kann Emanzipation, wie von Hayek meint, ein Weg in inhalts- und richtungslose Freiheit sein. „Wer sich ohne gesicherten Griff vom Seil emanzipiert, gewinnt die totale Freiheit des Absturzes."

Hinter vielen in der Neuzeit erhobenen Forderungen und entsprechenden politischen Programmen sieht von Hayek die Wirksamkeit überwunden geglaubter Urinstinkte, die bei primitiven Horden nützlich und sinnvoll waren, in modernen Massengesellschaften aber keinen Sinn und Nutzen mehr haben. „In einer Kultur, die sich durch Gruppenselektion gebildet hat, muß bspw. die Auferlegung des Gleichheitsgedankens jede weitere Evolution zu einem Stillstand bringen." „Es wäre wahrhaftig ein trauriger Scherz der Geschichte, wenn die Menschheit, die ihren überaus schnellen Fortschritt gerade der ungewöhnlichen Vielfalt an individuellen Fähigkeiten verdankt, ihre Entwicklung damit beendete, daß sie allem ein gleichmacherisches Schema aufzwänge."

In der gleichen Weise urteilt er über den vom Grundgedanken her verlockenden, aber heute weniger denn je bezahlbaren Sozialismus, einen als „soziale Gerechtigkeit getarnten Ausdruck des Neids". Die mit sozialistischen Bestrebungen meist einhergehende Verstaatlichung der Produktionsmittel und der Verteilung führe aber erfahrungsgemäß in erster Linie zu einer riesigen zentralisierten Bürokratie und zu einer sinkenden Produktion.[22] Außerdem entstände im Verlaufe sozialistischer Bestrebungen eine neue, mindestens ebenso willkürliche Rangordnung, und statt der versprochenen größeren Freiheit des einzelnen werde das Auftreten „eines neuen Despotismus" begünstigt. Eine wesentliche mittelbare Folge bestehe schließlich auch darin, daß dem einzelnen die Möglichkeit für eigene Entscheidungen und damit für persönliche Verantwortung zunehmend entzogen sei und in

---

22 Ulrich und Probst verweisen in ihrer „Anleitung zum ganzheitlichen Denken und Handeln" ebenfalls auf diesen Zusammenhang: „Jeder Versuch, die Selbstregelung von Produktion und Konsum über den Preis durch eine bewußte, planmäßige Steuerung, durch ein übergeordnetes Steuerorgan zu ersetzen, hat nur zu geringer wirtschaftlicher Leistung geführt, und dies aus einem einfachen Grund: Kein Steuerorgan der Welt kann eben zur richtigen Zeit all das wissen, was zur planmäßigen Steuerung der Wirtschaft und der Vermeidung zahlloser möglicher Störungen nötig wäre."

der Gesellschaft letztlich nur noch die direkte Anordnung von oben oder von seiten der Mehrheit als Grundlage individuellen Verhaltens bleibe.

Die Forderung „gerechter" (= gleicher) Verteilung der Güter ebenso wie der Ruf nach dem großen „Führer" stellt für ihn „im Grunde ein Ergebnis des Wiederauflebens von Urinstinken" dar. „Ich glaube", so schrieb er am Ende seiner Abhandlung 'die drei Quellen der menschlichen Werte', „daß die allgemein anerkannten Ideen, die das 20. Jahrhundert beherrschen, auf Aberglauben im engeren Sinne des Wortes beruhten: die Planwirtschaft mit einer gerechten Verteilung, die Befreiung unserer selbst von Repressionen und konventionellen moralischen Vorstellungen, die permissive Erziehung als Weg zur Freiheit, die Ersetzung des Marktes durch rationale Anordnungen einer mit Zwangsgewalt ausgestatteten Körperschaft". Eine Auflösung der im Verlauf der kulturellen Evolution überkommenen Formen von Ordnung und Ethik, ohne einen geeigneten Ersatz anzubieten, muß, wie er meint, zu einer Gefährdung von Kultur und Gesellschaft führen. Aber selbst wenn es gelänge, nachdem diese traditionellen Formen und Werte über Bord geworfen sind, durch Verstand und Planungseifer neue Formen einzuführen, dürfte es aufgrund der Tatsache, daß wir die Grundlagen der sozio-kulturellen Tradition gar nicht begriffen haben, sehr unwahrscheinlich, im Grunde sogar unmöglich sein, rein planerisch eine neue System-Stimmigkeit zu erzielen. Das würde die Kapazität des menschlichen Gehirns übersteigen, während es auf dem Wege kultureller Entwicklung, eben weil es im Wesen selbstorganisatorischer Prozesse liege, sozusagen automatisch dazu kommen würde, daß einzelne Werte und Phänomene zum Gesamt passen. Aber vielleicht sind ja die eifrigen Planer unserer Zeit, ohne daß sie es selbst erkennen, sozusagen Werkzeuge eines umgreifenden Prozeßgeschehens, Symptome eines Aufbruchs zu neuen Ufern.

IV. Typische Prozesse in menschlichen Gesellschaften

Zur allgemeinen Dynamik in gesellschaftlichen Systemen

Obwohl soziale Systeme im allgemeinen von wesentlich längerer Dauer als individuelle Systeme sind und auch bei Veränderungen über längere Zeit ihre eigentliche Identität bewahren, ist ihre Ordnung doch nicht über lange Zeitspannen hinweg in unbeweglicher Weise festgelegt. So zeigt sich das Phänomen von Schwingung und Gegenschwingung auch in gesellschaftlichen Prozessen. Eine aufsehenerregende neue Entdeckung wird zunächst fast immer überschätzt, bis sich nach einer Phase evtl. auch intensiveren Widerstandes die endgültige Auffassung der Öffentlichkeit sozusagen eingependelt hat (Lorenz).

Natürlich können auch „Fluktuationen" von Individuen und gesellschaftlichen Gruppen auf das gesamtgesellschaftliche System überschlagen; dieses kann sich an veränderte Umweltbedingungen anpassen und sogar ausgesprochen kreativ reagieren. Neue Ideen und Ideenkombinationen können bestimmend werden. Wenn allerdings die Belastungen des Systems zu groß werden und die stabilisierenden Faktoren versagen, kann das System seine Identität verlieren, in eine andere systembildende Organisation oder in Chaos übergehen. Man spricht dann von Katastrophen oder Revolutionen. Diese stellen sich – so besehen – als ein Umkippen bestehender gesellschaftspolitischer Systembedingungen auf dem Boden einer vorangegangenen Entstabilisierung der Gesellschaft dar, vergleichbar den „Phasenübergängen" in chemischen oder physikalischen Systemen. So meinte interessanterweise sogar Friedrich Engels, daß Revolutionen nicht absichtlich und willkürlich gemacht würden, sondern immer und überall die notwendige Folge bestimmter Umstände gewesen seien. Gerade die in den zurückliegenden Jahren beobachteten politischen Wandlungen in Mittel- und Osteuropa lassen ja erkennen, wie wenig sie im Grunde voraussagbar waren und wie unzureichend sie mit einfachen Erklärungsmodellen beschrieben werden können. Handelt es sich doch, wie u.a. die Analyse von Opp zeigt, um ein Zusammenwirken vieler, kaum zu überblickender Einflußgrößen, von denen Opp nur wenige nennt: historische Entwicklungen, politische, weltpolitische, regionalpolitische, blockpolitische oder nationenpolitische Kräftekonstellationen, Gruppenaktivitäten sowie individuelle Lagebeurteilungen, Handlungsfolgen, Antizipationen, Resultate sozialer Motivierungen und sozialer Vergleichsprozesse usw.

Auch die sich anhäufenden Auswirkungen kleinerer Veränderungen können nach Ablauf einer gewissen Zeitspanne eine beachtliche Wandlung zur Folge haben. Ganz in diesem Sinne sagte einmal Jean Paul Sartre, daß wir in jedem Augenblick unseres Lebens gemäß unserer Persönlichkeit handeln, sie aber zugleich mit jeder Entscheidung unausweichlich umgestalten. So mag sich auch die Entwicklung gesellschaftlicher Systeme aus einer Aufeinanderfolge mehr oder weniger großer Instabilitäten ergeben, die zu selbstorganisatorisch entstehenden Zuständen führen.

Andererseits entwickeln gerade Gesellschaftssysteme eine erstaunliche Fähigkeit, Abweichungen aufzufangen und zu integrieren, bzw. systemfeindliche Tendenzen „umzufunktionieren".[23] Bei zunehmender Unruhe wird jedoch die Fähigkeit der Gesellschaft, diese Unruhe zu absorbieren und zu dämpfen, erfahrungsgemäß immer geringer, bis sich an einer bestimmten Stelle eine neue Organisation der Gesellschaft, eine neue Ordnung einstellt. So haben, eben weil in bestimmten Instabilitätsphasen selbst geringfügige Umweltveränderungen genügen, um geradezu dramatische Änderungen zu bewirken, im Verlauf der Menschheitsgeschichte nicht selten Minderheiten, die unter bestimmten konventionellen Systembedingungen mehr eine Randposition einnehmen, starke innovative Wirkungen entfaltet. Schon aus diesem Grunde ist es Ausdruck einer zu engen Sicht, alle Abweichungen, Störungen, Widersprüche und Konflikte vordergründig äußeren Störenfrieden und Agitatoren anzulasten.

Die Erfahrung zeigt aber auch, daß gerade in optimal ausgeglichenen Systemen kaum Tendenzen zu einer Weiterentwicklung auftreten. So lassen sich bspw. in ausgesprochen konformistischen Gesellschaften selten innovative Tendenzen feststellen. Unsere hochzivilisierten, überspezialisierten und verbürokratisierten Massengesellschaften schränken im übrigen – trotz anderweitiger Freiheiten – in vieler Beziehung die Möglichkeiten freier Eigenbestimmung ein. Auch die Lernprozesse der Menschen werden, schon durch die gelieferten Fertigprodukte (etwa im Fernsehen), immer uniformer und lassen immer weniger Raum für eigenständige Erarbeitung. Überhaupt scheinen „ungewöhnliche, individualistisch-produktive Lebens- und Schaffensformen" immer seltener zu werden (Sacher). Unsere modernen Demokratien fördern ohnehin in der Langsamkeit ihrer Abläufe solche dynamischen Entwicklungsprozesse verhältnismäßig wenig und sind zudem, gerade in ihrer Orientierung auf Wahlergebnisse, gegenüber langfristigen Entwicklungen nahezu bewußt blind.

Auftretende Umgestaltungen in autonomen Entscheidungssystemen können nun funktional, d.h. existenzerhaltend und existenzfördernd sein, aber auch dysfunktional, d.h. mit Störungen und schädlichen Auswirkungen für das System ablaufen. Karl W. Deutsch unterscheidet hier verschiedene Möglichkeiten.

Auftretende Störungen können bspw. dadurch bedingt sein, daß das Potential des sozialen Systems, ähnlich wie bei älter werdenden Lebewesen, quasi erschöpft ist und sich nicht mehr gegenüber Hindernissen oder Störeinflüssen behaupten

---

23 Die sogenannte sexuelle Emanzipation mündete systemgemäß, wie es sich an zahllosen Sex-Shops und einer lukrativen Videoproduktion zeigt, in eine vorrangige Kommerzialisierung und Konsumorientierung.

kann. Es handelt sich hier um das Syndrom des „Machtverlusts". Sehr häufig hängt das mit einer Politik zusammen, die die Gegenwart höher bewertet als zukünftige Möglichkeiten, die kurzfristige Gewinne anstrebt bzw. übertriebenen Aufwand für die Demonstration eines sozialen Geltungsbedürfnisses treibt. Das zeigt sich sehr drastisch bei der rücksichtslosen Ausbeutung natürlicher Reichtümer eines Landes, einer ausschöpfenden Überbewirtschaftung des Bodens, in der rücksichtslosen Abholzung von Wäldern oder auch in der Nutzung großer Reserven von Arbeitskräften und Produktionsmitteln für letztlich unproduktive Zwecke. Schon Machiavelli machte auf die Gefahr aufmerksam, die entsteht, wenn vorübergehender Machtzuwachs nur um den Preis der Ausschöpfung von Finanzquellen erfolgt, die dann zwangsläufig für eine spätere Machtbehauptung fehlen. Umgekehrt hat eine öffentliche Moral, die Sparsamkeit hoch bewertet, nicht wenig zum wirtschaftlichen und sozialen Machtzuwachs bspw. der westlichen Länder in den vergangenen Jahrhunderten beigetragen (Max Weber).

Eine zweite Art von Funktionsstörung begegnet uns dann, wenn die Informationsaufnahme aus der Umwelt langsam versiegt oder nur noch eingeengt erfolgt. Dann treten zwangsläufig gespeicherte Erinnerungen gegenüber aktuellen Informationen in den Vordergrund, bzw. werden entsprechend überbewertet. Dadurch aber laufen autonome Systeme Gefahr, allmählich nur noch routinemäßige Entscheidungen zu treffen und ihre eigene Bewegungsfreiheit einzubüßen. Dieser Fall begegnet uns bei der Aufrechterhaltung überholter Regierungs- oder Parteiprogramme ebenso wie bei nationalen und sonstigen Voreingenommenheiten, die die Dinge der Welt nur noch aus *einer* Sicht zu sehen gestatten. Die zwangsläufige Folge ist eine zunehmende Selbstverengung und Selbstisolierung mit der Unfähigkeit wirklichen Verstehens und Bewältigens der Außenwelt.

Es kann aber auch die innere Steuerungs- oder Koordinationsfähigkeit erlahmen. Die Kontrolle über das eigene Handeln geht dann verloren, und die Fähigkeit schwindet dahin, schnell und flexibel auf irgendwelche Änderungen reagieren zu können. Strukturen gewinnen ein Übergewicht gegenüber Funktionen, das System „verbürokratisiert". Diese Gefahr ist um so größer, je größer und komplexer das System wird, weil sich damit die einzelnen zu durchlaufenden Stufen vermehren und die Übermittlungskanäle länger werden. Sehr häufig wird dann, einfach weil die Reaktion zu spät erfolgt, übersteuert.

Neben dem von Karl W. Deutsch so benannten Verlust der Tiefenwirkung von Speicherungsprozessen, der zu einer Seichtheit der Denk- und Entscheidungsprozesse führt, liegt schließlich eine weitere Funktionsstörung darin, daß die Fähigkeit zu teilweiser oder auch umfassender struktureller Neuordnung innerhalb des Systems verlorengeht. Je starrer Strukturen und Ressourcen an bestimmte Funktionen oder Zwecke gebunden sind, um so weniger leicht sind sie für neue Aufgaben und Problemlösungen verfügbar, um so geringer sind die Chancen einer effektiven Neuordnung. Diese Gefahr ist um so größer, je eindrucksvoller in der Vergangenheit irgendwelche Erfolge aufgrund bestimmter Entscheidungen waren.

So werden Institutionen gestützt, die sich in der Vergangenheit bewährt hatten; es werden bestimmte Prinzipien und Taktiken aus der Vergangenheit beibehalten, obwohl gegenwärtige Probleme ganz andere Lösungsansätze erfordern. Man ruht sozusagen – und das gilt für Menschen wie für soziale Systeme – auf seinen Lorbeeren aus. So kann ein Verfall der Steuerungsleistung und der Lernfähigkeit gerade infolge gelungener Selbstbehauptung und erreichter Erfolge eintreten.

Kommen wir zu einem anderen Aspekt: Wenn sich die natürlichen Außenbedingungen ohne Bedrohung der Selbsterhaltung verändern, geht die Grundübereinstimmung in der Gesellschaft nicht verloren. Es kommt lediglich zu einem evolutiven Wandel, ohne daß sich die Grundstruktur der Gesellschaft ändert. Bei eintretender Bedrohung der Selbsterhaltung der einzelnen Mitglieder sieht sich die Gesellschaft jedoch zur Änderung ihres Lebensraums gezwungen. Meist geschah das in der Vergangenheit, indem zumindest Teile der Bevölkerung dieser Gesellschaft einen neuen Lebensraum suchten. Sie behalten aber fast immer die traditionelle Struktur ihrer Ursprungsgesellschaft bei.

Besteht die Bedrohung der Selbsterhaltung jedoch in einem inneren Bevölkerungsdruck, so führt das zu einem anderen Entwicklungsverlauf. Dieser beginnt meist damit, daß einige Mitglieder der Gesellschaft die traditionellen Verhaltensweisen, weil sie im Gegensatz zu ihren Erwartungen stehen, nicht mehr für angemessen ansehen. Das unterhöhlt natürlich die gesellschaftliche Tradition und führt letztlich zu einer Aufspaltung der Gesellschaft in zwei Gruppen: in die Traditionalisten oder Konservativen und die Nicht- oder Anti-Traditionalisten. Es kommt zu einer definitiven Differenzierung der Gesellschaft. Die damit einhergehende Labilisierung der Gesellschaft kann nur bewältigt werden, wenn eine gesellschaftsweite Zustimmung zu dieser Differenzierung zustande kommt.

Dabei stellt sich jedoch die Frage, ob und inwieweit eine solche ohne Gewalt oder Gewaltandrohung erreicht werden kann. Ein Mehr an Kontrolle oder Programmierung zieht allerdings fast immer eine größere Anfälligkeit nach sich. Das erfordert und legitimiert wiederum ein Ansteigen von Kontrolle und Programmierung. Dadurch wird jedoch die Fähigkeit der Gesellschaft zur Selbstorganisation gehemmt bzw. sogar gelähmt, und das wiederum trägt zu einem Anwachsen von Hetero-Organisation, d.h. der Wahrscheinlichkeit von Außeneingriffen bei. Die Fremdbestimmung nimmt mit allen damit verbundenen Nachteilen überhand.

Ein Blick auf konkrete geschichtliche Zusammenhänge unter dem Aspekt der Selbstorganisation

Norbert Elias bringt in seinem Buch „Über den Prozeß der Zivilisation" eine ganze Reihe konkreter Beispiele, aus denen deutlich wird, wie sich aus dem Wirkungsgeflecht von historischen Zusammenhängen sozusagen zwangsläufig bestimmte Entwicklungen ergeben. So beschreibt er, wie die Veränderung der Herrschaftsformen und Herrschaftsapparaturen im Mittelalter mit einer Reihe anderer historischer Abläufe zusammenhing: etwa mit dem Übergang von Natural- zu Geldwirtschaft, mit dem Übergang der unmittelbaren Güterabgabe von Produzenten an Verbraucher zu längeren Ketten von Zwischengliedern der Verarbeitung und Verteilung, mit der Abhängigkeit größerer Menschenmassen voneinander sowie einer zunehmenden Differenzierung gesellschaftlicher Funktionen.

Mit dieser Differenzierung der Arbeit und der Funktionen, mit der Bildung von größeren Märkten und der Herauskristallisierung von Städten, mit dem Austausch von Gütern über größere Entfernungen wuchs zugleich der Bedarf an einheitlichen und beweglichen Tauschmitteln. Das Geld, dessen Gebrauch innerhalb einer Gesellschaft wiederum von einem bestimmten Grad der Bevölkerungsdichte abhängt, wurde geradezu zur Verkörperung dieses gesellschaftlich zunehmend komplizierter werdenden Zusammenhangsgeflechts. Der Bedarf an Geld steigerte sich mit der zunehmenden Differenzierung und gleichzeitigen Bevölkerungszunahme, mit dem Übergang des Bodens in feste Hände und mit der Bildung selbständiger Handwerker und Händler. Mit der Zunahme der Bedeutung des Geldes wurde zugleich die ganze Entwicklung von Bevölkerungszunahme, Differenzierung und Wachstum der Städte wiederum weiter vorangetrieben. Heute sind wir uns kaum mehr bewußt, in welchem Maße – auch indirekt – eine nahezu blinden Gesetzlichkeiten folgende abstrakte Warenproduktion und das Denken in monetären Größen unser Leben beeinflußt. Karl Marx hat das in diesem Sinne wohl richtig gesehen, wenn er in seiner Kritik der politischen Ökonomie das Kapital als ein „automatisches Subjekt" bezeichnete.

Ein anderer Zusammenhang ist mindestens ebenso interessant. Er betrifft den Widerstreit zentripetaler und zentrifugaler Kräfte, d.h. der auf ein Zentrum, eine Zentralisierung zulaufenden und der davon wegführenden Tendenzen. Dabei ging es im Mittelalter zunächst im wesentlichen um Bodenbesitz. Elias sieht aber eine überzeugende Parallele zu dem modernen Erwerbsstreben und hält die Auffassung für falsch, daß dieses Streben ein spezifisches Merkmal des Kapitalismus sei, während im Mittelalter mehr ein Sich-Begnügen mit der Wahrung des jeweiligen Besitzstandes vorgeherrscht habe. Hinter beidem stehe vielmehr die gleiche menschliche Grundtendenz. Der an Boden Reichste sei zwangsläufig auch der militärisch Mächtigste gewesen, da er sich das größte Gefolge sichern konnte. Nur sei eben später statt der Vefügungsgewalt über Böden die Verfügungsgewalt über Geld zur beherrschenden Besitzform geworden. Jedenfalls kristallisierte sich im Konkurrenzkampf der Ritter und Feudalherren zunehmend ein Sieger heraus, der sogenannte Zentralherr oder (später) „König". Dieser versuchte immer wieder, seine Hausmacht, sein „Reich" zu stärken und zu vergrößern, indem er den unterworfenen Feudalherren ihren Besitz oder zumindest Teile davon wegnahm. Damit wuchs die wirtschaftliche und militärische Grundlage seiner Macht.

So gelangten mehr oder weniger „automatisch" größerer Besitz und größeres Einkommen in die Verfügungsgewalt des jeweiligen Zentralherren. Dessen Handlungsmöglichkeiten erweiterten sich dementsprechend – etwa durch das Anmieten von mehr Kriegern – in systematischer Weise. In diesem Vorgang sieht Elias nun eine Art geschichtlicher Gesetzmäßigkeit. In einer Situation, in der viele, gleich mächtige Einheiten miteinander konkurrieren, komme es zwangsläufig zu einer Art Konzentration. Über eine Entwicklungsphase, in der sich die Machteinheiten verringerten, entstehe eine Situation, bei der schließlich eine spezielle Einheit durch Machtakkumulation ein Monopol über die umstrittenen Machtchancen erlange. Der gleiche Prozeß, der nach dem Heineschen Motto abläuft:

„Wer viel hat, der wird bald
noch viel mehr dazubekommen.
Doch wer wenig hat, dem wird auch
dieses Wenige genommen."

wiederholte sich in der kapitalistischen Welt des 19. und 20. Jahrhunderts in Form des allgemeinen Drangs nach wirtschaftlicher Monopolbildung. So wie sich bei den Kämpfen der mittelalterlichen Kriegerhäuser und später der Feudal- und Territorialherren mit zunehmender Nachfrage nach Boden die gesellschaftliche Stärke und Machtposition derer erhöhte, die über entsprechenden Bodenbesitz verfügten, erhöht sich in einer Gesellschaft, in der eine große Nachfrage nach Geld besteht, die gesellschaftliche Stärke und Machtposition derer, die über entsprechende Geldmittel verfügen. Gesetze, Verträge, feierliche Erklärungen und Schwüre scheinen an diesem Zusammenhang nichts zu ändern.

Elias betont ausdrücklich, daß die mit der „Königs"-Funktion verbundenen Entwicklungen unabhängig von Willen und Begabung einzelner waren. Denn diese mußten, ob es ihnen bewußt war oder nicht, ob sie wollten oder nicht, auf der nun einmal gegebenen gesellschaftlichen Apparatur spielen, die sie selbst nicht geschaffen hatten. In ähnlicher Weise spricht Elias auch von ausgesprochenen „Automatismen", wenn „Eroberkönige" Beauftragte zur Verwaltung des Landes ausschickten und diese bzw. ihre Nachkommen sich zu Territorialherren verselbständigten, ja sogar gegen die Zentralgewalt zu kämpfen begannen. Auch in diesen Verläufen sieht er wiederum eindeutige Entsprechungen zu bestimmten Formen der wirtschaftlichen Entwicklung.

Interessant ist dabei der Hinweis auf einen paradoxen Effekt in der Geschichte des Mittelalters, bei dem erneut deutlich wird, daß eine geplante Maßnahme eine völlig andere, oft sogar gegenteilige Wirkung haben kann: Um der „Umbildung von hohen Funktionären der Zentralgewalt in eine erbliche, grundbesitzende Aristokratie mit starken Selbständigkeitsgelüsten einen Riegel vorzuschieben", betraute der Zentralherr oft hohe Geistliche ohne Erben mit entsprechenden Funktionen. Die dezentralen Kräfte wurden aber paradoxerweise dadurch zusätzlich verstärkt, indem sich die geistlichen Herrschaftsbezirke in weltliche Fürstentümer umwandelten.

Fügen wir, ehe wir uns der weiteren Entwicklung zuwenden, noch einige Aspekte an, die in diesem Zusammenhang eine Rolle spielen: Mit der allmählichen Auflösung von Stammesverbänden verlor der einzelne an unmittelbarer und sozialer Sicherheit. Die einzige Möglichkeit, sich gegen Stärkere zu schützen, bestand für ihn darin, sich in den Schutz eines Mächtigeren zu stellen. Dieser nahm dafür seine Dienste in Anspruch. Das bedeutete wiederum zwangsläufig, im Vergleich zum Stammesverband, eine Art Individualisierung, bei der beide Teile aufeinander angewiesen waren. Außerdem nahm die soziale Entwicklung des Abendlandes auch schon dadurch einen anderen Verlauf, daß die billigen Arbeitskräfte von

Sklaven fehlten und die stattfindende Besiedlung sich im wesentlichen nicht um ein Meer oder um Flußwege, sondern im Binnenland und im Zusammenhang mit Landverkehrsadern vollzog. Bereits zu dieser Zeit, meint Elias, schlug die gesellschaftliche Entwicklung einen Weg ein, der sie bis in die neuere Zeit bestimmte und es als berechtigt ansehen läßt, von einer einzigen zusammenhängenden Periode, einem großen „Mittelalter" zu sprechen.

Im einzelnen war natürlich die Entwicklung von Kristallisationszentren der Macht von einer Unzahl von Faktoren abhängig. Das mag sich am Beispiel Deutschland in charakteristischer Weise zeigen. Elias schreibt dazu: „Ausgedehnte und leicht gefährdete Landgrenzen, das vom Adel und privilegierten Schichten geleitete Landheer, die mächtige Polizeigewalt, das alles war für das Gepräge seiner Bewohner von besonderer Bedeutung. Dieser Aufbau des Gewaltmonopols nötigte aber die einzelnen Menschen nicht in der gleichen Art zu einer Kontrolle durch sich selbst, wie das etwa in England der Fall war. Er zwang die Individuen nicht zur selbständigen und halbautomatischen Eingliederung in ein lebenslängliches Teamwork, sondern er gewöhnte die einzelnen von klein auf in höherem Maße an eine Unterordnung unter andere, an den Befehl von außen. So bleibt aufgrund dieser Struktur die Verwandlung von Fremdzwängen in Selbstzwänge geringer."

Sollte hier tatsächlich eine grundlegende Erklärung unseres, von Außenstehenden immer wieder bescheinigten „Volkscharakters" vorliegen? Sicher ist es nicht die einzige Erklärungsmöglichkeit, aber doch ein interessanter Hinweis, der zum Nachdenken anregt.

In ähnlicher Weise übrigens verweist von Hayek auf die Tatsache, daß die Einigung Deutschlands politisch beschleunigt erfolgte und nicht durch allmähliche Entwicklung zustande kam. Dadurch könnte sich, wie er meint, bei uns in besonders ausgeprägter Form der Glaube verfestigt haben, Gesellschaften bewußt planen bzw. nach einem vorgefaßten Plan neu gestalten zu können.

Ähnlich, wie die innere Entwicklung des Abendlandes aufgrund der gegebenen Verhältnisse einen bestimmten Verlauf zeigte, dürften auch für den Ausgriff dieser Gesellschaften nach außen, für den Blick und das Streben in die Ferne ganz bestimmte Bedingungen verantwortlich gewesen sein. Selbst die Kreuzzüge, so meint Elias, wären ohne einen spezifischen Druck im Inneren von Gesellschaften nicht zustande gekommen. Dieser habe die eigentlich bewegende Kraft dargestellt, ohne daß primär irgend jemand oder irgendeine bestimmte Gruppe die Kreuzzüge bewußt geplant habe.

Die Untersuchungen und Überlegungen von Norbert Elias münden immer wieder in einige grundlegende Erkenntnisse: Wenn man geschichtliche Entwicklungen verstehen will, darf man sich nicht auf isolierte Fakten stützen, sondern muß versuchen, diese in ihrem Zusammenhang und in ihrer Verflechtung mit anderen Fakten zu sehen. Dann entdeckt man bspw., daß alle naiverweise für so unabhängig gehaltenen und auf die Gestaltung der Gesellschaft gerichteten Rechtsformen jeweils der Struktur der betreffenden Gesellschaft entsprachen.

Was in der Geschichte geschieht, ist das Ergebnis des Zusammenspiels vieler

Einflußgrößen, die, wenn zugleich diese oder jene Bedingungen gegeben sind, eine bestimmte Entwicklung bewirken. Umgekehrt ausgedrückt: Aus diesem Zusammenwirken entsteht etwas, das so, wie es ist, obwohl Absichten und Handlungen vieler einzelner dabei eine Rolle spielten, doch von keinem einzelnen geplant und geschaffen wurde. Niemand hat jedenfalls bspw. den deutschen Volkscharakter, so es einen solchen gibt, nach Plan geschaffen. Elias spricht vielmehr von anonymen Verflechtungsmechanismen und hält es zum historischen Verständnis für unabdingbar, einen Durchbruch in die Ebene dieser „eigengesetzlichen Beziehungen" mit ihrer speziellen Dynamik zu vollziehen. Er wendet sich deshalb gegen die Vorstellung einzelner Urheber geschichtlicher Entwicklungen und gesellschaftlicher Veränderungen.[24] Deren Zustandekommen sei vielmehr eher mit dem Wirken geologischer Kräfte zu vergleichen; die geschichtlichen Akteure mögen vielleicht meinen zu schieben, werden aber in Wirklichkeit geschoben, ohne es zu wissen und zu merken. Schließlich gilt wie in der biologischen Entwicklungsgeschichte auch in der historischen Entwicklung das Gesetz der Kontinuität. Es besagt, daß alles neu Entstehende auf irgendeine Weise auf dem aufbaut, was bereits vorhanden war. „Die Späterkommenden knüpfen wissentlich oder nicht an das Vorhandene an und führen es weiter" (Elias).

Werfen wir nun, ehe wir uns mit zwei speziellen Phänomenen, der Elitenbildung und gesellschaftlichen „Erstarrungsprozessen", beschäftigen wollen, noch einen kurzen Blick auf einige Aspekte der weiteren Entwicklung, die im Grunde die gewonnenen Erkenntnisse bestätigt! Die beschriebene Differenzierung und Verflechtung schritt weiter fort und führte zu immer umfassenderen Wechselbeziehungen und immer größeren Integrationseinheiten, von denen der einzelne abhängig ist. Mit dem Prozeß der Monopolbildung nahmen die Herrschaftseinheiten mehr und mehr den Charakter von Staaten[25] an, deren Macht sich wesentlich auf das Erheben von Steuerabgaben stützt. Das Privatmonopol vergesellschaftet sich und wird zu einem „öffentlichen" Monopol, dem des Staates. Denn von einem bestimmten Grad der Machtanhäufung und der Zunahme wechselseitiger gesellschaftlicher Abhängigkeiten tendiert jedes Monopol dazu, der Verfügungsgewalt eines einzelnen zu entgleiten und in die Verfügung ganzer Gesellschaftsgruppen überzugehen. Die veränderte Zentrale nimmt mit der immer weiter zunehmenden Differenzierung der Funktionen den Charakter „des obersten Koordinations- und

---

24 „Man sagt zwar, daß Menschen Geschichte machen, aber sie kennen die Geschichte nicht, die sie machen", ist bei Aron zu lesen.
25 Während die Gesellschaft (s. auch S. 373) nach Bakunin „ein unmittelbares Produkt der Natur, eine primäre Kategorie" ist und als ein sich selbst regelndes Ganzes betrachtet werden kann, das vor der – besonders in England und Frankreich kritisch gesehenen – künstlich errichteten Gewalt des Staates bestand, stellt der Staat als sekundäre Kategorie die Organisationsform, einen Ordnungsfaktor der Gesellschaft dar, der aber mehr und mehr die Oberhand über die Gesellschaft gewinnt und letztlich aufgrund seiner hierarchischen und auf Macht gegründeten Organisation nach Bakunin zu einer „Verneinung der Freiheit" führt. Im Gegensatz zur Gesellschaft mit ihrer lebendigen Dynamik trägt der Staat – auch bei einer offiziell progressiven Tendenz – notwendigerweise immer in stärkerem Maße statische, immobile und konservative Züge.

Regulationsorgans für das Gesamte der funktionsteiligen Prozesse" an, auf das die unterschiedlichen Schichten und Gruppen einer Gesellschaft angewiesen sind. Vor allem, wenn der Interessenzwiespalt der wichtigsten Funktionsgruppen so groß wird und die Machtverhältnisse zwischen ihnen in etwa gleich sind, so daß diese weder zu einem Kompromiß finden noch sich ein eindeutiger Sieger herausschält, schlägt das Pendel zur Bildung einer starken Zentralgewalt aus. Aber auch hier wieder gilt, daß die Zentralgewalt ihre Funktion nicht bewußt geschaffen hat. Diese fällt ihr vielmehr aufgrund der gegebenen Verhältnisse zu.

Auch die Zivilisation schließlich, die nach Oswald Spengler im Gegensatz zur Kultur die Form der Gesittung, der Gesellschaftsordnung und des technisierten Lebens nach dem Verlust eines einheitlichen Stils bezeichnet, und die mit der stärkeren gesellschaftlichen Verflechtung und einer größeren Abhängigkeit der Menschen voneinander zusammenhängt, ist kein Produkt menschlichen Willens oder planender Vernunft. Die zivilisatorische Entwicklung vollzieht sich vielmehr ebenfalls als Ganzes ungeplant. Trotzdem weist sie, aus dem Zusammenwirken vieler Einflußgrößen, eine eigentümliche Ordnung auf, „eine Ordnung von ganz spezifischer Art, die zwingender und stärker ist als Wille und Vernunft der einzelnen Menschen, die sie bilden".

Wenden wir uns schließlich der weltpolitischen und vor allem weltwirtschaftlichen Entwicklung in der Neuzeit zu, in der Robert Kurz ein quasi naturhaftes, d.h. nicht von einer bestimmten Persönlichkeit gelenktes Geschehen zu erkennen glaubt. Er spricht von „zwangsmäßigen Gesetzlichkeiten" und sieht auch die vorgeblich auf dem Boden von Willensentscheidungen handelnden Subjekte ihrerseits in ihrem Handeln entscheidenden Bedingungen des Gesamtsystems unterworfen, ungeachtet der von ihnen selbst und ihrer jeweiligen Gefolgschaft betonten ideologischen Verklärung des Subjekts. Wie wäre es sonst zu erklären, daß in zahlreichen Ländern der Dritten Welt trotz wirtschaftlichen Wachstums die Armut ansteigt oder daß erhebliche Kapitalinvestitionen in technische Verbesserungen der Industrie nicht etwa zur Schaffung von mehr Arbeitsplätzen, sondern zu einer Einsparung von menschlichen Arbeitskräften führte, daß bisher alle Versuche, die Arbeitslosenzahlen zu senken, überall – und zwar unabhängig von der jeweils regierenden Partei – zum Scheitern verurteilt waren, daß das Weltniveau der Produktivität über den Erfolg nationaler oder regionaler Investitionen entscheidet?

Überall und immer wieder setzt sich die „Logik" des auf Warenproduktion ausgerichteten Wirtschafts- und Gesellschaftssystems durch, und der moderne Weltmarkt ist kein „von klugen Köpfen ersonnenes Modell" (Kurz), sondern ein „blinder" historischer Prozeß, der, aus dem Denken der Aufklärung erwachsen (s. S. 16ff.), eine zunehmend eigengesetzliche und selbstzweckartige Entwicklung nahm. Die Weltwirtschaft mit der von individuellen menschlichen Entscheidungen unabhängigen System-„Logik" der Warenproduktion, der dominierenden Rolle des Kapitals, dem beherrschenden Rentabilitäts- und Konkurrenzdenken wurde nicht von irgendeiner Gruppe von Politikern oder gar einem einzigen Staatsmann erdacht und beschlossen, sondern stellt ein ganz entscheidendes Megasystem der kulturhistorischen Entwicklung des Abendlandes und seiner Dependenzen dar. Auch heutige Politiker, so sehr sie sich als potente Macher aufspielen mögen, sind weit davon entfernt, die Systemgesetzlichkeiten der Weltwirtschaft zu beherrschen, ja scheinen sie sogar – in parteiischer Verblendung – oft nicht einmal zu begreifen. In ihrer tatsächlichen Rat- und Hilflosigkeit vermögen sie Entwicklungen weder vorauszusagen noch zu bestimmen, und wenn sie dazu in der Lage wären, würden sie es wahrscheinlich nicht sagen. Die wesentlichen Entscheidungen der Politik sind – nicht nur aufgrund des ständigen Schielens der Politiker auf das Ergebnis von Meinungsumfragen – immer schon „durch die Selbstregulierungsmechanismen der Gesellschaft vorentschieden" (Bolz). Die jüngere Geschichte liefert dafür genügend Beispiele.

Elitenbildung und Erstarrung

Wenn wir Überlegungen über nahezu zwangsläufig, d.h. ohne bewußte Planung ablaufende Prozesse anstellen, so stoßen wir auch auf das eigenartige Phänomen der Elitenbildung,[26] über das ein recht beachtliches Schrifttum vorliegt. Schon Rousseau hat ja bekanntlich die Auffassung vertreten, daß es einfach gegen die natürliche Ordnung sei, daß die große Zahl regiert und daß die kleine Zahl regiert wird. Später waren es vor allem die Italiener Gaetano Mosca und Vilfredo Pareto, die sich eingehend mit diesem Phänomen auseinandersetzten und die Praktiken der parlamentarischen Demokratie ebenso wie die sozialistischen Utopien einer harten Kritik unterzogen. Vor allem Mosca wies auf eine hinter dem Prozeß der Elitenbildung stehende innere Notwendigkeit hin und betonte, daß gerade der Staat seiner Natur nach auf Oligarchie, d.h. die Herrschaft weniger, gegründet sei. „Selbst wenn es der Unzufriedenheit der Massen einmal gelingen sollte, die herrschende Klasse ihrer Macht zu berauben, so müßte sich doch notwendigerweise im Schoß der Massen selbst eine neue organisierte Minderheit finden, die die Funktion der herrschenden Klasse übernähme." Das bedeutet, daß es sich in allen einschlägigen Gesellschaftskämpfen immer um die Kämpfe zwischen einer um ihre Existenz kämpfenden alten Minderheit und einer um die Eroberung der Macht kämpfenden neuen Minderheit handelt. Eine Minderheit löst eine andere Minderheit in ihrer Herrschaft über die Masse ab, das Prinzip bleibt dasselbe. Auch in menschlichen Arbeitsgruppen ergibt es sich immer wieder, daß bestimmte Personen

---

26 Der Begriff Elite wurde aus dem Französischen übernommen, wo élire soviel wie auswählen bedeutet. Er bezeichnete im 17. Jahrhundert Waren von besonderer Qualität. Später wurde der Begriff auf gehobene soziale Gruppen, militärische Einheiten und den Hochadel ausgedehnt (Bottomore). Schließlich wurde der Begriff in der modernen Soziologie zunehmend wertfrei benutzt und bezeichnet diejenigen, die – unabhängig von bestimmten Eigenschaften und Leistungen – tatsächlich an die Macht gelangen, „Funktionsgruppen, die das Ergebnis einer Selektion darstellen und sich darauf zu ihrer Legitimation berufen" (Röhrich).

im Vergleich zu anderen einen höheren Status einnehmen; und dieses Phänomen tritt um so deutlicher auf, je größer die betreffende Gruppe ist.

Als Begründung wird immer wieder, übrigens auch unter ausdrücklicher Bezugnahme auf die Theorie der Chancengleichheit, genannt, daß der Mensch stets einer Stütze bedürfe, und daß die Masse der Menschen, die eher an öffentlichen Belangen uninteressiert sei und die komplizierten Probleme politischer Entscheidungen ohnehin nicht begreife, ein starkes Führungsbedürfnis habe, das zudem noch mit einem irrationalen Heroenkult einhergehe. Die jeweiligen „Führer" ihrerseits neigen, wie sich immer wieder zeigt, dazu, ihre Position, die mit hohem Einkommen, Macht und Einfluß verbunden ist, zu erhalten und auszubauen. „Jede Macht ist (wie jede Organisation) konservativ; die Revolutionäre der Gegenwart sind die Reaktionäre der Zukunft; politische Macht wird sehr bald psychologisch als ein Gegenstand des Privatbesitzes verstanden, und durch Amtsautorität verändern sich Persönlichkeit und – zunehmend auf sich selbst gerichtete – Interessen der Führer", schreibt Robert Michels. An seine Arbeiten möchte ich mich, auch wenn sie nicht unwidersprochen blieben, im folgenden weitgehend anlehnen.

Die beschriebene Abhängigkeit der Mehrheit von einer organisierten Minderheit ist auch durch verschiedenartige Demokratisierungsprozesse[27] in keiner Weise außer Kraft gesetzt worden. Besteht doch das Recht des demokratischen Bürgers im Grunde lediglich darin, sich von Zeit zu Zeit neue Herren geben zu dürfen. Mit diesem Akt setzt dann gewöhnlich – wirkungsvoll unterstützt durch eine für den Staat notwendige Bürokratie – ein kastenmäßiger Abschluß der Gewählten ein, die mit der Zeit immer mehr dazu neigen, ihre Position und die Güter, die sie verwalten, für ihren persönlichen Besitz zu halten. So entsteht sehr leicht auch in Demokratien bei der Führungselite eine oft beklagte Arroganz und eine zunehmende Distanz zwischen Führern und Geführten. Da im übrigen demokratische Prozesse vergleichsweise langsam ablaufen, setzen sich auch in Demokratien immer wieder zentralistische und oligarchische Tendenzen durch. Ja, es sind gerade die Vergrößerung und Ausweitung der Mitgliedschaft, die zur Oligarchisierung führen. Jede menschliche Zweckorganisation trägt einen tiefen oligarchischen Zug in sich; aber wie wäre eine Demokratie ohne Organisation möglich? Andererseits steht jede Form von Oligarchisierung prinzipiell einer idealen Demokratie entgegen.

Eine oligarchische Machtverteilung verstärkt sich im übrigen bei zunehmender Beteiligung gering qualifizierter, bzw. wenig informierter Bevölkerungsteile noch mehr und wird dadurch sogar ausgesprochen zementiert. Eine solche Entscheidungsbeteiligung vergrößert also, was ein erneutes Beispiel für paradoxe Wirkungen darstellt, den Machtabstand zwischen Eliten und Nicht-Eliten.

Ein Anwachsen der Bevölkerung, bzw. der Mitgliedschaft einer Organisation und eine zunehmende Differenzierung von Funktionen scheint jedenfalls fast zwangsläufig dazu zu führen, daß sich eine kleine Führungsgruppe herausbildet,

---

27 Bezeichnenderweise reduzierte Josef Schumpeter den Demokratiebegriff auf „den freien Wettbewerb zwischen Führungsanwärtern um die Stimmen der Wählerschaft".

die innerhalb der Organisation – ob Verein oder Staat – ein Machtmonopol einnimmt und dieses sozusagen zu verewigen sucht. Die betreffende Elite wird dann praktisch unersetzbar, aber auch unbeweglich, bis sie durch demokratischen Wechsel, bzw. möglicherweise auch eine Revolution, abgelöst wird. Dann allerdings tritt wieder der gleiche Verlauf, nur mit jeweils anderen Figuren auf usw., usw. Dieser Ablauf ist immer wieder durch die ganze Geschichte zu verfolgen.

Einen sehr bemerkenswerten Aspekt zu dieser Problematik steuerte Robert Michels mit seiner 1908 veröffentlichten Arbeit über „Die oligarchischen Tendenzen in der Gesellschaft" und besonders mit der Abhandlung „Zur Soziologie des Parteiwesens in der modernen Demokratie" bei. Die wesentliche Schlußfolgerung seiner Untersuchungen und Überlegungen gipfelt in der Erkenntnis, daß auch in den revolutionär-sozialistischen Parteien dieselben Erscheinungen zu beobachten seien wie in den seinerzeit herrschenden konservativen Gruppierungen, obwohl genau diese Tendenzen von sozialistischer Seite aufs stärkste angegriffen wurden. Gerade auch die Arbeiterpartei zeige, wie Michels schreibt, sehr starke Symptome von „Byzantinismus und Kadavergehorsam". Lassen wir im folgenden Michels selbst zu Wort kommen: „Weit entfernt davon, die Fehlerquelle der Oligarchie in der Zentralisation der Parteigewalt zu erkennen, glaubt man zu ihrer Bekämpfung kein besseres Mittel zur Verfügung zu haben, als die Zentralisation noch schärfer zu akzentuieren." Es ist bezeichnend, daß die gleiche Beobachtung auch für die Gewerkschaften gemacht werden kann. Michels sagt dazu, daß es auch dort, nachdem man sich für das Prinzip der Interessenvertretung durch einzelne Gewählte entschieden habe, zum obersten Gesetz werde, die Führung in der Hand zu behalten, was dem „Führer" die beste Gelegenheit biete, „die Geführten zu nasführen". Jede Kritik am Verhalten der Elite werde als Attentat auf die Gewerkschaftsbewegung abgestempelt. „Viele Gewerkschaftsleiter betrachten ihr Amt überhaupt nur als Sprungbrett zu eigenem In-die-Höhe-Kommen." So werde die Arbeiterbewegung, der Struktur ihres Riesenapparates entsprechend, zu einem Hebel sozialen Emporkommens einzelner.[28] Man hört selbst aus sozialistischem Mund, führt Michels mit offensichtlicher Bitterkeit fort, die „unglaublichsten Erzählungen über diese emporgekommenen, jeder Moral baren Arbeiterexistenzen, die – neben einigen wenigen guten Exemplaren – im allgemeinen ein Gros von eingebildeten, arroganten und egoistischen Rowdies" darstellen. So kristallisiert sich bei Gewerkschaften genau wie in Staaten immer mehr eine überragende Machtposition bestimmter Führungsgruppen heraus, und eine Kontrolle der betriebenen Politik ist durch Gewerkschaftsmitglieder im einen Fall genauso wenig möglich wie durch die Bürger eines Landes im anderen.

Die provokativen Kernaussagen von Robert Michels lassen sich demnach in Anlehnung an Grunwald wie folgt zusammenfassen: „Demokratie ist ohne Organisation nicht denkbar. – Das Wesen der Organisation trägt einen tiefen oligar-

---

28 Zur Veranschaulichung beschreibt Michels u.a. den Fall, daß gewerkschaftlich notwendige Streiks abgebrochen wurden, sobald der Unternehmer dem Streikleiter eine Lebensrente bewilligt hatte.

chischen Zug. – Mit zunehmender Organisation ist die Demokratie im Schwinden begriffen. – Macht ist stets konservativ. – Es ist ein unabänderliches Sozialgesetz, daß in jedem, durch Arbeitsteilung entstandenen Organ der Gesamtheit, sobald es sich konsolidiert hat, ein Interesse an sich selbst und für sich selbst entsteht. – Mit der Entwicklung einer oligarchischen Bürokratie wird die Organisation schließlich – ursprünglich ein Mittel zum Zweck – zum Selbstzweck."

Das bedeutet praktisch, daß jede politische Bewegung nahezu zwangsläufig einer oligarchischen Verfestigung zu erliegen scheint, auch wenn sie vorher noch so demokratische oder soziale Ideale verkündete. Die kontrovers diskutierten Worte, die Richard von Weizsäcker über die Parteien unseres Staates äußerte, weisen in die gleiche Richtung. Beklagt er doch als Grundübel die ständige Versuchung, das Verhältnis von Problemlösung und Parteiziel umzudrehen und das Schicksal der eigenen Partei – bspw., aber nicht nur, im Hinblick auf einen angestrebten Wahlsieg – interessanter und wichtiger zu finden als die Lösung der Probleme. „Die Probleme werden instrumentalisiert, um die Ziele einer Partei gegen eine andere besser erreichen zu können" und „der Hauptaspekt des 'erlernten' Berufs unserer Politiker besteht (im Interesse des eigenen Vorwärtskommens) in der Unterstützung dessen, was die Partei will", so daß bei den in dieser Weise parteiabhängigen Berufspolitikern, wie von Weizsäcker – selbstverständlich unter lebhaftem Protest der Betroffenen – feststellt, „Selbständigkeit und Qualität" leiden.

Mag dies einerseits in der menschlichen Natur verankert sein, so ist andererseits doch auch eine juristisch-normative Verankerung bspw. im Parteiengesetz der Bundesrepublik zu sehen. Denn dort ist nicht nur von einer „bloßen Mitwirkung bei der politischen Willensbildung" die Rede, sondern die Mitwirkung erstreckt sich einerseits *„auf alle Gebiete des öffentlichen Lebens"* und schließt andererseits weiter ein, auf die Gestaltung der öffentlichen Meinung *Einfluß* zu nehmen. Und das geschieht ja in der Tat in erheblichem und beklagenswertem Maße, direkt und indirekt: in den Medien, in der Justiz, in der Kultur, im Sport, in den Universitäten (von Weizsäcker).

Michels sieht das Grundübel der beschriebenen Erscheinungen in jeder Form von Mandatsübertragung, bzw. Delegation und fragt sich, wie der dadurch gegebenen Gefahr begegnet werden könne, ohne auf das Eintreten idealer Verhältnisse zu hoffen und auf eine tiefgreifende, aber bisher noch kaum erkennbare Bewußtseinsänderung der Menschen zu vertrauen.

Es scheint sich allerdings erwiesen zu haben, daß es kaum oder gar nicht möglich ist, durch rein juristische bzw. organisatorische Regelungen eine reale oligarchische Machtverteilung zu reduzieren. Eine Aufgliederung der Gesellschaft in kleinere Selbstverwaltungseinheiten muß andererseits angesichts der heute gegebenen enorm komplexen und hochorganisierten Massengesellschaften ebenfalls auf große Schwierigkeiten treffen. Immerhin könnte wohl eine Möglichkeit, die auch Michels erwähnt, darin bestehen, die Selbständigkeit und Kritikfähigkeit der Menschen zu fördern und ihre Kontrollmöglichkeiten und -fähigkeiten zu stärken. Jedes Individuum hat im Grunde die Möglichkeit, sich die bestehende Gefahr vor

Augen zu halten und einer solchen Entwicklung bewußt entgegenzuwirken. Dafür wäre aber sicher ein Wandel in der Skala sozialer Erwünschtheiten von großem Vorteil. Eine entscheidende Veränderung dürfte indes ohne eine tiefgreifende Bewußtseinsänderung der Menschen, einen Wandel der Gesamtmentalität in der Gesellschaft, aber auch einen grundlegenden Wandel der sozialen Strukturen kaum möglich sein. Ich werde diese Überlegungen später noch einmal eingehender aufgreifen (S. 515ff.).

Zunächst kann hier festgestellt werden, daß bisherige Erfahrungen für eine in der menschlichen Natur liegende Zwangsläufigkeit der Elitenbildung zu sprechen scheinen.[29] Deshalb prägte Michels auch diesbezüglich den Begriff des „ehernen Oligarchie-Gesetzes". Ein Blick auf andere Kulturen als die abendländische könnte aber bereits eine gewisse Skepsis begründen. Und selbst wenn es bisher immer so war, muß das nicht bedeuten, daß es auch in alle Ewigkeiten so sein wird. Es spricht aber zumindest dafür, daß die bisherigen Bedingungen (vor allem in unserem Kulturkreis) weitgehend so waren, daß es zu diesen Erscheinungen kam und daß die Dinge so sind, wie sie sind. Auf der anderen Seite ist aber auch nicht zu übersehen, daß jede Art von Aktivität zwangsläufig zu einer Ungleichheit des Erfolgs führt, was sich um so stärker bemerkbar macht, je mehr die Mentalität einer Gesellschaft von Wettbewerbsgeist bestimmt ist.

Aber auch bei diesem Problem gilt wieder, daß es sich nicht um eine bewußte Planung bestimmter Menschen handelt, etwa nach dem Motto: „Wir werden jetzt eine Elite bilden und uns so und so verhalten", sondern daß vielmehr auch hier quasi „anonyme" Einwirkungen vorliegen, die sich aufgrund bestimmter Verhältnisse ergeben und denen – zumindest unter diesen Verhältnissen – eine Art Gesetzmäßigkeit zugeschrieben werden kann.

Wenn im Vorangegangenen von einer Verfestigung oder Zementierung der Macht gesprochen wurde, so leitet das zu einem letzten Aspekt über. Dieser Aspekt geht auf den vor allem durch seine sozial-, kultur- und religionspsychologischen Werke bekanntgewordenen Psychologen Willy Hellpach zurück. Er formulierte ein sogenanntes kultur- und sozialpsychologisches Erstarrungsgesetz, nach dem auf die Dauer alles früher so frische, innerlich erfüllte, ungebändigte und naturhaft dahinströmende Leben mit der Zeit der Erstarrung anheimfällt.[30] Nach dem Gesetz der Erstarrung pflegt jede Bindung an eine organisierte Gesellschaft mit der Zeit immer fester und starrer zu werden, gleichzeitig aber im inneren Erleben der Menschen dahinzuwelken. „Jede Bindung an eine Gemeinschaft kann durch Gewohnheit mit der Zeit so fest werden, daß sie in keinem eigentlichen seelischen Erlebnis der Gebundenen mehr existiert."

Dieser Prozeß des Motivschwundes scheint um so stärker und schneller abzu-

---

29 Ganz in diesem Sinne, wenn auch in plastischer Sprache verschärft, ist bei Bakunin zu lesen: „Man setze den aufrichtigsten Demokraten auf einen Thron; wenn er ihn nicht sofort verläßt, wird er unfehlbar eine Canaille werden."
30 Hellpach weist jedoch auch darauf hin, daß der Prozeß der Erstarrung, so negativ er zunächst erscheinen mag, zugleich auch eine wesentliche Voraussetzung von Traditionen, von Kultur schlechthin sei und nicht nur als Verfallserscheinung verstanden werden dürfe.

laufen, je stärker Gemeinschaften organisatorisch geprägt sind. Die ehemals lebendige und von einem inneren Ziel erfüllt Gemeinschaft erstarrt mehr und mehr zu einer rein äußerlichen Institution. „Aus Paarung wird Heirat, aus Zusammenleben Ehe, aus Erziehung Schule, aus Religion Kirche, aus Hingabe Abgabe, aus Opfer Besteuerung", aus lebendiger Lehre ein totes Gerüst von Lehrsätzen, aus Arbeitsteilung entstehen „Ämter", begeisterter Aufbruch erstarrt in Tradition und Konvention. Anstelle der Begeisterung „an der Basis" entstehen zentral gelenkte und kontrollierte Institutionen. Dieser Zwang scheint im übrigen um so unausweichlicher zu werden, je größer die Zahl der daran beteiligten Menschen wird. Deshalb entwickeln wohl auch moderne Massengesellschaften eine immer kompliziertere Bürokratie mit immer mehr Ämtern, Posten, Vorschriften, Anordnungen und Gesetzen. Vielleicht handelt es sich dabei, wie Oswald Spengler einmal meinte, um das charakteristische Lebensendstadium einer jeden Kultur, um die Phase des Abwelkens und leblosen Versteinerns.

Bei den Themen dieses Kapitels stellt sich natürlich, wenn ich noch einmal darauf zurückkommen darf, abschließend die Frage, ob es sich bei den aufgezeigten Zusammenhängen um absolut unausweichliche, in der menschlichen „Natur" tief verankerte „selbstorganisatorische" Prozesse handelt, oder ob diese Prozesse ihre „Gesetzmäßigkeit" weitgehend ganz bestimmten Bedingungen verdanken, wie sie in der bisherigen – entwicklungsgeschichtlich gesehen sicher nur recht kurzen – Menschheitsgeschichte vorrangig, wenn auch – vor allem außerhalb des Abendlandes – möglicherweise nicht ausschließlich bestanden haben.

V. Individuum und soziale Organisation in unterschiedlichen Gesellschaftsformen

Von der Frühzeit zum Mittelalter

Wir können nach den Überlegungen des letzten Kapitels und nach heute gültiger Auffassung davon ausgehen, daß Gesellschaften – ähnlich wie der Begriff „Persönlichkeit" im Grunde nur als Prozeß verstanden werden kann – dynamische Gebilde darstellen, in denen Individuen miteinander und mit ihrer natürlichen Umwelt unter dem wesentlichen Ziel der Selbsterhaltung in Beziehung treten. Gesellschaften sind also weniger als soziale Gebilde mit bestimmten festen Eigenschaften zu verstehen, sondern als dynamische Größen, die sich ganz wesentlich aus den Interaktionen von Individuen ergeben. Auch gesellschaftlicher Wandel und der historische Charakter von Gesellschaften sind das zwangsläufige Resultat individueller Veränderungen innerhalb der Gesellschaft.

Das Phänomen des individuellen und sozialen Wandels gilt übrigens weniger für primitive Gesellschaften, in denen auch – im Gegensatz zu modernen Gesellschaften – die Verhaltensregeln noch recht konkret sind. Denn diese Gesellschaften haben aus der ursprünglichen Natürlichkeit ihrer Entwicklung sozusagen auch eine natürliche Ordnung gefunden. Daraus ergibt sich eine Form der Organisation sozialen Verhaltens und einer dazu passenden Sicht von Natur und Welt, die Veränderung als bewußte Kategorie nicht erforderlich macht. Das soziale Leben ist bei ihnen nicht aufgespalten und ausdifferenziert, und über die wesentlichen Ansichten über Gesellschaft und Natur besteht allgemeine Übereinstimmung zwischen den Mitgliedern. Das verstärkt natürlich automatisch die zunächst im Verwandtschaftsverband, später in der sozusagen naturgewachsenen Gemeinschaft herrschenden Grundüberzeugungen. Diese Zirkularität, dieser sich ständig verstärkende Kreisprozeß dürfte das entscheidende strukturelle Merkmal in primitiven Gesellschaften darstellen. Daraus ergibt sich auch die starke Bedeutung der Tradition für soziale Entscheidungsprozesse, deren Ergebnis wieder traditionsverstärkend wirkt und damit auch den auf Tradition gegründeten Weg zum Lösen politischer Probleme verstärkt. Bedrohungen ergeben sich eigentlich nur von außen her, etwa durch Feinde, Naturkatastrophen usw., oder aber durch demographischen Druck von innen.

Wenn wir von dieser kurzen, mehr grundsätzlichen Betrachtung zu einer eher an der zeitlichen Abfolge orientierten detaillierten Sichtweise übergehen, stellt zunächst einmal in der Entwicklungsgeschichte des Menschen der Übergang vom Jagen und Nahrungssammeln zur Nahrungsproduktion und damit zur Seßhaftigkeit

Individuum und soziale Organisation in unterschiedlichen Gesellschaftsformen 347

einen ganz entscheidenden Wendepunkt dar. Wir treffen in dieser vorstaatlichen Frühzeit sowohl auf lose, hordenähnliche Zusammenschlüsse, auf nomadisierende Hirtenstämme mit zeitweiliger Ortsbindung, auf dörfliche Gemeinschaften von Bauern und auf primitive Vergesellschaftungen unter einem Häuptling. Ein solcher Häuptling ist zunächst noch Teil einer nach Verwandtschaft strukturierten Gemeinschaft. In einer solchen Gemeinschaft verhindert das Primat des Haushalts die funktionale Ausdifferenzierung von legitimer Autorität. Es ist im Grunde ein soziales System ohne Herrschaft, das auch als „regulierte Anarchie" bezeichnet wurde (Sigrist). Der Stammeshäuptling wird dann im weiteren Verlauf zum Repräsentanten einer über verwandtschaftliche Beziehungen hinausgehenden Gesellschaft. In dieser ging die Verteilung von Grund und Boden aus einer naturwüchsigen in eine normierte Regelung über, es kam zu einer zunehmenden Vererbbarkeit von Besitz, und es bildeten sich mit der Zeit neben der obersten richterlichen und priesterlichen Autorität kriegerische und verwaltungsmäßige Funktionen heraus.

Während in frühen steinzeitlichen Gesellschaften aufgrund der geringen Menschenzahl und des in der kaum ausgebeuteten Natur herrschenden Überflusses ein problemloses Überleben mit geringer Arbeitszeit und einfacher Arbeitsteilung möglich war, waren die Bedingungen in den späten steinzeitlichen Gesellschaften nicht mehr so günstig. Die Veränderung der natürlichen Umweltverhältnisse verstärkte den Anpassungsdruck auf das soziale System. Eine auf begrenztem Boden wachsende Bevölkerung machte Arbeitsteilung und andere organisatorische Leistungen erforderlich. Zugleich entstand ein traditionell begründetes Normensystem. In solchen konventionellen und zudem schriftlich fixierten Festlegungen kann die erste Stufe der politischen Organisation einer Gesellschaft gesehen werden. Man kann also speziell den Verlauf der Rechtsentwicklung von einem Gewohnheitsrecht über herrschaftliche Rechtsprechung bis zum formal gesetzten Recht nachverfolgen.

Eine ganze Reihe konkreter Zusammenhänge in der weiteren, vor allem mittelalterlichen Entwicklung kam ja bereits im letzten Kapitel anhand des Werkes von Norbert Elias zur Sprache, so daß ich hier unter Verzicht auf eine spezielle Erwähnung bspw. des Feudalsystems mit der Auflösung der Bindung der Arbeitskraft innerhalb der Dorfgemeinschaft und dem charakteristischen Vasallenverhältnis nur einige Aspekte anreißen möchte. Die zunehmende Differenzierung im Inneren der jeweiligen sozialen Gebilde, die Ausdifferenzierung der Verarbeitung und Verteilung von Gütern und das Hinzukommen neuer sozialer Funktionen spielten dabei eine ganz wichtige Rolle. Zugleich bildeten sich neue Organe wie Märkte, Städte usw., und die Geldwirtschaft erlangte gegenüber der Naturalwirtschaft immer größeres Gewicht. Dadurch wurden wiederum andere Entwicklungen in der Gesellschaft ermöglicht wie die Bildung eines Beamtentums, das unter naturalwirtschaftlichen Bedingungen kaum hätte gedeihen können.

Ein anderer Entwicklungsstrang hing mit der Zunahme der Bevölkerung zusammen, die natürlich auch einen Einfluß auf den Gebrauch des Geldes hatte. Mit dem Prozeß der Monopolbildung, bzw. der Herausbildung einer spezialisierten Herrschaftsapparatur, wurde der Weg zur Entstehung von Staaten geebnet. Elias unterschied in diesem Prozeß zwei Phasen: zunächst eine Phase der freien Konkurrenz oder der Ausscheidungskämpfe mit der Tendenz zur Akkumulation von Chancen in immer weniger Händen und schließlich in einer Hand, und danach eine Phase mit der Tendenz, daß die Verfügungsgewalt über die monopolisierten Chancen aus den Händen eines einzelnen in die einer immer größeren Anzahl überging, um schließlich zu einer Funktion der Gesellschaft, sozusagen zu einem öffentlichen Monopol zu werden. Die Ursache dieser fortschreitenden Entwicklung zu komplexen, hierarchisch organisierten Gesellschaftssystemen, also Staaten, wird von vielen Forschern in den selektiven Vorteilen gesehen, die durch synergistische Wirkungen, also durch die Möglichkeiten eines kooperativen Zusammenwirkens in einem großen Verband erklärt werden (Corning).

Was die jeweils bestimmenden gesellschaftlichen Organisationsprinzipien anbelangt, so scheint mir dem in Anlehnung an Corning über die Staatenbildung Gesagten grundsätzliche Bedeutung zuzukommen. Nach der Logik der Selbstorganisation dürften die jeweils neu entstandenen Strukturen als Grundlage weiterer Selektion, also weiterer Auswahlprozesse dienen. Auch in der Natur wird ja allgemein Information durch Selektion gewonnen und dann zum Ausgangspunkt für nachfolgende natürliche Selektionsprozesse (Eder, Eigen). So steuern Organisationsprinzipien der Natur (vgl. die Beschreibung der Epigenese, S. 114) den Aufbau eines Organismus, gesellschaftliche Organisationsprinzipien den Aufbau von Interaktionssystemen. Die Gesellschaft braucht zu ihrer Entwicklung Leistungen, die die Aktivitäten der Menschen miteinander verknüpfbar machen, und die Ausgangsbedingung dafür ist Interaktion.

Einen solchen ersten „Interaktionscode" stellt die Heirat dar, auf deren Grundlage sich ein nach Verwandtschaftsbeziehungen organisiertes Gesellschaftssystem bildet. In ähnlicher Weise bauen sich auf der Grundlage der Macht herrschaftlich integrierte Interaktionssysteme auf. Schließlich machte die Erfindung des Interaktionsmediums Geld die bürgerliche Gesellschaft möglich, also eine Gesellschaft von mehr oder weniger freien Individuen, die ihre Interessen verfolgen. In jeder dieser Formen verwirklicht sich jeweils eine höhere Stufe der Selbstorganisation (Eder).

Zur Charakteristik hochentwickelter Gesellschaften

In der Entwicklung zu modernen Gesellschaften hin kommt dann erneut der weiteren Zunahme der Arbeitsteilung oder funktionalen Differenzierung eine große Bedeutung zu.

Sie zeigt sich sehr deutlich in dem Auseinanderfallen von Haushalt und Betrieb, aber auch in der Trennung von Amt und Person, bzw. von Dienst- und Privatperson. Zunehmend kristallisieren sich gesellschaftliche Sonderbereiche, mächtige Verbände, Organisationen, Gewerkschaften und Interessengruppen mit spezifischen Eigenarten und auch Eigengesetzlichkeiten heraus. Diese Teilsysteme entwickeln sich im Rahmen der Gesamtgesellschaft durchaus nicht zwingend in der gleichen

Richtung, und demzufolge kommt es zwischen ihnen immer wieder zu mehr oder weniger großen Konflikten. Diese Tatsache wird noch dadurch verschärft, daß in modernen Gesellschaften kaum noch ein direkter und unmittelbarer Einfluß auf Teilsysteme möglich ist. In komplexen Systemen gibt es zudem zwischen den Teilsystemen keine Unterordnungsbeziehungen, da solche dem Prinzip der funktionalen Differenzierung widersprechen. Deshalb entsteht im Gesamtsystem eine ausgeprägte zentrifugale Dynamik, die Teilsysteme in modernen hochentwickelten Gesellschaften kaum noch beherrschbar macht. Denn diese haben sich in ihrer Ausdifferenzierung zu Untersystemen mit weitgehender operationaler Geschlossenheit und selbstbezüglicher Qualität entwickelt und können praktisch von außen nur zu strukturspezifischen Operationen angeregt, nicht aber in ihrem Verhalten von außen gezielt bestimmt werden (vgl. S. 133). So ist letztlich jedes Geschehen in einer Gesellschaft ein Vorgang, der für verschiedene Teilsysteme unterschiedliche Informationen liefert, die in diesen Teilsystemen unterschiedlich verarbeitet werden.

In diesem Zusammenhang muß allerdings gesehen werden, daß auch 'Politik' letztlich ein in sich relativ (ab-)geschlossenes Teilsystem einer Gesellschaft darstellt. Politik kann heute nur noch mit dem Mitteln ihrer eigenen selbstbezüglichen Prozesse auf Probleme und Erwartungen der Außenwelt reagieren und ist deshalb auch immun gegen ethische Forderungen (Bolz). Gerade dieses Abgehobensein der Politik von den Problemen und Sorgen der Bevölkerung ist ja in der letzten Zeit häufig Gegenstand lebhafter Klagen gewesen und hat sicher auch zur allgemeinen Politikverdrossenheit der Bevölkerung beigetragen.

Es handelt sich bei den beschriebenen Problemen um die Folge der Gegenläufigkeit von zwei grundlegenden Tendenzen der Entwicklung: Auf der einen Seite geht eine zunehmende funktionale Differenzierung zwar mit steigender Spezialisierung und einer Einengung von Funktionen einher, bedingt aber auch eine Zunahme der wechselseitigen Abhängigkeiten. Auf der anderen Seite bedeutet die operationale Geschlossenheit der Teilsysteme eine relative Unabhängigkeit und Autonomie (Willke). Die Existenz vieler in sich weitgehend unabhängiger Teilsysteme mit abweichenden Entscheidungstendenzen kann sich aber durchaus zum Nachteil des Gesamtsystems auswirken. Denn die Untersysteme streben in den meisten Fällen eine Maximierung ihrer jeweiligen Interessendurchsetzung an, und dadurch wird sehr leicht eine Optimierung innerhalb des Gesamtsystems erschwert oder sogar verhindert.

Ein zentrales Problem liegt weiter darin, daß mit der Differenzierung offenbar eine Tendenz zu hierarchischen Strukturen verbunden zu sein scheint und ständig innere Anpassungsprozesse erforderlich werden. Eine differenzierte Gesellschaft ist damit nicht mehr, wie es in der traditionellen Struktur der Fall war, statisch, sondern sie ist ausgesprochen dynamisch. Das gilt vor allem für moderne Gesellschaften, deren eher kaschierte Hierarchien ebenfalls mit hoher Wahrscheinlichkeit auf das Ausmaß der funktionalen Differenzierung und Spezialisierung zurückzuführen sind.

Vor allem aber ist es die kaum noch überschaubare und noch weniger beherrschbare Komplexität, die ein entscheidendes Merkmal moderner hochentwickelter Gesellschaften darstellt. Luhmann versteht sie in grundsätzlicher Sicht als Indikator eines Informationsmangels. Die Zahl derer, die an einer Entscheidung beteiligt sind, hat ebenso in ganz beträchtlicher Weise zugenommen wie die Zahl der jeweils zu beachtenden Aspekte. Eine solche Komplexität entspricht natürlich in keiner Weise den bei vielen Menschen, vor allem auch Programmatikern, vorherrschenden „schlichten" Vorstellungen von klarer Ordnung. Komplexität bedeutet ferner, daß Ursache und Wirkung, da sich ja alles in einem Netzwerk von Zusammenhängen abspielt, nicht mehr in einfacher Weise miteinander verknüpft sind, weil im Gesamtsystem zu viele andere Einflüsse gleichzeitig wirksam sind. Diese Einflüsse sind um so wahrscheinlicher und von um so größerem Gewicht, je komplexer ein System, also eine Gesellschaft ist. Abgesehen davon, daß komplexe Sozialsysteme aufgrund ihrer spezifischen Verarbeitungsstruktur auf viele Eingriffe von außen überhaupt nicht ansprechen, erklärt sich so, daß immer wieder Störfaktoren eine Aktion behindern, daß es zu Gegen- und Überreaktionen kommt und daß völlig unbeabsichtigte und unvorhergesehene Nebenwirkungen auftreten. Diese für die Funktion des Gesamtsystems nachteiligen Effekte, die keineswegs der anfänglichen Planung entsprechen, zeigen sich oft erst mit erheblicher zeitlicher Verzögerung und machen sich auch oft an ganz anderer Stelle als dem ursprünglichen Ansatzpunkt des Eingriffs bemerkbar, so daß schon von daher – selbst bei objektivem Bemühen – eine kausale Zuordnung gar nicht möglich ist. Ein Grund übrigens, daß sich in der Politik je nach subjektiver Interessenlage alles behaupten und argumentieren läßt, daß aber etwas objektiv nur sehr schwer wirklich kalkulierbar und voraussagbar ist. „Politiker arbeiten alle nach der gleichen Methode: Zuerst sagen sie voraus, wie alles kommen wird, und nachher erklären sie, warum alles anders kam", bemerkte einmal André François-Poncet. Dem steht nicht entgegen, daß auch in der Politik richtige Voraussagen vorkommen. Wenn man eine ganze Menge unterschiedlicher Voraussagen nimmt, ist schon rein statistisch damit zu rechnen, daß irgendeiner tatsächlich eine spätere Entwicklung – wenigstens annähernd, und über den Rest sieht und schweigt man hinweg – „getroffen" hat. Ob er die tatsächlich abgelaufenen Prozesse aber überblickt hat und deshalb zu der zutreffenden Voraussage gekommen ist, ist eine ganz andere Frage. Wenn von zwei Personen einer behauptet, morgen wird das Wetter gut und der andere darauf besteht, daß das Wetter morgen schlecht wird, so findet sich mit hoher Wahrscheinlichkeit einer von beiden am folgenden Tag bestätigt, vielleicht sogar beide, wenn das Wetter morgens so und nachmittags so ist. Aber was sagt das über die Kompetenz der beiden aus? Wenn jemand behauptet, in Häusern mit ungerader Hausnummer wohnten dümmere Leute als in Häusern mit gerader Hausnummer, und man untersucht daraufhin die Bewohner aller Straßen einer Stadt, so wird man unzweifelhaft auf eine Anzahl von Straßen stoßen, wo das in der Tat der Fall ist. Aber bedeutet das auch, daß der Mann eine richtige Erkenntnis hatte, auch wenn er eine Reihe von Gründen aufführt, weshalb er das vorher wußte? Ein anderer würde das für das Gegenteil genauso gut tun können. Außerdem sind natürlich einige grundsätzliche Aussagen nahezu immer möglich, soweit sie allgemein genug gehalten sind. Aber selbst dann kann man nie ausschließen, daß nicht gerade im jeweils speziellen Einzelfall eben alles doch ganz anders sein wird.

Jedenfalls stehen, um auf das unmittelbare Thema zurückzukommen, die Chancen für Politiker angesichts der ungeheuren Komplexität heutiger Gesellschaften nicht sehr gut, weder was die Möglichkeiten einer Voraussage, noch was die Möglichkeiten einer gezielten Beeinflussung anbelangt.

Andererseits fühlt man sich natürlich, je komplexer und dynamischer ein System ist, dazu gedrängt, den Dingen nicht ihren Lauf zu lassen, sondern bewußt etwas zu unternehmen und die Dinge unter Kontrolle zu bringen. Dynamische (Gleichgewichts-)Systeme reagieren aber ihrerseits sehr viel empfindlicher auf Gesamtkonstellationen und die aus ihnen resultierenden Tendenzen als auf gezielte Planungsmaßnahmen und subjektive Widerstände einzelner Menschen und Gruppen, was zu unvermeidlichen Dilemmasituationen führt.

Die bestehende und praktisch nicht überschaubare Komplexität, die zu einer unverkennbaren Krise unserer Regierungs-, Leitungs- und Verwaltungsmodelle geführt hat, bedeutet so eine erhebliche Überforderung. Der Mensch versteht die Mechanismen des gesellschaftlichen Lebens immer weniger. Die Grenzen möglicher Kontrolle des Systemgeschehens erscheinen erreicht. Wie in verschiedenen kritischen Berichten zu lesen ist, verfallen Regierungen in dieser Situation, ohne dies allerdings zuzugeben, zeitweise in eine Art Lähmung und greifen andererseits zu überhasteten Aktionen, einfach um zu demonstrieren, daß etwas getan wird, was ja auch von der Öffentlichkeit, die das ebenfalls nicht begriffen hat, gefordert wird.

Hier liegt ein weiteres Dilemma: Die Schwäche und Unfähigkeit von Regierungen, den Umgang mit komplexen sozialen Systemen angemessen zu bewältigen, macht sich zunehmend in einer Zeit bemerkbar, in der auf der anderen Seite die Anforderungen und Erwartungen der Individuen an die Regierung erheblich gestiegen sind. Gibt der Staat diesen Forderungen nach, so kann er die Probleme auch nur wieder mit den Mitteln angehen, die ihm zur Verfügung stehen. Diese, nämlich das Übermaß an systemfremder Kontrolle und starrer Reglementierung, sind aber genau die Mittel, die die Schwierigkeiten nur noch erhöhen, weil sie ja eine (Teil-)Ursache der bestehenden Schwierigkeiten darstellen. Das Übel liegt auch nicht an dieser oder jener Person, sondern ist an das System gebunden. Deshalb ist auch eine positive Veränderung unserer gegenwärtigen politischen Situation nicht davon zu erwarten, daß jeweils eine andere Partei an die Regierung kommt, daß neue Männer bzw. Frauen die Macht im Staate einnehmen, sondern daß wir zu einer neuen Konzeption und Form von Politik finden, in der nicht mehr Nebensächliches für das Wesentliche, Repräsentation für Realität und Worte für Taten ausgegeben werden (Closets). Es ist aber gegenwärtig so, daß wenn eine politische Partei sonst nichts anzubieten hat, ihr noch immer die Möglichkeit bleibt, von „Fortschritt", „Vaterland", „Freiheit", „Familie", „Gerechtigkeit" und ähnlichen schönen Dingen zu sprechen oder mit anderen edlen Begriffen in den Wahlkampf zu ziehen. „Die politische Welt ist ebenso ein Markt der Macht wie ein Markt der 'schön klingenden Ideen' und hehren Worte" (Closets). Wann werden die Menschen in aller Klarheit erkennen, daß sich hinter dem Aufeinanderprallen grundlegender gegensätzlicher Überzeugungen ein Rivalitätskampf um die Macht verbirgt, der von politischen Repräsentanten geführt wird, die in vielen Fällen nicht dem Staat dienen, sondern sich des Staates bedienen wollen (Closets)[31], daß man dem Volk Feinde serviert, die es zu bekämpfen gilt, statt es zum Mitwirken an der Lösung realer Probleme zu gewinnen. Die Bürger spüren zwar ein allgemeines Unbehagen an der Politik und werden offenbar auch zunehmend mißtrauischer, ohne aber das vielfältige Doppelspiel wirklich zu durchschauen, bzw. gar beweisen zu können, das weitgehend ein Effekt von Systembedingungen ist.

Aus ähnlichen Gründen laufen auch, wie schon gesagt, Bemühungen, durch unmittelbare Eingriffe kurzfristige Erfolge vorweisen zu wollen, sehr rasch ins Leere – das ist noch ein günstiger Fall –, weil das bestehende System die „Perturbation", d.h. den aus Systemsicht als „Störung" verarbeiteten Eingriff in *seine* Struktur integriert. Ein Tollhaus der Mißverständnisse, der Täuschungen und der Heuchelei! Was sich in heutigen Gesellschaften abspielt, erinnert in vielem, wie Michel Crozier bemerkt, an den Turmbau von Babel. Zugleich zeigt sich hier das paradoxe Phänomen der Machtlosigkeit der Macht, bzw. des Zusammenfallens von Allmacht und Machtlosigkeit. Denn Macht kann mit Sicherheit zerstören und vernichten, aber eben nicht auf lange Sicht positiv gestalten.

Wie gut täte da angesichts dieser Situation eine angemessene Bescheidenheit und schlichte Orientierung an den Problemen! Aber Politiker pflegen sich nun mal als entscheidungsfrohe Macher zu gerieren, die alles im Griff haben, womit sie natürlich auch dem in weiten Kreisen der Bevölkerung immer noch tief verankerten Wunsch und Bedürfnis nach Autorität, nach großen Führungsfiguren entgegenkommen. Damit aber ergibt sich ein verhängnisvolles Zusammenspiel der spezifischen Schwächen von „Führern" und „Geführten" (von Weizsäcker). In der Politik, so wie sie sich bisher weitgehend darstellt, geht es aber nun einmal in erster Linie darum, Machtpositionen zu erhalten oder zu gewinnen. Für irgendwelche Entscheidungen, die sich als falsch erwiesen und möglicherweise den Steuerzahler viel Geld gekostet haben, werden Politiker ja auch praktisch kaum zur Rechenschaft gezogen. Um wieviel vorsichtiger würden sie handeln, wenn sie, von einer übergeordneten, wirklich neutralen Instanz beurteilt (aber wo gibt es die in einem von Parteien, also Parteilichkeit bestimmten Staat?), aufgrund ihrer Entscheidung entstehende Schäden aus der eigenen Tasche ausgleichen müß-

---

31 Wer hier mit Nachdruck protestieren zu müssen glaubt, dem räume ich gerne ein, daß es auch positive Aspekte und Ausnahmen gibt. Sie sind allerdings nicht typisch für das System und werden auch gar nicht so selten zur Überraschung aller zu einem späteren Zeitpunkt als Nicht-Ausnahmen aufgedeckt, so daß sich mancher verleitet sehen mag, den entscheidenden Unterschied lediglich darin zu sehen, ob dem Betreffenden schon etwas nachgewiesen werden konnte oder nicht. Sich als tatsächliche Ausnahme von den betrüblichen Feststellungen zu fühlen, möchte ich jedoch jedem, der in seinem Innersten verletzt sein könnte, anheimstellen, ihm aber auch die Kraft und Fähigkeit wünschen, dies mit gutem Grund zu tun.

ten. Wer würde aber unter diesen Bedingungen, die im übrigen geeignet sein könnten, Glaubwürdigkeit und Verantwortung in der Politik zu erhöhen, noch Politiker werden wollen? Aber ist die derzeitige Form von Politik bei tieferem Überlegen wirklich notwendig und sinnvoll, oder handelt es sich im Grunde um ein „Gesellschafts"-Spiel, an das sich alle mehr oder weniger gewöhnt haben? So aber läuft alles nach dem Motto: „Die Regierung trägt die Verantwortung, das Volk die Kosten!" Und im Zweifelsfall versinkt alles im Wust hergeholter Argumente.

Eine Zunahme der Komplexität eines Gesellschaftssystems führt aber auch dazu, daß, wie Willke ausführt, alles abstrakter wird. Man tauscht nicht mehr Geld für eine bestimmte konkrete Ware, sondern man macht Warentermingeschäfte, man schlägt sich nicht mehr einfach gegenseitig eine runter, man kann einen anderen vielmehr auch juristisch oder mit Machenschaften erledigen, die er im Geflecht der Zusammenhänge weder bemerkt noch durchschaut.

Die traditionellen Berufe des Bauern und Handwerkers, die in ihre unmittelbare Umwelt eingebunden waren, die auch in einem umfassenden Sinn das verstanden, was sie taten und sich entsprechend verantwortlich fühlten, sind mehr und mehr im Schwinden begriffen. Nach der inneren Logik unseres Denk- und Wirtschaftssystems wurde, ich folge hier wieder Robert Kurz, Arbeit zu einem des eigentlichen Sinns und Inhalts entkleideten, in Geld bewerteten Abstraktum; was für frühere Menschen ein mit dem Begriff Berufung zusammenhängender Beruf gewesen war, wurde im Lauf der Zeit zur anonymen Lohnabhängigkeit, zum bindungslosen „Jobben", und der Mensch geriet im Rahmen eines primär warenproduzierenden Systems selbst zunehmend in die Rolle einer Ware. Man braucht u.a. nur den modernen Handel mit Menschen im heutigen Fußballgeschäft zu beobachten. Modernisierung bedeutet in diesem Rahmen nicht nur den Verlust traditioneller Strukturen, sondern auch Entwurzelung, ohne aber die Chance irgendeiner Art von (Ersatz-)Integration zu bieten. Die Welt der konkurrenzorientierten industriellen Warenproduktion, der reinen Rentabilitätsüberlegungen, der Bemessung von Werten nach quantifizierbaren Geldsummen ist eben keine Welt, in der Menschen, so wie sie nun einmal auch sind, eine innere Heimat finden.

Dazu trägt die unsere Kultur bestimmende Fortschritts- und Wachstumsideologie zu einer ebenfalls wieder quantitätsbezogenen Vereinseitigung und Verselbständigung ganz bestimmter Entwicklungstendenzen bei, die nicht nur in einer im System verankerten Inflationsneigung, sondern auch in einer erstarrten Anspruchs- und Konsummentalität der Menschen zum Ausdruck kommen. Dabei spricht sehr vieles dafür, daß die Produktionsprozesse, die sich, was ja auch eine Art Abstraktion bedeutet, von den tatsächlichen Bedürfnissen der Menschen längst losgelöst und verselbständigt haben, die sich dabei sozusagen selbst überspurtet haben, die Welt in eine zunehmende Krise stürzen. Was macht es letztlich für einen Sinn, wenn Exporte mehr oder weniger mit eigenen Krediten bezahlt werden oder wenn Menschen meinen, etwas haben zu müssen, weil sie es ihrem wiederum materiell bemessenen Ansehen zu schulden meinen? Tragischerweise ist aber derjenige, der in einem bestimmten System aufgewachsen und in den Kategorien des Systems (kritiklos) zu denken gewohnt ist, gar nicht in der Lage, diese (System-)Zusammenhänge zu erkennen. Denn dafür müßte er ja einen Standpunkt außerhalb des Systems einnehmen. Wer aber den Mut und die geistige Wendigkeit besitzt, das zu tun, gilt aus der Sicht der (bisher) zumindest teilweise überzeugenden systeminternen Effizienz nahezu automatisch als realitätsfern, als Spinner und Utopist. Sind doch die Kriterien der Beurteilung eben auch Kriterien dieses, durch die „Aufklärung" zu erstaunlicher Allmacht aufgestiegenen, aber von der konkreten Realität von Menschen abstrahierenden (Denk-)Systems. Robert Kurz spricht hier von „warenförmigen Interpretations-Rastern".

Gerade auch das formale Recht ist ja neben den Vorteilen der Eindeutigkeit und Allgemeingültigkeit notwendigerweise durch eine Abstraktheit gekennzeichnet, in der die jeweils konkrete und komplexe Wirklichkeit in die Ebene klarer Kategorien und Begriffe gehoben wird und dort oft unauffindbar entschwindet. Dadurch aber, daß die Rechtsebene eine abstrakte Ebene darstellt, ist von dort her ein unmittelbares erfolgreiches Einwirken auf das konkrete Verhalten von Menschen und Gruppen erschwert. Teilweise kann das Recht sicher, was ja eine seiner wesentlichen Grundaufgaben ist, eine gewaltsame Austragung von Konflikten verhindern oder mildern und auch Änderungen in der Gesellschaft kanalisieren. Hierbei ist aber der Erfolg, ähnlich wie bei der Voraussetzung eines Leidensdrucks für den Erfolg einer Psychotherapie, von einer Reihe von Faktoren abhängig: von einer entsprechenden Akzeptanz in der Gesellschaft, von einer positiven gesellschaftlichen Atmosphäre gegenüber dem Recht allgemein und gegenüber speziellen Rechtsetzungen, von Einstellungen, Bereitschaften, Interessen und Absichten der Bürger. Auch diese mögen natürlich wiederum im Rahmen der wechselseitigen Verflechtungen in einem komplexen System eine gewisse Abhängigkeit von der Rechtsebene zeigen. Primär sind und bleiben aber für das Verhalten von Menschen die biologischen und psychologischen Verhaltensbedingungen bedeutsamste Einflußgröße. Was nützt es, irgend etwas abstrakt vorzugeben, wenn anderes einfacher, näherliegend und leichter erreichbar ist? Was nützt es, Geschwindigkeitsbeschränkungen im Straßenverkehr zu fordern, wenn Fahrzeuge und Verkehrsbedingungen ein schnelleres Fahren ermöglichen, ja sogar nahelegen?

Der Mensch hat eine natürliche Tendenz, mit möglichst geringem Aufwand einen möglichst großen Effekt zu erreichen. Das ist schon bei Kindern zu beobachten, wenn sie spielen, wenn sie bspw. hocherfreut mit einer kleinen Handbewegung ein ganzes sorgsam gebautes Kartenhaus einstürzen lassen. Vielleicht ist das auch der Grund dafür, daß das Autofahren solchen Spaß macht. Ein winziger Druck auf das Gaspedal und man erreicht Geschwindigkeiten, die einem natürlicherweise nicht gegeben wären.

Der eine möchte vielleicht gerne in ein Konzert gehen. Aber es hat draußen geschneit, und er müßte 40 km weit fahren, um in die Stadt zu kommen. So bleibt er zu Hause und begnügt sich mit dem Fernsehprogramm. Ein anderer möchte eine Zigarette seiner Lieblingsmarke rauchen. Die müßte er sich aber erst besorgen. So raucht er eine Zigarette aus der Schachtel, die in Reichweite vor ihm liegt. In ähnlicher Weise mögen sich auch Regierungen jeweils für den Weg des geringsten Widerstandes entscheiden, weshalb der Mittelstand trotz zahlreicher offizieller Bekundungen immer wieder die Kuh ist, bei der die meiste Milch gemolken wird. Denn „brave Bürger" machen nun einmal die geringsten Schwierigkeiten. Diese Tendenz der Menschen geht sogar so weit, daß, wie zu lesen war, Kinder in armen Ländern von ihrem Eltern künstlich verkrüppelt werden, um bessere Chancen beim Betteln zu haben. Offenbar ist in all diesen Fällen die gegenläufige Tendenz schwächer ausgeprägt. Das Konzert, so gerne man dabei wäre, hat gegenüber den unangenehmen Bedingungen, dorthin zu kommen, den geringeren Wert, genauso wie der Raucher schon eine große Vorliebe und Bindung an seine Lieblingsmarke haben müßte, um nicht zu der vor ihm liegenden Schachtel zu greifen usw. Wenn allerdings bei geringem Risiko ein hoher Gewinn winkt, wird der Mensch das Risiko ohne großes Überlegen in Kauf nehmen.

Schwierigkeiten heutiger Politik

Die im letzten Kapitel angestellten Überlegungen über zunehmende Differenzierung und Komplexität moderner Gesellschaften haben die Schwierigkeiten erkennen lassen, die sich heutigen Regierungen stellen. Zugleich ist auch klar geworden, daß es für derartig komplex gewordene gesellschaftliche Verhältnisse keine einfache Lösung geben kann.

Dem entspricht auch die Erkenntnis, daß Politik in dieser, jener oder welcher Form auch immer trotz relativ hohen Aufwandes in der Vergangenheit nicht sonderlich erfolgreich war und daß die Zahl der mit der Politik ihres Staates zufriedenen Bürger erschreckend gering ist. Kritische Beobachter sprechen sogar von einem Scheitern bisheriger Politik schlechthin. Vergleicht man die erklärten Vorhaben von Politikern mit dem, was sie am Ende verwirklicht oder gar erreicht haben, so ergibt sich in der Tat eine höchst traurige Bilanz.[32] Insofern ist A. Bolz zuzustimmen, wenn er schreibt: „Wer an der Macht ist, verspielt höchstwahrscheinlich in absehbarer Zeit das Recht, an der Macht zu sein, weil er sich auf die Wirklichkeit einlassen, d.h. enttäuschen muß."

Liberalismus, Sozialismus und Kommunismus haben die an sie geknüpften Hoffnungen nicht erfüllt, ebensowenig wie andere Konzeptionen. Demokratische Regierungen haben ebenso versagt wie autoritäre Regime. Der Club of Rome spricht in seinem letzten Bericht den gegenwärtigen politischen Strukturen überhaupt die Möglichkeit ab, die Probleme der Zukunft lösen zu können, und meint, daß die Welt sich dem Zustand der Unregierbarkeit nähere. Da hilft es auch nicht, eine Intensivierung der (bisherigen) politischen Bemühungen zu fordern. Denn wenn etwas vom Prinzip her ungeeignet ist, kann auch ein Mehr an diesem Etwas

---

32 Martin Jänicke spricht in diesem Sinne von einem Versagen des Staates in dreifacher Hinsicht: politisch infolge eines Verzichts auf politische Gestaltung und vorsorgliche Intervention, ökonomisch wegen unwirtschaftlichen und kostenträchtigen Arbeitens und funktionell wegen fehlender Qualität und relativer Unwirksamkeit seiner Aktionen.

keine besseren Erfolge bringen. Was die Menschheit bräuchte, ist eine völlig neue Konzeption von Politik. Insofern dürften sich auch Kapitalismus und Sozialismus als zwei Seiten der gleichen Medaille erwiesen haben. Offensichtlich ist aber sozusagen eine völlig neue Medaille vonnöten, um den Problemen schon der Gegenwart, aber noch viel mehr der Zukunft angemessen zu begegnen und die Menschen aus der „Misere" zu befreien, die sie mit „Erstarrung, Lähmung und Ängsten" (Club of Rome) erfüllt.

Obwohl die Menschen aus vielen in diesem Buch deutlich gewordenen Gründen noch weitgehend in Hierarchien denken, scheint auch diese Konzeption, die zumal immer weniger dem Trend der Zeit entspricht, als Ordnungsprinzip von Gesellschaften mittlerweile stark angeschlagen. Sie entspricht im übrigen auch nicht mehr der inzwischen erkannten Funktion des menschlichen Gehirns. Während man früher in der Hirnphysiologie von einem hierarchischen Aufbau ausgegangen war, spricht man heute von Netzwerken neuronaler Felder, bei denen je nach Situation und Anforderung ein bestimmtes Funktionssystem die Führung übernimmt.

Heutige Menschen stehen in dieser Beziehung vor einer höchst widersprüchlichen Situation: Auf der einen Seite lehnen sie mehr und mehr jede Form von Autorität ab und begehren dagegen auf; auf der anderen Seite besteht nach wie vor eine starke Tendenz zum Personenkult, und Menschen neigen, durch das Auftreten vieler Politiker in dieser Vorstellung grundsätzlich bestärkt, immer noch dazu, an außerordentliche Persönlichkeitseigenschaften bestimmter Menschen zu glauben; sie stilisieren sie geradezu zu Übermenschen und erwarten von ihnen das große Heil, obwohl diese Vorstellungen am Ende nur immer wieder enttäuscht werden (müssen).

In der Sache selbst aber sieht es doch wohl so aus: Da die meisten Teilsysteme einer modernen Gesellschaft, man denke nur an die Wirtschaft, operational weitgehend geschlossene Systeme in relativer Gleichordnung innerhalb des sozialen Netzwerkes darstellen, sind die Effekte direkter Steuerungsmaßnahmen auf dem Boden politischer Programme ohnehin nur höchst „zufällig", und das um so mehr, je mehr sich politische Programme von der unmittelbaren Realität der Gesellschaft und der in ihr lebenden Menschen abgehoben haben. Je zentraler und damit abstrakter die politischen Vorgaben sind, um so weniger können sie den in den Teilsystemen bestehenden Gegebenheiten gerecht werden und um so eher werden sie unterlaufen.

In vielen Fällen haben auch ganz gezielte politische Eingriffe in das gesellschaftliche Leben – man denke nur an die Bildungspolitik, an die Arbeitslosigkeit oder die Drogenkriminalität – unabhängig von der jeweils regierenden Partei nicht nur keine erkennbaren positiven Effekte gehabt, sondern nicht selten sogar Schaden gestiftet. Das ist ja auch angesichts der Tatsache, daß es sich bei menschlichen Gesellschaften um selbstbezügliche, operational weitgehend geschlossene Systeme handelt, nicht weiter erstaunlich.

Daß viele Reformen sogar zu gegenteiligen Resultaten geführt haben, als sie beabsichtigt waren, ist nicht dadurch bedingt, daß es den Reformern an Überzeugung oder Energie gemangelt hätte; sie waren einfach nicht in der Lage, gegen die Systemgesetzlichkeiten insbesondere der Verwaltungsbürokratie anzugehen. Eine Erneuerung der Gesellschaft unter Benutzung des Verwaltungsapperates ist einfach nicht möglich, weil zwangsläufig die eigene Systemlogik reproduziert wird. Dabei wäre die Änderung dieser Apparatur in erster Linie wichtig gewesen, um ein Reformziel zu erreichen. Zugleich erkennt man zunehmend, daß es in unserer komplexen Welt nicht möglich ist, mit Festlegungen, Reglementierungen und hierarchischer Ordnung weiterzukommen. Sie entsprechen einmal weder inhaltlichen Zielsetzungen noch einer Berücksichtigung sich ändernder systembedingter Möglichkeiten (etwa vorhandenen Ressourcen). Zudem drohen sie, jegliche Initiative zu ersticken.

Hier liegen auch die Schwierigkeiten einer Steuerung des gesellschaftlichen Lebens durch das, was die traditionelle Aktivität des Staates kennzeichnet, durch Recht und Gesetze. Juristische Ansätze sind zwar in sich schlüssig und eindeutig, aber zwangsläufig eben doch auch von pauschalem, abstraktem und statischem Charakter. Da aber Leben einen in ständiger Veränderung befindlichen Prozeß darstellt, ergibt sich das Problem, inwieweit es möglich ist, diesem Prozeß durch Gesetze gerecht zu werden. In der Tat kann in weiten Bereichen – denken Sie nur an die Wirtschafts- oder Drogenkriminalität – von einer Durchsetzung des Rechts nicht die Rede sein, und die Enttäuschung über die Versuche, das Verhalten der Menschen definitiv durch Gesetze zu ändern, durchzieht die Menschheitsgeschichte über lange Generationen. Dabei ist natürlich keine Aussage darüber möglich, wie das Verhalten der Menschen – in *dieser* Gesellschaft und unter den bestehenden Bedingungen – ohne Recht und Gesetze wäre. Trotzdem bleibt natürlich die Frage, ob nicht vielleicht doch – möglicherweise bei geänderter Struktur der Gesellschaft – andere Möglichkeiten erfolgreicher gewesen wären und sein könnten.

Die gleiche Frage stellt sich für das Phänomen der Bürokratie.[33] Der französische Soziologe Michel Crozier hat sich in mehreren Büchern speziell diesem Problem gewidmet. Er betrachtet es als sehr gewagt, wenn nicht ausgesprochen unrealistisch, (moderne) Gesellschaften durch feste Prinzipien und Programme lenken zu wollen, deren Umsetzung in die Hände einer bürokratischen Organisation gelegt wird. Denn eine bürokratische Organisation sei ein System, das geradezu dadurch gekennzeichnet sei, daß es ihm nicht möglich sei, seine Funktion aufgrund festgestellter Fehler zu korrigieren. Die Rigidität seiner Routineabläufe sei durch eine ausgedehnte Entwicklung unpersönlicher Regeln, die Zentralisierung der Entscheidungen, die Isolierung der einzelnen hierarchischen Schichten sowie durch Gruppendruck auf das Individuum bestimmt. Auf dem Boden eines weitgehend unpersönlichen Klimas und der Zentralisierung entstünde eine Reihe relativ stabiler Teufelskreise. Denn die Schwierigkeiten und Frustrationen, vor allem aber die

---

33 Nach Max Weber sind bürokratische Organisationen „durch einen kontinuierlichen regelgebundenen Betrieb von Amtsgeschäften durch Beamte" gekennzeichnet, „welche über genau abgegrenzte Leistungspflichten, Befehlsgewalten und Sanktionsmittel verfügen".

mageren Ergebnisse, die sich aufgrund der bürokratischen Struktur ergäben, führten zu neuen Pressionen, die das Klima der Unpersönlichkeit und die anderen Merkmale nur noch weiter verstärkten. So sei dieses weitaus zu rigide System nicht in der Lage, sich an die Veränderungen anzupassen, welche die mit zunehmender Beschleunigung ablaufende Entwicklung der industrialisierten Gesellschaften dringend erforderlich mache. Wir stehen also vor dem Widerspruch, daß nach unseren bisher üblichen Vorstellungen gesellschaftspolitisches Handeln nur durch organisierte Institutionen, also Bürokratie möglich ist, daß aber die Existenz von Bürokratie mit den ihr eigenen Merkmalen weder mit demokratischen Werten noch den Wünschen und Erwartungen der Menschen, die ihrerseits zu Objekten abstrakter Vorgaben entarten, vereinbar ist. Außerdem weist jede Bürokratie eine Tendenz zu eigengesetzlichem, d.h. nicht durch die jeweiligen Aufgaben bestimmten Wachstum, zu entsprechender Kosteninflation und zu einer Menge von Nonsens-Aktionen auf (vgl. Parkinsons Gesetz[34]).

Das Paradoxe ist, daß man zur Steuerung (moderner) Gesellschaften, *weniger* formale Regelungen und auch *weniger* formale Autorität bräuchte und daß man durch mehr und detailliertere, aber eben doch pauschale Eingriffe und Kontrollen die objektive Komplexität und subjektive Ratlosigkeit erhöht, es sei denn, man änderte von vornherein grundlegend den Regulationsmodus. Die Komplexität der Probleme verführt aber andererseits den Menschen zu immer mehr Reglementierungen, die immer detaillierter und letztlich immer weniger zielführend sind. Die Reglementierungs-„Leidenschaft" nährt sich praktisch aus ihrem eigenen Scheitern. Jeder klagt über die im übrigen ausgesprochen kostenaufwendige Verwaltungsbürokratie. Aber wie reagiert man auf irgendein Problem, das im Grunde durch die Unangepaßtheit der Verwaltungsbürokratie entstanden ist? Mit noch mehr Reglementierungen, mit neuen, noch ausgefeilteren Vorschriften und Verboten!

Eine überzogene und alles überwuchernde Bürokratie durch zusätzliche Reglementierungen und Kontrollen in den Griff bekommen zu wollen, kann aber das Übel nur verschlimmern. Ganz allgemein ist es ja leider so, daß der Mensch nur allzu sehr geneigt ist, Probleme so zu sehen und auch so anzupacken, wie es den ihm zur Verfügung stehenden Möglichkeiten entspricht, also letztlich von sich und nicht von den tatsächlichen Problemen auszugehen und damit auch deren Lösung zu verfehlen.

Andererseits fordern die Bevölkerung und die öffentlichen Medien immer wieder: „Da muß doch etwas geschehen!" Also reagiert der Staat; natürlich tut er das mit *den* Mitteln und Möglichkeiten, die er hat, mit Gesetzen, Reglementierungen, hierarchischen Zwängen. Alle denkbaren Änderungen in einem Staat laufen über die Bürokratie; tatsächliche (inhaltliche) Problemlösungen sind aber

---

34 Der Geschichtsprofessor C. Northcote Parkinson hat bekanntlich Ende der 50er Jahre ein sehr kurzweiliges Buch über die zwangsläufige und gesetzmäßige Vervielfachung der Verwaltung geschrieben. Es fußt im wesentlichen auf den beiden Lehrsätzen, daß jeder Beamte oder Angestellte die Zahl seiner Untergebenen, nicht aber die Zahl seiner Rivalen zu vergrößern wünscht und daß Beamte oder Angestellte sich gegenseitig Arbeit schaffen.

kaum ohne eine grundlegende Reform der Systemstrukturen zu erwarten, da die Bürokratie so, wie sie ist, keine Probleme löst, sondern diese bestenfalls verwaltet und sich mit formalen Scheinlösungen zufrieden gibt. Aufgrund einer systeminternen Kontrolle läßt sich ohne Schwierigkeiten feststellen, ob ein Bürokrat von der vorgegebenen Linie abweicht, nicht jedoch, ob diese Linie überhaupt zu etwas nutze ist.

Die Bürokratie ist aber ein so kohärentes und in sich operational abgeschlossenes Teilsystem in der Gesellschaft, daß sie alle Reformbemühungen aufsaugt und absorbiert, ohne sich in ihren grundlegenden Funktionen zu ändern, zu denen, wie gesagt, die Unpersönlichkeit und Realitätsferne gehören. Taub und blind für die tatsächlichen Gegebenheiten, d.h. für die der Bevölkerung geschuldeten Dienste, ist sie bestrebt, sich selbst zu erweitern und zu verbessern, verliert aber dabei zunehmend die Bindung zur Lebenspraxis. Man stelle sich auf der anderen Seite eine verantwortliche Persönlichkeit vor, die selbst über eine Frage entscheidet, in der sie unmittelbar kompetent ist und bei der sie eine weitgehende Synthese aller wesentlichen konkreten Aspekte vornehmen kann. Um wieviel lebensnäher und zielführender wird ihre Entscheidung sein im Vergleich zur unpersönlichen, „objektiven" und abstrakt pauschalen Entscheidung einer „Instanz", der die konkreten Bedingungen eines Falles unbekannt sind.

Eine simple Abschaffung der Bürokratie, ihre Zerstörung und die konsequente Beseitigung des Bestehenden würde allerdings unter den in unseren Gesellschaften herrschenden und historisch entstandenen Bedingungen keine Lösung darstellen. Es mag zwar einem militärisch orientierten Denken naheliegen, den Feind, wo man ihn trifft, anzugreifen und zu vernichten. Das wäre aber, gemessen an den Merkmalen moderner Gesellschaften, eine zu archaisch-einfache Strategie. Außerdem kann es ohnehin primär nicht darum gehen, etwas, das sich nicht oder wenig bewährt hat und für die Zukunft noch geringere Bewährungschancen verspricht, einfach abzuschaffen und dann im Leeren zu stehen. Es muß vielmehr in erster Linie gelingen, konstruktive Problemlösungsstrategien für die heutige und zukünftige Zeit zu entwickeln, durch die die historischen Überlebenschancen des Ungeeigneten automatisch dahinschwinden.

Insgesamt scheint Politik also weniger an den gesellschaftlichen Verhältnissen zu ändern bzw. ändern zu können, als Politiker – vor allem natürlich der jeweiligen Opposition – vorgeben und sich selbst und anderen aus verständlichen Gründen einzureden versuchen. Die Hoffnungen, die in der zurückliegenden Zeit der Ost-West-Konfrontation von den Menschen hier wie dort gehegt wurden, sind allerorts enttäuscht worden, und die Vorstellung, daß der Zusammenbruch des Kommunismus einen „Sieg" der kapitalistischen Welt bedeute, ist wohl angesichts des Zustandes in diesem Teil der Welt ebenfalls nicht ernsthaft aufrechtzuerhalten. Die zunehmende Einbuße der Fähigkeit zur Steuerung komplexer gesellschaftlicher Systeme ist überall festzustellen. Und überall zeigt sich eine zunehmende Morosität und Ablehnung gegenüber der Politik seitens der Bürger, die ihre Erwartungen auf individuelles Glück und Autonomie angesichts der wachsenden Tendenzen zur „Totalisierung technischer und bürokratischer Rationalität" (v. Beyme) zutiefst enttäuscht sehen.

Selbst die angestrebte und teilweise auch politisch geforderte und geförderte Emanzipation hat sie nicht glücklicher und vernünftiger, sondern eher unzufriedener gemacht. Auch hier scheinen sich die Systembedingungen als dominant zu erweisen. Denn in einem vorwiegend von Egoismus, Selbstdurchsetzung und Ansprüchen bestimmten System kann eine Tendenz zur Emanzipation diese Merkmale nur verstärken und damit die Unzufriedenheit erhöhen. Glück und Zufriedenheit erblühen dagegen dort, wo man sich bescheiden, wo man akzeptieren und für andere da sein kann; sie verlieren sich jedoch auf der endlosen Jagd nach immer mehr, in einem Wust immer weiter wachsender Ansprüche.

Gestatten Sie an dieser Stelle noch einen kurzen Blick zur Seite! Wenn in den zunehmend komplexer gewordenen Gesellschaften mit weitgehend operational geschlossenen und gleichgeordneten Teilsystemen der Wert und Nutzen hierarchischer Ordnungsprinzipien am Verblassen ist, so müßte dem eigentlich auch eine Distanzierung gegenüber bestimmten hierarchischen Attitüden entsprechen, zu denen, sachlich gesehen, keinerlei Grund besteht. Wie sehen denn die großen Entscheidungen großer Männer tatsächlich aus? Welchen Spielraum freier Entscheidungen haben sie konkret? Unter welchen Pressionen und Zwängen kommen ihre „Entscheidungen" in dem Beziehungsgeflecht moderner Gesellschaften zustande? Was können das überhaupt für „Entscheidungen" sein, die sich auf komplexe Probleme in einem nicht durchschaubaren Feld beziehen?

Welche Eitelkeit und Arroganz spiegelt dagegen – wenn auch bisweilen in geschickt getarnter Form – das Auftreten vieler Politiker, es sei denn, sie streicheln aus Gründen der Publicity die Köpfe von Kindern! Wie aber sollte ein Politiker andererseits als erfolgreich und zukunftsbestimmend wirken, wenn er nicht Überzeugtheit ausstrahlt, eine Überzeugtheit aber – und hier beginnen Unglaubwürdigkeit und Vertrauensverlust – die er, objektiv gesehen, eigentlich gar nicht haben kann! Das Hoffnung erhoffende Volk wendet sich dann aber meist, anstatt die Ursache im System als solchem zu sehen, nach dem Motto 'wenn A falsch ist, muß B richtig sein' dem nächsten Kandidaten zu, der bisher noch keine Versprechungen einzuhalten brauchte.

Mit welcher Arroganz und Autorität tritt letztlich auch der demokratische Staat effektiv gegenüber seinen Bürgern auf! Was scheren Politiker, die an die Macht gekommen sind, die Versprechen, die sie vor der Wahl gegeben haben? Und was scheren Politiker, die nicht an der Macht sind, die Versprechen, die sie gar nicht einzuhalten brauchen? Ist es aber unter den hinlänglich beschriebenen Bedingungen im Grunde überhaupt möglich, Versprechen zu halten? Ist es bspw. redlich und wirklich nötig, ständig mehr soziale Leistungen zu fordern, oder sich aus wahltaktischer Manipulation auf Sozialausgaben festzulegen, die langfristig gesehen unhaltbar sind? Versprechen wollen aber die Menschen hören, um ihre Hoffnungen zu nähren. Sie ziehen es in den meisten Fällen vor, betrogen zu werden, als einer für sie unangenehmen Wahrheit ins Auge zu schauen. Trotzdem bleibt die Frage, wozu das ganze Theater, die in der konventionellen Polit-Rhetorik übliche Verbalinflation, die mit markiger Stimme von Rednertribünen erschallenden großen Worte, die Agitation mit gehaltlosen Symbolen, die clevere Manipulation von Hoffnungen? Wo gibt es in diesem Umfeld Politiker, deren Worten zu folgen sich wirklich lohnen würde? Wann wird aber auch der einzelne Mensch, der Bürger lernen, dieses Theater nicht mehr zu erwarten und nicht mehr ernst zu nehmen, so daß es eines Tages mangels Publikum entfällt und Politik zu dem zurückfindet, was sie eigentlich sein sollte?

Wann endlich wird der sich wechselseitig nährende und sich nicht nur in unglaublicher Verschuldung der Länder spiegelnde Größenwahn von Politik und Politikern ein Ende finden? Wann werden Politiker zur echten Bescheidenheit zurückfinden, zu der sie allen Grund hätten, da sie zwar das Himmelreich auf Erden versprechen, aber nicht verwirklichen können?! Wann werden sie begreifen, daß es ihre Aufgabe ist, nicht in erster Linie sich selbst, ihrem Image und ihrer Partei, sondern dem Volk und den Menschen zu dienen, daß sich wahre Größe in Bescheidenheit zeigt und daß Bescheidenheit wahre Größe bedeutet. Wer wirklich etwas ist, hat es nicht nötig, als wer weiß wer auf andere zu wirken. Wann wird die Abendglocke einer bis in den Kommunalbereich hinein größenwahnsinnigen Politik läuten, deren Ausgaben für zum Teil unsinnige Projekte ins Unermeßliche steigen, deren Regiekosten für eine aufgeblähte Bürokratie, gemessen am wirklichen Erfolg, erheblich zu hoch sind, zumal diese zum Teil nur dazu dienen, ein System in Gang zu halten, das inzwischen ausgedient hat und anachronistisch geworden ist? Welche völlig unnötigen und nicht zu verantwortenden Ausgaben belasten den Staatshaushalt, während an anderer Stelle höchst bürokratisch versucht wird, Pfennige einzusparen? Wann wird Politik aufhören, den ständigen Forderungen nach Krediten und Subventionen nachzugeben, wann werden Politiker aufhören, Posten für ihre Freunde zu schaffen oder vor einem bevorstehenden Regierungswechsel noch schnell einige Beförderungen vorzunehmen? Wann wird eine Politik nicht mehr nach ihren Ausgaben, sondern nach ihrem Erfolg gemessen, wann ein Minister nicht mehr an der Höhe seines Budgets (F. de Closets)? Die Demokratie ist im Grunde nicht nur durch diejenigen bedroht, die ihre Prinzipien bekämpfen, sondern auch durch die, die sich allzu leicht mit ihren Schwächen abfinden oder sie gar ausnutzen. Und in dem Maße, in dem die Regierung eines autoritären oder auch demokratischen Staates von den Bürgern als fremde, anonyme Macht erlebt wird, die keiner versteht und durchschaut, könnte man analog zu einer technischen, wirtschaftlichen oder sozialen Entfremdung durchaus von politischer Entfremdung sprechen. Sie beginnt im Grunde schon dort, wo das offiziell verkündete Anliegen (Souveränität des Volkes oder Diktatur des Proletariats) nichts mehr mit der praktischen Realität (repräsentative Volksvertretung, Herrschaft einer einzigen Partei) zu tun hat.

Wann werden Politiker, wann wird der Mensch lernen, anders zu denken, anders zu sprechen und anders zu handeln? Wann wird, wann kann die Bewußtseinsentwicklung des Menschen so weit gediehen sein, daß eine andere, eine sinnvollere Form des Zusammenlebens und Zusammenwirkens möglich ist, eine

Entwicklung möglicherweise, trotz allen technischen Fortschritts, zu mehr Einfachheit und Bescheidenheit, zur Wiederversöhnung mit der Umwelt.

Anzeichen dafür sind zweifellos vorhanden. Aber vielleicht ist es ein Wettlauf mit genau gegensätzlichen Tendenzen, dessen Ende noch nicht abzusehen ist. Eine umfassende Konzeption, die mit den tatsächlichen Bedingungen unseres Lebens, dem aktuellen Zustand der Welt und den zukünftigen Möglichkeiten unseres Daseins auf dieser Erde, aber auch mit den „ewigen" Wünschen und Bedürfnissen der Menschen in Übereinstimmung steht, ist noch nicht in Sicht.

Selbstorganisation und Autonomie, Demokratie und Anarchie

Könnte angesichts der geschilderten Situation möglicherweise die Theorie der Selbstorganisation – wenigstens teilweise – eine gewisse Hilfe anbieten? Würde Selbstorganisation bspw., ganz allgemein gesehen, nicht auch bedeuten können, statt mit einzelnen Maßnahmen in ein mehr oder weniger operational geschlossenes System einzugreifen, unter Berücksichtigung der Strukturbestimmtheit selbstbezüglicher, selbststeuernder Systeme möglichst günstige Bedingungen für eine (optimale) Entwicklung des Systems zu schaffen, dem System die Chance zu einer solchen Entwicklung zu geben und es zu entsprechenden Operationen anzuregen? Auch Willke bezeichnet es angesichts der hohen Differenzierung, Komplexität, Autonomie und operativen Geschlossenheit als weder realistisch noch realisierbar, mit hierarchischen, direkten Abhängigkeits- und Steuerungsmechanismen zu arbeiten. Ist der Mensch, der „in naturwüchsige Ordnungen eingegriffen" hat, nicht in die Rolle des „Zauberlehrlings" gekommen, „der die Folgen seines Handelns weder überblickt noch rückgängig machen kann"?

Wir werden nie die Gesellschaft gezielt und direkt nach unseren Wünschen und nach unserem Willen umformen können. Dazu ist sie zu komplex, zu reich an wechselseitigen Beziehungen und Abhängigkeiten, die sich einer bewußten Einwirkung entziehen. Schon mancher, der in seiner Theorie das Reich der Tugend schaffen wollte, hat damit in der Praxis Heuchelei und Denunziantentum eingeführt.

Die Nichtbeachtung selbstorganisatorischer Strukturen und Prozesse in der zurückliegenden Zeit hat in vielen Gesellschaften dieser Erde zu einer Reihe von Schwierigkeiten, ja teilweise sogar krisenartigen Bedrohungen geführt. Ich erwähne nur die Zerstörung natürlicher Systeme und Kreisläufe, die vorwiegende, mit zentralistischen Tendenzen einhergehende Fremdbestimmung in sozialen Systemen und die Behinderung von Eigeninitiative und Eigenverantwortung durch eine Flut von Gesetzen, Erlassen und Verboten (vgl. Mittelstaedt).

Natürlich ändern sich Gesellschaften, wie sie sich in der ganzen Geschichte der Menschheit geändert haben, sie ändern sich aber nach *ihren* Gesetzen, aus der Gesamtkonstellation ihrer historischen und aktuellen Bedingungen, zu denen selbstverständlich auch das Denken, Fühlen, Wollen und Verhalten von Menschen gehört. Eine Änderung ist das Ergebnis einer Unzahl von Einflüssen und Anpassungen, die sich im Inneren eines sozialen Gesamtsystems vollziehen. Gesellschaften ändern sich aber nicht aufgrund des umschriebenen Entschlusses eines Menschen oder einer Menschengruppe, schon gar nicht auf lange Sicht. Dazu müßte man zuallererst einmal das reale System mit den tatsächlichen Problemen von Grund auf kennen und sich dafür mit seinen eigenen Zielen und Projekten zurückhalten können. Denn diese stellen in den meisten Fällen doch nur einen getarnten Ausdruck ideologischer Voreingenommenheit oder gar Verbohrtheit dar. Denken Sie nur daran, wie nahezu unbemerkt die öffentlichen Medien, vor allem das Fernsehen, die Möglichkeit haben, die Bevölkerung in einer gewünschten Richtung zu „in-formieren".

Im Verlauf der historischen Entwicklung von Gesellschaften kann es allerdings durchaus zu Widersprüchen zwischen Selbstorganisationsprozessen der Gesellschaft und Tendenzen der Selbsterhaltung sozialer Systeme kommen, wenn diese sich bspw. gegen bestimmte Veränderungstendenzen sperren. Aber selbst da kann man sich letztlich fragen, inwieweit nicht auch diese Tendenzen Ausdruck eines umfassenden Selbstorganisationsprozesses sind, dessen Endergebnis nicht absehbar ist.

In jedem Fall kann man heute mit Sicherheit sagen, daß Veränderungen dann am wirkungsvollsten eintreten, wenn man sich auf Steuerungskräfte und -tendenzen stützt, die bereits in dem jeweiligen System lebendig sind, sei es nun im Menschen oder in einer Gesellschaft. Daniel Guérin bezeichnet deshalb ganz in diesem Sinne die Gesellschaft nicht als eine Erfindung des Menschen, sondern „als Produkt der unterirdischen Arbeit der Geschichte".

Auch der Mensch unterliegt Veränderungen. Diese kommen aber ebenfalls nicht durch Erlasse zustande, sondern ereignen sich aus dem unablässigen Strom seiner vielfachen Erfahrungen heraus. Deshalb kann es auch nicht die Aufgabe der Politik sein, den Menschen vorzugeben, was sie denken und tun sollen. Sie sollte vielmehr ein Umfeld schaffen, das es ihnen ermöglicht, im positiven Sinne zu sich selbst – und damit zum Mitmenschen und zur Gemeinschaft – zu finden, sich zum eigenen und zum Wohl der Gemeinschaft vorwärtszuentwickeln.

Es gibt jedoch, speziell aufgrund der für unseren Kulturkreis charakteristischen geistesgeschichtlichen Entwicklung (s. S. 16ff.), nicht wenige Menschen, die Regulation, d.h. eine systeminterne korrigierende Tendenz und Fähigkeit, die Existenz und Funktion eines Systems aufrechtzuerhalten, nur im Sinne einer von außen einwirkenden Reglementierung begreifen können, die bei „Regulation" unmittelbar an jemanden denken müssen, der das in der Hand hat. Sie können sich nicht vorstellen, daß es durchaus auch andere, vom Willen der Menschen unabhängige Formen der Regulation gibt. Für sie mag vieles bisher Gesagte und noch Kommende relativ fremd und ablehnenswert klingen. Es kann aber vielleicht doch eine Anregung zu weiterem Nachdenken bedeuten und sie zur Entdeckung einer ihnen bisher verschlossenen Welt führen.

Nach dem allgemeinen Rückgang autoritär-hierarchischer Denkmodelle in den letzten Jahrzehnten stellt sich natürlich die ganz grundsätzliche Frage, wie nach derzeitiger Sicht der Dinge die moralische Autonomie des Individuums mit der legitimen Autorität des Staates in Einklang gebracht werden kann. Mit diesem Problem hat sich vor einiger Zeit der amerikanische Philosoph und Politologe Robert Paul Wolff auseinandergesetzt, wobei seine anfängliche Absicht darin bestand, eine theoretische Rechtfertigung für die Autorität des Staates und im besonderen für die traditionelle demokratische Lehre zu finden, die ja eine Vielzahl von Interessen mit der Einheit der Gesellschaft und die weitgehende Freiheit des einzelnen mit den Verpflichtungen eines Mitgliedes der Gesellschaft dieser gegenüber zu verbinden sucht.

Er ging zunächst davon aus, daß die Menschen einen tief verankerten Glauben an die Existenz legitimer Autorität und damit an die Legitimität eines faktischen Staates besitzen. Diesem Bedürfnis nach Geborgenheit in der Abhängigkeit steht auf der anderen Seite ein Bedürfnis nach innerer und äußerer Unabhängigkeit und Freiheit gegenüber. Wolff sieht allerdings allein die freie Wahlmöglichkeit als nicht ausreichend zur Übernahme von Verantwortung an. Es gehöre zumindest auch die innere Verpflichtung dazu, sich für das Richtige, bzw. möglichst gut entscheiden zu wollen. Dabei sei es durchaus in Ordnung, den Rat anderer zu hören. Aber am Ende müsse man selbst bestimmen, ob es ein guter Rat war.

Autonomie in diesem Sinne bedeutet sozusagen, sich selbst Gesetze zu geben. Dadurch aber, daß ein Individuum keine entsprechenden Erwägungen anstelle und Befehle und Vorgaben anderer ohne Prüfung für sich als entscheidungsbestimmend hinnehme, gebe es seine Autonomie auf. Hier sieht Wolff einen tiefen Konflikt: Als wesentliches Bestimmungsmerkmal des Staates sieht er die Autorität, das Recht zu herrschen. Die entscheidende Pflicht eines sich als frei verstehenden menschlichen Individuums besteht jedoch nach seiner Auffassung in der Autonomie, in der Weigerung, sich beherrschen zu lassen. Das bedeutet aber, daß das Individuum es *nicht* als seine unabänderliche und keiner Begründung bedürfende Pflicht ansieht, den Gesetzen des Staates zu gehorchen, bloß weil es Gesetze sind. Es wird diese Befehle des Staates nicht als aus sich heraus legitim ansehen, ihnen für sich selbst ohne verantwortliche persönliche Prüfung keinen verbindlichen moralischen Wert zuschreiben.

Ist die Situation nicht sogar noch dadurch erschwert, daß der Staat, statt sich als eine Organisation zum Schutz gesellschaftlichen Wirkens und zur Ermöglichung der Ordnung gesellschaftlichen Zusammenlebens zu verstehen, zunehmend zum letztlich alles ansaugenden Moloch[35], zu einem alles überschattenden Selbstzweck wurde, daß er sich als eine Herrschaftsordnung mit „hoheitlicher" Befehls- und Zwangsgewalt immer stärker von der Lebenswelt der Menschen ablöste und ihnen mehr und mehr als fremde Macht gegenübertrat (Theunissen), als „kaltes Ungeheuer", wie Friedrich Nietzsche einmal sagte? Er läßt im Grunde dem Individuum nur die Wahl, sich der Gewalt zu beugen und sich anzupassen oder den Weg der zumindest inneren Emigration, des Rückzugs in die Vereinzelung zu gehen, ohne die an sich ersehnte Möglichkeit einer persönlich überzeugenden

---

35 Moloch war ein semitischer, durch Menschenopfer verehrter Gott. Der Begriff wurde im Laufe der Zeit zum Sinnbild für alles, was Menschen oder wertvolle Güter verschlingt.

Teilhabe am Gemeinwesen zu haben. Thomas Hobbes sah zwar die einzige Chance für den Frieden zwischen machthungrigen menschlichen Individuen in der Allmacht des Staates, und in der Anschauung der klassischen Ethik, die in der Hegelschen Formulierung des Staates als der „Wirklichkeit der sittlichen Idee" ihren krönenden Ausdruck fand, gilt der Staat als Ordnung, in der sich die im Wesen des Menschen angelegten sittlichen Kräfte und Werte verwirklichen. Beide Auffassungen entsprechen jedoch, wie sich inzwischen erwiesen hat und wie es sich im Erleben zahlloser Menschen spiegelt, in keiner Weise der heutigen Wirklichkeit.

Auf dieser Grundlage wendet sich Wolff dann dem Modell der Demokratie zu. In ihr erblickt er die Form der Gemeinschaft, „die eine gewisse Hoffnung darauf anbietet, daß der Konflikt zwischen Autorität und Autonomie gelöst wird". Denn in einer demokratischen Staatsform stelle der Mensch selbst sozusagen die Quelle der Gesetze dar, und die Regierung, die mit der Ausführung der Gesetze beauftragt ist, erscheint als ein Diener des Volkes in seiner Gesamtheit. Die Demokratie versuche so, auf natürliche Weise die Verpflichtung zur Autonomie auf den Bereich des kollektiven Handelns auszudehnen.

Das gilt natürlich in erster Linie für die Form der direkten Demokratie, in der die Menschen – allerdings mit der Einschränkung der Einstimmigkeit – zumindest in Angelegenheiten von größerer Bedeutung die Forderungen von Autonomie und Autorität in Einklang bringen können. Gemeinsame Ideale oder die grundsätzlichen Vorteile einer rational begründeten Kooperation könnten das im Prinzip möglich machen, so daß Einstimmigkeit den Rechtscharakter des Staates begründet. Das Wissen, daß die eigene Stimmabgabe zu unmittelbaren und sichtbaren Veränderungen ihrer Lebenswelt beiträgt, würde zudem den individuellen Sinn für Verantwortung erheblich stärken. Bei Nicht-Übereinstimmung, wie sie im Grunde bei größeren Gemeinschaften zu erwarten ist, entsteht jedoch eine Handlungsunfähigkeit der Gesellschaft. Andererseits ergibt sich in der heutigen Welt bei Beibehaltung kleiner Gruppen das Problem der Koordination dieser Gruppen auf höherer Ebene.

Die Schwierigkeit der Einstimmigkeit und eines Ausräumens von Meinungsverschiedenheiten besteht natürlich bei einer Mehrheitsdemokratie nicht. Die jeweilige Mehrheit bleibt auch autonom, weil *sie* es ja war, die das betreffende Gesetz gewollt hat. Vertreter der Minderheit dagegen, die gegen dieses Gesetz gestimmt haben, sich aber dem Gesetz trotzdem unterwerfen müssen, büßen eindeutig ihre Autonomie ein. Auch das vorher gegebene Versprechen, sich dem Willen der Mehrheit unterzuordnen, würde daran nichts ändern. Es würde sich sozusagen nur um eine Art freiwillig eingegangener Sklaverei handeln.

Das Mehrheitsprinzip ist indes so in unserem Denken verankert, daß uns das Fehlen einer überzeugenden Begründung dafür, daß die Minderheit verpflichtet ist, der Mehrheit zu gehorchen, gar nicht mehr bewußt wird. Wolff erkennt allerdings grundsätzlich keinen moralischen Grund, warum Menschen mit ihrem Versprechen zum Gehorsam einem demokratischen Staat zur Existenz verhelfen sollen, wenn sie damit gleichzeitig ihre Autonomie verwirken, und verweist zusätzlich auf die Gefahr, auf dem Wege der Mehrheitsherrschaft zu einem System völlig unterschiedlicher Gruppeninteressen zu kommen. Um Rebellionen einer ständigen Minderheit zu vermeiden, die ja möglicherweise durchaus ein entsprechendes Problem qualifizierter sehen und über bessere Informationen und Entscheidungsgrundlagen als die Mehrheit verfügen kann, wäre also genauso gut, wie Wolff es tut, ein Gesetzgebungssystem durch einfachen Losentscheid zu diskutieren. Das mag übrigens gar nicht einmal so sinnlos sein, wie es auf den ersten Blick erscheinen könnte, vor allem in Situationen, in denen man mit Alternativen konfrontiert ist, deren Folgen nicht oder kaum abzuschätzen sind. Man denke dabei nur an die geringe Wahrscheinlichkeit, Folgen einer isolierten Maßnahme in einem komplexen System vorauszusagen. Eine ähnliche Überlegung würde Platz greifen, wenn eine begrenzte Anzahl in gleicher Weise verdienstvoller oder verdienstloser Bürger begünstigt oder belastet werden soll.

Die Realität unserer modernen Gesellschaften bietet nun gegenüber den beiden besprochenen Modellen eine dritte Form der Demokratie, die repräsentative, die im übrigen in einem empirisch festgestellten Zusammenhang mit der Höhe des Entwicklungsstandes eines Staates steht. Sie bietet den eindeutigen Vorteil, bei größeren Bevölkerungszahlen ohne Schwierigkeiten anwendbar zu sein. Hier wirft Wolff allerdings das Problem auf, warum ein Individuum Gesetzen gehorchen solle, die von nicht einmal echten Repräsentanten gemacht seien, denen es keine konkreten Anweisungen habe geben können. „Aus welchen Gründen kann man den Anspruch erheben, ich sei verpflichtet, Gesetzen zu gehorchen, die in meinem Namen von einem Mann (mit)gemacht worden sind, der keinerlei Verpflichtung hat, so abzustimmen, wie ich es tun würde?" Ein solches Gesetz könnte, wobei wir die Mehrheitsproblematik außer acht lassen wollen, im Grunde nur die Abgeordneten binden, und seine Befolgung würde eine Aufgabe der individuellen Autonomie bedeuten. Die repräsentative Demokratie soll indes eine – indirekte – Regierung durch das Volk sein. Ist aber ein Parlament, dessen Abgeordnete ohne besonderen Auftrag ihrer Wähler abstimmen, ein so viel stärkerer Ausdruck des Wählerwillens, fragt Wolff, als eine Diktatur, die in guter Absicht, aber unabhängig von den Untertanen regiert?

Seit dem Zweiten Weltkrieg haben sich nun die demokratisch gewählten Regierungen unserer Gesellschaften zunehmend von dem getrennt, was man Volkswillen nennen könnte. Der nahezu einzige Kontakt zwischen autonomem Bürger und Regierung ist zum Zeitpunkt der allgemeinen Wahlen, wo er allerdings auch nur die Möglichkeit hat, auf eine, nicht einmal von ihm gestellte, sondern ihm von bestimmten politischen Gruppierungen vorgegebene Frage zu antworten. Die Parteien führen aber ihren Wahlkampf in erster Linie mit denjenigen Themen und Parolen, die sie für erfolgreich halten, um die Wahl zu gewinnen. A. Bolz meint dazu sarkastisch: „Politik wirbt nicht um Wähler, um Programme zu realisieren, sondern schreibt Programme, um Wahlchancen zu optimieren." Insofern entscheidet der Bürger bei der Wahl auch nicht über seine tatsächlichen primären Interessen und hat auch keine Möglichkeit, zu aktuellen Problemen und Widersprüchen Stellung zu nehmen. Eine solche Wahl stellt aber, wie die Franzosen sagen, ein

„piège à cons", eine Falle für Idioten dar. Der Bürger kann sich aufgrund seiner grundsätzlichen Tendenz oder seiner Stimmungslage für einen Menschen oder eine politische Gruppierung entscheiden, die ihn meist mit nichtssagenden Parolen („Auf den Kanzler kommt es an", „Wir haben die bessere Mannschaft", „Aufwärts mit Deutschland" usw.) und erfolgverheißenden Versprechungen zu ködern versuchen. Ganz in diesem Sinne hat Joseph A. Schumpeter 1950 Demokratie definiert: als „diejenige Ordnung der Institutionen zur Erreichung politischer Entscheidungen, bei welcher einzelne die Entscheidungsbefugnis vermittels eines Konkurrenzkampfes um die Stimmen des Volkes erwerben", und Alan Coren formulierte in ähnlicher Weise: „Demokratie besteht darin, seine Diktatoren auszuwählen, nachdem diese einem gesagt haben, was sie meinten, daß man es hören wolle." Mit der Wahl wird also praktisch einer selbsternannten „Elite" politischer Profis, die davon – auch angesichts der nicht im Gehalt erscheinenden Vergünstigungen – nicht schlecht leben, eine Legitimation erteilt. Nach erfolgter Wahl hat der umworbene Bürger aber keinerlei Möglichkeit mehr, legal an irgendwelchen Entscheidungen mitzuwirken. Selbst die so wohlklingenden und vom Wähler positiv aufgenommenen Versprechungen sind vergessen.[36] Eine geringe Anzahl von Gesellschaftsmitgliedern stellt also nach R.P. Wolff „Parasiten dar, und zwar auf Kosten der gehorsamen autoritätsgläubigen Massen". Der Wahlvorgang dient in erster Linie dazu, den Machtwillen der Führungselite zu legitimieren, nicht aber den Willen des Volkes zu tatsächlich bestehenden und zum Teil drängenden Problemen zum Ausdruck zu bringen. Ganz in diesem Sinne bezeichnete schon Jean-Jacques Rousseau die Souveränität des Volkes als eine intellektuelle Konstruktion und sprach ihr eine rein „abstrakte und kollektive Existenz" zu.

Und was erfährt der Bürger später tatsächlich von den wahren Gründen, die zu einer bestimmten Entscheidung geführt haben? Er erfährt bestenfalls die Gründe und auch die Zahlen, die ihm aus taktischen Gründen zur Verdauung angeboten werden. „Kein Mensch kann aber frei (und autonom) genannt werden", formuliert R.P. Wolff, „der (für ihn praktisch) geheimen Entscheidungen unterworfen (ist), die auf (von ihm nicht nachprüfbaren) geheimen Daten beruhen und unausgesprochen Konsequenzen für sein Wohlergehen und sein Leben haben". Außerdem muß immer wieder im Parlament über etwas abgestimmt werden, was zum Zeitpunkt der Wahl gar nicht zur Diskussion stand. Inwieweit können also „freie Wahlen", auf die wir alle so stolz sind, tatsächlich den Willen des Volkes zu entscheidenden Fragen seines Lebens spiegeln?

Deshalb kommt Wolff, nachdem er mit seinen Begründungsversuchen der Demokratie, wie er meint, in eine Sackgasse geriet, doch wieder auf Möglichkeiten der direkten Demokratie zurück und meint, daß eigentlich die Hindernisse zu ihrer Verwirklichung mehr technischer Natur und in einer Zeit technologischen Fortschritts grundsätzlich überwindbar seien. In der Tat sind in der letzten Zeit, in

---

36 Es sei ausdrücklich betont, daß dies für Politiker aller Couleurs, für Regierung wie Opposition gilt. Denn eine Opposition kann, um an die Macht zu kommen, sehr viel dem Volke Genehmes fordern und versprechen, was sie sich als Regierung zu verwirklichen hüten würde.

der sich auf der anderen Seite Klagen über zunehmende Bürokratisierung und zentrale unpersönliche Steuerung des menschlichen Lebens häufen, entsprechende Ansätze unter dem Begriff der „partizipatorischen" – oder Mitbestimmungsdemokratie (vgl. S. 305) immer häufiger diskutiert worden und Begriffe wie Basisgruppen, Autonomie, Rotationsprinzip und Referenten stärker in die Öffentlichkeit gedrungen. Der Ruf nach „mehr Demokratie", nach Beteiligung aller Bürger an gesellschaftlichen Entscheidungen wurde immer lauter vernehmbar, obwohl der Gedanke eigentlich gar nicht so neu war. Denn schon Thomas Jefferson, der dritte Präsident der USA, hatte sich in seinen späteren Jahren dafür ausgesprochen, daß „die Grundbestandteile des gesellschaftlichen Aufbaus der Vereinigten Staaten 'elementare Republiken' sein sollten, die ihre gemeinsamen Entscheidungen in direkter Partizipation zu treffen hätten". In ähnlicher Weise sprach der amerikanische Organisationsforscher Amitai Etzioni von einer „active society" und hielt ein höheres Maß an Partizipation mit der Effizienz und Stabilität von Demokratien für durchaus vereinbar. Außerdem kann an das Modell der griechischen Polis, der Schweizer Landgemeinden oder an die Town Meetings von Neu-England erinnert werden, wo die Mitglieder der Gesellschaft zur Volksversammlung zusammenkommen, über wichtige Problem diskutieren und entsprechende Entscheidungen fällen.

Als wesentlich für eine wirksame Partizipation hat sich herausgestellt, daß das einzelne Mitglied der Gemeinschaft *alle* Entscheidungsbereiche beeinflussen kann, keinen Einschränkungen der Reichweite der Partizipation unterliegt, direkt, d.h. persönlich Probleme zur Tagesordnung vorschlagen sowie abstimmen kann und daß seiner Teilnahme ein entsprechendes Gewicht zukommt. Die Ausführung der getroffenen Entscheidungen wird dann meistens gewählten, aber jederzeit abrufbaren Repräsentanten anvertraut, die einem sogenannten „imperativen Mandat" unterliegen.

Vorteile dieser Gesellschaftsform werden zunächst einmal in der höheren Selbstachtung der Mitglieder, in ihrer größeren Aktivität und in der Förderung selbständigen, kritischen Denkens, also letztlich in einem höheren Maß individueller Autonomie gesehen. Damit wächst zugleich die soziale Verantwortlichkeit. Man lernt, auch an andere zu denken. Das grundlegende Interesse für öffentliche Fragen wächst, man informiert sich besser und identifiziert sich stärker mit der Gemeinschaft, für deren Ordnung und Harmonie man eintritt.

Vor allem Clausjohann Lindner macht aber auch in seiner Kritik der Theorie der Partizipation auf nicht zu vernachlässigende Schwierigkeiten aufmerksam. Er meint u.a., daß man, wie sich verschiedentlich gezeigt habe, in der Praxis aufgrund des Verhältnisses subjektiver Vor- und Nachteile bei entsprechender Beteiligung nicht mit der nötigen Motivation der Bürger rechnen könne,[37] zumal diese weder die notwendige Fähigkeit zur Verarbeitung umfangreicher Informationen, noch

---

37 Es sei nur erinnert, daß in der Schweiz bei insgesamt weniger zeitaufwendigen Volksabstimmungen eine Beteiligung von knapp 37 % als überdurchschnittlich gut angesehen wird (Der Spiegel).

angesichts des zum Teil erheblichen Zeitbedarfs die nötige Freizeit hätten, bzw. zur Verfügung zu stellen bereit wären. Das Problem ist in der Tat verschiedentlich zutage getreten, und es fragt sich andererseits, welche für die Allgemeinheit möglicherweise nur schwer tragbaren Arbeitsfreistellungen erfolgen müßten, um das Funktionieren der Willensbildung in Basiseinheiten zu ermöglichen. Außerdem besteht längst nicht an allen behandelten Fragen ein unmittelbares Interesse, und es fehlt den einzelnen Mitgliedern auch häufig an entsprechenden Sachkenntnissen und der Möglichkeit, sich diese – jeweils wieder für eine andere Frage – zu beschaffen. So sind, wie im Spiegel 1985 zu lesen war, viele Abstimmungen „nur ein Bestätigungs-Ritual für eine Entscheidung, die auf höherer Ebene längst gefallen" war. Lindner meint ferner, daß erkannte Fehler schwer zu korrigieren seien und die zu erwartenden Erfolgserlebnisse der Mitglieder nicht so bedeutsam seien, daß wirklich eine Steigerung der Selbstachtung und Motivation zustande komme. Auch v. Beyme weist ausdrücklich darauf hin, daß jeder Teilnehmer genügend innere Härte entwickeln müsse, um die Tatsache hinzunehmen, daß mindestens die Hälfte der getroffenen Entscheidungen mehr oder weniger gegen den eigenen Willen ausfallen. Die Gefahr solcher Frustrationen erhöht sich natürlich bei einer Basisgruppen-Demokratie erheblich, wenn auf jeweils überlokaler Ebene wieder anders entschieden wird. Aber das ist ein Phänomen, das nicht nur im Modell der partizipatorischen Demokratie zu beobachten ist. Ein ganz wesentlicher Einwand ist schließlich mit Sicherheit, daß die Zahl der partizipierenden Gesellschaftsmitglieder nicht zu groß sein darf und daß man das Eintreten persönlich positiver Auswirkungen bei der Masse aller Gesellschaftsmitglieder kaum erwarten kann. Das gilt sicher für Großgesellschaften wie die unsere, in denen es schwer sein dürfte, die lange und tief verwurzelten allgemeinen Ohnmachtsgefühle abzubauen. Lindner kommt jedenfalls aufgrund seiner Untersuchungen zu dem Schluß, daß die Realisierbarkeit des Modells einer partizipatorischen Demokratie verneint werden müsse.

Das Konzept einer konsequenten Partizipation kann übrigens – und damit gehen wir noch einen Schritt weiter – durchaus in geistiger Nähe zum sogenannten Räte-Modell gesehen werden, wie A. Künzli bemerkt, der 1979 eine Arbeit unter dem Titel „Partizipation – letzte Chance der Demokratie" veröffentlichte. Dies empfand wohl auch R.W. Wolff, der am Ende seiner bemerkenswerten Arbeit über die Demokratie zu dem Schluß gelangt, daß, wenn Autorität und Autonomie tatsächlich unvereinbar seien, nur zwei Wege übrig blieben: Der eine bestehe darin, das Streben der in Gesellschaften lebenden Menschen nach Autonomie als wirklichkeitsfremd aufzugeben, der andere darin, jede Regierung, die keine Autonomie erlaubt, als nicht-legitim anzusehen, d.h. sich dafür zu entscheiden, Herrschaftsstrukturen jeglicher Art aus dem Zusammenleben von Menschen zu verbannen. Die konsequenteste historische Ausformulierung solcher herrschaftsfreien Strukturen erfolgte in dem Modell der An-archie.

Damit ist ein Begriff in unsere Betrachtung eingeführt, der einem braven Bürger zumindest hierzulande eine Gänsehaut über den Rücken laufen läßt. Anarchie ist für viele gleichbedeutend mit Chaos (im alltäglichen Sinne) und Zerstörung, Anarchismus wird mit Terror und Gewalttätigkeit gleichgesetzt, und ein Anarchist ist geradezu identisch mit dem „schleichenden Finsterling, dem die Lunte einer Bombe aus der Rocktasche hängt" (Krämer-Badoni).

Dabei sind Ursprung und Wesen von Kapitalismus und Anarchismus gar nicht einmal so verschieden, und auch das Urchristentum weist mit dem Gedankengut des Anarchismus eine ganze Reihe Gemeinsamkeiten auf. Angesichts der Tatsache, daß Selbstorganisation und „Herrschaftslosigkeit" einen vielfältigen Zusammenhang vermuten lassen, und angesichts der Tatsache, daß gerade in Deutschland nur sehr wenige Menschen über die tatsächliche Konzeption des Anarchismus eine klare und vorurteilsfreie Vorstellung haben, scheint es mir sinnvoll, auf die geistige Position des Anarchismus etwas näher einzugehen. Das ist gar nicht so einfach, weil die Bewegung des Anarchismus – wie sollte es auch anders sein – eine ganze Reihe unterschiedlicher Persönlichkeiten und voneinander abweichender Strömungen umfaßt. Die übliche Vorstellung reiner Terroristen und Bombenleger, die eine allzu einfache Klassifizierung nahelegt, ist jedenfalls durch den Nachweis tiefgründiger philosophischer Überlegungen in zahlreichen Veröffentlichungen zumindest entscheidend zu ergänzen. Gewiß, es gibt einen Anarchismus der Tat, aber es darf dabei nicht übersehen werden, daß es auch einen geistigen, ja einen erkenntnistheoretischen Anarchismus gibt (z.B. bei dem österreichisch-amerikanischen Philosophen Paul Feyerabend) und daß bei vielen Anarchisten ein moralisches idealistisches Anliegen zu erkennen ist, das von dem Bild eines sozial hilfreichen, auf hoher Entwicklungsstufe stehenden Menschen, aber natürlich auch von einem starken Protest gegen die realen Verhältnisse bestimmt ist.

Fürst Pjotr Kropotkin schrieb ein umfangreiches Buch über „Gegenseitige Hilfe", und seine „Memoiren" werden von Krämer-Badoni als ein „schönes Buch, voller Milde, Weisheit und Menschenliebe" beschrieben. Für Leo Tolstoj liegt der Sinn des Lebens nicht im Kampf, sondern in der Liebe, im Füreinander. Er entwickelte eine anarchistisch-pazifistische Sozialkritik und vertrat zeit seines Lebens den gewaltlosen passiven Widerstand. Pierre Joseph Proudhon wurde zwar als selbstbewußt, aber doch gelassen und bescheiden beschrieben. In anarchistischen Werken und Reden wird immer wieder das Akzeptieren der Vielfalt, die Selbstbestimmung des Menschen und der Respekt vor der Autonomie des Individuums betont. In bezug auf das von R.P. Wolff angegangene Problem, politische Autorität und individuelle Autonomie zu verbinden, läßt sich auch ohne Zweifel sagen, daß das anarchistische Modell die Trennung und das Gegeneinander von Individuum und Gesellschaft zumindest in einem Ausmaß überwindet, wie es anderen politischen Modellen nicht möglich ist. „Die Anarchie ist eine Regierungsform oder Verfassung, in der das öffentliche Gewissen, das zugleich das private Gewissen ist und durch die Entwicklung von Wissenschaft und Recht gebildet wird, ganz allein zur Aufrechterhaltung von Ordnung und zur Sicherung aller Freiheiten genügt", heißt es in einem Brief von Pierre Laroux aus dem Jahre 1864.

Damit kommen wir erneut zu dem Begriff der Ordnung, diesmal aus der Sicht des Anarchismus, und wir werden sehen, welche Nähe zum Konzept der Selbstorganisation erkennbar ist. An-archie heißt ja, wie ich hier noch einmal ausdrücklich hervorheben möchte, soviel wie *Herrschafts*-losigkeit, Herrschaftsfreiheit, Abwesenheit von Herrschaft. Das ist aber nicht identisch mit *Ordnungs*-losigkeit bzw. Unordnung. Schon Proudhon bekennt sich zur Ordnung. Er hat mit Nachdruck hervorgehoben, daß Anarchie nicht Unordnung, sondern Ordnung ist, aber im Gegensatz zu einer künstlichen, von oben auferlegten Ordnung eine „natürliche" Ordnung beinhaltet. Es handelt sich nicht um die Frage „Organisation oder Nicht-Organisation", sondern um zwei verschiedene Prinzipien von Organisation. Nach Proudhons Auffassung kann daher allein eine von der Regierungsgewalt befreite Gesellschaft die natürliche Ordnung des menschlichen Zusammenlebens gewährleisten. Es geht ihm wie anderen Anarchisten um den Aufbau einer neuen, aus Freiheit und Solidarität erwachsenen Ordnung. Und bei Bakunin ist zu lesen: „Die Freiheit seines Nächsten zu achten, ist Pflicht. Ihn lieben, ihm dienlich sein, ist Tugend: Die Ordnung in der Gesellschaft muß die Resultante der größtmöglichen Entwicklung aller lokalen, kollektiven und individuellen Freiheiten sein." Für ihn hat allerdings auch die Unordnung einen ausgeprägt positiven Aspekt, indem sie das Bewußtsein aufrüttelt und Neues entstehen läßt. Andererseits aber – und darüber herrscht allenthalben eine falsche Vorstellung – ist der Anarchismus nicht nur destruktiv, sondern auch konstruktiv. Er akzeptiert ausdrücklich Organisation, Integration und eine nicht gewaltsame, sondern föderalistische Zentralisierung (Guérin). Zugleich steht hinter diesen Aussagen die An-erkenntnis der Komplexität menschlichen Verhaltens und der Welt, ein erster mutiger Entwurf einer Philosophie der Existenz, wie Guérin meint. Den meisten Menschen ist allerdings die positive Gewichtung von Unordnung so unheimlich und angsterregend, daß sie anarchistische Gedanken mit einem Tabu belegen. Weil wir gewohnt sind, meint Proudhon, den Menschen als ein statisches Wesen mißzuverstehen, erscheint uns Herrschaftslosigkeit als „Gipfel der Unordnung und Ausdruck des Chaos", und weil, so schreibt Bakunin, die Menschen „so sehr an die Ordnung gewöhnt sind, die von irgendeiner Autorität von oben geschaffen wird, haben sie einen so großen Abscheu vor der scheinbaren Unordnung, die doch nur der offene und natürliche Ausdruck des Volkslebens ist ...".

Aus dieser Grundhaltung der Anarchisten wird die totale Ablehnung des Staates verständlich, der ja für viele Menschen die am intensivsten „Herrschaft" repräsentierende Instanz ist. Ein Staat, mit dem der Bürger zufrieden oder gar glücklich wäre, gliche, wie R.P. Wolff einmal bemerkte, ohnehin einem runden Rechteck. Für den Anarchisten stellt der Staat aber darüber hinaus, ob er nun monarchistisch, republikanisch oder sozialistisch ist, eine zutiefst autoritäre, unglückselige Institution dar; und auch die demokratischen Parlamente sind als „konstitutionelle Willkürherrscher" (Proudhon) nur Maskeraden der Repression, der sich das Volk beugen muß; fast alle bisherigen Revolutionen haben lediglich das Firmenschild gewechselt; die Sache selbst blieb die gleiche (Krämer-Badoni). Unsere modernen Staaten sind zudem monströse Unternehmen geworden, mit größenwahnsinnigen Aktivitäten. Pauschale Pläne, Befehle, Erlasse behindern das Wirken derer, die im praktischen Leben stehen, weit mehr, als sie ihnen Nutzen bringen. Für Bakunin ist sogar Immoralität des einzelnen Menschen, die ohnehin bisher durch keine staatliche Restriktion habe eingedämmt werden können, Folge der falschen, in den Staat ausmündenden gesellschaftlichen Organisation.

Alle Anarchisten sind sich darin einig, daß ein Grundübel des Staates in der hierarchischen Organisation von oben nach unten liegt. Wenn, so fragen sie sich, Menschen so schlecht sind, daß sie durch andere beherrscht werden müssen, wie können dann irgendwelche Menschen gut genug sein, die anderen zu regieren? (N. Walter). Deshalb ist für den Anarchismus der Aufbau einer Gesellschaft von unten nach oben wichtigstes Gebot. Auflösung autoritärer Strukturen, da, wo immer sie zutage treten, ob in Form des Staates, der Kirche oder des Kapitals, Ablehnung von Macht und Dogmatismus, Beschränkung des Funktionärswesens auf das Einfachste, Ersetzen eines straffen Zentralismus durch föderative Formen sind die immer wieder erhobenen Forderungen. „Die Abschaffung der Ausbeutung des Menschen durch den Menschen und die Abschaffung der Regierung des Menschen durch den Menschen sind ein und dieselbe Formel ...; Regiertsein, das heißt spioniert, dirigiert, mit Gesetzen überschüttet, reglementiert, belehrt, kontrolliert, kommandiert zu werden ...; Regiertsein heißt, bei jeder Handlung, bei jedem Geschäft, bei jeder Bewegung notiert, registriert, erfaßt, taktiert, gestempelt, vermessen, bewertet, versteuert, lizenziert, autorisiert, ermahnt, behindert, ausgerichtet, bestraft zu werden ..." (Proudhon).

Das vom einfachen Menschen kaum zu verstehende juridische Recht ist nach Bakunins Worten, der für ein Recht auf Gegenseitigkeit plädiert, die „permanente Negation des menschlichen Rechts", während das Naturrecht bspw. lediglich fordert, daß „niemand einen anderen an seinem Leben, seiner Gesundheit, seiner Freiheit oder seinem Eigentum schädigen darf" (Locke). Ebenso hat die Wissenschaft nicht die Aufgabe, das Leben zu leiten – auch das wäre eine Form von Herrschaft –, sondern es zu erleuchten. Die Frau wird dem Manne gleich erklärt in allen politischen und sozialen Rechten wie in allen solchen Funktionen und Pflichten, und selbst Kinder werden im Prinzip als autonome Wesen gesehen. Sie „gehören weder ihren Eltern noch der Gesellschaft, sie gehören sich selbst und ihrer künftigen Freiheit" (Bakunin).

In klarer Konsequenz verweigern die Anarchisten jegliche Anpassung an staatspolitische Machtapparate und lehnen deshalb hartnäckig ab, sich am Parlamentarismus zu beteiligen. Das würde für sie einen Verrat an ihrer Überzeugung bedeuten, die in „politischer Organisation die unvermeidliche Korruption sozialer und ökonomischer Befreiung" sieht (Krämer-Badoni). Der in der Bundesrepublik bekanntgewordene Begriff der „außerparlamentarischen Opposition" stammt übrigens von Kropotkin.

Um ihr Ziel zu erreichen, verschrieben sich die Anarchisten einer grundlegenden revolutionären Umgestaltung, einer totalen Reorganisation der Gesellschaft (von unten nach oben), ja, einer Revolution in Permanenz, einer Tendenz nach beständiger Erneuerung. Konkret sprechen sie von Selbsthilfeeinrichtungen, von kooperativen Arbeiterassoziationen, von Landkommunen, von der Selbstorganisation der Bevölkerung in Räten, von einer Föderation oder einem Solidaritätsbund der Kommunen.

Soviel könnte zunächst zur kurzen Kennzeichnung des Anarchismus genügen. Das Verhältnis zwischen Anarchismus und Marxismus/Kommunismus und speziell auch die Beziehung zwischen Bakunin und Marx sind indes so interessant und zugleich aufschlußreich für beide Positionen, daß ich nicht umhin kann, diesem Problem noch einige Abschnitte zu widmen.

Ein ganz entscheidender Gegensatz, ja wohl *der* grundlegende Streitpunkt zwischen beiden lag wohl darin, daß es Marx darum ging, die Macht im *Staat* zu erringen, d.h. „alle Produktionsmittel in den Händen des *Staates, d.h.* des Proletariats zu konzentrieren, das zur herrschenden Klasse erhoben worden ist" (Manifest der internationalen Assoziation von 1864). Demgegenüber sieht Bakunin hinter diesem Ansatz den Despotismus einer neuen herrschenden Minderheit verborgen. „Diese Minderheit, so sagen die Marxisten, wird aus Arbeitern bestehen. Mit Verlaub, aus ehemaligen Arbeitern, die aber, kaum sind sie zu Volksvertretern geworden oder an die Regierung gelangt, aufhören, Arbeiter zu sein und vielleicht auf die ganze Welt der einfachen Arbeiter von der Höhe des Staates herabzusehen beginnen. Und so werden sie bereits nicht mehr das Volk, sondern sich selbst repräsentieren und ihren Anspruch darauf, das Volk zu regieren". Bakunin hat das an anderer Stelle sehr plastisch formuliert: „Nehmt den radikalsten Revolutionär und setzt ihn auf den Thron aller Reussen oder verleiht ihm eine diktatorische Macht ..., und ehe ein Jahr vergeht, wird er schlimmer als der Zar selbst geworden sein." Aus der Revolution à la Marx sieht er zwangsläufig einen neuen repressiven Staat hervorgehen, und ihr Ergebnis wird für ihn nichts anderes sein als ein Wechsel in der Herrschaft, während es ihm um die Beseitigung von Herrschaft schlechthin geht. „Ich verabscheue den Kommunismus, weil er die Negation der Freiheit ist, und ich nichts Humanes ohne Freiheit konzipieren kann. Ich bin kein Kommunist, weil der Kommunismus alle Kräfte der Gesellschaft im Staat konzentriert und absorbiert und weil er notwendig bei der Zentralisation des Eigentums in den Händen des Staates landet, während ich die Abschaffung des Staates will, die radikale Ausrottung dieses Prinzips der Autorität und Bevormundung durch den Staat, der unter dem Vorwand der Moralisierung und Zivilisierung die Menschen bis auf diesen Tag geknechtet, unterdrückt, ausgebeutet und entsittlicht hat." Folgerichtig sieht Bakunin in dem autoritären Sozialismus, den Proudhon übrigens als „reaktionär" bezeichnete, einen erneuten Betrug des Menschen. Was autoritär beginnt, etwa in einer Revolution von oben, kann auch nur autoritär enden. „Der politische Sozialismus ist kein indirekter Weg zur sozialen Revolution, sondern gar keiner."

Kommunismus ist für den Anarchisten die staatskapitalistische Vollendung des Kapitalismus.[38] So angreifbar diese Aussage auf den ersten Blick erscheinen mag, Lenin selbst hat 1921 das von ihm eingeführte System „Staatskapitalismus" ge-

---

38 Außerdem mag interessant sein, daß Bakunin in dem Marxschen Weg die Gefahr zu neuen großen Nationalstaaten erblickte.

nannt und zielte darauf ab, „alle Bürger zu Angestellten und Arbeitern eines allmächtigen Konzerns, des Staates" zu machen. Er lehnte auch die von Syndikalisten und Anarchisten vorgeschlagenen „Produktionsverbände" ab, weil damit „die führende, erzieherische, organisierende Rolle der Partei gegenüber den Gewerkschaften des Proletariats umgangen und ausgeschaltet würde". So mag verständlich werden, daß aus dieser Sicht der Kommunismus als eine Verbindung von Kapitalismus und politisch-ökonomischem Terror (Krämer-Badoni) erscheint.

Demgegenüber vertreten die Anarchisten, bspw. im sogenannten Jurazirkular, die Auffassung, daß „der Embryo der künftigen menschlichen Gesellschaft schon jetzt das treue Abbild unserer Prinzipien der Freiheit und Föderation sein und jedes Prinzip verwerfen müsse, das zur Autorität, zur Diktatur führt". Im Vergleich dazu nimmt sich das kommunistische Argumentieren, daß man das Heranreifen objektiver Bedingungen abwarten wolle und daß es sich bei entsprechenden „Pleiten" um das unheilvolle Wirken von „Saboteuren und Konterrevolutionären", bzw. um jeweils korrigierbare Fehler an sich richtiger Prinzipien handle, geradezu ärmlich aus.

Blickt man aus der heutigen historischen Erfahrung auf den grundlegenden Gegensatz zwischen Anarchismus und Kommunismus und die damaligen Prophezeiungen aus beiden Lagern, so muß man sagen, daß Marx, der in seinen Überlegungen die Produktionsverhältnisse nahezu einseitig in den Mittelpunkt stellte und im übrigen in seiner Sichtweise weitgehend durch den Blick auf die Verhältnisse der englischen Industrie im letzten Jahrhundert fixiert war, inzwischen in den meisten seiner Voraussagen durch die Entwicklung widerlegt ist. Dagegen steht Bakunin als der große Prophet da, der in fast allen seinen Voraussagen recht behalten hat.

Das Bild mag sich schließlich durch einen Blick auf die beiden Persönlichkeiten ergänzen: auf der einen Seite Michail Alexandrowitsch Bakunin, dieser Hüne von überschäumender Lebenskraft, allem Menschlichen offen, ein „sentimentaler Idealist", wie Marx ihn nannte; auf der anderen Seite Karl Marx, energisch und von unbeugsamer Willenskraft, mit eckigen Bewegungen, scharfer metallischer Stimme, der fast nur in imperativen, keinen Widerstand duldenden Worten sprach, ein doktrinärer Diktator, von Hass, nicht von Liebe erfüllt. „Eitel bis zum Schmutz und zur Tollheit, voll Durst nach Autorität", urteilt Bakunin. „Er ist der stets perfide und tückische ... Antreiber zu Verfolgungen gegen Personen, die er beargwöhnt, und die das Malheur hatten, ihm nicht in dem ganzen von ihm erwarteten Maß ihre Ehrerbietungen zu erweisen. Es gibt keine Lüge, keine Verleumdung, die auszudenken und zu verbreiten er nicht fähig wäre. Und er schreckt vor keiner noch so abscheulichen Intrige zurück, wenn diese Intrige ihm nur seiner, übrigens meistenteils falschen Meinung nach zur Stärkung seiner Position, seines Einflusses und zur Ausweitung seiner Macht dienen kann."[39]

---

[39] In die gleiche Richtung weisen auch die Aussagen in einem Brief, der bei H.M. Enzensberger abgedruckt ist. Er stammt aus der Feder eines Leutnants namens Techow, der wegen seiner Beteiligung an der Revolution von 1848/49 hatte fliehen müssen und am 21.8.1850 in London mit Marx zusammengetroffen war, wobei dieser offenbar unter dem Einfluß

Ich habe diese etwas persönliche Sicht der beiden Menschen bewußt angefügt, weil ich meine, daß in dem, was später aus dem Kommunismus geworden ist, sehr stark die Persönlichkeit „Marx" wiederzuerkennen ist. Das ist auch im Grunde nicht verwunderlich; war doch für seine Epigonen bezeichnenderweise das, was Marx gesagt hatte, „Evangelium", und was er nicht gedacht und geschrieben hatte, über weite Strecken tabu. Der Marxismus war indes – trotz aller Mängel – über lange Zeit in der Weltgeschichte außerordentlich erfolgreich. Nur, wir können heute mit Gewißheit sagen, wie im Falle einer wirklich sozialen Revolution diese nicht gemacht werden sollte. Der Anarchismus dagegen blieb politisch eine von den meisten verabscheute Randerscheinung, und die Anarchie ist, wo immer sie in größerem Umfang versucht wurde, bzw. versucht werden konnte, ob in Rußland (Räte-Republiken), in der Ukraine (Machnowschtschina von 1918 bis 1921), in Spanien (Landwirtschafts- und Industrie-Kollektive in den dreißiger Jahren) letztlich gescheitert; dies allerdings interessanterweise nicht aus sich selbst heraus, sondern durch Einflüsse von außen.

Es ist dies auch verständlich, da alle Herrschaftsinstitutionen und auf Macht aufgebaute Organisationen nicht zulassen können, daß ihre Berechtigung historisch widerlegt würde und die Menschen den Glauben an die Notwendigkeit von Autorität verlieren. Sie setzten daher alle ihre – ihnen ja zur Verfügung stehende – Macht ein, um anarchistische Erfolge zu verhindern und entsprechende Ansätze und Experimente zu zerstören. Die Anarchisten ihrerseits, selbst nicht an die Macht wollend, eben weil sie Macht ablehnen, wurden durch die Macht bekämpft und vernichtet. Ihre Aktivitäten richteten sich bezeichnenderweise längst nicht in gleichem Maße gegen die autoritären Sozialisten wie deren Aktivitäten gegen sie. Dazu kam, daß sie eigentlich immer die Schaffung einer disziplinierten Organisation abgelehnt hatten. Sie wurden letztlich in ihrer ganzen Geschichte von allen Seiten bekämpft, weil man aus verständlichen Gründen vor ihnen Angst hatte, nicht nur, weil man ihre Attentate, sondern vor allem auch, weil man ihr Modell fürchtete und tiefverwurzelte Vorstellungen von der Notwendigkeit einer geschaf-

---

starker Weine stand. Er schrieb: „Ich habe die Überzeugung, daß der gefährlichste persönliche Ehrgeiz in ihm alles Gute zerfressen hat. Er lacht über die Narren, welche ihm seinen Proletarier-Katechismus nachbeten ... so gut wie über die Bourgeois ... Trotz all seinen Versicherungen vom Gegenteil, vielleicht gerade durch sie, hab' ich den Eindruck mitgenommen, daß seine persönliche Herrschaft der Zweck all seines Treibens ist."

Ernst Topitsch ergänzte dazu, daß Marx schon vor dem „Kommunistischen Manifest" die Grundzüge einer apriorischen Konstruktion entworfen hatte, die es ihm nicht nur gestattete, die gesamte Menschheitsgeschichte als gigantische Show um seine eigene, zum vergöttlichten Heilsbringer und Parakleten hochstilisierte Person zu arrangieren, sondern auch das Werkzeug zur Durchsetzung seiner Machtansprüche vorzusehen: das Proletariat. Topitsch meint allerdings, daß Marx trotz allem seiner Geschichtskonstruktion nicht ganz sicher war und verweist dazu auf einen Brief, den er am 15.8.1857 an Engels geschrieben hatte. Darin heißt es u.a.: „Es ist möglich, daß ich mich blamiere. Indes ist dann immer mit einiger Dialektik wieder zu helfen. Ich habe natürlich meine Aufstellungen so gehalten, daß ich im umgekehrten Fall auch Recht habe." Topitsch weist denn auch darauf hin, daß sich mit Hilfe der Dialektik letztlich alles aus allem ableiten, jeder Einwand von vornherein als „undialektisch" abweisen, aber auch alles rechtfertigen lasse.

fenen Ordnung bedroht sah. So war das Umfeld ihren Versuchen nie günstig. Wie hätte sich eine Selbstverwaltung im Rahmen eines diktatorischen Militär- und Polizeistaates oder unter den Angriffen der machtbegünstigten autoritären Marxisten auch entwickeln können? Sie hatten eigentlich in der Geschichte nie eine reale Möglichkeit, eine über längere Zeit sich erstreckende Bewährung ihrer Überzeugungen in der Praxis zu belegen. Sie haben damit natürlich auch nicht den oft geäußerten Verdacht widerlegen können, daß die organisatorischen Fragen nicht zu Ende durchdacht seien, und ebensowenig beweisen können, daß aus ihrem Modell, wie manche Kritiker vermuten, nicht doch wieder ein „Staat" geworden wäre. Aber vielleicht wäre es im Vergleich zu bisherigen Erfahrungen ein anderer gewesen!

Es scheint fast, daß dieses Scheitern des Anarchismus etwas gemeinsam hat mit den Erfahrungen der Nikitin-Kinder, nachdem sie mit dem Leben da draußen in Berührung kamen, und mit dem Schicksal der Selbstverwaltung in Jugoslawien und Algerien. Solange ein umfassendes System besteht, haben in diesem System auch nur systemkonforme Verhaltensweisen eine Chance. Aber was bedeutet das schon in einer längeren historischen Erstreckung? Wie viele Jahrhunderte haben Menschen, gestützt auf „eindeutige" wissenschaftliche Gutachten, die Möglichkeit für absolut utopisch gehalten, daß einmal Gegenstände, die schwerer als Luft sind, fliegen könnten. „Utopien" sind eben auch kulturhistorisch definiert.

Gerade in den letzten Jahrzehnten scheint sich indes in vielen Ländern eine Zunahme des Freiheitsdranges bzw. der Tendenzen zur Befreiung von „Herrschaft" bemerkbar zu machen. Außerdem ist vieles aus dem Gedankengut des Anarchismus, auch wenn dieser sich nirgendwo definitiv durchsetzen konnte, in unterschiedlichste politische Konzeptionen aufgenommen worden und – nahezu unbemerkt – in viele moderne Gedanken, Überzeugungen und Ansätze zur politischen Gestaltung unseres Lebens eingegangen.

Man mag einwenden, daß das von mir gezeichnete Bild des Anarchismus zu geistig, zu friedlich anmutet, gemessen an dem, was man von Anarchisten wisse. Ist aber nicht das, was man hierzulande üblicherweise vom Anarchismus weiß, nicht seinerseits einseitig negativ und von starken Vorurteilen belastet? Außerdem kam es mir in der Tat nicht auf die Beschreibung politischer Aktivitäten, sondern auf die geistige Konzeption und die Beziehung dieser Konzeption zur Selbstorganisation an.

VI. Aspekte zukünftiger Politik: Von der Kontextsteuerung zum sozialen Symbiotismus

Ein Bild unterschiedlicher Tendenzen

Ich möchte diesen Teil abschließen mit einigen Überlegungen zu den Möglichkeiten, die sich für die Zukunft unserer zunehmend differenzierter und komplexer gewordenen Staaten anbieten. Denn nach allem bisher Gesagten mag sich in der Tat die Frage stellen: Was kann man überhaupt noch tun? Welche Möglichkeiten hat die heutige Menschheit?

Auch hier stoßen wir auf widersprüchliche Tendenzen: Auf der einen Seite den Trend zur Ausweitung, Aufblähung und Vermehrung staatlichen Einflusses mit der Übernahme immer neuer Aufgaben durch den Staat. Ihr entspricht durchaus – auch heute noch – eine Tendenz zur Staatsverehrung, das Bedürfnis zum Aufschauen zu großen Führern und – im Rahmen der etablierten „Anspruchsgesellschaft" – zu immer größeren Erwartungen an den Staat seitens des Bürgers, was wiederum mit mehr Unselbständigkeit einhergeht und die individuelle Autonomie vermindert. Auf der anderen Seite erweist sich der Staat als zunehmend unfähig, die drängenden Probleme unserer Zeit, geschweige denn die der Zukunft zu lösen. Bei den Bürgern machen sich in bezug auf Politiker, Politik und Staat mehr und mehr Verdrossenheit und Vertrauensverlust bemerkbar, und es entwickeln sich, etwa in Bürgerinitiativen, abseits des Staates kleinere überschaubare Gruppierungen mit spezifischen Zielsetzungen. Auf diese Tendenz reagiert wiederum der Staat, gegenläufig zu der oben beschriebenen Entwicklung, indem er mehr Möglichkeiten zur Selbstorganisation auf unterer Ebene einräumt und sogar auf entsprechende individuelle Initiativen setzt. In vielen Bereichen der Organisation werden neue Modelle erprobt, und es ist bspw. im Management zur Mode geworden, partizipatorischen Aspekten ein größeres Gewicht beizumessen.

Beim Blick auf die Verhältnisse zwischen gesellschaftspolitischen Systemen zeigen sich ebenfalls widerstreitende Tendenzen: Auf der einen Seite hat sich gerade auch auf dem Boden der autopoietischen Systemtheorie die Erkenntnis durchgesetzt, daß wir es heute – u.a. angesichts der weltwirtschaftlichen Verflechtungen, der Umweltprobleme usw. – eindeutig mit einer „Weltgesellschaft" zu tun haben, die an die Stelle der nationalen Gesellschaften getreten ist (vgl. Luhmann). H. Willke begreift bspw. den klassischen Staat, dem ja nach marxistisch-sozialistischer Theorie vorausgesagt worden war, am Ende durch eine sich selbst regulierende Gesellschaft aufgesaugt zu werden, als Organisationsform von Gesellschaften bereits heute als zunehmend antiquiert. Denn nach innen sei er durch eine funktional differenzierte Gesellschaft mit weitgehend operational autonomen Teilsystemen und nach außen durch übernationale wechselseitige Abhängigkeiten in seiner Handlungsfähigkeit stark begrenzt. So erscheint es durchaus konsequent, wenn sich in der Welt zunehmend übernationale Einheiten bilden, etwa in Form sogenannter Wirtschaftsblöcke oder Verteidigungseinheiten (EU, Nato, Asean). In dieser Situation könnte sich, wenn hierarchische Modelle nicht zunehmend in dem Verdacht stünden, ausgedient zu haben, der Gedanke an eine zukünftige Weltdiktatur aufdrängen. Aber wie sollte eine solche funktionieren können, wenn schon Nationalstaaten an ihrer Komplexität und der verselbständigten Rolle ihrer Teilsysteme kranken?

Auf der anderen Seite ist zweierlei zu beobachten: einmal ein erstaunlich häufiges Auseinanderbrechen von klassischen Nationalstaaten (UdSSR, Jugoslawien, Tschechoslowakei) in regionale, ethnisch abgegrenzte Gebilde. Möglicherweise macht sich dabei in den Bevölkerungen dieser Staaten neben der Unzufriedenheit über eine unpersönliche Zentralbürokratie angesichts der zunehmenden Anonymität einer Weltkultur ein immer größeres Bedürfnis nach einer direkter erlebbaren ethnischen, kulturellen oder religiösen Identität bemerkbar – ein Bedürfnis, das sich dem Sinngehalt einer in einer „fremden" Welt verlorengegangenen „heimatlichen Geborgenheit" annähert. Bezahlt insofern der Mensch diese seine moderne Entwicklung möglicherweise sehr teuer? Oder entwickelt sich etwas, das mit der alten Welt und den alten Gefühlen ohnehin nicht mehr vergleichbar ist und von dem wir heute noch gar keine Vorstellung haben?

Dezentralisierung, Umgang mit Komplexität und Staatsminimierung

Der Identitätssuche entspricht innerhalb der politischen Systeme eine Tendenz zu funktionaler Dezentralisierung, die ja gegenüber abstrakt-unpersönlichen Reglementierungen „von oben" den Vorteil bietet, auf die realen Verhältnisse vor Ort und die jeweils gegebenen Situationen besser eingehen zu können. In diesem Sinne wird immer häufiger versucht, Steuerungsaufgaben an dezentrale Organisationen zu übertragen und Angelegenheiten nicht mehr im Detail „von oben" zu regeln (Rahmengesetzgebung). Das funktioniert aber natürlich nur, wenn die entsprechenden Probleme weitgehend auf ein Subsystem begrenzt sind und sich innerhalb dieses Subsystems auch lösen lassen.

Die beschriebenen gegenläufigen Tendenzen dürften im übrigen ihrerseits als ein weiterer Ausdruck der hinreichend beschriebenen Komplexität unserer modernen Welt zu verstehen sein, wobei sich diese Komplexität, daran sei hier nochmals erinnert, praktisch vor allem in dem Ausmaß der Voraussehbarkeit des Systemverhaltens und damit in einer mehr oder weniger großen Unsicherheit über die zukünftige Entwicklung zeigt. Der Mensch neigt aber nun einmal verständlicherweise dazu, sich in seiner Einschätzung der Zukunft am jeweils aktuellen Systemzustand zu orientieren und die oft sehr komplizierten Wechselwirkungen im Gesamtsystem ebenso zu vernachlässigen wie die zeitliche Dimension.[40] Das heißt, er geht wie selbstverständlich davon aus, daß alles so bleibt, wie es war und ist, bzw. sich in gleicher Weise so weiterentwickelt wie bisher. Dadurch wird er, da sich die Probleme meist aus der Kompliziertheit der Zusammenhänge und der Dynamik der Abläufe ergeben, oft von unerwartet eintretenden Nebenwirkungen ebenso überrascht wie von einem plötzlichen Umkippen der Situation. Er ist auch nur sehr schwer in der Lage, sich zeitlich beschleunigende Entwicklungen vorzustellen.

Im realen Geschehen dieser (komplexen) Welt trifft man ganz selten auf einfache Kausalitäten und lineare Zusammenhänge. Der Mensch hat aber eine starke Neigung – vielleicht kann er auch gar nicht anders –, fast ausschließlich in linearen Zusammenhängen zu denken, wobei die Zahl der Einflußgrößen, die er dabei berücksichtigt, kaum über zwei bis drei hinausgeht. Es macht ihm auch Schwierigkeiten, sich vorzustellen, daß kleine Ursachen große Auswirkungen haben können und umgekehrt. Bei dem Versuch, im Rahmen komplexer Systeme zu extrapolieren, tappt er deshalb immer wieder daneben und steht letztlich ratlos vor Zusammenhängen, die er nicht begreift.

Bei der Planung eines in eine positive Zukunft führenden Weges wäre es wahrscheinlich sinnvoll, aus der qualitativen Kenntnis des Gesamtzusammenhangs erwachsende Möglichkeiten zu finden, die zunächst einmal von der tatsächlichen Realität mit ihren Problemen ausgehen und die neuesten Entwicklungen und Entwicklungstendenzen berücksichtigen. Ebenso wäre es von Vorteil, eine einheitliche Strategie mit aufeinander abgestimmten Teilaspekten zu entwickeln, die auch selbstorganisatorischen Tendenzen genügend Raum ließe. Eine rein katalogartige Addition von Teillösungen für Teilprobleme ist der tatsächlichen Komplexität heutiger gesellschaftlicher Zusammenhänge völlig unangemessen. Denn die Probleme, die sich heute auf dieser Ebene stellen, sind vernetzter Natur, d.h. sie ergeben sich innerhalb eines Netzwerks von verknüpften Regelkreisen mit komplizierten negativen und positiven Rückkopplungen. Deshalb können sie fast nie einem isolierten Teilbereich, etwa einer einzigen Wissenschaftsdisziplin oder einem einzigen Ministerium zugeordnet werden. Daraus ergibt sich folgerichtig auch, daß extreme politische Programme als reine Gebilde menschlicher Vorstellungen wissenschaftlich als überholt gelten müssen.

Angesichts der heute nicht mehr sonderlich effektiven Staatsgewalt und des unangemessen hohen Kostenaufwands für eine aufgeblähte Verwaltung stellt sich allerdings die Frage, ob es nicht in vieler Beziehung sinnvoll und nützlich sein könnte, die inzwischen entstandene Struktur des Staates und die mittlerweile vom Staat übernommenen Aufgaben zurückzuschrauben. Nicht zufällig hat der französische Soziologe Michel Crozier einem seiner Bücher den Titel „État modeste,

---

40 Gerade aufgrund dieser wechselseitigen Abhängigkeiten und der komplexen Wirkungszusammenhänge ist auch die zwangsläufig zentralisierte, dazu in Einzelzuständigkeiten aufgeteilte und an starren Normvorgaben orientierte Bürokratie kaum in der Lage, ihre eigentliche Aufgabe optimal wahrzunehmen und konkrete Probleme der Menschen zu lösen.

état moderne" (Bescheidener Staat, moderner Staat) gegeben. In der angelsächsischen Tradition ist dem Staatsbegriff in der Vergangenheit ohnehin nicht die gleiche Bedeutung wie bei uns beigemessen worden. „Die exaltierte Staatsvergottung hat schon Hobhouse dazu geführt, diesen 'geistigen Sündenfall' mit Deutschland gedanklich zu assoziieren", schreibt v. Beyme. Universale Gestaltungsansprüche, wie sie bspw. in dem Begriff der „Ordnungspolitik" zum Ausdruck kommen, waren dem britischen Denken schon immer fremd und unheimlich. Insofern ist es auch nicht verwunderlich, wenn Robert Nozick in der detaillierten Analyse seines Buches „Anarchie, Staat, Utopia" zu dem Ergebnis gelangt, daß ein „Minimalstaat, der sich auf einige engumgrenzte Funktionen wie den Schutz gegen Gewalt, Diebstahl, Betrug oder die Durchsetzung von Verträgen beschränkt, gerechtfertigt, daß aber jeder darüber hinausgehende Staat Rechte der Menschen, zu gewissen Dingen nicht gezwungen zu werden, verletze und damit ungerechtfertigt" sei. Nozick plädiert also für ein Minimum an Regeln und warnt eindringlich vor einer Regelungsmaximierung; nur so sei es auch als Gesellschaft möglich, sensibel und flexibel zu bleiben; damit bewahre man sich aber eine Offenheit für andere (neue) Möglichkeiten und erhalte sich konstruktive Entwicklungschancen.

Die Tatsache, daß auf dem Boden der Selbstorganisation stattfindende Prozesse normalerweise bewußt geplanten Eingriffen in ein System überlegen sind, muß nun keineswegs bedeuten, daß man sich, wie ja auch die Medizin zeigt, in allen Fällen im Vertrauen auf die Selbstorganisation mit generellem Nichtstun begnügen sollte. Zwischen reiner Selbstorganisation und bewußter Reglementierung gibt es viele Übergänge: u.a. auf das System abgestimmte Regulationen, schriftlich fixierte oder auf mündlicher Überlieferung basierende Erfahrungsregeln, unbewußte Anpassungen usw. Auch H. Willke meint, daß weder die Idee der Außensteuerung sozialer Systeme (durch den Staat) noch die Vorstellung reiner Innensteuerung „eine letztlich überzeugende Lösung darstelle, um komplexe, selbstbezügliche Sozialsysteme aufeinander abzustimmen". Für die Zukunft sei weder ein reines Planungsdenken noch der Versuch, alles der „natürlichen" Entwicklung zu überlassen, eine überzeugende Alternative. Was aus derzeitiger Sicht erforderlich erscheint, ist vielmehr, eine Zusammenschau der Teilaspekte anzustreben und ein konstruktives Zusammenwirken der Teilsysteme zu ermöglichen. Denn in komplexen Systemen ist es nach Willke eher von Nachteil, die Lenkungsfunktion unter Vernachlässigung einer sinnvollen Kooperation an einer Stelle zu konzentrieren. Eine Voraussetzung dafür ist eine Form der Selbststeuerung, durch die Systeme sich ihrer eigenen Bedingungen und ihrer spezifischen Wirkungen auf die Umwelt bewußt werden, zugleich aber auch eine Sensibilität für die Funktionsbedingungen fremder Systeme entwickeln. Willke nennt das „Reflexion" und versteht darunter eine gesteigerte Form der Selbstbezüglichkeit. Dadurch wird es sehr viel leichter möglich, sich anbahnende Veränderungen vorauszusehen und entsprechende Alternativen durchzuspielen. Das eröffnet dann wieder die Möglichkeit, geeignete Anreize zur Selbständerung zu geben, statt rein programmatisch in isolierten Aktionen auf ein System einzuwirken, ohne dabei bestimmter, im weiteren Verlauf tatsächlich eintretender Veränderungen sicher sein zu können. Denn diese sind ja letztlich strukturbedingt.

Die Bedeutung von Umfeld, Selbststeuerung und Integration

Über die erwähnten Aspekte hinaus ist es möglich, das Umfeld eines Systems bzw. aller betroffenen Teilsysteme – die sogenannten Rahmenbedingungen – so zu gestalten, daß angestrebte Entwicklungen des betreffenden Systems ermöglicht und erleichtert werden. Politische „Gestaltung" würde aus dieser Sicht in erster Linie darin bestehen, allgemeine Grundlagen zu schaffen und zu fördern, unter denen sich Gesellschaften in einer für sie angemessenen Weise in positiver Richtung entfalten können. Es entstehen so sinnvolle Strukturen, die ihre Selbsterhaltung unter sich verändernden und vielleicht sogar schwierigen Bedingungen auf längere Sicht gewährleisten. Ganz in diesem Sinne ist auch bei von Hayek zu lesen, daß es nicht Aufgabe des Gesetzgebers sein dürfe, eine bestimmte Ordnung herzustellen. Vielmehr solle sich dieser bemühen, Bedingungen zu schaffen, unter denen sich eine sinnvolle und zum Ganzen passende Ordnung bilden könne. Es ist das, was man bspw. im menschlichen Umgang als das Schaffen einer vertrauensvollen Atmosphäre bezeichnet, auf deren Grundlage sich dann einzelne Verhaltensweisen sozusagen von allein ergeben. Willke schlägt darüber hinaus vor, diese „Steuerung der Kontextbedingungen" nach Möglichkeit aus der Eigenabstimmung der weitgehend autonomen Teilsysteme ohne gezieltes Eingreifen einer Zentrale zu erreichen. Entwicklungen dieser Art können eben nicht angeordnet oder befohlen, d.h. nicht im engeren Sinne 'gemacht' werden. Sie sind vielmehr das Ergebnis selbstorganisatorischer Prozesse in einem komplexen System. Eine wesentliche Aufgabe der Politik besteht daher darin, diese Prozesse in Gang kommen zu lassen und zu fördern, d.h. das selbstorganisatorische Potential des gesamten Systems zu wecken und zu verstärken.

Aus dieser Sicht betrachtet kann man eindeutig feststellen, daß der Staat seine eigentlichen Aufgaben verfehlt, statt dessen aber glaubt, sich in unzählige Dinge einmischen zu müssen, die er in ihrer konkreten Wirklichkeit ohnehin mit seinen zwangsläufig pauschalen und hinsichtlich der Realisierung kaum zu gewährleistenden Vorgaben nicht in den Griff bekommen kann.

Während technische Systeme gezielt von außen lenkbar sind, ist dies bei größeren sozialen Systemen nicht möglich, weil das Lenkungssystem im Grunde zumindest über die gleiche Vielfalt verfügen müßte wie das zu lenkende System, das zu lösende Problem oder eine zu bewältigende Situation (Ashby, Probst). Hierin liegt die Schwierigkeit, aber auch die Chance, wenn das Lenkungssystem im Sinne der Selbstorganisation selbst Teil des zu lenkenden Systems ist. Deshalb kann ja auch eine auf dem Boden von Selbstorganisation erwachsende Ordnung einen sehr viel höheren Komplexitätsgrad erreichen als eine von außen auferlegte oder erzwungene Ordnung. Das Lenkungspotential ist im Falle der Selbstorganisation über das ganze System verteilt und nicht eindeutig und auf Dauer im Sinne einer Lokalisation festgelegt. Dabei erfolgt die Lenkung unter Dominanz jeweils jener Strukturen, die zu einem bestimmten Zeitpunkt dafür am besten geeignet sind, weil sie etwa über die meisten und zuverlässigsten Informationen verfügen. Wir sehen uns hier wieder an das Prinzip der funktionalen Hierarchie (s. S. 281) bzw. an das von McCulloch in der Gehirnforschung herausgearbeitete „Principle of Redundancy of Potential Command" (Probst) erinnert. Für die Politik würde sich daraus ableiten, ein 'Mindestmaß an gemeinsamer Orientierung' sicherzustellen und die Aufgeschlossenheit für die Problemlage seitens der jeweils betroffenen Teilsysteme zu fördern.

So betrachtet könnte man sagen, daß in gewisser Weise doch Interventionen möglich und sinnvoll sind. Ihre Chancen sind jedoch geringer, wenn sie in Form eines starr dirigierenden Machteinsatzes, bzw. in Form eines gerichteten kausalen Vorgehens erfolgen und nicht als eine Hilfe zur Selbststeuerung und Selbstveränderung, durch welche die Eigenständigkeit der betreffenden Teilsysteme nicht eingeschränkt wird. Es dürfte außerdem von Vorteil sein, diese Hilfe so feinfühlig und behutsam zu geben, daß kein unnötiger Widerstand entsteht, der sich im übrigen durch intensiveren Machteinsatz nur noch zu verstärken pflegt.

Ist im übrigen nicht auch derjenige der „beste" Lehrer, der nicht mit eiserner Disziplin und Kontrolle die Schüler beherrscht und ihnen ihr „Pensum" verordnet, sondern der auf sie eingehen kann, sie versteht, ihre Interessen, Wünsche und Möglichkeiten kennt, aus ihnen eine positiv motivierte Lerngemeinschaft zu formen versteht und ihnen bei allen Lernprozessen eine verläßliche Hilfe ist? Ist nicht derjenige, auch wenn seine Einzelaktivitäten nicht so sehr beeindrucken, der „beste" Chef, von dem niemand viel merkt, der aber alles mit sanfter, unauffälliger Hand lenkt, weil er sich in das System einfügt, Systemkräfte positiv nutzt, die Einzelaktivitäten verständnisvoll koordiniert und deshalb stillschweigend als Autorität akzeptiert wird? Könnte so nicht auch, auf die Politik bezogen, der „beste" Staat derjenige sein, von dem die Bürger am wenigsten merken, in dem sie sich aber trotzdem aus spontanem Engagement so verhalten, wie viele es nur für erzwingbar halten, ein Staat, der sich als Macht- und Kontrollorgan sozusagen überflüssig macht, eben weil die Dinge sich mit seiner Hilfe von allein sinnvoll organisieren?

Wichtig ist natürlich auch angesichts der erheblich zugenommenen Differenzierung in unseren Gesellschaften der Versuch einer Integration. Sie sollte ebenfalls wieder nicht von einer zentralen Machtposition aus, sondern in Form einer „diskursiven"[41] (Habermas) dezentralen Abstimmung zwischen den einzelnen, in sich weitgehend selbständigen Teilsystemen erfolgen. Damit ist ein „kommunikatives Zusammenspiel" (Willke) der autonomen und zugleich voneinander abhängigen Teilsysteme gemeint. In einem solchen Zusammenspiel liegen Chance und Risiko eng beisammen, eine echte Zusammenarbeit und das Entstehen von Konflikten,

---

41 „Diskurs" wird hier im Sinne einer „zwanglosen Form der Verselbständigung" (Willke) verstanden, die also auch die Aufkündigung der Beteiligung seitens eines oder mehrerer Beteiligten erlaubt.

ähnlich wie Komplexität das Entstehen von Ordnung erleichtern und erschweren kann. Eine „diskursive" Abstimmung muß deshalb nicht unbedingt zu (völliger) Übereinstimmung führen, was auch praktisch kaum zu erwarten ist. Es ist vielleicht sogar wichtiger, daß überhaupt eine Kommunikation stattfindet und daß sie aufrechterhalten wird; unterschiedliche Auffassungen sollten in gegenseitigem Respekt und Verständnis behandelt und der Diskurs in konstruktiver Weise und in Erkenntnis der Relativität des jeweils eigenen Standpunktes weitergeführt werden.

Wie Crozier plädiert auch Willke für eine neue Bescheidenheit der Politik, für eine „Zivilisierung politischer Macht, die darauf gründet, daß politische Macht viel weniger ändert, als es die Machthaber und Theoretiker wahrhaben wollen". Denn die Effekte politischer Eingriffe hängen weit weniger von den Absichten der Politiker als von der Struktur und Operationsweise des Systems ab.

Da isolierte Ansätze keinen ausreichenden Erfolg versprechen, kommt es darauf an, die beschriebenen Aspekte zu einer einheitlichen und umfassenden Strategie zu verknüpfen. Und für diese Strategie ist es ebenfalls wieder von Vorteil, wenn sie in echter Kooperation von Zentrale und dezentralen Systemen erarbeitet wird.

Die Idee eines sozialen Symbiotismus

Völlig neue Organisationsregeln für menschliche Gesellschaften, auf die ich hier zum Abschluß noch eingehen möchte, schlägt auch aufgrund tiefgehender Analysen und Überlegungen der in den USA lebende japanische Anthropologe und Zukunftsforscher Magoroh Maruyama vor. Er geht von der Erfahrung aus, daß gerade in optimal ausgeglichenen Systemen kaum Tendenzen zu einer Weiterentwicklung auftreten und sich bspw. in ausgesprochen konformistischen Gesellschaften selten innovative Tendenzen feststellen lassen. Unsere hochzivilisierten, überspezialisierten und verbürokratisierten Massengesellschaften schränken jedoch – trotz anderweitiger Freiheiten – in vieler Beziehung die Möglichkeiten zu freier Eigenbestimmung ein. Auch die Lernprozesse der Menschen werden, schon durch die gelieferten Fertigprodukte (etwa im Fernsehen), immer gleichförmiger und lassen immer weniger Raum für eigenständige Erarbeitung. Überhaupt scheinen „ungewöhnliche individualistisch-produktive Lebens- und Schaffensformen" immer seltener zu werden (Sacher).

Moderne repräsentative Demokratien fördern ohnehin in der Langsamkeit ihrer Abläufe solche dynamischen Entwicklungsprozesse verhältnismäßig wenig und sind zudem, gerade in ihrer Orientierung auf Wahlergebnisse, gegenüber langfristigen Entwicklungen nahezu bewußt blind.

Maruyama ist nun der Auffassung, daß die Menschheit gegenwärtig höchstwahrscheinlich in eine völlig neue Ära ihrer Geschichte eintrete, die auch zu Änderungen gänzlich neuer Art führen werde. Es werde sich in dem für die Zukunft zu erwartenden Übergang von „stationären" in „nicht-stationäre" Kulturen und Erkenntnissysteme sozusagen um eine Wandlung dessen handeln, was bisher als Wandlung gegolten habe, um eine Änderung des Änderungstyps. Bisherige

Schwankungen zwischen Konservativismus und Liberalismus seien bspw. im grundsätzlich gleichen Vorstellungs- und Denksystem erfolgt, wie im übrigen ja wohl auch, das sei hier noch einmal gesagt, Kapitalismus und Sozialismus trotz aller erklärten Gegensätze lediglich zwei Seiten der „gleichen Medaille" darstellen. Im Sinne dieses Vergleichs geht es Maruyama nicht um die eine oder andere Seite der Medaille, sondern um eine völlig neue Medaille.

Im wesentlichen sieht er folgende entscheidenden Unterschiede zwischen der bisherigen und der für die Zukunft zu erwartenden Welt und Weltsicht: auf der einen Seite Konkurrenz und egozentrische Durchsetzung von Individuen und Gruppen, eine eindimensionale hierarchische Rangordnung sowie eine vorwiegend technozentrisch ausgerichtete homogene Kultur mit Betonung der materiellen Effizienz; auf der anderen Seite eine auf Harmonie mit der Natur und auf Kooperation ausgerichtete echte, nicht hierarchisch verzerrte Wechselseitigkeit der menschlichen Beziehungen, ein ausdrücklich unter dem Aspekt gegenseitigen Nutzens organisiertes Zusammenleben sowie eine vorwiegend geistige Kultivierung mit Toleranz und Förderung heterogener Komponenten in einem pluralistischen „Symbiotismus", wie es bei Maruyama heißt.

Eine Symbiose, ein aus der Biologie stammender Begriff, liegt bekanntlich dann vor, wenn zwei Organismen im Falle einer „symbiotischen Kooperation" Anpassungsvorteile erzielen, die sonst nicht möglich wären. Es ist dies ein in der Natur weit verbreitetes und außerordentlich erfolgreiches Phänomen. Die Kooperation zwischen Blütenpflanzen, die Insekten Nahrung bieten, während diese ihrerseits den für die Befruchtung der Pflanzen nötigen Blütenstaub transportieren, ist ein allbekanntes Beispiel. Auch die Flechte stellt eine solche Partnerschaft dar, und zwar zwischen einer Alge und einem Pilz. Weil die Alge zur Photosynthese in der Lage ist, während ein Pilz die Fähigkeit besitzt, Wasser zu speichern und an Oberflächen zu haften, können beide zusammen an vielen unwirtlichen Orten auftreten, wo sie allein nicht überleben könnten. Viele Riffkorallen bestehen aus einer symbiotischen Kombination von Polypen mit winzigen Algen. An eine andere Form von Symbiose denkt man relativ selten: So wie viele Pflanzen, besonders auch Bäume zu ihrem Gedeihen auf Pilze und Bakterien angewiesen sind, die auf ihren Wurzeln leben, benötigen Tiere – wie Menschen – für ihre Verdauung die Mitwirkung von bestimmten ständig in ihrem Verdauungsapparat lebenden Bakterien.

Ein besonders schönes Beispiel ist auch die dauerhaft kooperative Lebensgemeinschaft des Oncideres-Käfers und des Akazie: Allem Anschein nach sucht sich das Käferweibchen für die Eiablage eine Akazie aus, an der es dann auf einen Ast klettert und am äußeren Ende eine lange längsseitige Kerbe schlitzt, wo die Eier abgelegt werden. Da aber die Nachkommenschaft im Larvenstadium nicht in lebendem Holz überleben kann, krabbelt das Oncideres-Weibchen ungefähr 30 cm zurück, um dann einen Rundumschnitt in die Astrinde zu machen; das hat zur Folge, daß der Ast innerhalb kurzer Zeit abstirbt, mit dem nächsten starken Windstoß abbricht, zu Boden fällt und Hort für die nächste Generation von Oncideres-Käfern wird. Die Akazie ihrerseits wird gleichzeitig wie mit der Baumschere gestutzt, was ein ziemlich wertvoller Begleiteffekt ist; denn ohne diesen Vorgang erreicht eine Akazie ein Alter von 25 bis 30 Jahren, während sie, wenn sie auf die beschriebene Weise bedient wird, ein ganzes Jahrhundert oder länger überdauern kann (Sale).

Auch in der Medizin trifft man mittlerweile auf Ansätze symbioseorientierten Denkens. So ist das auf Robert Koch zurückgehende Feindbild von Bakterien, die es möglichst wirkungsvoll zu vernichten gilt, in der modernen Therapie teilweise bereits relativiert. Man betrachtet Bakterien heute auch unter dem Aspekt ihres biologischen Sinns und versucht bspw. in der sogenannten Symbiose-Lenkung, einen gestaffelten Wiederaufbau einer normalen Bakterienansiedlung in Dünn- und Dickdarm zu erreichen. Damit sollen u.a. bei chronischer Immunschwäche und rheumatischen Erkrankungen zum Teil gute Erfolge erzielt worden sein (Koepchen).

In ähnlicher Weise sieht Maruyama auch die Möglichkeit symbiotischer Kombination menschlicher Individuen, menschlicher Gruppen sowie auch im Verhältnis von Individuum zu Gesellschaft. Angenommen, Individuum A habe in einer bestimmten Beziehung das Ziel a, Individuum B das Ziel b und Individuum C das Ziel c. Für jedes Individuum mag es nun verschiedene Wege geben, das Ziel zu erreichen, z.B. a1, a2, a3 – b1, b2, b3, b4 – c1 und c2. Beim Durchspielen dieser Möglichkeiten mag sich nun herausstellen, daß einige Kombinationen, bspw. a2, b4, c1 im Gegensatz zu anderen Kombinationen symbiotisch sind. So kann sich ein Netzwerk von Symbiosen ergeben, das jedem Nutzen bringt. Das Ziel bestünde also darin, sozusagen eine Symbiose verschiedener Ziele in Individuen-Kombinationen zu erreichen. Eine Symbiose ist ja entgegen vielen „Spielen", die heute gespielt werden, und in denen selbst der Sieger noch verliert, ein Weg, auf dem alle Beteiligten gewinnen und keiner verliert, auf dem also eine positive Gesamtbilanz entsteht. Wenn jeder einzelne ohne Kommunikation für sich isoliert bleibt, kann keiner gegenüber dem anderen gewinnen oder verlieren. Maruyama nennt das Separatismus. Wenn nur einige, sogenannte Parasiten, gewinnen und andere verlieren, ist die Bilanz für das Gesamtsystem null. Das Gesamtsystem wird also nicht gewinnen. Bei der sogenannten Antibiose schließlich schadet einer einem anderen oder alle sich gegenseitig, so daß keiner gewinnt, aber einer, mehrere oder alle verlieren.

Eine grundsätzliche Voraussetzung für das Gelingen eines sozialen Symbiosemodells ist natürlich, daß jedes einzelne Glied die Bereitschaft entwickelt, auch an und für die anderen zu denken, und daß die Planung intelligent genug ist, komplexere Verhältnisse zu überblicken. Ein wesentliches Ziel künftiger Politik liegt jedenfalls nach Maruyama darin, eine Hilfestellung für die Entwicklung wechselseitiger Symbiosen in einer heterogenen Gesellschaft zu geben und zur Vermeidung parasitischer oder antibiotischer Kombinationen beizutragen. Es ist ja vom Grundsatz her – gerade aufgrund der Komplexität moderner Gesellschaften – durchaus denkbar, daß Individuen, wenn sie ihre eigenen Ziele verfolgen, damit zugleich auch vorteilhafte Ergebnisse für andere Individuen und sogar für die Gemeinschaft bewirken. Auch Maturana und Varela weisen darauf hin, daß es bei dem von ihnen so bezeichneten „natürlichen Driften" zu einem „Gleichgewicht" zwischen dem Individuellen und Kollektiven komme. Dieses ergebe sich daraus, daß die Organismen dadurch, daß sie zu einer Einheit höherer Ordnung strukturell gekoppelt seien, die Erhaltung dieser Einheit in die Dynamik der eigenen Erhaltung einschlössen.

Hinsichtlich des Wandels der Erkenntnissysteme vollzieht sich für Maruyama die zukünftige Entwicklung von nicht-reziproker zu reziproker, d.h. von einsinniger zu wechselseitiger Kausalität, ferner vom klassifizierenden zum beziehungsorientierten Denken sowie von quantitativen zu mehr qualitativen Ansätzen. Die klassischen Denkstrukturen der Kausalität erscheinen dann lediglich noch als Grenzsituationen oder Idealfälle. Man bemühe sich zwar gegenwärtig, indem man der Entwicklung nachhinke, die wirtschaftlichen, erzieherischen und sonstigen Systeme in der Gesellschaft auf den eingetretenen technologischen Wandel einzustellen. Das habe aber nur zur Folge, daß der technologische Wandel den kulturellen Wandel diktiere und die Kultur damit in Gefahr gerate, ein reines Mittel der Technologie zu werden.[42] Während man damit praktisch den Karren vor das Pferd spanne, komme es angesichts der zu erwartenden Zukunft darauf an, die Menschen und menschliche Gesellschaften vor allem geistig und bewußtseinsmäßig auf eine Zeit vorzubereiten, in der man sehr viel stärker mit ständigem Wandel, Unterschiedlichkeit und Heterogenität[43] zu rechnen habe. Es werde dann eindeutig nicht der Stärkste die größten Chancen haben, sondern derjenige, der flexibel sei und über die größten Fähigkeiten zu symbiotischem Zusammenleben verfüge. Deshalb sei es Aufgabe der Planung, „symbiotische" Kombinationen unterschiedlicher Komponenten von Menschen und menschlichen Gruppen zu finden und zu fördern. Gleichzeitig müsse man eine nicht-hierarchisch ausgerichtete Kanalisation von wechselseitiger Information vorbereiten; schließlich müßten Systeme gefunden werden, die es erlaubten, die Bedürfnisse von Individuen und Gruppen auch mit den verfügbaren Möglichkeiten in Übereinstimmung zu bringen.

Für eine in sehr viel stärkerem Wandel befindliche Welt der Zukunft sei es darüber hinaus wichtig, den Menschen frühzeitig zu helfen, bestimmte Fixierungen auf ein spezielles, für absolut und endgültig gehaltenes Wissen oder auch spezifisch eingeengte Einstellungen zu vermeiden, innere Abhängigkeiten, auch von bestimmten Denkhaltungen, möglichst niedrig zu halten, aufgeschlossen, lernbereit und kritisch zu bleiben sowie sich auch in die Situation und Denkweise eines anderen versetzen zu können. Für Maruyama stellt deshalb die Neigung von Menschen und menschlichen Gruppen zur sogenannten „Monopolarization", wie er es nennt, also zu einer als absolut gesetzten einseitigen Denkweise, eine unglückselige Verarmung des menschlichen Lebens dar. Sie zeigt sich u.a. in dem

---

42 Hinsichtlich der Technologie schließt sich Maruyama übrigens keineswegs einer pauschalen Verteufelung an. Für ihn ist vielmehr entscheidend, die „Philosophie" zu überprüfen, mit der man die Technologie benutze. Denn ob sie ein Übel oder ein Segen sei, hänge von dem Denksystem ab, in dem sie benutzt werde.
43 Heterogen sind Dinge, die von verschiedenartiger Herkunft und daher (grund-)verschieden voneinander sind, so daß das Bild einer inneren Uneinheitlichkeit entsteht.

Bedürfnis, an eine allgemeingültige Wahrheit zu glauben, in der Abhängigkeit von einer Autorität innere Sicherheit zu finden und alles nach Möglichkeit geordnet und standardisiert sehen zu wollen.

Er wirft der bisherigen politischen Planung vor, daß sie zu stark an die jeweilige Kultur und das jeweilige Denksystem gebunden sei und daß sie mit Heterogenität, d.h. der Andersartigkeit noch nicht einmal innerhalb der eigenen Kultur, geschweige denn mit der in anderen Kulturen umgehen könne. Deshalb sei sie auch weder in der Lage, noch habe sie sich überhaupt mit der Idee beschäftigt, mögliche konstruktive oder gar 'symbiotische' Kombinationen zwischen heterogenen Elementen und entsprechende Alternativen zu entwickeln.

Diese Vorstellungen stimmen überein mit den ethischen Schlußfolgerungen Maturanas und Varelas. Ausgehend von der Erkenntnis, daß wir unsere Welt (zusammen mit anderen) „konstruieren", „können wir im Falle eines Konfliktes mit einem anderen menschlichen Wesen, mit dem wir weiterhin koexistieren wollen, nicht auf dem beharren, was für uns gewiß ist, weil das die andere Person negieren würde". Deren Gewißheit ist aber genauso legitim und gültig wie unsere eigene. Die einzige Chance für die Koexistenz sehen daher Maturana und Varela in der „Suche nach einer umfassenderen Perspektive, einem Existenzbereich, in dem beide Parteien in der Hervorbringung einer gemeinsamen Welt zusammenfinden". Sie bezeichnen das Wissen um dieses Wissen geradezu als den „sozialen Imperativ jeder auf dem Menschlichen basierenden Ethik". Ohne „Liebe", ohne das innere Akzeptieren anderer gibt es für sie keinen sozialen Prozeß.

Maruyama stützt sich im übrigen in seiner Argumentation auf zahlreiche historische Beispiele aus indianischen, afrikanischen und vor allem asiatischen Kulturen. So veröffentlichte er 1967 eine Arbeit zur Philosophie der Navahos. Darin verweist er vor allem auf das Fehlen hierarchischen Denkens bei diesem indianischen Volk. Das Ziel ihres Lebens sehen sie in der Harmonie untereinander und mit anderen Lebewesen sowie im Genießen von Schönheit und Vergnügen. Ihre große Kooperationsbereitschaft beruht nicht auf dem Gehorsam gegenüber einer höheren Ordnung oder einer koordinierenden Zentrale, sondern sie entspringt aus ihrem Respekt vor dem Individuum. Mann und Frau, ja selbst die Kinder sind gleich, und jeder wählt seinen eigenen Weg, irgend etwas zu tun. Sie nehmen jede Situation in ihrem speziellen Kontext wahr und denken nicht in allgemeinen Prinzipien. Sie haben auch wenig Neigung, über Vergangenes zu diskutieren. Deshalb spielen Strafen in ihrer Kultur keine Rolle, wohl aber Akte der Wiedergutmachung. Die Beachtung von Verhaltensregeln wird als etwas nahegelegt, das hilft, Gefahren durch Tiere, Naturgewalten und übernatürliche Kräfte zu vermeiden. So treten auch Eltern gegenüber ihren Kindern nicht als allwissende und allgewaltige Personen auf. Kinder sind aber andererseits vom frühesten Alter an für den Stamm nützlich und in entsprechender Weise verantwortlich, wenn sie z.B. weit entfernt von der Siedlung Hunderte von Schafen und Ziegen hüten.

Aufgrund dieser Erfahrungen und Erkenntnisse sieht Maruyama den grundlegenden Lösungsansatz für offensichtliche Probleme menschlichen Zusammenlebens in Gesellschaften darin, ein Zusammenhangsnetz – und in weiterer Folge aufeinander abgestimmte Netze – zu entwickeln, in denen die Interessen und Ziele der einzelnen in gleicher Weise wie die Interessen der Gemeinschaft weitgehend berücksichtigt werden. Dafür gelte es zu ermitteln, welche Ziele der einzelnen Menschen und Gruppen mit den Zielen der jeweils anderen und der Gesellschaft insgesamt in Symbiose gebracht werden können. Es mag einen beschämen zu sehen, wie weit wir heute noch von einem solchen Denkstil entfernt und, von dort aus gesehen, nahezu „mittelalterlichen" Vorstellungen verhaftet sind.

Es handelt sich, wie deutlich geworden sein dürfte, bei den Überlegungen zu einer künftigen Politik im Sinne der Gestaltung von Strukturen und Formen des Zusammenlebens nicht so sehr um eine Frage der Intensivierung oder Verbesserung bisheriger Ansätze, auch nicht um „windige" und „faule" Kompromisse, sondern um eine völlig andere Konzeption von Politik, die natürlich schwerer eingängig ist als eine programmatisch vorgetragene Ideologie. Es kann auch nicht in erster Linie darum gehen, das Bestehende zu zerstören, sondern darum, das Neue in überzeugender Weise zu konzipieren und die Menschen dafür zu gewinnen. Vielleicht halten sich die im Grunde längst überholten Strukturen konventioneller Systeme so lange, weil es bisher noch nicht gelungen ist, die Menschen, nicht zuletzt auch die an der Macht, von den Vorteilen einer anderen Konzeption zu überzeugen. Gesellschaften ändern sich nicht, wenn sich nicht die Menschen ändern. Der Mensch ändert sich aber nicht auf Anordnung, durch Gesetz oder Erlaß. Der Mensch ändert sich dadurch, daß er die Möglichkeit erhält, sich zu ändern, daß man ihm hilft, neue Kompetenzen zu entwickeln. Dazu ist allerdings mehr Intelligenz und Einfühlungsvermögen vonnöten, als üblicherweise bei machthungrigen und nur von sich überzeugten Persönlichkeiten erwartet werden kann. Gelingt dieser Wandel jedoch nicht, so gleichen die Menschen denen in dem Gedicht, dem Bertolt Brecht den Titel „Exil" gegeben hat:

„Sie sägten die Äste ab, auf denen sie saßen
Und schrieen sich zu ihre Erfahrungen
Wie man schneller sägen konnte, und fuhren
Mit Krachen in die Tiefe, und die ihnen zusahen
Schüttelten die Köpfe beim Sägen und
Sägten weiter."
(Gesammelte Werke, Gedichte 2, Werkausgabe,
Frankfurt am Main 1967, TB-Ausgabe)

Teil E

Das Phänomen Verantwortung: sein Umfeld und seine Voraussetzungen

I. Grundlagen, Wesen und Grenzen von Ordnung, Normen und Regeln

„Natürliche" Ordnungen

Üblicherweise wird ein charakteristisches Wesensmerkmal des Menschen darin gesehen, gezielt auf die Umwelt einzuwirken, „action" zu bringen, etwas „in die Hand zu nehmen", etwas zu unternehmen, zu planen, zu regeln, zu „managen". Insofern ist es jedem selbstverständlich und aus der eigenen Erfahrungswelt her vertraut, daß Menschen „Ordnung" schaffen. Sie räumen etwa in der Küche auf, schaffen in einer Bibliothek Ordnung, ordnen Unterlagen ein, organisieren einen Betrieb oder führen militärische Paraden durch.

Es ist indes sicher eine einseitige Interpretation, Ordnung als ein Phänomen anzusehen, das ausschließlich durch menschliches Wirken geschaffen wird. Denn wir sahen schon bei der Besprechung der Selbstorganisation, wie sich in mannigfaltiger Weise unter bestimmten Bedingungen immer wieder spontane Ordnungsstrukturen herausbilden. Überall in der Natur, wo wir hinblicken, treffen wir auf („natürliche") Ordnungen. Jeder Baum hat die Wurzeln in der Erde und die Blätter und Blüten an seinen Zweigen in der Luft. Ordnung läßt sich am Aufbau von Atomen und Molekülen, am periodischen System der Elemente und am Aufbau von Kristallen oder Schneeflocken aufweisen. Jede Pflanze, jede Blüte, jedes Tier hat einen bestimmten Bauplan. Viele Lebensäußerungen wie Blüte, Laubfall, Brunstzeit sind an regelmäßige Verläufe gebunden. Eine Fülle aufregender Beispiele für Ordnungsphänomene in der Natur, die der Mensch in seinen Gestaltungen bewußt zu nutzen versucht, bietet die sogenannte Bionik. Sie versucht, Lösungen technischer Probleme durch systematische Nachahmung biologischer Vorbilder zu finden, wie sie die Natur in Milliarden von Jahren in langwierigen Prozessen entwickelt hat. Stellt nicht das ganze Recycling-Prinzip der Natur ein gigantisches Modell der Wiederverwertung dar?

Die Bionik bedient sich im einzelnen in vielfältiger Form biologischer Ordnungsmodelle für technische Entwicklungen und Konstruktionen. So findet sich das Bauprinzip von Schneckenhäusern und Eierschalen in modernen Überdachungskonstruktionen und das Prinzip der Hochantenne von Stechmücken bei neuartigen Peilgeräten; dem Schwimmschleim von Fischen entsprechen Gleitmittel für U-Boote, der Form eines fallenden Wassertropfens beggenen wir in der windschlüpfrigen Form von Autos und dem Senkrechtstart von Libellen beim Hubschrauber. Bauprinzipien des Schachtelhalmes finden bei der Konstruktion moderner Stützpfeiler Anwendung, die Netzwerkstruktur von Nervenzellen dient als

Muster für die Lösung von Problemen der Datenverarbeitung. Die Beispiele ließen sich beliebig fortsetzen. Frederic Vester hat in seinen Büchern zahlreiche Fälle selbstorganisatorischer Konstruktionen in der Natur beschrieben und Parallelen dazu in technischen Gestaltungen des Menschen aufgezeigt.

Bei allen Phänomenen dieser Welt treffen wir in irgendeiner Form und in irgendeinem Ausmaß Geordnetheit an. Viele dieser Ordnungen sind uns so selbstverständlich, daß wir sie oft gar nicht als solche bemerken. Ordnung stellt sozusagen ein Grundprinzip der Natur dar. Der Nobelpreisträger Ilya Prigogine hat sogar einmal gesagt, daß die Entstehung von Ordnung eine physikalische Notwendigkeit sei.

Die Ordnung der Natur ist allerdings keineswegs statisch starr. Sie entfaltet sich vielmehr in unterschiedlichem und wechselndem Ausmaß zwischen den Polen ausgesprochener Stabilität und Selbsterhaltung sowie ständigen Wechsels und risikoträchtiger Veränderung. Schon ein Atom wird in der modernen Physik sozusagen als verdichtete „Energiewolke" verstanden.

Diese Erkenntnis berührt das Prinzip der Optimierung, das wir bereits auf S. 196 angesprochen heben. Alle Exzesse bedrohen die Existenz. Der Organismus kann an der Unterfunktion, aber auch an der Überfunktion einer Drüse erkranken, wie das Beispiel des Myxoedems und der sogenannten Basedowschen Erkrankung im Falle der Schilddrüsenfunktion zeigt. So wie weder Überfluß noch Mangel dem optimalen Funktionieren eines Systems dienlich sind, wirkt sich eine einseitig übersteigerte konservative Tendenz für eine Gesellschaft ebenso schädlich aus wie eine überzogen progressive. Beide sind für das Überleben einer Kultur wichtig. Jeder Versuch, einen einzigen Aspekt unter Vernachlässigung des Gesamtsystems zu maximieren, d.h. in irgendeiner speziellen Richtung alles nur Denkbare „herauszuholen", führt zu einer Bedrohung, ja nicht selten zu einer Zerstörung des Ganzen.

Der Mensch scheint allerdings in seiner Fähigkeit zur Abstraktion vielfach der Tendenz zu erliegen, im Grunde unbiologisch und lebensfremd bestimmte Aspekte und Prinzipien maximieren zu wollen. Das betrifft die einseitigen Pedanten mit der Neigung zu hundertprozentiger Genauigkeit und Gründlichkeit ebenso wie das Gesamtsystem einer die formale Ordnung als geheiligten Selbstzweck über jede inhaltliche Aufgabenerfüllung stellenden bürokratischen Verwaltung. Es gilt aber auch für politische Versuche, bestimmte ideologische Vorstellungen als rein gedankliche Maximierungen verwirklichen zu wollen.

Das Gehirn als Ordnung-schaffendes Organ

Auch das Gehirn des Menschen bietet schon in seinem Aufbau und in seiner Funktion eindeutige Ordnungsphänomene. Es besteht aus zwei Großhirnhälften und ist in unterschiedliche Anteile und Hirnlappen gegliedert; es enthält verschiedene Zentren mit spezifischen Funktionen, eine graue und weiße Substanz und bietet eine mehr oder weniger geordnete Zellaktivität.

Wie sich auch entwicklungsgeschichtlich ableiten läßt, besteht seine wesentliche Aufgabe darin, die Funktionen eines Organismus zu koordinieren. Zugleich ist es für die Beziehung des Organismus zur Außenwelt zuständig, und indem es „Ordnung" bildet, erfüllt es u.a. den Zweck, die Umwelt überblickbar und handhabbar zu machen. In diesem Sinne hat das Gehirn die Aufgabe, Ähnlichkeiten und Identitäten zu erkennen, Beziehungen und Verbindungen herzustellen, aber auch Teile auszusondern und Unterscheidungen zu treffen. Es ist in der Lage, zeitliche Zusammenhänge und sogenannte „Kausalitäten" zu erkennen, die Komplexität der (erlebten) Umwelt – bspw. durch Bildung von Oberbegriffen – zu vermindern und deren Stabilität zu erhöhen. So kommt es, daß wir einen kleinen Jungen, der neben uns steht, für kleiner halten als einen Mann auf der anderen Straßenseite, obwohl das Bild des Jungen auf der Netzhaut einen größeren Raum einnimmt. Genauso erscheint uns ein Kohlenhaufen, der in der glühenden mittäglichen Äquatorsonne mehr Licht reflektiert als ein weißes Blatt Papier bei normaler künstlicher Beleuchtung im Zimmer, trotzdem schwarz und das weiße Papier trotzdem weiß, obwohl es unter den betreffenden Bedingungen weit weniger Licht reflektiert.

Das Gehirn schafft und gestaltet also immer wieder geistige Ordnungen verschiedenster Art. Diese Ordnungen lassen sich sowohl im Bereich des Wahrnehmens und Vorstellens als auch im Bereich des Denkens und Urteilens aufweisen. Nach früherer Auffassung war z.B. das Wahrnehmen ein reiner Input-Vorgang. Man nahm an, daß es ein genaues Abbild der äußeren Wirklichkeit liefere. Nach neuerer Erkenntnis erfolgt jedoch beim Wahrnehmen eine spezielle Verarbeitung. Das beginnt schon damit, daß ein Organismus von allem, was ihn umgibt, nur das aufnehmen kann, wofür seine Sinnes- und Verarbeitungsorgane speziell entwickelt sind.

Dazu kommt noch ein anderer Punkt: Das, was wir erkennen, und das, was wir Wirklichkeit nennen, ist, wie wir bereits sahen (S. 139) auch qualitativ ganz entscheidend durch Struktur und Funktion unseres Gehirns bestimmt. Was wir bspw. sehen, hat mehr mit den Merkmalen (Kennwerten) des Organismus (speziell des Gehirns) zu tun als mit den Außenreizen als solchen. Das Licht, das unser Auge trifft, besteht aus elektromagnetischen Schwingungen unterschiedlicher Wellenlängen. Wir nehmen jedoch nicht diese Wellenlängen wahr, sondern wir „sehen" in einem bestimmten Ausschnitt des Wellenbandes „Farben". Schon jede Nervenzelle hat die Fähigkeit, auf die eingehende Erregung in bestimmter Weise Einfluß zu nehmen. Das gleiche gilt für die Funktion bestimmter Hirnzentren. Information aus dem Organismus geht in das Bild der Außenwelt ebenso ein wie Information aus der Umwelt.

Das Gehirn hat also durch die beschriebenen Funktionen großen Einfluß darauf, welche Daten letztlich überhaupt weiter verarbeitet und als was und wie sie in das bestehende Erkenntnissystem eingebaut werden. Damit unterliegen angeblich „objektive" Daten bestimmten, für das Individuum typischen Auswahlprozessen, Akzentuierungen, Verzerrungen usw.

Wenn das menschliche Gehirn in der beschriebenen Weise sehr wesentlich ein ordnungschaffendes Organ darstellt, ist es im Grunde nicht erstaunlich, wenn sich diese Funktion auch in dem spiegelt, was der Mensch geschaffen hat, in den sozialen Organisationen wie in den geistigen oder künstlerischen Schöpfungen, in dem, was Popper und Eccles als Welt 3 bezeichnen. So finden sich in der gesamten, vom Menschen geschaffenen Welt sogenannte Normen; er trifft auf sie in allen seinen Lebensbereichen. Sie dienen ihm als grundsätzliche Leitlinien seines Verhaltens, die der einzelne zwar schuldhaft übertreten, aber nie außer Kraft setzen kann (Rich).

Der Begriff „Norm"

Der Begriff „Norm", der allerdings auch im Sinne der empirisch-statistischen Durchschnittsnorm verwandt wird, bedeutet in seinem lateinischen Ursprung soviel wie Regel, Vorschrift, Richtschnur. Normen sind sozusagen als Regeln zu verstehen, die das Verhalten von Menschen in bestimmten Situationen mehr oder weniger verbindlich vorschreiben und damit „ein gewisses Maß an wechselseitiger Erwartbarkeit des Verhaltens" gewährleisten (Kaufmann). Als Erwartungen, daß ein bestimmtes konkretes Verhalten ausgeführt werden soll, stellen sie sozio-kulturelle Gehalte dar, denen die Funktion zukommt, kulturelle Werte zu erhalten, „die Willkür in der Beziehung von Menschen zueinander" zu begrenzen und die menschliche Anpassung an die Umwelt zu erleichtern (Popitz). Innerhalb des gesellschaftlichen Zusammenlebens reduzieren sie die Komplexität der Umwelt und die Komplexität der Verhaltensmöglichkeiten von Menschen. Dadurch erleichtern sie Orientierung und Vorausschau, dienen der Entlastung des einzelnen und tragen dazu bei, Konflikte zu vermeiden und das Auskommen miteinander zu verbessern.

Je mehr Menschen in einer Gruppe oder Gesellschaft zusammenleben, um so mehr sind wechselseitige Abstimmungen unumgänglich. Mit zunehmender Entwicklung kommt es dann anstelle unmittelbarer Anpassung und – oft unbewußter – Gewohnheitsbildung zu ausdrücklichen Festlegungen in Form von Normen und Regeln. Diese nehmen, nachdem sie zunächst, bspw. in primitiven Gesellschaften, relativ konkret waren, im weiteren Verlauf eine immer abstraktere und unpersönlichere Form an.

In der wissenschaftlichen Literatur herrscht allerdings keineswegs Einmütigkeit darüber, ob, inwieweit und wie überhaupt Normen rational zu begründen sind, wobei jedoch die Frage der Begründbarkeit die der Gültigkeit kaum berührt. Im Grunde ist eine solche Aussage nur für das einzelne Individuum zu treffen, da Normen nicht als solche wirksam sind, sondern lediglich über das Bewußtsein, das Verständnis und die innere Zustimmung der jeweiligen Menschen. Je mehr – im weitesten Sinne – positiv bewertete Ereignisse mit einer Norm verbunden werden und je höher die subjektiv erlebte Wahrscheinlichkeit des Eintritts solcher Ereignisse in der Zukunft ist, um so eher entwickelt sich eine positive Einstellung zu der jeweiligen Norm, um so mehr wird diese Norm sozusagen internalisiert, verinnerlicht.

Der Prozeß, in dem die Gesellschaft ihre Normen und Werte übermittelt und in dem Normen aufgenommen und angeeignet werden, wird ja bekanntlich als Sozialisation bezeichnet. Es handelt sich bei diesem Hineinwachsen in eine soziale Ordnung und dem praktischen Lernen normkonformen Verhaltens im Grunde um eine mehr oder weniger unbewußt erfolgende Anpassung des einzelnen an das Wert- und Normensystem der Gesellschaft, in der er lebt. Weil das einen lebenslangen Prozeß darstellt, erfolgt deshalb relativ ungewollt auch jeweils eine entsprechende Neuanpassung, die sich im übrigen nicht nur auf den alltäglichen Sprachgebrauch bezieht, sobald das Wert- und Normensystem der Gesellschaft eine Änderung erfährt. Ich erinnere nur an die zahllosen Erfahrungen, die weltweit anläßlich eines politischen Umschwungs gemacht wurden. Unter diesem Blickwinkel mag übrigens immer wieder überraschen, welche Auffassungen in der politischen Landschaft vertreten und – noch betrüblicher – welche irrigen Konsequenzen aus diesen Auffassungen gezogen werden.

Während man vor einigen Jahren noch vorwiegend der Auffassung war, daß eine einmal erfolgte Sozialisation eine ganz entscheidende, lebenslang wirksame Bestimmungsgröße des Verhaltens sei, hat man in der Zwischenzeit mehr und mehr erkannt, daß Sozialisationswirkungen nur so lange eine wesentliche Bedeutung zukommt, wie die – späteren – Lebensbedingungen der Individuen denen entsprechen, unter denen die betreffende Sozialisation erfolgte.

Ein solcher Sozialisationsvorgang mit seinen Merkmalen und Folgen bezieht sich nicht nur auf Gesellschaften, sondern kann natürlich auch in verhältnismäßig kleinen Gruppen erfolgen; deren Werte können im Gegensatz zu denen der gesamten Gesellschaft stehen oder erheblich von ihnen abweichen. So gesehen kann Sozialisation, auf Systeme verschiedener Größenordnung bezogen, eine gänzlich unterschiedliche Bedeutung haben. Man kann in einem „Gang" an Ansehen gewinnen, wenn man den „Mut" gehabt hat, eine möglichst große Strecke mit geschlossen Augen Motorrad zu fahren oder einen älteren Mitbürger halbtot zu schlagen. Beides würde aber allgemeingesellschaftlichen Normen der Verkehrssicherheit und der Sicherheit der Bürger entschieden zuwiderlaufen. Im Falle von SS-Wachen in einem Konzentrationslager oder von Folterknechten in einem Gefängnis hat ebenfalls für die Kleingruppe eine besondere Art von Sozialisation stattgefunden, die ihrerseits in einem umfassenderen „Wertsystem" abgesichert ist. Denn man fühlt sich in der Kleingruppe zu Mißhandlungen um so mehr berechtigt, wenn man es gemäß dem geltenden und als verbindlich akzeptierten Wertsystem etwa der Gesellschaft mit „Untermenschen" zu tun hat. Die Tatsache der Sozialisation muß also noch keineswegs zwangsläufig einen positiven Wert in sich darstellen.

Die soziale Funktion von Normen

Fragen wir uns nun, da Menschen nun einmal in mehr oder weniger großen Sozialsystemen, etwa Gruppen oder Gesellschaften, leben, nach der grundsätzlichen Rolle von Normen im sozialen Kontext. Der Mensch ist ja dadurch, daß er starren biologischen (Instinkt-)Bedingungen weitgehend entwachsen ist, in eine Art Ordnungsvakuum geraten, in dem die für ihn spezifischen halb-institutionellen und institutionellen Ordnungsformen vom Prinzip her eine wertvolle Orientierung und zugleich eine wesentliche Entlastung von allzu vielen Entscheidungen in einer erheblich komplexer gewordenen Umwelt bedeuten. Hier liegt der eigentliche Wert der wesentlich flexibleren Formen sozio-kultureller Bindung und der Sinn moralischer Normen angesichts einer zumindest labilisierten biologischen Sicherheit.

Beim Zusammenleben von Menschen in sozialen Systemen ergeben sich immer wieder Situationen, in denen man einerseits nicht sicher ist, wie man sich selbst verhalten sollte, und andererseits unsicher ist, mit welchem Verhalten man von seiten der anderen Gesellschaftsmitglieder zu rechnen hat. Es ist ja bekanntlich so, daß man die in einem selbst liegenden und für andere Unsicherheit bedeutenden Bedingungen des eigenen Verhaltens für sich selbst als „Freiheit" zu erleben pflegt, während die entsprechende „Freiheit" der anderen für den einzelnen als Unsicherheit bezüglich des zu erwartenden Verhaltens in Erscheinung tritt. So schränkt die Gesellschaft die Freiheit des einzelnen ein und, so gesehen, wird auch die positive Annahme dieser Einschränkung als Verantwortung bezeichnet (Holl). Ganz in diesem Sinne sieht Immanuel Kant das „Recht als die Einschränkung der Freiheit eines jeden auf die Bedingung ihrer Zusammenstimmung mit der Freiheit von jedermann, insofern diese nach einem allgemeinen Gesetz möglich ist".

Das Zusammenleben von Menschen in Gemeinschaften erfordert sozusagen bestimmte „Spielregeln", in denen festgelegt ist, was man in einer bestimmten Situation tun sollte, bzw. was man von anderen in einer gegebenen Situation erwarten kann. Stimmt man diesen Regeln zu und verhält sich dementsprechend, ist man integriert. Anderenfalls steht man im „Abseits". Unkenntnis oder bewußte Mißachtung solcher Normen bringt für den einzelnen Nachteile, führt zur Mißbilligung seitens der sozialen Umwelt, evtl. zur sozialen Ächtung oder zur Bestrafung. Bezeichnenderweise geht übrigens in diesem Sinne in eine Reihe von Normdefinitionen die Wahrscheinlichkeit ein, mit der eine Sanktion auf ein abweichendes Verhalten erfolgt (Blankenburg).

Dabei besteht Ordnung innerhalb von menschlichen Gemeinschaften sowohl in Gestalt offizieller, formaler, institutionalisierter Normen, Regeln und Gesetze als auch in Form informeller Konventionen, d.h. in Form von Gebräuchen, Sitten und Gewohnheiten. Für das Verhalten des einzelnen wäre es verständlicherweise am einfachsten, sinnvollsten und am wenigsten konfliktträchtig, wenn beide Normensysteme einander entsprechen würden. Das ist aber in vielen menschlichen Gesellschaften nicht der Fall. Oft wirken hier die formalen Normen, die nicht den natürlichen – biologischen oder psychologischen – Verhaltensvoraussetzungen des Menschen entsprechen oder nicht aus allgemein verankerten Traditionen erwachsen, wie Fremdkörper, werden als willkürlich erlebt und dementsprechend auch nicht eingehalten. Speziell das Verhalten im Straßenverkehr bietet in dieser Hinsicht viele Beispiele. So wird eine ausgesprochen vorsichtige und jederzeit regelkonforme Fahrweise offiziell gefordert und erwartet, entspricht aber nicht dem, was seitens der Mehrzahl der Kraftfahrer als ideales Fahrverhalten angesehen wird. Dieses ist in den Augen der Kraftfahrer vielmehr dadurch gekennzeichnet, daß sich der Fahrer zwar grundsätzlich, nicht aber stur an Regeln hält und nicht extrem von den geforderten Normen abweicht, daß er sich aber im übrigen zügig fortbewegt und den „Betrieb nicht aufhält". Auch am Stopschild, das ein Stillstehen der Räder an der Sichtlinie fordert, gilt es, wenn es die Verkehrslage ermöglicht, für die Mehrzahl der Kraftfahrer als vernünftig, langsam an die Kreuzung heranzurollen und ggfs. mit aller Vorsicht die Kreuzung zu überqueren, bzw. sich in die bevorrechtigte Straße einzufädeln, ohne ausdrücklich vollständig mit dem Fahrzeug zum Stehen zu kommen.

So kommt es, daß vor allem formale Normen sehr häufig mit Begriffen wie „Freiheitseinschränkung", „Gängelung" und „Bevormundung" verknüpft sind, ohne daß man sich der grundsätzlichen Vorteile von Normen ausdrücklich bewußt ist. Sie werden eher als eine drückende Last empfunden, welche die eigenen Verhaltensmöglichkeiten und -tendenzen einengt. Ohne das Vorhandensein zumindest einer gewissen Einsicht in den Sinn einer Norm bleibt diese im Erleben des Handelnden ein reines Zwangsinstrument.

In einem – vor allem größeren – sozialen System sind aber gewisse Normierungen der individuellen Verhaltensweisen unabdingbar. Deshalb stellen menschliche Gesellschaften entsprechende Anforderungen an den einzelnen. Ein großer Teil solcher Anforderungen schlägt sich in Normsätzen nieder, die konkretes Verhalten bestimmen und regeln sollen, in denen also allgemeine Verhaltenserwartungen verankert sind. Sie dienen als grundsätzliche Richtschnur für das Verhalten der Individuen. Jede Gesellschaft bietet so durch die in ihr geltenden Normen dem einzelnen auch Schutz, Hilfe und Geborgenheit.

Normen sind daher sozusagen Führungssysteme des Verhaltens von Individuen. Sie vermindern primär die Komplexität von Verhaltensmöglichkeiten, geben damit Verhaltenssicherheit und reduzieren Unsicherheit. Damit bieten sie in vielen Lebenssituationen eine wesentliche Entlastung für den einzelnen. Denn dieser muß nicht mehr ständig jede Situation neu prüfen, um zu einer vernünftigen Entscheidung zu kommen. Sie tragen damit ferner zu einer sozial sinnvollen Lösung von Aufgaben und Problemen bei und erfüllen schließlich den Zweck, im Feld sozialer Reibungen gegenseitige Beeinträchtigungen auszuschalten oder wenigstens zu vermindern. Ohne Normen und Regeln wären weder Spiele möglich, noch könnte eine sprachliche Verständigung zwischen Menschen stattfinden. Denn Worte haben nun einmal, auch wenn das je nach dem Kontext gelegentlich variieren kann, eine bestimmte Bedeutung und Sätze eine bestimmte Form.

Normen sind also aus der zunehmenden Kompetenz und Bedeutung des Gehirns von Menschen erwachsen und erweitern menschliches Verhalten über das ursprünglich rein genetisch gebundene Potential von Instinkten hinaus in den Bereich kultureller Entwicklung hinein.

Normen-bezogene Schwierigkeiten und Systemkonflikte

In dem Systemgeschehen des menschlichen Verhaltens wirken verschiedenartigste Einflußgrößen zusammen: Merkmale und Tendenzen der Individuen ebenso wie die Möglichkeiten, Anforderungen und Zwänge der Umwelt.

Auch Normen stellen natürlich keine isolierten Größen dar. Sie sind ganz allgemein in den Gesamtzusammenhang des individuellen und kollektiven Lebens eingebettet. Eine normative Ordnung hängt sozusagen in der Luft, wenn sie nicht in einem umfassenden Wertsystem integriert ist. Das gilt nach dem zu einem Leitmotiv der französischen Revolution gewordenen Rousseau-Wort „das Gesetz ist der Ausdruck des allgemeinen Willens" für konkrete positive Rechtsnormen wie für moralische Normen. So wie die ersteren in ihrer Wirksamkeit von der Geltung moralischer Normen abhängen – weshalb auch in der philosophischen Ethik die sogenannte Maximen-Ethik als höherwertig gegenüber der reinen Normen-Ethik gilt –, so sind diese wiederum von den gesamten sozio-kulturellen Bedingungen, von den herrschenden Sitten und Grundüberzeugungen einer Gesellschaft abhängig.

Transkulturelle Vergleiche sind verständlicherweise in dieser Beziehung besonders aufschlußreich. Beispielsweise hat für viele asiatische, insbesondere ostasiatische Völker, die direkte Höflichkeit einen sehr viel höheren Wert als im Abendland, wo sehr leicht ein innerer Konflikt zwischen Wahrheit und Höflichkeit entstehen kann. Das geht so weit, daß es für sie tabu ist, unzufriedene Miene zu zeigen oder gar zu widersprechen. Manchen Kulturen ist sogar das Wort „nein" unbekannt. Man lächelt, auch wenn man ganz anderer Ansicht und sogar entschlossen ist, das Gegenteil von dem zu tun, was der andere erwartet. Ich weiß noch, wie man mich gewarnt hatte, in einer entlegenen Gegend Südostasiens um irgend etwas zu bitten oder gar jemand zu einer bestimmten Aktion zu veranlassen, wenn ich nicht sicher sei, daß dies in der ursprünglichen Absicht meines Gesprächspartners läge oder seinem eigenen Denken entgegenkomme. Andernfalls könne ich damit rechnen, außer dem höflichen Lächeln auch noch vergiftete Plätzchen oder etwas ähnliches zu bekommen, womit das Problem vorerst gelöst sei. Als ein Kellner mir eines Tages statt der bestellten Speise eine andere brachte und ich ihn auf das Mißverständnis aufmerksam machte, fuhr er seelenruhig und mit freundlichem Lächeln sowie der beständigen Beteuerung „ja, ja" fort, meinen Teller vollzuladen. Den vielleicht höchsten Wert stellt es dort dar, nie „das Gesicht" zu verlieren und sich auch selbst nie so zu verhalten, daß der andere „das Gesicht" verliert.

Gesetze als reine Verwaltungsakte sind wertlos, wenn sich niemand nach ihnen richtet. Deshalb kann das Verhalten von Menschen gegenüber Normen und Gesetzen am wirkungsvollsten und letztlich auch am einfachsten durch eine Beeinflussung der normativen Einstellungen erreicht werden. Die Verträglichkeit der formalen Normen mit den kulturellen und gesellschaftlichen Gesamtbedingungen, die sogenannte cultural compatibility der Angelsachsen, ist aus diesem Grunde ganz entscheidend für die Wirksamkeit der jeweiligen Normen. Das zeigte sich u.a. sehr deutlich bei der Prohibition und der Abschaffung der Sklaverei. Eine hohe soziale Stigmatisierung bestimmter Verhaltensweisen führt zwangsläufig zu einem Absinken der betreffenden normativen Abweichung, und deshalb haben auch Maßnahmen zur Förderung der allgemeinen „Moral" meist stärkeren Einfluß auf die Menschen als die Androhung von Sanktionen.

Für die Wirksamkeit von Normen ist also entscheidend, daß sie als etwas erlebt werden, das allgemeinen Wertvorstellungen, Sitten und Gewohnheiten in einer Gesellschaft entspricht. Das heißt, der von der Bevölkerung wahrgenommenen und erlebten Vernünftigkeit einer Norm kommt eine wesentliche Rolle zu.

Hier wird aber eine grundlegende Problematik deutlich. Denn ist eine solche Entsprechung vorhanden, erübrigen sich sogar eigentlich irgendwelche speziellen Maßnahmen wie Beeinflussungskampagnen oder mit Strafandrohungen verbundene Kontrollen, um das Einhalten von Normen zu gewährleisten. Wenn die öffentliche Meinung von entsprechenden ethischen Grundwerten geprägt und getragen ist, sind nämlich viele Verhaltensweisen schlechthin selbstverständlich. Ist das aber nicht der Fall, haben selbst ausgeklügelte, von außen aufgesetzte Maßnahmen, die solchen allgemeinen Vorstellungen und den vorherrschenden soziokulturellen Werten nicht entsprechen, meist nur geringe Aussicht auf Erfolg. Deshalb erweist sich auch immer wieder, daß das Verhalten von Menschen sehr viel stärker durch die erwarteten Reaktionen der unmittelbaren sozialen Umwelt bestimmt wird als durch allgemeine Forderungen etwa seitens des Staates.

Aus umfassenden systemorientierten Überlegungen läßt sich also, wie auch die menschliche Erfahrung bestätigt, ableiten, daß gesetzte Normen, wenn sie nicht in dem gesellschaftlichen Bedingungsumfeld verankert sind, in Gefahr geraten, bedeutungslose Abstraktionen darzustellen, und daß die zu ihrer Befolgung ausgesprochenen Appelle weitgehend wirkungslos bleiben. Entsprechenden Maßnahmen kommt dann oft nur eine Alibifunktion zu, es sei denn, man würde ihre Durchsetzung mit extremen Mitteln staatlicher Macht erzwingen, z.B. mit einer bedingungslosen allumfassenden Überwachung, mit strengsten Sanktionen bei Nichtbefolgen usw. Das würde aber Konsequenzen bedeuten, die für viele Menschen die Grenzen gesellschaftlicher Tragbarkeit überschritten.

Andererseits ist die Übereinstimmung von praktischem und dem Gesetz nach gesolltem Verhalten kein notwendiger Ausdruck von Gesetzestreue, sondern kann schlicht darauf beruhen, daß die im sozialen Leben wirksamen Verhaltensregeln mit denen, die von außen vorgegeben werden, „zufällig" übereinstimmen. Die erkannte Zweckmäßigkeit und der erlebte Sinn einer Norm, bzw. die Erfahrung, daß ein normkonformes Verhalten gewöhnlich zum Erfolg führt und damit für den Betreffenden vorteilhaft ist, stellt dabei einen ganz wichtigen Bestimmungsgrund des Verhaltens dar. Pflegen sich doch Menschen in aller Regel auf eine bestimmte Weise zu verhalten, weil ihnen die Folgen dieses Tuns aus irgendwelchen, ihnen selbst nicht immer bewußten Gründen angenehmer erscheinen als die Folgen irgendeiner anderen realisierbaren Verhaltensalternative (Elster).

Das Verhalten von Menschen gegenüber Gesetzen und Regelungen kann jedenfalls wesentlich wirkungsvoller durch die übereinstimmende Veränderung der normativen Einstellungen – die vielleicht eigentliche Aufgabe der Politik –, bzw. die negative Bewertung unerwünschten Verhaltens durch die soziale Umwelt beeinflußt werden als durch die Bekanntgabe von Geboten und Verboten bzw. die Androhung von Sanktionen. Wird dagegen ein praktisches Verhalten gefordert, das der in einer Gesellschaft dominierenden Wertorientierung nicht entspricht, wird man unvermeidlich mit Enttäuschungen rechnen müssen. Wir zahlen so letztlich einen hohen Preis für ein weitgehend unreflektiertes Menschen- und Weltbild.

Denn auf der einen Seite wird, besonders aus politischer bzw. juristischer Sicht, unberechtigterweise an die überlegene Macht menschlicher Hemmfähigkeit appelliert, zugleich aber herrschen auf der anderen Seite ein sozialer Druck und eine weitgehende Gewöhnung an hemmungslose Selbstdurchsetzung. Dabei ist zu fragen, inwieweit denen, die in dieser Weise an ein kontrolliertes Verhalten der Bürger appellieren, selbst klar ist, daß vieles von dem, was sie fordern, ohnehin nicht befolgt oder unterlaufen wird, daß die erlassenen Vorschriften also im Grunde nur eine Alibifunktion erfüllen. Man gewinnt in der Tat nicht selten den Eindruck, daß irgendwelche idealistisch hochgesetzten Normen von vornherein in dem Bewußtsein erlassen werden, eine Kontrolle ihrer Einhaltung werde, falls sie überhaupt ernsthaft stattfände, erhebliche praktische Lücken aufweisen. Das kann aber bei Normen, die als offensichtlich realitätsfern und wenig einsehbar erlebt werden, bei den jeweils dann doch von entsprechenden Sanktionen Betroffenen lediglich dazu führen, daß sich nur ein schwaches Bewußtsein einer „begründeten Verpflichtung" (Tyrell) entwickelt, daß Norm und Sanktion innerlich nicht angenommen werden und daß vielleicht sogar das gesamte Normsystem an Geltung einbüßt. Deshalb ist es wichtig, daß sanktionsgeschützte Normen einsehbar gemacht werden. Anderenfalls sollte man im Regelfall auf entsprechende Vorschriften ganz verzichten oder zumindest von vornherein deutlich machen, daß man zwar grundsätzlich ein Idealverhalten vorgeben möchte, ohne aber ein Nicht-Beachten in der Realität ernsthaft kontrollieren und sanktionieren zu wollen.

Für jede gesellschaftliche Ordnung ist daraus abzuleiten, daß sie um so wirksamer und damit besser ist, je stärker sie natürliche Verhaltensvoraussetzungen und Verhaltenstendenzen der Menschen berücksichtigt und damit auch in einem solchen Maße selbstverständliche Anerkennung erwarten kann, daß in der Sozialordnung jede Zuwiderhandlung als Störung empfunden wird (Undeutsch). Gerade das Verhalten im Straßenverkehr, auf das auch eine grundsätzlich positive Einstellung zu Gesetzen und Regeln nicht durchgehend durchzuschlagen scheint, zeigt, daß die hier geltenden formellen Normen – offenbar aus verschiedenartigsten Gründen – nicht in umfassender Weise eingehalten werden. Dadurch bleiben die

Effekte staatlicher Steuerungsmaßnahmen oft erheblich hinter den theoretisch gehegten Erwartungen zurück.

Betrachten wir das Verhältnis von Normen zu konkretem Verhalten noch etwas näher, so liegt zweifellos schon eine Schwierigkeit darin, daß sie zwangsläufig am Typischen orientiert sein müssen. Damit wird automatisch ihre Bedeutsamkeit und Verbindlichkeit für den Einzelfall gemindert; sie müssen in vielen Fällen an konkreten Situationen und an speziellen Problemen vorbeizielen. Es gibt keine allgemeine Norm, die alle Situationen so einfangen kann, daß dadurch in jedem Fall die „moralisch" richtige Handlung zustande kommt. Eine allumfassende absolute Kontrolle ist jedoch nicht möglich. Sie müßte im übrigen auch eine Kontrolle der Kontrolleure und eine Kontrolle der Kontrolleure der Kontrolleure einschließen, was in sich eine ungeheure Vergeudung von menschlichen Möglichkeiten darstellen würde und in einem Gemeinwesen praktisch auch kaum zu finanzieren wäre.

Außerdem wirkt sich ein Auseinanderklaffen von offizieller Norm und praktischem Verhalten sehr nachteilig auf die Geltung einer Norm aus. Ein solches Auseinanderklaffen ist bis zu einem bestimmten Maß „normal", wobei ich den Begriff hier im Sinne einer rein statistischen Norm verwende. Weichen nur einige wenige von einer in einer Gemeinschaft geltenden Norm ab, so stellen sich diese wenigen außerhalb der Gemeinschaft, werden von dieser zur Rechenschaft gezogen und unter stiller oder ausdrücklicher Billigung der Mehrheit bestraft. Verhält sich aber die Mehrzahl der Mitglieder einer Gemeinschaft entgegen einer offiziellen Norm, und würde man gar mit Sanktionen gegen diese Mehrheit vorgehen, so müßte das zum Nachteil der Norm ausschlagen. Sie verlöre an tatsächlicher Geltung, geriete in Mißkredit und würde abgelehnt. Man hat festgestellt, daß es im allgemeinen bereits dann zu Schwierigkeiten kommt, wenn weniger als 90 % der Bevölkerung die gesetzten Normen freiwillig befolgen.

Es ist weiter, nach aller geschichtlichen Erfahrung, offensichtlich nicht berechtigt anzunehmen, der Mensch könne schlicht durch eine vollkommene Gesetzgebung und durch ein ausgezeichnet ausgearbeitetes Regelsystem dazu gebracht werden, sich durchgehend sozial zu verhalten, bzw. sozial unerwünschte Verhaltensweisen aufzugeben. Viele Verhaltensweisen beruhen ja ohnehin nicht auf klar bewußten Entscheidungen. Denken Sie nur an die unzähligen Affekthandlungen von Menschen oder an die ebenso unzähligen Situationen im Straßenverkehr, in denen man – oft in Bruchteilen von Sekunden – handeln muß und dann aus Überforderung, Ablenkung oder auch schlichter Unerfahrenheit etwas Falsches oder Normwidriges tut!

Das Verstehen und Befolgen von Normen ist also, je nach den gegebenen Rahmen- oder Systembedingungen, keineswegs so unproblematisch, wie man zunächst vielleicht annehmen möchte. Die Kompliziertheit menschlicher Persönlichkeiten einerseits und die spezifische Einmaligkeit von Situationen andererseits machen eine starre Ausrichtung an festen Normen grundsätzlich schwierig, und die gesamte Wirklichkeit eines Lebens in Gesellschaften läßt sich ohnehin mit vertretbarem Aufwand gar nicht vernormen.

Eine weitere Schwierigkeit liegt darin, daß, je stärker das Zusammenleben durch kollektive Regeln, durch Normen und Rechte bestimmt wird, um so mehr auch wieder individuelle Anrechte und Ansprüche geschaffen werden, so daß praktischer Umgang miteinander vorwiegend nach dem Motto angewandter Rechthaberei stattfindet. Um solche Anrechte, die der einzelne „hat" oder zu „haben" meint, wird dann wie um einen Besitz gekämpft. Das gilt vor allem für Gesellschaften und Gruppen, in denen die allgemeine „Atmosphäre" durch ausgeprägten Egoismus bestimmt ist.

Kommen wir noch zu einem letzten Punkt, der sich ebenfalls auf das in gesellschaftliche Bedingungen eingebettete menschliche Verhaltenssystem bezieht. Hier können nun einzelne Bedingungen mehr oder weniger gut zueinander passen. Das gilt, was Normen anbetrifft, für das Verhältnis unterschiedlicher Normensysteme zueinander, aber auch für die Beziehung einer normensetzenden Gemeinschaft zu den Individuen, von denen eine Erfüllung der Normen erwartet wird.

Gesellschaften, die sozial gut funktionieren, haben eine soziale Ordnung, in der die gleichen Verhaltensweisen von Individuen sowohl deren eigenem Vorteil dienen als auch der Gemeinschaft zugute kommen, weil individuelle Interessen und Interessen der sozialen Institution identisch sind.

Besteht aber keine umfassende Systemstimmigkeit, weil bspw. Gesellschaft und Individuen in einer Gegenposition zueinander stehen oder weil sich innerhalb der Gesellschaft Vorstellungen und Interessen verschiedener Gruppen nachhaltig widerstreiten, so kommt es im Gesamtsystem sehr leicht zu Konflikten. Widersprechen Ordnungsmuster der Gesellschaft tiefergehenden individuellen Vorstellungen, werden sie von den Individuen nicht ausreichend verinnerlicht. Damit können sie aber kaum zu einer tragfähigen Verhaltensgrundlage werden.

Das kann auch der Fall sein, wenn das Individuum nicht genügend Freiraum hat. Je mehr bzw. je totaler in einem Staat versucht wird, das Verhalten der Individuen durch von außen vorgegebene Gesetze zu kontrollieren, um so mehr droht der einzelne Mensch eine aus Unterdrückung resultierende Entfremdung zu empfinden, um so geringer werden auf die Dauer seine Kompetenz und Motivation und um so mehr neigt er dazu, jegliche Verantwortung auf andere, besonders auf höhere Instanzen abzuschieben. Ein solches mangelndes Engagement wird sich aber wieder auf die Dauer zum Schaden der Gesellschaft auswirken. Ein gemeinschaftsbezogenes Engagement der Individuen ist nämlich erforderlich, um die Stabilität eines gesellschaftlichen Systems zu gewährleisten.

Gerade in Deutschland hat sich eine gesetzliche und behördliche Regelungsdichte entwickelt, die den Freiraum menschlichen Handelns in oft unzumutbarer Weise einengt und das spontane Engagement des Bürgers zum Erliegen bringt. Wenn schon der „Spiegel" (2/92) berichten konnte, daß selbst Experten der Finanzverwaltung das Steuersystem als ein unüberschaubares „Konglomerat von Einzelregelungen", als ein „Regelungsdurcheinander" bezeichnen, das an seinen offiziellen Ausnahmen erstickt und in dem selbst Steuerbeamte sich „dauernd verheddern", nimmt es nicht wunder, wenn der Normalbürger sich nur zu leicht in einem mittlerweile auf allen Gebieten des täglichen Lebens überwuchernden Verordnungsgestrüpp zu verstricken droht. Das hindert natürlich nicht, daß der Bürger bei Nichtbeachtung bestraft wird, denn Unkenntnis schützt bekanntlich nicht vor Strafe. Diese aber trifft angesichts einer Über-Regelung und eines häufigen Fehlens an erlebtem Sinn den Bürger wie ein Unwetter, das er nicht beeinflussen kann, und trägt damit zu einer zunehmenden Zerstörung des Vertrauensverhältnisses zwischen Individuum und Gesellschaft bei. Im Grunde erfährt der Bürger in erster Linie, was er alles nicht darf. Es wimmelt von Verboten wie „Betreten des Rasens (des Schulgeländes, der Halle usw.) verboten" usw. Zumindest wird ständig offiziell darauf hingewiesen, daß irgend etwas, was jemand tut oder zu tun beabsichtigt, „auf eigene Gefahr" erfolgt, als ob einem normal denkenden Menschen unklar wäre, auf wessen Gefahr das sonst noch der Fall sein könnte. Ein Kölner Mieter, der sogar bei dem Wettbewerb „Grünes Köln – blühendes Köln" einen Preis gewonnen hatte, erhielt einen Brief vom Anwalt seines Vermieters, in dem zu lesen war, daß „die Bepflanzung der Blumenkübel auf der Terrasse zu keiner Zeit genehmigt" worden sei. Einer Gruppe norwegischer Jugendlicher, die in dem bis Mitternacht geöffneten Hamburger Botanischen Garten „Planten und Bloomen" nach 22 Uhr Volkslieder sang, wurde dies mit dem Hinweis verboten, daß dazu ein sogenannter, von der Behörde auszustellender „Singschein" erforderlich sei. Die Beispiele ließen sich beliebig fortsetzen. Eines jedoch ist klar: Wer ständig auf offizielle Vorschriften und Verbote trifft, entwickelt sich nur schwer zu einer selbständig denkenden und handelnden Persönlichkeit.

Aus der Tatsache, daß Kompetenz und Engagement des einzelnen um so mehr abzusinken pflegen, je mehr er grundsätzlich unter Vorgaben von außen steht, erklärt sich auch, daß eine stärkere Betonung der Disziplinseite, d.h. des unbedingten Gehorsams gegenüber pauschalen und formalen Regelungen, die flexible Verhaltensanpassung schwächt und daß die Neigung zu eigenverantwortlicher Problemlösung mit einer geringeren Bereitschaft einhergeht, sich durchgehend eben solchen formalen Normen „stur" zu unterwerfen. Dabei mag sich die ganz grundsätzliche Frage stellen, ob der Mensch von Natur aus so ist, daß er auf jeden Fall einer regulierenden Autorität bedarf, oder ob wir es bisher gesellschaftspolitisch nur nicht erreicht haben, solche Voraussetzungen zu schaffen, die optimale Bedingungen für eine zugleich autonome und gemeinschaftsbezogene Eigenverantwortung bedeuten.

Wie schwierig die Problematik ist, mit denen moderne Gesellschaften konfrontiert sind, und wie widersprüchlich sich das Wert- und Normengefüge einer Gesellschaft dem einzelnen Menschen darstellen mag, möchte ich noch kurz an einigen konkreten Punkten aufzeigen: Oft klaffen in einer Gesellschaft kulturelle Normen und die – wie auch immer zustande gekommene – Fähigkeit des Individuums, gemäß diesen Normen zu handeln, auseinander, und diese Spannung führt zu einer Desintegration, einem individuellen Fehlen von Normen. Diesen Zustand eines Autoritätsverlustes traditioneller Normen bezeichnete Emile Durkheim bekanntlich als Anomie. Im Gegensatz zu Menschen, die sozial integriert sind und trotz persönlicher Autonomie keine Schwierigkeit haben, sich gemäß der üblichen

Sozialmoral zu verhalten und sich kollektiven Notwendigkeiten zu unterwerfen, gibt es Individuen, die sozusagen in einer Normlosigkeit leben, d.h. die keine Normen verinnerlicht haben. Sie haben keine festen Überzeugungen, und es fällt ihnen schwer, in einer komplexen und zudem in ständiger Veränderung befindlichen Welt zwischen Gut und Schlecht zu unterscheiden. Es ist eine Art innerer Anarchie, in der sie sich befinden, sei sie durch das soziale Umfeld oder durch die individuelle Persönlichkeitsstruktur bedingt. Vielleicht vollzog sich bei ihnen die Sozialisation weniger leicht, weil die Erwartungen und Ansprüche nicht durch sozial verankerte Gewohnheiten eingeschränkt und die Mobilität und der Erfolgskult gerade heutiger Gesellschaften unbegrenzte Perspektiven eröffnen (Aron).

Auch das Auseinanderklaffen formeller, d.h. offiziell bestehender, und informeller, d.h. subjektiv erlebter Normen bewirkt in dem einzelnen eine konfliktträchtige Unsicherheit, weil er oft nicht weiß, nach welchem Normensystem er selbst in einer aktuellen Situation handeln soll, bzw. nach welchem Normsystem die anderen handeln werden.

Oft treten auch insofern Widersprüche auf, als sich Verhaltensforderungen aus einer Norm ergeben, die aktuell sozusagen gegenstandslos erscheint. Stellen Sie sich einen Fußgänger vor, der spät abends an einer für Fußgänger rot zeigenden Verkehrsampel steht und weit und breit weder andere Menschen noch motorisierten Verkehr erblickt!

Beispiele dieser Art ließen sich beliebig fortsetzen. Dabei sollte nicht unerwähnt bleiben, daß innerhalb von Gesellschaften bestimmten Kontrollinstanzen bzw. der Erziehung gern die Rolle zugewiesen wird, Widersprüche auszubügeln, die in das Gesamtsystem selbst eingebaut sind. Das ist aber verständlicherweise – wenn überhaupt – nur unter großen Schwierigkeiten möglich.

Gefahren einer strikten Ordnungs- und Regelorientierung

Ordnung kann, vor allem in extremer Form, auch ausgesprochen negative Seiten haben.

Bei totaler Ordnung, bei der alles hundertprozentig festgelegt und nichts unbestimmt ist, wäre nämlich – ähnlich wie in der Natur – weder eine Entwicklung des Systems aus sich selbst heraus, noch eine Anpassung des Systems an geänderte Umweltbedingungen möglich. Starre Ordnungsorientierungen und eine strikte Disziplinausrichtung können so Wachstum, Entwicklung und Kreativität lähmen. Das kann sich für soziale Systeme als gefährlich erweisen, ja sogar zu deren Verfall führen.

Mit welchen Problemen ein striktes Beharren auf Einhaltung amtlicher Vorschriften seitens der Behörden verbunden sein kann, zeigt bspw. ein Zeitungsbericht der Westdeutschen Allgemeinen Zeitung vom 1.8.1989, nach dem „behördliche Parkvorschriften ... unabhängig davon gelten, ob sie sinnvoll sind oder nicht." Was war geschehen? „Die Stadt Düsseldorf feierte ihr 700jähriges Stadtjubiläum. Dabei sollte auch an die alte Tradition der Flößer auf dem Rhein erinnert werden.

... Zehntausende standen Spalier, als ein aus 300 Fichtenstämmen gezimmertes 110 Meter langes und 20 Meter breites Floß – unter strengen Auflagen der Wasser- und Schiffahrtsdirektion – von Mainz nach Düsseldorf geschleppt wurde. Dort sollte es linksrheinisch ankern. Doch bei der Ankunft herrschte Niedrigwasser. Die Flößer warnten, das Floß könnte steckenbleiben und zum Verkehrshindernis werden. Also wurde ein rechtsrheinischer Parkplatz gewählt. Daraufhin verteilte die Wasserschutzpolizei Strafmandate. Der Schlepper-Kapitän legte vergebens Einspruch ein. 'Behördliche Parkvorschriften gelten auf dem Rhein wie auf der Straße unabhängig davon, ob sie sinnvoll sind oder nicht.'"

Da sich eine Reihe von Problemen im menschlichen Leben nicht routinemäßig und schablonenhaft lösen läßt, birgt eine starre Ausrichtung an Vorschriften, Regeln und Normen Schwierigkeiten und Gefahren. Denn sie behindert eine flexible Anpassung an neue Situationen. Eine enge Normorientierung bedeutet zwar einerseits zu wissen, was man will, bedeutet aber andererseits vor allem auch, nicht mehr zu wissen, was man sonst noch wollen könnte, ist bei Schurian und Offe zu lesen.

Deshalb muß in jedem Menschen wie in sozialen Systemen neben der Ordnung, d.h. dem Festgelegtsein, auch ein bestimmtes Maß an Offenheit, d.h. letztlich Unbestimmtheit und Unordnung vorhanden sein. Denn Unordnung bietet die Chance für kreative Neu- und Weiterentwicklungen, bei denen eine neue, höhere, komplexere Ordnung und Stabilität entstehen kann. So gesehen stellt Unordnung durchaus auch eine sinnvolle Ergänzung von Ordnung dar, und es ist dem amerikanischen Psychologen William James zuzustimmen, wenn er das höchste moralische Niveau darin sieht, jederzeit Regeln zu brechen, die für eine gegebene konkrete Situation zu eng sind.

Es ist sogar zu fragen, inwieweit die Ordnung in sozialen Systemen für ihr Bestehen nicht geradezu ein gewisses Maß an Ordnungsstörern, an Ordnungsverletzungen sowie Norm- und Regelübertretungen benötigt. Würde die Geltung von Normen in einem sozialen System, in dem *jede* auftretende Verletzung von Ordnung entdeckt und negativ sanktioniert würde, nicht sogar beeinträchtigt? In diesem Sinne schreibt Popitz bspw. sehr plastisch: „Werden allzu viele Normbrecher an den Pranger gestellt, dann verliert nicht nur der Pranger seine Schrecken, sondern auch der Normbruch seinen Ausnahmecharakter."

Insofern kann dem abweichenden Verhalten von Mitgliedern eines sozialen Systems, kann Minderheiten, Randgruppen und Außenseitern, auch wenn man ihnen innerhalb ihres jeweiligen Systems oft mit Ablehnung begegnet, für dieses System auch eine positive Bedeutung zukommen.

Eine zunehmende Betonung von Ordnungsorientierung in einem sozialen System muß keineswegs mit einer besseren Funktionsweise einhergehen, zumal man ab einem bestimmten Maß an Geordnetheit einen verhältnismäßig immer größer werdenden Aufwand treiben muß, um eine weitere Zunahme an Geordnetheit zu erreichen. Man spricht hier von einem abnehmenden Grenznutzen.

Außerdem steht eine Gesellschaft, die normativ alles vorschreiben will und großen Wert auf Disziplinierung legt, in der Gefahr, beim einzelnen die Entwicklung von Verantwortung zu behindern oder sogar zu verhindern. Wenn Institutionen Verantwortung beanspruchen, die sie dem einzelnen entziehen, warum soll dieser dann Verantwortung für Entscheidungen empfinden, die er nicht beeinflussen kann (Rich)?

Grundhaltungen zu Normen

Betrachten wir die zum Teil widersprüchlich erscheinenden Überlegungen des letzten Kapitels, so ist es nicht erstaunlich, daß sie sich auch in menschlichen Grundhaltungen spiegeln. Auf der einen Seite treffen wir auf eine zum Teil extreme strikte Normen- und Regelhörigkeit, die auch von anderen erwartet wird und auf deren Fehlen bei anderen, ja schon auf eine gewisse Relativierung mit erheblicher Aggressivität reagiert wird. Solche Menschen sehen von Menschen geschaffene Ordnungen als etwas unabänderlich Gegebenes an und sind nur allzu geneigt, deren „buchstabengetreue" Einhaltung auch ohne speziellen Auftrag zu überwachen. Eine Änderung von Ordnungen, oder gar deren drohende Auflösung wird von ihnen als verunsichernd und bedrohlich empfunden.

Auf der anderen Seite treffen wir auf Menschen, die jegliche Ordnung als einengend und bedrückend empfinden. Strikte Ordnungsbefolgung gilt ihnen als Zeichen von Unmündigkeit, Unselbständigkeit und Fremdbestimmtsein, als ein Affront gegen das Ideal eines aufgeklärten, mündigen und emanzipierten Bürgers und wird als Einschränkung autonomer Individualität erlebt. In extremer Ausprägung gehen sie, sobald sie einem sozialen Ordnungsphänomen – welcher Art auch immer – begegnen, „auf die Barrikaden".

Beides sind natürlich Extreme, Pole von Grundeinstellungen, zwischen denen eine Unzahl von Variationen und Schattierungen liegt. Und so, wie Normen in unterschiedlichen Gesellschaftssystemen unterschiedlich sein können, ist auch der Ausprägungsgrad der einen oder der anderen Grundauffassung von der jeweiligen Kultur abhängig. Vergleichen Sie nur die Zurückhaltung gegenüber formalen Normen in England und die Norm-Lockerheit in mediterranen Ländern mit der in Deutschland vorherrschenden rigiden Norm- und Ordnungsmentalität.

Beide Extreme sind wahrscheinlich für die optimale Funktion einer Gesellschaft nachteilig. Von Nutzen und Vorteil dagegen wäre eine Optimierung: „Soviel Ordnung wie nötig und soviel Freiheit wie möglich." Eine gut funktionierende Gesellschaft braucht beides.

Denn sowohl eine überzogen enge Orientierung an formalen Vorschriften und Regeln als auch ihre einseitige Mißachtung können in gleicher Weise flexible Situationsanpassung verhindern. Insofern ist ein ausgewogenes Ordnungsverständnis von großer, vielleicht sogar zentraler Bedeutung für das Funktionieren von Gesellschaften. Es würde auch dazu beitragen können, die gewiß äußerst komplexe Problematik, die unter manchen Aspekten durchaus bei vordergründiger Betrachtung widersprüchlich erscheinen könnte, sozusagen von einer höheren Warte aus, ausgewogener und gelassener zu betrachten und das Problem „Ordnung" in seinem eigentlichen Sinn zu begreifen. Eine solche vernünftige „Versöhnung" mit dem Phänomen Ordnung könnte zugleich eine für die Zukunft der Menschheit so wichtige verständnisvolle Toleranz fördern.

II. Werte, Wertklärung und heutige Wertwelt

Werte und Wertethik

Es ist sicher bezeichnend für unsere sehr stark vom Wirtschaftsdenken beeinflußte Welt, daß der Begriff „Wert", für den sich im Schrifttum viele unterschiedliche Definitionen finden, primär aus der Wirtschaft stammt. Hier bezog er sich vor allem auf den Güteraustausch. Erst um die letzte Jahrhundertwende herum fand er Eingang in die philosophisch-ethische Diskussion, in der bis dahin der Begriff des „Guten" vorgeherrscht hatte. Seitdem wird er vorwiegend als eine Eigenschaft von Personen, Dingen oder Zuständen verstanden, die als edel, schön und angenehm geschätzt werden.

Nach Kant handelt es sich bei dem Wertempfinden bzw. der Wahrnehmung des „Guten" um ein „geistiges Urerlebnis", das bis in religiöse Bereiche hineinreicht, ohne allerdings aus sich allein ein konkretes „Sollen" zu begründen. Werden die eher allgemeinen, in ihrer grundsätzlichen Geltung anerkannten Werte durch Verhaltensregeln konkretisiert und präzisiert, spricht man, wie wir bereits sahen, von Normen. Sie schreiben eine bestimmte konkrete Handlungsweise verbindlich vor. Normen müssen aber nicht unbedingt mit den zu einer bestimmten Zeit in einer Gesellschaft gültigen Werten übereinstimmen. Denn sie können bspw. vergangene und sozusagen überlebte Wertvorstellungen zum Inhalt haben. Der umfassende und oft benutzte Begriff „Moral" wird als das Gesamt öffentlich standardisierter Verhaltensnormen ethischer Zielsetzung verstanden.

Man hat sich vielfach bemüht, zu einer sogenannten Letztbegründung von Werten zu gelangen. Diese Versuche blieben aber bis heute umstritten. In der Praxis ist man sich jedoch in der Anerkennung einiger ethischer Grundprinzipien durchaus einig. Dazu zählen u.a. Die Achtung vor Leib, Leben und Rechten der Mitmenschen, die Anerkennung von Eigenrechten der Natur sowie das Prinzip, keinen Schaden zu stiften und Leidenden zu helfen (Graumann u.a.). Diese Prinzipien beinhalten allerdings kein unabdingbares Sollen im Sinne des Kategorischen Imperativs von Kant, sondern bringen eher etwas zum Ausdruck, das als positiv und wünschenswert angesehen wird.

Bei allen Werten begegnet man im Grunde einer eigenartigen Doppelgesichtigkeit. Einerseits gelten sie, wie bspw. in der Wertphilosophie oder der phänomenologischen Wertethik, als eine den Dingen zugehörige Qualität. Diese Qualität besteht unabhängig von ihrem Erlebt-Werden und begründet sozusagen ein eigenes irreales Reich der „Geltung". Es verleiht dem menschlichen Streben „Sinn" und stellt eine entscheidende Grundlage des Sollens dar. Die eigentliche Wirklichkeit von Werten liegt in dieser Sichtweise außerhalb des Menschen.

Andererseits sieht die empiristische Wert-Philosophie in Werten lediglich Abstraktionen aus entsprechenden Wert-Erlebnissen. In dieser Sicht existieren sie nur für den Menschen, der sie konkret erlebt und ihnen im Zusammenhang mit seinen Bedürfnissen eine subjektive Bedeutung beimißt. So gesehen sind sie in erster Linie in einer psychologischen und soziologischen Analyse zu erfassen. In dieser Einbettung in ein Gesamt von Einstellungen und anderen psychischen Phänomenen verlieren sie ihre in der erstgenannten Sicht betonte Selbständigkeit. Sie wurzeln als solche in den Tiefen der persönlichen Motivation und verweisen auf das „Selbst" eines Menschen (Graumann u.a.).

Diese Doppelgesichtigkeit wird analog im Begriff der Ethik deutlich. Sie hat einerseits das Gegebensein einer überindividuellen Verpflichtung, andererseits als Theorie der menschlichen Lebensführung die Selbstthematisierung des Menschen zum Inhalt (Rendtorff).

Versucht man eine Synthese beider Sichtweisen, so entsteht die Werthaftigkeit von Personen und Dingen aus einem Zusammenwirken von einem wertenden Subjekt und einem Wertgegenstand. Allerdings ist dabei die Beziehung des Menschen zu den Werten nicht rein individuell, sondern betrifft eher den Menschen als Mitglied eines Kollektivs.

Wesentliche Übereinstimmung besteht darüber, daß Werte nicht auf reiner Erkenntnis, sondern unter Zusammentreten von Erkenntnisakten und emotionalen Stellungnahmen auf Entscheidungen beruhen. Man möchte z.B. unbedingt eine Fernsehsendung ansehen, die einen besonders interessiert; zugleich bittet einen ein guter Freund dringend um einen Rat. Es muß eine (Wert-)Entscheidung getroffen werden. Indem man wählt, trifft man zugleich eine Entscheidung darüber, was für ein Mensch man im Rahmen der eigenen Lebensganzheit sein möchte, wodurch der eigene Lebensablauf bestimmt sein sollte.

Werte sind damit etwas, das von Menschen einer Bevölkerungsgruppe als gut, edel, schön, angenehm, kurz als positiv geschätzt wird. Sie stellen umfassende Bestimmungsgrößen des menschlichen Verhaltens dar, die sich nicht aus vorübergehenden inneren Regungen oder einzelnen isolierten Situationen ableiten lassen und aus denen sich bestimmte Rangfolgen der Bevorzugung ergeben. Darüber hinaus sind Werte auch wesentliche Bestimmungsgrößen dafür, wie bestimmte Ereignisse oder Verhaltensweisen aufgefaßt werden. Sie erlauben eine grundsätzliche Orientierung und tragen damit ebenso wie Normen, die sich zumeist aus ihnen ableiten, wesentlich dazu bei, Komplexität im mitmenschlichen Umgang zu verringern. Die wahre Bedeutsamkeit von Werten, denen in einer Gesellschaft prinzipiell eine Stabilisierungs- und Legitimationsfunktion zukommt, zeigt sich aber letztlich im weitgehend beständigen praktischen Handeln.

Auch für Werte gilt, was bereits für Normen festgestellt wurde. Auch Werte stellen keine isolierten Größen für sich dar. Auch sie sind immer in ein umfassendes System integriert. Deshalb werden wir uns an späterer Stelle ausdrücklich mit der Wertwelt heute lebender Menschen beschäftigen.

Eines dürfte indes grundsätzlich klar sein: Wertvorstellungen, die eine entscheidende Grundlage von Verantwortung bilden, entwickeln sich nur über den

Weg der inneren Erfahrung. Diese persönlichen Wertsetzungen sollte jeder – auch der Staat – im Rahmen des sozial Tragbaren akzeptieren und respektieren, da sie sehr eng mit der Würde eines Menschen zusammenhängen.

Die Methode der Wertklärung

Um den Gesamtstil zu kennzeichnen, in dem sich eine Entwicklung zu Selbstbestimmung und Verantwortung abspielt, dürfte es sich lohnen, ergänzend auf die Methode der sogenannten Wertklärung einzugehen. Sie hat im angelsächsischen Sprachkreis unter dem Begriff „value clarification" große Bekanntheit erlangt.

Wenn im Sinne der sogenannten Diskursethik das als ethisch bzw. moralisch richtig angesehen wird, worüber nach vernünftiger Abwägung unter allen Betroffenen Übereinstimmung hergestellt werden kann, so bietet sich dazu als konkretes Vorgehen die Methode der Wertklärung in besonderer Weise an. Sie gewann vor allem in der Gesundheitserziehung der Dritten Welt eine zunehmende Bedeutung. Denn man hatte erkannt, wie sehr bei dem Erfolg von Gesundheitsprogrammen jeglicher Art tief in der Vergangenheit verwurzelte Sitten und Gewohnheiten eine Rolle spielen. Für die Praxis der Schule bedeutet dieses Verfahren bspw., dem Schüler zu helfen, sich der Übereinstimmungen und Widersprüche eigener Werte, Meinungen und Verhaltensweisen bewußt zu werden und ggfs. Konsequenzen daraus zu ziehen. Die Methode kann aber ebenso im außerschulischen Bereich oder in der Erwachsenenbildung eingesetzt werden.

Man kann Menschen damit zur Entwicklung von potentiell in ihnen Vorhandenem hinführen und wichtige Voraussetzungen ihrer (moralischen) Weiterentwicklung schaffen. Diesen Überlegungen liegt die Erkenntnis zugrunde, daß man letztlich moralisches Denken nicht lehren, nicht quasi als Wissen vermitteln kann. Moralisches Denken muß sich von sich aus entwickeln. Man kann aber sehr wohl diesen Entwicklungsprozeß fördern.

Da der heutige Mensch viele Entscheidungen gar nicht in echter Weise aufgrund tiefergehender Überlegungen trifft, bleibt für ihn auch der Umgang mit Werten zunächst mehr verbal-oberflächlich. Innere Ausgeglichenheit und konstruktives soziales Verhalten hängen aber sehr stark von einer in sich stimmigen und stabilen Wert-Welt ab. Es kommt deshalb im Bewußtsein, daß der Mensch „ein Wesen auf der Suche nach einem Sinn" ist (Frankl), darauf an, nicht appellativ Werte zu verkünden, sondern eine eigenständige ethische Weiterentwicklung zu fördern. Es handelt sich also nicht darum, „daß Sinn gegeben, sondern daß Sinn gefunden" wird (Dienelt).

Hierzu kann der Prozeß der Wertklärung hilfreich sein. Die betreffenden Menschen werden dabei über praktische und theoretische Probleme befragt, die für sie persönlich bedeutsam sind und zu wichtigen Entscheidungen führen können. Besondere Bedeutung kommt bei diesem Vorgehen der ehrlichen und ausführlichen Begründung der jeweiligen Entscheidungen zu. Denn nur eine solche Begründung der persönlichen Auffassungen und Entscheidungen eröffnet den Zugang zur eigenen Wertwelt. Derjenige, der mit der Wertklärungsmethode arbeitet, sollte dabei bemüht sein, eine durch Offenheit, Ehrlichkeit, warmherziges Vertrauen und Toleranz geprägte Atmosphäre zu schaffen. Er kann im Gespräch oder in der Gruppendiskussion auch ohne weiteres seine eigenen Werte einbringen, sollte aber damit nicht die Erwartung einer bestimmten Verbindlichkeit verknüpfen. Denn Werte bedürfen zu ihrer Umsetzung des Verständnisses und der inneren Zustimmung der Angesprochenen. Ihre Geltung wird allerdings auch durch eine rationale Begründung nicht zwangsläufig erhöht. Denn eine solche Begründung müßte praktisch darin bestehen, deutlich zu machen, daß der Anspruch der Norm letztlich den Willen der Angesprochenen spiegelt.

Im Rahmen der Wertklärung werden in der Literatur Dutzende von Vorgehensweisen und Empfehlungen beschrieben, die auf sehr unterschiedliche Art und Weise realisiert werden können. So sind bspw. auch Verbindungen mit Rollenspielen vorgesehen, bei denen sich der Betreffende in eine literarische oder historische Persönlichkeit hineinversetzt und Wertfragen so beantwortet, wie er meint, daß diese Persönlichkeit es getan hätte.

Die Reaktionen des Moderators bestehen bei allen methodischen Ansätzen überwiegend in weiterführenden Fragen. Durch entsprechende Impulse soll er zu weiterem Nachdenken anregen. Er soll freiwillige und offene Äußerungen der Teilnehmer ermöglichen, ihnen ggfs. Anstöße geben, auch andere Lösungsmöglichkeiten einer Problemsituation zu entdecken, die Alternativen abzuwägen und auch die jeweiligen Konsequenzen zu bedenken. Die Teilnehmer eines Wertklärungsgesprächs sollen einfach intensiver darüber nachdenken, was sie eigentlich (mehr) schätzen und warum sie das tun. Sie sollen auch prüfen, inwieweit sie die von ihnen vertretenen Auffassungen und Werte in ihrem praktischen Handeln realisieren, und vom Moderator ggfs. bestärkt werden, nach den von ihnen vertretenen und wohlbegründeten Entscheidungen zu leben. Wichtig ist bei der Wertklärung, daß vermieden wird, den gefundenen Werten und möglicherweise entwickelten Werthaltungen Absolutheitscharakter beizumessen. Das Verfahren der Wertklärung sollte helfen, sich über die eigenen Werte klar zu werden, gleichzeitig aber Verständnis für abweichende Wertvorstellungen aufzubringen. Denn je fester jemand von etwas überzeugt ist, um so weniger Verständnis hat er gewöhnlich für die „Wahrheiten" anderer. Deshalb soll der Prozeß der Wertklärung zugleich auch zu mehr Toleranz führen. Das ist aber nur möglich, wenn man trotz aller gewonnenen Erkenntnisse zumindest offen bleibt für anderes und sich bei aller Überzeugung einen Rest von Zweifel bewahrt.

Die einfachste Form der Wertklärungsmethode besteht darin, daß man Fragen stellt, die den Betreffenden zum Nachdenken über sich selbst veranlassen. Solche Fragen können etwa sein: „Was bedeutet dir Freundschaft?" – „Hast du deine Freunde selbst gewählt oder sind sie mehr zufällig deine Freunde geworden?" – „Woran erkennst du wahre Freundschaft?" – „Wie wichtig ist es für dich, Freundschaften aufzubauen oder zu erhalten?" – In anderem Zusammenhang aber auch: „Hältst du das Verhalten, das ich da eben geschildert habe, für richtig?" – „Woher weißt du, daß es richtig ist?" – „Würdest du dieses oder jenes tun, oder sagst du das nur so?" – „Wozu würde das führen, wenn jeder das täte?" – „Welche anderen Möglichkeiten gäbe es denn noch?"

Der Moderator kann einmal sehr konkrete Fragen stellen, die er aufgrund seiner Kenntnis der lokalen und persönlichen Gegebenheiten selbst oder bereits unter entsprechender Mitarbeit auswählt. Er kann aber auch ganz allgemeine Fragen aufwerfen, etwa Kurzdarstellungen von grundsätzlichen Lebenseinstellungen geben und ggfs. Widersprüche zwischen beiden Ebenen gezielt aufarbeiten. So kann er etwa auch die Frage anschneiden, ob denn überhaupt und ggfs. warum „schneller" ein höherer Wert ist als „langsamer", „größer" ein höherer Wert als „kleiner", und ähnliche in unserer Kultur bedeutsame Gegensatzpaare zur Diskussion stellen.

Weitere methodische Möglichkeiten bestehen bspw. darin, bei der betreffenden Gruppe Meinungsumfragen mit Abstimmen durch Handzeichen durchzuführen oder Werte in direkterer Form anzusprechen und bspw. zu versuchen, eine bestimmte Rangordnung aufzustellen. Eine zugleich unterhaltsame Methode besteht darin, daß man am besten 8 oder 16 unterschiedliche Situationen, Verhaltensweisen usw. auswählt und – bezogen auf ein bestimmtes Merkmal oder Kriterium – jeweils zwei einander gegenüberstellt. Ein solches Kriterium könnte etwa sein: „Was ist schlimmer", „was ist verantwortungsvoller", „was ist verantwortungsloser", „was ist sozial positiver?" usw. Die jeweiligen „Sieger" kommen, wie bei einem Pokalwettbewerb, eine Runde weiter, bis der „Endsieger" ermittelt ist.

Man kann auch ein Problem darstellen und einen Wertklärungsprozeß entweder in gemeinsamer Diskussion oder über eine arrangierte Pro-Kontra-Diskussion in Gang bringen. Man kann ebenso eine bestimmte Geschichte erzählen oder vorlesen lassen und anschließend fragen, was die Betreffenden beim Erzählen der Geschichte empfanden, wie sie sich von den einzelnen Personen angesprochen fühlten oder wie sie anstelle der einzelnen Personen reagiert hätten. Weitere Möglichkeiten bestehen u.a. im Ergänzen von Sätzen oder Kurzgeschichten, in einem „öffentlichen Interview", einem gezielten Wochenrückblick, im Aufstellen von Motivkatalogen oder im Begründen von Entscheidungen in sogenannten Dilemma-Situationen.

Verständlicherweise ist die Methode auch nicht ohne Kritik geblieben. So ist darauf hingewiesen worden, daß die Methode der Wertklärung oft zu einer Beschäftigung mit persönlichen Vorlieben und Neigungen verkümmere, ohne zu einer eigentlichen Werte-Diskussion zu führen, daß sie einen ausgeprägten Werte-Relativismus und -Subjektivismus fördere, in die Intimsphäre der Menschen einzubrechen drohe und daß durchaus auch Alternativen zur Sprache kommen könnten, die als sozial schädlich und gefährlich erscheinen. Deshalb wird oft vorgeschlagen, zumindest solche Fragen zu stellen, die Alternativen enthalten, deren Folgen bspw. ein Kind in einem vernünftigen Ausmaß begreifen kann. Außerdem könnte man in begründeten Fällen auf Fragen verzichten, deren Antwortalternativen als sozial schädlich oder gefährlich erscheinen, wobei allerdings von der grundsätzlichen Offenheit als wesentlichem Merkmal der Wertklärungsmethode abgewichen würde.

In vielen Fällen können aber erfahrungsgemäß extrem abweichende Alternativen schon innerhalb der Gruppendiskussion aufgefangen und neutralisiert werden. Es zeigte sich nämlich, daß eine Offenheit gegenüber Erfahrung, wie sie ja durch die Wertklärungsmethode beabsichtigt ist, dazu führt, daß sich Wertsysteme herausbilden, die, wie C.R. Rogers betont, offenbar unterschiedlichen Menschen und sogar verschiedenen Gesellschaften gemeinsam sind. „Menschen, die (auf diese Weise) mit ihrer Erfahrung in Berührung kommen, entwickeln Werte wie Aufrichtigkeit, Selbstbestimmung, Selbsterkenntnis, soziale Offenheit und soziale Verantwortung. Sie bemühen sich vorrangig um positive zwischenmenschliche Beziehungen."

Trotzdem erfordern solche im Grunde selten auftretenden Probleme natürlich eine gewisse Kompetenz des Moderators in sozial-psychologischen Fragen, da das Verfahren in manchem der klientenzentrierten Gesprächspsychotherapie von Rogers ähnelt. Die Methode der Wertklärung stellt aber trotz gewisser Schwierigkeiten ein nützliches Vorgehen zur Selbsterforschung dar. Sie kann im übrigen Selbstbestimmung auch in den schulischen Unterricht einbringen und der individuellen Sinnfindung förderlich sein. Dabei geht es in erster Linie darum, die eigene Wertwelt überhaupt zu erkennen und sich über die Gründe der eigenen Werte klar zu werden. Daraus kann sich dann im weiteren Verlauf ein kritisches Wertbewußtsein entwickeln und eine eigene normative Instanz ausbilden.

Überlegungen zur heutigen Wertwelt: Ethik, technische Welt und Kultur

Ich hatte bereits darauf hingewiesen, daß es im Rahmen einer Wertbetrachtung lohnend sein dürfte, auch Überlegungen zur heutigen Wertwelt anzustellen. In diese Überlegungen gehen verständlicherweise vielfältige Aspekte ein. Kommen wir zunächst noch einmal auf die grundlegende Aussage zurück, daß weder Normen noch Werte isolierte Größen darstellen. Sie sind vielmehr sehr stark in den Gesamtzusammenhang des individuellen und kollektiven Lebens eingebettet, und eine normative Ordnung hängt, wie wir gesehen haben, sozusagen in der Luft, wenn sie nicht in ein umfassendes Wertsystem integriert ist.

Wenn daher, ganz im Sinne einer Systembetrachtung, das Wertumfeld entscheidend für die Akzeptanz bestimmter Normen ist, erscheint ein Blick auf dieses Umfeld nicht nur sinnvoll, sondern geradezu notwendig. Dabei stößt man auf eine Reihe von Zusammenhängen, die für das Entstehen und die Bedeutung von Verantwortung in der heutigen Gesellschaft eine große Rolle spielen.

Gewiß, es ist eine historische Erfahrung, daß zu allen Zeiten die jeweils ältere Generation über den Verfall der (alten) Werte klagte. Das mahnt zweifellos zur Vorsicht in der Beurteilung. Andererseits hat die Entwicklung unserer modernen Gesellschaften in vieler Beziehung einen immer schnelleren Verlauf genommen. Manche Werte und Normen, die für homogene, undifferenzierte vorindustrielle Gesellschaften sinnvoll waren, sind mittlerweile veraltet und stellen heute keine echten Orientierungshilfen für Individuen mehr dar.

Unsere heutige Situation in einer sich rasch verändernden Welt scheint maßgeblich durch eine fast schon vom Mittel zum Zweck gewordene Technik sowie eine vorwiegend formal-taktische Vernunft bestimmt.[1] Sie weist durch die moderne technische Entwicklung so zahlreiche und zugleich tiefgreifende Veränderungen auf, daß die vertrauten Formen „klassischer Ethik" weitgehend ihre Gültigkeit eingebüßt haben. Auch unsere Wertwelt scheint, nachdem die Lebensumstände insgesamt um so vieles anders geworden sind, in einem Wandel größeren Ausmaßes begriffen zu sein.

Traditionen lösen sich auf, ehedem beherrschende Ideologien brechen zusammen, eine umfassende Sicht der Welt und der Rolle des Menschen in der Welt ist nicht vorhanden. Wir leben offenbar in einer Zeit, in der die in der Vergangenheit entwickelten und beherrschenden Wertbilder entweder an Bedeutung eingebüßt haben oder verhältnismäßig wenig für die Bewältigung gegenwärtiger Probleme zu leisten vermögen, also quasi, auf die Vergangenheit bezogen, in einer „nachmoralischen" Epoche. Andererseits sind noch keine für Gegenwart und möglicherweise auch Zukunft als verbindlich erlebten Werte vorhanden. Je mehr sich aber dieser Eindruck einer abnehmenden Geltung von Normen in der Öffentlichkeit verfestigt, um so größer ist die Gefahr eines weiteren Rückgangs ihrer Geltung. So haben die vertrauten Formen klassischer Ethik weitgehend ihre Gültigkeit verloren. Sie werden zudem durch das praktische Verhalten vieler, die sie vollmundig propagieren, zunehmend untergraben.

Dadurch und durch die Tatsache, daß aufgrund der sehr schnellen Veränderungen industrieller Gesellschaften für die inzwischen entstandenen – eben vorwiegend technisch, nicht biologisch bedingten – Verhältnisse noch keine neuen, von innerem Werterleben getragenen Normen existieren, entsteht eine weitgehende Verunsicherung innerhalb der Gesellschaft. Diese wirkt sich um so stärker aus, weil zivilisatorischer Fortschritt in erster Linie technischer, aber nicht moralischer Fortschritt war, in mancher Beziehung sogar moralischen Rückschritt bedeutete. Und Technik erhöht nun einmal aus ihrem Wesen heraus Anonymität und verstärkt damit das Erleben eines Identitätsmangels. Durch das Zusammengepferchtsein in riesigen Wohnsilos werden echte Begegnungsmöglichkeiten von Menschen ebenso geschwächt wie im ständig wachsenden Straßenverkehr, in dem man den anderen kaum noch als eigene Persönlichkeit, sondern eher als störenden anonymen Konkurrenten um einen immer wertvoller werdenden Verkehrsraum wahrnimmt.

Auch viele früher bestimmenden allgemein-kulturellen Werte sind verblaßt, weil wir kaum noch über eine eigenständige und gesellschaftstragende Kultur verfügen. Ich möchte hier nur auf ein ganz banales Beispiel, auf die zunehmende Amerikanisierung der deutschen Sprache verweisen. Sie begegnet einem nicht nur auf wissenschaftlichen Kongressen, sondern auch bei einem Gang durch die Stadt in Bezeichnungen wie garden center, hair shop usw. Auch die im Fernsehen

---

[1] Dabei taucht mittlerweile vielerorts die Vermutung auf, daß die Zukunft der Menschheit weniger von der Lösung technischer als von der Lösung im weitesten Sinne ethischer Probleme abhängen dürfte.

für deutsche Menschen gemachten Ausstrahlungen sind davon betroffen, wenn z.B. vor kurzem ein deutscher Sprecher anläßlich eines mit deutschen Spielern in Deutschland stattfindenden Tennisturniers beständig von „court number one" sprach. Es wird ohnehin unter den Bedingungen einer internationalisierten Massengesellschaft immer schwieriger, eine kulturelle und persönliche Identität zu bewahren. Damit hängen wiederum Selbstwertgefühl und das Gefühl persönlicher Würde zusammen. Sie sind, wie es in dem Bericht des Club of Rome 1991 heißt, „menschliche Grundbedürfnisse, die in einem industriellen und urbanen Milieu nur schwer zu befriedigen sind". Viele traditionelle Arbeitstugenden – wer empfindet im übrigen heute noch Befriedigung in seiner Arbeit? – sind dahingeschwunden, weil sie in einer völlig veränderten Arbeitswelt nicht mehr sinnvoll sind. In Verfolgung materiellen Reichtums ist persönliche und kollektive Habgier sozusagen institutionalisiert, und der krasse Egoismus einzelner und sozialer Gruppen beherrscht das Bild, das von unsozialem Verhalten, brutalem Machthunger und hemmungsloser Profitgier geprägt ist. „Gewissen" ist heute kein Thema mehr. Bescheidenheit, früher eine Tugend, gilt heute als Dummheit; Weisheit ist lächerlich. Überzeugende Leitfiguren sind Mangelware. Politik und Politiker verlieren zunehmend an Ansehen und treffen mehr und mehr auf Ablehnung. Es erheben sich sogar Zweifel an der grundsätzlichen Lenkbarkeit der Dinge.

Ethische Vorstellungen sind – trotz gewisser gegenläufiger Tendenzen vor allem bei bestimmten Gruppen Jugendlicher – angesichts eines zunehmenden Schwindens nicht-materieller bzw. religiöser Werte auf Äußerliches reduziert, auf das, was gesetzlich gefordert bzw. verboten ist. Übertretungen oder Mißachtungen sind aber in einer oberflächlichen konsum- und erfolgsorientierten Lebenswelt nahezu selbstverständlich, zumal Rolle und Ansehen des Staates aus vielerlei Gründen ebenfalls gelitten haben und der Staat in den Möglichkeiten einer Ahndung eingeschränkt ist. In einer vom Quantifizierungsrausch und glanzvollen Shows beherrschten Welt zählt weniger der innere Gehalt als der äußere Anschein.

So nimmt es nicht wunder, daß gerade durch zunehmend abstrakte und „bürokratische" Beziehungen der in modernen Gesellschaften lebenden Menschen zueinander die allgemeine „Loyalität" zu Gemeinschaft und Staat schwinden und mehr und mehr trotz demokratischer Attitüden durch offene oder versteckte Herrschafts- und Unterordnungsstrukturen ersetzt wird. Aus ihnen erwächst dann sehr leicht eine Art „sanfter Ausbeutung der Moral" (Massing) seitens der eine Illusion des Gemeinwohlinteresses vertretenden Institutionen.

Es mag in diesem Sinne bezeichnend sein, daß nach einer ganzen Reihe wissenschaftlicher Untersuchungen Kinder, die ein hohes Niveau sozialen, bzw. prosozialen Verhaltens entwickelten, in Kulturen und Lebensbedingungen aufwuchsen, die bestimmte charakteristische Merkmale aufwiesen: Sie lebten in Verhältnissen, in denen die Rücksicht auf andere, das Teilen mit anderen und eine Orientierung an der Gruppe betont wurden; es handelte sich vorwiegend um einfache, soziale Ordnungen oder eine traditionelle ländliche Umwelt; die Frauen spielten in den betreffenden Lebensbedingungen eine wichtige Rolle und erfüllten wichtige soziale Funktionen; die Familien umfaßten zahlreiche Mitglieder und

Aufgaben, und Verantwortung wurde schon recht früh an die Kinder übertragen (Mussen/Eisenberg).

Grundlagen einer Kooperation, eines konstruktiven Zusammenwirkens von Menschen, sind bei nur schwach vorhandenem Gemeinschaftsgefühl und geschrumpften Bindungen an andere Menschen nur andeutungsweise gegeben. Aber nur durch kooperatives Verhalten lernt bspw. ein Kind, warum bestimmte Verhaltensweisen für ein positives Zusammenleben von Menschen notwendig sind. Eine von außen aufgestülpte Moral kann dagegen nur schwer ein solches Verstehen fördern. Auch „Gerechtigkeit" ist so eher ein kaltes Prinzip, das Menschen voneinander trennt, sie gegeneinander schützt, von ihnen Verzicht fordert, während Liebe und konstruktives Miteinander-Kooperieren die Grundlage einer auch vom eigenen Erleben getragenen positiven Ethik sein können (Lickona).

Dazu tritt noch ein anderer Gesichtspunkt: Wenn nach Romano Guardini die „Annahme dessen, was ist" eine grundlegende Haltung darstellt, die Ethik überhaupt erst möglich macht, so ist diese Haltung, die bspw. noch im Mittelalter so kennzeichnend war, heute kaum mehr vorhanden. Denn heute herrscht allenthalben ein Sich-nicht-versöhnen-Können mit der Wirklichkeit vor. Im Verein mit einer intensiven Sucht nach Zerstreuung und einer umfassenden Konsumbesessenheit, die u.a. auch geschlechtliche Beziehungen, Fernsehverhalten usw. einbezieht, bestimmen Erwartungen und Ansprüche, auch politisch geweckte, geförderte und mitunter sogar aufgeheizte, das Bild. „Wir leben in einem Zeitalter des ständigen Forderns" (Lobkowicz), in einer weitgehend von Ansprüchen gekennzeichneten Erlebniswelt. In einer endlichen Welt sind aber unendliche Ansprüche nicht zu realisieren. Dadurch entstehen zwangsläufig Unzufriedenheiten, die wiederum einen egoistischen Verhaltensstil fördern.

Einem ähnlichen Mechanismus begegnet man im übrigen in vielen Entwicklungsländern und auch im Rahmen des Emanzipationsprozesses. Die betreffenden Menschen wurden, wie etliche Berichte belegen, trotz objektiver Besserstellung innerlich unzufriedener. Ein überzeugendes Beispiel beschreibt Helma Norberg-Hodge, die 1974 erstmals Ladakh besuchte. Sie schreibt: „Als ich dort ankam, war ich einer der ersten westlichen Menschen, den die meisten Leute dort je gesehen hatten. Die Alten wie die Jungen waren gleichermaßen stolz auf ihre Gesellschaftsform, stolz auf das, was sie geleistet hatten, und sie betrachteten sich als reiche Menschen.

Ich erinnere mich noch gut daran, als ich das erste Mal in das Dorf von Hemia Shukpachan kam – als Gast eines Freundes, Norboo. Weil sein Dorf besonders hübsch war, mit großen prächtigen Häusern, bat ich ihn, mehr aus Neugier, mir das ärmlichste Haus im Dorf zu zeigen. Er überlegte einen Moment und sagte dann: 'Wir haben überhaupt keine ärmlichen Häuser.' Das war vor 9 Jahren. Letztes Jahr hörte ich zufällig, wie Norboo zu einem Touristen sagte: 'Oh, wenn Sie uns Ladakhis doch nur helfen könnten, wir sind so arm!'"

Es bestehen immer weniger Skrupel, andere und insbesondere den Staat zu überfordern, was dieser allerdings selbst zum großen Teil mitverursacht. Dadurch aber trägt der heutige Mensch in nicht geringem Maße trotz ständiger Forderungen in Richtung „Mündigkeit" zu seiner eigenen Entmündigung bei. Gegenüber Selbstbeherrschung und Selbstbescheidung dominiert in unserer heutigen Welt ein Sichgehen-Lassen; „geistige Werte" treten hinter einem gehaltlosen Konsum und sinnlicher Stimulierung zurück. Die Vorstellung, der Mensch werde durch die Entwicklung von industrieller Produktion und vermehrten Dienstleistungsangeboten mehr Freiheit gewinnen, hat letztlich zu einer neuen Form von Abhängigkeit und Süchtigkeit geführt. Vieles erscheint dem heutigen Menschen unverzichtbar, obwohl er zu echtem Genuß immer weniger fähig ist und sich in äußerliche quantifizierte Scheinbefriedigungen flüchtet. Sinnerleben entschwindet hinter hektischmechanischer Aktivität. Dies kann jedoch nicht die Selbstentfremdung und Zerrissenheit überwinden, die menschlichen Individuen den Zugang zur Wertwelt erschweren. So paaren sich im Werterleben der Menschen heutiger, ohnehin von dem Bestreben nach Macht und Profit bestimmter Industrienationen eine vage, aber tiefgreifende Verunsicherung und Frustration mit einem erstaunlichen Maß an äußerlicher Wertheuchelei. Und für Kinder und Jugendliche wird die Situation noch dadurch erschwert, daß sie mit verschiedenen, zum Teil sehr unterschiedlichen und sogar widersprüchlichen Wertsystemen konfrontiert werden.

Überhaupt leidet das Werterleben auch der erwachsenen Menschen von heute unter einer ganzen Reihe erheblicher Widersprüchlichkeiten, die vom einzelnen nur schwer zu verarbeiten und in sinnvolles und in sich stimmiges Verhalten umzusetzen sind.

So ist es in einer pluralistischen, außengeleiteten Gesellschaft, in der einzelne Gruppen unterschiedliche Rechte und Interessen vertreten, sehr schwer, zu einem allgemein anerkannten Verbindlichkeitskriterium von Werten und zu letztlich allgemeingültigen, von jedem einzelnen erlebten und anerkannten Werten zu gelangen. Dabei entsteht leicht der weitere Widerspruch, daß der einzelne zu sozialem Denken und Handeln aufgerufen ist, daß dieses aber letztlich in den Dienst von Gruppen-Egoismen gestellt wird, wobei diese Gruppen ihrerseits das Funktionieren des Ganzen ihren Teilinteressen unterordnen.

Darüber hinaus überlappen sich verschiedene Teilsysteme in der Gesellschaft nicht nur, sondern widersprechen sich auch in ihrer grundlegenden normativen Orientierung. Ich erinnere nur an die in § 1 der Straßenverkehrsordnung geforderte Vorsicht und Rücksicht einerseits und allgemeine gesellschaftliche Wettbewerbsgewohnheiten andererseits. Ein ähnlicher Widerspruch besteht zwischen allgemein gesellschaftlich üblichen Trinkgewohnheiten und der Tabuierung des Alkoholkonsums für Verkehrsteilnehmer.

Über vieles wird innerhalb der Gesellschaft auch in unterschiedlicher Sprache berichtet. Ich möchte noch einmal den provokativen Vergleich bringen: Der kleine Ladendieb wird schmählich verachtet, während „angesehene Persönlichkeiten", deren Betrügereien in die Millionen gehen, die Gelegenheit zu einem freundschaftlichen Toast im Fernsehen erhalten und weiter öffentliches Ansehen genießen. Der kleine Mann, der in Schulden geraten ist, gerät in Lebensstil und Ansehen in erhebliche Schwierigkeiten. Um Milliarden Schulden, die Politiker verursachen,

„kräht kein Hahn". Diese werden schlimmstenfalls schlicht abgewählt und erhalten von der Allgemeinheit noch eine hohe Rente oder Abfindung.

Einerseits wird zwar der Wert von Autonomie, Selbstbestimmung und individueller Würde betont; diese Merkmale haben aber andererseits in einem vorwiegend formal-bürokratischen Gesamtsystem nur geringe Entfaltungsmöglichkeiten.

Ebenso wird viel über Sicherheit geredet, obwohl ganz andere Werte wie Reichtum, Macht, Einfluß, Ansehen, Genuß, Bequemlichkeit usw. innerhalb der Gesellschaft einen praktisch sehr viel höheren Wert einnehmen.

Schon zwischen den angeborenen und ursprünglich für das Leben als Nomade in der Savanne durchaus biologisch ausreichenden Fähigkeiten des Menschen und technisch vermittelten Möglichkeiten besteht ein deutliches Ungleichgewicht. Dadurch, daß der Mensch zum Beispiel keinen biologisch verankerten Geschwindigkeitssinn hat, können Phänomene, die mit den auf den Straßen gefahrenen Geschwindigkeiten zusammenhängen, kaum unmittelbar als Bedrohung erkannt und empfunden werden. Ein wesentlicher Widerspruch liegt – stärker auf das Individuum bezogen – ferner darin, daß der einzelne, zunehmend emanzipierte Mensch mehr Handlungsfreiheit fordert, diese aber andererseits vorwiegend egoistisch zu seinem individuellen Vorteil zu nutzen versucht.

Sind somit aus der Betrachtung der heutigen Wertorientierung nicht unerhebliche Schwierigkeiten für das Entstehen individueller Verantwortung abzuleiten, so liegt ein weiteres grundlegendes Problem darin, daß wir auch heute noch in vielen politischen, juristischen, pädagogischen und sonstigen Konzeptionen von einem Menschenbild ausgehen, das einen Menschen zum Inhalt hat, den es als solchen nicht gibt. Insofern ist eine ganze Reihe von Vorstellungen, die zunächst ohne nähere Betrachtung überzeugend erscheinen, schlicht falsch. Dazu dürften auch Vorstellungen über die Wirkung für sich betrachteter moralischer Appelle oder gesetzlicher Verbote gehören. Ich erinnere nur nochmals an die Erfahrung mit der Prohibitionsgesetzgebung, mit der Androhung negativer Sanktionen im Steuerrecht usw.

Angesichts der geschilderten Sachlage sprechen die Autoren des Berichts des Club of Rome 1991 von einer tiefen moralischen Krise und einer „allgemeinen Misere, die den Menschen mit Erstarrung, Lähmung und namenlosen Ängsten erfüllt". Immer mehr in ihrem Wesensgrund verunsicherte Menschen erleben diese Situation als Syndrom einer allgemeinen Auflösung, als ein „chaotisches" Auseinanderbrechen der Dinge. So erscheint letztlich eine grundlegende Umorientierung in Richtung einer Wertwelt erforderlich, in der soziale Werte wie Verständnis, Rücksicht und Hilfe, ein ökologisch sinnvolles Handeln, Selbstdisziplin und vielleicht auch eine gewisse Abgeklärtheit und Gelassenheit in den Vordergrund treten. Vielleicht erleben wir sogar zur Zeit die ersten Geburtswehen einer neuen Wertwelt im Rahmen einer von Daniel Bell sogenannten postindustriellen Gesellschaft. In der Tat gewinnt man an einigen Zeichen den Eindruck, daß hinter dem Dahinwelken des alten Wertsystems mehr und mehr ein noch nicht genau definierbares, aber doch zunehmend spürbares neues Wertsystem aufzukeimen scheint.

III. Begriff und Bedeutung der evolutionären Ethik

Idealistische und evolutionäre Ethik

Bei den Überlegungen zur Selbstorganisation im sozialen und gesellschaftlichen Bereich hatte ich auch ein Kapitel der Soziobiologie und der Kulturevolution gewidmet. Beide Ansätze erschienen mir nicht nur hochinteressant, sondern im Gesamtrahmen gerade im Hinblick auf die Konzeption der Selbstorganisation unentbehrlich, obwohl mir bewußt war, möglicherweise Widerspruch oder gar Verärgerung hervorzurufen.

Wenn ich in diesem Kapitel – in Verbindung mit ethischen Überlegungen zu Verantwortung, Werten und Normen – erneut auf biologische Aspekte zu sprechen komme, so geschieht dies, weil mir sonst hier, im Bereich der Ethik, wichtige Betrachtungen und Aussagen fehlen würden, die ebenfalls wieder etwas mit Selbstorganisation zu tun haben. Es mag natürlich auch sein, daß dabei meine eigene Vergangenheit nachwirkt, in der ich – während meines Studiums – einerseits begeistert den Vorlesungen von Karl Jaspers lauschte, aber ebenso überzeugt am Nachmittag im Seziersaal arbeitete oder später in einer Klinik praktizierte. Ich hatte damals immer das Gefühl, daß erst beides zusammen die abgerundete Wirklichkeit der Welt und meiner innersten Neigungen zum Ausdruck brachte.

Die evolutionäre Ethik, um die es im folgenden gehen wird, läßt indes in der Tat die Geister aufeinanderprallen. Die einen verstehen – auch heute noch – den Menschen in erster Linie als gottähnliches, „gottebenbildliches" (Thomas von Aquin) Wesen (das mit den Tieren nichts gemein hat). Die anderen verweisen auf die Entwicklungsgeschichte, die unzählige Belege für die „natürliche" Herkunft des Menschen bietet.

Wenden wir uns zunächst einmal kurz der reinen („idealistischen"[2]) Ethik zu, für die zwei entscheidende Feststellungen zu treffen sind. Einmal ist eine sogenannte ethische Letztbegründung von Werten (und Normen) bisher nie gelungen oder ist zumindest in hohem Maße umstritten. Zum anderen ist es, ohne daß dies einer bewußten Bosheit der Menschen angelastet werden müßte, trotz aller ethischer Überzeugungskräfte und aller kulturellen Überformungsversuche bisher nie erreicht worden, die faktische Unmoral der Menschen zu überwinden und diese zu einem durchgehend ethischen Verhalten zu bewegen.

---

2 Mit idealistisch ist hier im Sinne einer durch Ideen bzw. Ideale bestimmten Weltanschauung jede Festsetzung von Werten und Normen gemeint, die sich auf das Postulat der Existenz von Prinzipien gründet, die unserem Leben übergeordnet sind (Wuketits).

Zwischen den Forderungen der idealistischen Ethik und dem tatsächlichen Verhalten der Menschen gab es über die ganze Geschichte der Menschheit hin nur eine bedrückend geringe Übereinstimmung (vgl. Craemer-Ruegenberg). Die Ansätze, einen besseren Menschen zu „schaffen", haben nach vielen Mühen jedesmal erkennen lassen, daß der Mensch im Grunde doch noch der „alte" geblieben ist. Immer wieder haben Menschen gegen ethische Normen verstoßen; Gewalt, Egoismus, Ausbeutung anderer kennzeichnen heute wie eh und je das Verhalten der Menschen, und die menschliche Geschichte ist voll von Kriegen und Gewalttätigkeiten. Hat sich am grundlegenden menschlichen Wesen überhaupt jemals etwas geändert? Ist es nicht tatsächlich so, daß für den Menschen, wie Bert Brecht schreibt, erst das Fressen, dann die Moral kommt?

Die idealistische Ethik mit ihrem absoluten Geltungsanspruch sittlicher Prinzipien, die, wie Topitsch einmal meinte, in enger Beziehung zu einer illusionären Weltauffassung steht und sich im wesentlichen auf abstrakte Überlegungen zur Formulierung und Begründung des „höchsten Gutes" sowie darauf gegründete Forderungen beschränkte, scheint den Menschen, so wie er nun einmal ist, zu überfordern. Der Graben zwischen Sollen und Sein scheint unüberbrückbar weit. Selbst Kant schrieb 1838, daß alle Vernunft gänzlich unvermögend sei zu erklären, wie reine Vernunft praktisch sein könne, und daß „alle Mühe und Arbeit, hiervon Erklärung zu suchen, verloren" sei. „Der Begriff des moralisch Guten ergibt sich einfach nicht erschöpfend aus der Angabe des bewußt formalen Merkmals, wenn ihm kein anderer Inhalt zukommt, als das 'Gesollte' zu sein" (Schlick).

Der Mensch ist zwar das einzige im wahrsten Sinne mit Vernunft begabte Wesen, aber er ist eben doch, wie sich aus seiner Gehirnstruktur ableiten läßt, kein reines Vernunftwesen. Man gewinnt bei näherer Betrachtung in der Tat den Eindruck, daß die Antriebs- und Verhaltensstruktur des Menschen bis hin zu seinen höheren Antrieben weitgehend genetisch festgelegt ist, nämlich als stammesgeschichtliche Anpassung an die Bedingungen seiner vorhistorischen Frühzeit als Jäger und Sammler. Das wird von Biologen als Grund dafür angegeben, daß sozio-kulturell, z.B. durch Erziehung, nicht alles erreicht werden kann und der Mensch nur begrenzt langfristig formbar und ethisch belastbar ist. „Eine Ethik, die nicht auf unser – biologisch begründetes – Können Rücksicht nimmt, wird immer eine 'Postulaten-Ethik' bleiben und nie in 'faktische Moral' umsetzbar sein" (Vogel). Gerade auch die Gegenwart läßt erkennen, daß all unser Nachdenken über Moral angesichts der Herausforderungen unserer Zeit ergebnislos und hilflos geblieben ist (Tugendhat).

Im Gegensatz zu einer idealistischen Vorstellung, nach der Moral aus übernatürlichen Wurzeln erwächst[3], geht die sogenannte evolutionäre Ethik davon aus, daß der Mensch in jeder Beziehung an bestimmte biologische Grenzen stößt, die

---

3 Während es z.B. noch für Kant selbstverständlich war, mit rationalen Argumenten nach rationalen Gründen und Kriterien für Moral zu suchen, ist es nach der inzwischen vollzogenen wissenschaftlichen Entwicklung der Biologie und speziell der Evolutionslehre unumgänglich, diese Aspekte menschlichen Daseins bei Überlegungen zu Ethik und Moral zu berücksichtigen.

er nicht überschreiten kann. Ähnlich wie sich niemand konkret die Größe des Weltalls oder die Winzigkeit eines Elektrons vorstellen kann, wie es keinem Menschen auf der Welt bisher gelungen ist, 100 Meter in 5 Sekunden zu laufen, sei auch in gleicher Weise, so argumentieren Vertreter der evolutionären Ethik, biologisch die Möglichkeit beschränkt, bestimmten abstrakten ethischen Forderungen durchgehend entsprechen zu können. In 2.000 Generationen hat sich offenbar die genetische Grundstruktur des Menschen weitgehend erhalten (Wuketits). Wuketits meint deshalb auch, daß eine Ethik ein luftschloßartiges Gebilde bleiben müsse, wenn sie von biologischen und speziell entwicklungsgeschichtlichen Überlegungen vollständig abgekoppelt sei. Eine solche Ethik müsse notwendigerweise eine zwar wohlgemeinte, aber letztlich wirkungslose Konstruktion bleiben.

Allgemeines und Konkretes zur evolutionären Ethik

Die evolutionäre Ethik vertritt in ihrer krassen Ausprägung die Überzeugung, daß alles, was Menschen eignet, also auch Moral, Ethik und Religion, sich auf natürliche bzw. naturwissenschaftlich erklärbare Weise im Verlauf der menschlichen Stammesgeschichte herausgebildet hat (Mohr). Es geht ihr um „eine empirisch-wissenschaftliche und nicht bloß philosophisch-metaphysische Herkunftserklärung unserer moralischen Werte und Normen" (Lütterfelds), die zugleich deren weltweite Existenz verständlich macht. Sie versucht sozusagen eine tiefere Begründung der Moral aus dem ureigensten (biologischen) Wesen des Menschen. Die inzwischen gewonnenen wissenschaftlichen Einsichten über unsere biologischen Daseinsbedingungen erlaubten – das ist der Grundgedanke – nicht nur eine Aussage über naturwissenschaftlich begründete Rahmenbedingungen von kognitiven oder emotionalen Funktionen, also von Denken und Fühlen, sondern auch des moralischen Urteilens und Verhaltens. Auch Moralverhalten hat, so argumentieren die Vertreter einer evolutionären Ethik, seinen Ausgangspunkt in spezifischen Überlebensstrategien. Die Spuren unserer Abkunft zeigen sich eben nicht nur in unserem Körperbau, sondern auch in unserem als gut oder auch als böse beurteilten Verhalten. Der Mensch ist mit natürlich verankerten „moralischen Regulationen" (Mohrs) ausgestattet, die er in der Entwicklungsgeschichte erworben hat. Die entsprechenden Dispositionen haben sich „im Mutations- und Selektionsprozeß der Evolution als die überlebenstauglichsten herausgebildet und genetisch verfestigt" (Lütterfelds). „Unser Verhalten – sei es nun 'moralisch' oder 'unmoralisch' – wird von archaischen Antrieben beeinflußt, wie sie sich in der Evolution der Hominiden stabilisiert haben und zunächst zu nichts weiter als dem Überleben der Individuen bzw. ihrer Gruppen dienten" (Wuketits). Insofern spricht man von „biologischen Wurzeln zumindest gewisser moralischer Überzeugungen und Handlungsweisen" (Lütterfelds).[4]

---

4 In den USA läuft derzeit ein 10jähriges Mammutprogramm, das sich die völlige Entschlüsselung der menschlichen Erbanlagen zum Ziel gesetzt hat und dabei auch soziale Verhaltensregeln einbeziehen soll.

Worum handelt es sich dabei im einzelnen? Eine der wesentlichsten evolutionären Feststellungen in dieser Beziehung besagt, daß der Mensch ein Bedürfnis nach Nähe, eine Neigung und Fähigkeit zu sozialer Organisation besitzt und natürlicherweise, d.h. aufgrund seiner genetischen Veranlagung, zum Leben in kleinen individualisierten Verbänden programmiert ist, in denen die Hominiden immerhin mehrere Millionen Jahre lebten. So hatten sich in der Zeit, in der Menschen Jäger- und Sammler-Gesellschaften bildeten, bestimmte elementare Verhaltensformen entwickelt, zu denen vor allem Kooperation und Altruismus gehörten. Diese bezogen sich zunächst, da ursprüngliche Gruppen aus relativ eng miteinander verwandten Individuen bestanden, auf Verwandte, was bis in die heutige Zeit hinein, z.B. in Form des sogenannten Nepotismus, der weltweit praktizierten Begünstigung von Verwandten, beobachtet werden kann. Bis heute ist jeder Mensch, wie die tägliche Erfahrung bestätigt, vor allem an den Personen interessiert, die er persönlich kennt. Das Zusammengehörigkeitsgefühl der Gruppe tritt übrigens in besonders starker Weise zutage, wenn die Gruppe von außen bedroht ist.

Die „Binnenmoral" einer Gruppe sicherte jedenfalls einen gewissen Überlebensvorteil. Denn Gruppen gewähren einen besseren Schutz und größere Geborgenheit, sie bieten mehr Möglichkeiten bei gemeinsamem Angriff und gemeinsamer Verteidigung, der Nahrungserwerb gestaltet sich einfacher, sie eröffnen die Möglichkeit der Arbeitsteilung, aber auch der Entwicklung von Traditionen usw. Es entspricht dies dem evolutionären Grundprinzip, daß alles, was erfolgreich ist, in der Zukunft häufiger auftritt (Axelrod). Aus dieser Sicht bedeutet Ethik die bewußte Wertschätzung eines „uralten Evolutionsprinzips" (Wuketits).

Schon auf einer primitiven Entwicklungsstufe im sozialen Verhalten des Menschen wie in dem der Tiere waren eindeutige Anzeichen von gegenseitiger Hilfeleistung und Kooperation festzustellen. Am eindrucksvollsten dürfte altruistisches Verhalten in den verschiedenen Äußerungsformen der Brutpflege zutage treten, die möglicherweise sogar als Keimzelle des menschlichen Gefühlslebens schlechthin gelten dürfte. Ein Kind andererseits findet den Weg zur Nächstenliebe über die Liebe zur Mutter (Eibl-Eibesfeldt). Daß der Mensch innerhalb der kleinen Gruppen vorwiegend friedfertig ist, wird mit dem Konzept der „inclusive fitness" (Gesamt-Fitness oder Fitness der Gemeinschaft) und der Sippenselektion erklärt (Mohr). Das Wort 'Friede' leitet sich bezeichnenderweise von dem Germanischen 'fridu' ab, was soviel wie eingehegter vertrauter Bereich bedeutet, und beinhaltet die Verbundenheit innerhalb der Sippe. Hier dürfte auch der Grund dafür liegen, daß sich Individuen mitunter gegen ihre persönlichen Interessen selbstlos zum Wohle ihrer Gemeinschaft verhalten und daß sich innerhalb einer Gemeinschaft Verläßlichkeit und Kooperation entwickeln. Eine Gruppe, in der sich jeder einzelne ausschließlich egoistisch verhielte, wäre ja auch ein Widerspruch in sich selbst (Wuketits).

Schon im Tierreich ist kooperatives Verhalten in mannigfacher Form weit verbreitet. Evolutionsforscher gehen nun davon aus, daß auch auf der Stufe des steinzeitlichen Menschen die Gruppenbildung einen entwicklungsgeschichtlichen

Vorteil hatte und daß durch altruistisches Verhalten der Individuen das Überleben nicht nur der Gruppe, sondern auch der Einzelwesen in der Gruppe gefördert wurde (Wilson, Mohr, Wuketits). Insofern wird von ihnen ein großer Teil dessen, was wir heute als Moral bezeichnen, wie etwa Fürsorge für andere, Verteidigung von Schwächeren, gegenseitige Hilfeleistung usw., als Ausdruck des uralten biologischen Prinzips der Kooperation verstanden. „Die Ethik ist", so schreibt Wuketits, „ein spätes Produkt jener schon auf tieferen Stufen tierischer Existenz durch die Evolution zementierten Überlebensstrategie der Kooperation". Die Entwicklungsgeschichte hat, wie er es sieht, einige Fähigkeiten entwickelt und verankert, die eine Grundlage moralischer Entscheidungen darstellen. „Was wir als 'Pflicht' bezeichnen, entstand aus der Notwendigkeit kooperativen Verhaltens, noch bevor jemand darüber zu reflektieren imstande war, was moralisch vertretbar ist und was nicht" (Wuketits). Konrad Lorenz sprach in diesem Sinne von „Moral-analogem" Verhalten. Ein solches Verhalten sieht er bspw. in der Bereitschaft eines ranghohen zur tätigen und mitunter auch risikoreichen Unterstützung eines rangniederen Gruppengenossen oder auch in der „natürlichen Tötungshemmung" gegenüber Artgenossen realisiert. Es sei hier aber ausdrücklich darauf hingewiesen, daß „Moral" keine Kategorie des Geschehens in der Natur darstellt, da das Geschehen in der Natur absolut moralindifferent ist. „Die biogenetische Evolution hat", wie Vogel betont, „keine moralische Dimension".

Altruismus und Aggression, Kampf und Hilfeleistung stellen ein polares Prinzip der Natur dar und bestehen auch beim Menschen nebeneinander. Neben dieser biologisch bedingten Zwiespältigkeit des Menschen dürfte die biologisch einprogrammierte Kooperation und Nächstenliebe in der Gruppe noch eine andere Kehrseite haben, die möglicherweise u.a. in sozialen Vorurteilen und Ethnozentrismus zutage tritt: Über die Verwandtschaft der Sippe hinaus war offenbar kein stärkeres Gefühl von Bindung oder Verantwortung entwickelt (Mohr). Es scheint geradezu eine Abstufung dieses Gefühls von der unmittelbaren Verwandtschaft über die Kleingruppe, in der jeder jeden kennt, weiter über größere Gruppen, in denen sich noch einige kennen, bis zu anonymen Großgesellschaften zu bestehen.[5] Diese begrenzte Sympathie gegenüber anderen Menschen kann als Folge der entwicklungsgeschichtlichen Vergangenheit verstanden werden, in der der Mensch vorwiegend, wenn nicht ausschließlich, in Kleingruppen lebte. Je größer die Gruppen werden, um so geringer pflegen die Möglichkeiten zur Entwicklung bestimmter sozialer Fähigkeiten zu werden. „Wächst die Mitgliederzahl irgendwelcher Gruppierungen über eine bestimmte Größenordnung hinaus", sozusagen auf ein abstraktes Niveau, „so sind die Beteiligten nicht mehr in der Lage, den vertrauten, intimen Charakter der Interaktion aufrechtzuerhalten" (P. Meyer). Menschen scheinen auch heute noch aufgrund ihrer biologischen Programmierung nicht in der

---

[5] Das kommt sehr schön in einem alten arabischen Sprichwort zum Ausdruck: „Ich gegen meinen Bruder; ich und mein Bruder gegen unsere Vettern; ich, mein Bruder und meine Vettern gegen die, die nicht mit uns verwandt sind; ich, mein Bruder, meine Vettern und Freunde gegen unsere Feinde im Dorf; sie alle und das ganze Dorf gegen das nächste Dorf" (zit. nach Barash).

Lage, Sympathie für große (abstrakte) Massen ihresgleichen zu entwickeln, und es dürfte für den Menschen eine kaum zu erfüllende Anforderung bedeuten, einen ihm fremden Menschen genauso zu empfinden wie einen langjährigen persönlichen Freund. Insofern zielt wohl auch der aktuelle Slogan „der Ausländer – mein Freund" an den tatsächlichen Möglichkeiten des Menschen vorbei. Moralisches Verhalten funktioniert nach wie vor am ehesten in überschaubaren Kleingruppen, wo man sich gegenseitig persönlich kennt, nicht aber gegenüber der Milliardenbevölkerung der Menschheit. Moralische Prinzipien haben in erster Linie auch nur Gültigkeit für und gegenüber den Mitgliedern der eigenen Gruppe, ggfs. des eigenen Volkes, soweit es als identifikationsfähig erlebt wird.

Negative Auswirkungen dieser Tendenz mögen ebenso in einer fanatisierten Gruppenidentität etwa bei Fans einer Fußballmannschaft wie in Aggression und Rücksichtslosigkeit gegenüber Abweichlern und Außenseitern oder in ausgesprochenem Fremdenhaß zutage treten. Schon bei „unschuldigen" Kleinkindern kann man beobachten, wie sie stotternde oder brillentragende Spielgefährten hänseln oder quälen. Die weltweit zu beobachtende (zumindest anfängliche) Ablehnung von Fremden bietet in der Tat das Bild einer seit Urzeiten bestehenden „anthropologischen Konstante".

So wie sich Tiere am gemeinsamen Rudelgeruch als zusammengehörend wahrnehmen,[6] scheint es auch beim Menschen primitive Grundlagen seiner Wertschätzung oder Mißachtung zu geben. Würde man sonst davon sprechen, daß „Neger stinken" oder einen anderen als „Knoblauchfresser" abwerten? In Griechenland galten alle anderen Völker als 'Barbaren', weil sie nicht (griechisch) sprechen, sondern nur „stammeln" konnten (Wuketits). Auf Java – und nicht nur dort – benutzt man bezeichnenderweise das gleiche Wort für 'menschlich' und für die Zugehörigkeit zur eigenen Gruppe. Paul Leyhausen persiflierte diese Grundeinstellung einmal mit den Worten: „Nur wir, die Mitglieder unserer Gruppe, sind wirklich Menschen; die anderen sehen nur so aus."

Wie sehr schätzt man Menschen, die einem ähnlich sind! Wie freut man sich, wenn man nach langer Zeit wieder einem alten Freund begegnet, und wie selbstverständlich verhält man sich andererseits distanziert und abweisend, ja ängstlich und mißtrauisch gegenüber Fremden, die nur allzu leicht in ein „Feindschema" gepreßt werden. Offenbar stellt die Anwesenheit eines fremden Artgenossen unmittelbar einen – je nach Situation mehr oder weniger ausgeprägten – Reiz für das Flucht- und Aggressionssystem dar. Und je auffälliger sich ein Fremder oder eine Gruppe Fremder benimmt, um so mehr weckt dies Aggressionen. Möglicherweise ist auch die unsinnige Neigung von Menschen zu ideologisieren ein Ausdruck der Tendenz, abgeschlossene Gruppen zu bilden (Eibl-Eibesfeldt). Demagogische Politiker können mühelos Menschen gegen Bevölkerungsgruppen aufputschen, die in der Gesellschaft eine Minderheit darstellen.

---

6 Eine Ratte, die den durch Urinmarkierungen hervorgerufenen Gruppenduft wegen vorübergehender Entfernung aus der Gruppe verliert, wird bspw. nach ihrer Rückkehr von den anderen Ratten angegriffen.

Inzwischen sind jedoch menschliche Gemeinschaften in anonymisierende Größenordnungen gewachsen. Und hier scheint ein aus seinen biologischen Wurzeln heraus zu verstehendes Kernproblem in unserer heutigen Welt zu liegen, das auch einen Faktor für das generelle Ansteigen von Aggressivität darstellen mag. Gegenüber dem Mitmenschen, der heute mehr und mehr als Stressfaktor erlebt wird, empfindet man ebenso zunehmend Mißtrauen wie gegenüber anonymen Behörden. Die anonyme Massengesellschaft aktiviert, wie zahlreiche Vergleiche zwischen Stadt- und Landkindern zeigen, geradezu aggressive Neigungen. Die Anonymität der zwischenmenschlichen Beziehungen und eine grundlegende Bindungslosigkeit verhindern positive Kommunikation. Spontane Hilfeleistung und Verantwortlichkeit – zumal gegenüber Fremden – sinken ab, und die allgemeine Kriminalität in unseren Gesellschaften steigt. Der Mensch scheint in der Tat für das Leben in einer anonymen Massengesellschaft aus seinen biologischen Wurzeln heraus psychisch mangelhaft ausgerüstet und zahlt möglicherweise einen hohen Preis für die von ihm geschaffene anonyme Industriekultur, für eine Zivilisation, in der die Grundlagen einer „natürlichen Moral" ihren Ankergrund weitgehend verloren haben.

Irenäus Eibl-Eibesfeldt ist diesen Zusammenhängen in seinen Büchern ausführlich nachgegangen und kommt in seinem Buch „Der Mensch – das riskierte Wesen" zu dem Schluß: „Wir leben in einer Welt, die wir uns selbst geschaffen haben, aber für die wir nicht geschaffen sind."

Ich habe die entwicklungsgeschichtlichen Überlegungen, die den Zusammenhang zwischen Ethik und Gruppengröße betreffen, etwas ausführlicher dargestellt, weil dieser Punkt auch in der Literatur zur evolutionären Ethik den größten Raum einnimmt, aber auch für unsere heutige Zeit von besonderer Bedeutung ist. Daneben soll aber nicht übersehen werden, daß im Rahmen der evolutionären Ethik auch andere Zusammenhänge herausgearbeitet wurden.

So kann man bei vielen Menschen auch heute noch – analog dem unbedingten Treueverhalten eines Hundes – einen unbeirrbaren und irrationalen Autoritätsglauben und eine ebenso unreflektierte blinde Opferbereitschaft beobachten, deren Ursprünge ebenfalls in entwicklungsgeschichtlich tief verankerten biologischen Programmierungen liegen dürften. Was jedoch in einer Kleingruppe von Tieren wie von Menschen einen eindeutigen Überlebenswert hat, wie bspw. die selbstlose Unterstützung führender Gruppenmitglieder, kann durchaus unter den Bedingungen der Massengesellschaft, in denen Menschen heute leben, zu einem Nachteil werden, wenn etwa Gefolgschaftstreue mit modernsten Mitteln demagogisch mißbraucht wird.

Soziale Hierarchien und Territorialansprüche, zu deren Durchsetzung sehr oft Aggressionen eingesetzt werden, um eine Verteilung von Lebewesen über einen größeren Raum zu gewährleisten, werden nicht selten ethisch, d.h. aus einem höheren menschlichen Bewußtsein heraus, gerechtfertigt. Aber schon der Begriff 'Heimat' beinhaltet für viele Menschen mehr als eine rationale Zuordnung zu einer bestimmten Gegend. Es fragt sich in der Tat, ob die bedingungslose Bereitschaft zur Verteidigung der Heimat, wie man sie ja auch bei tierischen Revierkämpfen beobachtet, ob das Bedürfnis nach Abgrenzen von Grundstücken und die mißtrauische Ablehnung fremder Eindringlinge nicht ebenfalls eine sehr viel tiefere biologische Grundlage haben, die uns Menschen trotz aller Vernunftorientierung und einer inhaltlich differenzierteren Ausgestaltung unseres Verhaltens mit den Tieren gemeinsam ist. Interessanterweise ist es ja bei Mensch und Tier die Aggression, die zur territorialen Abgrenzung von Gruppen und innerhalb der Gruppen zur Ausbildung von Rangordnungen führt (Eibl-Eibesfeldt).

Auch wenn zweifellos soziokulturelle Traditionen, die sich als erfolgreich erwiesen haben, die ursprüngliche genetischen Programme erweitert und modifiziert haben, zeigen sich in vieler Beziehung auch im heutigen Verhalten des Menschen noch die ursprünglichen biologisch-evolutiven Programme.

Probleme des heutigen Menschen aus der Sicht der evolutionären Ethik

Ich darf einführend noch zwei grundlegende Probleme ausdrücklich erwähnen: Einmal ist es, wie wir gesehen haben, durchaus möglich, daß die in der entwicklungsgeschichtlichen Vor- oder Frühzeit erworbenen Strukturen und Funktionen den Bedingungen, unter denen Menschen heute leben, nicht mehr angemessen sind, daß wir also Verhaltensweisen konserviert haben in einer Welt, die im Grunde gänzlich andere Anforderungen an den Menschen stellt. Vor allem dürften die archaischen Kampfinstinkte, ohne die der frühe Mensch kaum hätte überleben können, in einer Welt obsolet geworden sein, deren Bevölkerung sich mittlerweile in 35 Jahren verdoppelt. Außerdem besagt, da aus der Evolution keine ethischen Sollensforderungen abgeleitet werden können, die (biologische) Herkunft bestimmter Verhaltensweisen nichts über deren moralische Geltung.

Zum anderen ist mit einer Anerkennung von evolutiven Grundlagen der Ethik die Rolle der kulturellen Entwicklung des Menschen und menschlicher Gesellschaften und damit eines Einflusses sozio-kultureller Traditionen auf die menschliche Moral – nicht nur im Hinblick auf die Feinstruktur – überhaupt nicht berührt. Dabei müßte allerdings bedacht werden, daß auch für die sozio-kulturellen Bedingungen menschlicher Gesellschaften biologische Faktoren mit eine ursächliche Rolle spielen dürften, genauso wie andererseits auch Rückwirkungen der soziokulturellen Lebensbedingungen auf die biologischen Wurzeln des Menschen denkbar sind.

Biologisch verankerte Grundlegungen bestimmter Denkgewohnheiten und Verhaltensweisen werden in unterschiedlichem Ausmaß durch individuelle und kollektive Lernprozesse und Erfahrungen erweitert, ergänzt, differenziert, überformt, modifiziert, inhaltlich angereichert und „veredelt". Eine solche kulturelle Tradition, für die es übrigens schon im Tierreich Belege gibt, dürfte bereits im Vorfeld und in der Frühzeit des Menschen wirksam gewesen sein. Andererseits muß eingeräumt werden, daß der Mensch in einem hohen Maße lernfähig ist. Aber auch diese Lernfähigkeit scheint auf (biologisch) tief verankerte Grenzen zu treffen. Indem z.B. unser Wahrnehmen und Erkennen mit den Mitteln der Vereinfachung, Verallgemeinerung und Kategorisierung arbeitet, ist eine grundsätzliche Neigung zum Dogmatismus quasi vorgegeben; indem unser Geist aus ähnlichen Gründen zur Polarisierung (wie gut – böse, richtig – falsch, links – rechts usw.) neigt, liegt es nahe, eher Gegensätze als Verbindungen zu erkennen, und indem wir geistige „Ordnungsgerüste in die Welt stellen", verschließen wir uns automatisch gegen die Ordnungsgerüste und Argumente anderer (Eibl-Eibesfeldt).

Der Mensch ist jedenfalls eine bio-psycho-soziale Einheit. Gerade das Zusammenspiel beider Entwicklungspfade ist für ethische Selbstorganisations- und Selbstregulierungsprozesse in menschlichen Gesellschaften von entscheidender Bedeutung.

Als was stellt sich nun eigentlich nach diesen Überlegungen der Mensch dar? Der französische Philosoph André Glucksmann hat dazu 1990 in einem Interview festgestellt: „Wir wissen heute nicht mehr, was der Mensch eigentlich ist. Wir haben uns einerseits als fähig zur Unmenschlichkeit erlebt, andererseits aber auch als bereit, diese Unmenschlichkeit zu bekämpfen." In der Tat finden wir beim Menschen „Altruismus und Egoismus, Liebe und Haß, Verzicht und Bereicherung, Mitleid und Schadenfreude, Gewaltlosigkeit und Gewalttätigkeit" (Mohr). Und wir erkennen zugleich, daß der Mensch die Resultante einer biologischen und sozio-kulturellen Entwicklung ist.

Wir treffen aber auch auf ein Riesenausmaß von Heuchelei über das, was wir wirklich sind, wirklich denken, wirklich tun oder tun möchten. Und wir sind seit endlosen Generationen, gerade auch aus ethischer Sicht und zur immer wieder neuen Enttäuschung derer, die den Menschen „bessern" wollten, von einem Menschenbild ausgegangen, das einen Menschen zum Inhalt hat, den es in dieser Form nicht gibt. All seiner Selbstverherrlichung und Selbsttäuschung zum Trotz ist der Mensch eindeutig nicht das, was er zu sein vorgibt und als was er gemeinhin gesehen wird.

Wie kann man aber etwas bewirken, wenn man von einer Illusion und nicht von der Wirklichkeit ausgeht, wenn man nicht die entwicklungsgeschichtlich lebenserhaltenden archaischen Strukturen berücksichtigt, die sich in einer spezifischen Umwelt als erfolgreich herausgebildet haben? Es ist allerdings durchaus denkbar, daß diese in einer veränderten Umwelt nicht mehr erfolgreich sind, da sie biologisch verankert sind und sich der Schnelligkeit der historischen und technischen Entwicklung nicht anpassen konnten.

Wer könnte leugnen, daß das „Böse" in seiner Polarität zum „Guten" ein für den Menschen charakteristisches Merkmal, eine entscheidende Voraussetzung menschlicher Kultur darstellt? Im Gegensatz zum Tier, bei dem man sinnvollerweise kaum von „Moral" sprechen kann, hat der Mensch die Fähigkeit, qualitativ und quantitativ in einer für ihn eigenen Weise „Böses" zu ersinnen und zu tun. Aufgrund seiner komplexen geistigen Entwicklung kann er auch, gerade wenn er Böses vorhat, gute und edle Absichten vorspiegeln.

Der Mensch hat offenbar, ähnlich wie zur Gewaltanwendung und bedenkenloser Ausbeutung, eine Neigung zum Quälen und Töten, die nur mühsam gebändigt erscheint, die aber bei entsprechenden Gelegenheiten und unter dafür geeigneten

Bedingungen zur Überraschung und Erschütterung aller idealistischen Ethiker in Erscheinung tritt. Und diese Neigung scheint bei ihm so stark ausgeprägt zu sein, daß er geradezu als 'Naturkatastrophe' (Mohr) bzw. das Zeitalter des Menschen als 'Katastrophe der Naturgeschichte' bezeichnet werden konnte (Oeser). Der englische Aggressionsforscher A. Storr nannte den Menschen sogar „die grausamste und skrupelloseste Spezies, die je auf Erden lebte". „Gnadenlose Grausamkeit, Mord, Totschlag, Folter und Genozid, die keine Ethik und keine Erziehung haben verhindern können, markieren die Kulturgeschichte des Menschen bis zum heutigen Tag" (Ohler). Die ursprüngliche „Raubtiernatur" ist mit der Entwicklung der Zivilisation vielleicht sogar erst richtig zum Durchbruch gekommen. Und die Ethik könnte als ein aus der Angst des Menschen vor sich selbst entstandener, allerdings nicht übermäßig erfolgreicher Versuch verstanden werden, offensichtlich mit dem Wesen des Menschen zusammenhängende Gefahren einzudämmen. Gerade in unserer modernen Zeit scheinen sich die Zeichen faktischer Unmoral aus vielerlei Gründen zu häufen. So schließt denn Franz M. Wuketits sein Buch „Verdammt zur Unmoral?" mit den Worten: „Wir begegnen der menschlichen Natur durch unsere Selbsterfahrung unentwegt. Vielleicht aber können wir gerade deshalb einen – wenn auch nur sehr schmalen – Silberstreif am Horizont erkennen. Es sei denn, wir fahren damit fort, unsere Natur zu verschleiern und zu verklären und zu übersehen, was wir tatsächlich sind: von den Bäumen herabgestiegene Primaten, verunsichert in einer Welt, in der unser Auftreten nicht vorgesehen war, der wir gleichgültig sind, die wir aber nach unseren eigenen – unsicheren – Maßstäben neu gestalten wollen, ohne eben zu wissen, was daraus werden wird. Bisher jedenfalls sind wir weit davon entfernt gewesen, unseren eigenen Bildern von einer humanen Menschheit zu entsprechen. Es ist auch nicht auszuschließen, daß der Traum vom 'besseren' Menschen für immer ein Traum bleiben wird."

Welches sind denn nun die Schlußfolgerungen aus der evolutionären Ethik, welche möglichen Aufgaben für die Zukunft ergeben sich daraus für den Menschen?

Angesichts der Tatsache, daß wir gewohnt sind, uns in maßloser Selbstüberschätzung für etwas zu halten, was wir nicht sind, und alles, was dem entgegensteht, zu verschleiern und zu verdrängen, kann der erste Rat nur lauten, anstelle berauschender Sozialutopien auf tatsachenwissenschaftlicher Basis die Bedeutung der biologischen Ausstattung des Menschen ernsthaft zu bedenken.[7] Denn es hat

---

7 Konrad Lorenz, der die intraspezifische Aggression, also die Aggression zwischen Menschen und Menschengruppen, für eine der schwersten gegenwärtigen Gefahren hält, mit der die Menschheit konfrontiert ist, schrieb dazu: „Wir werden unsere Aussichten, ihr zu begegnen, gewiß nicht dadurch verbessern, daß wir sie als etwas Metaphysisches und Unabwendbares hinnehmen, vielleicht aber dadurch, daß wir die Kette ihrer natürlichen Verursachung verfolgen. Denn wo immer der Mensch die Macht erlangt hat, ein Naturgeschehen willkürlich in bestimmter Richtung zu lenken, verdankt er sie seiner Einsicht in die Verkettung der Ursachen, die es bewirken."
Nur ist es aber offenbar so, daß die Naturwissenschaften uns zwar viel Macht über unsere

keinen Sinn, reinen Idealen nachzulaufen, die gegenüber der Wirklichkeit chancenlos sind. Eine große Anzahl von Forschern hat mittlerweile erkannt, daß die Stammesgeschichte des Menschen von starkem Einfluß auf sein Verhalten ist und daß es an der Zeit ist, Konsequenzen daraus zu ziehen (Wuketits), zumindest eine Einsicht in die in dieser Beziehung bestehenden Grenzen zu gewinnen. Eine solche Einsicht ist dann auch für ethische Anliegen, für die Erarbeitung einer unserer heutigen Zeit angemessenen Moral keineswegs belanglos.

Auf dem Boden dieser entwicklungsgeschichtlich-biologischen Zusammenhänge, die die Grundlage aller weiteren Überlegungen darstellen, wäre dann anstelle einer Überzeugtheit von rein übernatürlichen Wurzeln der Moral zu überdenken, wie eine Kultur, wie Gesellschaften beschaffen sein müssen, die geeignet sein könnten, die Nachteile dieser biologischen Programmierung unter den Bedingungen unserer heutigen Zeit zu dämpfen. Selbsterkenntnis ist ja bekanntlich eine wesentliche Grundlage der Besserung.

„Jede Ethik, die keine Rücksicht auf den Ursprung des Menschen im nichtmoralischen Bereich nimmt, muß eine bloße Konstruktion bleiben" (Wuketits). Was nutzt es z.B., sich über ein Ansteigen der allgemeinen Aggressivität zu wundern und darüber zu klagen? Wir sollten vielmehr nach den tieferen Ursachen suchen, ohne hierbei von vornherein bestimmte Überlegungen auszuschließen.

Angesichts der gegenwärtigen Strukturen unseres Zusammenlebens wäre für eine stärkere Nutzung selbstorganisatorischer und selbstregulierender Kräfte, etwa auch eine „Organisation menschlicher Sozial- und Wirtschaftssysteme in kleineren Einheiten mit Selbstverwaltung und Eigenverantwortung" (Wuketits), zu plädieren, was der ursprünglichen Natur des Menschen besser entsprechen würde und unnötige Aggressionen reduzieren könnte. Daneben müßte es die Aufgabe der Politik aller Länder sein, „ein Prinzip der globalen Kooperation zu begründen und das menschliche 'Wir-Gefühl' auszuweiten" (Wuketits), was ohne Zweifel eine gewaltige Kulturleistung des Menschen darstellen würde, da sie gegen tief verankerte Grundtendenzen erreicht werden müßte. Neben der Bereitschaft zum „Bösen" verfügt der Mensch jedoch sowohl auf der Grundlage seiner biologischen Evolution als natürlich auch auf dem Boden seiner Kultur unverkennbar auch über positive Tendenzen. Letztlich gehört, wie auch Wuketits betont, ein Streben nach moralischem Verhalten und sozialer Anerkennung ebenfalls zu unserer Natur.

Gerade bei der zunehmenden Vermassung und Anonymisierung unserer Gesellschaft wäre es nützlich, ein mit großem Engagement propagiertes und durchgeführtes umfassendes Programm zur Förderung positiver Gefühle und Verhaltensweisen wie von Kooperation, Altruismus, Hilfsbereitschaft und Toleranz, aber auch von Mitgefühl und Mitleid zu stärken. Selbst wenn bestimmte Verhaltenstendenzen biologisch verankert sind, besteht kein Grund, sie resignierend als solche hinzunehmen. Denn es ist keineswegs aussichtslos, sie – bspw. durch eine

---

äußere Umwelt verliehen haben, jedoch nur wenig Macht über uns selbst. Wie H. v. Ditfurth einmal bemerkte, handelt es sich bei uns heute lebenden Menschen um die „Neandertaler der Zukunft".

vernunftgesteuerte Impulsdämpfung – zu beeinflussen. In einer kulturell-ethischen Weiterentwicklung dürfte jedenfalls die einzige Chance der Menschheit für die Zukunft liegen. Leider scheinen jedoch viele gegenwärtig erkennbare Trends in die umgekehrte Richtung zu weisen.

IV. Was ist eigentlich Verantwortung? Definition, Bedeutung und Aspekte der Verantwortung

Die Bedeutung des Begriffs in Alltag und Wissenschaft

Wenn man sich eingehender mit einem Phänomen befaßt, ist eine konkrete Analyse des Begriffs und Phänomens ebenso wie eine Bestimmung des Umfeldes, der Bedingungen und Voraussetzungen dieses Phänomens im Grunde unumgänglich.

Das Ergebnis dieser Bemühungen um das Problem der Verantwortung mag für jemanden, der sich weniger mit der Komplexität der Zusammenhänge und den Hintergründen des Phänomens auseinandergesetzt hat, zunächst, wie es auch bei mir selber der Fall war, überraschend, vielleicht sogar ernüchternd und enttäuschend wirken. Die Inhalte der folgenden Kapitel sind aber nicht als gehässige Anklage in irgendeiner Richtung zu verstehen, sondern als Anregung zum Nachdenken und als schlichte Darstellung von Zusammenhängen, die erkennen lassen, daß es – bildlich gesprochen – kaum möglich ist, jemanden zu waschen, wenn bspw. kein Wasser zur Verfügung steht oder gleichzeitig untersagt ist, den Betreffenden naß zu machen. Genauso hat es wenig Sinn, über ein Phänomen, etwa einen allgemeinen Mangel an Verantwortung, zu klagen, ohne sich um die Umstände zu kümmern, die für dessen Entstehen von Bedeutung sind. Lassen Sie mich das an einem schlichten Beispiel veranschaulichen, das ich vor einiger Zeit gelesen habe: Niemand hat je den Wind gesehen, der über die Ährenfelder streicht und die Bäume wiegt, und doch sind die wogenden Ährenfelder und das Wiegen der Bäume nur vordergründige Erscheinungsbilder, hinter denen eine andere Kraft steht. Deshalb sollte man danach streben, hinter die vordergründigen Formen zu blicken, die sich uns darbieten, um das Kräftespiel zu verstehen, das sie zustande gebracht hat. Sonst geht es einem bei zu ergreifenden Maßnahmen leicht wie jemandem, der einem anderen, wenn dieser einen bestimmten Text nicht verstanden hat, eine hellere Lampe zum besseren Lesen bringt. Und demjenigen Kraftfahrer, der in tiefdunkler Nacht oder in dichtem Nebel die Orientierung verloren hat, nützt es wenig, das Lenkrad fester in die Hand zu nehmen.

Lassen Sie mich daher dieses Kapitel mit zwei Beobachtungen beginnen. Die erste machte ich in gleicher Weise anläßlich einer Reihe von Veranstaltungen mit verschiedenen Personengruppen wie Lehrern, Polizeibeamten usw. Bei diesen Veranstaltungen hatte ich die Gelegenheit, den Zuhörern u.a. zwei Fragen zu stellen. Die erste Frage bezog sich auf die Bedeutung, die seitens der Zuhörer dem Phänomen Verantwortung beigemessen wurde. Die weitgehend übereinstimmende Antwort auf diese Frage lautete: „Eine sehr große", bzw. „eine große". Damit hätte ich an sich zufrieden sein können. Ich schloß jedoch noch eine zweite Frage an: „Was versteht man eigentlich unter Verantwortung", bzw. „was verstehen Sie unter Verantwortung?" Diese Frage blieb – bis auf wenige und auch wenig befriedigende Beantwortungsansätze – jedesmal weitgehend unbeantwortet. Die übliche Reaktion war ein betretenes Schweigen, in dem auch eine Spur eigener Überraschung zutage zu treten schien. Ich stand also vor dem eigenartigen Ergebnis, daß von fast allen Zuhörern etwas für sehr wichtig gehalten wurde, von dem sie nicht zu wissen schienen oder wenigstens nicht beschreiben konnten, was es eigentlich ist.

Die zweite Beobachtung ist mehr allgemeiner Art. Wenn man das Verhalten von Menschen in unserer Gesellschaft kritisch unter die Lupe nimmt, gewinnt man den Eindruck, daß immer weniger Menschen in unserer Gesellschaft geneigt sind, als Person Verantwortung zu übernehmen. Vielmehr ist es für viele fast zu einer Gewohnheit geworden, sich alle möglichen Abschirmungsmechanismen wie der Macht einer dahinterstehenden Institution, des Urteils von Experten oder ähnlichem zu bedienen. Ungeachtet dessen wird jedoch im Grunde jeder ständig dem Worte nach – und meist mit einem gewissen Pathos – von anderen an irgendeine Form von Verantwortung erinnert, an seine Verantwortung für das, was er tut, bzw. getan hat oder an seine Verantwortung anderen, der Gemeinschaft gegenüber.

Im Schulgesetz von Baden-Württemberg wird bspw. betont, daß „jeder junge Mensch zur Wahrnehmung von Verantwortung vorbereitet werden müsse"; in der Fahrschüler-Ausbildungsordnung von 1986 wird u.a. als Ziel der Ausbildung genannt, daß das Verhalten des Schülers im Verkehr von der Verantwortung gegenüber Mensch und Umwelt geprägt sein müsse, und in der Einführung eines Handbuches für Verkehrssicherheit steht aus der Feder des seinerzeitigen Bundesministers für Verkehr ausdrücklich zu lesen: „Wer auch weiterhin mit seinem motorisierten Zweirad oder dem Pkw so frei wie möglich auf unseren Straßen fahren will, der muß sich in jeder Sekunde seiner Verantwortung für sich, seine Familie und seine Partner im Verkehr bewußt sein und sich entsprechend verhalten." Oft scheint im übrigen der Begriff offenbar nur benutzt zu werden, um einen anderen zu einem von einem selbst gewünschten Verhalten zu veranlassen. Wenn dieser aber etwas anderes will als man selbst, ist man sehr leicht geneigt, ihn als „verantwortungslos" zu bezeichnen.

Jedenfalls ist der Begriff Verantwortung „in aller Munde", ohne daß ausdrücklich darüber nachgedacht würde, was er eigentlich bedeutet. Auch wenn das ehrliche Bestreben mancher Menschen nicht bestritten werden soll, die Moral zu fördern und anderen Menschen ethische Zielorientierungen zu geben, scheint der Begriff heutzutage geradezu zu einem hohlen Modewort geworden zu sein und vielfach mißbraucht zu werden. Man könnte fast vermuten, daß gerade deshalb viel darüber geredet wird, weil so wenig davon da ist, oder auch, daß man an Verantwortung (des einzelnen) appelliert, weil sich in der Gesellschaft eine gewisse Ratlosigkeit eingestellt hat, wie man anders bestimmte soziale Probleme in den

Griff bekommen kann. Ohne noch über eine allgemein verbindliche gesellschaftliche Moral zu verfügen, wendet man sich an das Individuum als das letzte und schwächste Glied in der Kette, wobei aber zugleich die allgemeinen Bedingungen für das Entstehen und Wirksam-Werden einer individuellen Verantwortung, wie wir noch sehen werden, durch eine Unzahl von Merkmalen eben dieser Gesellschaft behindert, geschwächt oder gar verhindert werden. Mitunter gewinnt man sogar den Eindruck, als bestünde ein Interesse daran, diesem Begriff „jene unbestimmte Vieldeutigkeit zu erhalten, die es jedem erlaubt, von Verantwortung zu reden, ohne daß er sich dadurch verpflichtet und bindet", merkte Georg Picht 1969 an. „Für viele, die den Anspruch erheben, das Gewissen der anderen zu sein, mag es sich ohne äußere und innere Schwierigkeiten durchaus erübrigen, selbst eines zu haben" (Marquard). Die derzeitige Hochkonjunktur des Begriffes Verantwortung in der öffentlichen Diskussion könnte deshalb etwas ganz anderes spiegeln als die unmittelbare Sorge um einen Mangel an Verantwortlichkeit, und in einer Gesellschaft, die von egoistischer Selbstdurchsetzung, Profitstreben und einer von übergeordneten Mächten – d.h. wirtschaftlich und finanzpolitisch – geförderten Konsumsüchtigkeit gekennzeichnet ist, mag der Einsatz des Begriffes letztlich völlig anderen Zielen dienen. So weist auch Siegfried Weischenberg in einem Artikel über die Verantwortung der Medien darauf hin, daß, „wer heute in einem Medien-Unternehmen Verantwortung trägt, in erster Linie ans Geld, ans Image und an seine Firma denkt". Kann man doch durch das Reden über Verantwortung, durch das gekonnte Zur-Schau-Stellen „verantwortlicher" Einstellung und Gesinnung in hervorragender Weise von tatsächlicher Verantwortungslosigkeit ablenken. So ergibt sich ein wesentliches Problem aus dem Gegensatz, daß zwar sehr viel in blauäugiger Weise über Selbständigkeit und Verantwortung gesprochen wird, daß aber das meiste von dem, was in der Praxis geschieht, wenig geeignet ist, tatsächliche Autonomie und Verantwortung zu fördern.

So wird auch hier wieder eine mehrfache Systemproblematik deutlich: Einerseits degeneriert Verantwortung in der Alltagsrhetorik zu einem oberflächlichen Phänomen, das in der Praxis oft lediglich gleichbedeutend damit ist, auf der Seite der jeweiligen Mehrheit zu stehen; und andererseits wird an eine Tiefe der Person appelliert, die bei der vorherrschenden Konsumorientierung kaum noch existent ist. Leben wir doch mittlerweile in einer weitgehend „außengeleiteten" Welt (Riesman). In dieser wird aber auch ein aufkeimendes Bewußtsein von Selbstbestimmung vorwiegend im Sinne der vorherrschenden System-„Werte", also von individuellem Genuß, Egoismus und Selbstdurchsetzung interpretiert.

Schließlich besteht ohnehin die Schwierigkeit, aus einem konkreten Verhalten auf eine entsprechende Wertorientierung zu schließen. Eine durch einen Außenbeobachter erfolgende Einschätzung eines Verhaltens als „verantwortlich" ist somit kaum möglich. Was von außen als „unverantwortlich" interpretiert werden mag, kann sehr unterschiedliche Gründe haben und muß mit innerer „Verantwortung" keineswegs notwendigerweise zusammenhängen.

Sucht man auf der anderen Seite Rat bei der Wissenschaft, trifft man ebenfalls wieder auf einen überraschenden Tatbestand. Der Begriff Verantwortung wird nämlich dort recht zurückhaltend verwendet, und auch keineswegs in einem einheitlichen Sinn. Das muß auch nicht überraschen, wenn man sich vor Augen führt, daß mit dem Begriff unterschiedliche Aspekte angesprochen sein können. Er kann sich einmal auf den aus freiem Willen handelnden Menschen beziehen, kann aber auch primär auf die Ursache einer Verantwortung, die Gegebenheiten zielen, aufgrund derer jemand Verantwortung trägt. Schließlich macht es einen weiteren Unterschied, ob man sich daran orientiert, wofür oder vor wem jemand verantwortlich ist.

Während also das Wort „Verantwortung" im gesellschaftlichen Umgang sozusagen in aller Munde ist, wird der Begriff bspw. in einem knapp 700seitigen Werk der Rechtsphilosophie lediglich auf eineinhalb Seiten unter der Thematik der Zurechnungsfähigkeit angesprochen, und in vielen sozialpsychologischen Büchern findet er sich nicht einmal im Sachregister. Selbst die Ethik hat sich bisher weit weniger mit dem Problem „Verantwortung" beschäftigt, als man eigentlich vermuten sollte.

Das ist im Grunde auch nicht einmal sonderlich erstaunlich. Denn die klassische Wissenschaft trennt streng zwischen Fakten und Werten, und das Subjekt, das ja der Träger von Werten ist, ist aus der wissenschaftlichen Erkenntnis weitgehend eliminiert. Verantwortung ist daher auch für den klassischen Wissenschaftler ohne wissenschaftlichen Sinn bzw. ein unwissenschaftliches Thema, da er über kein brauchbares Kriterium für die Richtigkeit bzw. Falschheit einer Wertaussage verfügt. Der Begriff der „Verantwortung" bleibt damit – streng wissenschaftlich gesehen – in den Nebel einer tiefgehenden Unsicherheit gehüllt und bedürfte, um wissenschaftlicher Behandlung zugänglich zu sein, einer Reform unserer gesamten Denk- und Erkenntnisstrukturen. Eine solche Reform träfe jedoch auf die Schwierigkeit, daß uns keine objektive Methode zur Verfügung steht, um die Wissenschaft als wissenschaftliches Objekt und den Wissenschaftler als Subjekt zu erfassen (Morin).

So überrascht nicht, daß bspw. Georg Picht vor etwa 20 Jahren feststellte, daß uns durchaus bewußt sei, daß wir Verantwortung trügen, daß wir in der Verantwortung eine grundlegende Möglichkeit des Menschen als höherem Lebewesen erkennen, daß wir aber nicht wüßten, was Verantwortung sei, und noch anläßlich der 1987 stattgefundenen Arbeitstagung „Verantwortlichkeit und Recht" wurde abschließend festgestellt, daß wir „wohl nie voll erfassen werden können, was Verantwortung ist".

Ist Verantwortung identisch mit Haftung und Disziplin?

Bei näherer Betrachtung dessen, was üblicherweise – zumindest bei uns zulande – unter Verantwortung verstanden wird, zeigt sich, daß bei der Verwendung des Begriffs im wesentlichen zwei Tendenzen im Vordergrund stehen. Es ist dies einmal die Verwendung im Sinne der Disziplin, d.h. des peinlichen Gehorsams gegenüber bestehenden Normen, bzw. der Erfüllung auferlegter Pflichten oder der an den Betreffenden gerichteten Forderungen. Dieser Begriffsverwendung begegnet man bspw. vor allem im Rahmen der Bemühungen zur Hebung der Verkehrssicherheit. Gerade in Deutschland werden häufig Verantwortung und Regelbefolgung, bzw. Disziplin und Verkehrssicherheit nahezu gleichgesetzt, was sich allerdings bei näherer Betrachtung als problematisch erweist.

Dabei ist jedoch auch zu sehen, daß strikte Disziplin gegenüber formalen Normen ein eher unbiologisches und fast lebensfremdes Phänomen darstellt, während Risiko und Unsicherheit unmittelbar dem Leben immanent sind. Die „totale" Ordnung ist ein Zerrbild des Lebens. Das zeigt Antoine de St. Exupéry sehr plastisch auf, wenn er die Vorstellungen bestimmter Formalisten persifliert. Sie sähen, wie er schreibt, die ideale „Ordnung" dann verwirklicht, wenn in einem Buch alle Buchstaben, von a – z, der Reihenfolge nach hintereinander aufgereiht wären.

Außerdem setzt Verantwortung gerade persönliche Freiheit im Entscheiden- und Handeln-Können voraus; diese ist aber eben nicht mit einem disziplinierten Befolgen von Vorgaben identisch, die von außen an das Individuum herangetragen werden. Verantwortung, kann sich letztlich nur dann erweisen, wenn der Mensch nicht unter einem – wie auch immer gearteten – Zwang steht, sondern seine Entscheidung in „Freiheit" trifft.

Wenn also die Entscheidung für Verantwortung nicht in irgendeiner Form mit tatsächlich freier Selbstbestimmung verknüpft ist, kann kaum erwartet werden, daß innere Verantwortung längerfristig und verläßlich das Verhalten von Menschen bestimmt. So ist Verantwortung etwas völlig anderes, als wenn man in Erfüllung einer Norm gezielt auf andere einwirkt, um diese wiederum einer Norm zuzuführen.

In diesem Rahmen mag zu denken geben, daß Hans Jonas „in wagender Unabhängigkeit nach eigenem Urteil" als solcher bereits eine Tugend sah, „die den Menschen besser ansteht als die Geborgenheit in der Vorschrift". Hier stellt sich die wirklich grundsätzliche Frage, was für die zukünftige Entwicklung der Menschheit letztlich für sinnvoller zu halten ist.

Die andere, eigentlich häufigere Verwendung des Wortes Verantwortung geschieht in Anlehnung an den Begriff der Haftung. Hierbei wird der Begriff rückblickend etwa in dem Sinne verwendet: „Sie sind dafür verantwortlich, daß das und das passiert ist"; „Sie sind schuld daran!" Verantwortung steht hier im Zusammenhang mit dem Vorwurf einer Pflicht- oder Normverletzung. Wir erkennen aber zugleich auch, daß „zur Verantwortung gezogen werden" etwas anderes ist als Verantwortung „tragen". Während letzteres eine Zuständigkeit für etwas, für eine Aufgabe beinhaltet, bedeutet ersteres im günstigsten Falle ein „Gerade-stehen-Müssen" im Sinne eines Rechenschaft-Ablegens oder Rechtfertigens dessen, was man getan hat. Es ermangelt als ein am entstandenen Schaden orientiertes negatives Konzept insoweit gerade des für echte ethische Verantwortung wichtigen Merkmals eines tieferen Sinnzusammenhangs, eines existentiellen Getroffenseins, einer das Wesen eines Menschen offenbarenden Gebundenheit (s. S. 437, 486). Zugleich vernachlässigt eine solche Sicht den tieferen Zusammenhang zwischen Verantwortung und einer zwangsläufig nicht ohne Risiko denkbaren Zukunftsorientierung (vgl. auch S. 444). Das gilt im großen wie im kleinen. Je mehr ein Mensch voraussieht und vorausdenkt, um so klarer wird ihm bewußt, was er durch sein Handeln (oder auch Nicht-Handeln) bewirken kann, um so mehr ist er in der Lage, Verantwortung zu entwickeln.

Bei der am Geschehen orientierten Verwendung des Begriffs engt sich „Verantwortung" weitgehend auf die Haftung für die Folgen eines eigenen Handelns ein. Wenn mein Hund im Nachbargarten Schaden anrichtet, bin ich zwar selbst nicht der Urheber dieses Schadens und nicht direkt aus meiner Gesinnung heraus schuldig für das, was er tut. Trotzdem bin ich „verantwortlich" für den von ihm angerichteten Schaden. Ebenso werde ich verantwortlich gemacht, wenn ein Besucher im Winter auf meinem Grundstück ausgleitet und sich ein Bein bricht, obwohl ich nun wirklich nicht den Schneefall verursacht habe. Dazu merkt jedoch Georg Picht an, daß der Begriff „durch den Versuch, ihn in den Maschen möglicher Haftbarkeit gefangenzuhalten", ebenso verfehlt werde wie „durch eine schrankenlose Expansion".[8]

Vielleicht gibt uns die Rechtswissenschaft in dieser Beziehung nähere Aufschlüsse: Bei Durchsicht der einschlägigen Literatur fällt zunächst auf, daß weder eine Übereinstimmung noch ein umfassender Zusammenhang zwischen rechtlicher und moralischer Verantwortung zu bestehen scheint. Man kann jedoch feststellen, daß in der Jurisprudenz Verantwortung grundsätzlich im Sinne der „Zumutbarkeit rechtstreuen Verhaltens" (Lampe) als ein Einstehen-Müssen für eine bestimmte Tat, etwa im Beamtenrecht für die „unzulängliche Erledigung übertragener Aufgaben", verstanden wird.

„Indem das Rechtssubjekt Verantwortung trägt, ist es verantwortlich, d.h. darauf angelegt, die Verantwortung für sein Tun oder ein soziales Ereignis zu übernehmen." Dem liegt unausgesprochen die – wissenschaftlich zumindest umstrittene – Vorstellung zugrunde, der Mensch habe die Fähigkeit, sich jederzeit bewußt nach freiem Willen für das Gute oder das Böse zu entscheiden. Das bedeutet, vor dem theologischen Hintergrund eines letztlichen Sich-rechtfertigen-Müssens des Menschen vor Gott, vor dem „Jüngsten Gericht", die an den Menschen gerichtete Erwartung, gewisse Pflichten (gegenüber anderen,) zu erkennen und zu erfüllen. Logischerweise führt das zu der Konsequenz, ihn bei Vernachlässigung dieser Pflichten zur Rechenschaft zu ziehen. Ganz in diesem Sinne wird auch in Meyers enzyklopädischem Lexikon Verantwortung als „Antwort auf eine Anklage, als Rechenschaft-Geben für ein bestimmtes Handeln und für dessen Folgen" definiert. Dabei dürfte es eine interessante Nebenfrage darstellen, inwieweit die Vorstellung einer absoluten Verantwortlichkeit mit der tief verankerten und oft verdrängten Lust des Menschen an Vergeltung und Strafe zusammenhängt und inwieweit auch eine theologische Tendenz zur Entlastung Gottes eine Rolle spielt.

---

8 Quasi eine Kompromißlösung schlägt J. Hoffmeister im Wörterbuch der philosophischen Begriffe vor, wenn er Verantwortung definiert als „das Auf-sich-Nehmen der Folgen des eigenen Tuns, zu dem der Mensch als sittliche Person sich *innerlich* genötigt *fühlt*, da er sie sich selbst, seinem eigenen freien Willensentschluß zurechnen muß".

Wir machen jedenfalls Menschen juristisch für fahrlässig oder bewußt und mit Absicht begangene Handlungen und ihre Folgen „verantwortlich". In diesem Sinne, d.h. unter dem Titel „Verantwortlichkeit", haftet bspw. nach Schweizer Recht das Familienoberhaupt für Schäden, die Familienmitglieder anrichten. Diese Haftung betrifft speziell alle Folgen, die man nicht wünschen sollte und von denen man annehmen kann, daß sie mit mehr oder weniger großer Wahrscheinlichkeit eintreten können. Allerdings bezieht sich der Begriff Verantwortlichkeit in ethischer Sicht nur auf den Teil der Folgen, der nach vorherigem „sorgsamem Abtasten der Bedingungen" übersehbar war; der Rest fällt in den Bereich der weniger anspruchsvollen „Zurechenbarkeit". Schon hier mag sich allerdings die Frage aufdrängen, unter welchen Umständen in der Realität – bspw. des Straßenverkehrs – ein solches „sorgsames Abtasten der Bedingungen" möglich ist, bzw. auch, inwieweit eine innere wesenhafte Beziehung zu den oft willkürlich erscheinenden behördlichen Anordnungen hergestellt werden kann.

Rechtlich gesehen hat also der Begriff „Verantwortung" primär die Folgen von Handlungen im Auge, während die moralische Verantwortung demgegenüber primär auf die Gründe und Ursachen eines Verhaltens zielt. In diesem Zusammenhang mag auch die von Max Weber herausgearbeitete idealtypische Unterscheidung von Gesinnungs- und Verantwortungsethik interessant sein, bei der aber auch Überschneidungen zu erkennen sind. Er versteht darunter zwei grundsätzlich voneinander verschiedene gegensätzliche Maxime ethisch orientierten Verhaltens. Gesinnungsethisch ist ein Verhalten dann, wenn es sich, gestützt auf die gute Absicht und den ausschließlichen Willen des Guten, um die unmittelbare Erfüllung eines absoluten moralischen Gebotes handelt, dessen Ziel und Bewährung in der Tat selbst liegt. Die möglichen Folgen dieser Tat spielen dabei eine zumindest untergeordnete Rolle. Diese gewinnen dagegen neben der Überzeugung von dem ethischen Wert des dem Verhalten zugrundeliegenden Prinzips für die Verantwortungsethik vorrangige Bedeutung. Jeder muß sich unter diesem Aspekt die Folgen seines Handelns vor Augen halten und dafür einstehen. Das ist aber, wie oben angedeutet, z.T. auch eine Frage der Gesinnung.

Unabhängig davon, daß der Begriff „Verantwortung" im juristischen Sinne schlechthin als „unscharf und unergiebig" (Pestalozza) bezeichnet wird, bestehen durchaus nicht unerhebliche Unterschiede in verschiedenen Sparten des Rechtssystems, und Verantwortlichkeit stellt keineswegs ein „festgefügtes Rechtsinstitut oder auch nur einen halbwegs klaren Begriffskomplex" (Wilke) dar. So wird in dem Verwaltungsrecht zwischen kompetenz- und sanktionsrechtlicher Verantwortung unterschieden, und auch für den Strafjuristen bedeutet „Verantwortung" im Grunde zweierlei: einmal die Vorstufe von Schuld im Sinne der Vorwerfbarkeit (liability) und zum anderen ein Mittel der Schuldzuweisung im Sinne der Folgenhaftung (guilt) (Franzheim).

Indem aber nach dem klassischen Grundsatz „keine Strafe ohne Schuld" die Verbindung zu einer subjektiven Schuld als erlebter Diskrepanz zwischen sozialkonformem Wollen und praktischem Tun in den Mittelpunkt rückt, entsteht die Schwierigkeit, daß subjektive Schuld, also Schulderfahrung, letztlich ein individuelles Phänomen darstellt, das darüber hinaus auch nicht geschichtsfrei verstanden werden kann. Im übrigen sei ausdrücklich angemerkt, daß die in unserem Denken übliche Koppelung Schuld – Strafe keineswegs so unabdingbar notwendig ist, wie es zunächst erscheinen könnte. Denn die Beziehung Schuld – Vergebung stellt sich bspw. mindestens als ebenso überzeugend dar.

Der klassische juristische Grundsatz der Schuldorientierung beinhaltet jedenfalls, daß dem Betreffenden sein Verhalten subjektiv zuzurechnen ist, weil er gemäß begründeten Erwartungen hätte anders handeln können. Nur dann allerdings wäre er auch wirklich berechtigt. In der Praxis – vor allem auch in der Praxis des doch weitgehend „erfolgs"-orientierten Verkehrsrechts – wird dieser Grundsatz jedoch ständig außer Kraft gesetzt. So ist das Schuldprinzip in der Tat zunehmend ausgehöhlt worden, ohne indes aufgegeben worden zu sein. Das ist aber wiederum mit einer zwangsläufigen Entwertung des Verantwortungsbegriffs verbunden. Wir sehen also selbst schon im engeren Bereich der juristischen Begriffsverwendung Schwierigkeiten auftauchen, die durch eine Einengung auf den Haftungsbegriff, der keineswegs deckungsgleich mit Verantwortung ist, nur zum Teil ausgeschaltet werden.

So müssen wir uns also zunächst weiter fragen, was denn nun Verantwortung eigentlich ist.

Das eigentliche Wesen der Verantwortung

Verantwortung im ethisch-moralischen Sinne ist offenbar nicht eine Gewohnheit des Gehorchens oder des Erfüllens fremdbestimmter Verpflichtungen. Im Gegenteil, Verantwortung hängt zunächst einmal mit innerer Freiheit der Person, mit Autonomie, Selbstbestimmung, persönlicher Entscheidungsmöglichkeit zusammen. Es handelt sich um eine Art freiwilliger Verpflichtung, um ein inneres Engagement für die von einem Menschen als verbindlich anerkannten Werte.

Gehen wir zunächst einmal von einer sprachlichen Analyse aus. Die Sprache läßt ja im allgemeinen recht gut erkennen, was Menschen – bewußt oder unbewußt – zunächst mit einem Begriff verbunden haben. Das Wort „Ver-antwortung" enthält in diesem Sinne einmal die Komponente „Antwort", was eine Reaktion auf eine Frage, eine Anrede oder Forderung bedeutet. Indem der Mensch sich selbst und anderen antworten kann, wird er zu einem „verantwortlichen" Wesen (Cassirer). Die Vorsilbe „ver" sagt andererseits üblicherweise zweierlei aus: einmal, daß etwas zu etwas gemacht wird, wie etwa bei den Worten Verbilligung, Verdunkelung, Vergrößerung, Verkörperung; zum anderen zeigt es eine Tätigkeit an, bei der etwas mit Nachdruck und Gründlichkeit, sozusagen „bis zum Ende" geschieht. Diese Bedeutung zeigt sich etwa in den Worten verbrennen, verknüpfen, verhören, verhüllen und verhindern.

Als Forderung, die an einen Menschen ergeht, oder als Merkmal eines Menschen weisen die Begriffe „Ver-antwortung" und „Ver-antwortlichkeit" einmal auf die grundlegende Tatsache einer zwischenmenschlichen Kommunikation. Zum anderen zielen sie – ganz gemäß der in der christlichen Moral betonten Innerlichkeit – auf die Ganzheit und Tiefe der Person gegenüber einer an sie gestellten grundsätzlichen Frage bzw. Anforderung, auf ein existentielles Getroffensein vom Anspruch eines Wertes, auf eine innere Gebundenheit und Eigentlichkeit des Individuums. Verantwortliches Tun betrifft also in der Person als tragender Ursache verwurzelte Entscheidungen und Handlungen, in denen sich diese Person in ihrem Wesen offenbart.

Auch hier besteht wieder eine wechselseitige Beziehung. Denn einerseits ist die persönliche Tiefe und innere Gebundenheit eines Menschen Voraussetzung für das Erleben von Verantwortlichkeit und die Übernahme tatsächlicher Verantwortung. Andererseits kann ohne die Übernahme von Verantwortung nur schwer eine Sinngebung der eigenen Existenz, eine wahre „Persönlichkeit" zustandekommen. Wer also immer wieder dazu neigt, zur eigenen Rechtfertigung und Entschuldigung die Schuld für irgendein Vorkommnis auf andere oder auch nur auf widrige Umstände abzuwälzen, wird damit weder Kompetenz erwerben noch als „Persönlichkeit" akzeptiert werden. Genauso ist es ein innerer Widerspruch, wenn auf der einen Seite das Individuum durch ständige Anordnungen und Eingriffe des Staates „entmündigt" wird, auf der anderen Seite aber von eben diesem Individuum erwartet wird, sich für das Gemeinwohl zu engagieren und Verantwortung zu übernehmen.

Verantwortung erstreckt sich auf das ganze (freie) Sein des Menschen, indem seine verantwortlichen Strebungen immer stärker in die gesamte Lebensführung integriert werden und in mehrfacher Hinsicht „Bindung", Verbundheit bedeuten. Dem steht allerdings entgegen, daß man meist von Verantwortung in sehr unbestimmter Weise spricht, ohne auf einen Sinngehalt entsprechenden Handelns Bezug zu nehmen. Ein „Sinn" könnte sich aber nur wieder auf das Ganze eines Menschen bzw. seiner Existenz beziehen und nicht etwa auf umschriebene wirtschaftliche oder berufliche Erfolge, auf Profit und Karriere.

So betrachtet, wird zweierlei deutlich: einmal die Rolle, die der sogenannten Ich-Identität zukommt und zum anderen der Aspekt der im Verlaufe der Sozialisation erfolgenden Verinnerlichung normativer Anforderungen (Durkheim). Daraus läßt sich ableiten, daß die reine Selbstbezüglichkeit im Sinne einer Verantwortung lediglich sich selbst gegenüber, so wichtig sie ist, ohne Orientierungen, die über das „Ich" hinausgreifen, nicht ausreichend für personale Verantwortlichkeit ist. Es bedarf einer normativen Selbstverpflichtung.

Angesichts der geschilderten Voraussetzungen echter Verantwortung wäre es deshalb falsch, von Forderungen auszugehen. Denn Verantwortung als seelisch-existentielles Geschehen kann nicht von Normen und Regeln her aufgebaut werden, sondern nur vom Menschen aus.

Eine entscheidende Voraussetzung für die Übernahme von Verantwortung liegt, wenn nicht im Erleben der grundsätzlichen gemeinsamen Abhängigkeit von einem höheren Wesen, in der inneren, eine Identifikation erlaubenden Beziehung zu anderen Menschen oder Gruppen, in einer inneren Verbundenheit, einem Vertrauen. Vertrauen und Vertrautheit hängen aber schon rein sprachlich sehr eng zusammen.

Vertrauen beruht auf einer Art Vertrautheit mit dem anderen; Vertrautheit ist aber eine Funktion mitmenschlicher Nähe, und Vertrautheit mit einem anderen ist überhaupt eine Voraussetzung, sich dem anderen verbunden zu fühlen, eine konkrete Gegenseitigkeit zu erleben und Rücksicht aufeinander zu nehmen.

Eine noch viel grundsätzlichere Voraussetzung für wirklich tragfähige mitmenschliche Beziehungen ist eine existentielle Verwurzelung. Es sollte zu denken geben, was der chinesische Weise Lao-tse einmal sagte:

„Wenn das Tao[9] verlorengeht, kommt die Tugend.
Wenn die Tugend verlorengeht, kommt die Wohltätigkeit.
Wenn die Wohltätigkeit verlorengeht, kommt die Gerechtigkeit.
Wenn die Gerechtigkeit verlorengeht, kommen die Verhaltensregeln."

Existentielle Verwurzelung kann aber eben aus oberflächlichem Konformismus oder einer Orientierung an äußerlichen Positionen nicht erwachsen. Daß andererseits gerade besonders konformistische Menschen dazu neigen, aus versteckter Aggressivität heraus anderen, selbständigeren Menschen das Leben schwer zu machen, bzw. aus ihrer Enttäuschung über sich selbst und ihr eigenes existentielles Scheitern andere Menschen unter Verwendung des Begriffs „Verantwortung" negativ zu bewerten, paßt eigentlich recht gut in diesen Zusammenhang. Ist doch schon die vorherrschende Tendenz, überhaupt andere „be-urteilen" zu wollen und nicht schlicht als das, was sie sind, akzeptieren zu können, in dieser Beziehung recht aufschlußreich.

So rückte der Begriff Verantwortung mit der Aufklärung und vor allem in der Folge von Kant in eine Ebene, in der das denkende Ich, die autonome Vernunft als entscheidende sittliche Instanz verstanden wird. In diesem Sinne ist Verantwortung, wie gesagt, eine sich im Verhalten zeigende tief innere Überzeugung von dem Sinn bestimmter, autonom akzeptierter Normen. In ihr kommt ein existentielles Getroffen-Sein vom Anspruch eines Wertes, eine innere Gebundenheit und Eigentlichkeit des Individuums zum Ausdruck. Entscheidungen und Handlungen eines Menschen sind in seiner Person als tragender Ursache verwurzelt, und in seinen Entscheidungen und Handlungen offenbart sich diese Person in ihrem Wesen. Sie soll sich die Antwort nicht von irgendwoher außerhalb ihrer selbst geben lassen, sondern sie von einem „moralischen" Standpunkt aus selbst suchen (Rendtorff). Durch die „Antwort" der eigenen Lebensführung bestimmt jeder sich selbst in seinem Handeln.

Verantwortung ist eine grundlegende Möglichkeit des Menschen als höherem Lebewesen. Und der Mensch ist das einzige bekannte Lebewesen, das Verantwor-

---

9 Für Lao-tse ist Tao der Welturgrund, der allen Erscheinungen zugrunde liegt, aber einer rein verstandesmäßigen Erkenntnis unfaßlich bleibt. Es ist „die göttliche Vernunft des Weltalls, die Quelle aller Dinge, das Leben-spendende Prinzip, das in allen Dingen enthalten ist, sie gestaltet und verwandelt, aber selbst formlos, unsichtbar und ewig ist." In diesem Sinne ist der Taoismus eine Philosophie der Wesenseinheit der Welt, der Polarität, des ewigen Kreislaufs, des Ausgleichs aller Verschiedenheiten, der Relativität aller Maßstäbe (Lin-yutang).

tung haben kann. Es gehört untrennbar zum Sein des Menschen, für irgendwen irgendwann irgendwelche Verantwortung zu haben, schreibt Hans Jonas, und letztlich „hat" jeder, der eine Aufgabe übernimmt, diese Aufgabe und damit auch Verantwortung. Nur wer keine Aufgabe oder kein Amt hat, ist verantwortungsfrei.

Dabei ist wesentliche Voraussetzung, daß der Mensch in seinem Selbst die Ursache seines Tuns ist. Zwei Verhaltensweisen können sich also von außen gesehen durchaus gleichen, müssen aber in ihrem inneren Gehalt keineswegs gleichbedeutend sein.

Die Rolle des Gewissens

Im Zusammenhang mit dieser Eigentlichkeit des Individuums und der Bezogenheit auf individuelle Bindungen wird die Nähe zu den Begriffen „Sinn" und „Gewissen" als der normativen Instanz der menschlichen Persönlichkeit oder dem „Ort verantwortlicher Bindungen" (Lersch, Wellek) deutlich. Eine Antwort auf die Sinnfrage kann aber nicht intellektueller, sondern nur existentieller Art sein. Für den Aspekt der Selbstorganisation mag zugleich interessant sein, daß Niklas Luhmann das Gewissen als die „Fähigkeit des Individuums für Selbstorganisation" bezeichnete. In ihm als begleitendem Bewußtsein unserer Absichten und Taten sind die im „Gemüt" erlebten überindividuellen Bindungen auf menschliches Handeln bezogen. Die Erfüllung bzw. Nicht-Erfüllung der im Gewissen erlebten Verbindlichkeiten wird in einer charakteristischen inneren Betroffenheit erlebt. Folgt der Mensch dem Anspruch dieser Bindungen nicht, legt er einen Selbstwiderspruch dar (Rendtorff), „schlägt ihm das Gewissen". Es ergreift ihn ein eigenartiges dumpf-beunruhigendes Gefühl, wenn er sich bewußt wird, etwas tun zu wollen oder getan zu haben, was er nicht tun sollte. Und als gewissenlos wird jemand bezeichnet, dem diese „Empfangsstation für Normativität" (Rendtorff) fehlt, der keine überindividuellen Verbindlichkeiten wie Mitgefühl, Verehrung, Anerkennung allgemein sittlicher Forderungen von Recht und Unrecht für Lebensführung und Lebensgestaltung kennt. Es mag einleuchtend sein, daß Menschen, die als Kinder in ihrem Bedürfnis nach Zuwendung enttäuscht wurden und dadurch weniger Bindungen entwickelten, in dieser Richtung ebenso gefährdet sind wie Menschen, die vorwiegend mit „materialistischen" Formen der Disziplinierung in Berührung kamen (Fend).

Wie bereits bei der Besprechung der Werte deutlich wurde, haftet auch dem Gewissen eine Doppelgesichtigkeit an. Einerseits kommt in ihm zum Ausdruck, daß der Mensch ein geistiges Wesen ist, „das über sich hinaus zu fragen und in die Teilhabe an außerindividuellen Sinnwerten zu gelangen vermag" (Lersch). Andererseits handelt es sich, wie sich in der Intimität des Erlebens zeigt, bei den Gewissensregungen immer auch um den Menschen selbst, um sein geistig-personales „Selbst". Denn er entscheidet durch seine Taten auch über sich selbst. Deshalb bezieht sich auch das Gefühl der Reue nicht so sehr auf die Folgen einer bestimmten Tat, sondern auf den jeweiligen Menschen selbst als einem Wesen, das überhaupt einer solchen Tat fähig war.

Daraus erhellt sich auch, daß „Gewissen" und „Verantwortung" ihrer eigentlichen Voraussetzungen beraubt werden, je mehr sie durch äußere Maßnahmen und Kontrollen ersetzt werden. Verantwortung hat auch nichts mit Pflichten zu tun, die einem Menschen von einem anderen oder einer Institution abverlangt werden, genauso wenig mit dem Befolgen von Vorschriften, die andere erlassen haben.

Verantwortlichkeit kann auch nicht durch äußere Appelle erreicht werden. Eine Hoffnung in dieser Richtung ist ebenso vergeblich wie die Erwartung, einem Kater mit Erfolg zu befehlen, sich die Mäuse aus dem Sinn zu schlagen. Wenn aber die Entscheidung für Verantwortung nicht aus tatsächlich freier Selbstbestimmung erfolgt, kann kaum erwartet werden, daß innere Verantwortlichkeit längerfristig und verläßlich das Verhalten bestimmt. Denn Wertvorstellungen, die eine entscheidende Grundlage von Verantwortung bilden, entwickeln sich nur über den Weg der inneren Erfahrung.

Formen der Verantwortung

Verantwortung kann grundsätzlich – unter zeitlichem Aspekt – zweierlei bedeuten. Sie kann zunächst einmal Verantwortung für etwas sein, das in der Vergangenheit geschehen ist. In diesem Sinne, d.h. letztlich im Sinne der Ursächlichkeit, spricht man sogar Dingen eine „Verantwortlichkeit" zu, wenn man etwa liest, daß für eine Fahrzeugpanne ein Motorschaden „verantwortlich" war. Gewöhnlich bezieht sich der Begriff allerdings auf eine Person, der von anderen eine Handlung oder eine Verursachung zugeschrieben und vorgeworfen wird, die von diesen anderen für „sozial, moralisch oder rechtlich bedenklich oder verwerflich" gehalten wird (Graumann) und für die von diesen anderen Rechenschaft erwartet wird. Das gilt vor allem dann, wenn die Folgen voraussehbar waren. Für diese Form von Verantwortung benutzt man auch den Begriff der Zurechnungsverantwortung.

Dem steht – unter zeitlichem Aspekt – zum anderen die sogenannte Fürsorgeverantwortung gegenüber. Es ist dies eine aktuelle Verantwortung für jemanden oder für etwas außer mir, das von meinem Handeln abhängt, bzw. die Verpflichtung gegenüber dem, der oder das mir anvertraut ist, sowie für in der Zukunft liegende Folgen meines Handelns.

Etwas durchaus Unterschiedliches ist es auch, wenn jemand von sich bekennt, „ich bin verantwortlich", oder wenn man einem anderen klar zu machen versucht: „Sie sind verantwortlich!" So kann auch eine moralische von einer öffentlichen oder rechtlichen Verantwortung unterschieden werden.

Aber gehen wir den unterschiedlichen Formen von Verantwortung, vor allem im Hinblick auf die Instanz, vor der man verantwortlich ist, etwas systematischer nach. Denn letztlich trägt man einerseits Verantwortung für eine bestimmte Tat, eine bestimmte Handlungsweise, ein bestimmtes Verhalten. Andererseits trägt man sie aber vor einer Instanz, von der ein Verhaltensanspruch ausgeht. Gegenüber einem solchen Anspruch kann man sich grundsätzlich öffnen oder sich verschließen. Man kann – in einer zweiten Phase – diesen Anspruch anerkennen oder ablehnen, und man kann schließlich – in einer dritten Phase – diesem Anspruch ent-sprechen, sich innerlich zu-sagen oder sich ver-sagen (Weischedel).

In dieser letztgenannten Beziehung, nämlich der Verantwortung vor einer Instanz, lassen sich drei Formen von Verantwortung unterscheiden, in denen der Mensch vor Gott, vor den Mitmenschen und vor sich selbst Rechenschaft für sich und sein Tun ablegt.

Beginnen wir mit der *sozialen Verantwortung*. Zunächst einmal kann das, was einen Menschen in seiner „Verantwortlichkeit" anspricht, ein anderer Mensch sein. Verantwortung ergibt sich aus dem Miteinander der Menschen, aus dem wechselseitigen Aufeinander-angewiesen-Sein und drückt letztlich eine im Inneren des Menschen verankerte Ernsthaftigkeit des Umgangs mit den Mitmenschen, ja letztlich allen Lebenwesen dieser Erde aus. Das ist die eigentliche Bedeutung, wenn man von sozialer Verantwortung spricht. Sie beinhaltet, daß man den Mitmenschen als Person achtet und ihn nicht nur als ein Mittel zur Erreichung eigener Zwecke sieht, um den eigenen Entfaltungsraum in „rücksichtsloser" Weise voll zu nutzen. Innerhalb eines sozialen Systems ist der einzelne zusammen mit anderen verantwortlich. Soziale Verantwortlichkeit ist „Mitverantwortlichkeit", Solidarität im Interesse einer gemeinsamen Sache, die die eigenen Ziele und Interessen ebenso berücksichtigt wie die der anderen.

Der einzelne Mensch findet im anderen, in der Gemeinschaft, Chancen zur Selbstverwirklichung, zugleich aber auch Grenzen seiner Freiheit. So bietet jede Zugehörigkeit zu irgendeiner Form von Gemeinschaft zwar jeweils neue Möglichkeiten, schränkt aber auch die Verhaltensmöglichkeiten des einzelnen ein. Diese Einschränkungen sind weitgehend gesetzlich formuliert, bestehen aber auch in Form sogenannter „ungeschriebener Gesetze", wenn man etwa der Überzeugung ist, daß man das und das „einfach nicht tut". Die Gemeinschaft stellt den Anspruch, ihr gemäß zu leben. Der einzelne Mensch erlebt sich dementsprechend als sozial beansprucht. Keine der beiden Seiten, weder das Ich, noch die Gemeinschaft, darf im Sinne einer optimalen Entwicklung das absolute Übergewicht erhalten.

Je weniger intim eine Verantwortung ist, um so öffentlicher ist ihr Vollzug, bspw. im Falle der rechtlichen Verantwortung. Sich vor Gericht verantworten heißt: sich offenbar machen gegen eine Frage, nämlich die Anklage. Das geschieht, indem der Verantwortende in Anerkennung der Grundforderung des Gesetzes sich gänzlich in die Antwort hineinnimmt. Rechtliche Verantwortung ist aber nur ein Teil der sozialen Verantwortung, nur eine Form von Verantwortung neben anderen. Diese anderen reichen von der Zweierbindung in Ehe und Freundschaft bis zur Menschheit schlechthin als Idee des Mit- und Füreinander aller Menschen. Deshalb ist einleuchtend, daß eine enge Beziehung zwischen individueller Verantwortlichkeit und sozialem Bewußtsein festgestellt werden konnte.

Eine zweite Form von Verantwortung ist die *religiöse Verantwortung*, die Verantwortung vor Gott. Denn für einen Menschen mit religiöser Haltung, der seine Existenz als durch Gott bestimmt erlebt, ist Gott die letzte Instanz, das „Wovor" seiner Verantwortung, das ihn in seiner Ganzheit in Frage stellen kann. Menschliches Sein ist „in seinem Eigentlichen verantwortlich sein im Anspruch des Gebotes Gottes" (Rich), und „in der Selbstbestimmung durch Vernunft und freien Willen unter dem Anspruch des Guten liegt des Menschen Gott-Ebenbildlichkeit und damit der Grund seiner Würde" (Böckle). Der religiöse Mensch versteht daher alle Verantwortung letztlich als Verantwortung Gott gegenüber. So übernimmt er auch soziale Verantwortung, weil er im Mitmenschen Gottes Geschöpf sieht. Gott ist für ihn die Macht, die das Ich auch dem Du gegenüber verantwortlich macht, obwohl sich diese Verantwortung immer nur im konkreten Verhältnis zum Mitmenschen realisieren kann.

Worin zeigt sich nun das Wesen religiöser Verantwortung? Während in früheren Perioden der Moraltheologie neben dem Begriff der Pflicht der Begriff „Sünde" eine vorrangige Rolle spielte, trat in neuerer Zeit mit dem Begriff „Verantwortung" stärker die Auffassung in den Vordergrund, daß menschliches Verhalten dann gut ist, „wenn es als (positive) Antwort auf Gottes Ruf geschieht", wenn es nicht blinden Gehorsam gegenüber den Bekundungen des göttlichen Willens darstellt, sondern eine Grundhaltung zum Ausdruck bringt, „die nach der inneren Sinnhaftigkeit der vorgefundenen Werteskala fragt" (Ruf).

In der neuzeitlichen theologischen Diskussion kristallisiert sich so mehr und mehr heraus, daß der innerste Kern der sittlichen guten Tat das ist, was in der Sprache der Bibel als „Liebe" bezeichnet wird. Ein totes, starres Gesetz vermag den Menschen nicht zutiefst zu verpflichten, wohl aber die von Gott ausgehende Liebe. Ihr entspricht die Liebesforderung: Du sollst Gott, den Herrn lieben; und du sollst deinen Nächsten lieben wie dich selbst. Diese Liebe bedeutet Verzicht auf jegliche Form von Egoismus, ja letztliche Hingabebereitschaft.

Ängstliches Vermeiden sündhaften Tuns kann zwar eine Stütze zum Einhalten der Gebote darstellen, reicht jedoch nicht in die Ebene des hinter den Geboten stehenden Sinns der Grundprinzipien christlicher Ethik. Diese Orientierung ist mit dem Begriff Verantwortung ermöglicht. Es kommt dabei weniger auf das einzelne Tun, sondern auf dessen Entsprechung zu positiven Grundhaltungen, weniger auf die Übereinstimmung einer Verhaltensweise mit bestimmten normativen Forderungen, sondern auf die Bedeutung einer Einzelhandlung in bezug auf die gesamte Lebensgeschichte des Menschen an. Denn letztlich offenbart sich der Mensch in seinem jeweiligen Tun aus der Tiefe seiner Person (Ruf).

Indem es der Mensch ist, der sich aus seinem tatsächlichen „Selbst" heraus verhält, verweisen die bisher besprochenen Formen von Verantwortung auf die *Selbstverantwortung* als die radikale Freiheit des Menschen zurück. Auch in der Selbstverantwortung liegt eine „Antwort", nämlich das Ergebnis eines Dialogs, sozusagen einer Beratschlagung mit sich selbst. Während das „Ich" sozusagen ein Gegebenes darstellt, ist das „Selbst" ein Aufgegebenes, „der Inbegriff aller zumeist mehr unbewußten Möglichkeiten, die (im Menschen) schlummern und der Verwirklichung bedürfen" (Weischedel, Rich).

Selbstverantwortung vollzieht sich also angesichts des Vorbildes der Idee einer

Existenz, eines Bildes von sich selbst. Sie gründet somit darin, daß das Vorbild als Richtschnur der eigenen Existenz dient. Der Mensch steht also in der Selbstverantwortung vor der Entscheidung, dem Anspruch seines Selbstseins nachzukommen oder nicht.

Personale und universale Verantwortung

Neben den genannten, an drei unterschiedlichen Instanzen orientierten Formen der Verantwortung findet sich in der Literatur noch eine weitere Unterscheidung: die einer personalen und einer universalen Bedeutung der Verantwortung, wobei die volle Erfahrung von Verantwortung beide Grundbeziehungen umfaßt. Das heißt, der Mensch ist aufgerufen, sowohl Verantwortung für sein persönliches Handeln als auch Verantwortung für Natur und Welt konkret zu vereinigen.

Der Mensch lebt in einer offenen, sich wandelnden Welt, für die und für deren Zukunft er verantwortlich ist. Diese Verantwortlichkeit erstreckt sich von der Familie über die Gemeinde bis hin zum Staat und die Weltgemeinschaft der Menschen. Er erlebt diese Verantwortung z.B. einerseits angesichts vermeidbarer Not auf der Welt und andererseits angesichts von Unrecht und Gewalt. Es kann für ihn nicht nur darum gehen, daß bestehenden Rechtsnormen entsprochen wird, zumal der Mensch nie ausschließlich unter dem Gesetz steht, sondern sein Bemühen muß auch darauf zielen, daß das bestmögliche Recht existiert, wozu u.a. auch die Verantwortung für die institutionelle Ordnung der Gesellschaft gehört, in der er lebt. Denn Recht und Gesetz vermögen von sich aus das Phänomen der Verantwortung nicht zu begründen, und andererseits haftet Normen ohne diese tiefere Verantwortung ein manipulativer und repressiver Grundzug an.

Insbesondere in der Tatsache, daß die Verantwortung des Menschen auch die Geschichte der Menschheit und das Geschick kommender Generationen umfaßt, liegt in unserer Zeit ein besonderes Problem. Hans Jonas spricht es mit dem Begriff der „Fernethik" an, die damit wesentlich stärker Verantwortungsethik als Gesinnungsethik wäre. Aber auch schon im Rahmen einer „Nahethik" ist Verantwortung als die Bereitschaft zu verstehen, das eigene Verhalten im Zusammenhang mit den unmittelbaren Gegebenheiten der natürlichen und sozialen Umwelt zu sehen und in seinen Auswirkungen zu überdenken. Wo sieht und erlebt man aber heute noch, so mag man sich fragen, in unserer zunehmend technisierten, verstädterten und von Medien abhängigen Welt den „Nächsten", von dem bspw. die Bibel spricht?

Durch die enorme Entwicklung von Wissenschaft und Technik ist „die kausale Größenordnung menschlicher Unternehmungen unermeßlich gewachsen", und es haben sich, worauf H. Jonas ausdrücklich hinweist, die Möglichkeiten menschlicher Machtausübung sowohl in Richtung globaler Vernichtung als auch existentieller Verkümmerung in unvorstellbarer Weise erweitert. Dadurch hat der Zusammenhang von Macht und Verantwortung eine gänzlich neue Dimension erreicht, die zudem den grundlegenden Gegensatz von technischer Übermacht und moralischem Bewußtsein verschärft. Georg Picht spricht in diesem Sinne sogar von der Verantwortungslosigkeit der technischen Zivilisation und meint, daß wir „in einer Geschichtsepoche leben, in der es an Trägern jener Verantwortung fehlt, die in den heute schon sichtbaren großen Aufgaben der Geschichte der nächsten Jahrhunderte vorgezeichnet ist".

Je weniger die Welt von morgen der von gestern ähneln wird, um so geringer ist der Wert vergangener Erfahrungen in bezug auf konstruktive Lebensbewältigung. So gelangte Jonas zu folgender Schlußfolgerung: „Während früher noch der Spruch gelten konnte 'wer nicht wagt, der nicht gewinnt', legt die Analyse unserer gegenwärtigen Situation trotz der noch allumfassend vorherrschenden Konsumanreize, Konsumsüchte und -ansprüche angesichts globaler Ungewißheiten ganz andere Grundwerte, wie Bescheidenheit der Zielsetzungen, der Erwartungen und der Lebensführung, Selbstbeschränkung und Verzichtsfähigkeit sowie eine höhere Form von wertorientierter Vorsicht und eine neue Art von Demut nahe."

Inwieweit das allerdings gegenwärtig oder auch in näherer Zukunft angesichts der politischen Strukturen und der Persönlichkeit der regierenden Politiker erwartet werden kann, muß in hohem Maße bezweifelt werden. „Im Augenblick scheint ein Votum gegen ständiges Wachstum genauso wirkungslos wie ein Votum gegen den Sonnenuntergang", meint Ivan Illich.

Der Club of Rome verweist in seinem letzten Bericht 1991 wohl zu Recht auf die Tatsache, daß sich „nur wenige amtierende Politiker der globalen Natur der anstehenden Probleme ausreichend bewußt sind" und daß es den politischen Institutionen aufgrund der Komplexität heutiger Probleme kaum möglich ist, zur rechten Zeit kompetente Entscheidungen zu treffen. Der Bericht führt weiter aus, daß die Tätigkeit der politischen Parteien – ähnlich wie die der Gewerkschaften – in erster Linie an jeweiligen Parteiinteressen und entsprechenden taktischen Überlegungen orientiert sei und vorrangig durch Wahltermine und Rivalitäten bestimmt werde. Außerdem seien Politiker selbst dort, wo der Staatsapparat nicht durch und durch korrupt sei, verständlicherweise weit eher bestrebt, ihre Macht zu genießen als dem tatsächlichen Wohl der Gemeinschaft zu dienen. „So wundert es nicht", heißt es weiter, „wenn sich eher Menschen zur Wahl stellen, die eitler sind als der Durchschnitt und gern Macht auf andere ausüben"[10], und daß sich in der politischen Arena „eher solche Menschen durchsetzen, die unverhohlen egoistisch und zu gewissen Zeiten sogar bereit sind, das Wohl der Allgemeinheit ihrem persönlichen Ehrgeiz oder den Zielen der Partei zu opfern. Die Eigenschaften, die wichtig sind, um in ein hohes Amt zu gelangen, sind somit häufig Eigenschaften, die den einzelnen für dieses Amt eigentlich untauglich machen". Selbst Hans Jonas erklärt sich als in dieser Beziehung pessimistisch. Ist doch in der Tat die klassische Idee vom Staat als „moralischer Anstalt" zugunsten einer Einrichtung, die bestimmten Zwecken dient, mehr und mehr zurückgetreten. Wichtig

---

10 Der Besitz von Macht impliziert bekanntlich fast unwiderstehlich die Verführung, sie auch zu gebrauchen.

wäre es deshalb politisch, „eine ethische Perspektive zu entwickeln, ohne Zugeständnisse an das Zweckdenken zu machen und die Öffentlichkeit klar und unmißverständlich über die Generallinie der Politik in einer Weise zu unterrichten, die dazu einlädt, sich mit ihr zu identifizieren", folgert der Club of Rome. Und Hans Jonas modifiziert den bekannten Kantschen Imperativ im Hinblick auf diese Forderung in der Weise, daß er (leicht verändert) formuliert: „Handle so, daß die Wirkungen deiner Handlung mit der Fortdauer eines im echten Sinne menschlichen Lebens auf Erden verträglich sind."

Eine solche Einstellung schließt auch eine ausbeuterische Grundhaltung gegenüber der Natur aus, die ja für viele Menschen – die oft einzige – Quelle einer tieferen Bindung an etwas Allgemeines außerhalb ihrer selbst bedeutet. Sie ist in ihrem schlichten Dasein ein echter Partner des Menschen, demgegenüber Rücksicht und Obhut angezeigt sind. Das bedeutet nach Hans Jonas u.a., daß eine in dieser Weise zukunftsorientierte Ethik „nicht bei dem rücksichtslosen Anthropozentrismus stehenbleiben darf, der die herkömmliche und besonders die hellenistisch-jüdisch-christliche Ethik des Abendlandes auszeichnete". In einer solchen Sicht tritt die in der Vergangenheit bestimmende Naturbeherrschungs-Ideologie zugunsten der Respektierung der außermenschlichen Natur als eines Wesens eigenen Rechts zurück (Birnbacher). Das muß keineswegs ein Aufgeben von Wissenschaft und Technik bedeuten, sondern könnte durchaus zu einer stärkeren Berücksichtigung immaterieller Bedürfnisse und zu einer weitsichtigeren und humaneren Anwendung von Technik führen. Eine solche Verantwortung für die Zukunft zu haben ist jedoch eines, sie als solche auch zu empfinden, ist ein anderes. Und etwas gänzlich anderes ist es, im Sinne dieser prinzipiell empfundenen Verantwortung auch konkret zu handeln. Wir leben aber offenbar in einer Geschichtsepoche, in der es an Trägern jener Verantwortung fehlt, die in den heute schon sichtbaren großen Aufgaben der Geschichte der nächsten Jahrhunderte vorgezeichnet ist (Picht). Deshalb ist es für die Grundlegung einer Ethik der Zukunftsverantwortung wichtig, über die unmittelbare Zukunft hinaus auch die fernere Zukunft ins Auge zu fassen. Wir sollten ein möglichst umfassendes Wissen um die Folgen unseres Tuns erwerben, und zwar im Hinblick darauf, wie sie das künftige Schicksal von Menschen bestimmen und gefährden können, und durch unser jetziges Handeln in Freiheit sollten wir künftigem Zwang zur Unfreiheit vorzubeugen versuchen. Wir sollten aber zugleich aus diesem Wissen ein Wissen von dem erarbeiten, was sein darf und was nicht sein darf, also letztlich ein Wissen von dem gewinnen, was „gut" ist, was der Mensch sein soll (Jonas).

Für diese neue Ethik ist bezeichnend, daß die Spanne des Vorhersehens nicht mehr kurz und im Einklang mit den unserer Macht zugänglichen Zielen ist. Die Spanne dessen, was vorhergesehen werden muß, ist unermeßlich gewachsen, und Fernwirkungen sind zwar einerseits berechenbarer, andererseits aber auch widersprüchlicher geworden. So gilt es, die von der Technik angestrebten Nahziele einer Kritik von den Fernwirkungen her zu unterwerfen. Dies ist das eigentliche Anliegen, dem Hans Jonas sein bekanntgewordenes Buch „Das Prinzip Verantwortung" widmete.

Auch Verantwortung schwebt jedoch nicht sozusagen im luftleeren Raum, sondern ist an bestimmte Voraussetzungen und Bedingungen gebunden. Dieser Problematik wollen wir uns deshalb im folgenden Kapitel noch etwas ausführlicher zuwenden.

V. Ein Blick auf das weitere Umfeld der Verantwortung

Kulturanthropologische Zusammenhänge

Bevor ich auf das heutige gesellschaftliche Umfeld der Verantwortung eingehe, scheint es mir sinnvoll, diese Betrachtung zunächst einmal auf eine völlig andere Größenordnung zu beziehen, sie in einen sehr viel umfassenderen Rahmen zu stellen. Dieser Rahmen könnte manchem, der einer allzu realistischen Denkweise verhaftet ist, als „in den Wolken" angesiedelt erscheinen. Das wäre aber nicht berechtigt. Denn es handelt sich dabei um einen Entwicklungsweg, der unsere heutige Situation durchaus entscheidend mitbestimmen dürfte und vielleicht sogar zu ihrem Verständnis letztlich unerläßlich ist. Ich meine die gesamte geistige Entwicklung der Menschheit und beziehe mich in den folgenden Überlegungen vor allem auf die Werke von Jean Gebser, Joachim Illies und Ken Wilber.

Wir sind ja sehr leicht, indem wir auf alles andere zurück- und herabblicken, ohne größeres Nachdenken zu der Auffassung verführt, am Ende einer Entwicklung zu stehen. Das ist im subjektiven Blick zurück auch zweifellos der Fall. Es gilt aber nicht bei einer Betrachtung unter zeitlicher Relativierung, in der wir, die wir heute leben, nur einen bestimmten minimalen Zeitraum zwischen Vergangenheit und Zukunft einnehmen.

Denken Sie nur daran, mit welchem Hochmut wir auf das sogenannte Mittelalter, etwa mit seinen Hexenverfolgungen zurückblicken. Dieses Mittelalter ist aber nur aus unserer *heutigen Sicht* Mittelalter. In 500 Jahren ist das 20. Jahrhundert alles andere als Neuzeit. Die Entwicklung geht weiter; niemand weiß genau, wohin. Können wir aber denn ausschließen, daß unsere heutige Welt für Menschen, die etwa in 300 Jahren leben werden, trotz aller bis heute erreichten technischen Fortschritte als verlängertes Mittelalter erscheint?

Hoimar von Ditfurth hat diese Sicht in seinem letzten Buch sehr plastisch zum Ausdruck gebracht: „Zwischen dem 15. und 17. Jahrhundert wurden in Europa mehrere Hunderttausend, wenn nicht Millionen Hexen bei lebendigem Leibe verbrannt. Die Parallele (zu heute) besteht in der Tatsache, daß damals differenzierte 'wissenschaftliche' Methoden entwickelt wurden, um hexerische Fähigkeiten nachzuweisen, daß ein spezieller juristischer Kodex, der sog. Hexenhammer, ausgearbeitet wurde, der genaue Vorschriften für das prozessuale Vorgehen gegen der Hexerei verdächtige Personen enthielt. Des weiteren schalteten sich damals auch alteingesehene Institutionen wie etwa die Katholische Kirche mit Hilfe einer von ihr organisierten Inquisitionsbehörde oder die juristischen Fakultäten der meisten

Universitäten aktiv in die Bekämpfung des von allen kirchlichen und weltlichen Instanzen als ernst zu nehmende Bedrohung beurteilten Hexenunwesens ein. Es gab einschlägige gerichtliche Verordnungen, offiziell legitimierte Spezialisten und Institute zur Verfolgung der Angelegenheit, hochgelehrte Herren sonder Zahl, die in großem Ernst überzeugt davon waren, es mit einer konkreten Gefahr für ihre Gesellschaft zu tun zu haben. Und es gab nicht zuletzt Hunderttausende, wenn nicht Millionen Angeklagte, die aufgrund eigener Geständnisse hingerichtet worden sind. Nur eines gab es während dieser ganzen Jahrhunderte nicht: Hexen. Das ist die Parallele zu heute ... Wer garantiert uns eigentlich, daß unsere vermeintliche Überlegenheit nicht bloß auf einer optischen Täuschung beruht, hervorgerufen durch die Tatsache, daß man bei der Betrachtung des eigenen 'Zeitgeistes' naturgemäß niemals auf die für eine solche objektive Sicht erforderliche Distanz gehen kann."

Entgegen der von vielen ohne größeres Nachdenken gehegten Überzeugung, daß alles so, wie es sei, auch sein und bleiben müsse, bzw. daß die in der Vergangenheit beobachtete Entwicklung in gleicher Richtung weiterverlaufen werde, könnte uns vielleicht ein Blick auf die geistige Entwicklungsgeschichte des historischen Menschen – sozusagen aus einer Metaposition – erkennen lassen, wo wir eigentlich stehen und warum zum großen Teil unsere heutigen Probleme unsere Probleme sind.

Viele Autoren sehen in uns heutigen Menschen „Wesen des Übergangs", und nach Hoimar von Ditfurth haben wir uns, sub specie aeternitatis, „als die Neandertaler der Zukunft zu betrachten".

Schon Plotin war ja der Auffassung, die Menschheit befinde sich in ihrer Entwicklung auf halbem Wege zwischen Tieren und Göttern; und auch bei vielen späteren Denkern trifft man immer wieder auf das Bild des Weges, auf dem die Menschheit, sich sozusagen selbst als Aufgabe gestellt, voranschreitet. Dabei bedeutet jeder neue Entwicklungsschritt neue Chancen und neue Verantwortungen, bringt aber auch neue Ängste und Sorgen. Der vielzellige Organismus verlor die Unsterblichkeit des Einzellers, und die Bewußtseinsentwicklung brachte auch das Gefühl der Einsamkeit und die Angst vor dem Tode in das Leben der Menschen.

Die Urphase der Menschheit, die sogenannte archaische Stufe, sah den Menschen sozusagen noch in grundlegender Geborgenheit im Schoß der Natur. In geradezu embryonaler Existenz und seliger Unwissenheit lebte er trotz aller äußeren Gefährdungen in Einheit mit der ihn umgebenden Welt, von der er ein selbstverständlicher Teil war.

Dann kam die magische Stufe mit einer Abspaltung vom Ganzen. Wenn auch Subjekt und Objekt noch nicht klar voneinander getrennt waren, lebte der Mensch doch nicht mehr im Unbewußten geborgen und geschützt. Mit dem Aufdämmern des Bewußtseins trat auch die Angst vor dem Tode und vor den Dämonen der Nacht in sein Leben. Es entstand, als geradezu zentrales Thema des menschlichen Daseins und in der weiteren Folge auf vielerlei Art variiert, der Wunsch nach ewigem Leben, nach Unsterblichkeit, eng verbunden mit dem Bedürfnis nach Göttern. Das Ich dieser damaligen Menschen war, wie sich auch an der Bedeutung von Skalps, Federn und Kannibalismus erkennen läßt, ein „Körper-Ich". Zugleich erlebten sie in einem triebhaft-vitalen Bewußtsein, sozusagen als geistige Macher, die magische Kraft des Wollens. Hier lag der Ursprung vieler Symbole und Rituale, des Jagdzaubers, der Höhlenzeichnungen usw. Reste davon finden wir auch noch heute in mehr oder weniger ausgeprägter Weise in unterschiedlichen Formen von Aberglauben oder etwa in sogenannten Abzählreimen bis hin zum „Toi-Toi-Toi" und im Klopfen auf Holz.

Die dann folgende mythische Stufe war im geistigen Erleben der Menschen bestimmt durch die Gestalt der großen Mutter, die Ernährerin und Beschützerin, aber auch Zerstörerin war und die später mit weiterer geistiger Entwicklung der Menschen zur großen Göttin wurde. Ihrem Wesen nach forderte die große Mutter und Göttin die Auflösung des aufkeimenden „Ich", und in der Gleichsetzung von Blut und Leben taucht der Begriff des Opfers auf, das sich im weiteren Verlauf in immer unterschiedlichere Ersatzopfer ausdifferenzierte. Wesentlich ist aber, daß jetzt die Welt – mit sich ergänzenden Polaritäten – als ein Gegenüber erscheint. Der Mensch aber ist im Grunde nur glücklich in Einheit mit der Welt, entweder im Schlummer des Unbewußten oder im Erwachtsein des Überbewußten. Jedes abgetrennte Ich gefährdet jedoch dieses Glück, weil es sich fälschlich für den Mittelpunkt hält; und eine Unzahl von Mittelpunkten kann nur Entbergung und Verwirrung bewirken.

Dieses nach außen hin abgegrenzte „Ich" geht in einem Qualitätssprung des Bewußtseins mit egozentrischer Weltsicht, ja bewußtem und zum Teil mit arroganter Selbstsicherheit vertretenem Egoismus einher. Es entstand das Prinzip einer aktiv ordnenden, rationalen Weltbewältigung, aber auch der Krieg zwischen Verstand und Instinkt. Denn das Alte, den vorausgegangenen Stufen Angehörende wurde zum Teufel, Satan bzw. zu Hexen. Zugleich erfolgte, wie sich in den bis in die heutige Zeit reichenden Problemen um Wahlrecht und Vaterschaft zeigt, eine Wendung gegen das weibliche Prinzip. Im Grunde ging es seit dem Entstehen menschlichen Bewußtseins immer und immer wieder um ein zentrales Thema, um den dauernden vergeblichen Versuch, Unsterblichkeit zu erlangen. Diesem Ziel dienen letztlich auch zahllose Ersatzobjekte wie Reichtum, Besitz, Geld, Erben, Denkmäler usw.

In der Folgezeit wurden die Götter zunehmend irdisch, stiegen als Gottkönige auf die Erde, wurden später zu Königen und Herrschern, und wir begegnen ihnen auch heute noch in vielfältiger Form bis hin zu Volksvertretern, Abteilungsleitern und Klassensprechern. Zugleich entstand eine neue Form von Mythen, sog. Heldenmythen, in der das männliche Individuum über die große Mutter triumphiert. Mit steigendem Ich-Bewußtsein der Menschheit kam es aber auch zu einer tragischen Entfremdung. Denn „die Grenze zwischen dem Ich und den anderen ist der eigentliche Schrecken des Lebens" (Wilber). Das Erwachen selbstbewußten Wissens und Erkennens bedeutete einen doppelten Sündenfall: Der Mensch, aus seinem Schlummer in der Unsterblichkeit der Natur gerissen, war, abgeschnitten vom „wahren Geist", noch nicht in der Lage, den wirklichen Himmel zu erreichen, dessen Existenz ihm aber bewußt blieb.

Viele Anzeichen sprechen dafür, daß wir zur Zeit in der Endphase dieser Ära stehen. Aber bis heute haben wir noch nicht erkannt, daß ein „freies Ich" sozusagen einen quadratischen Kreis oder ein hölzernes Eisen darstellt. Wir ahnen auch nur mit Mühe, daß weder Freud noch Marx das große Heil bringen können und daß nicht zufällig bisher jede Revolution, so hoch sie auch zielte, letztlich scheiterte, weil sie das grundsätzliche Problem nicht lösen konnte.

Es mehren sich aber – und hier stimmen moderne Natur- und Geisteswissenschaften überein – Anzeichen einer neuen, höheren Stufe unseres Bewußtseins. In einer solchen Kultur, die man vielleicht als Weisheitskultur bezeichnen könnte, würde sich, vergleichbar dem Punkt Omega Teilhard de Chardins, in überbewußter Ganzheit die Spaltung des Menschen von der Welt aufheben können und zugleich eine Überwindung der Gegensätze von göttlicher Bestimmtheit und Zufall, von Gesetz und Freiheit möglich werden. Auf einer solchen grundsätzlich höheren Bewußtseinsstufe würde der Mensch sich sozusagen mit sich selber versöhnen können und könnte sogar sein zentrales Problem der Unsterblichkeit lösen, wenn er sich, einem falschem Hochmut entwachsen, als das begriffe, was er ist, das aber mehr wäre, als er derzeit zu sein vermag. Denn mit dem Ende einer engen und starren Ich-Verhaftung würde sich nicht ein wirkliches Sein auflösen, sondern lediglich eine Grenze, die ohnehin nur eingebildet war (Wilber).

Diese kulturanthropologischen Überlegungen dürften uns auf einem unpolemischen Hintergrund einen wichtigen Hinweis auf unseren heutigen Standort und den möglichen Untergrund mancher heutiger Probleme geben. Zugleich könnte sich aus dieser Sicht die Chance einer tiefgreifenden inneren Wendung eröffnen, die den Menschen anstelle bisheriger Scheinlösungen von Scheinproblemen die Möglichkeit zu einer tatsächlichen und umfassenden Lösung seiner zentralen Probleme bieten könnte.

Das „moderne" Zeitalter

Betrachten wir nun, indem wir sozusagen eine stärkere Vergrößerung wählen, das kulturell-zivilisatorische Umfeld, wie es sich vor allem in diesem Jahrhundert entwickelt hat.[11]

Wir stehen heute in einer Welt, in der die technische Entwicklung enorme und ungeahnte Fortschritte vollzogen hat. Sie stellt einen nicht wegzudenkenden und allumfassend bestimmenden Bestandteil unseres Lebens, ja eine ganz entscheidende Grundlage dessen dar, was man als moderne „Weltkultur" bezeichnen könnte. Technik und Technologie drohen sogar zu einem beherrschenden Selbstzweckfaktor zu werden, bzw. sind es zum Teil schon geworden. Technische Möglichkeiten scheinen in einer Verkehrung des Verhältnisses von Zielen und Mitteln sozusagen ihre Anwendung zu erzwingen. Zugleich bedeutet aber technischer

---

11 Die Zusammenhänge mit der heutigen Wertwelt (vgl. S. 412ff.) dürften auf der Hand liegen.

Fortschritt ein psychologisches und soziales Problem, weil er die Frage nach der Sinnerfüllung des Lebens nicht beantwortet und die Bildung einer persönlichen Identität erschwert. Merkmale wie Achtung vor dem anderen, Verständnis, Toleranz und Zuneigung haben in einer umfassenden technischen Orientierung keinen Platz. Man investiert vorwiegend in äußerlich bewertbare Programme und nicht in das Potential des Menschen.

Der heutige Mensch befindet sich angesichts dieser Entwicklung in einer keineswegs einfachen Situation. Denn einmal kann er für eine vorrangig technisch bestimmte Welt auf keine in der biologischen Ausstattung vorgegebenen Bewältigungsmöglichkeiten zurückgreifen. So hat er bspw. eine biologisch verankerte Angst vor Schlangen, Spinnen, Gewittern und Dunkelheit, aber keine entsprechende Angst etwa vor elektrischen Steckdosen oder motorisierten Kraftfahrzeugen. Zum anderen haben sich kaum spezielle kulturell verankerte moralische Normen für den Umgang mit einer weitgehend technischen Welt entwickelt. Dabei dürfte die Technisierung der Umwelt, d.h. eine mit der Technisierung verbundene Mittelbarkeit ohnehin ein Wirksamwerden moralischer Prinzipien eher erschweren. Denken Sie nur an das bekannte Beispiel mit dem Bomberpiloten, der gemäß seinem Auftrag über Planquadrat XY Napalmbomben abwirft, und vergleichen Sie die gewissensmäßigen Hemmungen in diesem Fall mit denen eines Soldaten, der in ein Dorf geht, die Kinder mit Benzin übergießt und anschließend ein Streichholz anzündet!

Ohne sich ausdrücklich die Frage zu stellen, ob und inwieweit die Technik den menschlichen Bediener und den Menschen schlechthin überfordert, wird die technische Seite eines Systems durch den heute immer wieder auftauchenden Begriff des „menschlichen Versagens" entlastet. W. Mohr hat kürzlich auf die strukturelle Überforderung psychischer Leistungsfähigkeit am Beispiel des Tieffluges hingewiesen. Danach ist der Mensch – systematisch gesehen – „im System in dem Maße zuverlässig, indem er so funktioniert, wie es aufgrund der technischen Gestaltung des Systems vorgesehen ist, unzuverlässig aber in dem Maße, indem er nicht so funktioniert oder indem er sich anders verhält, als es im System geplant ist". Der technische Begriff „Zuverlässigkeit" stellt lediglich eine Kenngröße für die Funktionsfähigkeit des Menschen im Gesamtsystem dar. Dabei werden dem Menschen in technischen Systemen aufgrund seiner Flexibilität vor allem solche Aufgaben übertragen, die die Maschine nicht ausführen kann. Das sind aber solche Aufgaben, die nur schwer definierbar und technisch schwer lösbar sind. Wie bei Rechtssystemen müßte man aber auch im Rahmen technischer Systeme von den tatsächlichen Möglichkeiten und Fähigkeiten des Menschen und nicht von einem optimalen Verhalten ausgehen. „Eine Technik, die auf 'fehlerfreie' Bedienung durch den Menschen angewiesen ist, ist zwangsläufig fehleranfällig, und das betreffende Gesamtsystem ist als solches eben nicht zuverlässig." Wenn in einer Fluganalyse festgestellt wurde, daß fast 50 % der kritischen Situationen durch „Zufall" bereinigt wurden, so zeigt dieses Ergebnis aktuelle Grenzen in Mensch-Maschine-Systemen auf.

Wir leben in der Tat heute in einer Zeit, die sehr stark durch rationalistischtechnische Denkansätze bestimmt ist, deren mittelbare Folgen noch kaum durchdacht erscheinen. Die geradezu triumphalen Erfolge und Verheißungen dieses Denkens blieben jedoch nicht nur auf die Bereiche der Naturwissenschaften und der Technik beschränkt. Sie ergriffen auch die Humanwissenschaften, also die Wissenschaften vom Menschen. Die technologische Rationalität dehnte sich immer mehr auf das soziale Leben aus und führte hier zu einer dogmatisch vertretenen, aber sachlich nicht begründeten und im übrigen historisch widerlegten Überzeugung von der unbegrenzten Formbarkeit des Menschen, der ebenso unbegrenzten Gestaltbarkeit und Manipulierbarkeit menschlicher Gesellschaften sowie der ungestraften Vermehrung menschlichen Wohlstandes auf Kosten der natürlichen Umwelt. Wir erleben ja heute tagtäglich, wie immer mehr Funktionen, die früher menschliche Rollen waren, von Maschinen bzw. von speziell auf bestimmte Maschinen zugerichteten Menschen übernommen werden. In dem Moment aber, wo der ganze Mensch davon betroffen ist und selbst quasi zu einer Funktion wird, müssen mit dem Wegfall oder dem Schwinden seiner Ganzheitlichkeit (und Innerlichkeit) auch die eigentlichen Voraussetzungen für persönliche Verantwortung entfallen. Technische Abläufe und entsprechende Kontrollen der Funktion ersetzen damit verantwortliches Handeln von Menschen. Entsprechende Forderungen lauten nicht mehr auf mehr Moral und Verantwortung hinaus, sondern auf bessere Kontrollen. Verantwortung und Gewissen werden zu einem „Privatvergnügen", dem keinerlei Bedeutung mehr zukommt. Die außerordentliche Komplexität des Lebens in hochtechnisierten und hochzivilisierten modernen Gesellschaften macht jedenfalls, worauf auch Franz-Xaver Kaufmann hinweist, individuelle Verantwortlichkeit und eine Verknüpfung von Recht und Moral zunehmend schwieriger, zumal sich der einzelne, wie der Vergleich von Großstadt und Land zeigt, um so weniger verantwortlich fühlt, je größer, abstrakter und damit anonymer das jeweilige soziale System ist.[12] Werden in einem Sozialsystem alle angesprochen, fühlt sich letztlich keiner verantwortlich. Die unmittelbar in einer konkreten Situation gegenüber einem hilflosen oder abhängigen Menschen empfundene Verantwortung verliert sich nur zu leicht im Nebel der namenlosen und doch wortreichen Abstraktion. Und dort, wo einer seinen Beruf nicht mehr aus individueller Neigung und eigenem Willen gewählt hat, sondern aus Gründen des öffentlichen Bedarfs, ergibt sich die Frage, inwieweit er sich innerlich für seine Arbeit verantwortlich fühlen kann (Holl).

In der aufgezeigten Entwicklung liegt zweifellos die Gefahr einer Tendenz zu wachsender Angleichung des Menschen und menschlicher Gemeinschaften an das Modell der Maschine, die Gefahr einer – extrem ausgedrückt – Entwicklung zu einem „Maschinen-Menschen" und einer intensiveren Verknüpfung von Staat,

---

12 In den modernen Großstädten mit ihrem anonymisierenden Lebensstil und zugleich der hektischen Kurzfristigkeit von Begegnungen gehen das Gefühl einer Einbergung in die unmittelbare Umwelt und die Bereitschaft zu spontanem gemeinsamem Helfen weitgehend verloren. Verantwortung wird sich aber um so schwerer entfalten können, je weniger der Mensch aus persönlichem Erleben die Umstände beurteilen kann, auf die sie sich beziehen.

Bürokratie und Technik in Richtung einer „totalen Zivilisation", wie Jacques Ellul es ausdrückte. In einer solchen Massengesellschaft würde sich, zudem durch die „Explosion" der Weltbevölkerung[13] bedingt, eine Zukunft abzeichnen, in der Verwaltung und allumfassende Bürokratisierung vorherrschen, und in der die persönliche Freiheit so weit eingeschränkt wäre, daß sie schließlich ganz verschwindet. Damit aber würde der Mensch als solcher in der Tat zu einer maschinen- und insektenhaften Größe degenerieren, für die „Verantwortung" kein Thema wäre.

Einem solchen Szenario könnte man aber, genau im Sinne Gebsers oder Wilbers, ein im echten Sinne humanistisches Szenario gegenüberstellen, das eine konsequente konstruktive Weiterentwicklung des menschlichen Bewußtseins zu Voraussetzung und Ziel hätte. In diesem würden Merkmale wie Flexibilität, Kooperation, Selbstbestimmung und Eigenverantwortung, aber auch Selbstbeschränkung und Bescheidung eine wesentliche Rolle spielen.

Derzeit scheint der Mensch in einer ohnehin für ihn charakteristischen Zerrissenheit zwischen diesen Entwicklungsmöglichkeiten zu stehen. Obwohl er in einer zunehmend technisierten und technologisch bestimmten Welt lebt, scheint er als solcher in seiner historischen Entwicklung mehr oder weniger der „alte" geblieben zu sein, und wirklich entscheidende Veränderungen seines Geistes scheinen seit den Zeiten des Neandertalers nicht stattgefunden zu haben. Vielleicht läßt sich so trotz aller Faszination durch die heutigen technischen Möglichkeiten eine oft nur vage empfundene Leere und Unzufriedenheit erklären.

Die Bedeutung des klassischen wissenschaftlichen Weltbildes für die Verantwortungs-Problematik

Aspekte, die über den kulturanthropologischen und grundsätzlichen zeitgeschichtlichen Rahmen hinausgehen und im Zusammenhang mit der Verantwortungsthematik von Bedeutung sein dürften, habe ich bereits im ersten Teil besprochen, als ich die Konsequenzen des klassischen wissenschaftlichen Weltbildes für das heutige Leben und Erleben aufzuzeigen versuchte. Auch von dort her werden, ähnlich wie angesichts der heutigen Wertwelt (vgl. S. 36ff.) ohne Zweifel Schwierigkeiten für das Entstehen und Aufkeimen menschlicher Verantwortung erkennbar. Auf dem Boden der beiden im ersten Teil beschriebenen Leitbilder schälten sich sozusagen zwei in Spannung zueinander stehende Pole heraus, zwischen denen sich der Standort von Menschen und Gesellschaften einstufen läßt. Dabei hat offenbar die für den abendländischen Kulturkreis charakteristische Entwicklung in der Vergangenheit insgesamt den Standort von Menschen und Gesellschaften mehr zu dem einen dieser beiden Pole hin verlagert:

---

13 Heute nimmt die Weltbevölkerung in 25 Jahren um ebensoviel zu, wie von der Eiszeit bis zum 2. Weltkrieg (Kernig), und die Bevölkerung der Welt wächst z. Zt. alle 4 bis 5 Tage um 1 Million Menschen.

- von der Fähigkeit, die Dinge in ihrer tieferen Wirklichkeit zu erschauen, von einem aufgeschlossenen Verständnis und einer Wertschätzung menschlicher Erfahrung hin zu cleveren Kalkulationen, methodischen Tricks und geschickten vordergründigen Argumentationen;
- von Erlebnisweisen, die den ganzen Menschen ansprechen, zu bewußt trockener Wissenschaftlichkeit und rationalen Berechnungen;
- von der Fähigkeit und Bereitschaft zu Hingabe und Transzendenz hin zu einer rein technischen Rationalität;
- von dem Sinn für Weisheit, Ausgewogenheit, Geduld, Gelassenheit, Bescheidung und Bescheidenheit hin zu Hektik, Stress, Anspruchshaltung und dem Bestreben, formal-juristische Ansprüche durchzusetzen;
- von einem vorherrschenden Sinn für Zusammenhänge hin zu detaillierten Spezialkenntnissen und dem Wunsch nach fertigen Gebrauchsanweisungen;
- von innerem Glück hin zu materiellem Wohlstand, äußerem Erfolg und Prestige;
- vom einzelnen Menschen hin zu machtvollen Institutionen und Organisationen;
- von naturhafter Einbindung hin zu bewußt geplanter Zweckhaftigkeit, für die die Wahl entsprechender Mittel von zweitrangiger Bedeutung ist, soweit diese nur dem angestrebten Zweck dienen;
- von echter Erfüllung im Beruf hin zu einem rein an Geld orientierten „jobben" sowie
- von persönlicher Verantwortung hin zu unpersönlichem Formalismus.

Ich möchte noch einige weitere Gesichtspunkte anführen, die sich ebenfalls auf die Ausführungen im ersten Teil beziehen. Es handelt sich dabei um Faktoren, die für Entstehen und Aufkeimen von Verantwortung, deren eigentlichen Kern wir im letzten Kapitel herausgearbeitet hatten, nicht gerade förderlich sein dürften.

Da ist zunächst als wesentliches Merkmal des klassischen wissenschaftlichen Paradigmas die Atomisierung, Fragmentierung und Objektivierung in Erinnerung zu rufen. Wie ich bereits im ersten Teil aufzeigte, verwandelte sich die Welt als Folge dieser Grundtendenz für den Menschen mehr und mehr in eine Summe isolierbarer, technisch manipulierbarer Objekte. Mit einem allgemeinen Streben nach Verdinglichung und „Objektivierung" ging eine Vernachlässigung der Umwelt-Einbettung und Umwelt-Bezogenheit sowie ein Ansteigen analytisch-zerlegender Tendenzen einher. Der Mensch wird im Gesamtkontext einer entseelten Natur seiner eigentlichen Menschlichkeit beraubt. Damit sinken aber auch die Chancen einer einheitlichen und zugleich harmonischen und schöpferischen Weltsicht. Lebenszusammenhänge werden nicht mehr als Ganzheiten erlebt, sondern zerbröckeln in verbindungslose Teilinhalte, wie sich auch in der weitgehend „zufälligen" und zerstückelten Information zeigt, die der heutige Mensch erhält.

So mögen sich auch zum Teil sowohl der anstelle spontaner Solidarität zunehmende individuelle Egoismus als auch die einseitige Betonung und Verfolgung bestimmter Gruppeninteressen erklären.

Dadurch, daß diesen Tendenzen zusätzlich eine jeweils absolute und auch oft mit aller Anmaßung vertretene Bedeutung zugemessen wird, ist die heutige Menschheit, wie David Bohm schreibt, „buchstäblich in eine siedende Masse einander bekämpfender Gruppen zersplittert". Gesellschaftliche Teilsysteme folgen ihren eigenen Interessen und entfalten ihre eigene Logik. Spontane Solidarität und soziale Verbundenheit schwinden dahin.

Da die für die klassisch-abendländische Lebenssicht charakteristische Objektivierung mit normierten Vorgaben, formalen Zwängen und vorwiegend mechanisierten Arbeitsprozessen zwangsläufig eine Distanzierung bedeutet zwischen dem einzelnen Menschen und allem, was ihn umgibt, ging damit ein Verlust an Unmittelbarkeit, Eingebundenheit und Geborgenheit menschlichen Lebens, aber wohl auch an eigentlicher „Be-greifbarkeit" der Welt einher. Je weniger der Mensch aber den Eindruck hat, die Dinge und die Ereignisse da draußen in der Welt zu übersehen, um so geringer muß ihm auch die Möglichkeit einer persönlichen Einflußnahme und damit der Übernahme von Verantwortung erscheinen.

Unter den genannten Bedingungen und ohne das Wirken ausreichender kompensierender Kräfte wurden eben auch Menschen einander sehr viel stärker zu Dingen, quasi zu Maschinen, deren bedeutungsvollstes Merkmal in ihrem Funktionieren gesehen wird. Und mit diesen lebenden Objekten geht man auch in erster Linie sachlich um, man nutzt sie ebenso aus wie die Umwelt.

Der Versuch, menschliches Leben und Erleben auf standardisierte objektive „Facts" zu reduzieren, ließ zudem in zunehmendem Maße das eigentlich Menschliche, für den Menschen Bedeutungsvolle und auch Faszinierende zurücktreten.

Als ein weiteres beherrschendes Merkmal des auf Descartes und Newton basierenden Weltbildes hatten wir einen mechanistisch-quantifizierenden Grundzug kennengelernt. Auch er beeinflußte maßgeblich die Art und Weise, unser Leben und Zusammenleben zu gestalten. Unser Wohlergehen wurde zunehmend nach materiellen, quantifizierbaren Meßgrößen bestimmt. Dem entsprach, daß der für die abendländische Entwicklung so charakteristische „Fortschritt" (der im übrigen in Form der Orientierung an wirtschaftlichen Wachstumsgrößen und dem Bestreben nach Maximierung kapitalistische wie sozialistische Länder in gleicher Weise kennzeichnet) letztlich mit rein quantitativen Werten, mit der Produktion und Verfügbarkeit materieller Güter identifiziert wurde. Es erfolgte eine zunehmende Materialisierung der menschlichen Wertwelt.

Viele Menschen versuchen, inneren Problemen und einer Sinnfrage ihres Daseins mit hektischem, auf äußeren Erfolg gerichteten Aktivitäten aus dem Wege zu gehen, und sind nicht mehr im Stande, Beschränkung, Leid und Enttäuschung als normale Bestandteile ihres Lebens zu akzeptieren. Dazu paßt auch, daß man etwa beim Besuch wissenschaftlicher Forschungsstätten, ja schon von Schulen, sehr viel häufiger mit beeindruckenden Bauten, Laboratorien und Apparaturen konfrontiert wird als mit dem Geist, auf dem letztlich Forschung und Lehre beruhen. Ist es nicht auch ein Ausdruck dieser mechanistisch-quantifizierenden Tendenz, daß viele gesellschaftliche Kräfte und Institutionen nahezu ausschließlich in Richtung einer Anpassung an ein standardisiertes, normiertes, uniformiertes und zusätzlich quantifizierbares und quantifiziertes Verhalten in disziplinierter, berechenbarer und lenkbarer Einordnung zu wirken scheinen? Nicht eine Gerechtigkeit, wie sie der unverbildete Mensch in seinem Inneren empfindet, bestimmt die sozialen Beziehungen, sondern das Prinzip einer formalen Berechtigung, eines Anrechts, eines Anspruchs. Menschliche Beziehungen wurden damit notwendigerweise fassadenhafter. Vielleicht benötigt sogar die kalte Welt technischer Nüchternheit und berechnender Manipulation den gleißenden Glanz trügerischer, aufgeblähter Worte, um den Verlust des eigentlich Menschlichen zu kaschieren. Es ist ja auch einfach ein Irrtum, die Maximierung materiellen Wohlstandes mit menschlichem Glück gleichzusetzen und menschliche Zuwendung mit materiellen Zuwendungen. So nimmt es auch letztlich nicht wunder, daß, wie verschiedene Untersuchungen belegen, gerade Opportunisten eine geringere Bereitschaft zur Verantwortungsübernahme zeigen.

Dazu trat mit der einseitigen Betonung des Rationalen eine deutliche Tendenz zum Theoretisch-Abstrakten. Eine solche Tendenz kommt u.a. in der erschreckenden Sachlichkeit zum Ausdruck, in der 1 Million Todesopfer nach einer Atomexplosion in der Maßeinheit eines „Mega-Death" zusammengefaßt werden. So wie das Landleben immer stärker zugunsten städtischer Entwicklungen zurücktrat, stieg die Regelungsintensität des modernen Rechtssystems an, und unsere gesamte Gesellschaft wurde, wie es sich auch gerade im Straßenverkehr zeigt, mehr und mehr in erster Linie als abstraktes Rechtssystem verstanden. Damit wird aber das Individuum zunehmend anonymisiert. Mit einer solchen Anonymisierung wird es aber immer schwerer, sich mit der Gemeinschaft oder auch anderen Menschen zu „identifizieren". Der einzelne verliert zunehmend das Gefühl dafür, inwieweit er mit seinem Verhalten andere Menschen beeinträchtigt.

Genauso treten Vernachlässigung und Geringschätzung öffentlichen Eigentums, einschließlich Akte des Vandalismus, sehr viel eher dort auf, wo Menschen in riesigen Wohnsilos zusammengepfercht leben oder sich in überdimensionierten und zudem häßlichen modernen Zweckbauten aufhalten. Auch im Straßenverkehr nimmt man den anderen kaum noch als bestimmte menschliche Persönlichkeit wahr. Deshalb ist auch das Verhalten völlig anders, wenn sich zwei Menschen an einer Tür begegnen und sich gegenseitig den Vortritt anbieten, oder wenn sich diese gleichen Menschen in einer Straßenverkehrssituation begegnen, zudem noch als Autofahrer durch ihr Gehäuse voneinander distanziert.

Je anonymer und je distanzierter der Mitmensch einem selbst gegenüber ist, um so schwerer ist es, sich mit ihm zu identifizieren. Deshalb tritt ein Normbewußtsein beim Menschen um so mehr zurück, je weniger das Prinzip einer einfachen Gegenseitigkeit erkennbar ist und je mehr sich alles in einer uferlosen Anonymität verliert. Genauso sind auch die tatsächlichen oder erwarteten negativen Reaktionen von Menschen, zu denen man in einem sozialen Nahbereich in (Ver-)Bindung steht, wesentlich wichtiger für das, was man tut oder unterläßt, als anonyme Verhaltensdirektiven etwa des Staates.

Je stärker aber andererseits das Zusammenleben von Individuen in einer Gesellschaft durch kollektive Regeln, durch Normen, durch Recht bestimmt wird, um so mehr werden zwangsläufig individuell-egoistische Anrechte und damit auch wieder Ansprüche geschaffen. Um solche Anrechte, die der einzelne „hat" oder zu „haben" meint, wird dann wie um einen Besitz gekämpft. Das gilt natürlich vor allem für Gesellschaften und Gruppen, in denen die allgemeine Atmosphäre durch ausgeprägten Egoismus bestimmt ist. Zudem geht, wenn Menschen statt unmittelbarer persönlicher Kontakte auf eine immer einflußreichere Institutionalisierung und Professionalisierung treffen, irgendwelche persönliche Verantwortung immer stärker in die Hand professioneller Experten und Berater über. Deren Denkweise ist aber weitgehend oder sogar ausschließlich durch Prinzipien bestimmt, die dem auf Descartes und Newton aufbauenden wissenschaftlichen Paradigma entsprechen. Ein selbständig getroffenes und verantwortetes Urteil ist kaum mehr erforderlich und letztlich auch nicht mehr gefragt, sobald institutionelle Anordnungen und Verfügungen erfolgen. Die wahre Macht in der Gesellschaft ging in einer Art Entfremdungsprozeß und nach dem Parkinson-Prinzip in der Tat mehr und mehr auf anonyme Apparate über: auf eine überwuchernde bürokratische Verwaltung oder auf von „Funktionären" vertretene Interessengruppen, Organisationen und Institutionen. Und diese handeln vorwiegend selbstsüchtig nach den in unserer Kultur beherrschend gewordenen Prinzipien der rationalen Nützlichkeit und der Konkurrenz.

Damit beschränkte diese Entwicklung die Möglichkeiten zu individueller Selbständigkeit und Autonomie. Das alles aber muß die Möglichkeiten echter individueller Selbstbestimmung und bewußter Übernahme von Verantwortung schwächen, ja diese teilweise unmöglich machen.

Dazu tritt die Tatsache, daß sich die Welt der Worte quasi wie eine zweite Welt über die unmittelbar gelebte Welt stülpt. Damit wird aber eine zusätzliche Distanzierung des Menschen von wirklich tragenden sozialen Kontakten erleichtert, und es bietet sich, gefördert durch eine intensive Mediatisierung, die Möglichkeit einer nahezu grenzenlosen Heuchelei.

Führt man sich die angesprochenen Merkmale und Zusammenhänge vor Augen, so gewinnt man den Eindruck, daß sie den Nährboden für ein weiteres Merkmal abgeben, das ich im ersten Teil als „Uneigentlichkeit" bezeichnet hatte. Dieses Merkmal hat zum Inhalt, daß Menschen heute in eher passiver Rolle weitgehend „Erfahrungen aus zweiter Hand" ausgeliefert sind und im übrigen immer stärker auf nahezu verdinglichte Bedienungskräfte technischer Produkte oder eine einzige von der Technik vorgegebene Funktion reduziert werden. Geistige Eigenständigkeit und persönliche „Authentizität" im Sinne eines In-sich-Ruhens und einer aus dem Inneren des Wesens gespeisten Echtheit werden dadurch aber erheblich erschwert. Indem der Mensch aber unter diesen Bedingungen Gefahr läuft, die Verbindung zu seinem Lebensgrund, zu seinen eigenen Tiefen einzubüßen und einen persönlichen Lebenssinn zu verlieren, drohen auch die Quellen zu individueller Verantwortlichkeit zu versiegen. Daß viele Menschen vor diesen Zusammenhängen die Augen verschließen, ändert nichts an ihrer Existenz und Gültigkeit.

Persönliche Motivation und Institutionalisierung

Persönliche Verantwortung beruht nicht nur auf Autonomie, obwohl die Unabhängigkeit des eigenen Urteilens und Handelns – im Gegensatz zu dem Gehorsam gegenüber anonym bergenden Vorschriften – eine unverzichtbare Komponente der Verantwortung darstellt. Sie bedarf zugleich auch, wie wir bereits mehrfach sahen, gewisser allgemeiner Voraussetzungen, die nicht nur in inneren Möglichkeiten, sondern auch in äußeren Bedingungen, vor allem sozio-kulturellen Einflüssen bestehen.

Einen mehr grundsätzlichen Teil von diesen haben wir weiter oben bereits kennengelernt. Ebenso hatten wir schon bei der Erörterung der Problematik von Normen, Gesetzen und Werten gesehen, daß das Verhalten von Menschen wesentlich wirkungsvoller durch die Veränderung der normativen Einstellungen, bzw. die negative Bewertung unerwünschten Verhaltens durch die soziale Umwelt beeinflußt wird als durch die Bekanntgabe von Geboten und Verboten bzw. die Androhung von Sanktionen. Mit Schwierigkeiten und enttäuschenden Ergebnissen wird man dagegen rechnen müssen, wenn ein praktisches Verhalten gefordert wird, das der in einer Gesellschaft dominierenden Wertorientierung nicht entspricht.

Wenn deshalb in einem im Grunde verantwortungsarmen gesellschaftlichen Umfeld für bestimmte Situationen Eigenverantwortung zugestanden und erwartet wird, so kann das Ergebnis – unter den gegebenen Bedingungen! – nur zu einer scheinbaren Bestätigung des Nicht-Funktionierens eines solchen Ansatzes führen.

Denn auch Selbstbestimmung wird selbstverständlich systemkonform interpretiert. In einer „außengeleiteten" Welt muß zwangsläufig auch ein aufkeimendes Bewußtsein von Selbstbestimmung vorwiegend im Sinne der vorherrschenden System-„Werte", also von Egoismus und Selbstdurchsetzung interpretiert werden. So kann erst dadurch, daß ein verstärktes Setzen auf Eigenverantwortung in einer stärker durch Konkurrenz bestimmten Gesellschaft sich bevorzugt in Richtung bedenkenloser Selbstverwirklichung und Selbstdurchsetzung auswirkt, unter eben diesen Bedingungen eine Mißachtung von Normen entstehen. Denn daß in einer von Eigeninteresse bestimmten Welt auch Freiheiten egoistisch interpretiert und genutzt werden, ist selbstverständlich. Deshalb ist es illusorisch, Verantwortung als isolierte Größe aus ihrem (gesellschaftlichen) Bezugsrahmen zu lösen.

Unser heutiges, mehr und mehr außengelenktes Leben ist jedoch weitgehend dadurch charakterisiert, daß auch ethische Vorstellungen zunehmend auf Äußerliches reduziert sind. Übertretungen oder Mißachtungen von Normen, die ja verinnerlicht sein müssen, um wirkungsvoll zu sein, sind aber in einer oberflächlichen konsum- und erfolgsorientierten Lebenswelt nahezu selbstverständlich. Denn in einer instrumental-juristisch orientierten, vom Quantifizierungsrausch und glanzvollen Shows beherrschten Welt zählt nicht der innere Gehalt, sondern der äußere Anschein.

Gerade durch den Versuch, anstelle einer inneren persönlichen Haltung eine Beziehung zu (fremdbestimmten) äußeren Normen zu setzen, entsteht ein unauflösbarer Systemkonflikt: Je mehr echte individuelle Verantwortung durch äußere Maßnahmen und Kontrollen ersetzt wird, um so nachhaltiger wird sie ihrer eigentlichen Voraussetzungen beraubt.

Ein vergleichbarer Zusammenhang besteht ja auch hinsichtlich der menschlichen Motivation. Im einen Fall stammt der Antrieb zu einem bestimmten Verhalten aus dem Inneren des Menschen. Man spricht in solchen Fällen von einer intrinsischen Motivation. Man tut etwas um seiner selbst willen: Ein Junge lernt, weil es ihm Freude macht; er ist zufrieden, wenn ihm etwas gelungen ist, an dem er lange gearbeitet hat. Im anderen Falle wird ein Verhalten durch äußere Anreize verursacht und hat dann einen bestimmten, außerhalb des Individuums liegenden Zweck. Hierbei handelt es sich um die sogenannte extrinsische Motivation: Ein Junge lernt, damit er eine gute Note bekommt oder damit er nicht bestraft wird.

Ein häufig beobachteter und auch wissenschaftlich erwiesener Zusammenhang besteht nun darin, daß, wenn jemand etwas um seiner selbst willen tut, er keiner äußeren Anreize, wie etwa durch Prämien, Strafen usw. bedarf. Je mehr man ihn aber durch solche äußeren Anreize „ködert", um so geringer drohen üblicherweise inneres Engagement und auch innere Zufriedenheit zu werden.

Während sich Menschen in einem Prozeß der Selbstverstärkung für ihre Verhaltensweisen selbst belohnen (oder bestrafen), und diese inneren Belohnungen in vielen Fällen mächtiger sind als äußere Bestrafungen, verringert sich offenbar bei äußerlich belohnten Menschen die Überzeugung vom Wert eines Tuns. Sie verlieren zunehmend die Lust, Dinge um ihrer selbst willen zu tun. Das zeigte sich bspw. in einem Versuch, bei dem eine Gruppe ausdrücklich gebeten wurde, bei ihrem Verhalten an äußere Belohnungen zu denken, während man eine Vergleichsgruppe bat, an innere Zufriedenheit zu denken. Bei späterer Auswertung der Gefühle gegenüber ihren Versuchspartnern kam heraus, daß die Versuchspersonen der ersten Gruppe, also der Gruppe mit materieller Belohnung, ihre Partner, d.h. diejenigen, von denen sie etwas erhalten hatten, weniger mochten, als die Versuchspersonen der zweiten Gruppe (Seligman, Facio und Zanna, in: Gergen). Es steht also zu vermuten, daß Gesellschaften, die nur geringe Gelegenheit für innere Befriedigung bieten und vorwiegend durch äußere Belohnungen und Bestrafungen auf ihre Bürger einwirken, letztlich unzufriedene Menschen schaffen, die in erster Linie auf materielle Werte ansprechen. Auch hier wieder begegnen wir einem für die Individuen wie die Gesellschaft unglückseligen Kreisprozeß.

Äußere Anreize, aber auch Kontrollen pflegen also für das innere Erleben den „Wert" einer Tat ebenso wie die Bereitschaft, in Zukunft etwas aufgrund eigenen Interesses oder um der Sache willen zu tun, zu vermindern. So verglichen amerikanische Forscher die Reaktionen von Vorschulkindern auf sogenannte extrinsische und intrinsische Belohnungen. Kinder, die großes Interesse am Malen hatten, wurden in drei verschiedene Gruppen aufgeteilt. Der ersten Gruppe sagte man, daß sie für ihre Zeichnungen ein Zertifikat erhalten würden. Der zweiten Gruppe, die ebenfalls ein Zertifikat erhielt, wurde das nicht vorher gesagt, und bei der dritten Gruppe geschah weder das eine noch das andere. Zwei Wochen später erhielten die Kinder erneut eine Gelegenheit zu malen. Jetzt wurden jedoch keine Belohnungen angeboten. Man interessierte sich lediglich dafür, wie lange die Kinder zeichneten. Es zeigte sich, daß Kinder, die äußere (extrinsische) Belohnungen erhalten hatten, weniger lange zeichneten. Das wurde so interpretiert, daß diesen Kindern die Tätigkeit des Malens als solche weniger wert war (Lepper, Green und Nisbett, Anderson u.a.). Ist aber erst einmal die innere Motivation gering, dann bedarf es wiederum äußerer Anreize, um einen Menschen zu einem bestimmten Verhalten zu bringen.

Zwar hatte Mussolini durchaus nicht Unrecht, wenn er einmal sagte: „Gewalt schafft neue Überzeugungen". Aber es war immerhin Mussolini und nicht etwa Karl Jaspers, der das sagte. Und außerdem setzt auch das wieder voraus, daß sich aus der Gewalt ein einsichtig erkanntes und anerkanntes inneres Soll entwickelt (Hellpach). Andernfalls besteht dabei die Gefahr eines unglückseligen Spiralprozesses, in dem zunehmende Reglementierung eine passive Grundhaltung erzeugt und fördert, und in dem, je passiver die Grundhaltung der Menschen wird, um so mehr wiederum reglementiert werden muß. Damit steigern sich aber letztlich die Unzulänglichkeiten im Gesamtsystem.

So wird auch hier wieder, wie wir schon an anderer Stelle sahen, eine mehrfache Problematik deutlich: Einerseits degeneriert Verantwortung in der Alltagsrhetorik zu einem oberflächlichen Phänomen, und andererseits wird an eine Tiefe der Person appelliert, die bei der vorherrschenden Konsumorientierung kaum noch besteht.

So kommt es wohl auch, daß eine zunehmende, mit Anonymisierung und Nivellierung einhergehende Institutionalisierung, ja geradezu eine Dominanz anonymer Apparaturen in unserer Gesellschaft im Gegensatz zu der Möglichkeit echter Verantwortung steht. Es scheint allerdings ein unausweichliches Schicksal zu sein, daß um so mehr verwaltet und genormt werden muß, je größer soziale Gebilde werden. Je größere Bedeutung aber eine Institution gewinnt, je mehr sie als solche wichtiger wird gegenüber dem, wofür sie eigentlich geschaffen wurde, je mehr formale Berechtigung gegenüber dem eigentlichen Inhalt und Sinn einer Maßnahme in den Vordergrund tritt, um so geringer sind die Chancen der Übernahme individueller Verantwortung. Wenn dem Individuum die unmittelbare Vertretung seiner persönlichen Interessen mehr und mehr durch die in vielfältiger Form stattfindende institutionelle Machtübertragung auf Funktionäre abgenommen wird, kann sich eine solche Verantwortlichkeit nur schwer entwickeln. Das stärkt zwar einerseits – gerade bei der durch eine Institution nahezu vorgegebenen vorrangigen Machtorientierung von Funktionären – deren Position. Es führt aber andererseits zu einer nachteiligen und wenig lebensdienlichen Erstarrung der institutionellen Strukturen, zu einem Versacken sachlicher Problemlösungsansätze in machtpolitischer Parteilichkeit und zu einem Verlust unmittelbarer Motivation seitens derer, in deren angeblichen Interesse eigentlich alles geschieht.

In gleicher Weise weiß man ja, daß die Identifikation mit „Positionen" das Entstehen wirklicher „Persönlichkeiten" verdrängt. Unvergleichlich hohe Gehälter für Personen mit „hoher Verantwortung" müssen also, so gesehen, im Grunde tatsächliche Verantwortung genauso wenig spiegeln wie wirkliche Kompetenz.

Um wirkliche persönliche Verantwortung zu fördern, müßte man also wohl den Einfluß von Institutionen zurückdämmen. Wirkliche Verantwortung ist an den Menschen gebunden und droht sich im Geflecht von Institutionen zu verlieren, deren Richtschnur nur selten Ethik und Moral waren. Je abstrakter und bürokratischer menschliche Beziehungen werden, um so mehr pflegen sie auch einen symmetrischen Charakter zu verlieren und um so stärker werden individuelle Loyalitäten von den Zwecken und Abläufen der Organisation aufgezehrt (Massing). So führt nach Hellpach eine übersteigerte Bürokratisierung zwangsläufig zur „Entsittlichung". Deshalb bemerkt wohl auch Hannah Ahrendt zu Recht, daß in einer voll entwickelten Bürokratie es „nur den Niemand" gibt, „wenn man Verantwortung verlangt". Indem Macht formalisiert und entpersonalisiert wird, wie es auf der Ebene von Institutionen der Fall ist, muß Verantwortung als Funktion eines „ganzen Menschen" dahinschwinden. Es entsteht eine mustergültig verwaltete, rein formale Ordnung von Rechtsansprüchen.

So stehen sich also auch Bürokratie und Verantwortung unvereinbar gegenüber. Denn dem Bürokraten geht es ja nicht um Inhalt oder Sinn einer Maßnahme, sondern ausschließlich um die formale Berechtigung und einen geordneten Ablauf. So lautet denn auch die übereinstimmende Schlußfolgerung der vom 4.-6.12.1987 in Bielefeld stattgefundenen Arbeitstagung zu dem Generalthema „Verantwortlichkeit und Recht": „Je weniger Institutionen, desto mehr Akzeptanz von Verantwortlichkeit."

Ist es so nicht auch Ausdruck einer schwerwiegenden Heuchelei, wenn immer wieder von Verantwortung gesprochen wird, wenn die tatsächlichen Voraussetzungen dieser Verantwortung aber nicht geschaffen und gefördert werden? Und ist es nicht gerade die Unechtheit und Unehrlichkeit, d.h. letztlich die mangelnde Authentizität der erwachsenen Mehrheit, die heranwachsende Menschen im tiefsten unbefriedigt läßt und einen Graben aufwirft sowohl zwischen den Generationen als auch zwischen denen, die Verantwortung verkünden, und denen, von denen verbal „Verantwortlichkeit" erwartet wird?

Auch die Rolle des Staates erscheint in dieser auf das Phänomen der individuellen Verantwortung gerichteten Betrachtung in einem Licht, das für eine naive Sichtweise zunächst überraschend sein mag. Schon Machiavelli – und in weiterer Folge Max Weber – bezeichneten bekanntlich den Staat als „ein auf das Mittel der legitimen, d.h. als legitim angesehenen Gewaltsamkeit gestütztes Herrschaftsverhältnis von Menschen über Menschen". Karl Marx sah den Staat „als ein Instrument der Unterdrückung in der Hand der herrschenden Klasse", und von vielen wird er auch heute noch als „Ursymbol des Zwangs" (Hellpach) betrachtet.

Wir leben aber nun einmal in einer Zeit, die sich u.a. durch eine Maßlosigkeit institutioneller Phänomene auszeichnet, und auch der Staat versucht, gestörte oder zusammengebrochene natürliche Funktionen durch einen gigantischen Hilfsapparat zu regulieren (Rosanvallon), was individuelle Verantwortung noch mehr zurückzudrängen geeignet ist. Wie schon Fürst Kropotkin betonte, wird ein ungezügelter Individualismus um so mehr gefördert, je mehr soziale Funktionen auf den Staat übergehen. „Die Usurpation aller sozialer Funktionen durch den Staat mußte die Entwicklung eines ungezügelten, geistig beschränkten Individualismus begünstigen." Denn „je mehr die Verpflichtungen gegen den Staat sich häufen, um so mehr werden Bürger ihrer Verpflichtungen gegeneinander entledigt".

Mit dem Abtreten der Entscheidungskompetenz an eine Autorität oder dem An-sich-Reißen der Entscheidungskompetenz durch eine Autorität muß zwangsläufig Verantwortung auf individueller Ebene dahinschwinden, auch Verantwortung für norm- und moralwidriges Verhalten. Deshalb führt ein mit Entzug individueller Verantwortung einhergehender institutionalisierter Konformismus einerseits zu Machteskalation und andererseits zu Verantwortungsschwund (Riedl). „Wird Konformismus befohlen, so muß außerhalb des Zwangsbereichs mit absichtsvoller Entfaltung von Individualismus (und egozentrischen Verhaltensweisen) gerechnet werden. Und wenn sich Institutionen aufschwingen, Verantwortungen zu beanspruchen, die sie dem einzelnen entziehen, warum soll dieser dann Verantwortung für Entscheidungen empfinden, die er nicht beeinflussen kann" (Riedl). Dazu paßt sehr gut, daß der Ruf nach dem Staat, nach Gesetzgebung und Justiz dann ertönt, wenn es um die Durchsetzung der eigenen Interessen geht. Ertönt der Ruf jedoch aus dem Mund des (oder der) jeweils anderen, wettert man nur zu gerne gegen die Einmischung des Staates, dem das Recht allerdings auch oft dazu dient, seine Finanzen aufzubessern, ohne denen Rechenschaft über die Verwendung des Geldes ablegen zu müssen, denen er es abgenommen hat.

Eine grundsätzliche Verantwortung gegenüber einer abstrakten Institution, dem Staat oder der abstrakt verstandenen Gesellschaft kann im Grunde auch nur insoweit erwartet werden, als sich das Individuum innerlich mit dem jeweils abstrakten Gebilde identifiziert. Diese Identifikation ist aber schon dadurch erschwert, daß positive Seiten des Staates oder mächtiger Institutionen vom Bürger weit weniger erlebt werden als eine auf Macht und Geld gestützte Arroganz und der durch sie ausgeübte Zwang. Dieser aber erzeugt bestenfalls im Sinne Hegels, der den Sinn des Staates im Regieren und Gehorchen sah, eine Gewohnheit des Gehorchens. Diese ist zudem oft mit einem unguten Gefühl verbunden, weil der einzelne den Eindruck hat, daß man ihn zu einem bestimmten Verhalten veranlassen will und ihn nur allzu gerne als „verantwortungslos" zu bezeichnen bereit ist, wenn er dieser Forderung nicht entspricht. Indem damit gerade nicht das Prinzip „Verantwortung" angesprochen ist, wie wir es weiter oben erkannt haben, gerät der Staat paradoxerweise in dieser Sicht in die Rolle einer nicht gerade verantwortungsfördernden Institution. Denn, um es noch einmal zu sagen: Je mehr echte individuelle Verantwortung durch äußere Maßnahmen und Kontrollen ersetzt wird, um so nachhaltiger wird sie ihrer eigentlichen Voraussetzungen beraubt. So ergibt sich wohl auch die ungewollte Tragik, daß mit dem Weg zum Versorgungsstaat ein allgemeiner Rückgang der individuellen Verantwortlichkeit festzustellen ist. Anonymen Institutionen gegenüber werden, wie v. Hayek betont, emotionale Bindungen zwangsläufig als sinnlos erlebt; deshalb kann man ihnen als einzelner auch mehr oder weniger „gewissenlos" gegenübertreten und empfindet auch keinerlei Dankbarkeit und Schuld und schon gar nicht die Verpflichtung zu Ehrlichkeit.

Konflikte für den heutigen Menschen entstehen ja keineswegs nur aus der persönlichen Begegnung mit lebenden Menschen. Er steht vielmehr heutzutage, vielleicht sogar in erster Linie, den Repräsentanten unsichtbarer Mächte gegenüber.[14] Der Arme ist nicht nur das direkte Opfer des reichen Anderen, sondern großer Grundstücksgesellschaften, der einzelne Mensch nicht mehr so sehr in den Klauen seines bösen Feindes, sondern im Würgegriff anonymer Vereinigungen, des Staates, ungreifbarer Wirtschaftsmechanismen usw.

Franz Kafka beschreibt dieses Phänomen sehr drastisch in seinem Roman „Der Prozeß": „Ein Mann kommt an die Tür, die in den Himmel (zum Gesetz) führt und bittet den Türhüter um Einlaß. Der Türhüter sagt, er könne ihn im Augenblick nicht hereinlassen. Zwar steht die Tür zum Gesetz offen, aber der Mann beschließt, lieber zu warten, bis er die Erlaubnis zum Eintreten bekommt. Also setzt er sich und wartet tagelang, jahrelang. Er bittet wiederholt, eingelassen zu werden, aber er hört immer aufs Neue, er könne noch nicht die Erlaubnis zum Eintritt bekommen. Während all dieser langen Jahre beobachtet der Mann den Türhüter fast unablässig und kennt mit der Zeit sogar die Flöhe auf seinem Pelzkragen. Schließlich ist er alt und dem Tode nahe. Da stellt er zum ersten Mal die Frage: 'Wie kommt es, daß in den vielen Jahren niemand außer mir Einlaß verlangt hat?' Der Türhüter antwortet: 'Hier konnte niemand sonst Einlaß erhalten, denn dieser Eingang war nur für dich bestimmt. Ich gehe jetzt und schließe ihn.'

Der alte Mann war zu alt, um das zu verstehen. Und vielleicht hätte er es auch nicht verstanden, wenn er jünger gewesen wäre. Die Bürokraten behalten das letzte Wort; wenn sie nein sagen, kann er nicht eintreten. Falls er mehr als diese passiv abwartende Hoffnung gehabt hätte, wäre er einfach hineingegangen, und sein Mut, die Bürokraten nicht zu beachten, wäre ein Befreiungsakt gewesen und hätte ihn in den glänzenden Palast gebracht."

Bei Betrachtung dieser Zusammenhänge in modernen hochindustrialisierten Gesellschaften beginnt wohl jeder, einige eklatante Probleme aus den bestehenden Systembedingungen heraus zu verstehen, nämlich als unvermeidliche, dem System innewohnende Konflikte. Dazu gehört auch die Tatsache, daß unter den bestehenden Systembedingungen in der Regel nur diejenigen „Karriere machen" und damit in „verantwortungsvolle" Positionen kommen, die über Persönlichkeitsmerkmale verfügen, die „in diametralem Gegensatz zu den eigentlichen Anforderungen der Verantwortung stehen" (Pestalozzi). Und der ein System bestimmende Egoismus veranlaßt die dieses System politisch und verwaltungsmäßig repräsentierenden Personen gewöhnlich, ihren persönlichen Erfolg höher zu bewerten als ihre gesellschaftliche Verantwortung, wobei sie sich verschiedenartigster Selbsttäuschungsarrangements zu bedienen pflegen.

---

14 Dabei sei nicht vernachlässigt, daß auch Staat und Institutionen sehr leicht zu Instrumenten in der Hand machtgieriger einzelner werden können.

Macht und Verantwortung

Ein weiterer wichtiger Punkt betrifft den oft diskutierten Zusammenhang von Macht und Verantwortung. Menschliche Verantwortung kann nämlich, genauer betrachtet, nur so weit reichen, wie Möglichkeiten der Ausübung menschlicher Macht bestehen. Das wird auch aus der Definition ersichtlich, die sich in der Brockhaus-Enzyklopädie findet, in der übrigens auch der Aspekt der Wertbezogenheit und der ganzheitlichen Existenz des Menschen angesprochen wird: „Verantwortung ist das existentielle Getroffensein vom Anspruch, der vom Guten und Wert auf seine Erhaltung oder Verwirklichung und vom Schlechten und Unwert auf seine Verhinderung oder Beseitigung ausgeht, wo solches in der Macht des handelnden Menschen steht ..." Man muß sich als redender oder handelnder Mensch zumindest bewußt sein, daß man durch sein Reden und Handeln bestimmte Folgen verursacht oder mitverursacht bzw. zumindest verursachen kann. Umgekehrt ist Ausübung von Macht ohne Wahrnehmung einer damit verbundenen Pflicht unverantwortlich. Dazu paßt auch, daß Verantwortung im Verwaltungsrecht bspw. dem Beamten eine zwar begrenzte aber doch, wie auch in dem erweiterten Begriff „Eigenverantwortung" zum Ausdruck kommt, nicht unbeträchtliche Selbständigkeit oder Ermessensfreiheit einräumt, wobei er jedoch im Falle einer ihm erteilten Anordnung von der persönlichen Verantwortung befreit ist. Insofern läßt sich aber z.B. auch die Frage aufwerfen, inwieweit jüngere, nicht erwachsene Menschen sich für etwas verantwortlich fühlen können oder für etwas verantwortlich gemacht werden können, was ihnen von Erwachsenen zugewiesen ist. Reine Appelle von Verantwortung sind wirkungslos. Kein Kind kann auch Verantwortung sozusagen auswendig lernen. Es muß die freie Möglichkeit zum Handeln haben, es muß Verantwortung für etwas erhalten, was es überschauen und verstehen kann, was seinem Bewußtsein und seiner „Welt" gemäß ist, wenn es Verantwortung lernen soll.

Es gehört fast schon zur eigentlichen Definition der Verantwortung, daß sie vor allem, wenn nicht sogar ausschließlich dort zutage tritt, wo kein symmetrisches Gleichgewichtsverhältnis zwischen Menschen besteht. Ja, noch weiter, diese Aussage betrifft nicht nur das Verhältnis von Menschen zueinander, sondern gilt auch für die Beziehung des Menschen zur Tierwelt, zur gesamten Natur. Es ist in diesem Sinne völlig verantwortungslos, sich zur Unterhaltung der Kinder einen Hund oder ein Kätzchen anzuschaffen und dieses Lebewesen, das Vertrauen und Geborgenheit gefunden hat und seinem Menschen in unwandelbarer Zuwendung verbunden ist, vor der nächsten Fahrt in die Ferien, wie es in unzähligen Fällen geschieht, bedenkenlos auszusetzen.

Ein wechselseitiges Geben und Nehmen zwischen Menschen schließt Verantwortung im Grunde aus, genauso wie nach Wesel in weitgehend egalitären Gesellschaften Dankbarkeit praktisch unbekannt ist.[15] Verantwortung zeigt sich viel-

---

15 Wesel berichtet: „Als der Eskimo-Forscher Peter Freuchen von einem Eskimo-Jäger Fleisch erhalten hatte und sich bedankte, war der Jäger ganz niedergeschlagen. Freuchen

mehr dort, wo ein Überlegener, mit entsprechender Macht Ausgestatteter einem von ihm Abhängigen, einem ihm letztlich Ausgelieferten gegenübersteht. Es ist sogar oft die Frage gestellt worden, inwieweit es überhaupt zwischen Ebenbürtigen Verantwortung geben kann. Insofern bedeutet „Macht" ohne die innere Verpflichtung zur Verantwortung für die jeweils Unterstellten oder Abhängigen einen Bruch sozusagen eines natürlichen Treueverhältnisses in einer nicht-reziproken menschlichen Beziehung. Denn in der mit entsprechenden Freiheiten ausgestatteten Macht eines Menschen liegt die Wurzel einer verpflichtenden Verantwortung. Es wäre sogar nicht ungerecht, Verantwortung als notwendigen „Preis" der Macht zu begreifen. So gesehen gibt es geradezu eine Pflicht der Macht, auch wenn sie häufig oder gar meist von Menschen, die – und eben weil sie – im Besitz der Macht sind und ihre Macht in erster Linie zum Erhalt der Macht nutzen, ignoriert wird. Es scheint in der Tat eine tiefe Tragik für den Menschen darin zu bestehen, daß derjenige, der Macht erobert hat, kaum noch bereit und fähig ist, auf die objektiven und subjektiven Vorteile der Macht zu verzichten, und daß diejenigen, die die Macht anderer brechen wollen, im Erfolgsfall durch den Erhalt der Macht den gleichen Verhaltenstendenzen unterliegen, die sich eben noch bekämpft haben. Die Weltgeschichte hat bisher immer wieder – wie auch im Falle des Sozialismus bzw. Kommunismus oder der Kirche – erwiesen, daß sich an den grundsätzlichen Verhältnissen kaum etwas Nennenswertes verändert hat und nur *eine* Machtelite durch eine andere ersetzt wurde (vgl. S. 341).

So ist bspw. auch die Zuteilung von Verantwortung mit „einem Vertrauen in die Fähigkeiten des Betreffenden verbunden, eine hinsichtlich der 'richtigen Lösung' nicht näher bestimmte Aufgabe angemessen zu erfüllen" (Kaufmann). Dazu paßt im übrigen auch, daß in einer Untersuchung von Strickland festgestellt wurde, daß Vorgesetzte ihren Untergebenen um so mehr Eigenverantwortung zuweisen, je weniger sie diese überwachen und umgekehrt bei sehr intensiver Überwachung den Untergebenen gegenüber deutlich weniger von Verantwortung sprechen.

Deshalb stellt es aber auch einen grundlegenden Widerspruch und den Keim eines dauernden sozialen Konfliktes dar, wenn denen, die gar keine Verantwortung, weil keine entsprechende Macht haben, durch diejenigen, die die Macht haben, Verantwortung aufgebürdet oder angelastet wird. Es ist auch zumindest mißverständlich, wenn im großen Brockhaus darauf hingewiesen wird, daß Verantwortung nicht nur Verantwortung *für* das Wollen und Handeln und dessen Folgen bedeutet, sondern auch Verantwortung *vor* jemand, demgegenüber eine Verpflichtung besteht, solange nicht ausdrücklich festgestellt wird, daß es sich dabei nicht um eine äußere In-Pflicht-Nahme handelt. Die wirklich Verantwortlichen befinden sich in der Tat fast immer dort, wo nicht nach ihnen gesucht wird. Und bei diesen pflegt wiederum sehr leicht – sozusagen als eine Art Gewöhnungseffekt – das Gefühl

---

wurde daraufhin von einem alten Mann belehrt: 'Du darfst dich nicht für das Fleisch bedanken. Es ist dein Recht, diese Stücke zu erhalten. In diesem Land möchte niemand von anderen abhängig sein. Deshalb gibt es hier niemanden, der Geschenke macht oder nimmt, denn dadurch wirst du abhängig. Mit Geschenken machst du Sklaven, so wie du mit Peitschen Hunde machst.'"

für die eigene Verantwortung mit dem wachsenden Umfang an tatsächlicher Verantwortung abzusinken (Riedl). Das schließt nicht aus, daß auf dieser Ebene oft von der großen Verantwortung gesprochen wird, die man trage und die sich in einem entsprechend hohen Salär niederschlägt. Das mag allerdings – abseits der Welt der Worte und zugleich auf diese zurückführend – zu dem zynischen Motto kontrastieren, das da lautet: „Das Management trägt die Verantwortung, die Belegschaft die Konsequenzen", oder analog „Die Regierung trägt die Verantwortung, das Volk die Folgen".

Allerdings wird gewöhnlich von einem Menschen, der nicht den erforderlichen Überblick hat, nicht die Übernahme von „Verantwortung", sondern nur Regelgehorsam, die Erfüllung „seiner Pflicht", der ihm aufgelegten Vorgaben zu erwarten sein. Ein Untergebener kann praktisch nicht verantwortungslos, sondern lediglich pflichtwidrig oder pflichtvergessen handeln (Jonas) bzw. unzuverlässig sein. Andererseits wird wiederum in einem gegebenen System vielen Menschen ein Ein- und Überblick bewußt deshalb nicht gestattet, um ohne Schwierigkeiten an Gehorsam und Pflicht, ja paradoxerweise mitunter sogar an „Verantwortung" appellieren zu können. So kommt es in der Realität oft dazu, daß die einen für gehorsame Unverantwortlichkeit, bzw. unverantwortlichen Gehorsam belohnt und die anderen für ungehorsame Verantwortlichkeit, bzw. verantwortlichen Ungehorsam bestraft werden (Jonas). Die Menschheitsgeschichte ist voll von einschlägigen Beispielen.

Es kann aber zu mitunter sogar schweren Konflikten kommen, wenn der einzelne überfordert wird, wenn ihm bspw. von anderen eine Verantwortlichkeit zugeschoben wird, der er als Individuum, möglicherweise schon rein biologisch-psychologisch, nicht gewachsen ist. Er entwickelt in einer solchen Situation oft die durch unsere zunehmend außengeleitete Welt nahegelegte grundsätzliche Reaktion des Selbstschutzes, in jedem Fall Vorwürfe zurückzuweisen, eine Schuld „abzuwälzen" und anderen die Verantwortung zuzuschieben. Diese Reaktion stellt sich sogar in vielen Fällen unabhängig davon ein, ob er subjektiv fühlt, letztlich persönlich nicht verantwortlich zu sein, weil er bspw. bestimmte Verhältnisse nicht übersehen hat oder auch nicht übersehen konnte, oder ob das nicht der Fall war.

Es ist in der Tat nicht selten so, daß bestimmte Umstände und Zufälligkeiten den Ausgang eines Ereignisses maßgeblich entscheiden, so daß man sich fragen muß, ob man als Individuum in solchen Situationen angesichts der oft kaum zu überblickenden Abhängigkeiten wirklich Verantwortung übernehmen kann, ob man das leisten kann, was von einem erwartet wird, etwa im Falle nicht genau festgelegter Aufgaben mit unklaren Ermessensspielräumen. Zahlreiche Untersuchungen haben auch belegt, daß der wesentlich bestimmende Faktor eines Verhaltens in der jeweiligen Situation, im Kontext liegt, den man nicht selbst geschaffen hat, sowie in historischen Bedingungen im weitesten Sinne, auf die man ebenfalls kaum Einfluß hatte. Tritt man in die Verantwortung, kommt es leicht dazu, daß man sich überfordert fühlt und sich – zusätzlich zu den gegen einen gerichteten Anklagen anderer – selbst Vorwürfe macht.

Mächtige Institutionen leben sogar – angesichts der ihnen anhaftenden Systemfehler – geradezu davon, 'unschuldige' Individuen mit Schuld für zwangsläufiges Scheitern ihres Systems zu belasten und damit die Fiktion der Unfehlbarkeit oder grundsätzlicher Mängelfreiheit des Systems aufrechtzuerhalten. Der Begriff des „menschlichen Versagens" in der Unfallforschung zeugt davon ebenso wie das Vorgehen gegen sogenannte „Saboteure" in totalitären Regimen.

Ein ganz anderer Mechanismus der „Ent-antwortung" oder Entmachtung begegnet uns in der Rechtsprechung mit der Feststellung einer nicht vorhandenen Zurechnungsfähigkeit aufgrund dessen, daß der Betreffende in der konkreten Handlungssituation nicht Herr seiner Überlegungen oder Motive war. Man verweist in dieser Beziehung auf Bewußtseinsstörungen, eine krankhafte Störung der Geistestätigkeit oder auf Geistesschwäche, schlicht auf eine nicht zu verantwortende Steuerungsunfähigkeit. Weiter ausgedehnt wurde diese Sichtweise, deren hier interessierende Konsequenzen wohl nicht unbedingt mitbedacht wurden, von psychologischer Seite, indem bestimmte Taten oder Verhaltensweisen durch frühkindliche Erlebnisse, die Familiensituation, die wirtschaftlichen Verhältnisse und anderes erklärt wurden; der Mensch, dessen Verhalten unausweichlich auf äußere oder innere Zwänge zurückgeführt wird, verliert so einen großen Teil seiner persönlichen Verantwortung. Denn indem man eine Verhaltensweise rein psychologisch zu erklären versucht, wird der Mensch nicht mehr als Ursache, als Verursacher, sondern als Objekt und Folge gesehen (Picard).

Dieses Denken hat im übrigen auch die Pädagogik nicht unbeeinflußt gelassen. Worauf wird – in vielen Fällen sicher gar nicht einmal zu Unrecht – ein Nicht-Erbringen erwarteter Leistungen nicht alles zurückgeführt und „ent-schuldigt": auf bestehende soziale Verhältnisse, eine schwierige Kindheit, das Schulsystem als solches, die Unfähigkeit des Lehrers und vieles andere. Das mag alles stimmen, obwohl einem unvoreingenommenen Betrachter dabei nicht selten rein interpretative – von dem einen oder anderen auch durch „wissenschaftliche" Vorurteile gespeiste – Anteile ins Auge springen mögen. Eines darf dabei trotzdem nicht übersehen werden: Die in bester Absicht zum Schutz des Kindes vorgetragenen Begründungen und „Entschuldigungen" stellen auch eine Art Entmündigung dar. Mit Ansteigen des Angebots an Beratung und Therapie, die sich zudem unter den bestehenden gesellschaftlichen Bedingungen ebenfalls wieder sehr leicht in eine Art Konsum verwandeln, der entsprechend eingefordert wird, wird auch der Weg zu einer Entlastung von Verantwortung beschritten. Sich beraten zu lassen, stellt ja auch eine wesentlich geringere Anforderung an das betreffende Individuum als nachzudenken und sich in Ansätzen von Verantwortlichkeit Entscheidungen selbst zu erarbeiten. Warum tut das der eine, und warum der andere nicht, und das unter gleichen Voraussetzungen, die im einen Fall als Begründung des Scheiterns dienen, im anderen Fall unbeachtet bleiben?

Umgekehrt findet juristischerseits allerdings auch eine Ausweitung der persönlichen Verantwortung statt, wenn bspw. von Gefährdungs- oder Produkthaftung gesprochen wird (Höffe). Eine solche Gefährdungshaftung bezieht sich bspw. auf offenkundig gefährliche, wenn auch grundsätzlich gestattete, weder rechtswidrige noch schuldhafte Verhaltensweisen wie etwa das Halten eines Schäferhundes oder das Führen eines Kraftfahrzeuges.

Wenn es fast schon zur eigentlichen Definition der Verantwortung gehört, daß sie vor allem, wenn nicht sogar ausschließlich, dort zutage tritt, wo kein symmetrisches Gleichheitsverhältnis zwischen Menschen besteht, so gilt dies zwangsläufig in erweiterter Form, wie ich schon kurz erwähnte, auch für das Verhältnis des Menschen zu seiner Umwelt, zu den Tieren bzw. zur gesamten Natur. So kommt auch Hans Jonas in seinen Überlegungen zu dem Schluß, daß „Verantwortung die als Pflicht anerkannte Sorge um ein anderes Sein ist, die bei Bedrohung zur Besorgnis wird". In dieser Sicht hat der Zusammenhang von Macht und Verantwortung eine gänzlich neue Dimension erreicht, in der sich zudem, wie wir bereits sahen, der grundlegende Gegensatz von technischer Übermacht und moralischem Bewußtsein verschärft.

Loyalität, Autonomie und Strafen

Einer ähnlich widersprüchlich-komplizierten Situation wie in dem Zusammenhang von Macht und Verantwortung begegnen wir hinsichtlich der sogenannten Loyalität. Ihr kommt ja im Verantwortungsprozeß eine wichtige Rolle zu, weil sie sozusagen eine strategische Linie begründet. Loyalität hat aber geradezu die formale Nicht-Erzwingbarkeit zur Voraussetzung. Will man dagegen Loyalitäten verrechtlichen, läuft das darauf hinaus, gerade das selbstregulierende Vermögen jeder freiwillig erbrachten Zuverlässigkeit zu schwächen, eine Gefahr, von der übrigens auch bei allen sicher guten Intentionen institutionalisierte Sozialbemühungen nicht unberührt sind. Ich wies weiter oben ja schon darauf hin, daß mit dem Anwachsen abstrakter und bürokratischer Merkmale in menschlichen Beziehungen diese ihren symmetrischen Charakter zunehmend verlieren und individuelle Loyalitäten von den Zwecken und Abläufen der Organisation aufgezehrt werden.

Ein charakteristisches Beispiel dafür dürfte die heutige Situation der Krankenpflege sein, wie sie Horn vor einiger Zeit analysierte. Offensichtlich ist hier in den letzten Jahren eine wesentliche Änderung eingetreten, die mit Wandlungen der Gesellschaft und der Wertorientierung innerhalb der Gesellschaft in Zusammenhang steht. Während zu früherer Zeit die weit größere soziale und individuelle Bedürftigkeit die Bedeutung der zwischenmenschlichen Hilfe und Anteilnahme wesentlich geprägt hatte, wird die heute nach wie vor erforderliche Hilfe von vielfältigen sozialen Mechanismen überschattet. Die innere Bereitschaft zur Hilfe hat sich in dem Maße verringert, wie das Anspruchsdenken an Boden gewonnen hat. Selbstloses Dienen ist aber mit steigendem Anspruchsdenken und den einflußreicher gewordenen Vorstellungen von Mündigkeit schwer vereinbar. Hilfe wird als selbstverständlich eingefordert, und ihr ideeller Wert scheint rein materiell abgegolten. Auf diese Weise wird aber eine wichtige Motivation für denjenigen geschwächt, der Hilfe leistet, und Zwischenmenschlichkeit wird zur Dienstleistung verfremdet. Es gibt sicher Ausnahmen, aber es hilft nichts, die Augen vor dem allgemeinen Trend zu verschließen, der klare Parallelen zur Problematik der Verantwortung aufweist.

Auf einen ebenfalls – in anderem Rahmen – äußerst widersprüchlichen Zusammenhang treffen wir hinsichtlich der Problematik der Entwicklung des moralischen Urteilens, dem ja ebenfalls als Voraussetzung für verantwortliches Denken und Handeln eine große Bedeutung zukommt.

Die Untersuchungen Kohlbergs haben ja gezeigt, daß die moralische Entwicklung des Menschen in bestimmten Stufen verläuft. Die unterste Stufe ist, wie wir sahen, durch die Angst vor Strafe, durch die Orientierung an materiellen Folgen und körperlichen Konsequenzen gekennzeichnet. Über die Stufe „wie du mir, so ich dir", die konformistische Stufe und die rein formale Orientierung an Recht und Ordnung führt der Entwicklungsweg zu dem Prinzip von Gerechtigkeit und bewußten Entscheidungen in Übereinstimmung mit selbstgewählten Prinzipien, die im Sinne des Kantschen Imperativs bei kritischer Abwägung für die ganze Menschheit gültig sein könnten. Die oberste Stufe stellt also eine soziale, d.h. das Wohl der Mitmenschen berücksichtigende und an ihm orientierte Autonomie dar.

Ein Ergebnis der Kohlbergschen Untersuchungen (vgl. S. 227) war also gewesen, daß eine rein außengelenkte, autoritätsorientierte Mentalität einer unteren Stufe der moralischen Entwicklung entspricht, so daß man in der Forderung einer solchen Mentalität letztlich sogar auf einen Rückschritt der moralischen Entwicklung hinarbeiten würde. Jedenfalls wird auch nach allen vorliegenden Untersuchungsergebnissen echte individuelle Verantwortung, wenn sie zunehmend durch äußere Maßnahmen ersetzt wird, entscheidend erschwert.

In die gleiche Richtung argumentiert auch Hans Jonas, wenn er feststellt, daß „wagende Unabhängigkeit nach eigenem Urteil als solche bereits eine Tugend darstellt, die den Menschen besser ansteht als die Geborgenheit in der Vorschrift".

Dabei stellt sich allerdings die grundsätzliche Frage, ob das Erreichen der höchsten Stufe sogenannter altruistischer oder vielleicht besser sozial orientierter Autonomie entgegen „edel" klingenden Verlautbarungen unter real existierenden gesellschaftlichen Bedingungen überhaupt als erstrebenswert gelten kann. Sind doch im echten Sinne autonome Menschen, die also in tatsächlich verantwortlicher Weise nach einem „moralischen Gesetz", das sie in sich fühlten, zu handeln versuchten, im Verlaufe der Menschheitsgeschichte eben aufgrund ihrer autonomen, den Vorstellungen der jeweiligen Mehrheit zuwiderlaufenden Tendenzen immer wieder in Schwierigkeiten geraten, in die äußere oder innere Emigration getrieben worden, wenn sie nicht sogar – zu einer späteren Epoche durchaus verehrte – Märtyrer wurden! Hier mag sich die wirklich grundsätzliche Frage stellen, was für die zukünftige Entwicklung der Menschheit letztlich für sinnvoller zu halten ist.

Was schließlich den Ansatz betrifft, „Moral" durch Strafandrohung und Bestrafung bewirken zu wollen, so ist zunächst festzustellen, daß Strafen zwangsläufig der Nachteil anhaftet, lediglich eine nachträgliche Reaktion darzustellen, die aber als solche nicht unmittelbar positives Verhalten bewirkt. Wenn bspw. ein

Hund einem fahrenden Wagen nachspringt, dann ist es, um eine Verhaltensänderung bei ihm zu bewirken, verlorene Mühe, ihn zu bestrafen, nachdem er wieder zurückgekommen und der betreffende Wagen längst außer Sicht ist.

Auch sind positive Konsequenzen von Sanktionen nur dann zu erwarten, wenn die Strafe letztlich ein klares Minderheitenphänomen bleibt. Ansonsten bewirken Strafen eine Solidarisierung im Negativen und schwächen damit die individuelle Verantwortung. Man darf also im Grunde gar nicht alle Übeltäter erwischen und bestrafen. Würde in einer Gesellschaft jede Verhaltensabweichung aufgedeckt, bestünde damit eine große Gefahr für die Geltung der gesellschaftlichen Normen. „Wenn auch der Nachbar zur Rechten und zur Linken bestraft wird, verliert die Strafe ihr moralisches Gewicht" (Popitz). Außerdem hat die Sanktion, wenn sie eine gewisse Grenze überschreitet, keineswegs mehr die Funktion, die Intensität des Kollektivgefühls zu erhalten; sie fördert auch jenseits dieser Grenze nicht mehr die Solidarität der Gruppe und trägt ebensowenig zur freiwilligen Normkonformität bei.

Die Wirkung von Strafen ist des weiteren ganz entscheidend von dem sogenannten Erwartungswert abhängig, in den als wesentliche Größe die Intensität der Überwachung eingeht.[16]

Außerdem wirken Strafen erfahrungsgemäß keineswegs bei allen Menschen gleich, unglücklicherweise am ehesten noch bei denen, die sie ohnehin nicht „nötig haben", um ihre Verhaltensabsichten zum Guten zu ändern. Denn bei ihnen ist bereits ein Verarbeitungsprozeß in Gang gekommen, der durch Bestrafung gar nicht mehr weiter positiv beeinflußt werden kann. Im Gegenteil, bei bereits vorhandener Einsicht und Änderungsabsicht kommt einer zusätzlichen Bestrafung eher ein negativer Einfluß zu. Zudem weiß man, daß sich bei einer sehr strengen Strafe eher die Strafaktion als solche einprägt, während die innere Entwicklung des betreffenden Menschen einen unvorhersehbaren Gang nimmt. Treten bei einer Bestrafung stärkere Schuldgefühle auf und erfolgt damit eine intensivere – negativ getönte – Selbstbeschäftigung, kann dadurch auch für eine gewisse Weile oder sogar dauerhaft eine sachliche, realitätsbezogene Situationsanpassung erschwert werden. Im Normalfall werden aber durch Bestrafungen sehr viel eher Rechtfertigungs-, Abwehr-, Ressentiment- oder Aggressionstendenzen wachgerufen. Dadurch tritt aber automatisch der angezielte Effekt der Schwächung einer spezifischen Verhaltensweise hinter der generalisierten emotionalen Reaktion zurück, und das um so mehr, je höher die Strafe war und als je ungerechter sie empfunden wurde.

Man weiß ähnlicherweise, daß introvertierte Kinder sehr viel weniger strenge Disziplin benötigen als extravertierte. Wenn man beide gleich behandelt, wird, wie Eysenck behauptet, das extravertierte Kind, weil es schlecht konditioniert, delinquent, während das introvertierte Kind, weil es gut konditioniert, neurotisch wird.

---

16 Der Erwartungswert ist praktisch das Produkt aus der Höhe der Strafe und der Wahrscheinlichkeit ihres Eintritts.

Nach dem derzeitigen Stand des Wissens muß man die Wirkungen einer Bestrafung als weitgehend variabel und unvorhersagbar bezeichnen. Nach Bailey waren nur 9 von 100 Studien, in denen Ergebnisse über den Erfolg von Strafmaßnahmen berichtet werden, überhaupt statistisch signifikant. Dabei betreffen diese Ergebnisse mehr oder weniger bewußt begangene Straftaten, bei denen man nach aller Logik evtl. noch einen Effekt hätte erwarten können. Zu diesen Ergebnis paßt die Erfahrung, daß ein strenger bestrafender Erziehungsstil in erster Linie zu einer deutlich geringeren Lernmotivation führt.

Es ist indes eigenartig, in welchem Ausmaß Strafen für den Menschen etwas Faszinierendes anzuhaften scheint. Das Strafprinzip beherrscht unser Denken so entscheidend, daß kaum der Gedanke aufkommt, es gehe auch anders. Bei unbefriedigenden Ergebnissen von Strafen wird höchstens – entgegen allen historischen Erfahrungen – die Schlußfolgerung gezogen, es müsse noch schärfer vorgegangen werden. Dies führt dann auch oft zu Bestätigungen des Ansatzes, die allerdings meist nur vorübergehender Art sind. Es sei denn, man führte ein bis in die letzten Verästelungen wirkendes, allumfassendes und bedingungslos konsequentes System sanktionierender Überwachung ein. Dieses System müßte aber auf Sinn und Brauchbarkeit im Rahmen des Gesamtsystems und des gesellschaftlich Tolerierbaren, aber auch im Hinblick auf längerfristige Nebenwirkungen überlegt werden. Im übrigen würde ein derart intensives System einen ungeheuren Aufwand für die Sozialgemeinschaft bedeuten, ohne daß man längerfristig mit Erfolgen rechnen kann. Um wieviel einfacher dürfte es demgegenüber sein, Menschen durch positive Motivation zu einem konstruktiven Verhalten hinzuführen. Wer dächte da nicht an das orientalische Sprichwort, das da sagt: „Ich fürchte, du wirst Mekka nie erreichen, denn die Straße, der du folgst, führt nach Turkistan", oder im europäischen Kontext anders ausgedrückt: „Wir rudern zwar in die falsche Richtung, verdoppeln aber dafür unsere Anstrengungen."

Insofern stellt sich auch hier wieder eine grundsätzliche Frage, die sich auf ein Dilemma unserer geschichtlichen Entwicklung bezieht: Verhindern wir durch das Strafprinzip, das ja am Negativen orientiert ist, nicht eigentlich das, was wir im Grunde erreichen wollen, nämlich ein positives Verhalten? Gewiß, wir glauben Fehlverhalten gegenüber Normen nicht einfach hinnehmen zu können; und müßte man nicht in einem System, das auf äußere Korrekturen setzt, bei Wegfall dieser äußeren Kontrollen und Sanktionen mit einem massiven Ansteigen negativer Verhaltensweisen rechnen? Drehen wir aber damit nicht die Schraube in die falsche Richtung, indem sich Kontroll- und Strafverschärfung nachteilig auf Autonomie, Eigenverantwortung und Selbstdisziplin auswirken? Denn diese können sich (selbstorganisatorisch) gar nicht entwickeln, weil das ganze System auf (zunehmender) Kontrolle aufgebaut ist. Bringen wir uns so – mit wenigen Ausnahmen – seit Beginn der Menschheitsgeschichte im Interesse kurzfristiger Effekte nicht um langfristige Erfolge, bei denen die Kontrolle wesentlich in das Innere autonomer Menschen verlegt wäre und möglicherweise mit erheblich geringerem Aufwand zu deutlich positiverem, d.h. positiv motiviertem und sozial orientiertem Verhalten führen könnte? Erhöht aber nicht unter den derzeit real gegebenen Bedingungen und bei den in der Gesellschaft vorherrschenden Tendenzen das Reden über und das Appellieren an Verantwortung das Ausmaß öffentlicher Unwahrhaftigkeit und untergräbt damit als kontraproduktive Einflußgröße das Aufkeimen echter Verantwortung?

Soviel zu dem für Verantwortung bedeutungsvollen Umfeld. Ich wäre mißverstanden, wenn man das Gesagte in erster Linie als Klage und Vorwurf bzw. als Ansatz zu einem „moralischen Appell" interpretieren würde. Worum es mir in diesem Kapitel ging, war, die Rahmenbedingungen für das Entstehen von Verantwortung herauszuarbeiten und deutlich zu machen, inwieweit die Bedingungen in unseren Gesellschaften verantwortungsfördernd oder nicht verantwortungsfördernd sind. Das Erkennen der real gegebenen Bedingungen mag verständlich machen, warum die Dinge so sind, wie sie sind, warum wir gerade ganz bestimmte Probleme haben und warum wir relativ viel von Verantwortung reden, aber kaum noch Verantwortung antreffen.

VI. Wege zur Verantwortung

Kann es eine Erziehung zur Verantwortlichkeit geben?

Ein Blick auf allgemeine Systemgesetzlichkeiten macht deutlich, wie wertvoll es ist, wieviel Aufwand und Widerstand es ersparen hilft, auf systemeigene Kräfte zu bauen, Selbstorganisation zu fördern und Möglichkeiten der Selbstregulation des Systems zu nutzen, anstatt auf Systeme von außen mit systemfremden Maßnahmen einzuwirken. Wenn jemand etwas gerne und mit Überzeugung tut, braucht er keine zusätzlichen Anreize von außen, die Geld und Energie kosten; man muß ihn auch weder zwingen noch kontrollieren, was ebenfalls erheblichen Aufwand erfordert. Er wird vielmehr von sich aus sogar zu Opfern bereit sein.

Das soll nicht heißen, daß in einem System auf systemfremde Außeneinflüsse nichts geschieht. Es bedeutet aber, daß derjenige, der von außen eingreift, nicht wissen kann, *was* geschehen wird, zu was seine Energie im System letztlich verarbeitet wird. Anstelle einer schlichten Befolgung bestimmter Empfehlungen kann es bspw. zu einer verstärkten Abwehrhaltung kommen, zu Mißtrauen, Apathie, Ressentiment oder gar Haß.

Auch einem Kind, das ja irgendwann einmal seine Zukunft selbst gestalten muß, ist möglicherweise gar nicht so sehr damit gedient, von allem ferngehalten oder ständig kontrolliert zu werden, damit nur ja nichts passiert. Kinder entwickeln aus sich heraus bei entsprechenden Umwelt-Anregungen bestimmte Denk-, Urteils- und Verhaltensformen. Damit ein Kind also schon in verhältnismäßig frühem Alter verantwortlich handeln lernt, ist es sinnvoll, in ihm vorhandene oder sich anbahnende Neigungen und Fertigkeiten zu nutzen. Kinder haben z.B. eine natürliche Freude daran, bestimmte Verhaltensweisen, die ihnen imponieren, nachzuahmen, oder haben einfach Lust an bestimmten Dingen und Tätigkeiten. Das herauszubekommen und dem Kind gerade in dieser Beziehung entsprechende Möglichkeiten zu bieten, ist wesentlich vernünftiger als nach einem festen, von einem selbst oder gar einem Fremden aufgestellten Plan vorzugehen und dem Kind zu geplanter Zeit etwas Bestimmtes beibringen zu wollen.

Wenn man also bei einem jungen Menschen moralisches Denken und Empfinden fördern möchte, nützt es wenig, „Moral zu lehren". Über Moralappelle erreicht man in den seltensten Fällen eine positive Verhaltensänderung. Meist erntet man nur inneres Aufbegehren, möglicherweise sogar gegen alles, was mit Moral zu tun hat. Es ist eine allbekannte Erscheinung, daß derjenige, den man unbedingt in eine Richtung ziehen will, der sich dementsprechend als „gezogen" erlebt, sich zu „ent-ziehen" sucht; und in der weiteren Folge erwirbt er bestenfalls die Fähigkeit und Gewohnheit, selbst wieder mit oberflächlicher heuchlerischer Attitüde anderen Moral zu predigen.

Daß man Moral nicht sozusagen auswendig lernen lassen kann, versteht sich von selbst. Aber auch Appelle an Moral, so gut sie gemeint sein mögen, um das Verhalten eines Menschen zu bestimmen, machen bestenfalls Sinn, wenn bereits Verantwortlichkeit besteht. Diese kann aber als solche nicht durch Appelle bewirkt werden. Schließlich kann Verantwortlichkeit auch nicht durch Drohungen und Strafen erreicht werden. Sie wird dadurch sogar im Grunde unmöglich gemacht.

Es kommt vielmehr zunächst darauf an, selbst so zu leben und sich so zu verhalten, daß dieses Verhalten als schlicht gelebtes Vorbild positiv wirkt und nachgeahmt wird. Darüber hinaus muß man versuchen, geeignete Entwicklungsprozesse in Gang kommen zu lassen, also z.B. gezielte (Denk-)Anstöße in Richtung auf ein jeweils höheres (moralisches) Niveau zu geben. Und schließlich ist es nützlich, jungen Menschen die Chance zu geben, sich in Konfliktsituationen unter Anlegen entsprechender moralischer Normen verantwortlich verhalten zu lernen, d.h. Verantwortung zu erkennen und sich in ihr zu üben. Dadurch wächst nicht nur ihre Verhaltenskompetenz, sondern auch ihre innere Zufriedenheit. So wie man Handeln letztlich dadurch lernt, daß man in gegebenen Situationen praktisch etwas tut und das auch mehrfach übt, lernt man auch Verantwortung nur dadurch, daß man in entsprechenden Situationen Verantwortung übernimmt, bzw. von anderen zugestanden erhält.

Es war für mich geradezu aufregend, als ich vor einiger Zeit einen Bericht über Juri Kuklatschow las. Sie wissen sicher nicht, wer das ist. Ich wußte es vorher auch nicht. Juri Kuklatschow ist meines Wissens der einzige Zirkusartist, der mit einer Katzennummer auftritt; und jeder, der Katzen kennt, kann sich vorstellen, wie schwierig es gewesen sein muß, diese eigenwilligen Vierbeiner zirkusreif zu dressieren.

Juri Kuklatschow hat sein Geheimnis nicht verraten, wie er es im einzelnen fertiggebracht hat. Er hat aber zwei Dinge gesagt, die genau zu dem passen, was wir gerade ansprechen: Seine erste Aussage war ganz einfach: „Katzen lernen nur durch Liebe!" Also nicht durch Kommandos, Strenge oder Bestrafung! Und zweitens wies er darauf hin, daß jede Katze ihr eigenes Talent habe. Dieses gelte es zu entdecken. Eine Katze bspw., die gerne in einem Kupfertopf schlief, setzte er in einer Küchennummer ein, die einem russischen Märchen nachgestellt war und in der er selbst den Koch spielte.

Die beiden Hinweise von Kuklatschow scheinen mir durchaus über das Tierreich hinaus Bedeutung zu haben. Denn auch ein Kind sollte, ohne diesem Begriff hier eine zu enge hedonistische Bedeutung zu geben, im Grunde Gelegenheit haben, das zu tun, wozu es Lust hat. Damit ist nicht gemeint, Kinder einfach gewähren zu lassen. Sie sollen sich vielmehr in sinnvollen Schritten daran gewöhnen, in dem und für das, was sie tun, auch eine gewisse Verantwortung zu übernehmen, sich zu „ver-antworten".

Wenn Selbstbestimmung eine entscheidende Voraussetzung von Verantwortung ist, warum sollte man dann nicht die Fähigkeit zur Selbstbestimmung als „höchstes

Ziel jeder Erziehung" anerkennen, könnte man mit Johann Heinrich Pestalozzi, dem großen Schweizer Erziehungs- und Sozialreformer fragen. Aber wäre das im eigentlichen Sinne „Er-ziehung"? Fremdbestimmung läßt jedenfalls Verantwortlichkeit erlahmen und absterben. Es kann schließlich zur Gewohnheit werden, bei jeder entsprechenden Gelegenheit in den Schoß fremder Autoritäten zu fliehen.

Deshalb steht man oft vor paradoxen Wirkungen. Wenn ich von außen, bspw. durch intensive gezielte Erziehung mit entsprechenden Appellen, jemanden dazu bringen möchte, selbständig Verantwortung zu übernehmen, würde ich ihn tatsächlich doch nur dazu bringen, auf meinen Appell und auf meine Maßnahme zu reagieren. Gliche ich dann nicht jemandem, der einen anderen auffordert, spontan zu sein, oder der sozusagen nach dem Motto: „Vertraue mir, oder ich werde dich vernichten", Vertrauen einklagt?

So erklärt sich wohl auch das Schicksal mancher gut gemeinter Erziehungsansätze, ob zur Ordnung, zur Freiheit, zur Emanzipation, zur Kritik oder wozu auch immer; und so mag sich auch erklären, daß man immer wieder zum Thema Verantwortung wohlklingende Deklamationen und auch mit Nachdruck vorgetragene Überzeugungen vernehmen kann, daß aber die konkrete Praxis fast immer sehr weit hinter den „hohen Worten" zurückbleibt.

Wertvorstellungen, die die entscheidende Grundlage von Verantwortung bilden, entwickeln sich aber nur über den Weg der inneren Erfahrung. So gesehen stellt eine Erziehung zur Selbstbestimmung ebenso wie die übliche Redeweise, einen anderen „zur Verantwortung zu ziehen", einen Widerspruch in sich selbst dar.

Wenn die Entscheidung für Verantwortung nicht aus tatsächlich freier Selbstbestimmung erfolgt, kann kaum erwartet werden, daß innere Verantwortlichkeit längerfristig und verläßlich das Verhalten bestimmt. Deshalb gibt es gar keine andere Möglichkeit als das Risiko einzugehen und den Menschen die Chance zur Verantwortung einzuräumen. Auch durch anfängliche Rückschläge und Enttäuschungen sollte man sich von dem gewählten Weg nicht abbringen lassen. Das ist etwas völlig anderes, als wenn man sozusagen von außen gezielt auf einen anderen einwirkt, um diesen einer nicht aus seinem Inneren erwachsenen Norm zuzuführen. Eine solche, innerlich verankerte Entwicklung zur Verantwortlichkeit betrifft aber, das sei hier nochmals betont, den Menschen in seiner – vor allem auch Gemüt und Gefühl umfassenden – Ganzheitlichkeit und nicht nur in seinen rationalen Prozessen. „Persönlichkeit" und „Gesinnung" können nicht durch rein rationale Ansprache und noch so gekonntes systematisches fremdgesteuertes Lernen bewirkt werden. Sie müssen in einem innengesteuerten Prozeß aus erlebten Erfahrungen erwachsen, die den ganzen Menschen betreffen.

Autonomie kann man auch nicht durch eine exakte Planung der erzieherischen Situation erreichen. Wollte man also im Rahmen der Schule bewußt und nach traditioneller Methode zur Verantwortungsbereitschaft erziehen, hätte man aus den genannten Gründen erhebliche Schwierigkeiten zu überwinden. Denn es gibt im klassischen Schulsystem eine ganze Reihe von Faktoren, die eine mehr oberflächliche Begegnung mit Menschen und sachlichen Aufgaben nahelegen und eine Orientierung an einem umfassenden Lebenssinn erschweren.

Für einen Erzieher, der in Richtung Verantwortung wirken möchte, gibt es noch eine weitere Schwierigkeit: Je stärker eine Normorientierung bei ihm selbst im Vordergrund steht, was meist mit einem Mangel an flexibler Aufgeschlossenheit für andere Menschen einhergeht, um so schwieriger ist es für ihn, in partnerschaftlicher Weise speziell jüngeren Menschen zu begegnen. Das ist aber eine entscheidende Voraussetzung für jeglichen Erziehungserfolg. Je mehr sozusagen „gezogen" wird, um so stärker wird mit einiger Wahrscheinlichkeit auch der innere Widerstand. Selbstwertgefühle gedeihen aber nun einmal am besten, wenn äußere Einflüsse und äußere Verhaltenskontrollen nicht zu stark sind. Eine zu starke Einflußnahme von außen führt dagegen zu trotziger Aggression oder zu Abhängigkeit, Unsicherheit und Ängstlichkeit.

In einer solchen Sichtweise kann auch nicht der Stoff als solcher im Mittelpunkt stehen. Erziehung muß vielmehr konkrete, bedeutungsvolle Erfahrungen ermöglichen und dafür Sorge tragen, daß solche Erfahrungen in ein Gesamt integriert, aber auch ständig wieder neu organisiert werden. Erfahrungen macht man jedoch vorzugsweise in einer offenen, anregungsreichen Umwelt, aus einer inneren Motivation heraus, und nicht auf Kommando.

Aus diesen Überlegungen ergibt sich, welcher Wert der Fähigkeit zu Kooperation, Hilfsbereitschaft und Toleranz zukommt. Hier wird aber erneut eine Kreisbeziehung deutlich, in der innere Sicherheit und Toleranz zusammenhängen. Denn tolerant kann nur der in sich sichere autonome Mensch sein. Autonome Kinder setzen aber autonome Eltern voraus. Um innere Sicherheit zu entwickeln, bedarf es der Authentizität, der Echtheit und Verlässlichkeit von Erwachsenen. Deshalb entwickelt ein Kind, das sich emotional auf Erwachsene verlassen kann, auch sehr viel leichter Selbständigkeit, Kompetenz und Autonomie.

In diesem Zusammenhang ist vielleicht das nationale Erziehungsmodell Julius Nyereres, des ehemaligen Staatspräsidenten von Tansania, interessant. Es wurde als Erziehung zur sogenannten „self reliance" bekannt. Das Modell ist bewußt auf afrikanische Verhältnisse hin konzipiert und betont, eingebettet in das Dorfgemeinschaftsleben, das praktische Tun im landwirtschaftlich-handwerklichen Sektor. Dabei wird die Verantwortung für überschaubare Bereiche an die Schüler übertragen, und es werden kooperative Verhaltensweisen der Schüler untereinander und zwischen Lehrern und Schülern geübt. Nyerere geht davon aus, daß Menschen in der durch eigene Arbeit bewirkten Entwicklung zu einer Haltung der self reliance finden und damit das Gefühl einer ständigen Unterlegenheit überwinden. Es ist eine Haltung ruhigen Selbstbewußtseins, die auf die eigene Kraft vertraut und in den kleinen Erfolgen des Erreichten gründet. Der Wert eigenen Handelns ergibt sich zugleich entscheidend aus der Bedeutung des Tuns für die Gemeinschaft.

In diesem Sinne sei zusammenfassend in plakativer Weise noch einmal betont: Handeln lernt man durch aktives Tun und Verantwortung dadurch, daß man Verantwortung übernimmt, sich eigenverantwortlich verhält.

Das Ziel einer Harmonisierung von Eigenverantwortung und Normenbefolgung

Das Überlassen von Verantwortung bedingt auf der anderen Seite, daß Menschen, insbesondere Kinder und Jugendliche, nicht mit Gewalt in den Rahmen starrer Regeln und Rollen hineingezwängt werden dürfen, sondern daß sie lernen müssen, bei allem grundsätzlichen Akzeptieren und Respektieren von Normen, Regeln und Rollen diese situationsangemessen zu relativieren und in eine ganzheitliche Erfassung der Umwelt, bzw. der jeweiligen Situation einzubauen. Diese, auf einem feinen Gespür für die jeweiligen Gegebenheiten aufbauende Sicht- und Verarbeitungsweise der Umwelt geht normalerweise mit einem ebenso flexiblen Eingehen auf die jeweiligen Bedingungen einher, vor allem mit einem Verhalten, das auch den sozialen Kontext konstruktiv berücksichtigt. Bei aller prinzipiellen Bedeutung von Normen können diese also – in ihrer gegenüber den Merkmalen und Erfordernissen der konkreten Einzelsituation blinden Abstraktheit – niemals aus dem (sozialen) Umfeld herausgelöste, quasi selbstzweckartige, mit Absolutheitscharakter behaftete Bestimmungsfaktoren des Verhaltens sein. Obwohl Normen einen außerordentlich bedeutsamen Orientierungsrahmen für das Verhalten von Menschen in einer Gemeinschaft darstellen, können sie nämlich nicht für jeden Einzelfall verbindlich festlegen, was konkret unter Beachtung der speziellen – insbesondere mitmenschlichen – Bedingungen einer bestimmten Situation sinnvoll und gegenüber der sozialen Umwelt verantwortbar ist.

Hier berühren unsere Überlegungen die in der Moraltheologie viel diskutierte Konzeption der Situationsethik. Diese Konzeption besagt, daß die Grundentscheidung für das Gute nicht genügt, sondern daß es darauf ankommt, diese unter Berücksichtigung der jeweiligen Umstände in konkrete Einzelentscheidungen zu übersetzen. Sie geht davon aus, daß die einzelnen Situationen, auf die Menschen treffen, außergewöhnlich unterschiedlich sind und deshalb eine Wertentscheidung nur schwer über zwangsläufig allgemeine Gesetze vorgenommen werden kann.

Die Situationsethik möchte der Vielschichtigkeit und Verschiedenartigkeit menschlicher Lebensbedingungen gerecht werden und postuliert daher nicht schlechthin, „gut ist das und das", sondern sagt vielmehr unter Berücksichtigung der Erkenntnis, daß sich die situativen Gegebenheiten ändern: „Gut ist das und das, wenn ..."

Natürlich kommt auch die Situationsethik nicht ohne Grundsätze aus; nur verwendet sie sie nicht als strikte Gesetze oder Normen, sondern als allgemeine Richtschnur. Das oberste Prinzip, das letzte Kriterium, ist die konkret verwirklichte Liebe, die im Konfliktfall auch gegenüber der Gerechtigkeit vorrangig ist.

Eine wesentliche Aussage der Situationsethik besteht darin, daß wir letztlich die Menschen, nicht aber Grundsätze lieben sollen. Sie hält es für einen Nachteil anderer Moralkonzeptionen, daß in diesen immer das gesetzlichste Denken für das Ernsteste und Wertvollste gehalten wird. Es handelt sich also bei der Situationsethik nicht um ein Ausschalten oder Vernachlässigen bestehender Normen, sondern „um die Relativierung des Geltungsanspruches absolut-sein-wollender Normen im Hinblick auf die konkrete Situation des Handelnden" (Rich).

Natürliche Tendenzen zum Bewahren und Stützen sozialer Ordnungen werden dagegen sogar gefährdet, wenn diese Ordnungen zu einem starren und einengenden Korsett werden. Deshalb ist es auch oft nicht ratsam, das Befolgen von Normen oder Regeln mit aller Gewalt erzwingen zu wollen. Fehlt nämlich die positive innere Einstellung zu den betreffenden Normen, nützt das letztlich nicht viel, es sei denn, man entscheidet sich für einen ungeheuren Erzwingungsaufwand, gegen den aber aus anderen Gründen erhebliche Bedenken bestehen dürften; und die Folge wäre mit hoher Wahrscheinlichkeit ein weiterer Abfall der Akzeptanz. Bei im Grunde normorientierter Einstellung ist Erzwingungsgewalt andererseits nicht nötig, da sich ein Fehlverhalten in den meisten Fällen selbstregulatorisch in die sozial erwünschte Richtung einzupendeln pflegt. Eine selbstorganisatorisch entstandene und von den Mitgliedern einer sozialen Gemeinschaft anerkannte Ordnung bedarf im Grunde gar keiner zusätzlichen äußeren Führung oder Kontrolle und auch keiner Strafandrohung für den Fall des Nicht-Befolgens. Sie kann zudem ohne Schwierigkeiten mit der Bereitschaft in Einklang gebracht werden, für andere mitzudenken und ihnen zu helfen, ohne sich dabei unbedingt aufdrängen zu wollen.

Vieles hier Erörterte kann natürlich nur schwer bei einem Säugling Gültigkeit beanspruchen. Man sollte sich jedoch nicht täuschen. Manches ist schon wesentlich früher möglich, als man gewöhnlich annimmt. Ein so grundsätzlicher Unterschied zwischen Erwachsenen und Kindern, wie immer wieder betont wird, besteht ja bei näherem Zusehen gar nicht. Beides sind menschliche Wesen, das eine entsprechend weiter entwickelt als das andere; aber es ist doch nicht so, daß das eine, das Kind, bis zu einem bestimmten kalendarischen Datum noch nichts von dem hätte, über das Erwachsene von diesem Zeitpunkt an hundertprozentig verfügen.

Man sagt z.B. immer, daß Kinder gefühlsmäßig-impulsiv reagierten und leblosen Dingen entsprechende Absichten unterstellten. Ein Kind könnte also, wenn es sich an einem Stuhl gestoßen hat, seinerseits dem Stuhl einen Tritt versetzen und schimpfen: „Böser Stuhl!"

Dazu ein Gegenbeispiel: Ich habe kürzlich meinen Nachbarn voller Wut gegen sein Auto treten sehen und weiß noch, wie er anschließend zu mir sagte: „Die verdammte Kiste will wieder nicht anspringen!" Ich sehe in seinem Verhalten keinen so grundlegenden Unterschied zu der Situation des Kindes mit dem Stuhl. Warum also nicht auch in bezug auf Verantwortung die Augen offenhalten und es zumindest einmal versuchen?[17]

Angesichts der aufgezeigten Widersprüche im System muß es ganz entscheidend darum gehen, ein optimales Verhältnis zwischen freier Selbstbestimmung

---
17 Ich habe andererseits sogar in der Beziehung zu meinem Kater immer wieder versucht, ihm zu vertrauen, und war überrascht und über die Maßen erstaunt, wie sich sogar bei diesem kleinen Tier Verhaltensweisen entwickelten, die nicht anders zu erklären waren, als daß er sein Herrchen nicht enttäuschen wollte.

des einzelnen und sinnvollen Forderungen der Gesellschaft zu erreichen. Wenn jeder einzelne nur rücksichtslos seine individuellen Interessen verfolgt, sich bedingungslos auslebt und überhaupt nicht um das Wohl der Mitmenschen kümmert, ist das genauso schädlich für das Funktionieren des Ganzen wie ein übermächtiger Druck einer totalitären und autoritären Staatsgewalt, die jede individuelle Initiative unterdrückt und zum Erlahmen bringt.

Der bedenkenlose Abbau von Normen und Überzeugungen ist am Ende ebenso nachteilig wie eine formalistisch starre Fixierung auf irgendwelche Normen, die einen oberflächlichen Schein vermitteln, aber innerlich hohl sind.

Je mehr Menschen zusammenleben, um so notwendiger wird eine Form von Regelung des Miteinander-Lebens. Je mehr jedoch über ein bestimmtes Maß hinaus geregelt wird, um so geringer wird üblicherweise wieder die Chance, daß sich wirklich autonome und damit auch in sich selbst ausgeglichene und zufriedene Persönlichkeiten entwickeln. Diese sind aber letztlich eine wichtige Voraussetzung für die tatsächliche Stabilität und ein sinnvolles Funktionieren des Gesamtsystems.

Solange sich Individuen, um keine Schwierigkeiten zu bekommen, nur den Anschein geben, tatkräftig am Wohl des Ganzen interessiert zu sein, oder solange ein solches Eintreten nur aus den gekränkten Gefühlen eines im Grunde aggressiven Konformisten entspringt, kann ein optimales Zusammenspiel nicht zustande kommen. Genauso wenig aber auch, wenn diejenigen, die die Gesellschaft und deren Normen repräsentieren, anstatt eine positive Vorbildfunktion wahrzunehmen, von der Bevölkerung als „Geier" und Bluffer erlebt werden, die in erster Linie ihren eigenen persönlichen Interessen dienen, d.h. ihrem eigenen Machthunger frönen und zudem eine Fülle zusätzlicher Annehmlichkeiten genießen. Um dieses persönlichen Erfolges willen ist die Versuchung natürlich sehr groß, den Wind der öffentlichen Meinung zu erspüren, bzw. zu versuchen, diese trickreich zu manipulieren und dann das eigene Fähnchen günstig in Windrichtung wehen zu lassen. Solange das den Erfolg garantiert, ist es natürlich eher unwahrscheinlich, daß wirklich autonome Persönlichkeiten in solche Positionen gelangen. Damit beißt sich aber letztlich im Gesamtsystem sozusagen „die Katze in den Schwanz". Sehr leicht werden dann Normen von der Mehrzahl der Menschen als eine Art geistiger Kappe verstanden, die die einen den anderen über den Kopf ziehen. Geltende Normen müssen indes von der Bevölkerung im Interesse der optimalen Funktion eines (gesellschaftlichen) Gesamtsystems als berechtigt, sinnvoll und gut erlebt werden.

Deshalb ist es wichtig, daß die Repräsentanten der Gesellschaft hinsichtlich der bestehenden Normen ein ständiges positives Beispiel geben, das von den Mitgliedern der Gesellschaft auch als solches verstanden wird. Diese Vorbildfunktion ist wiederum um so wirkungsvoller, je größer die allgemeine Glaubwürdigkeit und Integrität der politischen Repräsentanten einer Gesellschaft ist. Auch Gesetz und Recht, bis hin zu Anordnungen unserer Behörden, dürfen nicht als Setzungen erlebt werden, die dem gesellschaftlichen Leben und dem individuellen Dasein des Bürgers von außen aufgestülpt werden, sondern als innerer Gehalt des gesamtgesellschaftlichen Systems.

Es kommt also für das Ganze auf ein möglichst optimales Ineinandergreifen individueller und kollektiver Aspekte und für den einzelnen auf einen möglichst optimalen Ausgleich zwischen persönlicher und sozialer Identität an. Ziel ist damit letztlich eine auf Optimierung des Ganzen ausgerichtete, den Mitmenschen und die Gemeinschaft grundlegend einbeziehende Eigenverantwortung, in der sich selbstbestimmte und selbstbestimmende Tendenzen des einzelnen und ein von dem einzelnen als sinnvoll erlebtes Normensystem wechselseitig ergänzen. Normen, Sitten, Konventionen, Rollen einerseits und die „selbstschöpferische Herausbildung eines personalen Sinn-Systems" (Thomae) sollten allerdings nicht nur aufeinander abgestimmt sein, sondern sich sogar gegenseitig stützen und fördern. Das Optimum ist dort zu erwarten, wo dem einzelnen und zugleich allen anderen im Sinne einer „symbiotischen Integration" ein weites Maß an Selbstverwirklichung ermöglicht wird und wo sich autonomes Verhalten des einzelnen und ein sinnvolles Normensystem in wechselseitiger positiver Rückkoppelung weiter- und höherentwickeln.

Zwischen Autorität und Freiheit besteht somit keineswegs notwendigerweise ein Widerspruch. Es stellt sich vielmehr die konkrete Frage, bei welcher Problemlage, bzw. unter welchen Bedingungen welche Kombination von Komponenten, die lediglich vordergründig gegensätzlich erscheinen mögen, optimal ist. Ein solcher Versuch, die von uns geschaffenen Strukturen und Organisationsformen und die jeweils getroffenen Maßnahmen auf ihre Vereinbarkeit und ihre Verträglichkeit hin zu überprüfen und damit zu einer Optimierung des Gesamtsystems beizutragen, wurde meines Erachtens bisher noch nicht in systematischer Weise in Angriff genommen. Es dürfte aber für die Entwicklung menschlicher Gesellschaften in Zukunft von zentraler Bedeutung sein, eine solche Integration zu erreichen. Dabei käme es auch bei aller Anerkennung der grundsätzlichen Notwendigkeit von Normen oder generellen Richtwerten des Verhaltens darauf an, eine Übereinstimmung zwischen den biologisch fundierten und erfahrungsgetragenen Verhaltensgrundlagen des Menschen sowie der in einer Gesellschaft herrschenden informell-normativen Mentalität einerseits und den offiziell geltenden Regelungen andererseits zu erreichen.

Teil F

Zusammenschau und Perspektiven

I. Der Mensch in der modernen Welt

Das Dahinschwinden von Weisheit und Sinn

Zum Abschluß aller bisherigen Überlegungen, die sich vor einem erkenntnistheoretischen Hintergrund in einem großen Bogen von den Naturwissenschaften bis zur Politik spannten und sich um zwei Hauptthemen, die Theorie der Selbstorganisation und das Phänomen der Verantwortung, rankten, möchte ich im folgenden die wesentlichen Gedanken noch einmal zusammenfassen. Diese Zusammenfassung soll zugleich die grundlegenden Probleme in Erinnerung bringen, vor denen Menschen heute stehen, und dabei auch einen Blick auf mögliche Entwicklungen in der Zukunft werfen.

Der Mensch ist nicht als isoliertes Wesen definierbar. Er ist voll in die Welt integriert, eingebettet in die Welt der Natur und die Welt der Kultur, in seine natürliche Umwelt und in die jeweiligen sozialen und kulturellen Gemeinschaften. Je mehr er die ursprüngliche Natur um sich „besitzt" und beherrscht und je mechanisierter und letztlich unpersönlicher die sozialen Beziehungen werden, um so mehr wird diese Integration aufgrund beherrschender Einseitigkeiten belastet.

In der buddhistischen Philosophie schmelzen daher auch drei Welten zu einer einzigen zusammen: die Beziehungen innerhalb des einzelnen Menschen, die zwischenmenschlichen Beziehungen und die Beziehungen des Menschen zur Natur. Auch die nicht-menschliche Natur hat in den Augen des gläubigen Buddhisten eine Würde und Heiligkeit, die ausschließt, ihr aus reiner Habgier Gewalt anzutun. Er lebt in dem Bewußtsein, daß alles, was die Erde befällt, auch den Menschen befällt. Denn alles ist mit allem verbunden. So liegt denn auch die immerwährende geistige Aufgabe des Menschen darin, sein Ich zu erweitern, bis es sich mit der letzten Wirklichkeit deckt, von der es in Wahrheit untrennbar ist (Toynbee).

Wie zufrieden und glücklich erleben wir uns dort, wo diese Übereinstimmung mit den umfassenden – „natürlichen" – Bedingungen unseres Lebens vorhanden ist. Welche Chancen hätte die Menschheit, wenn sie sich trotz aller technischen Errungenschaften in ihrer Grundhaltung erneut in ein Größeres einzufügen lernte, zu einer Art „kosmischer Identität" (Duhm) finden und in echter Weise die Gemeinschaftlichkeit mit allen Lebewesen der Natur empfinden könnte, die Franz von Assisi so überzeugend lehrte.

Es ist ein Irrtum anzunehmen, der Mensch selbst stünde in seinem Verhalten außerhalb „natürlicher" Regulationen. Das gilt auch für den Umgang einzelner Menschen miteinander wie für das Zusammenleben in von Menschen geschaffenen Organisationen. Wir pflegen allerdings wie selbstverständlich von der Notwendigkeit und dem Wert „gesellschaftspolitischer Eingriffe" auszugehen. Hierzu räumt Friedrich August von Hayek zwar ein, daß die allgemeine Forderung nach „bewußter" Lenkung des sozialen Geschehens eine der charakteristischen Züge unserer Zeit sei. Er stellt jedoch gleichzeitig mit allem Nachdruck fest: „Der Glaube, daß Vorgänge, die bewußt gelenkt werden, jedem spontanen Prozeß notwendig überlegen sind, ist ein durch nichts zu begründender Aberglaube."

Es muß doch z.b. zu denken geben, daß eine ganze Reihe von Berichten aus Entwicklungsländern in einem Punkt weitgehend übereinstimmt, daß nämlich fast alle mit zum Teil hohem Aufwand und viel Engagement planvoll durchgeführten Maßnahmen am Ende jeweils zum Negativen ausschlugen (vgl. S. 293). Das American Peace Corps, das in Ostafrika im Einsatz war, ließ z.b. einmal mit Hilfe von Computern den Verlauf der Entwicklung der dortigen Probleme bei allen möglichen Hilfs-, Veränderungs- und Verbesserungsvorschlägen berechnen, zu denen Politiker und Wissenschaftler geraten hatten. Immer wieder kam aus dem Computer die Antwort: „Verschlechterung", sei es in ökonomischer, landwirtschaftlicher, industrieller, sozialer, ökologischer oder sonstiger Beziehung (Berend).

Ebenso war schon bei der Betrachtung biologischer Zusammenhänge deutlich geworden, welch große Bedeutung natürlichen Regulationen zukommt und daß viele von außen vorgenommenen Eingriffe bei den bestehenden komplexen Bedingungen zu völlig unbeabsichtigten Wirkungen führen können. Unsere zivilisatorische Entwicklung – mit dem Verlust einer „natürlichen" Einbindung in Welt und Natur – hat keineswegs zu einer nennenswerten seelischen Entwicklung der Menschen beigetragen. Im Gegenteil, individuelle Entfremdung, soziale Desintegration und eine Krise unserer Beziehung zur Umwelt kennzeichnen in einem weiten Ausmaß unser heutiges Leben. Das Bestreben des abendländischen Menschen, etwas zu beherrschen, beruht so auf einer Illusion. Denn es ist nicht möglich, die Welt unserem Willen zu unterwerfen, ohne uns selbst zu zerstören (Skolimowski). Wir haben unser Wissen zwar gewaltig erweitert.[1] All dieses Wissen liefert aber keinen schöpferischen Zugang zur Welt, verhilft uns auch nicht dazu, dieses unser Leben wahrhaft zu „führen", und hat eine gefährliche Tendenz, den Menschen aus den Abstraktionen seines Denkens nicht mehr auf die Erde zurückkehren zu lassen.

Auf der anderen Seite haben wir – trotz oder gerade wegen der ungeheuren Informationsfülle – die Weisheit verloren, vielleicht sogar „die Weisheit zu überleben", von der Jonas Salk, der Entdecker des nach ihm benannten Serums gegen die Kinderlähmung, so engagiert spricht.

Weisheit hat wiederum mit „Sinn" zu tun, genauer gesagt mit einer Sinn-Ebene jenseits vordergründig begreifbaren Sinns. „Sinn" – möglicherweise im Wandel von wenig komplexen zu hochkomplexen Systemen eine Übertragung schlichten Überlebens in eine geistig-seelische Ebene – ist aber weder technisch produzierbar

---
[1] Nach Modellrechnungen verdoppelte sich das Wissen der Menschheit im Jahre 1800 im Verlaufe der folgenden 100 Jahre, während gegenwärtig eine Wissensverdoppelung im Verlaufe von 5 Jahren stattfindet.

noch kommerziell lieferbar und kann auch ebensowenig willentlich erreicht oder direkt vermittelt werden. So sind Weisheit und Sinn mehr und mehr aus unserer modernen Welt verdrängt. Die Menschen leiden, wie es auch in dem Begriff „Entfremdung" zum Ausdruck kommt, entweder unter einem Mangel an 'Sinn' oder haben den Glauben an einen übergreifenden Sinn eingebüßt. Viele haben sogar das Gefühl dafür verloren, daß so etwas wie ein 'Sinn' für ein abgerundetes und erfülltes Leben wichtig ist, und nicht wenigen von ihnen fehlt zudem jedes Bewußtsein ihres Mangels.

Gerade der 'Sinn' ist etwas, das über die Welt der Fakten und der Spaltung hinausgreift und auch jenseits der Welt des Materiellen liegt.[2] „Der Sinn der Dinge liegt nicht im angesammelten Vorrat, den die Seßhaften verzehren, sondern in der Glut der Verwandlung, des Voranschreitens oder der Sehnsucht" (de Saint Exupéry).

Andererseits hängen Sinnverlust und Spaltung – wie es der Taoismus lehrt – engstens zusammen. Sinn und Wahrheit erschließen sich zwangsläufig nicht als irgendeine Art von Kompromiß zwischen Detailfakten, sondern aufgrund der Einsicht in Beziehungsstrukturen als eine Erkenntnis auf einer höheren Ebene. Es geht im Grunde um ein kritisches Einordnen in ein System von Beziehungen, also ein Ganzes, wenn man Sinn erfahren will. Sinnfindung ist eine Art Ganzheitserleben, die Erschließung einer ganz spezifischen wesensbedeutsamen Ganzheitlichkeit. Der Mensch ist sogar, wie Viktor Frankl immer wieder betont, ein Wesen auf der unaustilgbaren Suche nach Sinn und ist fortwährend bestrebt, Ereignisse und Verhaltensweisen zu interpretieren, ihnen einen Sinn zu geben.

So gesehen ist „Sinn" ein weiteres Beispiel für die Widersprüchlichkeit des Lebens: Denn nach dem Sinn zu fragen, bedeutet bereits, sich außerhalb der in ständigem Wandel befindlichen Wirklichkeit zu stellen, Abstand zu nehmen und in abgeklärter Distanz ganz andere, tiefere Fragen aufzugreifen (Kupffer). Wer sich ein Ziel setzt, das von ihm als wertvoll erlebt wird, gibt seiner Existenz damit einen „Sinn".

Sinn und Gehalt spielen aber in unserer einerseits durch oberflächliche Shows und andererseits durch eine verwaltungsmäßige Überreglementierung beherrschten Wirklichkeit eine immer geringere Rolle. Mit zunehmender, auf unmittelbare Befriedigung gerichteter Konsumorientierung drohen Verwurzelung und Sinnerfüllung aus unserem Leben verdrängt zu werden. Wird doch auch das Bild unserer modernen Welt weitgehend von „gesichtslosen Entscheidungsträgern" (Toffler), Machern und Funktionären geprägt. Da ein Mensch, der selbst nicht viel darstellt, sich heute kaum noch durch früher übliche Rangabzeichen hervorheben kann, versucht er jetzt, seinen Status vor anderen dadurch zu betonen, daß er sich getreu der beherrschenden Konsumorientierung bei der „Aufwandskonkurrenz an die Spitze setzt" (E. Küng).

Wo gibt es heute noch wirkliche „Persönlichkeiten"? Und dort, wo es sie gibt,

---

[2] Bezeichnenderweise ist die Suche nach Sinn „mit eine Wurzel aller Religionen" (Reutterer).

sind sie bestenfalls tolerierte Außenseiter, die an dem üblichen „Spiel" nicht teilnehmen und auch meist ausgeschlossen sind. Es ist ja das Paradoxe in unseren Gesellschaften, daß sie letztlich für ihre Weiterentwicklung am meisten von denen profitieren, die von den geltenden Normen abweichen, diese aber gerade darum bekämpfen. Welche Bedeutung wird üblicherweise in diesem Rahmen einer schlichten Menschlichkeit beigemessen, die sich nicht gleichzeitig werbetechnisch ins „richtige Licht" zu setzen versteht? Welche Bedeutung haben positive mitmenschliche Einstellungen im Vergleich zu bestimmten ausweisbaren formalen Voraussetzungen? Offenbar hat ein ursprünglich zur Ordnung der Dinge entwickeltes formales System eine selbstzweckartige Eigenentwicklung vollzogen, und das Individuum gerät in Gefahr, die Mechanismen des kollektiven Lebens nicht mehr zu begreifen. Auch hierin könnte eine Teilursache wachsender Unzufriedenheit und Aggressivität bei den Menschen liegen.

Jeder will mehr sein, meint, es sein zu müssen, weil er sonst sein Gesicht, das er ohnehin schon längst nicht mehr hat, verlöre. Albert Camus schilderte einmal, als er von gewissen Theaterpremieren sprach, den Eindruck, daß der Raum sich verflüchtige, daß diese unsere Welt, so wie sie zu sein scheine, gar nicht existiere und daß er vielmehr eine andere Welt als wirklich erlebe: die Welt der großen Gestalten, die auf der Bühne ihre Stimme erheben. Resigniert schließt er die Frage an, wie man das alles wissen und trotzdem dieser Welt schöntun und nach ihren lächerlichen Vorrechten trachten könne. Wieviele Menschen, so kann man mit dem Philosophen Paul Feyerabend fragen, legen ungeheuer großen Wert darauf, sich „auszudrücken, ohne sich je die Mühe gegeben zu haben, eine Persönlichkeit zu entwickeln, die es wert wäre, ausgedrückt zu werden"?

Wir haben die Fähigkeit und oft sogar auch die notwendige Bereitschaft eingebüßt, uns selber zu akzeptieren, weil es „uns" in persönlicher Authentizität schon gar nicht mehr gibt, sondern nur in einer Summe von Rollen, die es in einem bestimmten System, in dem man bestehen will, zu spielen gilt. Wir haben das Bedürfnis nach einem wahrhaft „humanistischen" Weltbild verdrängt, wenn zu einem solchen humanistischen Weltbild eine Weite des „Horizonts", eine feinfühlige Offenheit sowie die Bereitschaft gehören, eine Spannung zwischen vielfältigen Polen des Lebens nicht nur auszuhalten, sondern sogar fruchtbar zu gestalten. Das alles hindert uns oft daran, uns der Gegenwart locker und freudig hingeben zu können, ja den Wert der jeweiligen Gegenwart überhaupt zu begreifen. Wieviel sogenannte „Würde" wird nur in öffentlichkeitsbezogener Ängstlichkeit durch eine ständige „Vergewaltigung der eigenen Natur" aufrechterhalten (Camus).

Der Egoismus von Individuen und sozialen Gruppen

Das Gehirn des Menschen ist natürlicherweise seit ewigen Zeiten darauf ausgerichtet, dem Überleben des Organismus im weitesten Sinne des Wortes zu dienen. Das ist die biologische Grundlage dessen, was wir Egoismus nennen. Die vorgeschichtlichen Zeiten, in denen einst dieses Erbe angelegt wurde, unterschieden sich jedoch von unserer heutigen Welt teilweise sehr grundlegend. Allein schon die Zahl der heute auf der Welt lebenden Menschen hat eine Größenordnung angenommen, die den Menschen als solchen fast zu einer Epidemie für die Erde werden läßt. Und zahlreiche Forscher sprechen davon, daß sich die Zahl bereits in 30-35 Jahren erneut verdoppelt haben wird.[3] Dann aber dürfte spätestens der Zeitpunkt erreicht sein, an dem sich ganz ernsthaft die Frage stellt, ob das biologische Erbe unter den inzwischen eingetretenen völlig anderen Lebensverhältnissen noch sinnvoll oder nicht vielleicht im wahrsten Sinne des Wortes kontraproduktiv ist. Die Biologie kennt zahllose Beispiele über das Verschwinden von Arten aus der Entwicklungsgeschichte. Und in den meisten Fällen hing das damit zusammen, daß ihre angeborenen Anlagen nicht mehr zur Bewältigung einer entscheidend veränderten Umwelt geeignet waren. Wir kennen andere Beispiele, wo sich die Mitglieder einer Population von Lebewesen gegenseitig umbringen, weil eine bestimmte Bevölkerungsdichte für sie unerträglich geworden ist. Krasser Überlebensegoismus bei doppelt so vielen Menschen, wie heute auf der Erde leben, würde das nicht zu generellem Mord und Totschlag führen müssen? Und bräuchte man nicht schon zum Überleben der heutigen Menschheit einen anderen Menschen? Eine Frage, die man nicht so einfach wegwischen kann!

Ist es aber im Grunde nicht die auf der gleichen Anlage beruhende und als „Ich- oder Mittelpunktswahn" ins Geistige übertragene Tendenz, aus der heraus sich eine fieberhafte Suche nach Selbstbestätigung und sozialer Anerkennung speisen? Ist diese tiefverankerte Tendenz nicht auch der Urgrund dafür, daß Menschen sich als Ebenbild Gottes mißverstehen und daß jeder einzelne bei gleichzeitig verzerrter Wahrnehmung der äußeren Wirklichkeit sich selbst immer wieder als der Größte erscheinen muß? Nicht wenige Menschen versuchen auch in beständiger Anstrengung mit naß-forschen Sprüchen oder illustrer Unnahbarkeit diesem Irrtum zu entsprechen. Dabei spiegelt ihr Verhalten in der Tat eher eine spezielle Form von „Dominanz-Ritualen unter domestizierten Primaten" (R.R. Wilson).

Aus dieser Sicht wäre es ein großer Segen, wenn es Menschen gelänge, sich aus einer überbetonten Ichhaftigkeit, aus einer überzogen egozentrischen Sichtweise und der Vorstellung ihrer individuellen Wichtigkeit zu lösen. Ist der Mensch doch, wie Daisetz Teitaro Suzuki sagt, in dem Maße frei, in dem er, aus dem Gefängnis seines individuellen Ichs befreit, sich von sich selbst zu lösen und im Ganzen aufzugehen vermag, indem er er selbst und doch nicht er selbst ist. Wir wissen ja, daß jene Menschen, die in einer Aufgabe engagiert „aufgehen", mehr vom Leben haben, als solche, die ständig befürchten, sich zu blamieren. „Was der Mensch ist, das ist er durch die Sache, die er zu der seinen macht", sagte einmal Karl Jaspers. Man kann aber lernen, das eigene Ich und seine isolierten Bedürfnisse und Wünsche zu relativieren. Es ist sogar ein Zeichen von wahrer

---

3 Ehe die erste Milliarde menschlicher Wesen auf der Erde lebte, bedurfte es einer Zeitspanne von mindestens 50.000 Jahren. Allein in 16 Jahren, d.h. zwischen 1960 und 1976 stieg die Weltbevölkerung um eine weitere Milliarde an, und gegenwärtig leben alle 4 bis 5 Tage eine Million Menschen mehr auf der Erde.

Ich-Stärke, sich von sich selbst absetzen, sich von sich lösen, ja sich selbst verlieren zu können, um sich in wahrhafter Weise selbst zu finden. Eine solche Befreiung von übermäßigem Selbstbewußtsein und dem ständigen Verlagen nach (selbstgefälliger) Selbstbestätigung ist eine wichtige Voraussetzung, wirklich sorglose Freiheit für sich zu gewinnen.

Folgerichtigerweise gehört auch dazu, sich innerlich von den äußeren Stützen lösen zu können, die den Zugang zum wahren „Selbst" behindern. Je mehr Unterstützung jemand von anderen erhält, um so mehr wird ihm diese Unterstützung zur Selbstverständlichkeit, und seine Erwartungen, Ansprüche und Forderungen werden steigen. Da immer höhere Ansprüche in einer endlichen Welt nicht erfüllt werden können, wird er unzufriedener, nimmt schließlich auch die unberechtigte Ausnutzung sozialer Einrichtungen als selbstverständliches Recht in Anspruch und entfernt sich letztlich nur noch weiter vom Erreichen inneren Glücks.

Epikur meinte, daß man einem Menschen, den man glücklich machen wolle, nicht mehr Reichtümer geben, sondern ihm helfen solle, sich zumindest von einigen seiner Wünsche zu trennen, und für Mahatma Gandhi standen Bedürfnisse und Glück eines Menschen geradezu in einem umgekehrten Verhältnis zueinander. Schon der Buddha sagte:

> „Wenn du voller Wünsche und Begierden bist,
> sprießen auch deine Sorgen
> wie das Gras im Regen.
> Aber wenn du dich frei von ihnen machst,
> fallen deine Sorgen von dir ab
> wie Wassertröpfchen von einer Lotosblüte."

Der Schmetterling des Glücks läßt sich nach einem alten chinesischen Sprichwort auf der Schulter dessen nieder, der zu warten versteht. Auch in dem so unpopulär gewordenen Akzeptieren-Können von Grenzen, dem Verzichten-Können, der Bescheidenheit und Bescheidung liegt eine kaum zu unterschätzende Stärke und Größe. Wenn man weiß, „daß das isolierte Ich eine Fiktion ist, dann fühlt man sich tatsächlich als alles das, was das Leben ausmacht" (Watts).

Wer dächte in diesem Zusammenhang nicht an Nirwana, das Endziel allen buddhistischen Strebens? Nirwana bedeutet nämlich keineswegs, wie oft irrtümlich angenommen wird, die Auslöschung der Persönlichkeit eines Menschen oder einen zeitlosen Daseinszustand, in den er eingeht. Es bedeutet vielmehr, durch Überwindung narzistischer Selbstverherrlichung und jeglicher Art von Gier aus der Uneigentlichkeit zu „erwachen", eine quasi überbewußte Einsicht in die Einheit von Subjekt und Objekt, ein absolutes Grundbewußtsein der Leere (Merton)[4] und eine innere Befreiung zu gewinnen durch das Verlöschen eines sich krampfhaft

---

[4] Der Begriff der Leere, der für einen Europäer schwer zu verstehen ist, bezieht sich im wesentlichen darauf, daß die Wirklichkeit leer an Gedanken und Dingen ist, weil diese nur abstrakte Gehalte *unseres* Denkens und *unserer* Grenzziehung sind, daß wir uns also für eine wahre Erkenntnis öffnen, wenn wir uns dieser Inhalte, dieses Gitters von Abgrenzungen entledigen, das wir der Wirklichkeit aufpressen.

behauptenden und durchsetzenden Willens und einer auf materielle Güter gerichteten Gier.[5] Es bedeutet die Einsicht in die Wahrheit des ewigen Nicht-Ich, und in der Grenzenlosigkeit seiner Wirklichkeit werden alle Konflikte zur „Illusion". „Wer dem Pfad des Buddha folgen will, muß alle 'Ich'- und 'Mein'-Gedanken aufgeben und zu gewaltlosem Mit-Leiden in der Lage sein. Aber dieses Aufgeben macht uns nicht ärmer, sondern im Gegenteil reicher. Denn was wir aufgeben und zerstören, sind die Mauern, die uns gefangen hielten; und was wir gewinnen, ist jene höchste Freiheit, die das Erlebnis unbegrenzter Beziehung bedeutet, derzufolge jedes Individuum in seinem tiefsten Wesen mit allem verbunden ist, das existiert" (Govinda).

Es ist jedoch ein Merkmal abendländischen Denkens und abendländischer Egozentrizität, einen Standpunkt starren statischen Seins und vor allem den Aspekt des „Habens" (E. Fromm) zu betonen. Damit wird aber ein tolerantes Akzeptieren wirklichen Friedens mit sich und anderen aus dem Erleben verbannt.

Zwischen Individuum und sozialer Gemeinschaft besteht nun, wie verschiedentlich deutlich wurde, ein Verhältnis wechselseitiger Abhängigkeit. Der Mensch ist ein Gemeinschaftswesen. Er lebt im allgemeinen in einer sozio-kulturellen Umwelt, wie sie u.a. durch gemeinsame Sprache, Überzeugungen und Umgangsformen, Sitten und Gebräuche gebildet wird, also in einem „Netzwerk von Werten, Normen, Welt- und Menschenbildern" (Probst).[6] Diese stellen einen wesentlichen Ordnungsfaktor sozialer Gemeinschaften dar, ein Orientierungssystem, in das die „grundlegenden Erfahrungen des eigenen Selbst" (Thomas) eingebunden sind. Sie verleihen dem Individuum eine „kulturelle Identität", eine Art geistiger und psychischer Geborgenheit. Obwohl am Zustandekommen einer solchen Kultur viele Individuen und Gruppen beteiligt waren, möglicherweise sogar einen prägenden Einfluß hatten, ist diese trotzdem nicht das Ergebnis bewußter Planung und Gestaltung oder gar von Befehl und Anordnung, sondern erwächst jeweils auf dem Boden vielfältiger und engvernetzter geschichtlicher Prozesse. Hat sich auf diese Weise eine bestimmte sozio-kulturelle Umwelt gebildet, stellt diese sozusagen einen Spiegel für das jeweilige Individuum dar. Dessen Persönlichkeit formt sich zum großen Teil aus der inneren Verarbeitung der Reaktionen seiner sozialen Umwelt.

Die Qualität individuellen Daseins, oft sogar die Existenz des Individuums, hängt von dem Funktionieren des Ganzen ab, in das es eingebettet ist. Die Ge-

---

5 In ähnlicher Weise, allerdings auf einen anthropomorphen, d.h. menschenähnlichen Gott bezogen, kennt ja auch das Christentum den Begriff der Demut vor Gott, und „Islam" bedeutet sogar wörtlich Selbstaufgabe oder Ergebung.

6 Nach Hellpach bedeutet Kultur die „Ordnung aller Lebensinhalte und Lebensformen einer Menschengemeinschaft unter einer beherrschenden, gültigen und verpflichtenden Gruppe von Werten geistiger Prägung". Daraus ergibt sich u.a., daß je ausgeprägter die innere Stärke einer Kultur ist, um so weniger detaillierte formale Strukturen erforderlich sind – und umgekehrt.

Im übrigen wird häufig übersehen, daß Kulturen auf dem Boden von Traditionen entstehen. Diese stellen geradezu das stabilisierende Element kultureller Entwicklung dar (Martin).

sellschaft liefert ihm den materiellen und geistig-kulturellen Rahmen für seine Existenz. Das soziale Orientierungssystem geht entscheidend in die persönlichen Erfahrungen des einzelnen ein, und dessen Persönlichkeit entwickelt sich weitgehend aus der Reflexion über die Reaktionen der anderen auf das eigene Verhalten (Thomas). Insofern bezeichnete Max Horkheimer in sehr prägnanter Form das vollentwickelte Individuum als „die erreichte Perfektion einer vollentwickelten Gesellschaft".

Das gute Funktionieren des Ganzen beruht aber wieder auf den Verhaltensweisen der einzelnen Mitglieder. Keine Gesellschaft kann bei völliger Isoliertheit ihrer Mitglieder und ohne ein Minimum an Gemeinsamkeiten funktionieren, ja würde nicht einmal existieren können. „Träumt man für sich allein, ist und bleibt es ein Traum; träumt man gemeinsam mit anderen, ist es der Anfang einer Wirklichkeit", schrieb einmal Georges Balandier.

Das Verhalten des einzelnen muß daher mit der Erhaltung des Ganzen zumindest verträglich sein. Persönliche Freiheit darf nicht die Solidarität des Ganzen zerstören, und die Solidarität des Ganzen darf die Freiheit des einzelnen nicht opfern (C.F. v. Weizsäcker).

Die Bildung menschlicher Gruppen, Gemeinschaften und organisierter Gesellschaften hat zweifellos vieles für das Individuum erleichtert bzw. überhaupt erst möglich gemacht. Zugleich entstand eine ganze Reihe neuer spezifischer Probleme, die in dem Verhältnis zwischen Individuum und Kollektiv begründet liegen. Beide weisen aber auch, was angesichts der das Geschehen in der Welt bestimmenden umfassenden Gesetzlichkeiten verständlich ist, eine ganze Reihe funktionaler Gemeinsamkeiten auf.

Vor allem ein Problem scheint, wie Arthur Koestler mit deutlicher Schärfe herausstellt, für Individuum und Kollektiv in gleicher Weise zu gelten: das Problem der „Ich-Bezogenheit". Er sieht den Gegensatz, daß vom Individuum – zum Teil unter bewußtem Ausnutzen bestimmter Eigenschaften – Selbstlosigkeit, Altruismus, Gemeinschaftsdenken und etwa auch „Betriebsloyalität" erwartet werden, daß sich aber zugleich gesellschaftliche Gruppen um so selbstsüchtiger verhalten. Denn Teilsysteme in hochentwickelten Gesellschaften drohen sich in blindem Wildwuchs und ohne Selbstbeschränkung bis an die Grenzen der Integrationsfähigkeit des Gesamtsystems zu entwickeln. Es entsteht ein neuer kollektiver Gruppenegoismus, der sich den Altruismus individueller Mitglieder zunutze macht, aber dem Gesamtsystem der Gesellschaft und der Menschheit erheblich schadet.

In dieser Hinsicht bedeutet das Funktionärstum sicher eine große Gefahr. Denn die Rolle von Funktionären besteht letztlich darin, Gruppeninteressen zu vertreten und durchzusetzen. Diese Interessenvertretung und -durchsetzung ist aber zwangsläufig oft gegen das Allgemeinwohl gerichtet. Auf der anderen Seite werden die von den Funktionären vertretenen Individuen einer Gruppe, deren Probleme nur zu leicht rein demagogisch hochgespielt werden, zunehmend entmündigt. So muß man sich immer wieder die Frage stellen, wann die Schwelle überschritten ist, von der ab eine Institution zum Haupthindernis für die Erreichung der Ziele geworden ist, für die sie geschaffen wurde. Wenn fast jedes Mitglied der Gesellschaft in irgendeiner Form organisiert ist, dann ist nach Karl W. Deutsch bald der Punkt erreicht, an dem in einem Staat eigentlich nichts mehr erreicht werden kann. Denn Interessengruppen, die nicht in der Lage sind, ihr eigenes Programm durchzusetzen, beschränken sich mit Nachdruck darauf, zumindest ihr Veto gegen Vorschläge konkurrierender Gruppen einzubringen. Das führt aber über kurz oder lang zu einer Stagnation in der Politik, die bestenfalls durch eingetretene Notstandssituationen überwunden werden kann.

So wundert es auch nicht, wenn für viele Menschen der Begriff Politik im wesentlichen mit zwei Vorstellungen verknüpft ist: einmal, daß es sich dabei in erster Linie um die Anwendung von Machtmitteln zur Erhaltung bestimmter Zustände in Wirtschaft und Gesellschaft sowie zur Ergatterung zusätzlicher Vorteile für diese oder jene Interessengruppe handelt (Deutsch), und zweitens, daß Lug und Trug das Bild der politischen Landschaft bestimmen. Man könnte fast in Anlehnung an Aldridge Cleaver sagen: „Politiker können mit ihren Lippen aussprechen, wovon ihr Verstand weiß, daß sie es in ihrem Herzen fühlen sollten, aber sie tun es nicht." Das Tragische dabei aber ist, daß man „nach Jahrzehnten und Aberjahrzehnten der Lüge kaum noch einen Dialog vorschlagen kann, der Vertrauen voraussetzt" (Servan-Schreiber). Außerdem mag bei vielen Bürgern der Eindruck entstehen, daß es für Politiker gar nicht in erster Linie darauf anzukommen scheint, bestimmte Probleme zu lösen, sondern den Anschein zu erwecken, das tun zu wollen, bzw. nach außen hin einen Nachweis politischer Aktivität zu erbringen.

Es ist dies ein noch viel grundsätzlicheres Problem unserer Welt, als es auf den ersten Blick erscheint. Die Verarmung persönlich-menschlicher Bindungen[7] läßt das Verlangen nach käuflichen Ersatzprodukten entstehen, um in einer Welt zu überleben, die einem immer fremder wird. Je mehr aber diese materielle Fremdproduktion anwächst, um so mehr wird sie durch die mit ihr einhergehenden Scheinorientierungen zum eigentlichen Hindernis für die Verwirklichung der ursprünglichen Ziele. Ivan Illich hat diese durchgehende Kontraproduktivität in krassen, vielleicht überzeichnenden Worten beschrieben: Die Medizin zerstört die Gesundheit, die Schule verdummt und verleidet das Lernen, der Verkehr erschwert – bspw. durch zunehmende Staus – Mobilität, und Kommunikationsmittel verhindern Kommunikation.

So erscheint auch der paradoxe Widerspruch unaufhebbar, daß politische Aktivität, die ja dem Gemeinwohl dienen soll, in der Praxis auf Mittel zurückgreift, mit denen sie ihr Ziel im Grunde verrät. Denn politische Aktivität bedeutet in den Systemen unserer Gesellschaften nahezu zwangsläufig den Eintritt in eine Partei und damit, wie es scheint, die Bereitschaft und den Zwang, parteiische, d.h. einseitige Interessen – wenn es sein muß sogar mit Ungerechtigkeit, Intrige und Gewalt – zu verfolgen. H.H. v. Arnim spricht sogar davon, daß sich die Parteien

---

7 Bookchin bemerkte einmal sarkastisch, man habe heute oft den Eindruck, daß persönliche Beziehungen noch selten so unpersönlich und soziale Beziehungen selten so unsozial waren wie in unserer heutigen industrialisierten Welt.

auf einem Beutefeldzug gegen den Staat befänden, darüber hinaus aber „auch die Verwaltung, die Rundfunkanstalten, die Rechtsprechung, die Wissenschaft und andere, als parteifrei konzipierte Einrichtungen mit Leuten ihres Vertrauens zu durchsetzen" suchten. Die damit verbundene vorrangige Orientierung an Macht und Einfluß gibt aber wiederum ein sehr schlechtes Vorbild für eine der Gemeinschaft nützliche Entwicklung des einzelnen Bürgers ab. Das berühmte Brett vor dem Kopf wird nur zu oft zum Sprungbrett einer politischen Karriere. Viele merken schließlich gar nicht mehr, daß ihr Ziel nur noch vorgetäuscht ist, um teilsystemimmanente Mittel zu rechtfertigen oder zu entschuldigen.

Die Politik ist indes beileibe nicht das einzige Feld, in dem Erscheinungen dieser Art zu beobachten sind. Man führe sich nur unsere Medienlandschaft vor Augen! Warum wird meist etwas nur von einer Seite geschildert, aus einer bestimmten Sicht und unter einem ganz bestimmten Blickwinkel, mit einer teils offensichtlichen, teils geschickt kaschierten Tendenz? Warum werden bspw. dem Betrachter bestimmter Fernsehprogramme Ereignisse und Zusammenhänge nicht aus mehreren Blickwinkeln oder zumindest ohne einseitige Interpretation dargestellt, so daß jeder sich seine eigene (abgewogene) Meinung bilden kann? Darin bestünde doch eigentlich das Wesen politischer Bildung und nicht in einer einseitigen, wenn auch noch so geschickten Indoktrinierung!

So zeigen moderne Gesellschaften in vieler Beziehung eine Zersplitterung in einander bekämpfende Gruppen. Das läßt sich an zahlreichen Beispielen aufzeigen. Man braucht sich nicht nur die erbitterten Kämpfe zwischen unterschiedlichen ethnischen, kulturellen und religiösen Gruppen oder zwischen gegensätzlichen Denkrichtungen vor Augen zu führen, sondern gerade auch solche zwischen einander geistig im Grunde verwandten Gruppierungen. Es ist immer wieder das gleiche Bild: Ämter kämpfen gegen Ämter, Gemeinden gegen Gemeinden, Länder gegen Länder, Nationen gegen Nationen; Vertreter unterschiedlicher Überzeugungen stehen sich in unversöhnlicher Feindschaft gegenüber, Lobbyistengruppen versuchen, sich gegenseitig „das Wasser abzugraben", eine Funktionärsdiktatur „schießt" auf die andere usw. An den entscheidenden Problemen der Menschheit hat sich durch diese Kämpfe und die ständige Konkurrenz nirgendwo etwas zum Positiven geändert. Im Gegenteil, die Probleme werden durch die gruppenegoistische Kampfes- und Konkurrenzhaltung verstärkt und verewigt. Das gesellschaftliche System wird jedoch, je mehr sich die Interessen-Gegensätze verfestigen, in seiner Funktion gestört, behindert oder sogar blockiert. Warum ist das so?

Ideologie und Sozialisation

Wie kommt es, daß Menschen gerade durch Macht so korrumpiert werden, daß Macht quasi zu dem einzigen Ziel, zum Selbstzweck ihres Daseins wird? Und dort, wo sich primäre Machtpolitik institutionalisiert und legalisiert, ist der Weg nur noch sehr kurz in ein Verhängnis, das in diesem Zusammenhang nur selten als Verbrechen bezeichnet wird, obwohl in der Geschichte der Menschheit Millionen und Millionen von Menschen in Kriegen, in Konzentrationslagern, an Verfolgung und unnötigem Hunger gestorben sind. Wenn ein Staatsmann irgendwo entscheidet, Millionen von Menschen für ein „höheres Ziel" zu „opfern", was ja praktisch heißt umzubringen, so gilt das sehr häufig als „politische Entscheidung", und der Betreffende wird anläßlich eines Besuches in einem anderen Land mit allen Ehren empfangen. Wie heißt es in einer sarkastischen Formulierung: „Töte einen einzigen und du bist ein Mörder; töte Tausend und du bist ein Held; töte Millionen und du bist ein Staatsmann." Historische Exzesse der Vernichtung fanden im Namen und im Interesse nahezu aller Gruppierungen statt: einer Nation, einer Rasse, eines Glaubens, einer Klasse usw. „Aber wer hat die Macht, mit der Macht zu brechen", fragt Rupert Riedl zu Recht, „wenn jede Macht zwangsläufig korrumpiert?"

Das alles ist dann meist noch mit einer intensiven Ideologie[8] gepaart. Diese stellt ein im Grunde unwissenschaftliches, aber als höchste Wahrheit ausgegebenes, meist zu ganz anderen als den vorgegebenen Zwecken verwandtes und letztlich von dem Anspruch auf Herrschaft diktiertes systematisiertes Überzeugungssystem dar, das zur Legitimation der Vorhaben und Verhaltensweisen bestimmter gesellschaftlicher Gruppen dient und eine einseitige Interpretation der Gesellschaft und der Geschichte anbietet. Es ist eine Art „magische Formel zur Entwertung gegnerischer Behauptungen" (Geiger), indem diesen interessenbedingte Voreingenommenheit vorgeworfen wird. Nach Salamun können als wesentliche Merkmale einer Ideologie gelten: die Verwendung dichotomischer, d.h. zweigeteilter Deutungsschemata, die Einführung dämonisierter Feindstereotype, das Aufstellen absoluter Wahrheitsbehauptungen, die Beanspruchung eines Erkenntnismonopols, die Anwendung von Immunisierungsstrategien und die Verwendung von Leerformeln. „Götzendiener aus Instinkt, münzen wir Erträumtes und Ersehntes in Unbedingtheiten um. Die Geschichte ist nur ein Nacheinander falscher Verabsolutierungen, eine lange Reihe von Tempeln, die Scheinbarem zu Ehren errichtet wurden" (Cioran), und der Schaden ist meist um so größer, je konsequenter Ideologien ihre eigene Logik verfolgen.

Dabei ist jede einseitige Idee zwangsläufig falsch, und jede falsche Idee endet im Blut – natürlich zunächst der anderen (Camus). Denn jede Ideologie (die allerdings für viele Menschen den Vorteil einer wesentlich einfacheren und überzeugenderen Weltsicht bietet, als sie der Wirklichkeit entspricht) ist nur allzu geneigt, mit Terror gegen diejenigen vorzugehen, die anderer Meinung sind. Jeder einzelne aber, der persönliche Vorstellungen entwickelt, ist ein Abtrünniger. „Wer einen neuen Glauben verkündet, wird verfolgt – bis er selbst zum Verfolger wird. Zu Beginn stehen die Wahrheiten im Konflikt mit der Polizei, am Ende stützen sie sich auf sie" (Cioran). Schon Hölderlin schrieb, es habe den Staat zur Hölle gemacht, daß ihn der Mensch zu seinem Himmel habe machen wollen.

---

8 Das Wort bezeichnete in der französischen Aufklärung als „science des idées" eine philosophische Disziplin, hat aber im heutigen Sprachgebrauch seine Bedeutung praktisch verändert.

Ideologien begründen den „Aberglauben einer einzigen Wahrheit mit Faustkeilen oder Atomwaffen" (Kaspar). Das führt schließlich dazu, daß die Menschen zunehmend jegliche Form von menschlichem Verbrechen und moralischer Korrumpiertheit, die eine bestimmte Größenordnung überschreitet, als gegeben hinnehmen. „Das institutionalisierte Verbrechen an Millionen von Artgenossen wird einfach nicht mehr wahrgenommen" (Kaspar).

Hier liegt auch die Gefahr der einer Ideologie dienenden Sozialisation. Jedes Individuum hat eine natürliche Tendenz, Verhaltensweisen anzunehmen, die seine Existenz im Rahmen der Gruppe bzw. der Gemeinschaft sichern und ihr förderlich sind; darin besteht ja auch eine wesentliche Funktion der Kommunikation: Individuen innerhalb der Kultur durch Übernahme sozialer Denksysteme sozusagen zu synchronisieren.

Der Prozeß, in dem heranwachsende Menschen ihre Wahrnehmungen und Deutungen der Umwelt in Übereinstimmung mit denen der Erwachsenen bringen, so daß die Übernahme der von diesen (mehrheitlich) vertretenen Welterklärungs- und Verhaltensschemata sie erst zu einem voll anerkannten Mitglied der betreffenden Gemeinschaft werden läßt, erhält sicher seinen eigentlichen („Überlebens"-) Wert durch die tatsächliche Erklärungs- und Bewältigungsqualität der Schemata. Je stärker diese Schemata aber – ideologiebedingt – ganz bestimmten Interessen dienen, um so mehr sinkt ihre Qualität als langfristig positiv wirksame Lebenshilfe. Der einzelne erhält nur noch Informationen, die interessenbedingt und systemkonform sind; er identifiziert sich mit den so vermittelten Werten, ohne ihren Ursprung oder ihren Zweck zu erkennen. Auch das ist aber nur wieder möglich, wenn man sich von der natürlichen Bindung an eine natürliche Umwelt weitgehend gelöst hat.

Dazu kommt noch das Phänomen, daß viele Menschen innerhalb ihrer gewohnten Welt trotz z.T. erheblicher objektiver Mängel, Schwierigkeiten und Nöte in einer oft erstaunlich großen Ausgeglichenheit leben, allerdings nur bis zu dem Zeitpunkt, an dem man sie – nicht selten sogar in guter Absicht – erkennen läßt, was sie eigentlich alles im Vergleich zu anderen nicht haben. Unglück und Unzufriedenheit werden meist erst dann spürbar, wenn „Missionare" bestimmter Gruppen einer von ihnen einseitig verstandenen Aufgabe gerecht zu werden versuchen und fremdgesteuerte Anforderungen und Ansprüche in die Menschen pflanzen, oft sogar, um damit letztlich ihre eigene Existenz oder auch ihren eigenen Wohlstand zu begründen. Dann beginnt Unzufriedenheit zu keimen, und Ansprüche beginnen zu wachsen, bis man schließlich sein bisheriges Dasein verflucht. Das gilt für individuelle Schicksale von Menschen wie für gesellschaftliche Zusammenhänge.

Fassen wir die letzten Gedanken noch einmal in einer Frage zusammen. Wie kann man auf der einen Seite die Autonomie des einzelnen, seine Selbstbestimmung und Selbstentfaltung fördern, diese aber andererseits in das Wohl des gesellschaftlichen oder menschlichen Gesamtsystems einmünden lassen? Arthur Koestler warnte allerdings davor, die begründete und überzeugte Integration in eine menschliche Gemeinschaft auf keinen Fall mit der 'kindlichen' Sehnsucht nach Verschmelzung mit Autoritäten zu verwechseln.

Solange aber andererseits umschriebene Kollektive das Individuum sozusagen für sich in Anspruch nehmen und aufsaugen, wird ein sinnvolles Auskommen zwischen Menschen erschwert, ja sogar verhindert. Tugenden, die wir zur Erhaltung der Menschheit benötigten, werden geschwächt, teilweise sogar abgetötet.

Es birgt deshalb eine große Gefahr, irgendwelchen begrenzten Gruppenauffassungen gleich welcher Art eine vorrangige oder gar absolute Bedeutung beizumessen. Solange wir – gerade auch als Gruppen – nur einseitige Interessen verfolgen und einseitige Argumentationen vertreten, sind wir von sinnvollen und auf lange Sicht wirksamen Lösungen unserer tatsächlichen Lebens- und Weltprobleme, aber auch von der Verwirklichung tiefster Sehnsüchte der Menschen nach Glück und Frieden noch sehr weit entfernt.

II. Szenarien und Alternativen

An der Schwelle der Zukunft

Beim Rückblick auf das bisher Gesagte dürfte eines deutlich werden. Wenn man sich nicht grundsätzlich unangenehmen Erkenntnissen verschließt oder einer ganz bestimmten ideologischen Richtung verfallen ist, muß man angesichts der aufgewiesenen Zusammenhänge zwangsläufig zu dem Schluß gelangen, daß irgend etwas mit unseren heutigen Vorstellungen über das menschliche Leben und mit unseren Vorstellungen über das Zusammenleben der Menschen in Gesellschaft und Staat nicht stimmt. Die Zersplitterung des Wissens und der Interessen, Distanzierung und Entfremdung, Kampf und egoistische Konkurrenz zwischen Menschen und zwischen Gruppen bestimmen heute weitgehend den Rahmen, in dem Menschen leben. Es kostet Menschen und Gesellschaften einen hohen Preis, geistig sehr viel stärker von Absolutheitsansprüchen, dem Maximierungsprinzip und einem Entweder-oder-Denken bestimmt zu sein, statt einem verbindenden und friedenstiftenden Sowohl-als-auch-Denken zu folgen.

Eine diesbezügliche umfassende politische Konzeption ist nicht zu erkennen. Politiker scheinen diese Welt immer weniger im Griff zu haben. Es besteht nicht einmal eine begründete Vorstellung über die Anpassungsmöglichkeiten des Menschen an die derzeitige, historisch noch nie dagewesene Situation. Und die Veränderung der Welt vollzieht sich zudem mit zunehmender Beschleunigung.

Einige Tendenzen sind indes schon heute erkennbar. Die Bevölkerung der Erde ist in historisch relativ kurzer Zeit um ein Mehrfaches angewachsen und vermehrt sich weiterhin in einer Weise, daß eine sich aus der derzeitigen Entwicklung theoretisch ableitbare Zukunft alle menschlichen Vorstellungsmöglichkeiten überschreitet. Zu der erheblich gestiegenen Bevölkerungszahl auf der Erde (s. S. 454) gesellte sich im Rahmen der systemkonformen Konsumsucht ein – oft zusätzlich systematisch angeheiztes – Ansteigen der Ansprüche. Zugleich beginnt sich bereits deutlich eine Tendenz abzuzeichnen, die die Gefährlichkeit der beiden ersten Tendenzen drastisch erhöht: Die auf der Erde verfügbaren Ressourcen – für eine fast explodierende Menschheit mit gestiegenen Ansprüchen – haben bereits begonnen, sich zu erschöpfen.

Eine endlose Steigerung der Ausbeutung und Belastung der Umwelt und eine ebenso endlose Steigerung der Ansprüche sind aber einfach unter den letztlich begrenzten Bedingungen dieser Welt nicht möglich. Wann wird der Mensch lernen, sich wieder als ein Teil der Welt, der Erde und der Natur zu begreifen und sich in die lange vernachlässigten umfassenden Systembedingungen sinnvoll einzupassen? Der oft zu hörende Hinweis, daß der Mensch bisher noch immer eine

Lösung gefunden habe, läßt mich an den Witz von dem Mann denken, der aus dem 25. Stock eines Hochhauses fällt und, am 13. Stockwerk vorbeikommend, beruhigt feststellt: „Gott sei Dank, bisher ist ja noch alles gutgegangen."

Aber kann der Mensch überhaupt seiner Natur entfliehen? Würde es ihm nicht letzten Endes ähnlich ergehen wie dem Skorpion in der Geschichte mit dem Löwen? In dieser Geschichte bat der Skorpion, der an das andere Ufer eines großen Flusses wollte, einen Löwen, hinüberzuschwimmen und ihn auf seinem Rücken mitzunehmen. Der Löwe, mißtrauisch, meinte allerdings: „Ich kenne dich, man muß vorsichtig mit dir sein; denn du beißt, und dein Biß ist tödlich." Dem Skorpion gelang es schließlich doch, die Bedenken des Löwen zu zerstreuen. So schwammen beide los. In der Mitte des Flusses spürte der Löwe plötzlich einen starken Schmerz: „Au, du hast mich trotz aller deiner Versprechungen doch gebissen! Nun werden wir beide untergehen!" „Ich weiß", meinte der Skorpion, „es tut mir auch leid. Aber ich konnte nicht anders. Keiner kann seiner Natur entfliehen!"

Der Hirnforscher John Eccles sprach einmal davon, daß der Mensch erkannt habe, nicht mehr den Glauben zu besitzen, das Leben in Hoffnung zu leben. Der Rationalismus, der Gefährte des mechanistischen Weltbildes, hat nämlich nicht nur das eine Gesicht, auf das die meisten Zeitgenossen heute so stolz sind. Er hat auch ein zweites Gesicht. Der Philosoph Paul Feyerabend findet poetische Worte, wenn er feststellt: „Es ist eines der Märchen, die wir uns erzählen, um vorübergehend die Sinnlosigkeit ertragen zu können, die uns umgibt. Es gleicht den Stories von warmen Häusern, reichen Mahlzeiten und schönen Frauen, die in der Wildnis verirrte Jäger am Lagerfeuer erfinden. Es wäre aber fatal, wenn sie diese Stories auch nach Erlöschen des Feuers für die Wirklichkeit hielten."

Wir haben, gerade in unserer fortschrittlichen Entwicklung, nicht begriffen, daß die wahren Grundlagen von innerem Glück und Lebensfreude nicht in den gleißenden Besitztümern liegen, die wir uns gegenseitig vorzuzeigen gewohnt sind, sondern in dem Sich-beschneiden-Können. Das „Königreich", von dem Jesus Christus sprach, war eben kein Königreich äußerlicher Macht.

Außerdem gibt es auch noch einen anderen Zusammenhang: Etwas ist uns um so mehr wert, je mehr wir uns anstrengen mußten, es zu erwerben, je mehr sich der jetzige Zustand, in dem wir uns befinden, von dem vorangegangenen abhebt. Wie genießen wir es, endlich etwas trinken zu können, nachdem wir stundenlang durstig waren! Wie glücklich ist derjenige, der nach schwerer, vielleicht lebensbedrohender Krankheit sich der Welt und dem Leben wiedergeschenkt fühlt, wie glücklich derjenige, der, ewig von Schmerzen gequält, nachts endlich einmal ohne Schmerzen schlafen kann! Wie froh ist man, wenn nach langen Mühen endlich das eigene Haus – oder nur ein Manuskript – fertig ist! Aber wer will sich heute noch anstrengen, da er fast alles ohne Anstrengung haben kann?! Erich Fromm stellte einmal die Frage, ob nicht weniger der an der Gesellschaft leidende Mensch, sondern vielmehr die Gesellschaft selbst „krank" sei, und ob vielleicht nicht sogar eine florierende Wirtschaft letztlich überhaupt nur um den Preis kranker Menschen möglich sei. Jedenfalls sind wir weit davon entfernt, wirklich menschliche Menschen zu sein – wenn menschlich mehr als nur die Zugehörigkeit zu einer besonderen Art von Lebewesen bedeuten soll –, und wir sind ebenso weit davon entfernt, wirklich menschliche Gesellschaften zu haben.

Bei näherem Betrachten erweisen sich nun viele vordergründig zutage tretenden Probleme als Symptome grundsätzlicherer Zusammenhänge, die es zu erkennen gilt. Was haben wir denn bisher, bezogen auf diese grundsätzlichen Probleme der Menschen, mit unseren beeindruckenden Organisationen wirklich erreicht, und was könnten wir mit den bisherigen Vorgehensweisen in Zukunft überhaupt erreichen? E.F. Schumacher hat unsere Situation wohl sehr treffend gekennzeichnet, als er sagte: „Unser Zeitalter (ist) eines, das ein Maximum an Chancen für Entwicklung hat – und (zugleich) ein Maximum an Verführungen, diese Chancen nicht zu nutzen oder sie sogar zu mißbrauchen ..."

Der oft berufene Idealzustand erscheint derzeit zumindest nicht erreicht und auch kaum erreichbar. Der Wohlstand in den Industrienationen ist wohl gewachsen, aber die Menschen sind nicht glücklicher geworden. Trotz gegenüber früheren Zeiten teilweise beeindruckenden Sozialleistungen wächst die Unzufriedenheit über die Nicht-Erfüllung von Erwartungen. Zunehmende Tendenzen zu persönlicher Unabhängigkeit lassen – anstelle der früheren – neue Abhängigkeiten um so schmerzlicher erkennen.[9]

Anstelle der Infektionskrankheiten früherer Jahrhunderte spricht man heute von Herzinfarkten, Zivilisationskrankheiten usw. Die Kindersterblichkeit in den Ländern der Dritten Welt hat sich enorm verringert, aber unzählige Kinder, die die Geburt überstanden haben, sterben anschließend an Hunger; und diejenigen, die überleben, werden wieder mehr Kinder auf die Welt bringen, von denen wahrscheinlich noch mehr an Hunger sterben werden. Wie viele Schüler verlernen in der Schule das Lernen! Was erfahren wir in Wirklichkeit in unseren hochentwickelten Massenmedien über die Welt? Trotz der Existenz mächtiger Kirchen ist die Frömmigkeit zurückgegangen. In den Gefängnissen, die der Entkriminalisierung dienen sollten, entstehen neue Verbrecher. Obwohl unsere Politiker mit gewichtigen Worten recht häufig im Fernsehen auftreten, verliert sich zunehmend das Interesse und Wohlgefallen an ihren Auftritten; vor allen ist das Vertrauen in die Regierung (gleich welcher Partei) in eine verdrossene Gleichgültigkeit umgeschlagen. Trotz schnellerer Verkehrsmittel, die die Verbindung zwischen verschiedenen Orten erleichtern sollen, wachsen die Zeiten, die wir – mobil in Staus – im Verkehr verbringen. Jeder, der es unvoreingenommen wagt, über seine Erfahrungen nachzudenken, wird zahlreiche weitere Beispiele beisteuern können.

---

9 Es sei nur am Rande auf die von Norbert Wiener, dem „Vater" der Kybernetik, vertretene Konzeption einer aus Informationsnetzen bestehenden „Kommunikationsgesellschaft" mit politischer Selbstregulationsfähigkeit verwiesen. Er zeichnet in dieser Konzeption eine Gesellschaft ohne Staat, und der 'homo communicans', der kommunizierende Mensch, stellt in seiner Sicht ein Wesen ohne eigentliche Innerlichkeit dar, das sich auf der Grundlage seiner sozialen Austauschprozesse definiert. Es gleicht damit dem von Riesman herausgearbeiteten 'außengeleiteten' Menschen, der sich im wesentlichen dadurch auszeichnet, daß er „auf Reaktionen reagiert" (Bateson).

Zwei gegensätzliche Szenarien

Versucht man, sich grundsätzliche Entwicklungsrichtungen in der Zukunft zu vergegenwärtigen, so könnte man in extremer Form zwei Szenarien gegenüberstellen. Lassen wir zunächst einen fiktiven Sprecher nicht ohne Stolz in der einen Richtung argumentieren:
'Die Menschheit hat – gerade in diesem Jahrhundert – wie noch nie in ihrer Geschichte gewaltige Fortschritte auf dem Weg zu immer mehr Wohlstand und Freiheit erzielt.'[10] 'Der Mensch hat die Welt in einem ganz erheblichen Ausmaß gemäß seinem Willen verändert und die nahezu vollkommene Beherrschung der Natur erreicht; der Weg des Fortschritts wird auch stetig weiterführen in Verhältnisse, die heute noch gar nicht vorstellbar sind.[11] Außerdem kann die Rückkehr in die Vergangenheit ohnehin nie ein Weg in die Zukunft sein.' Im übrigen sind die Unkenrufe über ausgehende Ressourcen völlig unbegründet, vorausgesetzt, man überläßt den Preisen die Regulierung. „Bei reichlich zur Verfügung stehender Energie kann man für eine sehr lange Zeitspanne fortfahren, die Ressourcen der Erde in Kapital und Materialien umzuwandeln, die für ein hohes Niveau ökonomischer Tätigkeit erforderlich sind" (Auer).

Dem linearen Denkansatz des Menschen erscheinen Fortschreibungen und Hochrechnungen dieser oder ähnlicher Art eine Selbstverständlichkeit. Der Gedanke, daß Trends sich abschwächen oder gar umkehren können, wird mit dem Hinweis auf die menschliche Erfindungsgabe, die technisch-wissenschaftlichen Erfolge und die organisatorischen Kapazitäten des Menschen verworfen. Zweifler werden auf verschiedenartige Weise ins Abseits befördert. Ohnehin sind sie nicht ernst zu nehmen in einer Welt, die seit Jahrzehnten, ja seit Jahrhunderten tagtäglich das Gegenteil „bewiesen" hat.

Der flache Optimismus der rationalistisch argumentierenden „Macher", die allzu leicht dazu neigen, das Zerbrechen des Thermometers für die Beseitigung des Fiebers zu halten, scheint allerdings heute nicht mehr so durchgreifend und vorbehaltlos verbreitet zu sein wie noch vor einiger Zeit. Sind doch inzwischen viele – grundsätzliche – Zweifel aufgekommen, und die Menschen beginnen offenbar zu erkennen, daß in einem endlichen System kein unendliches Wachstum möglich ist.

Dennis Meadows zitiert in seinem Buch „Grenzen des Wachstums" die schöne Geschichte von der Seerose, die französischen Kindern erzählt wird: Diese Seerose wuchs jeden Tag auf die doppelte Größe an, aber solange sie noch nicht die Hälfte der Teichoberfläche bedeckte, beunruhigte sich niemand. Doch plötzlich wird sie

---

10 Daß diese Fortschritte, die sich vorwiegend in Wissenschaft und Technik vollzogen, unter dem Leitbegriff von Beherrschung und Kontrolle und nicht etwa von gegenseitigem Verstehen und Kooperation erfolgten, sei nur noch einmal kurz in Erinnerung gerufen (vgl. Teil A, Kapitel 1).
11 Man muß sich dabei immerhin vor Augen halten, daß nach der einfachen Zinseszinsrechnung bereits ein jährliches Wachstum von nur 1 % in mindestens 72 Jahren zu einer Verdoppelung gegenüber dem jeweiligen Ausgangswert führt (Eibl-Eibesfeldt).

Szenarien und Alternativen

an einem einzigen Tag, nehmen wir an vom 29. auf den 30. Tag ihres unerhörten Wachstums, den ganzen Teich bedecken, so daß kein Wasser mehr zu sehen sein und alles Leben im Teich ersticken wird. Können wir so sicher sein, daß wir mit unserer Welt-Industriekultur heute nicht schon den 29. Tag erreicht haben?

Wer aber möchte solche Geschichten hören und an sie glauben? Sitzen wir nicht in einem unsichtbaren geistigen Käfig, der an das immer wieder zitierte Höhlengleichnis denken läßt, mit dem Plato die Situation des Menschen in der Welt umschrieb: In einer Höhle schmachten Gefangene, zeitlebens angekettet; an der gegenüberliegenden Wand des Höhleneingangs erkennen sie immer nur die Schatten dessen, was sich draussen, vor dem Eingang der Höhle, abspielt, und dieses Schattenspiel ist ihre Welt, ist ihre Wirklichkeit und Wahrheit. Wenn nun einer der Eingekerkerten, von seinen Fesseln befreit, die Höhle verlassen könnte, so würde er eine Welt vorfinden, die er kaum begriffe, weil sie so ganz anders ist als jene Welt der Schatten, die er jahrzehntelang in der Höhle erlebte. Wenn dann dieser Mensch, zunächst verwirrt, aber nach und nach an eine andere 'Wirklichkeit' gewöhnt, zu seinen ehemaligen und immer noch in der Höhle angeketteten Gefährten zurückkehren und diesen von der „wirklichen" Welt draußen erzählen würde, so würden sie ihn für verrückt erklären und auslachen. Denn die Welt, die sie zeit ihres Lebens zu sehen bekamen, bliebe *ihre* Wirklichkeit.

Vielleicht hätten die Dinosaurier, wenn sie mit ihren mandarinengroßen Gehirnen hätten denken können, bei Rückblick auf eine in gewaltiger Weise erfolgreiche Lebenserfahrung ihrer Art mit noch größerer Berechtigung bei Verkündung ihres Endes durch einen 'unrealistischen' Zweifler aus vollem Halse gelacht, wenn sie hätten lachen können. Und doch waren es ganz andere Lebewesen als diese gewaltigen, „ewig" siegreichen Kolosse, die die Entwicklungsgeschichte überstanden.

Warum sollte Ähnliches nicht auch für uns und unsere heutige Zeit gelten? Es könnte doch durchaus sein, daß alle die Qualitäten, die dem Menschen in der Vergangenheit zu seinen eindrucksvollen Erfolgen verholfen haben, unter den heute völlig anderen, von ihm selbst technisch geschaffenen Bedingungen nachteilig, ja in äußerstem Maße gefährlich sind. Eigenschaften wie massives Selbstbewußtsein, Durchsetzungsstreben und Dominanzbedürfnis, die in der Vergangenheit bestimmte Personen zu Führernaturen der Menschen machten, könnten unter den veränderten Verhältnissen der Gegenwart oder gar der Zukunft gerade diejenigen sein, die die Probleme und Gefahren vergrößern und dazu beitragen, bestehende Schwierigkeiten zu vermehren.

Es ist ja z.B. durchaus vorstellbar, daß zukünftige Führungsqualitäten weit eher darin liegen, über ein feines Gespür für Situationen zu verfügen, zuhören zu können, eine Einsicht in bestehende Grenzen zu haben, sich gemäß diesen Grenzen zu bescheiden, zu einer bedingungslosen Zusammenarbeit bereit zu sein, statt starrer 'Willenskraft' Flexibilität zu beweisen, vor allem aber authentisch, wahrhaft und in schlichter Weise echt und redlich zu sein.

Die heutigen Aufgaben erscheinen selbst für hochbegabte Politiker fast unlösbar. Sie sind offensichtlich von der Komplexität der von ihnen zu 'beherrschenden'

Systeme überfordert.[12] Die starr hierarchischen Strukturen unserer bürokratischen Verwaltung, d.h. die bisher entwickelten Formen gesellschaftlicher Organisation vermögen einer zunehmend komplexen Welt mit sich wandelnden Konstellationen von Gruppierungen und Verhältnissen nicht mehr gerecht zu werden.

Hoimar von Ditfurth beschreibt als die Tragik des Politikers, daß die charakteristischen Eigenschaften, über die er bisher verfügen mußte, um überhaupt erfolgreicher Politiker zu werden, jenen Eigenschaften oft geradezu entgegengesetzt seien, die benötigt würden, um das künftige Schicksal der Welt und der Menschheit zum Besseren zu lenken. Durch die typische Politikerkarriere erfolge in gesellschaftlich-konsequenter Weise geradezu eine negative Auslese. „Die Eigenschaften, die ein Politiker haben muß, um Karriere zu machen, haben mit den Eigenschaften, die er braucht, um als Inhaber der politischen Macht nutzbringend tätig werden zu können, zu unser aller Schaden offensichtlich herzlich wenig zu tun." Denn gerade Machthunger und egozentrische Profilierungssucht sind sehr schlechte Voraussetzungen für die Entwicklung der für die Zukunft so notwendigen Kooperation und Solidarität. So ist es nicht erstaunlich, wenn Hoimar von Ditfurth an einer anderen Stelle schreibt: „Das Erschrecken wird groß sein, wenn den Leuten aufgeht, wie gering das Wissen ist, wie unterentwickelt die Sensibilität und wie groß die Ratlosigkeit derer, von denen sie sich 'verantwortlich geführt' glauben." Eine von Otto Schulmeister plastisch geschilderte Szene mag dieses Bild ergänzen: „Wir alle sitzen in einem luxuriös ausgestatteten, technisch perfekten Großraumflugzeug, unter uns die geliebte, alte Erde, über uns der Sternenhimmel. Das Gefühl von Macht und Größe ist hinreißend, doch die Passagiere haben das muntere Geplauder aufgegeben. Man zeigt sich beschäftigt mit dem Studium von Akten, mit der Betrachtung der Umwelt, doch im Vibrieren der Turbinen begegnet sich mancher verlegene Blick. Wer sitzt eigentlich im Cockpit? Wohin geht diese Reise? Nichts läßt zu wünschen übrig, der Service funktioniert, die Hostessen sind freundlich und lächeln; die Frage jedoch, die sich im Schweigen verbirgt, könnten auch sie nicht beantworten."

Unversehens sind wir mit den skeptischen Anmerkungen zu dem ersten Szenario bereits bei der Schilderung des zweiten Szenarios angelangt. Es sei an einem weiteren Bild veranschaulicht: Auf einem Schiff feiern alle Gäste eine rauschende Bordparty und drängen auf der Jagd um die besten Brocken an das kalte Buffet; während das Schiff bereits zu Sinken beginnt, läßt der Kapitän, weil er weiß, daß es nichts zu retten gibt, die Bordkapelle spielen und zusätzlich Gratis-Sekt ausschenken, um eine Panik zu vermeiden. Und welcher Politiker unserer klassischen Garnitur würde – seien wir einmal ehrlich – eine Wahrheit bekennen wollen, die seine Wiederwahl ausschlösse, selbst wenn er diese Wahrheit begriffen hätte?

Dieses zweite Szenario, das ich bewußt mit einigen sehr krassen Zitaten belegen

---

12 Erich Fromms sarkastische Feststellung: „Selbst ein Mensch von geringer Intelligenz und Befähigung kann ohne Mühe ein Staatswesen leiten, wenn er einmal an die Macht gelangt ist", steht dazu nicht im Widerspruch; einmal beschreibt er nur, was ist, nicht jedoch, was nötig wäre, und zum anderen bleibt offen, was 'leiten' bedeutet und was heute noch wirklich 'geleitet' werden kann.

möchte, geht nach Hoimar von Ditfurth davon aus, daß die unter ganz bestimmten Bedingungen der Entwicklungsgeschichte entstandenen Eigenschaften unserer Art, die eben unter diesen Bedingungen dem Überleben dienten, uns auch zur Zeit noch immer als einzige in einer weitgehend veränderten Welt zur Verfügung stehen, für die sie biologisch gar nicht „gedacht" waren. Er verweist dabei u.a. auf eine enorme Bevölkerungszunahme, auf gewaltige technologische Entwicklungen und weltweit erheblich gestiegene Ansprüche. Je stärker die Erdbevölkerung aber wächst, um so notwendiger werden sekundäre, technisch-zivilisatorische Veränderungen, durch die der Raubbau an der Natur und die Belastung der Umwelt gewaltig gesteigert werden. Allein der Wasserbedarf der Menschheit dürfte sich in den nächsten 30 Jahren mehr als verdoppeln. Die Wasserreserven werden aber zunehmend knapper, und in manchen Gegenden sind sie heute schon nahezu erschöpft. Dazu treten unübersehbare Vermassungswirkungen, die sich nachteilig, vor allem in Form einer zunehmenden Aggressivität, auf das Sozialverhalten auswirken. „Wir sind aus der Kleiderkammer der Evolution gewissermaßen mit der falschen Ausrüstung in die moderne Gegenwart entlassen worden. Und wir besitzen keine Überlebensgarantie mit unbeschränkter Geltungsdauer, als Individuum ohnehin nicht, aber auch nicht als Art" (von Ditfurth).

In einer ganzen Reihe von Untersuchungen ist nachgewiesen worden, in welche Überlebensgefahr gerade „tüchtige" und „übertüchtige" Arten geraten, die sich aufgrund ihrer herausragenden Fähigkeiten schließlich die eigenen Lebensgrundlagen entzogen haben.

Ich habe in meinem Buch „Natur, Wissenschaft und Ganzheit" eine Reihe von Beispielen in dieser Richtung gebracht. So zeigte sich in Nordkanada eine auffallende Regelmäßigkeit in der Zu- und Abnahme der Bevölkerungsdichte von Füchsen. Je zahlreicher die Füchse in diesem Gebiet waren, um so mehr Kaninchen wurden von ihnen gefressen. Je weniger Kaninchen aber demzufolge überlebten, desto karger wurde die Nahrung für die Füchse, desto weniger Füchse überstanden die durch sie selbst bewirkte Notzeit und konnten sich fortpflanzen (Watzlawick). Der amerikanische Zoologe Lawrence B. Slobodkin konnte in seinen Untersuchungen sogar feststellen, daß Raubtiere sich gewöhnlich nach einer unbewußten Strategie verhalten, durch die sie Gefährdungen für ihre Überlebenschancen möglichst gering halten. Dazu passen auch Beobachtungen, nach denen paradoxerweise kurzfristig weniger erfolgreiche Arten größere Überlebenschancen hatten, eben weil sie sich dem Gesamtsystem besser anpaßten, statt dieses blind und bedingungslos zum eigenen kurzfristigen Nutzen auszubeuten. So mag sich sogar die Frage stellen, ob nicht die gewaltige Explosion der menschlichen Bevölkerung und die zunehmende Beherrschung der ganzen Erde durch den Menschen dem Phänomen einer die ganze Erde umfassenden Monokultur mit allen damit verbundenen Gefahren nahekommt.

Unsere Planungen, die sich – zumindest unter dem Aspekt biologischer Größenordnungen – durch kurzsichtiges Gewinnstreben, massive Durchsetzungstendenzen und hochgepeitschte Ansprüche auszeichnen, könnten in eindeutiger Parallele zu dem Schicksal dieser Arten gesehen werden. Denn auch wir sind in

Verfolgung unserer kurzsichtigen Interessen bereits voll in den Prozeß der Vernichtung von Lebensraum verstrickt, der nicht nur andere biologische Arten, sondern bereits menschliche Teilbevölkerungen betrifft.

Während Hoimar von Ditfurth noch einen Schimmer Hoffnung läßt, der ihm allerdings unter den bestehenden politischen Bedingungen nur schwach erkennbar scheint, sieht der in Paris lebende rumänische Schriftsteller E.M. Cioran in seinen Büchern „Die Lehre vom Zerfall" oder „Geschichte und Utopie" die Situation des Menschen im Grunde unabwendbar zum Scheitern verurteilt. Er schildert in dichterisch ergreifenden Worten eine Situation definitiver Hoffnungslosigkeit und zeichnet Sinnbilder des Verwelkens und des Untergangs. „Ein zukunftsloses Tier, mußte er (der Mensch) in seinem Ideal versinken: Sein eigenes Spiel wurde ihm zum Verhängnis. Weil er ununterbrochen über sich selbst hinausgelangen wollte, ist er erstarrt ... Jedes unserer nichtigen Delirien macht aus jedem von uns einen Gott, der einem abgeschmackten Geschick unterworfen ist ..."

Ein weiterer Vertreter, der in einer Cioran sehr verwandten Weltsicht die apotheotische Vernichtung der Menschheit mehr historisch zu begründen versucht, ist der Münsteraner Professor Ulrich Horstmann. Er sieht zugleich die Gefahr, daß der Mensch sich nicht in sein Schicksal fügen, sondern daß die Welt in „erbarmungslosen Verteilungskämpfen" der Mächte zerrieben wird. Das erinnert sehr stark an die Betrachtungen des Historikers Johannes Scherr, der in seinem „Buch des menschlichen Wahnsinns, sonst auch bescheidentlich Weltgeschichte genannt" davon spricht, daß die Menschheit Vernunft, Frieden, Freiheit und Glück nicht ertragen könne; sie sei einfach nicht dazu organisiert.

Schließlich möchte ich in diesem Zusammenhang auf die Überlegungen eingehen, die Robert Kurz im Blick auf die Zukunft zur „Krise der Weltökonomie" anstellt. Ich hatte ja bereits im ersten Teil des Buches die Entwicklung abendländischen Denkens skizziert und bemerkt, daß jeder Entwicklungsweg auch seinen Preis hat. In der Kritik des vom Abendland im Gefolge der „Aufklärung" beschrittenen Weges des Quantifizierungsrausches und der Veräußerlichung, der Zweckrationalität, des Rentabilitätsdenkens und des Machbarkeitswahns, der abstrakten Orientierung an Geld und „blinder" Warenproduktion kommt Kurz zu der Schlußfolgerung, daß die sich heute anbahnende oder schon vorhandene Wirtschaftskrise Ausdruck eines sich selbst verstärkenden Prozesses darstellt, der sich quasi verselbständigt hat. Er verweist auf die Ankurbelung des Exportes um jeden Preis, den nur zu einem noch rascheren Ausblutungsprozeß führenden bedingungslosen Kampf um die letzten Weltmärkte, auf den „unstillbaren Hunger nach Zufluß von Fremdkapital, der nicht mehr durch Wertsubstanz gedeckt werden kann", und sieht die Schraube dieser einseitigen Entwicklung inzwischen überdreht. Durch eine immer stärkere Rationalisierung und Automatisierung würden neue, unumkehrbare Bedingungen der Rentabilität gesetzt, die zugleich die „logische innere Schranke der abstrakten Vernutzungsbewegung von Arbeitskraft" deutlich machten. Er sieht die Zukunft durch eine immer weiter verschärfte Konkurrenz, durch verzweifelte Verteilungskämpfe, immer neue und größere Flüchtlingsströme und ein Schwinden der Massenkaufkraft gekennzeichnet. Politik und Wirtschaft sähen indes kritik-, konzeptions- und ratlos dem Gang des Verhängnisses zu und seien mehr und mehr mit massiven und blinden Gewaltausbrüchen konfrontiert, in denen es keine Beachtung traditioneller Spielregeln unserer Zivilisation mehr gebe, auch wenn man versuche, „die Krise durch künstlich geschaffenes, eigentlich substanzloses Kreditgeld hinauszuzögern". Über ein immer schwächeres Krisen- und Notstandsmanagement nähere man sich in einer Art Selbstvernichtung dem definitiven Zusammenbruch des globalen Gesamtsystems, ohne daß bisher eine Alternative erkennbar wäre.

Auch in dem Ost-West-Konflikt, der so stark die Politik der letzten Jahrzehnte bestimmte, sieht Robert Kurz nichts anderes als die Auseinandersetzung „zweier ungleichzeitiger historischer Stufen" desselben Systems. In dem „Nebelfeld eines beginnenden geschichtlichen Übergangs, der in unbekanntes Terrain führt, irren die alten Ideen aufgescheucht hin und her, um sich schließlich, obwohl sie einander bisher spinnefeind waren, auf ihren gemeinsamen arbeitsgesellschaftlichen Nenner zu besinnen und gemeinsam die marktwirtschaftlichen Erfolgsgötzen um Erhaltung des Status quo anzuflehen. Dieser bereits anachronistisch gewordene Götzendienst äußert sich als gegenseitiges wildes Anfeuern zu Optimismus und Ärmelaufkrempeln, um der im Koma liegenden alten Welt des Geldverdienens noch schnell einen letzten Herzschrittmacher zu verpassen."

Komplexität und Unsicherheit

Die entscheidende Frage, die sich vor dem Hintergrund der beschriebenen Visionen sowie angesichts der Tatsache stellt, daß die beiden extremen Szenarien ja nicht die einzig vorstellbaren Möglichkeiten sind, gilt brauchbaren Alternativen zu blauäugigem Optimismus, blindwütigem Weiterwursteln, utopischen Träumen und einem resignierten Akzeptieren eines Endes mit Schrecken oder eines Schreckens ohne Ende. Denn das erste Szenario kann langsam kaum noch jemand für realistisch halten, und an das zweite möchte man im tiefsten Grunde eigentlich doch (noch) nicht glauben.

Es ist ja auch keineswegs so, daß die Zukunft bereits in definitiver Weise durch Vergangenheit und Gegenwart festgelegt wäre und bestimmte, gegenwärtig erkennbare Trends unausweichlich in der angenommenen Richtung weiterverlaufen und in einen exakt vorausberechenbaren Punkt X münden müßten. Das ist schon nach der Chaostheorie nicht möglich. Gewiß sind aus der Vergangenheit und Gegenwart Bestimmungsfaktoren der Zukunft abzulesen, die von großer, vielleicht sogar entscheidender Bedeutung für die zukünftige Entwicklung sein können. Es gibt aber andererseits in dem äußerst komplexen Beziehungsgesamt menschlichen Lebens auf dieser Welt auch eine große Zahl von Einflußgrößen, deren Auswirkungen gegenwärtig noch nicht abzuschätzen sind, und es gibt auch solche, die der Mensch vielleicht nie erkennen wird. Selbst in den Naturwissenschaften sind, worauf Ilya Prigogine immer wieder hinwies, bei genauerem Zusehen nur verschiedene mögliche „Szenarios" vorauszusagen, und man muß immer

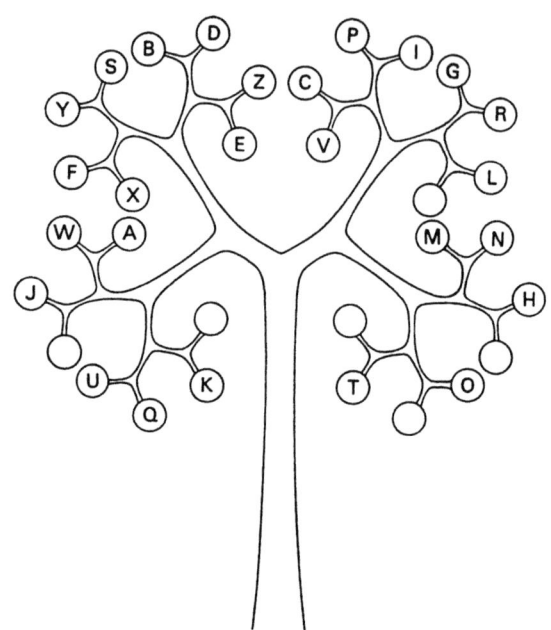

Abbildung 12: *„Entscheidungsbaum".* Das Prinzip des Entscheidungsbaumes ist hier zur Darstellung des Fernschreibcodes verwandt. Man gelangt zu jedem „Blatt" durch fünf binäre Entscheidungen, indem man an jeder Gabelung entweder die rechte (0) oder die linke (1) Alternative wählt. Das „R" zum Beispiel wird durch das Codewort [01010] symbolisiert.

wieder mit neuen Verzweigungspunkten, neuen Kombinationen und folglich unerwarteten Ergebnissen rechnen.

Um wieviel eher muß das im Bereich menschlichen Lebens und menschlicher Gesellschaften gelten, wo sich in einer ständig ändernden Umwelt, die individuell und sozial verarbeitet wird, durch diese Verarbeitung immer wieder Ansätze ergeben mögen, die bis zu einem bestimmten Punkt vorher gar nicht möglich waren, dann aber möglich wurden und nun ihrerseits die Umwelt so verändern, daß erneut das Spiel weiterer Verarbeitungen einsetzt. Die Beispiele aus der Synergetik, die Erkenntnisse über das Wesen „dissipativer Strukturen" oder der Chaostheorie sind auch im anthropologischen Bereich von großer Bedeutung. Möglicherweise ist die Menschheit sogar an einem grundsätzlichen Scheideweg angekommen, an einem „Bifurkationspunkt" (s. S. 82) ihrer Geschichte. Einer der Wege könnte zu einem vielleicht endgültigen Inferno der Gewalt, der andere zu wahrem Verständnis, Toleranz und Liebe führen.

An einer ganzen Reihe von Stellen dürften bereits Ansätze erkennbar geworden sein, die gewisse realistische Einschätzungen der Situation erlauben, und auch solche, die im Hinblick auf eine Problembewältigung weiterführen könnten. Ich betone „könnten", denn zu dem Wort „werden" fehlt mir, ähnlich wie Hoimar von Ditfurth, die Überzeugung; dann müßten einige ganz entscheidende Voraussetzungen erfüllt sein, für deren tatsächliches Zustandekommen zur Zeit noch nicht sehr viele Anzeichen erkennbar sind.

Es kann sicherlich nicht darum gehen, eine Summe isolierter Maßnahmen zu planen und sie in hektischem Aktivismus durchzusetzen. Vielmehr ist im Rahmen einer umfassenden Strategie eine echte Synthese mit einer für das Gesamtsystem nicht zerstörerischen, sondern fruchtbaren Spannung notwendig. Denn die Zukunft des Menschen hängt zweifellos ganz entscheidend davon ab, daß es gelingt, die Vielseitigkeit und Vielschichtigkeit bestehender Probleme zu erkennen, größere und tiefere Zusammenhänge mit vernetzten Beziehungen zu begreifen und mit Komplexität umgehen zu lernen. Dabei ist es ein unbestreitbarer Vorteil, Gemeinsames in Unterschieden zu erkennen und zu betonen, aber auch die notwendige Ergänzung sich scheinbar widersprechender Wahrheiten zu einer komplexen Wahrheit (s. S. 71) zu sehen. Dazu ist ferner wichtig, bestehende grundlegende Probleme tatsächlich angehen zu wollen, auch deren tiefere Hintergründe in die Überlegungen einzubeziehen und schließlich – auch unter Verzicht auf kurzzeitige Vorteile und schnell zu erreichende Ergebnisse – langfristige Ziele anzustreben.

Wir benötigen ein Umdenken über die Wirklichkeit, ein neues, ganzheitliches Verständnis der Zusammenhänge, ein Wirklichkeitsverständnis, das der tatsächlichen Komplexität der Zusammenhänge gerecht wird, Einseitigkeiten vermeidet sowie Nebenwirkungen, Rückwirkungen, Spätfolgen und dynamische Wechselwirkungen einbezieht. Und wir müssen diese bislang vernachlässigten Blickweisen auch in die Tat umsetzen.

Von der Natur lernen

Ein anderer wichtiger Aspekt betrifft eine sehr viel stärkere Orientierung an unserer natürlichen Umwelt und das Bemühen, sich sozusagen die positiven Erfahrungen der Natur nutzbar zu machen.

Die Biologie liefert uns zahllose Beispiele für das Zusammenwirken des Ganzen mit den Teilen. Sie liefert uns aber auch negative Beispiele: Durch Einverleiben von Giften kann ein Organismus seinen eigenen Zellen schweren Schaden zufügen; umgekehrt können Zellen sich einseitig ungesteuert vermehren und durch sogenanntes Krebswachstum den Organismus zerstören. Die blühende Existenz eines Gesamtorganismus muß keineswegs notwendigerweise im Gegensatz oder gar im Kampf stehen zu einzelnen individuellen Einheiten, bestimmten Organen oder gar Zellen. Im Gegenteil: Organismen existieren gerade aufgrund eines genialen Zusammenspiels von Teilen und Ganzem!

Warum also sollte ein unüberwindlicher Gegensatz und eine ständige Kampfsituation zwischen der Existenz von Gesellschaften und der Existenz von Einzelwesen, von menschlichen Individuen bestehen? Das Individuum gewinnt keineswegs notwendig durch die Schwächung der Gesellschaft, und die Gesellschaft profitiert letzlich ebensowenig durch die Schwächung individueller Persönlichkeiten und Bestrebungen. Sie verliert vielmehr wertvolles Engagement und wirksame Unterstützung, wenn sie die in ihr lebenden Individuen durch totale Manipulation und einseitig einengende Sozialisation als autonome Individuen zerstört. Auch eine Kultur ist nur insoweit lebendig, als sie von ihren Mitgliedern gedacht und gelebt wird, und diese wieder entwickeln sich als solche auf dem Boden einer bestimmten Kultur, die ihre spezifischen individuellen Erfahrungen prägt. Kein

Mensch existiert als eine isolierte Insel, aber auch kein Mensch ist vollständig in eine Gemeinschaft oder Gesellschaft auflösbar. Jede Gesellschaft entsteht aus dem Handeln von Individuen, die diese Gesellschaft bilden, und jedes Individuum ist zugleich ein Produkt seiner Gesellschaft. Der Mensch hat ein natürliches Bedürfnis nach Einordnung und Schutz, und ein von jeder Gemeinschaft ausgeschlossenes Individuum gliche einem Atom mit ungesättigten Valenzen[13] (Metzger). Kann nicht auch hier ein Verhältnis der Ergänzung eine fruchtbare Lösung sein, indem die Bedürfnisse des einzelnen nach Schutz und Hilfe durch die Gemeinschaft und die Anforderungen der Gemeinschaft an den einzelnen in Ausgewogenheit integriert werden. Das ist allerdings an eine Art faire Partnerschaft gebunden. Eine solche setzt in erster Linie gegenseitiges Vertrauen voraus. Bedauerlicherweise ist unsere derzeitige Situation aus vielerlei Gründen, die in den bisherigen Überlegungen deutlich geworden sein dürften, aber dadurch bestimmt, daß der Staat dem Bürger und der Bürger dem Staat zutiefst mißtraut, wobei sich dieses Mißtrauen laufend wechselseitig verstärkt. Im übrigen ist das ja schon in zwischenmenschlichen Beziehungen ähnlich. Wer das Mißtrauen des anderen fühlt, wird selber mißtrauisch. Insofern ist ein aus staatlicher Sicht als Folge eines eingeengten Denkansatzes notwendig erscheinendes Kontrollsystem eine das Mißtrauen des Bürgers verstärkende Institution, die dessen Engagement und Verantwortung schwächt. Dies führt aber wiederum – wir haben solche Prozesse ja schon verschiedentlich beschrieben – aufgrund eines entsprechenden Verhaltens beim Bürger (Uninteressiertheit an Gemeinschaftsbelangen, Unterlaufen einer Maßnahme, passiver Widerstand, Mißachtung staatlicher Regelungen usw.) bei staatlichen Stellen zu der Schlußfolgerung, weitere und noch schärfere Kontrollen für notwendig zu halten, so daß am Ende in einem Teufelskreis jeder dem anderen immer weniger traut und ein ungeheuer aufwendiges System mit immer geringerem Effekt aufrechterhalten wird. Ein solcher Teufelskreis ist aber äußerst schwer zu durchbrechen, vor allem in einem System, in dem – wie etwa in Deutschland – sehr geradlinig und nach Möglichkeit „im Gleichschritt", aber dafür gründlich gedacht wird. Solange dieser Spiralprozeß nicht durchbrochen wird, muß sich alles nur verschlimmern.

Warum versucht man nicht, gegenseitiges Vertrauen aufzubauen und eine Art Gleichgewicht zwischen sozialer und individueller Identität zu erreichen? Wie beim Organismus bedeutet wohl auch in dieser Beziehung die einseitige Überbetonung eines Aspektes eine Bedrohung des Ganzen. Schrankenloser Egoismus muß über eine Auflösung ordnender Kräfte des Staates zu einer gegenseitigen Vernichtung der Individuen führen. Dies muß vor allem bei einem weiteren massiven Anstieg der Weltbevölkerung befürchtet werden. Wenn in etwa 35 Jahren doppelt so viele Menschen wie heute die Erde bevölkern und alle sich gegen die jeweils anderen und den Staat egoistisch durchzusetzen versuchen werden, kann die Welt nur in „Mord und Totschlag" versinken.

---

13 Der Begriff Valenz, bzw. Wertigkeit, bezeichnet das gegenseitige Bindungsvermögen der chemischen Elemente.

Wenn dagegen eine Überbetonung des Staates und der kontrollierend-ordnenden Kräfte die individuellen Aktivitäten zu lähmen und zu ersticken droht, wird letztlich ebenfalls wieder die Existenz des Staates bedroht. Die Unterdrückung von Abweichlern seitens des Staates wird in ähnlicher Weise den Graben zwischen Staat und Abweichlern nur vertiefen, so daß brauchbare Anregungen ihres Denkens nicht konstruktiv für die Gemeinschaft nutzbar gemacht werden können. Andererseits werden die folgsamen Bürger, zusätzlich unterstützt durch die Sanktionen der Verwaltung gegen Abweichler, in ihrer konservativ-unbeweglichen Haltung und der Ablehnung alles Ungewohnten wechselseitig bestärkt. Solange der einzelne Mensch erkennt oder zu erkennen meint, daß sein Handeln oder seine Entscheidungen ohnehin das Verhalten seines Partners, des Staates, nicht beeinflussen, bleibt er seinem Egoismus und seiner Bequemlichkeit verhaftet. Der Wert einer Gesellschaft bestimmt sich aber wiederum durch das Engagement ihrer Mitglieder und die mitmenschlichen Beziehungen, die in dieser Gesellschaft vorherrschen.

Vielleicht ist es sogar falsch, primär zu fragen, was der einzelne wissen und können muß, um sich als nützliches Glied der Gemeinschaft zu erweisen. Vielleicht wäre es sinnvoller zu fragen: „Was kann der einzelne? Wo liegen seine Stärken? Wie können diese Stärken sowohl zur eigenen Zufriedenheit als auch zum Wohle der Gemeinschaft weiterentwickelt werden?" Vielleicht brauchen wir, um dem Alptraum potenzierter wechselseitiger Gewalt zu entgehen, eine gänzlich andere Grundstrategie menschlichen Zusammenlebens und des Verhältnisses zwischen Individuen, Gesellschaft und Staat.

Ich habe schon an anderer Stelle (S. 385) ausführlicher über die Vorstellungen Magoroh Maruyamas berichtet, nach denen normalerweise die Entwicklung des biologischen und sozialen Universums mit einem Anwachsen von Verschiedenartigkeit, aber auch von „Symbiotisierung" einhergeht. Symbiosen sind ja dadurch gekennzeichnet, daß verschiedenartige Lebewesen (Symbionten) zu wechselseitigem Nutzen dauerhaft zusammenleben. Das kann zwischen verschiedenen Tierarten (Einsiedlerkrebse und Seeanemonen), zwischen verschiedenen Pflanzenarten (Flechten-bildende Algen und Pilze) oder zwischen Tieren und Pflanzen (Insekten und Blüten) der Fall sein. Es gibt daneben auch eine ganze Reihe von Beispielen, in denen u.a. im Sinne einer „geplanten Symbiose" der Natur nachgebildete Kreisläufe geschaffen werden: etwa das Zusammenzüchten von Salaten und Krabben oder die Haltung von Hühnern über Fischbehältern, wobei die Ausscheidungen des einen Partners jeweils zur Ernährung des anderen dienen (Toffler). Erkenntnisse dieser Art sprechen dafür, daß in vielen Fällen nicht der Stärkste, sondern derjenige die günstigsten Überlebenschancen hat, der für diese symbiotische Art von Zusammenleben am geeignetsten ist.

Ein sehr schönes Beispiel aus einem anderen Bereich bringt auch P. Riller in seinem Beitrag zur recyclingfreundlichen Konstruktion von Elektrogeräten: „Bei einem Hausgeräte-Hersteller konnten mit der Lösung eines Entsorgungsproblems aus der Oberflächenbehandlung nicht nur ein Recycling-Kreislauf besonderer Art geschaffen, sondern auch zwei Fliegen mit einer Klappe geschlagen werden. Es gelang, das Gesenköl vom Tiefziehen der Edelstahl-Innengehäuse, das vorher aufwendig von den Teilen vor der Montage abgewaschen werden mußte, durch eine selbstentwickelte Schmierseife zu ersetzen, die an den Teilen verbleibt und nunmehr gleich für den Probewaschgang bei der Endprüfung der Geräte genützt werden kann" (zit. nach Warnecke).

Eine gemeinsame Schlußfolgerung aus diesen Überlegungen wäre, daß im Grunde Wege und Möglichkeiten gefunden werden müßten, Unterschiedliches in „symbiotischer" Weise zusammenzuführen, wodurch neue Kombinationen, neue Systeme mit neuen Eigenschaften entständen. Obwohl Mayurama durchaus sieht, daß verschiedene Individuen recht unterschiedliche Ziele haben können, ist es doch weder unlogisch noch praktisch unmöglich, daß sich diese Ziele entsprechen und konvergieren mögen bzw. in Entsprechung gebracht werden können. Es kann ja durchaus auch die eigene Zufriedenheit und das eigene Glück erhöhen, anderen Freude zu machen, ihnen zu helfen, ihnen die eigene Kompetenz zur Verfügung zu stellen.

Deshalb stellt sich für die politische Planung die Frage, wie man unterschiedliche Elemente „symbiotisieren", d.h. gewinnbringend vernetzen und in weiterer Folge aufeinander abgestimmte Netzwerke entwickeln kann, in denen die ermittelten Interessen und Ziele der einzelnen mit den Zielen der jeweils anderen zum Nutzen eines übergreifenden Ganzen in Symbiose gebracht werden können.

Dieselbe Überlegung nach dem gemeinsamen Nutzen stellt sich mit der gleichen Notwendigkeit für die Möglichkeit einer Symbiose zwischen Gesellschaft und Individuen. Wenn John Stuart Mill das Kriterium einer guten Regierung in der Qualität der sich unter ihrer Hilfe entwickelnden Individuen sah, so sind umgekehrt politische Systeme und Regierungen auf längere Sicht in ihrem Bestand um so mehr bedroht, je mehr sie denjenigen Individuen, die in ihnen leben, vorwiegend Nachteile bringen. Kooperative Verhaltensweisen in einer Bevölkerung kommen weniger durch direkte Belohnungen und schon gar nicht durch Androhung von Strafen zustande als vielmehr aus einer Gesamtatmosphäre heraus, die in einer Gemeinschaft herrscht, und aufgrund der individuellen Vorteile, die das Leben innerhalb einer sozialen Gemeinschaft mit sich bringt (Deutsch).

Um sinnvolle und „zufriedene" Systeme zu schaffen und zu erhalten, bieten sich Lösungen nach dem Schema des doppelten Gewinns an. Das ist – unter den zu erfüllenden grundsätzlichen Voraussetzungen – nicht zuletzt eine Frage des „guten Willens", d.h. der grundsätzlichen Bereitschaft und der Intelligenz der Teilnehmer. Warum sollte es denn auch ein fruchtbares, in sich durchaus im positiven Sinne spannungsreiches Zusammenwirken von individuellen und sozialen Interessen nicht geben? Mayurama beschreibt eine ganze Reihe von Beispielen für gesellschaftlich gelungene Lösungen dieser Art.

Soziologen haben festgestellt, daß Gesellschaften, die durch eine besonders geringe Aggressivität auffallen, eine soziale Ordnung haben, in der das Individuum mit der gleichen Handlung sowohl dem eigenen Vorteil als auch dem Vorteil der Gruppe dient. Dazu ist nicht einmal erforderlich, daß die Menschen besonders selbstlos sind und ihre sozialen Pflichten über ihre persönlichen Bedürfnisse stellen. Es genügt, daß einfach eine Art Gewinn-Identität entsteht.

Betrachten wir, um das Grundprinzip deutlich zu machen, ein sehr einfaches Beispiel aus dem Straßenverkehr: Zwei Fahrer nähern sich einer Kreuzung. Der eine, ein Pkw-Fahrer, ist ihr schon so nahe, daß er ohne Belästigung, Behinderung oder Gefährdung des anderen durchfahren könnte, obwohl dieser, nehmen wir an ein Lkw, der an der Kreuzung rechts abbiegen möchte, aber noch weiter entfernt ist und sich der Kreuzung wesentlich langsamer nähert, theoretisch die Vorfahrt hätte. Wenn der Nähere und Flottere durchfahren würde, hätte keiner von beiden einen Nachteil. Im Gegenteil! In vielen Fällen beschleunigen aber hierzulande vorfahrtberechtigte Fahrer in einer solchen Situation, weil sie „theoretisch" Vorfahrt haben und auch auf ihrem Vorrecht bestehen. In einem solchen Falle müßte derjenige, der schneller und der Kreuzung bereits näher ist, abbremsen und warten. Es wäre dies eine Situation, die, insgesamt gesehen, mehr Nachteile als Vorteile brächte.

Beim Einfädeln und Einfädeln-Lassen ist es ähnlich. Auch hier gibt es für jede Situation eine Lösung, die – unabhängig davon, daß sie gefahrlos sein muß – den an der Gesamtsituation jeweils Beteiligten insgesamt am meisten Vorteile bringt. Genauso lassen sich Kaufen und Verkaufen durchaus nicht nur als gegensätzliche Aktionen eines Konkurrenzgeschehens, sondern auch als eine einheitliche komplementäre Transaktion verstehen.

Die amerikanische Soziologin Ruth Benedict spricht, auf Gesellschaften bezogen, von sozialer Synergie. Das griechische Wort Synergie beschreibt im Grunde die Fähigkeit von zwei Komponenten (Kräfte, Menschen usw.), unter wechselseitigem Nutzen ein gemeinsames Optimum zu erreichen. Synergie betrifft also das Verhalten von ganzen Systemen, das nicht aus dem isolierten Verhalten ihrer Einzelteile vorausgesagt werden kann.

So ist auch letztlich ein konstruktives Zusammenwirken von Völkern, Nationen oder Staaten auf symbiotischer Grundlage denkbar. Keineswegs muß auch hier immer die eine Seite verlieren, wenn die andere gewinnt, und es gibt sachlich ermittelbare Lösungen, bei denen entweder beide gewinnen oder bei denen der Gesamtverlust am niedrigsten ist. Entspricht das nicht einer Erkenntnis, die schon vor vielen Jahrhunderten von Augustinus geäußert worden war: „Laßt uns, auf beiden Seiten, jede Überheblichkeit ablegen. Laßt uns auf keiner Seite behaupten, wir hätten die Wahrheit schon gefunden. Laßt sie uns gemeinsam suchen, als etwas, das keiner von uns kennt. Denn nur dann können wir sie in Liebe und Frieden suchen, wenn wir auf die dreiste Annahme verzichten, sie bereits entdeckt zu haben und zu besitzen."

Wäre nicht sogar eine Weltwirtschaft denkbar, in der anstelle bedingungsloser Konkurrenz unter der Zielsetzung optimalen Wohlstands aller Kooperation bestände?

Es dürfte indes deutlich geworden sein – und hierin lag ja ein wesentliches Anliegen des Buches –, welche in der menschlichen Natur und in der historischen und kulturgeschichtlichen Entwicklung bestimmenden Bedingungen dies verhindert haben und wie es zu unseren heutigen Problemen gekommen ist.

Ein letzter Gesichtspunkt sei in diesem Zusammenhang noch genannt. Zu der hier angesprochenen Grundorientierung gehört im Grunde auch, ein abgestimmtes Zusammenwirken von natürlichen Lebensgrundlagen in weitester, also auch in seelischer Beziehung, mit sinnvollen technologischen Entwicklungen anzustreben. Statt technologische Entwicklung in einseitiger Sicht der Natur sozusagen aufzuzwingen, besteht ja auch die Möglichkeit, technologische Entwicklungen sozusagen in die Natur als umfassendere Bestimmungsgröße einzugliedern. Darum bemüht sich bspw. auch eine moderne, ökologisch orientierte Architektur. Die traditionelle chinesische Lehre des Cheng-Shui veranschaulicht einen Aspekt dieses Prinzips in beeindruckender Weise. Wir können das auch heute noch an ungewohnt harmonischen Landschaften des alten China ablesen. Sie sind zu einem nicht geringen Teil künstlich geschaffen, aber so, daß in ihnen bestimmte geistige Werte lebendig sind: künstlich aufgeschüttete Hügel, nach bestimmten Regeln geplante Flußbetten, in die natürliche Umgebung einbezogene Bauwerke usw. Es sind im Grunde die gleichen Kompositionsregeln, wie sie auch die traditionellen chinesischen Maler benutzten, die eine für uns ungewohnte Beziehung des Menschen zu seiner Umwelt spiegeln und in denen sowohl eine fast romantische Ästhetik als auch eine vernünftige Zweckdienlichkeit zum Ausdruck kommen (John Mitchell).

Ein moderner Ansatz, der in eine ähnliche Richtung geht, liegt in der stärkeren Berücksichtigung sogenannter Bio-Regionen, die weniger verwaltungstechnisch als natürlich begrenzt sind und sich durch spezielle Flora und Fauna, durch Bodenbeschaffenheit und Klima voneinander unterscheiden. Der Mensch würde dadurch in sehr viel engerem Kontakt zu den Besonderheiten seiner jeweils natürlichen Umwelt, des Bodens, des Wassers, des Windes und seiner Ressourcen leben (Sale). Es wäre schließlich, um noch ein weiteres Beispiel zu nennen, durchaus vorstellbar, daß auch die technische Trennung von Sendern und Empfängern in der Medienlandschaft der Zukunft sehr viel stärker einem Dialogsystem Platz machen könnte, in dem der Empfänger eine wesentlich aktivere Rolle einnimmt als bisher.

Eine neue Rolle von Politik

Die beschriebenen Ansätze würden auch die Politik in ihrer bisherigen Form nicht unberührt lassen können. Einige Anzeichen deuten in der Tat schon heute auf eine Krise der repräsentativen Demokratie hin, die zu gänzlich neuen politischen Entwicklungen in der Zukunft führen könnte. Immer mehr Bürger äußern sich jedenfalls in tiefer Skepsis, wenn nicht sogar resignierter Verbitterung über ihre politischen „Repräsentanten" jeder Couleur. Sie verlieren immer mehr ein staatstragendes Vertrauen und fühlen sich trotz zahlloser und aufwendiger politischer Werbegags von allem entfremdet, „was da oben Politik treibt". Angesichts mancher aktueller Gesellschaftssymptome könnte man sich sogar fragen, ob sich nicht ein Ende der „Politik" im bisherigen Sinne anbahnt.

Einige begründete Anregungen zu einem neuen Politikverständnis konnten ja am Ende des letzten Teils dargestellt werden. Zur Zeit sind allerdings politische

Konzeptionen zur Lösung schwerwiegender aktueller und zukünftiger Probleme kaum erkennbar und, wenn sich Ansätze in dieser Richtung zeigen, nicht durchsetzbar. So mag bei vielen der Eindruck entstehen, daß die meisten Politiker sich mit bedeutungsvollem Gehabe und hektischem Aktivismus in unwesentlichen, oft nur der eigenen Profilierung und Publizität dienenden Maßnahmen erschöpfen, sich zum Teil mit Scheinproblemen wichtig tun und letztlich in den Augen der Bevölkerung in einem Strudel der Unglaubwürdigkeit entschwinden. Das einzige, so heißt es oft, was man einem Politiker grundsätzlich noch glaubt, ist seine Kontonummer.

Zudem bedeutet „die zunehmende Diskrepanz zwischen dem Zeithorizont der auf der Menschheit lastenden Probleme und dem Zeithorizont politischer Entscheidungen" eine Erschwerung politischer Effizienz. Sie zeigt sich nach Eppler u.a. darin, daß das Handeln von Regierungen kaum noch vom Mute der Voraussicht getragen ist und oft gerade dort vermißt wird, wo in der Sache wirklich dringende Entscheidungen zu treffen wären. Regierungen beschränkten sich vielmehr unter dem Druck widerstreitender Einflüsse weitgehend darauf, zu reagieren und standzuhalten, im Blick auf Wählerstimmen der öffentlichen Meinung zu folgen und sich drängenden Entscheidungen zu entziehen. Wege, die in eine positive politische Zukunft führen könnten, sehen jedoch anders aus.

Die immer schwieriger zu überschauende Komplexität der modernen Welt dürfte jedoch gänzlich neue politische Konzeptionen erfordern (s. S. 377). Gerade gegenüber komplexen Systemen kann es aber grundsätzlich von großem Nutzen sein, mehr Selbstorganisation auf unterer Ebene zu ermöglichen, da nur dort die konkreten Verhältnisse annähernd bekannt sind und auch bei entsprechender Einstellung und Erkenntnis einigermaßen überblickt werden können. Die so notwendige Sensibilität für Situationen und die Bereitschaft und Fähigkeit zu flexiblem Verhalten können, wenn überhaupt, nur auf unterer Ebene erwartet werden, wo die Menschen in konkretem Kontakt zur konkreten Realität leben. Die grundsätzliche Bedeutung eines feinen Gespürs für Situationen und der Fähigkeit zu flexiblem Handeln kann nicht hoch genug eingeschätzt werden. Man hat ja mittlerweile auch erkannt, daß mit flexibleren, praktisch individuellen Zeitplänen im Rahmen relativ weit gefaßter Festlegungen z.B. Energiekosten eingespart und Umweltbelastungen verringert werden können. Flexiblere, d.h. den konkret gegebenen Bedingungen und dem Charakter eines Problems angepaßte organisatorische Strukturen bieten ferner den Vorteil einer sogenannten „Multifunktionalität", einer Vielzweckverwendbarkeit.

In der modernen Organisationstheorie wird in dieser Richtung der Netzcharakter künftiger Organisationsformen propagiert. Er würde einerseits der Vernetztheit der Realität entsprechen und andererseits auch eine sozusagen automatische Selbstkoordination ohne aufwendige Lenkung durch hierarchische Eingriffe ermöglichen.

Der Mensch hat grundsätzlich die Fähigkeit, Strukturen zu erkennen; er hat aber auch die Möglichkeit, sie in Frage zu stellen und rückgekoppelte Informationen in umfassendere geistige Systeme zu integrieren. Und er kann diese Fähigkeit erlernen und verbessern. Weshalb sollten ihm nicht auch entsprechende Änderungen der politischen Strukturen ohne absolute Zerstörung des Bestehenden gelingen?

Das bedeutet zum einen, Überzeugungen aufzugeben, die im Gefolge der abendländischen Geistesentwicklung (s. S. 16ff.) in der Ära der Industrialisierung unser Leben und Denken weitgehend bestimmt haben: Überlegungen u.a. vom stets positiven Wert einer Standardisierung und Normierung, von der im Sinne des Effekts (Gewinns) unausweichlichen Konsequenz einer Zentralisierung und Maximierung. Dazu gehört auch, eine Selbstbescheidung und Selbstbeschränkung wiederzugewinnen, die in Fortschrittstaumel und Konsumkonditionierung verlorenging, eine Selbstbeschränkung im individuellen und im kollektiven Bereich, wozu bspw. auch eine Beschränkung der Geburten und eine wirksame Dämpfung der Staatsausgaben gehören würde.

Das bedeutet aber ohne Zweifel auch, Abschied zu nehmen von allen angeblich absoluten und ewig gültigen Merkmalen von Wissenschaft und deren mannigfaltige Abhängigkeiten zu erkennen.

Es bedeutet weiter, Abschied zu nehmen von den einfachen Begriffen, mit denen sich alles angeblich so „objektiv" erklären läßt, Abstand zu nehmen auch von einer allzu geradlinigen Denkform mit klar festgelegtem Ausgangs- und Endpunkt sowie von allen monokausalen und einseitigen Erklärungen von Ereignissen und Phänomenen.

Es bedeutet schließlich, sich zumindest gelegentlich freizumachen von dem Denken in festen Grenzen, die ja nicht in der durch endlose Zusammenhänge mit stetigen und ununterbrochenen Übergängen gekennzeichneten Wirklichkeit, sondern in unserem Denken über die Wirklichkeit begründet sind. Dazu gehört auch, außerhalb und jenseits der oft sehr willkürlichen Grenzziehungen von Fach- und Interessenrichtungen und vor allem über sie hinweg denken zu lernen (Morin).

Will man diese Ziele erreichen, so muß man sich darüber klar werden, warum all das bisher so selten und so wenig geschah. Es erklärt sich zum einen aus den ganz allgemein im gesellschaftlichen Gesamtsystem vorherrschenden Bedingungen, die ihre oben beschriebenen historischen Grundlagen haben. Ist es doch heute so, daß u.a. eigene und Gruppeninteressen mit entsprechenden Selbstbehauptungs- und Selbstdurchsetzungstendenzen, das Streben nach Profilierung und (äußerer) Anerkennung sowie der nach außen sichtbare, möglichst quantifizierbare Erfolg (Höhe des Einkommens, Zahl der Mitglieder usw.) eine entscheidende Rolle spielen.

Darüber hinaus erscheint aber auch der Verdacht, daß unsere biologische Urnatur immer noch auch in unserem aufgeklärten und technisierten Zeitalter in uns lebendig ist, nach allen vorliegenden Erkenntnissen durchaus nicht unbegründet.

Die Konsequenzen, die sich aus allem, was bisher erkannt wurde, ergeben, liegen in zwei grundsätzlichen Richtungen: Auf der einen Seite erscheint es im Interesse der menschlichen Zukunft unvermeidlich, daß wirklich neue politische und soziale Strukturen entstehen. Gleichzeitig müßte auf der anderen Seite ein grundsätzlicher, vielleicht dramatischer Wandel menschlicher Einstellungen und menschlicher Beziehungsformen erfolgen. Weder in der einen noch in der anderen Richtung ist derzeit Nennenswertes zu erkennen. Die Menschen sind in den von ihnen geschaffenen Strukturen und ihren Denkgewohnheiten gefangen. Deshalb ist ein geradezu unerhörtes Ausmaß an Kreativität erforderlich. Denn es kann nicht, wenn man Grundlagen von Systemprozessen verstanden hat, um eine Änderung vordergründiger Methoden, um einen neuen Anstrich alter Gemäuer gehen.

Wir dürfen auch nicht nur geistreiche Überlegungen in dieser Richtung anstellen, und noch weniger dürfen wir rein verbalen Deklarationen vertrauen. Wir müssen es zunächst einmal aus tiefster Seele wollen, nachdem wir uns bestimmten allgemeinen und konkreten Erkenntnissen erschlossen haben, und wir müssen in all dem, was wir täglich tun, ganz schlicht und einfach, aber in beharrlicher Konsequenz danach leben.

Damit komme ich zum Abschluß noch einmal auf den Menschen zurück.

III. Bewußtseinswandel oder Selbstzerstörung

Der Überstieg in neue Ebenen des Bewußtseins und gesellschaftliche Bedingungen

„Wer die Welt wandeln will, muß bei sich selbst beginnen ... Nur wenn wir uns selber in der kleinen Welt, in der wir leben, umformen können, vermögen wir vielleicht einen Einfluß auf umfassendere menschliche Beziehungen, auf die Welt im großen zu gewinnen", heißt es bei Krishnamurti.

Magoroh Maruyama hat in ganz konkreter Weise verschiedene Schritte in diese Richtung empfohlen. Er geht davon aus, daß es für einseitig orientierte und entsprechend stark festgelegte Menschen, also sogenannte „monopolarisierte" Personen, wie er sie bezeichnet, ein seelisches Trauma bedeutet, wenn sie mit anderen Überzeugungen oder Denkweisen konfrontiert werden. Sie reagieren dann meist mit einer starken Abwehrhaltung und einer Verfestigung ihrer eigenen Überzeugung. Demgegenüber schlägt Maruyama vor, ein solches Erlebnis bewußt als etwas Positives aufzufassen und zu versuchen, sich selbst in den anderen Menschen und dessen Gedankenwelt zu versetzen. Dieser Empfehlung entspricht im übrigen die empirisch ermittelte wissenschaftliche Erkenntnis einer engen Beziehung zwischen der Fähigkeit, die gefühlsmäßige Perspektive anderer Menschen übernehmen zu können, und der Bereitschaft zur Kooperation. Wenn ein solcher Versuch gelingt und man dabei nicht der Gefahr erliegt, die 'Logik' des anderen auf die eigene 'Logik' zurückzuführen, wird man den anderen Menschen sehr viel besser verstehen, besser auf ihn eingehen und ihn als solchen auch akzeptieren können, ohne daß man die eigene Überzeugung aufgeben müßte. In dieser Hinsicht ist es äußerst nützlich und wichtig, möglichst viel Feedback zu erhalten. Einen weiteren Schritt, der die anderen mehr oder weniger zur Voraussetzung hat, sieht Maruyama darin, den jeweils anderen wiederum einen wirklichen Einblick in die eigene Gedankenwelt zu geben. Durch dieses Vorgehen, das praktisch eine entscheidende geistige Veränderung bedeutet, verspricht sich Maruyama eine wesentliche Erweiterung und kreative Bereicherung des Denkens der Menschen. Er spricht von einer dadurch möglichen, aber für die Zukunft des Menschen auch notwendigen „Transformation" des Denkens.

Wir haben gesehen, daß es dem Menschen möglich ist, Systeme zu überschreiten, zu transzendieren, Probleme von neuen, sogenannten Meta-Ebenen aus sehen zu lernen und damit zugleich in sich selbst, in der eigenen Persönlichkeit zusätzlichen Reichtum zu gewinnen. Solche Prozesse vollziehen sich allenthalben in der Natur, wenn sich Einheiten zu einer differenzierteren Form vereinigen, nicht nur in der Symbiose. Sie kennzeichnen schlechthin das Wesen der Entwicklungsgeschichte mit einer Tendenz zu immer höherer Komplexität, aber auch viele Arten menschlichen Erkenntnisgewinns. Insofern ist gerade auch Bewußtsein in seinen verschiedenen Abstufungen bis hin zum hochentwickelten menschlichen Bewußtsein mit seiner charakteristischen Kontinuität, Klarheit und Objektivierungstendenz ein Phänomen auf einer vergleichsweise höheren Komplexitätsebene, das, biologisch-physiologisch gesehen, komplizierteren materiellen Strukturen unter bestimmten Voraussetzungen und Umständen zukommt. Edgar Morin bezeichnet in diesem Sinne Bewußtsein als „Blüte einer Hyperkomplexität".

Diese von der Art homo sapiens erreichte Ebene erlaubt eine umfassendere und klarere Vergegenwärtigung einer objektiven Welt, von der man sich in zunehmender Unabhängigkeit distanzieren kann und über die man nachdenkt, in die man aber nicht mehr in selbstverständlicher Geborgenheit eingebettet ist, die man jedoch auch bewußt – unter Einsatz eines in der Natur bisher nicht bekannten Ausmaßes an Täuschung und Lüge – manipuliert und „ausbeutet". Sie bietet ferner in ihrer höheren Form die Möglichkeit einer Distanzierung von sich selbst, obwohl der Mensch – heute wie seit ewigen Zeiten – die meisten seiner „Befehle" aus entwicklungsgeschichtlich älteren Hirnbereichen erhält. Im Prinzip durchaus zu „Höheren" fähig, folgt und erliegt er immer wieder dem Kommando von Gehirnteilen, die er mit den Tieren gemeinsam hat. Diese haben noch immer weitgehende Macht über ihn, weil sie vor urlanger Zeit entstanden sind, um Individuum und Art zu erhalten, was sie auch heute noch mit den ihnen eigenen Möglichkeiten zu tun versuchen.

Trotzdem ist – vom Grundsatz her – eine Weiter- und Höherentwicklung möglich. Robert Kaspar spricht von einer Kopernikanischen Wende, die eintreten dürfte, „wenn wir die Biologie unseres Denkens und Erkennens begreifen würden und durch diese Einsicht eine höhere Stufe auf dem Weg zum Menschen erreichen könnten".[14] In der gesamten Entwicklungsgeschichte haben sich immer wieder neue Systeme, d.h. höhere Seinsstufen mit neuen, nur ihnen eigenen Merkmalen entwickelt. Es ist dies ein wesentliches Merkmal des Lebens schlechthin. Die Möglichkeit eines solchen Systemüberstiegs, auch im Rahmen des Ich-Systems, scheint im übrigen mit der Zunahme von Komplexität zu wachsen, was eine Erhöhung der menschlichen Chancen zu Verinnerlichung und Vergeistigung mit sich bringt. Selbsttranszendenz in diesem Sinne bedeutet Offenheit und die Fähigkeit, den eigenen Standpunkt zu wechseln, eine Situation in einer neuen Sicht und sich selbst sozusagen von einer höheren Warte aus sehen zu können. Muß man nicht, um sich selbst zu verstehen, von anderen verstanden werden, und muß man nicht, um von anderen verstanden zu werden, diese anderen verstehen (Watzlawick)? Entwickeln sich so nicht letztlich individuelles und kollektives Bewußtsein in wechselseitiger Abhängigkeit?

Bewußtsein ist nicht nur gegenüber dem, was vorbewußt war, eine hierarchisch höhere Ebene, sondern ist auch in der Lage, in eine neue Meta-Ebene über sich

---

14 Vgl. auch die Ausführungen zur evolutionären Ethik (S. 418).

selbst hinauszuwachsen. In Weiterführung einer Entwicklung zu immer höherer rückbezüglicher Komplexität kann sich ein Bewußtsein des Bewußtseins entwickeln; auf dieser Ebene wird eine „wahrhaftere" Erkenntnis der Komplexität, der Beziehung zwischen Wahrheit und Irrtum möglich, in der widersprüchliche „Wahrheiten" in einem 'Sowohl-als-auch' vereinbar werden; zugleich ist es aber auch eine Ebene tiefergehender Zwiespältigkeit und Unsicherheit. Aus dem Verarbeiten und Akzeptieren von größerer Komplexität sowohl der Welt und der Gesellschaft als auch des eigenen 'Ich' kann ein Denken und Verhalten resultieren, das sehr viel stärker durch diese Komplexität bestimmt ist und das – ähnlich wie die teilweise bereits mögliche autonome Kontrolle der Hirnaktivitäten – auch die Grundlage ausgeglichener Selbstdisziplin und spontaner Selbstbescheidung sein könnte. Ohne diesen entscheidenden Fortschritt des menschlichen Bewußtseins, ohne dieses erneute Überschreiten eigener Grenzen und das Gewinnen neuer, höherer Ebenen müßten alle Wunschvorstellungen um „ideale" menschliche Gesellschaften reine Utopien bleiben.

Wenn es sich bisher überall, wo wir biologischen Entwicklungsphänomenen begegneten, quasi um eine Art Spiralprozeß gehandelt hat, warum sollte dann nicht vielleicht sogar aus der erkannten Not der Zeit bzw. einem verstärkten inneren „Leidensdruck" ein Außenimpuls das Bewußtsein beflügeln, sozusagen aus einer Kreisbahn in eine höhere Ebene auszuscheren, also einen Schritt zu höherer Synergie hin zu vollziehen? Könnte nicht gerade unter diesen Bedingungen ein neues, ganzheitliches und zu Integration fähiges menschliches Bewußtsein aufblühen, das Grundlage einer neuen Weise des Menschseins wäre und den veränderten Bedingungen einer veränderten Welt besser Rechnung trüge? Vielleicht wäre bei Erreichen dieser Entwicklungsstufe die Menschheit imstande, ihre bisherige Geschichte und die in ihr entstandenen Institutionen tiefgreifend in Frage zu stellen und in einer Art Rückbezüglichkeit in einen Spiralprozeß positiver Aufwärtsentwicklung einzutreten. Wenn die Welt, in der heute Menschen leben, ein äußerst feinmaschiges Netz von Zusammenhängen und Abhängigkeiten ist, und wenn in der – sowohl biologisch als auch kulturanthropologisch verstandenen – Entwicklungsgeschichte ganz offenbar eine Tendenz zu steigender Komplexität wirksam zu sein scheint, könnte diese Entwicklung auch für das menschliche Bewußtsein gelten, vielleicht sogar wahrscheinlich sein. Ist es aber nicht auch unsere (einzige) Chance? Mir fällt dazu ein Bild aus Afrika ein: Selbst der mächtige Baobab-Baum in seinem gigantischen Umfang entstand einmal aus einem kleinen Korn, so groß wie eine Kaffeebohne. Dabei dürfte jedoch eine Abschätzung der Zeitspanne, in der sich diese Bewußtseinsentwicklung vollziehen könnte, unmöglich sein, und es scheint fast, daß eine Art Wettlauf zwischen einer solchen Bewußtseinsänderung einerseits und selbst- und weltzerstörerischen Tendenzen andererseits über die Zukunft der Menschheit bestimmen könnte.

Man könnte durchaus schon – abgesehen von einer vagen Ahnung, daß es anders werden muß – Ansätze in dieser Richtung erkennen. Ansätze auch dafür, daß diese Entwicklung wohl auch mit einer höheren Einschätzung von Weisheit und Sensibilität gegenüber Macht und Durchsetzung einhergehen dürfte? Eine solche Entwicklung würde den Menschen zugleich aus einem Prozeß herausführen, in dem er vorrangig als anonyme Einheit statistischer Berechnungen existiert und zunehmend Entfremdung und Hoffnungslosigkeit empfindet.

Diese grundsätzlich mögliche höhere Ebene individuellen Bewußtseins könnte sich wiederum in größere Ganzheiten integrieren und dadurch Grundlage einer wahrhaft schöpferischen Beziehung zwischen Mensch und Umwelt, Mensch und Gesellschaft werden. Sie könnte, wenn sie tatsächlich erreicht würde, ein weiterer Beleg dafür sein, daß die Entwicklungsgeschichte ganz entscheidend dadurch gekennzeichnet ist, bei aller Beständigkeit alte Festlegungen zu überwinden und sich unter Integration in eine höhere Seinsebene zu relativieren. In diesem Sinne fordern auch Mesarovic und Pestel geradezu ein „neues Weltbewußtsein ...", eine neue Ethik im Gebrauch materieller Schätze ..., eine neue Einstellung zur Natur, die auf Harmonie statt auf Unterwerfung beruht ..., ein Gefühl der Identifizierung mit künftigen Generationen ...". In einer solchen Beziehung könnte sich, wie Erich Fromm bemerkt, auch eine passive Zuschauer-Demokratie mit Repräsentanten, die ausschließlich oder weitgehend nur sich selbst repräsentieren, zu einer aktiv-konstruktiven Teilnehmer-Demokratie wandeln.

Dann würden auch Ausgaben weniger „repräsentationsbezogen" als vielmehr schlicht und sachdienlich erfolgen. Es wäre dann nicht mehr denkbar, daß ein Kinderkrankenhaus, wie vor einiger Zeit in der Presse zu lesen war, aus Anlaß des erwarteten Besuches von Prinzessin Diana einen 60.000-Mark-Teppich für den Raum anschaffte, in dem die Prinzessin einen Steh-Lunch einnehmen sollte, und weitere 60.000 DM für diejenigen Räume ausgab, die aus Anlaß des Besuches renoviert wurden, während das Geld für dringend benötigte Dialyse-Maschinen und eine freundlichere Ausstattung der Krankenzimmer fehlte.

Mit dem angedeuteten Strukturwandel hinge noch eine andere Konsequenz zusammen: Im Gegensatz zu übergroßen Gebilden wie Staatsapparaten, die sich zu immer größeren zentralistisch-bürokratischen Organisationen aufblähen und dadurch an die Grenzen ihrer Integrationsfähigkeit gelangen, könnten sich in überschaubaren Nachbarschaftsgruppen Beratungs- und Entscheidungsgremien bilden, denen die inhaltlich notwendigen Informationen zufließen und die auf der Basis dieser Informationen lokal verantwortliche Entscheidungen treffen können. Sie können und sollten dabei allerdings durchaus – mit weitem Horizont ausgestattet – allgemeinere, die örtlichen Gegebenheiten übergreifende Gesichtspunkte berücksichtigen, ohne aber einer stärkeren Steuerung von außen zu unterliegen. Denn zwangsläufig müssen doch diejenigen, die „vor Ort" leben, arbeiten und vor Problemen stehen, weit besser wissen, wo etwas „hapert", als noch so kluge Experten, die am grünen Tisch einer großen Bibliothek schlaue Gutachten schreiben. Sie wissen auch eher, wo Schwierigkeiten liegen und wie man sie mit dem geringsten Aufwand auf die günstigste Weise für alle Betroffenen lösen kann. Hazel Henderson beschreibt die in dieser Weise aktiven Menschen als autonome und sich selbst in konstruktiver Weise entfaltende „Networkers", die ohne offizielle Führung und Befehlsketten auf dem Boden gemeinsamer Weltsichten und Werteinstellungen Erstaunliches zu verwirklichen in der Lage sind. Ist es deshalb nicht besser, wie Paul Feyerabend etwas provokativ schreibt, „soziales Handeln auf die konkreten Entscheidungen von Menschen zu gründen, die ihre Umgebung sowie die Wünsche, Erwartungen, Hoffnungen und Fantasien ihrer Mitmenschen genau kennen, statt auf die Regeln von Gelehrten, die dieser Umgebung höchstens in den Büchern ihrer Kollegen begegnet sind und auch dort nur in arg verzerrter Weise"?

Die Folgerungen in Richtung Dezentralisierung und aktiv engagierter Mitwirkung mit – nicht manipulierten – Bürgerbefragungen und Bürgerentscheiden liegen auf der Hand. Es ist ja auch bekannt, daß es bei kleineren Strukturen, die im übrigen einen wesentlich geringeren Verwaltungsaufwand benötigen, sehr viel leichter ist, sich miteinander abzustimmen. Außerdem pflegen sich offensichtlich entscheidend auf dem Boden unserer entwicklungsgeschichtlich verankerten Struktur gemeinschaftsbezogene und altruistische Verhaltengewohnheiten sehr viel leichter in kleinen und überschaubaren Bevölkerungsgruppen zu entwickeln. Diese Erkenntnis deckt sich mit den Erfahrungen über Zusammenhänge von Organisationsgröße, Anonymität und negativem individuellem Engagement. Das optimale Funktionieren der Beziehungen zwischen Individuen und Gesellschaft wird jedenfalls durch eine immer weiter wachsende Größe und Komplexität industrieller Strukturen, finanzieller Verpflichtungen, politischer Machtkonstellationen sowie öffentlicher und privater Bürokratien zum Teil erheblich belastet. Erich Fromm schlug deshalb vor, Regierungsfunktionen nach Möglichkeit nicht großen Staatsgebilden, sondern relativ kleinen Verwaltungsbezirken zu übertragen. Denn dort würden sich die Menschen gegenseitig kennen, richtig beurteilen und deshalb auch an der Lösung ihrer eigenen örtlichen Probleme aktiv und engagiert mitwirken können.

Solche „situativen Netzwerke" (Roszak), die bewußt Wert darauf legen, klein, autonom und intim zu sein, würden mehr spontan entstandene lockere Vereinigungen bzw. Selbsthilfegruppen darstellen. Die Tatsache, daß wir solche Formen kaum kennen, ist kein Grund, sie nicht für denkbar und auch realisierbar zu halten. Sie könnten auch die Grundlage für kooperativ erarbeitete Lösungsansätze überörtlicher Probleme darstellen.

Dabei ist gerade im Rahmen unseres Themas, noch ein anderer Gesichtspunkt wichtig, nämlich daß die Unabhängigkeit von Machteinflüssen anderer für das Entstehen und die Förderung von Verantwortung von großer Bedeutung ist. Es gibt keine Moral ohne individuelle Verantwortung, und es gibt keine Verantwortung ohne Freiheit und Autonomie. „Selbstbestimmung ist eine Voraussetzung von Verantwortung", wie schon bei Pestalozzi zu lesen ist. Damit ist eine empirische, konkrete Verantwortung in der begrenztem realen Freiheit gemeint, nicht die existentielle Freiheit im Sinne Sartres. Der Mensch sollte nicht vom Absoluten träumen oder sich gar sentimental dafür opfern wollen, sondern sich dafür einsetzen, diejenigen Verantwortlichkeiten zu übernehmen, die ihn konkret betreffen. Der Politik hingegen würde die Aufgabe zufallen, die Bedingungen dafür zu schaffen, daß Menschen unter Abwägen allgemein akzeptierter Werte für sich selbst entscheiden können.

Deshalb ist unter normalen Bedingungen gar nichts dagegen einzuwenden, wenn autonome Menschen keineswegs so ohne weiteres, d.h. ohne eigenständige Prüfung die Befehle eines anderen oder einer Institution hinnehmen. Warum sollten selbst Kinder nicht lernen, Normen und Regeln in Frage zu stellen, wenn diese – natürlich in altersgemäßem Rahmen – die Übernahme echter Verantwortung behindern? Das hat aber im Interesse des Ganzen unbedingt zur Voraussetzung, daß Menschen sich nicht vordergründig auf die Berechtigung zu freier Wahl berufen und über diese Möglichkeit verfügen, sondern sich auch innerlich verpflichtet fühlen, Wissen und Kompetenz zu erwerben, um sich für das *Richtige* entscheiden zu können und sich in ihrer selbständigen Entscheidung an allgemein verbindliche Werte gebunden fühlen, die sie selbst akzeptiert haben.

Dabei muß man sich natürlich dem Problem stellen, inwieweit die Information, die man in unserer Gesellschaft z.B. in Form eines Kommentars oder einer politischen Erklärung über das Fernsehen erhält, wirklich für die Übernahme von Verantwortung ausreicht oder ob das Bestreben nach Kompetenz nicht über diese bereits gefilterte und interpretierte „Information" hinausgehen muß. Zugleich ist zu sehen, daß das Verfügen über objektive Information in unserer Gesellschaft sehr unterschiedlich ist. Der Sinn für Verantwortung sinkt aber bekanntlich in dem Maße, in dem eigene Unzulänglichkeit, Hilflosigkeit und Ohnmacht erlebt werden, je mehr man sich als austauschbares und abgeschliffenes Rädchen in einer großen Maschine fühlt und „die Folgen seines Handelns nur in Form der Lohnabrechnungen zu Gesicht bekommt" (A. Gehlen). Außerdem können auch eine „Mechanisierung" der sozialen Beziehungen und ein Verlust an natürlicher Umwelt sehr leicht über einen Verlust an Innerlichkeit die Verantwortung behindern.

So steht unsere Gesellschaft vor der Situation, daß einerseits vollmundig von Verantwortung geredet wird, daß aber sehr wenig dafür getan wird, daß Menschen wirklich Verantwortung empfinden und übernehmen können. Man kann einfach nicht auf der einen Seite den Menschen (durch staatlich-dirigistische Maßnahmen) entmündigen und andererseits Verantwortung von ihm erwarten. Wie soll sich denn jemand verantwortlich fühlen können für Entscheidungen, die über seinen Kopf hinweg getroffen wurden, etwa für eine Kriegserklärung? Wie muß sich denn jemand fühlen, der mit einer von anderen beschlossenen Steuererhöhung konfrontiert ist, zugleich aber miterlebt, wie staatliche Gelder für Zwecke ausgegeben werden, die seiner innersten Überzeugung widersprechen? Wie muß sich jemand fühlen, wenn er die Zinsen, die er auf seinem Sparbuch erhält, mit denen vergleicht, die die Bank in Falle einer Kreditaufnahme von ihm verlangt?

Als allgemeine Konsequenz kann man daher im Sinne der Redlichkeit zwischen Menschen sowie zwischen Individuen und Kollektiv nur feststellen, daß man entweder ein heuchlerisches Gerede von „Verantwortung" und „mündigem Bürger" aufgeben sollte oder die politische Struktur so ändern muß, daß sich Verantwortung wirklich entwickeln kann.

Dem ist aber eine andere Feststellung anzuschließen, die das angesprochene Verhältnis von der Gegenseite beleuchtet: Wie soll eine Gemeinschaft (Staat,

Gesellschaft) funktionieren, die auf der einen Seite jeden einzelnen um seine Zustimmung fragen sollte (was ja zunächst schon einmal in einer Massengesellschaft kaum durchführbar wäre), wenn jeder einzelne auf der anderen Seite systementsprechend, d.h. gemäß den Grundbedingungen des individuellen und gesellschaftlichen Systems, nur versucht, seinen eigenen Vorteil egoistisch zu wahren und durchzusetzen? Bei diesem Widerspruch dürfte noch einmal deutlich werden, daß, wenn die Funktion des Ganzen erhalten bleiben soll, eine Enthierarchisierung im Sinne eines Abbaus von Machtstrukturen, wie sie zum Teil bereits angestrebt wird, auf der anderen Seite ein hohes Maß an Selbstdisziplin, Selbstbeschränkung und spontaner Anpassungsbereitschaft unter Zurückstellen egoistischer Tendenzen seitens der Individuen voraussetzt. Gelingt dies nicht, müßte man wohl unter den gegebenen Bedingungen mit der Realisierung des zweiten Szenarios (s. S. 504) rechnen. Aber wer weiß, vielleicht hat, ohne daß wir uns dessen bewußt sind, unsere Höllenfahrt, der Weg in die Selbstzerstörung schon längst begonnen!

Blickt man auf die gegenwärtige Situation, so sind trotz des sich oft aufdrängenden Eindrucks des Gegenteils doch gleichzeitig auch gewisse Tendenzen zu einer Auflösung anonymisierender Mega-Strukturen erkennbar. Warum sollte es – selbst in unseren Großstädten – z.B. nicht möglich sein, eine unsere Sinne unmittelbar ansprechende und „heimatliche" Geborgenheit vermittelnde lokale Orientierung und eine konkret gemeindebezogene Aktivität mit einem größere Gebiete, ja die Welt umfassenden Horizont und einer sogar geradezu kosmischen Erkenntnisweise zu verbinden? Vielleicht werden sich sogar aus dem Zusammenspiel dieser beiden in der modernen Welt lebendigen Tendenzen neue, bisher nicht bekannte Strukturen entwickeln. Ebenso ist denkbar, daß von dringenden Umweltproblemen her ein Anstoß in dieser Richtung erfolgt. Die Auflösung alter und das Aufkommen neuer Strukturen könnten im Grunde daher in einem Wandlungsprozeß großen historischen Ausmaßes verschmelzen.

Die Menschheit hätte in dieser Richtung durchaus Chancen. Denn sie ist entwicklungsgeschichtlich nicht auf ein bestimmtes Muster sozialer Organisation festgelegt, so daß sie theoretisch ohne große Schwierigkeiten, wenn die Umstände es erfordern, politisch soziale Muster, die sich unter veränderten Bedingungen nicht bewähren, über Bord werfen könnte. Die gerade im sozialen Bereich vergleichsweise große Formbarkeit des Menschen, seine Fähigkeit, sich selbst in Frage zu stellen und intelligent zu handeln, käme ihm dabei wesentlich zugute. In der Tat haben sich soziale Organisation und soziale Verhaltensmuster des Menschen in der Geschichte der Menschheit immer wieder geändert, und es ist kaum anzunehmen, daß die Spielbreite sozialer Organisationsformen gerade zu unserer Zeit ausgeschöpft sein sollte.

Gesetze und politische Institutionen sind nämlich in ihrer jeweiligen Form weder naturgegebene, noch zwangsläufige oder unabänderliche Notwendigkeiten. Sie sind vielmehr Ausdruck grundlegender kultureller Entwicklungen. Wenn eine Gruppe von Individuen einen ausreichenden Gemeinschaftssinn entwickelt, findet sie quasi automatisch zu entsprechenden institutionellen und juristischen Ausdrucksformen, die ihrerseits wieder das Gemeinschaftsgefühl stützen und stärken.

So läßt sich also durchaus erwarten, daß in dem historischen Moment, in dem sich – bspw. unter einschneidenderen Veränderungen der Umwelt – die menschlichen Einstellungen in einer Gesellschaft und gegenüber einer Gesellschaft wandeln, die veränderten kulturellen Grundlagen des menschlichen Umgangs miteinander auch andere Gesetze und Institutionalisierungen ermöglichen.

Vielleicht stehen wir gegenwärtig in der Tat in einer entscheidenden Übergangsphase zu einer neuen menschheitsgeschichtlichen Kultur. Diese würde allerdings eine „wirkliche Revolution unserer Lebensweise" voraussetzen, etwa vergleichbar mit dem „Übergang von der Jäger- und Sammler- zur Bauern – und Hirtenkultur, vielleicht aber noch einschneidender" (Bühl).

Ein Wettlauf von Entwicklungstendenzen

Das alles setzt aber, um es noch einmal zu sagen, eine Änderung des menschlichen Bewußtseins und des allgemeinen menschlichen Verhaltens voraus. J.E. Berendt hat das sehr zutreffend formuliert: „Wenn wir uns ändern, dann ändert sich auch die Gesellschaft. Man beachte das Wörtchen 'sich': Nicht *wir* werden sie ändern, sie wird 'sich' ändern, wenn wir *uns* ändern."

Hier mögen sich, wie gesagt, die Ansichten teilen, ob ein solcher entwicklungsgeschichtlicher Prozeß angesichts der Notwendigkeit einer relativ raschen Lösung unserer historischen Probleme nicht einfach zu lange dauern würde. Rechnet die Entwicklungsgeschichte doch in Jahrmillionen, während wir für die Entwicklung notwendiger neuer Konzeptionen und Strukturen auf dem Boden einer tiefgreifenden Bewußtseinsänderung kaum Jahrzehnte zur Verfügung haben, um Schlimmes, bzw. noch Schlimmeres zu vermeiden. Niemand kann aber derzeit sagen, wie diese Konzeption, diese neuen Strukturen und Sozialisationsformen aussehen werden, und ob ein solcher Wandel überhaupt gelingen kann und wird. Nach Auffassung vieler Forscher unterscheidet sich das Gehirn des heute lebenden Menschen, obwohl er unzählige Schalter an Instrumenten bedienen kann, nicht entscheidend von dem des Neandertalers, und nach Paul McLean sind die drei Bereiche des menschlichen Gehirns, das Instinkt-, Gefühls- und Vernunft-Gehirn, die sich in unterschiedlichen entwicklungsgeschichtlichen Epochen herausgebildet haben, noch immer nicht zu einem wirklich integriert funktionierenden Organ zusammengeschweißt. Das Urhirn, das wir mit den Reptilien teilen, ist nicht durch entwicklungsgeschichtlich neuere Gehirnstrukturen ersetzt, sondern nur durch sie ergänzt. Insofern gibt es natürlich zu denken, wenn Robert Ardrey davon spricht, daß das uralte Mißtrauen gegen Fremde und die ebenso uralten Freuden des Urmenschen an der Jagd und am Töten noch heute im Menschen lebendig seien. So sieht er auch im heutigen Menschen ein „Etwas", das sich durch fiebernde soziale Selbstbestätigung aller neokortikalen Hemmungen (seines Vernunftgehirns) entledigt. Und ein Blick auf die Welt der letzten Jahrzehnte, von Pol Pot bis zu Jugoslawien scheint ihm recht zu geben. Wir scheinen auch immer noch „das Rangstreben unserer Primatenahnen in uns zu haben" (Krämer-Badoni) und damit die diesem Streben auf der anderen Seite entsprechende Neigung zu Herrschaft und Unterordnung. Gerade in jüngerer Zeit häuften sich Berichte über Fremdenhaß und fanatisiertes Gruppenverhalten, und es ist eine ernstzunehmende Frage, inwieweit sowohl hierbei wie auch bei „blindem Autoritätsglauben" biologisch tief verankerte Verhaltensgrundlagen sogar eine entscheidende Rolle spielen (vgl. S. 423).

Vielleicht wird aber auch im Verlaufe einer allgemeinen Entwicklungsbeschleunigung und unter zusätzlichem äußerem und innerem Druck die beschriebene Spiralentwicklung beschleunigt verlaufen. Angesichts der Tatsache, daß die Natur mit ihren spezifischen Möglichkeiten die allermeisten Arten, die bisher die Erde bevölkert haben, nicht vom Aussterben hat bewahren können, muß man allerdings zumindest skeptisch bleiben. Aber vielleicht sind wir trotzdem gegenwärtig, ohne es zu ahnen, geschweige denn zu wissen, auf dem Weg, einmal das zu werden, was wir derzeit – gestützt auf beachtlichen technischen Aufwand – zu sein vorgeben: wirkliche „Menschen". Der günstigste und zugleich einfachste Weg dazu wäre, wie schon mehrfach betont, ein lokales Engagement auf der Basis eines bewußtseinsmäßig schon heute realisierbaren globalen, weltumspannenden geistigen Horizonts. Die Theorie der Selbstorganisation könnte hierfür eine wertvolle Stütze und Hilfe sein.

Eine logische Konsequenz der Selbstorganisation im politischen Bereich wäre natürlich ein weitgehender Verzicht auf willentliche machtgestützte Einflußnahmen von außen auf ein menschliches oder gesellschaftliches System. Auf dieser Erkenntnis basierende politische Strukturen und Verhaltensweisen bedürfen aber wiederum, um sich im Gesamtrahmen als erfolgreich erweisen zu können, eines Menschen, der sich unter herrschaftsfreien Verhältnissen entwickeln konnte. Politik würde sich, statt unter Hinweis auf die soziale Unreife des Menschen die Bedingungen zu verschärfen, die den Menschen in diese Unreife gebracht haben, und ihn dadurch nur noch stärker in diese Richtung zu drängen, auf die Gestaltung entsprechender Rahmenbedingungen beschränken können, auf Bedingungen, die es einem dazu fähigen Menschen erlauben, für sich selbst Entscheidungen zu treffen. Sie müßte es aber dann mit solchen Menschen zu tun haben, die aus innerer Verantwortlichkeit – auch gegenüber der Gemeinschaft – handeln und über ein hohes Selbststeuerungspotential verfügen.

Auch hier springt noch einmal der enge Zusammenhang zwischen Freiheit und Verantwortung bzw. zwischen „Herrschaft" und Verantwortungsmangel ins Auge. Ein Abbau von Herrschaft, Macht und Hierarchie hat ohne ein hohes Maß an freiwilliger Selbstdisziplin seitens des Individuums kaum Sinn und Wert. Selbstdisziplin entwickelt sich aber wieder nur unter bestimmten Bedingungen, zu denen die Freiheit von Herrschaft und Hierarchie gehört, genauso wie sich Selbstkontrolle nur bei weitgehendem Fehlen von Fremdkontrolle zu entwickeln pflegt. Insofern ist der Mensch frei,[15] wenn er nicht durch äußere Bedingungen zu bestimmten Denk- und Verhaltensweisen gezwungen ist. Das aber stellt wiederum ein ent-

---

15 Er fühlt sich ja auch subjektiv frei, wenn er sich selbst als Ursache von Ereignissen erlebt.

scheidendes Merkmal der Selbstorganisation dar. So schlingt sich ein enges Band zwischen Selbstorganisation, Freiheit und Verantwortung.

Damit treten im Grunde wieder sehr einfache, im echten Sinne humanistische Werte in den Vordergrund: Aufrichtigkeit, Redlichkeit, Respekt für den anderen und Verantwortlichkeit für das eigene Verhalten. Zugleich würde aber auch die Welt des Sozialen für das Individuum neu gewonnen. Der Mensch würde dann unter Zurücktreten vorrangig egozentrisch-egoistischer Tendenzen und rein privater Interessen sein Denken in gleicher Weise spontan auf das allgemeine Wohl, sein „eigenstens gemeinsames Produkt" (Wolff), die Gesellschaft, ausrichten. Dazu gehört aber, das sei hier nochmals betont, eine Gesellschaft, mit der man sich identifizieren kann, ein Staat, zu dem man Vertrauen hat und für den es sich intellektuell und emotional lohnt, sich einzusetzen. Es wäre dies auch eine Gesellschaft, von der R.P. Wolff schreibt, daß in ihr „niemand Anspruch auf legitime Autorität erhebt oder niemand diesem Anspruch, falls er gestellt würde, traut".

Das Individuum, das in diesem Sinne die Welt des Sozialen neu gewonnen hat, kann aber nur auf der Grundlage seiner tatsächlichen Autonomie und Freiheit verantwortlich sein, wobei diese Freiheit ihre notwendigen Grenzen in den sachlich notwendigen Bedingungen und Zwängen eines mehr und mehr organisierten kollektiven Lebens findet. Auch in dieser Beziehung besteht eine Aufgabe der Politik darin, die Bedingungen zu schaffen, die es dem Individuum erlauben, seinen Spielraum der Freiheit zu erkennen und im Rahmen seiner Möglichkeiten und der von ihm akzeptierten Werte zu nutzen. Man kann keinen Menschen ändern, und es ist auch unmoralisch, ihn ändern zu wollen, sagt Crozier, aber man kann ihm helfen, sich selbst zu ändern.

So ist zumindest ein bedenkenswerter Lösungsansatz am Ende aller Überlegungen zur Komplexität und Selbstorganisation wieder ein recht einfacher. Nach langen Wegen und höchst imposanten geistigen und technischen Errungenschaften sehen wir uns vor Lösungsvorschläge gestellt, die gerade in ihrer „natürlichen" Einfachheit ungemein überzeugend erscheinen, so wie die umfassende Ganzheit der Natur, trotz ihrer Spannungen im einzelnen, letztlich eine „große Harmonie" darstellt. Vielleicht ist das Leben des einzelnen Menschen in einem solchen Szenario ein Spiegel des Lebens der Menschheit.

„Wir lassen nie vom Suchen ab,
und doch, am Ende allen unseren Suchens
sind wir am Ausgangspunkt zurück
und werden diesen Ort zum ersten Mal
erfassen",

lesen wir bei T.S. Eliot.

Vielleicht ist unser Leben in der Tat ein langes Unterwegs-Sein zu den wenigen großen Bildern, „denen sich das Herz ein erstes Mal erschlossen hat" (Camus).

So ist möglicherweise die Entscheidung über unsere Zukunft identisch mit der Lösung des uralten Problems, das Albert Camus in den Mittelpunkt seiner „Mandeliers", der Mandelbäume, gestellt hat: Er beklagt, daß der Geist heute seine

„königliche Sicherheit" verloren zu haben scheine und sich darin erschöpfe, die brutale Gewalt zu verfluchen, die er nicht mehr meistere. Dann fährt er fort, indem er die zwei großen Mächte der Welt herausstellt, das Schwert und den Geist: „Auf die Dauer wird das Schwert immer durch den Geist besiegt ... Es genügt zu erkennen, was wir wollen. Und was wir wollen ist: uns nie mehr vor dem Schwert beugen, nie mehr der Gewalt ein Recht einräumen, die sich nicht in den Dienst des Geistes stellt."

> „Wir müssen das Zerrissene zusammenfügen, einer so offensichtlich ungerechten Welt die Vorstellung der Gerechtigkeit wiederbringen und den vom Unheil des Jahrhunderts vergifteten Völkern die Bedeutung des Glückes neu schenken ... Es ist vergeblich, dem Geist nachzutrauern; es kommt darauf an, für ihn zu wirken ..."

> „Seien wir uns bewußt, was wir wollen: Bleiben wir standhaft und treu dem Geist, selbst wenn die Gewalt, um uns zu verführen, die Gestalt einer Idee oder des Wohlbehagens annimmt."

Indem Camus in diesem Kampf die Bedeutung wahrer Charakterstärke herausstellt, schließt er mit den Worten: „Ich spreche nicht von jener Charakterstärke, welche auf den Wahltribünen von Stirnrunzeln und Drohungen begleitet ist. Ich spreche von jener, die allen Meerwinden trotzt durch die Kraft der Reinheit und ihrer Lebenssäfte" – und, wenn ich mir anmaßen darf, im Camusschen Sinne fortzufahren: in schweigender Beharrlichkeit und erfüllt in tiefer Demut vor den gewaltigen Leistungen des menschlichen Geistes und der stummen Größe des Schicksals gerade der Ärmsten dieser Welt.

Dann, erst dann, nach dem wirklichen und endgültigen Sieg des Geistes, wird der Mensch „wieder anfangen, die Freude am Menschen zu empfinden, ohne die die Welt nie etwas anderes sein wird als eine unermeßliche Einsamkeit".

Bildnachweise

Abb. 1, S. 40 (gezeichnete Vorlage)

Abb. 2, S. 58: Knaurs Buch der modernen Physik (W.R. Fuchs, S. 236, Drömer/Knaur, München 1965)

Abb. 3, S. 75 (eigene Zeichenvorlage)

Abb. 4, S. 83 (eigene Zeichenvorlage)

Abb. 5, S. 87, aus: John Briggs, F. David Peat: Die Entdeckung des Chaos, Hanser Verlag, München/Wien 1990

Abb. 6 (aus meinem ersten Buch beim Westdeutschen Verlag „Natur, Wissenschaft und Ganzheit", bei dem ein Quellennachweis leider vergessen worden war), ursprüngliche Quelle: Kulturevolution bei Tieren, J.T. Bonner, Verlag Paul Parey, Berlin/Hamburg 1983, S. 68

Abb. 7, S. 126 (eigene Zeichenvorlage, s. auch erstes Buch „Natur, Wissenschaft und Ganzheit")

Abb. 8, S. 126 (eigene Zeichenvorlage, s. auch erstes Buch „Natur, Wissenschaft und Ganzheit")

Abb. 9, S. 162, aus: M. Eigen, R. Winkler: Das Spiel, Piper, München u.a. 1979, S. 260

Abb. 10, S. 172, aus: H. Schober, E. Rentschler: Das Bild als Schein der Wirklichkeit, Moos Verlag, München 1972, S. 30

Abb. 11, S. 225 (eigene Zeichenvorlage modifiziert nach D. Wright: Moral Development, London 1977)

Abb. 12, S. 506, aus: M. Eigen, R. Winkler: Das Spiel, Piper, München u.a. 1979

Aus unserem Programm
Sozialwissenschaften

Wolfgang Böcher
Natur, Wissenschaft und Ganzheit
Über die Welterfahrung des Menschen
1992. 352 S. Kart.
ISBN 3-531-12054-9
Ausgangspunkt ist einmal die Erkenntnis der Begrenztheit traditioneller und wissenschaftlicher Ansätze für das Verständnis menschlicher Wirklichkeit und zum anderen die Notwendigkeit für alle Bemühungen um Menschen, sich an der – auch biologischen – Wirklichkeit des Menschen zu orientieren. Auf dieser Grundlage wird ein großer Bogen gespannt zwischen der Welt der anorganischen Natur und der Welt des Bewußtseins und menschlicher Gesellschaften. Dabei werden auch die starre Abgrenzung zwischen Natur- und Geisteswissenschaften überwunden, und Brücken zwischen unterschiedlichen Disziplinen geschlagen. Somit stellt das Buch auch eine naturwissenschaftliche Begründung ganzheitlicher Denk- und Verstehensansätze dar und ist zugleich ein Versuch, von der „Weisheit" der Natur zu lernen und Menschen zu helfen, sich mit sich selbst und in der Welt besser zurechtzufinden.

Rudolf Wendorff
Zeit und Kultur
Geschichte des Zeitbewußtseins in Europa
3. Aufl. 1985. 720 S. Kart.
ISBN 3-531-11790-4
„(...) Der Autor hat einen bedeutenden und eminent wichtigen, vor allem auch klaren Beitrag zum Zeitproblem geliefert – eines der Bücher, von denen Rezensenten sich wünschen, daß Politiker, Bischöfe, Gewerkschaftler und Arbeitgeber sie sorgfältig lesen möchten".
Frankfurter Allgemeine Zeitung
"(...) Eines der gefragtesten Bücher, die quer zu allen Disziplinen liegen". Die Zeit

Alfred Bellebaum / Ludwig Muth (Hrsg.)
Leseglück
Eine vergessene Erfahrung?
1996. 245 S. Kart.
ISBN 3-531-12869-8
Mit „Leseglück. Eine vergessene Erfahrung?" legen die Herausgeber Alfred Bellebaum und Ludwig Muth den Versuch vor, das Leseglück interdisziplinär einzukreisen und zu verstehen. Beteiligt daran sind die empirische Sozialforschung (Elisabeth Noelle-Neumann), die Buchmarktforschung (Ludwig Muth), die Literaturwissenschaft (Aleida Assmann), die Kunst (Cornelia Schneider) sowie die Germanistik und Literatursoziologie (Erich Schön) und die Literaturdidaktik (Werner Graf). Der Band bietet eine faszinierende Entdeckungsreise in ein bisher noch kaum erforschtes Phänomen der Lesekultur: Erstmals untersuchen Experten interdisziplinär Geschichte, Vorbedingung, Genese und Steigerung von Leseglück – und dessen aktuelle Bedrohung, insbesondere durch den Literaturunterricht und durch ungezügelten Medienkonsum.

WESTDEUTSCHER VERLAG
Abraham-Lincoln-Str. 46 · 65189 Wiesbaden
Fax 0611/78 78 420

MIX
Papier aus verantwortungsvollen Quellen
Paper from responsible sources
FSC® C105338

If you have any concerns about our products,
you can contact us on
ProductSafety@springernature.com

In case Publisher is established outside the EU,
the EU authorized representative is:
**Springer Nature Customer Service Center GmbH
Europaplatz 3, 69115 Heidelberg, Germany**

Printed by Libri Plureos GmbH
in Hamburg, Germany